电气设备手册

第二版

（下册）

黎文安　主编

中国水利水电出版社
www.waterpub.com.cn

内 容 提 要

本书是以实用为主、门类齐全、使用方便的《电气设备手册》，选择了近几年来国内电气设备的最新产品，为读者提供详细的产品技术数据、性能特点、适用范围以及生产厂家等信息。

本手册为《电气设备手册》（第二版），主要内容包括：电动机、变压器、高压电器及成套设备、电工测量仪器以及智能测量仪表等。

本手册以电气设备选型为主要目的，注重工程实用，是从事电气产品与系统设计、设备维修、技术革新等工程技术人员的必备工具书。

图书在版编目（C I P）数据

电气设备手册 : 全2册 / 黎文安主编. -- 2版. --
北京 : 中国水利水电出版社，2016.2
ISBN 978-7-5170-4079-8

Ⅰ. ①电… Ⅱ. ①黎… Ⅲ. ①电气设备—手册 Ⅳ.
①TM-62

中国版本图书馆CIP数据核字(2016)第022887号

书　　　名	电气设备手册　第二版　（下册）
作　　　者	黎文安　主编
出 版 发 行	中国水利水电出版社 （北京市海淀区玉渊潭南路 1 号 D 座　100038） 网址：www. waterpub. com. cn E‐mail：sales@waterpub. com. cn 电话：（010）68367658（发行部）
经　　　售	北京科水图书销售中心（零售） 电话：（010）88383994、63202643、68545874 全国各地新华书店和相关出版物销售网点
排　　　版	中国水利水电出版社微机排版中心
印　　　刷	北京纪元彩艺印刷有限公司
规　　　格	184mm×260mm　16 开本　175.25 印张（总）　4156 千字（总）
版　　　次	2007 年 7 月第 1 版　2007 年 7 月第 1 次印刷 2016 年 2 月第 2 版　2016 年 2 月第 1 次印刷
印　　　数	0001—2000 册
总 定 价	**560.00 元（上、下册）**

目　录

第 23 章　防雷设备及过电压保护器

第 24 章 高压绝缘子及套管

第17章 真空断路器

高压真空断路器是利用"真空"作为绝缘和灭弧介质，用于电力系统中控制和保护工矿企业、发电厂、变电站的电力设备及输配电线路，也可作联络断路器使用。真空断路器具有不爆炸、低噪声、体积小、重量轻、寿命长、连续开断次数多、结构简单、调试方便、无污染、可靠性高和检修周期长等优点，因此在35kV级配电系统及以下电压等级中处主导地位。现代真空断路器可做到额定电压168kV、额定开断电流100kA、额定电流4000A。我国自20世纪60年代初开始研制真空断路器，现已成为真空断路器的生产大国，技术水平已达到国际先进水平。

17.1 10kV级ZN系列真空断路器

真空断路器可分为三大类：第一类为整体式，没有独立型号的操动机构，如ZN12—10、ZN18—10、ZN21—10、ZN22—10、ZN□—10（VD4）等；第二类为拼凑式，有独立型号的操动机构，如CD10、CD17、CT8、CT□等与灭弧室简单拼接而成，又如ZN7—10、ZN13—10、ZN28—10等；第三类为分体式，完全模仿SN10—Ⅰ、SN10—Ⅱ型少油开关固定柜安装模式，如ZN—10X、ZN28—10A等。

在第一类产品中引进技术居多，如西门子公司3AF、东芝公司VK10J、比利时EIB公司VB5及ABB公司VD4，而第二、第三类产品为我国独有，但有些产品已属老产品和淘汰产品，本《手册》仅介绍目前国内生产厂家多、产量大、使用广泛的真空断路器。

10kV级ZN系列断路器适用于额定电压为10kV及以下、频率为50Hz的户内高压开关设备，可供工矿企业、发电厂和变电站作电气设施的保护和控制之用，并适用于操作频繁、工作条件比较苛刻的场所。

10kV级ZN系列高压真空断路器由陶瓷（或玻璃）外壳真空灭弧室、操动机构（电磁式和弹簧操动机构均可配用）、绝缘件、传动件、底架等组成。操动机构和真空灭弧室采用前后布置（固定式开关柜用A型真空断路器，操动机构另配），每相灭弧室由上下各一套绝缘子和支架固定，灭弧室两端用绝缘杆支撑，使产品结构稳固。

断路器有落地式、悬挂式、手车式三种形式。固定式开关柜使用的悬挂真空断路器是替换SN10—10油断路器，实现无油化改造的理想设备，其每个灭弧室用两只悬挂绝缘子固定；落地式真空断路器每个灭弧室由一只落地绝缘子或一只悬挂绝缘子固定。断路器本身不带操动机构，悬挂式和落地式真空断路器均可装入固定开关柜和手车式开关柜。

型号含义

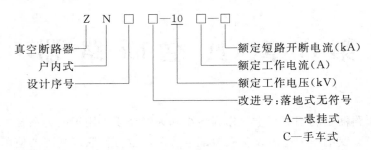

正常使用环境条件：环境温度－25～＋40℃（允许在－30℃时储运），ZN28—10 型不低于－10℃；海拔不超过 1000m；空气相对湿度日平均值不大于 95%，月平均值不大于 90%；地震烈度不超过 8 度；使用场所无火灾、爆炸、严重污秽、化学腐蚀及剧烈振动。

17. 1. 1　ZN28—10 系列真空断路器

一、结构特点

ZN28 系列真空断路器采用普通型和小型化中封式纵磁场真空结构的灭弧室。

ZN28 系列真空断路器有落地式和悬挂式（亦称分立式）。悬挂式为 ZN28A—10 型，配用 CD17 型电磁操动机构或最新研制的 CT□型弹簧操动机构，ZN28A—10 系列配用 CD10 型电磁机构或 CT8 型弹簧操动机构。

本系列真空断路器的真空灭弧室、主轴分闸弹簧缓冲器等部件安装在机架中。机架的左端设有安装孔，供断路器固定用。机架右侧水平装设 6 只绝缘子（上下各 3 只），上绝缘子固定静支架，下绝缘子固定动支架，动静支架的右端兼作出线端子，真空灭弧室装设在动静支架之间，主轴通过绝缘拉杆拐臂与真空灭弧室动导电杆连接，动静支架之间用绝缘杆将两者连成一个整体，提高了整体刚度。

在断路器的真空灭弧室，当静触头在操动机构作用下带电分闸时，触头间将燃烧真空电弧并在电流过零时熄灭电弧。由于触头的特殊结构，燃弧时间触头间产生纵向磁场，使电弧均匀分布在触头表面，维持低的电弧电压，并使真空灭弧室具有较高的弧后介质强度恢复速度、小的电弧能量和小的电腐蚀速率，从而提高断路器开断短路电流的能力和电寿命。

二、技术数据

ZN28 系列真空断路器技术数据见表 17－1，机械特性参数见表 17－2。

表 17－1　ZN28—10 系列真空断路器技术数据

型　　号	额定电压（kV）	最高电压（kV）	额定电流（A）	额定频率（Hz）	额定短路开断电流（kA）	额定热稳定电流（kA）	额定动稳定电流（kA）	额定短路关合电流（峰值，kA）	全开断时间（配 CDIO 机构）（ms）	雷电冲击耐压（全波）	1min 工频耐受电压
ZN28—10/630—12.5	10	11.5	630	50	12.5	12.5	31.5	31.5	100	75	42
ZN28—10/1000，1250—20、25	10	11.5	1250 1600	50	20 25	20 25	50 63	50 63	100	75	42

续表 17-1

型　号	额定电压（kV）	最高电压（kV）	额定电流（A）	额定频率（Hz）	额定短路开断电流（kA）	额定热稳定电流（kA）	额定动稳定电流（kA）	额定短路关合电流（峰值，kA）	全开断时间（配CDIO机构）（ms）	额定绝缘水平（kV）	
										雷电冲击耐压（全波）	1min工频耐受电压
ZN28—10/1250，1600，2000—31.5	10	11.5	1250 2000 1600	50	31.5	31.5	80	80	100	75	42
ZN28—10/2000，3150	10	11.5	2000 3150	50	40	40	100	100	100	75	42

型　号	额定开合单位电容器组电流及额定开合背对背电容器组电流（A）	额定操作顺序	分开时间（s）	合开时间（s）	额定热稳定时间（s）	电寿命		机械寿命（次）	触头允许磨损累计厚度（mm）
						开关额定短路电流（次）	开断额定电流（次）		
ZN28—10/630—12.5	400	分—0.3s—合分—180s—合分	≤0.06	≤0.06	4	50	10000	10000	3
ZN28—10/1000，1250—20、25	630	分—0.3s—合分—180s—合分	≤0.06	≤0.06	4	75，50	10000	10000	3
ZN28—10/1250，1600，2000—31.5	630	分—0.3s—合分—180s—合分	≤0.06	≤0.06	4	50	10000	10000	3
ZN28—10/2000，3150	630	分—180s—合分—180s—合分	≤0.06	≤0.06	4	30	10000	10000	3

表 17-2　ZN28—10 系列真空断路器机械特性参数

项目　　型号	ZN28—10/630—12.5	ZN28—10/1000，1250—20	ZN28—10/1250，1600，2000—31.5	ZN28—10/2000，3150
触头开距（mm）	11±1			
压缩行程（mm）	4±1			
相间中心距离（mm）	210，230，250，275			
平均分闸速度（m/s）	0.9～1.3			
平均合闸速度（m/s）	0.4～0.7			
触头分合闸同期性（ms）	≤2			
触头合分弹跳时间（ms）	≤2			
断路器主回路电阻（μΩ）	≤40	≤40	≤40	≤30
真空灭弧室回路电阻（μΩ）	≤30	≤30	≤20	≤15
合闸状态触头压力（N）	≥700	≥2000	≥3000	≥5000

三、生产厂

北京北开电气股份有限公司、武汉武新电器工业有限公司、武汉新马高压开关有限公司、宁波天安（集团）有限公司，西安西开高压电气股份有限公司。

17.1.2 ZN12—10 系列真空断路器

一、结构特点

ZN12—10 系列真空断路器主要由真空灭弧室、操动机构及支撑部分组成。在用钢板焊接而成的机构箱上固定有 6 只环氧树脂浇注绝缘子。3 个灭弧室通过钢板弯成的或铸铝的上、下出线端固定在绝缘子上。下出线端上装有软连接，与真空灭弧室动导电杆上的导电夹相连。在动导电杆的底部装有万向杆端轴承，其通过轴销与下出线端上的杠杆相连，开关主轴通过 3 根绝缘拉杆把力传递给动导电杆，使断路器实现合、分闸动作。

真空中，由于气体分子的平均自由行程很大，气体不容易产生游离，真空的绝缘强度比大气的绝缘强度高得多。当开关分闸时，触头间产生电弧，触头表面在高温下挥发出金属蒸气，由于触头设计为特殊形状，在电流通过时产生一磁场，电弧在此磁场力的作用下沿触头表面切线方向快速运动，在金属圆筒（即屏蔽罩）上凝结了部分金属蒸气，电弧在自然过零时熄灭，触头间的介质强度迅速恢复。

真空灭弧室采用特殊的触头材料，开断能力强、截流水平低、电寿命长。

二、技术数据

ZN12—10 型断路器的技术数据，见表 17-3 及表 17-4。

表 17-3 ZN12—10 系列真空断路器技术数据

型号\\项目	ZN12—10									
	I	II	III	IV	V	VI	VII	VIII	IX	X
额定电压（kV）	10	10	10	10	10	10	10	10	10	10
最高工作电压（kV）	11.5	11.5	11.5	11.5	11.5	11.5	11.5	11.5	11.5	11.5
额定电流（A）	1250	1600	2000	2500	1600	2000	3150	1600	2000	3150
额定短路开断电流（kA）	31.5	31.5	31.5	31.5	40	40	40	50	50	50
动稳定电流（峰值，kA）	80	80	80	80	100	100	100	125	125	125
3s 热稳定电流（kA）	31.5 (4s)	31.5 (4s)	31.5 (4s)	31.5 (4s)	40	40	40	50	50	50
额定短路关合电流（峰值，kA）	80	80	80	80	100	100	100	125	125	125
额定短路电流开断次数（次）	50					30			8	
额定操作顺序	分—0.3s—合分—180s—合分				分—180s—合分—180s—合分					
额定雷电冲击耐受电压（全波）（kV）	75									
额定短时工频耐受电压（1min）（kV）	42									
合闸时间[①]（s）	≤0.075									
分闸时间[①]（s）	≤0.065 (0.045)									
机械寿命（次）	10000，6000（VII、IX、X 型）									

项目 \ 型号	ZN12—10
	I　II　III　IV　V　VI　VII　VIII　IX　X
额定电流开断次数（次）	10000，6000（VIII、IX、X 型）
储能电动机功率（W）	≈275
储能电动机额定电压（V）	≈110，220
储能时间（s）	15
合闸电磁铁额定电压（V）	≈110，220
分闸电磁铁额定电压（V）	≈110，220
储能式脱扣器额定电压（V）	≈110，220
合闸联锁器额定电压（V）	≈110，220
失压脱扣器额定电压（V）	≈110，220
过流脱扣器额定电流（A）	5
辅助开关额定电流（A）	AC10，DC5

注 括号内的数值为用储能式脱扣器分闸时的时间。

① 分、合闸时间均为在最高、最低和额定操作电压下的操作时间。

表 17 - 4　ZN12—10 系列真空断路器调试数据

项目 \ 型号	ZN12—10		
	I、II、III、IV	V、VI、VII	VIII、IX、X
触头行程（mm）	11±1	11±1	51±1
触头超行程（mm）	8±2	8±2	8±2
合闸速度（m/s）	0.6～1.1	0.8～1.3	0.8～1.3
分闸速度（m/s）	1.0～1.4	1.0～1.8	1.0～1.8
触头合闸弹跳时间（ms）	≤2		
相间中心距离（mm）	210±1.5		
三相触头合分闸同期性（ms）	≤2		
每相回路电阻（μΩ）	≤25		

三、外形及安装尺寸

ZN12—10 系列真空断路器外形及安装尺寸，见图 17 - 1。

四、生产厂

北京北开电气股份有限公司。

17.1.3　ZN^{40}_{41}—10 型系列真空断路器

一、结构特点

ZN^{40}_{41}—10 型系列真空断路器主要由支架、传动系统及真空灭弧室三部分组成。支架上装有分闸弹簧、分闸缓冲器及主轴；传动系统由主轴、拐臂、绝缘子、触头弹簧及接头组成；导电系统由上、下接线座、软连接及真空灭弧室组成。该系列断路器具有结构紧凑、简单、可靠性高、适用性强等优点。

二、技术数据

ZN^{40}_{41}—10 型系列真空断路器的技术数据，见表 17 - 5。

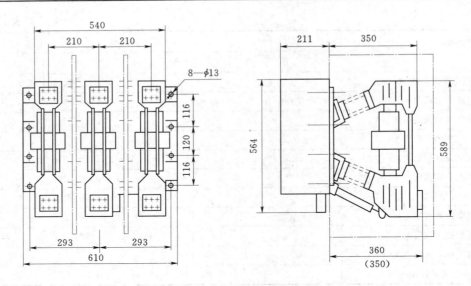

图 17-1 ZN12—10 系列真空断路器外形及安装尺寸（额定电流 2000A 以上）

（注：括号内 350 为额定电流 2000A 以下外形尺寸。1600A 以下：上下出线端孔 2—M12；

2000A 以上：上下出线端孔 4—M12）

表 17-5 ZN$^{40}_{41}$—10 系列真空断路器技术数据

型　　号	ZN40—10/ 630—16	ZN40—10/ 1250—20	ZN40—10/ 1250—31.5	ZN41—10/ 2000～3150—40
额定电压（kV）	10			10
最高电压（kV）	11.5			11.5
额定电流（A）	～630	～1250	～1250	2000～25000～3150
额定开断电流（kA）	16	20	31.5	40
动稳定电流（峰值，kA）	40	50	80	100
4s 热稳定电流（kA）	16	20	31.5	40
额定短路关合电流（峰值，kA）	40	50	80	100
额定短路电流开断次数（次）	30			30
额定操作顺序	分—0.3s—合分—180s—合分			分—0.3s—合分 —80s—合分
额定雷电冲击耐受电压（kV）	75			75
1min 工频耐受电压（kV）	42			42
机械寿命（次）	10000			10000
额定电流开断次数（次）	10000			10000
合闸时间（s）	≤0.1			≤0.1
分闸时间（s）	≤0.08			≤0.08

续表 17-5

型 号	ZN40—10/630—16	ZN40—10/1250—20	ZN40—10/1250—31.5	ZN41—10/2000~3150—40
触头行程（mm）	10±1			8±1
触头超行程（mm）	6~9			6~9
合闸速度（m/s）	0.4~0.8			0.4~0.8
分闸速度（m/s）	1.0~1.8			1.0~1.8
触头弹跳时间（ms）	≤2			≤2
触头分、合不同期（ms）	≤2			≤2
带电部分间的空气间隙（mm）	≥125			≥125
各相回路电阻（μΩ）	≤65	≤55	≤40	≤25

注 超行程指触头压力弹簧分、合状态时其长度的差值。

三、外形及安装尺寸

ZN_{41}^{40}—10 型系列真空断路器外形及安装尺寸，见图 17-2。

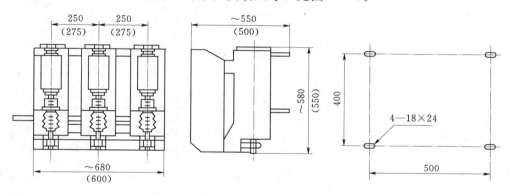

图 17-2 ZN_{41}^{40}—10 系列断路器外形及安装尺寸（单位：mm）

四、生产厂

北京北开电气股份有限公司。

17.1.4 ZN5—10 型真空断路器

一、结构特点

ZN5—10 型真空断路器主要由真空灭弧室、操动机构、绝缘支持件、传动件、底座等组成。真空灭弧室由两个半圆形的绝缘支架支撑并固定在底垫上，导电夹、软连接、出线板通过灭弧室两端组成高压载流回路。底座下部为操动机构，包括合闸弹簧、三相联动轴、分闸电磁铁、合闸掣子、抬杆、拉杆、分闸摇臂、分闸弹簧、三相联动轴、辅助开关等，还设有机械记数器、分合指示、二次线路接线端子等。底部装有 4 个滚轮和 4 块弯板，供搬运及安装用。半圆形的绝缘支架是用玻璃纤维压制而成的，绝缘性能好，机械强度高，分相支撑灭弧室，不需另加相间隔板。高压间无框架连接，能提高相间的绝缘强度，并对真空灭弧室有防护作用。

传动件——绝缘子采用玻璃纤维压制成形，强度高、不易老化、发脆、断裂，保证高压对地可靠绝缘和可靠传递分合闸功，可经受数万次的冲击振动，满足真空开关机械寿命长的要求。

真空电弧的熄灭是利用高真空度介质（压强低于 666.67×10^{-5} Pa 的稀薄气体）的高绝缘强度和稀薄气体中的生成物（带电粒子和金属蒸气）具有很高的扩散速度，因而使电弧电流过零后触头间的介质强度很快恢复。燃弧过程中的金属蒸气和带电粒子在强烈的扩散中被屏蔽罩所冷凝。断路器的真空灭弧室结构中采用三条阿基米德旋槽的跑弧面，当电弧电流流经跑弧面及触头间时，造成一横向磁场使真空电弧在主触头表面快速移动，从而降低了主触头表面的温度、减少了主触头的烧损、稳定了断路器开断性能、提高了电寿命。

二、技术数据

ZN5—10 系列真空断路器技术数据，见表 17 - 6。

表 17 - 6　ZN5—10 系列真空断路器技术数据

额定电压（kV）	最高工作电压（kV）	额定电流（A）	额定频率（Hz）	额定开断电流（有效值，kA）	最大关合电流（峰值，kA）	极限通过电流（峰值，kA）	2s 热稳定电流（有效值，kA）	电寿命		切合电容器组容量（kvar）	机械寿命（次）	分闸时间（s）
								开断满容量次数（次）	开断额定电流次数（次）			
10	11.5	630 1000	50	20	50	50	20	30	10000	≤10000	10000	≤0.05

全开断时间（s）	合闸时间（s）	动静触头允许磨损厚度（mm）	一次自动重合闸无电流间隔时间（s）	绝缘水平		操动机构额定合闸电压（V）	操动机构额定合闸电流（A）	操动机构额定分闸电压（V）	操动机构额定分闸电流（A）	外形尺寸（高×宽×深）（mm）	重量（kg）
				工频耐压（断流前后）（kV）	冲击耐压（正负极性）（kV）						
≤0.07	≤0.1	4	≤0.3	42	75（断流前）220 53（断流后）110	220 110	40 80	220 110	2.5 5	87×635 ×410	105

注　1. 断路器经调整后应达到如下要求：触头开距：12_{-1} mm；超行程：3^{+1} mm；三相触头不同期性不得超过 1mm。

　　2. 操动机构额定合分闸电压和电流为直流。

三、外形及安装尺寸

ZN5—10 型真空断路器的外形及安装尺寸，见图 17 - 3。

四、订货须知

订货时必须注明产品型号、规格、操动机构分合闸电压，备品备件的名称、型号，开关柜用断路器的安装要求、数量等。

五、生产厂

北京北开电气股份有限公司。

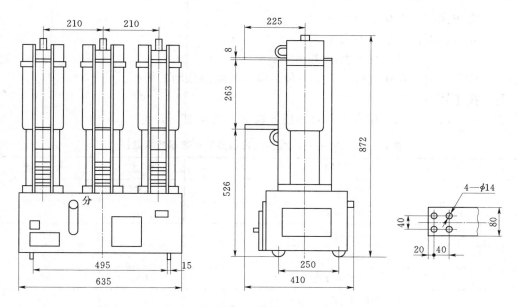

图 17-3　ZN5—10 型真空断路器外形及安装尺寸（单位：mm）

17.2　12kV 级 ZN 系列真空断路器

12kV 级 ZN 系列真空断路器，系三相交流 50Hz、额定电压 12kV 及以下的户内高压配电装置。广泛用于发电厂、变电站、冶金、化工、矿山等大型工矿企业，作为电能的分配、控制和电器设备的保护之用。

产品具有体积小、结构简单、使用寿命长、安装维护简便等特点，可作为空气绝缘断路器，用于环境条件较为恶劣的场合，也可外加绝缘罩作为复合绝缘断路器，用于体积较小的场所。产品配有智能化监控接口、与外部设备配合，可监测、记录、控制断路器各种状态，实现开关电器智能化。产品可配装于各种固定式、移动式（手车式）、中置式开关柜，根据安装条件的不同可选择不同外形尺寸的断路器。

17.2.1　ZN100—12 型户内高压真空断路器

一、概述

ZN100—12 型户内高压真空断路器为额定电压 12kV、三相交流 50Hz 的户内开关设备。

适用于电网中作为开断负荷电流及短路电流之用，安装于环网柜中作为进线使用，广泛用于工矿企业、高层建筑、住宅小区、学校等配电系统中。

二、产品特点

采用真空灭弧室，机械寿命长，维护简单，无污染；外形尺寸小，开断能力强；采用复合绝缘，降低灭弧室的安装高度，减小了断路器的高度。

三、使用环境

（1）环境温度：上限为 +40℃，下限为 -15℃。

（2）海拔高度：不高于 1000m。

（3）相对湿度：日平均不大于 95％；

月平均不大于 90％。

（4）没有火灾、爆炸危险、严重污秽、腐蚀及剧烈振动的场所。

四、技术数据

ZN100—12 型户内高压真空断路器技术数据，见表 17-7。

表 17-7　ZN100—12 型户内高压真空断路器技术数据

序号	项　目	单　位	参　数
1	额定电压	kV	12
2	额定频率	Hz	50
3	额定电流	A	630
4	额定短路开断电流	kA	20
5	额定峰值耐受电流	kA	50
6	额定短时耐受电流（4s））	kA	20
7	额定短路关合电流	kA	50
8	机械寿命	次	10000
9	额定操作顺序		分—0.3s—合分—180s—合分
10	额定短路开断电流开断次数	次	30
11	工频耐压（1min）：极对地、极间/断口	kV	42/49
12	雷电冲击耐受电压：极对地、极间/断口	kV	75/85
13	触头开距	mm	8.5±1
14	触头超行程	mm	4±1
15	平均分闸速度	m/s	1.5±0.2
16	平均合闸速度	m/s	0.6±0.2
17	触头合闸弹跳时间	ms	≤2
18	相间中心距离	mm	200
19	触头合、分闸不同期性	ms	≤2
20	主回路电阻	μΩ	≤60
21	合闸时间	ms	25～60
22	分闸时间	ms	18～60
23	触头压力	N	1600±100
24	触头允许磨损厚度	mm	3

五、生产厂

许昌永新电气股份有限公司。

17.2.2 ZN65A—12 系列户内高压真空断路器

一、概述

ZN65A—12 系列户内高压真空断路器为额定电压 12kV、三相交流 50Hz 的户内开关设备，是引进德国西门子公司 3AH 技术制造的产品。该系列断路器的操动机构为弹簧储能式，可以用交流或直流操作，亦可手动操作。适用于作为发电厂、变电所等输配电系统的控制或保护开关，尤其适用于开断重要负荷及频繁操作的场所。

二、产品特点

该系列断路器操作简单，开断能力强，机电寿命长，操作功能齐全，无爆炸危险，少维护。

三、使用环境

（1）环境温度：上限为 +40℃，下限为 -15℃。

（2）海拔高度：不高于 1000m。

（3）相对湿度：日平均不大于 95%；

月平均不大于 90%。

（4）没有火灾、爆炸危险、严重污秽、腐蚀及剧烈振动的场所。

四、技术数据

ZN65A—12 系列户内高压真空断路器技术数据，见表 17-8。

表 17-8 ZN65A—12 系列户内高压真空断路器技术数据

序号	项 目	单位	参 数	
1	额定电压	kV	12	
2	额定频率	Hz	50	
3	额定电流	A	1250，1600，2000	1250，2000，3150
4	额定雷电冲击耐受耐压	kV	75（断口 85kV）	
5	短时工频耐受电压（1min）	kV	42（断口 48kV）	
6	额定短路开断电流	kA	31.5	40
7	额定短时耐受电流（4s）	kA	31.5	40
8	额定短路关合电流（峰值）	kA	80	100
9	额定峰值耐受电流	kA	80	100
10	额定操作顺序		分—0.3s—合分—180s—合分	
11	额定开合单个和背对背电容器组电流	A	630/400	
12	合闸时间	ms	$35 \leqslant t \leqslant 75$（$50 \pm 10$）	
13	分闸时间	ms	$30 \leqslant t \leqslant 70$（$45 \pm 10$）	
14	开断时间	ms	$\leqslant 80$	
15	额定短路开断电流开断次数	次	50	30
16	机械寿命	次	10000	
17	储能电机额定电压	V	DC/AC 110、220	
18	触头行程	mm	9 ± 1	

续表 17 - 8

序号	项　目	单位	参　　数
19	触头超行程	mm	6±2
20	分闸速度	m/s	1.4±0.4
21	合闸速度	m/s	1.2±0.6
22	触头合闸弹跳时间	ms	≤2
23	触头合、分闸不同期性	ms	≤2
24	分闸触头反弹幅值	mm	≤2
25	相间中心距离	mm	210, 230 250, 275

五、生产厂

许昌永新电气股份有限公司。

17.2.3　ZN63—12 高压真空断路器

一、概述

ZN63—12（VS1）型户内交流真空断路器，是三相交流 50Hz、额定电压为 12kV 的户内高压配电装置。可作接通线路、切断故障电流和保护功能。尤其适合于频繁操作，如投、切电容器组、控制电炉变压器和高压电机等，也可作为联络使用。

二、产品特点

断路器主体部分设置在由环氧树脂采用 APG 工艺浇注而成的绝缘桶内，这种结构能有效防止外力冲击，因环境污秽等外部因素对真空灭弧室的影响。断路器配用 ZMD1410 系列中封式陶瓷或玻璃真空灭弧室，其铜铬触头具有环状纵磁场触头结构，开断能力强，截流水平低，电寿命长。真空灭弧室置于绝缘桶内，使断路器具有免维护，无污染，无爆炸危险，噪音低，绝缘水平高。操动机构为弹簧储能操作机构，机构箱内装有合闸单元，前方面板上设有分、合按钮，手储能操作孔、弹簧储能状态指示牌等。机构与本体前后布置成一体，传动效率高，操作性能好，适用于频繁操作，可装于移开式或固定式开关柜。该真空断路器运行性能稳定、开断电流大、设计合理、二次接线方便，很适合我国电网运行。

三、使用环境

（1）海拔高度：1000m 及以下（超海拔时，要特别说明）。

（2）环境温度：—15～＋40℃。

（3）相对湿度：日平均值≤95％，月平均值≤95％。

（4）无尘埃、烟、腐蚀性和可燃性气体、蒸汽或烟雾的污染及剧烈振动的场合。

（5）辅助电路中感应的电磁干扰的幅值≤1.6。

四、技术数据

ZN63—12 高压真空断路器技术数据，见表 17 - 9。

表 17－9　ZN63—12 高压真空断路器技术数据

项　　目	单位	参　　数		
额定电压	kV	12		
额定雷电冲击电压	kV	75（相间、相对地）/85（断口）		
额定短时工频耐受电压（1min）	kV	42（相间、相对地）/48（断口）		
额定频率	Hz	50		
额定短路开断电流	kA	25	31.5	40
额定电流	A	630，1250	1250，1600，2000，2500	2000，2500，3150，4000
额定短时耐受电流	kA	25	31.5	40
额定峰值耐受电流	kA	63	80	100
额定短路关合电流（峰值）	kA	63	80	100
二次回路工频耐受电压（1min）	V	2000		
操作顺序		分—0.3s—合分—180s—合分 分—180s—合分—180s—合分		
额定单个背对背电容器组开断电流	A	630/400（40kA 为 800/400）		
额定电容器组开断涌流	kA	12.5（频率不大于 10000Hz）		
机械寿命	次	20000		
额定短路开断电流次数	次	50		
额定操作分合闸电压	V	AC：110/220　　DC：110/220		
储能电机电压	V	AC：110/220　　DC：110/220		
三相分合闸不同期性	ms	≤2		
主回路电阻	μΩ	≤60（630A）　≤50（1250A）　≤45（1600A） ≤35（2000A）　≤25（2500A 以上）		

五、生产厂

上海红申高压电气有限公司。

17.2.4　ZN28A—12 户内高压真空断路器

一、概述

ZN28A—12 系列户内交流高压真空断路器主要用于固定式开柜中，在工矿企业、发电厂、变电站中，作为电气设备的保护与控制元件，并适用于频繁操作的场所。

ZN28G—12 为 ZN28A—12 的派生型号，该产品采取了断路器和操动机构前后布置的一体化方式，安装及使用时更为方便，性能更加稳定可直接配置 CD17 电磁机构 CT19 弹簧机构。

ZN28C—12 为 ZN28A—12 的派生型号，该产品为手车式结构，可以组装 KYN1—12 手车、KYN18—12 手车、JYN2—12 手车、JYN3—12 手车，断路器和操动机构采取上下布置的方式，可配置 CD17 电磁机构或 CT19 弹簧机构。

二、型号含义

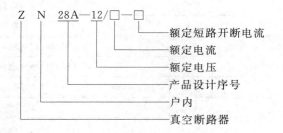

```
Z  N  28A—12/□—□
```

- 额定短路开断电流
- 额定电流
- 额定电压
- 产品设计序号
- 户内
- 真空断路器

三、使用环境

（1）周围空气温度：上限＋40℃，下限－10℃（允许在－30℃时储运）。

（2）相对湿度：日平均值不大于95％；月平均不大于90％。日平均饱和蒸气压：日平均不大于2.2kPa，月平均饱和蒸气压不大于1.8kPa。

（3）海拔：不超过2000m（2500m为高原型）。

（4）地震烈度：不超过8度。

（5）无火灾、爆炸危险、严重污秽、化学腐蚀及剧烈振动的场所。

四、技术数据

振亚电气 ZN28A—12 户内高压真空断路器技术数据，见表17－10。

表 17－10　振亚电气 ZN28A—12 户内高压真空断路器技术数据

序号	项　目	单位	参　数		
			ZN28A—12/630、1000、1250—20	ZN28A—12/630、1250、1600—25	ZN28A—12/630、1250、2500—31.5
1	额定电压	kV	12	12	12
2	额定电流	A	630、1000、1250	630、1250、1600	1250、1600、2000、2500
3	额定短路开断电流	kA	20	25	31.5
4	额定短路关合电流（峰值）	kA	50	63	80
5	额定耐受电流（峰值）	kA	50	63	80
6	额定短时耐受电流	kA	20	25	31.5
7	额定短时持续时间	s	4	4	4
8	额定短路开断电流开断次数	次	50	50	50
9	额定操作顺序		分—0.3s—合分—180s—合分		
10	1min 工频耐受电压（有效值）	kV	42	42	42
11	雷电冲击耐压		75	75	75
12	机械寿命	次	10000	10000	10000
13	触头开距	mm	11±1	11±1	11±1
14	接触行程	mm	4±1	4±1	4±1
15	三相分合闸同期性	ms	≤2	≤2	≤2
16	合闸触头弹跳时间	ms	≤2	≤2	≤2

序号	项　目	单位	参　数		
			ZN28A—12/630、1000、1250—20	ZN28A—12/630、1250、1600—25	ZN28A—12/630、1250、2500—31.5
17	极间中心距	mm	250±5	250±5	250±5
18	平均分闸速度（接触油缓冲器前）	m/s	0.7～1.3	0.7～1.3	0.9～1.3
19	平均合闸速度	m/s	0.4～0.8	0.4～0.8	0.4～0.8
20	动静触头累计允许磨损厚度	mm	3	3	3

仁益电气 ZN28—12 系列户内高压真空断路器技术数据，见表 17-11。

表 17-11　仁益电气 ZN28—12 系列户内高压真空断路器技术数据

序号	名　称	单位	参　数			
			20kA	25kA	31.5kA	40kA
1	额定电压	kV	12			
2	额定电流	A	630,100,1250	1250,1600	1250,1600,2000,2500	1600,2500,3150
3	额定短路开断电流	kA	20	25	31.5	40
4	额定短路开合电流（峰值）	kA	50	63	80	100
5	额定峰值耐受电流	kA	50	63	80	100
6	4s 额定短时耐受电流	kA	20	25	31.5	40
7	额定绝缘水平　工频耐压（额定开断前后）	kV	42（断口 48）			
	冲击耐压（额定开断前后）		75（断口 84）			
8	额定操作顺序		分—0.5s—合分—180s—合分			
9	机械寿命	次	10000			
10	额定短路开断电流开断次数	次	30			20
11	操动机构额定合闸电压（直流）	V	110,220		220	
12	操动机构额定合闸电流（直流）	A	71			128
13	操动机构额定分闸电压（直流）	V	110,220			
14	操动机构额定分闸电流（直流）	A	3.0,1.5			
15	触头开距	mm	11±1			
16	超行程（触头弹簧压缩长度）	mm	4±1			
17	三相分、合闸不同期性	ms	≤2			
18	触头合闸弹跳时间	ms	≤2			
19	平均分闸速度（不包括油缓冲器）	m/s	1.2±0.3			
20	平均合闸速度	m/s	0.6±0.2			
21	分闸时间　最高操作电压下	s	≤0.06			
	最低操作电压下		≤0.08			
22	合闸时间	s	≤0.2			
23	各相主回路电阻	μΩ	≤40			≤20
24	动静触头允许摩擦累积厚度	mm	3			
25	油缓冲器缓冲行程	mm	10			

五、生产厂

乐清市振亚电气有限公司、乐清市仁益电气有限公司。

17.2.5   ZN□—12 型户内高压真空断路器

一、结构特点

ZN□—12 型户内高压真空断路器是通过 APG 工艺，将真空灭弧室固封于环氧树脂的相柱内，它克服了将真空灭弧室安装在绝缘筒内所受外界环境的污染及影响，例如：灰尘及凝露。使真空灭弧室不与外界空气相接触，避免了真空灭弧室瓷壳的沿面放电。

ZN□—12 型户内高压真空断路器采用新型触头材料，提高了开断能力和绝缘可靠性。由于真空灭弧室不需要设计大的沿面距离，且经过电场、磁场及结构优化设计，做到了体积小、成本低；真空灭弧室外的绝缘不受外界环境的影响，提高了真空灭弧室外绝缘的可靠性；由于绝缘性能的提高，断路器的相间中心距降为 150mm，使开关手车与开关柜的体积进一步缩小。开关柜的宽度可以实现 650mm。

本产品总结了几年来国内外弹簧机构的运行经验，设计出了动作稳定可靠的弹簧机构。其可靠的弹簧机构是保证断路器实现免维护的另一重要措施，并且可配用长寿命的永磁机构加以延长使用寿命。

二、技术数据

ZN□—12 型户内高压真空断路器技术数据，见表 17 - 12。

表 17 - 12   ZN□—12 型户内高压真空断路器技术数据

序号	名　称		单位	参　　数
1	额定电压		kV	12
2	额定绝缘水平	1min 工频耐压	kV	42
		雷电冲击耐受电压（峰值）		75
3	额定频率		Hz	50
4	额定电流		A	1250，2000，3150
5	额定短路开断电流（有效值）		kA	31.5，40
6	额定动稳定电流（峰值）		kA	80，100
7	4s 热稳定电流（有效值）		kA	31.5
8	额定操作顺序			分—0.3s—合分—180s—合分
9	分合闸机构电源额定电压		V	AC：110；20；DC：48，10，20

三、生产厂

北京北开电气股份有限公司、西安高压电器研究所。

17.2.6   3AV5 新型 12kV 真空断路器

一、结构特点

3AV5 型真空断路器是针对新型固定柜设计开发的新产品，以单元概念进行整体结构设计，具有广泛的适用性。采用灭弧室和机构上下布置的结构形式，减小了断路器的深度和宽度。产品设计实现了计算机三维造型、分析及校验。设计更加精确、可靠。

3AV5 型真空断路器的各项技术数据和技术性能指标符合国家标准、行业标准、IEC

标准以及本产品技术条件规定。其灭弧室使用最新设计的小型化真空灭弧室，铜铬合金触头，纵磁灭弧原理以及优化的屏蔽结构，使其具有优良的绝缘水平和开断性能。

3AV5 型真空断路器的绝缘结构设计采用技术成熟的复合绝缘结构。能够满足正常运行条件下的空气距离和爬电比距的要求。绝缘结构的最大特点之一是它具有广泛的适用性，特别利于产品的系列化发展。

3AV5 型真空断路器的操动机构配用专用弹簧操作机构。一体化的设计使其具有良好的配合特性。新材料、新元件、新工艺结合简单的结构，显著提高了机构的可靠性。弹簧操作机构的设计目标是实现免维护 1 万次操作，机械寿命 3 万次

二、技术数据

3AV5 型 12kV 真空断路器技术数据，见表 17-13。

表 17-13　3AV5 型 12kV 真空断路器技术数据

额定电压（kV）	12	免维护机械寿命（次）	10000	额定短路持续时间（s）	4
额定频率（Hz）	50	额定短路开断电流（kA）	31.5	额定峰值耐受电流（kA）	80
额定电流（A）	1250、1600、2000	额定短时工频耐受电压（kV）	42	额定短路电流开断次数（次）	50
		额定雷电冲击耐受电压（kV）	75		
额定短路关合电流（kA）	80	额定短时耐受电流（kA）	31.5	机械寿命（次）	30000

三、生产厂

西安高压电器研究所。

17.3　12kV 级 ZW 系列真空断路器

17.3.1　户外柱上 ZW 系列真空断路器

一、概述

ZW 系列柱上真空断路器是户外高压真空断路器的一种，使用时通常安装在高压架空配电线路的柱上，适用于农网、城网中的交流 50Hz 三相电力系统中，作为分、合闸负荷电流、过载电流及短路电流之用。

柱上真空断路器分类，见表 17-14。

表 17-14　ZW 系列柱上真空断路器分类表

分　类　方　式	类　　型
按额定电压（kV）	10，35
按总体布置	三相共箱式、瓷柱式
按能否自动重合闸	能自动重合闸、不能自动重合闸
按操动机构类型	人力储能弹簧机构、电动弹簧机构、电磁机构、重锤机构

柱上真空断路器的短路开断能力大、满容量开断次数多、机械电气寿命长。如真空灭弧室外径仅 80mm 的柱上真空断路器，短路开断电流可达 12.5～16kA；满容量开断次数 30～50 次，为柱上油断路器和柱上产气式断路器的 10～15 倍，为柱上 SF_6 断路器的 2～3 倍；机

械电气寿命达 10000～20000 次，为柱上油断路器和柱上产气式断路器的 5～10、3～6 倍。柱上真空断路器长期使用几乎不用维修，是我国柱上断路器的生产方向之一。

二、结构特点

柱上真空断路器按总体布置方式可分为三相共箱式和瓷柱式。三相共箱式按瓷套的安装方向又可分为垂直安装和水平安装。瓷套安装结构中有不带串联间隙和带串联间隙两种。各种典型结构的特点见表 17-15。

表 17-15　柱上真空断路器的典型结构

类　别	三相共箱式			瓷柱式
	瓷套垂直安装	瓷套水平安装		
		不带串联间隙	带串联间隙	
适用电压等级（kV）	10			10，35
结构特点	主要零部件安装在箱盖上，便于装配、调整、吊芯检查。由于装配接缝均在上部，充变压器油时不易渗漏油	断路器高度低，变压器油量少，瓷套在油面之下，法兰密封性好。断路器重心低，抗震性好。但不能吊芯，装配较困难	带串联间隙后，断口耐压强度高，但结构复杂	体积小，充填防凝露介质量少，质量轻，但安装电流互感器困难。适用于35kV电压等级

柱上真空断路器箱体内充变压器油或 SF_6 气体，有防凝露强化真空灭弧室的外绝缘及断路器的相间和对地绝缘的作用，大大缩小了真空灭弧室和柱上真空断路器的体积。柱上真空断路器安装在柱上使用，人们不易接近，各种指示装置（如分、合指示，弹簧机构的储能指示等）齐全、醒目，使站在地面上的工作人员能够正确区分。

柱上真空断路器设有安全阀，以防开关内部发生短路时能够释放压力。安全阀的设计使释放压力方向向上，以免伤害行人，同时能防止雨水进入开关内部。

用于柱上真空断路器的弹簧机构储能方式有人力储能和电动储能。弹簧机构有手动分合闸、电动分合闸（当有操作电源时）和过流脱扣等功能。过流脱扣采用二次脱扣方式，过流脱扣器利用断路器主回路电流经由电流互感器供电。电流互感器有两只，安装在断路器两边的瓷套上，二次侧额定电流为 5A。当通过过流脱扣器的电流大于 $1.1×5A$ 时，过流脱扣器使断路器可靠分闸。由于农村电网的负荷一般很小，随季节和时间波动很大，因此用于农电网的柱上真空断路器附装的电流互感器规格较多，常用的变比有 50/5、100/5、150/5、200/5、400/5、600/5A。

三、技术数据

柱上真空断路器的技术数据，见表 17-16、表 17-17。

表 17-16　10kV 柱上真空断路器技术数据

10kV 柱上真空断路器		用于农网	用于城网	10kV 柱上真空断路器	用于农网	用于城网
额定电压（kV）		10		额定电流（A）	200，400	400，630
额定绝缘水平（kV）	1min 工频耐压 干式	42		额定短路开断电流（kA）	31.5，6.3	6.3，12.5
	湿式	34		额定短路开断电流开断次数（次）	20，30	30，50
	雷电冲击耐压（峰值）	75		机械寿命（次）	10000	

表 17-17 ZW1 和 ZW□型柱上真空断路器技术数据

型 号			ZW1	ZW□	型 号	ZW1	ZW□
额定电压（kV）			10		额定短时耐受电流（4s）（kA）	6.3, 12.5, 16	12.5
最高电压（kV）			11.5		额定短路关合电流（峰值）（kA）	16, 31.5, 40	31.5
额定绝缘水平（海拔 2000m）（kV）	1min工频耐压	干式	42		额定峰值耐受电流（kA）		
		湿式	34		全开断时间（s）	≤0.125	
	雷电冲击耐压		75		额定短路持续时间（s）	4	
额定电流（A）			630		机械寿命（次）	10000	
额定短路开断电流（kA）			6.3, 12.5, 16	12.5	额定操作电压及辅助回路额定电压（V）	交流或直流 220	
额定操作顺序			分—0.3s—合分—180s—合分		过电流脱扣器额定电流（A）	5	
额定短路开断电流开断次数（次）			30				

注　1. ZW□型产品的箱体内充 SF$_6$ 气体。
　　2. ZW1 型产品的箱体内充变压器油。

四、生产厂

北京北开电气股份有限公司、武汉新马高压开关有限公司、宁波天安（集团）有限公司（象山高压电器厂）。

17.3.2　ZW□—12 户外柱上真空断路器（重合器）

一、结构特点

该断路器（重合器）用于交流 50Hz 的三相电力系统，作为分、合负荷电流、过载电流及短路电流之用。本产品可以作为普通的断路器使用，也可以作为重合器与分段器配合使用，还可以作为自动配电开关与供电所内中央集中控制台配合使用，实现供电系统自动化、智能化。

该产品由两大部分组成，一部分为开关本体，另一部分为控制器单元。

开关本体为三相共箱式结构，采用 SF$_6$ 气体作为绝缘，避免凝露、减小尺寸。配置双稳态电磁机构（即永磁机构），可置于 SF$_6$ 箱体内，避免大气污染和锈蚀，进一步提高了可靠性，可称为免维护产品。三相灭弧室装在一个绝缘支架上，保证了三相之间的整体性。绝缘支架装在机构的安装板上，使机构与灭弧室之间的传动与固定安装环节最少，且使机构与灭弧室自成一体，产品的机械特性仅决定于机构与装有灭弧室的绝缘支架的联合体，而与外壳无关。在该部分装入外壳以前，可对灭弧室动触头的开距、超程及分、合闸速度等机械特性进行调整，待满足技术要求后，将该整体装入不锈钢外壳内，只需连接导电部分即可。

该断路器采用永磁机构，并将机构一同装入充 SF$_6$ 气体的箱体内，免受外界环境的污染和锈蚀，可做到免维护。当需要进行手动紧急脱扣时，只需大约几公斤的力，拉动脱扣装置即可。壳体采用不锈钢焊接而成，有利于防止锈蚀，壳体的形状为圆筒形，工艺性好，易密封。进出线套管采用户外环氧树脂浇注而成，且将电流互感器与套管浇注在一起，即节省空间，又改善了套管周围的电场，还易于安装。

本产品的控制单元具有三大功能：

（1）可以解决柱上开关的电源问题。该控制单元可从开关的电流互感器获得能量，对蓄电池组进行浮充电。

（2）保护功能：该控制器可以提供包括过载延时、短路速断或有效避涌流等各种功能的保护措施，且可以根据现场的需要进行整定，过电流倍数整定范围为 0.2～1.2 的额定值。

（3）控制开关的合、分闸功能。对开关的合、分闸动作进行当地操作，也可以进行远动操作。

二、技术数据

ZW□—12 户外柱上真空断路器技术数据，见表 17－18。

表 17－18　ZW□—12 户外柱上真空断路器技术数据

项　　目	单位	参数	项　　目		单位	参数
额定电压	kV	12	1min 工频耐压	干式	kV	42
额定电流	A	630		湿式	kV	34
额定短路开断电流	kA	16, 20	雷电冲击耐压、相间及相对地		kV	75
关合电流	kA	40, 50	机械寿命		次	10000
短路持续时间	s	4				

三、主要引用标准

GB/T 11022—1999《高压开关设备和控制设备标准的共用技术要求》；

GB 1984—1989《交流高压断路器》；

JB 3855—1996《3.6—40.5kV 户内交流高压真空断路器》。

四、生产厂

北京北开电气股份有限公司、西安高压电器研究所、上海华通开关厂。

17.3.3　ZW6—12／630—16（20）型户外高压真空断路器

一、概述

ZW6—12/630—16（20）型户外高压真空断路器适用于 12kV 及以下、交流 50Hz 的三相电力系统。主要用于农网和城网作分、合负荷电流过载电流及短路电流之用，也可用于其它类似场所，还可作为城市市区 12kV 级电网的分段开关。

二、使用环境

（1）周围空气温度：上限＋40℃，下限－40℃。

（2）海拔：＜2000m。

（3）相对湿度：日平均不大于 95％，月平均不大于 90％。

（4）风压：不超过 700Pa（相当于风速 34m/s）。

（5）空气污秽程度按 GB 5582 规定为Ⅳ级。

（6）地震烈度不超过 8 度。

三、型号含义

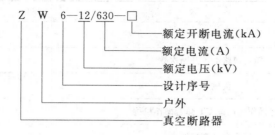

四、技术数据

断路器的装配调整技术数据，见表 17－19。

表 17－19　断路器的装配调整技术数据

序号	项　　目		单位	参　　数
1	触头开距		mm	9±1
2	触头超程			3±1
3	平均合闸速度		m/s	0.6±0.2
4	平均分闸速度			1.0±0.2
5	触头合闸弹跳时间		ms	≤2
6	三相分闸同期性		ms	≤2
7	合闸时间			≤0.1
8	分闸时间	最高操作电压	s	≤0.06
		最低操作电压		≤0.1
9	每相回路直流电阻		μΩ	≤200
10	相间中间距（灭弧室端）		mm	193

断路器的额定技术数据，见表 17－20。

表 17－20　断路器的额定技术数据

序号	名　　称			单位	参　　数
1	额定电压			kV	12
2	额定绝缘水平	1min工频耐压	干式	kV	42
			湿式（对地）		34
		雷电冲击耐压（峰值）			75
3	额定电流			A	630
4	额定频率			Hz	50
5	额定短路开断电流			kA	12.5，16，20
6	额定短路关合电流（峰值）				31.5，40，50
7	额定峰值耐受电流				31.5，40，50
8	额定短时耐受电流				12.5，16，20

序号	名　　称	单位	参　　数
9	操作顺序		分—0.3s—合分—180s—合分
10	额定短路电流开断次数	次	30
11	机械寿命	V	10000
12	额定操作电压配 CT 弹簧操作机构		DC24 48V AC DC110V 220V
13	触头允许磨损厚度	mm	3
14	过电流脱扣器额定电流	A	5
15	重量	kg	130（标准）

五、外形及安装尺寸

ZW6—12/630—16（20）型户外高压真空断路器技术数据，见图 17-4。

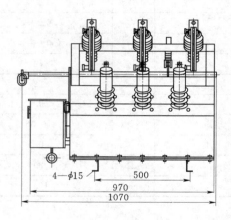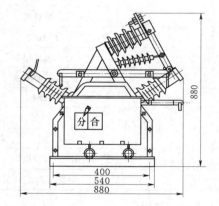

图 17-4　ZW6—12/630—16（20）型户外高压真空断路器技术数据

六、生产厂

上海勇高电气制造有限公司。

17.3.4　ZW8—12 系列户外高压真空断路器

一、概述

ZW8—12 系列真空断路器为额定电压 12kV、三相交流 50Hz 的高压户外开关设备，主要用来开断关农网、城网和小型电力系统的负荷电流、过载电流、短路电流。该产品总体结构为三相共箱式，三相真空灭弧室置于金属箱内，利用 SMC 绝缘材料相间绝缘及对地绝缘，性能可靠，绝缘强度高。

ZW8A—12 是由 ZW8—12 断路器与隔离刀组合而成的，称为组合断路器，可作为分段开关使用。

本系列产品的操动机构为 CT23 型弹簧储能操动机构，分为电动和手动二种。

二、型号含义

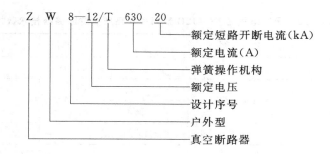

```
Z  W  8—12/T 630 20
                   └── 额定短路开断电流（kA）
                └───── 额定电流（A）
            └───────── 弹簧操作机构
         └──────────── 额定电压
      └─────────────── 设计序号
   └────────────────── 户外型
└───────────────────── 真空断路器
```

三、技术数据

仁益电气 ZW8—12 系列户外高压真空断路器技术数据，见表 17-21。

表 17-21　仁益电气 ZW8—12 系列户外高压真空断路器技术数据

序号	名　称		单位	数据		
				6.3kA	12.5kA	20kA
1	额定电压		kV	12		
2	额定电流		A	630		
3	额定短路负载开断电流		kA	6.3	12.5	20
4	额定短路关合电流（峰值）		kA	16	31.5	50
5	额定峰值耐受电流		kA	16	31.5	50
6	额定短时 1min 耐受电流		kA	63	12.5	20
7	额定绝缘水平	工频耐压（干式）	kV	42		
		雷电冲击耐压（峰值）		75		
8	额定操作顺序			分—0.3s—合分—180s—合分		
9	机械寿命		次	10000		
10	额定短路开断电流开断次数		次	30		
11	操动机构额定合闸电压		V	110，220		
12	操动机构额定分闸电流		A	110，220		
13	触头开距		mm	11±1		
14	超行程（触头弹簧压缩长度）		mm	3		
15	三相分、合闸不同期性		ms	≤2		
16	触头合闸弹跳时间		ms	≤2		
17	平均分闸速度		m/s	1.0±0.2		
18	平均合闸速度		m/s	0.7±0.15		
19	分闸时间	最高操作电压下	s	0.015～0.05		
		最低操作电压下		0.03～0.06		
20	合闸时间		s	0.025～0.05		
21	各相主回路电阻		μΩ	≤120		
22	动静触头允许摩擦累积厚度		mm	3		

勇高电气 ZW8—12G 系列户外高压真空断路器技术数据，见表 17-22。

表 17-22　勇高电气 ZW8—12G 系列户外高压真空断路器技术数据

序号	名　称			单位	数　据
1	额定电压			kV	12
2	额定绝缘水平	1min 工频耐压	干式		42
			湿式		34
		雷电冲击耐压（峰值）			75
3	额定电流			A	630、400、200
4	额定短路开断电流			kA	20、16、12.5
5	额定操作顺序				分—0.3s—合分—180s—合分
6	额定短路开断电流次数			次	30
7	额定短路关合电流（峰值）				50
8	额定峰值耐受电压			kA	
9	额定短时耐受电流				20
10	额定短路持续时间			s	4
11	分闸时间（分励脱扣）	最高操作电压		M/s	15～50
		额定操作电压			
		最低操作电压			30～60
12	合闸时间				25～60
13	全开断时间				≤100
14	燃弧时间				≤20
15	机械寿命			次	1000
16	合闸功			J	70
17	储能电机额定输入功率			W	≤250
18	额定操作电压及辅助回路额定电压			V	DC220/110/24
					AC220/110/24
19	额定电压下储能时间			s	<10
20	过电流脱扣器	额定电流		A	5
		脱扣电流准确度		%	±10

四、外形及安装尺寸

仁益电气 ZW8—12 系列户外高压真空断路器外形及安装尺寸，见图 17-5。

勇高电气 ZW8—12G 系列户外高压真空断路器外形及安装尺寸，见图 17-6。

五、生产厂

乐清市仁益电气有限公司、上海勇高电气制造有限公司。

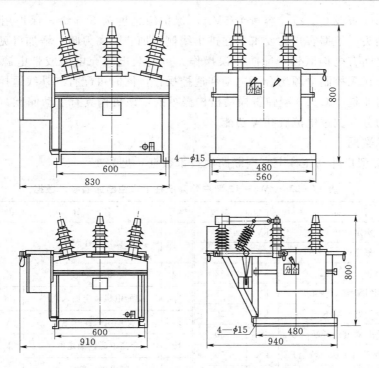

图 17-5　仁益电气 ZW8—12 系列户外高压真空断路器外形及安装尺寸

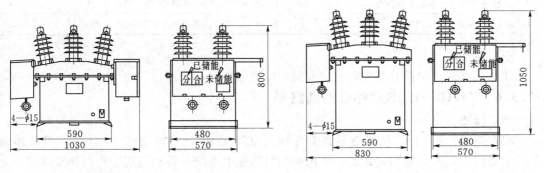

电子 PT 型断路器外形尺寸及安装尺寸　　　　　　重合器外形及安装尺寸

图 17-6　勇高电气 ZW8—12G 系列户外高压真空断路器外形及安装尺寸

17.3.5　ZW8—12 型户外高压柱上真空断路器

一、结构特点

ZW8—12 型户外高压柱上真空断路器为额定电压 12kV，三相交流 50Hz 的户外开关设备，主要用于开断、关合 10kV 线路负荷电流，过载电流及短路电流，也可作为农网和小型电力系统的分段开关。是城网、农网无油化的更新换代产品。

三相共箱式结构，设计紧凑。导电杆外绝缘采用硅橡胶，能适应恶劣的气候条件和污秽环境。真空灭弧室采用陶瓷外壳、杯状纵磁场触头结构，铜铬触头材料，具有优良的开断和关合短路电流能力。断路器可根据用户要求配置单保护或测量两用的电流互感器，测量级精度为 0.5 级或 0.2 级，容量为 5VA，保护级精度为 3.0 级，保护用互感器可根据用户要求多抽头。根据客户的要求，在进出线侧可加装隔离刀闸，增加可见断口，隔离刀闸和断路器之间有机构联锁，能防止误操作。可配装电流充电型或带电源变压器自备电源，方便用户在无控制电源场合下电动和遥控操作，同时可配有红外线遥控实现杆下遥控操作。本断路器是由 CT23 型弹簧操动机构操纵的，该机构具有手动储能，手动分合，电动储能，电动分合及过电流脱扣等功能。

二、技术数据

ZW8—12 型户外高压柱上真空断路器技术数据，见表 17 - 23。

表 17 - 23　ZW8—12 型户外高压柱上真空断路器技术数据

序号	名　　称	单位	参数	序号	名　　称	单位	参数
1	额定电压	kV	12	11	额定操作顺序		分—0.3s—合分 —180s—合分
2	额定电流	A	630				
3	1min 工频耐压	kV	42	12	机械寿命	次	10000
4	雷电冲击耐压（峰值）	kV	75	13	储能电机额定输入功率	W	＜250
5	额定短路开断电流	kA	20	14	储能电机操作电压	V	AC220、DC220
6	额定短路开断电流开断次数	次	30	15	合闸电磁铁额定电压	V	AC220、DC220
7	额定短路关合电流（峰值）	kA	50	16	分闸电磁铁额定电压	V	AC220、DC220
8	额定峰值耐受电流（动稳定）	kA	50	17	过电流脱扣电磁铁额定电流	A	5
9	额定短时耐受电流（热稳定）	kA	20	18	动、静触头允许磨损厚度	mm	3
10	额定短路持续时间	s	4				

三、生产厂

北京北开电气股份有限公司、西安高压电器研究所。

17.3.6　ZW10—12 型户外真空断路器

一、概述

ZW10—12 型户外高压真空断路器为额定电压 12kV、三相交流 50Hz 的户外配电设备，主要用于农网、城网、铁道、矿山和港口等配电系统，特别适用于户外架空线路、开断、关合电力系统中的负荷电流、过载电流及短路电流，对电网进行切换和保护。

二、型号含义

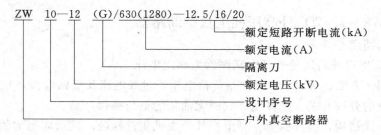

三、技术数据

ZW10—12 型户外真空断路器技术数据，见表 17 - 24。

表 17 - 24　ZW10—12 型户外真空断路器技术数据

序号	项　　目	单位	参数		
1	额定电压	kV	12		
2	额定电流	A	630、1250		
3	额定频率	Hz	50		
4	额定短路开断电流	kA	12.5	16	20
5	额定峰值耐受电流（峰值）	kA	31.5	40	50
6	额定短时耐受电流（4s）	kA	12.5	16	20
7	额定短路关合电流（峰值）	kA	31.5	40	50
8	额定短路开断电流开断次数	次	30		
9	机械寿命	次	10000		
10	工频耐压（1min）	kV	42		
11	雷电冲击耐受电压（峰值）	kV	75		
12	二次回路 1min 工频耐压	kV	2		
13	净重	kg	150		

四、外形及安装尺寸

ZW10—12 型户外真空断路器外形及安装尺寸，见图 17 - 7。

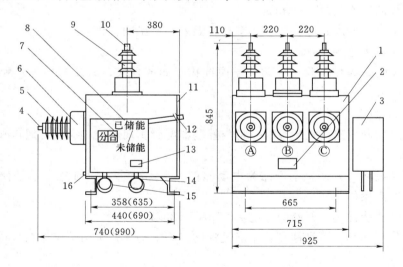

图 17 - 7　ZW10—12 型户外真空断路器外形及安装尺寸

1—箱体；2—产品铭牌；3—操作机构；4—接线端子；5—绝缘导电杆；6—电力互感器；
7—分合指针；8—储能指针；9—绝缘筒；10—接线端子；11—后盖板；12—储能
摇柄；13—操作机构铭牌；14—手动合闸拉环；15—手动
分闸拉环；16—接地螺栓

五、生产厂

乐清市仁益电气有限公司。

17.3.7 ZW20—12 型看门狗高压真空断路器

一、概述

ZW20—12 型户外交流真空断路器为额定电压 12kV、三相交流 50Hz 的户外高压开关设备。主要用于开断、关合电力系统的负载电流、过载电流及短路电流。适用于变电站、工矿企业及城、农网作保护和控制，特别适用于操作频繁场所和城网自动化配电网络。

产品符合 GB 1984 高压交流断路器、GB/T 11022 高压开关设备和控制设备标准的共用技术要求。

二、型号含义

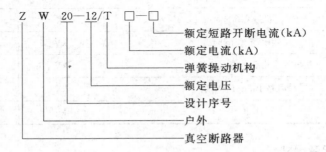

三、使用环境

（1）海拔高度不超过 1000m。

（2）周围空气温度：−40～+40℃；日温差：日温度变化<25℃。

（3）风速不大于 34m/s。

（4）无易燃、爆炸危险、强化化学腐蚀物（如各种酸、碱或浓烟等）和剧烈震动的场所。

四、产品特点

（1）城、农网改造的理想设备：可与控制器配套实现遥控、遥测、遥信和遥调，实现"四遥"功能。

（2）操作灵活、方便：本产品为电动储能、电动分合，同时具有手动储能、手动分合，并能近距离操作。

（3）开断性能优越：开断短路电流 25kA 达 30 次。

（4）操作功率小、可靠性高：全新设计的小型电动弹簧机构的操作功（约 30W 左右）降低到最低水平。

（5）安装方式灵活：可采用柱上吊装或座装方式。

（6）密封性能可靠：SF_6 压力为零表压且采用成熟的密封结构技术，密封性能可靠，不易泄露。

（7）独特的进出线方式：采用硅橡胶管，使接线端子之间绝缘距离充裕，外绝缘特性优良。

（8）使用安全：在箱体顶部安装有防爆装置，即使发生内部故障，也不会有高温气体或飞溅物泄露出来。

五、技术数据

振亚电气ZW20—12型看门狗高压真空断路器技术数据，见表17-25。

表17-25　振亚电气ZW20—12型看门狗高压真空断路器技术数据

序号	项 目 名 称	单位	参　　数
1	额定电压	kV	12/24
2	额定频率	Hz	50
3	额定电流	A	630/1000
4	额定短路开断电流	kA	12.5/16/20/25
5	额定峰值耐受电流（峰值）	kA	31.5/40/50/63
6	额定短时耐受电流（4s）	kA	12.5/16/20/25
7	额定短路关合电流（峰值）	kA	31.5/40/50/63
8	机械寿命次数	次	10000
9	额定短路开断电流开断次数	次	30
10	1min工频耐受电压（相间/对地/断口）	kV	42/49/60
11	雷电冲击耐受电压峰值（相间/对地/断口）	kV	75/85/125
12	二次回路1min工频耐压	kV	2
13	净重	kg	140
14	SF$_6$气体额定表压	MPa	0

注　当产品使用地点海拔超过1000m时，绝缘水平应按相应的修正系数进行校正。

永新电气ZW20A—12型户外交流高压真空断路器技术数据，见表17-26。

表17-26　永新电气ZW20A—12型户外交流高压真空断路器技术数据

序号	项　　目	单位	数　　值
1	额定电压	kV	12
2	额定频率	Hz	50
3	额定电流	A	630
4	额定短路开断电流	kA	20
5	额定短路开断电流开断次数	次	30
6	额定短路关合电流（峰值）	kA	50
7	额定峰值耐受电流	kA	50
8	额定短时耐受电流（4s）	kA	20
9	1min额定工频耐受电压：相间、对地/断口	kV	42/49
10	雷电冲击耐受电压（峰值）相间、对地/断口	kV	75/85
11	二次回路1min工频耐压	V	2000
12	各相导电回路电阻	μΩ	≤120
13	机械寿命	次	10000
14	触头开距	mm	$9^{+1}_{-0.5}$

序号	项　目	单位	数　值
15	触头超行程	mm	$3^{+1}_{-0.5}$
16	分闸速度（触头分离后0～6mm）	m/s	1.2±0.2
17	合闸速度（触头接触前6～0mm）	m/s	0.6±0.2
18	分闸时间	ms	18～45
19	合闸时间	ms	20～60
20	触头合闸弹跳时间	ms	≤2
21	三相分合闸不同期性	ms	≤2
22	储能电动机额定功率	W	≯40
23	相间中心距离	mm	135±1.5
24	总重量	kg	177

六、外形及安装尺寸

振亚电气 ZW20—12 型看门狗高压真空断路器外形及安装尺寸，见图 17-8。

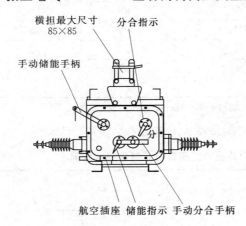

横担最大尺寸 85×85　分合指示

手动储能手柄

分

航空插座　储能指示　手动分合手柄

基本配置
1. 电流互感器保护级 2 只；
2. 弹簧机构 220V；
3. 避涌流装置。

可选配置
1. 电流互感器计量级 3 只、200/5 及以上；
2. 外置式电压互感器 2 只（控制电源及计量用）；
3. 可与重合控制器及各种 FTU、RTU 配置使用。

图 17-8　振亚电气 ZW20—12 看门狗高压真空断路器外形及安装尺寸

七、生产厂

乐清市振亚电气有限公司、许昌永新电气股份有限公司。

17.3.8　ZW27—12（G）型户外高压真空断路器

一、概述

ZW27A—12/□—□型户外柱上无油化高压真空断路器综合了目前国内柱上真空断路器的优点，吸收了卡卡西东芝公司 VSP5 柱上的自动分段器的成熟经验，性能上领先于国内同类产品。较好地满足了用电部门的需要，是我国在该领域产品中处于领先地位的真空断路器。

该断路器适用于 12kV 及以下交流 50Hz 的三相电力系统，作为分、合负荷电流、过载电流及开断短路电流之用。

二、型号含义

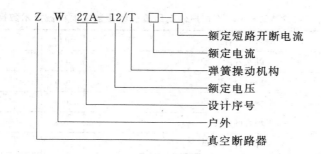

ZW　27A—12/T □—□

- 额定短路开断电流
- 额定电流
- 弹簧操动机构
- 额定电压
- 设计序号
- 户外
- 真空断路器

三、产品特点

(1) 用真空灭弧室灭弧。

(2) 采用空气-硅橡胶、工程塑料复合绝缘。

(3) 可在开关内部安装电压互感器，用于提供操作电源和电压采样。

(4) 方案灵活，可预留自动配电的接口，便于配电自动化的发展。

(5) 主要用于10kV架空线路，作为分、合负荷电流、过载电流和开断短路电流。

(6) 与控制器组合，可作自动重合器或自动分段器使用。

四、技术数据

ZW27—12（G）型户外高压真空断路器技术数据，见表17-27。

表 17 - 27　ZW27—12（G）户外高压真空断路器技术数据

序号	名　称		单位	数　值	
1	额定电压			12	
2	额定绝缘水平 （海拔 2000m）	1min 工频耐压（极间、对地/断口）	kV	干式	42
		雷电冲击耐压（极间、对地）		湿式	34
		雷电冲击耐压（断口）		75	
3	额定频率		Hz	85	
4	额定电流		A	50	
5	额定短路开断电流		kA	630、1000、1250	
6	额定操作顺序			分—0.3s—合分—180s—合分	
7	额定短路电流开断次数		次	12.5、16、20、25	
8	额定短路关合电流（峰值）			30	
9	额定峰值耐受电流		kA	31.5、40、50、63	
10	额定短时耐受电流			12.5、16、20、25	
11	全开断时间			<0.125	
12	额定短路持续时间		s	4	
13	机械寿命		次	10000	
14	触头操作电压及辅助回路额定电压		V	交流或直流 220	
15	过电流脱扣器额定电流		A	5	

ZW27—12（G）型户外高压真空断路器主要机械技术数据，见表 17－28。

表 17－28　ZW27—12（G）户外高压真空断路器主要机械技术数据

序号	名　称	单位	数　值
1	触头开距	mm	9±1
2	触头超行程	mm	2
3	平均分闸速度	m/s	1.0±0.3
4	平均合闸速度	m/s	1.0±0.25
5	触头合闸弹跳时间	ms	≤2
6	三相分闸同期性		≤2
7	合闸时间	s	≤0.1
8	分闸时间（最高额定操作电压）		≤0.06
	分励脱扣（最低操作电压）		≤0.1
9	末相回路直流电阻	μΩ	≤200
10	相间中心距离（从灭弧室端测量）	mm	260±2.0
11	动静触头允许磨损累计厚度		3
12	合闸状态额定触头弹簧压力	N	1800±200、2000±200

五、生产厂

乐清市振亚电气有限公司。

17.3.9　ZW32—12/630—20kA 型真空断路器

一、概述

ZW32—12/630—20kA 型户外高压真空断路器（重合器、分段器）为额定电压12kV、15kV 三相交流 50～60Hz 的户外配电设备，适用于变电站及工矿企业配电系统中作保护和控制之用，以及农村电网频繁操作的场所，还可作为环网供电单元和终端设备，其电能的配、控制和电气设备的保护作用。当断路器与隔离开关组合后，也可作为分段开关使用。主要用来开断、关合电力系统中的负荷电流、过载电流、短路电流。

真空灭弧室采用专利固封技术，外绝缘采用硅橡胶套管，寿命长，可靠性高，耐气候性好，便于运输。性价比高，操作机构采用小型化、高可靠弹簧操作机构，结构简单。机械寿命可达 20000 次。若采用先进的永磁机构，机械性能更稳定可靠，并可装有手动分、合闸机构，必要时可现场手动分、合闸操作。本断路器可与控制器配套即成重合器，实现遥控、遥测、遥信、遥调"四遥"功能。

二、产品特点

无燃烧和爆炸危险、免维护、体积小、重量轻（小于 100kg）、寿命长（万次）、安全可靠、操作简单、维护及安装方便。

三、使用环境

(1) 周围空气温度：上限＋40℃，下限－40℃。

(2) 海拔：2000m（若海拔增高，则额定绝缘水平相应提高）。

(3) 风压：不超过 700Pa（相当于风速 34m/s）。

（4）地震烈度：不超过 8 度。

（5）污秽等级：Ⅳ 级。

（6）最大日温差：不超过 25℃。

（7）相对湿度：日平均不大于 95%，月平均不大于 90%。

（8）无易燃、爆炸危险、化学腐蚀及剧烈振动的场所。

四、型号含义

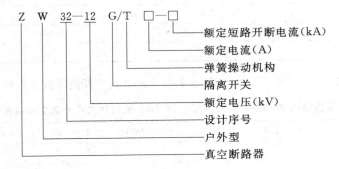

五、技术数据

欧宜电气 ZW32—12/630—20kA 型真空断路器负荷开关主要技术数据，见表 17-29。

表 17-29　欧宜电气 ZW32—12/630—20kA 型真空断路器负荷开关主要技术数据

序号	名　　称	单位	参　　数
1	额定电压	kV	12
2	额定频率	Hz	50
3	额定电流	A	630
4	额定有功负载开断电流	A	630
5	额定短路开断电流	A	630
6	5%额定有功负载开断电流	A	31.5
7	额定电缆充电开断电流	A	10
8	1min 工频耐受电压：真空 断口相关相对地/隔离断口	kV	42/48
9	雷电冲击耐受电压：相间相对地/隔离断口	kV	75/85
10	额定短时耐受电流（热稳定）	kA	20
11	额定短路持续时间	s	4
12	额定峰值耐受电流（动稳定）	kA	50
13	额定短路关合开关	kA	50
14	机械寿命	次	10000
15	真空灭弧室触头允许磨损厚度	mm	0.5
16	手动操作力矩	N·m	≤200
17	额定空载变压器开断容量	kVA	1600
18	额定开断电容器组电流	A	100

欧宜电气负荷开关真空灭弧室装配调整技术数据，见表 17-30。

表 17-30 欧宜电气负荷开关真空灭弧室装配调整技术数据

序号	名 称	单位	参 数
1	触头开距	mm	5±1
2	平均分闸速度	m/s	1.1±0.2
3	三相分闸不同期	ms	<5
4	三相合闸不同期	ms	<5
5	带电体之间及相对地距离	mm	>200
6	辅助同睡电阻	μΩ	>400

勇高电气 ZW32—12、ZW32—12（G）系列柱式户外真空断路器技术数据，见表 17-31。

表 17-31 勇高电气 ZW32—12、ZW32—12（G）系列柱式户外真空断路器技术数据

名 称	单位	ZW32—12(G)/T400—12.5	ZW32—12(G)/T630—16	ZW32—12(G)/T630—20
额定电压	kV	12		
额定电流	A	400	630	630
额定短路开断电流	kA	12.5	16	20
额定短路关合电流（峰值）		31.5	40	50
额定峰值耐受电流		31.5	40	50
额定短时耐受电流		12.5	16	20
额定短路持续时间	s	4		
额定绝缘水平 雷电冲击耐受电压（峰值）	kV	相间、对地 75，断口 85		
1min 工频耐受电压		相间、对地 42，断口 48		
额定操作顺序		分—0.3s—合—180s—合分（电动机构）		
额定短路电流开断次数	次	30		
机械寿命		10000		
额定操作电压（分合线圈）	V	DC220，100，AC220		
动静头允许磨损累计厚度	mm	3		
过电流脱扣器额定电流	A	5		
电流互感器电流比		200/5、400/5、600/5		
触头开距	mm	9±1		
触头超程		2±0.5		
平均分闸速度	m/s	1.2±0.3		
平均合闸速度		0.6±0.2		
分闸时间	ms	30～60		
合闸时间		20～40		
合闸弹跳时间		≤20		
三相分合闸同期性		≤2		

名　称	单位	ZW32—12(G)/T400—12.5	ZW32—12(G)/T630—16	ZW32—12(G)/T630—20
每相回路直流电阻	μΩ		≤80	
储能电机 额定电压	V		—220	
储能电机 额定功率	W		200	
储能电机 储能时间	s		≤8	
隔离开关 回路电阻（断路器接线板至隔离开关进线板间）	μΩ		≤120	
隔离开关 三相刀闸合闸时中心偏摆量	mm		≤2	
隔离开关 三相刀闸分、合闸同期性偏差	mm		≤2	
隔离开关 导电部分对地绝缘距离			≥160	
隔离开关 断口开距			≥200	
重量	kg		80	

振亚电气 ZW32—12 户外高压真空断路器技术数据，见表 17 - 32。

表 17 - 32　振亚电气 ZW32—12 户外高压真空断路器技术数据

序号	项　目		单位	参　数
1	额定电压		kV	12
2	额定电流		A	630
3	工频耐压（1min）		kV	42
4	雷电冲击耐压（峰值）		kV	75
5	额定短路开断电流		kA	12.5、16、20
6	额定短路关合电流（峰值）		kA	31.5、40、50
7	额定峰值耐受电流		kA	31.5、40、50
8	额定短路耐受电流（4s）		kA	12.5、16、20
9	额定操作顺序			分—0.3s—合分—180s—合分
10	额定短路电流开断次数		次	30
11	机械寿命		次	10000
12	储能电机额定电压		V	DC 或 AC220、110、DC24
13	额定操作电压（配专用弹簧操动机构）	分闸线圈	V	DC 或 AC220、110、DC24
13	额定操作电压（配专用弹簧操动机构）	合闸线圈	V	DC 或 AC220、110、DC24
14	过电流脱扣器额定电流		A	5
15	动静触头允许磨损厚度		mm	3
16	重量		kg	80、95（带隔离）
17	极间中心距离		mm	340±1.5

六、外形及安装尺寸

勇高电气 ZW32—12、ZW32—12（G）系列柱式户外真空断路器外形及安装尺寸，见图 17-9。

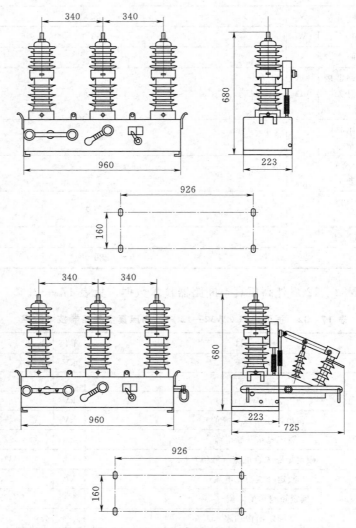

图 17-9　勇高电气 ZW32—12、ZW32—12（G）系列柱式
户外真空断路器外形及安装尺寸

七、生产厂

上海欧宜电气有限公司、上海勇高电气制造有限公司、乐清市振亚电气有限公司。

17.3.10　ZW32—12/630—20 型户外柱上交流高压真空断路器

一、结构特点

ZW32—12/630—20 型户外柱上交流高压真空断路器（以下简称断路器）采用复合绝缘材料压制成型的支柱式结构。整个外形新颖、美观、体积小、重量轻（只有 70kg）。操动机构全新设计，简化了结构，提高了动作的可靠性，达到了免维护要求。

该断路器主要用于开断、关合 10kV 线路负荷电流、过载电流和短路电流，可作为架空线路及工矿企业电力设备的保护和控制之用，更适用于农村电网及频繁操作的场所。

断路器采用聚氨酯材料压制成型的绝缘套筒，爬距可满足Ⅳ级污秽等级（31mm/kV）的要求，所以可用于恶劣的气候条件和严重污秽环境区域。断路器的真空灭弧室和支柱套筒之间用新型的复合材料填充，解决了防凝露问题；采用了全新设计的弹簧操动机构，结构简单、体积小、重量轻、动作可靠；可根据用户要求，装保护用或保护、测量同时用的电流互感器，变比可以按用户要求选择；可根据用户要求，在断路器出线侧加装隔离刀，增加可见断口，隔离刀和断路器之间有机械联锁，防止误操作；可满足电力自动化要求，配置智能化控制器，对断路器实行遥控、遥测、遥信。可选用光缆等多种通讯网络和调度中心计算机接口，实行远动化。

二、技术数据

ZW32—12/630—20 型户外柱上交流高压真空断路器的使用环境为：周围环境温度，最高＋40℃，最低−45℃；海拔不超过 2000m；风速不大于 35m/s；空气污秽程度Ⅳ级；地震强度不超过 8 度；无火灾、无爆炸危险、无腐蚀性气体的场所。

ZW32—12/630—20 型户外柱上交流高压真空断路器技术数据，见表 17-33。

表 17-33 ZW32—12/630—20 型户外柱上交流高压真空断路器的主要技术数据

序号	名　　称		单位	参　　数
1	额定电压		kV	12
2	额定频率		Hz	50
3	额定电流		A	630（400）
4	额定绝缘水平	工频耐压（1min） 对地，相间/断口（干）	kV	42/49
		工频耐压（1min） 对地，相间（湿）		34
		雷电冲击耐压（峰值）对地，相间/断口		75/85
5	额定短路开断电流		kA	20（16）
6	额定短路开断电流开断次数		次	30
7	额定短路关合电流（峰值）		kA	50（40）
8	额定操作顺序			分—0.3s—合分—180s—合分
9	额定峰值耐受电流		kA	50（0）
10	额定短时耐受电流		kA	20（6）
11	额定短路持续时间		s	4
12	二次回路 1min 工频耐压		kV	2
13	机械寿命		次	10000
14	储能电动机额定功率		W	≤40
15	储能电动机额定电压		V	AC220 或 DC220
16	额定分、合闸操作电压		V	AC220 或 DC220
17	过电流脱扣电磁铁额定电流		A	5
18	断路器本体重量		kg	70

注　括弧内表示额定电流为 400A 时的参数值。

三、生产厂

北京北开电气股份有限公司、平顶山天鹰集团有限责任公司。

17.3.11　ZW43—12（G）型户外高压真空断路器

一、概述

ZW43A—12 型户外高压真空断路器为额定电压 12kV、三相交流 50Hz 的户外高压开关设备。主要用于开断、关合电力系统的负载电流、过载电流及短路电流。适用于变电站、工矿企业及城乡配电网作保护和控制，特别适用于操作频繁的场所和城网自动化配电网络。符合下述标准：GB/T 1984《高压交流断路器》、GB/T 11022《高压开关设备和控制设备标准的共用技术要求》、DI 402《交流高压断路器订货技术条件》。

二、型号含义

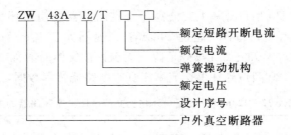

三、产品特点

（1）真空灭弧室采用专利固封技术，体积小，寿命长，可靠性高，屏蔽罩外露；封装在环氧树脂内，耐气候性好，便于运输。

（2）操作机构采用高可靠性的双稳态永磁技术，结构简单，无需维护保养，机械寿命可高达 30000 次。

（3）环氧树脂封装：符合环保要求；已被广泛验证的户外性能；耐臭氧和紫外线；坚固、轻、不易碎裂。

（4）永磁机构：运动部件少；无须维护保养；应用双稳态永磁技术。

（5）采用真空灭弧，固体绝缘，体积小，重量轻，开断容量大，绝缘水平高。

（6）手动分闸装置：当控制系统出现故障时，可用手动分闸作紧急分断操作，可靠开断额定负荷电流。

（7）位置检测器：接近开关装于联动轴上，不需机械元件，简单可靠检测开关的分合位置。

（8）开关外壳采用不锈钢或喷塑处理，耐腐蚀性、耐气候性好。

（9）可外加隔离开关，形成可见断口并可靠联锁，组成组合电器。

（10）可与控制器配套实现遥控、遥测、遥信、遥调"四遥"功能。

四、技术数据

振亚电气 ZW43—12（G）型户外高压真空断路器技术数据，见表 17-34。

表 17-34 振亚电气 ZW43—12 (G) 型户外高压真空断路器技术数据

序号	名 称		单位	数 值	
1	额定电压			12	
2	额定绝缘水平	1min 工频耐压（极间、对地/断口）	kV	干	42/49
				湿	34
		雷电冲击耐压（极间、对地）		75	
		雷电冲击耐压（断口）		85	
3	额定频率		Hz	50	
4	额定电流		A	630	
5	额定短时耐受电流及持续时间		kA/4s	20	
6	额定短路开断电流			20	
7	额定短路关合电流		kA	50	
8	额定峰值耐受电流			50	
9	额定操作顺序			分—0.3s—合分—180s—合分	
10	额定短路电流开断次数		次	30	
11	机械寿命			30000	
12	触头累计磨损厚度		mm	3	
13	净重		kg	70	

新机高压开关有限公司 ZW43A—12kV 型户外小型化真空断路器技术数据，见表 17-35 及表 17-36。

表 17-35 新机高压开关有限公司 ZW43A—12kV 型户外小型化真空断路器技术数据

序号	项 目	单位	参 数
1	额定电压	kV	12
2	额定频率	Hz	50
3	额定电流	A	630
4	额定短路开断电流	kA	20
5	额定峰值耐受电流（峰值）	kA	50
6	额定短时耐受电流	kA	20
7	额定短路关合电流（峰值）	kA	50
8	机械寿命	次	10000
9	额定短路开断电流开断次数	次	30
10	工频耐压（1min）：（湿）（干）相间、对地/断口	kV	30/42/48
11	雷电冲击耐受用电流（峰值）相间、对地/断口	kV	75/85
12	二次回路 1min 工频耐压	kV	2

表 17-36　新机高压开关有限公司 ZW43A—12kV 户外小型化真空断路器技术数据

序号	项　目	单　位	参　数
1	触头开距	mm	9±1
2	触头超行程	mm	2±0.5
3	分闸速度	m/s	1.0±0.2
4	合闸速度	m/s	0.6±0.2
5	触头合闸弹跳时间	ms	≤2
6	相间中心距离	mm	340±1.5
7	三相分合闸不同期性	ms	≤2
8	各相导电回路电阻	μΩ	<80
9	合闸时间	ms	25~45
10	分闸时间	ms	23~45

五、外形及安装尺寸

振亚电气 ZW43—12（G）型户外高压真空断路器外形及安装尺寸，见图 17-10。

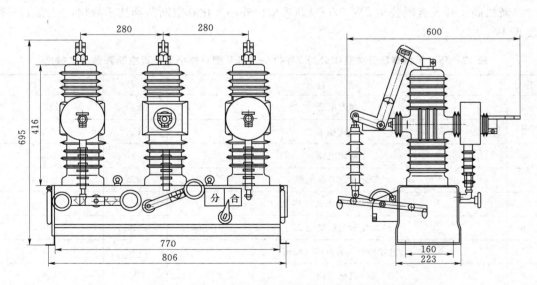

图 17-10　振亚电气 ZW43—12（G）户外高压真空断路器外形及安装尺寸

新机高压开关有限公司 ZW43A—12kV 户外小型化真空断路器外形及安装尺寸，见图 17-11。

六、生产厂

乐清市振亚电气有限公司、乐清市新机高压开关有限公司。

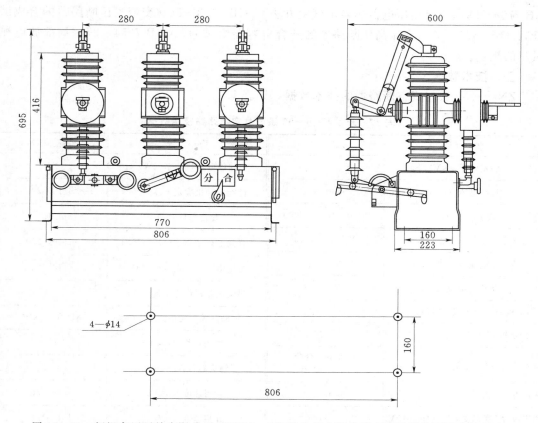

图 17-11　新机高压开关有限公司 ZW43A—12kV 户外小型化真空断路器外形及安装尺寸

17.4　35kV 级 ZN 系列真空断路器

　　35kV 级 ZN 系列真空断路器为三相交流 50Hz 的户内配电装置，配有 CT 系列弹簧操动机构，用于控制和保护交流配电系统，适用于电弧炉变压器等频繁操作的场所。可配GBC、JYN 和 KYN 开关柜。

17.4.1　ZN□—35 系列真空断路器

一、概述

　　ZN□—35 真空断路器为额定电压 35kV、三相交流 50Hz 的户内高压开关设备，是引进德国西门子公司技术制造的产品。操动机构为弹簧储能式，可以用直流操作和手动操作。

　　本断路器结构简单、开断能力强、寿命长、操作功能齐全、无爆炸危险、维修简便，可作发电厂、变电所等输配电系统的控制或保护开关，尤其适用于开断重要负荷及频繁操作的场所。技术性能符合 GB 11022—89《高压开关通用技术要求》。GB 1984—89《交流高压断路器》、GB 311.1—83《高压输变电设备的绝缘配合》、GB 763—90《交流高压电器在长期工作时的发热》、GB 3309—89《高压开关设备常温下的机械试验》、

GB 2706—89《交流高压电器热稳定试验方法》、GB 4473—84《交流高压断路器的合成试验》、GB 7675—87《交流高压断路器的开合电容器组试验》、GB 7354—87《局部放电测量》的规定。

二、技术数据

ZN□—35 系列真空断路器的技术数据，见表 17－37。

表 17－37 ZN□—35 系列真空断路器技术数据

型 号	ZN□—35	型 号	ZN□—35
额定电压（kV）	35	储能电动机功率（W）	275
最高电压（kV）	40.5	储能电动机额定电压（V）	～110，220
额定电流（A）	1250，1600，2000	储能时间（s）	≤15
额定短路开断电流（kA）	25，31.5，20	合闸电磁铁额定电压（V）	—110，220
动稳定电流（峰值，kA）	63，80	分闸电磁铁额定电压（V）	—110，220
4s 热稳定电流（kA）	25，31.5	过流脱扣器额定电流（A）	5
额定短路关合电流（峰值，kA）	63，80	辅助开关额定电流（A）	AC 10，DC 5
额定短路电流开断次数（次）	12	触头行程（mm）	25±2
额定操作顺序	分—0.3s—合分—180s—合分	触头超行程（mm）	8±2
额定雷电冲击耐受电压（全波）(kV)	185	合闸速度（m/s）	1.1～1.6
额定短时工频耐受电压（1min)(kV)	95	分闸速度（m/s）	1.1～1.6
合闸时间（s）	≤0.09	触头合闸弹跳时间（ms）	≤3
分闸时间（s）	≤0.075	相间中心距离（mm）	350±2
机械寿命（次）	6000，10000	三相触头合、分闸同期性（ms）	≤2
额定电流开断次数（次）	6000，10000	每相回路电阻（μΩ）	≤25

注 1. 分、合闸时间均为在最高、最低和额定操作电压的操作时间。

2. 分闸速度指触头刚分 12mm 时的平均速度。

三、生产厂

北京北开电气股份有限公司、西安高压电器研究所。

17.4.2 ZN23—35 型真空断路器

一、结构特点

ZN23—35 型真空断路器为单断口结构，触头结构采用杯状纵磁场，陶瓷外壳，因此灭弧室的开断能力、稳定性、电寿命、绝缘水平都有较大的提高。传动系统采用两组平面四连杆机构，省力、对称、断路器框架受力小。

本产品的特点是整体布置方式独特，选用两个绝缘子及支撑杆构成一个梯形刚体，使灭弧室处于垂直自由悬挂状态，稳定性好，解决了抗弯强度差的问题。灭弧室横向受力小，整体强度高，特别是触头开距、超行程及同期性调整方便，安装、调试工作量小。

二、技术数据

ZN23—35 型真空断路器技术数据，见表 17 – 38。

表 17 – 38 ZN23—35 型真空断路器技术数据

项 目 （型号）	ZN23—35	项 目 （型号）	ZN23—35
额定电压（kV）	35	异相接地开断电流（kA）	21
最高工作电压（kV）	40.5	额定短时耐受电流（kA）	25
额定绝缘水平 1min 工频耐压（kV）	95	额定短时耐受电流（峰值，kA）	63
额定绝缘水平 雷电冲击耐压（kV）	185	机械寿命（次）	10000
额定电流（A）	1600	动静触头允许磨损总厚度（mm）	2
额定短路开断电流（kA）	25	触头开距（mm）	25^{+3}
额定操作顺序	分—0.3s—合分 —180s—合分	触头接触压力（N）	2900±300
全开断时间（ms）	≤80	平均合闸速度（m/s）	0.6～0.9
额定短路开断电流次数（次）	20	平均分闸速度（m/s）	1.8～2.2
额定短路关合电流（峰值，kA）	63	三相分闸不同期性（m/s）	≤2
额定短路持续时间（s）	4	合闸弹跳时间（ms）	≤3
额定开断关合电容器组电流（A）	400	动静触头允许磨损厚度（mm）	4

注 全开断时间为在最高、最低和额定操作电压下的操作时间。

三、生产厂

北京北开电气股份有限公司、西安高压电器研究所。

17.4.3 ZN12—35 系列真空断路器

一、概述

ZN12—35 系列真空断路器为额定电压 35kV、三相交流 50Hz 的户内高压开关设备，是引进德国西门子公司技术制造的产品。灭弧室为瓷质结构，操动机构为弹簧储能式，可用交直流储能直流操作和手动操作。采用特殊的触头材料，使灭弧室开断能力高，截流水平低，电寿命长。本断路器结构简单、操作功能齐全、无爆炸危险、维修简便，可作为发电厂、变电所等输配电系统的控制或保护开关，适用于开断重要负荷及频繁操作的场所。

二、结构特点

ZN12—35 系列真空断路器主要由真空灭弧室、操动机构及支撑件三部分组成。在用钢板焊接而成的机构箱上固定 6 只环氧树脂浇注绝缘子。3 个灭弧室通过铸铝的上、下出线端固定在绝缘子上。下出线端通过软连接与真空灭弧室动导电杆上的导电夹相连。动导电杆底部的万向杆端轴承，通过一轴销与下出线端上的杠杆相连。开关主轴通过 3 根绝缘拉杆把力传递给动导电杆使开关合、分闸。

本系列断路器可根据用户要求安装不同规格的控制部件。合、分闸电磁铁为螺管式直流电磁铁。

辅助开关有 5 对常开、常闭接头，10 对常开、常闭接头，最大通过电流为 10A。

三、技术数据

ZN12—35 型真空断路器技术数据，见表 17-39。

表 17-39 ZN12—35 型真空断路器技术数据

项　目　　　型　号	ZN12—35	项　目　　　型　号	ZN12—35
额定电压（kV）	35	储能电动机功率（W）	275
最高电压（kV）	40.5	储能电动机额定电压（V）	≃110，220
额定电流（A）	1250，1600，2000	储能时间（s）	≤15
额定短路开断电流（kA）	25，31.5	合闸电磁铁额定电压（V）	-110，220
动稳定电流（峰值）（kA）	63，80	分闸电磁铁额定电压（V）	-110，220
4s 热稳定电流（kA）	25，31.5	过流脱扣器额定电流（A）	5
额定短路关合电流（峰值）（kA）	63，80	辅助开关额定电流（A）	AC 10，DC 5
额定短路电流开断次数（次）	12，30，50	触头行程（mm）	25±2
额定操作顺序	分—0.3s—合分—180s—合分	触头超行程（mm）	8±2
		合闸速度（m/s）	1.1～1.6
额定雷电冲击耐受电压（全波，kV）	185	分闸速度（m/s）	1.1～1.6
额定短时工频耐受电压（1min）（kV）	95	触头合闸弹跳时间（ms）	≤3
合闸时间（s）	≤0.09	相间中心距离（mm）	350±2
分闸时间（s）	≤0.075	三相触头合、分闸同期性（ms）	≤2
机械寿命（次）	6000，10000	每相回路电阻（μΩ）	≤25
额定电流开断次数（次）	6000，10000	质量（kg）	160

注　合闸、分闸时间均为在最高、最低和额定操作电压下的操作时间。

四、外形及安装尺寸

ZN12—35 系列真空断路器的外形及安装尺寸，见图 17-12。

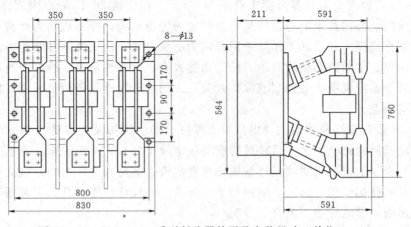

图 17-12　ZN12—35 系列断路器外形及安装尺寸（单位：mm）

五、生产厂

北京北开电气股份有限公司。

17.5　40.5kV级ZN系列户内高压真空断路器

17.5.1　ZN□—40.5型户内高压真空断路器

一、结构特点

ZN□—40.5型户内高压真空断路器不仅可以用于分、合负荷电流、过载电流及短路电流，并可以用于投切电容器组。

其特点是采用单元模块设计，相柱结构，简单合理；配有动作可靠的弹簧操动机构；采用了新型高可靠小型化真空灭弧室，其直径大幅度缩小，同等参数真空灭弧室体积缩小25%，绝缘性能大幅度提高，开断性能稳定，并且还可以作为投切电容组专用产品；真空灭弧室置于绝缘筒内，具有尺寸小、耐压强度高、受环境影响小、体积小等优点。

二、技术数据

ZN□—40.5型户内高压真空断路器技术数据，见表17-40。

表 17-40　ZN□—40.5型户内高压真空断路器技术数据

序号	名　称	单位	参　数	序号	名　称		单位	参　数
1	额定电压	kV	40.5	6	额定短路关合电流		kA	50，80
2	额定电流	A	1250,2000	7	额定短时耐受电流		kA	20，31.5
3	额定单个电容器组开断电流	A	630	8	绝缘水平	1min工频耐受电压	kV	95
4	额定开断短路电流	kA	20，31.5			雷电冲击耐受电压		185
5	额定背对背电容器组开断电流	A	400	9	机械寿命		次	10000

三、生产厂

北京北开电气股份有限公司、西安高压电器研究所。

17.5.2　ZN□—40.5/T1250—25型户内交流高压真空断路器

一、结构特点

ZN□—40.5/T1250—25型户内交流高压真空断路器是为满足C—GIS性能要求进行专项开发的真空断路器，适用于XGN□—40.5/1250—25型柜式气体绝缘金属封闭开关设备。在目前40.5kV电网建设和改造中，使用小尺寸的C—GIS充气柜能节省安装空间，使变电所的占地面积减小，工程建设费用降低。

ZN□—40.5/T1250—25型户内交流高压真空断路器采用横担式结构，从根本上改变了进柜的尺寸，使得母线进出方便。并且采用弹性元件的可靠密封，使得传动和密封均得到可靠保证。改进后的CT—19弹簧操动机构，体积大大缩小，使横担臂与机构浑然一体，而且传动的过渡环节少，设计时从根本上解决了可靠性的问题。

二、技术数据

ZN□—40.5/T1250—25型户内交流高压真空断路器技术数据，见表17-41。

表 17-41 ZN□—40.5/T1250—25 型户内交流高压真空断路器技术数据

序号	名 称		单位	参数	序号	名 称	单位	参数
1	额定电压		kV	40.5	7	额定短路开断电流时的开断次数	次	20
2	额定频率		Hz	50	8	额定热稳定时间	s	4
3	额定绝缘水平	1min 工频耐压（有效值）	kV	95	9	额定短时耐受电流	kA	25
		雷电冲击耐压（峰值）		185	10	额定峰值耐受电流	kA	63
4	额定电流		A	1250	11	机械寿命	次	10000
5	额定短路开断电流		kA	25	12	动静触头允许磨损总厚度	mm	3
6	额定操作顺序		分—0.3s—合分—180s—合分		13	真空灭弧室真空度	Pa	$\leqslant 1.33 \times 10^{-3}$

三、外形尺寸

ZN□—40.5/T1250—25 型户内交流高压真空断路器外形尺寸，见图 17-13。

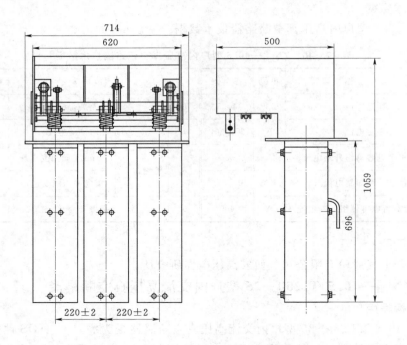

图 17-13 ZN□—40.5/T1250—25 型户内交流
高压真空断路器外形尺寸

四、主要引用标准

GB/T 11022—1999《高压开关设备和控制设备标准的共用技术要求》；

GB 1984—1989《交流高压断路器》；

JB 3855—1996《3.6—40.5kV 户内交流高压真空断路器》。

五、生产厂

北京北开电气股份有限公司、西安高压电器研究所。

17.5.3　ZN23—40.5 型户内手车式高压真空断路器

一、概述

ZN23—40.5 型真空断路器为额定电压 40.5kV、三相交流 50Hz 的户内高压电器设备，适用于工矿企业，变电站等输配电系统，作控制和保护开关，尤其适用于冶金、电弧炼钢等需频繁操作的行业，作为控制和保护设备。

二、型号含义

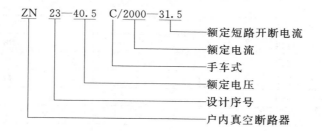

三、技术数据

振亚电气 ZN23—40.5 型户内手车式高压真空断路器技术数据，见表 17-42。

表 17-42　振亚电气 ZN23—40.5 型户内手车式高压真空断路器技术数据

名　称	单位	参　　数			
额定电压	kV				
额定电流	A	630，1000，1250	1250，1600	1250，1600，2000，2500	1600，2500，3150
额定短路开断电流	kA	20	25	31.5	40
额定短路关合电流	kA	50	63	80	100
额定动稳定电流（峰值）	kA	50	63	80	100
额定热稳定电流（有效值）	kA	20	25	31.5	40
额定热稳定时间	s	4			
额定短路开断电流开断次数	次	30（50）			
全开断时间 CDI0 电磁操动机构	ms	<80			
额定操作顺序		分—0.3s—合分—180s—合分			
1min 工频耐压（有效值）	kV	对地相间 42，断口 48			
雷电冲击耐压	kV	对地相间 75，断口 85			
机械寿命	次	10000			
额定电容器组开断电流	A	630			
储能电机额定功率	W	275			
储能电动机额定电压	V	AC/DC220，110			
储能时间	s	<15			
合分闸电磁额定电压	V	AC/DC220，110			
过流脱扣器额定电流	A	5			
辅助开关额定电流	A	10			

勇高电气 ZN23—40.5G 系列车式高压真空断路器技术数据，见表 17 - 43。

表 17 - 43 勇高电气 ZN23—40.5G 系列车式高压真空断路器技术数据

项 目		单 位	数 据
额定电压		kV	40.5
额定绝缘水平	1min 工频耐压	kV	185
	雷电冲击耐压（峰值）		
额定频率		Hz	50
额定电流		A	1250/1600/2000
额定短路开断电流		kA	20/25/31.5
额定短路耐受电流		kA	20/25/31.5
额定峰值耐受电流		kA	50/63/80
额定短路持续时间		s	4
额定关合电流		kA	50/63/80
额定操作顺序			分—0.3s—合分—180s—合分
合闸时间		ms	≤75
分闸时间		ms	≤60
额定短路开断电流开断次数		次	20
机械寿命		次	1000

四、外形及安装尺寸

振亚电气 ZN23—40.5 户内手车式高压真空断路器外形及安装尺寸，见图 17 - 14。

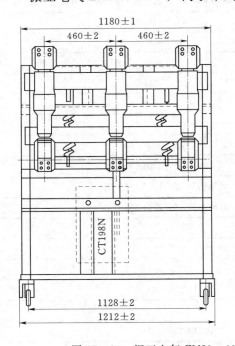

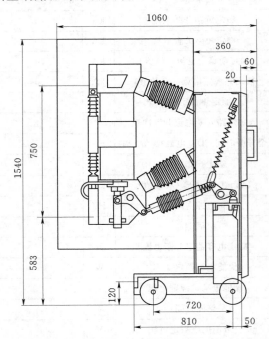

图 17 - 14 振亚电气 ZN23—40.5 户内手车式高压真空断路器外形及安装尺寸

勇高电气 ZN23—40.5G 系列车式高压真空断路器外形及安装尺寸，见图 17 - 15。

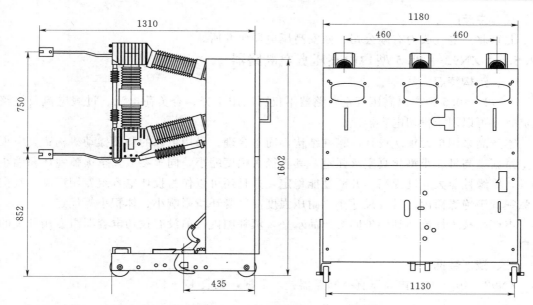

图 17 - 15　勇高电气 ZN23—40.5G 系列车式高压真空断路器外形及安装尺寸

五、生产厂

乐清市振亚电气有限公司、上海勇高电气制造有限公司。

17.5.4　ZN85—40.5 型（3AV3）40.5kV 级户内真空断路器

一、结构特点

ZN85 型真空断路器是在西安高压电器研究所多年真空断路器设计经验的基础上，以创国际先进为设计目标，结合国内运行规范和运行环境要求，研制开发的一套完全独立、全新整体设计的真空断路器。

ZN85 型真空断路器采用模块化设计，更具灵活性；采用复合绝缘结构，有效减小了体积；灭弧室和操作机构上下布置，导电回路全部固定连接，提高了可靠性。

本产品通过了 GB 1984 和相关标准规定的各项型式试验。产品的各项技术数据和技术性能指标符合国家标准、行业标准、IEC 标准以及本产品技术条件规定。通过了该项产品的成果鉴定和产品鉴定。

二、技术数据

ZN85 型真空断路器技术数据，见表 17 - 44。

表 17 - 44　ZN85 型真空断路器技术数据

额定电压（kV）	40.5	额定电流（A）	1250、1600、2000
额定短路开断电流（kA）	25、31	额定短时耐受电流（kA）	25、31.5
额定短路持续时间（s）	4	额定峰值耐受电流（kA）	63、80
额定频率（Hz）	50	额定短路关合电流（kA）	63、80
额定工频耐受电压（1min）（kV）	95	额定雷电冲击耐受电压（峰值，kV）	185
额定短路电流开断次数（次）	20	机械寿命（次）	10000
外形尺寸（宽×高×深）（mm）	840×1590×545		

三、生产厂

北京北开电气股份有限公司、西安高压电器研究所。

17.5.5　ZN92—40.5 型户内高压真空断路器

一、结构特点

ZN92—40.5 型户内高压真空断路器不仅可以用于分、合负荷电流、过载电流及短路电流，并可以用于投切电容器组。

本产品采用单元模块设计，相柱结构，简单合理；采用可靠的弹簧操动机构；真空灭弧室系新型高可靠小型化真空灭弧室，其直径大幅度缩小，同等参数真空灭弧室体积缩小25%，绝缘性能大幅度提高，开断性能稳定，并且还可以作为投切电容组专用产品；真空灭弧室置于绝缘筒内，具有尺寸小、耐压强度高、受环境影响小、体积小等优点。

本产品技术性能达到国外同类产品水平，填补国内目前没有投切电容器组专用开关的空白。

二、技术数据

ZN92—40.5 型户内高压真空断路器技术数据，见表 17-45。

表 17-45　ZN92—40.5 型户内高压真空断路器技术数据

序号	名　　称	单位	参数	序号	名　　称		单位	参数
1	额定电压	kV	40.5	6	额定短路关合电流		kA	50，80
2	额定电流	A	1250，2000	7	额定短时耐受电流		kA	20，31.5
3	额定单个电容器组开断电流	A	630	8	绝缘水平	1min 工频耐受电压	kV	95
4	额定开断短路电流	kA	20，31.5			雷电冲击耐受电压		185
5	额定背对背电容器组开断电流	A	400	9	机械寿命		次	10000

三、生产厂

北京北开电气股份有限公司、西安高压电器研究所。

17.6　40.5kV 级 ZW 系列真空断路器

17.6.1　ZW7—40.5 系列户外高压真空断路器

一、概述

ZW7—40.5 型户外高压真空断路器用于交流 50Hz、电压 40.5kV 的户外高压电器设备。附装弹簧操动结构或电磁操动结构，可以远控电动分、合闸，也可就地手动储能，手动分、合闸。设计性能符合 GB 1984—1989《交流高压断路器》国家标准的要求，并满足IEC—56《交流高压断路器》国际电工委员会标准的要求。ZW7—40.5 系列户外高压真空断路器，主要用于户外 35kV 输变电系统的控制与保护，也可适用于城、乡电网及工矿企业的正常操作与短路保护之用。该产品总体结构为瓷瓶支柱式；上瓷瓶内装真空灭弧室，下瓷瓶为支柱瓷瓶。适用于频繁操作的场所，并具有密封性好、抗老化、耐高压、不燃烧、无爆炸、使用寿命长、安装维护方便等优点。

二、型号含义

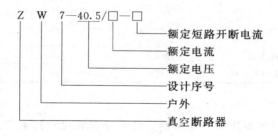

```
Z  W  7—40.5/□—□
                  └─ 额定短路开断电流
                └─── 额定电流
              └───── 额定电压
          └───────── 设计序号
        └─────────── 户外
      └───────────── 真空断路器
```

三、技术数据

ZW7—40.5系列户外高压真空断路器技术数据，见表17-46。

表 17-46　ZW7—40.5系列户外高压真空断路器技术数据

序号	名　称	单　位	数　值		
1	额定电压	kV	40.5		
2	额定电流	A	1250，1600，2000		
3	额定频率	Hz	50		
4	额定短路开断电流（有效值）	kA	20	25	31.5
5	额定短路关合电流（峰值）		50	63	80
6	额定峰值耐受电流		50	63	80
7	4s额定短时耐受电流（有效值）		20	25	31.5
8	1min工频耐受电压（有效值）	kV	干试：95（湿试：80）		
9	雷电冲击耐受电压（峰值）		185		
10	额定操作顺序		分—0.3s—合分—180s—合分		
11	额定短路开断电流开断次数	次	20		
12	机械寿命		10000		
13	重量	kg	1000		

主要机械特性技术数据，见表17-47。

表 17-47　主要机械特性技术数据

序号	名　称	单　位	数值
1	灭弧室触头开距	mm	22±2
2	灭弧室触头超行程		5±1
3	相间中心距		710
4	灭弧室触头合闸弹跳时间	ms	≤5
5	三相分、合闸不同期性		≤2
6	平均合闸速度	m/s	0.75±0.2
7	平均分闸速度		1.7±0.2

序号	名　称	单位	数值
8	合闸时间	ms	30～100
9	分闸时间	ms	15～60
10	每相主回路电阻（不包括电流互感器）	μΩ	≤100
11	真空灭弧室动静触头允许磨损厚度	mm	3

四、外形及安装尺寸

ZW7—40.5 系列户外高压真空断路器，外形及安装尺寸，见图 17 - 16。

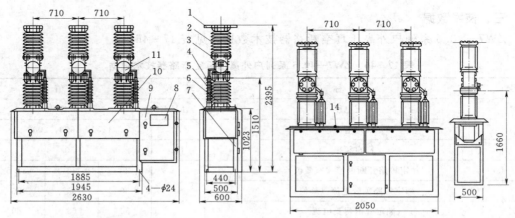

操动机构侧装式断路器外形尺寸　　　　　　操动机构中置式断路器外形尺寸

图 17 - 16　ZW7—40.5 系列户外高压真空断路器外形及安装尺寸
1—上进线端；2—真空灭弧室瓷套；3—支架；4—下出线端；5—绝缘拉杆；6—支柱瓷套；7—底架；
8—铭牌；9—CT198W 机构（箱内）；10—电流互感器（箱内）；11—手孔盖板

五、生产厂

乐清市仁益电气有限公司。

17.6.2　ZW7—40.5 型户外高压真空断路器

一、结构特点

ZW7—40.5 型系列户外交流高压真空断路器，是具有 20 世纪 90 年代国际技术水平的户外高压产品。它采用瓷瓶支柱式结构。结构简单、外形新颖。在上瓷瓶内装有真空灭弧室，真空灭弧室的开断性能好，可靠性高，整台产品检修维护方便、不维修周期长。该断路器适用于三相交流 50Hz、40.5kV 电力系统中，作为分、合负荷电流，过载电流及短路电流之用。该断路器为瓷瓶支柱式结构。上瓷瓶内装真空灭弧室，下瓷瓶内装电流互感器的进、出线端。电流互感器可根据用户要求装 4 个线圈（2 个用于测量，2 个用于保护）（准确度级也可根据用户要求选用）；在支柱瓷瓶和真空灭弧室之间采用新型的绝缘材料填充，从而解决了防凝露问题。该绝缘材料具有绝缘性能好、耐老化、耐室外高温，还具有憎水性等特点；操动机构可选用直流电磁式或交直流互用的弹簧操动机构。该机构输出功率大，传动灵活，动作可靠，机械寿命长。整个机构安装在一个防水的机构箱体内，为防止箱体内的电器控制元件受潮，箱体内装有加热器，可根据箱体内的温、湿度自动投入或切除。

该断路器开断性能优良，燃弧时间短，电寿命长，可以开合电容器组电流400A，ZW7—40.5型系列户外交流高压真空断路器无重燃现象。

它既可用于发电厂、变电所（站）对电力设备和电力线路的控制和保护，也可用于频繁操作的场所。是40.5kV老变电所无油化改造的更新换代的理想产品。ZW7—40.5型户外高压真空断路器被广泛地用于新建、改建变电站，是35kV级输配电线路的首选产品，也可作为35kV级输配电线路末端负荷的保护开关之用。

二、技术数据

ZW7—40.5型户外高压真空断路器技术数据，见表17-48。

表 17-48　ZW7—40.5型户外高压真空断路器技术数据

序号	名　称		单位	参数	序号	名　称	单位	参数
1	额定电压		kV	40.5	7	额定短路开断电流开断次数	次	20
2	额定绝缘水平	1min工频耐压 干试	kV	95	8	额定短路关合电流（峰值）	kA	50，63，80
		1min工频耐压 湿试		80	9	额定峰值耐受电流	kA	50，63，80
		雷电冲击耐压（峰值）		185	10	额定短时耐受电流	kA	20，25，31.5
3	额定电流		A	1600，2000	11	额定短路持续时间	s	4
4	额定短路开断电流		kA	20，25，31.5	12	机械寿命	次	10000
5	额定操作顺序			分—0.3s—合分 —180s—合分	13	电流互感器50/5—2000/5		精度0.2级两个 3级两个
6	额定电容器组开断电流		A	400				

W7—40.5型系列户外交流高压真空断路器使用环境为：海拔不超过2000m；环境温度，最高+40℃，最低—40℃；风压不超过700Pa（相当于风速34m/s）；地震强度不超过8度；污秽等级，0级；无火灾、无爆炸危险、无腐蚀性气体的场所。

三、外形及安装尺寸

ZW7—40.5型系列户外交流高压真空断路器外形尺寸，见图17-17。

四、引用主要标准

GB/T 11022—1999《高压开关设备和控制设备标准的共用技术要求》；

GB 1984—1989《交流高压断路器》；

JB 3855—1996《3.6—40.5kV户内交流高压真空断路器》；

GB 311.1—1997《高压输变电设备的绝缘配合》；

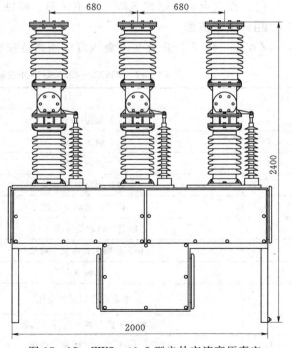

图 17-17　ZW7—40.5型户外交流高压真空断路器外形尺寸

GB/T 16927.1—1997《高电压试验技术》。

五、生产厂

北京北开电气股份有限公司、西安高压电器研究所、浙江常开电器有限公司、西安龙源电力设备有限公司。

17.6.3 ZW32—40.5 型户外交流高压真空断路器

一、概述

ZW32—40.5 型户外交流高压真空断路器为额定电压 40.5kV、三相交流 50Hz 的户外开关设备。主要用于开断、关合电力系统中的负荷电流、过载电流及短路电流。适用于城市和农村电网中作保护和控制之用，更适用于频繁操作的场所。

二、产品特点

户外固封极柱结构新颖：独特的鼠笼式框架结构使内缓冲层和外伞裙一次自动压力注射硅橡胶成形，用机械控制方式代替了原来的手工操作方法，避免了断口绝缘易击穿的故障；电流互感器外置；操动机构外置，使断路器本体重量减轻，并有利于生产过程装配调试，更便于运行后操作、维护和检修。

三、使用环境

（1）环境温度：上限为 +40℃，下限为 −40℃。

（2）海拔高度：不高于 1000m。

（3）相对湿度：日平均不大于 95%；

　　　　　　　月平均不大于 90%。

（4）没有火灾、爆炸危险、严重污秽、腐蚀及剧烈振动的场所。

四、技术数据

ZW32—40.5 型户外交流高压真空断路器技术数据，见表 17 - 49。

表 17 - 49 ZW32—40.5 型户外交流高压真空断路器技术数据

序号	项　目	单位	数　值
1	额定电压	kV	40.5
2	额定频率	Hz	50
3	额定电流	A	1600，2000，2500
4	额定短路开断电流	kA	25/31.5
5	额定峰值耐受电流	kA	63
6	额定短时耐受电流（4s）	kA	25，31.5
7	额定短路关合电流（峰值）	kA	63
8	机械寿命	次	10000
9	额定合分闸操作电压	V	DC220/110 AC220
10	额定短路开断电流开断次数	次	30
11	1min 额定工频耐受电压	kV	95
12	额定雷电冲击耐受电压	kV	185

续表 17 - 49

序号	项　　目	单位	数　　值
13	二次回路 1min 工频耐压	V	2000
14	触头开距	mm	17±1
15	触头超行程	mm	4±1
16	分闸速度	m/s	1.7±0.3
17	合闸速度	m/s	1.3±0.3
18	触头合闸弹跳时间	ms	≤3
19	相间中心距离	mm	700
20	三相分合闸不同期性	ms	≤2
21	每相导电回路电阻	μΩ	≤80/50
22	合闸时间	ms	40~75
23	分闸时间	ms	25~50
24	储能电动机额定功率	W	70

五、生产厂

许昌永新电气股份有限公司。

17.6.4　ZW37—40.5 型户外高压真空断路器

一、概述

ZW37—40.5 型户外交流真空断路器为额定电压 40.5kV、三相交流 50Hz 的户外高压开关设备。主要用于开断、关合电力系统的负载电流、过载电流及短路电流。适用于变电站、工矿企业及城、农网作保护和控制，特别适用于操作频繁的场所和城网自动化配电网络。

二、型号含义

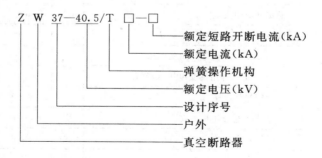

三、使用环境

(1) 海拔不超过 1000m。

(2) 环境温度：－35～＋40℃。

(3) 相对湿度：月平均不超过 90％；日平均相对湿度不大于 95％。

(4) 地震烈度不超过 8 度。

（5）环境污秽耐受值：Ⅳ级。

（6）覆冰厚度：20mm。

（7）气压不超过700Pa（相当于风速34m/s）。

（8）安装场所应为无易燃、爆炸、化学腐蚀物质及经常性剧烈振动的场所。

四、产品特点

（1）小型化真空灭弧室：最大的可靠性、工作寿命长、封装在固封极柱（固封绝缘子）内。

（2）固封极柱：符合环保要求，已被广泛验证的户外性能、耐臭氧和紫外线、紧固、轻、不易脆裂、易于运输。

（3）设计结构合理：固封极柱支柱瓷瓶。上部为固封极柱，下部为支柱瓷瓶，内有绝缘拉杆与长拉杆。三相支柱瓷瓶共同装在一个机构箱上，灭弧室动端通过拉杆与机构的输出轴连接真空灭弧室动端绝缘拉杆与机构输出轴连接直向运动。安全可靠，边缘调试维护。

（4）具有自动化配电接口可灵活的配备运动辅助接点，满足配电自动化的要求。

（5）高参数、高性能：额定电流可达到2000A，额定短路开断电流为31.5kA。

五、技术数据

ZW37—40.5型户外高压真空断路器技术数据，见表17-50。

表17-50 ZW37—40.5型户外高压真空断路器技术数据

序号	名 称		单位	参 数		
1	额定电压		kV	40.5		
2	额定电流		A	630，1250，1600，2000		
3	额定短路开断电流		kA	20	25	31.5
4	额定短路关合电流（峰值）		kA	50	63	80
5	额定短时耐受电流		kA	20	25	31.5
6	额定峰值耐受电流		kA	50	63	80
7	额定短路持续时间		s	4		
8	额定绝缘水平	1min工频耐受电压	kV	95		
		雷电冲击耐受电压（峰值）		185		
9	额定操作顺序			分—0.3s—合分—180s—合分		
10	额定短路开断电流开断次数		次	20		
11	机械寿命次数		次	10000		
12	额定操作电压		V	220（DC、AC）		

六、外形及安装尺寸

ZW37—40.5型户外高压真空断路器外形及安装尺寸，见图17-18。

七、生产厂

乐清市振亚电气有限公司。

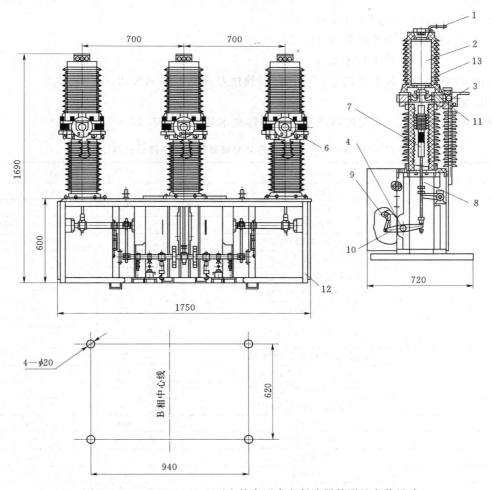

图 17-18 ZW37—40.5型户外高压真空断路器外形及安装尺寸

1—出线铜排；2—真空灭弧室；3—支柱瓷瓶；4—主长轴；5—分闸弹簧；6—下出线座；7—绝缘拉杆；
8—长拉杆；9—操动机构；10—拐臂；11—罗氏线圈；12—框架；13—固封极柱

17.6.5 ZW50—40.5型户外交流高压真空断路器

一、概述

ZW50—40.5型户外交流高压真空断路器为额定电压40.5kV、三相交流50Hz的户外开关设备。主要用于开断、关合电力系统中的负荷电流、过载电流及短路电流。适用于城市和农村电网中作保护和控制之用，更适用于频繁操作的场所。

二、产品特点

户外固封极柱结构新颖：独特的鼠笼式框架结构使内缓冲层和外伞裙一次自动压力注射硅橡胶成形，用机械控制方式代替了原来的手工操作方法，避免了断口绝缘易击穿的故障；电流互感器外置；操动机构外置，使断路器本体重量减轻，并有利于生产过程装配调试，更便于运行后操作、维护和检修。

三、使用环境

（1）环境温度：上限为+40℃，下限为-40℃。

（2）海拔高度：不高于 1000m。

（3）相对湿度：日平均不大于 95%；

月平均不大于 90%。

（4）没有火灾、爆炸危险、严重污秽、腐蚀及剧烈振动的场所。

四、技术数据

ZW50—40.5 型户外交流高压真空断路器技术数据，见表 17－51。

表 17－51　ZW50—40.5 型户外交流高压真空断路器技术数据

序号	项　目	单位	数　值
1	额定电压	kV	40.5
2	额定频率	Hz	50
3	额定电流	A	1600/2000/2500
4	额定短路开断电流	kA	25/31.5
5	额定峰值耐受电流	kA	63
6	额定短时耐受电流（4s）	kA	25/31.5
7	额定短路关合电流（峰值）	kA	63
8	机械寿命	次	10000
9	额定合分闸操作电压	V	DC220/110 AC220
10	额定短路开断电流开断次数	次	30
11	1min 额定工频耐受电压	kV	95
12	额定雷电冲击耐受电压	kV	185
13	二次回路 1min 工频耐压	V	2000
14	触头开距	mm	17±1
15	触头超行程	mm	4±1
16	分闸速度	m/s	1.7±0.3
17	合闸速度	m/s	1.3±0.3
18	触头合闸弹跳时间	ms	≤3
19	相间中心距离	mm	700
20	三相分合闸不同期性	ms	≤2
21	每相导电回路电阻	μΩ	≤80/50
22	合闸时间	ms	40～75
23	分闸时间	ms	25～50
24	储能电动机额定功率	W	70

五、生产厂

许昌永新电气股份有限公司。

17.7　其它类型真空断路器

17.7.1　VS1—12（ZN63）固定式户内高压真空断路器

一、概述

VS1—12 型户内高压真空断路器，系三相交流 50Hz 额定电压为 12kV 电力系统的户内开关设备，作为电网设备、工矿企业动力设备的保护和控制单元。适用于要求在额定工作电流下的频繁操作，或多次开断短路电流的场所。

该断路器采用操动机构与断路器本体一体式设计，既可作为固定安装单元，也可配有专用推进机构，组成手车单元作用。

二、型号含义

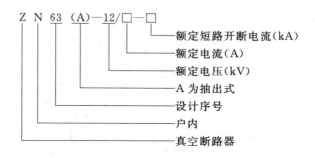

ZN63（A）—12/□—□

- 额定短路开断电流(kA)
- 额定电流(A)
- 额定电压(kV)
- A 为抽出式
- 设计序号
- 户内
- 真空断路器

三、技术数据

VS1—12（ZN63）固定式户内高压真空断路器技术数据，见表 17-52。

表 17-52 VS1—12（ZN63）固定式户内高压真空断路器技术数据

序号	项 目		单位	数 据		
1	额定电压		kV	12		
2	最高工作电压		kV	630	630	630
3	额定电流（A）		A	1250	1250	1250
4	额定短路开断电流		kA	20	25	31.5
5	额定短路关合电流		kA	50	63	80
6	额定峰值耐受电流		kA	50	63	80
7	4s 额定短时耐受电流		kA	20	25	31.5
8	额定绝缘水平	工频耐压（额定开断前后）	kV	42（断口 48）		
		冲击耐压（额定开断前后）		75（断口 84）		
9	额定操作顺序			分—0.3s—合分—180s—合分		
10	机械寿命		次	1000		
11	额定短路开断电流开断次数		V	50		
12	操动机构额定合闸电压（直流）		V	110, 200		
13	操动机构额定分闸电压（直流）		mm	110, 200		
14	触头开距		mm	11±1		
15	超行程（触头弹簧压缩长度）		ms	3.5±0.5		
16	三相分、合闸不同期性		ms	≤2		
17	触头合闸弹跳时间		m/s	≤2		
18	平均分闸速度		m/s	0.9~0.12		
19	平均合闸速度			0.4~0.8		
20	分闸时间	最高操作电压下	s	≤0.05		
		最低操作电压下		≤0.08		

序号	项 目	单位	数 据	
21	合闸时间	s	0.1	
22	各相主回路电阻	μΩ	60	50
23	动静头允许磨损累积厚度	mm	3	

四、外形及安装尺寸

VS1—12（ZN63）固定式户内高压真空断路器外形及安装尺寸，见图 17 - 19。

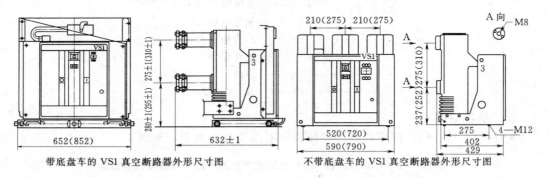

带底盘车的 VS1 真空断路器外形尺寸图　　不带底盘车的 VS1 真空断路器外形尺寸图

图 17 - 19　VS1—12（ZN63）固定式户内高压真空断路器外形及安装尺寸

注：括号内为额定电流＞1600A

五、生产厂

乐清市振亚电气有限公司。

17.7.2　VS1—12kV 户内手车式真空断路器

一、概述

VS1 系列真空断路器为额定电压 12kV，三相交流 50Hz 的高压户内开关设备，是引进瑞士 ABB 公司技术结合国内行业发展状况、生产能力开发制造的产品。该产品总体结构为开头本体与操动机构一体安装的形式，采用复合绝缘结构，无污染，无爆炸危险，绝缘水平高。

本系列产品的操动机构为弹簧储能式，可以用交流操作，亦可用手动操作。

二、技术数据

仁益电气 VS1—12kV 户内手车式真空断路器技术数据，见表 17 - 53。

表 17 - 53　仁益电气 VS1—12kV 户内手车式真空断路器技术数据

序号	项 目	单位	数 据		
			31.5kA	40kA	50kA
1	额定电压	kV	12		
2	最高工作电压	kV	12		
3	额定电流	A	1250, 1600 2000, 2500	1250, 1600 2500, 3150	1250, 2500 3150
4	额定短路开断电流	kA	31.5	40	50
5	额定短路开合电流（峰值）	kA	80	100	125

续表 17 - 53

序号	项　目		单位	数　据		
				31.5kA	40kA	50kA
6	额定峰值耐受电流		kA	80	100	125
7	4s 额定短时耐受电流		kA	31.5	40	50
8	额定绝缘水平	工频耐压（额定开断前后）	kV	42（断口 48）		
		冲击耐压（额定开断前后）		75（断口 84）		
9	额定操作顺序			分—0.3s—合分—180s—合分		
10	机械寿命		次	10000		
11	额定短路开断电流开断次数		次	50		
12	操动机构额定合闸电压（直流）		V	110，220		
13	操动机构额定分闸电压（直流）		V	110，220		
14	触头开柜		mm	11±1		
15	超行程（触头弹簧压缩长度）		mm	4±0.5		
16	三相分、合闸不同期性		ms	≤2		
17	触头合闸弹跳时间		ms	≤2		
18	平均分闸速度		m/s	0.9～1.2		
19	平均合闸速度		m/s	0.6～0.8		
20	分闸时间	最高操作电压下	s	≤0.05		
		最低操作电压下		≤0.08		
21	合闸时间		s	≤0.1		
22	各相主回路电阻		μΩ	≤40		
23	动静触头允许磨损累计厚度		mm	3		

仁益电气 VS1—12kV 户内固定式真空断路器技术数据，见表 17 - 54。

表 17 - 54　仁益电气 VS1—12kV 户内固定式真空断路器技术数据

序号	项　目		单位	数　据		
				31.5kA	40kA	50kA
1	额定电压		kV	12		
2	最高工作电压		kV	12		
3	额定电流		A	1250，1600 2000，2500	1250，1600 2500，3150	1250，2500 3150
4	额定短路开断电流		kA	31.5	40	50
5	额定短路开合电流（峰值）		kA	80	100	125
6	额定峰值耐受电流		kA	80	100	125
7	4s 额定短时耐受电流		kA	31.5	40	50
8	额定绝缘水平	工频耐压（额定开断前后）	kV	42（断口 48）		
		冲击耐压（额定开断前后）		75（断口 84）		

序号	项　目		单位	数据		
				31.5kA	40kA	50kA
9	额定操作顺序			分—0.3s—合分—180s—合分		
10	机械寿命		次	10000		
11	额定短路开断电流开断次数		次	50		
12	操动机构额定合闸电压（直流）		V	110，220		
13	操动机构额定分闸电压（直流）		V	110，220		
14	触头开柜		mm	11±1		
15	超行程（触头弹簧压缩长度）		mm	4±0.5		
16	三相分、合闸不同期性		ms	≤2		
17	触头合闸弹跳时间		ms	≤2		
18	平均分闸速度		m/s	0.9～1.2		
19	平均合闸速度		m/s	0.6～0.8		
20	分闸时间	最高操作电压下	s	≤0.05		
		最低操作电压下		≤0.08		
21	合闸时间		s	≤0.1		
22	各相主回路电阻		μΩ	≤40		
23	动静触头允许磨损累计厚度		mm	3		

锟泉电气 VSM—12kV 永磁真空断路器技术数据，见表 17－55。

表 17－55　锟泉电气 VSM—12kV 永磁真空断路器技术数据

VSM—12（ZN73B—12/D）型户内交流高压永磁真空断路器技术参数

项　目	参　数
额定电压（kV）	12
额定频率（Hz）	50
额定电流（A）	630、1250、2000、3150
额定短时耐受电流（kA）	25，31.5，31.5，40
额定热稳定电流（有效值，kA）	25，31.5，31.5，40
额定短路开断电流（kA）	25，31.5，31.5，40
额定短路关合电流（峰值，kA）	63，80，80，100
额定动稳定电流（峰值，kA）	63，80，80，100
二次回路 1min 工频耐压（kV）	2
热稳定时间（s）	4
相额定雷电冲击耐压（峰值）相间、对地/断口（kV）	75/85
1min 工频耐压（有效值）相间、对地/断口（kV）	42/48
机械寿命（次）	30000

项　　目	参　　数
额定操作程序	分—0.3s—合分—180s—合分
额定短路开断电流次数（次）	50
额定电流开断次数（次）	30000
断路器机械特性调整参数	
触头开距（mm）	11±1
超行距（mm）	3.0±0.3
相间中心距（mm）	210±2
动触头累计磨损厚度（mm）	≤2.5
主导电回路电阻（$\mu\Omega$）	≤50$\mu\Omega$（630A），≤45$\mu\Omega$（1250A），≤35$\mu\Omega$（2000A 以上）
触头合闸弹跳时间（ms）	≤2
三相分合闸不同期性（ms）	≤2
分闸时间（ms）	≤50
合闸时间（ms）	≤70
平均分闸速度（m/s）	0.9～1.2
平均合闸速度（m/s）	0.5～0.8
永磁机构技术参数	
驱动器辅助电源工作电压（V）	AC220、DC220
合闸控制电压（V）	AC220、DC220
分闸控制电压（V）	AC220、DC220
机构线圈温升（K）	≤60

三、外形及安装尺寸

仁益电气 VS1—12kV 户内固定式真空断路器外形及安装尺寸，见图 17-20。

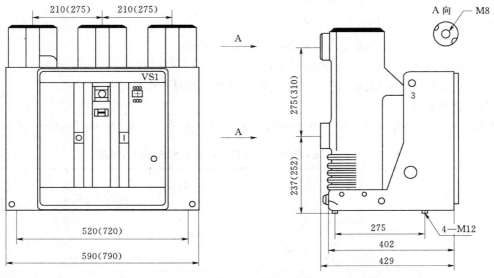

图 17-20　仁益电气 VS1—12kV 户内固定式真空断路器外形及安装尺寸

仁益电气 VS1—12kV 户内手车式真空断路器外形及安装尺寸，见图 17 - 21。

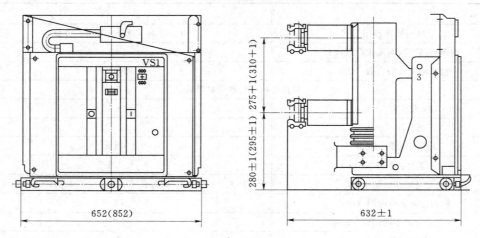

图 17 - 21 仁益电气 VS1—12kV 户内手车式真空断路器外形及安装尺寸

四、生产厂

乐清市仁益电气有限公司、乐清市锟泉电气有限公司。

17.7.3 SEAC4 系列户内高压交流真空断路器

一、概述

SEAC4 系列户内高压交流真空断路器是三相交流 50Hz、额定电压为 40.5kV 的户内装置，可供工矿企业、发电厂及变电站作电气设施的控制和保护之用，并适用于频繁操作的场所，可安装于手车柜，也可安装于固定柜中使用。

二、产品特点

（1）极柱采用国际先进的压力凝胶（APG）工艺技术制造而成。

（2）绝缘水平高，抗爬电能力强。

（3）电场分布更加均匀，局放小。

（4）使真空灭弧室不受外力和外部环境因数的影响。

（5）使用通过 E2 级试验、机械寿命达 20000 次的高可靠机构。

（6）断路器所有主电路的部分（包括固封内部）的温升都满足标准要求。

三、技术数据

SEAC4 系列户内高压交流真空断路器技术数据，见表 17 - 56 及表 17 - 57。

表 17 - 56 SEAC4 系列户内高压交流真空断路器技术数据

序号	项　目	单位	参　数
			SEAC4/T1250～2500—31.5
1	额定电压	kV	40.5
2	额定电流	A	1250、1600、2000、2500
3	额定短路开断电流	kA	25、31.5
4	额定频率	Hz	50

序号	项　目		单位	参　数
				SEAC4/T1250～2500－31.5
5	额定绝缘水平	额定雷电冲击耐受电压	kV	185
		额定工频耐受电压 1min　相间、相对地、断口间	kV	95
		辅助回路和控制回路		2
6	额定峰值耐受电流		kA	63、80
7	额定短时耐受电流		kA	25、31.5
8	额定短路持续时间		s	4
9	额定短路关合电流（峰值）		kA	63、80
10	机械耐久（M2 级）		次	20000
11	额定短路电流开断次数		次	30
12	额定操作顺序			分—0.3s—合分—180s—合分
13	额定电容器组开断电流		A	630
14	重量		kg	170（1250A～1600A）、230（2000A～2500A）
15	额定电缆充电开断电流		A	50
16	异相接地故障开断电流		kA	21.7、27.3

表 17－57　SEAC4 系列户内高压交流真空断路器技术数据

序号	名　称		单位	参　数
				SEAC4/T1250～2500－31.5
1	触头开距		mm	19±1
2	超行程			5±1
3	相间中心距离			300±2
4	合闸触头弹跳时间		ms	≤2
5	三相分闸同期性			≤2
6	分闸时间		ms	20～45
7	合闸时间		ms	35～60
8	平均分闸速度		m/s	1.3～2.0
9	平均合闸速度			0.8～1.4
10	各相导电回路电阻	不含触臂	μΩ	≤35μΩ（1250A），≤30μΩ（1600A），≤25μΩ（2000～2500A）
		含触臂		≤55μΩ（1250A），≤50μΩ（1600A），≤45μΩ（2000～2500A）
11	触头压力		N	3200 0＋300

四、生产厂

四川电器集团有限公司。

17.7.4　ZW32—24（G）型户外高压真空断路器

一、概述

ZW32—24（G）型户外交流高压真空断路器是额定电压为 24kV、50Hz 三相交流的户外配电设备。主要用于配电网开断、关合电力系统中的负荷电流、过载电流及短路电流。适用于变电站及工矿企业配电系统中作保护和控制之用，更适用于农村电网及频繁操作的场所。

二、型号含义

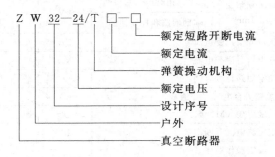

三、技术数据

ZW32—24（G）型户外高压真空断路器技术数据，见表 17 - 58。

表 17 - 58　ZW32—24（G）型户外高压真空断路器技术数据

序号	名　称		单位	参　数
1	额定电压		kV	25
2	额定频率		Hz	50
3	额定电流		A	630/1250/1600
4	额定短路开断电流		kA	20/25/31.5
5	额定峰值耐受电流（峰值）		kA	50/63/80
6	额定短时耐受电流/持续时间		kA/s	25/4
7	额定短路关合电流（峰值）		kA	50/63/80
8	额定操作顺序			分—0.3s—合分—180s—合分
9	机械寿命		次	10000
10	额定电流开断次数		次	10000
11	额定短路开断电流开断次数		次	20
12	1min 工频耐压	（湿）相间、对地/断开	kV	50/65
		（干）相间、对地/断开		65/79
13	雷电冲击耐受电压（峰值）相间、对地/断口		kV	125/145
14	二次回路 1min 工频耐压		V	2000
15	重量		kg	115

四、外形及安装尺寸

ZW32—24（G）型户外高压真空断路器外形及安装尺寸，见图 17 - 22。

五、生产厂

乐清市振亚电气有限公司。

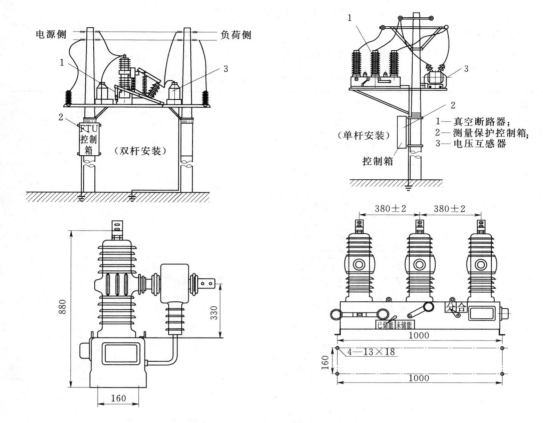

图 17-22 ZW32—24（G）户外高压真空断路器外形及安装尺寸

17.7.5 ZW□—27.5 型户外交流高压真空断路器

一、概述

ZW□—27.5 型户外交流高压真空断路器为额定电压 $1 \times 27.5\text{kV}$（单极）、$2 \times 27.5\text{kV}$（双极）、交流 50Hz 的户外开关设备。主要用于开断、关合电力系统中的负荷电流、过载电流及短路电流。适用于电气化铁路系统中作保护和控制之用，更适用于频繁操作的场所。

二、产品特点

户外固封极柱结构新颖，独特的鼠笼式框架结构使内缓冲层和外伞裙一次自动压力注射硅橡胶成形，有效提高了绝缘性能；优化的传动结构更加匹配真空灭弧室触头动作特性，并降低合分闸所需操作功；操动机构外置，使断路器本体重量减轻，并有利于生产过程装配调试，更便于运行后操作、维护和检修。

三、使用环境

（1）环境温度：上限为 $+40℃$，下限为 $-40℃$。

（2）海拔高度：不高于 1000m。

（3）相对湿度：日平均不大于 95％；

月平均不大于 90％。

（4）没有火灾、爆炸危险、严重污秽、腐蚀及剧烈振动的场所。

四、技术数据

ZW□—27.5 型户外交流高压真空断路器技术数据，见表 17-59。

表 17-59 ZW□—27.5 型户外交流高压真空断路器技术数据

序号	项 目	单位	参 数
1	系统标称电压	kV	1×27.5、2×27.5
2	系统最高电压	kV	1×31.5、2×31.5
3	额定频率	Hz	50
4	额定电流	A	1600/2000/2500
5	额定短路开断电流	kA	25/31.5
6	额定峰值耐受电流	kA	63/80
7	额定短时耐受电流（4s）	kA	25/31.5
8	额定短路关合电流（峰值）	kA	63/80
9	机械寿命	次	10000
10	额定短路开断电流开断次数	次	30
11	1min 额定工频耐受电压	kV	95
12	额定雷电冲击耐受电压	kV	185
13	二次回路 1min 工频耐压	V	2000
14	触头开距	mm	18±1
15	触头超行程	mm	4±1
16	分闸速度（起始 75% 开距）	m/s	1.7±0.3
17	合闸速度（最终 30% 开距）	m/s	1.3±0.3
18	触头合闸弹跳时间	ms	≤3
19	极间中心距离	mm	1200
20	双级分合闸不同期性	ms	≤2
21	每相导电回路电阻	μΩ	≤80/50
22	合闸时间	ms	40~75
23	分闸时间	ms	25~50
24	储能电动机额定功率	W	70

五、生产厂

许昌永新电气股份有限公司。

第18章 高压负荷开关

高压负荷开关是指在正常条件下关合、承载和开断额定电流以及在规定的事故短路电流下，按规定的时间承载短路电流的开合装置。在环网柜、箱式变电站等成套高压开关设备中得到广泛应用。近几年，负荷开关在电力系统中常与熔断器一起使用，广泛用于城网改造和农村电网，用作控制及过载保护。目前，高压负荷开关主要有产气式、压气式、真空式和 SF_6 式等结构类型，操作机构有手力和电动储能弹簧操动机构、电动操动机构等形式。带接地开关的负荷开关包括接地刀闸和静触座。

随着我国电网改造和建设，负荷开关加熔断器的使用量迅速增加，其技术参数已达到 IEC 标准和 GB 3804—91 国家标准。

18.1 FZN58—12 型户内高压真空负荷开关

一、概述

FZN58—12 型户内高压真空负荷开关为额定电压 12kV、三相交流 50Hz 的户内开关设备。适用于电网中作为开断负荷电流之用，和限流熔断器组合形成组合电器可开断过载电流和短路电流之用，安装于环网柜中，广泛用于工矿企业、高层建筑、住宅小区、学校等配电系统中。

二、产品特点

采用真空灭弧室，机械寿命长，维护简单，无污染；采用复合绝缘，降低灭弧室的安装高度，减小了真空负荷开关的高度。

三、使用环境

(1) 环境温度：上限为 +40℃，下限为 -15℃。

(2) 海拔高度：不高于 1000m。

(3) 相对湿度：日平均不大于 95%；
　　　　　　　月平均不大于 90%。

(4) 没有火灾、爆炸危险、严重污秽、腐蚀及剧烈振动的场所。

四、技术数据

FZN58—12 型户内高压真空负荷开关技术数据，见表 18 - 1。

表 18 - 1　FZN58—12 型户内高压真空负荷开关技术数据

序号	项　目	单位	数　值
1	额定电压	kV	12
2	额定频率	Hz	50

序号	项 目	单位	数 值
3	额定电流	A	630
4	额定有功负载开断电流	A	630
5	额定闭环开断电流	A	630
6	额定电缆充电开断电流	A	10
7	额定空载变压器开断容量	kVA	1250
8	机械寿命	次	10000
9	额定短时耐受电流（4s）	kA	20
10	额定短时持续时间	s	3
11	额定峰值耐受电流	kA	50
12	额定短路关合电流	kA	50
13	工频耐压（1min）：极对地、极间/断口	kV	42/49
14	雷电冲击耐受电压：极对地、极间/断口	kV	75/85
15	触头开距	mm	8.5±1
16	触头超行程	mm	4±1
17	平均分闸速度	m/s	1.2±0.2
18	平均合闸速度	m/s	0.6±0.2
19	触头合闸弹跳时间	ms	≤2
20	相间中心距离	mm	200
21	触头合、分闸不同期性	ms	≤2
22	主回路电阻	$\mu\Omega$	≤60
23	触头压力	N	900±100
24	触头允许磨损厚度	mm	3

五、生产厂

许昌永新电气股份有限公司。

18.2 FZW32—40.5T/630—20 型户外负荷真空开关

一、概述

FZW 型户外高压真空负荷隔离开关，主要用于开断负荷电流、变压器空载电流、电缆充电电流以及关合负载电流。具有分断、隔离、连接、切换等功能。与熔断器配合使用，可替代断路器作为变压器的保护组件，是城网、农网改造中的更新换代产品，特别适用于无人值守变电所。

二、产品特点

（1）采用真空灭弧室灭弧、无爆炸危险。

（2）隔离刀与三相真空灭弧室联动，分闸时有明显的隔离断口。

（3）机体的零部件全部采用不锈钢材料，底架采用不锈钢材料或热镀锌处理，确保了机体在户外环境下的正常运行。

（4）安装方式以单双杆、电动操作为主，也可采用手动、远程遥控操作。

（5）开断能力大、安全可靠、电寿命长、可频繁操作。

（6）广泛适用于农网、城网、铁路等配置线路改造。

三、工作原理

负荷开关由框架、主轴、拉杆、隔离刀、真空灭弧室以及操作机构等组成。动作过程是经外力作用于主轴旋转来完成。

隔离开关是由安装在主轴上的弹簧过中机构进行合分闸操作，过中弹簧提供了隔离刀合闸时所需的能量，并保证了真空灭弧室在分闸时熄灭电弧而不受人为因素的影响，真空灭弧室在隔离刀的分闸过程中，由快速机构提供灭弧室的分闸速度。隔离刀的三相联动操作确保了灭弧室的分闸同期性。

四、使用环境

（1）海拔高度：≤4000m。

（2）空气温度：±40℃。

（3）相对湿度：日平均值不大于95％，月平均值不大于90％。

（4）无爆炸、无剧烈震动的场所。

五、技术数据

FZW32—40.5T/630—20 型户外负荷真空开关技术数据，见表 18-2。

表 18-2　FZW32—40.5T/630—20 型户外负荷真空开关技术数据

序号	名　称	单位	参　数	
			12kV	40.5kV
1	额定电压	kV	12	40.5
2	额定频率	Hz	50	50
3	额定电流	A	630	1250
4	额定有功负载开断电流	A	630	1250
5	额定闭环开断电流	A	630	1250
6	5％额定有功负载开断电流	A	31.5	62.5
7	额定电缆充电开断电流	A	10	25
8	1min 工频耐压：真空断口/相间、相对地/隔离断口	kV	42/48	68/95/110
9	雷电冲击耐受电压：相间、相对地/隔离断口	kV	75/85	185/215
10	额定短时耐受电流（热稳定）	kA	20	25
11	额定短时持续时间	s	4	4
12	额定峰值耐受电流（动稳定）	kA	50	63
13	额定短路关合电流	kA	50	63
14	机械寿命	次	10000	10000
15	真空灭弧室触头允许磨损厚度	mm	0.5	0.6

真空灭弧室隔离刀装配技术数据，见表 18-3。

表 18-3 真空灭弧室隔离刀装配技术数据

序号	名　称	单位	参　数	
			12kV	40.5kV
1	灭弧室触头开距	mm	5±1	13±1
2	灭弧室三相触头分闸不同期	ms	≤5	≤5
3	灭弧室三相触头合闸不同期	ms	≤2	≤2
4	灭弧室平均分闸速度	m/s	1.1±0.2	1.7±0.2
5	隔离刀触头压力	N	300±50	500±50
6	隔离断口开距　小断口/大断口	mm	≥180	≥180/400
7	负荷开关回路电阻	μΩ	≤300	≤300

六、安装尺寸

FZW32—40.5T/630—20 户外负荷真空开关安装尺寸，见表 18-4。

表 18-4 FZW32—40.5T/630—20 型户外负荷真空开关安装尺寸

电压	安装方式	横向宽度	AB 相间间距	BC 相间间距
40.5kV	双杆水平装	1600	650	650
12kV	单杆水平装	1300	750	320
12kV	单杆侧装	1230	500	500
12kV	单杆侧装	1050	400	400

七、调试

(1) 每台负荷开关出厂前均已调试好，用户在安装前原则上不需再进行调试。

(2) 三相隔离刀分合不同期可调节绝缘拉杆的长度来调整。

(3) 改变分闸弹簧的松紧可调节真空灭弧室的分、合闸速度。

(4) 可在分闸状态、合闸状态下测量真空灭弧室、隔离刀的触头弹簧的长度差来调整其触头压力。

(5) 调整合分闸缓冲片的数量来限制隔离刀的起始位置。

(6) 调节绝缘拉杆的长度可改变隔离刀的开距，确保隔离刀开距 12kV 不小于 180mm；40.5kV 不小于 420mm。

八、维护、检修

可根据实际运行状况进行维护和检修。维护的内容：检验调整分、合闸位置，速度，行程等，检查紧固螺钉、螺母、机构传动部位，清洁绝缘表面。

九、安装方式

(1) 在运输或吊装产品时，决不允许外力作用在进出线端绝缘支柱上，否则将会使绝缘支柱断裂，导致产品不能使用。在运输中，决不允许有强烈震动或翻滚现象。应注意在安装中要对开关进行有效接地。

(2) 安装后，用电动操作机构对开关进行合、分操作，操作 10 次以上，合、分闸时不能出现合、分闸不到位现象，隔离断口 12kV 要大于 180mm；40.5kV 要大于 420mm，辅助动触头完全脱离静端触头，不带任何连接物。

FZW32—40.5T/630—20 户外负荷真空开关安装示意图，见图 18-1。

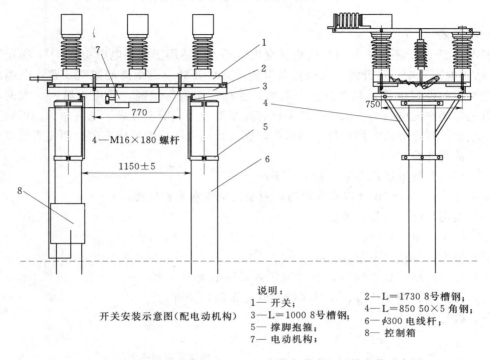

说明：
1— 开关；
2—L=1730 8号槽钢；
3—L=1000 8号槽钢；
4—L=850 50×5 角钢；
5— 撑脚抱箍；
6—φ300 电线杆；
7— 电动机构；
8— 控制箱

开关安装示意图（配电动机构）

图 18-1　FZW32—40.5T/630—20 户外负荷真空开关安装示意图

十、电动操作机构说明

（1）出厂时电动操作机构与负荷开关安装于一体，已通过调试，用户不需安装调试。

（2）该开关配用的机构电动系统，可分为交、直流两用形式控制，电源为220V。采用电子延时限位来控制电机，即开关分合闸到位时，具有自动刹车功能，有效地提高了行程开关的可靠性。

（3）电子刹车装置部分均按技术要求测试完成，用户只需在控制箱的微动空气开关上，接上对应的电源，即可进行开关的分合闸操作，绿（分）、红（合）、黑（停止）。（调试用）

十一、手动操作机构说明

（1）手动操作机构手柄作为附件随机供应。

（2）安装时只需将手动操作手柄安装在负荷开关的主轴上，用螺丝固定即可。

（3）操作负荷开关时，只需拉动合或分一侧的拉环即可实现手动和分闸。

十二、订货须知

订货时须注明：产品型号、名称、规格、数量；备件的名称、规格及数量等；操作方式及操作电压。

十三、生产厂

上海赣开电气制造有限公司。

18.3 FZW□—40.5 系列户外高压隔离真空负荷开关

一、概述

FZW□—40.5 系列户外高压隔离真空负荷开关，适用于额定电压 40.5kV、额定频率 50Hz 的供电网络中，可开断、关合负荷电流，亦可开断一定距离的架空线路、电缆线路和电容器组的电容电流。具有分段、隔离、连接、切换等功能，适用于城网、农网、铁路、石化等架空配电线路。该负荷开关具有开断能力大，安全可靠，电寿命长，可频繁操作，少维护，操作方式采用单杆手动操作，也可采用电动远控操作、断口明显等优点。

二、使用环境

(1) 周围空气温度：上限＋40℃，下限－40℃。

(2) 海拔：≤1000m（若海拔增高，则额定绝缘水平相应提高）。

(3) 地震烈度：不超过 8 度。

(4) 污秽等级：Ⅳ级。

(5) 最大日温差：不超过 25℃。

(6) 相对湿度：日平均不大于 95％，月平均不大于 90％。

(7) 无易燃、爆炸危险、化学腐蚀及剧烈振动的场所。

三、型号含义

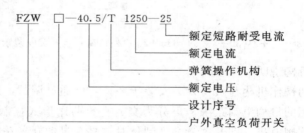

四、技术数据

上海万上机电、江苏丹通电气 FZW□—40.5 系列户外高压隔离真空负荷开关技术数据，见表 18-5。

表 18-5　上海万上机电、江苏丹通电气 FZW□—40.5 系列
户外高压隔离真空负荷开关技术数据

序号	项　目	单位	参　数
1	额定电压	kV	40.5
2	额定频率	Hz	50
3	额定电流	A	1250
4	额定有功负载开断电流	A	1250
5	额定闭环开断电流	A	1250
6	5％额定有功负载开断电流	A	62.5
7	额定电缆充电开断电流	A	25

序号	项　目	单位	参　数
8	1min 工频耐受电压：真空断口、相间相对地、隔离断口	kV	68/95/110
9	雷电冲击耐受电压：相间相对地/隔离断口	kV	185/215
10	额定短时耐受电流（热稳定）	kA	25
11	额定短路持续时间	s	4
12	额定峰值耐受电流（动稳定）	kA	63
13	额定短路关合电流	kA	63
14	机械寿命	次	10000
15	真空灭弧室触头允许磨损厚度	mm	0.6
16	手动操作力矩	N·m	≤300

西安高压电器研究所 FZW□—40.5 户外真空隔离负荷开关技术数据，见表 18-6。

表 18-6　西安高压电器研究所 FZW□—40.5 户外真空隔离负荷开关技术数据

序号	项　目	单位	参　数
1	额定电压	kV	40.5
2	额定频率	Hz	50
3	额定电流	A	1600
4	额定短路关合电流	kA	80
5	额定短路开断电流	kA	31.5
6	额定短时工频耐受电压	kV	95
7	额定雷电冲击耐受电压	kV	185
8	4 秒额定热稳定电流	kA	31.5
9	额定动稳定电流	kA	80
10	外形尺寸（宽×高×深）	mm	1400×2600×2800

五、开关安装示意图

FZW□—40.5 系列户外高压隔离真空负荷开关安装示意图，见图 18-2。

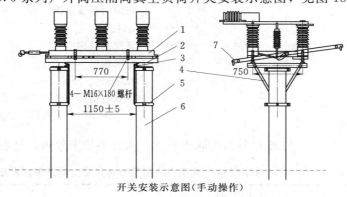

开关安装示意图（手动操作）

图 18-2（一）　FZW□—40.5 系列户外高压隔离真空负荷开关安装示意图

1—开关；2—L＝1730 8 号槽钢；3—L＝1000 8 号槽钢；4—L＝850 50×5 角钢；

5—撑脚抱箍；6—φ300 电线杆；7—手动操作手柄

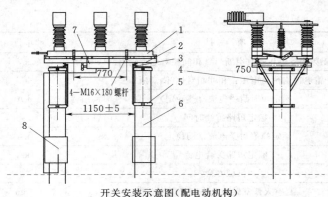

开关安装示意图（配电动机构）

图 18-2（二）　FZW□—40.5系列户外高压隔离真空负荷开关安装示意图

1—开关；2—L=1730 8号槽钢；3—L=1000 8号槽钢；4—L=850 50×5角钢；

5—撑脚抱箍；6—φ300 电线杆；7—电动机构；8—控制箱

六、生产厂

上海万上机电科技有限公司、江苏丹通电气有限公司、西安高压电器研究所电器制造厂。

18.4　FZW32—12/T630—20型户外高压隔离真空负荷开关

一、概述

FZW32—12/T630—20型户外高压隔离真空负荷开关是由巨开电气（上海）有限公司和西安高压电器研究所联合研制、开发，并由巨开电气（上海）有限公司首家生产的新一代高压电器产品，经严格的型式试验和长期试运行考核，各项技术性能指标全部达到 GB 3804和 IEC 标准，适合于额定电压 12kV、额定电流 630A、三相交流 50Hz 的供电网络中。

二、型号含义

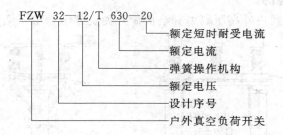

三、技术数据

FZW32—12/T630—20型户外高压隔离真空负荷开关技术数据，见表 18-7。

表 18-7　FZW32—12/T630—20型户外高压隔离真空负荷开关技术数据

序号	项　目	单位	参　数
1	额定电压	kV	12
2	额定频率	Hz	50

续表 18－7

序号	项　　目	单位	参　　数
3	额定电流	A	630
4	额定有功负载开断电流	A	630
5	额定闭环开断电流	A	630
6	5%额定有功负载开断电流	A	31.5
7	额定电缆充电开断电流	A	10
8	额定空载变压器开断容量	kVA	1600
9	额定开断电容器组电流	A	100
10	1min工频耐受电压；真空断口；相间；相对地/隔离断口	kV	42/48
11	需电冲击耐受电压；相间；相对地/隔离断口	kV	85
12	额定短时耐受电流	kA	20
13	额定短路持续时间	s	4
14	额定峰值耐受电流（动稳定）	kA	50
15	额定短路关合电流	kA	50
16	机械次数	次	10000
17	真空灭弧触头允许磨损厚度	mm	1
18	手动操作力矩	N·m	≤200
19	负荷开关真空灭弧室调整　触头开距	mm	5±1
	平均分闸速度	m/s	1.1±0.2
	三相分闸不同期	ms	<5
	三相合闸不同期	ms	<2
	带电体之间相对地隔离	mm	>200
	辅助回路电阻	μΩ	≥400

四、外形及安装尺寸

FZW32—12/T630—20型户外高压隔离真空负荷开关外形及安装尺寸，见图18-3。

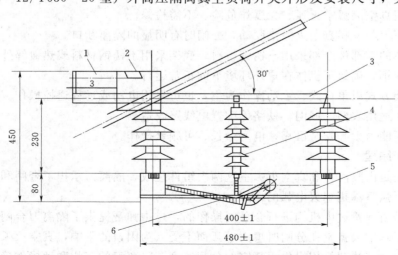

图 18-3　FZW32—12/T630—20型户外高压隔离真空负荷开关外形及安装尺寸

FZW32—12/T630—20 型户外高压隔离真空负荷开关安装尺寸，见表 18-8。

表 18-8　FZW32—12/T630—20 型户外高压隔离真空负荷开关安装尺寸

安装方式	横向宽度	AB 相间间距	BC 相间间距
单杆水平装	1300	750	320
单杆侧装	1230	500	500
单杆侧装	1050	400	400

五、生产厂

巨开电气（上海）有限公司、湖南欧能电气有限公司。

18.5　FZW32 户外高压隔离真空负荷开关

一、概述

FZW32—12/630—20 型户外高压隔离真空负荷开关，适用于额定电压 12kV、额定电流 630A、三相交流 50Hz 的供电网络中。该产品是武汉三迪电气有限公司生产的新一代高压电器产品，各项技术性能指标符合 GB 3804 和 IEC 标准。

二、型号含义

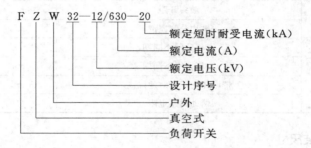

三、产品特点

（1）采用真空灭弧室灭弧、无爆炸危险、不需检修。

（2）隔离刀与三相真空灭弧室联动，分闸时有明显的隔离断口。

（3）机体的零部件全部采用不锈钢材料，底架采用不锈钢材料或热镀锌外加防紫外线保护涂料的碳钢，确保了机体在户外环境下的正常运行。

（4）安装方式以单杆式、手动操作为主，也可采用电动或远程遥控操作。

（5）广泛适用农网、城网、铁路等配置电线路改造。

（6）开断能力大、安全可靠、电寿命长、可频繁操作。

四、工作原理

负荷开关是由隔离刀和真空灭弧室这两大组件组成，隔离刀承担了合闸和分闸时绝缘作用，真空灭弧室承担熄灭电弧的作用。

隔离刀是由弹簧过中机构进行合分闸操作的，过中弹簧提供了隔离刀合闸时所需的能量，并保证了真空灭弧室在分闸时熄灭电弧而不受人为因素的影响，真空灭弧室在隔离刀的分闸过程中，有快速机构提供灭弧室的分闸速度。隔离刀的三相联动操作确保了灭弧室的分闸同期性。

五、技术数据

FZW32 户外高压隔离真空负荷开关技术数据，见表 18－9。

表 18－9　FZW32 户外高压隔离真空负荷开关技术数据

序号	项　　目		单位	数　　据
1	额定电压		kV	12
2	额定频率		Hz	50
3	额定电流		A	630
4	额定有功负载开断电流		A	630
5	额定闭环开断电流		A	630
6	5％额定有功负载开断电流		A	31.5
7	额定电缆充电开断电流		A	10
8	额定开断空载变压器容量		kVA	1600
9	额定开断电容器组电流		A	100
10	1min 工频侧耐受电压		kV	42/48
11	雷电冲击耐受电压		kV	75/85
12	额定短时耐受电流（热稳定）		kA	20
13	额定短路持续时间		s	4
14	额定峰值耐受电流（动稳定）		kA	50
15	额定短路关合电流		kA	50
16	机械寿命		次	10000
17	真空灭弧室内触头允许磨损厚度		mm	≤0.5
18	手动操作力矩		N・m	≤200
19	负荷开关真空灭弧室装配调整	触头开距	mm	5±1
		平均分闸速度	m/s	1.1±0.2
		三相合闸同期性	ms	≤5
		三相分闸同期性	ms	≤2
		带电体之间相对空气距离	mm	＞200
		辅助回路电阻	mΩ	≥400

六、使用环境

（1）海拔不超过 1000m。

（2）周围空气温度：上限＋40℃，下限－30℃。

（3）相对湿度：日平均值大于 95％，月平均值不大于 90％。

（4）无经常剧烈振动。

七、外形及安装尺寸

FZW32 户外高压隔离真空负荷开关外形及安装尺寸，见图 18－4。

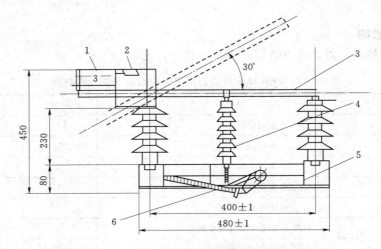

图18-4 FZW32户外高压隔离真空负荷开关外形及安装尺寸

1—真空灭弧室；2—分闸弹簧；3—隔离刀组件；4—绝缘拉杆；5—框架；6—过中弹簧机构

八、安装方式及支架示意图

（一）单杆侧装

FZW32户外高压隔离真空负荷开关单杆侧装，见图18-5。

（二）水平安装

FZW32户外高压隔离真空负荷开关水平安装，见图18-6。

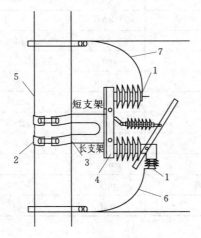

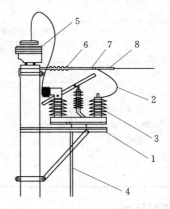

图18-5 FZW32户外高压隔离真空
负荷开关单杆侧装

1—接线端子；2—抱箍；3—安装架（长支架、
短支架）；4—负荷开关；5—电线杆；
6—电源出线；7—电源进线

图18-6 FZW32户外高压隔离真空
负荷开关水平安装

1—开关支架部件；2—连接导线；3—负荷开关；4—操
纵杆；5—PT（电动操作机构电源）；6—瓷拉棒
绝缘子；7—叉形锁铐；8—耐张线夹

（三）杆顶安装

FZW32户外高压隔离真空负荷开关杆顶安装，见图18-7。

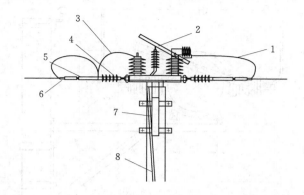

图18-7　FZW32户外高压隔离真空负荷开关杆顶安装

1—连接导线；2—负荷开关；3—连接导线；4—瓷拉棒绝缘子；5—叉形锁铐；

6—耐张线夹；7—开关支架；8—操纵杆

九、订货须知

订货时须注明产品型号、名称、规格、数量，备件的名称、规格及数量等，操作方式是手动还是电动，安装方式及其它特殊要求。

十、生产厂

武汉三迪电气有限公司。

18.6　FW11—10型户外高压SF₆负荷开关

一、概述

FW11—10型负荷开关以SF₆为灭弧和绝缘介质，适用于交流50Hz、额定电压为10kV的配电电网中，切断和关合负荷电流，短路电流及环流。

二、结构及工作原理

FW11—10型负荷开关配手动弹簧操动机构，三相共箱式，箱筒底部有内装吸附剂和充放气阀的吸附剂罩，瓷套管作为动静触头的固定支撑和对地绝缘及外部接线端子。动静触头采用旋弧式灭弧原理，灭弧效果好。

三、技术数据

FW11—10型户外交流SF₆负荷开关技术数据，见表18-10。

表18-10　FW11—10型户外交流SF₆负荷开关技术数据

额定电压 （kV）	额定电流 （A）	额定热稳定电流 （kA）	额定动稳定电流 （峰值，kA）	额定关合电流 （峰值，kA）	额定工作压力 （MPa）	最低工作压力 （MPa）	机械寿命次数 （次）	零表压时耐压 （kV/min）	年漏气率 （%）
10	400	12.5(1s) 6.3(4s)	31.5	16	0.4	0.3	3000	15	2

四、外形及安装尺寸

FW11—10型户外交流SF₆负荷开关的外形及安装尺寸，见图18-8。

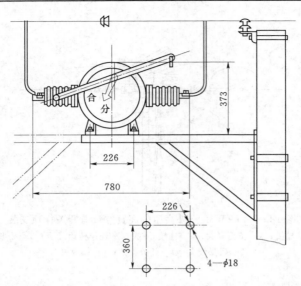

图 18 - 8 FW11—10 型 SF₆ 负荷开关外形及安装尺寸（单位：mm）

五、订货须知

订货时必须注明产品型号、额定电压、额定电流、数量及其它特殊要求。

18.7 MFF—10/400 型全绝缘负荷开关

一、概述

MFF—10/400 型全绝缘负荷开关由负荷开关和熔断器组合而成，用于 10kV 交流网络、最高工作电压 11.5kV、额定电流 400A 的场所，作为主回路关合与开断之用。适用于城市街道、机场、码头、车站、公园绿地和居民小区等场所的配电系统，尤其适用于环形网络及多路供电的配电系统。

二、产品结构

MFF—10/400 型全绝缘负荷开关除引出线部分外，所有带电部分均用环氧树脂封闭，负荷开关与熔断器间装有机械联锁装置，负荷开关静触座中装有一永久磁铁；用一内装合闸弹簧的分合操作专用合闸手柄。弹簧力与永久磁铁的吸力不大于 294N。本产品处于开断位置时有明显的断口，以保证检修安全，并有短路接地触头、短路指示器，便于迅速寻找故障点。

MFF—10/400 型负荷开关结构为积木组合式，可以满足用户的各种不同需要。

三、技术数据

MFF—10/400 型全绝缘负荷开关技术数据，见表 18 - 11。

表 18 - 11 MFF—10/400 型全绝缘负荷开关技术数据

额定电压（kV）	最高工作电压（kV）	额定电流（A）	额定开断电流（A）	2s 热稳定电流（kA）	动稳定电流（kA）	关合短路电流（kA）	熔断器极限断流容量（MVA）	最大电缆截面（mm²）	重量（kg）
10	11.5	400	400	12.5	31.5	31.5	200	3×240	150

四、外形及安装尺寸

MFF—10/400 型全绝缘负荷开关的外形及安装尺寸，见图 18-9。

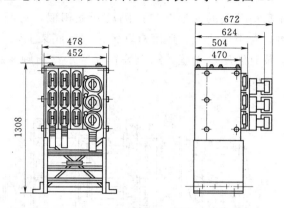

图 18-9 MFF—10/400 型全绝缘负荷开关的外形及安装尺寸（单位：mm）

五、订货须知

订货必须注明产品名称、型号、额定电压、额定电流、一次接线方案、变压器额定容量、电缆型号、截面尺寸及特殊要求。

18.8 10kV 级 FN 系列户内压气式高压负荷开关

一、概述

FN□—10 系列户内交流高压负荷开关及负荷开关—熔断器技术性能达到 GB 3804—90《3～63kV 交流高压负荷开关》和 IEC 420《交流高压负荷开关—熔断器组合电器》（1990 年）标准的规定。具有开断安全可靠、电寿命长、可频繁操作、开断转移电流大、不需维护、有隔离断口等优点。负荷开关—熔断器组合电器还具有保护变压器过载、防止设备缺相运行的功能。

FN□—10 系列开关适用于交流 50Hz、额定电压 6～10kV 的网络中，可开断负荷电流、过载电流和短路电流，特别适用于无油化、不检修、要求频繁操作的场所。可配用 CS6—1 型操动机构及 CS□手动操动机构或 CJ□电动操作机构。选用 FN□—10 RD/J 型开关可同时实现电动和手动操作。

二、型号含义

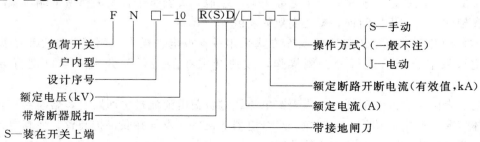

三、结构与工作原理

（一）FN$_5^3$—10 系列高压负荷开关

FN$_5^3$—10 系列高压负荷开关的外形与户内隔离开关相似，见图 18-10。开关的底部为底架，内装传动机构，若带接地刀，还配有联锁机构，底架上装有 6 只绝缘子起支持作用。上、下绝缘子分别装有触座、支座，触刀装在支座上，与触座接触后形成电流回路，灭弧器装于两个触刀片之间。

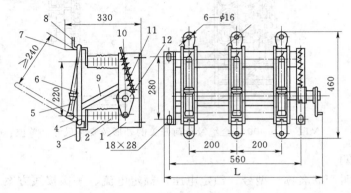

图 18-10　FN$_5^3$—10 负荷开关外形及安装尺寸（单位：mm）

—底架；2—支柱绝缘子；3—支座接线板；4—触刀；5—灭弧管；6—扭簧及扭簧销轴；
7—导向片；8—触座接线板；9—拉杆；10—转轴；11—弹簧储能机构；12—操作盘

负荷开关合闸时，主回路与辅助回路并联，电流大部分流经主回路，当负荷开关分闸瞬间，主回路先断开，电流只通过辅助回路。由于开关继续运动，致使灭弧管内的弹簧压缩到某一极限位置时，动弧触头快速与静弧触头分离所产生的电弧使灭弧棒产生一定量的气体，使电弧迅速熄灭。

负荷开关底架中装有与绝缘拉杆相连的转轴，转轴转动使触刀运动。底架的一侧装有弹簧装置及操作转盘（两侧都可安装），由操动机构驱动使压缩弹簧储能，过死点后弹簧释放的能量作用于转轴上，实现快速分、合闸。

（二）FN16—10 系列高压负荷开关

FN16—10 系列开关系三相联动结构，主要由底架、真空灭弧室、隔离开关、接地开关、熔断器、脱扣装置及操动机构组成。隔离开关通过上、下绝缘子固定在底架上。真空灭弧室通过绝缘子紧固在加装绝缘柱支撑的上下支架间。熔断器上端固定于真空灭弧室的下支架上，下端通过接触座固定于绝缘子上。接地开关安装于真空灭弧室下端，操动机构装于底架的右侧，机械闭锁装置在底架的左侧。

本系列开关的真空灭弧室的操作方式采用手动或电动操作。闭锁装置保证隔离开关在真空灭弧室分闸后进行分合闸操作，接地开关在隔离开关分闸后才可进行分合闸操作。

处于合闸位置的负荷开关，当短路电流或过负荷电流流过主回路时，熔断器一相或几相熔体熔断，撞击器动作，快速撞击组合电器的机械、电气并联保护装置。使真空灭弧室在分闸弹簧的作用下实现可靠快速分闸。

四、技术数据

FN16—10 及 FN$^3_5$—10 系列负荷开关的技术数据，见表 18–12。

表 18–12 FN□—10 系列户内交流高压负荷开关及负荷开关—熔断器组合电器技术数据

项 目 ＼ 型 号	FN16—10	FN5—10	FN3—10
额定电压（kV）	10	10	10
最高工作电压（kV）	12	11.5	11.5
额定频率（Hz）	50	50	50
熔断器最大额定电流（A）	200	125	125
额定有功负载开断电流（A）	630	630	400	400
额定闭环开断电流（A）	630	630	400	400
5%额定有功负载开断电流（A）	31.5	31.5	31.5
额定电缆充电开断电流（A）	10	10	10
额定电容开断电流（A）	400	10	10
额定空载变压器开断电流（kA）	6000kVA 变压器空载电流	1250	1250
1min 工频耐受电压（有效值）对地、相间、真空断口/隔离断口（kV）	42/48	42/48	42/48
全波雷电冲击耐受电压（峰值）对地、相间、真空断口/隔离断口（kV）	75/85	75/85	75/85
额定短时耐受电流（热稳定）（kA/s）	20/3	20/2	12.5/4	12.5/2
额定峰值耐受电流（动稳定）（kA）	50	50	31.5	31.5
额定短路关合电流（kA）	50	50	31.5	31.5
额定电流开断次数（次）	10000	2000	2000	2000
机械寿命（次）	10000	2000	2000	2000
触头允许磨损累计厚度（mm）	3		
分合闸操作力矩（N·m）	175（350N）	100	90	90
所配熔断器型号	SDL＊J SFL＊J SKL＊J RN3	SDL＊J SFL＊J SKL＊J	SDL＊J SFL＊J SKL＊J RN3	SDL＊J SFL＊J SKL＊J RN3
生产厂	宁波天安（集团）股份有限公司（象山高压电器厂），上海电瓷厂		

五、外形及安装尺寸

FN$^3_5$—10 系列负荷开关外形及安装尺寸，见图 18–10～图 18–13；FN16—10 系列真空负荷开关外形及安装尺寸，见图 18–14、图 18–15。

六、订货须知

订货时必须注明负荷开关的型号、名称、数量及所配机构的型号，若配熔断器须注明熔断器的额定电压、额定电流。

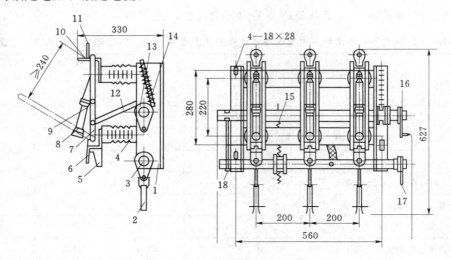

图 18-11　FN5—10D 负荷开关外形及安装尺寸（单位：mm）

1—底架；2—接地触刀；3—接地触座；4—支柱绝缘子；5—接地触座；6—支座接线板；
7—负荷开关触刀；8—灭弧管；9—扭簧及扭簧销轴；10—导向片；11—触座接线板；
12—拉杆；13—负荷开关转轴；14—负荷开关弹簧储能机构；15—接地开关弹簧
储能机构；16—负荷开关操作盘；17—接地开关操作盘；18—联锁机构

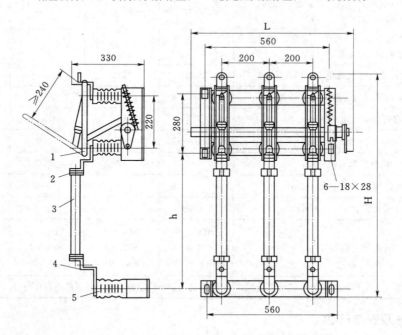

图 18-12　FN5—10R 负荷开关外形及安装尺寸（单位：mm）

1—FN5—10 负荷开关；2—支座熔断器接线板；3—熔管；
4—熔断器接线板；5—熔断器底座

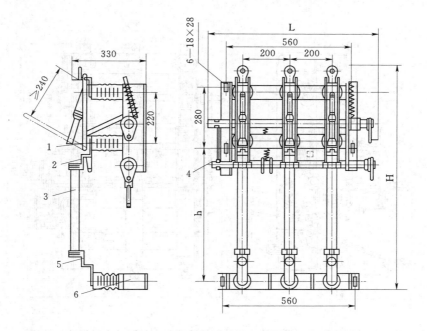

图 18 - 13　FN5—10DR 负荷开关外形及安装尺寸（单位：mm）

1—FN5—10D 负荷开关；2—支座熔断器接线板；3—熔管；4—联锁机构；
5—熔断器接线板；6—熔断器底座

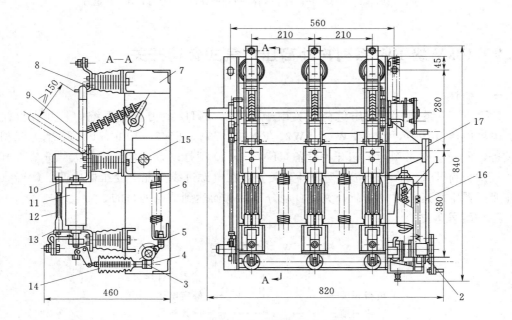

图 18 - 14　FN16—10/630 真空负荷开关外形及安装尺寸（单位：mm）

1—合闸弹簧；2—操动机构；3—滑套；4—弹簧拉杆；5—分闸缓冲垫；6—分闸弹簧；
7—底架；8—绝缘子；9—隔离刀；10—上支架；11—真空灭弧室；12—绝缘柱；
13—下支架；14—绝缘拉杆；15—电动操作输出轴；16—连杆；17—拐臂

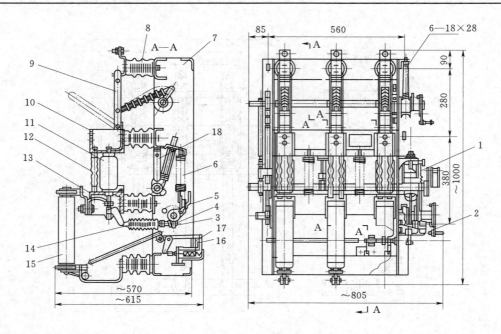

图 18-15 FN16—10（R）真空负荷开关—熔断器组合外形及安装尺寸（单位：mm）

1—合闸弹簧；2—操动机构；3—滑套；4—弹簧拉杆；5—分闸缓冲垫；6—分闸弹簧；

7—底架；8—绝缘子；9—隔离刀；10—上支架；11—真空灭弧室；12—绝缘柱；

13—下支架；14—绝缘拉杆；15—熔管；16—螺杆；17—螺母；18—接地刀

18.9 10kV 级 FW 系列户外高压产气式负荷开关

一、概述

FW□—10 系列户外高压负荷开关用于 10kV、50Hz 电力配电系统中，开合负荷电流、电容电流及环流，其中 FW1、FW2、FW4、FW5、FW7—10Ⅱ、FW11 型为三相开关设备，FW7—10Ⅰ型为二相开关设备，FW11—10 型是以 SF_6 为绝缘和灭弧介质，其余为产气式负荷开关。FW—10 系列户外开关安装在电源进线与配电变压器中间。FW7—10 型在变压器空载运行时，负荷开关能自动分闸，从而达到节电的目的。

二、型号含义

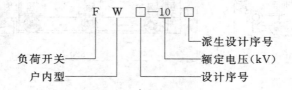

三、结构及工作原理

FW1—10、FW2—10、FW4—10、FW5—10 型高压负荷开关装在单杆上，三相共杆联动，采用固体产气灭弧材料，用绝缘棒式绳索操作，分闸状态具有明显断口，起隔离作用。FW5—10型高压负荷开关由底架、支持绝缘子、绝缘拉杆、灭弧室、刀闸和机构组成，见图18—16。

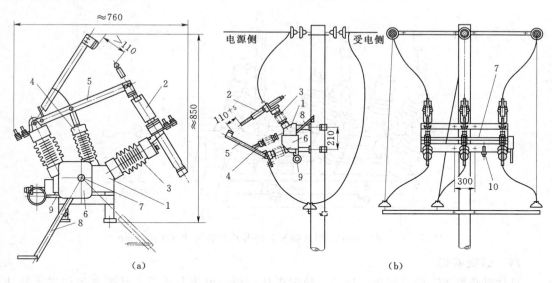

图18—16 FW5—10型负荷开关外形及安装尺寸（单位：mm）

(a) 外形尺寸；(b) 安装尺寸

1—底架；2—灭弧室；3—支柱瓷瓶；4—拉杆瓷瓶；5—闸刀；6—机构；

7—主轴；8—合闸手柄；9—分闸拉杆；10—弹簧

FW7—10$_{II}^{I}$型高压负荷开关由本体及控制盒组成。本体由底架、支柱及拉杆绝缘子、导电板、动触头、传动机构组成，控制盒由信号监测器、闭锁器、延时器和电源组成。

四、技术数据

FW—10系列高压负荷开关技术数据，见表18—13。

表18—13 FW—10系列高压负荷开关技术数据

型　　号	额定电压（kV）	额定电流（A）	最大开断电流（A）	极限通过电流（kA）		热稳定电流（kA）		重量（kg）	操作机构	外形尺寸（mm）（长×宽×高）	生产厂
				有效值	峰值	45	55				
FW110/400	10	400	800					80			沈阳高压开关厂
FW2—106/200	10	200	1500	8	14	7.9	7.8	164	绝缘棒或绳索	810×530×412	沈阳市第三电器开关厂
FW2—106/400		400	1500	8			12.7	168			
FW4—10/200	10	200	800	8.7	15	5.8		157	绝缘棒或绳索	557×640×630	上海华通开关厂
FW4—10/400		400	800	8.7				174			
FW5—10/200	10	200	1500	10		4		75	绝缘棒或绳索	760×900×850	沈阳高压开关厂、无锡开关厂、上海电瓷厂
FW7—10$_{II}^{I}$	10	20		4	1.6					530×628×460	昆明电器厂

五、外形及安装尺寸

FW—10 型高压负荷开关的外形及安装尺寸，见图 18 - 16、图 18 - 17。

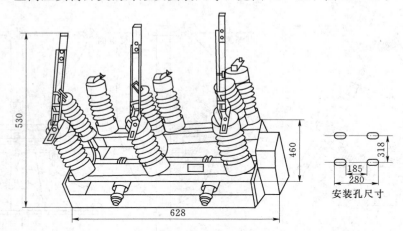

安装孔尺寸

图 18 - 17　FW7—10$_{\rm II}^{\rm I}$ 型负荷开关外形及安装尺寸（单位：mm）

六、订货须知

订货时必须注明产品名称、型号、额定电压、额定电流及数量、是否要闭锁器及特殊要求。

18.10　其它型号高压负荷开关

其它型号高压负荷开关技术数据和生产厂，见表 18 - 14～表 18 - 17。

表 18 - 14　国内高压负荷开关技术数据及生产厂

型　号	灭弧方式	额定电压（kV）	额定电流（A）	额定峰值耐受电流（kA）	额定短时耐受电流（kA）	额定短路关合电流（kA）	允许开断电流（A）	机械寿命（次）	外形尺寸（mm）（高×宽×深）	重量（kg）	生产厂	备注
FW□—$\frac{63}{110(145)}$	SF$_6$	63,110（145）	630,1250	80	31.5（4s）	80	630,1250				平顶山高压开关厂	配弹簧机构
FW11—10	SF$_6$	10	400	31.5	6.3（4s），12.5（1s）		630				西安高压开关厂一分厂、杭州开关厂	
FN□—10	真空	10	400	31.5	12.5（4s）		400		550×420×650	40	上海华通开关厂、沈阳黎明发动机制造公司	
FW□—55/27.5 FW□—27.5	真空	55/27.5，27.5	1250	31.5	12.5	31.5	1250	10000			西安高压电器研究所、铁道部电气化工程局电气化勘测设计院、天津电器开关公司电器设备厂	

续表 18-14

型号	灭弧方式	额定电压(kV)	额定电流(A)	额定峰值耐受电流(kA)	额定短时耐受电流(kA)	额定短路关合电流(kA)	允许开断电流(A)	机械寿命(次)	外形尺寸(mm)(高×宽×深)	重量(kg)	生产厂	备注
FN4—10	真空	10	600	7.5	3 (4s)	7.5	600		810×580×365	75	四川电器股份有限公司、无锡开关厂	配直流电磁操动机构
FN□—10	压气式	10	400,630	40,50	16,20(45)	40,50	400,630	2000			西安高压电器研究所、重庆高压开关厂、南京化工电器仪表厂等	
FN5—10	压气式	10	400,630,1250	10,12.5,16,20	16(2s)20(2s)		400,630,1250		670×460×330	26	宁波天安（集团）有限公司	

表 18-15　FN—10D（R）/125—31.5 与 FN□—10D/630—20 型高压负荷开关技术数据及生产厂

型号	额定电压(kV)	额定电流(A)	额定峰值耐受电流(kA)	最高电压(kV)	额定短路开断电流(kA)	额定短时耐受电流(kA)	额定有功负载开断电流(A)	额定交接电流(组合电器)(A)	机械寿命(次)	额定短路关合电流(kA)	生产厂
FN—10D(R)/125—31.5	35	1600	63	40.5	63	25					天津市电器开关公司
FN□—10D/630—20	12	630	50		31.5	20	630	3150	10000	50	

表 18-16　ZFN21—10DQ/630—20 型高压负荷开关技术数据及生产厂

型号	额定电压(kV)	额定电流(A)	额定闭环开断电流(A)	额定空载变压器开断容量(kVA)	4s额定短时耐受电流(kA)	额定有功负载开断电流(A)	额定峰值耐受电流(kA)	额定电缆充电开断电流(kA)	额定短路关合电流(kA)	生产厂
ZFN21—10DQ/630—20	12	630	630	125	20 (4s)	630	50	10	50	佛山电器厂有限公司

表 18-17　FLN24—126/630—31.5 与 FN20—12D/630—20 型高压负荷开关技术数据及生产厂

型号	额定工作电压(kV)	额定工作电流(A)	额定短路关合电流(kA)	雷电冲击耐压(断口间)(kV)	雷电冲击耐压(相间)(kV)	1min工频耐压(相间)(kV)	额定开断电流(A)	额定峰值耐受电流(kA)	额定闭环开断电流(kA)	雷电冲击耐压(相地)(kV)	1min工频耐压(相地)(kV)	1min工频耐压(断口间)(kV)	生产厂
FLN24—126/630—31.5	126	50	80	630	550	23	1250	10000	630	550	230	265	平顶山天鹰集团有限公司
FN20—12D/630—20	12	50	50	85	75	42	630		630	75	42	48	湖南天一泵业股份有限公司平江电器分公司

第 19 章　高压隔离开关和接地开关

隔离开关用于有电压无负载条件下接通或分断线路，有一定灭弧能力的隔离开关可分、合小电流。

接地开关是在检修电气设备时为确保工作人员安全而人为造成接地的一种装置。

在输变电设备中，隔离开关数量最大，一般与断路器成 1:2 或 1:3 比例配置。隔离开关和接地开关的结构形式直接影响电站、变电所的布置方式和基建投资。用隔离开关与电流互感器或电缆头组合成的敞开式组合电器，或在 $1\frac{1}{2}$ 断路器接线中用两个隔离开关共用中间触头组合成的敞开式组合电器，可显著地减少占地面积和使用空间。

隔离开关和接地开关的操作机构有电动和手动，也可采用液压、气动或弹簧机构，在 220kV 级以下为三相连动，330～500kV 为单相操作。

隔离开关分类，见表 19-1。

表 19-1　高压隔离开关分类

分类方式	类　别	分类方式	类　别
按安装场所分	户内，户外	按用途分	一般输配电用，快速分闸用，变压器中性点接地用，大电流母线用
按有无接地开关分	不接地，单接地，双接地		

注　也可按结构形式分类，见表 19-3。

使用环境条件：海拔不超过 1000m，特殊型不超过 2500m，高原型不超过 4000m；环境温度为户外 −30～＋40℃（高寒地区 −40～＋40℃），户内 −10～＋40℃（高寒地区 −25～＋40℃），户内隔离开关和接地开关允许在 −30℃ 下储运；风速不超过 35m/s；相对湿度为日平均不大于 95%，月平均不大于 90%；地震加速度为水平 $3.92m/s^2$、垂直 $1.96m/s^2$；户内使用环境应无显著的污秽。户外使用污秽等级为 0 级（普通型）、Ⅱ级（中污型）、Ⅲ级（重污型），按 GB 5582—85《高压电力设备外绝缘污秽》规定，最小公称爬电比距"O"级为 14.8mm/kV、Ⅱ级 20mm/kV、Ⅲ级 25mm/kV、Ⅳ级 31mm/kV；户外覆冰厚度一般地区不超过 1mm，重冰区 10、20mm；无易燃物质、爆炸危险、化学腐蚀及剧烈振动。

型号含义

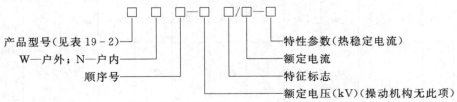

表 19-2　产 品 型 号

产品名称及表示符号	安装条件及操作方式	户内用	户外用	电动机	气动	手动人力操动	备　注
隔离开关	G	GN	GW				
接地开关	J	JN	JW				
敞开式组合电器	ZC	ZCN	ZCW				原型号为2H
操动机构	C			CJ	CQ	CS	
电磁锁	DS	DSN	DSW				

特征标志：

D——隔离开关带接地开关；

G——改进型；

Ⅰ、Ⅱ、Ⅲ……——不同特性参数或性能结构的系列产品；

W——污秽地区；G——高海拔地区；TH——湿热带地区；TA——干热带地区；

H——高寒地区。

隔离开关结构形式及特点，见表 19-3。

表 19-3　隔离开关结构形式及特点

结　构　型　式			特　　点			代表产品
			相间距离	分闸后闸刀情况	其　它	
水平断口	双柱式	平开式（中间开断）	大	不占上部空间	瓷柱兼受较大弯矩和扭矩	GW4Ⅱ型 GW5 Ⅴ型
	三柱式	平开式（水平回转）	较小	不占上部空间	纵向长度大，易于作组合电器，瓷柱分别受弯矩或扭矩	GW7
	直臂式		小	上部占空间大		GW8，GN9，GN13
	伸缩插入式	瓷柱转动（或拉动）	小			GW12，GW11，GW17，GN21
		瓷柱摆动	小		瓷柱受较大弯矩，适用较低电压	
垂直断口	直臂式		小	一侧占空间大	闸刀运动轨迹大	GW3
	单柱式	偏折式	小	一侧占空间大	适用于架空硬、软母线	GW6，GW10，GW16
		对折式	小	二侧占空间	触头钳夹范围大	GW6

19.1　GW1—$^{6}_{10}$型户外交流高压隔离开关

一、概述

GW1—$^{6}_{10}$型户外交流高压隔离开关为三相交流 50Hz 高压开关设备，用于额定电压为 6、10kV 的电力系统中，作为在有电压无负载的情况下接通或隔离电源之用。GW1—$^{6}_{10}$型产品配用 CS8—1 型手力操动机构。

本隔离开关由 3 个单极型的隔离开关组成，安装时由管子联杆使极与极相互连接，连接时极间中心距离为 600mm，配用一个操动机构。

每个单极型隔离开关由底架、转轴、支柱绝缘子、拉杆绝缘子、闸刀和触头等组成。底架两端安装支柱绝缘子，装有触头。底架中部有一转轴，焊有拐臂，通过手力机构来实现分合闸操作。

二、技术数据

GW1—$^6_{10}$型户外交流高压隔离开关技术数据，见表 19—4。

表 19—4　GW1—$^6_{10}$型户外交流高压隔离开关技术数据

型　　号	额定电压 （kV）	最高电压 （kV）	额定电流 （A）	动稳定电流 （kA）	重量（单极） （kg）	生产厂
GW1—6/400—12.5	6	6.9	400	31.5	15.2	24
GW1—10/400—12.5	10	11.5			15.8	17、23、24、25、26
GW1—6/200	6	6.9	200	15	14	24
GW1—6/630—16	6	6.9	630	40	20.5	
GW1—10/630—16	10	11.5			21.2	17、23、24、25、26
GW1—10/200	10	11.5	200	15	19	
GW1—10/400	10	11.5	400	25	20	
GW1—10G（D）	10	11.5	630 1250	50（峰值） 100（峰值）		
GW1—10W/200	10	11.5	200	15	19	
GW1—10W/400	10	11.5	400	25	20	24、26
GW1—10W/630	10	11.5	630	35	21	

注　生产厂及代号见表 19—46（下同）。

19.2　GW4 系列 35～220kV 户外高压隔离开关

一、概述

GW4 系列户外交流高压隔离开关为三相交流 50Hz 户外高压电器，用于额定电压 35～220（245）kV 的电力系统中，供高压线路无载荷换接，隔离被检修的高压母线、断路器等电气设备与带电高压线路之电器。

本产品按有无接地开关可分不接地、单接地、双接地，按使用地区可分普通型、耐污型、高原型。

其中，GW4—35、66、110、145 型户外高压隔离开关，是双柱水平开启式三相交流 50Hz 的输电设备，供高压线路在无负载情况下进行换接，以及对被检修的高压母线、断路器等电气设备与带电高压线路进行电气隔离之用。

该隔离开关和附装的接地开关，各自配用独立的操作机构。为了确保隔离开关和接地开关二者之间操作顺序正确，在产品本体装有机械联锁装置，本产品分为：不接地、单接地、双接地、普通型和防污型等不同规格。

GW4 系列隔离开关包括三个单相，每个单相由底座（槽钢制成）、支柱瓷绝缘子及导电部分组成。每相有两个支柱瓷绝缘子，分别装在两端轴承底座上，而每一个支柱绝缘子上分别装有触头。

二、技术数据

GW4 系列隔离开关的主要技术数据，见表 19-5。

表 19-5 GW4 系列隔离开关的主要技术数据

型 号	额定电压 (kV)	最高电压 (kV)	额定电流 (A)	4s 热稳定电流（有效值，kA）	动稳定电流（峰值，kA）	1min 工频耐压（有效值，kV）		雷电冲击耐压（峰值，kV）		接地端水平拉力 (N)	生产厂
						对地	断口	对地	断口		
GW4—35	35	40.5	630 1250 2000 2500 1600 3150 4000	20 31.5 40 (46)	50 80 100 (104) 100 125 160	80	90	185	215	500 750	2、3、5、6、7、8、9、11、12、13、14、15
GW4—63	63	72.5	630 1250 2000 2500	20 31.5 40 (46)	50 80 100 (104)	140	160	325	375	750	5、12
GW4—110	110	126	630 1250 1600 2000 3150	20 31.5	50 80 100 125	185 (230)	210 (265)	450 (550)	520 (630)	750	1、3、5、6、7、8、9、11、12、13、14、15
GW4—110G	110	126	630 1250 2000 2500	20 31.5 40 (46)	50 80 100 (104)	185	210	450	550	750	
GW4—145	145	145	1250 2000 2500	31.5 40 (46) 50	80 100 (104) 125	275	315	650	750	1000	10、12
GW4—220 GW4—245	220 (245)	252	630 1250 2000	20 31.5 40	50 80 100	395 (460)	460 (530)	950 (1050)	1050 (1200)	1000	6、10、11、12、13
GW4F—110D	110		1250 1600 2000 2500	40 66.7 66.7	100 125 125					500	1、13
GW4F—220D	220		1250 1600 2000 2500	40 66.7 66.7	100 125 125					1000 1500	1、13

GW4Ⅲ系列户外高压隔离开关的主要技术数据，见表 19-6。

表 19-6　GW4Ⅲ系列户外高压隔离开关主要技术数据

产品型号 额定参数		GW4—40.5Ⅲ				GW4—72.5Ⅲ				GW4—126Ⅲ				GW4—145Ⅲ			
额定电压（kV）		40.5				72.5				126				145			
额定电流（A）		630	1250	1600	2000	630	1250	1600	2000	630	1250	1600	2000	630	1250	1600	2000
额定频率（Hz）		50															
隔离开关	额定峰值耐受电流（kA）	50	80	100	100	50	80	100	100	50	80	100	100	50	80	100	100
	额定短时耐受电流（有效值，kA）	20	31.5	40	40	20	31.5	40	40	20	31.5	40	40	20	31.5	40	40
	额定短路持续时间（s）	4															
额定短时工频耐受电压 （有效值，kV）	对地	95				160				230				275			
	断口	118				197				265				315			
额定雷电冲击耐受电压 （有效值，kV）	对地	185				350				550				650			
	断口	215				385				630				750			
单极重量（kg）		140		180		200		240		260		300		300		350	
机械寿命（次）		3000				3000				3000				3000			
CS17Ⅳ型人力机构的重量（kg）		80															
电动机构	分合闸时间（s）	CJ6：7.5；CJ2—XG：6±1															
	重量（kg）	100															
生产厂		泰开电气集团有限公司															

19.3　GW5 系列 35～110kV 户外高压隔离开关

一、概述

GW5 系列户外高压隔离开关是三相交流 50Hz 户外高压电器，用来分合有电压无负荷时的电路。按外绝缘能力可分为普通型和耐污型，附装接地开关。按接地开关分为单接地、双接地。接地开关按承受短路电流的电动力作用和热效应能力又分为Ⅰ型和Ⅱ型。本系列产品安装形式有水平安装、倾斜 25°、50°安装，侧装（倾斜 90°）和倒装。

GW5 系列户外高压隔离开关配用 CS17 型人力操动机构，机构上附装电磁锁及联锁板，实现隔离开关主闸刀和接地开关之间的联锁。

二、技术数据

GW5 系列户外高压隔离开关主要技术数据，见表 19-7。

表 19-7　GW5 系列户外高压隔离开关的技术数据

型　号	GW5—35$\frac{D}{D}$（W）	GW5—63$\frac{D}{D}$（W）	GW5—110$\frac{D}{D}$（W）	GW5—110D（W）
额定电压（kV）	35	63	110	110

型 号		GW5—35$\frac{D}{D}$（W）	GW5—63$\frac{D}{D}$（W）	GW5—110$\frac{D}{D}$（W）	GW5—110D（W）
最高电压（kV）		40.5	72.5	126	126
额定电流（A）		630，1250，1600			630，1000，1250
额定热稳定电流（有效值，kA）		20，31.5，31.5			
额定热稳定时间（s）		4			
额定动稳定电流（峰值，kA）		50，80，80			
额定接线端机械负荷（纵向）（N）		500	500	750	
1min 工频耐受电压（有效值，kV）	对地	80	140	185	185
	断口	90	160	210	210
雷电冲击耐受电压（峰值，kV）	对地	185	325	450	450
	断口	215	375	520	520
与隔离开关组装的接地开关额定参数					
Ⅰ型	4s 热稳定电流（有效值，kA）	8			
	动稳定电流（峰值，kA）	20			
Ⅱ型	1s 热稳定电流（有效值，kA）	20，31.5			
	动稳定电流（峰值，kA）	50，80			
生产厂		11、12、15、25、27		11、13、15、27	14

GW5—35/60/110ⅡD 系列户外高压隔离开关的技术数据，见表 19-8。

表 19-8 GW5—35/60/110ⅡD 系列户外高压隔离开关技术数据

分 类			一般型（防污型）			
型 号			GW5—35/60/110 Ⅱ D（W）			
额定电流		A	630	1000	1250	1600、2000
隔离开关	动稳定电流	kA	50	80	80	100
	热稳定电流	kA	20	31.5	31.5	40
	热稳定时间	s	4	3	4	4
接地开关	动稳定电流	Ⅰ型	kA	25			
		Ⅱ型		50	80	80	100
	热稳定电流	Ⅰ型	kA	10			
		Ⅱ型		20	31.5	31.5	40
接地种类			不接地，单，双接地			
生产厂			沈阳沈开高压开关有限公司			

GW5Ⅲ系列户外高压隔离开关的主要技术数据，见表 19-9。

表 19－9   GW5Ⅲ系列户外高压隔离开关技术数据

产品型号 额定参数		GW5—40.5Ⅲ				GW5—72.5Ⅲ				GW5—126Ⅲ				GW5—145Ⅲ			
额定电压（kV）		40.5				72.5				126				145			
额定电流（A）		630	1250	1600	2000	630	1250	1600	2000	630	1250	1600	2000	630	1250	1600	2000
额定频率（Hz）		50															
隔离开关	额定峰值耐受电流（kA）	50	80	100	100	50	80	100	100	50	80	100	100	50	80	100	100
	额定短时耐受电流（有效值，kA）	20	31.5	40	40	20	31.5	40	40	20	31.5	40	40	20	31.5	40	40
	额定短路持续时间（s）	4															
额定短时工频耐受电压（有效值，kV）	对地	95				160				230				275			
	断口	118				197				265				315			
额定雷电冲击耐受电压（有效值，kV）	对地	185				350				550				650			
	断口	215				385				630				750			
单极重量（kg）		125		150		160		190		200		240		300		350	
机械寿命（次）		3000				3000				3000				3000			
CS17 人力机构的重量（kg）		CS17Ⅰ：20、CS17Ⅱ：40、CS17Ⅲ：60															
电动机构	分合闸时间（s）	CJ6：3.75 CJ2—XG：3±1															
	重量（kg）	100															
生产厂		泰开电气集团有限公司															

19.4   GW6—220（DW）型户外高压隔离开关

一、概述

GW6—220（DW）产品为剪刀式结构，分闸后形成垂直方向的绝缘断口，分、合闸状态明显，利于巡视。适用于软、硬母线。在配电设备中作母线隔离开关，具有占地面积小、操作简单等优点，尤其在"双母线带旁路"接线的配电装置中，省地效果更显著。

隔离开关配有接地开关，供断口下端（下层引线）接地用。隔离开关和附装的接地开关各自配用独立的操动机构，在隔离开关上还装有机械联锁装置，确保与接地开关操作顺序正确。为满足用户对断口上端（上层母线）接地的需要，另有独立的与之配套的接地开关，供用户选用。

本产品分为交叉式联动、串列式联动、并列式联动、并列式联动和单极操作。

二、技术数据

GW6—220（DW）型高压隔离开关技术数据，见表 19－10。

表 19-10 GW6—220（DW）型高压隔离开关技术数据

额定电压（kV）		220				
最高电压（kV）		252				
额定电流（A）		1250	1600	2000	2500	3150
隔离开关	动稳定电流（峰值，kA）	100	125		125	
	热稳定电流（有效值，kA）	40	50		50	
	热稳定时间（s）	3	3		3	
附属接地开关	动稳定电流（峰值，kA）	125	125		125	
	热稳定电流（有效值，kA）	50	50		50	
	热稳定时间（s）	3	3		3	
1min 工频耐受电压（kV）	对地	460				
	断口	530				
雷电冲击耐受电压（全波）1.2/50μs（kV）	对地	1050				
	断口	1200				
隔离开关分、合闸时间（s）		4				
接线端额定静拉力（N）		1250	1600		2000	
爬电距离（mm）	Ⅱ级污秽	2140				
	Ⅲ级污秽	3150				
电动机额定电压和控制电压（交流）（V）		380				
DSW4 型电磁锁控制电压（V）		交流或直流 220				

19.5 GW7 系列户外高压隔离开关

一、概述

GW7—220（DW）系列隔离开关可一侧或两侧附装接地开关，开关本体设有机械联锁装置，确保隔离开关与接地开关操作顺序正确。

隔离开关用 CJ5 型电动机构操作，附装的接地开关用 CS14—G 型手动操动机构或 CJ5 型电动操作机构。手动操作机构配有 DSW4 型电磁锁。

户内隔离开关设有各种高层型布置方案和三种安装尺寸。

本产品每组由三个独立的单极组成，每极底座上有三个支柱瓷瓶，两端支柱瓷瓶上装有静触头，中间转动瓷瓶上装有主导电杆，转动瓷瓶经底座内的拐臂、连杆与机构的主轴联接。当分闸或合闸时，机构的主轴转动 180°，转动瓷瓶和导电杆被带动，在水平面上回转 70°。

本产品一般是供高压线路在无载流情况下进行切换，以及被检修的高压母线或断路器等电气设备与带电的高压线路进行电气隔离之用，且适用于比较污染的地区。

GW7A—252 户外交流高压隔离开关是用于三相交流 50Hz 的户外高压电气设备，供高压线路在无载荷情况下进行换接，以及对被检修的高压母线、断路器等高压电气设备与带电的高压线路进行电气隔离之用。

二、技术数据

GW7—220（DW）型隔离开关的技术数据见表 19-11，GW7—145（DW）、220

（DW）、330（DW）、500（DW）型隔离开关的技术数据见表19-12。GW7A—252户外交流高压隔离开关的技术数据见表19-13。

表 19-11　GW7—220（DW）型隔离开关技术数据

型　　号		GW7—220（DW）		
额定电压（kV）		220		
最高电压（kV）		252		
额定电流（A）		1250	2000	3150
隔离开关	动稳定电流（峰值，kA）	125	125	125
	热稳定电流（有效值，kA）	50	50	50
	热稳定时间（s）	2	2	3
接地开关	动稳定电流（峰值，kA）	100	100	125
	热稳定电流（有效值，kA）	40	40	50
	热稳定时间（s）	2	2	3
1min工频耐受电压（kV）	对地	395		
	断口	460		
雷电冲击耐受电压（全波）1.2/50μs（kV）	对地	950		
	断口	1050		
隔离开关分、合闸时间（s）		4		
接线端额定静拉力（N）		800	1500	
爬电距离（mm）	Ⅱ级污秽	4284		
	Ⅲ级污秽	6300		
	Ⅳ级污秽	7812		
电动机额定电压和控制电压（交流）（V）		380		
DSW4型电磁锁控制电压（V）		交流或直流220		
单极重量（kg）	普通不接地	685		
	普通双接地	755		

表 19-12　GW7—145（DW）、220（DW）、330（DW）、500（DW）型隔离开关技术数据

型　　号	GW7—145（DW）	GW7—220（DW）					GW7—330（DW）		GW7—500（DW）
额定电压（kV）	145	220					330		500
最高电压（kV）	145	252					363（420）		550
额定电流（A）	1250	600	1000/1250	1600/2000/2500	2000/2500	3150	1200	1600/2000	3150
动稳定电流（峰值，kA）	80	55	80	100	125	125	55	100	125
热稳定电流（kA）	31.5	16/4	31.5	40	50	50	21	40	50
隔离开关分合闸时间（s）	6±1	6±1				6±1	6±1		6±1
生产厂		12、13、15					15		

表 19-13　GW7A—252 型户外交流高压隔离开关技术数据

型　号	额定电压 (kV)	额定电流 (A)	额定工频耐压 (kV)		额定雷电冲击耐压 (kV)		额定热稳 定电流 (kA)	机械寿命 (次)	接地开关 热稳定 电流 (kA)	生产厂
			对地	断口	对地	断口				
GW7A—252	252	3150	460	530	1050	1200	50	3000	50	16、27

19.6　GW8 系列户外中性点隔离开关

一、概述

GW8—$\frac{35}{60}$G（TH）型变压器中性点隔离开关适用于交流 50Hz 电路，供无负荷电流
$\frac{110}{}$
情况下分、合变压器中性点。

本产品由支柱绝缘子、载流部分及基座组成，在支柱绝缘子的上部装有静触头及接线
板，在两个支柱绝缘子之间装有底座、操作拐臂、绝缘子，底座上装有闸刀。

由于采用支柱绝缘子及操作绝缘子作绝缘，使中性点可以通过电流互感器及其它设备
再接地。

二、技术数据

GW8—$\frac{35}{60}$G（TH）型隔离开关的技术数据，见表 19-14。
$\frac{110}{}$

表 19-14　GW8—$\frac{35}{60}$G（TH）型隔离开关技术数据
$\frac{110}{}$

型　号	额定电压 (kV)	最高工作电压 (kV)	额定电流 (A)	动稳定电流 (2s 有效值，kA)	重　量 (kg)	生产厂
GW8—35G（TH）	35	40.5	330	50	75	
GW8—60G（TH）	60	69	630	50	90	11、15
GW8—110G（TH）	110	126	630	50	105	

GW8—$\frac{35}{60}$（W）型中性点隔离开关的主要技术数据，见表 19-15。
$\frac{110}{}$

表 19-15　GW8—$\frac{35}{60}$（W）型中性点隔离开关主要技术数据
$\frac{110}{}$

型　号	额定电压 (kV)	最高电压 (kV)	额定电流 (A)	动稳定电 流（峰值， kA）	热稳定电流 （有效值，kA）	爬电距离 (mm)	接线端额 定静拉力 (N)	重量 (kg)	生产厂
GW8—35（W）	35	40.5				普通 625 防污 875		80	
GW8—66（W）	66	72.5	400	20	8	普通 1100 防污 1600	500	100	7、17、 27、39
GW8—110（W）	110	126				普通 1870 防污 2750	750	120	

型　号	额定电压 (kV)	最高电压 (kV)	额定电流 (A)	动稳定电流（峰值，kA)	热稳定电流 (有效值，kA)	爬电距离 (mm)	接线端额定静拉力 (N)	重量 (kg)	生产厂
GW8—35（W)	35	40.5				普通 625 防污 875		125	
GW8—66（W)	66	72.5	630	55	16	普通 1100 防污 1600	500	233	7、12
GW8—110（W)	110	126				普通 1870 防污 2750	700	244	

19.7　GW9 系列户外高压隔离开关

一、概述

GW9—10G 型户外高压隔离开关为单相交流 50Hz 高压开关设备，用于额定电压为 10kV 的电力系统中，接通或隔离有电压无负荷情况下的电源。

本隔离开关为单相式结构，每相由底架、支柱绝缘子、闸刀、触头等部分组成。闸刀上端装有固定拉扣和自锁装置供绝缘钩棒进行分合闸之用。

本产品采用新工艺银针焊触头和 Π 形刀片，具有接触电阻低，导电性能好和机械强度高等优点。

GW9 系列户外单相耐污高压隔离开关由底座、耐污支柱瓷绝缘子和导电部分组成。

二、技术数据

GW9—10G 型高压隔离开关技术数据见表 19 - 16，GW9—12 型、GW9—15 型、GW9—15GW 型隔离开关技术数据见表 19 - 17，GW9—10W 型隔离开关技术数据见表 19 - 18。

表 19 - 16　GW9—10G 型隔离开关技术数据

型　号	额定电压 (kV)	额定电流 (A)	动稳定电流 (kA)	4s 热稳定电流 (kA)	接触电阻 ($\mu\Omega$)	爬电比距 (cm/kV)	生产厂
GW9—10/200	10	200	8	3.15	200	2.5	7、12、17、25、26、36
GW9—10/400	10	400	8	3.15	200	2.5	
GW9—10/630	10	630	8	3.15	200	2.5	
GW9—10G/400	10	400	31.5	12.15	150	2.5	20
GW9—10G/630	10	630	50	20	150	2.5	
GW9—10GW/400	10	400	31.5	12.5	150	3.5	
GW9—10GW/630	10	630	50	20	150	3.5	
GW9—10GW/1000	10	1000	75	31.5	150	3.5	

表 19 - 17　GW9—17 型、GW9—15 型、GW9—15GW 型隔离开关技术数据

型　号	额定电压 （kV）	额定电流 （A）	动稳定电流 （kA）	4s 热稳定电流 （kA）	冲击电压		工频电压		生产厂
					对地	断口	对地	断口	
GW9—12/400	12	400	31.5	12.5					18、19、21
GW9—12/600	12	600	31.5	12.5	75	85	38	42	
GW9—15/600	15	600	31.5	12.5					17、19、21、26
GW9—15GW/400	15	400	8	3.15					17、19、21、26
GW9—15GW/630	15	630	8	3.15					

表 19 - 18　GW9—10W 型隔离开关技术数据

型　号	额定电压 （kV）	最高工作电压 （kV）	额定电流 （A）	动稳定电流 （峰值，kV）	10s 热稳定电流 （有效值，kA）	重量 （kg）	生产厂
GW9—10W/200	10	11.5	200	15	5	19	
GW9—10W/400	10	11.5	400	25	10	20	24
GW9—10W/630	10	11.5	630	35	14	21	

19.8　GW10 系列户外高压隔离开关

一、概述

　　GW10 系列户外交流高压隔离开关为单柱垂直伸缩式三相交流 50Hz 户外高压开关设备，用于额定电压 220～500kV 的电力系统中，分合有电压无负荷时的电路，以及对被检修的高压母线、断路器等电器设备与带电的高压线路进行电气隔离。

　　本产品有普通型和耐污型两种，耐污型爬电比距为 2.5cm/kV。

　　GW10—220 型隔离开关主闸刀配用 CJ6—Ⅰ 型电动操动机构，接地开关配用 CS□ 型人力操动机构，并配有 DSW3 型户外电磁锁。

　　GW10 系列户外交流高压隔离开关制成单极形式，由三个单极组成一台三极电器。隔离开关的静触头安装于输电母线上，在分闸后形成垂直方向绝缘断口，闸刀的动作方式为垂直伸缩式。本产品由底座、绝缘支柱、传动装置、导电闸刀、静触头、操动机构组成，每极隔离开关可配用一台接地开关。

　　GW10—220 型及 GW10—330 型隔离开关所配用的接地开关为分步动作式，GW10—500 型隔离开关所配用的接地开关为伸缩式。

　　GW10—220 型隔离开关为三极联动，也可单极操动；GW10—330 和 GW10—500 型隔离开关为单极操作。接地开关和主闸刀之间有可靠的机械联锁装置。

二、技术数据

　　DW10 系列户外高压隔离开关技术数据，见表 19 - 19。

表 19-19　GW10 系列户外高压隔离开关技术数据

型　　号	GW10—220 $\frac{D}{D}$（W）			GW10—330 $\frac{D}{D}$（W）		GW10—500 $\frac{D}{D}$（W）
额定电压（kV）	220			330		500
最高电压（kV）	252			363		550
额定电流（A）	1600	2500	3150	1600	2500	2500，3150
额定动稳定电流（峰值，kA）	100	125		100		125
3s 额定热稳定电流（峰值，kA）	40	50		40		50
1min 工频耐压（kV）	对地	395		570		890（干），790（湿）
	断口	460		650		
雷电冲击耐压（kV）	对地	950		1300		1675
	断口	1050		1300（+230）		1675（+450）
操作冲击耐压（kV）	对地			1050		1300（干），1240（湿）
	断口			890（+325）		1080（+450）
分、合闸时间（s）	4.0			7.5		7.5
接线端子承受水平拉力（N）	1500，2000			2000		3000
地震加速度（m/s²）	水平	3.92		3.92		5.71
	垂直	1.96		1.96		1.96
开断电容电流（A）	0.6			1		1
开断电感电流（A）	0.5			0.7		0.7
开合母线转换电流（A）	2500（恢复电压 300V）			1600（恢复电压 350V）		2500（恢复电压 450V）

19.9　GW11 系列户外高压隔离开关

一、概述

GW11 系列户外交流高压隔离开关为双柱水平伸缩式、三相交流、50Hz 户外高压开关设备，用于额定电压为 220～500kV 的电力系统中。分合有电压无负荷时的电路，以及对被检修的高压母线、断路器等电气设备与带电高压线路进行电气隔离。

本产品有普通型和耐污型两种。耐污型爬电比距为 2.5cm/kV，普通型为 1.7cm/kV。GW11 系列产品按有无接地开关可分为不接地、一侧动触头接地、一侧静触头接地、一侧动触头及一侧静触头双接地、两侧动触头双接地、两侧动触头及一侧静触头三接地。

GW11—220 型隔离开关和 GW11—330 型隔离开关所配用的接地开关为分步动作式。

GW11—500 型隔离开关配用的接地开关为伸缩式。

GW11—220 型隔离开关为三极联动操作，亦可单极操作。

GW11—（Ⅰ）双静触头型隔离开关是在 GW11—（Ⅰ）型隔离开关基础上发展的一种产品。隔离开关主闸刀动作方式为水平伸缩式，分闸后形成水平方向绝缘断口。

二、技术数据

GW11 系列户外高压隔离开关的技术数据，见表 19-20。

表 19 - 20　GW11 系列户外高压隔离开关技术数据

型　号	GW11—220 $\frac{D}{D}$（W） GW11—220（Ⅰ）		GW11—330 $\frac{D}{D}$（W）		GW11—500 $\frac{D}{D}$（W） GW11—500（Ⅰ）
额定电压（kV）	220		330		500
最高电压（kV）	252		363		550
额定电流（A）	1600	2500，3150	1600	2500	2500，3150
额定动稳定电流（峰值，kA）	100	125	100		125
3s 热稳定电流（有效值，kA）	40	50	40		50
1min 工频耐压（kV）	对地	395		570		890（干），790（湿）
	断口	460		650		
雷电冲击耐压（kV）	对地	950		1300		1675
	断口	1050		1300（＋230）		1675（＋450）
操作冲击耐压（kV）	对地			1050		1300（干），1240（湿）
	断口			890（＋325）		1080（＋450）
分合闸时间（s）	4.0		7.5		7.5
接线端子承受水平拉力（N）	1500，2000		2000		3000
地震加速度（m/s^2）	水平	3.92		3.92		3.92
	垂直	1.96		1.96		1.96
开断电容电流（A）	0.6		1		1
开断电感电流（A）	0.5		0.7		0.7
开合母线转换电流（A）	2500（恢复电压 300V）		1600（恢复电压 350V）		2500（恢复电压 450V）
生产厂					16

注　隔离开关所配用的接地开关动热稳定电流同主闸刀。

19.10　GW12—35/220/330 型户外高压隔离开关

GW12—35/220/330 的技术数据，见表 19 - 21。

表 19 - 21　GW12—35/220/330 的技术数据

型　号	GW12—220D（W）		GW12—330D（W）		GW12—500D（W）
额定电压（kV）	220		330		500
最高电压（kV）	252		363		550
额定电流（A）	1600	3150	1600	3150	3150，4000
动稳定电流（峰值，kA）	100	125	100	125	125
3s 热稳定电流（有效值，kA）	40	50	40	50	50
生产厂			15		

19.11　GW20（GW16）—126/252D 型户外高压隔离开关

GW20（GW16）—126/252 D 技术数据，见表 19 - 22。

表 19 - 22　GW20（GW16）—126/252D

产　品　型　号	GW20—252D（W）		GW20—126D（W）
额定电压（即最高电压）(kV)	252		126
额定频率（Hz）	50		50
额定电流（A）	1600	2000，2500，3150	1250，2000
额定短时耐受电流（kA）	40（3s）	50（3s）	31.5（4s），40（4s）
额定峰值耐受电流（kA）	100	125	80，100
绝缘水平	1min 工频耐受电压（有效值，kV）	对地、相间	460		230
		断口间	530		265
	雷电冲击耐受电压（峰值、全波 1.2/50μs，kV）	对地、相间	1050		550
		断口间	1200		630

19.12　GW21（GW17）—126/252D 型户外高压隔离开关

GW21（GW17）—126/252D 型户外高压隔离开关的技术数据，见表 19 - 23。

表 19 - 23　GW21（GW17）—126/252D 的技术数据

产　品　型　号	GW21—252D（W）		GW21—126D（W）
额定电压（即最高电压）(kV)	252		126
额定频率（Hz）	50		50
额定电流（A）	1600	2000，2500，3150	1250，2000
额定短时耐受电流（kA）	40（3s）	50（3s）	31.5（4s），40（4s）
额定峰值耐受电流（kA）	100	125	80，100
绝缘水平	1min 工频耐受电压（有效值，kV）	对地、相间	460		230
		断口间	530		265
	雷电冲击耐受电压（峰值、全波 1.2/50μs，kV）	对地、相间	1050		550
		断口间	1200		630

19.13　GW22/23—220 型高压隔离开关

一、概述

GW22/23—220 型隔离开关是引进国外技术生产的，是供 50Hz 高压线路在无载流情况下进行切换线路，对被检修的电气设备与带电线路进行电气隔离的三极户外高压电器。该隔离开关具有结构先进，抗腐蚀性强，分合闸动作稳定可靠以及高抗震能力等显著优点。

　　该产品动触头系统是机械手式的单臂折叠型。传动部件密封在导电管内部，不受外界环境的影响。导电管内的平衡弹簧用来平衡运动元件的重力矩，使分合闸动作十分轻便平稳。采用钳夹式结构夹紧静触头导电杆，夹紧力由导电管内的夹紧弹簧力保证。采用顶压脱扣装置来保障隔离开关的可靠合闸。任凭风力、地震力、电动力等外力的作用，隔离开关将始终保持在良好的工作状态。主刀和地刀的导电管均为铝合金材质，且动、静触头均为钢材镀银。转动关节部位有耐磨性能优良的复合轴套及导电滚动触头，机械性能和电气性能非常稳定。

　　本隔离开关所附接地闸刀在合闸过程中，地刀旋转后竖直向上插入静触头，避免了触头弹跳，合闸非常可靠，并且有与主闸刀相同的动、热稳定电流值。

　　GW22 型高压隔离开关为垂直隔离断口，GW23 型高压隔离开关为水平隔离断口。

二、技术数据

　　GW22/23—220 型高压隔离开关的技术数据，见表 19-24。

表 19-24　GW22/23—220 高压隔离开关的技术数据

项　目	单位	名　称	GW22/23—220	
额定电压	kV		220	220
额定频率	Hz		50	50
额定电流	A		1250	1600，2000，2500，3150
主刀和地刀极限通过电流	kA		100	125
主刀和地刀 3s 热稳定电流	kA		40	50
1min 工频耐压（有效值）	kV	对地	460	460
		断口	530	530
额定雷电冲击耐压（峰值）	kV	对地	1050	1050
		断口	1200	1200
机械寿命	次		2000	2000
爬电距离	cm/kV	□级（爬距 4040）	1.6	1.6
		□级（爬距 5040）	2.0	2.0
		□级（爬距 6300）	2.5	2.5
每节旋转瓷瓶的抗扭强度	Nm		1500	1500
上节支撑瓷瓶的抗弯强度	N		10000	10000
下节支撑瓷瓶的抗弯强度	N		20000	20000
使用环境条件	m	海拔	2500	2500
	℃	环境温度	−40～+40	−40～+40
	Pa	风压	700（34m/s）	700（34m/s）
	度	地震烈度	8	8
	mm	覆冰厚度	10	10
生产厂			1、13	

19.14　HGW 系列高压隔离开关

一、概述

HGW5 系列产品采用硅橡胶有机复合绝缘体，防污性能好，防污等级 Ⅲ 级以上。性能可靠，结构简单，安装方式灵活，维护方便，适用范围广。

HGW5 系列产品供高压线路在无载情况下进行换接，以及对被检修的高压母线、断路器等电气设备与带电的高压线路进行电气隔离之用，也可用于分合小的电容电流或电感电流。

二、使用环境

（1）海拔不超过 1000m，环境温度 -40～+40℃。

（2）风速 <35m/s，地震烈度不超过 8 级，覆冰厚度 <10mm。

（3）安装场所应无易燃、易爆危险品，无化学腐蚀及剧烈振动。

三、技术数据

HGW5 型高压隔离开关的技术数据见表 19-25，HGW1—12（D）型高压隔离开关的技术数据见表 19-26，HGW9 系列和 HGW10—12/630—20（W）型高压隔离开关的技术数据见表 19-27。

表 19-25　HGW5 型高压隔离开关技术数据

分　类	型　号	额定电压 (kV)	额定电流 (A)	隔离开关 动稳定电流（峰值，kA）	隔离开关 热稳定电流（有效值，kA）	接地开关 动稳定电流（峰值，kA）	接地开关 热稳定电流（有效值，kA）	接地种类	所配机构 隔离开关	所配机构 接地开关
一般型（防污型）	40.5 HGW5— 72.5 126 D（W）	40.5 72.5	630	50	20，4s	50	20 4s	不接地 单接地 双接地	CS17—G CJ2—G (180℃) CS17 (90℃)	CS17G CS17 (90℃)
			1000	80	31.5，3s					
			1250 1600 2000	100	31.5，4s					
特殊型（防污型）	40.5 HGW5— 72.5 126 D（W）	126	630	50	20，4s	50	20 4s	不接地 单接地 双接地	CS17—G (180℃)	CS17—G (180℃)
			1000	80	31.5，3s					
			1250 1600 2000	100	31.5，4s					

表 19-26　HGW1—12（D）型高压隔离开关技术数据

产品型号	额定电压 (kV)	额定电流 (A)	动稳定电流（峰值，kA）	热稳定电流（有效值，kA）	热稳定时间 (s)	机构配置	生产厂
HGW1—12（D）	12	400	31.5	12.5	4	CS8—5	45
		630	50	20			
		1000	75	30			
		1250	100	40			

表 19 - 27　HGW9 系列和 HGW10—12/630—20（W）型高压隔离开关技术数据

型　号	机械寿命（次）	额定电压（kV）	额定电流（A）	额定峰值耐受电流（kA）	4s额定短时耐受电流（kA）	工频耐压		雷电冲击耐压		生产厂
						对地	断口	对地	断口	
HGW9—12/630—20	2000	12～15	630	50	20	42	48	75	85	9、22、42
HGW10—12/630—20	2000	12～15	630	50	20	42	48	75	85	
HGW9—10、15	≥2000	10 15	200 400 600 1000							43

19.15　GN—110、GN—110D 型户内三柱式高压隔离开关

一、概述

GN—110D 型户内三柱式高压隔离开关为 110kV 户内变电配套设计的新产品，具有 GW7 型隔离开关相间体积小、性能可靠、质量稳定的优点，又具有 GW5 型隔离开关的安装基础小、棒式支柱自清洗效果好的特点。

GN—110D 型户内三柱式高压隔离开关由底座、棒式支柱绝缘子及导电部分组成，结构呈 V 型布置，两边的棒式支柱直接固定在底座上，中间的棒式支柱装于可转动的轴承座上，导电杆固定在中间支柱的顶端，操作时通过连杆带动中间支柱转动 71°，使导电杆水平转动来完成断开或关合。带□型号的隔离开关装有一个或两个接地闸刀，接地闸刀与主闸刀之间设有机械联锁。

隔离开关所配用的操动机构型号为 CS11，CS8—60 人力操动机构。

隔离开关底座安装尺寸与 GW5 型安装尺寸相同，将户内棒式支柱换成户外棒式支柱即成为户外型产品，可取代现行变电站使用的 GW5 型隔离开关。

二、技术数据

GN—110、GN—110D 型户内三柱式高压隔离开关的技术数据，见表 19 - 28。

表 19 - 28　GN—110、GN—110D 型隔离开关技术数据

型　号	额定电压（kV）	最高电压（kV）	额定电流（A）	动稳定电流（峰值，kA）	热稳定电流（有效值，kA/s）	爬电距离（mm）	备注
GN—110	110	126	630	50	20/2	1485	
GN—110	110	126	1250	80	31.5/2	1485	
GN—110D	110	126	630	50	20/2	1485	左接地
GN—110D	110	126	1250	80	31.5/2	1485	
GN—110D	110	126	630	50	20/2	1485	双接地
GN—110D	110	126	1250	80	31.5/2	1485	
GN—110D	110	126	630	50	20/2	1485	右接地
GN—110D	110	126	1250	80	31.5/2	1485	

19.16 GN1 型户内单相高压隔离开关

一、产品结构

GN1 型户内单相高压隔离开关由底座、支柱瓷绝缘子、操作瓷绝缘子和导电部分组成。

二、技术数据

GN1 型户内单相高压隔离开关的技术数据，见表 19-29。

表 19-29 GN1 型户内单相高压隔离开关的技术数据

型　号	额定电压 (kV)	最高工作电压 (kV)	额定电流 (A)	动稳定电流 (峰值，kA)	10s 热稳定电流 (有效值，kA)	重　量 kg
GN1—10/2000	10	11.5	2000	85	36	34
GN1—20/400	20	23	400	50	10	38
GN1—35/400	35	40.5	400	50	10	38
GN1—35/630	35	40.5	630	50	14	40

三、生产厂

抚顺市东风电瓷高压开关有限责任公司。

19.17 GN2 系列户内高压隔离开关

一、概述

GN2 系列为平装结构，安装方便，也可以立装、斜装和卧装。

GN2 系列隔离开关为三极型，由底架、转轴、支柱绝缘子、闸刀、触头等部分组成。转轴安置在底架上，焊有 3 个拐臂，拐臂通过拉杆绝缘子与闸刀相连，转轴两端伸出底架，任何一端均可与手动机构连接。

GN2 型户内三相高压隔离开关由底座、支柱瓷绝缘子、操作瓷绝缘子和导电部分组成。其中，GN2—35/630—Ⅰ、Ⅱ，1250—Ⅰ、Ⅱ型户内三相高压隔离开关由底座、支柱瓷绝缘子、瓷套、操作瓷绝缘子和导电部分组成。

二、技术数据

GN2 系列户内高压隔离开关的技术数据，见表 19-30 和 19-31。

表 19-30 GN2 系列隔离开关技术数据（一）

型　号	额定电压 (kV)	最高工作电压 (kV)	额定电流 (A)	动稳定电流 (峰值，kA)	热稳定电流 (kA/s)	生产厂
GN2—10/2000	10	11.5	2000	100	40/2	26
GN2—35T/630	35	40.5	630	50	20/2	11、31、32、38
GN2—35T/400	35	40.5	400	31.5	12.5/2	
GN2—35T/1250	35	40.5	1250	80	31.5/2	

表 19 - 31 GN2 系列隔离开关技术数据（二）

型　号	重量 （kg）	额定电压 （kV）	最高工作 电压 （kV）	额定电流 （A）	动稳定 电流 （峰值，kA）	热稳定电流 （有效值，kA）		生产厂
						10s	6s	
GN2—10/2000	79	10	11.5	2000	80	36		
GN2—10/3000	157	10	11.5	3000	100	50		
GN2—20/400	71	20	23	400	50	10		
GN2—35/400	104	35	40.5	400	50	10		
GN2—35/400（全工况）	114	35	40.5	400	50	10		
GN2—35/630	110	35	40.5	630	50	14		
GN2—35/630（全工况）	119	35	40.5	630	50	14		7
GN2—35/2000	195	35	40.5	2000	85	36		
GN2—35/2000（全工况）	206	35	40.5	2000	85	35		
GN2—35/630—Ⅰ	212	35	40.5	630	40		16	
GN2—35/630—Ⅱ	212	35	40.5	630	40		16	
GN2—35/1250—Ⅰ	231	35	40.5	1250	70		25	
GN2—35/1250—Ⅱ	231	35	40.5	1250	70		25	

19.18　GN10—10T、GN10—20、GN21—20、GN23—20 系列户内高压隔离开关

一、GN10—10T 型户内单相高压隔离开关

GN10—10T 型户内单相高压隔离开关由底座、支柱瓷绝缘子、操作瓷绝缘子和导电部分组成。可单相或三相连接使用。可配手动或电动机构操作。其技术数据见表 19 - 32。

表 19 - 32 GN10—10T 型户内单相高压隔离开关

型　号	重量 （kg）	额定电压 （kV）	最高工作 电压 （kV）	额定电流 （A）	动稳定 电流 （峰值，kA）	5s热稳定 电流 （有效值，kA）	主要尺寸（mm）		生产厂
							H	h	
GN10—10T/3000	54	10	11.5	3000	160	70	645	385	7
GN10—10T/4000	60	10	11.5	4000	160	85	700	420	

二、GN10—20、GN21—20、GN23—20 型户内高压隔离开关

GN10—20、GN21—20、GN23—20 系列户内高压隔离开关技术数据，见表 19 - 33。

表 19-33　GN10—20、GN21—20、GN23—20 型户内高压隔离开关的技术数据

产品型号	额定电压 (kV)	额定电流 (A)	额定峰值 耐受电流 (kA)	额度短时 耐受电流 (kA)	分合闸 时间 (s)	单极重量 (kg)	操动机构	备　注
GN10—20	23	5000 6000	224	74/10s	6±1	150	CS9 CJ2—Ⅱ	增大相间距离 可用于 60Hz
GN10—20	23	8000 9100	224	74/10s	6±1	180	CS9 CJ2—Ⅱ	
GN21—20	23	10000	400	149/2s	80	700	CJ2—Ⅰ	与封闭母线全 连或分段全连
GN21—20	23	12500	400	80/5s	80	1100	CJ2—Ⅰ	与封闭母线分 段全连
GN23—20 GN23—20Z	23	2500 5000	125/160	50/63s	6±1	100	CJ2—Ⅱ	
GN23—20 GN23—20Z	23	5000 10000	250	100/3s	6±1	120	CJ2—Ⅱ	GN23—20Z 为电制动开关
GN23—20 GN23—20Z	23	8000 16000	300	120/3s	6±1	200	CJ2—Ⅱ	
生产厂				15				

19.19　GN19—$^{10}_{10C}$～35 系列户内高压隔离开关

一、概述

GN19—$^{10}_{10C}$～35 型户内高压隔离开关适用于交流 50Hz、10～35kV 的网络中，在有电压无负载的情况下接通或隔离电源。GN19—$^{10}_{10C}$ 隔离开关配用 CS6—1 型操动机构；GN19—35 系列隔离开关配用 CS6—2 型人力操动机构。GN19—10X 系列具有带电显示和闭锁。

GN19—10 为平装结构。GN19—10C 为穿墙结构，GN19—10C 穿墙下出线端以水平接线为标准型。GN19—10C 刀片转动侧装有套管绝缘子；GN19—10C2 静触头侧装有套管绝缘子；GN19—10C3 两侧都装有套管绝缘子。GN19—35 系列隔离开关为平装结构。

隔离开关安装可水平、垂直或倾斜，亦可安装在开关柜顶部。

GN19—$^{10}_{35}$ 型隔离开关为三极型，由底架、转轴，支柱绝缘子、闸刀、触头等部件组成，转轴安装在底架上，焊有 3 个拐臂，拐臂通过拉杆绝缘子与闸刀相连，转轴两端伸出底架，任何一端均可与手动机构连接。

二、技术数据

GN19—$^{10}_{10C}$～35 系列隔离开关技术数据，见表 19-34。

表 19-34 GN19—$^{10}_{10C}$~35 系列隔离开关技术数据

项 目 型 号	额定电压 （kV）	最大工作电压 （kV）	额定电流 （A）	4s 热稳定电流 （kA）	动稳定电流 （峰值，kA）	生产厂
GN19—10/400—12.5	10	11.5	400	12.5	31.5	12、19、26、28、35、36、37
GN19—10/630—20			630	20	50	
GN19—10/1000—31.5			1000	31.5	80	
GN19—10/1250—40			1250	40	100	
GN19—10C1/400—12.5			400	12.5	31.5	12、28
GN19—10C1/630—20			630	20	50	
GN19—10C1/1000—31.5	10	11.5	1000	31.5	80	12、28
GN19—10C1/1250—40			1250	40	100	
GN19—10C2/400—12.5			400	12.5	31.5	28
GN19—10C2/630—20			630	20	50	
GN19—10C2/1000—31.5			1000	31.5	80	
GN19—10C2/1250—40			1250	40	100	
GN19—10C3/400—12.5			400	12.5	31.5	28
GN19—10C3/630—20			630	20	50	
GN19—10C3/1000—31.5			1000	31.5	80	
GN19—10C3/1250—40			1250	40	100	
GN19—35/630—20	35	40.5	630	20	50	28
GN19—35/1250—31.5			1250	31.5	80	

19.20 GN24—10 型户内高压组合隔离开关

一、概述

GN24—10 型为户内高压组合隔离开关，配用 CS18 型操动机构，是近年来具有防误动性能的最新电器元件，适用于 3～10kV、三相交流、50Hz 的电力系统中 GG—1A（F2）等类型的高压开关柜。高压组合隔离开关由主触刀和接地触刀组合而成，主触刀可用来隔离配电系统中的电器元件或线路转换，接地触刀在检修时接地，以保证人身安全，两者组合成一体，由 CS18 操动机构按规定程序操作。

GN24—10 型为户内高压组合隔离开关，由底架、转轴、支柱绝缘子、主触刀、接地触刀、触头及传动板联锁装置等组成，其特点是传动主触刀的转轴与传动接地触刀的转轴由一传动板（凸轮）控制。由 CS18 型机械闭锁手动操动机构通过拉杆驱动传动板完成合闸、分闸、接地操作。传动板为程序控制，使组合式隔离开关在隔离刀合闸时接地刀不能接地，接地刀接地时隔离刀不能合闸。

GN24—10 型户内高压组合隔离开关除具有自身的隔离电源用途之外，还具有两项防误操作功能，以防止带电挂接地线、防止带接地线合闸。

二、技术数据

GN24—10 型户内高压组合隔离开关的技术数据，见表 19-35。

表 19-35　GN24—10 型户内高压组合隔离开关的技术数据

项目 ＼ 型号	SD II 1 GN24— 10SDC2/630 DC1	SDC2 GN24— 10DC1/1000 SD II 1	项目 ＼ 型号	SD II 1 GN24— 10SDC2/630 DC1	SDC2 GN24— 10DC1/1000 SD II 1
额定电压（kV）	10		热稳定电流（有效值，kA）	20	31.5
最高工作电压（kV）	11.5		热稳定持续时间（s）	4	
额定电流（A）	630	1000	机械寿命（次）	2000	
动稳定电流（峰值，kA）	50	80	生产厂	32、33、36	

19.21　GN25—10/$^{2000}_{3150}$ 型户内三相高压隔离开关

一、概述

GN25—10/$^{2000}_{3150}$ 型户内三相高压隔离开关由底座、支柱瓷绝缘子、操作瓷绝缘子和导向部分组成。具有体积小、结构简单、安装使用方便、分合闸采用两步动作、操作力小（在 150N 以下），有一定的自清扫能力等优点，在国内外同类产品中居领先地位。

二、技术数据

GN25—10/$^{2000}_{3150}$ 型户内三相高压隔离开关的技术数据，见表 19-36。

表 19-36　GN25—10/$^{2000}_{3150}$ 型户内三相高压隔离开关的技术数据

型　号	额定电压 （kV）	最高工作电压 （kV）	额定电流 （A）	动稳定电流 （峰值，kA）	4s 热稳定电流 （峰值，kA）	重量 （kg）	生产厂
GN25—10/2000	10	11.5	2000	100	40	74	7、15
GN25—10/3150	10	11.5	3150	125	50	100	

19.22　GN30—10、GN30—10（D）型户内高压旋转式隔离开关

一、概述

GN30—10、GN30—10D 型隔离开关适用于额定电压为 10kV 及以下三相交流频率为 50Hz 的电力系统中，XGN2—10、GGX20—10 等类型的高压开关柜作为隔离电路，以保证人身安全。

GN30—10、GN30—10D 系列隔离开关是一种旋转触刀式的新高压电器元件。开关主

体由固定在开关底架上正反两面的两组绝缘子和旋转触刀组成。正反两面之间由固定在底架上的隔离板安全分开，通过旋转触刀，实现开关的合闸和分闸。

触头分别安装在开关的正反两个面上，使带电部分与不带电部分在开关柜内安全分开，保证了维修人员的绝对安全。

本隔离开关可采用 CS6—2 操动机构或 JSXGN—10 箱式柜用机械闭锁机构操动，也可自行设计机构进行操动。

二、技术数据

GN30—10、GN30—10（D）型隔离开关的技术数据，见表 19‑37。

表 19‑37 GN30—10、GN30—10（D）型隔离开关的技术数据

型　　号	GN30—10/ 630—20 GN30—10D/ 630—20	GN30—10/ 1000—31.5 GN30—10D/ 1000—31.5	型　　号		GN30—10/ 630—20 GN30—10D/ 630—20	GN30—10/ 1000—31.5 GN30—10D/ 1000—31.5
额定工作电压（kV）	10	10	4s 热稳定电流(有效值,kA)		20	31.5
最高工作电压（kV）	11.5	11.5	额定绝缘水平 （kV）	冲击耐压	75	75
额定工作电流（A）	630	1000		工频耐压	42	42
动稳定电流（峰值，kA）	50	80	机械寿命（次）		2000	2000
生产厂			29、30、35、36、40			

19.23 JW2—220（W）型户外高压接地开关

一、概述

JW2 系列接地开关为一种独立安装的户外接地高压电器，供高压、超高压线路在检修电气设备时，为确保人身安全而进行接地之用。在采用 GW6 系列单柱隔离开关的场所，通常用它满足对上层母线的接地需要。

本产品分为交叉式联动、串列式联动、并列式联动和单极操作。

产品结构采用旋转和插入一次完成的四连杆结构，具有操作力小、接触可靠和承受短路电流能力强等优点。配用 CJ5—1 型电动操作机构或 CS11F 型手力操作机构，手力操动机构配有 DSW4 型电磁锁。

JW2 系列接地开关由接地刀杆、静触头、支柱瓷瓶和底座组成，在合闸过程中，接地刀杆先回转一定角度（80°）。当动触头与静触头相接触后，接着变为上伸运动，使动触头插入静触头中。分闸过程与之相反，接地刀杆先下缩一定距离，使动触头拔出静触头，然后再旋转到分闸终点。

二、技术数据

JW2—220（W）型接地开关技术数据，见表 19‑38。

表 19-38　JW2—220（W）型接地开关技术数据

型　号		JW2—220（W）	型　号		JW2—220（W）
额定电压（kV）		220	雷电冲击耐受电压（全波）1.2/50μs	断口	1050
最高电压（kV）		252	隔离开关分、合闸时间（s）		4
动稳定电流（峰值，kA）		100	接线端额定静拉力（N）		1500
热稳定电流（有效值，kA）		40	爬电距离（mm）	Ⅰ级污秽	2140
热稳定时间（s）		2		Ⅲ级污秽	3150
1min 工频耐受电压（kV）	对地	395	电动机额定电压和控制电压（交流）（V）		380
	断口	460	DSW4 型电磁锁控制电压（V）		交流或直流 220（kV）
雷电冲击耐受电压（全波）1.2/50μs	对地	950	单极重量（kg）		200
生产厂			13、15、27		

19.24　JW7—252 型户外交流高压接地开关

一、概述

JW7—252 型户外交流高压接地开关是用于 252kV 的户外高压电气设备，性能可靠，供高压线路在停电情况下对被检修的高压母线、断路器、变压器、互感器等高压电器设备进行可靠接地，以保护重要设备和检修人员的人身安全。

二、产品特点

（1）分步动作式结构，由 3 个单极组成一台三极电器。

（2）安装维护方便，机械寿命长（3000 次）。

（3）导电部分结构简单，性能可靠，热稳定电流 50kA/3s。

（4）该接地开关配用 CS 型手动操动机构，可以附装 DSW3 电磁锁和辅助开关，以实现隔离开关和接地开关之间的电气联锁，防止电气误操作，以确保操作顺序的正确性。

三、技术数据

JW7—252 型户外交流高压接地开关的技术数据，见表 19-39。

表 19-39　JW7—252 型户外交流高压接地开关的技术数据

型　号	额定电压（kV）	额定工频耐压（kV）	额定雷电冲击耐压（kV）	额定热稳定电流（kA）	机械寿命（次）	生产厂
JW7—252	252	460	1050	50	3000	31

19.25　JN2—40.5 型户内高压接地开关

一、概述

JN2—40.5 型户内高压接地开关是等效采用 IEC 129—84《隔离开关和接地开关》和 IEC 694—84《高压开关设备和控制设备的共同条款》，根据 GB 1985—89《交流高压隔离开关和接地开关》中有关接地开关的部分而设计的户内高压电器。

JN2—40.5型接地开关适用于35kV及以下三相交流50Hz的电力系统中，并有电压监视装置，其结构简单可靠，操作力小，安装调试方便，通常用于JYN1—40.5及GFC—40.5开关柜中，也可单独投入使用。

二、型号含义

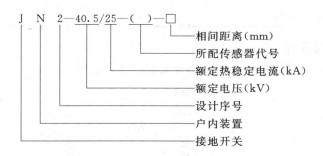

三、产品特点

本接地开关操作系统设计成弹簧储能形式，具有快速关合能力，但操作连杆合闸时操动连杆带动接地开关上的齿轮，是主轴向合闸方向转移，弹簧被压缩储能，达到某一个位置（主轴由下限开始动作，超过中线之后）弹簧能量释放，实现快速合闸，此时，合闸速度与操作者的动作无依赖关系，这种结构保证了该接地开关具有所要求的关合能力。

同样，在分闸时，操作连杆带动接地开关的齿轮，沿分闸方向转动，弹簧装置储能，当主轴转动角度超过45°时，弹簧储能装置释放能量，使接地开关合闸。

本接地开关根据用户的要求可配不同型号的高压带电显示装置，其配套支柱绝缘子，可选择环氧树脂的绝缘子，或DXN型无源带电显示装置。有关显示装置内容可参阅高压带电显示装置使用说明书。

四、使用环境

（1）周围空气温度：上限+40℃；下限一般地区−10℃（注：允许在−30℃时储运）。

（2）海拔高度不超过1000m。

（3）相对湿度：日平均不大于95％，月平均不大于90％。

（4）地震烈度不超过8度。

（5）没有火灾、爆炸危险、严重污秽、化学腐蚀及剧烈振动的场所（注：如产品使用条件超出上述规定，由用户与制造厂协商确定）。

五、技术数据

JN2—40.5型户内高压接地开关技术数据，见表19-40。

表 19-40 JN2-40.5型户内高压接地开关技术数据

序号	项　　目	单位	参数	备　　注
1	额定电压	kV	40.5	
2	4s热稳定电流（有效值）	kA	25	
3	动稳定电流（峰值）	kA	63	
4	关合短路电流（峰值）	kA	63	

续表 19 - 40

序号	项　　目	单位	参数	备　　注
5	额定绝缘水平	kV	185	雷电冲击耐受电压
			95	主回路 1min 工频耐压
			2	二次回路 1min 工频耐压
6	电压显示装置的局部放电量	pC	$\geqslant$10	

六、外形及安装尺寸

JN2—40.5 型户内高压接地开关外形及安装尺寸，见图 19 - 1。

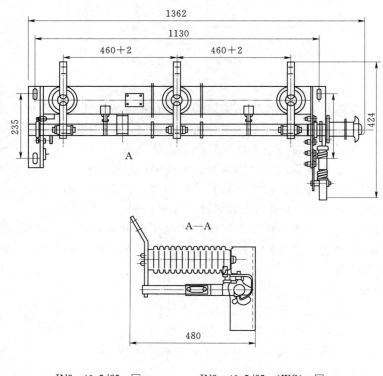

JN2—40.5/25—□　　　　　JN2—40.5/25—（WQ）—□

图 19 - 1　JN2—40.5 型户内高压接地开关外形及安装尺寸

七、生产厂

乐清市东扬电气有限公司。

19. 26　JN3、JN4、JN8 型户内高压接地开关

一、概述

JN3、JN4、JN8 型户内高压接地开关为户内装置，用于额定电压 12kV，额定频率为 50Hz 的三相网络中，作为有电压无负荷时分、合电路之用。

二、技术数据

JN3、JN4、JN8 型户内高压接地开关的技术数据，见表 19-41。

表 19-41 JN3、JN4、JN8 型户内高压接地开关技术数据

产品型号	工作电压 （kV）	4s 热稳定 电流 （kV）	额定动 稳定电流 （kV）	生产厂	产品型号	工作电压 （kV）	4s 热稳定 电流 （kV）	额定动 稳定电流 （kV）	生产厂
JN3—12		12.5	31.5				12.5	31.5	
	12	20	50		JN8—12	12	20	50	36
JN4—12		40	100	32			40	100	

19.27　JN15—12 型户内交流高压接地开关

一、概述

JN15—12 型户内高压接地开关是温州里永电器科技有限公司集国内外接地开关最新技术而开发的具有先进水平的产品。经全面考核，其性能符合 GB 1985《交流高压隔离开关和接地开关》及 IEC 60129 的要求，并通过国际 KEMA 试验。适用于 12kV/40.5kV 及以下，交流 50Hz 的电力系统中，可与各种型号高压开关柜配套，作为接地保护用。

二、技术数据

JN15—12 型户内交流高压接地开关技术数据，见表 19-42。

表 19-42 JN15—12 型户内交流高压接地开关技术数据

项　　目		单位	数　　据	
额定电压		kV	12	40.5
额定短时耐受电流		kA	31.5、40	31.5
额定短路关合电流		kA	4	4
极间中心距		mm	80、100	80
额定短路持续时间		s	80、100	80
额定峰值耐受电流		kA	150、165、210、230、250、275	350、385、460
额定绝缘水平	1min 工频耐受电压	kV	42/49	95
	雷电冲击耐受电压		75/85	185

三、外形及安装尺寸

JN15—12 型户内交流高压接地开关外形及安装尺寸，见表 19-43 及图 19-2。

表 19-43 JN15—12 型户内交流高压接地开关外形及安装尺寸

型　　号	A	B	C
JN15—12/31.5—150	150	396	535
JN15—12/31.5—165	165	426	565
JN15—12/31.5—210	210	516	655

续表 19 - 43

型号	A	B	C
JN15—12/31.5—230	230	556	710
JN15—12/31.5—250	250	596	760
JN15—12/40—210	210	516	655
JN15—12/40—230	230	556	710
JN15—12/40—250	250	596	760
JN15—12/40—275	275	646	810

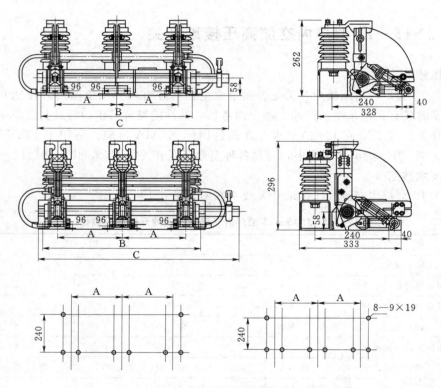

图 19 - 2   JN15—12 户内交流高压接地开关外形及安装尺寸

四、生产厂

温州里永电器科技有限公司。

19. 28   JN15—24kV 型户内高压接地开关

一、概述

JN15—24kV 型接地开关是温州里永电器科技有限公司集国内外接地开关最新技术而开发的具有先进水平的产品。经全面考核，其性能符合 GB 1985《交流高压隔离开关和接地开关》及 IEC 60129 的要求，并通过国际 KEMA 试验。适用于 12kV/24kV 及以下，交流 50Hz 的电力系统中，可与各种型号高压开关柜配套，作为接地保护用。

二、技术数据

JN15—24kV 型户内高压接地开关技术数据，见表 19-44。

表 19-44 JN15—24kV 型户内高压接地开关技术数据

项　　目		单位	数　　据	
额定电压		kV	24	
额定短时耐受电流（热稳定）		kA	31.5	
额定短路持续时间		s	4	
额定短路关合电流		kA	80	
额定峰值耐受电流（动稳定）		kA	80	
额定绝缘水平	额定短时工频耐受电压	kV	相对地及相间	65
	额定雷电冲击耐受电压			95
机械寿命		次	2000	

三、外形及安装尺寸

JN15—24kV 型户内高压接地开关外形及安装尺寸，见图 19-3。

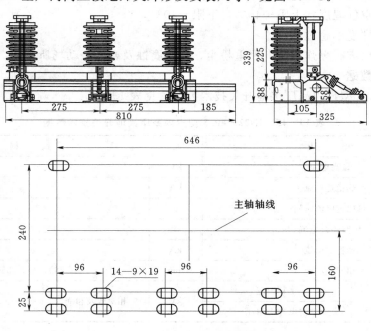

图 19-3 JN15—24kV 型户内高压接地开关外形及
安装尺寸（单位：mm）

四、生产厂

温州里永电器科技有限公司。

19.29 JN22—40.5 型户内高压接地开关

一、概述

JN22—40.5/31.5 型户内高压接地开关是由西安高压电器研究所研制开发的一种具有高技术参数性能的先进水平产品。经全面考核，适用于 GB 1985—89《交流高压隔离开关和接地开关》的规定，适用于 40.5kV 交流 50Hz 的电力系统中，可与 KYN61—40.5 型号及其它型号高压开关柜配套使用，亦可作为高压电器设备检修时接地保护用。

二、型号含义

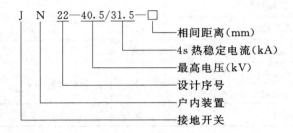

JN22—40.5/31.5—□
- 相间距离（mm）
- 4s 热稳定电流（kA）
- 最高电压（kV）
- 设计序号
- 户内装置
- 接地开关

三、使用环境

(1) 海拔高度不超过 2000m。

(2) 周围空气温度：上限＋40℃，下限－10℃。

(3) 地震烈度不超过 8 度。

(4) 没有火灾、爆炸危险、严重粉尘、化学腐蚀及剧烈振动场所。

四、技术数据

JN22—40.5 型户内高压接地开关技术数据，见表 19－45。

表 19－45 JN22—40.5 型户内高压接地开关技术数据

项　　目		单位	数　　据	
最高电压		kV	40.5	
热稳定电流		kA	31.5	
热稳定电流时间		s	4	
短路关合电流		kA	80	
动稳定电流		kA	80	
相间中心距		mm	280，300，350	
额定绝缘水平	工频耐压	kV	相对地及相间	95
	雷电冲击耐压			185

五、外形及安装尺寸

JN22—40.5 型户内高压接地开关外形及安装尺寸，见图 19－4。

六、生产厂

乐清市东扬电气有限公司。

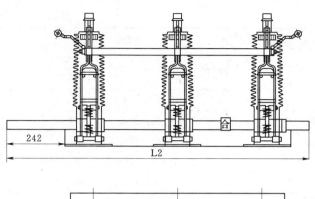
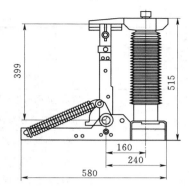
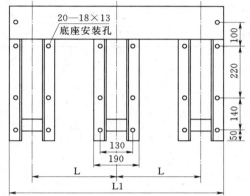

L（相间距离）	L1	L2
280	750	1060
300	790	1100
350	890	1200

图 19-4　JN22—40.5 户内高压接地开关外形及安装尺寸

本章有关高压隔离开关和接地开关生产厂及代号，见表 19-46。

19-46　高压隔离开关和接地开关生产厂及代号

代号	生　产　厂	代号	生　产　厂
1	南京电气（集团）有限公司	15	沈阳沈开高压开关有限公司
2	柳州市兴桂电力设备制造有限公司	16	西安电力机械制造公司
3	大连辽南机电设备有限公司	17	西安开电高压开关电器有限公司
4	山东省成武县机电厂	18	德力西集团
5	北京光明开关控制设备厂	19	河北保定通力电器设备公司
6	上海人民电气有限公司高压电器分公司	20	保定京阳电器开关厂
7	抚顺市东风电瓷高压开关有限责任公司	21	宁波电力科技发展有限公司
8	成都凯玛电气有限公司	22	北京正泰明盛达电器公司
9	西安高压开关厂	23	衡阳华瑞高压电力电器有限公司
10	天鹰集团	24	抚顺市电瓷电器公司
11	海南新南方电力设备实业有限公司	25	江都市飞珠高压电器厂
12	任丘市华源电器有限公司	26	中国耀华电器集团
13	上海南瓷电瓷电器有限公司	27	辽宁沈丰高压开关制造有限公司
14	江苏精科集团	28	上海电瓷厂

代号	生 产 厂	代号	生 产 厂
29	三高高压电器	38	阳泉电器厂有限责任公司
30	正泰集团公司	39	西安豪特电力开关制造有限公司
31	泰开电气集团有限公司	40	仪征永安电气有限公司
32	仪征市电瓷电器有限责任公司	41	温州市新侨机械电器厂
33	浙江绍兴电力设备成套公司	42	宁波日升电器制造有限公司
34	天水长城开关厂	43	浙江乐清市川泰电力设备有限公司
35	上海环境电器成套有限公司	44	浙江东亚机电有限公司
36	山东万祥电气集团股份有限公司	45	石家庄三环电气有限公司
37	天津市开关厂天开高压元件开发有限公司		

第20章 操 动 机 构

操动机构是供操作、控制以及自动保护高压断路器、负荷开关、隔离开关、接地开关、组合电器和变压器有载分接开关使用的操动和控制设备。操动机构按操动动力分为弹力、液压力、气压力、电磁力和手动几种形式。高压断路器主要配用 CT 系列弹簧机构、CY 系列液压机构、CQ 系列气动机构及 CD 系列电磁机构。高压隔离开关、负荷开关、组合电器和接地开关主要配用 CJ 系列电动机构、CS 系列手动机构。变压器有载分接开关主要配用 DCJ 系列（ZYIA 系列有载分接开关）、CDF 型（F 型有载分接开关）、M2 型、IDL 型（C、D 型有载分接开关）以及 MAT/8 型（M 型有载分接开关）电动机构。SY（Z）系列有载分接开关配用电动机构和控制器。

各种形式的操动机构具有操作、控制和自动保护高压电气设备的功能，也可配置电气闭锁、加热器、照明灯，以达到安全、方便的目的。

型号含义

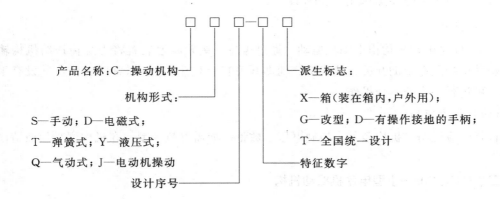

20.1 高压隔离开关、负荷开关、组合电器及接地开关配用的操动机构

20.1.1 CJ 系列电动操动机构

一、CJ2—G 型电动机操动机构

（一）用途

CJ2—G 型电动机操动机构属于户外用动力式机构，由电动机带动齿轮、蜗杆、蜗轮直接传动，供高压隔离开关或接地开关分、合闸操作用。

（二）技术数据

CJ2—G 型电动机操动机构技术数据，见表 20-1。

表 20－1 CJ2—G 型电动机操动机构技术数据

组别 数 据 项目	G1（CJ2—G）	G2（CJ2—GⅡ）	G3（CJ2—GⅢ）	G4（CJ2—GⅣ）
主轴转角（°）	180	192	180	180
额定输出转矩（N·m）	75	100	100	100
电动机功率（kW）	0.75	1.1	1.1	1.1
分合闸线圈控制电压（V）	交流 220，380	交流 220，380	交流 220，380	交流 220，380
分闸时间（s）	6±1	6.4±1	8±1	6±1
合闸时间（s）	6±1	6.4±1	8±1	6±1
机构重量（kg）	100	100	100	100
生产厂（表 20－55）	1、2、20、21			

注 G1，G2，G3，G4 配交流电动机，三相 380V。

（三）结构

CJ2—G 型电动机构由电动机驱动，通过齿轮、蜗轮减速装置将力矩传送给机构输出轴。操动机构配有辅助开关、接线板。辅助开关有 6 对常开、6 对常闭触头，并设有手动装置，可进行手力分、合操作。

（四）订货须知

订货时应说明：机构型号，控制电压、数量。如需湿热带型，在机构型号后面请注明"TH"。

二、CJ6、CJ6—Ⅰ型电动机操动机构

（一）用途

CJ6、CJ6—Ⅰ型电动机操动机构属于户外用动力式机构，用来分、合 63～500kV 高压隔离开关。

（二）结构

CJ6、CJ6—Ⅰ型电动机操动机构由交流电动机驱动，通过齿轮、蜗轮、蜗杆减速装置将力矩传递给机构输出轴。本机构配有 6 常开、6 常闭或 8 常开、8 常闭的辅助开关，并设有人力分、合的手动装置。

CJ6—Ⅰ型电动机构设有加热器、照明灯、手动闭锁开关等元件，结构见图 20-1。

（三）技术数据

CJ6—Ⅰ型电动机操动机构技术数据，见表 20-2。

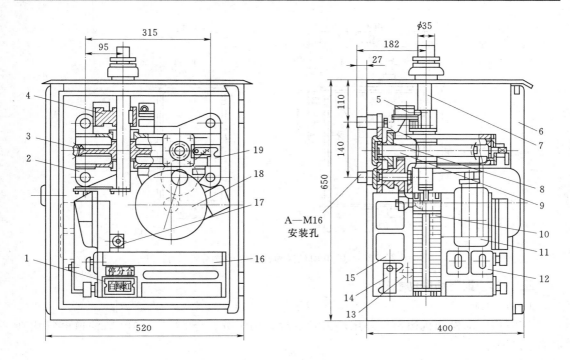

图 20-1　CJ6—Ⅰ型电动机操动机构结构

1—按钮；2—框架；3—蜗轮；4—定位件；5—行程开关；6—箱；7—主轴；8—齿轮；9—蜗杆；
10—辅助开关；11—刀开关；12—组合开关；13—加热器；14—热继电器；15—接触器；
16—接线端子；17—照明灯座；18—电动机；19—手动闭锁开关

表 20-2　CJ6—Ⅰ型电动机操动机构技术数据

型　号	CJ6—1	CJ6—2	CJ6—3	CJ6—4	CJ6—I₁	CJ6—I₂	CJ6—I₃	CJ6—I₄
主轴转角（°）	180	90	180	90	180	90	180	90
额定输出转矩（N·m）	750	750	500	500	1200	1200	700	700
电动机功率（kW）	0.6	0.6	0.6	0.6	1.1	1.1	1.1	1.1
分、合闸线圈控制电压（V）	AC $\frac{220}{380}$	AC $\frac{220}{380}$	AC $\frac{220}{380}$	AC $\frac{220}{380}$	AC380、220 DC220、110	AC380、220 DC220、110	AC380、220 DC220、110	AC380、220 DC220、110
电动机电压（V）	AC380	AC380	AC380	AC380	AC380	AC380	AC380	AC380
操作时间（s）	7.5	3.75	3	1.5	8	4	4	2
重量（kg）	95	95	95	95	100	100	100	100
生产厂	2、13							

注　生产厂及代号见表 20-55（下同）。

（四）外形及安装尺寸

CJ6 型电动机操动机构外形及安装尺寸，见图 20-2。

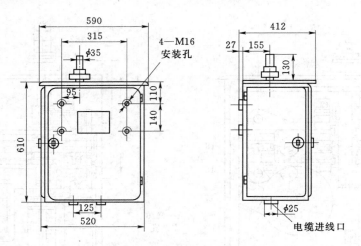

图 20-2　CJ6 电动机操动机构外形及安装尺寸

三、CJ□型电动操动机构

（一）用途

CJ□型电动操动机构为户外用动力式机构，用于分、合 27.5～110kV 铁道电气化高压隔离开关。

（二）结构

CJ□型电动机操动机构由直流电动机驱动，通过齿轮、蜗轮、蜗杆减速装置将力矩传递给机构输出轴，配有 8 常开、8 常闭的辅助开关，并设有手力分、合闸的人力操动装置。

（三）技术数据

CJ□型电动操动机构技术数据，见表 20-3。

表 20-3　CJ□型电动操动机构技术数据

型　　号	CJ□—1	CJ□—2	型　　号	CJ□—1	CJ□—2
主轴转角（°）	180	90	电动机电压（V）	DC220 DC110	DC220 DC110
额定输出转矩（N·m）	500	500			
电动机功率（输入功率）（kW）	0.72	0.72	操作时间（s）	3.5	1.75
分、合闸线圈控制电压（V）	DC220 DC110	DC220 DC110	重量（kg）	110	110
			生产厂		8、10、17

（四）外形及安装尺寸

CJ□型电动操动机构外形及安装尺寸，见图 20-3。

四、CJ5 型电动机操动机构

（一）用途

CJ5 型电动操动机构主要用于操作 330kV 及以下的 GW4、GW7 系列户外高压隔离开关及敞开式组合电器。

（二）结构

CJ5 型电动操动机构主要由电动机、减速器及电动机控制附件组成。动作程序：分闸

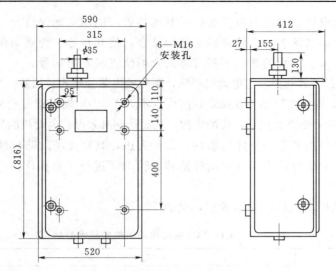

图 20-3　CJ□型电动操动机构外形及安装尺寸

时按动分闸按钮，闭合交流接触器，使三相交流电源接通，电动机通过小齿轮和大齿轮及蜗杆、蜗轮减速后，带动机构主轴转动。当主轴旋转180°至分闸终点位置时，装在主轴上的定位件使微动开关动作，切断分闸接触器的控制线圈电流，接触器恢复原位，随之电动机三相电源也被切断。蜗轮和壳体内有缓冲定位装置，使机构的转动限制在180°～182°。合闸动作的过程与分闸相同，即按动合闸按钮，接通接触器，则机构主轴按上述相反方向旋转，闭合隔离开关。

（三）技术数据

CJ5型操动机构技术数据，见表20-4。

表 20-4　CJ5 型操动机构技术数据

控制回路电压（V）	380/220	额定功率（W）	550	额定输出转矩（N·m）	400
控制回路电流（A）		额定转速（r/min）	1400	热继电器动作时间（s）	6～9
额定电压（V）	380	启动电流（A）	5	生产厂	2、17

（四）外形及安装尺寸

CJ5型电动机操动机构外形及安装尺寸，见图20-4。

五、CJ—XGI 电动操动机构

（一）用途

该操动机构是40.5～252kV的GW22Ⅰ、CW22Ⅱ型户外高压隔离开关和接地开关分、合闸用的电动操动机构。

（二）结构

电动操动机构分交流和直流二种结构形式，电动机通过齿轮把驱动力传给驱动轴。由于没有离合器，因此其构造简单、

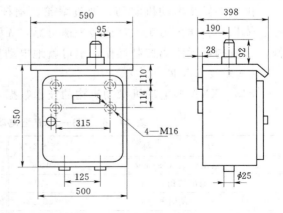

图 20-4　CJ5 型电动机操动机构外形及安装尺寸
（单位：mm）

维修方便。另外此机构上设计有电气和机械制动装置，能切实地保持分、合闸操作。

辅助开关通过驱动轴上的凸轮和轴齿轮相结合，使其在分、合闸动作的最终位置进行接触，确保隔离开关在安全的断口下和可靠的合闸位置时发出信号。

电动机电源通过壳式断路器与电动机相联，断路器内藏分励式脱扣器。当出现任何意外情况使电动机卡住时，时间继电器将在设定时间内（不大于 10s）发出信号给分励式脱扣器，分励式脱扣器动作，断开断路器接点，切断电源，从而达到有效保护电动机的目的。

机械和电气部分均装于一整体的箱内，设计先进，具有优越的防护性。

不用电动操作的场合，可插入手动杆使其旋转 190°进行手动操作。

（三）技术数据

CJ—XGI 电动操动机构的技术数据，见表 20-5。

表 20-5 CJ—XGI 电动操动机构的技术数据

产 品 型 号	CJ—XGI		
结构形式	交流电机、交流控制	交流电机、直流控制	直流电机、直流控制
电动机电压（V）	AC380	AC380	DC110
额定控制电压（V）	AC220　　AC380	DC110	DC110
额定操作电流（A）	0.8~4.0		
主轴转角（°）	190		
分、合闸时间（不大于）（s）	2.5/4/6		
额定输出转矩（N·m）	880		
重量（kg）	110		
生产厂	7		

六、CJ3—XXⅣ型电动机操动机构

（一）用途

CJ3—XXⅣ型电动操动机构，供操动 CW22—252D、OW23—252D 型隔离开关、接地开关之用。

（二）结构

由三相异步电动机驱动，通过蜗轮、蜗杆、齿轮四级减速后输出力矩。具有结构新颖、体积小、输出力矩大，运转平衡可靠，无噪音，二次控制回路可以移出，大大方便检修。该机构可远距离控制操作，也可就地电动操作，箱门可挂锁。

（三）技术数据

CJ3—XXⅣ型电动机操动机构的技术数据，见表 20-6。

表 20-6 CJ3—XXⅣ型电动机操动机构的技术数据

项 目 名 称	技术参数	项 目 名 称	技术参数
输出转矩（N·m）	1000	电动机转速（r/min）	1400
输出转角（°）	92	电动机额定电压（V）	AC380
分、合闸时间（s）	10±2	电动机额定电流（A）	2.7
分、合闸线圈控制电压（V）	AC220、380	机构重量（kg）	80
电动机功率（kW）	1.0	生产厂	7、9

七、GJ3—XX 型立、卧式电动机构

（一）用途与结构

本机构是户外用动力式机构，供高压隔离开关或接地开关分、合闸操作用，可进行远方控制，也可就地电动控制或利用手柄进行手动操作，且手动与电动操作之间有闭锁装置，以实现手动与电动操作之间及手动操作与隔离开关之间的电气连锁。具有体积小、重量轻、结构简单、检修方便等特点。

（二）技术数据

GJ3—XX 型立、卧式电动机构的技术数据，见表 20-7。

表 20-7　GJ3—XX 型立、卧式电动机构技术数据

机构型号	GJ3—XXⅠ	GJ3—XXⅡ	GJ3—XXⅢ	GJ3—XXⅣ	GJ3—XXⅤ	GJ3—XXⅥ	GJ3—XXⅦ	GJ3—XXⅧ	GJ3—XXⅨ	GJ3—XXⅩ	GJ3—XXⅪ
对应型号	CJ5	CJ5	CJ2—XG□	CJ—XG	CJ2—XG	CJ2—XG□	CJ2—XG□	CJ2—XG□	CJ2—XG□		
主轴转角（°）	180	180	180	90	180	180	180	180	108（横轴）	190	190
额定输出转矩（N·m）	350	500	600	1000	750	800	1000	1200	500	1000	1000
分合闸时间（s）	6±1	6±1	8±1	9±1	6±1	8±1	6±1	6±1	6±1	4±0.25	4±0.25
控制电压（V）	AC220/380；DC110/220		DC110/220	AC220/380；DC110/220							
电动机主要参数　型号	$AO_2 7124$	$AO_2 8014$	HDZ23110	$AO_2 8024$			$AO_2 90S_4$		$AO_2 8014$	$AO_2 90S_4$	
电动机主要参数　功率（kW）	0.37	0.55	0.315/0.20	0.75	0.75	0.75	1.1	1.1	0.55	1.1	1.1
电动机主要参数　电压（V）	AC380		DC110/220	AC380							
电动机主要参数　转速（r/min）	1400	1400	1000	1400							
电动机主要参数　额定电流（A）	1.12	1.55	2.4	2.01	2.01	2.01	2.8	2.8	1.55	2.8	
配套产品（参考）	GW4/1250 GW5/1250	GW4/2000 GW5/2000	GW4系列 GW5系列	GW20 GW21	GW6 系列 GW7 系列 ZH2 系列						
机构重量（kg）	80			100							
生产厂	8										
备注	外壳不锈铜和喷塑两种			电器元件：有进口、国产、凝露器、温控等，订货须注明							

八、CJ—XG 型电动操动机构

（一）用途与结构

CJ—XG 型电动操动机构，供操动 GW22—252D（W）型、GW23—252D（W）型高

压隔离开关和接地开关之用。其由三相异步电动机驱动，通过齿轮、丝杠减速后输出力矩。具有结构新颖、体积小、输出力矩大、运转平稳可靠、无惯性冲击及便于检修等特点。该机构可远距离控制操作，或利用手柄人力操作。手动与电动之间设有闭锁装置。按用户需求加装供母差保护用特殊辅助接点。机构箱门可以挂锁。

（二）技术数据

CJ—XG 型电动操动机构的技术数据，见表 20-8。

表 20-8 CJ—XG 型电动操动机构技术数据

项 目 名 称	技 术 数 据	项 目 名 称	技 术 数 据
输出转矩（N·m）	≥1000	电动机转速（r/min）	1400
输出转角（°）	92	电动机额定电压（V）	AC380
分、合闸时间（s）	10±2	电动机额定电流（A）	2
分、合闸线圈控制电压（V）	AC220、380、DC110、220	机构重量（kg）	110
电动机功率（W）	750	生产厂	7

20.1.2　CJH1 系列三工位电动机构

一、概述

CJH1 系列三工位电动机构目前有 CJH1—Ⅰ 和 CJH1—Ⅱ 型两种型号机构，用于操作与本机构输出力矩相适应的 GIS. C—GIS 等各种组合电气设备、充气柜、开关柜种的三工位隔离—接地开关，是一种输出力矩较大的小尺寸操动机构。机构符合 CB 1985 和 GB 11022 标准。

二、特点

（1）合、分闸位置由机械零件定位，输出转角精度高（实际偏差小于 2°）。

（2）结构紧凑，外形尺寸很小。

（3）机构强度高、安全系数大，机械寿命长，动作及运行可靠性高。

（4）联锁功能齐全、完善，可全面防止各种误操作及其引起的不良后果。

（5）使用齿轮传动，传动效率高，动作平稳，噪声小。

（6）机构调整部位少，调整简便，因调整不当引起故障的可能性较小。

（7）CJH1 系列三工位电动机构结构特点，见表 20-9。

表 20-9 CJH1 系列三工位电动机构结构特点

机构型号	机构输出轴转动方向			
	DS 合闸	DS 分闸	ES 合闸	ES 分闸
CJH1—Ⅰ	逆时针	顺时针	顺时针	逆时针
CJH1—Ⅱ	顺时针	逆时针	逆时针	顺时针

三、技术数据

CJH1 系列三工位电动机构技术数据，见表 20-10。

表 20 - 10 CJH1 系列三工位电动机构技术数据

序号	项 目	单位	技 术 参 数				备 注
1	额定输出力矩	N·m	60				
2	输出轴转角		2 (238°±2°)				
3	额定控制电压	V	DC220	AC220	DC110	AC110	控制台、分闸
4	额定回路电流	A	<0.2		<0.4		
5	额定电机电压（机构的）	V	DC220	AC220	DC110	AC110	
6	额定电机电流	A	0.8		1.5		
7	机械寿命次数	次	10000				
8	机构外形尺寸（宽×高×厚）	mm	298×259×183				

四、外形及安装尺寸

CJH1 系列三工位电动机构外形及安装尺寸，见图 20 - 5。

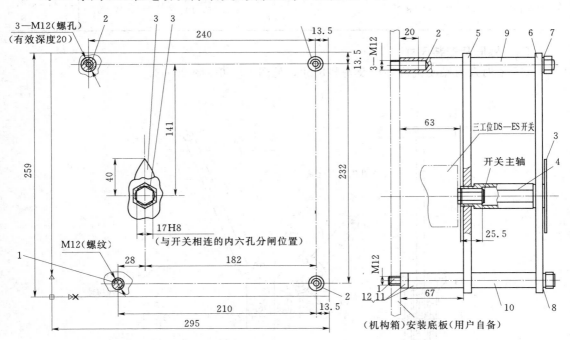

图 20 - 5 CJH1 系列三工位电动机构外形及安装尺寸

五、生产厂

宁波宏盛高压电器液压机械有限公司。

20.1.3　CS 系列人力操动机构

一、用途

CS 系列人力操动机构主要用于操动户内、户外高压隔离开关及接地开关。

二、结构

CS 系列人力操动机构主要由基座、手柄及辅助开关组成。机构主轴转角有 90°、180°两种，辅助开关 CS 系列有 4 级、8 级，且分别有 2 常开、2 常闭或 4 常开、4 常闭接点。人力操动机构附装的电磁锁为 DSW3 型，控制电压有交流 220V，直流 110、220V。

三、技术数据

CS 系列人力操动机构技术数据，见表 20-11。

表 20-11　CS 系列人力操动机构技术数据

型　　号	CS6—2	CS8—60	CS11G	CS14G	CS	CS17
主轴转角（°）	150	92	90	180	90 或 180	90
结构特征	直动式	直动式	直动式	直动式	蜗轮蜗杆式	直动式
重量（kg）		16	9	10	12～14	8～16
生产厂	2、13、14、8	2、5、8	2、4、5、6、17、8	2、5、10、8	5、17、8	2、4、5、6、18、20、8

四、外形及安装尺寸

CS 系列人力操动机构外形及安装尺寸，见图 20-6～图 20-9。

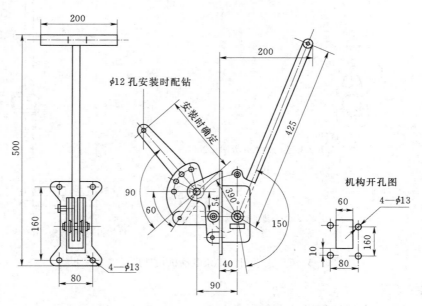

图 20-6　CS6—2 型人力操动机构外形及安装尺寸

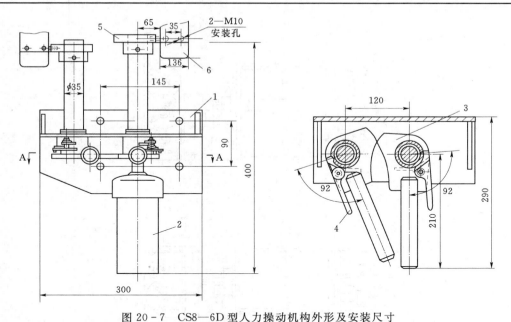

图 20-7 CS8—6D 型人力操动机构外形及安装尺寸

1—机座；2—辅助开关；3—手柄；4—定位杠杆；5—转轴上安装的附件；6—DSW3 户外电磁锁

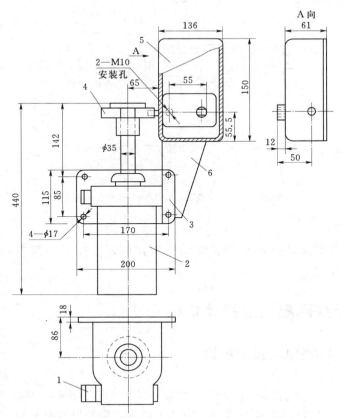

图 20-8 CS□型手力操动机构与电磁锁安装图

1—盖板；2—罩；3—基座；4—转轴附件；5—电磁锁；6—安装板

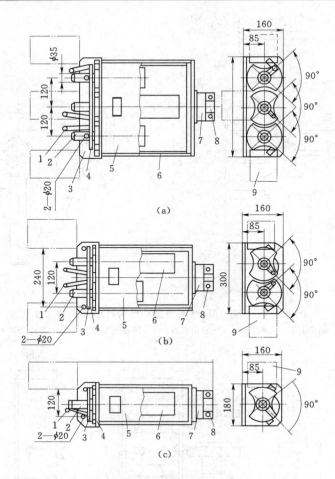

图 20 - 9 CS17 型人力操动机构外形及安装尺寸

(a) 双接地机构；(b) 单接地机构；(c) 不接地机构

1—手柄；2—轴；3—底座；4—联锁板；5—盖；6—辅助开关；

7—电缆夹管；8—电缆夹；9—DSW3 户外电磁锁及附件

五、订货须知

订货时必须注明操动机构型号、电动机操作电压，控制回路电压（交流 220V 或 380V）及特殊要求。

20.2 高压断路器配用的操动机构

20.2.1 CD2—40 型电磁操动机构

一、概述

CD2—40 型直流电磁操动机构用于控制 SN1—10G、SN2—10G 型少油断路器和 DN1—10G、DW1—35D 型多油断路器。安装于户内，加装机构箱后也可用于户外，其型号为 CD2—40XG。

二、技术数据

CD2—40 型直流电磁操动机构的技术数据，见表 20-12。

三、结构

该机构由传动机构、自由脱扣机构、电磁系统及缓冲法兰等部分组成，配有辅助开关、接线板等辅助元件。CD2—40XG 还带有 CZO—4C 型低压直流接触器。

四、订货须知

订货应说明：机构型号，分合闸额定电压，所配断路器型号及规格。

表 20-12　CD2—40 型直流电磁操动机构技术数据

所配断路器型号	SN2—10G/1000A，DW1—35GD				SN1—10G/400，600A SN1—10G/400，600A				DN1—10G	
额定电压（V）	24	48	110	220	24	48	110	220	220	48
消耗电流 （A）　合闸	—	—	195	97.5	—	—	172	86	97.5	—
分闸	22.6	11.3	5	2.5	22.6	11.3	5	2.5	2.5	11.3
生产厂	1									

注　1. 分闸线圈分成两段，按额定电压分为 110/220 及 24/48V 两种。
　　2. 分、合闸线圈均按短时通电设计。

20.2.2　CD3 型电磁操动机构

一、概述

CD3 型电磁操动机构为户内型，用来操动 SN3—10G 型高压断路器。CD3—X、CD3—XG 型电磁操动机构为户外型，用来操动 DW2—35、SW2—35 型高压断路器。电磁操动机构在操作过程中所耗的能量直接由辅助直流电源供给。连接或分断操动机构的电力线路是用 CZO—40C 直流接触器。CD3 型电磁操动机构也能手动分闸。

CD3 型电磁操动机构由传动机构、电磁脱扣器、电磁系统和缓冲装置组成。传动机构位于操动机构的中部，框架由钢板焊接而成，中间装有传动拐臂，框架壁上装有轴承和辅助开关。框架上部为电磁脱扣器，导磁体由铸铁制成，中间装有脱扣线圈和手动脱扣装置，其手柄伸出箱外作紧急脱扣用。框架下部为电磁系统，导磁体中部由 4 块钢板焊成一方框，在导磁体中间放两个合闸线圈，线圈中间为铁芯，铁芯上端有顶杆通过上部导磁钢板的孔作用到传动机构的滚子上，启动传动机构，使断路器合闸。顶杆的下部套有弹簧，并在铁芯上端垫有非磁性垫片，以防止铁芯在吸合时被粘住。下部为缓冲装置，由 4 根角钢焊接而成。在缓冲橡皮下可装 Q_1—1 螺杆式手动启动器，以调整断路器。

二、技术数据

CD3 型电磁操动机构技术数据，见表 20-13。

表 20-13　CD3 型电磁操动机构技术数据

型　号	配用的 断路器 型号	线圈动作电流（A）						额定电压允许 变动范围（%）		辅助开关				重量 （kg）
		合闸		分　闸				合闸	分闸	常开接点		常闭接点		
		110	220	110	220	24	48			合闸	分闸	合闸	分闸	
CD3—346	SN3—10	157	78.5	5	2.5	22.6	11.3	80～	65～					
CD3—X	DW2—35	157	78.5	5	2.5	24	12	110	110	$5XF_1$	$1XF_2$	$5XF_2$	$1XF_2$	190
CD3—XG	SW2—35	286	143	5	2.5									

三、外形及安装尺寸

CD3—XG 型电磁操动机构外形及安装尺寸，见图 20-10。

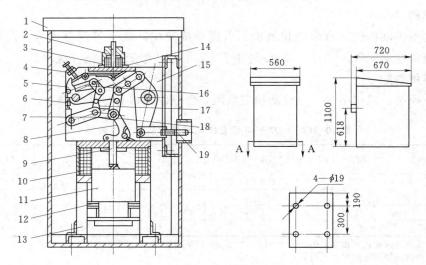

图 20-10 CD3—XG 型电磁操动机构外形及安装尺寸

1—机构箱；2—分闸铁芯；3—分闸线圈；4—螺钉；5—定位器；6—螺钉；7—轴；8—支架；
9—顶杠；10—合闸线圈；11—合闸铁芯；12—橡皮缓冲器；13—底座；14—卡板；
15—支架；16—自由脱扣机构；17—连板；18—滚轮；19—拉杆

四、订货须知

订货时必须注明操动机构型号、分合闸线圈参数、控制回路电压、电动机类型（交、直流）、所配断路器型号及数量。

20.2.3 CD10 型直流电磁操动机构

一、概述

CD10 型直流电磁操动机构为户内悬挂式操动机构，用于操动 SN10 系列高压少油断路器及与之相当合闸用的真空和 SF$_6$ 断路器。有电动合闸、电动分闸和手动分闸，也可进行自动重合闸。该机构合闸、分闸需使用直流电源。

二、结构

CD10 型直流电磁操动机构由自由脱扣机构、电磁系统和缓冲系统组成。

本操动机构上部的自由脱扣器由铸铁支架和五连杆机构及直角支撑架组成，同时在自由脱扣机构的左边装有一个 F6—10Ⅱ/WZ 型辅助开关，在右下端装有分闸电磁铁，中间装有 D 型接线端子板。操动机构的中部是电磁系统，由合闸线圈、合闸电磁铁芯和方形磁轭组成。操动机构的下部是盖，由帽状铸铁盖和分闸橡皮缓冲垫组成。盖上附带手动合闸手柄，检修时在手柄上套入长 500～800mm 的水煤气管即可进行手动缓慢合闸。机构用一铁罩作封盖，罩的中间有一圆孔，指示分、合位置。

三、技术数据

CD10 型电磁操动机构技术数据，见表 20-14。

表 20 - 14　　CD10 型电磁操动机构技术数据

操动机构型号	配用断路器		操动机构电磁铁	分、合闸线圈的数据										生产厂
	型号	额定电流(A)		额定电压(V)	额定电流(A)	线圈的段数	导线直径(mm)	匝数	连接方式	内径(mm)	外径(mm)	高度(mm)	每段线圈20℃时的电阻（Ω）	
CD10—Ⅰ	SN10—10Ⅰ	630	合闸	110	196	1	1.62	325	双线并联	≥100	≤151	≤100	0.56±0.05	13 16 24 27 28 29 36 37 38 44 45
				220	98			650					2.22±0.18	
		1000	分闸	110	5	2	0.35	1690	并	≥28	≤62	≤58	44±2.2	
				220	2.5				串					
CD10—Ⅱ	SN10—10Ⅱ、Ⅲ	1000	合闸	110	240	1	1.81	326	双线并联	≥100	≤154	≤100	0.46±0.04	
				220	120			652					1.82±0.15	
		1250	分闸	110	5	2	0.35	1690	并	≥28	≤62	≤58	44±2.2	
				220	2.5				串					
CD10—Ⅲ	SN10—10Ⅲ	2000	合闸	110	314	1	2.26	341	双线并联	≥126	≤190	≤133	0.35±0.03	
				220	157			682					1.4±0.12	
		3000	分闸	110	5	2	0.35	1690	并	≥28	≤62	≤58	44±2.2	
				220	2.5				串					

四、外形及安装尺寸

CD10 型电磁操动机构外形及安装尺寸，见图 20 - 11。

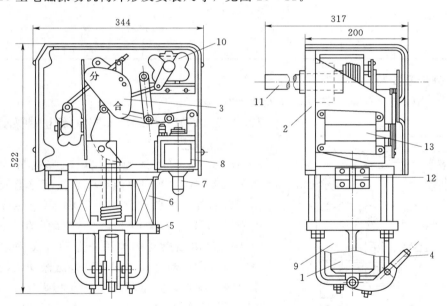

图 20 - 11　CD10 型电磁操动机构外形及安装尺寸

1—铁芯；2—铸铁支架；3—分合位置指示牌；4—合闸手柄；5—M10 接地螺钉；6—合闸线圈；
7—分闸动铁芯；8—分闸线圈；9—盖；10—信号用辅助开关；11—机构主轴；12—接线板；
13—信号用切断开关

20.2.4　CD11—XG 型直流电磁操动机构

一、用途

CD11—XG 型直流电磁操动机构用来操动 DW—35 型系列户外多油断路器。

二、结构

CD11—XG 型直流电磁操动机构由传动机构、电磁系统和底座组成。传动连杆、杠杆和自由脱扣机构均装在上部支架中，支架由两块互相平行的钢板垂直焊在一块厚钢板上。厚钢板为合闸线圈上部的导磁体方形板框，下部导磁体是一块中间开孔的厚钢板，各部导磁体用 4 根 M20 螺杆紧固在一起。在导磁体中间装有两个合闸线圈，线圈内有黄铜套，以保护线圈免被铁芯磨损，铁芯上的顶杆通过上部导磁体。黄铜垫片可防止铁芯在合闸后被剩磁吸住。铁芯下面的底座装有橡皮垫片，用以缓和铁芯下落时的冲击力，底座中间的空腔用来放置人力合闸用的升降机构，该机构仅作调整用，不能在有负荷下用它进行断路器的操作。

三、技术数据

CD11—XG 型电磁操动机构的技术数据，见表 20-15。

表 20-15 CD11—XG 型电磁操动机构技术数据

型 号	线 圈	额定电压（V）	计算电流（A）	20℃时直流电阻（Ω）	型 号	线 圈	额定电压（V）	计算电流（A）	20℃时直流电阻（Ω）
CD11—XG	合闸线圈	110	234	0.47±0.025	CD11—XG	分闸线圈	48	18.5	2.6±0.4
		220	117	1.88±0.1			110	5	22±1.76
	分闸线圈	24	37	0.65±0.1			220	2.5	88±7.04

四、外形及安装尺寸

CD11—XG 电磁操动机构外形及安装尺寸，见图 20-12。

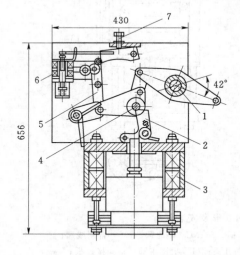

图 20-12 CD11—XG 电磁操动机构
外形及安装尺寸

1—轴；2—支架；3—合闸线圈；4—滚轮
轴；5—自由脱扣机构；6—脱扣线圈；
7—M10×40 螺栓

20.2.5 CD17、CD17A 型直流电磁操动机构

一、概述

CD17 及 CD17A 型直流电磁操动机构专供操动 ZN28—10 型系列户内高压真空断路器及其它操作频繁的真空断路器之用。CD17 型电磁操动机构用来操动各类手车柜上之户内高压真空断路器。CD17A 型电磁操动机构用来操动各类固定柜上之户内高压真空断路器，该系列电磁操动机构使用直流电源，配户内真空断路器进行电动合分、手动分闸、遥控分闸及自动重合闸操作，其性能完全符合其技术条件之要求，由于本产品的安装孔位与CD10 型电操机构一样，故特别适用于老开关柜的无油化改造，本产品的机械寿命为 10000 次。

二、技术数据

（1）机构主要匹配参考数据，见表 20-16。

（2）CD17、CD17A 型直流电磁操动机构主要技术数据，见表 20-17。

表 20－16　机构主要匹配参考数据

规　　格	配柜种类	匹配真空断路器开断电流 (kA)	重　量 (kg)	生　产　厂
CD17—Ⅰ		20	34	11、13、15、23、24、25、27、
CD17—Ⅱ	各类手车柜	31.5	34	28、29、36、37、38、41、42、
CD17—Ⅲ		40	34	44、45
CD17A—Ⅰ		20	45	
CD17A—Ⅱ	各类固定柜	31.5	45	13、23、25、36、38、41、44
CD17A—Ⅲ		40	55	

表 20－17　CD17、CD17A 型直流电磁操动机构

规　　格		合闸线圈		分闸线圈	
		电流 (A)	电阻 (Ω)	电流 (A)	20℃电阻值 (Ω)
CD17—Ⅰ	－220V	90	2.44±0.15	1.9	116±8
	－110V	180	0.61±0.04	3.8	29±2
CD17—Ⅱ	－220V	128	1.72±0.1	1.9	116±8
	－110V	256	0.43±0.03	3.8	29±2
CD17—Ⅲ	－220V	145	1.52±0.1	1.9	116±8
	－110V	290	0.38±0.03	3.8	29±2
CD17A—Ⅰ	－220V	128	1.72±0.1	1.9	116±8
	－110V	258	0.43±0.03	3.8	29±2
CD17A—Ⅱ	－220V	145	1.52±0.1	1.9	116±8
	－110V	290	0.38±0.03	3.8	29±2
CD17A—Ⅲ	－220V	120	1.83±0.11	1.9	116±8
	－110V	240	0.46±0.03	5.8	29±2
合闸正常工作电压范围		85％～110％额定工作电压（线圈端电压）			
分闸正常工作电压范围		65％～120％额定工作电压应可靠分闸，小于 30％时不得分闸			

20.2.6　CT6—X（G）型弹簧操动机构

一、概述

CT6—X（G）型弹簧操动机构系户外安装的弹簧储能式传动装置，可配用 SW4—110 型少油断路器（三相操作）和 SW4—220 型少油断路器（分相操作）。

二、结构

CT6—X（G）弹簧操动机构安装在一个封闭的防水铁箱内，主要由合闸传动系统和分闸机构组成。

合闸传动系统原动力由 4 根压缩弹簧供给，上端固定在框架上，下端与合闸机构系统中的拐臂连接，弹簧可由电动机或手力储能，电动机安装在用铸铁制成的基座上。基座上

的二级减速齿轮与电动机上的齿轮相啮合，合闸线圈作为远距离控制用。在基座内部装有蜗轮、蜗杆、锁扣及一对离合器。离合器在连杆过死点与锁扣接触的瞬间分开，合闸完毕自动啮合。分闸机构的基座用坚固的钢板制成。在基座上装有一组杠杆，将合闸力矩传给断路器。分闸机构的右侧装有辅助开关，供操作联锁及信号用。接线板作联结控制线路用。下基座装有辅助开关，控制电动机用。在电动机下面装有二个可长期使用的加热器（当环境温度高于10℃时，即可停止其工作）。

本弹簧机构可进行一次快速合闸。

三、技术数据

CT6—X、CT6—X（G）型操动机构的技术数据见表 20-18，CT6 型分合闸线圈的技术数据见表 20-19。

表 20-18　CT6—X、CT6—X（G）操动机构技术数据

型　号			CT6—X、CT6—X（G）	
分合闸线圈（直流）		电压（V）	110	220
		电流（A）	10	5
最大储存能量（J）		CT6—X	3800	
		CT6—X（G）	4000	
最大工作位移（mm）			30	
储能时间（在85%额定电压下）（s）			≤40	
自　重（kg）			700	
电动机	Z₂—12	直流（串激）1500r/min，1.1kW	额定电压（V）	110	220
			额定电流（A）	15	7.5
	Y90L—4	交流1.5kW，1400r/min	额定电压（V）	三相220（△）	三相380（Y）
			额定电流（A）	7.4	3.7
加　热　器		电压（V）	2×110	
		功率（kW）	2×0.175	
对基础作用力	总最大上拔力（不包括底脚螺栓拧紧力）（N）		30000（参考）	
	总最大下压力（包括自重）（N）		60000（参考）	

表 20-19　CT6 操动机构分合闸线圈技术数据

线　圈	额定电压（V）	漆包线直径（mm）	匝　数	直流电阻20（℃）（Ω）	线圈尺寸（mm）		
					内径	外径	高度
分闸线圈	直流220	φ0.31	1200	42.5			
	直流110	φ0.45	705	10.9			
合闸线圈	直流220	φ0.31	1200	42.5	>φ34	<φ36	<22
	直流110	φ0.45	705	10.9			

四、外形及安装尺寸

CT6 操动机构外形及安装尺寸，见图 20-13。

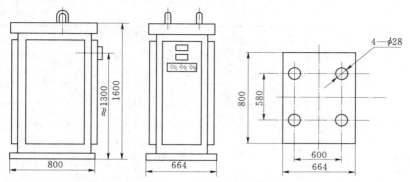

图 20 - 13　CT6—X（G）（形式Ⅰ）操动机构外形及安装尺寸

20.2.7　CT8—Ⅰ、CT8—Ⅱ型弹簧操动机构

一、概述

CT8—Ⅰ、CT8—Ⅱ型弹簧操动机构为弹簧储能式户内高压开关的操动机构，用于操动 SN10—10Ⅰ（Ⅱ）型、ZN—10 型、LN2—$\frac{10}{35}$型等户内高压断路器。

CT8—$\frac{Ⅰ}{Ⅱ}$型弹簧操动机构合闸弹簧的储能方式有电动和手力两种；合闸操作有合闸电磁铁和手动按钮操作；分闸操作有分闸电磁铁（分励脱扣器）、过电流脱扣器、失压脱扣器和手动按钮操作等。

二、结构

CT8—$\frac{Ⅰ}{Ⅱ}$型弹簧操动机构采用夹板式结构，机构的储能驱动部分、合闸电磁铁等布置在左右侧板之间。两根合闸弹簧分别在左右侧板外边，右侧板外面有行程开关、过电流脱扣器、分闸电磁铁、失压脱扣器等，左侧板外面有接线端子。储能电机和辅助开关在机构下部。分、合闸按钮和分、合闸指示均在机构正面上方。机构输出轴在机构后部并与安装底板平行布置。

三、技术数据

CT8 型弹簧操动机构的技术数据，见表 20 - 20、表 20 - 21。

表 20 - 20　CT8 型弹簧操动机构技术数据

| 机构型号 | 配用断路器 | | 电磁铁 | 分、合闸线圈数据 | | | | | | | | | 生产厂 |
	型　号	额定电流（A）		额定电压（V）	额定电流（A）	额定功率（W）	20℃时电阻值（Ω）	线圈段数	导线直径（mm）	匝数	内径（mm）	外径（mm）	高度（mm）	
CT8—$\frac{Ⅰ}{Ⅱ}$	SN10—Ⅰ SN10—Ⅱ SN10—Ⅲ	630 1000 1250	合闸电磁铁	110	<9.5	<1045	3.65±0.365	1	0.75	660	≥30	≤62	≤41	23 24 25 28 29
				220	<5	<1100	14.7±1.47	1	0.53	1320	≥30	≤62	≤41	
				380	<3	<1140	44.6±4.46	1	0.4	2250	≥30	≤62	≤41	
				48	6	288	8.1±0.57	1	0.6	950	≥30	≤62	≤41	
				110	2.3	253	44.6±3.12	1	0.4	2250	≥30	≤62	≤41	
				220	1.2	264	170.5±11.9	1	0.28	4200	≥30	≤62	≤41	
CT8—Ⅲ	SN10—10Ⅲ	2000 3000	合闸电磁铁	110	<9.5	<1045	3.65±0.365	1	0.75	660	≥30	≤62	≤41	36 38 40 42 44 45
				220	<5	<1100	14.7±1.47	1	0.53	1320	≥30	≤62	≤41	
				380	<3	<1140	44.6±4.46	1	0.4	2250	≥30	≤62	≤41	
				48			7.2±0.50	1			≥30	≤62	≤41	
				110			18.4±1.29	1			≥30	≤62	≤41	
				220			67.6±4.73	1			≥30	≤62	≤41	

续表 20‑20

机构型号	配用断路器		电磁铁	分、合闸线圈数据										生产厂
	型号	额定电流(A)		额定电压(V)	额定电流(A)	额定功率(W)	20℃时电阻值(Ω)	线圈段数	导线直径(mm)	匝数	内径(mm)	外径(mm)	高度(mm)	
CT8—Ⅰ CT8—Ⅱ CT8—Ⅲ	SN10—10Ⅰ SN10—10Ⅱ SN10—10Ⅲ	630 1000 1250 2000 3000	失压脱扣器 (3型)	110	<40		32±3.2	1						23 24 25 28 29 36 38 40 42 44 45
				220	<40		142±14.2	1						
				380	<40		541±54.1	1						
	SN10—10Ⅰ SN10—10Ⅱ SN10—10Ⅲ	630 1000 1250 2000 3000	过流脱扣器 (1型)	5			2.2	1	1.16	300	≥30	≤62	≤41	
CT8—Ⅰ CT8—Ⅱ CT8—Ⅲ	SN10—10Ⅰ SN10—10Ⅱ SN10—10Ⅲ	630 1000 1250 2000 3000	分闸脱扣器 (4型)	110	<2.5	<270	16.7±1.67	1	0.5	1370	≥30	≤62	≤41	
				220	<1.2	<264	69±6.9	1	0.35	2740	≥30	≤62	≤41	
				380	<0.8	<304	233±23.3	1	0.25	4730	≥30	≤62	≤41	
				48	2.4	115	24.8±1.74	1	0.42	1500	≥30	≤62	≤41	
				110	1.1	111	111±7.77	1	0.28	3000	≥30	≤62	≤41	
				220	0.56	123	430±30	1	0.19	5500	≥30	≤62	≤41	

表 20‑21　CT8 操动机构储能电机技术数据

型　号	HDZ—113	HDZ—213	HDZ—313
额定工作电压（V）	110	220	380
额定功率（W）	≤450		
正常工作电压范围	85%～110%额定工作电压		
额定电压下储能时间（s）	<5		
生产厂	23、24、25、28、29、36、38、40、42、44、45		

四、外形及安装尺寸

CT8—Ⅰ、Ⅱ型弹簧操动机构外形及安装尺寸，见图 20‑14。

20.2.8　CT14 型弹簧操动机构

一、概述

CT14 型弹簧操动机构用于操作 35kV（系统标称电压）SF₆ 断路器、油断路器及合闸功与本机构相配的其它断路器。

机构合闸弹簧储能油电动储能和手动储能两种方式，合、分闸操作有电磁铁操作和手动操作。机构符合 GB 1984《交流高压断路器》标准的要求。

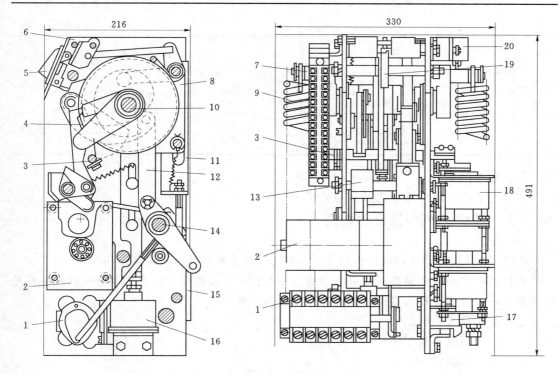

图 20-14　CT8—Ⅰ、Ⅱ型弹簧操动机构外形及安装尺寸

1—辅助开关；2—储能电机；3—半轴；4—驱动棘爪；5—按钮；6—定位件；7—接线端子；8—保持棘爪；9—合闸弹簧；10—储能轴；11—合闸联锁板；12—连杆；13—分合指示牌；14—输出轴；15—角钢；16—合闸电磁铁；17—失压脱扣器；18—过电流脱扣电磁铁及分闸电磁铁；19—储能指示；20—行程开关

二、技术数据

CT14 型弹簧操动机构技术数据，见表 20-22。

表 20-22　CT14 型弹簧操动机构技术数据

序号	项　　目		单位	技　术　参　数
1	合闸功		J	1000
2	输出拐臂转角		(°)	54～60
3	储能电机	额定电压	V	−110，−220
		额定电流	A	7.4
		工作电压范围		85%～110%额定电压
4	合闸电磁铁	额定电压	V	DC/AC220，DC/AC 110
		额定电流	A	1.6，3.0
		工作电压范围		85%～110%额定电压
5	分闸电磁铁	额定电压	V	−110，220，−220
		额定电流	A	6，3，3.5
		工作电压范围		65%～120%额定电压，小于 30%额定电压不得分闸

序号	项　　目	单位	技　术　参　数
6	一次重合闸无电流间隔时间	s	0.3
7	额定电机电压下储能时间	s	≤15
8	重量	kg	141
9	外形尺寸（宽×高×深）	mm	528×707×425

三、生产厂

宁波宏盛高压电器液压机械有限公司。

20.2.9　CT17 系列弹簧操动机构

一、概述

CT17 型弹簧操动机构可供操作 31.5kA 及其以下各型号的断路器之用。

本机器系户内型，储能操作有电动和人力两种，合闸操作方式有合闸电磁铁和手动按钮操作两种，分闸操作有分闸电磁铁和手动按钮两种。

二、使用环境

（1）环境温度不高于＋40℃，不低于－25℃。

（2）海拔不超过 3000m。

（3）相对湿度日平均不大于 95％，月平均不大于 90％。

（4）没有火灾、爆炸危险、严重污秽、化学腐蚀及剧烈振动的场所。

三、结构特点

CT17 型弹簧机构采用夹板式结构，主要由驱动、储能、脱扣器、电气控制 4 个部分组成。具有体积小、结构简单、动作可靠、维修方便等优点。

四、技术数据

储能电机的技术数据，见表 20 - 23。

表 20 - 23　储能电机的技术数据

型　　号	额定电压（V）	额定功率（W）	正常工作电压范围	额定电压下储能时间（s）
66ZY—CJ	－220	70	$U_e85\%\sim100\%$	≤15

分合闸电磁铁的技术数据，见表 20 - 24。

表 20 - 24　分合闸电磁铁的技术数据

额定电压（V）	－220	－380	－48	－110	－220	线圈电阻值（Ω）	24±1.7			107±3
额定电流（A）	<9.22				2	生产厂			11、13、15、29、31	
额定功率（W）	<2024				440					

五、订货须知

订货时必须注明产品名称、型号、数量、操动机构工作电压、备品、备件名称及数量。

20.2.10 CT19、CT19A 型弹簧操动机构

一、概述

CT19、CT19A 型弹簧操动机构用于操作各类手车式（CT19）或固定式（CT19A）开关柜中的 ZN28 型系列高压真空断路器及合闸功适用的其它各种断路器。

机构符合标准 GB/T 1984《高压交流断路器》和 GB/T 11022《高压控制设备标准的共用技术要求》。

二、使用环境

(1) 周围空气温度：−25～40℃。

(2) 海拔：3000m。

(3) 相对湿度：日平均值不大于 95％，月平均值不大于 90％；泼水蒸气压力：日（24h）平均值不大于 2.2kPa，月平均值不大于 1.8kPa。

(4) 周围空气没有明显地受到尘、烟、腐蚀性和可燃性气体或盐雾的污染。

三、技术数据

CT19、CT19A 型弹簧操动机构技术数据，见表 20-25。

表 20-25 CT19、CT19A 型弹簧操动机构技术数据

序号	项　　目	单位	技 术 参 数			备　　注
1	合闸功	J	135	180	230	
2	输出拐臂转角		50°～55°			
3	电动机额定电压	V	DC110，220；AC/DC 110，220			电动机及合、分闸脱扣电磁铁的工作电压范围符合 GB/T 11022
4	合、分闸脱扣电磁铁额定电压	V	DC48，110，220；AC 110，220			
5	一次重合闸无电流间隔时间	s	0.3			
6	机械寿命次数	次/time	10000			
7	外形尺寸（宽×高×深）	mm	(350～360)×420×160			

四、生产厂

宁波宏盛高压电器液压机械有限公司。

20.2.11 CT19B 型弹簧操动机构

一、概述

本产品可以操作各类 10kV 固定柜上之 ZN28 型户内高压真空断路器及其合闸功与之相当的其它各类高压断路器之用。有过电流及失压脱扣保护功能，其机械寿命为 2000 次。由于该机构宽度比 CT19A 型有缩小，宽度仅 300mm，不仅增加了机构整体的稳定性，更适宜于老柜上的无油化改造用（该机构输出转换为 50°～55°）。

二、技术数据

CT19B 型弹簧操动机构技术数据，见表 20-26。

表 20-26 CT19B 型弹簧操动机构技术数据

规格	重量 (kg)	体积 (高×宽×深) (mm)	电动机输入功率 (W)	合闸弹簧 (mm)	匹配真空断路器开断电流 (kA)
CT19B—Ⅰ	38	550×330×180	110	φ7	20
CT19B—Ⅱ	38	550×330×180	110	φ8	31.5
CT19B—Ⅲ	38	550×330×180	150	φ8+φ4	40

（1）储能电机采用单相永磁直流电机，如用户需要采用交流电流电源时，则增加全波整流电流，供给储能电动机工作。

（2）合分闸电磁铁采用螺管式电磁铁。

（3）机构输出轴工作转动角为 50°～55°。

CD19B 机构主要技术数据（表内所列电阻值均为温度＋20℃时数值），见表 20-27。

表 20-27 CD19B 机构主要技术数据

额定工作电压（V）		～110	～220	～380	－48	－110	－220
额定工作电流（A）	分	2.8	1.6			2.3	1.5
	合	1.5	1			1.5	0.68
额定电功率（W）	分	308	352			255	264
	合	105	220			165	150
20℃时线圈电阻值（Ω）	分	12±0.6	48±2.4			48±2.5	190±10
	合	20±1	73±4			73±4	325±15
正常工作电压范围		合闸：85%～110%额定工作电压 分闸：65%～120%额定工作电压，小于30%的额定工作电压时不得分闸					

三、外形及安装尺寸

CT19B 型弹簧操动机构外形及安装尺寸，见图 20-15。

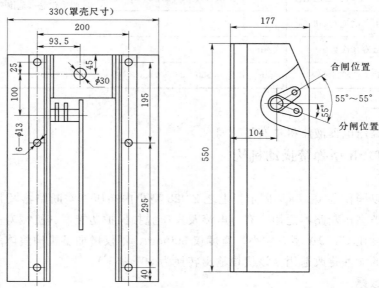

图 20-15 CT19B 型弹簧操动机构外形及安装尺寸

四、生产厂

上海万相电气有限公司。

20.2.12　CT21 型弹簧操动机构

CT21 型（负荷开关）弹簧操动机构可供操作 ZF—12/630 型户内真空负荷开关，以及合闸功与之相当的其它负荷开关之用。本机构系户内型，具有电动和手动两种操作方式，合闸操作靠电动储能合闸和手动储能合闸，分闸操作有分闸电磁铁和手动按钮操作两种方式。机械寿命为 10000 次。

储能电机采用永磁式单相直流电动机，其技术数据见表 20－28。

表 20－28　储能电机的技术数据

型　　号	额定电压 （V）	额定输出功率 （W）	正常工作电压范围
53ZY—CY	220	＜30	85％～110％额定电压

采用独立电源供电的分闸电磁铁，技术数据见表 20－29。

表 20－29　分闸电磁铁的技术数据

额定工作电压（V）	220	110	220	110
额定工作电流（A）	2.9	4.5	2.8	5.85
额定电功率（W）	＜638	＜494	＜616	＜643
20℃时线圈电阻值 （Ω）	27±1.6	8.7	78±4.78	18.8±1.1
正常工作电压范围	65％～120％额定工作电压应可靠分闸，小于30％额定工作电压时不得分闸			

生产厂：浙江巨力电器有限公司、温州市诚高高压电气有限公司、乐清市巨力高压电器厂。

20.2.13　CT23 系列弹簧操动机构

一、概述

CT23 型可供操作 ZW□—12/630 及以下户外高压真空断路器及其合闸功与之相当的其它高压真空断路器之用。该操动机构具有电动或手动储能、手动合分、过电流保护等功能，其机械寿命为 10000 次。CT23—D 采用永磁直流电机、链轮传动储能，动作平稳，可靠性高，机械性能好，使用寿命长；手动储能手柄设置在机构本体内，避免了该部件的渗漏水环节，并且由于拉环设置在机构下部，使机构外形更为美观，适宜用于户外 10kV 柱上真空断路器之用。

二、CT23—D 型弹簧操动机构（户外）主要技术数据

（1）机构的输出角为 40°～50°。

（2）分合闸脱扣器、过电流脱扣器及储能电机的技术数据，见表 20－30。

表 20 - 30　分合闸脱扣器、过电流脱扣器及储能电机主要技术数据

项　　目	合闸线圈	分闸线圈	过流脱线圈	储能电机
额定电压（V）	220	220		220
额定工作电流（A）	<2.67 <2	<1.4 <0.7	5	功率<220W A—D 功率 70W
工作电压或电流范围	85%～110%额定电压 80%～100%额定电压	65%～120%额定电压 （小于 30%时不得脱扣）	大于 100%额定电流时 可靠分闸 小于 90%时不得脱扣	±10%额定电压
生产厂	24、32、33、34、35、36、37、38、39、40、41、42、43、45			

（3）CT23A—D 机构和 ZM1—10 型户外高压真空断路器配装后，在合闸弹簧已储能准备合闸前，传动轴套的滚轮与凸轮的间隙应保持 2mm 左右。

（4）机构外形尺寸：①345mm×300mm×180mm；②460mm×300mm×180mm。

20.2.14　CT32—12 型弹簧操动机构

一、概述

CT32—12 型弹簧操动机构可操作 ZW32—12 型户外高压真空断路及合闸功与输出转角与之相当的其它户外或户内真空断路器；手动储能操动机构具有手力、手力合分、过流保护功能；电动机储能操动机构具有电动机或手力储能、电磁或手力合分等功能。过流保护需另配控制器方能实现。

二、使用环境

（1）周围空气温度上限为 +65℃、下限为 -45℃（储运周围空气温度上限 +65℃、下限 -45℃）。

（2）海拔不超过 2000m。

（3）风速不大于 35m/s。

（4）相对湿度日平均不大于 95%，月平均不大于 90%（+25℃）。

（5）水蒸气压日平均不大于 $2.2×10^{-3}$MPa，月平均不大于 $1.8×10^{-3}$MPa。

（6）没有火灾、爆炸危险、严重污秽、腐蚀及剧烈振动的场所。

三、技术数据

储能电机采用单向永磁直流电动机，其技术数据见表 20 - 31。

表 20 - 31　储能电机的技术数据

型　　号	53ZY—CJD01B	53ZY—CJD02B	53ZY—CJD03B	53ZY—CJD04B
额定工作电压（V）	220	110	48	24
额定功率（W）	40			
正常工作电压范围	85%～110%			
额定工作电流（A）	0.5	1.0	1.8	3.6
额定工作电压下储能时间（s）	≤8			

合闸/分闸电磁铁采用螺管式电磁铁，技术数据见表 20 - 32。

表 20-32 螺管式电磁铁的技术数据

额定工作电压（V）	220	110	220	110	48	24
额定工作电流（A）	3.4	4.4	1.69	3.4	6	11.5
额定电功率（W）	748	484	372	374	288	276
20℃时线圈电阻值（Ω）	65	25	130	33	8	2.1
正常工作电压范围	分闸 65%～120%额定工作电压，小于 30%额定工作电压时不得分闸合闸 85%～120%额定工作电压					

过流脱扣器的技术数据，见表 20-33。

表 20-33 过流脱扣器技术数据

额定电流 5A	20℃时线圈直流电阻值 2.7Ω
正常工作电流范围	90%～110%额定电流时可靠分闸，小于 90%额定电流不得脱扣

四、结构特点

该机构设计先进合理，结构紧凑，体积小，重量轻，性能可靠，分、合速度快，合闸功大，机械寿命 20000 次（一般机构为 10000 次），耐低温（-45℃）、高温（+65℃），适用于 ZW32—12 型真空断路器及合闸功与之相匹配的其它断路器。

20.2.15 CTA—Ⅳ型弹簧操动机构

一、概述

CTA—Ⅳ型弹簧操动机构，适用于 ZW20A—12 型等 12kV 电压等级真空断路器及合闸功与之相当的其它户外或户内真空断路器。

该操动机构可实现电动储能、手动储能，电动合分闸、手动合分闸操作，并可配合控制器实现重合闸、过电流保护及速断功能。

二、特点

机构结构合理，安装简便；各部分装置的设置简单方便；工作可靠性高，具有合闸连锁装置；储能为链条传动，平稳可靠。

三、使用环境

(1) 环境温度：上限为 +60℃，下限为 -45℃。

(2) 相对湿度：日平均不大于 95%；
　　　　　　　月平均不大于 90%。

(3) 没有火灾、爆炸危险、严重污秽、腐蚀及剧烈振动的场所。

四、技术数据

CTA—Ⅳ型弹簧操动机构技术数据，见表 20-34。

表 20-34 CTA—Ⅳ型弹簧操动机构技术数据

序　号	项　　目	单　位	数　　值
1	外形尺寸	mm	401×279×235
2	重量	kg	15

续表 20 - 34

序号	项　　目	单位	数　　值	
3	机械寿命	次	10000	
4	机构输出转角	(°)	44～48	
5	储能电源	V	AC/DC220	DC24
6	合闸功	J	约 70	
7	储能开关信号对数		2K2B	
8	合分位置信号对数		6K6B	

五、生产厂

许昌永新电气股份有限公司。

20.2.16　CTA—Ⅴ型弹簧操动机构

一、概述

CTA—Ⅴ型弹簧操动机构，适用于 ZN100—12 型等 12kV 电压等级真空断路器及合闸功与之相当的其它户外或户内真空断路器。

操动机构可实现电动储能、手动储能，电动合分闸、手动合分闸操作，并可配合控制器实现重合闸、过电流保护及速断功能。

二、特点

机构结构合理，安装简便；各部分装置的设置简单方便；工作可靠性高，具有合闸连锁装置；储能为链条传动，平稳可靠。机构自身配备分闸簧及油缓冲器等分闸限位装置。

三、使用环境

(1) 环境温度：上限为＋60℃，下限为－45℃。

(2) 相对湿度：日平均不大于 95％；

月平均不大于 90％。

(3) 没有火灾、爆炸危险、严重污秽、腐蚀及剧烈振动的场所。

四、技术数据

CTA—Ⅴ型弹簧操动机构技术数据，见表 20－35。

表 20－35　CTA—Ⅴ型弹簧操动机构技术数据

序　号	项　　目	单　位	数　　值	
1	外形尺寸	mm	330×215×322	
2	重量	kg	15	
3	机械寿命	次	10000	
4	机构输出转角	(°)	44～48	
5	储能电源	V	AC/DC220	DC24
6	合闸功	J	约 70	
7	储能开关信号对数		2K2B	
8	合分位置信号对数		6K6B	

五、生产厂

许昌永新电气股份有限公司。

20.2.17　CTB 型弹簧操动机构

一、概述

CTB 型弹簧操动机构，适用于 ZW32—12 型等 12kV 电压等级真空断路器及合闸功与之相当的其它户外或户内真空断路器。该机构分电动机构、手动机构两种。

操动机构可实现电动储能、手动储能、电动合分闸、手动合分闸操作，并可配合控制器实现重合闸、过电流保护及速断功能。

二、特点

机构体积小，重量轻，结构简单，部件少，工作可靠性高；各部分装置的设置简单合理，具有合闸连锁功能。

三、使用环境

(1) 环境温度：上限为 +60℃，下限为 −45℃。

(2) 相对湿度：日平均不大于 95%；

　　　　　　　月平均不大于 90%。

(3) 没有火灾、爆炸危险、严重污秽、腐蚀及剧烈振动的场所。

四、技术数据

CTB 型弹簧操动机构技术数据，见表 20-36。

表 20-36　CTB 型弹簧操动机构技术数据

序　号	项　　目	单　位	数　　值	
1	外形尺寸	mm	430×175×137	
2	重量	kg	12	
3	机械寿命	次	10000	
4	机构输出转角	(°)	36～38	
5	储能电源	V	AC/DC220	DC24
6	合闸功	J	约 75	
7	储能开关信号对数		2K2B/3K3B	

五、生产厂

许昌永新电气股份有限公司。

20.2.18　CTB—Ⅱ型弹簧操动机构

一、概述

CTB—Ⅱ型弹簧操动机构，适用于 ZW□—12 型等 12kV 电压等级真空断路器及合闸功与之相当的其它户外或户内真空断路器。该机构分电动机构、手动机构两种。

该操动机构可实现电动储能、手动储能、电动合分闸、手动合分闸操作，并可配合控制器实现重合闸、过电流保护及速断功能。

二、特点

机构体积小，重量轻，结构简单，部件少，工作可靠性高；各部分装置的设置简单合理，具有合闸连锁功能。

三、使用环境

（1）环境温度：上限为＋60℃，下限为－45℃。

（2）相对湿度：日平均不大于 95％；

月平均不大于 90％。

（3）没有火灾、爆炸危险、严重污秽、腐蚀及剧烈振动的场所。

四、技术数据

CTB－Ⅱ型弹簧操动机构技术数据，见表 20－37。

表 20－37 CTB—Ⅱ型弹簧操动机构技术数据

序 号	项 目	单 位	数 值	
1	外形尺寸	mm	499×175×137	
2	重量	kg	13	
3	机械寿命	次	10000	
4	机构输出转角	(°)	36～38	
5	储能电源	V	AC/DC220	DC24
6	合闸功	J	约75	
7	储能开关信号对数		2K2B/3K3B	

五、生产厂

许昌永新电气股份有限公司。

20.2.19 CTB—Ⅲ型弹簧操动机构

一、概述

CTB—Ⅲ型弹簧操动机构，适用于 ZN□—12 型等 12kV 电压等级真空断路器及合闸功与之相当的其它户外或户内真空断路器。

操动机构可实现电动储能、手动储能、电动合分闸、手动合分闸操作，并可配合控制器实现重合闸、过电流保护及速断功能。

二、特点

机构体积小巧，结构紧凑，易于安装和操作；各部分装置的设置简单合理，工作可靠性高，具有合闸连锁功能。

三、使用环境

（1）环境温度：上限为＋60℃，下限为－45℃。

（1）相对湿度：日平均不大于 95％；

月平均不大于 90％。

（3）没有火灾、爆炸危险、严重污秽、腐蚀及剧烈振动的场所。

四、技术数据

CTB—Ⅲ型弹簧操动机构技术数据，见表 20－38。

表 20-38 CTB—Ⅲ型弹簧操动机构技术数据

序号	项目	单位	数值	
1	外形尺寸	mm	320×195×170	
2	重量	kg	12	
3	机械寿命	次	10000	
4	机构输出转角	(°)	36～38	
5	储能电源	V	AC/DC220	DC24
6	合闸功	J	约75	
7	储能开关信号对数		2K2B	

五、生产厂

许昌永新电气股份有限公司。

20.2.20 CTB—Ⅳ型弹簧操动机构

一、概述

CTB—Ⅳ型弹簧操动机构，适用于 ZN32—24 型等 24kV 电压等级真空断路器及合闸功与之相当的其它户外或户内真空断路器。

操动机构可实现电动储能、手动储能、电动合分闸、手动合分闸操作，并可配合控制器实现重合闸、过电流保护及速断功能。

二、特点

机构体积小，重量轻，结构简单，部件少，工作可靠性高；各部分装置的设置简单合理，具有合闸连锁功能。

三、使用环境

(1) 环境温度：上限为＋60℃，下限为－45℃。

(2) 相对湿度：日平均不大于95％；

　　　　　　　月平均不大于90％。

(3) 没有火灾、爆炸危险、严重污秽、腐蚀及剧烈振动的场所。

四、技术数据

CTB—Ⅳ型弹簧操动机构技术数据，见表 20-39。

表 20-39 CTB—Ⅳ型弹簧操动机构技术数据

序号	项目	单位	数值	
1	外形尺寸	mm	430×175×137	
2	重量	kg	12	
3	机械寿命	次	10000	
4	机构输出转角	(°)	36～38	
5	储能电源	V	AC/DC220	DC24
6	合闸功	J	约95	
7	储能开关信号对数		2K2B/3K3B	

五、生产厂

许昌永新电气股份有限公司。

20.2.21 CTB—Ⅴ型弹簧操动机构

一、概述

CTB—Ⅴ型弹簧操动机构,适用于ZW43A—12型等12kV电压等级真空断路器及合闸功与之相当的其它户外或户内真空断路器。该机构分电动机构、手动机构两种。

操动机构可实现电动储能、手动储能、电动合分闸、手动合分闸操作,并可配合控制器实现重合闸、过电流保护及速断功能。

二、特点

机构体积小,重量轻,结构简单,部件少;各部分装置的设置简单合理,工作可靠性高,具有合闸连锁功能。

三、使用环境

(1) 环境温度:上限为+60℃,下限为-45℃。

(2) 相对湿度:日平均不大于95%;

月平均不大于90%。

(3) 没有火灾、爆炸危险、严重污秽、腐蚀及剧烈振动的场所。

四、技术数据

CTB—Ⅴ型弹簧操动机构技术数据,见表20-40。

表 20-40　CTB—Ⅴ型弹簧操动机构技术数据

序　号	项　　目	单　位	数　　值
1	外形尺寸	mm	394×199×166
2	重量	kg	12
3	机械寿命	次	10000
4	机构输出转角	(°)	36~38
5	储能电源	V	AC/DC220　DC24
6	合闸功	J	约75
7	储能开关信号对数		2K2B

五、生产厂

许昌永新电气股份有限公司。

20.2.22 CTC型弹簧操动机构

一、概述

CTC型弹簧操动机构,适用于ZN100—12型等12kV电压等级真空断路器及合闸功与之相当的其它户外或户内真空断路器。

操动机构可实现电动储能、手动储能、电动合分闸、手动合分闸操作,并可配合控制器实现重合闸、过电流保护及速断功能。

二、特点

机构结构合理,安装简便;各部分装置的设置简单方便,工作可靠性高,具有合闸连锁功能。

三、使用环境

（1）环境温度：上限为＋60℃，下限为－45℃。

（2）相对湿度：日平均不大于 95％；

　　　　　　　月平均不大于 90％。

（3）没有火灾、爆炸危险、严重污秽、腐蚀及剧烈振动的场所。

四、技术数据

CTC 型弹簧操动机构技术数据，见表 20－41。

表 20－41　CTC 型弹簧操动机构技术数据

序　号	项　　目	单　位	数　　值
1	外形尺寸	mm	344×260×214
2	重量	kg	16
3	机械寿命	次	10000
4	机构输出转角	(°)	46～48
5	储能电源	V	AC/DC220
6	合闸功	J	约 50
7	储能开关信号对数		2K2B
8	合分位置信号对数		6K6B

五、生产厂

许昌永新电气股份有限公司。

20.2.23　CTD 型弹簧操动机构

一、概述

CTD 型弹簧操动机构，适用于 FZN58—12 型等 12kV 电压等级负荷开关及合闸功与之相当的其它户外或户内真空负荷开关。

操动机构可实现电动储能、手动储能、电动合分闸、手动合分闸操作。

二、特点

机构重量轻，结构简单，部件少，工作可靠性高；各部分装置的设置简单合理。

三、使用环境

（1）环境温度：上限为＋60℃，下限为－45℃。

（2）相对湿度：日平均不大于 95％；

　　　　　　　月平均不大于 90％。

（3）没有火灾、爆炸危险、严重污秽、腐蚀及剧烈振动的场所。

四、技术数据

CTD 型弹簧操动机构技术数据，见表 20－42。

表 20-42　CTD 型弹簧操动机构技术数据

序　号	项　目	单　位	数　值
1	外形尺寸	mm	344×260×214
2	重量	kg	13
3	机械寿命	次	10000
4	机构输出转角	(°)	46～48
5	储能电源	V	AC/DC220
6	合闸功	J	约 50
7	储能开关信号对数		6K6B

五、生产厂

许昌永新电气股份有限公司。

20.2.24　CTF 型弹簧操动机构

一、概述

CTF 型弹簧操动机构，适用于 ZW□—40.5 型等 40.5kV 电压等级真空断路器及合闸功与之相当的其它户外或户内真空断路器。

操动机构可实现电动储能、手动储能、电动合分闸、手动合分闸操作，并可配合控制器实现重合闸、过电流保护及速断功能。

二、特点

机构合闸功大，整体强度好，适宜高电压等级的断路器使用；安装简便，易操作；各部分装置的设置合理，配合精确，工作可靠性高；具有合闸连锁功能。

三、使用环境

(1) 环境温度：上限为＋60℃，下限为－45℃。

(2) 相对湿度：日平均不大于 95%；
　　　　　　　月平均不大于 90%。

(3) 没有火灾、爆炸危险、严重污秽、腐蚀及剧烈振动的场所。

四、技术数据

CTF 型弹簧操动机构技术数据，见表 20-43。

表 20-43　CTF 型弹簧操动机构技术数据

序　号	项　目	单　位	数　值
1	外形尺寸	mm	490×303×230
2	重量	kg	35
3	机械寿命	次	10000
4	机构输出转角	(°)	44～46
5	储能电源	V	AC/DC220
6	合闸功	J	约 115
7	储能开关信号对数		2K2B/3K3B
8	合分位置信号对数		8K8B/10K10B

五、生产厂

许昌永新电气股份有限公司。

20.2.25 CTF—Ⅱ型弹簧操动机构

一、概述

CTF—Ⅱ型弹簧操动机构，适用于 ZW□—27.5型等27.5kV 电压等级真空断路器及合闸功与之相当的其它户外或户内真空断路器。

操动机构可实现电动储能、手动储能、电动合分闸、手动合分闸操作，并可配合控制器实现重合闸、过电流保护及速断功能。

二、特点

机构合闸功大，整体强度好，适宜高电压等级的断路器使用；安装简便，易操作；各部分装置的设置合理，配合精确，工作可靠性高；具有合闸连锁功能。

三、使用环境

(1) 环境温度：上限为+60℃，下限为−45℃。

(2) 相对湿度：日平均不大于95%；

月平均不大于90%。

(3) 没有火灾、爆炸危险、严重污秽、腐蚀及剧烈振动的场所。

四、技术数据

CTF—Ⅱ型弹簧操动机构技术数据，见表20-44。

表 20-44 CTF—Ⅱ型弹簧操动机构技术数据

序 号	项 目	单 位	数 值
1	外形尺寸	mm	465×280×230
2	重量	kg	30
3	机械寿命	次	10000
4	机构输出转角	(°)	44～46
5	储能电源	V	AC/DC220
6	合闸功	J	约115
7	储能开关信号对数		2K2B/3K3B
8	合分位置信号对数		8K8B/10K10B

五、生产厂

许昌永新电气股份有限公司。

20.2.26 CTH1、CTH1A、CTH1B 型弹簧操动机构

一、概述

CTH1、CTH1A、CTH1B 型弹簧操动机构是操作72.5kV 真空和40.5、12kV 真空，SF_6 等各种类型断路器的大合闸功小尺寸机构。需要时，可方便地调小合闸功。

CTH1、CTH1A、CTH1B 三种机构的合闸功各有520J、720J、850J 三种规格。三种机构的技术数据相同。

机构符合 GB/T 1984 和 GB/T 11022 标准。

CTH1A 和 CTH1B 型机构是在 CTH1 型机构的基础上改进设计而成，以适应不同的安装连接需求。CTH1 和 CTH1A 走样布置镜像对称。CTH1，CTH1A 是后侧安装，适应与断路器不同的链接需求。

二、特点

(1) 机构紧凑，外形尺寸很小。

(2) 机械强度高，安全系数大，机构寿命长。

(3) 储能用齿轮传动，效率高，传动平稳，噪声小。

(4) 合闸采用压簧，预压缩量大，合闸末段输出力矩较大，易与断路器特别是真空断路器的反力特性实现良好的配合。

(5) 合闸弹簧力及合闸功可在较大范围内调整，与断路器配合易调整达到满意的合、分闸速度。

(6) 合、分闸脱扣功率及脱扣电流小。

(7) 合、分闸半轴扣接量等大多数调整尺寸改用固定值，可调节很少，增加了动作可靠性。

(8) 有合闸剩余能量保存装置，每次储能功耗较少，储能时间较短。

三、使用环境

(1) 周围空气温度：-25~40℃。

(2) 海拔：2000m。

(3) 相对湿度：日（24h）平均值不大于 95%，月平均值不大于 90%；水蒸气压力：日（24h）平均值不大于 2.2kPa，月平均值不大于 1.8kPa。

(4) 周围空气没有明显地受到尘、烟、腐蚀性和可燃性气体或盐雾的污染。

四、技术数据

CTH1、CTH1A、CTH1B 型弹簧操动机构技术数据，见表 20-45。

表 20-45 CTH1、CTH1A、CTH1B 型弹簧操动机构技术数据

序号	项 目		单位	技 术 参 数			备 注
1	合闸功	额定值	J	520	720	850	
		调整范围	J	315~521	475~728	517~854	
2	输出拐臂转角			50°±2.5°			
3	储能电机	额定电压	V	DC/AC220，DC/AC110			电机交直流两用
		额定电流	A	1.6，3.2			
		工作电压范围		85%~110%额定电压			
4	合、分闸脱扣电磁铁	额定电压	V	DC/AC220，DC/AC110			30%额定分闸电压时应不能分闸
		合闸电流	A	1.6，3.0			
		分闸电流	A	1.6，3.0			
		合闸工作电压范围		80%~110%额定电压			
		分闸工作电压范围		65%~120%额定电压			

序号	项 目		单位	技 术 参 数	备 注
5	辅助开关	常开、常闭触头数		常开 6，常闭 6	
		额定开断、关合电流	A	AC10A，DC220V(t=20ms)3A	
6	接线端子排	端子数		30	
		额定电流	A	10	
7	一次重合闸无电流间隔时间		s	0.3	
8	额定电机电压储能时间		s	10	
9	机械寿命次数			10000	

五、生产厂

宁波宏盛高压电器液压机械有限公司。

20.2.27 CTK 型弹簧操动机构

一、概述

CTK 型弹簧操动机构，适用于 ZN□—12 型等 12kV 电压等级真空断路器及合闸功与之相当的其它户外或户内真空断路器。

操动机构可实现电动储能、手动储能、电动分闸、手动合分闸操作，并可实现过电流保护及速断功能。

二、特点

机构设计新颖，结构简单，部件少，易操作；各部分装置的设置合理，工作可靠性高。

三、使用环境

（1）环境温度：上限为＋60℃，下限为－45℃。

（2）相对湿度：日平均不大于 95％；

月平均不大于 90％。

（3）没有火灾、爆炸危险、严重污秽、腐蚀及剧烈振动的场所。

四、技术数据

CTK 型弹簧操动机构技术数据，见表 20 - 46。

表 20 - 46　CTK 型弹簧操动机构技术数据

序 号	项 目	单 位	数 值	
1	外形尺寸	mm	345×319×197	
2	重量	kg	15	
3	机械寿命	次	10000	
4	机构输出转角	(°)	35～40	
5	储能电源	V	AC/DC220	DC24
6	合闸功	J	70	
7	储能开关信号对数		6K6B	

五、生产厂

许昌永新电气股份有限公司。

20.2.28   CTS（LW3—12）型弹簧操动机构

一、概述

CTS—Ⅰ型、CTS—Ⅱ型，CTS—Ⅲ型弹簧操动机构专供 LW3—12 型 SF$_6$ 断路器使用。机构合闸弹簧的储能方式有电动机储能和手动储能两种；分闸操作有分闸电磁铁、过电流脱扣电磁铁及分闸手动拉环三种方式；合闸有合闸电磁铁及合闸手动拉环两种方式。

二、技术数据

（1）储能电机的技术数据，见表 20-47。

表 20-47   储 能 电 机 技 术 数 据

型　　号	HDZ—21503A		型　　号	HDZ—21503A
额定工作电压（V）	110	220	额定工作电压储能时间（s）	＜6
电动机额定输入功率（W）	150		生产厂	24、40、39、42
正常工作电压范围	85%～110%额定工作电压			

（2）分合闸电磁铁的技术数据，见表 20-48。

表 20-48   分合闸电磁铁技术数据

正常合闸工作电压范围	85%～110%额定工作电压
正常分闸工作电压范围	65%～120%额定工作电压应可靠分闸，小于 30%时不得分闸

（3）机构输出轴工作转动角为 35°～40°。

20.2.29   CY3 系列液压操动机构

一、概述

CY3 系列液压操动机构安装于户外，用于操动少油、SF$_6$ 户外高压断路器，实现断路电动分合闸和手动分合闸。在断路器检修调试时可以进行手动慢分、慢合操作。

CY3 系列液压操动机构有 CY3、CY3—Ⅲ、CY3—Ⅲ（H）三种型号，可配 CY3—C 充氮装置，以便检修储压筒时用于充氮。

二、结构

CY3、CY3—Ⅲ型液压操动机构主要由高压油泵、油泵电动机、储压器、工作缸、控制板、分合闸控制阀及油箱等组成。工作缸采用差动式，活塞杆侧长期充高压油，另一侧由分合闸阀控制充放高压油，利用差动原理，使工作缸活塞进行分合闸运动。

CY3—Ⅲ（H）型操动机构属高寒型产品，箱体内有良好的保温结构和加热措施。使用环境温度在 ＋40～—40℃ 时能保证断路器的使用性能，结构与 CY3、CY3—Ⅲ 完全相同。

三、技术数据

CY3、CY3—Ⅲ及 CY3—Ⅲ（H）型液压操动机构技术数据，见表 20-49。

表 20-49 CY3、CY3—Ⅲ 及 CY3—Ⅲ（H）型液压操动机构技术数据

型　号	分合闸线圈电压（直流）（V）	分合闸线圈电流（A）	额定工作油压（MPa）	油泵电动机				加热器		重量（kg）
				交流		直流		V	kW	
				V	kW	V	kW			
CY3	220/110	2/4	192～227	380	1.6	220	0.6	110/220	0.5×2	300
CY3—Ⅲ	220/110	2/4	240～300	380	1.5			110/220	0.8×2	300
CY3—Ⅲ（H）	220/110	2/4	240～300	380	1.5	220	1.1	110/220	0.5×2	300

四、外形及安装尺寸

CY3—Ⅲ 液压操动机构外形及安装尺寸，见图 20-16。

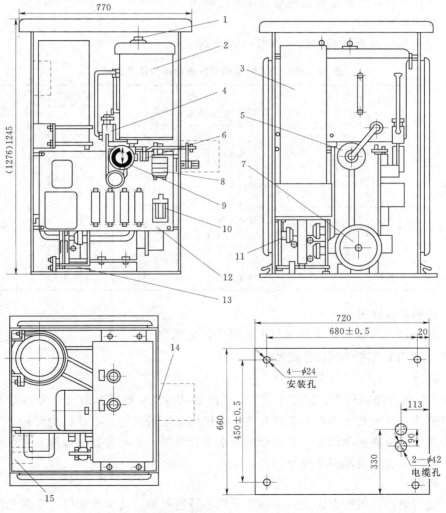

图 20-16 CY3—Ⅲ 液压操动机构外形及安装尺寸［括号内为 CY3—Ⅲ（GH）的尺寸］

1—手动操作按钮；2—油箱；3—蓄压器；4—高压放油阀；5—工作缸；6—计数器；7—电机油泵；
8—辅助开关；9—电接点压力表；10—闸刀开关；11—行程开关；12—控制接线板；13—加热器；
14—工作缸活塞杆防护器（现场安装）；15—大差动温控器（附件现场安装）

20.2.30 CY5型液压操动机构

一、概述

CY5型电动液压操动机构为户外装置，用于控制 SW2—63G、SW2—110Ⅰ、SW2—220Ⅱ型户外高压少油断路器和户外 SF_6 断路器。

操动机构具有动作快、出力大等特点，用小功率的电源即可实现各种自动操作，机构压力的整定值随配用的断路器型号不同而不同。

二、结构

CY5型电动液压操动机构主要由储压筒、油泵、工作缸、分合闸阀、慢分及慢合闸阀等组成。闸阀系统采用组合式，管路连接少。本产品结构简单、动作准确可靠、安全维修方便，并具有自动防止断路器慢分、慢合等特点。

三、技术数据

CY5型电动液压操动机构技术数据，见表20-50。

表 20-50 CY5型电动液压操动机构技术数据

型号	工作压力 MPa	预充压力 MPa	最低合闸压力 MPa	最低分闸压力 MPa	分合阀动作压力 MPa	工作缸行程 (mm)	油泵电线(交流/直流) 电压 (V)	功率 (kW)	储能时间 (min)	分、合闸线圈 直流电压 V	直流电流 A	电阻值 (Ω)	航空液压油重量 (kg)	机构重量 (kg)	生产厂
SW2—63G	17.5±0.5	8.8±0.3	14.8	13.2	25±1	95±1	380/220	1.5/1.1	≤3	110	4	28±2	25	300	1
SW2—101Ⅰ	30±1	15±0.3	25.2	24.2	40±1	132±1									
SW2—220Ⅱ	25±0.5	12.5±0.3	21.5	19.2	32±1	132±1				220	2	110±10			

四、外形及安装尺寸

CY5型电动液压操动机构外形及安装尺寸，见图20-17。

20.2.31 FCT1型弹簧操动机构

一、概述

FCT1型弹簧操动机构，适用于 ZN□—12型等12kV电压等级真空断路器及合闸功与之相当的其它户外或户内真空负荷开关。该机构分电动机构、手动机构两种。

操动机构可实现电动储能、手动储能、电动合分闸、手动合分闸操作，并可配合控制器实现重合闸、过电流保护及速断功能。

二、特点

机构结构新颖，机构夹板及主要部件采用不锈钢材质，防腐性能好；全齿轮传动，工作可靠性高。

三、使用环境

(1) 环境温度：上限为+60℃，下限为-45℃。

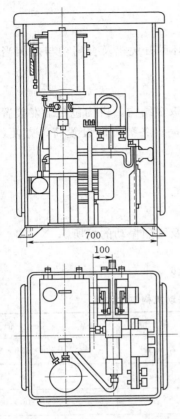
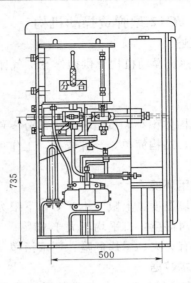

图 20-17 CY5 型电动液压操动机构外形及安装尺寸

（2）相对湿度：日平均不大于 95%；

　　　　　　　月平均不大于 90%。

（3）没有火灾、爆炸危险、严重污秽、腐蚀及剧烈振动的场所。

四、技术数据

FCT1 型弹簧操动机构技术数据，见表 20-51。

表 20-51　FCT1 型弹簧操动机构技术数据

序　号	项　目	单　位	数　值
1	外形尺寸	mm	324×241×143
2	重量	kg	12
3	储能电源	V	DC24
4	储能开关信号对数		10K10B

五、生产厂

许昌永新电气股份有限公司。

20.2.32 FCT2 型弹簧操动机构

一、概述

FCT2 弹簧操动机构可供操作 SF_6 气体绝缘环网开关柜及合闸功与之相当的其它户内开关柜。

二、特点

系列机构体积小，重量轻，大部分零件采用钣金结构。机构包括触发装置、保持装置和储能装置，结构简单，部件较少，工作可靠性高。各装置的设置简单方便，易于制作，成本较低。

三、使用环境

（1）环境温度：上限为＋60℃，下限为－25℃。

（2）相对湿度：日平均不大于 95％。

（3）没有火灾、爆炸危险、严重污秽、腐蚀及剧烈振动的场所。

四、技术数据

FCT2 型弹簧操动机构技术数据，见表 20－52。

表 20－52 FCT2 型弹簧操动机构技术数据

序　号	项　　目	单　位	数　　值
1	外形尺寸	mm	226×185×88
2	重量	kg	3
3	机械寿命	次	2000
4	机构输出转角	(°)	90
5	储能电源	V	AC/DC220 或 DC24
6	合闸功	J	50

五、生产厂

许昌永新电气股份有限公司。

20.2.33 FCT3 型弹簧操动机构

一、概述

FCT3 弹簧操动机构可供操作 SF_6 气体绝缘环网开关柜及合闸功与之相当的其它户内开关柜。

二、特点

机构体积小，重量轻，大部分零件采用钣金结构。机构包括触发装置、保持装置和储能装置，结构简单，部件较少，工作可靠性高。各装置的设置简单方便，易于制作，成本较低。

三、使用环境

（1）环境温度：上限为＋60℃，下限为－25℃。

（2）相对湿度：日平均不大于 95％。

（3）没有火灾、爆炸危险、严重污秽、腐蚀及剧烈振动的场所。

四、技术数据

FCT3 型弹簧操动机构技术数据，见表 20-53。

表 20-53　FCT3 型弹簧操动机构技术数据

序　号	项　目	单　位	数　值
1	外形尺寸	mm	420×187×102
2	重量	kg	6.5
3	机械寿命	次	2000
4	机构输出转角	(°)	90
5	储能电源	V	AC/DC220 或 DC24
6	合闸功	J	50

五、生产厂

许昌永新电气股份有限公司。

20.2.34　JCT1 型弹簧操动机构

一、概述

JCT1 弹簧操动机构可供操作 SF$_6$ 气体绝缘环网开关柜及合闸功与之相当的其它户内开关柜。

二、特点

机构体积小，重量轻，大部分零件采用钣金结构。机构包括触发装置、保持装置和储能装置，结构简单，部件较少，工作可靠性高。各装置的设置简单方便，易于制作，成本较低。

三、使用环境

（1）环境温度：上限为 +60℃，下限为 -25℃。

（2）相对湿度：日平均不大于 95%。

（3）没有火灾、爆炸危险、严重污秽、腐蚀及剧烈振动的场所。

四、技术数据

JCT1 型弹簧操动机构技术数据，见表 20-54。

表 20-54　JCT1 型弹簧操动机构技术数据

序　号	项　目	单　位	数　值
1	外形尺寸	mm	217×105×80
2	重量	kg	2
3	机械寿命	次	2000
4	机构输出转角	(°)	90
5	储能电源	V	AC/DC220 或 DC24

五、生产厂

许昌永新电气股份有限公司。

本章操动机构生产厂及代号，见表20-55。

表 20-55 操动机构生产厂及代号

代号	生 产 厂	代号	生 产 厂
1	辽宁沈丰高压开关制造有限公司	24	浙江常开电气有限公司
2	如皋高压电器厂	25	上海市天灵开关厂
3	西安高压开关厂	26	宁波市江北宏盛高压电器液压机械有限公司
4	湖南康博电器有限公司	27	武汉新马高压开关有限公司
5	咸阳电工机械厂	28	浙江开关厂电器一厂
6	衡阳市南方高压电器有限公司	29	浙江开关厂有限公司
7	沈阳东北高压电器设备制造有限公司	30	正光真空开关管有限公司
8	沈阳诚联宏电器制造有限公司	31	上海华东电气销售有限公司
9	抚顺市电瓷电器公司	32	余姚市天鸿电器有限公司
10	北京光明开关控制设备厂	33	陕西华燕航空仪表公司
11	海宁开关厂有限公司	34	许昌永新电器设备有限公司
12	南京电瓷总厂	35	余姚市通达电信电器有限公司
13	浙江纪元电气集团有限公司	36	浙江巨力电器有限公司
14	河南森源电气股份有限公司	37	西安真空开关厂
15	河北北高真空开关电器有限公司	38	温州市诚高高压电气有限公司
16	襄樊大力工业控制股份有限公司	39	浙江麦格电气有限公司
17	长沙高压开关有限公司	40	上海上开电气有限公司
18	湖南湘能开关有限公司	41	乐清市巨力高压电器厂
19	平顶山天鹰中压电器有限责任公司	42	温州远东电气有限公司
20	沈阳沈开高压开关有限公司	43	浙江万寿机电有限公司
21	沈阳兴源电力设备公司	44	乐清市颐能高压电器有限公司
22	深圳市成电气技术有限公司	45	沈阳丰华电力设备有限公司
23	乐清市上乐电气有限公司	46	西安真空开关厂

第21章 高压熔断器

高压熔断器结构简单，具有良好的短路保护和过负荷保护功能，广泛应用于输配电系统和工矿企业。高压熔断器主要有户内交流高压限流熔断器、户外交流高压跌落式熔断器、并联电容器单台保护用高压熔断器三种类型。熔断器是人为地在电路中设置的一个最薄弱的发热元件（熔体或熔丝），当流过熔体的电流超过一定数值时，熔体自身产生的热量自动地将熔体熔断，达到开断电路的目的及保护其它电器设备不致受到损害。

21.1 RN 系列 3～35kV 级户内高压限流熔断器

户内熔断器（限流熔断器）为单相高压电器设备。每种型号的限流熔断器的外形结构、灭弧原理都基本相同。主要由熔管、触头座、动作指示器、绝缘子和底板构成。熔管一般为瓷质套管，熔丝由单根或多根镀银的细铜丝并联绕成螺旋状，熔丝埋放在石英砂中。当过载或短路时，熔丝熔断，电弧出现在多条石英砂的缝隙中。由于石英砂对电弧强烈的去游离作用，每条隙缝中的金属蒸汽少，冷却效果好，使电弧熄灭，在短路电流达到峰值之前已被开断。因此，本系列熔断器具有很强的限流能力和较短的开断时间，使电器设备免受损坏。

3～35kV 级 RN 系列高压限流熔断器可分为以下几种类型。

（1）用于电力变压器和电力线路短路保护的 RN1、RN3 系列 3～10kV 级户内限流熔断器。RN1 系列限流熔断器的额定电压 3～35kV，额定电流 2～400A，根据电流的大小，熔管可单管也可双管、4 管并联使用，一般与负荷开关搭配使用，装在高压开关柜中，也有单独使用的。RN3 系列限流熔断器的外形尺寸略小于 RN1 系列限流熔断器。两者区别在于熔管内熔丝结构不同，RN1 型熔断器的熔丝采用三段不同截面的铜丝相连接缠绕在六角瓷管上，而 RN3 型熔断器的熔丝是将薄铜带冲压成一定形状缠在六角瓷管上。

（2）用于电压互感器的短路保护的 3～35kV 级 RN2、RN4、RN5 型户内限流熔断器。RN2 型户内限流熔断器装在高压开关柜中的 PT 柜内。结构与 RN1 熔断器相同，额定电压 3～35kV，额定电流 0.5A，额定开断容量 1000MVA。RN4 型限流熔断器的额定电压 20kV，额定电流为 0.35A，额定开断容量 4500MVA。RN4 与 RN2 型户内熔断器的区别在于熔丝的材料和结构不同。RN5 型户内限流熔断器的额定电压 10kV，额定电流 1A，额定开断容量 500MVA。熔管采用高强度的氧化铝瓷管，外径较小，熔丝采用变截面结构。

（3）高压电机短路保护用 3～6kV 级 RN6 户内限流熔断器。RN6 型户内后备限流熔断器主要作为高压电机的短路保护。本产品分为母线式和插入式两种结构。母线式结构主要是在熔管两端直接装接线板，与母线相连。插入式结构与其它类型的户内限流器相同，带有底座，额定电压 3～6kV，额定电流 50～300A，额定开断电流 20～40kA。熔管采用环氧酚醛层压玻璃布管，强度较高，熔体采用含银大于 99.9％的变截面的银片，熔管内填充石英砂。

正常使用环境条件为：周围空气温度－25～＋40℃；海拔不超过1000m；空气相对湿度不大于 90％；周围空气无腐蚀、可燃、水蒸气等；无经常性剧烈振动。

21.1.1 RN1 型户内高压限流熔断器

一、概述

RN1 型户内高压限流熔断器适用于输电线路及电气设备的短路和过载保护。

二、技术数据

RN1 型户内高压限流熔断器的技术数据，见表 21－1。

表 21－1 RN1 型户内高压限流熔断器技术数据

额定电压 （kV）	3					6					10					35				
额定电流 （A）	20	100	200	300	400	20	75	100	200	300	20	50	75	100	200	7.5	10	20	30	40
最大开断电流 （kA）	40					20					12					3.5				
最小开断电流 （A）	无	1.3In				无	1.3In				无	1.3In				无	1.3In			
三相最大断流容量 （MVA）	200																			
开断最大短路电流时最大电流峰值 （kA）	6.5	24.5	35		50	5.2	14	19	25		4.5	8.6	15.5			1.5	1.6	2.8	3.6	4.2
过电压倍数	不超过 2.5 倍相电压																			
生产厂	1、2、3、4、5、6、7、10、11、12、13、14、15、16、19																			

注 生产厂及代号见表 21－42（下同）。

三、外形及安装尺寸

RN1 型户内高压限流熔断器的外形及安装尺寸，见表 21－2。

表 21－2 RN1 型户内高压限流熔断器外形及安装尺寸

产品型号	额定电压 （kV）	额定电流 （A）	主要外形及安装尺寸（mm）							管数
			A	a	L	H_2	h_1	H	b	
RN1－3，6、10、35	3	2、3、5、7.5、10、15、20	220	400	450	150	190	221	80	单管
		30、40、50、75、100	270					269		
		150、200					200	353		双管
		300、400						344	180	四管
	6	2、3、5、7.5、10、15、20	320	500	550	150	190	221	80	单管
		30、40、50、75	370					269		
		100、150、200	470		650		200	353		双管
		300	370	600	550			344	180	四管
	10	2、3、5、7.5、10、15、20	420		650		190	221	80	单管

产品型号	额定电压（kV）	额定电流（A）	主要外形及安装尺寸（mm）							管数
			A	a	L	H_2	h_1	H	b	
RN1-3，6，10，35	10	30，40，50	470	600	650	150	200	269	80	单管
		75，100						353		双管
		150，200						344	180	四管
	35	7.5，10，15	620	825	870	410	465	604	132	单管
		20，30，40								双管

21.1.2 RN2 系列 3～35kV、RN4－20 及 RN5－10 型户内高压限流熔断器

一、技术数据

RN2 系列、RN4－20、RN5－10 型户内高压限流熔断器技术数据，见表 21-3。

表 21-3 RN2 系列、RN4－20、RN5－10 型户内高压熔断器技术数据

型 号	额定电压（kV）	最高电压（kV）	额定电流（A）	额定断流容量（MVA）	熔管电阻（Ω）	重 量（kg）	生 产 厂
RN2-3	3	3.5	0.5	500	93	5.6	1、2、3、4、5、6、7、8、10、11、12、13、14、15、16、18、19、20、21、22、23、45
RN2-6	6	6.9	0.5				
RN2-10	10	11.5	0.5				
RN2-15	15	17.5	0.5	1000	200	12.2	
RN2-20	20	23	0.5				
RN2-35	35	40.5	0.5				
RN4-20	20	23	0.35	4500			
RN5-10	10	11.5	1	500			15

二、外形及安装尺寸

RN2 系列户内高压限流熔断器外形及安装尺寸，见图 21-1～图 21-3 及表 21-4。

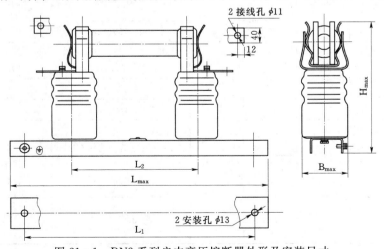

图 21-1 RN2 系列户内高压熔断器外形及安装尺寸

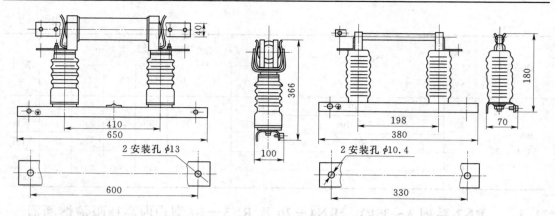

图 21-2　RN4 系列户内高压熔断器
外形及安装尺寸

图 21-3　RN5 系列户内高压熔断器
外形及安装尺寸

表 21-4　RN2 系列 3～35kV 级户内高压熔断器外形及安装尺寸　　　单位：mm

型　号	L_{max}	L_1	L_2	H_{max}	B_{max}	型　号	L_{max}	L_1	L_2	H_{max}	B_{max}
RN2—3	452	400 ± 2.85	216	250	95	RN2—15	652	600 ± 3.5	416	380	105
RN2—6						RN2—20					
RN2—10						RN2—35	852	800 ± 4	616	445	105

21.1.3　RN3 系列 3～35kV 级户内高压限流熔断器

一、技术数据

RN3 系列 3～35kV 级户内高压熔断器技术数据，见表 21-5。

表 21-5　RN3 系列户内高压熔断器技术数据

型　号	额定电压 (kV)	最高电压 (kV)	额定电流 (A)	额定电流容量 (MVA)	熔管额定电流 (A)	重量 (kg)	生产厂
RN3—3/50	3	3.5	50		2、3、5、7.5、10、15、20、25、30、40、50	5.6	1、3、4、7、15、18、19、23
RN3—3/75			75		75	7.3	
RN3—3/200			200		100、150、200	9.2	
RN3—6/50	6	6.9	50		2、3、5、7.5、10、15、20、25、30、40、50	5.9	1、3、4、7、12、15、18、19、23
RN3—6/75			75		75	8.1	
RN3—6/200			200	200	100、150、200	10.5	
RN3—10/50	10	11.5	50		2、3、5、7.5、10、15、20、25、30、40、50	6.2	1、3、4、6、7、12、15、18、19、20、21、22、23、67
RN3—10/75			75		75	8.9	
RN3—10/200			200		100、150、200	11.8	
RN3—35/7.5			7.5		2、3、5、7.5	15.1	1、3、4、6、7、10、11、12、13、14、16

注　熔管额定电流 7.5A 及以下的也可用 RN1 型号表示。

二、外形及安装尺寸

RN3 系列户内高压限流熔断器的外形及安装尺寸，见图 21-4、图 21-5 及表 21-6。

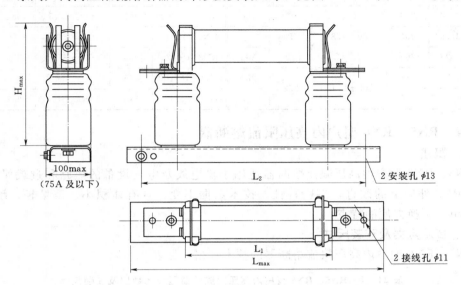

图 21-4　RN3 系列 75A 及以下户内高压限流熔断器外形及安装尺寸

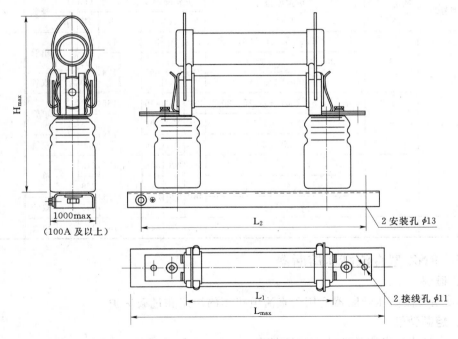

图 21-5　RN3 系列 100A 及以上户内高压限流熔断器外形及安装尺寸

三、订货须知

订货时必须注明产品型号、额定电压、额定电流、额定断流容量、备品、备件（如熔管、绝缘子等）数量及特殊要求。

表 21 - 6　RN3 系列 3～35kV 级户内高压熔断器外形及安装尺寸　　单位：mm

型　号	L_1	L_2	L_{max}	H_{max}	型　号	L_1	L_2	L_{max}	H_{max}
RN3—3/50	216	400 ± 2.85	452	250	RN3—6/200	366	500 ± 3.15	552	365
RN3—3/75	266			305	RN3—10/50	416	600 ± 3.5	652	250
RN3—3/200	266			365	RN3—10/75	466			305
RN3—6/50	316	500 ± 3.15	552	250	RN3—10/200	466			365
RN3—6/75	366			305	NR3—35/7.5	616	800 ± 4	852	445

21.1.4　RN5、RN6 型户内高压限流熔断器

一、概述

RN5、RN6 型户内高压限流熔断器适用于输电线及电气设备的短路和过载保护。是 RN1、RN2 外形上的改进，熔断特性、技术数据不变，具有体积小、重量轻、耐污秽、结构简单、更换方便的特点。

二、技术数据及安装尺寸

RN5、RN6 型户内高压限流熔断器的技术数据，见表 21 - 7。

表 21 - 7　RN5、RN6 型户内高压限流熔断器技术数据及安装尺寸

产品型号	额定电压（kV）	额定电流（A）	主要外形及安装尺寸（mm）							管数	生产厂
			a	A	L	h_2	h_1	H	b		
RN5—3, 6, 10	3	2, 3, 5, 7.5, 10, 15, 20	190	70	346	126	165	193	84	单管	2、15、16
		30, 40, 50, 75, 100	240	120	398		174	208			
		150, 200						330		双管	
	6	2, 3, 5, 7.5, 10, 15, 20	290	120	446		165	193	84	单管	
		30, 40, 50, 75	340	170	496		174	208			
		100, 150, 200	440	270	596			330		双管	
	10	2, 3, 5, 7.5, 10, 15, 20	390	220	546	146	185	213	94	单管	
		30, 40, 50	440	270	596		194	228			
		75, 100						305		双管	
RN6—10/0.5	10	0.5	190	70	346	146	185	213		单管	

21.1.5　RNZ 型直流高压熔断器

一、概述

RNZ 型直流高压熔断器适用于直流电机车的短路和过载保护。

二、熔断特性

（1）在最小熔断电流 1 小时内不熔断。

（2）10A 以下为 1.5 倍。

（3）20A 为 1.4 倍。

（4）30A 为 1.3 倍。

（5）2 倍时 1 小时内熔断。

三、技术数据

RNZ 型直流高压熔断器的技术数据，见表 21-8。

表 21-8 RNZ 型直流高压熔断器技术数据

产 品 型 号		RNZ—1.65/3～60								
额定电压（V）		1650								
额定电流（A）		3	6	10	15	20	25	35	40	60
最小开断电流（以额定电流倍数表示）（A）		1.5	1.5	1.5	1.4	1.4	1.4	1.3	1.3	1.3
最大开断电流（A）		1200								
重量（kg）	单管	0.9								
	双管	1.6								
生产厂		2、14、23								

21.2 RW 系列 3～35kV 级户外高压跌落熔断器

跌落式熔断器属于喷射式熔断器的一种，又称跌落保险，主要作为配电变压器或电力线路的短路保护和过负荷保护之用。跌落式熔断器由上静触头、上动触头、熔管、熔丝、下动触头、下静触头、瓷瓶和安装板等组成。熔丝在熔管内，下端引线与下动触头相连，上端引线使熔管和上动触头上的活动关节锁紧。熔管在上静触头压力作用下保持合闸位置，由产气管和保护管复合而成。当配电变压器或电力线路出现故障时，熔丝中流过的电流增大，中段的熔体受热发生热熔化熔断，在熔管内产生电弧，产气管在电弧高温作用下分解出大量气体，向熔管两端喷出，使交流过零时电弧熄灭。由于熔体熔断，上动触头处的活动关节不再与上静触头接触，熔管在上下触头接触压力推动下，加上熔管自身重量的作用，使熔管自行跌落，形成明显的隔离间隙。目前国内主要生产 RW3—RW13 共 11 个型号的户外高压跌落熔断器，其中 RW4、RW7 为 RW3 改进型。

正常使用环境条件为周围空气温度—30～＋40℃；海拔不超过 1000m；风压不超过 700Pa（相当于风速 34m/s）；无火灾、爆炸危险，无严重污秽、化学腐蚀及剧烈振动。

21.2.1 RW3—10 型、RW33—10 型户外高压交流跌落式熔断器

一、结构及工作原理

RW3—10 型户外高压交流跌落式熔断器由接触导电系统、熔管、绝缘子和安装板等构成，主要导电及结构件均用冲压件。

RW3—10Ⅰ、RW3—10Ⅱ和 RW33—10 产品由上下触座、防雨罩、上下接触、熔管、绝缘子和安装板等组成。RW3—10Ⅰ型主要导电及结构件用铸造的黄铜，而 RW3—10Ⅱ和 RW33—10 型用精密的铸造黄铜。RW3—10Ⅰ、RW3—10Ⅱ和 RW33—10 型产品的触头采用异形铜板与镀锡编织带铆合而成，具有充裕的导电能力，多次整修能保持良好接触。

RW3—10 型产品的熔管采用复合管，外管用高强度环氧玻璃钢管，具有足够的机械强度；内管用红钢管作消弧管，保证熄灭电弧。

正常工作时，熔丝使熔管和动触头间的活动关节锁紧，在防雨罩的钩子作用下，熔管处于合闸位置。当电路出现故障电流时，熔丝熔断，在熔管内产生电弧。消弧管在电弧高温作用下产生大量气体，当电流过零时在强烈的去游离作用下使电弧熄灭。由于熔丝熔断，活动关节释放，在上下弹性触头的推力和本身重量作用下熔管迅速跌落，形成明显的隔离间隙。

二、技术数据

RW3—10 型、RW33—10 型熔断器技术数据，见表 21－9。

表 21－9　RW3—10 型、RW33—10 型熔断器技术数据

型　号	额定电压 (kV)	最高电压 (kV)	额定电流 (A)	额定断流容量 (MVA)		配用熔丝额定电流 (A)	重量 (kg)	生产厂
				上限	下限			
RW3—10				75	10		5.8	4、12、14、18、25、28、29、30、31、32、33、34、35、36、37、38、41、42、43、44、45、46、47、49、50、54、55、59、64、65
RW3—10 I			100	75	10	7.5、10、15、20、30、40、50、75、100	6.2	
				100	10		7.6	
RW3—10 II	10	11.5	200	150	30	10、15、20、30、40、50、75、100、125、150、175、200	8.1	
RW33—10			100		10	7.5、10、15、20、30、40、50、75、100	7.5	

三、外形及安装尺寸

RW3—10 型熔断器外形及安装尺寸，见图 21－6。

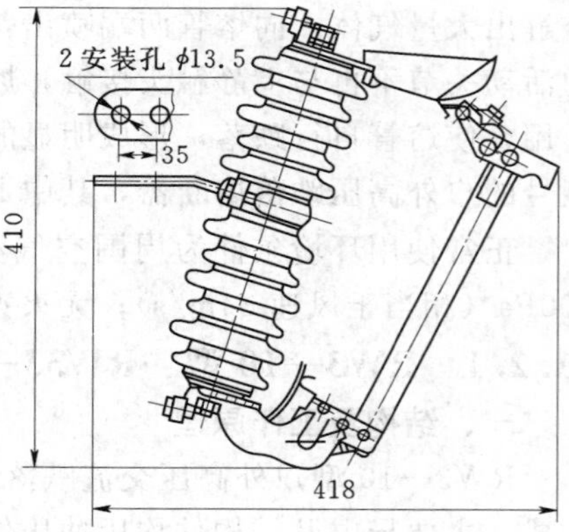

21.2.2　RW3—12、RW3—15W 型户外高压熔断器

一、概述

RW3—12 型户外跌落式熔断器，适用于交流 50Hz、额定工作电压为 12kV 的电力系统中，作输电线路和电力变压器的短路和过负荷保护。本型熔断器由瓷绝缘子，接触导电系统和熔管等三部分组成。

二、技术数据

RW3—12、RW3—15W 型户外高压熔断器的技术数据，见表 21－10。

图 21-6　RW3—10 型熔断器外形及安装尺寸

21.2.3　RW4 型户外高压熔断器

RW4—10 型户外交流高压跌落式熔断器与 RW3 型熔断器的结构、性能、参数基本相同，主要区别在于 RW4 型熔断器的一部分零件由铸铜件改为冲压件。上静触头的鸭嘴结构与 RW8 型熔断器相同。绝缘子采用空心瓷套，提高了瓷瓶的抗弯强度，绝缘子与金属件连接采用机械卡装结构，有利于装配。

表 21 - 10　RW3—12、RW3—15W 型户外高压熔断器技术数据

产品型号	额定工作电压 (kV)	额定电流 (A)	额定开断电流 (kA)	工频干试电压 (kV)	工频湿试电压 (kV)	全波冲击电压 (kV)	生产厂
RW3— 12/100	12	100	5.8	42	30	75	2、4、14、18、24、26、27、35、48、52
RW3— 15W/100	15	100	6.3	42	34		64
RW3— 15W/200	15	200	8	42	34		

21.2.4　RW5—35Ⅰ型户外交流高压跌落式熔断器

一、结构及工作原理

RW5—35Ⅰ型产品主要由上触座、防雨罩、上接触、熔管、下接触、下触座、绝缘子和安装板等构成，主要导电和结构件均采用精密铸造的黄铜。上下触头采用异形钢材和镀锡带铆合而成，具有充裕的导电能力，并能多次整修保持良好接触。熔管采用复合管，外管用高强度环氧玻璃钢管，具有足够的机械强度，内管采用红钢纸管作消弧管，能保证熄灭电弧。正常工作时，熔丝使熔管和动触头间的活动关节锁紧，在防雨罩的钩子作用下使熔管处于合闸位置，当电路中出现故障电流时，熔丝熔断，在熔管内产生电弧。消弧管在电弧高温作用下产生大量气体，当电流过零时，在强烈的去游离作用下，使电弧熄灭。由于熔丝熔断，活动关节释放，在上下弹性触头的推力和本身重量作用下，熔管迅速跌落，形成明显的隔离间隙。

二、技术数据

RW5—35Ⅰ型熔断器技术数据，见表 21 - 11。

表 21 - 11　RW5—35Ⅰ型熔断器技术数据

额定电压 (kV)	最高电压 (kV)	额定电流 (A)	额定断流容量（MVA）		配用熔丝额定电流 (A)	重量 (kg)	生产厂
			上　限	下　限			
35	40.5	100	300	60	10、15、20、30、40、50、75、100	33.2	12、18、35、45、52、53、54、55、56、57、65

三、外形及安装尺寸

RW5—35Ⅰ型熔断器外形及安装尺寸，见图 21 - 7。

21.2.5　RW7—12 型户外交流高压跌落式熔断器

一、概述

RW7—12 型户外跌落式熔断器，适用于交流 50Hz、额定工作电压为 12kV 的电力系统中，作输电线路和电力变压器的短路和过负荷保护。其使用条件为：海拔不超过 1000m；环境温度上限不高于＋40℃，下限一般地区不低于－30℃，高寒地区不低于

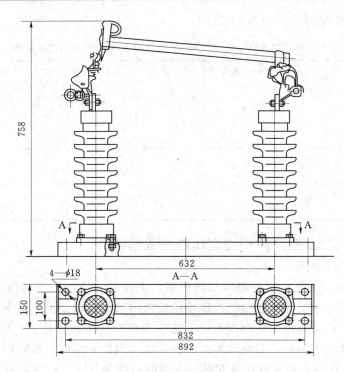

图21-7 RW5—35 I 型熔断器外形及安装尺寸

—40℃。

该产品不适用于下列场所：有燃烧或爆炸危险场所；有剧烈振动或冲击场所；有导电、化学气体作用及严重污秽盐雾地区。

本型熔断器由瓷绝缘子、接触导电系统和熔管等三部分组成。本型产品的50A及100A熔断器采用统一的绝缘支架，在条件变更时，只需用钩棒更换不同的熔管即可，不必停电上杆更换熔断器绝缘支架。熔管有较高的机械强度，并具有多次开断能力，可免除工作人员在熔断器动作一次后即更换消弧管的麻烦。

二、型号含义

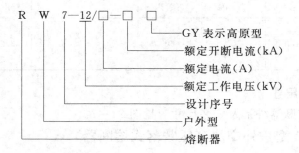

三、技术数据

RW7—12型户外跌落式熔断器的技术数据，见表21-12。

四、订货须知

订货时用户应说明下列内容：

（1）产品名称、型号、规格及数量。

表 21‑12 RW7—12 型户外跌落式熔断器技术数据

产品型号	额定工作电压 （kV）	额定电流 （A）	额定开断电流 （kA）	工频干试电压 （kV）	工频湿试电压 （kV）	全波冲击电压 （kV）	生产厂
RW7—12/100	12	100	5.8	42	30	75	3、14、24、48、52、58、61

（2）自提或送货以及发运，发运须注明单位全称、地址及运输方式等。

（3）购货单位同时应说明开户银行及账号，以及增值税号等。

21.2.6 RW9、RW12 型户外高压跌落式熔断器

一、概述

RW9、RW12 型户外高压跌落式熔断器适用于 10kV 配电线路及配电变压器的过载和短路保护用。该型熔断器由绝缘瓷瓶和接触导电部分、熔管等组成。导电材料采用铜材压铸或冲压成型，接线端子采用镀锡工艺处理（普通型产品除外），适于接入 $\phi 2 \sim \phi 14$ 铜导线或铝导线，长期使用不产生腐蚀。RW3 型熔断器主要部件为全铜铸件；RW7、RW9、RW12 型熔断器主要部件为冲压件，触头部件镀银处理。安装板有抱箍式和胶装式，其支撑件亦可采用硅橡胶支撑件。本产品具有结构简单、耐污、耐腐蚀、爬电比距大、使用寿命长等特点。

二、技术数据

RW9、RW12 型户外高压跌落式熔断器的技术数据，见表 21‑13。

表 21‑13 RW9、RW12 型户外高压跌落式熔断器技术数据

型　　号	额定电压 （kV）	额定电流 （A）	雷电冲击耐受电压 （峰值，kV）		工频耐受 电压相—地 （kV）	额定断流容量 （MVA）		生产厂
			断口	相—地				
RW9—10/100A	10	100	75	90	42	100	20	15、16、41、50、59
RW9—10/200A	10	200	75	90	42	100	20	
RW12—10/100A	10	100	75	90	42	100	20	41、65
RW12—10/200A	10	200	75	90	42	100	20	
RW12—10（F）/100	10	100			42			62
RW12—10（F）/200	10	200			42			

21.2.7 RW10—10F、RW11—10、RW10—10、RW10—10FW 型户外交流高压跌落式熔断器

一、结构及工作原理

RW10—10F、RW11—10 型户外交流高压跌落式熔断器采用逐级排气式结构，在开断大故障电流时双向排气，开断小故障电流时单向排气，以满足在同一熔断器上能开断大、小不同的故障电流的要求。

载熔件下端装有熔断件高速拉出装置，减少燃弧时间和消弧材料的损耗，提高载熔件

的使用寿命。

熔断器配用纽扣式熔断件，可提供 T 形（慢速）及 K 形（快速）熔断件，额定电流均为 6～100A。

灭弧室用特制的耐弧材料压制而成，灭弧刀为不锈钢材料，具有耐弧强的特点，灭弧刀上装有扭力弹簧，保证分断负荷电流时具有一定的分闸速度，有利于熄灭电弧。

绝缘子采用大爬距、防污型（爬电比距达到 26mm/kV），具有绝缘裕度大、抗污秽能力强的特点。

主导电回路采用铜合金零件，具有较高的机械强度及良好的导电性能，热镀锌钢制件和不锈钢零件有较好的防腐性能。

二、技术数据

RW10—10F、RW11—10 型熔断器技术数据见表 21-14，RW10—10、RW10—10FW 型熔断器技术数据见表 21-15。

表 21-14 RW10—10F、RW11—10 型熔断器技术数据

额定电压 (kV)	最高电压 (kV)	额定电流 (A)	雷电冲击耐受电压（峰值，kV）	1min 工频耐受电压（有效值）		额定最大开断电流 (kA)	对地爬电距离 (mm)	生 产 厂
				干试 (kV)	湿试 (kV)			
10	11.5	100	75	42	30	6.3	≥300	4、12、14、18、28、31、33、34、35、37、41、42、43、44、45、46、47、49、50、52、54、55、59、62、63、65、66、67

表 21-15 RW10—10、RW10—10FW 型熔断器技术数据

规 格	额定电压 (kV)	额定电流 (A)	额定开断电流 (kV)	工频耐压湿/干 (kV)	爬电比距 (cm/ kV)	生产厂
RW10—10/100	10	100	6.3	34/42	2.5	31、47、64、81
RW10—10/200	10	200	8	34/42	2.5	
RW10—10FW/100	10	100	6.3	34/42	3.5	64
RW10—10FW/200	10	200	8	34/42	3.5	

三、外形及安装尺寸

RW10—10F 型熔断器外形及安装尺寸见图 21-8，RW11—10 型熔断器外形及安装尺寸见图 21-9。

四、订货须知

订货时必须注明产品型号、额定电压、额定电流、额定断流容量、备品、备件（如熔管、绝缘子等）数量及特殊要求。

21.2.8 RW10—12F 型带切负荷灭弧装置户外交流高压跌落式熔断器

一、概述

RW10—12F、RW10—12F（M）型熔断器，适用于交流 50Hz、额定工作电压为

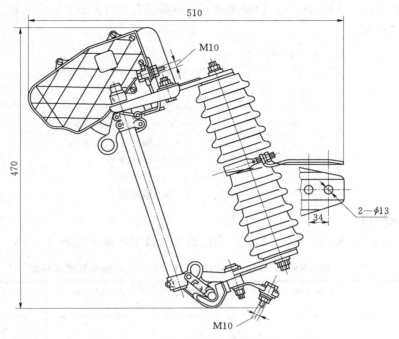

图 21-8　RW10—10F 型熔断器外形及安装尺寸

12kV 的配电线路和配电装置的过载和短路保护，以及分、合额定负荷电流之用，RW10—12F 的泄漏比距为 2.2，RW10—12F（M）型为防盐雾型产品，泄漏比距为 3.3，适合于高污秽地区使用，技术数据与 12F 型相同。

RW10—12F/100 型跌落式熔断器适应于下列场所：

（1）海拔不超过 1000m。

（2）环境温度上限不高于＋40℃，下限一般地区不低于－30℃。

（3）无爆炸危险、污秽、化学腐蚀气体和剧烈振动场所。

本产品由基座和灭弧管两部分组成。正常工作时，灭弧管下端的弹簧支架使熔丝始终处于张紧状态，以保证灭弧管合闸时的自锁。当熔丝熔断时，弹簧支架在弹簧的作用下，迅速将熔丝从灭弧管内抽出，以减少燃弧时间和灭弧材料的损耗。灭弧管设计为逐级排气式，开断小电流时产生的气体由下端排气口排出。当开断大电流时，气体冲开上端帽

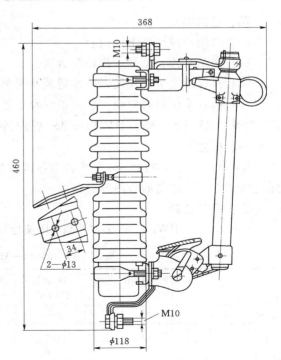

图 21-9　RW11—10 型熔断器外形及安装尺寸

盖，实现上下端排气口同时排气，以解决在同一熔断器上开断大小电流的矛盾。

二、型号含义

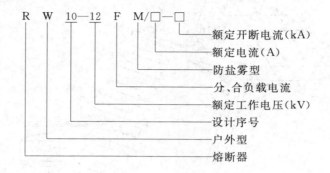

三、技术数据

RW10—12F、RW10—12F（M）系列熔断器的技术数据，见表21-16。

表 21-16　RW10—12F、RW10—12F（M）系列熔断器技术数据

额定工作电压 （kV）	额定电流 （A）	额定开断电流 （kA）	分、合负荷电流次数 （100A）	生 产 厂
12	100	5.8	15	4、24、27、28、48、57、61、73

四、订货须知

订货时用户应说明下列内容：

（1）产品名称、型号、规格及数量。

（2）自提或送货以及发运，发运须注明单位全称、地址及运输方式等。

（3）购货单位同时应说明开户银行及账号，以及增值税号等。

21.2.9　RW10—35、RW11—35型户外高压限流熔断器

一、概述

RW10—35、RW11—35型户外高压限流熔断器适用于交流50Hz、额定电压35kV的输电线和电压互感器的短路与过载保护。

二、技术数据

RW10—35、RW11—35型户外高压限流熔断器技术数据，分别见表21-17和表21-18。

表 21-17　RW10—35型熔断器技术数据

型　号	额定电压 （kV）	额定电流 （A）	三相断流容量 （MVA）	重量 （kg）	备　注	生 产 厂
RW10—35/3.5	35	0.5	2000	19	保护电压互感器	
RW10—35/2	35	2	600	19	保护电力线路用	
RW10—35/3	35	3	600	19	保护电力线路用	2、4、9、12、14、16、23、45、48、67
RW10—35/5	35	5	600	19	保护电力线路用	
RW10—35/7.5	35	7.5	600	19	保护电力线路用	
RW10—35/10	35	10	600	19	保护电力线路用	

表 21-18 RW11—35 型熔断器技术数据

型 号	额定电压 (kV)	额定电流 (A)	额定开断电流 (kA)	工频耐压湿/干 (kV)	爬电比距 (cm/kV)	生产厂
RW11—35	35	100	5	80/95	3.5	31、64

21.2.10 RW11—12 型户外交流高压跌落式熔断器

一、概述

RW11—12 型户外高压跌落式熔断器适用于交流 50Hz、额定电压为 12kV 及以下的电力系统中，作为输配电线路及电力变压器短路和过载保护用。

RW11—12 型跌落式熔断器的适用条件：

（1）海拔不超过 1000m。

（2）环境温度上限不高于＋40℃，下限一般地区不低于－30℃。

（3）无爆炸危险污秽、化学腐蚀气体和剧烈振动场所。

本型熔断器由瓷绝缘子，上、下静触头和熔丝管三部分组成。静触头装在绝缘子两端，安装板固定在绝缘子中间，熔丝管为复合材料，它不但具有较好的开断能力，且保证有较高的机械强度。

二、型号含义

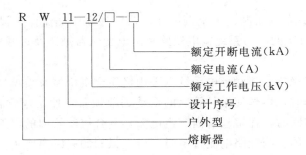

三、技术数据

RW11—12 型户外高压跌落式熔断器的技术数据，见表 21-19。

表 21-19 RW11—12 型户外交流高压跌落式熔断器技术参数

额定工作电压 (kV)	额定电流 (A)	额定开断电流 (kA)	工频干试耐受 电压有效值 (kV)	工频湿试耐受 电压有效值 (kV)	全波冲击 电压峰值 (kV)	生 产 厂
12	100	6.3	42	30	75	2、3、4、17、 24、26、27、34、 35、48、73

四、订货须知

订货时用户应说明下列内容：

（1）产品名称、型号、规格及数量。

（2）自提或送货以及发运，发运须注明单位全称、地址及运输方式等。

（3）购货单位同时应说明开户银行及账号，以及增值税号等。

21.2.11 RW13—10 型户外高压熔断器

一、概述

RW13—10 型户外高压熔断器是自动跌落式户外高压电器，供交流 50Hz 设备的短路保护，在一定条件下与负荷开关组合使用可以代替断路器。

二、技术数据

RW13—10 型户外高压熔断器的技术数据，见表 21 - 20。

表 21 - 20 RW13—10 型户外高压熔断器技术数据

型 号	额定电压 (kV)	最高工作电压 (kV)	额定电流 (A)	额定开断电流 (A)	雷电耐受电压 (kV)		额定工频 5min 耐压 (kV)		允许温升 (℃)	熔丝规格 (A)	生产厂
					断口	对地	断口	对地			
RW13—10	10	11.5	3	630	85	75	34	30	35℃	0.40~3.00	36

三、订货须知

订货时须注明产品型号、额定电压及额定电流。

21.2.12 RW3—10JG 型户外交流高压跌落式熔断器

一、概述

RW3—10JG 型跌落式熔断器为全铜铸件，系户外高压交流保护设备，适用于额定电压 10kV，频率为 50Hz 的电力系统输电线路和配电变压器短路及过载保护。

二、结构特点

(1) 熔断器由绝缘子、接触导电系统（采用优质全铜机械及玻璃环氧钢纸复合熔丝管等）组成。正常工作时，熔丝使熔丝管上的活动关节锁紧，使熔丝管在合闸位置能自锁。当短路电流使熔丝熔断时，在熔丝管内产生电弧，复合熔丝管内的消弧管（红钢管）在电弧作用下产生大量气体。当短路电流过零时，产生强烈的去游离作用，使电弧熄灭，同时活动关节脱开，上、下触头使熔丝管弹跳释放，迅速跌落，形成明显的隔离间隙。

(2) 产品所有机械转动及导电部分选用优质铜材装配，结构合理，保证产品在长期运转中动作灵活，耐用可靠。

(3) 上下触头表面均进行标准件精加工，平整光滑，能在运行中保持良好的紧密吻合状态。

(4) 触头弹片，选用磷铜片按标准设计冲压制造，在使用中能压紧触头和在熔断器熔断时能适时配合弹跳，起助推熔丝管跌落断开作用。

(5) 消弧复合管，产气消弧性能良好，熔断器在其最高工作电压下，具有开断上限为 5.8kA，下限为 1.16kA 出线端短路的能力。

21.3 HRW 系列用户交流高压跌落式熔断器

一、概述

户外交流高压跌落式熔断器，主要用于交流 48~62Hz、额定电压 12kV 及以下的配电线路或配电变压器的高压侧，用作线路和变压器短路及过载保护。可以和负荷开关配合，切合空载变压器、空载线路及负荷电流。当变压器或线路出现故障时，熔丝熔断，熔管自动跌落，形成明显的隔离间隙。

二、型号含义

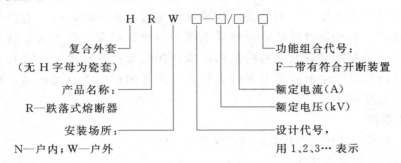

三、技术数据

HRW系列用户交流高压跌落式熔断器技术数据，见表21-21。

表 21-21　HRW系列用户交流高压跌落式熔断器技术数据

型　号	额定电压 （kV）	额定电流 （A）	开断电流 （A）	冲击电压 （BIL）	工频耐压 （kV）	爬距 （mm）	重量 （kg）	外形尺寸 （cm）	生　产　厂
HRW11—10	12	100	6.3	110	42	350	3.8	48×35×11	50、65、66、67、73、76、85
HRW11—10	12	200	8	110	42	350	3.8		
HRW11—10F	10	100	6.3		42			48×42×13	74、75
HRW11—10F	10	200	6.3		42				
HRW11—11	10	100	6.3		42			54×42×13	74
HRW11—11	10	200	6.3		42				
HRW11—12	12	100		120	45		2.6		34、77
HRW10	12	100	6.3	110	42	350	6.2	42×35×11	67、73、76
HRW10	12	200	8	110	42	350	6.2		
HRW10—10F	10	100	6.3		42			52×16×45	25、75、76
HRW10—10F	10	200	8		42				
HRW10—12	12	100		120	45				77
HRW10—12	12	100		120	45				
HRW3—12	12	100		120	45				77

21.4　PRW5—35型户外高压跌落式熔断器

一、概述

PRW5—35型户外高压跌落式熔断器适用于交流35kV电力系统，用作输电线路及电力变压器短路和过载保护。产品绝缘采用了复合绝缘结构，尤其适于重污秽地区和城市电网使用。

二、结构及工作原理

跌落式熔断器主要由双柱式支柱绝缘子、安装底座、静触头系统和熔丝管组成。当熔断器在正常运行状态时，由于熔丝的张力，熔丝管动触头的活动关节锁紧，熔丝管在上下静触头的压力下处于合闸状态。当系统发生过流故障时，故障电流使熔丝迅速熔断并产生电弧。熔丝管内衬的消弧管受电弧的灼热作用而分解出大量气体，形成强大的高压气流，沿着管道造成强烈的纵向吹弧，在电流过零时由于气吹和去游离作用熄灭电弧。继而熔丝管在触头弹力和熔丝管自身重量的作用下自动跌落，形成明显的分断间隙，使电路断开。

三、适用条件

(1) 环境温度：−40～+40℃，最大风速≤35m/s。

(2) 海拔：不超过2000m。

(3) 耐污水平：Ⅲ级及以下污秽地区。

(4) 地震烈度数：7级以下地区。

(5) 电源频率：48～62Hz。

四、技术数据

PRW5—35型户外高压跌落式熔断器的技术数据，见表21-22。

表 21 - 22　PRW5—35 型户外高压跌落式熔断器技术数据

产品型号	额定电压（kV）	最高工作电压（kV）	最大额定电流（A）	相—地工频耐压（kV）	断口工频耐压（kV）	额定断流容量（MVA）	生产厂
PRW5—35/50	35	40.5	50	105	130	30～150	62
PRW5—35/100	35	40.5	100	105	130	30～150	

21.5　PRW8 系列户外高压跌落式熔断器

一、概述

PRW8系列户外高压跌落式熔断器适用于交流50Hz、额定电压为10～35kV户外架空配电系统上，作为线路或电力变压器的过载和短路保护用。带有"F"字样的产品还具有合、分负荷电流的功能。本产品在正常动作或操作后，载熔件跌落，形成可见断口，对维护检修起到安全保证作用。

二、适用条件

(1) 海拔不超过1000m。

(2) 周围环境温度不超过+40℃，不低于−40℃。

(3) 风压不超过700Pa（相当于风速34mm/s）。

(4) 无严重污秽、化学腐蚀、易燃、易爆及剧烈振动的场所。

三、特点

（1）本系列产品采用单端排气结构，能保证从过载直至短路的故障电流的可靠开断，同时能防止在开断过程中，对熔断器安装部位上方的线路或设备的损害。

（2）上触座对载熔件上触头施以正向压力，有效保证了导电接触良好，开断后载熔件可靠跌落。

（3）精心设计的接线端子能方便固定各种规格导线，使用一把扳手，单手即可完成接线操作。

（4）专门设计的叉钩能有效将载熔件导入合闸位置，同时也为使用携带式负荷切断器提供了可能性。

四、技术数据

PRW8 系列户外高压跌落式熔断器的技术数据，见表 21-23。

表 21 - 23 PRW8 系列户外高压跌落式熔断器技术数据

型 号	额定电压（kV）	额定电流（A）		合、分负荷电流（A/次）	最大开断电流（A）	生产厂
		熔断器	熔断件			
PRW8—12(Ⅱ)/100	12	100	6.3~100	—	8(10)	70
PRW8—12(Ⅲ)/100						
PRW8—12(Ⅳ)/100						
PRW8—12(Ⅲ)/200		200	125~200	—	10(12.5)	
PRW8—12(Ⅳ)/200						
PRHW8—12/100		200	6.3~100	—	8(10)	
PRHW8—12/200		100	125~200	—	10(12.5)	
PRW8—12F(Ⅲ)/100		200	6.3~100	100/15 5/15 130/5	8(10)	
PRW8—12F(Ⅳ)/100						
PRW8—12F(Ⅲ)/200		100	125~200		10(12.5)	
PRW8—12F(Ⅳ)/200					8(10)	
PRHW8—12F/100		200	6.3~100		10(12.5)	
PRHW8—12F/200			125~200			
PRHW8—40.5(Ⅰ)/100	40.5	100	6.3~100	—	6.3(8)	
PRHW8—40.5(Ⅱ)/100						
PRHW8—40.5/100						

21.6 PRWG 系列户外高压跌落式熔断器

一、概述

PRWG1—10（FW）型户外高压跌落式熔断器，是在吸收 RW3—10、RW10—10（F）型户外跌落式熔断器优点的基础上，改进设计的新一代户外跌落式熔断器，主要用于

10kV 电压等级输电线路、电力变压器的短路和过负荷保护的场合，在一定条件下可以拉合空载架空线路，空载变压器及小负荷电流。

PRWG—35（F、W）型户外高压跌落式熔断器主要用于农村小型化 35kV 变电站主变的短路保证，以此来取代多油开关和老式熔断器。本产品开断容量大，并且可以开断小短路电流，这是老式熔断器所不具备的突出特点。该产品熔断管的寿命长，开断短路电流100 次左右，可靠性、使用寿命都是出类拔萃的。

二、技术数据

PRWG 系列户外高压跌落式熔断器的技术数据，见表 21 - 24。

表 21 - 24　PRWG 系列户外高压跌落式熔断器技术数据

型　号	额定电压（kV）	额定电流（A）	开断电流（kA）	冲击电压（峰值，kV）	工频耐压（有效值，kV）	爬　距（mm）	生产厂
PRWG—10F/100	12	100	6.3	110	42	340	43
PRWG—10F/200	12	200	12.5	110	42	340	
PRWG1—10F/100	10	100	6.3		42		64、65
PRWG1—10F/200	10	200	8		42		
PRWG1—10FW/100	10	100	6.3		42		64
PRWG1—10FW/200	10	200	8		42		
PRWG2—35/100	35	100	6.3	170	70	870	43、56、64、65、67、81
PRWG2—35/200	35	200	12.5	170	70	870	

21.7　RXWO—35 型户外高压限流熔断器

一、概述

RXWO—35 型户外高压限流熔断器适用于额定电压 35kV、交流 50Hz 的电力系统中。额定电流 0.5A 的该产品用作电压互感器的过载和短路保护，额定电流 2～7.5A 的该产品用作电力变压器和其它电气设备的过载和短路保护。

使用环境条件为周围空气温度 −30～+40℃；海拔不超过 1000m；风压不超过 700Pa（相当于风速 34m/s）；无火灾、爆炸危险，无严重污秽、化学腐蚀及剧烈振动。

二、结构

RXWO—35 型产品主要由熔管、瓷套、接线帽和棒形支柱绝缘子等组成。熔管内有特制的熔体，充满石英砂，两端用铜帽密封。熔管装配在两端用橡胶密封的瓷套内，瓷套和棒形支柱绝缘子用抱箍固定。

三、技术数据

RXWO—35 型户外高压限流熔断器的技术数据，见表 21 - 25。

表 21-25 RXWO—35型技术数据

型　号	额定电压 (kV)	最高电压 (kV)	额定电流 (A)	额定断流容量 (MVA)	电阻（Ω） (±10%)	重量 (kg)	生产厂
RXWO—35/0.5			0.5	1000	396		
RXWO—35/2			2		6.5		12、15、16、 18、45
RXWO—35/3	35	40.5	3	200	2.6	19.7	
RXWO—35/5			5		1.48		
RXWO—35/7.5			7.5		0.8		

四、外形和安装尺寸

RXWO—35型熔断器外形及安装尺寸，见图 21-10。

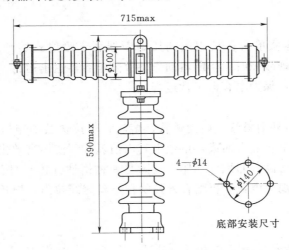

图 21-10 RXWO—35型熔断器外形及安装尺寸

五、订货须知

订货时必须注明产品型号、额定电压、额定电流、额定断流容量、备品、备件（如熔管、棒形支柱绝缘子等）数量及特殊要求。

21.8 XRNM□系列电动机保护限流熔断器

一、概述

XRNM□系列电动机保护限流熔断器适用于户内交流 50Hz、额定电压 3.6kV 及 7.2kV 系统。可与开关、真空接触器等配合使用，广泛用于高压电动机及其它动力设备的过载和短路保护。熔断器用于直接启动时，通常启动电流可按电动机满载电流的六倍选取。所选熔断器的额定电流至少应是相应电动机满载电流的 1.3 倍。

二、技术数据

XRNM□系列限流熔断器的技术数据，见表 21-26。

表 21－26 XRNM□系列限流熔断器技术数据

型 号	额定电压 (kV)	额定电流 (A)	额定开断电流 (kA)	生产厂
XRNM□—3/50～100	3.6	50，63，80，100	50	83
XRNM□—3/125～200		125，160，200		
XRNM□—3/250～400		250，315，355，400		
XRNM□—6/25～160	7.2	25，31.5，40，50，63，80，100，125，160	40	
XRNM□—6/200～224		200，224		

21.9 BRW 型高压熔断器

一、概述

BRW 型并联电容器单台保护用的高压熔断器属于喷射式熔断器的一种，用于户内外。当电容器内部出现故障时，熔断器动作使故障电容器退出运行，防止故障电容器扩大事故而引起爆炸起火，保护电容器正常运行。

二、结构

BRW 型熔断器由外消弧管、内消弧管、熔丝、外拉簧及动作指示牌构成。外消弧管由环氧玻璃布管和钢纸管复合而成，熔丝上套内消弧管，使用高效去离剂，当熔丝熔断产生电弧时，去离剂释放高效非燃性气体（实际是一种惰性气体），使去离子化速度高于电弧离子化速度，很快熄灭电弧；再配合外拉簧把熔丝尾线拉出，熄弧能力高于钢纸管的产气熄弧能力。

三、技术数据

BRW 型高压熔断器的额定电压为 10kV；最高工作电压 12kV；额定容性开断电流 1kA；熔丝：1～200A。

21.10 XRNM1 系列电动机保护用户内高压限流熔断器

一、概述

XRNM1 系列熔断器适用于户内交流 50Hz、额定电压 7.2kV 的电力系统中，可与其它保护电器（如：开关、真空接触器等）配合使用，作为高压电动机及其它电力设备的过载或短路保护元件。

二、型号含义

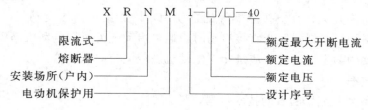

三、技术数据

XRNM1—7.2型电动机保护用户内高压限流熔断器的技术数据见表 21 - 27，XRNM1—3.6型高压限流熔断器的技术数据见表 21 - 28。

表 21 - 27　XRNM1—7.2 系列电动机保护用户内高压限流熔断器技术数据

型　号	额定电压（kV）	额定电流（kA）		额定分断能力		生产厂
		熔断器	熔断件	最大值（A）	最小值（A）	
XRNM1—7.2/25			25		88	
XRNM1—7.2/31.5			31.5		98	
XRNM1—7.2/40	7.2	355	40	40	112	
XRNM1—7.2/50			50		126	
XRNM1—7.2/63			63		139	
XRNM1—7.2/80			80		172	2、3、15、18
XRNM1—7.2/100			100		280	
XRNM1—7.2/125	7.2	355	125	40	313	
XRNM1—7.2/160			160		352	
XRNM1—7.2/200			200		450	
XRNM1—7.2/224			224		560	

表 21 - 28　XRNM1—3.6 系列高压限流熔断器技术数据

型　号	额定电压（kV）	额定电流（kA）	额定开断电流（kA）	生产厂
XRNM1—3.6	3.6	50，63，80，100，125	50	2、15、18、70、78、80
XRNM1—3.6	3.6	125，160，200		
XRNM1—3.6	3.6	250，315，355，400	31.5	

21.11　XRNP1、XRNP2、XRNP□—12 系列电压互感器保护用户内高压限流插入式熔断器

一、概述

XRNP1 系列适用于户内交流 50Hz，额定电压 12kV 的电力系统中，作为电压互感器的过载及短路保护用。

XRNP□—12 使用于户内交流 50Hz、额定电压 3.6～40.5kV 系统，作为电压互感器的过载及短路保护用。

二、型号含义

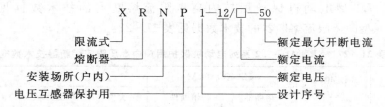

三、技术数据

XRNP1、XRNP2、XRNP□—12 系列电压互感器保护用户内高压限流插入式熔断器的技术数据，见表 21-29。

表 21-29 XRNP1、XRNP2、XRNP□—12 系列电压互感器保护用户内
高压限流插入式熔断器技术数据

型 号	额定电压 (kV)	额定电流（A）		最大开断电流 (A)	生 产 厂
		熔断器	熔断件		
XRNP1—12/0.5	12	25	0.5	50	3、12、70、71
XRNP1—12/1			1		
XRNP1—12/2			2		
XRNP1—12/3.15			3.15		
XRNP□—12/□—100		0.2、0.5、1、2、3.15		100	14、70
XRNP1—3.6	3.6	0.2、0.5、1、2、3.15		50	15、70、71、78、79、80、81
XRNP1—7.2	7.2	0.2、0.5、1、2、3.15			
XRNP1—40.5	40.5	0.2、0.5、1		31.5	
XRNP2—12	12	3.15、5、8、10、16		50	
XRNP2—40.5	40.5	3.15、5、8、10		31.5	

21.12 XRNT1—12 型变压器保护用户内高压限流插入式熔断器

一、概述

XRNT1—12 型户内高压限流插入式熔断器适用于户内交流 50Hz、额定电压 12kV 的电力系统中，可与其它保护电器（如：开关、真空接触器等）配合使用，作为电力变压器及其它电力设备的过载或短路保护元件。

二、型号含义

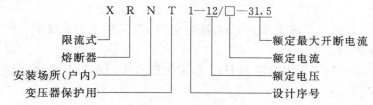

三、技术数据

XRNT1 系列高压限流插入式熔断器的技术数据，见表 21-30。

表 21-30　XRNT1 系列户内高压限流插入式熔断器技术数据

型　号	额定电压 (kV)	额定电流（kA）		额定分断能力		生产厂
		熔断器	熔断件	最大值（A）	最小值（A）	
XRNT1—12/6.3			6.3		21	
XRNT1—12/10			10		34	
XRNT1—12/16			16		45	
XRNT1—12/20			20		72	
XRNT1—12/25			25		90	
XRNT1—12/31.5			31.5		92	
XRNT1—12/40	12	250	40	31.5	135	3、12、70、71、80
XRNT1—12/50			50		155	
XRNT1—12/63			63		208	
XRNT1—12/71			71		256	
XRNT1—12/80			80		256	
XRNT1—12/100			100		440	
XRNT1—12/125			125		750	

21.13　RTF 系列户外跌落式熔断器

一、概述

RTF 系列户外跌落式熔断器及拉负荷跌落式熔断器是户外高压保护电器。它装置在配电变压器高压侧或配电线支干线路上，用作变压器和线路的短路、过载保护及分合负荷电流。跌落式熔断器由绝缘支架和熔丝管两部分组成，静触头安装在绝缘支架两端，动触头安装在熔丝管两端，熔丝管由内层消弧管和外层环氧玻璃管组成。拉负荷跌落式熔断器增加弹性辅助触头及灭弧罩，用以分、合负荷电流。

跌落式熔断器在正常运动时，熔丝管借助熔丝张紧形成闭合位置。当系统发生故障时，故障电流使熔丝迅速熔断，并形成电弧，消弧管受电弧灼热，分解出大量的气体，使管内形成很高压力，并沿管道形成纵吹，电弧被迅速拉断而熄灭。熔丝熔断后，下部动触头失去张力而下翻，锁紧机构释放熔丝管，熔丝管跌落，形成明显的开断位置。当需要拉负荷时，用绝缘杆拉开动触头，此时动、静辅助触头仍然接触，继续用绝缘杆拉动触头，辅助触头也分离，在辅助触头之间产生电弧，电弧在灭弧罩狭缝中被拉长，同时灭弧罩产生气体，在电流过零时，电弧熄灭。

二、技术数据

RTF 系列户外跌落式熔断器的技术数据，见表 21-31。

表 21-31 RTF 系列户外跌落式熔断器技术数据

型 号	额定电压 (kV)	额定电流 (A)	开断电流 (A)	冲击电压 (kV)	工频耐压 (kV)	爬距 (mm)	重量 (kg)	外形尺寸 (cm)	生产厂
RTF—1	12	100	10000	110	42	245	2.9	38.5×34.5×10.5	
		200	20000						
RTF—2	15	100	10000	110	40	245	5.9	38.5×34.5×10.5	
		200	20000						
RTF—3	11	100	6000	110	42	340	7.5	49×27×11	
		200	8000						
RTF—4	15	100	10000	110	40	260	8.5	48.5×44×13.5	
		200	20000						
RTF—5	15	100	10000	125	45	355	8.8	51.5×34×12	
		200	12000						
RTF—6	15	100	10000	125	45	350	8.5	48×35×10.5	
		200	12000						
RTF—7	15	100	10000	125	45	355	8.8	45×34.5×12	
		200	12000						
RTF—8	24	100	8000	150	50	530	12	48×34.5×15	
		200	10000						
RTF—9	24	100	8000	150	65	505	12	48×34.5×14	
		200	10000						
RTF—10	24	100	8000	150	65	540	12	49×35×14	
		200	10000						
RTF—11	15	100	10000	110	40	350	3.5	42×35×10	
		200	12000						
RTF—12	15	100	6000	110	45	380	7.3	45.5×35.5×10.5	
		200	12000						
RTF—13	33	100	6000	170	70	660	15	56×38×14.5	
		100	8000						
RTF—14	33	100	10000	170	70	720	15.5	63×38×14.5	
		200	12000						
RTF—15	33	100	8000	170	70	820	27.5	68×17×15	
		200	10000						
RTF—16	33	100	6000	170	70	870	16	90×40×13	
		200	8000						

21.14 FXRWT—12/2～200—31.5型脱落式高压限流熔断器

一、概述

FXRWT—12/2～200—31.5型脱落式高压限流熔断器最大的优点是消灭了跌落式动作时的巨大爆炸声，消灭了强烈电弧光，消灭了高温金属喷溅物。FXRWT—12/2～200—31.5型熔断器主要用于12kV及以下电网中的电力设备及线路的短路及过载保护。最大开断电流已通过31.5kA，最小开断电流已通过15kA，中间任意一点均可开断。

另外，该熔断器具有切断负荷电流的能力，以及关合负荷电流的能力。

二、型号含义

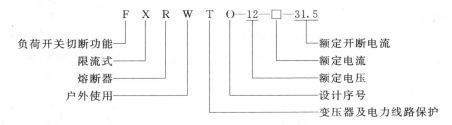

三、技术数据

FXRWT—12/2～200—31.5型脱落式高压限流熔断器的技术数据，见表21-32。

表21-32 FXRWT—12/2～200—31.5型脱落式高压限流熔断器技术数据

额定电压 （kV）	额定电流 （A）	最大开断电流 （kA）	最小开断电流 （kA）	关切负荷电流 （A）	感性、容性电流 （A）	生产厂
12	2～200	31.5	15	200	10	14、23

21.15 XRNT3A—12型变压器保护用高压限流熔断器

一、概述

XRNT3A—12型高压限流熔断器适用于户内交流50Hz、额定电压12kV的系统，可与其它开关电器，如负荷开关、真空接触器配合使用，作为电力变压器及其它电力设备短路、过载的保护元件。

二、型号含义

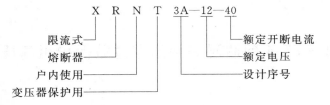

三、技术数据

XRNT3A—12型高压限流熔断器的技术数据，见表21-33。

表 21 - 33　XRNT3A—12 型高压限流熔断器技术数据

型　号	额定电压 （kV）	熔断器额定电流 （A）	熔体额定电流 （A）	生产厂
XRNT3A—12	12，24，36	63	6.3，10，16，20，25，31.5，40，50，63	2、14、15、23
	12，24，36	100	50，63，71，80，100	
	12，24，36	125	125	
	12，24，36	200	160，200	

21.16　XRNT3A—15.5 型油浸式变压器后备保护用高压限流熔断器

一、概述

XRNT3A—15.5 型高压限流熔断器适用于户内交流 50Hz、额定电压 10～15.5kV，作为变压器及其它电力设备的短路保护用，与油浸式过载保护用熔断器串联使用，可提供户内电力系统的全范围保护。

二、型号含义

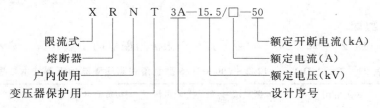

三、技术数据

XRNT3A—15.5 型高压限流熔断器的技术数据，见表 21 - 34。

表 21 - 34　XRNT3A—15.5 型高压限流熔断器

型　号	额定电压 （kV）	最高电压 （kV）	熔体额定电流 （A）	额定短路 开断电流 （kA）	使用环境	生产厂
XRNT3A—15.5	15.5	17.2	40，50，63，80，100， 125，160，200	50	变压器油中	14、23、82

四、正常使用条件

熔断器正常使用于变压器油中，周围的温度上限不超过 100℃。熔断体为螺栓连接结构。

21.17　PRNT—15.5 型油浸式变压器过载保护用高压限流熔断器

一、概述

PRNT—15.5 型高压限流熔断器适用于户内交流 50Hz、额定电压 10～15.5kV 系统。本产品不可单独使用，必须与油浸式变压器短路保护后备熔断件串联使用，可提供户内电力系统的全范围保护。

二、型号含义

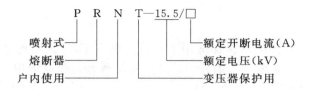

三、技术数据

PRNT—15.5 型高压限流熔断器的技术数据，见表 21 – 35。

表 21 – 35 PRNT—15.5 型高压限流熔断器技术数据

型　　号	额定电压 (kV)	最高电压 (kV)	熔断器额定电流 (A)	额定最大开断电流 (kA)	使用环境	生产厂
PRNT—15.5	15.5	17.2	6、10、15、25、50、65、100、140	2.5	变压器油中	14、23

21.18 OFG、OKG 型油浸式变压器保护用高压限流熔断器

一、概述

OFG、OKG 型高压限流熔断器适用交流 50Hz、额定电压 10kV 系统，在变压器中与 PRNT 低压开断能力熔断器（如负荷开关等）配合使用，作为电力变压器及其它电力设备的过载或短路保护。主要用于美式箱变中作后备保护用。

二、型号含义

三、技术数据

OFG、OKG 型高压限流熔断器的技术数据，见表 21 – 36。

表 21 – 36 OFG、OKG 型高压限流熔断器技术数据

型　　号	额定电压 (kV)	最高工作电压 (kV)	熔断器额定电流 (A)	熔体额定电流 (A)	生　产　厂
OFG	10	12	125	63、80、100、125	11、14、23、71
OKG			200	160、200	

四、正常使用条件

熔断器正常使用于变压器油中，周围的温度上限不超过 100℃。

21.19 XRNM3A 系列电动机保护用高压限流熔断器

一、概述

XRNM3A 系列高压限流熔断器适用于户内交流 50Hz、额定电压 3.6kV、7.2kV 及 12kV 系统，可与其它保护电器（如开关、真空接触器等）配合使用，作为高压电动机及其它电力设备过载或短路等的保护元件。

二、型号含义

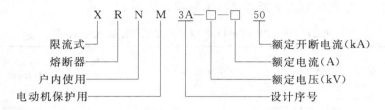

三、技术数据

XRNM3A 系列高压限流熔断器的技术数据，见表 21 - 37。

表 21 - 37 XRNM3A 系列高压限流熔断器技术数据

型 号	额定电压（kV）	额定开断电流（kA）	熔断器额定电流（A）	熔体额定电流（A）	生产厂
XRNM3A—3.6	3.6	50	125	50，63，80，100，125	14、15
	3.6		200	125，160，200	
	3.6		400	250，315，355，400	
XRNM3A—7.2	7.2	50	160	25，31.5，40，50，63，80，100，125，160	
	7.2		315	200，224，250，315	

注 以上是单管额定参数，可根据用户需要采用固定结构将熔断器并联，以得到高的额定电流值。

21.20 XRN□—12kV 型全范围保护用高压限流熔断器

一、概述

XRN□—12kV 型高压限流熔断器是引进英国 Brush 公司高压熔断器的制造技术，产品适用于户内交流 50Hz、额定电压 12kV 系统，作为变压器及其它电力设备过载和短路保护的元件。

全范围保护用高压限流熔断器，是利用限流式熔断器具有较高的分断能力，非限流熔断器具有较好的低过载故障电流分断的特点，组合为一体，取长补短，从而获得全范围开断的良好保护特性的一种新型的高压限流熔断器。

二、技术数据

XRN□—12kV 型高压限流熔断器的技术数据，见表 21 - 38。

表 21 - 38　XRN□—12kV 型高压限流熔断器

国内型号	国外型号	额定电压 （kV）	熔体额定电流 （A）	额定开断电流 （kA）	生产厂
XRN□—12kV	(FFL□J)	12	10，16，20，25，31.5，40，50，63	50	2、71

21.21　XRN1 系列电压互感器保护用高压限流熔断器

一、概述

XRN1 系列高压限流熔断器适用于户内交流 50Hz、额定电压 12、24kV 及 35kV 系统，作为电压互感器的过载及短路保护用。

二、技术数据

XRN1 系列高压限流熔断器的技术数据，见表 21 - 39。

表 21 - 39　XRN1 系列高压限流熔断器技术数据

型　　号	额定 电压 （kV）	额定 电流 （A）	额定开 断电流 （kA）	生产厂	型　　号	额定 电压 （kV）	额定 电流 （A）	额定开 断电流 （kA）	生产厂
XRN1—12/□—50—1	12	0.5、1、 2、3.15	50	2	XRN1—24/□—50—2	24	0.5、1、 2、3.15	50	2
XRN1—12/□—50—2					XRN1—35/□—50—1	35	0.5、1、 2、3.15		
XRN1—24/□—50—1	24	0.5、1、 2、3.15			XRN1—35/□—50—2				

21.22　XRNT3A—40.5 型变压器保护用高压限流熔断器

熔断器的技术数据，见表 21 - 40。

表 21 - 40　XRNT3A—40.5 型高压限流熔断器技术数据

型　　号	额定电压 （kV）	额定开断电流 （kA）	熔断器 额定电流 （A）	熔断件额定电流 （A）	生产厂
XRNT3A—40.5	40.5	31.5	40	31.5，6.3，10，16，25，31.5，40	15、23
			63	50，56，63	

21.23　XQ—35 高压限流电阻器

一、概述

XQ—35 高压限流电阻器适用于额定电压 35kV、额定电流不大于 5A 的线路中，与 RN 型户内高压限流熔断器串联使用，补偿电路中电阻的不足，限制短路电流数值。

工作使用环境条件为周围空气温度—10～+40℃；海拔不超过 1000m；空气相对湿度

月平均值不大于 90％；无火灾、爆炸危险，无严重污秽、化学腐蚀及剧烈振动。

二、结构

XQ—35 高压限流电阻器主要由瓷套、电阻线、瓷芯和支柱绝缘子等组成。瓷芯上盘绕螺旋状电阻线，紧固在瓷芯两端的接线螺杆上。进线接接线片 M12 螺栓，出线接接线螺杆：M12。电阻器垂直安装，也可水平安装。

三、技术数据

XQ—35 型电阻器技术数据，见表 21－41。

表 21－41　XQ—35 型电阻器技术数据

型　号	额定电压 （kV）	额定电流 （A）	电阻值 （Ω）	重量 （kg）	生产厂
XQ—35/0.5	35	0.5	360～440	48.7	18
XQ—35/5		5	8～9	50.7	

四、外形和安装尺寸

XQ—35 型限流电阻器安装尺寸，见图 21－11。

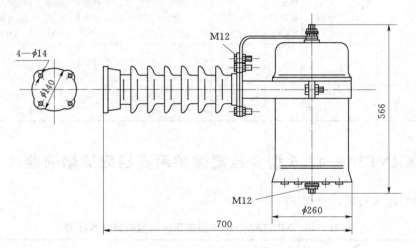

图 21－11　XQ—35 型限流电阻器安装尺寸

五、订货须知

订货必须注明产品型号、额定电压、额定电流、电阻值和数量及特殊要求。

本章高压熔断器生产厂及代号，见表 21－42。

表 21－42　高压熔断器生产厂及代号

代号	生　产　厂	代号	生　产　厂
1	上海茗东熔断器厂	6	西安西电高压电瓷电器厂
2	抚顺市电瓷电器公司	7	哈尔滨市南元电器机械经销部
3	仪征市电瓷电器有限责任公司	8	福建森达电气有限公司
4	上海华东电器销售有限公司	9	中国·人民电器集团
5	温州市曙光起动设备有限公司	10	江苏贝得电机电器集团

代号	生　产　厂	代号	生　产　厂
11	温州市龙湾精工熔断器厂	49	温州市柱恒电力机械厂
12	天津市津瓷电瓷电器有限公司	50	任丘市华源电器有限公司
13	淄博市博山科华电器有限公司	51	南京紫金电力保护设备有限公司
14	温州高瓷电气有限公司	52	常州市武进水利电力器材厂
15	浙江华商电气有限公司	53	自贡汇东电器有限公司
16	浙江乐清市川泰电力设备有限公司	54	温州市金都开关厂
17	丹东电力设备厂	55	柳州中特高压电器有限公司
18	上海电瓷厂	56	信阳市机电设备厂
19	宁波天安（集团）股份有限公司	57	河北保定华铁电气化供电器材设备有限责任公司
20	汕头市崎碌电器厂	58	浙江日升电器有限公司
21	上海东海电气集团	59	承德市海顿商贸有限责任公司
22	无锡市振达电力设备制造有限公司	60	重庆电瓷厂
23	新华电器集团有限公司连云港分公司	61	河北北高真空开关电器有限公司
24	德力西集团	62	山西原平市供电局电力开关厂
25	河北保定通力电器设备公司	63	湖北赤壁宏通高压电器制造有限责任公司
26	顺德区光明高压电器厂	64	宁德市电力电器厂
27	河南华东电气有限公司	65	登峰高压电器公司
28	淄博市博山四方电器有限公司	66	铜川电瓷有限责任公司
29	上海中科电气集团长江半导体器件厂	67	浙江瑞泰电气有限公司
30	南京苏源康安电力物资有限公司	68	重庆市并联电力电容器有限公司
31	浙江省嘉兴市大桥电力电器厂	69	合肥正泰低压电器设备有限公司
32	东捷实业有限公司	70	温州金利达电器有限公司
33	洪湖市电力设备厂	71	西安熔断器制造公司
34	永年县拓发电信电力金具厂	72	温岭市东方电子器械厂
35	柳州市高压电器厂	73	南昌电工器材有限责任公司
36	江都市飞珠高压电器厂	74	上虞市同益高压电器配件厂
37	长江电气股份有限公司	75	肃宁县冀宁进出口贸易有限公司
38	上海天比高电气科技有限公司	76	上海博韵机电成套设备有限公司
39	湖南康博电气有限公司	77	石家庄三环电气有限公司
40	衡阳隆兴变压器有限公司	78	西安翰德电力电器制造公司
41	宜兴苏源电工设备有限公司	79	西安高压电器研究所
42	长春市四达机电自动化有限公司	80	西安五环特种熔断器有限公司
43	自贡红星高压电瓷有限公司	81	西安金叶电器有限公司
44	包头供电实业集团公司电器设备厂	82	西安振力电器有限责任公司
45	湖南电力电瓷电器厂二分厂	83	西安西整熔断器厂
46	芜湖市凯鑫避雷器有限责任公司	84	振兴高压电器有限公司
47	芜湖富强高压开关厂	85	石家庄市电磁有限责任公司
48	乐清市精密电力电器设备厂		

第22章　高压互感器

高压互感器是电力系统中变换电压和电流、测量和监视电压和电流的重要设备。电压互感器将高电压变换低电压，电流互感器将大电流变换小电流，保证电气测量和继电保护装置安全可靠工作。

一、执行标准

（1）GB 1207—1997《电压互感器》。

（2）GB 1208—1997《电流互感器》。

（3）GB 17201—1997《组合互感器》。

（4）IEC 185《电流互感器》。

（5）IEC 186《电压互感器》。

（6）IEC 44—1—1996《Current trans former》。

（7）GB 4109—1998《高压套管的技术条件》。

（8）GB 311.1—1997《高压输变电设备的绝缘配合》。

（9）JB 5892—91《高压线路用有机复合绝缘子技术条件》。

（10）ZBY 096—1982《精密电压互感器技术条件》。

（11）ZBY 097—1982《精密电流互感器技术条件》。

（12）GB 311.1—1997《高压输变电设备的绝缘配合》。

（13）美国标准 ANSI/IEEE、英国标准 BS。

二、型号含义

（1）电流互感器和电压互感器的型号组成分两部分，前一部分为产品型号字母和设计序号，后一部分为额定电压等级（kV）和特殊使用环境代号或结构代号。

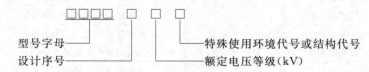

1）电压互感器字母含义：

序号	含　义	代表字母	序号	含　义	代表字母	序号	含　义	代表字母
1	电压互感器	J		空气（干式）绝缘	G	4	带剩余绕组	X
2	单相	D	3	串级式	C		五柱	W
	三相	S		户外	W		五柱	W
	浇注绝缘	Z	4	带接地保护	J	5	测量和保护分开的二次绕组	F
3	浇注绝缘	Z		测量和保护分开的二次绕组	F		半绝缘	B

2）电流互感器字母含义：

序号	含　义	代表字母	序号	含　义	代表字母	序号	含　义	代表字母
1	电流互感器	L	2	支柱式	Z		带保护级	B
2	贯穿式	A	3	干式	G	4	差动保护	C
	带保护级	B		加大容量	J		差动保护	D
	单匝贯穿式；带触头盒	D		绝缘壳	K		加大容量	J
	复匝贯穿式；封闭式	F		手车式开关柜用	S		加强型	Q
	接地保护	J		户外装置	W		双变比以上	S
	母线式	M		小体积开关柜用	X	5	带保护级	B
	线圈式	Q		浇注绝缘	Z		加大容量	J
	装入式	R						

3）特殊环境代号，见表 22 - 1。

表 22 - 1　互感器特殊环境代号

序号	地区类别		代表符号	备　注	序号	地区类别		代表符号	备　注
1	高原地区		GY		3	腐蚀地区	户外型	WF₂	防强腐蚀
2	污秽地区		W₁	污秽等级Ⅱ			户内型	F₁	防中腐蚀
			W₂	污秽等级Ⅲ				F₂	防强腐蚀
			W₃	污秽等级Ⅳ	4	热带地区		TA	干热带地区用
3	腐蚀地区	户外型	W	防轻腐蚀				TH	湿热带地区用
			WF₁	防中腐蚀				T	干、湿热带地区用

（2）零序电流互感器字母：LX，LL。

（3）新旧型号对照，见表 22 - 2。

表 22 - 2　高压互感器新旧型号对照表

新型号	旧型号	新型号	旧型号	新型号	旧型号
JSW—3	JSJW—3	JDZX—6	JDZX6—6	JDN6—35	JD6—35
JSW—6	JSJW—6	JDZX—10	JDZX6—10	JDN—35	JDJ2—35
JSW—10	JSJW—10	JD—3	JDJ—3	JDXN—35	JDJJ2—35
JSZ1—3	JDZJ—3	JD—6	JDJ—6	JDC6—110	JCC6—110
JDZ1—6	JDZJ—6	JD—10	JDJ—10	LFC—10	LFC（D）—10
JDZ1—10	JDZJ—10	JD—10	JDJ—10	LFCB—10	LFC（D）—10
JDZX—3	JDZX6—3	JDXN6—35	JDX6—35	LZZ—10	LZJ—10

新型号	旧型号	新型号	旧型号	新型号	旧型号
LZZB—10	LZJ（D）—10	LDC—10	LDC（D）—10	LRG—35	LR—35
LZZB$_6$—10	LZZ（J）B6—10	LDCB—10	LDC（D）—10	LRG（B）—35	LR（D）—35
LFZB—10	LFZ（J）B6—10	LDZ$_2$—10	LDZ（J）1—10	LZZB—35	LCZ（B）—35
LMZB—10	LMZB6—10	LDZJ2—10	LDZ（J）1—10V	LZZ—35	LCZ—35
LDZB—10	LDZB6—10	LQZ—10	LQJ—10	LABN—35	LCWB1—35
LFZ—10	LZW1—10	LFZBJ—10	LA（J）—10	LABN6—35	LB6—35
LFZ—10	LFZ（J）—10	LDZBJ2—10	LA（J）—10	LB6—110	LCWB6—110
LFZJ—10	LFZ（J）1—10	LMZBJ—10	LA（J）—10	LB—220	LCWB7—220

三、使用条件

（1）环境温度（℃）：户内型-5～+40；户外型-25～60，特殊有注明。

（2）相对湿度（%）：＜95（户内型）。

（3）大气中无严重污秽及侵蚀性、放射性及爆炸性气体。

（4）海拔（m）：普通型产品海拔＜1000，高原型产品海拔＜3000。全工况型产品在高湿、凝露及污秽条件下，海拔＜1000。

（5）电流互感器允许在 1.2 倍的额定电压下长期运行。

（6）系统接地方式：中性点有效接地系统；中性点非有效接地系统。

四、使用说明

（1）保护用电流互感器准确级代号以往标注为"C"、"D"、"B"，分别表示"差"、"动"、"保护"（GB 1208—75），GB 1208—87 及 GB 1208—1997 中规定：对保护用电流互感器，准确级以"P"表示保护，标准准确级为 5P、10P。

（2）电压互感器接地保护用的绕组以往称"零序电压线圈"，准确级标注为"3B"或"6B"，现 GB 1207—1997 规定：保护用电压互感器的标准准确级为"3P"和"6P"。

五、注意事项

（1）电流互感器运行中二次绕组不得开路，否则会有高压产生。

（2）电压互感器运行中二次绕组不得短路，否则互感器将被烧毁。

（3）对于接地式（半绝缘）电压互感器进行绝缘试验时，只能做感应耐压试验。开关柜做工频试验时，应将此类电压互感器与开关柜断开。

22.1 高压电流互感器

22.1.1 6、10kV 浇注、干式电流互感器

22.1.1.1 LZ—10 系列

一、LZJ（C）（D）—10（G）（Q）（A）（GYW1）型电流互感器

1. 概述

LZJ—10G、LZJC—10G、LZJD—10G、LZJ（C、D）—10Q、LZJC—10（A）GYW1

型电流互感器为环氧树脂浇注支柱式，适用于额定频率 50Hz 或 60Hz、额定电压 10kV 及以下的电力系统中，作电能计量、电流测量和继电保护用。产品性能符合标准 GB 1208—1997《电流互感器》和 IEC 185。

2. 型号含义

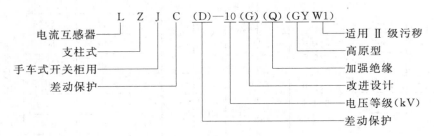

3. 结构

无锡市通宇电器有限责任公司的产品为全封闭结构，一、二次绕组及铁芯均浇注在环氧树脂内，耐污染及潮湿。

江苏靖江互感器厂的产品为半封闭支柱式结构，体积小，重量轻，适宜安装于任何位置和任何方向。

4. 技术数据

(1) 额定绝缘水平 (kV)：12/42/75。

(2) 额定频率 (Hz)：50，60。

(3) 额定二次电流 (A)：5，1。

(4) 局部放电水平符合 GB 1208—1997《电流互感器》、GB 5583—85 标准，局部放电量 ≤20pC。

(5) 可以制造计量用 0.2s 级高精度电流互感器。

(6) 仪表保安系数 (FS)：≤10。

(7) 表面爬电距离 (mm)：150，255。

(8) 负荷功率因数：$\cos\phi = 0.8$（滞后）。

(9) 额定一次电流、准确级组合及额定输出、额定动热稳定电流，见表 22-3。

表 22-3 LZJC (D)—10 (Q) (G) 型电流互感器技术数据

型 号	额定一次电流 (A)	准确级组合	额定输出 (VA)					额定短时热电流 (kA)	额定动稳定电流 (kA)	结构	生产厂
			0.2s	0.2	0.5	10P10	10P15				
LZJ—10 (Q)	5～400	0.2s/0.2s	10	10	15	15		$75I_{1n}$	$150I_{1n}$	全封闭	无锡市通宇电器有限责任公司
	600	0.2s/10P10						$50I_{1n}$	$90I_{1n}$		
	800	0.2/10P10									
	1000	0.5/10P10									
LZJC—10 (Q) LZJD—10 (Q)	5～400	0.2s/0.2s	10	10	15	15	15	$75I_{1n}$	$150I_{1n}$		
	600	0.2s/10P10						$50I_{1n}$	$90I_{1n}$		
	800	0.2/10P15									
	1000	0.5/10P15									

续表 22-3

型　号	额定一次电流（A）	准确级组合	额定输出（VA）					额定短时热电流（kA）	额定动稳定电流（kA）	结构	生产厂
			0.2s	0.2	0.5	10P10	10P15				
LZJ—10	5～400	0.2/10P 0.2/0.5 0.2/0.2 0.5/10P 0.5/0.5		10	10	15		75I_{1n}	150I_{1n}	半封闭	江苏靖江互感器厂
	600							30	60		
	800							40	80		
	1000							50	90		
LZJC—10 LZJD—10	5～400			10	10		15	75I_{1n}	150I_{1n}		
	600							30	60		
	800							40	80		
	1000							50	90		
LZJD—10 LZJC—10	10～1000	0.2/10P15 0.5/10P15 0.2/0.5		10 　 10	 10 15		15 15	65I_{1n}	162.5I_{1n}	半封闭	天津市百利纽泰克电器有限公司
LZJ—10	5～400	0.2/10P10 0.5/10P10		10	10	15		60I_{1n}	150I_{1n}	半封闭	大连第二互感器厂
	600							30	72		
	800							40	80		
	1000							45	90		
LZJC—10 LZJD—10	5～400	0.2/10P15 0.5/10P15		10	10		15	60I_{1n}	120I_{1n}	半封闭	大连第二互感器厂
	600							30	72		
	800							40	80		
	1000							45	90		
LZJ（C，D）—10Q	5～300	0.2/10P 0.2/10P 0.5s/10P 0.5/10P 0.2/0.5 0.2/0.2	10	10				100I_{1n}	250I_{1n}	全封闭	浙江三爱互感器有限公司
	400					10	15	45	112.5		
	500						15	56	140		
	600					15	15				
	800				20		20	80	200		
	1000				20	25					
LZJC—10	5	0.5/10P			10	10P 15		0.375	0.75	半封闭	宁波三爱互感器有限公司、宁波互感器厂
	10							0.75	1.5		
	15							1.125	2.25		
	20							1.5	3		
	30							2.25	4.5		
	40							3.0	6.0		
	50							3.75	7.5		
	75							5.625	11.25		
	100							7.5	15		

续表 22-3

型 号	额定一次电流（A）	准确级组合	额定输出（VA）					额定短时热电流（kA）	额定动稳定电流（kA）	结构	生产厂
			0.2s	0.2	0.5	10P10	10P15				
LZJC—10	150	0.5/10P			10	10P 15		11.25	22.5		
	200							15	30		
	300							22.5	45		
	400							30	60		
	600							30	60		
	800							40	80		
	1000							50	90		
	1500							45	90		
LZJC—10A	5	0.5/10P			15	10P 30		0.375	0.75	半封闭	宁波三爱互感器有限公司、宁波互感器厂
	10							0.75	1.5		
	15							1.125	2.25		
	20							1.5	3		
	30							2.25	4.5		
	40							3.0	6.0		
	50							3.75	7.5		
	75							5.625	11.25		
	100							7.5	15		
	150							11.25	22.5		
	200							15	30		
	300							22.5	45		
	400							30	60		
	600							30	60		
	800							40	80		
	1000							50	80		
LZJ—10	5～300	0.2s/10P15 0.2/10P15 0.5s/10P15 0.5/10P15	10	10	10		15	$100I_{1n}$	$250I_{1n}$		
	400							45	112.5		
	500							56	140		
	600							56	140		
	800～1000							80	200		
LZJC—10GYW1 LZJC—10AGYW1	5	0.2/0.5 0.2/10P 0.5/10P		10 (10)	10 (15)	10P 15 (30)		0.375	0.75		
	10							0.75	1.5		
	15							1.125	2.25		
	20							1.5	3		
	30							2.25	4.5		
	40							3.0	6		

型　号	额定一次电流（A）	准确级组合	额定输出（VA）					额定短时热电流（kA）	额定动稳定电流（kA）	结构	生产厂
			0.2s	0.2	0.5	10P10	10P15				
LZJC—10GYW1 LZJC—10AGYW1	50	0.2/0.5 0.2/10P 0.5/10P	10 (10)	10 (15)	10P 15 (30)			3.75	7.5	半封闭	宁波三爱互感器有限公司、宁波互感器厂
	75							5.625	11.25		
	100							7.5	15		
	150							11.25	22.5		
	200							15	30		
	300							22.5	45		
	400							30	60		
	600							30	60		
	800							40	80		
	1000							50	90		

注　括号内的数字为 LZJC—10AGYW1 型电流互感器的额定输出。

5. 外形及安装尺寸

LZJC（D）—10（Q）型电流互感器外形及安装尺寸，见图 22-1。

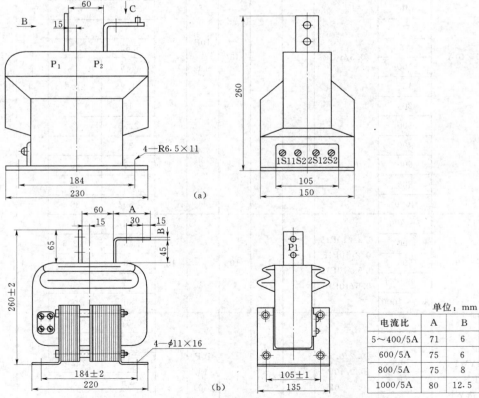

电流比	A	B
5～400/5A	71	6
600/5A	75	6
800/5A	75	8
1000/5A	80	12.5

单位：mm

图 22 - 1　LZJC（D）—10（Q）型电流互感器外形及安装尺寸

(a) LZJ（C, D）—10G（Q）（全封闭结构，无锡市通宇电器有限责任公司）；

(b) LZJC（D）—10（半封闭结构，江苏靖江互感器厂）

二、LZX（Q）（1，4，5）—10（Q）（W1）（LZZB3—10）型电流互感器

1. 概述

LZX（Q）（1，4，5）—10（Q）（W1）（LZZB3—10）型电流互感器为半封闭浇注绝缘支柱式，适用于额定频率50Hz或60Hz、额定电压10kV及以下的电力系统中，作电能计量、电流测量和继电保护用，户内型。产品执行标准GB 1208—1997《电流互感器》和IEC 185。

2. 型号含义

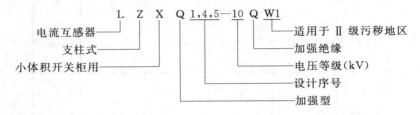

3. 结构

该系列产品为环氧树脂浇注半封闭结构，铁芯用夹件夹装在绝缘浇注体上，夹件的底脚有4个安装孔。

4. 技术数据

（1）额定绝缘水平（kV）：12/42/75，11.5/42/75。

（2）额定二次电流（A）：5，1。

（3）表面爬电距离（mm）：220。

（4）局部放电水平符合GB 1208—1997《电流互感器》标准。

（5）额定一次电流、准确级组合、额定二次输出及动热稳定电流，见表22-4。

表 22-4 LZX（Q）（1，4，5）—10（Q）（W1）型电流互感器技术数据

型 号	额定一次电流（A）	准确级组合	额定 输 出 (VA)						额定短时热电流（kA）	额定动稳定电流（kA）	生产厂
			0.2s	0.2	0.5s	0.5	10P15	10P3			
LZX（Q）（4，5）—10（Q）（LZZB3—10）	5	0.2/0.2 0.2/10P15 0.5/10P15 0.2/0.5		10		10	15		0.5	1.25	江苏靖江互感器厂
	10								1	2.5	
	15								1.5	3.75	
	20								2	5	
	30								3	7.5	
	40								4	10	
	50								5	12.5	
	75								7.5	19	
	100								10	25	
	150								15	37.5	

续表 22 - 4

型 号	额定一次电流（A）	准确级组合	额 定 输 出（VA）						额定短时热电流（kA）	额定动稳定电流（kA）	生产厂
			0.2s	0.2	0.5s	0.5	10P15	10P3			
LZX（Q）(4，5)—10（Q)(LZZB3—10)	200	0.2/0.20.2/10P150.5/10P150.2/0.5	10		10		15		20	50	江苏靖江互感器厂
	300								31.5	80	
	400										
	600～1000								48	120	
LZX—10Q	10～1000	0.2/10P150.5/10P150.2/0.5	10/15						$65I_{1n}$	$162.5I_{1n}$	天津市百利纽泰克电器有限公司
LZX—10QLZX—10W1	5	0.2/30.2/10P0.5/30.5/10P	10		10		15		0.4	1.2	中山市东风高压电器有限公司
	10								0.9	2.3	
	15								1.4	3.3	
	20								1.8	5.5	
	30								2.7	6.7	
	40								3.6	9	
	50								4.5	11.2	
	75								6.8	16.7	
	100								9	22.5	
	150								14	24	
	200								18	32	
	300								24	48	
	400								30	64	
	600								30	64	
	800								40	72	
	1000								50	90	
LZX4—10LZX5—10	5～200								$90I_{1n}$	$225I_{1n}$	浙江三爱互感器有限公司
	300								24	48	
	400								30	64	
	600								30	70	
	800								40	72	
	1000								50	90	
LZX—10Q	5～200								$100I_{1n}$	$250I_{1n}$	
	300								45	80	
	400								45	80	
	600								63	90	
	800								63	90	

型　　号	额定一次电流（A）	准确级组合	额定输出（VA）						额定短时热电流（kA）	额定动稳定电流（kA）	生产厂
			0.2s	0.2	0.5s	0.5	10P15	10P3			
LZX—10Q	1000								63	90	
LZXQ4—10 LZXQ5—10	5～200										浙江三爱互感器有限公司
	300								45	80	
	400								45	80	
	600								63	90	
	800								63	90	
	1000								63	90	
LZX—10	5～100/5	0.5/3 0.5/D				10	D级 15	3级 15	90（倍）	225（倍）	沈阳互感器厂（有限公司）
	150～200/5								90（倍）	160（倍）	
	300/5								80（倍）	160（倍）	
	400/5								75（倍）	160（倍）	
	500～1000/5								50（倍）	90（倍）	
	1500/5								36（倍）	65（倍）	
LZX4—10 LZX5—10	5/5	0.5/3 0.5D				10	15	15	0.525	1.25	
	10/5								1.05	2.5	
	15/5								1.575	3.75	
	20/5								2.1	5	
	30/5								3.15	7.5	
	40/5								4.2	10	
	50/5								5.25	12.5	
	75/5								7.875	18.75	
	100/5								10.5	25	
	150/5								15.75	30	
	200/5								21	40	
LZXQ4—10 LZXQ5—10	300～400/5	0.5/3 0.5/D				10	15	15	31.5/2s	100	
	500～1000/5								31.5/4s	100	
LZX1—10	20	0.2s 0.2 0.5s 0.5	10	10	10	15			1.5	3	金坛市金榆互感器厂
	30								2.25	4.5	
	40								3	6	
	50								3.75	7.5	
	75								5.625	11.25	
	100								7.5	15	
	150								11.25	22.5	
	200								15	30	

续表 22-4

型　　号	额定一次电流 (A)	准确级组合	额定输出（VA）						额定短时热电流 (kA)	额定动稳定电流 (kA)	生产厂
			0.2s	0.2	0.5s	0.5	10P15	10P3			
LZX1—10	300	0.2s 0.2 0.5s 0.5	10	10	10	15			22.5	45	金坛市金榆互感器厂
	400								30	60	
	500～600								30	60	
	800～1000								50	90	
LZX—10 LZX4—10 LZX5—10	5	0.2/0.2 0.5/0.5 0.2/10P15 0.5/10P15							0.5	1.2	大连第二互感器厂
	10								0.9	2.3	
	15								1.4	3.4	
	20								1.8	4.5	
	30								2.7	6.8	
	40								3.6	9	
	50								4.5	11.3	
	75			10/10					6.8	16.9	
	100			10/10					9	22.5	
	150			10/15					13.5	24	
	200			10/15					18	32	
	300								24	48	
	400								30	64	
	500								30	64	
	600								30	64	
	800								40	72	
	1000								50	90	
LZX—10Q LZXQ4—10 LZXQ5—10	5	0.2/0.2 0.5/0.5 0.2/10P15 0.5/10P15							0.5	1.3	
	10								1	2.5	
	15								1.5	3.8	
	20								2	5	
	30								3	7.5	
	40			10/10					4	10	
	50			10/10					5	12.5	
	75			10/15					7.5	18.8	
	100			10/15					10	25	
	150								15	30	
	200								20	40	
	300～400								45	80	
	600～1000								63	90	
LZX—10G	5～10～15/5 200～300 ～400/5	0.5/0.2/0.2 0.5/0.5/0.5			10/10/10				$90I_{1n}$	$160I_{1n}$	

5. 外形及安装尺寸

该系列产品外形及安装尺寸，见图 22 - 2。

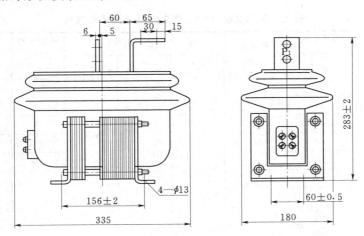

图 22 - 2　LZX（Q）5—10 型电流互感器外形及安装尺寸
（江苏靖江互感器厂）

22.1.1.2　LZZ—10 系列

一、LZZ—10W1 型电流互感器

1. 概述

LZZ—10W1 型电流互感器为环氧树脂全封闭支柱式，适用于额定频率 50Hz 或 60Hz、额定电压 10kV 及以下的电力系统中，作电能计量、电流测量和继电保护用。产品符合 IEC 44—1：1996 及 GB 1208—1997《电流互感器》标准。

2. 型号含义

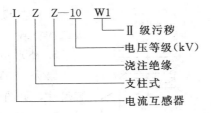

3. 结构

该型产品为支柱式环氧树脂浇注全封闭户内型结构。一次绕组和二次绕组及铁芯组合在一起的器身封闭在环氧树脂混合料的浇注体内，一次绕组 P1、P2 端由顶部引出，二次绕组接线端由下部侧面引出。

4. 技术数据

（1）额定绝缘水平（kV）：12/42/75。

（2）额定二次电流（A）：5，1。

（3）局部放电水平符合 GB 1208—1997《电流互感器》标准。

（4）负荷功率因数：$\cos\phi=0.8$（滞后）。

（5）额定一次电流、准确级组合及额定输出、额定短时热电流及动稳定电流，见表 22-5。

表 22-5 LZZ—10W1 型电流互感器技术数据

型　号	额定一次电流（A）	准确级组合	额定输出（VA）			额定短时热电流（kA）	额定动稳定电流（kA）	生产厂
			0.2	0.5	10P10			
LZZ—10W1	50	0.2 0.5 10P10	10	15	10	7.5	19	江苏靖江互感器厂
	75					11.25	28	
	100					15	37.5	
	150					22.5	56	
	200					30	75	
	300							
	400					40	100	
	500							
	600							
	630							
LZZ—10W1	50	0.2s 0.2 0.5 10P10	0.2 0.2s 10	15	10	7.5	19	宁波三爱互感器有限公司、宁波互感器厂
	75					11.25	28	
	100					15	37.5	
	150					22.5	56	
	200					30	75	
	300							
	400					40	100	
	500							
	600							

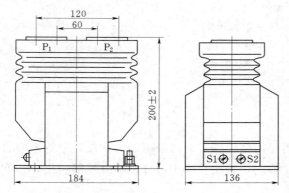

图 22-3 LZZ—10W1 型电流互感器外形及
安装尺寸（江苏靖江互感器厂）

（6）与微机配合使用时，0.2、0.5级二次负载可下延至 1VA。

5. 外形及安装尺寸

LZZ—10W1 型电流互感器外形及安装尺寸，见图 22-3。

6. 生产厂

江苏靖江互感器厂、宁波三爱互感器有限公司、宁波互感器厂、宁波市江北三爱互感器研究所。

二、LZZJ（1，2）—10（G）（Q）W1 型电流互感器

1. 概述

LZZJ（1，2）—10（G）（Q）W1 型电流互感器为环氧树脂浇注绝缘全封闭结构，适用于额定频率 50Hz 或 60Hz、额定电压 10kV 及以下的户内电力线路及设备中，作电流、电能测量和继电保护用。产品符合 IEC 44—1：1996 及 GB 1208—1997《电流互感器》标

准，体积小，重量轻，绝缘性能优越，精度高，动热稳定倍数高。

2. 型号含义

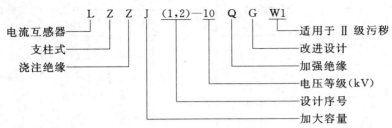

3. 结 构

该型产品为全封闭支柱式结构，一、二次绕组及铁芯均浇注在环氧树脂内，耐污染及潮湿。二次绕组可抽头得到两种不同的变比。减极性。

4. 技术数据

(1) 额定绝缘水平（kV）：12/42/75。

(2) 额定二次电流（A）：5，1。

(3) 局部放电水平符合 GB 1208—1997《电流互感器》标准。

(4) 仪表保安系数（FS）：≤10。

(5) 表面爬电距离：满足Ⅱ级污秽等级。

(6) 额定一次电流、准确级组合及额定输出、额定短时热电流及动稳定电流，见表22-6。

表 22-6 LZZJ—10（G）（Q）型电流互感器技术数据

型　号	额定一次电流（A）	准确级组合	额定输出（VA）				额定短时热电流（kA/s）	额定动稳定电流（kA）	备注	生产厂
			0.2s	0.2	0.5	10P10				
LZZJ—10（Q） LZZJ—10G	20	0.2s/0.2s 0.2/0.2 0.2s/10P10 0.2/10P10 0.5/10P10 0.2s/10P10/10P10 0.2/10P10/10P10 0.5/10P10/10P10	10	10	15	15	1.6/2	4	单变比	无锡市通宇电器有限责任公司
	30，40						3.15/2	8		
	50						6.3/2	16.5		
	75									
	100，150						8/2	20		
	200						12.5/2	31.5		
	300						20/2	50		
	400									
	500，600						25/4	63		
	800		15	15	20	20	31.5/4	80		
	1000									
LZZJ—10（Q） LZZJ—10G 二次抽头 双变比	20～30	0.2s/0.2s 0.2/0.2 0.2s/10P10 0.2/10P10 0.5/10P10 10P10/10P10	10	10	15	15	1.6/2	4	二次抽头双变比	
	30～40						3.15/2	8		
	40～50									
	50～75						6.3/2	16.5		
	75～100									
	100～150						8/2	20		

型　　号	额定一次电流（A）	准确级组合	额定输出（VA）				额定短时热电流（kA/s）	额定动稳定电流（kA）	备注	生产厂
			0.2s	0.2	0.5	10P10				
LZZJ—10（Q） LZZJ—10G 二次抽头双变比	150～200	0.2s/0.2s 0.2/0.2 0.2s/10P10 0.2/10P10 0.5/10P10 10P10/10P10	10	10	15	15	12.5/4	31.5	二次抽头双变比	无锡市通宇电器有限责任公司
	200～300									
	300～400						20/4	50		
	400～600									
	600～800			15	15	20	25/4	63		
	800～1000						31.5/4	80		
LZZJ—10 （G）（Q） （LZZBJ5—10W1）	20	0.2/10P10 0.2/0.2 0.5/10P10 10P10/10P10 0.5/0.5 0.5/0.5/10P10 0.2/0.5/10P10 0.2/0.2/10P10 0.2/10P10/10P10 0.5/10P10/10P10		10	10	15	1.6/2	4	单变比	江苏靖江互感器厂
	30～40						3.15/2	8		
	50						6.3/2	16		
	75									
	100～150						8/2	20		
	200						12.5/2	31.5		
	300						20/2	50		
	400									
	500～600			15	15	20	25/4	63		
	800						31.5/4	80		
	1000			20	20	25				
	20～30	0.2/10P10 0.5/10P10 10P10/10P10		10	10	15	1.6/2	4	二次抽头双变比	
	30～40						3.15/2	8		
	40～50									
	50～75						6.3/2	16		
	75～100									
	100～150						8/2	20		
	150～200									
	200～300						12.5/4	31.5		
	300～400						20/4	50		
	400～600									
	600～800			15	15	20	25/4	63		
	800～1000						31.5/4	80		

续表 22-6

型　号	额定一次电流（A）	准确级组合	额定输出（VA）				额定短时热电流（kA/s）	额定动稳定电流（kA）	备注	生产厂
			0.2s	0.2	0.5	10P10				
LZZJ1—10W1	5～200	0.2/0.2 0.2/0.5 0.5/0.5 0.5/10P10		10	10	10P15	$140I_{1n}$	$350I_{1n}$	*为高动热稳定型	大连第二互感器厂
	300～315			10	10	15	28	70		
	400～500			10	10	15	40	100		
	600			10	15	20	40，63*	100，125*		
	800～1000			15	20	30	63，80*	160		
	1250～1600			20	25	30	80	160		
LZZJ2—10	5～10～15	0.2s 0.2 0.5s 0.5	10	10	10		$90I_{1n}$	$200I_{1n}$		
	10～15～20									
	15～20～30									
	20～30～40									
	30～40～50									
	40～50～75									
	50～75～100									
	75～100～150									
	100～150～200									
	150～200～300						31.5	80		
	200～300～400						31.5	80		
	400～500～600						45	112.5		
LZZJ—10 LZZJ—10Q	5	0.5 10P10			10	15	0.5	1.25		浙江三爱互感器有限公司
	10						1	2.5		
	15						1.5	3.75		
	20						2	5		
	30						3	7.5		
	40						4	10		
	50						5	12.5		
	75						8	20		
	100						10	25		
	150						16	40		
	200						20	50		
	300						20	50		
	400						20	50		

续表 22-6

型号	额定一次电流 (A)	准确级组合	额定输出 (VA) 0.2s	0.2	0.5	10P10	额定短时热电流 (kA/s)	额定动稳定电流 (kA)	备注	生产厂
LZZJ—10 LZZJ—10Q	500	0.5 10P10			15	15	25	63		浙江三爱互感器有限公司
	600						25	63		
	800						32	80		
	1000				20	25	32	80		
LZZJ—10 LZZJ (B9)—10	5, 10, 15, 20, 30, 40, 50, 75, 100	0.2s/0.2s 0.2s/10P 0.2/0.2 0.2/0.5 0.5/10P	10	10	10	10P 15	$150I_{1n}$	$375I_{1n}$		宁波三爱互感器有限公司、宁波互感器厂
	150						22.5	45		
	200						24.5	45		
	300									
	400, 500, 600		15	15	15	20	45	90		
	800, 1000						63	100		
LZZJ—10Q	5~200	0.2s/10P15 0.2/10P15 0.5/10P15	10		15	10P15 15	$140I_{1n}$	$350I_{1n}$		金坛市金榆互感器厂
	300					15	28	70		
	400~500						40	100		
	600				20	40	100		
	800~1000			20	15	30	63	120		
LZZJ—10	15~200	0.2/5P10 0.5/5P10		10	10	5P10 10	$150I_{1n}$	$375I_{1n}$		大连金业电力设备有限公司
	300					15	40	100		
	400~630				15	20	60	150		
	800~1000		15	20	30	80	200		
	1250~1600						120	300		

5. 外形及安装尺寸

LZZJ—10（G）（Q）型电流互感器外形及安装尺寸，见图 22-4。

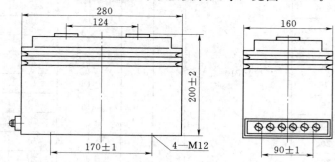

图 22-4　LZZJ—10G（Q）型电流互感器外形及安装尺寸
（江苏靖江互感器厂）

22.1.1.3 LZZB 系列

一、LZZB（1，2，8）—10 型电流互感器

1. 概述

LZZB（1，2，8）—10 型电流互感器为环氧树脂浇注绝缘全封闭支柱式结构，适用于额定频率 50Hz 或 60Hz、额定电压 10kV 及以下的电力系统中，作电能计量、电流测量和继电保护用。产品符合 IEC 44—1：1996 及 GB 1208—1997《电流互感器》标准，具有体积小、重量轻、绝缘性能优越、精度高、动热稳定倍数高等特点。

LZZB1—10 型是为了替代旧型号 LZJ（C、D）—10（半封闭）而专门设计的新产品，外形及安装尺寸与旧产品一样，可以完全取代，并且还可以根据需要制成各种特殊规格的产品，灵活性强。

LZZB2—10 型是为了替代旧型号 LZX—10（半封闭）而专门设计的新产品，外形及安装尺寸与旧产品一样，可以完全取代，并能制成各种特殊规格的产品，灵活性强。

LZZB8—10 型为最新一代高精度、高动热稳定大容量型产品，二次绕组数量 2～3 个，可根据不同需要任意组合，适用于 KYN28A—12（GZS1）型高压抽出式开关柜上及其它中置柜上。

2. 型号含义

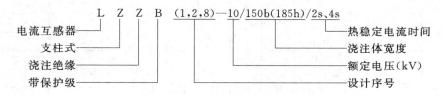

3. 结构

LZZB—10、LZZB1—10、LZZB2—10、LZZB8—10 型电流互感器为户内环氧树脂浇注全封闭支柱式结构。

LZZB1—10 型铁芯采用优质的导磁材料，一、二次绕组及铁芯均浇注在环氧树脂中，具有优良的绝缘性能和防潮能力，并容易做到表面清洁。一次出线 P1、P2 分别在浇注体的顶部，二次绕组出线端在浇注体的底部，第 1 组为计量绕组（0.2s 级，0.2 级），标志为 1S1、1S2；第二组为监控绕组（0.5 级），标志为 2S1、2S2；第三组为保护级绕组（10P 级），标志为 3S1、3S2。如果需要可任意改变准确级组合。互感器为减极性，底部安装了底板并配有 4 只 φ12 的安装孔。

LZZB2—10 型一次出线 P1、P2 分别在浇注体的顶部，二次绕组出线端在浇注体的底部，第一组为计量绕组（0.2s 级、0.2 级），标志为 1S1、1S2；第二组为保护级绕组（10P 级），标志为 2S1、2S2。如果需要可任意改变准确级组合，互感器为减极性。

LZZB8—10 型（同 AS12）二次线圈有一个测量级和一个（或两个）保护级，两个（或 3 个）绕组所组成。铁芯采用进口优质冷轧硅钢片绕制成环形，并经严格热处理。二次出线端子处安装有接线护罩，宜于户内任何方向位置安装。护罩正面及两个侧面各有一个孔供引出二次接线用，安全可靠。因此，3 个方向上均可引出接线，并且防护罩具有防窃电功能。

4. 技术数据

(1) 额定绝缘水平 (kV)：12/42/75。

(2) 额定二次电流 (A)：5，1。

(3) 表面爬电距离 (mm)：220。LZZB8—10 型满足Ⅱ级污秽等级。

(4) 局部放电水平符合 GB 1208—1997《电流互感器》标准要求。

(5) 额定一次电流、准确级组合及额定输出、额定短时热电流及动稳定电流，见表 22 - 7。

表 22 - 7 LZZB (1，2，8)—10 型电流互感器技术数据

型　号	额定一次电流 (A)	准确级组合	额定输出 (VA)						额定短时热电流 (kA)	额定动稳定电流 (kA)	生产厂
			0.2s	0.2	0.5s	0.5	10P	10P10			
LZZB—10	50～300	0.2/10P10 0.5/10P10			10		15	15	$150I_{1n}$	$2.5 \times 150I_{1n}$	江苏靖江互感器厂
	400								45	112.5	
	600								60	150	
	800										
LZZB1—10	20	0.2s/10P 0.2/10P 0.5s/10P 0.5/10P 0.2/0.5/10P 0.2s/0.5/10P 0.2s/0.2 0.2s/0.5 0.2/0.2 0.2/0.5 0.5/0.5	10	10	10	15	15		1.5	3	金坛市金榆互感器厂
	30								2.25	4.5	
	40								3	6	
	50								3.75	7.5	
	75								5.625	11.25	
	100								7.5	15	
	150								11.25	22.5	
	200								15	30	
	300								22.5	45	
	400								30	60	
	500～600								30	60	
	800～1000								50	90	
LZZB2—10	20	0.2s/10P 0.2/10P 0.5s/10P 0.5/10P 0.2/0.5 0.2s/0.5 0.2/0.2 0.5/0.5	10	10	10	15	15		1.5	3	
	30								2.25	4.5	
	40								3	6	
	50								3.75	7.5	
	75								5.625	11.25	
	100								7.5	15	
	150								11.25	22.5	
	200								15	30	
	300								22.5	45	
	400								30	60	
	500～600								30	60	
	800～1000								50	90	

型　号	额定一次电流 (A)	准确级组合	额定输出 (VA) 0.2	0.5	1	5P10	5P20	额定短时热电流 (kA)	额定动稳定电流 (kA)	生产厂
LZZB8—10	5							0.5	1.25	宁波三爱互感器有限公司、宁波互感器厂
	10							1	2.5	
	15							1.5	3.75	
	20							2	5	
	30							3	7.5	
	40							4	10	
	50							5	12.5	
	75	0.5/1 0.5/5P10 1/5P10 5P10/5P10				20		7.5	18.75	
	100							10	25	
	150							15	37.5	
	200		30	60	15			20	50	
	300							30	75	
	400							40	100	
	500							50	125	
	600							60	150	
	750							75	167.5	
	800							80	200	
	1000	0.2/0.5 0.2/1 0.2/5P10 0.5/1 0.5/5P10 1/5P10 5P10/5P10	20			30		100	250	
	1200							120	250	
	1500	0.2/0.5 0.2/1 0.2/5P20 0.5/1 0.5/5P20 1/5P20 5P20/5P20	30	60	90	20	30	150	375	
	2000							200	500	
	2500							250	625	
	3000							300	750	

续表 22-7

型 号	额定一次电流（A）	额定 输 出（VA）						额定短时热电流（kA/s）	额定动稳定电流（kA）	生产厂
		0.2	0.2s	0.5	10P10	5P10	5P20			
LZZB8—10/150h/2s	20	10	10	10	15			7/1	14	
	30，40							7/2	22	
	50，60							12/2	38	
	75							19/2	60	
	100							24/2	76	
	160（150）							31.5/3	100	
	200									
	315（300）									
	400									
	500，630（600）									
	800（750）									
	1000，1250									
	1600（1500）									
	20	15	15	15		15		2	5	金坛市金榆互感器厂
	30，40							4.5	11.25	
	50，60							5/2	16	
	75							7/2	22	
	100							8/2	25	
	160（150）							14/2	44	
	200							25/2	80	
	315（300）							31.5/2	100	
	400							31.5/2	100	
	500，630（600）							31.5/3	100	
	800（750）							31.5/3	100	
	1000，1250							31.5/3	100	
	1600（1500）							31.5/3	100	
LZZB8—10/150h/4s	20	15	15	15		15		5/2	16	
	30，40							7/2	22	
	50，60							12/2	38	
	75							18/2	56	
	100							25/2	76	
	160（150）							31.5/2	100	
	200							31.5/2	100	
	315（300）							40/3	128	

续表 22-7

型　号	额定一次电流（A）	额定输出（VA）						额定短时热电流（kA/s）	额定动稳定电流（kA）	生产厂
		0.2	0.2s	0.5	10P10	5P10	5P20			
	400							40/3	128	
	500，630（600）							40/3	128	
	800（750）	15	15	15		15				
	1000，1250							45/3	144	
	1600（1500）									
LZZB8—10/150h/4s	20									
	30，40									
	50，60									
	75									
	100							5/2	16	
	160（150）							8.5/2	27	
	200	15	15	15			20	10.5/2	33	
	315（300）							16/2	51	
	400							21/2	67	
	500，630（600）							31.5/2	100	
	800（750）									
	1000，1250							40/3	128	
	1600（1500）									金坛市金榆互感器厂
LZZB8—10/150h/2s	20							7/2	22	
	30，40							8.6/2	27	
	50，60							18.5/2	43	
	75							21/2	67	
	100							28/2	89	
	160（150）							31.5/2	100	
	200	15	15	15	15			31.5/3	100	
	315（300）							40/3	128	
	400							40/3	128	
	500，630（600）							40/3	128	
	800（750）1000，1250							45/3	144	
	1600（1500）							50/3	160	
	2500							83/3	200	
	20	15	15	15		15				
	30，40							5/2	16	

型 号	额定一次电流(A)	额 定 输 出 (VA)						额定短时热电流(kA/s)	额定动稳定电流(kA)	生产厂
		0.2	0.2s	0.5	10P10	5P10	5P20			
LZZB8—10/150h/2s	50, 60	15	15	15		15		8.5/2	27	
	75							12/2	38	
	100							18/2	57	
	160 (150)							25/2	80	
	200							31.5/2	100	
	315 (300)							31.5/2	100	
	400							31.5/2	100	
	500, 630 (600)							40/3	144	
	800 (750) 1000, 1250							45/3	144	
	1600 (1500)							50/3	160	
	2500							63/3	200	
LZZB8—10/150h/4s	20	15	15	15		15		7/2	22	金坛市金榆互感器厂
	30, 40							8.6/2	27	
	50, 60							18.5/2	43	
	75							21/2	67	
	100							28/2	89	
	160 (150)							31.5/2	100	
	200							31.5/2	128	
	315 (300)							40/3	128	
	400							40/3	128	
	500, 630 (600)							40/3	128	
	800 (750) 1000, 1250							45/3	144	
	1600 (1500)							50/3	160	
	2500							63/3	200	
	20	15	15	15			20			
	30, 40							5/2	16	
	50, 60							8.3/2	27	
	75							12/2	38	
	100							18/2	57	
	160 (150)							25/2	80	
	200							31.5/2	100	
	315 (300)							31.5/2	100	

续表 22-7

型　号	额定一次电流（A）	额定输出（VA）						额定短时热电流（kA/s）	额定动稳定电流（kA）	生产厂
		0.2	0.2s	0.5	10P10	5P10	5P20			
LZZB8—10/150h/4s	400	15	15	15			20	31.5/2	100	金坛市金榆互感器厂
	500，630（600）							40/3	144	
	800（750）1000，1250							45/3	144	
	1600（1500）							50/3	160	
	2500							63/3	200	
LZZB—10（LZJC—10）	5～1000	10		10	10P15			$40I_{1n}$（一次电流的 40 倍）	$80I_{1n}$（一次电流的 80 倍）	江西赣电互感器有限责任公司

5. 外形及安装尺寸

LZZB8—10 型电流互感器外形及安装尺寸，见图 22-5。

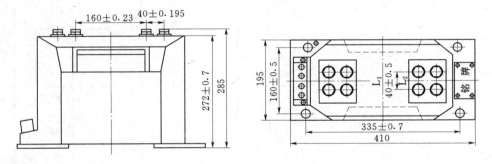

图 22-5　LZZB8—10 型电流互感器外形及安装尺寸（1500～3000A/5A）

二、LZZBJ9—10 型电流互感器

1. 概述

LZZBJ9—10 型电流互感器为环氧树脂浇注全封闭结构，适用于额定频率 50Hz 或 60Hz、额定电压 10kV 及以下的电力系统中，作电能计量、电流测量和继电保护用。产品符合 IEC 185、IEC 44—1：1996 及 GB 1208—1997《电流互感器》标准。

2. 型号含义

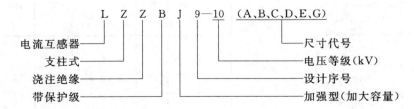

3. 结构

该系列产品为环氧树脂浇注全封闭支柱式结构，一、二次绕组及铁芯均浇注在环氧树脂内，耐污染及潮湿。安装时将一次出线螺钉压紧，保证接触可靠。

4. 技术数据

（1）额定绝缘水平（kV）：12/42/75。

（2）额定二次电流（A）：5，1。

（3）局部放电水平符合 GB 1208—1997《电流互感器》标准。

（4）可以制造计量用 0.2s 或 0.5s 级高精度电流互感器。

（5）污秽等级：Ⅱ级。

（6）额定频率（Hz）：50，60。

（7）额定一次电流、准确级组合、额定输出、额定短时热电流及动稳定电流，见表 22－8。

表 22－8　LZZBJ9—10 型电流互感器技术数据

型　号	额定一次电流（A）	准确级组合	额定输出（VA）					额定短时热电流（kA）	额定动稳定电流（kA）	备注	生产厂
			0.2s	0.2	0.5	10P10	10P15				
LZZBJ9—10A LZZBJ9—10B LZZBJ9—10C	5	0.2/10P10 0.5/10P10 0.2/10P15 0.5/10P15	10	15	15	15	15	0.5	1.25	常规技术数据	无锡市通宇电器有限责任公司
	10							1	2.5		
	15							1.5	3.75		
	20							3	7.5		
	30，40，50							6	15		
	60，75							11	27.5		
	100							21	52.5		
	150							31.5	80		
	200，300							45	112.5		
	400，600							63	130		
	800，1000		15	20	20			80	160		
	1200，1500										
LZZBJ9—10A LZZBJ9—10C	1500		15	20	30	15		100	160		
	2000										
	2500										

续表 22-8

型　号	额定一次电流 (A)	准确级组合	额定输出 (VA)					额定短时热电流 (kA)	额定动稳定电流 (kA)	备注	生产厂
			0.2s	0.2	0.5	10P10	10P15				
LZZBJ9—10A LZZBJ9—10B LZZBJ9—10C	5	0.2/10P10 0.5/10P10 0.2/10P15 0.5/10P15		10	15	15	15	1	2.5	高动热稳定技术数据	无锡市通宇电器有限责任公司
	10							2	5		
	15							4.5	11.25		
	20							6	15		
	30							12	30		
	40							16	40		
	50，60							21	52.5		
	75							31.5	80		
	100，150，200							45	112.5		
	300，400，600							41.5	80		
	800，1000							80	160		
	1200										
LZZBJ9—10A LZZBJ9—10C	1500			10	15	15	15	100	160		
	2000										
	2500										
LZZBJ9—10A LZZBJ9—10C	5～75	0.2s/0.2s/10P10 0.2/0.2/10P10 0.2s/0.2/10P10 0.2/0.2/10P10 0.5/0.5/10P10 0.2/10P10/10P10 0.5/10P10/10P10	10	10	15	15		100I$_{1n}$	250I$_{1n}$	三绕组技术数据	
	100							21	52.5		
	150，200							31.5	80		
	300，400							45	112.5		
	500，600							63	130		
	800										
	1000～1250										
	1500							80	160		
	2000			15	20						
	2500				20						

续表 22-8

型号	额定一次电流 (A)	准确级组合	0.2s	0.2	0.5	5P10	10P10	10P15	额定短时热电流 (kA)	额定动稳定电流 (kA)	备注	生产厂
LZZBJ9—10A1 LZZBJ9—10B1 LZZBJ9—10C1 LZZBJ9—10D1 LZZBJ9—10A1G	5	0.2/10P10 0.5/10P10 0.2/10P15 0.5/10P15		10	15	15	15	15	0.5	1.25	常规技术数据	江苏靖江互感器厂
	10								1	2.5		
	15								1.5	3.75		
	20								3	7.5		
	30，40，50								6	15		
	60，75								11	27.5		
	100								21	52.5		
	150								31.5	80		
	200，300								45	112.5		
	400，600								63	130		
	800，1000			15	20		20		80	160		
	1200，1250								80	160		
LZZBJ9—10A1 LZZBJ9—10C1	1500			15	20	30	15		100	160		
	2000											
	2500											
LZZBJ9—10A1 LZZBJ9—10B1 LZZBJ9—10C1 LZZBJ9—10D1 LZZBJ9—10A1G	5	0.2/10P10 0.5/10P10 0.2/5P10 0.5/5P10		10	15	15	15		1	2.5	常规技术数据	
	10								2	5		
	15								4.5	11.25		
	20								6	15		
	30								12	30		
	40								16	40		
	50，60								21	52.5		
	75								31.5	80		
	100，150，200								45	112.5		
	300，400，600								63	130		
	800，1000								80	160		
	1200								80	160		
LZZBJ9—10A1 LZZBJ9—10C1	1500			10	15	15	15		100	160		
	2000											
	2500											

续表 22-8

型　号	额定一次电流 (A)	准确级组合	额定输出（VA）					额定短时热电流 (kA)	额定动稳定电流 (kA)	备注	生产厂
			0.2	0.5	5P10	10P10	10P15				
LZZBJ9—10A2 LZZBJ9—10B2 LZZBJ9—10C2 LZZBJ9—10D2 LZZBJ9—10A2G	5	0.2/5P10 0.5/5P10 0.2/10P10 0.5/10P10 0.2/10P15 0.5/10P15	10	20	15	15	15	0.5		常规技术数据	江苏靖江互感器厂
	10							1			
	15							1.5			
	20							3			
	30							4.5			
	40							6			
	50							7.5			
	60							9			
	75							10			
	100							21			
	150							31.5			
	200, 300							45			
	400							63			
	600										
	800		15	30	20	20		80	160		
	1000										
	1200, 1250							100	160		
LZZBJ9—10A2 LZZBJ9—10C2	1500		30	60	30	30	30	100	160		
	2000										
	2500										
LZZBJ9—10A2 LZZBJ9—10B2 LZZBJ9—10C2 LZZBJ9—10D2 LZZBJ9—10A2G	5	0.2/10P10 0.5/10P10	10	10		20		1	2.5		
	10							2	5		
	15							4.5	11.25		
	20							6	15		
	30							12	30		
	40							21	52.5		
	50							21	52.5		
	60							31.5	80		
	75							45	112.5		
	100							45	112.5		
	150, 200							63	130		
	300, 400							80	160		
	600							80	160		
	800, 1000							100	160		
	1200, 1250							100	160		

型　号	额定一次电流（A）	准确级组合	额定输出（VA）					额定短时热电流（kA）	额定动稳定电流（kA）	备注	生产厂
			0.2	0.5	5P10	10P10	10P15				
LZZBJ9—10A1 LZZBJ9—10B1 LZZBJ9—10C1 LZZBJ9—10A1G	5～75	0.2/0.2/10P10 0.2/0.5/10P10 0.5/0.5/10P10 0.2/10P10/10P10 0.5/10P10/10P10	10	20		10		100I_{1n}	250I_{1n}	常规技术数据	江苏靖江互感器厂
	100							21	52.5		
	150，200							31.5	80		
	300，400							45	112.5		
	500，600							63	130		
	800							63	130		
	1000，1200，1250					15					
	1500，1600		20	30				80	160		
	2000										
	2500					20					
LZZBJ9—10A2 LZZBJ9—10B2 LZZBJ9—10C2 LZZBJ9—10A2G	5～75	0.2/0.2/10P10 0.2/0.5/10P10 0.5/0.5/10P10 0.2/10P10/10P10 0.5/10P10/10P10	10	20		15		100I_{1n}	250I_{1n}		
	100							21	52.5		
	150，200							31.5	80		
	300，400							45	112.5		
	500							63	80		
	600，800										
	1000，1200，1250			30				80	160		
	1500，1600			40		20					
	2000，2500		30	60				100	160		
	3000，3150										
LZZBJ9—10	5/5	0.2/10P 0.2/0.5 0.5/10P 0.2/3	10	10	15	15		0.8	1.9		重庆高压电器厂
	10/5							1.5	3.8		
	15/5							2.3	5.8		
	20/5							3	7.5		
	30/5							4.5	11.3		
	40/5							6	15		
	50/5							7.5	18.8		
	75/5							11.5	29		
	100/5							15	37.5		
	150～200/5							22.5	56.5		
	300/5							45	112.5		
	400～500/5							45	112.5		
	600～5							63	157.5		
	800～1000/5							63	157.5		
	1200～1500/5							63	157.5		
	2000～2500/5							63	157.5		

续表 22-8

型 号	额定一次电流（A）	准确级组合	额定输出（VA）	额定短时热电流（kA）	额定动稳定电流（kA）	备注	生产厂
LZZBJ9—10E1	1500 2000	0.2/5P20	30/30	100	160	常规技术数据	江苏靖江互感器厂
		0.5/5P20	60/30				
		5P20/5P20	20/20				
		0.2/0.5/5P20	30/60/20				
		0.5/0.5/5P20	60/60/20				
		0.5/5P20/5P20	60/15/20				
	2500	0.2/5P20	30/30				
		0.5/5P20	60/30				
		5P20/5P20	15/20				
		0.2/0.5/5P20	30/60/20				
		0.5/0.5/5P20	60/60/20				
		0.5/5P20/5P20	60/15/15				
	3000 3150	0.2/5P20	30/15				
		0.5/5P20	60/15				
		5P20/5P20	15/15				
		0.2/0.5/5P20	30/60/15				
		0.5/0.5/5P20	60/60/15				
		0.5/5P20/5P20	60/10/15				
LZZBJ9—10E2	1500 2000	0.2/5P20	30/30	100	160		
		0.5/5P20	60/30				
		5P20/5P20	30/30				
		0.2/0.5/5P20	30/60/30				
		0.5/0.5/5P20	60/60/30				
		0.5/5P20/5P20	60/20/20				
	2500 3000 3150	0.2/5P20	30/30				
		0.5/5P20	60/30				
		5P20/5P20	20/30				
		0.2/0.5/5P20	30/60/20				
		0.5/0.5/5P20	60/60/20				
		0.5/5P20/5P20	60/20/20				

型　　号	额定一次电流（A）	准确级组合及额定输出（VA）（1s 热电流 $I_{th}=100I_{1n}$，额定动稳定电流 $=2.5I_{th}$）						生产厂
LZZBJ9—10A1 LZZBJ9—10B1 LZZBJ9—10C1 LZZBJ9—10A1G	5，10，15，20，30，40，50，75，100，150，160，200，300，315，600，630	0.2/5P10	10/20	0.2/10P10	10/20	0.5/10P15	20/15	
		0.5/5P10	20/20	0.5/10P10	20/20	1/10P15	40/15	
		1/5P10	40/20	1/10P10	40/20			
		5P10/5P10	15/15	10P10/10P10	15/20			
	400	0.2/5P10	10/30	0.2/10P10	10/30	0.5/10P15	30/15	
		0.5/5P10	30/30	0.5/10P10	30/30	1/10P15	60/15	
		1/5P10	60/30	1/10P10	60/30			
		5P10/5P10	15/30	10P10/10P10	15/30			
	500	0.5/5P10	15/20	0.5/10P10	15/20	0.5/10P15	15/10	
		1/5P10	30/20	1/10P10	30/20	1/10P15	30/10	江苏靖江互感器厂
		5P10/5P10	10/20	10P10/10P10	10/20			
LZZBJ9—10A2 LZZBJ9—10B2 LZZBJ9—10C2 LZZBJ9—10D2 LZZBJ9—10A2G	5，10，15，20，30，40，50，75，100，150，160，200，300，315，600，630	0.2/5P10	10/30	0.2/10P10	10/30	0.5/10P15	30/20	
		0.5/5P10	30/30	0.5/10P10	30/30	1/10P15	60/20	
		1/5P10	60/30	1/10P10	60/30	10P15/10P15	10/10	
		5P10/5P10	20/20	10P10/10P10	20/20			
	400	0.2/5P10	20/30	0.2/10P10	20/30	0.2/10P15	20/15	
		0.5/5P10	30/30	0.5/10P10	30/30	0.5/10P15	30/15	
		1/5P10	60/30	1/10P10	60/30	10P15/10P15	10/10	
		5P10/5P10	30/30	10P10/10P10	30/30			
	500	0.5/5P10	20/30	0.5/10P10	20/30	0.5/10P15	20/15	
		1/5P10	40/30	1/10P10	40/30	1/10P15	40/15	
		5P10/5P10	15/30	10P10/10P10	15/30	10P15/10P15	10/10	

型　号	额定一次电流（A）	准确级组合及额定输出（VA）（1s 热电流 21kA，额定动稳定电流 52.5kA）						生产厂
LZZBJ9—10A1 LZZBJ9—10B1 LZZBJ9—10C1 LZZBJ9—10D1 LZZBJ9—10A1G	50	1/5P10	15/10	1/10P10	15/10			江苏靖江互感器厂
		3/5P10	20/10	3/10P10	20/15			
	60	0.5/5P10	10/15	0.5/10P10	10/15	0.5/10P15	10/10	
		1/5P10	15/15	1/10P10	15/15	1/10P15	20/10	
		3/5P10	20/15	3/10P10	20/15	3/10P15	30/10	
	75	0.5/5P10	15/15	0.5/10P10	15/15	0.5/10P15	10/10	
		1/5P10	30/15	1/10P10	30/15	1/10P15	20/10	
		5P10/5P10	10/15	10P10/10P10	10/15	3/10P15	30/10	
	100	0.5/5P10	15/20	0.5/10P10	15/20	0.5/10P15	15/15	
		1/5P10	30/20	1/10P10	30/20	1/10P15	30/15	
		5P10/5P10	10/20	10P10/10P10	10/20			
	150，160	0.2/5P10	10/20	0.2/10P10	10/20			
		0.5/5P10	30/20	0.5/10P10	30/20	0.5/10P15	30/15	
		1/5P10	60/20	1/10P10	60/20	1/10P15	60/15	
		5P10/5P10	15/20	10P10/10P10	15/20			
LZZBJ9—10A2 LZZBJ9—10B2 LZZBJ9—10C2 LZZBJ9—10D2 LZZBJ9—10A2G	50	1/5P10	20/15	1/10P10	20/15			
		3/5P10	30/15	3/10P10	30/15			
	60	0.5/5P10	15/20	0.5/10P10	15/20	0.5/10P15	15/10	
		1/5P10	30/20	1/10P10	30/20	1/10P15	30/10	
		5P10/5P10	10/15	10P10/10P10	10/15	10P15/10P15	10/10	
	75	0.5/5P10	20/20	0.5/10P10	20/20	0.5/10P15	20/15	
		1/5P10	40/20	1/10P10	40/20	1/10P15	40/15	
		5P10/5P10	15/20	10P10/10P10	15/20	10P15/10P15	10/10	
	100	0.5/5P10	15/30	0.5/10P10	15/30	0.5/10P15	15/20	
		1/5P10	30/30	1/10P10	30/30	1/10P15	30/20	
		5P10/5P10	10/30	10P10/10P10	10/30	10P15/10P15	10/15	
	150，160	0.2/5P10	10/30	0.2/10P10	10/30			
		0.5/5P10	30/30	0.5/10P10	30/30	0.5/10P15	30/20	
		1/5P10	60/30	1/10P10	60/30	1/10P15	60/20	
		5P10/5P10	20/30	10P10/10P10	20/30	10P15/10P15	10/15	

型　号	额定一次电流 （A）	准确级组合及额定输出（VA）						生产厂
		(1s 热电流 31.5kA，额定动稳定电流 80kA)						
	50，60	3/5P10	15/10	3/10P10	15/10			
	75	0.5/5P10	10/15	0.5/10P10	10/15	0.5/10P15	10/10	
		1/5P10	20/15	1/10P10	20/15	1/10P15	20/10	
	100	0.5/5P10	10/15	0.5/10P10	10/15	0.5/10P15	10/10	
		1/5P10	20/15	1/10P10	20/15	1/10P15	20/10	
LZZBJ9—10A1		5P10/5P10	10/10	10P10/10P10	10/10			
LZZBJ9—10B1	150，160	0.2/5P10	10/20	0.2/10P10	10/20	0.5/10P15	20/15	
LZZBJ9—10C1		0.5/5P10	20/20	0.5/10P10	20/20	1/10P15	30/15	
LZZBJ9—10D1		1/5P10	30/20	1/10P10	30/20			
LZZBJ9—10A1G		5P10/5P10	10/15	10P10/10P10	10/15			
	200	0.2/5P10	10/20	0.2/10P10	10/20	0.5/10P15	30/15	
		0.5/5P10	30/20	0.5/10P10	30/20	1/10P15	60/15	
		1/5P10	60/20	1/10P10	60/20			
		5P10/5P10	15/20	10P10/10P10	15/20			江苏靖
	50，60	1/5P10	15/10	1/10P10	15/10			江互感
		3/5P10	30/10	3/10P10	30/10			器厂
	75	0.5/5P10	15/15	0.5/10P10	15/15	0.5/10P15	15/10	
		1/5P10	30/15	1/10P10	30/15	1/10P15	30/10	
		5P10/5P10	10/15	10P10/10P10	10/15			
	100	0.5/5P10	15/15	0.5/10P10	15/15	0.5/10P15	15/10	
LZZBJ9—10A2		1/5P10	30/15	1/10P10	30/15	1/10P15	30/10	
LZZBJ9—10B2		5P10/5P10	15/15	10P10/10P10	15/15	10P15/10P15	10/10	
LZZBJ9—10C2	150，160	0.2/5P10	10/30	0.2/10P10	10/30	0.5/10P15	30/20	
LZZBJ9—10D2		0.5/5P10	30/30	0.5/10P10	30/30	1/10P15	60/20	
LZZBJ9—10A2G		1/5P10	60/30	1/10P10	60/30	10P15/10P15	10/15	
		5P10/5P10	15/20	10P10/10P10	15/20			
	200	0.2/5P10	10/30	0.2/10P10	10/30	0.5/10P15	30/20	
		0.5/5P10	30/30	0.5/10P10	30/30	1/10P15	60/20	
		1/5P10	60/30	1/10P10	60/30	10P15/10P15	10/15	
		5P10/5P10	20/20	10P10/10P10	20/30			

续表 22-8

型号	额定一次电流(A)	准确级组合及额定输出(VA) (1s 热电流45kA，额定动稳定电流112.5kA)						生产厂
	75	3/5P10	15/10	3/10P10	15/10			
	100	0.5/5P10	10/15	0.5/10P10	10/15	0.5/10P15	10/10	
		1/5P10	20/15	1/10P10	20/15	1/10P15	20/10	
	150，160	0.5/5P10	15/15	0.5/10P10	15/15	0.5/10P15	15/10	
		1/5P10	20/15	1/10P10	20/15	1/10P15	30/10	
		5P10/5P10	10/10	10P10/10P10	10/10			
LZZBJ9—10A1 LZZBJ9—10B1 LZZBJ9—10C1 LZZBJ9—10D1 LZZBJ9—10A1G	200	0.5/5P10	15/15	0.5/10P10	15/15	0.5/10P15	15/15	
		1/5P10	30/15	1/10P10	30/15	1/10P15	30/15	
		5P10/5P10	10/15	10P10/10P10	10/15			
	300，315	0.2/5P10	10/20	0.2/10P10	10/20	0.5/10P15	30/15	
		0.5/5P10	30/20	0.5/10P10	30/20	1/10P15	60/15	
		1/5P10	60/20	1/10P10	60/20	10P15/10P15	10/10	
		5P10/5P10	15/15	10P10/10P10	15/15			
	400	0.2/5P10	10/30	0.2/10P10	10/30	0.5/10P15	30/20	
		0.5/5P10	30/30	0.5/10P10	30/30	1/10P15	60/20	
		1/5P10	60/30	1/10P10	60/30	10P15/10P15	10/15	江苏靖江互感器厂
		5P10/5P10	15/20	10P10/10P10	15/20			
	50，60	3/5P10	15/10	3/10P10	15/10			
	75	1/5P10	15/10	1/10P10	15/10			
		3/5P10	30/10	3/10P10	30/10			
	100	0.5/5P10	10/20	0.5/10P10	10/20	0.5/10P15	10/10	
		1/5P10	20/20	1/10P10	20/20	1/10P15	20/10	
	150，160	0.5/5P10	20/20	0.5/10P10	20/20	0.5/10P15	20/15	
		1/5P10	40/20	1/10P10	40/20	1/10P15	40/15	
LZZBJ9—10A2 LZZBJ9—10B2 LZZBJ9—10C2 LZZBJ9—10D2 LZZBJ9—10A2G		5P10/5P10	15/15	10P10/10P10	15/15	10P15/10P15	10/10	
	200	0.5/5P10	20/20	0.5/10P10	20/20	0.5/10P15	20/15	
		1/5P10	40/20	1/10P10	40/20	1/10P15	40/15	
		5P10/5P10	15/15	10P10/10P10	15/15	10P15/10P15	10/10	
	300，315	0.2/5P10	10/30	0.2/10P10	10/30	0.5/10P15	30/20	
		0.5/5P10	30/30	0.5/10P10	30/30	1/10P15	60/20	
		1/5P10	60/30	1/10P10	60/30	10P15/10P15	10/15	
		5P10/5P10	20/20	10P10/10P10	20/20			
	400	0.2/5P10	20/30	0.2/10P10	20/30	0.5/10P15	40/20	
		0.5/5P10	40/30	0.5/10P10	40/30	10P15/10P15	10/20	
		5P10/5P10	20/30	10P10/10P10	20/30			

续表 22 - 8

型　号	额定一次电流（A）	准确级组合及额定输出（VA）（1s 热电流 63kA，额定动稳定电流 130kA）						生产厂
LZZBJ9—10A1 LZZBJ9—10B1 LZZBJ9—10C1 LZZBJ9—10D1 LZZBJ9—10A1G	150，160	0.5/5P10	10/15	0.5/10P10	10/15	0.5/10P15	10/10	江苏靖江互感器厂
		1/5P10	20/15	1/10P10	20/15	1/10P15	20/10	
	200	0.5/5P10	15/15	0.5/10P10	15/15	0.5/10P15	15/10	
		1/5P10	30/15	1/10P10	30/15	1/10P15	30/10	
	300	0.5/5P10	20/20	0.5/10P10	20/20	0.5/10P15	20/15	
		1/5P10	40/20	1/10P10	40/20	1/10P15	40/15	
		5/P10/5P10	15/15	10P10/10P10	15/15	10P15/10P15	10/10	
	400	0.5/5P10	30/30	0.5/10P10	30/30	0.5/10P15	30/15	
		1/5P10	60/30	1/10P10	60/30	1/10P15	60/15	
		5P10/5P10	15/20	10P10/10P10	15/20	10P15/10P15	10/15	
	500	0.5/5P10	15/20	0.5/10P10	15/20	0.5/10P15	15/10	
		1/5P10	30/20	1/10P10	30/20	1/10P15	30/10	
		5P10/5P10	10/20	10P10/10P10	10/20			
LZZBJ9—10A2 LZZBJ9—10B2 LZZBJ9—10C2 LZZBJ9—10D2 LZZBJ9—10A2G	150，160	0.5/5P10	10/20	0.5/10P10	10/20	0.5/10P15	10/10	
		1/5P10	20/20	1/10P10	20/20	1/10P15	20/10	
		5P10/5P10	10/10	10P10/10P10	10/10			
	200	0.5/5P10	15/20	0.5/10P10	15/20	0.5/10P15	15/10	
		1/5P10	30/20	1/10P10	30/20	1/10P15	30/10	
		5P10/5P10	10/20	10P10/10P10	10/20			
	300	0.5/5P10	20/30	0.5/10P10	20/30	0.5/10P15	20/15	
		1/5P10	40/30	1/10P10	40/20	1/10P15	40/15	
		5P10/5P10	15/20	10P10/10P10	15/20	10P15/10P15	10/15	
	400	0.5/5P10	30/30	0.5/10P10	30/30	0.5/10P15	30/20	
		1/5P10	60/30	1/10P10	60/30	1/10P15	10/20	
		5P10/5P10	20/20	10P10/10P10	20/30			
	500	0.5/5P10	20/20	0.5/10P10	20/20	0.5/10P15	20/15	
		1/5P10	40/20	1/10P10	40/20	1/10P15	40/15	
		5P10/5P10	15/20	10P10/10P10	15/20	10P15/10P15	10/15	

续表 22-8

型　　号	额定一次电流（A）	准确级组合及额定输出（VA）（1s 热电流 80kA，额定动稳定电流 160kA）						生产厂
LZZBJ9—10A1 LZZBJ9—10B1 LZZBJ9—10C1 LZZBJ9—10D1 LZZBJ9—10A1G	300	0.5/5P10	10/15	0.5/10P10	10/15	0.5/10P15	10/10	江苏靖江互感器厂
		1/5P10	20/15	1/10P10	20/15	1/10P15	20/10	
		5P10/5P10	10/10	10P10/10P10	10/10			
	400	0.5/5P10	10/20	0.5/10P10	10/20	0.5/10P15	10/10	
		1/5P10	20/20	1/10P10	20/20	1/10P15	20/10	
		5P10/5P10	10/10	10P10/10P10	10/10			
	500	0.5/5P10	15/20	0.5/10P10	15/20	0.5/10P15	15/15	
		1/5P10	30/20	1/10P10	30/20	1/10P15	30/15	
		5P10/5P10	10/15	10P10/10P10	10/15			
	600	0.5/5P10	15/20	0.5/10P10	15/20	0.5/10P15	15/15	
		1/5P10	30/20	1/10P10	30/20	1/10P15	30/15	
		5P10/5P10	15/20	10P10/10P10	15/20			
	750，800	0.2/5P10	10/30	0.2/10P10	10/30	0.5/10P15	30/15	
		0.5/5P10	30/30	0.5/10P10	30/30	1/10P15	60/15	
		1/5P10	60/30	1/10P10	60/30	10P15/10P15	10/10	
		5P10/5P10	15/30	10P10/10P10	15/30			
	1000，1200 1250	0.2/5P10	20/30	0.2/10P10	20/30	0.5/10P15	30/20	
		0.5/5P10	30/30	0.5/10P10	30/30	1/10P15	60/20	
		1/5P10	60/30	1/10P10	60/30	10P15/10P15	10/15	
		5P10/5P10	15/30	10P10/10P10	15/30			
LZZBJ9—10A2 LZZBJ9—10B2 LZZBJ9—10C2 LZZBJ9—10D2 LZZBJ9—10A2G	300	0.5/5P10	10/20	0.5/10P10	10/20	0.5/10P15	10/10	
		1/5P10	20/20	1/10P10	20/20	1/10P15	20/10	
		5P10/5P10	10/15	10P10/10P10	10/15			
	400	0.5/5P10	20/20	0.5/10P10	20/20	0.5/10P15	20/10	
		1/5P10	40/20	1/10P10	40/20	1/10P15	40/10	
		5P10/5P10	15/15	10P10/10P10	15/15			
	500	0.5/5P10	20/20	0.5/10P10	20/20	0.5/10P15	20/15	
		1/5P10	40/20	1/10P10	40/20	1/10P15	40/15	
		5P10/5P10	15/20	10P10/10P10	15/20	10P15/10P15	10/10	
	600	0.5/5P10	20/30	0.5/10P10	20/30	0.5/10P15	20/20	
		1/5P10	40/30	1/10P10	40/30	1/10P15	40/20	
		5P10/5P10	20/20	10P10/10P10	20/20	10P15/10P15	15/15	
	750，800	0.2/5P10	20/30	0.2/10P10	20/30	0.5/10P15	30/20	
		0.5/5P10	30/30	0.5/10P10	30/30	10P15/10P15	15/15	
		1/5P10	60/30	1/10P10	60/30			
		5P10/5P10	20/30	10P10/10P10	20/30			
	1000，1200 1250	0.2/5P10	20/30	0.2/10P10	20/30	0.5/10P15	40/20	
		0.5/5P10	40/30	0.5/10P10	40/30	10P15/10P15	15/15	
		5P10/5P10	20/30	10P10/10P10	20/30			

续表 22 - 8

型　号	额定一次电流 （A）	准确级组合及额定输出（VA）			
		（1s 热电流 100kA，额定动稳定电流 160kA）			生产厂
LZZBJ9—10A1 LZZBJ9—10C1 LZZBJ9—10A1G	1200 1250	0.2/5P10	20/30	0.2/10P10	20/30	
		0.5/5P10	30/30	0.5/10P10	30/30	
		1/5P10	60/30	1/10P10	60/30	
		5P10/5P10	15/30	10P10/10P10	15/30	
	1500 1600	0.2/5P10	20/20	0.2/10P10	20/20	
		0.5/5P10	30/20	0.5/10P10	30/20	
		1/5P10	60/20	1/10P10	60/20	
		5P10/5P10	10/15	10P10/10P10	15/15	
	2000	0.2/5P10	20/15	0.2/10P10	20/20	
		0.5/5P10	30/15	0.5/10P10	30/20	
		1/5P10	60/15	1/10P10	60/20	
		5P10/5P10	10/15	10P10/10P10	15/15	
	2500	0.2/5P10	20/15	0.2/10P10	20/20	
		0.5/5P10	30/15	0.5/10P10	30/20	
		1/5P10	60/15	1/10P10	60/20	
		5P10/5P10	10/10	10P10/10P10	15/15	
LZZBJ9—10A2 LZZBJ9—10C2 LZZBJ9—10A2G	1200 1250	0.2/5P10	20/30	0.2/10P10	20/30	江苏靖 江互感 器厂
		0.5/5P10	60/30	0.5/10P10	60/30	
		5P10/5P10	30/30	10P10/10P10	30/30	
	1500 1600	0.2/5P15	30/30	0.2/10P15	30/30	
		0.5/5P15	60/30	0.5/10P15	60/30	
		1/5P15	90/30	1/10P15	90/30	
		5P10/5P15	20/20	10P10/10P15	20/20	
	2000	0.2/5P15	30/30	0.2/10P15	30/30	
		0.5/5P15	60/30	0.5/10P15	60/30	
		1/5P15	90/30	1/10P15	90/30	
		5P10/5P15	15/20	10P10/10P15	20/20	
	2500	0.2/5P15	30/30	0.2/10P15	30/30	
		0.5/5P15	60/30	0.5/10P15	60/30	
		1/5P15	90/30	1/10P15	90/30	
		5P10/5P15	15/15	10P15/10P15	15/20	
	3000 3150	0.2/5P15	30/30	0.2/10P15	30/30	
		0.5/5P15	60/30	0.5/10P15	60/30	
		1/5P15	90/30	1/10P15	90/30	
		5P10/5P15	15/15	10P10/10P15	15/15	

型 号	额定一次电流 （A）	准确级组合	额定输出 （VA）	额定短时热电流 （kA）	额定动稳定电流 （kA）	生产厂
LZZBJ9—10A3G	5～200	0.5/10P10	10/15	$150I_{1n}$	$375I_{1n}$	
	300～1250			63	130	
LZZBJ9—10A4G	5～10	0.2/5P10	10/15	$200I_{1n}$	$500I_{1n}$	江苏靖江互感器厂
	15～20	0.5/5P10	10/15	$300I_{1n}$	$750I_{1n}$	
	30～75	0.2/10P10	10/20	$400I_{1n}$	$1000I_{1n}$	
		0.5/10P10	10/20			
	100	10P10/10P10	10/15	45	112.5	
	150 200	0.2/5P10	10/20	45	112.5	
		0.5/5P10	20/20			
		0.2/10P10	10/20			
		0.5/10P10	20/20			
		10P10/10P10	15/15			
	300 400	0.2/5P10	15/30	63	130	
		0.5/5P10	20/30			
		0.2/10P10	15/30			
		0.5/10P10	20/30			
		10P10/10P10	20/20			
	500 600	0.2/5P10	15/30	80	160	
		0.5/5P10	20/30			
		0.2/10P10	15/30			
		0.5/10P10	20/30			
		10P10/10P10	20/20			
	800	0.2/5P10	15/30	80	160	
		0.5/5P10	30/30			
		0.2/10P10	15/30			
		0.5/10P10	30/30			
		10P10/10P10	20/30			
	1000 1200 1250	0.2/5P10	20/30	100	160	
		0.5/5P10	40/30			
		0.2/10P10	20/30			
		0.5/10P10	40/30			
		10P10/10P10	20/30			
	1500，2000， 3000，3150	0.2/5P10	30/30	100	160	
		0.5/5P10	60/30			
		0.2/10P10	30/30			
		0.5/10P10	60/30			
		10P10/10P10	30/30			
LZZBJ9—10A5G	20～100	0.2/0.2/5P10	10/10/40	$150I_{1n}$	$375I_{1n}$	
	150，200	0.2/0.5/5P15	10/15/30	31.5	80	
		0.2/0.5/5P20	10/15/20			
	300，400	0.2/5P10/10P15	10/20/20	45	112.5	
	500	0.5/5P10/10P20	10/20/15	63	130	

续表 22-8

型　号	额定一次电流 （A）	准确级组合	额定输出 （VA）	额定短时热电流 （kA）	额定动稳定电流 （kA）	生产厂
	600 800	0.2/0.2/5P10 0.2/0.5/5P15 0.2/0.5/5P20 0.2/5P10/10P15 0.5/5P10/10P20	10/10/40 10/20/40 10/20/30 10/20/30 15/20/20	63	130	
	1000 1200 1250	0.2/0.2/5P10 0.2/0.5/5P15 0.2/0.5/5P20 0.2/5P10/10P15 0.5/5P10/10P20	15/15/40 15/30/30 15/30/20 15/30/30 30/30/20	80	160	
LZZBJ9—10A5G	1500 2000 2500	0.2/0.2/5P10 0.2/0.5/5P15 0.2/0.5/5P20 0.2/5P10/10P15 0.5/5P10/10P20	15/15/40 15/30/40 15/30/30 15/30/30 30/20/20	100	160	江苏靖江互感器厂
	3000 3150	0.2/0.2/5P10 0.2/0.5/5P15 0.2/0.5/5P20 0.2/5P10/10P15 0.5/5P10/10P20	20/20/40 20/40/30 20/40/20 20/20/20 40/20/15	100	160	

型　号	额定电流比 （A）	级次组合	准确级	额定输出 （VA）	准确限值系数	仪表保安系数 （FS）	额定动时热电流 （kA）	额定动稳定电流 （kA）	生产厂
	5/5		0.5 10P	10 15	10	≤10	2	5	
	10/5		0.5 10P	10 15	10	≤10	4	10	
	15/5		0.5 10P	10 15	10	≤10	6	15	
	20/5		0.5 10P	10 15	10	≤10	8	20	
LZZBJ9—10	30/5	0.5/10P	0.5 10P	10 15	10	≤10	12	30	沈阳互感器厂（有限公司）
	40/5		0.5 10P	10 15	10	≤10	16	40	
	50/5		0.5 10P	10 15	10	≤10	20	50	
	75/5		0.5 10P	10 15	10	≤10	32	90	
	100～500/5		0.5 10P	10 15	10	≤10	45	100	
	150～200/5		0.5 10P	10 15	10	≤10	63	100	

续表 22-8

型　号	额定电流比（A）	级次组合	准确级	额定输出（VA）	准确限值系数	仪表保安系数（FS）	额定动时热电流（kA）	额定动稳定电流（kA）	生产厂
LZZBJ9—10	600～1000/5	0.5/10P	0.5 10P	10 15	10	≤10	63	100	沈阳互感器厂（有限公司）
	300～400/5		0.5 10P	15 20	15	≤10	63	100	
	500/5		0.5 10P	20 30	15	≤10	63	100	
	600～800/5		0.5 10P	20 30	15	≤10	80	130	
	1000～1500/5		0.5 10P	30 40	15	≤10	80	130	
	2000～6000/5		0.5 10P	30 40	15	≤10	80	130	

型　号	额定一次电流（A）	准确级组合及额定输出（VA）$\cos\phi=0.8$		额定短时热电流 I_{th}（kA/s）	额定动稳定电流（kA）	生产厂
LZZBJ9—10 LZZJ—10 LZZBJ9—10A	10～300	0.2/10P10	10/15	$150I_{1n}$	$375I_{1n}$	天津市百利纽泰克电器有限公司
	400	0.2/0.5 0.5/10P10	10/10 10/15	32	80	
	500～600	0.2/3	15/15	45	112.5	
	800～1000	0.2/10P15 0.2/0.5	10/15 10/15	50	125	
	1200～1500	0.5/10P15	15/20	63	157.5	
LZZBJ9—10	5，10，15，20，30，40，50，75，100，150，200，300，400，500，600	0.5/5P10	30/20	$100I_{1n}\times10^{-3}$	$2.5I_{th}=2.5\times(100I_{1n}\times10^{-3})$	宁波三爱互感器有限公司、宁波互感器厂
		1/5P10	60/20			
		5P10/5P10	15/20			
	800 1000	0.2/10P10	15/60			
		0.5/10P10	40/60			
		1/10P10	60/60			
		10P10/10P10	30/40			
	5，10，15，20，30，40，50，75，100	0.5/10P10	10/15	$400I_{1n}\times10^{-3}$	$2.5I_{th}=2.5\times(400I_{1n}\times10^{-3})$	
		1/10P10	20/15			
		10P10/10P10	10/10			
	50	1/10P10	10/10	32	90	
	75	0.5/10P10	10/15			
		10P10/10P10	10/10			
	100	0.2/10P10	10/15			
		0.5/10P10	15/20			
		1/10P10	30/20			
		10P10/10P10	10/15			

型　号	额定一次电流（A）	准确级组合及额定输出（VA） cosϕ=0.8		额定短时热电流 I_{th}（kA/s）	额定动稳定电流（kA）	生产厂
LZZBJ9—10	150 200	0.2/10P10	10/20	32	90	宁波三爱互感器有限公司、宁波互感器厂
		0.5/10P10	20/20			
		1/10P10	40/20			
		10P10/10P10	15/15			
	300	0.2/10P10	15/30			
		0.5/10P10	30/30			
		1/10P10	60/30			
		10P10/10P10	20/20			

型　号	额定一次电流（A）	准确级组合	额定输出（VA）	仪表保安系数 FS	10P级准确限值系数	额定短时热电流（有效值，kA）	额定动稳定电流（峰值，kA）	生产厂
LZZBJ9—10	50	1/1	10/10	≤10	10	45	112.5	宁波三爱互感器有限公司、宁波互感器厂
		10P10	10					
	75	0.5/0.5	10/10					
		1/10P10	10/10					
	100	0.5/10P10	10/15					
		1/10P10	20/20					
		10P10/10P10	10/10					
	150	0.5/10P10	15/20					
		1/10P10	30/20					
		10P10/10P10	15/15					
	200 300 400	0.2/10P10	10/30					
		0.5/10P10	30/30					
		1/10P10	60/30					
		10P10/10P10	20/20					
	75	1/1	10/10	≤10	10	63	130	
		10P10	10					
	100	1/10P10	10/10					
	150	0.5/10P10	10/15					
		1/10P10	15/15					
		10P10/10P10	10/10					
	200	0.5/10P10	15/20					
		1/10P10	30/20					
		10P10/10P10	15/15					

型　号	额定一次电流（A）	准确级组合	额定输出（VA）	仪表保安系数 FS	10P级准确限值系数	额定短时热电流（有效值，kA）	额定动稳定电流（峰值，kA）	生产厂
LZZBJ9—10	300 400	0.2/10P10	10/30	≤10	10	63	130	宁波三爱互感器有限公司、宁波互感器厂
		0.5/10P10	30/30					
		1/10P10	60/30					
		10P10/10P10	20/20					
	500 600	0.2/10P10	10/30					
		0.5/10P10	30/30					
		1/10P10	60/30					
		10P10/10P10	20/40					
	300	0.5/10P10	10/30	≤10	10	80	160	
		1/10P10	20/30					
		10P10/10P10	20/20					
	400	0.5/10P10	15/40					
		1/10P10	30/40					
		10P10/10P10	20/30					
	500	0.5/10P10	15/40					
		1/10P10	30/40					
		10P10/10P10	30/30					
	600	0.2/10P10	10/40					
		0.5/10P10	30/40					
		1/10P10	60/40					
		10P10/10P10	20/30					
	800	0.2/10P10	10/60					
		0.5/10P10	30/60					
		1/10P10	30/60					
		10P10/10P10	30/40					
	1000	0.2/10P10	10/60					
		0.5/10P10	40/60					
		1/10P10	60/60					
		10P10/10P10	30/40					
	1500	0.2/10P10	10/40					
		0.5/10P10	40/40					
		1/10P10	60/40					
		10P10/10P10	15/30					

型　号	额定一次电流（A）	准确级组合	额定输出（VA）	仪表保安系数 FS	10P级准确限值系数	额定短时热电流（有效值，kA）	额定动稳定电流（峰值，kA）	生产厂
LZZBJ9—10	200	0.2/10P10	15/15	≤10	10	80	160	宁波三爱互感器有限公司、宁波互感器厂
		0.5/10P10	30/15					
	2500	0.2/10P10	30/15		100			
		0.5/10P10	30/15					
LZZBJ9—10E2	1500	0.2/0.5/5P20	30/60/30	≤10	20	100	160	
		0.5/0.5/5P20	60/60/30					
		0.5/5P20/5P20	60/20/20					
	2000	0.2/0.5/5P20	30/60/40					
		0.5/0.5/5P20	60/60/40					
		0.5/5P20/5P20	60/30/30					
	2500	0.2/0.5/5P20	30/60/30					
		0.5/0.5/5P20	60/60/30					
		0.5/5P20/5P20	60/20/20					
	3000	0.2/0.5/5P20	30/60/20					
		0.5/0.5/5P20	60/60/20					
		0.5/5P20/5P20	60/15/20					
LZZBJ9—10	5～75					$180I_{1n}$	$360I_{1n}$	金坛市金榆互感器厂
	100					$150I_{1n}$	$300I_{1n}$	
	150	0.2s/10P	10/15			22.5	45	
	200	0.2/10P	10/15			24.5	50	
		0.5s/10P	10/15					
	300	0.5/10P	15/15			31.5	60	
	400～500	0.2/0.5/10P	10/15/15			31.5	60	
		0.2s/0.5/10P	10/15/15					
	600					40	80	
	800～1500					50	100	
	2000	0.2/10P	15/20			80	160	
		0.5s/10P	15/20					
	2500	0.5/10P	20/20			80	160	
		0.2/0.5/10P	15/20/20					

续表 22 - 8

型 号	额定一次电流（A）	准确级组合	额定输出（VA）	仪表保安系数 FS	10P级准确限值系数	额定短时热电流（有效值，kA）	额定动稳定电流（峰值，kA）	生产厂
LZZBJ9—10A5G	20，30，40，50，75，100	0.2/0.2/5P10	10/10/40			$150I_{1n}$	$375I_{1n}$	浙江三爱互感器有限公司
	150，200	0.2/0.5/5P15 0.2/0.5/5P20	10/15/30 10/15/20			31.5	80	
	300，400	0.2/5P10/10P15 0.5/5P10/10P20	10/20/20 10/20/15			45	112.5	
	500					63	130	
	600，800	0.2/0.2/5P10 0.2/0.5/5P15 0.2/0.5/5P20 0.2/5P10/10P15 0.5/5P10/10P20	10/10/40 10/15/30 10/15/20 10/20/20 10/20/15			63	130	
	1000，1200，1250	0.2/0.2/5P10 0.2/0.5/5P15 0.2/0.5/5P20 0.2/5P10/10P15 0.5/5P10/10P20	15/15/40 15/30/30 15/30/20 15/30/30 30/30/20			80	160	
	1500	0.2/0.2/5P10 0.2/0.5/5P15 0.2/0.5/5P20 0.2/5P10/10P15 0.5/5P10/10P20	15/15/40 15/30/40 15/30/20 15/30/30 30/30/20					
	2000							
	2500	0.2/0.2/5P10 0.2/0.5/5P15 0.2/0.5/5P20 0.2/5P10/10P15 0.5/5P10/10P20	20/20/40 20/40/40 20/40/30 20/30/30 40/30/20			100	160	
	3000，3150	0.2/0.2/5P10 0.2/0.5/5P15 0.2/0.5/5P20 0.2/5P10/10P15 0.5/5P10/10P20	20/20/40 20/40/30 20/40/20 20/20/20 40/20/15					

续表 22-8

额定一次电流(A)	准确级组合	额定输出(VA)	短时热电流(kA)	额定动稳定电流(kA)	准确级组合	额定输出(VA) 0.2 / 0.2s	0.5 / 0.5s	10P / 10	10P / 15	短时热电流(kA)	额定动稳定电流(kA)	备注	生产厂
5～100	0.5/10P15	15/15	100I1n	250I1n	0.2s/10P 0.2/10P 0.2s/0.5 0.2/0.5 0.5s/10P 0.5/10P	10	20	20		100I1n	250I1n	双绕组技术数据	大连第二互感器厂
	0.2/10P15	10/15											
	0.2(0.5)/10P10		200I1n	500I1n									
	0.2(0.5)/10P10	10/15	300I1n	750I1n									
	0.2(0.5)/10P10		400I1n	1000I1n									
150	0.5/10P15	15/15	31.5	80						31.5	80		
	0.2/10P15	10/15											
200	0.2(0.5)/10P10	10/15						20					
	0.5/10P15	15/15											
	0.2/10P15	10/15											
	0.2(0.5)/10P10	10/15		112.5			20			20			
250	0.5/10P15	10/15	45										
	0.2/10P15	10/15											
	0.2(0.5)/10P10	15/15						20		45	112.5		
300	0.5/10P15	10/15											
	0.2/10P15	10/15		130									
	0.2(0.5)/10P10	10/15											
400	0.5/10P15	15/15	63										
	0.2/10P15	10/15											
	0.2(0.5)/10P10	10/15											
500 600 800	0.5/10P15	15/15								15	63	130	
	0.2/10P15	10/15											
	0.5/10P10	15/15											
	0.2/10P10	10/15											
1000 1200	0.5/10P15	20/15	80				30	20		20	80		
	0.2/10P15	15/15											
	0.5/10P10	20/20											
	0.2/10P10	15/20											
1500 1600	0.5/10P15	20/15		160			40				160		
	0.2/10P15	20/15											
	0.5/10P10	20/25											
	0.2/10P10	20/25	100			30		30		30	100		
2000 2500	0.5/10P15	25/20											
	0.2/10P15	25/20					60	30					
	0.5/10P10	25/30											
	0.2/10P10	25/30											

型 号	额定一次电流 （A）	准确级组合	额定输出 （VA）	额定短时 热电流 （kA）	额定动 稳定电流 （kA）	备注	生产厂
LZZBJ9— 10A1、B1、C1	10～15～20			2.7	4.5	复变比技术数据	大连第二互感器厂
	15～20～30			4.2	6.6		
	20～30～40			6	9		
	30～40～50	0.2s/0.2s/0.2s/10P10 0.2/0.2/0.2/10P10 0.5/0.2/0.2s/10P10 0.5/0.5/0.5/10P10 0.5s/0.5s/0.5s/10P10	10/10/15/15 10/10/15/15 10/10/15/15 10/10/15/15 10/10/15/15	9	11.5		
	40～50～75			11.3	16.5		
	50～75～100			16.8	22		
	75～100～150			24	33		
	100～150～200			33.6	45		
	150～200～300			45	63		
	200～300～400			45	80		
	300～400～500			45	100		
	400～500～600	0.5/0.2/0.2/10P10 0.5/0.5/0.5/10P10 0.2s/0.2s/0.2s/10P10 0.5s/0.5s/0.5s/10P10 0.5/0.2/0.2s/10P10	15/15/20/25 15/15/20/25 15/15/20/25 15/15/20/25 15/15/20/25	80	130		
	500～600～800						
	800～1000～1200						
	1200～1500～2000						
	1500～2000～2500						
	2000～2500～3000						
LZZBJ9— 10A2、B2、C2	10～15～20			0.5	1.25		
	15～20～30			1	2.5		
	20～30～40			1.5	3.75		
	30～40～50	0.2s/0.2s/0.2s/10P10 0.2/0.2/0.2/10P10 0.5/0.2/0.2s/10P10 0.5/0.5/0.5/10P10 0.5s/0.5s/0.5s/10P10	10/10/15/20 10/10/15/20 10/10/15/20 10/10/15/20 10/10/15/20	2	5		
	40～50～75			3	7.5		
	50～75～100			4	10		
	75～100～150			5	12.5		
	100～150～200			7.5	18.5		
	150～200～300			21	52.5		
	200～300～400			31.5	80		
	300～400～500			45	112.5		
	400～500～600	0.5/0.2/0.2/10P10 0.5/0.5/0.5/10P10 0.2s/0.2s/0.2s/10P10 0.5s/0.5s/0.5s/10P10 0.5/0.2/0.2s/10P10	15/15/20/30 15/15/20/30 15/15/20/30 15/15/20/30 15/15/20/30	63	130		
	500～600～800			63	130		
	800～1000～1200			80	160		
	1200～1500～2000			100	160		
	1500～2000～2500			100	160		
	2000～2500～3000			100	180		

型　号	额定一次电流（A）	准确级组合	额定输出（VA）	额定短时热电流（kA/s）	额定动稳定电流（kA）	备注	生产厂
LZZBJ9—10A1、B1、C1	5,10,15,20,30,40,50,75	0.2/0.5/10P10 0.5/0.5/10P10 0.5/10P10/10P10	10/20/10 20/20/10 20/10/10	$100I_{1n}$	$250I_{1n}$	三绕组技术数据	大连第二互感器厂
	100	0.2/0.5/10P10 0.5/0.5/10P10 0.5/10P10/10P10	10/20/10 20/20/10 20/10/10	21	52.5		
	150,200	0.2/0.5/10P10 0.5/0.5/10P10 0.5/10P10/10P10	10/20/10 20/20/10 20/10/10	31.5	80		
	300,400	0.2/0.5/10P10 0.5/0.5/10P10 0.5/10P10/10P10	10/20/10 20/20/10 20/10/10	45	112.5		
	500	0.2/0.5/10P10 0.5/0.5/10P10 0.5/10P10/10P10	10/20/10 20/20/10 20/10/10	63	130		
	600	0.2/0.5/10P10 0.5/0.5/10P10 0.5/10P10/10P10	10/20/15 20/20/15 20/10/10	63	130		
	800	0.2/0.5/10P10 0.5/0.5/10P10 0.5/10P10/10P10	10/20/15 20/20/10 20/10/15	63	130		
	1000,1200	0.2/0.5/10P10 0.5/0.5/10P10 0.5/10P10/10P10	10/30/15 30/30/15 30/10/15	80	160		
	1500,1600	0.2/0.5/5P10 0.5/0.5/5P10 0.5/5P10/5P10	10/30/15 30/30/15 30/10/15	100	160		
	2000	0.2/0.5/5P10 0.5/0.5/5P10 0.5/5P10/5P10	20/30/15 30/30/15 30/30/15	100	160		
	2500	0.2/0.5/5P10 0.5/0.5/5P10 0.5/10P10/5P10	20/30/20 30/30/20 30/10/15	100	160		
	3000,3150			100	160		
LZZBJ9—10A2、B2、C2	5,10,15,20,30,40,50,75	0.2/0.5/10P10 0.5/0.5/10P10 0.5/10P10/10P10	10/20/20 20/20/20 20/15/15	$100I_{1n}$	$250I_{1n}$		
	100	0.2/0.5/10P10 0.5/0.5/10P10 0.5/10P10/10P10	10/20/20 20/20/20 20/15/15	21	52.5		
	150,200	0.2/0.5/10P10 0.5/0.5/10P10 0.5/10P10/10P10	10/20/20 20/20/20 20/15/15	31.5	80		

续表 22-8

型　号	额定一次电流 （A）	准确级组合	额定输出 （VA）	额定短时 热电流 （kA/s）	额定动 稳定电流 （kA）	备注	生产厂
LZZBJ9— 10A2、B2、C2	300,400	0.2/0.5/10P10 0.5/0.5/10P10 0.5/10P10/10P10	10/20/20 20/20/20 20/15/20	45	112.5	三绕组技术数据	大连第二互感器厂
	500	0.2/0.5/10P10 0.5/0.5/10P10 0.5/10P10/10P10	10/20/15 20/20/15 20/15/15	63	130		
	600	0.2/0.5/10P10 0.5/0.5/10P10 0.5/10P10/10P10	10/20/20 20/20/20 20/15/15	63	130		
	800	0.2/0.5/10P10 0.5/0.5/10P10 0.5/10P10/10P10	10/20/20 20/20/20 20/15/15	63	130		
	1000,1200	0.2/0.5/10P10 0.5/0.5/10P10 0.5/10P10/10P10	10/30/20 30/30/20 30/15/20	80	160		
	1500,1600	0.2/0.5/5P10 0.5/0.5/5P10 0.5/5P10/5P10	30/40/20 40/40/20 10/15/15	100	160		
	2000	0.2/0.5/5P10 0.5/0.5/5P10 0.5/5P10/5P10	30/60/30 60/60/30 60/20/20	100	160		
	2500	0.2/0.5/5P10 0.5/0.5/5P10 0.5/10P10/5P10	30/60/30 60/60/30 60/20/20	100	160		
	3000 3150	0.2/0.5/10P10 0.5/0.5/10P10 0.5/5P10/5P10	30/60/20 60/60/20 60/15/15	100	160		

型　号	额定一次 电流 （A）	准确级组合	额定输出（VA）					额定短时 热电流 （kA）	额定动 稳定电流 （kA）	备注	生产厂
			0.2	0.5	10P	1	3				
LZZBJ9—10C5	5～300	0.2/0.5 0.2/10P20 0.5/10P20						0.5	1.25	大容量全封闭型，海拔高度≤4000m	大连第二互感器厂
	400		20	40	40			1	2.5		
	500							1.5	3.75		
	600	0.2/0.5 0.2/10P25 0.5/10P25						2	5		
	800		20	40	40			3	7.5		
	1000							4	10		
	1200,1250	0.2/0.5 0.2/10P30 0.5/10P30						5	12.5		
	1500,1600							7.5	18.75		
	2000		40	40	40			21	52.5		
	2500							31.5	80		
	3000,3150							31.5	80		

续表 22-8

型　号	额定一次电流（A）	准确级组合	额定输出(VA)					额定短时热电流（kA）	额定动稳定电流（kA）	备注	生产厂
			0.2	0.5	10P	1	3				
LZZBJ9—10C8	5～300	0.2/0.5 0.2/10P20 0.5/10P20	20	40	40			0.5	1.25	大容量全封闭型，海拔高度≤4000m	大连第二互感器厂
	400							1	2.5		
	500							1.5	3.75		
	600	0.2/0.5 0.2/10P25 0.5/10P25	20	40	40			2	5		
	800							3	7.5		
	1000							4	10		
	1200,1250	0.2/0.5 0.2/10P30 0.5/10P30	40	40	40			5	12.5		
	1500,1600							7.5	18.75		
	2000							21	52.5		
	2500							31.5	80		
	3000,3150							31.5	80		
	4000～6000							45	112.5		
LZZBJ9—10A、B、C	5	0.2/10P 0.2s/10P 0.5/10P 0.5s/10P	10	10		10	15	2	5		浙江三爱互感器有限公司
	10							4.5	11		
	15							6.3	15		
	20							9.5	23		
	30							12.6	31.5		
	40							18	45		
	50							22	55		
	70							36	80		
	100～200							50	90		
	300～600							72	100		
	800～1250							80	110		
	1500～3150							100	130		

5. 外形及安装尺寸

LZZBJ9—10A1、LZZBJ9—10A2 型外形及安装尺寸，见表 22-9 及图 22-6。

表 22-9　外形及安装尺寸　　　　　　　　　　　单位：mm

额定一次电流（A）		5～800		1000～2500					3000～3150				
		a	b	a	b	c	d	e	a	b	c	d	e
型号	LZZBJ9—10A1	155	130	155	130	40	80	40					
	LZZBJ9—10A2	175	145	175	145	24	120	40	175	145	40	100	50

6. 订货须知

订货时必须提供产品型号、额定电流比、准确级组合、额定输出、短时热电流和动稳

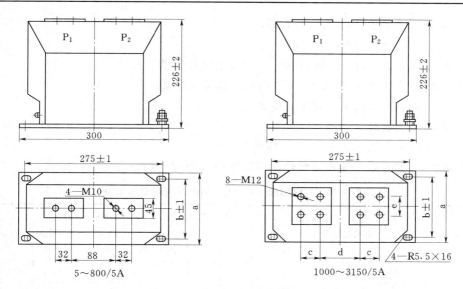

图 22-6 LZZBJ9—10A1、LZZBJ9—10A2 型外形及安装尺寸（江苏靖江互感器厂）

定电流等要求。

三、LZZBJ12—10（Q）型电流互感器

1. 概述

LZZBJ12—10（Q）型电流互感器为环氧树脂浇注全封闭式，适用于额定频率 50Hz 或 60Hz、额定电压 10kV 及以下的电力系统中，作电流、电能测量和继电保护用。户内型，产品性能符合标准 GB 1208—1997《电流互感器》、IEC 185 及 IEC 44—1：1996。体积小、重量轻、绝缘性能优越，精度高，动热稳定倍数高。还可以根据需要制成各种特殊规格，灵活性强。

2. 型号含义

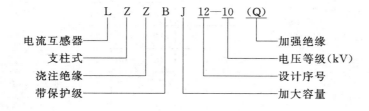

L Z Z B J 12—10 （Q）

电流互感器 —— L
支柱式 —— Z
浇注绝缘 —— Z
带保护级 —— B

加强绝缘 —— （Q）
电压等级（kV）—— 10
设计序号 —— 12
加大容量 —— J

3. 结构

LZZBJ12—10 型电流互感器为户内型环氧树脂浇注全封闭结构，铁芯采用优质的导磁材料，一、二次绕组及铁芯均浇注在环氧树脂中，具有优良的绝缘性能和防潮能力，并容易做到表面清洁。一次出线 P_1、P_2 分别在浇注体的顶部，二次绕组出线端在浇注体的下部。第一组为计量绕组（0.2s，0.2 级），第二组为监控绕组（0.5s，0.5 级），第三组为保护绕组（10P 级、5P 级），同时二次绕组可带抽头。根据需要，可任意改变准确级组合。产品为减极性。浇注体底部有 4 只安装孔。

4. 技术数据

（1）额定频率（Hz）：50，60。

(2) 额定绝缘水平（kV）：12/42/75。

(3) 额定二次电流（A）：5，1。

(4) 局部放电水平符合 GB 1208—1997《电流互感器》标准。

(5) 可制造计量用 0.2s 或 0.5s 级高精度电流互感器。

(6) 二次绕组可带抽头得到不同变比。

(7) 表面爬电距离（mm）：260。

(8) 负荷功率因数：cosφ＝0.8（滞后）。

(9) 额定一次电流、准确级组合、额定输出及额定动热稳定电流，见表 22-10。

表 22-10 LZZBJ12—10（Q）型电流互感器技术数据

型 号	额定一次电流（A）	准确级组合	额定输出（VA）						额定短时热电流（kA）	额定动稳定电流（kA）	备注	生产厂
			0.2s	0.2	0.5s	0.5	10P10 5P10	10P15 5P15				
LZZBJ12 —10	20～50	0.2s/10P 0.2/10P 0.5s/10P 0.5/10P 0.2s/5P 0.2/5P 0.5s/5P 0.5/5P							200I_{1n}	500I_{1n}	二次二绕组常规技术数据	无锡市通宇电器有限责任公司、江苏靖江互感器厂
	75						30	15	21	52.5		
	100								24	60		
	150，200		10	10	15	20			31.5	78		
	300							20	50	125		
	400											
	500～630						40	30				
	800～1250			15	20	30	60	40	63	130		
	1500～3150		20	20		40	60	40				
	50～100	0.2/10P 0.2/5P 0.5/10P 0.5/5P					10	15	31.5	78	二次二绕组高动热稳定电流技术数据	
	150～200								45	112.5		
	300～500				10	20	15					
	600～1250			10	15	40	30		63	130		
	1500～3150		20		40	40	40					
	20～50	0.2s/0.2/10P 0.2/0.5/10P 0.2s/10P/10P 0.2/10P/10P 0.5/10P/10P 0.5s/0.5/10P 0.5s/10P/10P							6	15	二次三绕组技术数据	
	75			10	15	15	15		12	30		
	100		10						24	60		
	150，200								31.5	78		
	300，400								45	112.5		
	500，600			15	15	20	25	15				
	800～1250			20	20	25	30		63	130		
	1500～3150					30	40	30				

型号	额定一次电流(A)	准确级组合	额定输出(VA) 0.2 1S1~1S2	0.2 1S1~1S3	0.5 1S1~1S2	0.5 1S1~1S3	10P10 2S1~2S2	10P10 2S1~2S3	额定短时热电流(kA)	额定动稳定电流(kA)	备注	生产厂
LZZBJ12—10	20~30	0.2/10P10 0.5/10P10 10P10/10P10									二次带抽头技术数据	江苏靖江互感器厂
	30~40								6	15		
	40~50		10	15	15	20	15	20				
	50~75											
	75~100								12	30		
	100~150								24	60		
	150~200											
	200~300								31.5	78		
	300~400		10	15	20	25	30	25				
	400~600								45	112.5		
	600~800											
	800~1000											
	1000~1250											
	1250~1500		20	20	25	30	30	40	63	130		
	1500~2000											
	2000~2500											
	2500~3000											

型号	额定一次电流(A)	准确级组合	额定输出(VA) 0.2s	0.2	0.5s	0.5	10P10 5P10	10P15 5P15	额定短时热电流(kA)	额定动稳定电流(kA)	生产厂
LZZBJ12—10Q	20~100	0.2/0.2 0.5/10P10		10		10	15	15	200I_{1n}	500I_{1n}	天津市百利纽泰克电器有限公司
	150~300								45	112.5	
	400~500								70	175	
	600~1000	0.2/0.2 0.5/10P15		15		15	15	15	120	300	
	1250~1500						20	20	150	375	
	2000								180	450	
LZZBJ12—10	10~40	0.2/0.5/10P 0.2s/0.5s/5P 0.2/0.5/10P 0.2s/0.5s/10P		10		15	15		150I_{1n}	375I_{1n}	大连第二互感器厂
	50~75			10		15	15		8	20	
	100			10		15	15		21	52.5	
	150			10		15	15		31.5	78.5	
	200			10		15	15		40	100	
	300~400			15		20	25	15	45	112.5	
	500			15		20	25	15	55	130	

续表22-10

型　号	额定一次电流（A）	准确级组合	额定输出（VA）						额定短时热电流（kA）	额定动稳定电流（kA）	生产厂
			0.2s	0.2	0.5s	0.5	10P10 5P10	10P15 5P15			
LZZBJ12—10	600	0.2/0.5/10P 0.2s/0.5s/5P 0.2/0.5/10P	15			20	30	20	55	130	大连第二互感器厂
	800～1250	0.2/0.5/10P	20			25	30	20	63	130	
	1500～3150	0.2s/0.5s/10P	20			30	40	30	100	200	
LZZBJ12—10	5～75	0.2s/10P15 0.2/10P15 0.5s/10P15 0.5/10P15 0.2/0.5/10P15 0.2s/0.5/10P15	10	10		15		15	$180I_{1n}$	$360I_{1n}$	金坛市金榆互感器厂
	100								$150I_{1n}$	$300I_{1n}$	
	150								22.5	45	
	200								24.5	50	
	300								31.5	60	
	400～500								31.5	60	
	600								40	80	
	800～1500								50	100	
	2000		15	15		20		20	80	160	
	2500								80	160	

5. 外形及安装尺寸

LZZBJ12—10型电流互感器外形及安装尺寸，见图22-7。

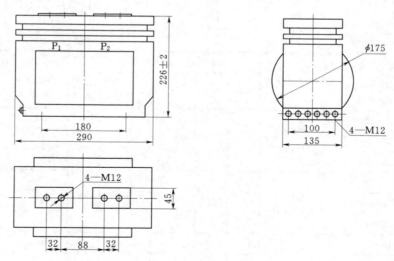

图22-7　LZZBJ12—10型电流互感器外形及安装尺寸（20～1000/5A）

（无锡市通宇电器有限责任公司，江苏靖江互感器厂）

四、LZZBW—10型户外电流互感器

1. 概述

LZZBW—10型户外电流互感器为树脂浇注全封闭支柱式结构，适用于额定频率

50Hz、额定电压 10kV 及以下户外装置电力系统中，作电流、电能计量和继电保护用。

2. 型号含义

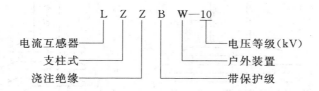

```
        L Z Z B W—10
电流互感器 ┘ │ │ │ │   └ 电压等级（kV）
   支柱式 ──┘ │ │ └──── 户外装置
   浇注绝缘 ──┘ └────── 带保护级
```

3. 技术数据

（1）额定二次电流（A）：5，1。

（2）负荷功率因数：$\cos\phi=0.8$（滞后）。

（3）额定绝缘水平（kV）：12/42/75。

（4）额定一次电流、准确级组合及额定输出、额定短时热电流及动稳定电流，见表 22-11。

表 22-11 LZZBW—10 型户外电流互感器技术数据

额定一次电流（A）	准确级组合	额定负荷（VA）	额定短时热电流（有效值，kA）	额定动稳定电流（峰值，kA）	额定一次电流（A）	准确级组合	额定负荷（VA）	额定短时热电流（有效值，kA）	额定动稳定电流（峰值，kA）
10			1.5	3.75	150			22.5	56.25
15	0.2s/10P15	10/15	2.25	5.625	200	0.2s/10P15	10/15	30	75
20	0.2/10P15 0.5s/10P15	10/15 10/15	3	7.5	300	0.2/10P15 0.5s/10P15	10/15 10/15	45	112.5
30	0.5/10P15 0.2/0.2	10/15 10/10	4.5	11.25	400	0.5/10P15 0.2/0.2	10/15 10/10		
40	0.2/0.5 0.5/0.5	10/10 10/10	6	15	500	0.2/0.5 0.5/0.5	10/10 10/10	63	130
50	0.2s/0.2s 0.2s/0.2	10/10 10/10	7.5	18.75	600	0.2s/0.2s 0.2s/0.2	10/10 10/10		
75	0.5/0.5s	10/10	11.25	28.125	800	0.5s/0.5s	10/10	80	160
100			15	37.5	1000				

4. 外形及安装尺寸

LZZBW—10 型户外电流互感器外形及安装尺寸，见图 22-8。

5. 生产厂

宁波三爱互感器有限公司、宁波互感器厂、宁波市江北三爱互感器研究所。

22.1.1.4 LZZQ—10 系列

一、LZZ（Q）（J）B6—10（Q）（LZZB6—10W1）型电流互感器

1. 概述

LZZQB6—10、 LZZQB6—10Q、 LZZB6—10、 LZZB6—10Q、 LZZJB6—10、

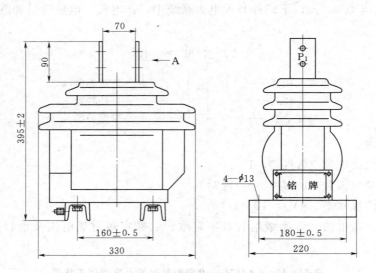

图 22-8 LZZBW—10 型电流互感器外形及安装尺寸

LZZJB6—10Q 型系列电流互感器为环氧树脂浇注全封闭支柱式,适用于额定频率 50Hz 或 60Hz、额定电压 10kV 及以下的电力系统中,作电流、电能测量和继电保护用。执行标准 IEC 44—1：1996、GB 1208—1997《电流互感器》。

该系列产品体积小,重量轻、绝缘性能优越,精度高,动热稳定倍数高。

2. 型号含义

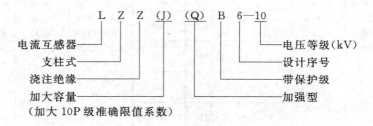

3. 结构

该系列产品为环氧树脂浇注全封闭结构,一、二次绕组及铁芯浇注在环氧树脂内,耐污染及潮湿,适宜于任何位置、任意方向安装。

4. 技术数据

(1) 额定绝缘水平 (kV)：12/42/75。

(2) 额定频率 (Hz)：50,60。

(3) 额定二次电流 (A)：5,1。

(4) 局部放电水平符合 GB 1208—1997《电流互感器》标准。

(5) 污秽等级：Ⅱ级。

(6) 可制造计量用 0.2s 或 0.5s 级高精度电流互感器。

(7) 额定一次电流、准确级组合、额定输出及额定动热稳定电流,见表 22-12。

表 22－12　LZZ（Q）（J）B6—10（Q）（LZZB6—10W1）型电流互感器技术数据

型　号	额定一次电流（A）	准确级组合	额定输出（VA） 0.2s	0.2	0.5	10P10	10P15	短时热电流（kA）	额定动稳定电流（kA）	生产厂
LZZQB6—10 LZZQB6—10Q	15	0.2s/0.2s 0.2/0.2 0.2s/10P10 0.2/10P15 0.5/10P15	10	10	15	15	15	3	10	无锡市通宇电器有限责任公司
	20							4	10	
	30							6	15	
	40							8	20	
	50							10	25	
	75							15	37.5	
	100		10	10	15	20	20	20	50	
	150							31.5	80	
	200									
	300									
	400									
	500		10	15	20	20	20	44.5	80	
	600									
	800									
	1000		10	20	30	30	30	63	110	
	1200									
	1500									
LZZB6—10 LZZB6—10Q	20	0.2s/0.2s 0.2/0.2 0.2s/10P10 0.2/10P10 0.5/10P10	10	10	15	15		3	7.65	
	30							4.5	11.48	
	40							6	15.3	
	50							7.5	19.2	
	75							11.25	28.7	
	100							15	38.25	
	150							22.5	44	
	200							24.5		
	300									
LZZJB6—10 LZZJB6—10Q	100	0.2s/0.2s 0.2/0.2 0.2s/10P10 0.2/10P10 0.5/10P10	10	10	15	15	15	15	38.25	
	150							22.5	44	
	200							24.5		
	300									
	400									
	500							33	59	
	600									

型号	额定一次电流 (A)	准确级组合	额定输出 (VA) 0.2s	0.2	0.5	10P10	10P15	短时热电流 (kA)	额定动稳定电流 (kA)	生产厂
LZZJB6—10 LZZJB6—10Q	800	0.2s/0.2s 0.2/0.2 0.2s/10P10 0.2/10P10 0.5/10P10	10	10	15	15	15	33	59	无锡市通宇电器有限责任公司
	1000									
	1200							63	110	
	1500									
LZZB6—10 LZZB6—10Q	10~100	0.2/0.2 0.2/0.5 0.5/10P10		10	10	15		$150I_{1n}$	$375I_{1n}$	
	150							22.5	56.25	
	200~300							24.5	61.25	
LZZJB6—10 LZZJB6—10Q	100	0.2/0.2 0.2/0.5 0.5/10P15		10	10		15	15	37.5	天津市百利纽泰克电器有限公司
	150							22.5	56.25	
	200							24.5	61.25	
	300									
	400~600							33	82.5	
	800~1500							41	102.5	
LZZQB6—10 LZZQB6—10Q	30	0.2/0.2 0.2/0.5 0.5/10P15		15	15		20	8	20	
	40							12	30	
	50							16	40	
	75							20	50	
	100~300							31.5	78.75	
	400	0.2/0.2 0.2/0.5 0.5/10P15		20	20		30			
	500									
	600	0.2/0.2 0.2/0.5 0.5/10P15		30	30		40	44.5	111.25	
	800									
	1000~1500							63	157.5	
LZZB6—10	5	0.2/0.5 0.2/10P 0.5/10P		10	10	15		0.75	1.91	宁波三爱互感器有限公司、宁波市互感器厂
	10							1.5	3.83	
	15							2.25	5.74	
	20							3	7.65	
	30							4.5	11.48	
	40							6	15.3	
	50							7.5	19.13	
	75							11.25	28.69	
	100							15	38.25	
	150							22.5	44	
	200							24.5	44	
	300							24.5	44	

型号	额定一次电流(A)	准确级组合	额定输出(VA)				短时热电流(kA)	额定动稳定电流(kA)	生产厂
			0.2	0.5	10P10	10P15			
LZZB6—10 LZZB6—10Q	20	0.2/10P10 0.5/10P10 0.2/0.2 0.2/0.5 0.2/10P10/10P10 0.2/0.5/10P10 0.2/0.2/10P10 0.5/10P10/10P10	10	10		15	3	7.65	江苏靖江互感器厂
	30						4.5	11.48	
	40						6	15.3	
	50						7.5	19.13	
	75						11.25	28.69	
	100						15	38.25	
	150						22.5		
	200						24.5	44	
	300								
LZZJB6—10 LZZJB6—10Q	100	0.2/10P15 0.5/10P15 0.2/0.2 0.2/0.5 0.2/10P15/10P15 0.2/0.5/10P15 0.2/0.2/10P15 0.5/10P15/10P15	10	10		15	15	38.25	江苏靖江互感器厂
	150						22.5		
	200						24.5	44	
	300								
	400								
	500						33	59	
	600								
	800								
	1000						63	110	
	1200								
	1500								
LZZQB6—10 LZZQB6—10Q	100	0.2/10P15 0.5/10P15 0.2/0.2 0.5/0.5 0.2/0.5/10P15 0.2/0.2/10P15 0.5/10P10/10P10 0.2/10P10/10P10	10	15	20	20	24	44	
	150						31.5	80	
	200								
	300								
	400		15	20	20	30	44.5	80	
	500								
	600								
	800								
	1200		20	30	30	40	63	110	
	1500								
LZZB6—10 LZZB6—10Q	5	0.2/0.2 0.2/0.5 0.5/0.5 0.2/10P10 0.5/10P10 10P/10P10	10/10 10/10				0.75	1.875	大连第二互感器厂
	10		10/10 10/10				1.5	3.75	
	15		10/15 10/15				2.25	5.625	
	20		10/10				3	7.5	

型　号	额定一次电流（A）	准确级组合	额定输出（VA）0.2	0.5	10P10	10P15	短时热电流（kA）	额定动稳定电流（kA）	生产厂
LZZB6—10 LZZB6—10Q	30	0.2/0.2 0.2/0.5 0.5/0.5 0.2/10P10 0.5/10P10 10P/10P10			10/10 10/10 10/10 10/15 10/15 10/10		4.5	11.25	大连第二互感器厂
	40						6	15	
	50						7.5	18.75	
	75						11.25	28.125	
	100						15	37.5	
	150						22.5	44	
	200						24.5	44	
	300						24.5	44	
LZZJB6—10 LZZJB6—10Q	50	0.2/0.2 0.2/0.5 0.5/0.5 0.2/101P15 0.5/10P15 10P15/10P15			10/10 10/10 10/10 10/15 10/15 10/10		7.5	19.1	
	75						11.3	28.7	
	100						15	38	
	150						22.5	44	
	200						24.5	44	
	300						24.5	44	
	400，500，600						33	59	
	800，1000，1200，1500						41	74	
LZZQB6—10 LZZQB6—10Q	30	0.2/0.2 0.2/0.5 0.5/0.5 0.2/10P15 0.5/10P15 10P15/10P15			10/10		8	20	
	40				10/15		12	30	
	50				15/15 10/20		16	40	
	75				15/20		20	50	
	100～300				10/10		31.5	80	
	400				20/20 20/20 20/20 20/30 20/30				
	500				15/15		44.5	80	
	600～800				30/30 30/30 30/30				
	1000～1500				30/40 30/40 20/20		63	110	

型　　号	额定一次电流（A）	准确级组合	额定输出（VA）					短时热电流（kA）	额定动稳定电流（kA）	生产厂
			0.2s	0.2	0.5	10P10	10P15			
LZZQB6—10 LZZQB6—10Q	5～100	0.2/10P15 0.5/10P15 0.2/0.2 0.5/0.5 0.2/0.5/10P15 0.2/0.2/10P15 0.5/10P10/10P10 0.2/10P10/10P10						24	44	
	150		10	15	20	20		31.5	80	
	200									
	300									
	400		15	20	20	30		44.5	80	
	500									
	600									
	800									
	1200		20	30	30	40		63	110	
	1500									
LZZB6—10	5	0.5/10P			10	15		0.8	1.9	浙江三爱互感器有限公司
	10							1.5	3.8	
	15							2.3	5.8	
	20							3	7.7	
	30							4.5	11.5	
	40							6	15.3	
	50							7.5	19.1	
	75							11.3	28.7	
	100							15	38.3	
	150							22.5	44	
	200							24.5	44	
	300							24.5	44	
LZZJB6—10	100	0.5/10P			10	15		15	38.3	
	150							22.5	44	
	200							24.5		
	300									
	400									
	500							33	59	
	600									
	800									
	1000							41	74	
	1200									
	1500									

续表 22-12

型　号	额定一次电流(A)	准确级组合	额定输出(VA)					短时热电流(kA)	额定动稳定电流(kA)	生产厂
			0.2s	0.2	0.5	10P10	10P15			
LZZQB6—10	100	0.5/10P			15	20		44.5	79	浙江三爱互感器有限公司
	150									
	200									
	300									
	400				20	30		45	80	
	500									
	600									
	800				30	40		61	110	
	1000									
	1200									
	1500									
LZZJB6—10	100	0.5/B			10/15			15	38.25	
	150							22.5	44	
	200~300							24.5	44	
	400~500							33	59	
	600~1500							41	74	
LZZB6—10	5	0.5/B			10/15			0.75	1.19	沈阳互感器厂(有限公司)
	10							1.5	3.83	
	15							2.25	5.74	
	20							3	7.65	
	30							4.5	11.48	
	40							6	15.3	
	50							7.5	19.13	
	75							11.25	28.69	
	100							15	38.25	
	150							22.5	44	
	200~300							22.5	44	
LZZQB6—10	20	0.2/10P 0.5/5P 0.5/10P						8	20	宁波三爱互感器有限公司、宁波市互感器厂
	30							12	30	
	40		10	10		10P15	5P15	16	40	
	50							21	52.5	
	75							25	62.5	
	100~300		10	15	20	20		31.5~45	79~112.5	
	400		10	20	30	30		45	112.5	
	500		10	20	30			44.5~61	80~110	
	600~1500		10	30	40					

5. 外形及安装尺寸

LZZ（Q）（J）B6—10（Q）（LZZB6—10W1）型电流互感器外形及安装尺寸，见图 22-9。

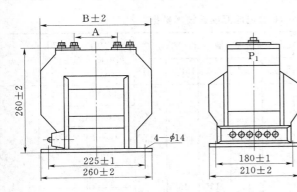

级次组合	额定一次电流（A）	A	B
二级次	20～800	100	260
	1000～1500	70	
三级次	20～800	146	280
	1000～1500	116	

图 22-9　LZZ（Q）（J）B6—10（Q）型电流互感器外形及安装尺寸（江苏靖江互感器厂）

二、LZZQB8—10 型电流互感器

1. 概述

LZZQB8—10 型电流互感器为环氧树脂浇注绝缘全封闭式结构，适用于额定频率 50Hz 或 60Hz、额定电压 10kV 及以下的户内电力线路及设备中，作电流、电能测量和继电保护用。产品符合 IEC 44—1：1996 及 GB 1208—1997《电流互感器》标准。

2. 型号含义

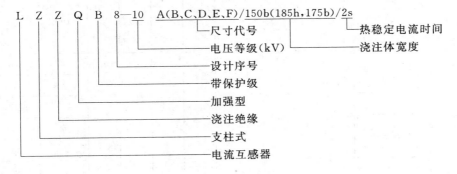

3. 结构

该产品为全封闭支柱式结构，一、二次绕组及铁芯均浇注在环氧树脂内，耐污染及潮湿，适用于任何位置、任意方向安装。该系列互感器有单变比、双变比。单变比一次绕组为固定式。双变比一次绕组采用串并联。改变一次接线方式可得到两种电流比。串联时 500/5A，并联时 200/5A。体积小，重量轻，绝缘性能优越，精度高，动热稳定倍数高。

4. 技术数据

（1）额定绝缘水平（kV）：12/42/75。

（2）额定二次电流（A）：5，1。

（3）局部放电水平符合 GB 1208—1997《电流互感器》标准。

（4）可制造计量用0.2s或0.5s级高精度电流互感器。

（5）污秽等级：Ⅱ级。

（6）额定一次电流、准确级组合、额定输出及额定动热稳定电流，见表22-13。

表22-13 LZZQB8—10型电流互感器技术数据

型号	额定一次电流（A）	准确级组合	额定输出（VA）					额定短时热电流（kA）	额定动稳定电流（kA）	生产厂
			0.2s	0.2	0.5	10P10	10P15			
LZZQB8—10（常规技术数据）	5	0.2/10P10 0.5/10P10 0.2/10P15 0.5/10P15						0.5	1.25	无锡市通宇电器有限责任公司
	10							1	2.5	
	15							1.5	3.75	
	20							3	7.5	
	30，40，50		10	15	15			6	15	
	60，75							11	27.5	
	100							21	52.5	
	150						15	31.5	80	
	200，300							45	112.5	
	400，600							63	130	
	800，1000					20		80	160	
	1200，1250					20		80	160	
	1500		15	20						
	2000					30		100	160	
	2500									
LZZQB8—10（高动热稳定技术数据）	5	0.2/10P10 0.5/10P10 0.2/10P15 0.5/10P15						1	2.5	
	10							2	5	
	15							4.5	11.25	
	20							6	15	
	30							12	30	
	40							16	40	
	50，60							21	52.5	
	75		10	15	15	15		31.5	80	
	100，150，200							45	112.5	
	300，400，600							31.5	80	
	800，1000							80	160	
	1200							80	160	
	1500									
	2000							100	160	
	2500									

型　号	额定一次电流（A）	准确级组合	额定输出（VA） 0.2s	0.2	0.5	10P10	10P15	额定短时热电流（kA）	额定动稳定电流（kA）	生产厂
LZZQB8—10（三绕组技术数据）	5~75	0.2s/0.2s/10P10 0.2/0.2/10P10 0.2s/0.2/10P10 0.2/0.2/10P10 0.5/0.5/10P10 0.2/10P10/10P10 0.5/10P10/10P10	10		10	15		$100I_{1n}$	$250I_{1n}$	无锡市通宇电器有限责任公司
	100							21	52.5	
	150，200							31.5	80	
	300，400							45	112.5	
	500，600							63	130	
	800									
	1000~1200									
	1500			15	20		80	160	
	2000									
	2500					20				

型　号	额定一次电流（A）	准确级组合	额定输出（VA） 0.2	0.5	10P10	10P15	10P20	额定短时热电流（kA）	额定动稳定电流（kA）	备注	生产厂
LZZQB8—10A/150b/2s LZZQB8—10A1/150b/2	15	0.2/10P10 0.5/10P10 0.2/10P15 0.5/10P15 0.2/10P20 0.5/10P20 0.2/0.2/10P10 0.2/0.5/10P10	10	15	15	15	15	1.5	3.75	常规技术数据	江苏靖江互感器厂
	20							2	5		
	30							3	7.5		
	40							4.5	11.25		
	50							5	12.5		
	60							6	15		
	75							7.5	18.5		
	100							10	25		
	150							15	37.5		
	200							21	52.5		
	250，300							31.5	80		
	400							45	112.5		
	500							45	112.5		
	600							63	130		
	800，1000		15	30	20	15	20	80	160		
	1200，1250							100	160		
LZZQB8—10C/185h/2 LZZQB8—10C1/185h/2 LZZQB8—10E/175b/2s	5	0.2/10P10 0.5/10P10 0.2/10P15 0.5/10P15 0.2/10P20 0.5/10P20 0.2/0.2/10P10 0.2/0.5/10P10	10	20	15	20	15	0.5	1.25		
	10							1	2.5		
	15							1.5	3.75		
	20							3	7.5		
	30							4.5	11.25		
	40							6	15		

型　号	额定一次电流（A）	准确级组合	额定输出（VA）					额定短时热电流（kA）	额定动稳定电流（kA）	备注	生产厂
			0.2	0.5	10P10	10P15	10P20				
LZZQB8—10C/185h/2　　LZZQB8—10C1/185h/2　　LZZQB8—10E/175b/2s	50	0.2/10P10　0.5/10P10　0.2/10P15　0.5/10P15　0.2/10P20　0.5/10P20　0.2/0.2/10P10　0.2/0.5/10P10	10	20	15	20	15	7.5	18.75	常规技术数据	江苏靖江互感器厂
	60							9	22.5		
	75							10	25		
	100							21	52.5		
	150							31.5	80		
	200，250							45	112.5		
	300							45	112.5		
	400，500							63	130		
	600							80	160		
	800，1000		15	30	20	20	15	80	160		
	1200，1250							100	160		
	1500，2000，3000，3150		30	60	20	30	20	100	160		
LZZQB8—10/160b/1s	10～200	0.2/0.5　0.2/10P10　0.5/10P10	10	15	15			100I_{1n}	250I_{1n}		
	300，400							31.5	80		
	500，600							45	112.5		
	800										
LZZQB8—10/160b/2s	10～50	0.2/5P10　0.5/5P10　0.2/5P15　0.5/5P15	10	10		5P10　15	5P15　10	150I_{1n}	375I_{1n}		
	75							21	52.5		
	100，150							31.5	80		
	200										
	300		10	15		15	10	45	112.5		
	400										
	500										
	600		15	20		20	15	63	130		
	800										
LZZQB8—10/185h/1	10，15	0.2/5P10　0.5/5P10　0.2/5P15　0.5/5P15	10			5P10　15	5P15　10	200I_{1n}	500I_{1n}		
	20～50							300I_{1n}	750I_{1n}		
	75							31.5	80		
	100			10							
	150										
	200							45	112.5		
	300										
	400			15							
	500							63	130		
	600			20							
	800										

型　号	额定一次电流（A）	准确级组合	额定输出（VA）			额定短时热电流（kA）	额定动稳定电流（kA）	备注	生产厂
			0.2	0.5	10P10				
LZZQB8—10A/150b/2s LZZQB8—10A1/150b/2	5	0.2/10P10 0.5/10P10	10	10	20	0.5	1.25	常 规 技 术 数 据	江苏靖江互感器厂
	10					1	2.5		
	15					1.5	3.75		
	20					3	7.5		
	30					4.5	11.25		
	40					6	15		
	50					7.5	18.5		
	60					9	22.5		
	75					10	25		
	100					15	37.5		
	150					22.5	56		
	200					31.5	80		
	250					45	112.5		
	300，400		10	20	20	45	112.5		
	500					63	130		
	600					80	160		
	800，1000 1200，1250		15	30	20	80	160		
						100	160		
LZZQB8—10C/185h/2 LZZQB8—10C1/185h/2 LZZQB8—10E/175b/2s	5	0.2/10P10 0.5/10P10	10	10	20	1	2.5		
	10					2	5		
	15					4.5	11.25		
	20					6	15		
	30					12	30		
	40					16	40		
	50，60					21	52.5		
	75					31.5	80		
	100，150					45	112.5		
	200，250								
	300		10	20	30	63	130		
	400			30					
	500			20					
	600			20		80	160		
	800，1000 1200，1250		15	30	30	80	160		
	1500，2000 3000，3150		30	60	30	100	160		

续表 22-13

型　号	额定一次电流（A）	准确级组合及额定输出（VA）（1s 热电流 150I_{1n}，额定动稳定电流 2.5I_{th}，I_{th}—热电流）						生产厂
LZZQB8—10A/150b/2s　LZZQB8—10A1/150b/2	20，30，40，50，75，100，150，200，300	0.2/0.2	10/10	0.2/0.5	10/15	0.5/10P15	10/10	
		0.2/5P10	10/15	0.2/10P10	10/20	1/10P15	20/10	
		0.5/5P10	15/15	0.5/10P10	15/20			
		1/5P10	30/15	1/10P10	30/20			
		5P10/5P10	10/15	10P10/10P10	10/15			
LZZQB8—10C/185h/2　LZZQB8—10C1/185h/2　LZZQB8—10E/175b/2s	20，30，40，50，75，100，150，200，300	0.2/0.2	10/10	0.2/0.5	10/15	0.5/10P15	10/20	
		0.2/5P10	10/20	0.2/10P10	10/30	1/5P15	30/20	
		0.5/5P10	15/20	0.5/10P10	15/30	10P15/10P15	10/10	
		1/5P10	30/20	1/10P10	30/30			
		5P10/5P10	15/15	10P10/10P10	15/20			
LZZQB8—10A/150b/2s　LZZQB8—10A/150b/2	50，60	1/5P10	10/10	1/10P10	10/10	0.5/10P15	10/10	江苏靖江互感器厂
	75	0.5/5P10	10/15	0.5/10P10	10/15	1/10P15	15/10	
		1/5P10	15/15	1/10P10	15/15			
		3/5P10	30/15	3/10P10	30/15			
	100	0.2/0.2	10/10	0.2/0.5	10/10			
		0.2/5P10	10/15	0.2/10P10	10/15			
		0.5/5P10	10/15	0.5/10P10	10/15			
		1/5P10	20/15	1/10P10	20/15			
		5P10/5P10	10/10	10P10/10P10	10/10			
	150，160	0.2/0.2	10/10	0.2/0.5	10/20	0.5/10P15	10/15	
		0.2/5P10	10/15	0.2/10P10	10/20	1/10P15	20/15	
		0.5/5P10	15/15	0.5/10P10	15/20			
		1/5P10	30/15	1/10P10	30/20			
		5P10/5P10	10/15	10P10/10P10	10/15			
LZZQB8—10C/185h/2　LZZQB8—10C1/185h/2　LZZQB8—10E/175b/2s	50，60	0.5/5P10	10/15	0.5/10P10	10/15			
		1/5P10	20/15	1/10P10	20/15			
	75	0.5/5P10	15/20	0.5/10P10	15/20	0.5/10P15	10/15	
		1/5P10	30/20	1/10P10	30/20	1/10P15	30/15	
		5P10/5P10	10/15	10P10/10P10	10/15	10P15/10P15	10/10	
	100	0.2/0.2	10/10	0.2/0.5	10/10	0.2/10P15	10/20	
		0.2/5P10	10/30	0.2/10P10	10/30	0.5/10P15	15/20	
		0.5/5P10	15/30	0.5/10P10	15/30	1/10P15	30/20	
		1/5P10	30/30	1/10P10	30/30	10P15/10P15	10/15	
		5P10/5P10	10/20	10P10/10P10	10/20			

型　　号	额定一次电流（A）	准确级组合及额定输出（VA）（1s 热电流 $150I_{1n}$，额定动稳定电流 $2.5I_{th}$，I_{th}—热电流）						生产厂
LZZQB8—10C/185h/2	150，160	0.2/0.2	10/10	0.2/0.5	10/20	0.2/10P15	10/20	江苏靖江互感器厂
LZZQB8—10C1/185h/2		0.2/5P10	10/30	0.2/10P10	10/30	0.5/10P15	20/20	
LZZQB8—10E/175b/2s		0.5/5P10	20/30	0.5/10P10	20/30	1/10P15	40/20	
		1/5P10	40/30	1/10P10	40/30	10P15/10P15	10/15	
		5P10/5P10	20/20	10P10/10P10	20/20			

型　　号	额定一次电流（A）	准确级组合及额定输出（VA）（1s 热电流 31.5kA，额定动稳定电流 80kA）						生产厂
	75	1/5P10	10/10	1/10P10	10/10			
	100	0.5/5P10	10/15	0.5/10P10	10/15	0.5/10P15	10/10	
		1/5P10	15/15	1/10P10	15/15	1/10P15	15/10	
		3/5P10	30/15	3/10P10	30/15			
LZZQB8—10A/150b/2s	150，160	0.2/0.2	10/10	0.2/0.5	10/15			
		0.2/5P10	10/15	0.2/10P10	10/15	0.2/10P15	10/15	
		0.5/5P10	15/15	0.5/10P10	15/20	0.5/10P15	15/15	
LZZQB8—10A1/150b/2		1/5P10	30/15	1/10P10	30/15			
		5P10/5P10	10/10	10P10/10P10	10/15			
	200	0.2/0.2	10/10	0.2/0.5	10/20			
		0.2/5P10	10/20	0.2/10P10	10/20	0.2/10P15	10/15	
		0.5/5P10	20/20	0.5/10P10	20/20	0.5/10P15	20/15	
		1/5P10	40/20	1/10P10	40/20	1/10P15	40/15	
		5P10/5P10	10/10	10P10/10P10	15/15			江苏靖江互感器厂
	50，60	1/5P10	10/10	1/10P10	10/10			
		3/5P10	20/10	3/10P10	20/10			
LZZQB8—10C/185h/2	75	0.5/5P10	10/15	0.5/10P10	10/15	0.5/10P15	10/10	
		1/5P10	20/15	1/10P10	20/15	1/10P15	20/10	
		5P10/5P10	10/10	10P10/10P10	10/10			
LZZQB8—10C1/185h/2	100	0.5/5P10	15/15	0.5/10P10	15/15	0.5/10P15	15/10	
		1/5P10	30/15	1/10P10	30/15	1/10P15	30/10	
		5P10/5P10	15/15	10P10/10P10	15/15	10P15/10P15	10/10	
LZZQB8—10E/175b/2s	150，160	0.2/0.2	10/10	0.2/0.5	10/20			
		0.2/5P10	10/30	0.2/10P10	10/30	0.2/10P15	10/20	
		0.5/5P10	20/30	0.5/10P10	20/30	0.5/10P15	20/20	
		1/5P10	40/30	1/10P10	40/30	1/10P15	40/20	
		5P10/5P10	15/20	10P10/10P10	15/20	10P15/10P15	10/15	

续表 22-13

型　号	额定一次电流（A）	准确级组合及额定输出（VA）（1s热电流31.5kA，额定动稳定电流80kA）						生产厂
LZZQB8—10C/185h/2 LZZQB8—10C1/185h/2 LZZQB8—10E/175b/2s	200	0.2/0.2	10/10	0.2/0.5	10/30			江苏靖江互感器厂
		0.2/5P10	10/30	0.2/10P10	10/30	0.2/10P15	10/20	
		0.5/5P10	30/30	0.5/10P10	30/30	0.5/10P15	30/20	
		1/5P10	60/30	1/10P10	60/30	1/10P15	60/20	
		5P10/5P10	20/20	10P10/10P10	20/20	10P15/10P15	10/15	

型　号	额定一次电流（A）	准确级组合及额定输出（VA）（1s热稳定电流45kA，额定动稳定电流112.5kA）						生产厂
	100	1/5P10	10/10	1/10P10	10/10			
	150，160	0.5/5P10	10/15	0.5/10P10	10/15	0.5/10P15	10/10	
		1/5P10	15/15	1/10P10	15/15	1/10P15	15/10	
		3/5P10	30/15	3/10P10	30/15	0.2/10P15	10/10	
LZZQB8—10A/150b/2s	200	0.2/0.2	10/10	0.2/0.5	10/15	0.5/10P15	10/10	
		0.2/5P10	10/15	0.2/10P10	10/20	1/10P15	10/10	
		0.5/5P10	15/15	0.5/10P10	15/20			
		1/5P10	20/15	1/10P10	20/20			
		5P10/5P10	10/10	10P10/10P10	10/10			
LZZQB8—10A1/150b/2	300，315	0.2/0.2	10/10	0.2/0.5	10/20	0.2/10P15	10/15	江苏靖江互感器厂
		0.2/5P10	10/20	0.2/10P10	10/20	0.5/10P15	20/15	
		0.5/5P10	20/20	0.5/10P10	20/20	1/10P15	10/15	
		1/5P10	40/20	1/10P10	40/20			
		5P10/5P10	15/15	10P10/10P10	15/15			
	400	0.2/0.2	10/10	0.2/0.5	10/20	0.2/10P15	10/15	
		0.2/5P10	10/20	0.2/10P10	10/20	0.5/10P15	20/15	
		0.5/5P10	20/20	0.5/10P10	20/20	1/10P15	40/15	
		1/5P10	40/20	1/10P10	40/20			
		5P10/5P10	15/15	10P10/10P10	15/15			
LZZQB8—10C/185h/2	50，60	3/5P10	15/10	3/10P10	15/10			
	75	1/5P10	15/10	1/10P10	15/10			
		3/5P10	30/10	3/10P10	30/10			
LZZQB8—10C1/185h/2	100	0.5/5P10	10/20	0.5/10P10	10/20	0.5/10P15	10/20	
		1/5P10	20/20	1/10P10	20/20	1/10P15	20/10	
LZZQB8—10E/175b/2s	150，160	0.5/5P10	20/20	0.5/10P10	20/20	0.5/10P15	20/15	
		1/5P10	40/20	1/10P10	40/20	1/10P15	40/15	
		5P10/5P10	15/15	10P10/10P10	15/15	10P15/10P15	10/10	

型　号	额定一次电流（A）	准确级组合及额定输出（VA）（1s 热稳定电流45kA，额定动稳定电流112.5kA）						生产厂
LZZQB8—10C/185h/2　　　LZZQB8—10C1/185h/2　　　LZZQB8—10E/175b/2s	200	0.2/0.2	10/10	0.2/0.5	10/20	0.2/10P15	10/15	江苏靖江互感器厂
		0.2/5P10	10/20	0.2/10P10	10/20	0.5/10P15	20/15	
		0.5/5P10	20/20	0.5/10P10	20/20	1/10P15	40/15	
		1/5P10	40/20	1/10P10	40/20	10P15/10P15	10/10	
		5P10/5P10	15/15	10P10/10P10	15/15			
	300，315	0.2/0.2	10/10	0.2/0.5	10/30	0.2/10P15	10/20	
		0.2/5P10	10/30	0.2/10P10	10/30	0.5/10P15	30/20	
		0.5/5P10	30/30	0.5/10P10	30/30	1/10P15	60/20	
		1/5P10	60/30	1/10P10	60/30	10P15/10P15	10/15	
		5P10/5P10	20/20	10P10/10P10	20/20			
	400	0.2/0.2	10/10	0.2/0.5	10/20	0.2/10P15	10/20	
		0.2/5P10	10/30	0.2/10P10	10/30	0.5/10P15	30/20	
		0.5/5P10	30/30	0.5/10P10	30/30	10P15/10P15	10/20	
		1/5P10	60/30	1/10P10	60/30			
		5P10/5P10	20/30	10P10/10P10	20/30			

型　号	额定一次电流（A）	准确级组合及额定输出（VA）（1s 热电流63kA，额定动稳定电流130kA）						生产厂
LZZQB8—10A/150b/2s　　　LZZQB8—10A1/150b/2	200	1/5P10	10/10	1/10P10	10/10			江苏靖江互感器厂
	300	0.5/5P10	10/15	0.5/10P10	10/15	0.5/10P15	10/10	
		1/5P10	15/15	1/10P10	15/15	1/10P15	15/10	
		3/5P10	30/15	3/10P10	30/15			
	400	0.2/0.2	10/10	0.2/0.5	10/15	0.2/10P15	10/10	
		0.2/5P10	10/15	0.2/10P10	10/20	0.5/10P15	10/10	
		0.5/5P10	10/15	0.5/10P10	10/20	1/10P15	10/10	
		1/5P10	20/15	1/10P10	20/20			
		5P10/5P10	10/15	10P10/10P10	10/15			
	500	0.2/0.2	10/10	0.2/0.5	10/20	0.2/10P15	10/15	
		0.2/5P10	10/20	0.2/10P10	10/20	0.5/10P15	15/15	
		0.5/5P10	15/20	0.5/10P10	15/20	1/10P15	30/15	
		1/5P10	30/20	1/10P10	30/20			
		5P10/5P10	10/15	10P10/10P10	10/20			
LZZQB8—10C/185h/2 LZZQB8—10C1/185h/2 LZZQB8—10E/175b/2s	150，160	0.5/5P10	10/20	0.5/10P10	10/20	0.5/10P15	10/10	
		1/5P10	20/20	1/10P10	20/20	1/10P15	20/10	
		5P10/5P10	10/10	10P10/10P10	10/10			

型　号	额定一次电流（A）	准确级组合及额定输出（VA）（1s热电流63kA，额定动稳定电流130kA）						生产厂
	200	0.5/5P10	15/20	0.5/10P10	15/20	0.5/10P15	10/10	
		1/5P10	30/20	1/10P10	30/20	1/10P15	20/10	
		5P10/5P10	10/10	10P10/10P10	10/10			
	300	0.2/0.2	10/10	0.2/0.5	10/20	0.2/10P15	10/15	
		0.2/5P10	10/30	0.2/10P10	10/30	0.5/10P15	20/15	
LZZQB8—		0.5/5P10	20/30	0.5/10P10	20/30	1/10P15	40/15	
10C/185h/2		1/5P10	40/30	1/10P10	40/30	10P15/10P15	10/15	
		5P10/5P10	15/20	10P10/10P10	15/20			
LZZQB8—	400	0.2/0.2	10/10	0.2/0.5	10/10	0.2/10P15	10/15	江苏靖
10C1/185h/2		0.2/5P10	10/30	0.2/10P10	10/30	0.5/10P15	30/15	江互感
		0.5/5P10	30/30	0.5/10P10	30/30	1/10P15	60/15	器厂
LZZQB8—		1/5P10	60/30	1/10P10	60/30	10P15/10P15	10/20	
10E/175b/2s		5P10/5P10	20/30	10P10/10P10	20/30			
	500	0.2/0.2	10/10	0.2/0.5	10/20	0.2/10P15	10/15	
		0.2/5P10	10/20	0.2/10P10	10/20	0.5/10P15	15/15	
		0.5/5P10	15/20	0.5/10P10	15/20	1/10P15	30/15	
		1/5P10	30/20	1/10P10	30/20	10P15/10P15	10/15	
		5P10/5P10	10/20	10P10/10P10	15/20			

型　号	额定一次电流（A）	准确级组合及额定输出（VA）（1s热电流80kA，额定动稳定电流160kA）						生产厂
	300	0.5/5P10	10/15	0.5/10P10	10/15	0.5/10P15	10/10	
		1/5P10	20/15	1/10P10	20/15	1/10P15	20/10	
	400	0.2/0.2	10/10	0.2/0.5	10/10	0.2/10P15	10/10	
		0.2/5P10	10/15	0.2/10P10	10/20	0.5/10P15	15/15	
		0.5/5P10	10/15	0.5/10P10	10/20	1/10P15	20/10	
LZZQB8—		1/5P10	20/15	1/10P10	20/20			
10A/150b/2s		5P10/5P10	10/10	10P10/10P10	10/10			江苏靖
	500	0.2/0.2	10/10	0.2/0.5	10/10	0.2/10P15	10/15	江互感
LZZQB8—		0.2/5P10	10/20	0.2/10P10	10/20	0.5/10P15	15/15	器厂
10A1/150b/2		0.5/5P10	15/20	0.5/10P10	15/20	1/10P15	30/15	
		1/5P10	30/20	1/10P10	30/20			
		5P10/5P10	10/15	10P10/10P10	10/15			
	600	0.2/0.2	10/10	0.2/0.5	10/10	0.2/10P15	10/15	
		0.2/5P10	10/20	0.2/10P10	10/20	0.5/10P15	20/15	

续表 22-13

型　号	额定一次电流（A）	准确级组合及额定输出（VA）（1s热电流80kA，额定动稳定电流160kA）						生产厂
LZZQB8—10A/150b/2s LZZQB8—10A1/150b/2	600	0.5/5P10	20/20	0.5/10P10	20/20	1/10P15	40/15	江苏靖江互感器厂
		1/5P10	40/20	1/10P10	40/20			
		5P10/5P10	15/15	10P10/10P10	15/15			
	700，800	0.2/0.2	15/15	0.2/0.5	15/30	0.2/10P15	15/15	
		0.2/5P10	15/30	0.2/10P10	15/30	0.5/10P15	30/15	
		0.5/5P10	30/30	5/10P10	30/30	1/10P15	60/15	
		1/5P10	60/30	1/10P10	60/30	10P15/10P15	10/10	
		5P10/5P10	15/20	10P10/10P10	15/20			
	1000，1200，1250	0.2/0.2	20/20	0.2/0.5	20/30	0.2/10P15	20/15	
		0.2/5P10	20/20	0.2/10P10	20/20	0.5/10P15	30/15	
		0.5/5P10	30/20	0.5/10P10	30/20	1/10P15	60/15	
		1/5P10	60/20	1/10P10	60/20			
		5P10/5P10	10/20	10P10/10P10	15/20			
LZZQB8—10C/185h/2 LZZQB8—10C1/185h/2 LZZQB8—10E/175b/2s	300	0.5/5P10	10/20	0.5/10P10	10/20	0.5/10P15	10/10	
		1/5P10	20/20	1/10P10	20/20	1/10P15	20/10	
		5P10/5P10	10/15	10P10/10P10	10/15			
	400	0.2/0.2	10/10	0.2/0.5	10/20	0.2/10P15	10/10	
		0.2/5P10	10/20	0.2/10P10	10/20	0.5/10P15	20/10	
		0.5/5P10	20/20	0.5/10P10	20/20	1/10P15	40/10	
		1/5P10	40/20	1/10P10	40/20			
		5P10/5P10	15/15	10P10/10P10	15/15			
	500	0.2/0.2	10/10	0.2/0.5	10/20	0.2/10P15	10/15	
		0.2/5P10	10/20	0.2/10P10	10/20	0.5/10P15	20/15	
		0.5/5P10	20/20	0.5/10P10	20/20	1/10P15	40/15	
		1/5P10	40/20	1/10P10	40/20	10P15/10P15	10/15	
		5P10/5P10	15/20	10P10/10P10	15/20			
	600	0.2/0.2	10/10	0.2/0.5	10/30	0.2/10P15	10/20	
		0.2/5P10	10/30	0.2/10P10	10/30	0.5/10P15	30/20	
		0.5/5P10	30/30	0.5/10P10	30/30	1/10P15	60/20	
		1/5P10	60/30	1/10P10	60/30	10P15/10P15	10/15	
		5P10/5P10	20/30	10P10/10P10	20/30			
	750，800	0.2/0.2	20/20	0.2/0.5	20/30	0.2/10P15	20/20	

续表 22-13

型　号	额定一次电流(A)	准确级组合及额定输出（VA）(1s 热电流 80kA，额定动稳定电流 160kA)						生产厂
LZZQB8—10C/185h/2 LZZQB8—10C1/185h/2 LZZQB8—10E/175b/2s	750,800	0.2/5P10	20/30	0.2/10P10	20/30	0.5/10P15	30/20	江苏靖江互感器厂
		0.5/5P10	30/30	0.5/10P10	30/30	1/10P15	60/20	
		1/5P10	60/30	1/10P10	60/30	10P15/10P15	15/15	
		5P10/5P10	20/30	10P10/10P10	20/30			
	1000,1200,1250	0.2/0.2	20/20	0.2/0.5	20/30	0.2/10P15	20/20	
		0.2/5P10	20/30	0.2/10P10	20/30	0.5/5P15	30/20	

型　号	额定一次电流(A)	准确级组合及额定输出（VA）(1s 热电流 100kA，额定动稳定电流 160kA)						生产厂
LZZQB8—10A/150b/2s LZZQB8—10A1/150b/2	1000,1200,1250	0.2/0.2	20/20	0.2/0.5	20/20	0.2/10P15	20/15	
		0.2/5P10	20/20	0.2/10P10	20/20	0.5/10P15	30/15	
		0.5/5P10	30/20	0.5/10P10	30/20	1/10P15	60/15	
		1/5P10	60/20	1/10P10	60/20			
		5P10/5P10	10/20	10P10/10P10	15/20			
LZZQB8—10C/185h/2 LZZQB8—10C1/185h/2 LZZQB8—10E/175b/2s	1000,1200,1250	0.2/0.2	20/20	0.2/0.5	20/30	0.2/10P15	20/20	江苏靖江互感器厂
		0.2/5P10	20/30	0.2/10P10	20/30	0.5/10P15	30/20	
		0.5/5P10	30/30	0.5/10P10	30/30	1/10P15	60/20	
		1/5P10	60/30	1/10P10	60/30	10P15/10P15	15/15	
		5P10/5P10	20/20	10P10/10P10	20/30			
	1500,1600	0.2/0.2	20/20	0.2/0.5	20/40			
		0.2/5P15	20/30	0.2/10P15	20/30			
		0.5/5P15	40/30	0.5/10P15	40/30			
		1/5P15	60/30	1/10P15	60/30			
		5P15/5P15	20/20	10P15/10P15	20/20			
	2000	0.2/0.2	30/30	0.2/0.5	30/60			
		0.2/5P15	30/30	0.2/10P15	30/30			
		0.5/5P15	60/30	0.5/10P15	60/30			
		1/5P15	90/30	1/10P15	90/30			
		5P15/5P15	15/20	10P15/10P15	15/20			
	2500	0.2/0.2	30/30	0.2/0.5	30/60			
		0.2/5P15	30/30	0.2/10P15	30/30			
		0.5/5P15	60/30	0.5/10P15	60/30			

型　号	额定一次电流（A）	准确级组合及额定输出（VA）（1s热电流100kA，额定动稳定电流160kA）				生产厂
LZZQB8—10C/185h/2	2500	1/5P15	90/30	1/10P15	90/30	江苏靖江互感器厂
		5P15/5P15	15/20	10P15/10P15	15/20	
LZZQB8—10C1/185h/2	3000，3150	0.2/0.2	30/30	0.2/0.5	30/60	
		0.2/5P15	30/30	0.2/10P15	30/30	
		0.5/5P15	60/30	0.5/10P15	60/30	
LZZQB8—10E/175b/2s		1/5P15	90/30	1/10P15	90/30	
		5P15/5P15	15/15	10P15/10P15	15/15	

型　号	额定一次电流（A）	准确级组合	额定输出（VA）					额定短时热电流（kA）	额定动稳定电流（kA）	生产厂
			0.2	0.5	5P10 10P10	5P15 10P15	10P20			
LZZQB8—10B/150b/4s	20～100	0.2/10P15 0.5/10P15 0.2/10P20 0.5/10P20 0.2/0.2/5P10 0.2/0.5/5P15 0.2/0.5/10P20 0.2/5P10/10P15 0.5/5P10/10P20	10	15	15	20	15	$150I_{1n}$	$375I_{1n}$	江苏靖江互感器厂
	150		10	15	15	20	15	31.5	80	
	200		10	15	15	20	15	31.5	80	
	300		10	15	15	20	15	45	112.5	
	400		10	15	15	20	15	45	112.5	
	600		10	15	15	20	15	63	130	
	800		10	15	15	20	15	63	130	
	1000		10	15	15	20	15	80	160	
	1200		15	20	15	20	15	80	160	
	1250		15	20	15	20	15	80	160	
LZZQB8—10D/185h/4 LZZQB8—10F/175b/4s	20～100	0.2/10P15 0.5/10P15 0.2/10P20 0.5/10P20 0.2/0.2/5P10 0.2/0.5/5P15 0.2/0.5/10P20 0.2/5P10/10P15 0.5/5P10/10P20	10	15	20	30	20	$150I_{1n}$	$375I_{1n}$	江苏靖江互感器厂
	150		10	15	20	30	20	31.5	80	
	200		10	15	20	30	20	31.5	80	
	300		10	15	20	30	20	45	112.5	
	400		10	15	20	30	20	45	112.5	
	600		10	15	20	30	20	63	130	
	800		10	15	20	30	20	63	130	
	1000		15	30	40	40	20	80	160	
	1200		15	30	40	40	20	80	160	
	1250		15	30	40	40	20	80	160	
	1500		15	30	40	40	20	80	160	
	2000		15	30	40	40	20	80	160	
	2500		20	40	40	40	20	100	160	
	3000		20	40	40	40	20	100	160	
	3150		20	40	40	40	20	100	160	

续表 22-13

型　号	额定一次电流（A）	准确级组合	额定输出（VA）					额定短时热电流（kA）	额定动稳定电流（kA）	生产厂
			0.2	0.5	10P10	10P15	10P20			
LZZQB8—10A/150b/2s	2×50	0.2/10P10 0.2/10P15 0.5/10P10 0.5/10P15	10	15	15	15		6~12	15~30	江苏靖江互感器厂
	2×75							10~20	25~50	
	2×100							12~24	30~60	
	2×150							21~42	52.5~105	
	2×200							24~48	60~120	
	2×300							31.5~63	80~160	
	2×400		15	20	20	20		45~90	112.5~225	
	2×600									
LZZQB8—10B/150b/4s	2×50	0.2/10P20 0.2/10P10/10P15 0.5/10P20 0.5/10P10/10P15	10	15	15, 20	15	15	6~12	15~30	
	2×75							10~20	25~40	
	2×100							12~24	30~60	
	2×150							21~42	52.5~105	
	2×200							24~48	60~120	
	2×300							31.5~63	80~160	
	2×400		15	20	20	20	20	45~90	112.5~225	
	2×600									
LZZQB8—10C/185h/2	2×50	0.2/10P10 0.2/10P20 0.5/10P10 0.5/10P20	10	15	15		15	8~16	20~40	
	2×75							12~24	30~60	
	2×100							24~48	60~120	
	2×150							31.5~63	80~120	
	2×200							31.5~63	80~160	
	2×300							31.5~63	80~160	
	2×400							31.5~63	80~160	
	2×600		15	20	20		20	45~90	112.5~225	
	2×800									
	2×1000									
LZZQB8—10D/185h/4	2×50	0.2/10P10/10P20 0.5/10P10/10P20	10	15	15, 20		15	8~16	20~40	
	2×75							12~34	30~60	
	2×100							24~48	60~120	
	2×150									
	2×200							31.5~63	80~160	
	2×300									
	2×400									
	2×600		15	20	20		20	45~90	112.5~225	
	2×800									
	2×1000									

5. 外形及安装尺寸

LZZQB8—10 型电流互感器外形及安装尺寸，见图 22-10。

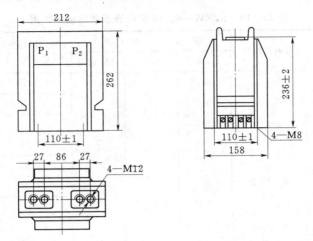

图 22-10 LZZQB8—10 型电流互感器外形及安装尺寸（LZZQB8—10/160b/1s）

22.1.1.5 LZZW—6、10 系列

一、LZZW—6、10 型电流互感器

1. 概述

LZZW—6、10 型电流互感器是为进口户外环氧树脂浇注绝缘全封闭的户外支柱式结构，高动热稳定、高精度、防污、阻燃，供额定频率为 50Hz、额定电压 6、10kV 户外电力系统中，作电流、电能测量及继电保护用。产品性能符合 IEC 和 GB 1208—1997《电流互感器》标准。

2. 型号含义

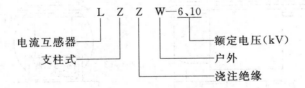

3. 技术数据

（1）额定绝缘水平（kV）：12/42/75。

（2）负荷功率因数：$\cos\phi=0.8$（滞后）。

（3）额定频率（Hz）：50。

（4）额定二次电流（A）：5（2，1）。

（5）可制成各种复变比结构。

（6）额定一次电流、准确级组合及额定输出、额定短时热电流及动稳定电流，见表 22-14。

4. 外形及安装尺寸

该产品外形及安装尺寸，见图 22-11。

5. 生产厂

浙江三爱互感器有限公司。

表 22-14　LZZW—6、10 型电流互感器技术数据

额定一次电流 （A）	准确级组合	额定输出（VA）			额定短时热电流 （有效值，kA）	额定动稳定电流 （峰值，kA）
		0.2	0.5	10P（15）		
20～40；40					6.3	15
30～60；60					9	22.5
40～75；75					15	37.5
50～100；100					18	45
75～150；150					25	55
100～200；200	0.2/10P				50	110
150～300；300		10	10.	15		
200～400；400	0.5/10P				60	130
300～600；600						
400～800；800						
500～1000；1000						
1200～1500					80	100
2000～3000						

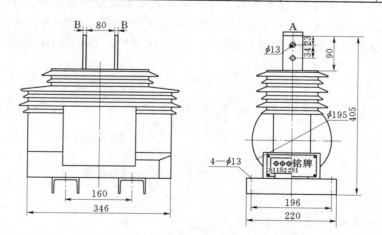

图 22-11　LZZW—6、10 型电流互感器外形及安装尺寸

二、LZZW—10 型户外电流互感器

1. 概述

LZZW—10 型户外电流互感器为瑞士进口的户外脂环族树脂浇注绝缘全封闭式结构，适用于额定电压 10kV 及以下、额定频率 50Hz 或 60Hz 的户外电力线路及设备中，作电流、电能测量和继电保护用。产品符合 IEC 44—1：1996 及 GB 1208—1997《电流互感器》标准，体积小，重量轻，绝缘性能优越，精度高，动稳定倍数高，是为了替代油浸式产品、实现电网无油化而专门设计的新产品，外形及安装尺寸与油浸式产品一样。

2. 型号含义

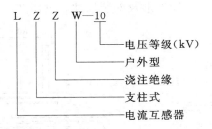

L Z Z W—10

└─── 电压等级（kV）
└──── 户外型
└───── 浇注绝缘
└────── 支柱式
└─────── 电流互感器

3. 结 构

LZZW—10 型户外电流互感器为全封闭支柱式结构，铁芯采用优质的导磁材料，一、二次绕组及铁芯均浇注在脂环族树脂中，具有优良的绝缘性能和防潮能力。一次出线 P_1、P_2 分别在浇注体的顶部，二次绕组出线端在浇注体的底部。第一组为计量绕组（0.2S级，0.2级），标志为 1S1、1S2；第二组为监控绕组（0.5级），标志为 2S1、2S2；第三组为保护级绕组（10P级），标志为 3S1、3S2。如果需要可任意改变准确级组合。互感器为减极性。

4. 技术数据

(1) 额定绝缘水平（kV）：12/42/75。

(2) 负荷的功率因数：$\cos\phi=0.8$（滞后）。

(3) 额定二次电流（A）：5，1。

(4) 表面爬电距离（mm）：430。

(5) 局部放电水平符合 GB 1208—1997《电流互感器》标准。

(6) 额定一次电流、准确级组合及额定输出、额定短时热电流及动稳定电流，见表22-15。

表 22-15 LZZW—10 型户外电流互感器技术数据

额定一次电流 (A)	准确级组合	额定输出 (VA)					额定短时热电流 (kA)	额定动稳定电流 (kA)
		0.2s	0.2	0.5s	0.5	10P		
30							6.3	15
50							9	22.5
75							15	37.5
100							18	45
150	0.2s/10P						25	55
200	0.2/10P						50	110
300	0.5s/10P	10	10	10	15	15		
400	0.5/10P							
500	0.2/0.5/10P						60	130
600	0.2s/0.5/10P							
800								
1000							80	160

5. 外形及安装尺寸

LZZW—10型户外电流互感器外形及安装尺寸，见图22-12。

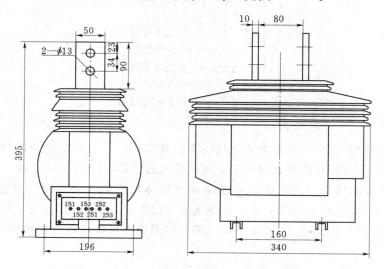

图22-12 LZZW—10型户外电流互感器外形及安装尺寸

6. 生产厂

金坛市金榆互感器厂。

22.1.1.6 BH—LZZ—10系列

一、BH—LZZ（Q、J）B6—10（Q）系列电流互感器

1. 概述

BH—LZZ（Q、J）B6—10（Q）系列电流互感器为环氧树脂全封闭支柱式结构，采用优质的材料及先进工艺制造，适用于户内额定频率50Hz或60Hz、额定电压10kV及以下的电力系统中，作电流、电能测量及继电保护用。大量使用于JYN—10型、KYN—10型等开关柜。

该产品具有重量轻、体积小、耐气候能力强等优点，符合GB 1208—1997《电流互感器》、IEC 185标准。

2. 型号含义

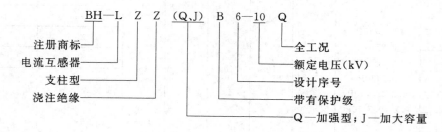

3. 技术数据

(1) 额定频率（Hz）：50，60。

(2) 额定二次电流（A）：5，1。

（3）额定绝缘水平（kV）：12/42/75。

最高工作电压 12；1min 工频耐压 42；雷电冲击耐受电压全波 75，截波 86。

（4）局部放电水平符合 GB 1208—1997《电流互感器》标准。

（5）仪表保安系数（FS）：.≤10。

（6）额定短时热电流（kA）：I_{th}（有效值）见表 22-16。

（7）额定动稳定电流（kA）：$2.5I_{th}$（峰值）。

（8）额定一次电流、准确级组合、额定输出，见表 22-16。

表 22-16 BH—LZZ（Q、J）B6—10（Q）系列电流互感器技术数据

型　号	额定一次电流 （A）	额定二次电流 （A）	准确级组合	额定输出 （VA）	额定短时热电流 （kA）
BH—LZZB6—10 BH—LZZB6—10Q	5	5，1	0.2/0.2 0.2/0.5 0.5/0.5 0.2/10P10 0.5/10P10 10P10/10P10	10/10 10/10 10/10 10/15 10/15 10/10	0.75
	10				1.5
	15				2.25
	20				3
	25				4.5
	30				6
	40				7.5
	50				11.25
	75				15
	100				22.5
	200				22.5
	300				22.5
BH—LZZJB6—10 BH—LZZJB6—10Q	50	5，1	0.2/0.2 0.2/0.5 0.5/0.5 0.2/10P15 0.5/10P15 10P15/10P15	10/10 10/10 10/10 10/15 10/15 10P/10	7.5
	75				11.25
	100				15
	150				22.5
	200				24.5
	300				24.5
	400，500，600				33
	800，1000， 1200，1500				41

型　号	额定一次电流 （A）	额定二次电流 （A）	准确级组合	额定输出 （VA）	额定短时热电流 （kA）
BH—LZZQB6—10 BH—LZZQB6—10Q	30	5，1		10/10	8
	40			10/15	12
	50			15/15 10/20	16
	75			15/20	20
	100～300			10/10	31.5
	400		0.2/0.2	20/20	
			0.2/0.5	20/20	
			0.5/0.5	20/20	
			0.2/10P15	20/30	
	500		0.5/10P15	20/30	44.5
			10P15/10P15	15/15	
	600～800			30/30	
				30/30	
				30/30	
	1000～1500			30/40	
				30/40	63
				20/20	

4. 外形及安装尺寸

BH—LZZ（Q、J）B6—10（Q）系列电流互感器外形及安装尺寸，见图 22-13。

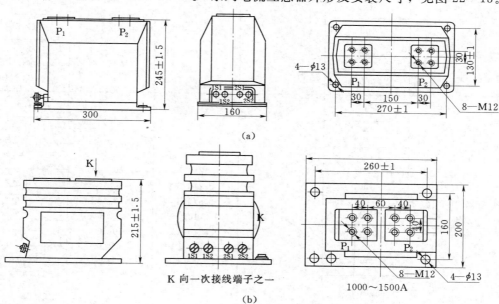

图 22-13（一）　BH—LZZ（Q、J）B6—10（Q）系列电流互感器外形及安装尺寸
（a）BH—LZZQB6—10Q（500～1500A）；（b）BH—LZZJB6—10Q（1000～1500A）

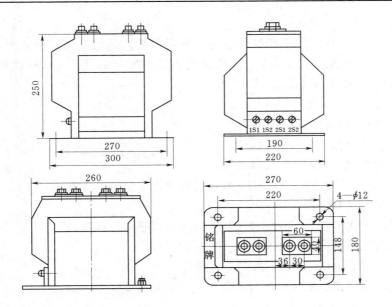

图 22-13（二）　BH—LZZ（Q、J）B6—10（Q）系列电流互感器外形及安装尺寸

(c) BH—LZZB6—10

5. 订货须知

订货时必须提供产品型号、额定电流比、准确级组合及额定输出、额定短时热电流及特殊等要求。

6. 生产厂

杭州彼爱琪电器有限公司、上海浙建电器厂。

二、BH—LZZ（J）B9—10（Q、A、B、C）系列电流互感器

1. 概述

BH—LZZ（J）B9—10（Q、A、B、C）系列电流互感器为环氧树脂浇注全封闭支柱式结构，采用优质的材料及先进工艺制造，适用于户内额定频率 50Hz 或 60Hz、额定电压 10kV 及以下的电力系统中，作电流、电能测量和继电保护用。

该产品具有重量轻、体积小、耐气候能力强等优点，符合 GB 1208—1997《电流互感器》、IEC 185 标准。大量使用于 JYN—10 型、KYN—10 型及其它型号等开关柜；BH—LZZB9—10（A、B、C）电流互感器也可用于中置式开关柜。

2. 型号含义

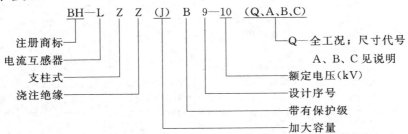

尺寸代号 A、B、C 说明：

A、B、C 尺寸的不同技术参数的电流互感器仅是产品的宽度改变，而高度、长度、一次出线端子保持不变。A1、A2 一次电流均为 5～2000A；B1、B2 一次电流均为 5～1200A；C1、C2 一次电流均为 5～2000A。

3. 技术数据

(1) 额定频率 (Hz)：50，60。

(2) 额定二次电流 (A)：5，1。

(3) 额定绝缘水平 (kV)：12/42/75。

最高工作电压 12，1min 工频耐压 42，雷电冲击耐受电压全波 75。

(4) 仪表保安系数 (FS)：$\leqslant$10。

(5) 局部放电水平符合 GB 1208—1997《电流互感器》标准。

(6) 额定短时热电流 I_{th}（有效值），见表 22-17。

(7) 额定动稳定电流 (kA)：$2.5I_{th}$（峰值）。

(8) 额定一次电流、准确级组合、额定输出，见表 22-17。

表 22-17 BH—LZZ (J) B9—10 (Q、A、B、C) 系列电流互感器技术数据

型 号	额定一次电流 (A)	准确级组合	额定二次输出 (VA)	额定短时热电流 (有效值，kA)	额定动稳定电流 (峰值，kA)	备注
BH—LZZB9 —10Q	5			0.75	1.875	常规技术数据
	10			1.5	3.75	
	15			2.25	5.625	
	20	0.2/0.2 0.2/0.5 0.5/0.5 0.2/10P15 0.5/10P15 10P15/10P15	10/10 10/10 10/10 10/15 10/15 10/10	3	7.5	
	30			4.5	11.25	
	40			6	15	
	50			7.5	18.75	
	75			11.5	28.75	
	100			15	37.5	
	150			22.5	56.25	
	200			31.5	78.75	
	300					
	400 500 600 800	0.2/0.2 0.2/0.5 0.5/10P15	15/15 15/15 15/20	40	100	
	1000			63	157.5	
BH—LZZJB9— 10A1，B1，C1	10～15～20	0.2s/0.2s/0.2s/10P10 0.2/0.2/0.2/10P10	10/10/15/15 10/10/15/15	0.5	1.25	复变比技术数据
	15～20～30	0.5/0.2/0.2/10P10 0.5/0.5/0.5/10P10	10/10/15/15 10/10/15/15	1	2.5	
	20～30～40	0.5s/0.5s/0.5s/10P10	10/10/15/15	1.5	3.75	

型　　号	额定一次电流（A）	准确级组合	额定二次输出（VA）	额定短时热电流（有效值，kA）	额定动稳定电流（峰值，kA）	备注
BH—LZZJB9—10A1，B1，C1	30～40～50			2	5	复变比技术数据
	40～50～75	0.2s/0.2s/0.2s/10P10	10/10/15/15	3	7.5	
	50～75～100	0.2/0.2/0.2/10P10	10/10/15/15	4	10	
	75～100～150	0.5/0.2/0.2/10P10	10/10/15/15	5	12.5	
	100～200～300	0.5/0.5/0.5/10P10	10/10/15/15	7.5	18.75	
	200～300～400	0.5s/0.5s/0.5s/10P10	10/10/15/15	20	50	
	300～400～500			31.5	78.75	
	500～600～800	0.2s/0.2s/0.2s/10P10	10/10/15/25	40	100	
	600～800～1000	0.2/0.2/0.2/10P10	10/10/15/25	63	157.5	
	800～1000～1200	0.5/0.2/0.2/10P10	10/10/15/25	80	200	
	1000～1200～1500	0.5/0.5/0.5/10P10	10/10/15/25	80	200	
	1200～1500～2000	0.5s/0.5s/0.5s/10P10	10/10/15/25	80	200	
BH—LZZJB9—10A2，B2，C2	10～15～20			0.5	1.25	
	15～20～30			1	2.5	
	20～30～40			1.5	3.75	
	30～40～50	0.2s/0.2s/0.2s/10P10	10/10/15/20	2	5	
	40～50～75	0.2/0.2/0.2/10P10	10/10/15/20	3	7.5	
	50～75～100	0.5/0.2/0.2/10P10	10/10/15/20	4	10	
	75～100～150	0.5/0.5/0.5/10P10	10/10/15/20	5	12.5	
	100～200～300	0.5s/0.5s/0.5s/10P10	10/10/15/20	7.5	18.75	
	200～300～400			20	50	
	300～400～500			31.5	78.75	
	500～600～800	0.2s/0.2s/0.2s/10P10	10/10/15/30	40	100	
	600～800～1000	0.2/0.2/0.2/10P10	10/10/15/30	63	157.5	
	800～1000～1200	0.5/0.2/0.2/10P10	10/10/15/30			
	1000～1200～1500	0.5/0.5/0.5/10P10	10/10/15/30	80	200	
	1200～1500～2000	0.5s/0.5s/0.5s/10P10	10/10/15/30			
BH—LZZJB9—10A1，B1，C1	5，10，15，20，30，40，50，75			$100I_{1n}$	$2.5 \times (100I_{1n})$	三绕组技术数据
	100			31.5	78.75	
	150，200	0.2/0.5/10P10		40	100	
	300，400	0.5/0.5/10P10		63	157.5	
	500	0.5/10P10/10P10		80	200	
	600			80	200	
	800			80	200	
	1000，1200			80	200	
	1500，1600	0.2/0.5/10P10 0.5/0.5/5P10	20/30/15 30/30/15	80	200	
	2000	0.5/5P10/5P10	30/10/10			

续表 22-17

型　号	额定一次电流（A）	准确级组合	额定二次输出（VA）				额定短时热电流（有效值，kA）	额定动稳定电流（峰值，kA）	备注
			0.2 0.2s	0.5 0.5s	10P10	10P15			
BH—LZZJB9—10A1，B1，C1	5	0.2s/10P 0.2/10P 0.2s/0.5 0.2/0.5 0.5s/10P 0.5/10P	10	10	10	10	0.5	1.25	双绕组技术数据
	10						1	2.5	
	15						1.5	3.75	
	20						2	5	
	30						3	7.5	
	40						4	10	
	50						5	12.5	
	75						7.5	18.75	
	100						10	25	
	150						15	37.5	
	200					15	20	50	
	300						31.5	78.75	
	400						40	100	
	500								
	600						63	157.5	
	800, 1000, 1200, 1500, 2000						80	200	
BH—LZZJB9—10A2，B2，C2	5	0.2s/10P 0.2/10P 0.2s/0.5 0.2/0.5 0.5s/10P 0.5/10P	10	20	20	20	0.5	1.25	
	10						1	2.5	
	15						1.5	3.75	
	20						2	5	
	30						3	7.5	
	40						4	10	
	50						5	12.5	
	75						7.5	18.75	
	100						10	25	
	150						15	37.5	

续表 22-17

型号	额定一次电流（A）	准确级组合	额定二次输出（VA）				额定短时热电流（有效值，kA）	额定动稳定电流（峰值，kA）	备注
			0.2 0.2s	0.5 0.5s	10P10	10P15			
BH—LZZJB9—10A2，B2，C2	200	0.2s/10P 0.2/10P 0.2s/0.5 0.2/0.5 0.5s/10P 0.5/10P	10	20	20	20	20	50	双绕组技术数据
	300						31.5	78.75	
	400						40	100	
	500								
	600						63	157.5	
	800						80	200	
	1000								
	1200			30					
	1500		30	40					
	2000			60	30	30			
BH—LZZJB9—10A2，B2，C2	5，10，15，20，30，40，50，75	0.2/0.5/10P10	10/20/15 20/20/15 20/10/15				100I_{1n}	2.5×100I_{1n}	三绕组技术数据
	100						31.5	78.75	
	150，200						40	100	
	300，400	0.5/0.5/10P10	10/20/20 20/20/20 20/15/20				63	157.5	
	500						80	200	
	600								
	800	0.5/10P10/10P10							
	1000，1200		10/30/20 30/30/20 30/15/20						
	1500，1600	0.2/0.5/5P10	30/40/20 40/40/20 40/15/20				80	200	
	2000	0.5/0.5/5P10 0.5/5P10/5P10	30/60/30 60/60/30 60/20/30				80	200	

4. 外形及安装尺寸

BH—LZZ（J）B9—10（Q、A、B、C）系列电流互感器外形及安装尺寸，见图 22-14。

5. 订货须知

订货时必须提供产品型号、额定电流比、准确级组合、额定输出、额定短时热电流及特殊要求等。

6. 生产厂

杭州彼爱琪电器有限公司、上海浙建电器厂。

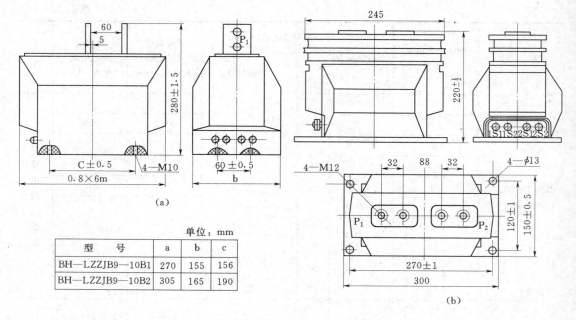

型 号	a	b	c
BH—LZZJB9—10B1	270	155	156
BH—LZZJB9—10B2	305	165	190

单位：mm

图 22-14 BH—LZZ（J）B9—10（Q、A、B、C）系列电流互感器外形及安装尺寸

（a）BH—LZZJB9—10B（5～1200A）；（b）BH—LZZJB9—10C1（5～2000A）

三、BH—LZZQB12—10 系列电流互感器

1. 概述

BH—LZZQB12—10 系列电流互感器为环氧树脂浇注全封闭支柱式结构，采用优质材料及先进工艺制造，适用于户内额定频率50Hz或60Hz、额定电压10kV及以下的电力系统中，作电流、电能测量和继电保护用。

该产品具有重量轻、体积小、耐气候能力强等优点。符合 GB 1208—1997《电流互感器》及 IEC 185 标准。为扩大适用范围，该系列 BH—LZZB12—10Q 电流互感器可设计为多变比及测量与保护级变比等特殊规格。

2. 型号含义

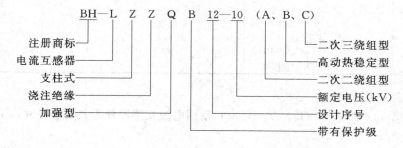

3. 技术数据

（1）额定频率（Hz）：50，60。

（2）额定二次电流（A）：5，1。

（3）额定绝缘水平（kV）：12/42/75。

最高工作电压 12，1min 工频耐压 42，雷电冲击耐受电压全波 75。

（4）局部放电水平符合 GB 1208—1997《电流互感器》标准。

（5）仪表保安系数（FS）：$\leqslant 10$。

（6）额定短时热电流 I_{th}（有效值）见表 22-18。

（7）额定动稳定电流（kA）：$2.5I_{th}$（峰值）。

（8）额定一次电流、准确级组合及额定输出，见表 22-18。

表 22-18　BH—LZZQB12—10 系列电流互感器技术数据

额定一次电流（A）	准确级组合	额定二次输出（VA）						额定短时热电流（kA）	额定动稳定电流（kA）	备注
		0.2s / 0.2	0.5s / 0.5	10P10	10P15	10P20	10P30			
10~50	0.2s/10P 0.2/10P 0.5s/10P 0.5/10P							150I_{1n}	2.5I_{th} (375I_{1n})	二次二绕组型
75					15					
100				30						
150~200		15	20					31.5	78.75	
300					20			40	100	
400				40						
500~630								80	200	
800~1250			30	60	40					
1500~2000		20	40							
50~100	0.2s/10P 0.2/10P 0.5s/10P 0.5/10P				10			31	77.5	高动热稳定型
75~100				10				45	112.5	
150~200								63	157.5	
300~500					20	15				
600~1250		10	15		40	30		80	200	
1500		20	40		40	30	15			
10~40	0.2/0.5/10P 0.2s/0.5s/10P							150I_{1n}	375I_{1n} (2.5I_{th})	二次三绕组型
50~75										
100				10	15	15				
150										
200								31.5	78.75	
300~400						25	20	40	100	
500		15	20							
600								80	200	
800~1200										
1500~2000				30	40	30				

4. 外形及安装尺寸

BH—LZZQB12—10 型电流互感器外形及安装尺寸，见图 22 - 15。

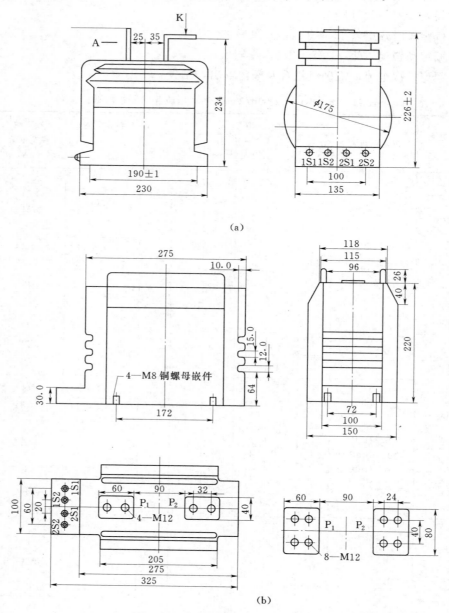

图 22 - 15　BH—LZZQB12—10 系列电流互感器外形及安装尺寸

5. 订货须知

订货时必须提供产品型号，额定电流比，准确级组合及额定输出，额定短时热电流及动稳定电流，特殊要求等。

6. 生产厂

杭州彼爱琪电器有限公司、上海浙建电器厂。

22.1.1.7 LA—10 系列

一、LA（J）（1，2）—10（Q）（GYW1）、LFZ（J）—10Q 型电流互感器

1. 概述

LA（J）（1，2）—10（Q）、LA（J）—10GYW1、LFZ（J）—10Q 型电流互感器为穿墙式环氧树脂浇注户内型，适用于额定频率 50Hz 或 60Hz、额定电压 10kV 及以下的电力系统中，作电能计量、电流测量和继电保护用。产品性能符合标准 GB 1208 和 IEC 185。

2. 型号含义

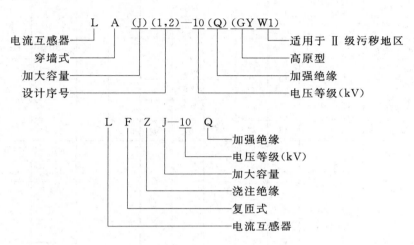

3. 结构

该型产品有全封闭、半封闭结构，分单匝式、复匝式、母线式。

4. 技术数据

（1）额定绝缘水平（kV）：12/42/75，11.5/42/75。

（2）额定二次电流（A）：5，1。

（3）污秽等级：全工况产品符合Ⅱ级污秽要求。

（4）额定一定电流、准确级组合及额定输出、额定动热稳定电流，见表 22-19。

（5）局部放电水平符合 GB 1208—1997《电流互感器》标准。

（6）可制造计量用 0.2s 级高精度电流互感器。

表 22-19 LA（J）（1，2）—10Q（GYW1）、LFZ（J）—10Q 型电流互感器技术数据

型号	额定一次电流（A）	准确级组合	额定输出（VA）							额定短时热电流（kA）	额定动稳定电流（kA）	备注	生产厂
			0.2s	0.2	0.5	10P 10P10	10P15	1	3				
LFZ—10Q	5~200	0.2s/0.2s								$90I_{1n}$	$160I_{1n}$	全封闭穿墙式	无锡市通宇电器有限责任公司
	300	0.2s/10P10	10	10	15	15				24	42		
	400	0.2/10P10 0.5/10P10								32	56		
LFZJ—10Q	5~200	0.2s/0.2s								$90I_{1n}$	$225I_{1n}$		
	300	0.2s/10P10	10	10	15	15	15			24	42		
	400	0.2/10P15 0.5/10P15								32	56		

续表 22-19

型号	额定一次电流(A)	准确级组合	额定输出(VA) 0.2s	0.2	0.5	10P 10P10	10P15	1	3	额定短时热电流(kA)	额定动稳定电流(kA)	备注	生产厂
LA—10Q	5~200	0.2s/0.2s 0.2/0.2 0.2s/10P10 0.2/10P10 0.5/10P10	10	10	15	15				90I_n	160I_n	全封闭穿墙式	无锡市通宇电器有限责任公司
	300									22.5	40.5		
	400~600									30	55		
	800									40	72		
	1000									50	90		
LAJ—10Q	20~200	0.2s/0.2s 0.2/0.2 0.2s/10P10 0.2/10P15 0.5/10P15	10				15	15		120I_n	215I_n		
	300~600		10	10	15					30	55		
	800						25	25		40	72		
	1000~1500				15	20	30	30					
	2000~6000		15	20	25	50	50						
LA—10 LA—10Q	5~200	0.5/10P10			10	15				90I_n	160I_n	分单匝式、复匝式、母线式三种	江苏靖江互感器厂
	300									22.5	40.5		
	400									30	55		
	500									30	55		
	600									30	55		
	800									40	72		
	1000									50	90		
LAJ—10	20~200	0.2/10P15 0.5/10P15 10P15/10P15		10	15		15			120I_n	215I_n		
	300												
	400									30	55		
	500												
	600												
	800				20		25						
	1000~1500				20		30			40	72		
	2000~6000			20	25		50						
LAJ—10Q	20~200	0.2/10P15 0.5/10P15			15		15			120I_n	215I_n		
	300~500			10						30	55		
	600									30	55		
	800				20		25			40	72		
LA1—10 LA1—10Q	10~200	0.2/3 0.5/3 0.2/0.5								90I_n	225I_n		天津市百利纽泰克电器有限公司
	300~400						10/15			75I_n	187.5I_n		
	500						10/10			60I_n	150I_n		
	600~1000						10/10			50I_n	125I_n		

续表 22-19

型 号	额定一次电流 (A)	准确级组合	额定输出（VA）							额定短时热电流 (kA)	额定动稳定电流 (kA)	备注	生产厂
			0.2s	0.2	0.5	10P 10P10	10P15	0.1 1	3				
LAJ1—10 LAJ1—10Q LMZJ—10Q	20～200	0.2/0.2 0.2/0.5 0.5/10P15								$120I_{1n}$	$300I_{1n}$		天津市百利纽泰克电器有限公司
	300				20/20 20/25 25/15					30	75		
	400												
	500												
	600～800				20/20，20/25，25/20					$50I_{1n}$	$125I_{1n}$		
	1000～1500				30/30，30/40，40/20								
	2000～6000				40/40，40/60，60/25								
LAJ2—10Q	20～200	0.2/10P15 0.5/10P15			10/20 20/20					$120I_{1n}$	$300I_{1n}$		
	300									$100I_{1n}$	$250I_{1n}$		
	400									$75I_{1n}$	$187.5I_{1n}$		
	500									$60I_{1n}$	$150I_{1n}$		
	600～800									$50I_{1n}$	$120I_{1n}$		
LA—10	5～200/5	0.5/3			10				10	$90I_{1n}$	$160I_{1n}$		沈阳互感器厂（有限公司）
	300～400/5									$75I_{1n}$	$135I_{1n}$		
	500/5									$60I_{1n}$	$110I_{1n}$		
	600～1000/5									$50I_{1n}$	$90I_{1n}$		
LAJ1—10	20～200/5	0.5/10P 10P/10P			15	15				$120I_{1n}$	$215I_{1n}$		
	300/5									$100I_{1n}$	$180I_{1n}$		
	400/5									$75I_{1n}$	$135I_{1n}$		
	500/5									$60I_{1n}$	$110I_{1n}$		
	600～800/5									$50I_{1n}$	$90I_{1n}$		
LAJ1—10	1000～1500/5	0.5/10P 10P/10P			40	20							
	2000～6000/5				60	25							
LAJ1—10	20	0.5 0.2 0.2s 0.1	10	10	15			0.1 级 5		5	12	半封闭，链型（A），单绕组	广东省中山市东风高压电器有限公司
	30，40									7.5	20		
	50，60									10	25		
	75									15	40		
	100，(150)，160									20	50		
	200									20	55		
	(300)，315 400，500									20	55		
	(600)，630 (750)，800									32	80		
	1000									40	100		

续表22-19

型号	额定一次电流（A）	准确级组合	额定输出（VA）							额定短时热电流（kA）	额定动稳定电流（kA）	备注	生产厂
			0.2s	0.2	0.5	10P/10P10	10P15	0.1 / 1	3				
LA—10 LFZ1—10	5～300	0.2/10P 0.5/10P 1/10P 10P/10P			10		10P级15	1级10		90I1n	160I1n	半封闭	宁波三爱互感器有限公司、宁波互感器厂
LAJ—10	20～300	0.2/10P 0.5/10P 1/10P 10P/10P		10	25	15		25		120I1n	215I1n	半封闭	
LA—10GYW1	5～300	0.2/10P 0.5/10P 10P/10P 1/10P		10	10	15		10		90I1n	160I1n	半封闭	
LAJ—10GYW1	20～300	0.2/10P 0.5/10P 1/10P 10P/10P		10	25	15		25		120I1n	215I1n	半封闭	
LA—10 LA—10Q	5～200	0.5/10P10			10	15				90I1n	160I1n	穿墙式半封闭	
	300									22.5	40.5		
	400												浙江三爱互感器有限公司
	500									30	55		
	600												
	800									40	72		
	1000									50	90		
LAJ—10Q	50～250	0.2/10P15 0.5/10P15		10	15		15			120I1n	215I1n		
	300～400				15		15						
	500～600				20		25			30	55		
	800				20		25			40	72		
LAJS—10Q	20	0.2/10P15/10P15 0.5/10P15/10P15 0.2/0.5/10P15 0.2/0.5/0.5		10	25	15				2.8	7	全封闭穿墙式二次三绕组	
	30									4.4	11		
	40									5.5	13.7		
	50									6.3	15.8		
	75									9.5	23		
	100									15	37.5		
	150									20	50		
	200									30	60		
	300									36	75		

续表 22-19

型号	额定一次电流(A)	准确级组合	额定输出(VA)							额定短时热电流(kA)	额定动稳定电流(kA)	备注	生产厂
			0.2s	0.2	0.5	10P / 10P10	10P15	0.1 / 1	3				
LAJ—10Q	5~200		10							$120I_{1n}$	$215I_{1n}$		
	300		10				15	25		$100I_{1n}$	$180I_{1n}$		
	400		15				15	25		$75I_{1n}$	$135I_{1n}$		
	500		15				15	25		$60I_{1n}$	$110I_{1n}$		
	600, 800			25	25		20	25		$50I_{1n}$	$90I_{1n}$		
LA—10 LAJ—10	1000/5	0.5/10P 1/10P 10P/10P		15									浙江三爱互感器有限公司
	1200/5				40		40	40					
	1500/5												
	2000/5												
	3000/5												
	4000/5				50		50	50					
	5000/5												
	6000/5												
LA—10Q	5	0.2/0.2 0.5/3 1/3		5~10	10			15		0.5	0.8		
	10									0.9	1.6		
	15									1.4	2.4		
	20									1.8	3.2		
	30									2.7	4.8		
	40									3.6	6.4		
	50									4.5	8.0		
	75									6.8	12		
	100									9.0	16		
	150									13.5	24		
	200									18	32		
	300									22.5	40.5		
	400									30	54		
	500									30	55		
	600									30	55		
	800									40	72		
	1000									50	90		

5. 外形及安装尺寸

LAJ—10Q、LFZ（J）—10Q 型电流互感器外形及安装尺寸，见图 22-16。

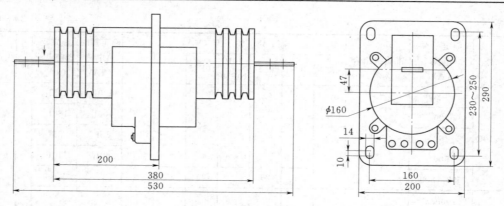

图 22 - 16　LAJ—10Q（5～300A）、LFZ（J）—10Q（5～400A）型电流互感器
外形及安装尺寸（无锡市通宇电器有限责任公司）

二、LAZBJ—10 型电流互感器

1. 概述

LAZBJ—10 型电流互感器为穿墙式半封闭环氧树脂浇注结构，供额定频率 50Hz、额定电压 10kV 户内装置的电力系统中，作电能计量和继电保护用。产品执行标准 GB 1208—1997《电流互感器》。

2. 型号含义

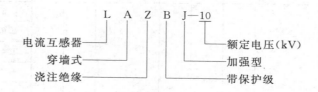

3. 技术数据

（1）额定绝缘水平（kV）：12/42/75。

（2）负荷功率因数：$\cos\phi = 0.8$（滞后）。

（3）额定二次电流（A）：5，1。

（4）表面爬电距离（mm）：275，满足 Ⅱ 级污秽等级。

（5）仪表保安系数（FS）：≤10。

（6）额定一次电流、额定短时热电流及动稳定电流，见表 22 - 20。

4. 外形及安装尺寸

该产品外形及安装尺寸，见图 22 - 17。

5. 生产厂

大连第二互感器厂。

22.1.1.8　LF—10 系列

一、LFC—10 型干式电流互感器

1. 概述

LFC—10 型干式电流互感器适用于额定频率 50Hz 或 60Hz、额定电压 10kV 及以下的电力系统中，作电能计量、电流测量和继电保护用。

表 22-20 LAZBJ—10 型电流互感器技术数据

额定一次电流 （A）	1S1、1S2 计量用负荷 （VA）		2S1、2S2 监控 继保用负荷 （VA）	额定短时热电流 （kA/s）	额定动稳定电流 （kA）
	0.2	0.5			
20				5/1	12
30，40				7.5/1	20
50，60				10/1	25
75	10	20	10P15	15/2	40
100（150）160				20/2	50
200	15		30	20/2	55
300（315），400，500				24/4	55
（600）630，（750），800				32/4	80
1000				40/4	100

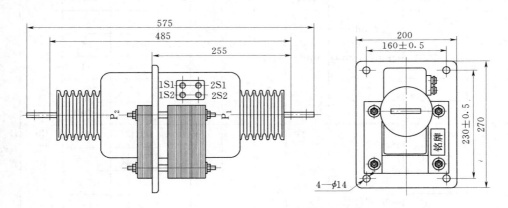

图 22-17　LAZBJ—10 型电流互感器外形及安装尺寸

2. 型号含义

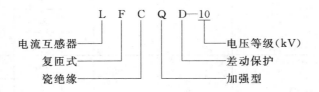

3. 结构

该产品主绝缘为瓷件，瓷件用金属夹件固定。二次绕组分两部分或三部分套在铁芯上，各部分串联后，出头接在端盖的接线座上。

4. 技术数据

（1）额定绝缘水平（kV）：12/27/75，11.5/42/75。

（2）额定二次电流（A）：5。

（3）额定一次电流、准确级组合及额定输出、额定动热稳定电流，见表 22-21。

表 22 - 21　LFC（QD）—10 系列电流互感器技术数据

型　号	额定一次电流（A）	准确级组合	准确级	额定输出（VA）			额定短时热电流（kA）	额定动稳定电流（kA）	额定绝缘水平（kV）	生产厂
				0.2	0.5	10P10				
LFC—10	5～30	0.2/10P10 0.5/10P10 10P10/10P10	0.2 0.5 10P10	10	15	15	$75I_{1n}$	$115I_{1n}$		
	40，50						3.5	8.75		
	75，100						7	17.5		
	150						10.5	26		
	200						14	35		
	300						21	52.5		
	400						28	70		
LFCD—10	5～30	0.2/10P10 0.5/10P10 10P10/10P10	0.2 0.5 10P10	10	15	30	$75I_{1n}$	$115I_{1n}$		
	40，50						3.5	8.75		
	75，100						7	17.5		
	150						10.5	26		
	200						14	35		
	300						21	52.5		
	400						28	70		
LFCQ—10	5～20	0.2/10P10 0.5/10P10 10P10/10P10	0.2 0.5 10P10	10	15	15	$75I_{1n}$	$115I_{1n}$	12/ 27/ 75	江苏靖江互感器厂
	30，40						3.5	8.75		
	50						7	17.5		
	75，100						10.5	26		
	150						14	35		
	200						21	52		
	300						31.5	78		
	400						47	118		
LFCDQ —10	5～20	0.2/10P10 0.5/10P10 10P10/10P10	0.2 0.5 10P10	10	15	30	$75I_{1n}$	$115I_{1n}$		
	30，40						3.5	8.75		
	50						7	17.5		
	75，100						10.5	26		
	150						14	35		
	200						21	52		
	300						31.5	78		
	400						47	118		

型号	额定一次电流（A）	准确级组合	准确级	额定输出（VA） 0.2	0.5	10P10	额定短时热电流（kA）	额定动稳定电流（kA）	额定绝缘水平（kV）	生产厂
LFC—10	5	0.5 1 3	0.5 1 3		15 15 30		80I$_{1n}$	105I$_{1n}$	11.5/ 42/ 75	沈阳互感器厂（有限公司）
	5	0.5/0.5, 0.5/3 1/1, 1/3	0.5 1 3		15 15 30		80I$_{1n}$	90I$_{1n}$		
	7.5	0.5 1 3	0.5 1 3		15 15 30		80I$_{1n}$	150I$_{1n}$		
	7.5	0.5/0.5, 0.5/3 1/1, 1/3	0.5 1 3		15 15 30		80I$_{1n}$	130I$_{1n}$		
	10	0.5 1 3	0.5 1 3		15 15 30		80I$_{1n}$	200I$_{1n}$		
	10	0.5/0.5, 0.5/3 1/1, 1/3	0.5 1 3		15 15 30		80I$_{1n}$	175I$_{1n}$		
	15～300	0.5，1，3 0.5/0.5，1/1 0.5/3，1/3	0.5 1 3		15 15 30		80I$_{1n}$	250I$_{1n}$		
	400	0.5，1，3 0.5/0.5，1/1 0.5/3，1/3	0.5 1 3		15 15 30		80I$_{1n}$	250I$_{1n}$		
LFCQ—10	5	1	1		15		100I$_{1n}$	105I$_{1n}$		
	5	1/1 1/3	1 3		15 30			90I$_{1n}$		
	5	3	3		30		240I$_{1n}$	400I$_{1n}$		
	7.5	1	1		15		110I$_{1n}$	105I$_{1n}$		
	7.5	1/1 1/3	1 3		15 30			130I$_{1n}$		
	10	1	1		15		110I$_{1n}$	200I$_{1n}$		
	10	1/1 1/3	1 3		15 30			175I$_{1n}$		

型号	额定一次电流(A)	准确级组合	准确级	额定输出(VA)			额定短时热电流(kA)	额定动稳定电流(kA)	额定绝缘水平(kV)	生产厂
				0.2	0.5	10P10				
LFCQ—10	15~20	1,1/1 1/3	1	15			110I_n	250I_n	11.5/42/75	沈阳互感器厂(有限公司)
			3	30						
	30~300	1,1/1 1/3	1	15						
			3	30						
	7.5~200	3	3	30			240I_n	500I_n		
LFCD—10	50~400	D,D/D D/0.5	0.5	15			75I_n	165I_n		
			D	15						
	50~300	D/3	3	30						
			D	15						
	400		3	30						
			D	15						
LFCQD —10	75~300	D,D/1 D/3 D/D	1	15			110I_n	250I_n		
			3	30						
			D	15						

型号	额定电流比(A)	准确级组合	额定输出(VA)						额定短时热电流(kA)	额定动稳定电流(kA)	生产厂
			0.2	0.5	1	3	10P10	10P15			
LFC—10	15/5	0.5/0.5 1/1 0.5/3 1/3		15	15	30	15		1.2	3.8	重庆高压电器厂
	20/5								1.5	3.3	
	30/5								2.3	5.0	
	40/5								3.0	6.6	
	50/5								3.8	8.3	
	75/5								5.6	12.4	
	100/5								7.5	16.5	
	150/5								11.3	24.8	
	200/5								15	33	
	300/5								22.5	49.5	
	400/5								30	66	
LFC(B) —10 [LFC(D) —10]	50/5	10P/0.5 10P/1 10P/3 10P/10P		15	15	30	15		3.8	8.3	
	75/5								5.6	12.4	
	100/5								7.5	16.5	
	150/5								11.3	24.8	
	200/5								15	33	
	300/5								22.5	49.5	
	400/5								30	66	

型　号	额定电流比（A）	准确级组合	额 定 输 出 （VA）						额定短时热电流（kA）	额定动稳定电流（kA）	生产厂
			0.2	0.5	1	3	10P10	10P15			
LFC—10	15/5	0.5/0.5 1/1 0.5/3 1/3	15	15	30				1.2	3.8	浙江三爱互感器有限公司
	20/5								1.5	3.3	
	30/5								2.3	5.0	
	40/5								3.0	5.6	
	50/5								3.8	8.3	
	75/5								5.6	12.4	
	100/5								7.5	16.5	
	150/5								11.3	24.8	
	200/5								15	33	
	300/5								22.5	49.5	
	400/5								30	66	

型　号	额定电流比（A）	准确级组合	额 定 输 出 （VA）						额定短时热电流（kA）	额定动稳定电流（kA）	生产厂
			0.2	0.5	1	3	10P 10P10	10P15			
LFCQ—10	5/5	1/1 1/3			15	30			0.5		浙江三爱互感器有限公司
	10/5								1.1	1.8	
	15/5								1.7	3.8	
	20/5								2.2	5	
	30/5								3.3	7.5	
	40/5								4.4	10	
	50/5								5.5	12.5	
	75/5								8.3	18.8	
	100/5								11	25	
	150/5								16.5	37.5	
	200/5								22	50	
	300/5								33	75	
	400/5								44	100	
LFCD—10	50/5	10P/0.5 10P/3 10P/10P	15		30		10P 15		3.8	8.3	
	75/5								5.6	12.4	
	100/5								7.5	16.5	
	150/5								11.3	24.8	
	200/5								15	33	
	300/5								22.5	49.5	
	400/5								30	66	

续表 22 - 21

型　号	额定电流比 （A）	准确级组合	额定输出（VA）						额定短时 热电流 （kA）	额定动 稳定电流 （kA）	生产厂
			0.2	0.5	1	3	10P 10P10	10P15			
LFCDQ —10	75/5	10P/0.5 10P/1 10P/3 10P/10P	15	15	30		10P 15		8.3	18.8	浙江三 爱互感 器有限 公司
	100/5								11	25	
	150/5								16.5	37.5	
	200/5								22	50	
	300/5								33	75	

5. 外形及安装尺寸

LFC（QD）—10 型电流互感器外形及安装尺寸，见图 22 - 18。

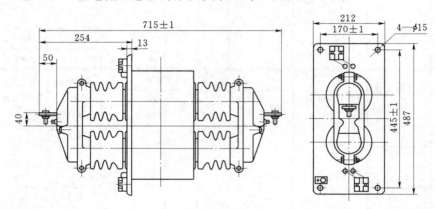

图 22 - 18　LFC（QD）—10 型电流互感器外形及安装尺寸
（江苏靖江互感器厂）

二、LFZ—10（LFZB—10）系列电流互感器

1. 概述

LFZ1—10、LFZ2—10、LFZJ1—10、LFZD—10 系列电流互感器为环氧树脂浇注绝缘复匝贯穿式，适用于额定频率 50Hz 或 60Hz，额定电压 10kV 及以下的电力系统中，作电能计量、电流测量和继电保护用。

2. 型号含义

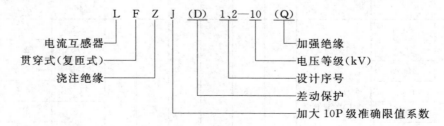

3. 结构

该系列产品为半封闭穿墙式结构，一、二次绕组用环氧树脂混合胶浇注成型，叠片式

铁芯和安装板夹装在浇注体上,可供固定式开关柜中穿墙安装。

4. 技术数据

(1) 额定绝缘水平(kV):12/42/75。

(2) 额定二次电流(A):5。

(3) 额定一次电流、准确级组合及额定输出。额定动热稳定电流,见表22-22。

表 22-22 LFZ—10(Q)系列电流互感器技术数据

| 型号 | 额定一次电流(A) | 准确级组合 | 额定输出(VA) | | | | | 10%倍数 | 准确限值系数 | 额定短时热电流(kA) | 额定动稳定电流(kA) | 生产厂 |
			0.2	0.5	10P10	10P15	3					
LFZ1—10	5~200	0.5/10P10		10	15					90I_n	160I_n	江苏靖江互感器厂
	300,400									80I_n	140I_n	
LFZ2—10	5~200	0.2/10P10	10	10	15					120I_n	215I_n	
	300,400	0.5/10P10								30	54	
LFZJ1—10	20~200	0.2/10P15	10	20		15				120I_n	215I_n	
	300,400	0.5/10P15								30	53	
LFZD—10	75~200	0.2/10P15	10	20		15				120I_n	215I_n	
	300,400	0.5/10P15								30	53	
LFZ2—10	5~200	0.5/3		10			15	10		120I_n	210I_n	沈阳互感器厂(有限公司)
	300,400									80I_n	160I_n	
LFZB—10 (LFZ—10)	5~200	0.5/3		10			15	10		80I_n	200I_n	重庆高压电器厂
	300,400									90I_n	225I_n	
LFZ1—10Q	5~200	0.2/0.2	10/10							90I_n	160I_n	大连第二互感器厂
	300	0.5/0.5 0.2/10P10	10/10 10/15							27	48	
	400	0.5/10P10	10/15							36	64	
LFZJ1—10Q	5~200	0.2/0.2	10/10							120I_n	215I_n	
	300	0.5/0.5 0.2/10P15	20/20 15/25							30	54	
	400	0.5/10P15	20/25							30	54	

5. 外形及安装尺寸

LFZ—10(LFZB—10)系列电流互感器外形及安装尺寸,见图22-19。

三、LFZJ3—10(Q)型电流互感器

1. 概述

LFZJ3—10(Q)型电流互感器为环氧树脂浇注全封闭户内型,适用于额定频率50Hz或60Hz、额定电压10kV及以下的电力系统中,作电能计量、电流测量和继电保护用。

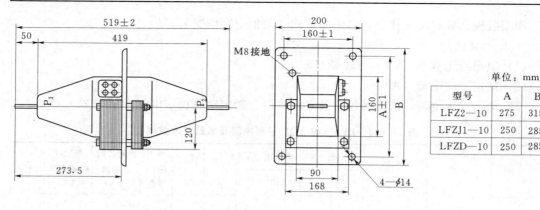

图 22-19 LFZ2—10，LFZJ1—10，LFZD—10系列电流互感器
外形及安装尺寸（江苏靖江互感器厂）

型号	A	B
LFZ2—10	275	315
LFZJ1—10	250	285
LFZD—10	250	285

单位：mm

2. 型号含义

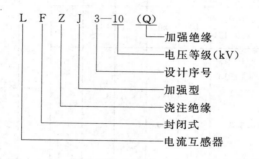

LFZJ3—10（Q）
- Q — 加强绝缘
- 10 — 电压等级（kV）
- 3 — 设计序号
- J — 加强型
- Z — 浇注绝缘
- F — 封闭式
- L — 电流互感器

3. 结构

该型产品为环氧树脂浇注全封闭穿墙式结构，具有优良的绝缘性能和防潮能力。其变比、级次可分单比、双变比、二级次、三级次。

4. 技术数据

(1) 额定绝缘水平（kV）：12/42/75。

(2) 额定二次电流（A）：5，1。

(3) 污秽等级：Ⅱ级。

(4) 额定一次电流、准确级组合及额定输出、额定短时热电流及动稳定电流，见表22-23。

表 22-23 LFZJ3—10（Q）型电流互感器技术数据

型 号	额定一次电流（A）	准确级组合	额定输出（VA）			短时热电流（kA/s）	额定动稳定电流（kA）	备注	生产厂
			0.2	0.5	10P10				
LFZJ3—10	5	0.2/0.5/10P10	10	10	15	1/2	2.5	全封闭穿墙式	江苏靖江互感器厂
	10	0.2/0.2/10P10 0.5/0.5/10P10				2/2	5		
	15，20	0.2/10P10/10P10				4/2	10		
	30	0.5/10P10/10P10				8/2	20		

型号	额定一次电流 (A)	准确级组合	额定输出 (VA) 0.2	0.5	10P10	短时热电流 (kA/s)	额定动稳定电流 (kA)	备注	生产厂
LFZJ3—10	40, 50	0.2/0.5/10P10 0.2/0.2/10P10 0.5/0.5/10P10 0.2/10P10/10P10 0.5/10P10/10P10	10	10	15	16/2	40	全封闭穿墙式	江苏靖江互感器厂
	75								
	100, 150					20/2	50		
	200								
	300, 400								
	600, 800		15	15	20	31.5/2	80		
	1000, 1200		20	20	25	40/2	100		
	1500					63/2	130		
	20~30	0.2/10P10 0.5/10P10 0.2/0.2 10P10/10P10	10	10	15	4/2	10	全封闭穿墙式二次抽头	
	30~40					8/2	20		
	40~50					16/2	40		
	50~75								
	75~100								
	100~150								
	150~200								
	200~300					20/2	50		
	300~400								
	400~600								
	600~800		15	15	20	31.5/2	80		
	800~1000								
	1000~1200		20	20	25	40/2	100		
	1200~1500								

型号	额定一次电流 (A)	准确级组合	额定输出 (VA) 0.2s	0.2	0.5	10P10	额定短时热电流 (kA/s)	额定动稳定电流 (kA)	备注	生产厂
LFZJ3—10 (Q)	5	0.2s/10P10 0.2s/0.2s 0.2/10P10 0.2/0.5/10P10 0.2/0.2/10P10 0.2s/10P10/10P10 0.2/10P10/10P10 0.5/10P10/10P10	10	10	10	15	1/2	2.5	全封闭穿墙式	无锡市通宇电器有限责任公司
	10						2/2	5		
	15, 20						4/2	10		
	30						8/2	20		
	40~150						16/2	40		
	200~400						20/2	50		
	600~800		10	15	15	20	31.5/2	80		
	1000, 1200		10	20	20	25	40/2	100		
	1500, 2000						63/2	130		

型　号	额定一次电流（A）	准确级组合	额定输出（VA）				额定短时热电流（kA/s）	额定动稳定电流（kA）	备注	生产厂
			0.2s	0.2	0.5	10P10				
LFZJ3—10	5	0.2/0.5/10P10 0.2/0.2/10P10 0.5/0.5/10P10 0.2/10P10/10P10 0.5/10P10/10P10		10	10	15	1/2	2.5	全封闭穿墙式	金坛市金榆互感器厂
	10						2/2	5		
	15，20						4/2	10		
	30						8/2	20		
	40，50						16/2	40		
	75									
	100，150									
	200，300						20/2	50		
	400									
	600，800			15	15	20	31.5/2	80		
	1000，1200			20	20	25	40/2	100		
	1500						63/2	130		
LFZJ3—10	20～30	0.2/10P10 0.5/10P10 0.2/0.5 0.2/0.2 10P10/10P10		10	10	15	4/2	10	全封闭穿墙式二次抽头	
	30～40						8/2	20		
	40～50									
	50～75									
	75～100						16/2	40		
	100～150									
	150～200									
	200～300						20/2	50		
	300～400									
	400～600									
	600～800			15	15	20	31.5/2	80		
	800～1000									
	1000～1200			20	20	25	40/2	100		
	1200～1500									

5. 外形及安装尺寸

LFZJ3—10 型电流互感器外形及安装尺寸，见图 22-20。

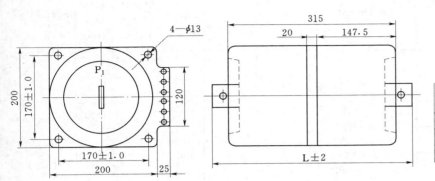

额定一次电流 （A）	L （mm）
20～300	375
400～600	403
800～1500	447

图 22-20 LFZJ3—10 型电流互感器外形及安装尺寸

（江苏靖江互感器厂）

四、LFZB（J）（1，2，3，6，8，9）—10（A、B、C）型电流互感器

1. 概述

LFZB（1，2，3，6，8，9）—10（A、B）、LFZBJ3—10 型电流互感器为环氧树脂穿墙式全封闭、半封闭结构，适用于额定频率 50Hz 或 60Hz、额定电压 10kV 及以下的户内用电力线路及设备中，作电流、电能测量和继电保护用。产品符合 IEC 44—1：1996 及 GB 1208—1997《电流互感器》标准，体积小、重量轻、绝缘性能优越、精度高、动热稳定倍数高。

2. 型号含义

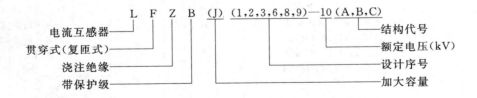

3. 技术数据

（1）额定绝缘水平（kV）：12/45/75，11.5/42/75。

（2）额定频率（Hz）：50，60。

（3）额定二次电流（A）：5，1。

（4）局部放电水平符合 GB 1208—1997《电流互感器》标准。

（5）污秽等级：Ⅱ级。

（6）可以制作计量用 0.2s 级高精度电流互感器。

（7）仪表保安系数（FS）：≤10。

（8）额定一次电流、准确级组合及额定输出、额定短时热电流及动稳定电流，见表 22-24。

表22-24 LFZB (J) (1, 2, 3, 6, 8, 9)—10 (A、B、C) 型电流互感器技术数据

型号	额定一次电流(A)	准确级组合	额定输出(VA)						额定短时热电流(kA)	额定动稳定电流(kA)	结构	生产厂
			0.2	0.2s	0.5	0.5s	10P 10P10	10P15				
LFZB9—10	20	0.2s/10P10 0.2s/0.2s 0.2/10P10 0.2/0.5/10P10 0.2/0.2/10P10 0.2s/10P10/10P10 0.2/10P10/10P10 0.5/10P10/10P10	10	10	15		10P10 15		2	5	全封闭穿墙式	无锡市通宇电器有限责任公司
	30								3	7.5		
	40								4	10		
	50								6	15		
	75								8	20		
	100								12	30		
	150								15	37.5		
	200								20	50		
	300								32	80		
	400								36			
LFZB9—10	20	0.2s/10P10 0.2/10P10 0.5s/10P10 0.5/10P10 0.2/0.5/10P10 0.2/10P10/10P10 0.5/10P10/10P10	10	10	15	10	10P10 15		2	5	全封闭穿墙式	江苏靖江互感器厂
	30								3	7.5		
	40								4	10		
	50								6	15		
	75								8	20		
	100								12	30		
	150								15	37.5		
	200								20	50		
	300								32	80		
	400								36			
LFZB—10	5~200/5	0.5/3			10		3级 15		$80I_{1n}$	$200I_{1n}$		重庆高压电器厂
	300~400/5								$90I_{1n}$	$225I_{1n}$		
LFZBJ—10	2~100/5	0.5/10P 10P/10P			20		10P 30		$90I_{1n}$	$225I_{1n}$		
	150~200/5											
	300/5								$80I_{1n}$	$200I_{1n}$		
	400/5								$75I_{1n}$	$187.5I_{1n}$		

续表 22 - 24

型 号	额定一次电流 (A)	准确级组合	额定输出 (VA)						额定短时热电流 (kA)	额定动稳定电流 (kA)	结构	生产厂
			0.2	0.2s	0.5	0.5s	10P 10P10	10P15				
LFZB6 —10	5				10			10P 15	0.75	1.91	全封闭	宁波三爱互感器有限公司、宁波互感器厂
	10								1.5	3.83		
	15								2.25	5.74		
	20								3	7.65		
	30								4.5	11.48		
	40								6	15.3		
	50								7.5	19.13		
	75								11.25	28.69		
	100								15	38.25		
	150								22.5	44		
	200								24.5	44		
	300								24.5	44		
LFZB1 —10	5~200	0.2/0.2 0.2/0.5 0.5/0.5 0.2/10P 0.5/10P10			10/10 10/10 10/10 10/15 10/15				90I$_n$	160I$_n$	半封闭穿墙式	大连第二互感器厂
LFZBJ3 —10	20~200	0.2/10P15 0.5/10P15			10/15 25/15				120I$_n$	215I$_n$		
	300	0.2/0.2 0.5/0.5			10/10 25/25				100I$_n$	180I$_n$		
LFZB1—10	20	0.2s/10P 0.2/10P 0.5s/10P 0.5/10P 0.2/0.5/10P 0.2s/0.5/10P	10	10	15	10	15		2	5	全封闭	金坛市金榆互感器厂
	30								3	7.5		
	40								4	10		
	50								6	15		
	75								8	20		
	100								12	30		
	150								15	37.5		
	200								20	50		
	300								32	80		
	400								36	80		
	500~600								40	80		
	800~1000								50	80		

续表 22-24

型　号	额定一次电流 （A）	准确级组合	额定输出（VA）						额定短时热电流（kA）	额定动稳定电流（kA）	结构	生产厂
			0.2	0.2s	0.5	0.5s	10P 10P10	10P15				
LFZB2—10	20	0.2s/10P 0.2/10P 0.5s/10P 0.5/10P 0.2/0.5/10P 0.2s/0.5/10P	10	10	15	10	15		2	5	全封闭	金坛市金榆互感器厂
	30								3	7.5		
	40								4	10		
	50								6	15		
	75								8	20		
	100								12	30		
	150								15	37.5		
	200								20	50		
	300								32	80		
	400								36	80		
	500～600								40	80		
	800～1000								50	80		

型　号	额定一次电流 （A）	准确级组合	额定输出（VA）						额定短时热电流（kA）	额定动稳定电流（kA）	结构	生产厂
			0.2s	0.2	0.5s	0.5	10P10 10P15	5P15				
LFZB8—10A、B	15～20～30					10 15	10	30	2	5	全封闭穿墙式复变比	大连第二互感器厂、浙江三爱互感器有限公司
	20～30～40								3	7.5		
	30～40～50								5	12.5		
	40～50～75								8	20		
	50～75～100								10	25		
	75～100～150								16	40		
	100～150～200								20	50		
	150～200～300								31.5	78		
	200～300～400								31.5	78		
	300～400～500								40	100		
	400～500～600								40	100		
	500～600～800								63	150		
	600～800～1000								80	200		
LFZB8—10C	15～20～30	0.2s/5P15 0.2/5P15 0.5/5P15			10	10		15	2.4	6	全封闭穿墙式、多变比	大连第二互感器厂
	20～30～40								3.2	8		
	30～40～50								4	12		
	40～50～75								6	15		
	50～75～100								8	20		

型 号	额定一次电流（A）	准确级组合	额定输出（VA）						额定短时热电流（kA）	额定动稳定电流（kA）	结构	生产厂
			0.2s	0.2	0.5s	0.5	10P10 10P15	5P15 10P15				
LFZB8 —10C	75~100~150	0.2s/5P15 0.2/5P15 0.5/5P15		10		10		15	12	30	全封闭穿墙式，多变比	
	100~150~200								16	40		
	150~200~300								24	60		
	200~300~400								32	80		
	300~400~500								40	100		
	400~500~600								48	120		
	500~600~800								64	160		
	600~800~1000								80	200		
LFZB8 —10C	15	0.2s/0.5 0.2/0.5 0.2s/5P10 0.5/5P10 0.2/5P15 0.5/5P15 0.2/5P10 0.2s/5P15	10	10		15	20	15	1.2	3	全封闭穿墙式，单变比	大连第二互感器厂
	20						20		1.6	4		
	30								2.4	6		
	40						20		3.2	8		
	50						20		4	10		
	75						（5P 10）		6	15		
	100								8	20		
	150						15		12	30		
	200						20		16	40		
	300						（5P 10）		24	60		
	400								32	80		
	500						15		40	100		
	600								48	120		
	800								64	160		
	1000								80	200		
LFZB3 —10A，B	5	0.2/10P 0.2s/10P 0.5/10P 0.5s/10P	10	10	10	10	15				全封闭穿墙式	
	10											
	15											
	20											
	30											
	40											
	50											
	75											
	100											
	150											
	200											
	300，400											

续表 22-24

型　号	额定一次电流(A)	准确级组合	额定输出（VA）				额定短时热电流(kA)	额定动稳定电流(kA)	二次绕组数	结构	生产厂
			0.2	0.5	5P10 10P 10P10	5P15 5P 10P15					
LFZB8 —10A、B	15	0.2/0.2 0.2/0.5 0.5/0.5	15	20			2	5	2	穿墙式全封闭单变比	大连第二互感器厂，浙江三爱互感器有限公司
	20						3	7.5			
	30 40	0.2/5P 0.2/10P 0.5/5P 0.5/10P	15	20	20～30	15～30	5	12.5			
	50 60						10	25			
	75	5P/5P 10P/10P			15～20	15	16	40			
	100	0.2/0.2/0.2 0.2/0.5/0.5 0.5/0.5/0.5	15	20			20	50			
	150 200						31.5	78			
	300 400	0.2/0.2/5P 0.2/0.5/10P 0.2/0.5/5P	15	15	15	15	40	100	3		
	500 600	0.5/5P/5P 10P/10P/10P 0.2/10P/10P	10	15	15	15	63	157			
	800						80	200			
	1000	0.5/0.5/0.2/0.2 0.2/0.5/10P/10P 0.2/0.2/0.2/10P	10	10	15		100	250	4		

4. 外形及安装尺寸

LFZB9—10 型电流互感器外形及安装尺寸，见图 22-21。

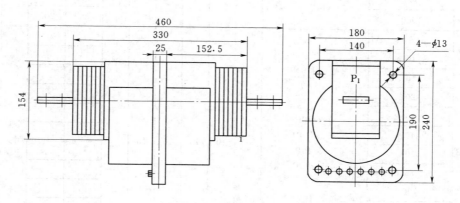

图 22-21　LFZB9—10 型电流互感器外形及安装尺寸

五、LFS—10（Q）、LFSB—10（Q）、LFS（Q）—10Q型电流互感器（LQZBJ2—10W1）

1. 概述

LFS—10（Q）、LFSB—10（Q）、LFSQ—10Q 型电流互感器（LQZBJ2—10W1）为环氧树脂浇注绝缘全封闭支柱式结构，适用于额定频率50Hz或60Hz、额定电压10kV及以下的电力系统中，作电流、电能测量和继电保护用。产品符合 IEC 44—1：1996 及 GB 1208—1997《电流互感器》标准，体积小、重量轻、绝缘性能优越、精度高、动热稳定倍数高。

2. 型号含义

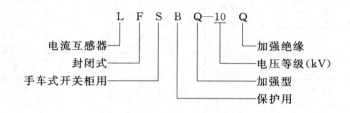

3. 结构

该产品为环氧树脂浇注绝缘全封闭结构，一、二次绕组及铁芯均浇注在环氧树脂内，耐污染及潮湿，适宜于任何位置、任意方向安装。

4. 技术数据

（1）额定绝缘水平（kV）：12/42/75。

（2）额定频率（Hz）：50，60。

（3）额定二次电流（A）：5，1。

（4）可以制造计量用 0.2s 级高精度电流互感器。

（5）额定一次电流、准确级组合及额定输出、额定短时热电流及动稳定电流，见表22-25。

表 22-25 LFS（B）（Q）—10（Q）型电流互感器技术数据

型　号	额定一次电流（A）	准确级组合	额定输出（VA）					额定短时热电流（kA）	额定动稳定电流（kA）	生产厂
			0.2s	0.2	0.5	10P10	10P15			
LFS—10（Q）	5～200	0.2s/0.2s 0.2/0.2 0.2s/10P10 0.2/10P10 0.5/10P10	10	10	10	15		$80I_{1n}$	$200I_{1n}$	无锡市通宇电器有限责任公司
	300							21	50	
	400							24	60	
	600							30	70	
	800							40	75	
	1000									

型　号	额定一次电流（A）	准确级组合	额定输出（VA）					额定短时热电流（kA）	额定动稳定电流（kA）	生产厂
			0.2s	0.2	0.5	10P10	10P15			
LFSB—10（Q）	5～200	0.2s/0.2s 0.2/0.2 0.2s/10P10 0.2/10P10 0.5/10P10	10	10	15	20		80I_{1n}	200I_{1n}	无锡市通宇电器有限责任公司
	300							21	50	
	400							24	60	
	600							30	70	
	800							40	75	
	1000									
LFSQ—10Q	20～40	0.2s/0.2s 0.2/0.2 0.2s/10P10 0.2/10P10 0.5/10P10 0.2/10P15 0.5/10P15	10					6.4	16	
	50，75			10				16	40	
	100～200				15	15		32	80	
	300			15						
	400，500									
	600				20	30	30	64	130	
	800									
	1000				40	40	40			
	1500									
LFS—10	5～200	0.2/0.2 0.5/0.5 0.2/0.5 0.2/10P10 0.5/10P10		10	10	15		80I_{1n}	200I_{1n}	江苏靖江互感器厂
	300							21	50	
	400							24	60	
	600							30	70	
	800							40	75	
	1000									
LFSB—10	5～200	0.2/10P10 0.5/10P10		10	10	20		80I_{1n}	200I_{1n}	
	300							21	50	
	400							24	60	
	600							30	70	
	800							40	75	
	1000									

型　号	额定一次电流(A)	准确级组合	额定输出(VA)					额定短时热电流(kA)	额定动稳定电流(kA)	生产厂
			0.2s	0.2	0.5	10P10	10P15			
LFSQ—10 LFSQ—10Q	20～40	0.2/0.2 0.5/0.5 0.2/0.5 0.2/10P 0.5/10P 0.2/10P15 0.5/10P15						6.4	16	江苏靖江互感器厂
	50，75			10	10		15	16	40	
	100～200							32	80	
	300			15	15		20			
	400			20	20		30			
	600							64	130	
	800			30	30		40			
	1000									
	1500			40	40		40			
LFSQ—10Q	10～300	0.2/10P15 0.2/0.5 0.5/10P15		10	15		15	$150I_n$	$375I_n$	天津市百利纽泰克电器有限公司
	400							32	80	
	500～600							45	112.5	
	800～1000	0.2/10P15 0.2/0.5 0.5/10P15		15	20		30	50	125	
	1200～1500							63	157.5	
LFS—10Q LFSB—10	5～200	0.2/0.2 0.2/0.5 0.5/10P10		10	10		15	$80I_n$	$200I_n$	浙江三爱互感器有限公司
	300							$70I_n$	$170I_n$	
	400							$60I_n$	$150I_n$	
	600							$50I_n$	$120I_n$	
	800							$50I_n$	$100I_n$	
	1000							$50I_n$	$80I_n$	
LFSQ—10	5，10	0.2/0.2 0.2/0.5 0.5/10P10		10	10		15	$150I_n$	$375I_n$	
	15，20，30，40，50							$400I_n$	$1000I_n$	
	75							32	90	
	100，150，200							45	100	
	300	0.2/0.2 0.2/0.5 0.5/10P15		15	15		20			
	400，500	0.2/0.2 0.2/0.5 0.5/10P15		20	20		30			
	600，800	0.2/0.2 0.2/0.5 0.5/10P15		30	30		40	63	130	
	1000～1500	0.2/0.2 0.2/0.5 0.5/10P15		40	40		40			

型　号	额定一次电流(A)	准确级组合	额定输出(VA)					额定短时热电流(kA)	额定动稳定电流(kA)	生产厂
			0.2s	0.2	0.5	10P10	10P15			
LFSQ—10	5/5							2	5	沈阳互感器厂(有限公司)
	10/5							4	10	
	15/5							6	15	
	20/5							8	20	
	30/5	0.5/10P				10	10P15	10	25	
	40/5							16	40	
	50/5							20	50	
	75/5							33	80	
	100~200/5							45	100	
	300/5	0.5/10P				15	10P20	45	100	
	400/5	0.5/10P				20	10P30	63	130	
	600~800/5	0.5/10P				30	10P40	63	130	
	1000~1500/5	0.5/10P				40	10P40	63	130	
LFS—10	5~200							$80I_{1n}$	$200I_{1n}$	金坛市金榆互感器厂
	300							21	50	
	400							24	60	
	600	0.2s/10P15 0.2/10P15 0.5s/10P15 0.5/10P15 0.2/0.5/10P15 0.2s/0.5/10P15	10	10	15	0.5s 10	15	30	70	
	800							40	75	
	1000									
LFSB—10	5~300							40	75	
	400							$80I_{1n}$	$200I_{1n}$	
	600							24	60	
	800							30	70	
	1000							40	75	
LFSQ—10 LFSQ—10Q	20~40							6.4	16	
	50，75		10	10	15	0.5s 10	15	16	40	
	100~200	0.2s/10P15 0.2/10P15 0.5s/10P15 0.5/10P15 0.2/0.5/10P15 0.2s/0.5/10P15						32	80	
	300			15	15		20			
	400			20	20		30			
	600							64	130	
	800		10	30	30	0.5s 15	40			
	1000									
	1500			40	30		40			

型　号	额定一次电流（A）	准确级组合	额定　输　出（VA）					额定短时热电流（kA）	额定动稳定电流（kA）	生产厂
			0.2s	0.2	0.5	10P10	10P15			
LFS—10 (LZZB—10)	5～200	0.2/0.2 0.5/0.5 0.2/0.5 0.2/10P10 0.5/10P10		10	10		15	$80I_{1n}$	$200I_{1n}$	浙江三爱互感器有限公司
	300							21	50	
	400							24	60	
	600							30	70	
	800							40	75	
	1000									
LFSB—10 (LZZBJ—10)	5～200	0.2/10P10 0.5/10P10		10	10		20	$80I_{1n}$	$200I_{1n}$	
	300							21	50	
	400							24	60	
	600							30	70	
	800							40	75	
	1000									
LFS（B）—10	5～200/5	0.5/3 0.5/10P				10	10P15 3级 15	$80I_{1n}$	$200I_{1n}$	重庆高压电器厂
	300/5									
	400/5							$75I_{1n}$	$175I_{1n}$	
	600/5							$60I_{1n}$	$150I_{1n}$	
	800/5							$50I_{1n}$	$125I_{1n}$	
	1000/5									
LFS—10	5	0.2/0.5 0.2/10P 0.5/10P		10	10	10P 15		0.4	1	宁波三爱互感器有限公司、宁波互感器厂
	10							0.8	2	
	15							1.2	3	
	20							1.6	4	
	30							2.4	6	
	40							3.2	8	
	50							4	10	
	75							6	15	
	100							8	20	
	150							12	30	
	200							16	40	
	300							21	52.5	
	400							24	60	
	600							30	70	
	800							40	75	
	1000							40	75	

型　号	额定一次电流（A）	准确级组合	额定输出（VA）					额定短时热电流（kA）	额定动稳定电流（kA）	生产厂
			0.2s	0.2	0.5	10P10	10P15			
LFSB—10	75	0.2/0.5 0.2/10P 0.5/10P		10	10	10P 40		6	12	宁波三爱互感器有限公司、宁波互感器厂
	100							8	16	
	150							12	24	
	200							16	32	
	300							21	42	
	400							24	48	
	600							30	60	
	800							40	70	
	1000							40	70	
LFS—10（Q）	5	0.2/0.2 0.2/0.5 0.5/0.5 0.2/10P10 0.5/10P10 10P10/10P10			10/10 10/10 10/10 10/15 10/15 10/10			0.4	1	大连第二互感器厂
	10							0.8	2	
	15							1.2	3	
	20							1.6	4	
	30							2.4	6	
	40							3.2	8	
	50							4	10	
	75							6	15	
	100							8	20	
	150							12	30	
	200							16	40	
	300							21	51	
	400							24	60	
	500							25	60	
	600							30	72	
	800							40	80	
	1000							50	80	
LFS—10G	5	0.2/0.2 0.2/0.5 0.5/0.5 0.2/10P10 0.5/10P10 10P10/10P10			10/10 10/10 10/10 10/15 10/15 10/10			0.4	1	
	10							0.8	2	
	15							1.2	3	
	20							1.6	4	
	30							2.4	6	
	40							3.2	8	
	50							4	10	
	75							6	15	

续表 22-25

型　号	额定一次电流（A）	准确级组合	额定输出（VA）					额定短时热电流（kA）	额定动稳定电流（kA）	生产厂
			0.2s	0.2	0.5	10P10	10P15			
LFS—10G	100	0.2/0.2			10/10			8	20	
	150	0.2/0.5			10/10			12	30	
	200	0.5/0.5			10/10			16	40	
	300	0.2/10P10			10/15			21	51	
	400	0.5/10P10 10P10/10P10			10/15 10/10			24	60	
LFSQ—10Q	5							0.75	1.875	
	10							1.5	3.75	
	15	0.2/0.2			10/10			6	15	
	20	0.2/0.5			10/10			8	20	
	30	0.5/0.5			10/10			12	30	
	40	0.2/10P10			10/15			16	40	
	50	0.5/10P10			10/15			20	50	
	75	10P10/10P10			10/10			32	90	
	100~200							45	100	
	300	0.2/0.2 0.2/0.5 0.5/0.5 0.2/10P15 0.5/10P15 10P15/10P15			10/10 10/15 15/15 10/20 15/20 10/10			45	100	大连第二互感器厂
	400，500	0.2/0.2 0.2/0.5 0.5/0.5 0.2/10P15 0.5/10P15 10P15/10P15			15/15 15/20 20/20 15/30 20/30 15/15			45	100	
LFSQ—10Q	600，800	0.2/0.2 0.2/0.5 0.5/0.5 0.2/10P15 0.5/10P15 10P15/10P15			20/20 20/30 30/30 20/40 30/40 20/20			63	130	
	1000，1500	0.2/0.2 0.2/0.5 0.5/0.5 0.2/10P15 0.5/10P15 10P15/10P15			30/30 30/40 40/40 30/40 40/40 20/20			63	130	

型　　号	额定一次电流 (A)	准确组组合	额定输出 (VA)	额定短时 热电流 (kA)	额定动 稳定电流 (kA)	生产厂
LFSQ5—10Q	5			0.75	1.875	
	10			1.5	3.75	
	15			6	15	
	20			8	20	
	30	0.2/10P20 0.5/10P20	10/15 15/15	12	30	
	40			16	40	
	50			20	50	
	75			32	90	
	100～150					
	200	0.2/10P20 0.5/10P20	10/20 20/20	45	100	大连第二互感器厂
	300	0.2/10P30 0.5/10P30	10/20 25/20			
	400	0.2/10P30 0.5/10P30	10/25 30/25			
	500	0.2/10P30 0.5/10P30	10/30 25/30	63	130	
	600～800	0.2/10P30 0.5/10P30	10/30 30/30			
LFSB—10	75			6	15	
	100			8	20	
	150			12	30	
	200	0.2/0.2 0.5/0.5 0.2/10P10 0.5/10P10 10P10/10P10	10/10 10/10 10/50 10/50 20/20	16	40	
	300			21	51	
	400			24	60	
	500			25	60	
	600			30	72	
	800			40	80	
	1000			50	80	

(6) 污秽等级：Ⅱ级。

(7) 仪表保安系数 (FS)：≤10。

(8) 表面爬电距离 (mm)：252。

(9) 负荷功率因数：cosφ＝0.8（滞后）。

5. 外形及安装尺寸

LFS—10 (Q)、LFSB—10 (Q)、LFS (Q)—10Q 型电流互感器外形及安装尺寸，见

图 22 - 22。

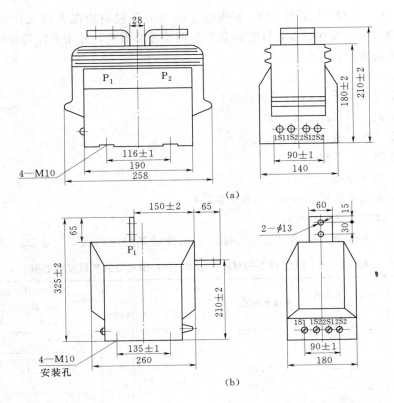

图 22 - 22　LFS—10、LFSB—10、LFSQ—10（Q）型电流互感器
外形及安装尺寸

（a）LFS—10、LFSB—10；（b）LFSQ—10（Q）

22.1.1.9　LQ—10 系列

一、LQJ—10Q、LQJC（D）—10Q 型电流互感器

1. 概述

LQJ—10Q、LQJC（D）—10Q（LQZB—10）型电流互感器为环氧树脂浇注绝缘半封闭式，适用于额定频率 50Hz 或 60Hz、额定电压 10kV 及以下的户内电力线路及设备中，作电流、电能测量和继电保护用。产品符合标准 GB 1208—1997《电流互感器》和 IEC 185。

2. 型号含义

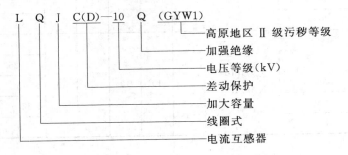

3. 结构

LQJC（D）—10Q（LQZB—10）型电流互感器为环氧树脂混合胶浇注成型，半封闭结构，一次绕组引出线在顶部，铁芯由条形硅钢片叠装而成，并用夹件装在浇注体上，夹件底部有 4 个安装孔。

4. 技术数据

（1）额定绝缘水平（kV）：12/42/75。

（2）额定频率（Hz）：50，60。

（3）额定二次电流（A）：5，1。

（4）污秽等级：Ⅱ级。

（5）仪表保安系数（FS）：≤10。

（6）负荷的功率因数：$\cos\phi=0.8$（滞后）。

（7）表面爬电距离（mm）：24。

（8）额定一次电流、准确级组合、额定输出及动热稳定电流，见表 22 - 26。

表 22 - 26　LQJ（C）—10Q（LQZB—10）型电流互感器技术数据

型　　号	额定一次电流（A）	准确级组合	额定输出（VA）					额定短时热电流（kA）	额定动稳定电流（kA）	生产厂
			0.2s	0.2	0.5	10P10	10P15			
LQJ—10（Q）	5～100	0.2/10P10 0.5/10P10		10	10	15		$90I_{1n}$	$225I_{1n}$	无锡市通宇电器有限责任公司
	150							11.25	24	
	200							15	32	
	300							22.5	48	
	400							30	64	
LQJC—10（Q）	5～100	0.2/10P15 0.5/10P15		10	10		15	$90I_{1n}$	$225I_{1n}$	
	150							11.25	24	
	200							15	32	
	300							22.5	48	
	400							30	64	
LQJ—10 LQJ—10Q	5～100	0.2/10P10 0.5/10P10		10	10	15		$90I_{1n}$	$225I_{1n}$	江苏靖江互感器厂
	150							11.25	24	
	200							15	32	
	300							22.5	48	
	400							30	64	
LQJC—10 LQJC—10Q	5～100	0.2/10P15 0.5/10P15		10	10		15	$90I_{1n}$	$225I_{1n}$	
	150							11.25	24	
	200							15	32	
	300							22.5	48	
	400							30	64	

续表 22-26

型　号	额定一次电流（A）	准确级组合	额定输出（VA）					额定短时热电流（kA）	额定动稳定电流（kA）	生产厂
			0.2s	0.2	0.5	10P10	10P15			
LQJ—10 LQJ—10Q	10～100	0.5/3			10/20			$90I_{1n}$	$225I_{1n}$	天津市百利纽泰克电器有限公司
	150～400	0.2/3			10/20			$75I_{1n}$	$187.5I_{1n}$	
LQJ—10Q	5～100	0.5			10			$90I_{1n}$	$225I_{1n}$	
		10P10			15					
	150～400	0.5			10			$75I_{1n}$	$160I_{1n}$	
		10P10			15					
LQJ—10G	5～10 10～15～20 15～20～30 20～30～40 30～40～50 40～50～75 50～75～100	0.5/10P 0.5/0.2/0.2 /10P10			10/15 10/10/10/15			$90I_{1n}$	$225I_{1n}$	大连第二互感器厂
	75～100～150 100～150～200 150～200～300 200～300～400							$75I_{1n}$	$160I_{1n}$	

型　号	额定一次电流（A）	准确级组合	额定输出（VA）					额定短时热电流（kA）	额定动稳定电流（kA）	生产厂
			0.2	0.5	10P	1	3			
LQJ—10	5～100/5	0.5/3 0.5/10P			10	30	30	$90I_{1n}$	$225I_{1n}$	沈阳互感器厂（有限公司）
	150～400/5							$75I_{1n}$	$160I_{1n}$	
LQZ—10 （LQJ—10）	5～100/5	0.5/3		10			15	$90I_{1n}$	$225I_{1n}$	重庆高压电器厂
	150～400/5							$75I_{1n}$	$187.5I_{1n}$	
LQZB—10 （LQJD—10）	5～100/5	0.5/10P		10	15			$90I_{1n}$	$225I_{1n}$	
	150～400/5							$75I_{1n}$	$187.5I_{1n}$	
LQJ—10	5，10，15，20，30，40，50，75，100，150，200，300，400	0.2/10P 0.5/10P	5～10	10	15			$60I_{1n}$	$150I_{1n}$	宁波三爱互感器有限公司、宁波互感器厂
LQJC—10		0.2/10P 0.5/10P			15					
LQJ—10GYW1	5，10，15，20，30，40，50，75，100，150，200，300，400	0.2/10P 0.5/10P	10	10	15			$60I_{1n}$	$150I_{1n}$	
LQJC—10GYW1					15					

续表 22－26

型　号	额定一次电流 (A)	准确级组合	额定输出（VA）					额定短时热电流 (kA)	额定动稳定电流 (kA)	生产厂
			0.2	0.5	10P	1	3			
LQJ—10Q	5	0.5/3 1/3			10	10	30	0.45	1.1	浙江三爱互感器有限公司
	10							0.9	2.3	
	15							1.4	3.4	
	20							1.8	4.5	
	30							2.7	6.8	
	40							3.6	9	
	50							4.5	11.3	
	75							6.8	16.9	
	100							9	22.5	
	150							13.5	35.8	
	200							18	45	
	300							27	67.5	
	400							36	90	
LQJC—10Q	150	1/10P				15	30	13.5	35.8	
	200							18	45	
	300							27	67.5	
	400							36	90	

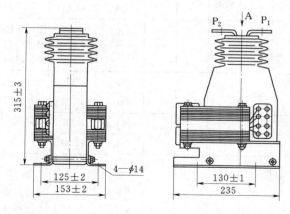

图 22－23　LQJ（C）—10Q（LQZB—10）
型电流互感器外形及安装尺寸

5. 外形及安装尺寸

LQJ（C）（D）—10Q（LQZB—10）型电流互感器外形及安装尺寸，见图 22－23。

二、LQZJ（2，3）—10（LQZBJ3—10）型电流互感器

1. 概述

LQZJ（2，3）—10（LQZBJ3—10）型电流互感器为环氧树脂浇注全封闭式产品，适用于额定频率 50Hz 或 60Hz、额定电压 10kV 及以下的户内电力系统中，作电能计量、电流测量和继电保护用。执行标准 IEC 44—1：1996 及 GB 1208—1997《电流互感器》。体积小，重量轻，绝缘性能优越，精度高，动热稳定倍数高，是旧型号 LQJ（C）—10（半封闭）的替代产品，安装尺寸与旧型号一致。

2. 型号含义

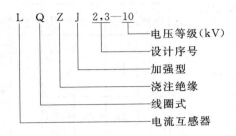

3. 结构

该型产品为环氧树脂全封闭结构，具有优良的绝缘性能和防潮能力，结构紧凑。LQZJ2—10 一次绕组为分段式，通过串联或并联可得到两个电流比。当并联额定一次电流大于 400A 时需用辅助接线铜排分别将 P_1 与 C_1、P_2 与 C_2 连接后，再将开关柜系统母线接在铜排上（辅助铜排截面不得小于 $500mm^2$）。

4. 技术数据

（1）额定绝缘水平（kV）：12/42/75。

（2）额定二次电流（A）：5，1。

（3）额定频率（Hz）：50，60。

（4）局部放电水平符合 GB 1208—1997《电流互感器》标准。

（5）可制造计量用 0.2s 或 0.5s 级高精度电流互感器。

（6）表面爬电距离（mm）：310。

（7）额定一次电流、准确级组合、额定输出、动热稳定电流，见表 22-27。

表 22-27 LQZJ（2，3）—10 型电流互感器技术数据

型 号	额定一次电流（A）	准确级组合	额定输出（VA）						额定短时热电流（kA）	额定动稳定电流（kA）	生产厂
			0.2s	0.2	0.5	10P10	10P15	5P10			
LQZJ—10	5～100	0.2s/0.2s 0.2/0.2 0.2s/10P10 0.2/10P10 0.5/10P10 0.2/10P15 0.5/10P15	10	10	15	15	15		$100I_{1n}$	$250I_{1n}$	无锡市通宇电器有限责任公司
	150								13.5	34	
	200								18	45	
	300								27	67.5	
	400								30	75	
	500								36		
	600										
	750									90	
	800						20		40		
	1000										

续表 22-27

型　号	额定一次电流（A）	准确级组合	额定输出（VA）						额定短时热电流（kA）	额定动稳定电流（kA）	生产厂
			0.2s	0.2	0.5	10P10	10P15	5P10			
LQZJ—10 LQZJ3—10	50，75	0.5/5P10 0.5/5P10							6	15	
	100			10	10			15	15	37.5	
	150								20.5	56	
	200～400			15	15			20	30	75	
	600～1200								48	120	
LQZJ2—10	2×50	0.2/5P10 0.5/5P10							6～12	15～30	江苏靖江互感器厂
	2×75										
	2×100			10	10			15	15～30	37.5～75	
	2×150										
	2×200										
	2×300								24～28	60～120	
	2×400										
	2×600			15	15			20	32～64	80～160	
LQJB—10	20	0.2s/10P15 0.2/10P15 0.5s/10P15 0.5/10P15 0.2/0.5/10P15 0.2s/0.5/10P15	10	10	15	0.5s 10	15		2	5	金坛市金榆互感器厂
	30								3	7.5	
	40								4	10	
	50								6	15	
	75								8	20	
	100								12	30	
	150								15	37.5	
	200								20	50	
	300								32	80	
	400								36	80	
	500～600								40	80	

型　号	额定一次电流（A）	准确级组合	额定输出（VA）							额定短时热电流（kA）	额定动稳定电流（kA）	生产厂
			0.2s	0.2	0.5s	0.5	10P20	1	5P			
LQZJ—10	50	0.5/1 0.5/5P 1/5P				5			7.5	32	80	宁波三爱互感器有限公司、宁波互感器厂
	75，100					15		20	15			
	150～200											
	300											
	400					20		25	25	48	120	
	600											
	800											

续表 22－27

型　号	额定一次电流（A）	准确级组合	额定输出（VA）							额定短时热电流（kA）	额定动稳定电流（kA）	生产厂
			0.2s	0.2	0.5s	0.5	10P20	1	5P			
LQZJ—10	1000	0.5/1 0.5/5P 1/5P				25		30		48	120	
	1200											
LQZ—10GYW1	5	0.2s/0.2s 0.2s/0.5s 0.5s/0.5s 0.2s/10P20 0.5s/10P20	10	10	10	10	10			$100I_{1n}\times 10^{-3}$	$250I_{1n}\times 10^{-3}$	宁波三爱互感器有限公司、宁波互感器厂
	10											
	15											
	20											
	30											
	40											
	50											
	75											
	100											
	150											
	200											
	300											
	400											
	500											
	600											
	800									63	160	

5. 外形及安装尺寸

LQZJ（2，3）—10（LQZBJ3—10）型电流互感器外形及安装尺寸，见图 22－24。

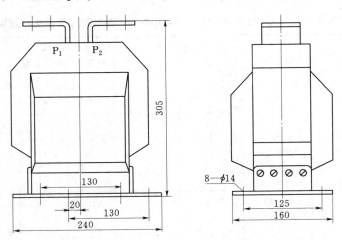

图 22－24　LQZJ—10 型电流互感器外形及安装尺寸

（无锡市通宇电器有限责任公司）

三、LQZBJ—10（Q）、LQZBJ8—10型电流互感器

1. 概述

LQZBJ—10（Q）、LQZBJ8—10型电流互感器为环氧树脂浇注绝缘支柱式结构，户内型，适用于额定频率50Hz或60Hz、额定电压10kV的电力系统中，作电能计量、电流测量和继电保护用。产品符合IEC 44—1：1996及GB 1208—1997《电流互感器》标准。

2. 型号含义

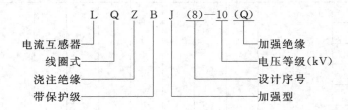

3. 结构

江苏靖江互感器生产的LQZBJ—10（Q）、LQZBJ8—10型电流互感器为全封闭支柱式结构，具有优良的绝缘性能和防潮能力，适宜安装于任何位置、任意方向。

广东省中山市东风高压电器有限公司生产的LQZBJ—10型电流互感器为半封闭环氧浇注绝缘结构，高压线圈用模具定位经环氧树脂浇注成型，铁芯由条形优质冷轧硅钢片叠装而成，一次线圈引出端在顶部，二次接线座在侧壁上，分别标有1S1、1S2和2S1、2S2，分别对应计量和监控继保级。

4. 技术数据

（1）额定绝缘水平（kV）：12/42/75。

（2）额定二次电流（A）：5，1。

（3）局部放电水平符合GB 1208—1997《电流互感器》标准。

（4）污秽等级：Ⅱ级。

（5）额定一次电流、准确级组合及额定输出、额定动热稳定电流，见表22-28。

表22-28 LQZBJ—10（Q）、LQZBJ8—10型电流互感器技术数据

型　号	额定一次电流（A）	准确级组合	额定输出（VA）				额定短时热电流（kA）	额定动稳定电流（kA）	备　注	生产厂
			0.2	0.5	10P10	10P15				
LQZBJ—10 LQZBJ—10Q	20	0.2/10P15 0.5/10P15 0.2/10P10/10P10 0.5/10P10/10P10 0.2/0.2/10P10 0.2/0.5/10P10	5	10	15	15	6	15	全封闭结构	江苏靖江互感器厂
	30～50						12	30		
	75		10	20	20	30	16	40		
	100						24	60		
	150～200						31.5	80		
	300～600		20	30	20	30	44.5	100		
	800～1500				30	40	63	140		

续表 22-28

型 号	额定一次电流 (A)	准确级组合	额 定 输 出 (VA)				额定短时热电流 (kA)	额定动稳定电流 (kA)	备 注	生产厂
			0.2	0.5	10P10	10P15				
	20～30		5	10		15	6	15		
	30～40									
	40～50						12	30		
	50～75					20				
	75～100						16	40		
LQZBJ	100～150						24	60		江苏靖
—10	150～200	0.2/10P15 0.5/10P15	10	20			31.5	80		江互感
	200～300	0.2/0.5							二次抽头 全封闭结构	器厂
LQZBJ	300～400	0.2/0.2 0.5/0.5								
—10Q	400～500						30	44.5	100	
	500～600									
	600～800									
	800～1000									
	1000～1200		20	30			40	63	140	
	1200～1500									

型 号	额定一次电流 (A)	准确级组合	额 定 输 出 (VA)				额定短时热电流 (kA/s)	额定动稳定电流 (kA)	备 注	生产厂
			0.2		0.5	10P15				
			中间抽头 (0.5级) 1S1 1S2	1S1 1S3	2S1 2S2	3S1 3S2				
LQZBJ	50～100									
—10	75～150									江苏靖
	100～200						20/2	50		
LQZBJ	150～300								全封闭结构	江互感
—10Q	200～400	0.2/0.5/10P15	10	20	20	40				器厂
	300～500									
LQZBJ8	300～600						32/2	80		
—10	400～800						40/2	100		
	500～1000									

型 号	额定一次电流 (A)	准确级次	额 定 输 出 (VA)					额定短时热电流 (kA/s)	额定动稳定电流 (kA)	备 注	生产厂
			1S1 1S2 1S3 (计量)		2S1 2S2 2S3 (监控继保)						
			0.2	0.2s	0.2	0.5	3				
LQZBJ	20	0.2						5/2	12	半封闭结构	广东省中山市东风高压电器有限公司
—10	30,40	0.2s 0.5						7.5/2	20		
	50,60	3						10/2	25		

续表 22-28

型 号	额定一次电流（A）	准确级次	额定输出（VA） 1S1 1S2 1S3（计量）		额定输出（VA） 2S1 2S2 2S3（监控继保）			额定短时热电流（kA/s）	额定动稳定电流（kA）	备注	生产厂
			0.2	0.2s	0.2	0.5	3				
LQZBJ—10	75	0.2 0.2s 0.5 3						15/2	40	半封闭结构	广东省中山市东风高压电器有限公司
	100，(150)，160							20/2	50		
	200							20/2	55		
	(300)，315，400，500							20/4	55		
	(600)，630，(750)，800							32/4	80		
	1000							40/4	100		

型 号	额定一次电流（A）	准确级次	额定输出（VA） 1S1 1S2（计量）	额定输出（VA） 2S1 2S2（监控继保）			额定短时热电流（kA/s）	额定动稳定电流（kA）	备注	生产厂
			0.2	0.2	0.5	3				
LQZBJ2—10	20	0.2 0.2s 0.5 3	10	15		25	5/2	12	半封闭结构	广东省中山市东风高压电器有限公司
	30，40						7.5/2	20		
	50，60						10/2	25		
	75						15/2	40		
	100，(150)，160						20/2	50		
	200						20/2	55		
	(300)，315，400，500						20/4	55		
	(600)，630，(750)，800						32/4	80		
	1000						40/4	100		

型 号	额定一次电流（A）	准确级次	额定输出（VA） 1S1 1S2（小变化）1S1 1S3（大变化）	额定输出（VA） 2S1 2S2（小变化）2S1 2S3（大变化）			额定短时热电流（kA/s）	额定动稳定电流（kA）	备注	生产厂
			0.2	0.2s	0.5	3				
LQZBJ3—10	20	0.2 0.2s 0.5 3	10	20			5/2	12	半封闭结构	广东省中山市东风高压电器有限公司
	30，40						7.5/2	20		
	50，60						10/2	25		
	75						15/2	40		
	100，(150)，160						20/2	50		
	200						20/2	55		
	(300)，315，400，500						20/4	55		
	(600)，630，(750)，800						32/4	80		
	1000						40/4	100		

5. 外形及安装尺寸

LQZBJ—10（Q）型电流互感器外形及安装尺寸，见图22-25。

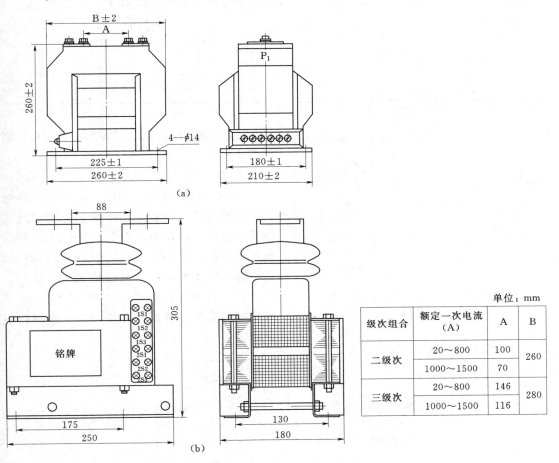

级次组合	额定一次电流（A）	A	B
二级次	20～800	100	260
	1000～1500	70	
三级次	20～800	146	280
	1000～1500	116	

单位：mm

图 22-25　LQZBJ—10（Q）型电流互感器外形及安装尺寸
(a) LQZBJ—10（Q）（江苏靖江互感器厂）；(b) LQZBJ3—10（中山市东风高压电器有限公司）

22.1.1.10 LM—6、10 系列

一、LM—6 型电流互感器

1. 技术数据

(1) 额定绝缘水平（kV）：7.2/32/60。

一次对二次及地工频耐压32kV，5min无击穿和闪络。

二次相间及地工频耐压3kV，1min无击穿和闪络。

(2) 额定一次电流、额定输出、额定动热稳定电流，见表22-29。

2. 外形及安装尺寸

该产品外形及安装尺寸，见图22-26。

3. 生产厂

浙江三爱互感器有限公司。

表 22-29　LM—6 型电流互感器技术数据

额定电压（kV）	额定一次电流（A）	额定二次负荷（VA）		额定二次电流（A）	1s 热电流（有效值，kA）	动稳定电流（峰值，kA）
		1S1，1S2 cosϕ=0.8	2S1，2S2 cosϕ=1.0			
6	50	3.75	25	5	6	4①
	100				12	4
	150，200，300，400				16	5

①　一次通过一次电流的 2 倍，二次产生 4A 及以上的电流。

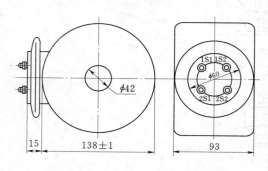

图 22-26　LM—6 型电流互感器
外形及安装尺寸

2. 型号含义

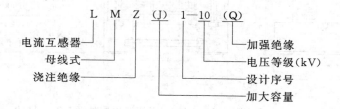

3. 结　构

该型产品为全封闭环氧树脂浇注母线式结构，二次绕组及铁芯浇注在环氧树脂内，耐污染及潮湿。

LMZ—10（LMZB—10）型母线窗孔内有电屏，带有等电位线，安装时等电位线接在母线上，浇注体固定在穿墙安装板上。

4. 技术数据

（1）额定绝缘水平（kV）：12/42/75。

（2）额定频率（Hz）：50，60。

（3）额定二次电流（A）：5，1。

（4）污秽等级：Ⅱ级。

（5）负荷功率因数：cosϕ=0.8（滞后）。

（6）仪表保安系数（FS）：≤10。

（7）可以制造计量用 0.2s 级高精度电流互感器。

二、LMZ—10（Q）、LMZJ—10（Q）型电流互感器

1. 概述

LMZ—10（Q）、LMZJ—10（Q）型电流互感器为环氧树脂浇注绝缘全封闭母线式结构，适用于额定频率 50Hz 或 60Hz、额定电压 10kV 及以下的户内电力线路及设备中，作电流、电能测量和继电保护用。产品符合 IEC 44—1：1996 及 GB 1208—1997《电流互感器》标准，体积小、重量轻、绝缘性能优越。

（8）额定一次电流、准确级组合及额定输出，见表22-30。

表 22-30 LMZ（J）（1）—10（Q）型电流互感器技术数据

型号	额定一次电流（A）	准确级组合	额定输出（VA）							生产厂
			0.2s	0.2	0.5	10P10	10P15	10P	3	
LMZ—10（Q）	300	0.2s/0.2s	10	10	15	15				无锡市通宇电器有限责任公司
	400，500	0.2s/10P10								
	600，800	0.2/10P10								
	1000	0.5/10P10								
LMZJ—10（Q）	300～400	0.2s/0.2s	10	10	15	15	15			
	600	0.2s/10P10								
	800	0.2/10P15								
	1000	0.5/10P15								
LMZ—10 LMZ—10Q	300，400，500，600，750，800，1000	0.5/10P10 0.5/0.5 10P10/10P10			10	15				江苏靖江互感器厂
LMZJ—10 LMZJ—10Q	300，400，500，600，750，800，1000	0.5/10P15 0.5/0.5 10P15/10P15			10		15			
LMZ—10 （LMZB—10）	2000 3000	0.5/10P15 0.2/10P15 10P15/10P15		40	40		50			
	4000 5000			50	50		60			
LMZ—10	300	0.5/3 0.5/10P			10			15	15	浙江三爱互感器有限公司
	400									
	500～600									
	750～800									
	1000									
LMZJ—10 LMZJ1—10	1500	0.5/10P		40				80		
	2000，3000 4000，5000			60				100		
LMZ—10	600	0.5/3			10				15	沈阳互感器厂（有限公司）
	1000									
	1500									
LMZJ1—10 LMZJ1—10Q	1200～1500	0.2/0.2 0.2/0.5 0.2/10P15 0.5/10P15 10P15/10P15				40/40 40/40 40/80 40/80 40/40				大连第二互感器厂
	2000～5000	0.2/0.2 0.2/0.5 0.2/10P15 0.5/10P15 10P15/10P15				60/60 60/60 60/100 60/100 50/50				

续表 22-30

型　号	额定一次电流 （A）	准确级组合	额定　输　出（VA）							生产厂
			0.2s	0.2	0.5	10P10	10P15	10P	3	
LMZ—10 LMZ—10Q	300～1000	0.2/0.2 0.2/0.5 0.2/10P10 0.5/10P10				10/10 10/10 10/15 10/15				大连第二 互感器厂
LMZ—10	300，400，500， 600，750，800					10	15			宁波三爱 互感器有 限公司、
	1000					15	15			
LMZJ—10	1000					15	15			宁波互感 器厂
	1500					40	40			
	2000					50	50			
	3000，4000					60	60			

5. 外形及安装尺寸

LMZ（J）（1）—10（Q）型电流互感器外形及安装尺寸，见图 22-27。

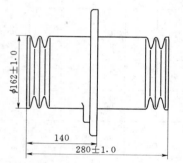 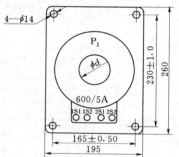

额定一次电流 （A）	ϕd
300	43
400，500	53
600～800	63
1000	83

单位：mm

图 22-27　LMZ—10（Q）、LMZJ—10Q 型电流互感器外形及安装尺寸
（无锡市通宇电器有限责任公司）

三、LMZBJ—10Q 电流互感器

1. 概述

LMZBJ—10Q 为环氧树脂全封闭绝缘全工况母线式电流互感器，供额定频率 50Hz、额定电压 10kV 的电力系统中，作电流、电能电功率测量及继电保护用。产品性能符合 IEC 和 GB 1208—1997《电流互感器》标准。

2. 型号含义

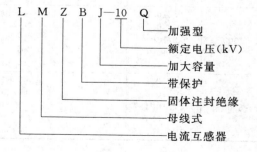

3. 技术数据

(1) 额定绝缘水平（kV）：12/42/75。

(2) 负荷功率因数：$\cos\phi=0.8$（滞后）。

(3) 额定频率（Hz）：50。

(4) 额定二次电流（A）：5。

(5) 表面爬距满足Ⅱ级污秽地区。

(6) 额定一次电流、准确级组合及额定输出，见表22-31。

表 22-31　LMZBJ—10Q 型电流互感器技术数据

额定一次电流（A）	准确级组合	额定二次输出（VA）			准确限值系数
		0.5	3	10P	
1200	0.5/3 0.5/10P 0.2/10P	10	15	15	10
1500	0.5/10P 0.2/10P	40		80	15
2000～4000		60		100	

4. 外形及安装尺寸

该产品外形及安装尺寸，见图22-28。

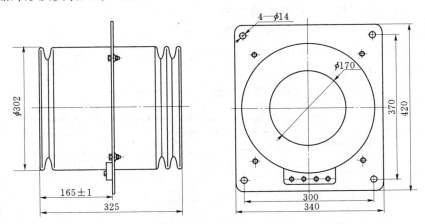

图 22-28　LMZBJ—10Q 型电流互感器外形及安装尺寸（3000～4000/5A）

5. 生产厂

浙江三爱互感器有限公司。

四、LMZB（J）（1，2，3，6，8，9，10，11）—10（Q）（GYW1）电流互感器

1. 概述

LMZB（J）（1，2，3，6，7，8，9，10，11）—10（Q）（GYW1）型电流互感器为环氧树脂浇注绝缘全封闭母线式结构，适用于额定频率50Hz或60Hz、额定电压10kV及以下的电力系统中，作电能计量、电流测量和继电保护用。产品性能符合标准GB 1208和IEC 185。

2. 型号含义

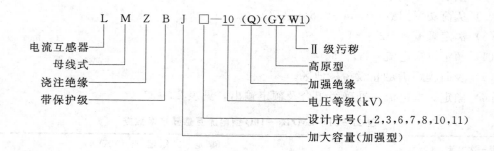

电流互感器 —— L
母线式 —— M
浇注绝缘 —— Z
带保护级 —— B J □ —10 (Q) (GY W1)

Ⅱ 级污秽
高原型
加强绝缘
电压等级(kV)
设计序号(1,2,3,6,7,8,10,11)
加大容量(加强型)

3. 结构

该型产品为环氧树脂浇注绝缘全封闭母线式结构，母线窗孔内有电屏，带有等电位线，安装时将等位线连接在母线上，户内型。

4. 技术数据

(1) 额定绝缘水平（kV）：12/42/75，11.5/42/75。

(2) 额定二次电流（A）：5，1。

(3) 额定频率（Hz）：50，60。

(4) 可制作 0.2s 或 0.5s 级精度高的电流互感器。

(5) 二次绕组可带抽头，得到不同变比。

(6) 表面爬电距离：满足Ⅱ级污秽等级。

(7) 仪表保安系数（FS）≤10。

(8) 负荷功率因数：$\cos\phi=0.8$（滞后）。

(9) 额定一次电流、准确级组合及额定输出，见表 22 - 32。

表 22 - 32　LMZBJ□—10（Q）（GYW1）型电流互感器技术数据

型　号	额定一次电流（A）	准确级组合	额 定 输 出（VA）				备　注	生产厂
			0.2	0.5	10P15	10P		
LMZB6—10 LMZB6—10Q	1500	0.2/10P15 0.5/10P15	30	50	50			江苏靖江互感器厂
	2000							
	3000	0.2/0.5/10P15 0.2/10P15/10P15 0.2/0.5/10P/10P	40	60	60			
	400							
	1500～2000		30	50	50		二次抽头	
	1500～3000	0.2/10P15 0.5/10P15 10P15/10P15						
	2000～3000							
	2000～4000		40	60	60			
	3000～4000							

续表 22-32

型　　号	额定一次电流（A）	准确级组合	额定输出（VA） 0.2	0.5	10P15	10P	备注	生产厂
LMZB7—10GYW1	1500	0.2/10P15 0.5/10P15 10P15/10P15 0.2/0.5/10P15	30	50	50			江苏靖江互感器厂
	2000		30	50	50			
	3000		40	60	60			
	4000		40	60	60			
	5000		40	60	60			
	1500～2000	0.2/10P15 0.5/10P15 10P15/10P15	30	50	50		二次抽头	
	1500～3000		30	50	50			
	2000～3000		60	60	40			
	2000～3000		60	60	40			
	3000～4000		60	60	40			
LMZBJ1—10Ⅱ	600～12000		0.2s 0.2级 10	15	0.1级 5	P 3 10P级 >10、30		广东省中山市东风高压电器有限公司
LMZBJ2—10Ⅱ	600～12000		15	20 30	0.1级 10 10P15 30	P 10P10 30		
LMZBJ3—10Ⅱ	600～12000							
LMZB3—10Q	1000～1200	0.2/0.2 0.2/0.5 0.2/10P15 0.5/10P15 10P15/10P15	15/15 15/20 15/15 20/15 15/15				二次绕组可带抽头得到不同变比	天津市百利纽泰克电器有限公司
	1500		20/20 20/25 20/20 25/20 20/20					
	2000～5000		30/30 30/40 30/30 40/30 30/30					

型　　号	额定一次电流（A）	准确级组合	额定输出（VA） 0.2	0.5	5P10	5P20	备注	生产厂
LMZB1—10	2500～5000	0.2/5P10/5P20 0.2/5P10/5P20 0.2/5P20/5P20	10～30	10～30	10～30	10～30		天津市百利纽泰克电器有限公司

型　　号	额定一次电流 (A)	准确级组合	额定输出(VA)				备　注	生产厂
			0.2	0.5	10P15	10P		
LMZB6—10	1500	0.5/10P 10P/10P		50		50		浙江三爱互感器有限公司
	2000							
	3000							
	4000			60		60		
LMZBJ—10	1000～1500	0.5/10P		40		25		重庆高压电器厂
	2000～6000	10P/10P						
LMZB6—10	1500	0.5/0.5 0.2/0.5 0.2/10P	25	50		50		宁波三爱互感器有限公司、宁波互感器厂、宁波市江北三爱互感器研究所
	2000							
	3000	0.5/10P 10P/10P	30	60		60		
	4000							
LMZB10 —10GYW1	1500～2000	0.5/0.5 0.5/10P		50		50		
	3000～4000	10P/10P		60		60		
LMZB11—10	1500～2000	0.5/0.5/10P/10P		50		50		
		0.5/10P/10P/10P		60		60		
LMZB2—10 (原 LAJ—10Q)	1000 1200 1500 1600	0.2/0.2 0.2/0.5 0.5/0.5 0.2/10P15 0.5/10P15 10P15/10P15		20/20 20/40 40/40 20/20 40/20 20/20				大连第二互感器厂
	2000 3000 4000 5000 6000	0.2/0.2 0.2/0.5 0.5/0.5 0.2/10P15 0.5/10P15 10P15/10P15		60/60 60/60 60/60 60/25 60/25 25/25				
LMZB1—10 (原 LAJ—10Q)	1000 1200 1500 1600	0.2/0.2 0.2/0.5 0.5/0.5 0.2/10P15 0.5/10P15 10P15/10P15 0.2s/0.5		20/20 20/40 40/40 20/20 40/20 20/20 /40				金坛市金榆互感器厂
	2000 3000 4000 5000 6000	0.2/0.2 0.2/0.5 0.5/0.5 0.2/10P15 0.5/10P15 10P15/10P15 0.2s/0.5		60/60 60/60 60/60 60/25 60/25 25/25 /60				

型　号	额定一次电流 （A）	准确级组合	额 定 输 出 （VA）				备　注	生产厂
			0.2	0.5	10P15	10P		
LMZB3—10	1200～1500	0.2/0.2 0.5/0.5 0.2/10P15 0.5/10P15 10P15/10P15			30/30 30/30 30/40 30/40 40/40		适 用 于 JYN—10A GFC—15 单 母线手车式 开关柜	金坛市金榆 互感器厂
	2000～5000	0.2/0.2 0.5/0.5 0.2/10P15 0.5/10P15 10P15/10P15			50/50 50/50 50/50 50/50 50/50			
LMZB6—10Q	600～800 1000 1500 2000 3000 4000	0.2/0.2 0.2/0.5 0.5/0.5 0.2s/10P 0.2/10P 0.2/0.5/10P			15/15 15/50 50/50 /50 20/20 20/60/20		用 于 XGN—10 箱 型开关柜	

型　号	额定一次电流 （A）	准确级组合	额 定 输 出 （VA）				备　注	生产厂
			0.2	0.5	10P15	10P10		
LMZ—10	100～150	0.5		10			需另配母 线绝缘套， 安装于 SF₆ 气体柜中	大连金业电 力设备有限 公司
	200～400	0.2，0.5	10	15				
LMZBJ—10	1000～1500	0.5/10P10 0.5/10P15		30	20	30		
	2000			40	30	40		
	3000～4000			50	40	50		
	5000			60	50	60		

型　号	额定一次电流 （A）	准确级组合	额 定 输 出 （VA）				备　注	生产厂
			0.2	0.5	5P15	5P20		
LMZB9—10	3000～4000	0.5/5P15		40	50	40		大连金业电 力设备有限 公司
	5000～6000	0.5/5P20		50	60	50		

注 天津市百利纽泰克电器有限公司 LMZB1—10 产品的短时热电流为 63kA/3s，额定动稳定电流为 $2.5×I_{th}=$
157.5kA（峰值）。

5. 外形及安装尺寸

LMZB6—10Q 型电流互感器外形及安装尺寸，见图 22-29。

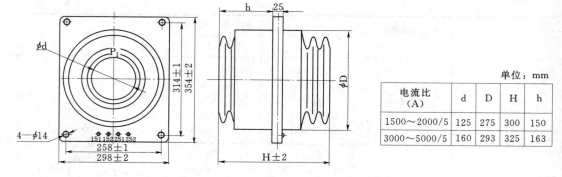

电流比 (A)	d	D	H	h
1500~2000/5	125	275	300	150
3000~5000/5	160	293	325	163

单位：mm

图 22 - 29 LMZB6—10Q 型电流互感器外形及安装尺寸（江苏靖江互感器厂）

22.1.1.11 LDJ—10 系列

一、LDJ—10（Q）/210（230，275）型电流互感器

1. 概述

LDJ—10（Q）/210（275）、LDJ—10/230 型电流互感器为户内型环氧树脂浇注绝缘全封闭结构，适用于额定频率 50Hz 或 60Hz、额定电压 10kV 的电力系统中，作电能计量、电流测量和继电保护用，是专门为 KYN—10 型手车开关柜而设计。产品符合 IEC 44—1：1996 及 GB 1208—1997《电流互感器》标准。加强外绝缘强度，属全工况产品。

2. 型号含义

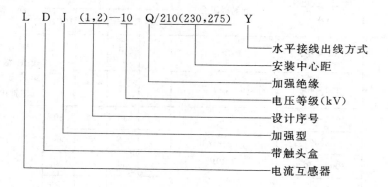

3. 结构

该产品为贯穿式环氧树脂浇注全封闭结构，其一次绕组的 P_1 端子直接作为开关柜中的静触头被设置在环氧浇注的绝缘空腔内。

4. 技术数据

（1）额定绝缘水平（kV）：12/42/75。

（2）额定二次电流（A）：5，1。

（3）污秽等级：Ⅱ级。

（4）局部放电水平符合 GB 1208—1997《电流互感器》标准。

（5）可制造计量用 0.2s 或 0.5s 级高精度电流互感器。

（6）额定一次电流、准确级组合、额定输出、额定动热稳定电流，见表 22-33。

表 22-33　LDJ（1，2）—10Q/210（230，275）型电流互感器技术数据

型　号	额定一次电流（A）	准确级组合	额定输出（VA）					短时热电流（kA）	额定动稳定电流（kA）	生产厂
			0.2s	0.2	0.5	10P10	10P15			
LDJ—10 (Q)/210	20	0.2s/0.2s 0.2/0.2 0.2s/10P10 0.2/10P10 0.5/10P10 0.2/10P15 0.5/10P15	10	10	10	15		3	7.5	无锡市通宇电器有限责任公司
	30							4.5	11.25	
	40							6	15	
	50							7.5	18.75	
	75							11.25	28	
	100							15	37.5	
	150							22.5	56.25	
	200							24.5	61.25	
	300							63	100	
	400									
	500			15	15					
	600									
	800							80	130	
	1000			20	20	20	20			
	1250									
LDJ—10 (Q)/210	20	0.2/0.5 0.2/0.2 0.5/0.5 0.2/10P 0.5/10P		10	10	15		3	7.5	江苏靖江互感器厂
	30							4.5	11.25	
	40							6	15	
	50							7.5	18.75	
	75							11.25	28	
	100							15	37.5	
	150							22.5	56.25	
	200							24.5	61.25	
	300							63	100	
	400									
	500			15	15	20				
	600									
	800						20	80	130	
	1000			20	20					
	1250									

续表 22-33

型 号	额定一次电流（A）	准确级组合	额定输出（VA）					短时热电流（kA）	额定动稳定电流（kA）	生产厂
			0.2s	0.2	0.5	10P10	10P15			
LDJ—10/230	20							3	7.5	江苏靖江互感器厂
	30							4.5	11.25	
	40							6	15	
	50							7.5	18.75	
	75	0.2/0.5 0.2/0.2 0.5/0.5 0.2/10P 0.5/10P		10	10	15		11.25	28	
	100							15	37.5	
	150							22.5	56.25	
	200							24.5	61.25	
	300									
	400							40	100	
	500			15	15	20		40	100	
	600									
	800			15	15					
	1000						20	63	100	
	1250		20	20						
LDJ—10Q/275 （LDZB3—10）	600			15	15	20		63	100	
	800									
	1000	0.2/10P10 0.5/10P10								
	1200									
	1500		20	20	25			80	130	
	2000									
	3000									
LDJ1—10 LDJ—10/210—Y	5							0.5	1.25	浙江三爱互感器有限公司
	10							1.0	2.5	
	15							1.5	3.75	
	20	0.2/0.2 0.2/0.5 0.5/0.5 0.2/10P10 0.5/10P10		10	10	15		2.0	5	
	30							3.0	7.5	
	40							4.0	10	
	50							7.5	18	
	75							11	28	
	100							15	37.5	
	150							22.5	56	

型　号	额定一次电流（A）	准确级组合	额定输出（VA）					短时热电流（kA）	额定动稳定电流（kA）	生产厂
			0.2s	0.2	0.5	10P10	10P15			
LDJ1—10 LDJ—10/210—Y	200	0.2/0.2 0.2/0.5 0.5/0.5 0.2/10P10 0.5/10P10		10	10	15		30	75	浙江三爱互感器有限公司
	300~400			10	10	15		63	100	
	500~800			15	15	20		63	100	
	1000~1250			20	20	25		80	130	
	1500~3150			20	20	25		80	130	
LDJ—10	5/5	0.2/10P 0.5/10P		10	10	15		0.5	0.8	重庆高压电器厂
	10/5			10	10	15		1	2.5	
	15/5			10	10	15		1.5	3.8	
	20/5			10	10	15		2	5	
	30/5			10	10	15		3	7	
	40/5			10	10	15		4	10	
	50/5			10	10	15		5	12.5	
	75/5			10	10	15		8	20	
	100/5			10	10	15		10	25	
	150/5			10	10	15		16	40	
	200/5 300/5 400/5			10	10	15		20	50	
	500/5 600/5				15	20		20	50	
	800~1000/5				20	25		31.5	80	
	1200~1500/5				20	25		40	100	

型　号	额定一次电流（A）	准确级组合	额定输出（VA）						短时热电流（kA）	额定动稳定电流（kA）	生产厂
			0.2、0.2s	0.5	10P10	10P15	1	3			
LDJ1，2—10Q /210（275）	5	0.2/10P 0.2s/10P 0.5/10P 0.5s/10P	10	10			10	15	0.6	1.5	浙江三爱互感器有限公司
	10		10	10			10	15	1.1	2.75	
	15		10	10			10	15	1.7	4.25	
	20		10	10			10	15	2.7	6.75	
	30		10	10			10	15	4	10	
	40		10	10			10	15	5	12.5	
	50		10	10			10	15	9	22.5	
	75		10	10			10	15	13.5	33	
	100		10	10			10	15	18	45	
	150		10	10			10	15	27	63	

型　号	额定一次电流(A)	准确级组合	额定输出(VA) 0.2、0.2s	0.5	10P10	10P15	1	3	短时热电流(kA)	额定动稳定电流(kA)	生产厂
LDJ1,2—10Q /210(275)	200	0.2/10P 0.2s/10P 0.5/10P 0.5s/10P	10	10			10	15	27	63	浙江三爱互感器有限公司
	300~400								63	100	
	500~800			15			15	15			
	1000~1250								80	130	
	1500~3150			20			20	25	100		
LDJ—10/210—Y LDJ—10/210—L LDJ1—10Q/210—Y LDJ1—10Q/210—L LDJ2—10Q/210—Y LDJ2—10Q/210—L LDJ1—10Q/275—Y LDJ1—10Q/275—L LDJ2—10Q/275—Y LDJ2—10Q/275—L LDJ3—10Q/275—L LDJ4—10Q/275—L	5	0.2/0.2 0.2/0.5 0.5/0.5 0.2/10P10 0.5/10P10	10	10	15				0.5	1.25	大连第二互感器厂
	10								1.0	2.5	
	15								1.5	3.75	
	20								2.0	5	
	30								3.0	7.5	
	40								4.0	10	
	50								7.5	18	
	75								11	28	
	100								15	37.5	
	150								22.5	56	
	200								30	75	
	300~400								63	100	
	500~800		15	15	20						
	1000~1250		20	20	25				80	130	
	1500~3150										
LDJ4—10	5~200	0.2/10P10 0.5/10P10	10	10				15	$100I_{1n}$	$250I_{1n}$	
	300~400								20	50	
	500~600		15	15				20	25	63	
	800								32	80	
	1000		20	20				25			
	1250~3150								40	100	

型　号	额定一次电流(A)	准确级组合	额定输出(VA)	额定短时热电流(kA/s)	额定动稳定电流(kA)	生产厂
LDJ5—10/210—φ30 LDJ5—10/210—φ45 LDJ5—10/210—φ70 LDJ5—10/210—φ90	5	0.2/0.2 0.2/0.5 0.5/0.5 0.2/10P10 0.5/10P10	10/10	1.5	3.75	大连第二互感器厂
	10		10/10	3	7.5	
	15		10/10	4.5	11.25	
	20		10/15	6	15	
	30		10/15	9	22.5	
	40			12	30	

型　　号	额定一次电流（A）	准确级组合	额定输出（VA）	额定短时热电流（kA/s）	额定动稳定电流（kA）	生产厂
	50			15	37.5	
	75			21	52.5	
	100	0.2/0.2 0.2/0.5 0.5/0.5 0.2/10P10 0.5/10P10	10/10 10/10 10/10 10/15 10/15	31.5	78.75	
	150			45	112.5	
	200			45	112.5	
	300					
	400					
LDJ5—10/210—φ30 LDJ5—10/210—φ45 LDJ5—10/210—φ70 LDJ5—10/210—φ90	500	0.2/0.2 0.2/0.5 0.2/10P10 0.5/10P10	15/15 15/15 15/20 15/20	63	130	大连第二互感器厂
	600					
	800					
	1000					
	1200					
	1500	0.2/0.2 0.2/0.5 0.2/10P10 0.5/10P10	20/20 20/20 20/25 20/25	80	130	
	2000					
	2500					
	3000					
	3150					
	5			0.3/2	0.8	
	10			1/2	2.5	
	15			1.5/2	3.8	
	20			2/2	5	
	30		10/15	3/2	7	
	40			4/2	10	
LDJ—10	50	0.5/10P		5/2	12.5	大连互感器厂
	75			8/2	20	
	100			10/2	25	
	150			16/2	40	
	200～400		20/30	20/2	50	
	500～600		15/20	20/2	50	
	800～1000		20/25	31.5/2	80	
	1250		20/25	40/2	100	

型　号	额定一次电流 （A）	准确级组合	额定输出 （VA）	额定短时热电流 （kA/s）	额定动稳定电流 （kA）	生产厂
LDJ—10	600	0.5/10P	15/20	20/2	50	大连互感器厂
	800			31.5/2	80	
	1000		20/25	31.5/2	80	
	1200			40/2	100	
	1500			40/2	100	
	1600			40/2	100	
	2000			40/2	100	
	2500			40/2	100	
	3000			40/2	100	
	3150			40/2	100	
LDJ—10	5, 10, 15, 20, 30, 40	0.2/0.2	10/10	$100 I_{1n} \times 10^{-3}$	$250 I_{1n} \times 10^{-3}$	大连第一互感器厂
	50, 75, 100, 150, 200	0.2/0.5 0.2/10P	10/10 10/15	$150 I_{1n} \times 10^{-3}$	$375 I_{1n} \times 10^{-3}$	
	300, 400	0.5/10P	10/15	63	100	
	500 600 800	0.2/0.2 0.2/0.5 0.2/10P 0.5/10P	10/10 10/15 10/20 15/20	63	100	
	1000 1200 1500 2000 2500 3000	0.2/0.2 0.2/0.5 0.2/10P 0.5/10P	10/10 10/20 10/25 20/25	80	130	
LDJ—10/210	5	0.5/0.5 0.5/10P10	10/10 10/15	0.45	1.125	宁波三爱互感器有限公司、宁波互感器厂
	10			1.4	3.5	
	15			2.1	5.25	
	20			2.8	7	
	30			4.2	10.5	
	40			5.6	14	
	50			7	17.5	
	75			11.3	28.25	
	100			14	35	
	150			21	52.5	
	200			28.28	70.7	
	300					
	400					

续表 22-33

型号	额定一次电流 （A）	准确级组合	额定输出 （VA）	额定短时热电流 （kA/s）	额定动稳定电流 （kA）	生产厂
LDJ—10/210	500	0.5/0.5 0.5/10P10	15/15 15/20	28.28	70.7	宁波三爱互感器有限公司、宁波互感器厂
LDJ—10/210 LDJ—10/275	600	0.5/0.5 0.5/10P10	15/15 15/20	28.28	70.7	
	800			45	112.5	
	1000		20/20			
	1250		20/25	56.25	140.63	
LDJ—10/275	1500	0.5/0.5 0.5/10P10	20/20 20/25	56.25	140.63	
	1600					
	2000					
	2500					
	3000					
	3150					

5. 外形及安装尺寸

该系列产品外形及安装尺寸，见图 22-30。

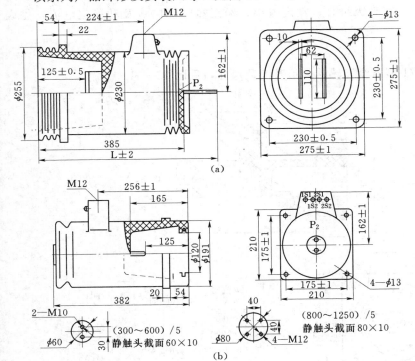

单位：mm

电流比 （A）	L
600/5	475
800~1000/5	475
1250/5	495
1600~3000/5	520

图 22-30　LDJ—10Q/210（230，275）Y 型电流互感器外形及安装尺寸（江苏靖江互感器厂）

(a) LDJ1—10Q/275 双刀互感器；(b) LDJ2—10Q/210Y（300~1250）/5A

二、LDJ2，3—10GYW1 型电流互感器

1. 概述

LDJ2—10GYW1、LDJ3—10GYW1 型电流互感器为贯穿式、大爬距环氧树脂全封闭结构，与一般互感器不同的是一次绕组 L1 端子直接作为开关柜中静触头，被设置在环氧树脂的绝缘空腔内（该空腔被称为触头盒）。

该产品适用于额定频率为 50Hz 的 KYN—10 型手车式开关柜和 10kV 及以下的电力系统中，作测量电流、电能及继电保护用。

2. 型号含义

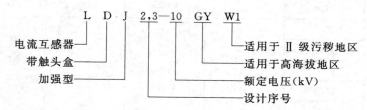

L D J   2,3—10   GY   W1

电流互感器 —— 适用于 Ⅱ 级污秽地区
带触头盒 —— 适用于高海拔地区
加强型 —— 额定电压(kV)
设计序号

3. 技术数据

（1）额定二次电流（A）：5，1。

（2）额定绝缘水平（kV）：12/42/75。

（3）负荷的功率因数：$\cos\phi=0.8$（滞后）。

（4）额定一次电流、准确级组合、额定输出、额定短时热电流及动稳定电流，见表 22 - 34。

4. 外形及安装尺寸

LDJ2，3—10GYW1 型电流互感器外形及安装尺寸，见图 22 - 31。

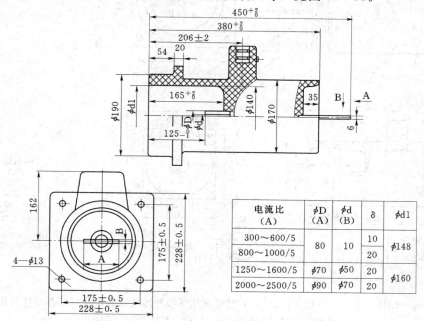

电流比 （A）	ϕD (A)	ϕd (B)	δ	$\phi d1$
300～600/5	80	10	10	$\phi148$
800～1000/5			20	
1250～1600/5	$\phi70$	$\phi50$	20	$\phi160$
2000～2500/5	$\phi90$	$\phi70$	20	

图 22 - 31 LDJ3—10GYW1 型电流互感器外形及安装尺寸

表 22－34　LDJ2，3—10GYW1 型电流互感器技术数据

型　　号	额定一次电流（A）	准确级组合	相应的准确级下额定二次负荷（VA）		额定短时热电流（有效值，kA）	额定动稳定电流（峰值，kA）
			0.5	10P10		
LDJ2—10GYW1	5	0.5/10P10 0.5/0.5	10	15	0.45	1.125
	10～50				$140I_{1n} \times 10^{-3}$	$350I_{1n} \times 10^{-3}$
	75				11.3	28.25
	100～150				$140I_{1n} \times 10^{-3}$	$350I_{1n} \times 10^{-3}$
	200～400				28.28	70.7
	500～600		15	20		
	800				45	112.5
	1000		20	25		
	1250～1600				56.57	141.43
LDJ3—10GYW1	5	0.5/10P10 0.5/0.5	10	15	0.45	1.125
	10～50				$140I_{1n} \times 10^{-3}$	$350I_{1n} \times 10^{-3}$
	75				11.3	28.25
	100～150				$140I_{1n} \times 10^{-3}$	$350I_{1n} \times 10^{-3}$
	200～400				28.28	70.7
	500～600		15	20		
	800				45	112.5
	1000		20	25		
	1250～2500				56.57	141.43

5. 生产厂

宁波三爱互感器有限公司、宁波互感器厂、宁波市江北三爱互感器研究所。

22.1.1.12　LDZ—10 系列

1. 概述

LDZ（B）（J）（1，2，3，6，7，8）—10（GYW1）型电流互感器为环氧树脂浇注绝缘单匝贯穿式结构，户内型。适用于额定频率 50Hz 或 60Hz、额定电压 10kV 及以下的电力系统中，作电能计量、电流测量和继电保护用。

2. 型号含义

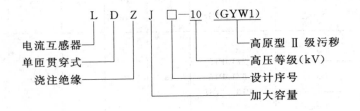

L　D　Z　J　□—10　(GYW1)

电流互感器
单匝贯穿式
浇注绝缘
加大容量
设计序号
高压等级(kV)
高原型 Ⅱ 级污秽

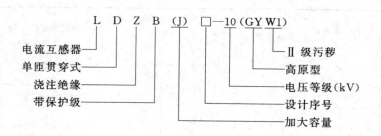

3. 结构

LDZJ1—10（LDZB—10）型电流互感器为加大容量全封闭单匝贯穿式结构，铁芯采用圆环形，一次和二次绕组均用环氧树脂浇注绝缘。浇注体中部有安装板，可供固定式开关柜中穿墙安装。

LDZB6—10型电流互感器为单匝贯穿式全封闭带保护级结构，铁芯采用优质导磁材料制成，一、二次绕组均采用环氧树脂浇注绝缘，耐污染和潮湿。

4. 技术数据

（1）额定绝缘水平（kV）：12/42/75。

（2）额定二次电流（A）：5。

（3）污秽等级：Ⅱ级。

（4）额定一次电流、准确级组合及额定输出、额定短时热电流及动稳定电流，见表22-35。

表 22-35 LDZ（B）（J）—10（GYW1）型电流互感器技术数据

型 号	额定一次电流 （A）	准确级组合	额 定 输 出（VA）			额定短时 热电流 （kA/s）	额定动 稳定电流 （kA）	生产厂
			0.2	0.5	10P15			
LDZ1—10	400					35	87	
	600	0.2/10P15 0.5/10P15 10P15/10P15	10	10	15	55	136	
	800							
	1000					80	163	
LDZJ1—10	600	0.2/10P15 0.5/10P15 10P15/10P15	15	30	40	55	136	江苏靖江 互感器厂
	800							
LDZJ1—10	1000	0.2/10P15 0.5/10P15 10P15/10P15	15	30	40	80	163	
	1200							
	1500							

型　号	额定一次电流（A）	准确级组合	额定输出（VA）			额定短时热电流（kA/s）	额定动稳定电流（kA）	生产厂
			0.2	0.5	10P15			
LDZB6—10	400	0.2/10P15 0.5/10P15 10P15/10P15	15	20	30	45	112.5	江苏靖江互感器厂
	500							
	600							
	800							
	1000		20	30	40	63	130	
	1200							
	1500							
LDZ1—10	600	0.5/3 1/3	10/10		10P级 15	39	72	浙江三爱互感器有限公司
	800		10/10			39	72	
	1000					55	100	
	1500					54	97.5	
LDZJ1—10	600	0.5/10P 10P/10P		30/40 40/40		39	72	
	800					39	72	
	1000					55	100	
	1500					55	100	
LDZ1—10	600～800	0.5/3 1/3		10/15 10/15		$65I_{1n}$	$120I_{1n}$	沈阳互感器厂（有限公司）
	1000					$55I_{1n}$	$100I_{1n}$	
	1500					$36I_{1n}$	$65I_{1n}$	
LDZJ1—10	600～800	D/0.5 D/D		40/30 40/40		$65I_{1n}$	$120I_{1n}$	
	1000					$55I_{1n}$	$100I_{1n}$	
	1500					$36I_{1n}$	$65I_{1n}$	
LDZB2—10	300～400	0.5/3 1/3		10/15 10/15		$75I_{1n}$	$187.5I_{1n}$	重庆高压电器厂
	500					$60I_{1n}$	$150I_{1n}$	
	600～800					$50I_{1n}$	$125I_{1n}$	
LDZBJ2—10	400	0.5/10P 10P/10P		20/20 20/20		$75I_{1n}$	$187.5I_{1n}$	
	500					$60I_{1n}$	$150I_{1n}$	
	600～800					$50I_{1n}$	$125I_{1n}$	
LDZB6—10	400	0.2/0.2 0.2/0.5 0.2/10P15 0.5/10P15		10/10 10/20 10/30 20/30		31.5/2	80	大连第二互感器厂
	500							

型　号	额定一次电流（A）	准确级组合	额定输出（VA）			额定短时热电流（kA/s）	额定动稳定电流（kA）	生产厂
			0.2	0.5	10P15			
LDZB6—10	600, 800	0.2/0.2		30/30		31.5/2	80	
		0.2/0.5		30/30				
		0.2/10P15		30/40				
		0.5/10P15		30/40				
	1000 1200 1500	0.2/0.2		30/30		43.1/2	110	
		0.2/0.5		30/30				
		0.2/10P15		30/40				
		0.5/10P15		30/40				
LDZ—10W	400	0.2/0.2		10/10		30	75	
	600	0.2/0.5		10/10		40	100	
	800	0.5/0.5		10/10		45	112.5	
		0.2/10P10		10/15				
	1000	0.5/10P10		10/15		50	125	
	1500	10P10/10P10		10/10		75	187.5	
LDZJ—10W	400	0.2/0.2		30/30		30	75	大连第二互感器厂
		0.2/0.5		30/30				
	500 600	0.5/0.5		30/30		45	112.5	
		0.2/10P15		30/30				
		0.5/10P15		30/30				
		10P15/10P15		20/20				
	800	0.2/0.2		40/40		40	100	
	1000	0.2/0.5		40/40		50	125	
		0.5/0.5		40/40				
	1200	0.2/10P15		40/40		60	150	
		0.5/10P15		40/40				
	1500	10P15/10P15		20/20		75	187.5	
LDZB1—10	300, 400	0.2/0.2		10/10		$75I_{1n}$	$135I_{1n}$	
		0.2/0.5		10/10				
	500	0.5/0.5		10/10		$60I_{1n}$	$110I_{1n}$	
		0.2/10P10		10/15				
	600, 1000	0.5/10P10		10/15		$50I_{1n}$	$90I_{1n}$	
		10P/10P10		10/10				
LDZBJ3—10	400, 500	0.2/10P15		20/15		30	54～55	
		0.5/10P15		25/15				
		0.2/0.2		20/20				
		0.5/0.5		25/25				
		10P15/10P15		10/10				
	600～800	0.2/10P15		20/20		30～40	54～72	
		0.5/10P15		25/20				
		0.2/0.2		20/20				
		0.5/0.5		25/25				
		10P15/10P15		15/15				

型号	额定一次电流 (A)	准确级组合	额定输出 (VA) 0.2	0.5	10P15	额定短时热电流 (kA/s)	额定动稳定电流 (kA)	生产厂
LDZW32—10	50~100					9	22.5	大连第二互感器厂
	75~150					13.5	33.7	
	100~200	5P10			10	18	45	
	150~300	10P10			10	27	67.5	
	200~400					36	90	
	400~630					50	125	

型号	额定一次电流 (A)	准确级组合	额定输出 (VA) 0.2	0.5	1，3	10P	10P15	额定短时热电流 (kA/s)	额定动稳定电流 (kA)	生产厂
LDZB7—10GYW1	400，500	0.2/10P	20	20		30		31.5	80	宁波三爱互感器有限公司、宁波互感器厂
	600~800	0.5/10P	30			40				
	1000~1500	0.2/10P						40	100	
LDZ1—10 LDZ2—10	400 600 800 1000	0.2/0.5 0.5/0.5 0.5/10P 1/10P					10/10 10/15 10/10 10/15 10/15	50I$_{1n}$	90I$_{1n}$	
LDZJ1—10 LDZJ2—10	400，600 800，1000 1200，1500	0.2/0.5，0.2/1，0.2/10P，0.2/10P，0.5/0.5，0.5/1 0.5/10P，0.5/10P，1/10P，10P/10P	10	20	1 级 20	40		50I$_{1n}$	90I$_{1n}$	
LDZ3—10GYW1	300							22.5	40.5	
	400 500 600		10		3 级 15		15	30	55	
	800							40	72	
	1000							50	90	
LDZJ3—10GYW1	400 500 600 800 1000 1200 1500			20			15	50I$_{1n}$	90I$_{1n}$	

型号	额定一次电流 (A)	准确级组合	额定输出 (VA) 0.2s	0.2	0.5s	0.5	10P15	额定短时热电流 (kA)	额定动稳定电流 (kA)	生产厂
LDZ1—10	400	0.2s/0.5						35	87	金坛市金榆互感器厂
	600	0.2s/0.2 0.2s/10P15	10	10	10	15	15	55	136	
	800	0.2/10P15								
	1000	0.5/10P15						80	163	

型　号	额定一次电流 (A)	准确级组合	额定 输 出（VA）					额定短时热电流 (kA)	额定动稳定电流 (kA)	生产厂
			0.2s	0.2	0.5s	0.5	10P15			
LDZJ1—10 LDZBJ8—10	600	0.2s/10P15	10	15	15	30		55	136	金坛市金榆互感器厂
	800	0.5/10P15								
	1000	0.2/0.5/10P15								
	1200	0.2s/0.5/10P15						80	163	
	1500	0.2s/0.5 0.2s/0.2								

型　号	额定一次电流 (A)	准确级次	额定二次负荷 (Ω)	最大二次电流倍数（额定二次负荷）	热稳定电流 (kA/2s)	动稳定电流 (kA)	生产厂
LDZB6—10	500	0.8	0.8	8.9	31.5	80	浙江三爱互感器有限公司
	500	10P	1.2	19.7			
	600	0.5	1.2	8.2	31.5	80	
	600	10P	1.6	19.6			
	800	0.8	1.2	5.7	31.5	80	
	800	10P	1.6	20.5			
	1000	0.5	1.2	5.8	43.1	110	
	1000	10P	1.6	20.9			
	1200	0.5	1.2	5.6	43.1	110	
	1200	10P	1.6	20.1			
	1500	0.5	1.2	5.5	43.1	110	
	1500	10P	1.6	20.4			

5. 外形和安装尺寸

LDZ（B）（J）□—10（GYW1）型电流互感器外形及安装尺寸，见图 22-32。

22.1.1.13　LDCQ—10 系列

1. 概述

LDC（D）—10、LDCQ—10、LDCQD—10 型干式电流互感器适用于额定频率 50Hz、额定电压 10kV 及以下的电力系统中，作电能计量、电流测量和继电保护用。执行标准 GB 1208《电流互感器》。

2. 型号含义

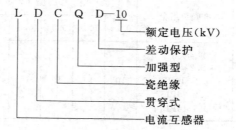

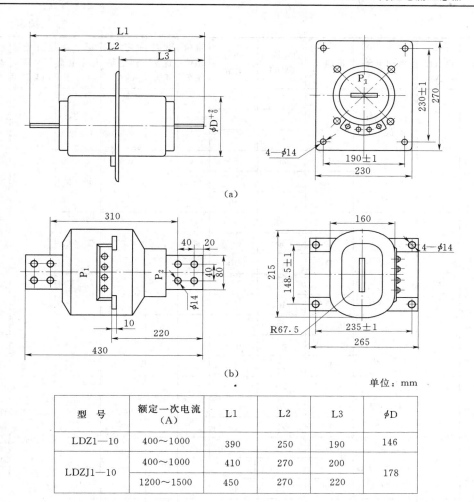

图 22 - 32　LDZ（J）1—10、LDZB6—10 型电流互感器外形及安装尺寸（江苏靖江互感器厂）

(a) LDZ1—10、LDZJ1—10；(b) LDZB6—10，(1000～1500)/5A

单位：mm

型　号	额定一次电流 (A)	L1	L2	L3	ϕD
LDZ1—10	400～1000	390	250	190	146
LDZJ1—10	400～1000	410	270	200	178
	1200～1500	450	270	220	

3. 技术数据

该产品技术数据，见表 22 - 36。

表 22 - 36　LDC（Q、D）—10 型干式电流互感器技术数据

型　号	额定电流比 (A)	级次组合	准确级	额定输出 (VA)	10% 倍数	准确限值系数	仪表保安系数	额定短时热电流 (kA)	额定动稳定电流 (kA)	额定绝缘水平 (kV)	生产厂
LDC（D）—10	600/5	0.5 1/3 D/3	0.5，1	20				80（倍）	150（倍）	11.5/42/75	沈阳互感器厂（有限公司）
			3	50	5						
			D	15	40						
		0.5/0.5 D/0.5	0.5	20					105（倍）		
			D	15	40						

型号	额定电流比(A)	级次组合	准确级	额定输出(VA)	10%倍数	准确限值系数	仪表保安系数	额定短时热电流(kA)	额定动稳定电流(kA)	额定绝缘水平(kV)	生产厂
LDC（D）—10	600/5	0.5/3, 1/1, D/D, D/1	0.5，1	20				80（倍）	130（倍）	11.5/42/75	沈阳互感器厂（有限公司）
			3	50	5						
			D	15	40						
		1, 3, D	1	20					166（倍）		
			3	50	5						
			D	15	40						
	750/5	0.5, 1, 3, D	0.5，1	20					133（倍）		
			3	50	6.5						
			D	15	40						
		0.5/0.5, D/1 D/0.5, D/D	0.5，1	20				80（倍）	105（倍）		
			D	15	40						
		0.5/3, 1/1 1/3, D/3	0.5，1	20					120（倍）		
			3	50	6.5						
			D	15	40						
	1000/5	0.5, 1, 3 D, 1/1 1/3	0.5，1	20					100（倍）		
			3	50	6						
			D	15	40				80（倍）		
		0.5/0.5, D/1 0.5/3, D/D D/0.5, D/3	0.5，1	20					90（倍）		
			3	50	6						
			D	15	40						
	1500/5	0.5, 3, D 0.5/0.5, 0.5/3 D/0.5, D/3	0.5	20				80（倍）	66（倍）		
			3	50	9						
			D	15	40						
		D/D	D	15	40			80（倍）	60（倍）		
LDCQ—10	400/5	1	1	20					225（倍）		
		1/3	1	20				120（倍）	200（倍）		
			3	50	7						
		3	3	50	7				250（倍）		
	600/5	0.5, 1/3, D/3	0.5，1	20				120（倍）	150（倍）		
			3	50	5						
			D	15	40						
		3	3	50	7			240（倍）	166（倍）		
		0.5/0.5, D/0.5	0.5	20				120（倍）	105（倍）		
			D	15	40						

型号	额定电流比(A)	级次组合	准确级	额定输出(VA)	10%倍数	准确限值系数	仪表保安系数	额定短时热电流(kA)	额定动稳定电流(kA)	额定绝缘水平(kV)	生产厂
LDCQ —10	600/5	0.5/3 1/1, D/D D/1	0.5, 1	20					130 (倍)	11.5/ 42/75	沈阳互感器厂(有限公司)
			3	50	5			120 (倍)			
			D	15	40						
		1	1	20					166 (倍)		
		D	D	15	40						
	750/5	0.5, 1 D	0.5, 1	20					133 (倍)		
			D	15	40						
		0.5/0.5, D/1 D/0.5, D/D	0.5, 1	20				120 (倍)	105 (倍)		
			D	15	40						
		0.5/3, 1/1 1/3, D/3	0.5, 1	20					120 (倍)		
			3	50	6.5						
			D	15	40						
		3	3	50	6.5			240 (倍)	133 (倍)		
	1000/5	0.5, 1, D 1/1 1/3	0.5, 1	20					100 (倍)		
			3	50	6			120 (倍)			
			D	15	40						
		0.5/0.5, D/1 0.5/3, D/D D/0.5, D/3	0.5, 1	20					90 (倍)		
			3	50	6						
			D	15	40						
LDCQD —10	600/5	D	D	15	40				166 (倍)		
		D/D	D	15	40						
		D/1	D	15	40				130 (倍)		
			1	20				120 (倍)			
		D/0.5	D	15	40				105 (倍)		
			0.5	20							
		D/3	D	15	40				150 (倍)		
			3	50							
	750/5	D	D	15	40				133 (倍)		
		D/D, D/0.5 D/1	0.5, 1	20				120 (倍)	105 (倍)		
			D	15	40						
		D/3	D	15	40				120 (倍)		
			3	50							

续表 22－36

型　号	额定电流比 (A)	准确级组合	额 定 输 出（VA）				额定短时热电流 (kA)	额定动稳定电流 (kA)	生产厂
			0.2	0.5	1	3			
LDC—10	600/5	0.5/0.5 1/1 0.5/3		20	20	50	36	72	重庆高压电器厂
	750/5						45	90	
	1000/5						50	90	
	1500/5						75	100	
LDC（B）—10 [LDC（D）—10]	600/5	10P/0.5 10P/1 10P/10P		20	20	10P20 15	36	72	
	750/5						45	90	
	1000/5						50	90	
	1500/5						75	100	
LDC—10	600/5	0.5/0.5 1/1 0.5/3		20	20	50	48	78	浙江三爱互感器有限公司
	750/5						60	90	
	1000/5						80	90	
	1500/5						120	99	
LDCD—10	600/5	10P/0.5 10P/1 10P/10P		20	20	10P20 15	48	78	
	750/5						60	79	
	1000/5						80	90	
	1500/5						120	99	
LDCQ—10	400/5	1/1 1/3			20	50	48	80	
	600/5						72	90	
	750/5						90	90	
LDCQD—10	600/5	10P/0.5 10P/1 10P/3 10P/10P		20	20	3 级 50 10P20 15	72	78	
	700/5						90	79	
	1000/5						120	90	

22.1.2　10kV 油浸式电流互感器

一、LBZ（W）—10 型户外全封闭电流互感器

1. 概述

LBZ（W）—10 型电流互感器为户外全封闭式，供额定频率 50Hz、额定电压 10kV 的电力系统中，作电流、电能测量及继电保护用。产品性能符合标准 GB 1208—1997《电流互感器》。

2. 技术数据

（1）额定绝缘水平（kV）：12/42/75。

（2）负荷的功率因数：$\cos\phi = 0.8$（滞后）。

（3）额定一次电流：单变比型一次电流 20～600A；双变比型一次电流 2×5～2×300A。

（4）额定二次电流（A）：5，1。

（5）表面爬电距离：满足Ⅱ级污秽等级。

（6）仪表保安系数（FS）：≤10。

（7）环境温度（℃）：—30～＋40，日平均温度不超过30℃。

（8）额定一次电流、准确级组合及额定输出、额定短时热电流及动稳定电流，见表22-37。

表 22-37　LBZ（W）—10 型电流互感器技术数据

额定一次电流（A）	准确级组合	额定输出（VA）			额定短时热电流（kA）	额定动稳定电流（kA）	备注	生产厂
		0.2	0.5	10P10				
20					1.8	3.0		
30					2.7	4.5		
40	0.2/0.2 0.2/0.5 0.2/10P10 0.5/10P10 10P10/10P10 0.2/0.5/10P10	10	10	20	3.6	6.0	单变比或双变比，其中双变比二次绕组双绕组或三绕组	大连第二互感器厂
50					4.5	7.5		
75					6.75	11.25		
100					9.0	15		
150					13.5	22.5		
200					18	30		
300					27	45		
400	0.2/0.2 0.2/0.5 0.2/10P10 0.5/10P10				30	50	单变比	
500					40	75		
600					40	75		

3. 外形及安装尺寸

LBZ（W）—10 型电流互感器外形及安装尺寸，见图 22-33。

4. 生产厂

大连第二互感器厂、浙江三爱互感器有限公司。

二、LB—10(W)型油浸式电流互感器

1. 概述

LB—10（W）型电流互感器为户内外型油浸式全密封结构，供额定频率50Hz、额定电压10kV电力系统中，作电流、电能测量及继电保护用。产品性能符合标准 GB 1208—1997《电流互感器》。

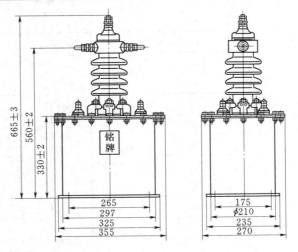

图 22-33　LBZ（W）—10 型电流互感器外形及安装尺寸（双变比）（浙江三爱互感器有限公司）

2. 型号含义

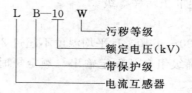

3. 使用条件

(1) 安装场所：户内、户外。

(2) 环境温度（℃）：−25～+40。

(3) 最大相对湿度（%）：≤95。

(4) 海拔（m）：≤2000。

(5) 污秽等级：Ⅱ级。

4. 技术数据

(1) 额定电压（kV）：10。

(2) 额定绝缘水平（kV）：12/42/75。

最高电压 12，1min 工频耐压 42，雷电冲击耐受电压全波 75。

(3) 额定频率（Hz）：50。

(4) 额定一次电流（A）：5～400。

(5) 额定二次电流（A）：5。

(6) 额定一次电流、准确级组合及额定输出、额定短时热电流及动稳定电流，见表 22-38。

表 22-38　LB—10（W）型电流互感器技术数据

型　号	额定一次电流（A）	级次组合	额定输出（VA）	额定短时热电流（kA）	额定动稳定电流（kA）	备　注	生产厂
LB—10W	20			1.8	3.0	二次单绕组或双绕组均可	大连第二互感器厂
	30			2.7	4.5		
	40			3.6	6.0		
	50	0.2/0.2	10/10	4.5	7.5		
	75	0.2/0.5	10/15	6.75	11.25		
	100	0.5/0.5	15/15	9.0	15		
	150	0.2/10P10	10/20	13.5	22.5		
	200	0.5/10P10	15/20	18	30		
	300			27	45		
	400			30	50		
LB—10	5～400	0.2/10P 0.5/10P	10/20 15/20	$60I_{1n}/1s$	$150I_{1n}$		浙江三爱互感器有限公司

（7）表面爬电距离：满足Ⅱ级污秽等级。

（8）浙江三爱互感器有限公司技术数据中：3级在额定负荷时，10%倍数为9倍；10P级在额定负荷时，准确限值系数为25。

5. 外形及安装尺寸

LB—10（W）油浸式电流互感器外形及安装尺寸，见图22-34。

三、LBZ7—10型电流互感器

1. 概述

LBZ7—10型电流互感器采用环氧树脂浇注成形后装入箱体中的户外设备，可避免紫外线对环氧树脂侵害，具有无油化特点。适用于额定频率50Hz、额定电压10kV及以下的电力系统中，作电流、电能测量及继电保护用。执行标准GB 1208—1997《电流互感器》，适用于海拔不超过1000m、环境温度−30～+40℃，安装场所大气中无严重污秽的地区。

2. 技术数据

（1）额定电压（kV）：10。

（2）额定一次电流（A）：5～1000。

（3）额定二次电流（A）：5，1。

（4）级次组合：0.2s/10P，0.2/10P。

（5）额定输出（VA）：10（测量），15（保护）。

（6）额定绝缘水平（kV）：12/42/75。

（7）额定短时热电流：$90I_{1n}$（I_{1n}为额定一次电流）。

（8）额定动稳定电流：$225I_{1n}$。

3. 外形及安装尺寸

该产品外形及安装尺寸，见图22-35。

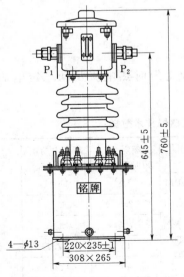

图22-34　LB—10（W）油浸式电流互感器外形及安装尺寸（大连第二互感器厂）

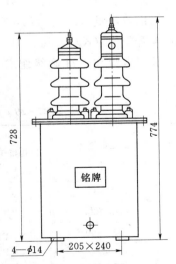

图22-35　LBZ7—10型电流互感器外形及安装尺寸

4. 生产厂

中国·人民电器集团、江西变电设备有限公司、江西互感器厂、江西电力计量器厂。

22.1.3　15～35kV 电流互感器

22.1.3.1　LZW—24、35 系列

一、LZW—35 型电流互感器

1. 概述

LZW—35 型电流互感器为户外单相进口环氧树脂浇注全密封式产品，供电力系统作电能测量及继电保护用。污秽等级 Ⅳ 级，二次绕组可带抽头得到不同变比，可制作 0.2s 或 0.5s 级高精度电流互感器。产品性能符合标准 GB 1208—1997《电流互感器》和 IEC 185。环境温度 −45～+45℃。

2. 型号含义

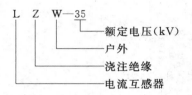

3. 技术数据

(1) 额定电压 (kV)：35。

(2) 额定绝缘水平 (kV)：40.5/95/185。

最高工作电压 40.5；1min 工频耐压 95；雷电冲击耐受电压全波 185，截波 230。

(3) 额定频率 (Hz)：50，60。

(4) 额定二次电流 (A)：5，1。

(5) 局部放电量 (pC)：≤20。

(6) 温升限值 (K)：75。

(7) 额定电流比、准确级组合、额定输出、额定短时热电流及动稳定电流，见表 22 - 39。

表 22 - 39　LZW—35 型电流互感器技术数据

额定电压 (kV)	额定电流比 (A)	准确级组合	准确级及额定输出 (VA)			额定 1s 短时热电流 (kA)	额定动稳定电流 (kA)	重　量 (kg)
			0.2	0.5	5P15			
35	20/5～30/5	0.2/5P15 0.5/5P15	20 或 30	50 或 60	50 或 60	2.5	6.25	99
	40/5～50/5					7.5	18.75	
	75/5～100/5					15	37.5	
	200/5～300/5					45	112.5	
	1000/5					120	300	
	1250/5～2000/5					190	475	

4. 外形及安装尺寸

LZW—35型电流互感器外形及安装尺寸，见图22-36。

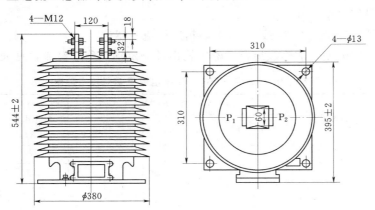

图 22-36 LZW—35型电流互感器外形及安装尺寸

5. 生产厂

大连金业电力设备有限公司。

22.1.3.2 LZZ—20、35系列

一、LZZ7—35GYW1型电流互感器

1. 概述

LZZ7—35GYW1型电流互感器为环氧树脂浇注全封闭式产品，适用于额定频率50Hz或60Hz、额定电压35kV及以下户内的电力线路及设备中，作电流、电能测量和继电保护用。

产品符合 IEC 44—1：1996 及 GB 1208—1997《电流互感器》标准。

2. 型号含义

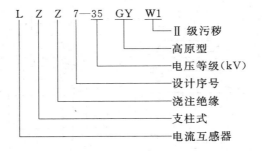

3. 结构

LZZ7—35GYW1型电流互感器为全封闭支柱式环氧浇注绝缘结构，一、二次绕组及铁芯浇注在环氧树脂内，耐污染及潮湿，尤其适用于Ⅱ级污秽、表面凝露、热带及高原地区。

4. 技术数据

(1) 额定电压（kV）：35。

(2) 绝缘水平（kV）：40.5/95/185。

最高工作电压40.5；1min工频耐压95；雷电耐受电压全波185，截波220。

(3) 额定频率（Hz）：50，60。

（4）额定二次电流（A）：5，1。

（5）局部放电水平符合 GB 1208—1997《电流互感器》标准，局部放电量≤20pC。

（6）温升限值（K）：60。

（7）可以制造计量用 0.2s 或 0.5s 级高精度电流互感器。

（8）额定一次电流、准确级组合、额定输出及额定动热稳定电流，见表 22－40。

表 22－40　LZZ7—35GYW1 型电流互感器技术数据

额定一次电流 （A）	准确级组合	额 定 输 出（VA）			短时热 稳定电流 （kA/s）	额定动 稳定电流 （kA）
		0.2，0.2s	0.5，0.5s	10P10		
50					8/2	20
75					12/2	30
100					16/2	40
150					20/2	50
200						
300	0.2/0.5	10	20	30～50	20/4	50
400	0.2/10P10				20/4	50
500	0.5/10P10					
600						
750					31.5/4	80
800						
1000					40/4	100

5. 外形及安装尺寸

该产品外形及安装尺寸，见图 22－37。

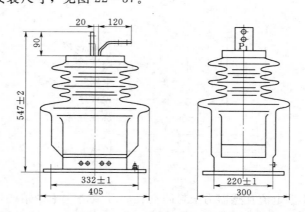

图 22－37　LZZ7—35GYW1 型电流互感器外形及安装尺寸

6. 生产厂

无锡市通宇电器有限责任公司、江苏靖江互感器厂、大连互感器厂。

二、LZZB—35 半封闭支柱式电流互感器

1. 概述

LZZB—35 半封闭支柱式电流互感器为环氧树脂浇注带保护级半封闭结构，用于户外真空开关柜中作电能计量、电气测量及电气保护用，可用于手车式或其它型开关柜中成套使用。产品性能符合标准 GB 1208—1997《电流互感器》。

2. 型号含义

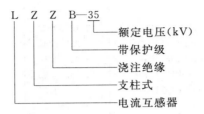

L Z Z B—35
额定电压(kV)
带保护级
浇注绝缘
支柱式
电流互感器

3. 技术数据

(1) 额定电压（kV）：35。

(2) 绝缘水平（kV）：40.5/95/185。

最高工作电压 40.5；1min 工频耐压 95；雷电冲击耐受电压全波 185、截波 213。

(3) 负荷功率因数：cosϕ＝0.8（滞后）。

(4) 额定二次电流（A）：5，1。

(5) 表面爬电距离：满足Ⅱ级污秽等级。

(6) 仪表保安系数（FS）：≤10。

(7) 局部放电量（pC）：≤20。

(8) 温升限值（K）：55。

(9) 保护级准确限值系数（ALF）：10。

(10) 额定一次电流、准确级组合、额定输出、短时热稳定电流、额定动稳定电流，见表 22-41。

表 22-41 LZZB—35 系列电流互感器技术数据

型　号	额定一次电流（A）	准确级组合	额定输出（VA）	热稳定电流（kA）	额定动稳定电流（kA）	备注	生产厂
LZZB—35	100，150 160，200	0.2/0.2/10P10/1010 0.2/0.5/10P10/10P10 0.5/0.5/10P10/10P10 0.2/10P10/10P10/10P10 0.5/10P10/10P10/10P10 10P10/10P10/10P10/10P10	15/15/50/50 15/25/50/50 25/25/50/50 15/50/50/50 25/50/50/50 50/50/50/50	60I_{1n}	150I_{1n}	4s 热稳定电流（kA）	大连第二互感器厂
	300，400	0.2/0.2/10P10/10P10 0.2/0.5/10P10/10P10 0.5/0.5/10P10/10P10 0.2/10P10/10P10/10P10 0.5/10P10/10P10/10P10 10P10/10P10/10P10/10P10	15/15/50/50 15/25/50/50 25/25/50/50 15/50/50/50 25/50/50/50 50/50/50/50	16	40		
	600，800	0.2/0.2/10P10/10P10 0.2/0.5/10P10/10P10 0.5/0.5/10P10/10P10 0.2/10P10/10P10/10P10 0.5/10P10/10P10/10P10 10P10/10P10/10P10/10P10	15/15/50/50 15/25/50/50 25/25/50/50 15/50/50/50 25/50/50/50 50/50/50/50	20	50		

续表 22-41

型　号	额定一次电流（A）	准确级组合	额定输出（VA）	热稳定电流（kA）	额定动稳定电流（kA）	备注	生产厂
LZZB—35	1000 1200	0.2/0.2/10P10/10P10	15/15/50/50	31.5	80	4s 热稳定电流（kA）	大连第二互感器厂
		0.2/0.5/10P10/10P10	15/25/50/50				
		0.5/0.5/10P10/10P10	25/25/50/50				
		0.2/10P10/10P10/10P10	15/50/50/50				
		0.5/10P10/10P10/10P10	25/50/50/50				
		10P10/10P10/10P10/10P10	50/50/50/50				
	1500 1600	0.2/0.2/10P10/10P10	15/15/50/50	40	100		
		0.2/0.5/10P10/10P10	15/25/50/50				
		0.5/0.5/10P10/10P10	25/25/50/50				
		0.2/10P10/10P10/10P10	15/50/50/50				
		0.5/10P10/10P10/10P10	25/50/50/50				
		10P10/10P10/10P10/10P10	50/50/50/50				
LZZB—35	100，150，160，200	0.2/0.2/10P/10P	15/15/50/50	$60I_{1n} \times 10^{-3}$	$150I_{1n} \times 10^{-3}$	热稳定电流（kA/s）	大连第一互感器厂
		0.2/0.5/10P/10P	15/25/50/50				
		0.5/0.5/10P/10P	25/25/50/50				
		0.2/10P/10P/10P	15/50/50/50				
	300，400	0.2/0.2/10P/10P	15/15/50/50	16	40		
		0.2/0.5/10P/10P	15/25/50/50				
		0.5/0.5/10P/10P	25/25/50/50				
		0.2/10P/10P/10P	15/50/50/50				
		0.5/10P/10P/10P	25/50/50/50				
		10P/10P/10P/10P	50/50/50/50				
	600，800	0.2/0.2/10P/10P	15/15/50/50	20	50		
		0.2/0.5/10P/10P	15/25/50/50				
		0.5/0.5/10P/10P	25/25/50/50				
		0.2/10P/10P/10P	15/50/50/50				
		0.5/10P/10P/10P	25/50/50/50				
		10P/10P/10P/10P	50/50/50/50				
	1000，1200，1250	0.2/0.2/10P/10P	15/15/50/50	31.5	80		
		0.2/0.5/10P/10P	15/25/50/50				
		0.5/0.5/10P/10P	25/25/50/50				
		0.2/10P/10P/10P	15/50/50/50				
		0.5/10P/10P/10P	25/50/50/50				
		10P/10P/10P/10P	50/50/50/50				
	1500，1600	0.2/0.2/10P/10P	15/15/50/50	40	100		
		0.2/0.5/10P/10P	15/25/50/50				
		0.5/0.5/10P/10P	25/25/50/50				
		0.2/10P/10P/10P	15/50/50/50				
		0.5/10P/10P/10P	25/50/50/50				
		10P/10P/10P/10P	50/50/50/50				

续表 22-41

型 号	额定一次电流 (A)	准确级组合	额定输出 (VA)	热稳定电流 (kA)	额定动稳定电流 (kA)	备注	生产厂
LZZ (B) —35 [LCZ (B) —35]	20～1000	0.5/0.5 0.5/0.5/10P	50 50 20	65 (倍)	120 (倍)		重庆高压电器厂

型 号	额定电流比 (A)	级次组合	准确级及额定输出 (VA)				保 护 级		额定短时热电流 (kA)	额定动稳定电流 (kA)	生产厂
			0.2	0.5	1	3	额定输出 (VA)	准确级及准确限值系数			
LZZ (B) —35	20/5	0.2/0.2 0.2/10P 0.5/0.5 0.5/10P 10P/10P	30	50	50		50 20	10P10 10P25	1.3	3.0	重庆高压电器厂
	30/5								2.0	4.5	
	40/5								2.6	6.0	
	50/5								3.3	7.5	
	75/5								4.9	11.3	
	100/5								6.5	15	
	150/5								9.8	22.5	
	200/5								13	30	
	300/5								19.5	45	
	400/5								26	60	
	600/5								39	90	
	800/5								52	80	
	1000/5								65	100	

4. 外形及安装尺寸

LZZB—35 半封闭支柱式电流互感器外形及安装尺寸，见图 22-38。

三、LZZB—35W 型电流互感器

1. 概述

LZZB—35W 型电流互感器采用先进的户外环氧树脂浇注而成，具有精度高、动热稳定高、耐污秽和潮湿，表面爬电距离大于 1200mm，特别适用于户外及高海拔地区使用。

该产品可做成多变比及多绕组，适用于户外 35kV 的交流线路中，作电流、电能测量及继电保护用。

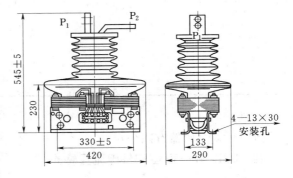

图 22-38 LZZB—35 型电流互感器外形及安装尺寸（重庆高压电器厂）

2. 型号含义

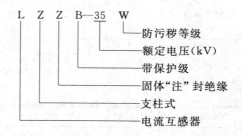

3. 技术数据

（1）额定绝缘水平（kV）：40.5/96/185。

最高工作电压40.5，1min工频耐压96，雷电冲击耐受电压全波185。

（2）负荷功率因数：$\cos\phi=0.8$（滞后）。

（3）额定二次电流（A）：5，1。

（4）环境温度（℃）：$-45\sim+45$。

（5）海拔（m）：<3000。

（6）污秽等级：Ⅲ级。

（7）额定一次电流、准确级次组合，额定二次输出、额定短时热电流及动稳定电流，见表22-42。

表22-42　LZZB—35W型户外电流互感器技术数据

额定一次电流 （A）	准确级次组合	额定二次输出（VA）			额定短时热电流 （有效值，kA）	额定动稳定电流 （峰值，kA）
		0.2s	0.2	0.5s		
30~100					$150I_{1n}$	$375I_{1n}$
150			10		31.5/1s	80
200	0.2s/10P 0.2/10P 0.5/10P	10		15	31.5/2s	80
300~500					31.5/3s	80
600~800			15		31.5/4s	80
1000~1200					40/4s	100

4. 生产厂

浙江三爱互感器有限公司。

四、LZZBW—35型户外电流互感器

1. 概述

LZZBW—35型户外电流互感器为全封闭支柱式结构，适用于额定频率50Hz、额定电压35kV及以下户外装置的电力系统中，作电气测量和电气保护用。

2. 型号含义

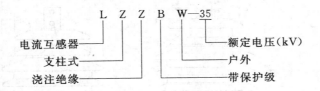

3. 技术数据

(1) 额定电压 (kV)：35。

(2) 额定频率 (Hz)：50。

(3) 额定二次电流 (A)：5，1。

(4) 额定绝缘水平 (kV)：40.5/95/185。

(5) 负荷的功率因数：$\cos\phi = 0.8$（滞后）。

(6) 额定一次电流、准确级次及额定输出、额定短时热电流及动稳定电流，见表22-43。

表 22-43　LZZBW—35 型户外电流互感器技术数据

额定一次电流 (A)	额定 输 出 (VA)						额定短时 热电流 (kA)	额定动 稳定电流 (kA)
	0.2s	0.2	0.5s	0.5	10P10	10P15		
5～100							$150I_{1n}$	$375I_{1n}$
150							22.5	57
200							27.5	69
300	10	15	15	20	30	20	45	112.5
315								
400								
500								
600	20	30	30	40	50	30	63	157.5
630								
750								
800	10	15	15	20	30	20		
1000								
1250	20	30	30	40	50	30	80	200
1500								

4. 外形及安装尺寸

该产品外形及安装尺寸，见图22-39。

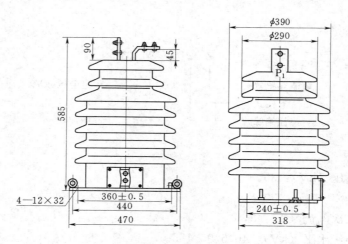

图22-39　LZZBW—35型电流互感器外形及安装尺寸

5. 生产厂

宁波三爱互感器有限公司、宁波互感器厂、宁波市江北三爱互感器研究所。

五、LZZB—35Q、LCZ—35Q 型电流互感器

1. 概述

LZZB—35Q 型电流互感器为环氧树脂浇注支柱式带保护级产品，LCZ—35Q 型电流互感器为手车式开关柜用环氧树脂浇注绝缘产品，均适用于额定频率 50Hz 或 60Hz、额定电压 35kV 及以下的电力系统中，作电流、电能测量和继电保护用。产品可制成 0.2s 或 0.5s 级高精度电流互感器。二次绕组可带抽头，得到不同变比。污秽等级 Ⅱ 级。执行标准 GB 1208 和 IEC 185。

2. 型号含义

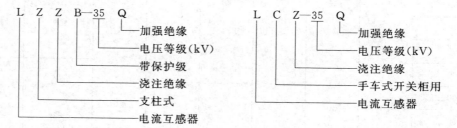

3. 技术数据

（1）额定绝缘水平（kV）：40.5/95/185。

最高工作电压 40.5，1min 工频耐压 95，雷电冲击耐受电压全波 185。

（2）额定频率（Hz）：50，60。

（3）额定二次电流（A）：5，1。

（4）局部放电量（pC）：≤20。

（5）环境温度（℃）：−5～+40。

（6）额定一次电流、准确级组合、额定输出、额定短时热电流及动稳定电流，见表

22-44。

表 22-44　LZZB—35Q、LCZ—35Q 型电流互感器技术数据

额定一次电流 （A）	准确级组合及额定输出 $\cos\phi=0.8$ （VA）		额定 1s 短时热电流 （kA）	额定动稳定热电流 （kA）
20～150			$65I_{1n}$	$162.5I_{1n}$
200	0.2/0.2	30/30	13	30
300	0.2/0.5	30/50	19.5	48.7
	0.2/10P25	30/50		
400～500	0.5/10P15	50/50	26	65
600	0.5/3	50/50	39	97.5
	0.2/3	30/50		
800	10P25/10P25	50/50	52	130
1000			65	162.5

4. 外形及安装尺寸

LZZB—35Q、LCZ—35Q 型电流互感器外形及安装尺寸，见图 22-40。

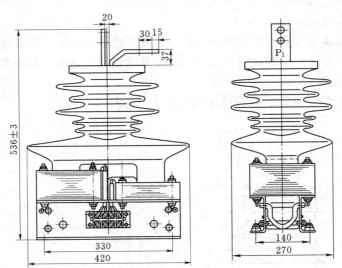

图 22-40　LZZB—35Q、LCZ—35Q 型电流互感器外形及安装尺寸

5. 生产厂

天津市百利纽泰克电器有限公司。

六、LZZB2—35W 型电流互感器

1. 概述

LZZB2—35W 型电流互感器为全封闭支柱式产品，适用于额定频率 50Hz 或 60Hz、额定电压 35kV 及以下的电力系统中，作电能计量、电流测量和继电保护用，符合 IEC 44—1：1996 及 GB 1208—1997《电流互感器》标准。

2. 型号含义

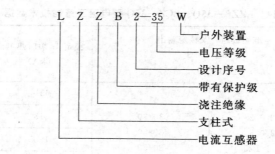

- 户外装置
- 电压等级
- 设计序号
- 带有保护级
- 浇注绝缘
- 支柱式
- 电流互感器

L Z Z B 2—35 W

3. 结构

该产品采用环氧树脂和硅橡胶复合绝缘的全封闭支柱式结构，二次出线端封闭严密，尤其是绝缘外套，防污性能优异。适用于环境温度−25～+40℃，污秽等级Ⅳ级。

4. 技术数据

(1) 额定电压 (kV)：35。

(2) 额定绝缘水平 (kV)：40.5/95/185。最高工作电压40.5，1min工频耐压95，雷电冲击耐受电压全波185。

(3) 额定二次电流 (A)：5，1。

(4) 局部放电水平符合GB 1208—1997《电流互感器》标准，局部放电量≤20pC。

(5) 额定一次电流、准确级组合、额定输出及动热稳定电流，见表22−45。

5. 外形及安装尺寸

LZZB2—35W型电流互感器外形及安装尺寸，见图22−41。

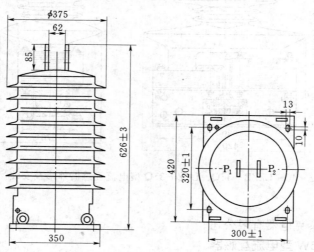

图22−41 LZZB2—35W型电流互感器外形及安装尺寸

6. 生产厂

江苏靖江互感器厂。

表 22 - 45　LZZB2—35W 型电流互感器技术数据

额定一次电流（A）	准确级组合	额定输出（VA）					额定短时热电流（kA）	额定动稳定电流（kA）
		0.2	0.5	10P10	10P15	10P20		
20							5.6	14
30							7	17.5
40								
50							7	17.5
75							14	35
100		20	50	20	50	30		
150	0.2/10P15						25	63
200	0.5/10P15 0.2/10P20							
300	0.5/10P20 0.2/0.5/10P10 0.2/10P10/10P10						40	100
400	0.5/10P10/10P10 0.2/0.5/10P10/10P15							
500	0.2/0.5/10P10/10P20						45	100
600								
800								
1000								
1200		30	50	30	60	30	63	130
1250								
2000								

注 1. 二次绕组可抽头，得到不同变比。

　　2. 根据要求，测量级可为 0.2s、0.5s 级。

七、LZZB7—35W2（A）型电流互感器

1. 概述

LZZB7—35W2（A）型为环氧树脂浇注绝缘全封闭产品，适用于额定频率 50Hz 或 60Hz、额定电压 35kV 及以下的户内电力线路及设备中，作电流、电能测量和继电保护用。产品符合 IEC 44—1：1996 及 GB 1208—1997《电流互感器》标准。

2. 型号含义

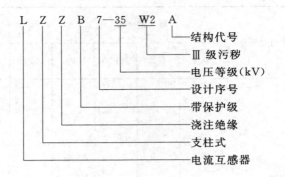

```
L Z Z B 7—35 W2 A
                    └── 结构代号
                 └───── Ⅲ 级污秽
            └────────── 电压等级(kV)
         └───────────── 设计序号
       └─────────────── 带保护级
     └───────────────── 浇注绝缘
   └─────────────────── 支柱式
 └───────────────────── 电流互感器
```

3. 结构

该产品为支柱式浇注绝缘带保护级全封闭结构，一、二次绕组及铁芯均浇注在环氧树脂内，耐污染及潮湿。有两种不同的结构尺寸，其中 LZZB—35W2 是半封闭产品 LCZ—35 的替代产品。爬距大，可使用在Ⅲ级污秽地区。

4. 技术数据

(1) 额定电压（kV）：35。

(2) 绝缘水平（kV）：40.5/95/185。

最高工作电压 40.5；1min 工频耐压 95；雷电冲击耐受电压全波 185，截波 213kV。

(3) 额定频率（Hz）：50，60。

(4) 额定二次电流（A）：5，1。

(5) 局部放电水平符合 GB 1208—1997《电流互感器》标准，局部放电量≤20pC。

(6) 可以制造计量用 0.2s 或 0.5s 级高精度电流互感器。

(7) 额定一次电流、准确级组合、额定输出及额定动热稳定电流，见表 22-46。

表 22-46　LZZB7—35W2（A）型电流互感器技术数据

额定一次电流 (A)	准确级组合	额定输出（VA）						额定短时热稳定电流 (kA)	额定动稳定电流 (kA)	生产厂
		0.2s	0.2	0.5s	0.5	10P10	10P20			
20								6	15	
30										
40	0.2s/10P10							12	30	
50	0.5s/10P10									
	0.2s/10P20									无锡市通宇电器有限责任公司
75	0.5s/10P20	20 (10)	30 (20)	30	50	50 (20)	25	16	40	
100	0.2s/0.5/10P10							25	62.5	
150	0.2s/0.5/10P20									
200	0.2/0.5/10P10/10P10									
300	0.2/10P10/10P10/10P10							32		
400										

续表 22-46

额定一次电流 (A)	准确级组合	额定输出 (VA)						额定短时热稳定电流 (kA)	额定动稳定电流 (kA)	生产厂
		0.2s	0.2	0.5s	0.5	10P10	10P20			
500		20 (10)	30 (20)	30	50	50 (20)	25	32		无锡市通宇电器有限责任公司
600	0.2s/10P10									
750	0.5s/10P10									
800	0.2s/10P20									
1000	0.5s/10P20	30 (20)	50 (30)	50	50	50 (20)	30	63	130	
1200	0.2s/0.5/10P10									
1500	0.2s/0.5/10P20									
2000	0.2/0.5/10P10/10P10									
	0.2/10P10/10P10/10P10									
20								6	15	江苏靖江互感器厂
30										
40	0.2/10P10			30/50				12	30	
50	0.5/10P10			50/50						
75	0.2/10P20			30/25				16	40	
100	0.5/10P20			50/25				25	62.5	
150	0.2/0.5/10P10			20/50/50						
200	0.2/0.5/10P20			20/50/25						
300	0.2/0.5/10P10/10P10			20/50/50/50				32	80	
400	0.5/10P10/10P10/10P10			30/20/50/50						
500	0.2/10P10/10P10/10P10			20/20/50/50						
600										
750	0.2/10P10			50/50						
800	0.5/10P10			50/50						
1000	0.2/10P20			50/30				63	130	
1200	0.5/10P20			50/30						
1500	0.2/0.5/10P20			30/30						
2000	0.2/10P10			30/50/50						
	0.2/0.5/10P10/10P10			20/50/50/50						
	0.5/10P10/10P10/10P10			30/20/50/50						
	0.2/10P10/10P10/10P10			20/20/50/50						

注 1. 括号内数据适用于三绕组及四绕组。

2. 江苏靖江互感器厂的产品可根据要求，测量级可为 0.2s、0.5s 级。

5. 外形及安装尺寸

该产品外形及安装尺寸，见图 22-42。

八、LZZB7—35GYW 型电流互感器

1. 概述

LZZB7—35GYW 型电流互感器为环氧树脂浇注、支柱式全封闭结构，适用于额定电压 35kV 及以下、额定频率 50Hz 或 60Hz 的户内电力系统中，作电流、电能计量和继电

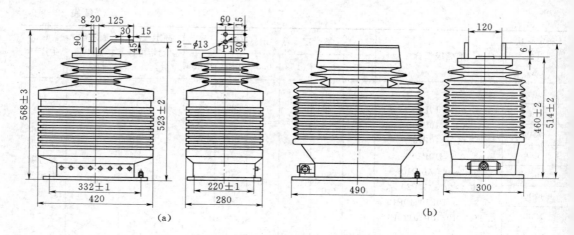

图 22-42   LZZB7—35W2（A）型电流互感器外形及安装尺寸

(a) LZZB7—35W2（20～400/5A）；(b) LZZB7—35A

保护用。

该产品特点为动热稳定参数高、二次输出容量大、绝缘性能稳定、耐污秽等，可取代 LCZ—35Q 等老式产品。

2. 型号含义

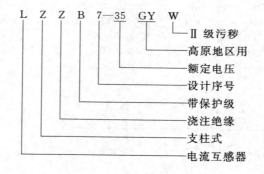

3. 结构

该产品为支柱式全封闭结构，采用环形铁芯并经退火处理，一、二次线用环氧树脂浇注成型。由于加强了绝缘，在潮湿凝露及Ⅱ级污秽条件下正常运行。底座有 4 个孔供安装。

4. 技术数据

(1) 额定绝缘水平（kV）：40.5/95/185。

最高电压 40.5，1min 工频耐压 95，雷电冲击耐受电压全波 185。

(2) 负荷功率因数：$\cos\phi=0.8$（滞后）。

(3) 负荷二次电流（A）：5，1。

(4) 表面爬电距离：满足Ⅱ级污秽地区。

(5) 适用于海拔 3000m 及以下地区。

(6) 仪表保安系数（FS）：≤10。

（7）额定一次电流、准确级组合、额定二次输出、短时热电流、额定动稳定电流，见表 22－47。

表 22－47　LZZB7—35GYW 型电流互感器技术数据

额定一次电流 （A）	准确级组合	额定二次输出 （VA）	短时热电流 （kA）	额定动稳定电流 （kA）
20			6	15
30				
40			12	30
50				
75	0.2s/10P10	15/30	16	40
100	0.2/10P10	15/50		
150	0.5/10P10 0.2s/10P20	20/50 30/30	25	62.5
200	0.2/10P20	30/50		
300	0.5/10P20	50/30 50/50		
400	0.2s/0.5/10P10	50/50	32	80
600	0.2/0.5/10P10 0.2s/0.5/10P20	20/50/30 20/50/50		
800	0.2/0.5/10P20	30/50/30		
800	0.2s/0.5/10P10/10P10 0.2/0.5/10P10/10P10	20/50/50/50 30/50/50/50		
1000			63	130
1200				
1500				
2000				

5. 生产厂

金坛市金榆互感器厂。

九、LZZB7—35GYW1 型电流互感器

1. 用途

LZZB7—35GYW1 型电流互感器为全封闭支柱式环氧浇注结构，适用于污秽等级为 Ⅱ 级的高原型地区、额定频率 50Hz、额定电压 35kV 及以下户内装置的电力系统中，作电气测量和电气保护用。

2. 型号含义

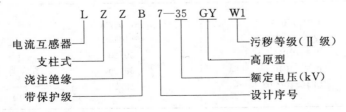

3．技术数据

（1）额定二次电流（A）：5，1。

（2）负荷的功率因数：$\cos\phi=0.8$（滞后）。

（3）额定绝缘水平（kV）：40.5/95/185。

最高工作电压 40.5，1min 工频耐压 95，雷电冲击耐受电压全波 185。

（4）表面爬电距离 900mm。

（5）额定一次电流、准确级组合、额定输出、短时热电流、额定动稳定电流，见表 22-48。

表 22-48　LZZB7—35GYW1 型电流互感器技术数据

额定一次电流（A）	准确级组合	额定二次输出（VA）						4s热稳定电流（有效值，kA）	额定动稳定电流（峰值，kA）	生产厂
		0.2s	0.2	0.5	10P₁10	10P₂10	10P₃15			
		0.2s	0.2	0.5	$10P_1$ 10	$10P_2$ 10	$10P_3$ 15			
15								3	8	
20								4	10	
30								6	15	
40	0.2(s)(0.5)/0.2(s)(0.5)/0.2(s)(0.5) 0.2(s)(0.5)/0.2(s)(0.5)/10P 0.2(s)(0.5)/10P₁/10P 10P₁/10P₁/10P	10	15	50	15	30	20	8	20	
50								10	25	
75								15	37.5	
100								20	50	
150								25	62.5	
200								31.5	80	宁波三爱互感器有限公司、宁波互感器厂、宁波市江北三爱互感器研究所
300	0.2(s)(0.5)/0.2(s)(0.5)/0.2(s)(0.5) 0.2(s)(0.5)/0.2(s)(0.5)/10P 0.2(s)(0.5)/10P₁/10P 10P₁/10P₁/10P	20	50	50	25	50	30	31.5	80	
400	0.2(s)(0.5)/0.2(s)(0.5)/0.2(s)(0.5) 0.2(s)(0.5)/0.2(s)(0.5)/10P 0.2(s)(0.5)/10P₁/10P₁(10P₂) 10P₁/10P₁/10P₁(10P₂)	30	50	50	25	50	50	31.5	80	
500										
600										
800										
1000										
1200	0.2(s)(0.5)/0.2(s)(0.5)/0.2(s)(0.5) 0.2(s)(0.5)/0.2(s)(0.5)/10P 0.2(s)(0.5)/10P₁(10P₂)/10P 10P₁/10P₁(10P₂)/10P₁(10P₂)							40	100	
1500										
2000										
15	0.2(s)/0.5		15(10)/50					3	8	
20	0.2(s)/10P15		15(10)/20					4	10	
30	0.5/10P15		50/20					6	15	
40	0.5/10P10		50/30					8	20	
50	10P10/10P10		15/15					10	25	

续表 22-48

额定一次电流（A）	准确级组合	额定二次输出（VA）						4s热稳定电流（有效值，kA）	额定动稳定电流（峰值，kA）	生产厂
		0.2s	0.2	0.5	10P₁ 10	10P₂ 10	10P₃ 15			
75	0.2(s)/0.5	15(10)/50						15	37.5	宁波三爱互感器有限公司、宁波互感器厂、宁波市江北三爱互感器研究所
100	0.2(s)/10P15	15(10)/20						20	50	
150	0.5/10P15	50/20						25	62.5	
	0.5/10P10	50/30								
200	10P10/10P10	15/15						31.5	80	
300										
400										
500	0.2(s)/0.5	50(30)/50								
600	0.2(s)/10P15	50(30)/50								
800	0.5/10P15	50/50								
1000	0.5/10P10	50/50								
1200	10P15/10P15	25/25						40	100	
1500										
2000										
15								3	8	大连第二互感器厂
20								4	10	
30								6	15	
40	0.2/0.5	15/50						8	20	
50	0.2/10P15	15/20						10	25	
75	0.5/10P15	50/20						15	37.5	
100	0.5/10P10	50/30						20	50	
150	10P10/10P10	15/15						25	62.5	
200										
300										
400								31.5	80	
500	0.2/0.5	50/50								
600	0.2/10P15	50/50								
800	0.5/10P15	50/50								
1000	0.5/10P10	50/50								
1200	10P15/10P15	25/25						40	100	
1500										
2000										

十、LZZB9—35C、D 型全封闭支柱式电流互感器

1. 概述

LZZB9—35C、D 型电流互感器为全封闭户内环氧树脂浇注绝缘支柱式结构，带有保护级，适用于 KYN、XGN、JYN 等高压开关柜中作计量和保护用，满足Ⅱ级、Ⅲ级污秽绝缘等级，相对湿度≤90%。执行 GB 1208—1997《电流互感器》标准。

2. 型号含义

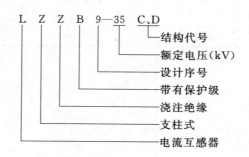

```
L Z Z B 9—35 C、D
                └── 结构代号
              └──── 额定电压(kV)
           └─────── 设计序号
         └───────── 带有保护级
       └─────────── 浇注绝缘
     └───────────── 支柱式
   └─────────────── 电流互感器
```

3. 技术数据

(1) 额定绝缘水平（kV）：40.5/95/185。

最高工作电压 40.5，1min 工频耐压 95，雷电冲击耐受电压全波 185。

(2) 负荷的功率因数：$\cos\phi = 0.8$（滞后）。

(3) 额定二次电流（A）：5，1。

(4) LZZB9—35C 型满足Ⅱ级污秽等级，LZZB9—35D 型满足Ⅲ级污秽等级。

(5) 仪表保安系数（FS）：≤10。

(6) 海拔高度：LZZB9—35C 型 1000m 以下地区使用，LZZB9—35D 型 2500m 以下地区使用。

(7) 局部放电量（pC）：≤20。

(8) 温升限值（K）：85。

(9) 额定频率（Hz）：50。

(10) 额定一次电流、级次组合、额定输出、短时热电流、动稳定电流，见表 22-49。

表 22-49　LZZB9—35C、D 型电流互感器技术数据

型　号	额定一次电流 （A）	级次组合	额　定　输　出　（VA）					短时热电流 （kA）	动稳定电流 （kA）
			0.2	0.5	10P10	10P15	10P20		
LZZB9—35C	30～300	0.2/0.5 0.2/10P10 0.5/10P10	10	15	15			$150I_{1n}$	$375I_{1n}$
	400～1250							31.5/3	80
	1500～1600		15	25	30			31.5/4	80
	2000				40				

型　　号	额定一次电流 (A)	级次组合	额定输出（VA）					短时热电流 (kA)	动稳定电流 (kA)
			0.2	0.5	10P10	10P15	10P20		
LZZB9—35D	30～100	0.2/10P10/10P10	15	30	50	30	20	$150I_{1n}/2$	$375I_{1n}$
	150	0.2/10P15/10P15						31.5/1	80
	200	0.2/10P10/10P20 0.2/10P15/10P20						31.5/2	80
	300～500	0.5/10P10/10P10 0.5/10P15/10P15	15	30	50	30	20	31.5/3	80
	600～800	0.5/10P10/10P20	30	50	50	40	30	31.5/4	80
	1000～2000	0.5/10P15/10P20	40	50	50	50	30	40/4	100

4. 外形及安装尺寸

LZZB9—35C、D 型电流互感器外形尺寸（mm）：490×300×(512±2)。

5. 生产厂

大连第二互感器厂。

十一、LZZB9—35D 型电流互感器

1. 概述

LZZB9—35D 型是全封闭浇注绝缘的支柱式防污、高原、阻燃型电流互感器，供电力系统作电流、电能测量及继电保护用。产品性能符合 IEC 和 GB 1208—1997《电流互感器》标准。

2. 型号含义

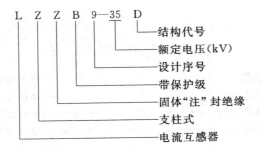

3. 技术数据

(1) 额定绝缘水平（kV）：40.5/85/185。

最高工作电压 40.5，1min 工频耐受电压 85，雷电冲击耐受电压全波 185。

(2) 负荷功率因数：$\cos\phi=0.8$（滞后）。

(3) 额定频率（Hz）：50。

(4) 额定二次电流（A）：5（2，1）。

(5) 准确级次组合：0.2/10P/10P；0.5/10P/10P。

(6) 额定一次电流、准确级组合。额定输出、额定短时热电流及动稳定电流，见表 22-50。

表 22-50　LZZB9—35D 型电流互感器技术数据

额定一次电流 (A)	准确级组合	准确级次及相应额定输出（VA）					额定短时热电流 (kA/s)	额定稳定电流 (kA)
		0.2	0.5	10P10	10P15	10P20		
3～100	0.5/10P/10P 0.2/10P/10P	15	30	50	30	20	$150I_{1n}/2$	$375I_{1n}$
150							31.5/1	80
200							31.5/2	80
300～500							31.5/3	80
600～800		30	50	50	40	30	31.5/4	80
1000～2000		30	50	50	50	30	40/4	100

4. 外形及安装尺寸

LZZB9—35D 型电流互感器外形尺寸（长×宽×高）（mm）：490×300×495。

5. 生产厂

浙江三爱互感器有限公司。

十二、LZZB（10，11）—35GYW1 型电流互感器

1. 概述

LZZB10—35GYW1、LZZB11—35GYW1 型电流互感器为全封闭支柱式环氧浇注绝缘带保护级高原防污型产品，适用于污秽等级为Ⅱ级的地区、额定频率 50Hz、额定电压 35kV 及以下户内装置的电力系统中，作电气测量和电气保护用。执行标准 GB 1208—1997《电流互感器》。

2. 型号含义

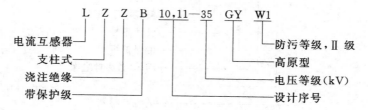

3. 技术数据

（1）额定电压（kV）：35。

（2）额定二次电流（A）：5，1。

（3）负荷功率因数：cosφ=0.8（滞后）。

（4）额定绝缘水平（kV）：40.5/95/185。

最高工作电压 40.5，1min 工频耐压 95，雷电冲击耐受电压全波 185。

（5）额定一次电流、准确级组合、额定输出、额定短时热电流及动稳定电流，见表 22-51。

4. 外形及安装尺寸

LZZB10—35GYW1 型外形及安装尺寸，见图 22-43。

表 22-51　LZZB（10，11）—35GYW1 型电流互感器技术数据

型　号	额定一次电流（额定电流比）（A）	准确级组合	准确级及相应额定输出（VA）						短时热电流（kA/s）	额定动稳定电流（kA）
			0.2	0.5	5P10	5P15	5P20	10P10		
LZZB10—35GYW1	30~300	0.2/10P10 0.5/10P10 0.2/0.5	10					15	$150I_{1n}×10^{-3}/1s$	$25I_{1n}$
	400~600								31.5/3s	137.5
	800~1200		15							
	1500							30		
	2000		25	25				40		
LZZB11—35GYW1	30~200/5	0.2/5P10/5P15 0.2/5P10/5P20 0.5/5P10/5P15 0.5/5P10/5P20	15	20	20	30	20		$150I_{1n}×10^{-3}/1s$	$2.5I_{1n}$
	300/5		30	50	50	40	30		31.5/2s	80
	400/5								31.5/3s	
	500/5									
	600/5								31.5/4s	
	800/5									
	1000/5		40	50	50	50	30		40/4s	100
	1200/5									
	1500/5									
	2000/5									

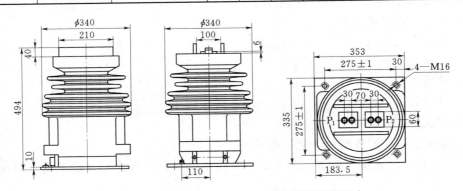

图 22-43　LZZB10—35GYW1 型外形及安装尺寸

5. 生产厂

宁波三爱互感器有限公司、宁波互感器厂、宁波市江北三爱互感器研究所。

十三、LZZBJ—35（GY）W1 型电流互感器

1. 概述

LZZBJ—35W1 普通型电流互感器适用于海拔 1000m 及以下地区，LZZBJ—35GYW1

高原型电流互感器适用于海拔 2500m 及以下地区，频率 50Hz，最高工作电压 40.5kV 的电力系统中，作精密电气测量及继电保护用。

2. 使用条件

（1）环境温度（℃）：普通型 -15～+40；高原型 -15～+25。

（2）户内。

（3）安装场所无严重影响互感器绝缘的污秽及爆炸性介质、振动和颠簸。

（4）运行中二次不允许开路，否则有高压危险。

3. 型号含义

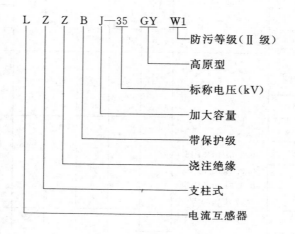

4. 技术数据

（1）执行标准：GB 1208—1997《电流互感器》。

（2）额定绝缘水平（kV）：普通型 40.5/95/185，高原型 40.5/114/226。

最高工作电压 40.5；1min 工频耐压 95，114；雷电冲击耐受电压全波 185，226。

（3）额定二次电流（A）：5，1。

（4）仪表保安系数（FS）：≤5（0.2s 级）；≤10（0.2，0.5 级）。

（5）局部放电水平（pC）：≤20。

（6）绝缘耐热等级：E。

（7）准确级次：0.2s，0.2，0.5s，0.5，5P，10P。

（8）级次结构：两线圈，三线圈，四线圈。

（9）额定二次下限负荷为额定二次负荷的 25%。

（10）额定一次电流、额定二次负荷、准确限值系数、额定短时电流值、级次组合，见表 22-52。

5. 外形及安装尺寸

LZZBJ—35（GY）W1 型电流互感器外形及安装尺寸见图 22-44，一次出线端子见表 22-53。

6. 生产厂

天水长开互感器制造有限公司。

表 22-52 LZZBJ—35 (GY) W1 型电流互感器技术数据

额定一次电流 (A)	额定二次电流 (A)	额定二次负荷 (VA) cosφ=0.8					P级准确限值系数		1s短时热电流 (kA)	额定动稳定电流 (kA)	级次组合	重量 (kg)
		0.2s级	0.2级	0.5级	5P10 10P10	5P25 10P25	5P10 10P10	5P25 10P25				
20									2.5	6.3	两线圈:	
30									4.5	12	0.2s/0.2s	
40									6.3	16	0.2s/0.2	
50									8	20	0.2s/0.5	
75									12.5	31.5	0.2s/5P10	65
100									22.5	50	0.2/5P10	
150									25	63	0.5/5P10	
200				30					31.5	80	0.2/5P25	
300	5	30	20 30	40 50	40 50	20	10	25	45	110	0.5/5P25	
400									45	110	三线圈:	
500									45	110	0.2s/0.2s/0.2s	
600									63	130	0.2/0.2/0.2	
800									63	130	0.2s/0.2/0.5	
1000									63	130	0.2s/0.2/0.2	
1200									63	130	0.2s/5P10/5P10	74
1500									63	130	0.2/0.5/5P10	
2000									63	130	0.5/0.5/5P10	
20									2.5	6.3	0.2s/0.2/5P25	
30									4.5	12	0.2/0.5/5P25	
40									6.3	16	0.2s/5P10/5P25	
50									8	20	5P25/5P25	
75									12.5	31.5	5P10/5P10	
100									22.5	50	四线圈:	
150									25	63	0.2s/0.2s/	
200									31.5	80	0.2s/0.2s	
300	1	10	10	10	30		10		45	110	0.2s/0.2s/0.5/0.5	
400									45	110	0.2s/0.2/0.5/0.5	85
500									45	110	0.2s/0.5/	
600									63	130	5P10/5P10	
800									63	130	0.2s/0.2/	
1000									63	130	5P10/5P25	
1200									63	130	0.2s/0.5/	
1500									63	130	5P10/10P25	
2000									63	130		

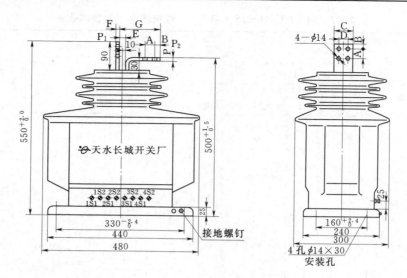

图 22-44 LZZBJ—35 (GY) W1 型电流互感器

20~2000/5A、1A 四线圈外形及安装尺寸

表 22-53 LZZBJ—35 (GY) W1 型电流互感器一次出线端子尺寸　　单位：mm

20~2000/5A，1A	一次电流（A）	A	B	C	D	E	F	G
两线圈	20~600	30	15	60	30	20	10	125
	800~1500	40	20	80	40	40	10	145
	2000	40	20	80	40	40	12	145
三线圈	20~600	30	15	60	30	20	10	125
	800~1500	40	20	80	40	40	10	145
	2000	40	20	80	40	40	12	145
四线圈	20~600	30	15	60	30	20	14	125
	800~1500	40	20	80	40	40	10	145
	2000	40	20	80	40	40	12	145

十四、LZZBJ4—35 型电流互感器

1. 概述

LZZBJ4—35 型电流互感器专为 ZW 型 35kV 户外真空断路器配套，适用于额定频率 50Hz、额定电压 35kV 的电力系统中，作计量、测量、监控和继电保护用。半封闭型户内产品。

该产品采用环氧树脂作为主绝缘，一次绕组浇注于环氧树脂混合胶之内，外装二次绕组及铁芯，器身部分表面涂有屏蔽层，安装槽板处设有接地螺钉，槽板二侧设有吊环，供吊装之用。产品具有高精度、多次级、多变比、高动热稳定、容量大特点。执行标准 GB 1208—1997《电流互感器》。

2. 型号含义

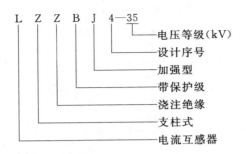

```
L Z Z B J 4—35
                └─── 电压等级（kV）
              └───── 设计序号
            └─────── 加强型
          └───────── 带保护级
        └─────────── 浇注绝缘
      └───────────── 支柱式
    └─────────────── 电流互感器
```

3. 技术数据

（1）额定电压（kV）：35。

（2）额定二次电流（A）：5，1。

（3）负荷功率因数：$\cos\phi=0.8$（滞后）。

（4）额定绝缘水平（kV）：40.5/95/185。

最高工作电压 40.5；1min 工频耐压 95；雷电冲击耐受电压全波 185，截波 220。

（5）局部放电量（pC）：≤20。

（6）温升限值（K）：60。

（7）额定一次电流、准确级组合、额定输出、额定短时热电流及动稳定电流，见表 22-54。

（8）仪表保安系数（FS）：≤10。

（9）保护准确限值系数：10，15。

（10）爬电距离（mm）：260。

表 22-54　LZZBJ4—35 型电流互感器技术数据

额定一次电流（A）	准确级组合	准确级次及相应额定输出（VA）						短时热稳定电流（kA）	动稳定电流（kA）	生产厂
		0.2	0.2s	0.5	10P	10P10	10P25			
20～200	0.2/0.2/10P/10P 0.2/0.5/10P/10P 0.2/10P/10P/10P 0.5/10P/10P/10P 10P/10P/10P/10P	15		25		50	20	$57\times I_{1n}\times 10^{-3}/4s$	$142.5\times I_{1n}\times 10^{-3}$	宁波三爱互感器有限公司
300～400								21/4s	52.5	
600～800								43/4s	107.5	
1000～1200								63/4s	157.5	
1500								80/4s	200	
50	0.2s/0.5/5P/5P 0.2/0.5/10P/10P	20	15	30	40			6/1s		湖南湖开互感器有限责任公司
75		30	20	50	50			6/1s		
100		50	30	50	50			6/1s		
100		20	15	30	40			12/1s		
150		30	20	50	50			12/1s		

额定一次电流（A）	准确级组合	准确级次及相应额定输出（VA）						短时热稳定电流（kA）	动稳定电流（kA）	生产厂
		0.2	0.2s	0.5	10P	10P10	10P25			
200	0.2s/0.5/5P/5P 0.2/0.5/10P/10P	50	30	50	50			12/1s		
200		20	15	30	40			21/1s		
300		30	20	50	50			21/1s		
400		50	30	50	50			21/1s		
400		30	15	50	50			31.5/1s		
500		40	20	50	50			31.5/1s		
600		50	30	50	50			31.5/1s		
600		20	15	30	40			40/1s		
800		30	15	50	50			40/1s		湖南湖开互感器有限责任公司
1000		40	20	50	50			40/1s		
1000		40	20	50	50			50/1s		
1250		50	30	50	50			50/1s		
1600		60	50	60	60			50/1s		
50~200	0.2s/0.5/10P/10P 0.2/0.5/10P/10P	30	15	50	50			$60I_{1n} \times 10^{-3}/1s$	$150I_{1n} \times 10^{-3}$	
300		30	20	50	50			21/1s	52.5	
400		30	15	50	50			21/1s	52.5	
500		40	25	50	50			21/1s	52.5	
600		50	30	50	50			31.5/1s	78.75	
800		30	15	50	50			31.5/1s	78.75	
1000		40	20	50	50			40/1s	100	
1250		50	30	50	50			40/1s	100	
1600		60	50	60	60			50/1s	125	

4. 外形及安装尺寸

LZZBJ4—35 型电流互感器外形及安装尺寸，见图 22-45。

5. 生产厂

宁波三爱互感器有限公司、宁波互感器厂、湖南湖开互感器有限责任公司。

十五、LZZBJ8—35W1 型电流互感器

1. 概述

LZZBJ8—35W1 型电流互感器适用于海拔 1000m 及以下地区、频率 50Hz、最高工作电压 40.5kV 的电力系统中，作精密电气测量及继电保护用。户内型产品，二次不允许开路。

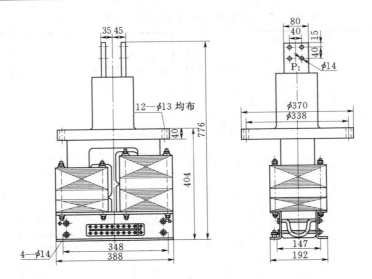

图 22-45 LZZBJ4—35 型电流互感器外形及安装尺寸
（宁波三爱互感器有限公司）

2. 型号含义

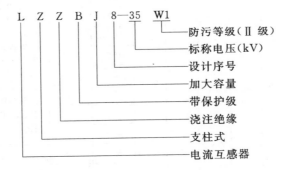

L Z Z B J 8—35 W1

- 防污等级（Ⅱ 级）
- 标称电压（kV）
- 设计序号
- 加大容量
- 带保护级
- 浇注绝缘
- 支柱式
- 电流互感器

3. 技术数据

(1) 执行标准：GB 1208—1997《电流互感器》。

(2) 额定绝缘水平（kV）：40.5/95/185。

最高工作电压 40.5，1min 工频耐压 95，雷电冲击耐受电压全波 185。

(3) 额定二次电流（A）：5，1。

(4) 仪表保安系数（FS）：≤5（0.2s 级）；≤10（0.2，0.5 级）。

(5) 局部放电水平（pC）：≤20。

(6) 绝缘耐热等级：E。

(7) 准确级次：0.2s，0.2，0.5s，0.5，5P，10P。

(8) 级次结构：两线圈，三线圈，四线圈。

(9) 额定二次下限负荷为额定二次负荷的 25%。

(10) 额定一次电流值、额定二次负荷、准确限值系数、额定短时电流值、级次组合技术数据，见表 22-55。

表22-55 LZZBJ8—35W1型电流互感器外形尺寸

额定一次电流（A）	额定二次电流（A）	额定二次负荷（VA）cosφ=0.8			P级		P级准确限值系数		1s短时热电流（kA）	额定动稳定电流（kA）	级次组合	重量（kg）
		0.2s级	0.2级	0.5级	5P10 10P10	5P25 10P25	5P10 10P10	5P25 10P25				
20									2.5	6.3	两线圈：	
30									4.5	12	0.2s/0.2s	
40									6.3	16	0.2s/0.2	
50									8	20	0.2s/0.5	
75									12.5	31.5	0.2s/5P10	
100									22.5	50	0.2/5P10	60
150									25	63	0.5/5P10	
200		20	30	30					31.5	80	0.2/5P25	
300	5	30	40	40	20		10	25	45	110	0.5/5P25	
400			50	50					45	110	三线圈：	
500									45	110	0.2s/0.2s/0.2s	
600									63	130	0.2/0.2/0.2	
800									63	130	0.2s/0.2/0.5	
1000									63	130	0.2s/0.2/0.2	
1200									63	130	0.2s/5P10/5P10	72
1500									63	130	0.2/0.5/5P10	
2000									63	130	0.5/0.5/5P10	
20									2.5	6.3	0.2s/0.2/5P25	
30									4.5	12	0.2/0.5/5P25	
40									6.3	16	0.2s/5P10/5P25	
50									8	20	5P25/5P25	
75									12.5	31.5	5P10/5P10	
100									22.5	50		
150									25	63		
200									31.5	80	四线圈：	
300	1	10	10	10	30		10		45	110	0.2s/0.2s/0.2s/0.2s	
400									45	110	0.2s/0.2s/0.5/0.5	
500									45	110	0.2s/0.2/0.5/0.5	
600									63	130	0.2s/0.5/5P10/5P10	80
800									63	130	0.2s/0.2/5P10/5P25	
1000									63	130	0.2s/0.5/5P10/10P25	
1200									63	130		
1500									63	130		
2000									63	130		

4. 外形及安装尺寸

LZZBJ8—35W1 型电流互感器外形及安装尺寸，见图 22 - 46。

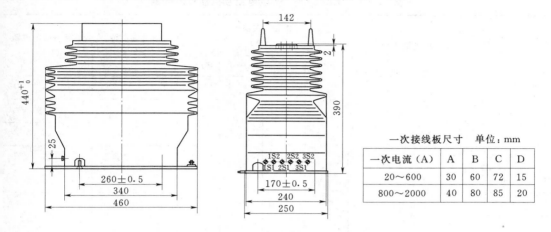

一次接线板尺寸 单位：mm				
一次电流（A）	A	B	C	D
20～600	30	60	72	15
800～2000	40	80	85	20

图 22 - 46 LZZBJ8—35W1 型电流互感器 20～2000/5，1A

（三线圈组合）外形及安装尺寸

5. 生产厂

天水长开互感器制造有限公司。

十六、LZZQB8—35 型电流互感器

1. 概述

LZZQB8—35 型电流互感器为全封闭支柱式产品，适用于额定频率 50Hz 或 60Hz、额定电压 35kV 及以下户内装置的电力系统中，作电气测量及电气保护用。

2. 型号含义

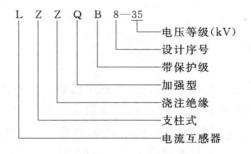

L Z Z Q B 8—35	电压等级（kV）
	设计序号
	带保护级
	加强型
	浇注绝缘
	支柱式
	电流互感器

3. 结构

该产品为支柱式结构，采用环氧树脂全封闭浇注，耐污染及潮湿，尺寸小，重量轻，适用于任何位置、任意方向安装。

4. 技术数据

（1）额定绝缘水平（kV）：40.5/95/185。

最高工作电压 40.5，1min 工频耐压 95，雷电冲击耐受电压全波 185。

（2）额定二次电流（A）：5。

（3）额定一次电流、准确级组合、额定输出、短时热电流及额定动稳定电流，见表

22 - 56。

表 22 - 56　LZZQB8—35 型电流互感器技术数据

额定一次电流 (A)	准确级组合	额定二次输出 (VA)				短时热电流 (kA/s)	额定动稳定电流 (kA)
		0.2	0.5	5P10	5P20		
20						6/1	15
30，40					30	7/2	17.5
50						12/2	30
75	0.2/5P10					18/2	45
100	0.2s/5P10					25/2	63
150	0.5/5P10 0.2/5P20	15 20	30 40	15			
200	0.5/5P20					25/3	63
300	0.2/0.2/5P10						
400	0.2s/0.2/5P10 0.2/0.2/5P20						
500，600	0.2/5P10/5P20 0.2s/5P10/5P20						
750～1250	0.5/5P10/5P20						
1500，2000		30	50			31.5/4	80
2500				30			
3000，3150							

5. 生产厂

金坛市金榆互感器厂。

22.1.3.3　LQZ—35 系列

1. 概述

LQZBJW$_i^2$—35（G）Ⅲ环保型户外干式电流互感器，是中山市东风高压电器有限公司购买美国 CE 技术研制而成，具有精度高、体积小、耐压水平高、非环氧浇注、不渗漏、不老化、不污染、免维修等特点。该产品无油化，变比为 4 个，即 50/5、75/5、100/5、150/5，结束一台互感器只能做两个变比的历史。适用于额定电压 35kV 及以下的供电设备线路，作电能计量、继电保护、仪表指示用。

2. 型号含义

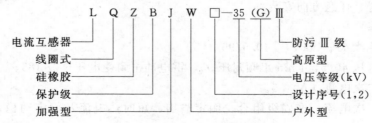

3. 使用条件

(1) 户外。

(2) 海拔：3000m 以下。

(3) 环境温度：$-30\sim+45℃$。

(4) 污秽等级：Ⅲ级。

(5) 可在风、雨、雪、阳光下使用。

4. 结构

该系列产品内部有 2 个或 3 个铁芯，在铁芯上面有一次和二次线圈，并用具有憎水性耐紫外线的环氧树脂作绝缘。执行标准 GB 1208—1997《电流互感器》。

5. 技术数据

(1) 额定电压（kV）：35。

(2) 额定频率（Hz）：50。

(3) 功率因数：0.8。

(4) 绝缘水平（kV）：一次对二次及地 95（1min 工频耐压），二次间及对地耐压 3。

(5) 精度：计量级 0.1，0.2s，0.2，0.5；保护级 1 或 3，P 级 10P10 或 10P15。

(6) 计量容量：10kV 或 15kV，继保 20VA 或 30VA。

(7) 额定耐受短时热电流和动稳定电流值，见表 22-57。

表 22-57　LQZBJW$_1^2$—35（G）Ⅲ型电流互感器技术数据

额定电流 （A）	额定短时 热电流 （有效值，kA）	热电流 持续时间 （s）	额定动 稳定电流 （峰值，kA）	额定电流 （A）	额定短时 热电流 （有效值，kA）	热电流 持续时间 （s）	额定动 稳定电流 （峰值，kA）
20	5		12	200	20	2	55
30，40	7.5		20	300，315， 400，500	20		55
50，60	10	2	25	（600），630， （750），800	32	4	80
75	15		40				
100，（150），160	20		50	1000	40		100

6. 外形及安装尺寸

LQZBJW1—35GⅢ、LQZBJW2—35Ⅲ型电流互感器外形及安装尺寸，见图22-47。

7. 生产厂

中山市东风高压电器有限公司。

22.1.3.4 LCZ—35 系列

一、LCZ—35 型电流互感器

1. 概述

LCZ—35 型电流互感器为半封闭环氧浇注绝缘支柱式结构，适用于额定频率 50Hz、额定电压 35kV 及以下户内装置的电力系统中，作电气测量和电气保护用。

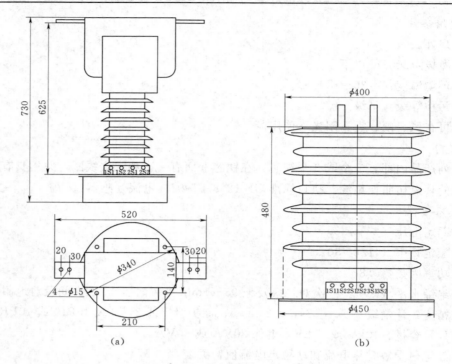

图 22-47   LQZBJW$_1^2$—35（G）Ⅲ型电流互感器外形及安装尺寸
(a) LQZBJW1—35（安装尺寸 210×140）；(b) LQZBJW2—35（安装尺寸 290×290）

2. 型号含义

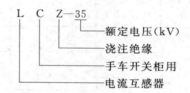

3. 技术数据

（1）额定电压（kV）：35。

（2）额定二次电流（A）：5，1。

（3）负荷功率因数：$\cos\phi = 0.8$（滞后）。

（4）额定绝缘水平（kV）：40.5/95/185。

最高工作电压 40.5，1min 工频耐压 95，雷电冲击耐受电压全波 185。

（5）局部放电量（pC）：≤20。

（6）额定一次电流、准确级组合、准确限值系数、额定短时热电流及动稳定电流，见表 22-58。

（7）仪表保安系数（FS）：≤10。

（8）准确限值系数：≥10（10P1 级）；≥25（10P2 级）。

4. 外形及安装尺寸

LCZ—35 型电流互感器外形尺寸（mm）：420×270×(533±2)。

表 22-58 LCZ—35 型电流互感器技术数据

额定一次电流 (A)	准确级组合	额定输出（VA）				额定短时热电流（有效值，kA）	额定动稳定电流（峰值，kA）
		0.2	0.5	10P1	10P2		
20						1.3	4.2
30						2.0	6.4
40						2.6	8.5
50	0.2/0.2					3.3	10.6
75	0.2/0.5					4.9	16.3
100	0.2/10P1 0.2/10P2					6.5	21.2
150	0.5/0.5 0.5/10P1	15～30	50	50	20	10.1	31.8
200	0.5/10P2					13	42.4
300	10P1/10P1 10P2/10P2					19.5	63.6
400	10P1/10P2					26	84.9
600						39	127.3
800						52	132.6
1000						65	141.4

5. 生产厂

宁波三爱互感器有限公司、宁波互感器厂、宁波市江北三爱互感器研究所。

二、LCZ（B）—35GYW1 型电流互感器

1. 概述

LCZB—35GYW1 型电流互感器为半封闭环氧浇注绝缘结构，适用于污秽等级为Ⅱ级的地区、额定频率 50Hz、额定电压 35kV 及以下户内装置的电力系统中，作电气测量和电气保护用。产品执行标准 GB 1208—1997《电流互感器》。

2. 型号含义

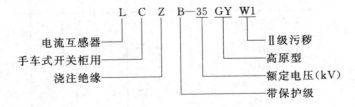

L C Z B—35 GY W1

电流互感器 —— L
手车式开关柜用 —— C
浇注绝缘 —— Z
带保护级 —— B
额定电压(kV) —— 35
高原型 —— GY
Ⅱ级污秽 —— W1

3. 技术数据

(1) 额定二次电流（A）：5，1。

(2) 负荷功率因数：cosϕ＝0.8（滞后）。

（3）额定绝缘水平（kV）：40.5/95/185。

最高工作电压 40.5；1min 工频耐压 95；雷电冲击耐受电压全波 185，截波 220。

（4）局部放电量（pC）：≤20。

（5）温升限值（K）：60。

（6）额定一次电流、准确级组合、额定输出、额定短时热电流及动稳定电流，见表 22-59。

（7）仪表保安系数（FS）：≤10。

（8）准确限值系数：≥10（10P1 级）；≥25（10P2 级）。

表 22-59　LCZ（B）—35GYW1 型电流互感器技术数据

型　号	额定一次电流（A）	准确级组合	额定输出（VA）				仪表保安系数（FS）	准确限值系数		额定短时热电流（有效值，kA）	额定动稳定电流（峰值，kA）
			0.2	0.5	10P1	10P2		10P1	10P2		
LCZB—35GYW1	20									1.3	4.2
	30									2.0	6.4
	40									2.6	8.5
	50									3.3	10.6
	75									4.9	16.3
	100	0.2/0.5/10P2/10P2　0.2/10P2/10P2								6.5	21.2
	150	0.2/10P2/10P2/10P2	15～20						25	10.1	31.8
	200	0.5/10P2/10P2　0.5/10P2/10P2/10P2		50	50	20	≤10	10		13	42.2
	300	10P1/10P2/10P2								19.5	63.6
	400	10P1/10P2/10P2/10P2　10P2/10P2/10P2/10P2								26	84.9
	600									39	127.3
	800									52	132.6
	1000									65	141.4
	1500			50						20	80	160
	2000									80	160
LCZ—35GYW1	20	0.2/0.2　0.2/0.5								1.3	4.2
	30	0.2/10P1								2.0	6.4
	40	0.2/10P2								2.6	8.5
	50	0.5/0.5　0.5/10P1	15～30	50	50	20	≤10	≥10	≥25	3.3	10.6
	75	0.5/10P2								4.9	16.3
	100	10P1/10P1　10P1/10P2								6.5	21.2
	150	10P2/10P2								10.1	31.8

续表 22-59

型 号	额定一次电流（A）	准确级组合	额 定 输 出（VA）				仪表保安系数（FS）	准确限值系数		额定短时热电流（有效值，kA）	额定动稳定电流（峰值，kA）
			0.2	0.5	10P1	10P2		10P1	10P2		
LCZ—35GYW1	200	0.2/0.2 0.2/0.5 0.2/10P1 0.2/10P2 0.5/0.5 0.5/10P1 0.5/10P2 10P1/10P1 10P1/10P2 10P2/10P2	15～30	50	50	20	≤10	≥10	≥25	13	42.2
	300									19.5	63.6
	400									26	84.9
	600									39	127.3
	800									52	132.6
	1000									65	141.4

4. 外形及安装尺寸

LCZ（B）—35GYW1 型电流互感器外形尺寸，见表 22-60。

表 22-60　LCZ（B)—35GYW1 型电流互感器外形尺寸

型　号	额定一次电流（A）	外形尺寸（mm）（长×宽×高）	型　号	额定一次电流（A）	外形尺寸（mm）（长×宽×高）
LCZ—35GYW1	20～1000	420×270×(533±2)	LCZB—35GYW1	20～1000	420×270×646
	1500	420×270×(543±2)		1500～2000	490×290×723

5. 生产厂

宁波三爱互感器有限公司、宁波互感器厂、宁波市江北三爱互感器研究所。

三、LCZ—35Q（LQZB—35）型电流互感器

1. 概述

LCZ—35Q（LQZB—35）型电流互感器为手车式开关柜用环氧树脂浇注绝缘半封闭式产品，适用于额定频率 50Hz 或 60Hz、额定电压 35kV 及以下的电力线路及设备中，作电流、电能测量和继电保护用。产品符合 IEC 44—1：1996 及 GB 1208—1997《电流互感器》标准。

2. 型号含义

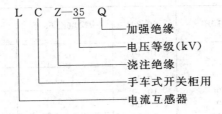

3. 结构

LCZ—35Q 型电流互感器为半封闭式结构，一次绕组浇于环氧树脂内，外装二次绕组及铁芯。一次绕组引出线在顶部，铁芯由条形硅钢片叠装而成，并用夹件夹装在浇注体上。户内型产品。

4．技术数据

（1）额定电压（kV）：35。

（2）绝缘水平（kV）：40.5/95/185。

最高工作电压40.5，1min工频耐压95，雷电冲击耐受电压全波185。

（3）额定频率（Hz）：50，60。

（4）额定二次电流（A）：5。

（5）局部放电水平符合GB 1208—1997《电流互感器》标准要求。局部放电量≤20pC。

（6）温升限值（K）：60。

（7）污秽等级：全工况产品符合Ⅱ级污秽要求。

（8）额定一次电流、准确级组合、额定输出及额定动热稳定电流，见表22-61。

表22-61 LCZ—35（Q）（LQZB—35）型电流互感器技术数据

额定一次电流（A）	准确级组合	额定输出（VA）	短时热稳定电流（kA）	额定动稳定电流（kA）	生产厂
20			1.3	3.25	
30			2	5	
40			3	7.5	
50	0.2/10P10	20/50	4.5	11.5	
75	0.2/10P20	20/25	6	15	
100	0.5/10P10	50/50	9	22.5	
	0.5/10P20	50/25			
150	10P10/10P10	50/50	12	30	无锡市通宇电器有限责任公司、江苏靖江互感器厂
200	10P20/10P20	25/25	18	45	
	0.2/0.5/10P10	15/50/50			
300	0.2/0.5/10P20	15/50/25	24	60	
400	0.2/10P10/10P10	15/25/50	36	90	
	0.2/10P10/10P20	15/25/25			
600	0.5/10P10/10P10	50/25/50			
800	0.5/10P10/10P20	50/25/25			
1000			48	120	
1200					
1500					
20～1000	0.2（0.5）/10P	50/20	一次电流65倍	一次电流150倍	江西变电设备有限公司
20	0.2/0.2	10/10	1.3	4.24	
	0.2/0.5	10/50			
30	0.5/0.5	50/50	1.35	6.36	
	0.2/10P10	10/50			
40	0.5/10P10	50/50	2.6	8.45	大连第二互感器厂
50	10P10/10P10	50/50	3.25	10.6	
	0.2/10P25	10/20			
75	0.5/10P25	50/20	4.875	15.9	
	10P25/10P25	20/20			
100	10P10/10P25	50/20	6.5	21.2	

额定一次电流 （A）	准确级组合	额定输出 （VA）	短时热稳定电流 （kA）	额定动稳定电流 （kA）	生产厂
150	0.2/0.2	10/10	9.75	31.8	大连第二互感器厂
200	0.2/0.5 0.5/0.5	10/50 50/50	13	42.4	
300	0.2/10P10	10/50	19.5	63.6	
400	0.5/10P10 10P10/10P10	50/50 50/50	26	84.6	
500	0.2/10P25	10/20	39	84.8	
800	0.5/10P25 10P25/10P25	50/20 20/20	52	112.8	
1000	10P10/10P25	50/20	65	141	
20～150			$65I_{1n}/1s$	$162.5I_{1n}$	天津市百利纽泰克电器有限公司
200	0.2/0.2	30/30	13/1s	30	
300	0.2/0.5	30/50	19.5/1s	48.7	
400～500	0.2/10P25 0.5/10P15	30/50 50/50	26/1s	65	
600	0.5/3	50/50	39/1s	97.5	
800	0.2/3 10P25/10P25	30/50 50/50	52/1s	130	
1000			65/1s	162.5	

5. 外形及安装尺寸

该产品外形及安装尺寸，见图 22-48。

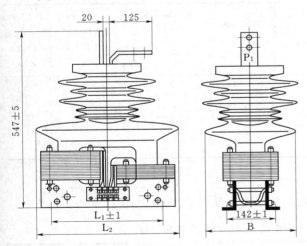

额定一次电流（A）	级次组合	L_1	L_2	B
20～1000	二级次	332	420	270
1200～1500	二级次	362	450	280
20～1500	三级次	362	450	280

图 22-48　LCZ—35（Q）（LQZB—35）型电流互感器外形及安装尺寸
（无锡市通宇电器有限责任公司）

22.1.3.5　LDZ—35 系列

一、LDZB8—35 型户外电流互感器

1. 概述

LDZB8—35 型户外电流互感器是用特殊户外材料全封闭浇注绝缘的户外贯穿式防污、

高原、阻燃型电流互感器，供电力系统作电流、电能测量及继电保护用。产品性能符合IEC和GB 1208—1997《电流互感器》标准。

2. 型号含义

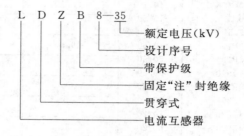

L D Z B 8－35
　　　　　　　额定电压（kV）
　　　　　　设计序号
　　　　带保护级
　　　固定"注"封绝缘
　　贯穿式
　电流互感器

3. 技术数据

（1）额定绝缘水平（kV）：40.5/85/185。

最高工作电压40.5，1min工频耐压85，雷电冲击耐受电压全波185。

（2）负荷功率因数：$\cos\phi = 0.8$（滞后）。

（3）额定频率（Hz）：50。

（4）额定二次电流（A）：5（2，1）。

（5）准确级组合：0.5/10P/10P。

（6）额定一次电流、准确级次、额定输出、短时热电流及动稳定电流，见表22-62。

表 22-62　LDZB8—35 型户外电流互感器技术数据

额定一次电流（A）	准确级次及相应的额定输出（VA）		额定短时热电流（有效值，kA）	额定动稳定电流（峰值，kA）	额定一次电流（A）	准确级次及相应的额定输出（VA）		额定短时热电流（有效值，kA）	额定动稳定电流（峰值，kA）
	0.5	10P20				0.5	10P20		
400	25	20			1200，1250				
600，630		30	45	112.5	1500，1600	40	40	45	112.5
800	40				2000				
1000		40							

4. 外形及安装尺寸

LDZB8—35型户外电流互感器外形及安装尺寸，见表22-63及图22-49。

表 22-63　LDZB8—35 型电流互感器外形及安装尺寸

电流比（A）	外形及安装尺寸（mm）			
	D	A	B	E
5～400/5，600/5，800/5，1000/5	14	80	40	85
1200/5，1250/5，1500/5，1600/5，2000/5	18	100	50	105

5. 生产厂

浙江三爱互感器有限公司。

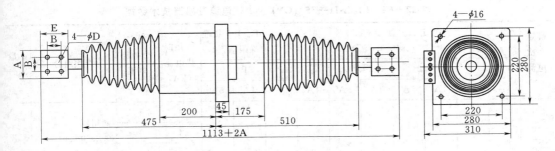

图 22-49　LDZB8—35 型电流互感器外形及安装尺寸

二、LDZBJ1—35（GY）W1 型电流互感器

1. 概述

LDZBJ1—35W1 普通型电流互感器适用于海拔 1000m 及以下地区，LDZBJ1—35GYW1 高原型电流互感器适用于海拔 2500m 及以下地区，适用于频率 50Hz、最高工作电压 40.5kV 的电力系统中，作精密电气测量及继电保护用。户内型产品。普通型环境温度为—15～+40℃，高原型为—15～+25℃。二次不允许开路，有高压危险。

2. 型号含义

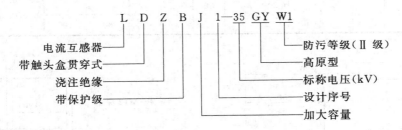

3. 技术数据

（1）执行标准：GB 1208—1997《电流互感器》。

（2）额定绝缘水平（kV）：普通型 40.5/95/185；高原型 40.5/114/226。

最高工作电压 40.5；1min 工频耐压 95、114；雷电冲击耐受电压全波 185、226。

（3）额定二次电流（A）：5，1。

（4）仪表保安系数（FS）：≤5（0.2s 级）；≤10（0.2，0.5 级）。

（5）局部放电水平（pC）：≤20。

（6）绝缘耐热等级：E。

（7）准确级次：0.2s，0.2，0.5s，0.5，5P，10P。

（8）级次结构：两线圈，三线圈。

（9）额定二次下限负荷为额定二次负荷的 25%。

（10）额定一次电流值、额定二次负荷、准确限值系数、额定短时电流值、级次组合，见表 22-64。

4. 外形及安装尺寸

LDZBJ1—35（GY）W1 型电流互感器外形及安装尺寸，见图 22-50。

表 22‑64　LDZBJ1—35（GY）W1 型电流互感器技术数据

额定一次电流（A）	额定二次负荷（VA）cosφ=0.8								5P、10P 级准确限值系数		1s 短时热电流（kA）	额定动稳定电流（kA）	级次组合	重量（kg）
	0.2s		0.2		0.5s、0.5		5P、10P		5P、10P					
	1A	5A	1A	5A	1A	5A	1A	5A	1A	5A				
30											4	10	两组圈：	
40											4	10	0.2s/0.2s	
50											6	15	0.2/0.2	
75							15	15	10	10	10.5	26	0.2s/5P	
100		15		15		15					14.5	36	0.2/5P	
150											23	58	0.5/5P	
200	15		15		15						31.5	78		60
300											50	100	三线圈：	
400～600								20			63	100	0.2s/0.2s/0.2s 0.2/0.2/0.2 0.5/0.5/0.5	
800～1500	20		20		20		20	30	15	15	63	100	0.2s/0.2s/5P 0.2s/0.2/5P 0.2/0.2/5P 0.5/0.5/5P	
2000											80	160		

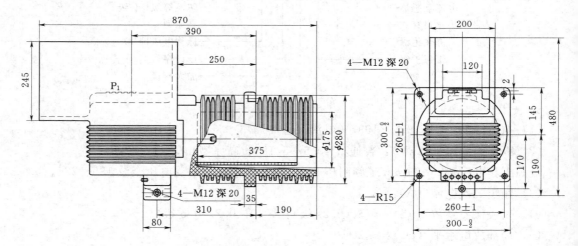

图 22‑50　LDZBJ1—35W1、LDZBJ1—35GYW1 型电流互感器外形及安装尺寸

5. 生产厂

天水长开互感器制造有限公司。

22.1.3.6　LM（Z）（C）（G）—15、20、35 系列

一、LMZ—35（BS—MC）型母线式电流互感器

1. 概述

LMZ—35（BS—MC）型母线式电流互感器为户内单相环氧树脂浇注母线式产品，供电力系统作电能计量及继电保护用。可制做 0.2s 或 0.5s 级高精度电流互感器。需另配母

线绝缘套。产品性能符合标准 GB 1208 和 IEC 185。环境温度－5～+40℃。

2. 型号含义

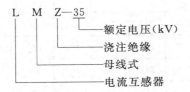

3. 技术数据

(1) 额定绝缘水平（加母线绝缘套后）：40.5/95/185。

最高工作电压 40.5，1min 工频耐压 95，雷电冲击耐受电压全波 185。

(2) 额定频率（Hz）：50，60。

(3) 额定二次电流（A）：5，1。

(4) 额定电流比、准确级组合、额定输出、额定短时热电流及动稳定电流，见表 22-65。

(5) 负荷功率因数：$\cos\phi = 0.8$（滞后）。

表 22-65　LMZ—35（BS—MC）型母线式电流互感器技术数据

型　号	额定电压 (kV)	额定电流比 (A)	准确级组合	准确级及额定输出 (VA)			额定 4s 短时热电流 (kA)	额定动稳定电流 (kA)	重量 (kg)
				0.2	5P10	5P20			
LMZ—35	35	300/5～400/5	0.2 或 5P10 或 5P20	15	25	10	25	125	
		500/5～800/5		20	40	20			
		1000/5～1500/5		30	50	30			
	35	3000/5	0.2/5P10	20	50	30	25	125	

型　号	额定电压 (kV)	额定电流比 (A)	准确级组合	准确级及额定输出 (VA)				额定 4s 短时热电流 (kA)	额定动稳定电流 (kA)	重量 (kg)
				0.2	0.5	10P10	10P20			
LMZ1—35	35	400/5	0.2 或 0.5 或 10P10 或 10P20	10	15	20	10	50	250	17
		500～600/5		15	20	25	10			
		800～1000/5		15	20	40	20			
		1200～1500/5		30	50	50	25			
		2000～3000/5		30	50	50	30			

4. 外形及安装尺寸

LMZ—35（BS—MC）型母线式电流互感器外形及安装尺寸，见表 22-66 及图 22-51。

5. 生产厂

大连金业电力设备有限公司。

表 22-66　LMZ—35 型母线式电流互感器外形及安装尺寸　单位：mm

额定电流比 （A）	准确级	φd	φD	H	h	a	b	c	d	e	重量 （kg）
300/5～400/5	0.2	130	240	260	140	80	50	145	80	25	10
	5P10 或 5P20	130	290	325	180	120	50	200	80	25	22
500/5～1000/5	0.2	145	240	260	140	80	50	145	80	25	10
	5P10 或 5P20	130	290	325	180	120	50	200	80	25	22
1500/5	0.2	145	240	260	140	80	50	145	80	25	10
	5P10 或 5P20	140	270	290	155	80	50	150	80	25	15
3000/5	0.2/5P10	145	240	260	140	80	100	145	176	40	22

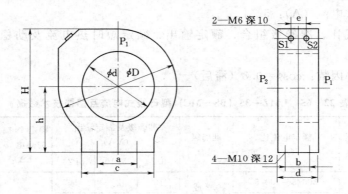

图 22-51　LMZ—35（BS—MC）型母线式电流互感器外形及安装尺寸

二、LMZD（B）—20、LR（B）Z—20 型电流互感器

1. 概述

LMZD（B）—20 系列电流互感器为户内型环氧树脂浇注绝缘母线式，适用于额定频率 50Hz 或 60Hz、额定电压 20kV 及以下的电力系统中，作电流、电能测量和继电保护用。产品符合 GB 1208—1997《电流互感器》和 IEC 185 标准。

2. 型号含义

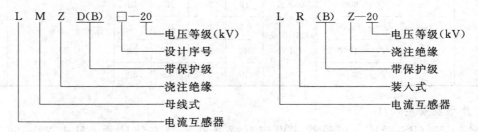

3. 结构

LMZD—20 型的铁芯为圆环形，二次绕组均匀绕制在铁芯圆周上，用环氧树脂混合料浇注成形。

4. 技术数据

(1) 额定频率（Hz）：50，60。

(2) 额定二次电流（A）：5，1。

(3) 额定绝缘水平（kV）：24/65/125。

(4) 负荷功率因数：$\cos\phi = 0.8$（滞后）。

(5) 额定一次电流、准确级组合、额定输出，见表 22-67、表 22-68。

表 22-67 LMZD（B）—20、LR（B）Z—20 系列电流互感器技术数据

型 号	额定一次电流 (A)	准确级组合	额定 输 出（VA）						10P级准确限值系数	生产厂
			0.2	0.5	10P	5P	5P20	D		
LMZD—20	800	0.5/10P		50	50				15	江苏靖江互感器厂
	1000，1200	10P/10P								
	1500，2000	0.5/0.5/10P							20	
	3000，4000	0.5/10P/10P		60	60				25	
		10P/10P/10P								
	6000，8000	0.5/10P							15	
	10000，12000	10P/10P								
LMZD1—20	3000，6000	0.2/5P	30	30		30			20	
	8000，10000	0.5/5P								
	12000	5P/5P								
LMZD2—20	6000	0.2/0.5	30	30	30				15	
	8000	0.5/0.5								
	10000	0.5/10P								
	12000	10P/10P	50	50	50					
LMZB—20	1000		30	50		30			20	
	1500，2000	0.2/5P								
	3000，4000	0.5/5P	60	60		60				
	5000，6000									
	10000，12000，15000	0.2/0.2 0.2/0.5 0.5/0.5 0.2/5P 0.5/5P	50	50		50			20	
LMZB2—20	7500	0.2/5P	30	30		30			20	
	10000	0.5/5P 5P/5P								
LMZ1—20	6000，8000	0.2/5P	60	60		60			20	
	10000	0.5/5P								
	12000									
LR（B）Z—20	8000	0.2，0.5，10P	60	60	60				10	
	12000	0.2，0.5，5P	50	50		50			15	
	15000									

型　号	额定一次电流 (A)	准确级组合	额定输出（VA）						10P级准确限值系数	生产厂
			0.2	0.5	10P	5P	5P20	D		
LMZD—20	5000～8000	0.2/0.2 0.2/0.5 0.2/10P20 0.5/10P20	20	30				30		天津市百利纽泰克电器有限公司
	10000～12000	0.2/0.2 0.2/0.5 0.2/10P20 0.5/10P20	30	30				40		
LMZD—20	6000	0.2/0.5 0.5/0.5 0.5/10P 10P/10P							18	浙江三爱互感器有限公司
	8000									
	10000									
	12000		50	50	50				15	
LMZD—20	6000/5	D/0.5 0.5/0.2 D/0.2	30	30				30		
	8000/5									
	10000/5									
	12000/5									
LMZD1—20	6000～8000/5	0.5/0.5 0.5/10P 10P/10P			30	30				
	10000～12000/5				50	50				
	15000/5				60	60				
LMZD2—20	6000～10000/5	0.5/10P/10P			40	40				
LRZ（B）—20	8000/5		60	60	60				10	沈阳互感器厂（有限公司）
	12000/5 15000/5		60, 75	60	60	45, 60	1级 100		20, 15	
LRZ（B）1—20	12000/5		50		200				20	
	15000/5									
	25000/5									
LRZ（B）2—20	12000～5		60	120		120				
LRZ（B）2—20（TH）	15000/5		60	120		120				
LRZ4—20	15000/5	0.5/0.2 0.5	60	120		120			20	
LRZB4—20		5P								
LRZ3—20	15000/5	0.5/0.2	60	200						
		0.5		200						
LRZB3—20		5P				200			20	

表 22-68 LMZB (1~10)-20 型电流互感器技术数据

型号	额定电流比(A)	级次组合	准确级	额定输出(VA)	10%倍数	准确限值系数	仪表保安系数	额定绝缘水平(kV)	生产厂
LMZB—20	1500/5	0.2/10P	0.2，5P	60/60		20	10	24/65/125	大连互感器厂
	2000/5								
	3000/5								
	4000/5								
	5000/5								
	6000/5								
	10000/5			50/20					
	12000/5								
	15000/5								
	10000/1	0.5/10P	0.5，5P	50/30					
	12000/1								
	15000/1								
LMZB—20	12000/1	10P/0.2	10P	30		15		23/65/120	
		10P/10P	0.2	50					
	15000/5	B/0.2	0.2	50					
		B/B	B	50	10				
LMZB1—20	15000/5	0.2/10P	0.2	75			≤10	23/65/100	
		0.5/10P	0.5	75			≤10		
		10P/10P	10P	50		15			
LMZB2—20	600/5	10P/10P	10P	50		15		23/65/120	
	5000~6000/5	0.5/10P	0.5	60					
		10P/10P	10P	60	15				沈阳互感器厂(有限公司)
LMZB3—20	9000/5	10P/10P	10P	30		20		23/56.6/141.5	
	10000/1	0.2/10P	0.2	30		20			
		5P/5P	5P	30		20			
		10P/10P	10P	30		20			
LMZB4—20TH	7000/5	0.5/0.5	0.5	50				23/65/120	
		10P/0.5							
		10P/10P	10P	50		20			
LMZB5—20	300/5	10P/10P	10P	50		20		23/65/120	
	400/5								
	2000/5								
LMZ (B) 9—20	200/5	0.5	0.5	15				23/50/125	
		10P	10P	20		10			
	1500/5	0.5	0.5	30					
		10P	10P	40		40			

续表 22-68

型 号	额定电流比(A)	级次组合	准确级	额定输出(VA)	10%倍数	准确限值系数	仪表保安系数	额定绝缘水平(kV)	生产厂
LMZ(B)9—20	8000/5	10P/10P	10P	30		20		23/50/125	
LMZ(B)10—20	8000/5	0.5/0.5/0.5	0.5	50				23/50/125	沈阳互感器厂(有限公司)
		10P/10P/10P	10P	50		15			
		10P/10P/0.5	10P	50		15			
			0.5	50					
	1500/5	10P/0.5/0.5	10P	50		15			
			0.5	50					

5. 外形及安装尺寸

LMZD—20 系列电流互感器外形及安装尺寸，见图 22-52。

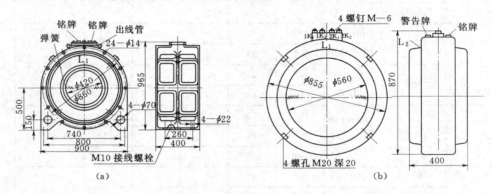

图 22-52　LMZD（B）—20 系列电流互感器外形及安装尺寸
(a) LMZD—20 (12000/5A)；(b) LMZB—20

三、LMZ（B）—15、LFZD—15、LDZJ1—15 型电流互感器

1. 概述

LMZ5—15、LMZB—15、LMZ（B）6—15、LMZB8—15、LEZD—15、LDZJ1—15 型电流互感器为环氧树脂浇注式，适用于额定频率 50Hz、电压 15kV 的电力系统中，作电能计量、电流测量和继电保护用。产品执行标准 GB 1208《电流互感器》。

2. 型号含义

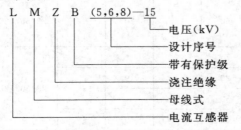

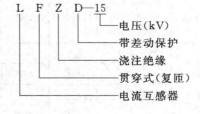

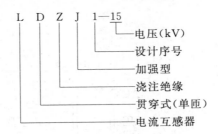

L D Z J 1—15
- 电压(kV)
- 设计序号
- 加强型
- 浇注绝缘
- 贯穿式(单匝)
- 电流互感器

3. 技术数据

该产品技术数据，见表 22-69。

表 22-69 LMZ（B）（5，6，8）—15、LFZD—15、LDZJ1—15 型电流互感器技术数据

型　号	额定电流比（A）	级次组合	准确级	额定输出（VA）	10%倍数	准确限值系数	额定短时热电流（kA）	额定动稳定电流（kA）	额定绝缘水平（kV）
LMZ5—15	600/5	0.5/3	0.5	60					
			3	75	10				
LMZB—15	3000/5	B/B	B	50	10				
LMZ（B）6—15	4000/1	5P/5P	5P	50		20			17.5/40/105
	12000/1	0.2/0.2 0.2/5P	0.2	50					
			5P	50		20			
	12000/1	5P/5P	5P	50		20			
LMZB8—15	200/1	0.5/10P	0.5	30					
			10P	20		15			
	12000/1	10P/10P	10P	30		15			
LFZD—15	200/5	0.5/D	0.5	20			80（倍）	140（倍）	
			D	30	15				
LDZJ1—15	600～800/5	D/0.5 D/D	0.5	30			65（倍）	120（倍）	17.5/55/100
			D	40	15				
	1000/5		0.5	30			55（倍）	100（倍）	
			D	40	15				
	1500/5		0.5	30			30（倍）	65（倍）	
			D	40	15				

4. 外形及安装尺寸

该型产品外形及安装尺寸，见图 22-53。

5. 生产厂

沈阳互感器厂（有限公司）。

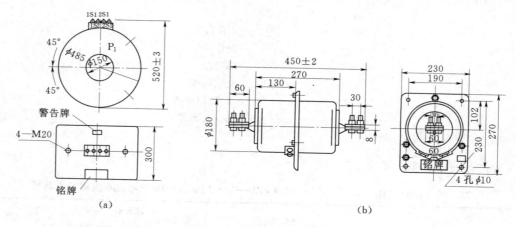

图 22-53 LMZB8—15、LDZJ1—15 型电流互感器外形及安装尺寸

(a) LMZB8—15 (200/1A); (b) LDZJ1—15

四、LMC（D）—15、LMGB—20 型干式电流互感器

1. 概述

LMC（D）—15、LMGB—20 型干式电流互感器为干式结构，适用于电压等级 20kV 及以下的电力系统中，作电能计量、电流测量和继电保护用。产品执行标准 GB 1208《电流互感器》。

2. 型号含义

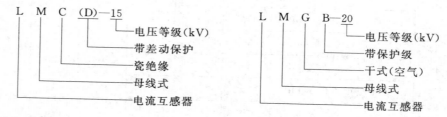

3. 技术数据

该型干式电流互感器技术数据，见表 22-70。

4. 外形及安装尺寸

该型产品外形及安装尺寸，见图 22-54。

22.1.3.7 LR（D）—35 系列

一、LR（D）（2）—35 型电流互感器

1. 用途

LR—35、LRD—35、LR2—35、LRD2—35 型电流互感器为装入式，供装入断路器内，在交流额定频率 50Hz、额定电压 35kV 的线路中，作电流、电能测量及继电保护用。产品性能符合 JB 574—64《电流互感器通用技术条件》的规定。

2. 技术数据

（1）额定二次电流（A）：5。

（2）额定二次负荷及准确级次，见表 22-71。

表 22-70 LMC (D)—15、LMGB—20 型电流互感器技术数据

型 号	额定电流比（A）	级次组合	准确级	额定输出（VA）	10%倍数	仪表保安系数	额定短时热电流（kA/1s）	额定动稳定电流（kA）	额定绝缘水平（kV）	生产厂
LMC（D）—15	2000/5	0.5/0.5 0.5/3 D/0.5 D/3 D/D	0.5	30					17.5/55/100	沈阳互感器厂（有限公司）
			3	50						
			D	30	30					
	3000/5		0.5	30						
			3	50						
			D	30	40					
	4000/5		0.5	30						
			3	50						
			D	30	35					
	5000/5		0.5	30						
			3	50						
			D	30	25					
LMGB—20	6000/1	0.2/0.2 0.2/0.5 0.5/0.2 0.2/5P 5P/0.2 5P/5P 0.5/5P 5P/0.5 0.5/0.5	0.2	30					23/50/125	
			0.5	30						
			5P	30		20				
LMC—10	2000/5 3000/5 4000/5 5000/5	0.5/0.5 0.5/3	0.5 3	30/30 30/50					12/42/75	浙江三爱互感器有限公司
LMCD—10	2000/5 3000/5 4000/5 5000/5	10P/0.5 10P/3 10P/10P	10P 0.5 3	15/30 15/50 15/15						

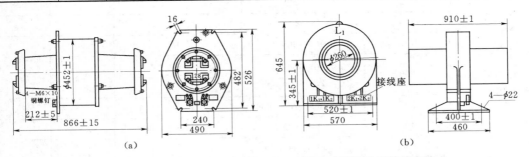

图 22-54 LMC（D）—15、LMGB—20 型电流互感器外形及安装尺寸
(a) LMC（D）15（重量 70kg）；(b) LMGB—20（重量 85kg）

表 22-71 LR（D）（2）—35 型电流互感器准确级次及额定二次负荷

型 号	额定一次电流（A）	一次电流变化范围（A）	额定二次负荷（Ω）			
			0.5级	1级	3级	10级
LR—35	50，75	50～150			<10	
	100	50～150 100～300				0.8
	150	50～150 100～300				0.8
	200	100～300 200～600				1.0
	300	100～300 200～600			0.8	3.0
	400 600	200～600 200～600	0.6		1.2 3.0	4.0
LRD—35	50 75	50～150			<10	
	100	50～150 100～300			<10	
	150	50～150 100～300				0.8
	200	100～300 200～600				1.0
	300	100～300 200～600			0.8	3.0
	400 600	200～600 200～600	0.4		1.2 3.0	4.0
LRDZ—35 LRZ—35	75	75～200				0.8
	100	75～200			0.8	
	150	100～300			0.8	
	200	75～200，100～300，200～600			0.8	
	300	100～300，200～600		0.4	0.8	
	400	200～600		0.8		
	600	200～600，600～1500	0.4	1.2		
	750～1500	600～1500	1.2			

（3）线圈的试验电压（kV）：5（1min）。

（4）10％倍数，见表 22 - 72。

表 22 - 72 LRD（2）—35 型电流互感器 10％倍数

型 号	额定一次电流（A）	额定二次负荷（Ω）（cosφ＝0.8）	10％倍数	型 号	额定一次电流（A）	额定二次负荷（Ω）（cosφ＝0.8）	10％倍数
LRD—35	300	0.8	12	LRD2—35	400	0.8	16
	400	1.2	11		600	1.2	20
	600	1.2	20		750	1.2	24
LRD2—35	150	0.8	6		1000	1.2	30
	200	0.8	10		1500	1.2	40
	300	0.8	12				

（5）出头连接，见表 22 - 73。

表 22 - 73 LR（D）（2）—35 型电流互感器出头连接

电流变化范围（A）	额定电流比	出头连接	重 量（kg）	电流变化范围（A）	额定电流比	出头连接	重 量（kg）
50～150	50/5	A—B	12.8	100～300	200/5	A—D	13.25
	75/5	A—C	12.8		300/5	A—E	13.25
	100/5	A—D	12.8	200～600	200/5	A—B	13.5
	150/5	A—E	12.8		300/5	A—C	13.5
100～300	100/5	A—B	13.25		400—5	A—D	13.5
	150/5	A—C	13.25		600/5	A—E	13.5

3. 外形及安装尺寸

LR（D）（2）—35 型电流互感器外形及安装尺寸，见图 22 - 55。

4. 生产厂

宁波三爱互感器有限公司、宁波互感器厂、宁波市江北三爱互感器研究所。

二、LR、LRD 套管式电流互感器

1. 概述

由于开关厂所生产的套管 CT，精度在 1～10 级，用作保护远远未能满足计量的要求，为此研制生产了准确级为 0.2 或 0.5 级的套管 CT，只要更换油开关的 CT（尺寸相同），投入运行计量准确。

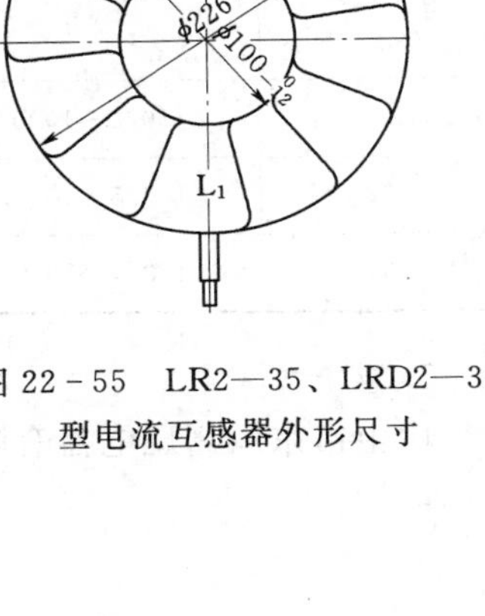

该产品适用于 220、110、35kV 的相应的油开关，并将 CT 套在开关的母线上，靠变压器油或 SF₆ 作一次及二次间

图 22 - 55 LR2—35、LRD2—35 型电流互感器外形尺寸

的绝缘，用作计量电能或保护二次电流的传递。

2. 结构

LR、LRD—35、110、220kV 型电流互感器是用冷轧取向硅钢片卷制成型，并经二次结晶处理，二次线圈绕在铁芯上，用特别的补偿方式使之达到 0.2 级或 0.5 级，再用斜纹布带包扎好整个产品，浸渍绝缘漆，把铭牌包扎在布带上。有 P1 标记，二次有 S1、S2 标记，运行时二次不得开路，否则有高压产生。

3. 技术数据

(1) 精度（级）：0.2，0.5。

(2) 额定油开关电压（kV）：35，110，220。

(3) 额定频率（Hz）：50。

(4) 额定二次电流（A）：5，1。

(5) 二次负荷（VA）：30～60（300～5000A 时）。

(6) 电流比、负荷、准确级次，见表 22-74。

表 22-74 LR、LRD—35、110、220 型套管式电流互感器技术数据

电 流 比 （A）	负荷（固定） （Ω）	准确级次	备 注	电 流 比 （A）	负荷（固定） （Ω）	准确级次	备 注
200、150/5 及以上	0.8	0.2		100/1	2	0.2	配 1A 电能表
100/5	0.6	0.5		75/1	2	0.2	

4. 外形及安装尺寸

该产品外形尺寸见表 22-75，264kV 以下套管 CT 尺寸见表 22-76。

表 22-75 LR—35、LRD—35 套管式电流互感器外形尺寸　　　单位：mm

型 号	外 径	内 径	高 度	型 号	外 径	内 径	高 度
DW1	ϕ173	ϕ88	188	DW8	ϕ200	ϕ86	110
DW2	ϕ231	ϕ88	95	SW1	ϕ168	ϕ90	182
DW6	ϕ170	ϕ93	186	SW4	ϕ220	ϕ90	95

表 22-76 264kV 以下套管电流互感器外形尺寸

电 压 （kV）	电 流 变 比	容 量 （VA）	测量级或保护级	外形尺寸（mm） （外径/内径×高）
72.5	150/5—1000/5，75/1—2000/1	15～50	0.1 或 5P20	ϕ300/ϕ100×90
132	150/5—1000/5，75/1—2000/1	15～50	0.1 或 5P20	ϕ300/ϕ100×90
264	150/5—1000/5，75/1—2000/1	15～50	0.1 或 5P20	ϕ300/ϕ100×90

5. 生产厂

中山市东风高压电器有限公司。

22.1.3.8　CH—35 系列

1. 技术数据

CH1—5～35 型带触头盒全封闭电流互感器技术数据，见表 22-77。

表 22-77　CH1—5～35 型带触头盒全封闭电流互感器技术数据

型　　号	额定一次电流（A）	静触头尺寸（mm）	型　　号	额定一次电流（A）	静触头尺寸（mm）
CH1—35/300—80×10	1250	80×10	CH3—35/350—80×10	1250	80×10
CH1—35/300—φ45	1600	φ45	CH3—35/350—φ45	1600	φ45
CH1—35/300—100×10	1600	100×10	CH3—35/350—100×10	1600	100×10
CH1—35/300—φ70	2000	φ70	CH3—35/350—φ70	2000	φ70
CH1—35/300—100×20	2000	100×20	CH3—35/350—100×20	2000	100×20
CH2—35/300—80×10	1250	80×10	CH4—35/350—80×10	1250	80×10
CH2—35/300—φ45	1600	φ45	CH4—35/350—φ45	1600	φ45
CH2—35/300—100×10	1600	100×10	CH4—35/350—100×10	1600	100×10
CH2—35/300—φ70	2000	φ70	CH4—35/350—φ70	2000	φ70
CH2—35/300—100×20	2000	100×20	CH4—35/350—100×20	2000	100×20
CH2—35/300—80×10	1250	80×10	CH4—35/350—80×10	1250	80×10
CH2—35/300—φ45	1600	φ45	CH4—35/350—φ45	1600	φ45
CH2—35/300—100×10	1600	100×10	CH4—35/350—100×10	1600	100×10
CH2—35/300—φ70	2000	φ70	CH4—35/350—φ70	2000	φ70
CH2—35/300—100×20	2000	100×20	CH4—35/350—100×20	2000	100×20
CH5—35/275—80×10	1250	80×10	CH5—35/275—φ70	2000	φ70
CH5—35/275—φ45	1250，1600	φ45	CH5—35/275—100×20	2000	100×20
CH5—35/275—100×10	1600	100×10			

2. 生产厂

江苏靖江互感器厂、大连第二互感器厂。

22.1.3.9　LDJ—35 系列

一、LDJ—35 型电流互感器

1. 概述

LDJ—35 型电流互感器为户内、单相、环氧树脂浇注全密封产品，性能符合 GB 1208 和 IEC 185 标准，污秽等级 Ⅱ 级，适用于额定频率 50Hz 或 60Hz、额定电压 35kV 及以下的电力系统中，作电能计量及继电保护用。

2. 型号含义

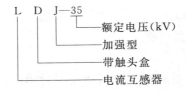

LDJ—35
　L　D　J—35
　　　　　└──额定电压（kV）
　　　└────加强型
　　└─────带触头盒
　└──────电流互感器

3. 技术数据

(1) 额定频率（Hz）：50，60。

(2) 额定绝缘水平（kV）：40.5/95/185。

最高工作电压40.5，1min工频耐压95，雷电冲击耐受电压全波185。

(3) 额定二次电流（A）：5，1。

(4) 额定一次电流、准确级组合、额定输出、额定短时热电流及动稳定电流，见表22-78。

表 22-78　LDJ—35 型电流互感器技术数据

额定电压（kV）	额定电流比（A）	准确级组合	额 定 输 出（VA）			额定1s短时热电流（kA）	额定动稳定电流（kA）	重量（kg）
			0.2	0.5	5P10			
35	5～300	0.2/0.2	10	10	15	$150I_{1n}$	$375I_{1n}$	57
	400～600	0.2/0.5	15	15	20	80	200	
	800～1000	0.2/5P10 0.5/0.5	20	20	25	120	300	
	1200～1250	0.5/5P10	25	25	30	160	400	
	1500～2000	5P10/5P10	25	25	30	200	500	

4. 外形及安装尺寸

LDJ—35 型电流互感器外形及安装尺寸，见图22-56。

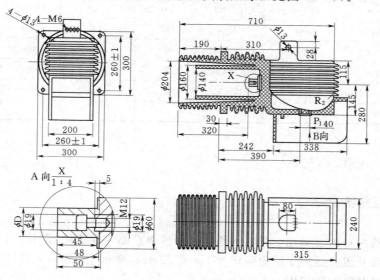

电流（A）	触头（mm）
630	φ35
1250	φ49
1600	φ55
2000	φ79

图 22-56　LDJ—35 型电流互感器外形及安装尺寸

5. 生产厂

大连金业电力设备有限公司。

二、LDJ$_{1～6}$—35 系列电流互感器

1. 概述

LDJ$_{1～6}$—35 系列电流互感器为环氧树脂浇注全封闭产品，适用于额定频率50Hz或

60Hz、额定电压 35kV 及以下的电力系统中，作电能计量、电流测量和继电保护用。符合 IEC—1：1996 及 GB 1208—1997《电流互感器》标准。

2. 型号含义

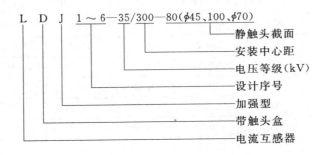

L D J 1～6—35/300—80(φ45、100、φ70)
- 静触头截面
- 安装中心距
- 电压等级(kV)
- 设计序号
- 加强型
- 带触头盒
- 电流互感器

3. 结构

该系列产品为全封闭环氧树脂浇注结构，一次绕组的 P_2 端直接作为开关柜中的静触头，并带有触头盒。静触头截面为 80×10，100×10，100×20，φ45，φ70。

4. 技术数据

(1) 额定电压 (kV)：35。

(2) 额定绝缘水平 (kV)：40.5/95/185。

最高工作电压 40.5，1min 工频耐压 95，雷电冲击耐受电压全波 185。

(3) 额定二次电流 (A)：5，1。

(4) 局部放电水平符合 GB 1208—1997《电流互感器》标准，局部放电量≤20pC。

(5) 温升限值 (K)：85。

(6) 额定一次电流、准确级组合及额定输出、动热稳定电流，见表 22-79。

表 22-79 LDJ—35 系列电流互感器技术数据

| 型　号 | 额定一次电流 (A) | 准确级组合及相应的额定输出 (VA) | | | | 额定短时热电流 (kA) | 额定动稳定电流 (kA) | 生产厂 |
		0.2/10P10	0.5/10P10	0.2/0.5	10P10/10P10			
LDJ$_{1～5}$ —35/300	5～300	10/30	20/30	10/20	20/20	150I$_{1n}$	375I$_{1n}$	江苏靖江互感器厂
	400	10/40	15/40	10/15	20/20			
	500	10/40	15/40	10/15	25/25	63	130	
	600	10/50	30/50	10/30	30/30			
	800	15/50	30/50	15/30	30/30			
	1000～2000	20/50	50/50	20/50	40/40	80		
LDJ1—35/300	5/5	10/30	20/30	10/20	20/20	0.75	1.9	宁波三爱互感器有限公司、宁波互感器厂
	10/5	10/30	20/30	10/20	20/20	1.5	3.75	
	15/5	10/30	20/30	10/20	20/20	2.25	5.63	
	20/5	10/30	20/30	10/20	20/20	3	7.5	
	30/5	10/30	20/30	10/20	20/20	4.5	11.3	

型 号	额定一次电流（A）	准确级组合及相应的额定输出（VA）				额定短时热电流（kA）	额定动稳定电流（kA）	生产厂
		0.2/10P10	0.5/10P10	0.2/0.5	10P10/10P10			
LDJ1—35/300	40/5	10/30	20/30	10/20	20/20	6	15	宁波三爱互感器有限公司、宁波互感器厂
	50/5	10/30	20/30	10/20	20/20	7.5	18.75	
	75/5	10/30	20/30	10/20	20/20	11.25	28	
	100/5	10/30	20/30	10/20	20/20	15	37.5	
	150/5	10/30	20/30	10/20	20/20	22.5	56.25	
	200/5	10/30	20/30	10/20	20/20	30	75	
	300/5	10/30	20/30	10/20	20/20	45	100	
	400/5	10/40	15/40	10/15	20/20	63	130	
	500/5	10/40	15/40	10/15	25/25	63	130	
	600/5	10/50	30/50	10/30	30/30	63	130	
	800/5	15/50	30/50	15/30	30/30	63	130	
	(1000～2000)/5	20/50	50/50	20/50	40/40	80	130	
LDJ1～6—35	5～300	10/30	20/30	10/20	15/15	$150I_{1n}$	$375I_{1n}$	大连第二互感器厂
	400	10/40	15/40	10/15	20/20	54	120	
	500	10/40	15/40	10/15	20/20	63	130	
	600	10/50	30/50	10/30	30/30			
	800	15/50	30/50	15/30	30/30			
	1000～2000	25/50	50/50	20/50	40/40	80		

5. 外形及安装尺寸

LDJ—35 系列电流互感器外形及安装尺寸见图 22-57，静触头截面及安装尺寸见表 22-80。

表 22-80 LDJ—35 系列电流互感器静触头截面及安装尺寸

型 号	额定一次电流（A）	静触头尺寸（mm）	a（mm）	b（mm）	c（mm）	生产厂
LDJ1—35/300—80×10	5～1250	80×10				江苏靖江互感器厂、大连第二互感器厂
LDJ1—35/300—φ45	5×1600	φ45				
LDJ1—35/300—100×10	1500，1600	100×10				
LDJ1—35/300—φ70	2000	φ70				
LDJ1—35/300—100×20	2000	100×20				
LDJ2—35/300—80×10	5～1250	80×10	80	20	40	
LDJ2—35/300—φ45	5～1600	φ45	80	20	40	
LDJ2—35/300—100×10	1500，1600	100×10	80	20	40	

型 号	额定一次电流 （A）	静触头尺寸 （mm）	a （mm）	b （mm）	c （mm）	生产厂
LDJ2—35/300—φ70	2000	φ70	80	20	40	
LDJ2—35/300—100×20	2000	100×20	80	20	40	
LDJ2—35B/300—80×10	5～1250	80×10	120	15	30	
LDJ2—35B/300—φ45	5～1600	φ45	120	15	30	
LDJ2—35B/300—100×10	1500，1600	100×10	120	15	30	
LDJ2—35B/300—φ70	2000	φ70	120	15	30	
LDJ2—35B/300—100×20	2000	100×20	120	15	30	
LDJ3—35/350—80×10	5～1250	80×10				
LDJ3—35/350—φ45	5～1600	φ45				
LDJ3—35/350—100×10	1500，1600	100×10				
LDJ3—35/350—φ70	2000	φ70				江苏靖江
LDJ3—35/350—100×20	2000	100×20				互 感 器
LDJ4—35/350—80×10	5～1250	80×10	80	20	40	厂、大连
LDJ4—35/350—φ45	5～1600	φ45	80	20	40	第二互感
LDJ4—35/350—100×10	1500，1600	100×10	80	20	40	器厂
LDJ4—35/350—φ70	2000	φ70	80	20	40	
LDJ4—35/350—100×20	2000	100×20	80	20	40	
LDJ4—35B/350—80×10	5～1250	80×10	120	15	30	
LDJ4—35B/350—φ45	5～1600	φ45	120	15	30	
LDJ4—35B/350—100×10	1500，1600	100×10	120	15	30	
LDJ4—35B/350—φ70	2000	φ70	120	15	30	
LDJ4—35B/350—100×20	2000	100×20	120	15	30	
LDJ5—35/275—80×10	5～1250	80×10				
LDJ5—35/275—φ45	5～1600	φ45				
LDJ5—35/275—100×10	1500，1600	100×10				
LDJ5—35/275—φ70	2000	φ70				
LDJ5—35/275—100×20	2000	100×20				

三、LDJ2B—35GYW1 型电流互感器

1. 概述

LDJ2B—35GYW1 型电流互感器为贯穿式浇注带触头盒加强型结构，适用于污秽等级为Ⅱ级的地区、额定频率 50Hz、额定电压 35kV 及以下户内装置的电力系统中，作电气测量和电气保护用。

2. 技术数据

(1) 额定二次电流（A）：5，1。

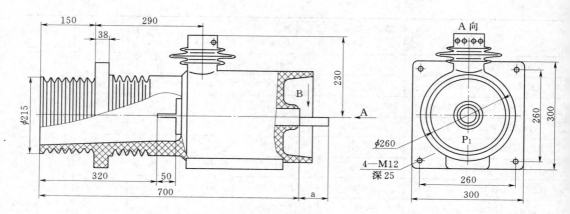

图 22-57 LDJ2—35 型电流互感器外形及安装尺寸（LDJ2—35/300，LDJ2—35B/300）

（2）负荷功率因数：$\cos\phi = 0.8$（滞后）。

（3）额定绝缘水平（kV）：40.5/95/185。

（4）额定一次电流、额定输出、额定短时热电流及动稳定电流，见表 22-81。

表 22-81　LDJ2B—35GYW1 型电流互感器技术数据

额定一次电流 （A）	额 定 输 出 （VA）			10P 级准确 环值系数	短时热电流 （有效值，kA/s）	额定动稳定电流 （峰值，kA）
	0.2 级	0.5 级	10P 级			
5～200	10	10	15	≥10	$100 \times I_{1n} \times 10^{-3}/2$	$2.5 \times I_{th}$
300					25/4	63
400～600	10	15	20		31.5/4	80
800～1000	15	20	30		40/4	100
1200～2000	20	25	40		40/4	100

3. 外形及安装尺寸

LDJ2B—35GYW1 型电流互感器外形及安装尺寸，见图 22-58。

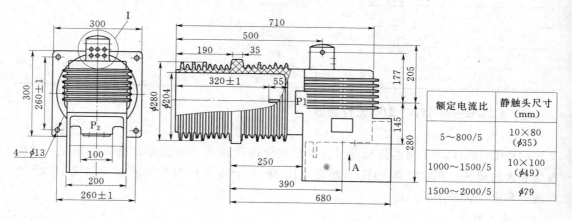

图 22-58　LDJ2B—35GYW1 型电流互感器外形及安装尺寸

4. 生产厂

宁波三爱互感器有限公司、宁波互感器厂、宁波市江北三爱互感器研究所。

22.1.3.10 LB—35 系列

一、LB—35W2（GYW1）型电流互感器

1. 概述

LB—35W2（GYW1）型电流互感器适用于额定电压 35kV、频率 50Hz、中性点非有效接地的电力系统中，供电流测量和继电保护用。

该产品为全密封式，带有金属膨胀器，具有减缓变压器油的老化速度和泄压防爆作用。瓷套的公称爬电比距较大，可适用于普通地区及污秽等级为"Ⅲ重"的地区。

执行标准 IEC 6044—1、GB 1208—1997、GB 311.1—1997、GB 7354—85、GB 7595—87。

2. 型号含义

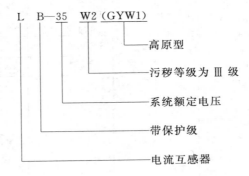

3. 结构

LB—35W2（GYW1）型电流互感器主绝缘为油纸绝缘，正立式结构，由器身、油箱、瓷套、瓷箱帽、金属膨胀器等五部分组成，内部充满变压器油。器身由扁铜线弯成吊环形的一次线和套在一次线上的环形铁芯组成，二次绕组均匀地绕制在环形铁芯上。一次、二次绕组构成"8"字链形结构。器身固定于仿形油箱中。

4. 技术数据

（1）额定电压（kV）：35。

（2）额定绝缘水平（kV）：40.5/95/185。

最高工作电压 40.5；1min 工频耐压 95（干、湿试，有效值）；额定雷电冲击耐受电压全波 185（峰值），截波 213。

（3）局部放电量（pC）：≤20。

（4）介质损耗因数（%）：<2。

（5）温升限值（K）：65。

（6）额定一次及二次电流、准确级组合、额定输出、额定短时热电流及动稳定电流，见表 22-82。

表 22 - 82　LB—35W2（GYW1）型电流互感器技术数据

额定一次电流（A）	额定二次电流（A）	二次绕组准确级组合	额定输出（VA）	保护级准确限值系数	仪表保安系数	1s额定短时热电流（kA）	额定动稳定电流（kA）	公称爬电比距（mm/kV）	重量（油/总）（kg）	外形尺寸（mm）（长×宽×高）
5						0.5	1.28			
10						1	2.55			
15						1.5	3.85			
20						2	5.1			
30						3	7.65			
40		0.2s/5P/5P				4	10.2			
50		0.2/5P/5P				5	12.75			
75		0.5/5P/5P			0.2s、	7.5	19.13	普通型		4000×
100	5，1	0.2s/10P/10P/10P	30，40	15，20	0.2级	10	25.5	≥17	35/165	450×
150		0.2/10P/10P/10P			FS5；	15	38.3			1800
200		0.5/10P/10P/10P			0.5级	20	51	防污型		
300		（可根据需要			FS10	30	76.5	≥25		
400		0.2s、0.2、								
500		0.5、10P、								
600		5P任意组合）								
750						42	105			
800										
1000										

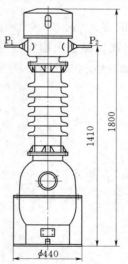

图 22 - 59　LB—35W2（GYW1）
型电流互感器外形及安装尺寸

5. 外形及安装尺寸

LB—35W2（GYW1）型电流互感器外形及安装尺寸，见图 22 - 59。

6. 订货须知

订货时必须提供产品型号、额定电流比、准确级组合、使用环境及其它特殊要求。

7. 生产厂

西安西电电力电容器有限责任公司。

二、LB6—35（LABN6—35）型电流互感器

1. 概述

LB6—35（LABN6—35）型电流互感器为油纸绝缘、户外型产品，适用于额定频率 50Hz 或 60Hz、额定电压 35kV 的电力系统中，作电能计量、电流测量和继电保护用。有防污型产品，可使用在 W1、W2 污秽地区。

2. 型号含义

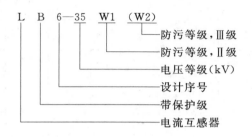

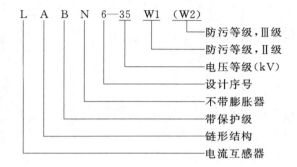

3. 结构

该产品的器身装在充满变压器油的油箱中，并经真空干燥和浸油处理，产品为全密封带保护级的结构，能有效地防止油老化。有三个或四个二次绕组，可以进行各种级次组合。执行 GB 1208—1997《电流互感器》标准。

4. 技术数据

(1) 额定电压 (kV)：35。

(2) 额定绝级水平 (kV)：40.5/95/185。

最高工作电压 40.5，1min 工频耐压 95，雷电冲击耐受电压全波 185，截波 212.8。

(3) 局部放电量 (pC)：≤5。

(4) 介质损耗因数 (%)：2。

(5) 温升限值 (K)：55。

(6) 外绝缘爬电距离 (mm)：≥908 (W1 型)；≥1050 (W2 型)。

(7) 额定二次电流 (A)：5。

(8) 额定一次电流、准确级组合、额定输出及动热稳定电流，见表 22-83。

三、LB6—35 (LABN1—35) 型电流互感器

1. 概述

LB6—35 (LABN1—35) 型电流互感器为油浸户外装置，由天津市百利纽泰克电器有限公司（原天津市互感器厂）生产，采用仿形油箱全封闭结构，用于额定频率 50Hz、35kV 电力系统中，作电流、电能测量和继电保护用。产品性能符合 GB 1208—1997《电流互感器》标准。

表 22-83　LB6—35 (LABN6—35) W1 (W2) 型电流互感器技术数据

额定一次电流 (A)	准确级组合	准确级及相应的额定输出 (VA)					10P级准确限值系数	额定短时热电流 (有效值, kA)	额定动稳定电流 (峰值, kA)	生产厂
		0.2级	0.5级	10P1级	10P2级	10P3级				
5								0.5	1.28	
10								1	2.55	
15								1.5	3.83	
20								2	5.1	
30								3	7.65	
40								4	10.2	
50	0.5/10P1/10P2 0.2/10P1/10P2	30	40	40	30		20	5	12.75	江苏靖江互感器厂
75								7.5	19.13	
100								10	25.5	
150								15	38.3	
200								20	51	
300								30	76.5	
400~2000								40	102	
5~1500			30	50			20	$75I_{1n}$	$2.5 \times 75I_{1n}$	江西变电设备总厂
5~300		20	40	30	40	40	20	$100 \times I_{1n} \times 10^{-3}$	$255 \times I_{1n} \times 10^{-3}$	宁波三爱互感器有限公司
400~2000		20	40	30	40	40	20	40	102	

额定一次电流 (A)	准确级次	额定二次负荷		10P级准确限值系数	额定短时热电流 (有效值, kA)	额定动稳定电流 (峰值, kA)	生产厂
		Ω	最大二次电流倍数				
5, 10, 15, 30, 50, 75, 150, 750	0.5 10P1 10P2	1.6 1.6 1.2	4.64 27.5 26.7	20			浙江三爱互感器有限公司
20, 40, 100, 200, 400, 800	0.5 10P1 10P2	1.6 1.6 1.2	4.54 27.5 26.6	20			
1000	0.5 10P1 10P2	1.6 1.6 1.2	4.11 26.9 27.6	20			
300, 600, 1200	0.5 10P1 10P2	1.6 1.6 1.2	4.78 25.8 26.4	20			
1500	0.5 10P1 10P2	1.6 1.6 1.2	4.44 28.3 28	20			
2000	0.5 10P1 10P2	1.6 1.6 1.2	5.68 26.6 28.7	20			

续表 22-83

额定一次电流 (A)	准确级次	额定二次负荷		10P 级准确 限值系数	额定短时 热电流 (有效值，kA)	额定动 稳定电流 (峰值，kA)	生产厂
		Ω	最大二次 电流倍数				
5					0.5	1.28	
10					1.0	2.55	
15					1.5	3.83	
20					2.0	5.1	
30					3.0	7.65	
40					4.0	10.2	
50					5.0	12.75	浙江三 爱互感 器有限 公司
75					7.5	19.13	
100					10	25.5	
150					15	38.25	
200					20	51.0	
300					30	25.5	
400，600，750， 800，1000，1200， 1500，2000					40	102.0	

2. 型号含义

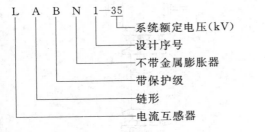

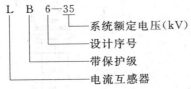

3. 技术数据

(1) 额定电压（kV）：35。

(2) 额定一次电流（A）：5，10，15，20，30，40，50，75，100，150，200，300，400，500，600，750，800，1000，1200，1500，2000。

(3) 额定二次电流（A）：5。

(4) 级次组合及额定输出（VA）：0.2/0.5（此时 0.2 级可带抽头，见表 22-84）；

0.2/10P20/10P20—30/40/30；

0.5/10P20/10P20—40/40/30。

(5) 绝缘水平（kV）：工频耐受电压 95；全波冲击耐受电压 185。

(6) 热稳定电流（1s）：$100I_{1n}$（5～300A 时）；40kA（400～2000A 时）。

(7) 外绝缘爬电比距（mm/kV）：>25。

表 22 - 84   0.2 级带抽头时额定输出

I_{1n} （A）	0.2 级绕组抽头时的 I_{1n} （A）	额定输出（VA）cosϕ=0.8		
		0.2 级抽头	0.2	0.5
5,10,15,20,30,40,50,75			40	40
500,1000	400,800			
100,150,200,300,400,600,800,1200	75,125,150,250,300,500,600,1000	30	40	40
750,1500	500,1000			
2000	1500			

4. 外形及安装尺寸

LB6—35（LABN1—35）型电流互感器外形及安装尺寸，见表 22 - 85 及图 22 - 60。

表 22 - 85   LB6—35（LABN1—35）型电流互感器外形尺寸　　　单位：mm

额定一次电流（A）		5～75	100～600	750～1000	1200～1500	2000
B		508		548	588	658
h		1315				1335
H		1475				1495
重量（kg）	油	25		27		31
	总体	160		190		205

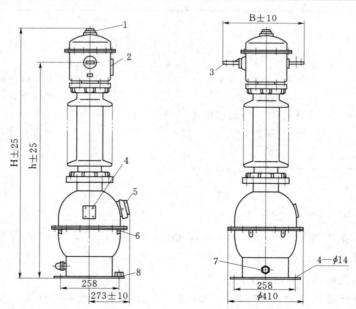

图 22 - 60　LB6—35（LABN1—35）型电流互感器外形及安装尺寸
1—注油塞；2—油位计；3—出线端子；4—铭牌；5—二次接线盒；
6—吊攀；7—油样活门；8—接地螺栓

5. 生产厂

天津市百利纽泰克电器有限公司。

四、LB7—35 型电流互感器

1. 用途

LB7—35 型电流互感器供额定电压 35kV、频率 50Hz 电力系统，作电能计量和继电保护用，执行 GB 1208—1997《电流互感器》标准。户外油浸式全密封结构。

2. 型号含义

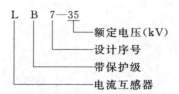

3. 技术数据

(1) 额定电压（kV）：35。

(2) 额定频率（Hz）：50。

(3) 海拔高度（m）：1000。

(4) 额定绝缘水平（kV）：40.5/80/185。

最高工作电压 40.5，1min 工频耐压 80，雷电冲击耐受电压全波 185。

(5) 瓷套爬电距离（mm）：908。

(6) 额定电流比、准确级及额定输出、额定短时热电流及动稳定电流，见表 22-86。

表 22-86　LB7—35 型电流互感器准确级、额定短时热电流和动稳定电流

额定电流比 （A）	级次组合	准确级	额定输出 （VA）	准确限值 系数	额定1s短 时热电流 （kA）	额定动 稳定电流 （kA）	油容积 （L）	重量 （kg）	外形尺寸 （mm） （长×宽×高）
5/5					0.5	1.28			
10/5		0.2	40		1	2.55			
15/5					1.5	3.83			
20/5					2	5.1	58 （5~600A）	210	580×450 ×1460
30/5					3	7.65			
40/5	0.2/10P1 /10P2	10P1	40	20	4	10.2	64 （750~1500A）	235	640×450 ×1460
50/5					5	12.75			
75/5					7.5	19.13			
100/5					10	25.5	64 （2000~2500A）	245	760×450 ×1460
150/5					15	28.3			
200/5		10P2	30	20	20	51			
300/5					30	76.5			
400~2500/5					40	102			

4. 生产厂

沈阳互感器厂（有限公司）。

22. 1. 3. 11　LCW—35 系列

一、LCWD1—35（LABN1—35W2）型电流互感器

1. 概述

LCWD1—35（LABN1—35W2）型电流互感器为油绝缘、户外型产品，适用于额定频率 50Hz 或 60Hz、电压 35kV 及以下的电力系统中，作电量计量、电流测量和继电保护用。

2. 型号含义

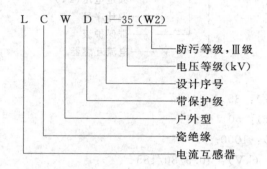

3. 结构

该产品结构紧凑、体积小、重量轻，器身经过真空干燥处理装于充满变压器油的套管中。其上半部为一次绕组，下半部为二次绕组，套管固定于底座上，套管顶部装有储油柜，一次绕组出头分别从柜壁两侧引出，标有 P_1 的起始端子用小瓷套与柜壁绝缘，末端 P_2 与柜壁直接连接，储油柜正面装有表示不同温度刻度的油表。

4. 技术数据

(1) 额定电压（kV）：35。

(2) 额定绝缘水平（kV）：40.5/95/185。

最高工作电压 40.5，1min 工频耐压 95，雷电冲击耐受电压全波 185。

(3) 额定二次电流（A）：5。

(4) 外绝缘爬电距离（mm）：普通型≥735，防污 W2 型≥1100。

(5) 额定一次电流、准确级组合、额定输出及动热稳定电流，见表 22-87。

LCWD1—35（W2）型电流互感器外形及安装尺寸，见图 22-61。

表 22-87　LCWD1—35（W2）型电流互感器技术数据

额定一次电流（A）	准确级组合	额定输出（VA）				额定短时热电流（kA）	额定动稳定电流（kA）	生产厂
		0.2	0.5	10P	10P15			
5						0.375	0.95	
10	0.5/10P15					0.75	1.9	
15	0.2/10P15	30	50		50	1.12	2.9	江苏靖江互感器厂
20	0.2/0.5					1.5	3.8	
30	0.2/0.2					2.25	5.7	

续表 22-87

额定一次电流 （A）	准确级组合	额定输出（VA）				额定短时热电流 （kA）	额定动稳定电流 （kA）	生产厂
		0.2	0.5	10P	10P15			
40						3	7.6	
50						3.75	9.6	
75						5.62	14.5	
100						7.5	19.2	
200	0.5/10P15					11.25	28.7	
300	0.2/10P15	30	50		50	15	38.3	江苏靖江互 感器厂
400	0.2/0.5					22.5	57.5	
600	0.2/0.2					30	76.5	
800								
1000						45	115	
1200								
1500								
15，20，30，40， 50，75，100，150， 200，300，400，600						$75 \times I_{1n} \times 10^{-3}$	$191 \times I_{1n} \times 10^{-3}$	宁波三爱互 感器有限公 司、宁波互 感器厂
800	0.2/10P	30	50		50	$56 \times I_{1n} \times 10^{-3}$	$143 \times I_{1n} \times 10^{-3}$	
1000	0.5/10P					$45 \times I_{1n} \times 10^{-3}$	$115 \times I_{1n} \times 10^{-3}$	
1200						$38 \times I_{1n} \times 10^{-3}$	$95 \times I_{1n} \times 10^{-3}$	
1500						$30 \times I_{1n} \times 10^{-3}$	$77 \times I_{1n} \times 10^{-3}$	

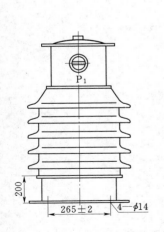
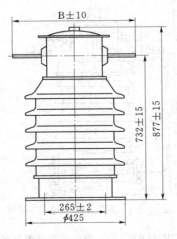

额定一次电流（A）	B
5～500	410
600～1000	440
1200～1500	440

图 22-61　LCWD1—35（W2）型电流互感器外形及安装尺寸

二、LCW（QD）—35（TH）系列电流互感器

1. 概述

LCW—35、LCWD—35、LCWQ—35、LCWQD—35、LCWD—35TH、LCWQD—35TH 系列电流互感器，由沈阳互感器厂（有限公司）生产，供额定电压 35kV、频率 50Hz 的电力系统作电流、电能测量和继电保护用。户外油浸全密封结构，各项技术性能符合 GB 1208—1997《电流互感器》标准。

2. 型号含义

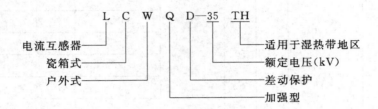

3. 技术数据

(1) 额定电压（kV）：35。

(2) 额定频率（Hz）：50。

(3) 额定绝缘水平（kV）：40.5/95/180。

最高工作电压 40.5，1min 工频耐压 95，雷电冲击耐受电压全波 180。

(4) 海拔（m）：1000。

(5) 油容积（L）：50。

(6) 额定电流比、级次组合、准确级及额定输出、额定短时热电流及动稳定电流，见表 22-88。

4. 外形及安装尺寸

LCW（QD）—35（TH）型电流互感器外形及安装尺寸，见图 22-62。

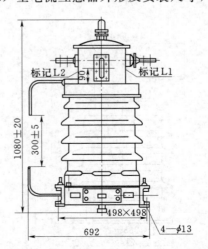

图 22-62 LCW（QD）—35 型电流互感器外形及安装尺寸

表 22-88 LCW (QD) —35 (TH) 型电流互感器技术数据

型号	额定电流比 (A)	频率 (Hz)	级次组合	准确级	额定输出 (VA)	10%倍数	额定1s短时热电流 (kA)	额定动稳定电流 (kA)	外形尺寸 (mm) (长×宽×高)	生产厂
LCW—35	15～1000/5	50	0.5/3	0.5	50		65（倍）	100（倍）		
				3	50	5				
LCWD—35	15～750/5	50	D/0.5	0.5	30		65（倍）	150（倍）		
				D	20	35				
	1000/5			0.5	30		65（倍）	100（倍）		
				D	20	50				
	1500/5			0.5	30		36（倍）	65（倍）		
				D	20	35				
LCWQ—35	15～600/5	50	0.5/1	0.5	30		90（倍）	150（倍）		
				1	30	30				
LCWQD—35	15～600/5	50	D/0.5	0.5	30		90（倍）	150（倍）	692×595 ×1080	沈阳互感器厂（有限公司）
				D	20	35				
LCW—35TH	15～400/5 600/5～ 1000/5	50	0.5/3	0.5	50		65（倍）	100（倍）		
				3	50	5				
LCWD—35TH	15～400/5 600/5， 750/5	50	D/0.5	0.5	30		65（倍）	150（倍）		
				D	20	35				
	1000/5			0.5	30		65（倍）	100（倍）		
				D	20	50				
LCWQD—35TH	15～600/5	50	D/0.5	0.5	30		90（倍） （15～400A） 50（倍） （600A）	150（倍）		
				D	20	35				

三、LCW（QD）—35 型电流互感器

1. 概述

LCW（QD）—35 型电流互感器为油浸式户外全密封结构，供额定电压 35kV、频率 50Hz 的电力系统作电流、电能计量和继电保护用。执行 GB 1208—1997《电流互感器》标准。

2. 型号含义

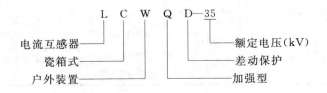

3. 技术数据

(1) 该系列产品的准确级次、额定二次负载，见表22-89。

表 22-89　LCW（QD）—35 型电流互感器准确级次、额定输出

型　号	额定一次电流（A）	准确级次	额定二次负载（cosϕ=0.8）							
			0.5		1		3		10	
			Ω	VA	Ω	VA	Ω	VA	Ω	VA
LCW—35	15～1000	0.5	2	50	4	100				
		3					2	50	4	100
LCWQ—35	15～600	0.5	1.2	30	3	75				
		1	1.2	30	3	75				
LCWD—35	15～1000	10P			1.2	30	3	75		
LCWQD—35	15～600	0.5	1.2	30	3	75				

(2) 10P级准确限值系数、最大二次电流倍数及二次绕组阻抗，见表22-90。

表 22-90　LCW（QD）—35 型电流互感器 10P 级准确限值系数和最大二次电流倍数

型　号	额定一次电流（A）	级次组合	准确级次	额定二次负载（VA）	10P级准确限值系数	最大二次电流倍数（在额定二次负载时）	二次绕组阻抗（Ω）
LCW—35	15～1000	0.5/3	0.5	2	28	35	0.7
			3	2	5	12	0.5
LCWD—35 LCWQD—35	15～750	10P/0.5	0.5	1.2	15	25	0.5
	1000			1.2	15	28	0.8
LCW—35	15～600	0.5/3	0.5	1.2	15	25	0.5
			1	1.2	30	35	0.56
LCWD—35 LCWQD—35	15～600	10P/0.5	10P	0.8	35	45	0.56
	750			0.8	35	50	0.67
	1000			0.8	50	50	0.94

(3) 额定短时热电流和动稳定电流，见表22-91。

表 22-91　额定短时热电流和动稳定电流

型　号	额定一次电流（A）	1s热电流（有效值）（倍数）（kA）	动稳定电流（峰值）（倍数）（kA）	型　号	额定一次电流（A）	1s热电流（有效值）（倍数）（kA）	动稳定电流（峰值）（倍数）（kA）
LCW—35	15～1000	$90I_{1n}$	$150I_{1n}$	LCWD—35	1000	$65I_{1n}$	$150I_{1n}$
LCWD—35	15～750	$65I_{1n}$	$100I_{1n}$	LCWQ—35 LCWQD—35	15～600	$65I_{1n}$	$100I_{1n}$

（4）重量（kg）：270（油40）。

4. 外形及安装尺寸

该系列产品外形及安装尺寸，见图22-63。

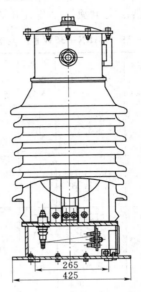

图22-63 LCW（QD）—35型电流互感器外形及安装尺寸

5. 生产厂

浙江三爱互感器有限公司。

四、LCW1—35（LABN—35WⅡ）型电流互感器

1. 概述

LCW1—35（LABN—35WⅡ）型电流互感器为油浸户外装置，适用于额定频率50Hz、电压35kV电力系统中，作电流、电能测量和继电保护用。该产品上下密封结构，采用可调式护圈构成，密封性能良好，维修方便。产品性能符合GB 1208—1997《电流互感器》标准。该型互感器可带膨胀器。

2. 型号含义

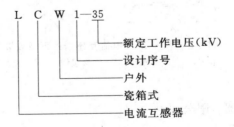

3. 技术数据

（1）额定一次电流（A）：15，20，30，40，50，75，100，150，200，300，400，600，750，1000。

（2）额定二次电流（A）：5。

（3）绝缘水平（kV）：工频耐受电压 95；全波冲击耐受电压 185。

（4）外绝缘爬电比距（mm/kV）：＞25。

（5）准确级次、级次组合、热稳定电流、动稳定电流等，见表 22-92。

表 22-92 LCW1—35（LABN—35WⅡ）型电流互感器技术数据

型 号	额定一次电流（A）	准确级次	额定输出（VA）	级次组合	仪表保安系数	准确限值系数	热稳定电流（kA/1s）	额定动稳定电流（kA）	生产厂
LCW1—35	15～600	0.2	30	0.2/3	15		$0.065I_{1n}$	$0.165I_{1n}$	
		0.5	40	0.5/3	15				
	750～1000	3	30	0.2/0.5		10	45	115	
LCWD—35	15～600	0.2	30	0.2/10P	15		$0.065I_{1n}$	$0.165I_{1n}$	天津市百利纽泰克电器有限公司
		0.5	40	0.5/10P	15				
	750～1000	10P	30			15	45	115	
LCWQ—35	15～400	0.2	30	0.2/1	15		$0.100I_{1n}$	$0.250I_{1n}$	
		0.5	40	0.5/1	15				
	600	1	30	0.2/0.5		10	45	115	
LCWQD—35	15～400	0.2	30	0.2/10P	15		$0.100I_{1n}$	$0.250I_{1n}$	
		0.5	40	0.5/10P	15				
	600	10P	30	10P/10P		15	45	115	

4. 外形及安装尺寸

LCW1—35 型电流互感器外形及安装尺寸，见图 22-64。

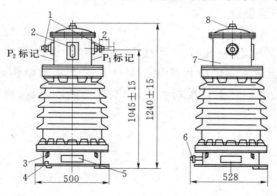

额定一次电流（A）	l	d	重量（kg）	油重（kg）
15～400	52	M22×1.5	270	45
600	52	M27×1.5		
750～1000	58	M30×1.5		

图 22-64 LCW1—35 型电流互感器外形及安装尺寸

1——次接线端子；2—油表；3—吊钩；4—接地螺栓；5—二次接线盒；6—放油塞；7—储油柜；8—安全气道

5. 生产厂

天津市百利纽泰克电器有限公司。

22.1.3.12 LAB—35 系列

一、LAB2—35W2 系列电流互感器

1. 概述

LAB2—35W2 系列电流互感器适用于中性点非有效接地的 35kV 交流电力系统中，

作电流测量和继电保护用。执行标准 GB 1208—1997《电流互感器》。

2. 型号含义

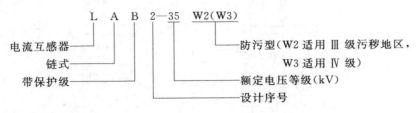

3. 结构特点

该产品为单相油浸式结构，由一次绕组、二次绕组、储油柜、瓷套、金属膨胀器及底座等部件组成。一次绕组为饼式，二次绕组通常为一个测量绕组和一个保护绕组。在金属膨胀器上有油位计，并标有不同温度下的油面标志，便于经常监视。瓷套压紧采用压圈结构。

4. 技术数据

(1) 额定工作电压 (kV)：$35/\sqrt{3}$。

(2) 最高工作电压 (kV)：$40.5/\sqrt{3}$。

(3) 额定频率 (Hz)：50。

(4) 额定一次电流 (A)：15～1500。

(5) 额定二次电流 (A)：5，1。

(6) 防污等级：W2 或 W3。

(7) 极性：减极性。

(8) 典型级次组合：0.2/5P20。

(9) 典型二次输出：测量级 40VA，保护级 50VA。

(10) 额定短时热电流：1s 或 3s 一次电流 400A 以下 100 倍；400A 以上 40kA（均方根值）。

(11) 额定动稳定电流：一次电流 400A 以下 250 倍；400A 以上 100kA（峰值）。

(12) 绝缘水平 (kV)：40.5/80/185。

(13) 局部放电量 (pC)：≤10 (40.5kV 测量电压下)；≤5 ($12×40.5/\sqrt{3}=28.1kV$ 下)。

(14) 介质损耗因数 $\tan\delta$：≤0.015（整体）。

5. 外形及安装尺寸

LAB2—35W2 型电流互感器外形及安装尺寸，见图 22-65。

6. 生产厂

保定天威集团特变电气有限公司。

二、LABN2—35W2 系列电流互感器

1. 概述

LABN2—35W2 型电流互感器适用于中性点非有效接地的 35kV 交流电力系统中，作电流测量和继电保护用。执行标准 GB 1208—1997《电流互感器》。

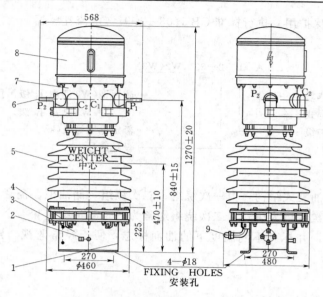

图 22-65 LAB2—35W2 型电流互感器外形及安装尺寸（重量 140kg）

1—铭牌；2—接地螺栓；3—底座；4—吊攀；5—瓷套；6——次接线端子；
7—储油柜；8—金属膨胀器；9—放油管

2. 型号含义

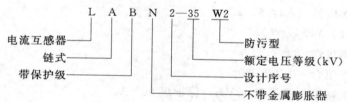

3. 结构特点

该系列产品为单相油浸式电流互感器，由一次绕组、二次绕组、储油柜、瓷套及底座等部件组成，不装金属膨胀器。一次绕组为饼式，二次绕组通常为一个测量绕组和一个保护绕组。油浸式结构，在储油柜外壁有油位计并标有油面标志，监视油位。瓷套压紧采用压圈结构。

4. 技术数据

（1）额定工作电压（kV）：$35/\sqrt{3}$。

（2）最高工作电压（kV）：$40.5/\sqrt{3}$。

（3）额定频率（Hz）：50。

（4）额定一次电流（A）：15～1500。

（5）额定二次电流（A）：5，1。

（6）防污等级：W2 或 W3。

（7）极性：减极性。

（8）典型级次组合：0.2/5P20。

（9）典型二次输出（VA）：测量级 40，保护级 50。

（10）热稳定：1s 或 3s 一次电流 400A 以下 100 倍；400A 以上 40kA（均方根值）。

（11）动稳定：一次电流 400A 以下 250 倍；400A 以上 100kA（峰值）。

（12）绝缘水平（kV）：40.5/80/185。

（13）局部放电水平（pC）：$\leqslant 5$（$1.2 \times 40.5/\sqrt{3} = 28.1$kV 以下）；$\leqslant 10$（40.5kV 以下）。

（14）介质损耗因数 $\tan\delta$：$\leqslant 0.015$（整体）。

5. 外形及安装尺寸

LABN2—35W2 系列电流互感器外形尺寸（mm）：$520 \times 460 \times (1060 \pm 20)$。

6. 生产厂

保定天威集团特变电气有限公司。

三、LABN$_6^1$—35 型电流互感器

1. 概述

LABN1—35、LABN6—35 型（原型号 LB6—35）电流互感器适用于额定电压 35kV、频率 50Hz 的交流电力系统中，作电流、电能测量及继电保护用。户外型。执行标准 GB 1208—1997《电流互感器》。

2. 型号含义

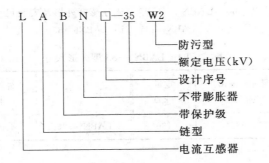

3. 结构

该产品由一、二次绕组构成"8"字形，并装在充满变压器油的瓷箱中，油纸绝缘，由储油柜引出一次接线排的全密封型结构。根据需要，储油柜可配置膨胀器的全密封结构。

4. 技术数据

LABN1—35、LABN6—35 型电流互感器技术数据，见表 22-93。

表 22-93 LABN$_6^1$—35 型电流互感器技术数据

型　号	额定电流比（A）	级次组合	准确级	额定输出（VA）	准确限值系数	仪表保安系数	额定短时热电流（倍）	动稳定电流（倍）	额定绝缘水平（kV）
LABN1—35（LCWB—35）	20～600/5	0.2/3 0.5/3 0.5/P	0.2 0.5 3.0 10P	30 50 50 50	15 15	10	65	120	40.5/95/185
LABN6—35（LB6—35）	5～1000/5 500～2000/5	0.2/P₁/P₂ 0.5/P₁/P₂	0.2 0.5 10P₁ 10P₂	40 40 40 30	20	10	100 80～20	250 200～50	40.5/95/185

5. 外形及安装尺寸

LABN1—35、LABN6—35 型电流互感器外形及安装尺寸，见图 22 - 66 及表 22 - 94。

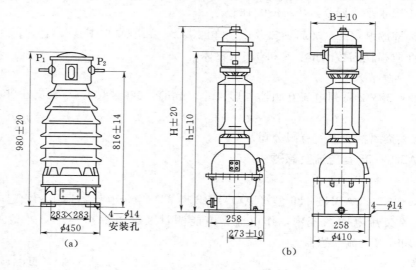

图 22 - 66　LABN$_6^1$—35 型电流互感器外形及安装尺寸

(a) LABN1—35；(b) LABN6—35

表 22 - 94　LABN$_6^1$—35 型外形尺寸

型　号	外形尺寸（mm）（长×宽×高）	重量（kg）	型　号	外形尺寸（mm）（长×宽×高）	重量（kg）
LABN1—35	φ450×980	130	LABN6—35	410×588×1495	160

6. 生产厂

重庆高压电器厂。

四、LABN2—35（W1）型电流互感器

1. 概述

LABN2—35（W1）型（原型号 LCWD2—35）电流互感器适用于环境温度－25～
＋40℃、海拔不超过 1000m、额定频率 50Hz、额定电压 35kV 的户外交流电力系统中，
作电流、电能测量和继电保护电源用。

2. 型号含义

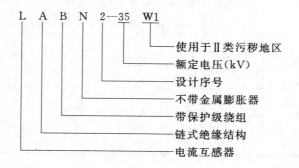

3. 结构

该产品具有两个二次绕组，即一个 0.5（0.2）或 0.2s 级，另一个 10P（5P）级。铁芯为圆环形，铁芯绝缘后缠绕二次绕组，一次绕组穿过二次线圈成"8"形链状，主绝缘包扎在一次绕组上。整个器身浸在充满变压器油的瓷套中。储油柜正面装有油面表，两侧装有一次绕组的出线端。底座下面用四个（带触头产品为六个）小瓷套将二次绕组出头引出，并固定在小门内的接线板上。

为扩大应用范围，该型互感器经改型设计，采用一次绕组抽头的型式，形成双变比用途的互感器。其一次进线端用 P_1、P_2 表示，一次出线端（和储油柜直接相连）用 P_3 表示，即 P_1—P_3 表示小电流比 a/b，P_2—P_3 表示大电流比 2a/b。

二次出线标记为 1S1、1S2（测量级）和 2S1、2S2（保护级）。当一次电流由 P_1 流向 P_2 时，二次电流则由 S1 流出，经外部回路流向 S2。

该型互感器的显著特点是在储油柜的工艺上采用全密封装置，使油面与外界空气隔绝，减缓变压器油的氧化过程，有效阻止机械混合物和水分的浸入。

4. 技术数据

（1）额定电压（kV）：35。

（2）设备最高电压（kV）：40.5。

（3）额定一次电流（A）：15，20，30，40，50，75，100，150，200，300，400，600，1000，1200，1500。

（4）额定二次电流（A）：5。

（5）额定频率（Hz）：50。

（6）极性：减极性。

（7）准确级组合：0.5/P（基本型）；0.5/1，0.2/P，0.2/0.5，0.2s/P。

（8）额定二次输出（$\cos\phi=0.8$ 滞后）：0.5 级 50VA，0.2 级 30VA；1 级 50VA，P 级 50VA。

（9）保护级额定准确限值系数：15。

（10）电气绝缘水平：

1）二次绕组之间及二次绕组对地绝缘电阻值不小于 100MΩ。

2）短时工频耐受电压：二次绕组相互间及地 3kV/min（均方根值）；一次绕组对二次绕组及地 95kV/min（均方根值）；外绝缘工频干试、湿试耐压 95kV/min。

3）额定雷电冲击耐受电压全波 185kV。

（11）介质损耗因数（tanδ）：在环境温度 10～30℃、湿度 45%～60%、电压 10kV 时，介质损耗因数≤0.02。

（12）局部放电量（pC）：≤5。

（13）额定短时电流，见表 22-95。

（14）0.2s 级精度时电流值、比差、角差，见表 22-96。

（15）爬电比距（mm/kV）：

LABN2—35 型：≥18，LABN2—35W1 型：≥25。

表 22－95 LABN2—35（W1）型电流互感器额定短时电流

额定一次电流 （A）	额定短时热电流 （均方根值，kA）	额定动稳定电流 （峰值，kA）	额定一次电流 （A）	额定短时热电流 （均方根值，kA）	额定动稳定电流 （峰值，kA）
15～600	额定一次电流的 kA 值×75	额定一次电流的 kA 值×187.5	1000	45	112
800	45	112	1500	45	112

表 22－96 0.2s 级精度 LABN2—35（W1）型电流互感器比差、角差

电流值 （%）	比差 （±%）	角差 （'）	电流值 （%）	比差 （±%）	角差 （'）	电流值 （%）	比差 （±%）	角差 （'）
1	0.75	30	20	0.2	10	120	0.2	10
5	0.35	15	100	0.2	10			

注 本表仅适用于额定二次电流为 5A 的电流互感器。

5. 外形及安装尺寸

该产品外形及安装尺寸，见图 22－67。

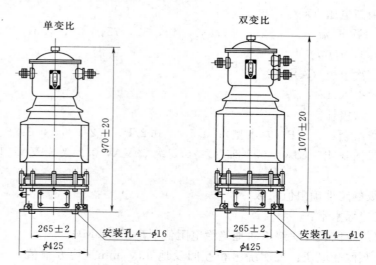

单变比   双变比

图 22－67 LABN2—35（W1）型电流互感器外形及安装尺寸

（江西变电设备有限公司）

6. 订货须知

订货时必须提供产品型号、额定电流比、准确级组合及相应输出、爬电比距等要求。

7. 生产厂

中国·人民电器集团、江西变电设备有限公司、江西互感器厂、江西电力计量器厂。

五、LABN6—35（G）型电流互感器

1. 概述

LABN6—35、LABN6—35G 型电流互感器为油纸绝缘、户外、封闭型产品，供设备最高电压 40.5kV、额定频率 50Hz 的交流电力系统中，作电流、电能测量及继电保

护用。

2. 型号含义

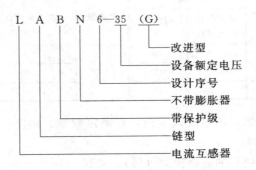

L A B N 6—35 （G）
- 改进型
- 设备额定电压
- 设计序号
- 不带膨胀器
- 带保护级
- 链型
- 电流互感器

3. 结构

该产品器身装在充满变压器的油箱中，上半部是一次绕组，下半部是二次绕组。

LABN6—35 型电流互感器有三个二次绕组，且三个绕组电流比相同，当一次电流由一次绕组 P_1（起端）流向 P_2（末端）时，二次电流自二次出头的 S1，经二次负荷流回二次出头的 S2，即为减极性。

LABN6—35G 型电流互感器为改进型产品，具有三个二次绕组且电流比不相同，适用于大容量电力系统中进行小电流计量，大电流保护，提高测量精度及保护功能。该产品电流比变化范围（即最大电流比与最小电流）原则上不超过 3 倍，如 3 个电流比分别为 $\frac{400}{5}/\frac{400}{5}/\frac{1200}{5}$，相应准确级为 0.5/10P1/10P2 级。

LABN6—35G 型电流互感器还具有 4 个电流比相同的二次绕组，能在有限的占地面积使用，测量及继电保护更准确。也具有 4 个电流比不相同的二次绕组，电流比变化范围不超过 3 倍。

4. 技术数据

(1) 设备最高电压（kV）：40.5。

(2) 额定频率（Hz）：50。

(3) 额定一次电流（A）：5，10，15，20，30，40，50，75，100，150，200，300，400，500，600，750，800，1000，1200，1500，2000。

(4) 额定二次电流（A）：5。

(5) 准确级及额定输出（VA）：0.2 级：30；0.5 级：40；10P1 级：40（10P20）；10P2 级：30（10P20）。

(6) 功率因数：$\cos\phi = 0.8$。

(7) 保护级（10P 级）额定准确限值系数为 20（1500/5 和 2000/5 为 10）。

(8) 额定短时热电流：400/5A 及以下为额定一次电流的 100 倍，500/5A 及以上为 40kA。

(9) 额定动稳定电流（峰值）为额定短时热电流（有效值）的 2.5 倍。

(10) 减极性。

(11) 测量级误差限值：在额定频率下，二次负荷为额定负荷 25%～100% 任一数值时，电流误差和相位差，见表 22-97。

(12) 测量级（0.5）仪表保安系数（FS）：≤10。

表 22-97 电流误差和相位差

准确级	一次电流为额定一次电流的百分数（%）	误差限值		准确级	一次电流为额定一次电流的百分数（%）	误差限值	
		电流误差（±%）	相位差 ±（′）			电流误差（±%）	相位差 ±（′）
0.2	5	0.75	30	0.5	5	1.5	90
	20	0.35	15		20	0.75	45
	100～120	0.2	10		110～120	0.5	30

（13）保护级（10P级）的电流误差值：在额定频率、额定一次电流和额定二次负荷下，电流误差不超过±3%。

（14）保护级（10P级）的复合误差（%）：＜10。

（15）额定绝缘水平（kV）：工频耐压95，全波冲击耐受电压185。

（16）温升限值（K）：55。

5. 外形及安装尺寸

LABN6—35（G）型电流互感器外形及安装尺寸，见表22-98及图22-68。

表 22-98 LABN6—35（G）型电流互感器外形及安装尺寸 单位：mm

		3 个 二 次 绕 组				4个二次绕组
额定一次电流（A）		5～500	600～1000	1200～1500	2000	5～2000
B		508	548	588	658	658
h		1315		1335		1450
H		1475		1495		1620
C		258				315
D		410				500
E		273				325
重量（kg）	油	25	29	29	31	50
	总体	160	190	190	205	250

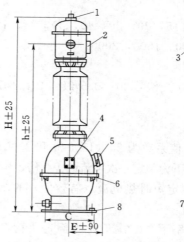
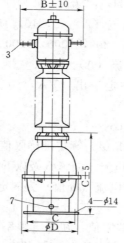

图 22-68 LABN6—35（G）型电流互感器外形及安装尺寸

1—注油塞；2—油位计；3—接线端子；4—铭牌；5—二次接线盒；6—吊攀；7—放油塞；8—接地螺栓

6. 订货须知

订货时必须提供产品型号、额定电流比、准确级组合等要求。

7. 生产厂

江苏省如皋高压电器有限公司。

22.1.4 110kV 电流互感器

22.1.4.1 LZW—110 系列

LZW—110 型户外电流互感器

1. 概述

LZW—110 型户外电流互感器为单相进口户外环氧树脂浇注式，供额定频率 50Hz 或 60Hz、额定电压 110kV 户外电力系统中，作电能计量、电流测量和继电保护用。产品性能符合标准 GB 1208 和 IEC 185，适用于环境温度 -45～+45℃、污秽等级 Ⅱ 级或 Ⅲ 级地区。

2. 型号含义

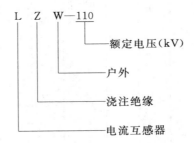

3. 技术数据

(1) 额定绝缘水平 (kV)：126/200/450。

(2) 额定频率 (Hz)：50，60。

(3) 额定二次电流 (A)：5，1。

(4) 额定电流比、准确级组合及额定输出、短时热电流及动稳定电流，见表 22-99。

4. 外形及安装尺寸

LZW—110 型户外电流互感器外形及安装尺寸，见图 22-69。

5. 生产厂

大连金业电力设备有限公司。

22.1.4.2 LB—110 系列

一、LB1—110～145（GYW2）型电流互感器

1. 概述

LB1—110～145（GYW2）型电流互感器用于额定电压 110kV、频率 50Hz 的有效接地系统中，作电气测（计）量和继电保护用。执行 GB 1208—1997《电流互感器》标准，户外油浸全密封结构。

表 22-99 LZW—110型户外电流互感器技术数据

额定电压 (kV)	额定电流比 (A)	准确级组合	额定输出 (VA)					短时热电流 (kA)	额定动稳定电流 (kA)	重量 (kg)
			0.2抽头	0.2s满匝	0.5	10P15	10P20			
110	2×50/5	10P15/10P15/10P15/0.2s						6~12/1s	15~30	430
	2×75/5		—					9~18/1s	22.5~45	
	2×100/5							12~24/1s	30~60	
	2×150/5 (0.2级抽头 2×75/5)							18~36/1s	45~90	
	2×200/5 (0.2级抽头 2×100/5)	10P20/10P20/10P20/0.2s			50 (0.5可抽头30VA)			25.5~51/1s	63.8~127.6	
	2×300/5 (0.2级抽头 2×150/5)			50		50	50	33~66/1s	67~134	
	2×400/5 (0.2级抽头 2×200/5)		30					27.7~55.4/3s	69~138	
	2×500/5 (0.2级抽头 2×250/5)	10P15/10P15/10P15/0.5/0.2s						32~64/3s	80~160	
	2×600/5 (0.2级抽头 2×300/5)							34.6~69.2/3s	86~172	
	2×750/5 (0.2级抽头 2×400/5)	10P20/10P20/10P20/0.5/0.2s						43.6~87.2/3s	109~218	
	2×800/5 (0.2级抽头 2×400/5)							48~96/3s	120~240	
	2×1000/5 (0.2级抽头 2×500/5)							56.7~113.4/3s	142~284	

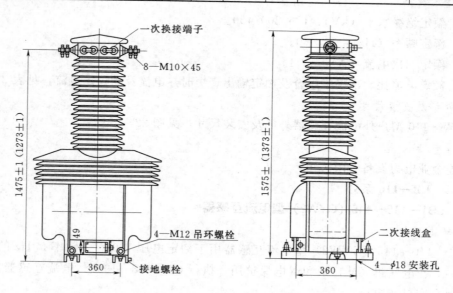

图 22-69 LZW—110型户外电流互感器外形及安装尺寸

2. 型号含义

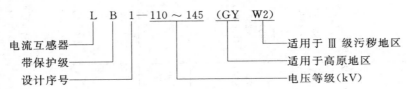

电流互感器 —— L
带保护级 —— B
设计序号 —— 1 —— 110～145 (GY W2)
电压等级（kV）
适用于高原地区
适用于 Ⅲ 级污秽地区

3. 技术数据

(1) 额定频率（Hz）：50。

(2) 额定绝缘水平（kV）：126/185/450。

最高工作电压 126，1min 工频耐压 185，雷电冲击耐受电压全波 450。

(3) 瓷套爬电距离（mm）：1980，3850（GYW2）。

(4) 海拔（m）：1000，3500（W2）（GY）；3906（GYW2）。

(5) 准确级及额定输出、额定短时热电流及动稳定电流，见表 22-100。

4. 生产厂

沈阳互感器厂（有限公司）。

二、LB3—110 型电流互感器

1. 概述

LB3—110 型电流互感器适用于环境温度 -25～+40℃、中性点为有效接地的 110kV、50Hz 交流电力系统中，作电流、电能测量及继电保护用。户外型。

执行标准 GB 1208—1997《电流互感器》。

2. 型号含义

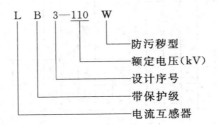

L B 3—110 W
防污秽型
额定电压（kV）
设计序号
带保护级
电流互感器

3. 结构

该产品由一次绕组、二次绕组、瓷套、膨胀器、油箱及其辅助部件组成。为油纸电容式绝缘，全密封结构，电场分布均匀，密封可靠。一次导线的出线端子经瓷套开孔引出，串并联换接在外部进行，二次绕组共有三个保护级和一个测量级，均套在一次绕组下部。

4. 技术数据

(1) 额定电压（kV）：110。

(2) 绝缘水平（kV）：126/185/450。

最高工作电压 126；1min 工频耐压 185；雷电冲击耐受电压全波 450，截波 530。

(3) 局部放电量（pC）：≤5。

(4) 温升限值（K）：60。

(5) 额定一次电流、准确级及级次组合、额定输出、额定短时热电流及动稳定电流，见表 22-101。

表22-100　LB1—110~145（GYW2）型电流互感器技术数据

型号	额定电流比 (A)	级次组合	准确级	额定输出 (VA) 满匝数	额定输出 (VA) 抽头	准确限值系数	仪表保安系数	额定1s短时热电流 (kA)	额定动稳定电流 (kA)	油容积 (L)	重量 (kg)	外形尺寸 (mm)（长×宽×高）
LB1—110 (GYW2) LB1—115 (GYW2) LB1—132 (GYW2) LB1—145 (GYW2)	2×50~2×200/5	0.5/ 10P/ 10P	0.2	40				5.3~10.6 (2×50A) 7.9~15.8 (2×75A) 10.5~21 (2×100A) 15.8~31.6 (2×150A) 21~42 (2×200A)	13~26 (2×50A) 20~40 (2×75A) 27~54 (2×100A) 40~80 (2×150A) 54~108 (2×200A)	216 (240)	700 (800)	785×675 ×2530
		0.2	0.5	50			FS≤20					
		10P/ 10P	10P	50		15						
	2×300~2×400/5	0.2	0.2	40				31.5~45	80~115			
			0.5	50			FS≤20					
	2×500/5	10P/ 10P	10P	50		15						
		0.2	0.2	40						220 (240)	755 (850)	785×675 ×2830 (GYW2)
			0.5	50			FS≤20					
		10P/ 10P	10P	50		15						
	2×600/5（抽头 2×300/5） 2×750/5（抽头 2×400/5）	0.2	0.2	50						220 (240)	830 (930)	
			0.5	50	(0.5级) 40		FS≤20					
		10P/ 10P	10P	50	30	15						
	2×1000/5 （抽头 2×500/5）	0.2	0.2	50								
			0.5	50	(0.5级) 40		FS≤20					
		10P	10P	50	30	15						
	2×50/5	0.2	0.2	40				5.3~10.6	13~26	106 (122)	420 (460)	647×546 ×2320
	2×75/5		0.5	50				7.9~15.8	20~40			
	2×100/5	10P/	10P	50				10.5~21	27~54			
	2×150/5	0.5						15.8~31.6	40~80			
	2×200/5	10P/				15		21~42	54~108			
LB1—110 (W2) LB1—110 (GYW2)（改型）	2×300/5	0.5	0.2	50				31.5~45	80~115			647×546 ×2620 (GY)
	2×400/5	10P/ 10P	0.5	50			FS≤20	31.5~45	80~115			
	2×500/5	0.2	10P	50		15		31.5~45	80~115			
		10P/ 10P	0.2	50								
	2×600/5 （抽头 2×300/5）	0.5	0.5	50	(0.5级) 40			31.5~45	80~115			
		0.2	10P	50	30							
		10P	10P	50		15						

表 22-101 LB3—110 (W) 型电流互感器技术数据

额定一次电流 （A）	额定二次 电流 （A）	级次组合	准确 级次	额定二次 负荷 （VA）	额定短时热 稳定电流 （kA/s）	额定动稳定电流 （kA）
2×150 (2×75) 2×300 (2×150) 2×600 (2×300)	5	10P/10P/10P/0.5	10P	60 (30)	2×100, 2×150 13.5～20/1	2×100, 2×150 34.5～50
			0.5	30 (25)		
2×100 (2×50) 2×200 (2×100)	5	10P/10P/10P/0.5	10P	40 (20)	2×200, 2×300, 2×400 21～42/1	2×200, 2×300, 2×400 54～108
			0.5	50 (25)		
2×500 (2×250)	5	10P/10P/10P/0.5	10P	50 (25)		
			0.5	50 (25)		
2×750 (2×400)	5	10P/10P/10P/0.5	10P	50 (25)	2×500, 2×600 2×750, 2×800 31.5～45/1	2×500, 2×600 2×750, 2×800 80～115
			0.5	50 (25)		
2×400 (2×200) 2×800 (2×400)	5	10P/10P/10P/0.5	10P	60 (30)		
			0.5	50 (25)		

注　根据需要，测量级可提供满匝数 0.2 级，输出容量不变。括号内数据为抽头要求。

（6）仪表保安系数（FS）：10。

（7）保级准确限值系数（ALF）：15。

（8）爬电距离（mm）：2100～3150。

（9）额定二次电流（A）：5。

5. 外形及安装尺寸

LB3—110（W）型电流互感器外形尺寸（mm）：750×620×（2300±20）。

6. 订货须知

订货时必须提供产品型号、额定一次和二次电流、准确级及级次组合、额定二次负荷输出等要求。

7. 生产厂

江苏省如皋高压电器有限公司。

三、LB6—110W 型（原 LCWB6—110W 系列）高压电流互感器

1. 概述

南京电气（集团）有限责任公司生产的 LB 系列新型电流互感器，产品性能指标居全国前茅，特别是分析了世界各国互感器产品的结构特点和国内外互感器运行事故，结合国情进行了大量的试验研究，推出的新型高压电流互感器。LB6—110W 型高压电流互感器性能特征：

（1）局部放电起始电压高，介损低，具有较高的绝缘裕度和运行可靠性。产品介损和局放的出厂控制值均优于行业标准和国家标准。

（2）密封性能可靠，并经正压（水浴法，氮压 0.2MPa）和负压两种方式严格密封检查。

（3）二次绕组全部带抽头，绕组数量 3～5 个，测量精度可达 0.2 级，FS5。

（4）产品耐污秽、环境侵蚀能力强，外绝缘闪络距离大，爬电比距最低达 20mm/kV，可满足海拔 3000m 及以下地区使用。

（5）采用卧倒运输结构，运输方便。

该产品适用于额定电压 110kV、频率 50Hz、有效接地系统中，作电气测（计）量和继电保护用。户外型，采用标准 GB 1208—1997《电流互感器》，同时满足 IEC 185 或 IEC 44.4《电流互感器》标准。

2. 型号含义

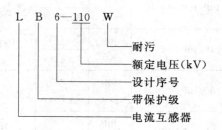

```
L B  6—110 W
              └─ 耐污
           └──── 额定电压(kV)
        └─────── 设计序号
     └────────── 带保护级
   └──────────── 电流互感器
```

3. 结构特征

该产品为油纸电容式全密封、大小伞结构，由一次绕组、二次绕组、油箱、油柜、瓷件、膨胀器和优质变压器油组成。

一次导体为"U"形半圆铝管预成型。二次绕组 4～6 个、P 级、0.2s 级、0.5 级，可任意组合及绕组中间设有抽头。

1250A 的 CT 动热稳定可达 63～160kA。产品能耐受 9 度地震烈度。

4. 技术数据

LB6—110W（LCWB6—110W）系列电流互感器技术数据，见表 22-102。

表 22-102　LB6—110W 型电流互感器技术数据

额定电压（kV）	110		
绝缘水平面（kV）	126/230/550		
额定二次电流（A）	5		1
额定一次电流（A）	2×100　2×200　2×500	2×150　2×400 2×300　2×750 2×600　2×800	2×100　2×150　2×400 2×200　2×300　2×750 2×500　2×600　2×800
级次组合	P/P/P0.5（或 0.2、0.2s）　P/P/0.5/0.2 P/P/P/P（或 0.5）/0.2（或 0.5）		
保护级 额定二次负荷与准确限值系数	S1—S3：40VA S1—S2：20VA 5（10）P20	50VA 25VA	30VA　5P20 15VA　5P20
测量级 额定二次负荷与仪表保安系数	S1—S3：0.2（0.5）级 50VA PS5 S1—S2：0.2（0.5）级 25～30VA FS5		0.2（0.5）级 30VA 0.2（0.5）级 15VA

短时热电流（kA/s）	13.5～50/2
动稳定电流（kA）	34.5～125
介损（%）	≤0.5
局放（pC）	≤10
一次端子负荷（三维）	3000N
爬电距离/闪络距离（mm）	2520，3150/3906
绝缘裕度试验	420kV 耐压 1min 通过后，210kV 下局放 6pC
油重/总重（kg）	150/550

注　产品中二次绕组可以根据用户需要任意组合。

5. 外形及安装尺寸

该产品外形及安装尺寸，见图 22-70。

6. 订货须知

订货时必须提供产品型号及额定电压、额定电流比、级次组合及其二次负荷和准确级、爬电距离及其它特殊要求。

7. 生产厂

南京电气（集团）有限责任公司（原南京电瓷总厂）。

四、LB6—110（GYW2）型电流互感器

1. 概述

LB6—110（GYW2）型电流互感器适用于额定电压 110kV、频率 50Hz、中性点直接接地的电力系统中，供电流测量和继电保护用。产品主绝缘为油纸绝缘，正立式结构，具有外接式串并联装置，通过改变一次绕组出线端子可得到多种额定电流比。为全密封式，带有金属膨胀器，具有减缓变压器油的老化速度和泄压防爆作用。

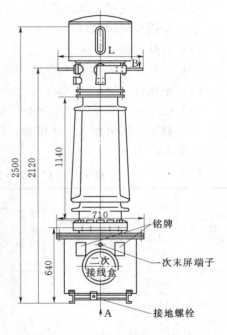

图 22-70　LB6—110W 型电流
互感器外形及安装尺寸

执行标准：IEC 6044—1、GB 1208—1997、GB 311.1—1997、GB 7354—85、GB 7595—87。

2. 型号含义

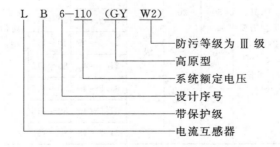

L B 6—110 （GY W2）

防污等级为 Ⅲ 级
高原型
系统额定电压
设计序号
带保护级
电流互感器

3. 结构

该产品由器身、油箱、瓷套、瓷箱帽、金属膨胀器等五部分组成，内部充满变压器油。器身的一次绕组呈"U"字形，采用油纸电容型绝缘结构。二次绕组由测量级和保护级组成，分别套装在一次绕组上，整个器身用一托架支撑并固定在油箱内。为了保证电流互感器的精度及准确度，测量级是由非晶纳米晶制成的环形铁芯，保护级是由冷轧硅钢带连续绕制成的环形铁芯，二次绕组均匀地绕制在环形铁芯上。

4. 技术数据

(1) 额定电压 (kV)：110。

(2) 绝缘水平：126/185/450。

最高工作电压 126；1min 工频耐压 185；雷电冲击耐受电压全波 450，截波 518。

(3) 局部放电量 (pC)：≤5。

(4) 介质损耗因数 (%)：≤0.5。

(5) 温升限值 (K)：65。

(6) 无线电干扰水平 (μV)：<500（在 80kV 下）。

(7) 绝缘油击穿电压 (kV)：≥50。

(8) 绝缘油含水量：<20×10⁻⁶。

(9) 额定一次电流及二次电流、准确级组合、额定输出、额定短时热电流及动稳定电流，见表 22-103。

表 22-103 LB6—110（GYW2）型电流互感器技术数据

型 号	额定一次电流(A)	额定二次电流(A)	准确级组合	额定输出(VA)	保护级准确限值系数	仪表保安系数(FS)	额定短时热电流(kA)	额定动稳定电流(kA)	公称爬电比距(mm/kV)	外形尺寸(长×宽×高)(mm)	重量(kg)	生产厂
LB6—110 (W2) LB6—110 (GYW2)	2×30	5 1	0.2s/10P/10P/10P 0.2s/0.5/10P/10P 0.2/0.5/5P/5P（根据需要0.2s、0.2、0.5、10P、5P可任意组合）	40 50	15 20	5 (0.2s、0.2级) 10 (0.5级)	3.2~6.4	8~16	≥17（普通型） ≥25（防污型）	714×560×2420（普通型） 774×600×2734（高原型）	590（普通型） 760（高原型）	西安西电电力电容器有限责任公司
	2×50						5.3~10.6	13~26				
	2×75						7.9~15.8	20~40				
	2×100						10.5~21	27~54				
	2×150						15.8~31.5	40~80				
	2×200						21~42	54~108				
	2×300						31.5~45	80~115				
	2×400						31.5~45	80~115				
	2×500						31.5~45	80~115				
	2×600						31.5~45	80~115				
	2×750						31.5~45	80~115				
	2×1000						31.5~45	80~115				
	2×1250						31.5~45	80~115				

型号	额定电压(kV)	额定一次电流(A)	级次组合	额定二次电流(A)	准确级	额定输出(VA) 满距数	额定输出(VA) 抽头	准确限值系数	额定短时热电流(kA)	额定动稳定电流(kA)	爬电比距(cm/kV)	额定绝缘水平(kV)	生产厂
LB6—110	110	2×50	P/P/0.5 (0.2)	5 或 (1)	P	50 (30)		15	5.3~10.6	13~26	2.0 2.5 3.1	126/ 185/ 450	重庆高压电器厂
		2×75							7.9~15.8	20~40			
		2×100			0.5	50 (30)	30		10.5~21	27~54			
		2×150							15.8~31.6	40~80			
		2×200	P/P/0.2s		0.2	50 (30)	20		21~42	54~108			
		2×300							31.5~45	80~115			
		2×400	P/P/P/0.5 (0.2)		0.2s	40 (30)	20		31.5~45	80~115			
		2×500	P/P/P/0.2s						31.5~45	80~115			
		2×600 (2×300)			P	50 (30)		15	31.5~45	80~115			
		2×750 (2×400)	P/P/P/P/ 0.5 (0.2)		0.5	50 (30)	30 (20)		31.5~45	80~115			
		2×800 (2×400)	P/P/P/P/ 0.5/0.2		0.2	50 (30)	20(0.2级) (20)		31.5~45	80~115			
		2×1000 (2×500)			0.2s	40 (30)	20(0.2级) (20)		31.5~45	80~115			

注 1. 额定输出（ ）内数字表示额定二次电流为 1A 时额定输出，额定一次电流（ ）内表示抽头电流。

2. 西安西电电力电容器有限责任公司的产品，根据需要二次绕组可带中间抽头；级次组合最多可为 5 个。

5. 订货须知

订货时必须提供产品型号、额定电流比、准确级次及额定输出、爬电距离及特殊要求。

五、LB6—110（GY、W2）型电流互感器

1. 概述

LB6—110（GY、W2）型电流互感器适用于频率 50Hz、额定电压 110kV 的户外交流电力系统中，作测量电流、电能和继电保护的电源用。

执行标准 GB 1208—1997《电流互感器》。

2. 型号含义［老型号 LCWB6—110（GY、W2）］

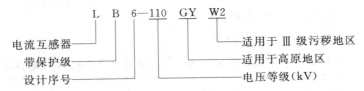

3. 使用条件

（1）环境温度：−25～+40℃。

（2）大气中无严重污秽。

（3）海拔（m）：≤1000（LB6—110）；≤3500（LB6—110GY、LB6—110GYW2）。

(4) 爬电比距（mm/kV）：≥18（LB6—110）；≥35（LB6—110GY、LB6—110GYW2）。

4. 结构特点

中国·人民电器集团江西变电设备有限公司生产的 LB6—110（GY、W2）型电流互感器为油浸式结构，由油箱、器身、瓷套、储油柜、膨胀器等部分构成，器身浸在变压器油中，由一次线圈和二次线圈组成。一次线圈为"U"型、400～800A 及以下互感器线芯导线为绝缘铜线。500～1000A 及 750～1500A 的互感器线芯导线为两瓣半圈铝管，1000～2000A 的为扁铜线。主绝缘为电容型油纸绝缘，用高压电缆纸包绕在一次线圈的线芯上，其间设若干个电容屏，内屏接高电位，外屏接地。一次线圈线芯导线分两段，共四个出头，连接到储油柜引出，通过改变储油柜上的接线片连接方式以改变电流比。器身的二次线圈固定在一次线圈下部支架上，四个二次线圈相对一次线圈顺序排列。

互感器为减极性，当一次电流由 P_1 流向 P_2 时，二次电流从 S1 流出经外部回路流向 S2 或 S3。

该产品显著特点是储油柜在工艺上采用密封装置。顶部装有金属膨胀器，以补偿变压器油体积因温度不同而发生的变化，提高互感器的使用寿命，运行可靠，运行维护工作量减少。

5. 技术数据

(1) 额定电压（kV）：110。

(2) 绝缘水平（kV）：126/200/450（LB6—110）；126/247/600（LB6—110GYW2）。

最高工作电压 126；外绝缘 1min 工频干试、湿试耐压 200、247；额定雷电冲击耐受电压 450、600。

(3) 额定一次电流（A）：2×50，2×75，2×100，2×150，2×200，2×300，2×400，2×500，2×600（2×300），2×750（2×400），2×1000（2×500）。

(4) 额定二次电流（A）：5，1。

(5) 极性：减极性。

(6) 准确级组合：10P/10P/10P/0.5（0.2）；5P/5P/5P/0.5（0.2）。

(7) 额定输出（VA）：

500—100/5～1000—2000/5：0.5 级 50VA；0.2 级 40VA；P 级 50VA；抽头 30VA。

50—100/1～1000—2000/1：0.5 级 30VA；0.2 级 30VA；P 级 30VA；抽头 20VA。

(8) 测量级额定准确限值系数：15。

(9) 介质损耗因数（tgδ）：≤0.005（10～30℃，10kV 和 73kV 下）。

(10) 局部放电量（pC）：≤5。

(11) 额定短时热电流及动稳定电流，见表 22-104。

(12) 重量（kg）：725（油 210）。

表 22-104 LB6—110（GY、W2）型电流互感器短时热电流和动稳定电流

额定一次电流（A）	50～100	75～150	100～200	150～300	200～400	300～600	400～800	500～1000 及以上
额定短时 1s 热电流（均方根值）（kA）	5.3～10.6	7.9～15.8	10.5～21	15.8～31.6	21～42	31.5～45	31.5～45	31.5～45
额定动稳定电流（峰值）（kA）	13～26	20～40	27～54	40～80	54～108	80～115	80～115	80～115

6. 外形及安装尺寸

LB6—110、LB6—110GYW2 型电流互感器外形及安装尺寸，见图 22-71。

7. 订货须知

订货时必须提供产品型号、额定电流比、准确级组合、使用环境及其它特殊要求。

8. 生产厂

中国·人民电器集团江西变电设备有限公司、江西互感器厂、江西电力计量器厂。

六、LB6—110（W2）（GYW2）型油浸式电流互感器

1. 概述

LB6—110（W2）（GYW2）〔原型号 LCWB6—110（W2）（GYW2）〕型油浸式电流互感器用于额定电压 110kV、频率 50Hz 或 60Hz 电力系统中，作电流、电能测量和继电保护用。户外型油浸式绝缘、全密封结构，执行标准 GB 1208—1997《电流互感器》。

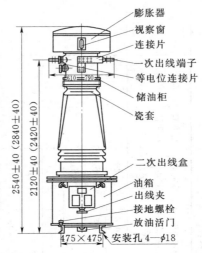

图 22-71 LB6—110（GY、W2）型
电流互感器外形及安装尺寸
注 括号内为 GYW2 型尺寸

2. 型号含义

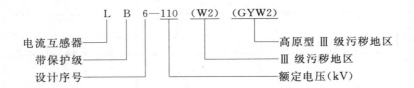

3. 技术数据

（1）额定电压（kV）：110。

（2）绝缘水平（kV）：126/185/450。

最高工作电压 126；1min 工频耐压 185；雷电冲击耐受电压全波 450，截波 530。

（3）局部放电量（pC）：≤5，≤10。

（4）介质损耗因数（%）：0.5。

（5）额定电流比、级次组合、额定输出负荷、短时热电流及动稳定电流，见表 22-105。

4. 外形及安装尺寸

该系列产品外形及安装尺寸，见表 22-106 和图 22-72。

七、LB6—110（GY）（W2）型户外电流互感器

1. 概述

LB6—110、LB6—110W2、LB6—110GYW2 型户外电流互感器（原型号 LCWB6—110、LCWB6—110W2、LCWB6—110GYW2），适用于额定频率 50Hz、额定电压 110kV 的电力系统中，作电气测量和电气保护用。

表 22 - 105　LB6—110（W2）（GYW2）型电流互感器技术数据

型号	额定电流比（A）	级次组合	准确级	额定输出（VA）满匝	额定输出（VA）抽头	准确限值系数	频率（Hz）	海拔（m）	额定短时热电流（kA）	额定动稳定电流（kA）	瓷套爬电距离（m）	重量（油/总）（kg）	生产厂
LB6—110 (LCWB6—110)	2×50/5						50 或 60	1000	5.3~10.6	13~26	202	210/725	大连互感器厂
	2×75/5								7.9~15.8	20~40			
	2×100/5	10P/10P/	0.2s	50	—	—			10.5~21	27~54			
	2×150/5	10P/0.2s	10P	50	—	15			15.8~31.6	40~80			
	2×200/5								21~42	54~108			
	2×300~2×400/5								31.5~45	80~115			
	2×500/5												
	2×600/5		0.2	—	30	—						225/770	
	(0.2级抽头 2×300/5)	10P/10P/	0.2s	50	—	—			31.5~45 (3s)	80~115			
	2×750/5	10P/0.2s	10P	50	—	15							
	(0.2级抽头 2×400/5)												
	2×1000/5	10P/10P/	0.2s	30	—	—						220/830	
	(0.2级抽头 2×500/5)	10P/0.2s	10P	30	—	15							
LB6—110W2 (LCWB6—110W2)	2×50/1								5.3~10.6	13~26	315	210/725	
	2×75/1								7.9~15.8	20~40			
	2×100/1	10P/10P/	0.2s	30	—	—			10.5~21	27~54			
	2×150/1	10P/0.2s	10P	30	—	15			15.8~31.6	40~80			
	2×200/1								21~42	54~108			
	2×300~2×400/1								31.5~45	80~115			
	2×500/1												
	2×600/1		0.2	—	20	—			31.5~45 (3s)	80~115		225/770	
	(0.2级抽头 2×300/1)	10P/10P/	0.2s	30	—	—							
	2×750/1	10P/0.2s	10P	30	—	15							
	(0.2级抽头 2×400/1)												

续表 22-105

型号	额定电流比 (A)	级次组合	准确级	额定输出 (VA) 满匣	额定输出 (VA) 抽头	准确限值系数	频率 (Hz)	海拔 (m)	额定短时热电流 (kA)	额定动稳定电流 (kA)	瓷套爬电距离 (m)	重量 (油/总) (kg)	生产厂
LB6—110W2 (LCWB6—110W2)	2×1000/1 (0.2级抽头 2×500/1)	10P/10P/ 10P/0.2s	0.2 0.2s 10P	— 30 30	20 — —	— — 15	50 或 60	1000	31.5~45 (3s)	80~115	315	220/830	大连互感器厂
	2×50/5		0.2s	50		—			5.3~10.6	13~26		230/805	
	2×75/5								7.9~15.8	20~40			
	2×100/5								10.5~21	27~54			
	2×150/5	10P/10P/ 10P/0.2s	10P	50		15			15.8~31.6	40~80			
	2×200/5								21~42	54~108			
LB6—110GYW2 (LCWB6— 110GYW2)	2×300~2×400/5 (0.2级抽头 2×300/5) 2×500/5 2×600/5 (0.2级抽头 2×400/5) 2×750/5 2×1000/5 (0.2级抽头 2×500/5)	10P/10P/ 10P/0.2s	0.2 0.2s 10P	— 50 50	30 — —	— — 15	50 或 60	3500	31.5~45 (3s)	80~115	385	260/865 255/935	

型号	额定一次电流 (A)	额定二次电流 (A)	级次组合	准确级	额定负荷 (VA)	仪表安保系数	准确限值系数	海拔 (m)	额定短时热电流 (kA)	额定动稳定电流 (kA)	外绝缘爬电比距 (mm/kV)	生产厂
LCWB6—110 (LB6—110) (LCWB6—110WⅡ, LCWB6—110GYWⅡ)	2×50 2×75 2×100 2×150 2×200	5	10P/10P/10P/10P/0.2 10P/10P/10P/0.5 10P/10P/10P/0.5/0.2 5P/5P/5P/5P/0.5/0.2 5P/5P/5P/0.5 5P/5P/5P/0.2	0.2 0.5 10P (5P)	20~40 30~50 30~50	5 15	15 20	1000 (3500)	5.3~10.6 7.9~15.8 10.5~21 15.8~31.6 21~42	13~26 20~40 27~54 40~80 54~108	>20① >25①	天津市百利纽泰克电器有限公司

续表 22－105

型　　号	额定一次电流 (A)	额定二次电流 (A)	级次组合	准确级	额定负荷 (VA)	仪表保安系数	准确限值系数	海拔 (m)	额定短时热电流 (kA)	额定动稳定电流 (kA)	外绝缘爬电比距 (mm/kV)	生产厂
LCWB6—110 (LB6—110)	2×300	5										
	2×400			0.2	20~40							
	2×500			0.5	30~50	5	15		31.5~45	80~115		
	2×600			10P	30~50	15	20					
	2×750			(5P)								
	2×1000											
(LCWB6—110WⅡ, LCWB6—110GYWⅡ)	2×50	1	10P/10P/10P/0.5/0.2						5.3~10.6	13~26		天津市百利纽泰克电器有限公司
	2×75		10P/10P/10P/0.5					1000 (3500)	7.9~15.8	20~40	>20①	
	2×100		10P/10P/10P/0.2 5P/5P/5P/0.5/0.2	0.2	20~30				10.5~21	27~54	>25①	
	2×150		5P/5P/5P/0.5 5P/5P/5P/0.2	0.5	20~30	5	15		15.8~31.6	40~80		
	2×200			10P	20~30	20	20					
	2×300			(5P)					21~42	54~108		
	2×400											
	2×500								31.5~45	80~115		
	2×600											
	2×750											
	2×1000											

① 外绝缘爬电比距：LCWB6—110：不小于 20mm/kV；LCWB6—110WⅡ，LCWB6—110GYWⅡ：不小于 25mm/kV。

表 22-106 LCWB6—110WⅡ、LCWB6—110GYWⅡ型电流互感器外形及安装尺寸

海拔（m）	额定一次电流（A）	外形及安装尺寸（mm）					重量（kg）		生产厂
		H	H₁	H₂	ϕD	A	油	总体	
1000 以下	2×50～2×400	2615	2200	1150	595	630	220	750	天津市百利纽泰克电器有限公司
	2×500～2×600	2665	2200	1150	625	680	225	785	
	2×750	2665	2200	1150	625	740	225	785	
	2×1000	2665	2200	1150	625	810	230	860	
1000～3500	2×50～2×400	2915	2500	1450	595	630	235	825	
	2×500～2×600	2915	2500	1450	625	680	260	880	
	2×750	2915	2500	1450	625	740	260	880	
	2×1000	2915	2500	1450	625	810	260	960	
1000～3500	2×50～2×400	2840	2400		595	610			大连互感器厂
	2×500～2×600	2890	2420		625	730			
	2×750	2890	2420		625	790			
	2×1000								

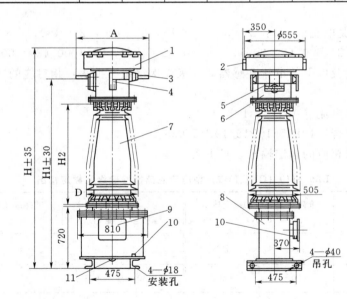

图 22-72 LCWB6—110（LB6—110）型电流互感器外形及安装尺寸

1—膨胀器；2—油视察窗；3—接线端子；4—连接片；5—等电位连接片；6—储油柜；
7—瓷套；8—油箱；9—二次出线盒；10—接地螺栓；11—放油活门

2. 使用条件

(1) 环境温度（℃）：—25～+40，日平均气温不超过30。

(2) 海拔（m）：＜1000（LB6—110、LB6—110W2）；＜3500（LB6—110GYW2）。

(3) 外绝缘爬电距离（mm）：＞1980（LB6—110）；＞3150（LB6—110W2）；
＞3850（LB6—110GYW2）。

3. 型号含义

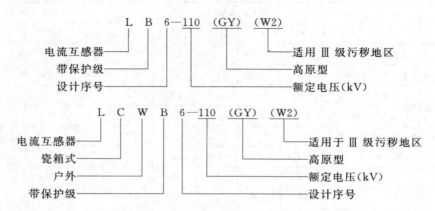

4. 结构

该产品为油浸式全密封电容型绝缘结构，一次绕组采用"U"型，具有四个二次绕组（三个 10P 级和一个 0.5 级），油补偿装置采用金属膨胀器，油箱壁上设有二次连线盒，油箱底部置有放油阀，供放油及抽油样用。

5. 技术数据

（1）额定一次电流（A）：2×50，2×75，2×100，2×150，2×200，2×300，2×400，2×500，2×600（2×300），2×750（2×400），2×1000（2×500）。

注 2×600A 及以上的电流互感器 0.5 级二次绕组有抽头，相对应的一次电流为上述括号内的值。

（2）额定二次电流（A）：5，1。

（3）准确级组合：10P15/10P15/10P15/0.5。

（4）准确级及相应的额定输出，见下表。

LB6—110（GY）（W2）型电流互感器准确级及额定输出

额定电流比 （A）	准确级及相应的额定输出 （VA）		额定电流比 （A）	准确级及相应的额定输出 （VA）	
	0.5	10P		0.5	10P
2×50～2×500/5	50	50	2×50～2×500/1	30	30
2×600～2×1000/5	50（30）	50	2×600～2×1000/1	30（20）	30

注 括号内的值为 0.5 级二次绕组抽头的额定输出。

（5）负荷的功率因数：$\cos\phi=0.8$（滞后）。

（6）额定绝缘水平（kV）：126/185/450。

（7）局部放电水平符合 GB 1208—1997 及 IEC 44—1：1996 标准。

（8）额定短时电流，见表 22－107。

6. 外形及安装尺寸

该产品外形及安装尺寸，见图 22－73 及表 22－108。

表 22-107 LB6—110 (GY) W2 型电流互感器额定短时热电流及动稳定电流

额定一次电流（A）	50～100	75～150	100～200	150～300	200～400	300～600	400～800	500～1000 及以上
额定短时热电流（kA）	5.3～10.6	7.9～15.8	10.5～21	15.8～31.6	21～42	31.5～45	31.5～45	31.5～45
额定动稳定电流（kA）	13～26	20～40	27～54	40～80	54～108	80～115	80～115	80～115

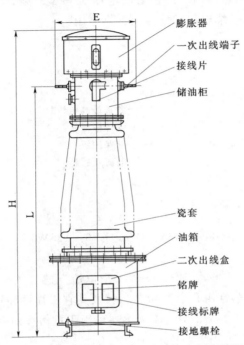

膨胀器
一次出线端子
接线片
储油柜
瓷套
油箱
二次出线盒
铭牌
接线标牌
接地螺栓

图 22-73 LB6—110 (GY) (W2) 型电流互感器外形及安装尺寸

表 22-108 LB6—110 (GY) (W2) 型电流互感器外形尺寸

型　号	额定一次电流（A）	外形尺寸（mm）			重量（kg）	
		H	L	E	油	总体
LB6—110 (LCWB6—110)	2×（50～400）	2650±50	2200±40	610±10	190	720
	2×（500～600）			650±10	195	755
	2×750			690±10		
	2×1000			760±10	200	830
LB6—110W2 (LCWB6—110W2)	2×（50～400）	2650±50	2200±40	610±10	190	740
	2×（500～600）			650±10	195	755
	2×750			690±10		
	2×1000			760±10	200	850
LB6—110GYW2 (LCWB6—110GYW2)	2×（50～400）	2950±50	2500±40	610±10	210	800
	2×（500～600）			650±10	230	850
	2×750			690±10		
	2×1000			760±10	240	930

7. 生产厂

宁波三爱互感器有限公司、宁波互感器厂、宁波市江北三爱互感器研究所。

八、LB6—126 型电流互感器

1. 概述

LB6—126 型电流互感器适用于设备最高电压 126kV、额定频率 50Hz 的交流电力系统中，作电流、电能测量及继电保护信号装置供电用。

2. 型号含义

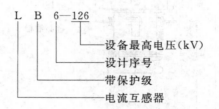

```
L  B  6—126
            └─ 设备最高电压(kV)
         └─── 设计序号
      └────── 带保护级
   └───────── 电流互感器
```

3. 使用条件

(1) 环境温度（℃）：−25～+40。

(2) 海拔（m）：< 1000（LB6—126、LB6—126W1）；< 3000（LB6—126W2、LB6—126GY）。

(3) 环境介质：LB6—126、LB6—126W1 型电流互感器安装场所应无严重影响互感器绝缘的气体、蒸气、化学性沉积、灰尘、污秽及其它爆炸性和浸蚀性介质。

LB6—126GY、LB6—126W2 型电流互感器可用于重污秽地区。

4. 结构

该系列产品为油浸式全密封电容型绝缘结构，一次绕组为"U"字形，器身固定在托架上。主绝缘为电容型油纸绝缘，用高压电缆纸包绕在一次绕组的线芯上，其间设若干电容屏，内屏高电位，外屏可靠接地。油箱上部装有套管。储油柜，一次出线端在储油柜上，串并联为外换装置，即在储油柜外便可换接。

互感器有四个二次绕组（三个 10P 级和一个测量级），2×600A 及以上的产品测量级二次绕组有抽头，以达到两种电流比。

5. 技术数据

(1) 设备最高电压（kV）：126。

(2) 额定频率（Hz）：50。

(3) 额定一次电流（A）：2×50，2×75，2×100，2×150，2×200，2×300，2×400，2×500，2×600（2×300），2×750（2×400），2×1000（2×500）。

(4) 额定二次电流（A）：5，1。

(5) 级次组合：10P/10P/10P/0.5（或 0.2）。

(6) 准确级相应的二次输出，见表 22−109。

(7) 测量级仪表保安系数（FS）：5。

(8) 测量级的电流误差和相角差，见表 22−110。

表 22 - 109 LB—126 型电流互感器准确级和额定输出

额定电流比（A）	额定二次输出（VA）[cosϕ=0.8（滞后）]				
	0.2 级 4S1～4S3	0.5 级			10P 级 1S1～1S2 2S1～2S2 3S1～3S2
		中间抽头		4S1～4S3	
		电流比	4S1～4S2		
2×50/5～2×500/5				50	50
2×600/5 2×750/5 2×1000/5	50	2×300/5 2×400/5 2×500/5	30	50	50
2×50/1～2×500/1				30	30
2×600/1 2×750/1 2×1000/1	30	2×300/1 2×400/1 2×500/1	20	30	30

表 22 - 110 LB—126 型电流互感器电流误差和相角差

准确级	电流误差±% （在下列额定电流百分数时）					相角差（在下列额定电流百分数时）									
						±（′）					±crad				
	1	5	20	100	120	1	5	20	100	120	1	5	20	100	120
0.2s	0.75	0.35	0.2	0.2	0.2	30	15	10	10	10	0.9	0.45	0.3	0.3	0.3
0.2	—	0.75	0.35	0.2	0.2		30	15	10	10		0.9	0.45	0.3	0.3
0.5		1.5	0.75	0.5	0.5		90	45	30	30		2.7	1.35	0.9	0.9

（9）10P 额定准确限值系数：15。

（10）在额定频率、额定负荷下，10P 级的电流误差不超过±3%，复合误差不超过 10。

（11）额定短时热电流及动稳定电流，见表 22 - 111。

表 22 - 111 LB6—126 型电流互感器额定短时热电流及动稳定电流

额定一次电流（A）	2×50	2×75	2×100	2×150	2×200	2×300，2×400，2×500， 2×600（2×300），2×750 （2×400），2×1000（2×500）
1s 短时热电流（kA）	5.3～10.6	7.9～15.8	10.5～21	15.8～31.6	21～42	31.5～45
动稳定电流（kA）	13～26	20～40	27～54	40～80	54～108	80～115

（12）绝缘水平（kV）：126/185/450，126/185/563。

1min 内绝缘工频耐压 185（一次对二次及地）。

1min 外绝缘工频耐压 200，231。

LB6—126、LB6—126W1、LB6—126W2：200。

LB6—126GY：231。

雷电冲击耐受电压：

LB6—126、LB6—126W1、LB6—126W2：450；

LB6—126GY：563。

（13）绝缘电阻（MΩ）：

二次绕组末屏对二次绕组及对地：＞500；

二次绕组之间及对地：＞100。

（14）变压器油的绝缘强度不低于50kV/2.5mm，介质损耗因数不大于0.005，含水量不大于 20×10^{-6}（V/V）。

（15）介质损耗因数：在室温下，测量电压为10kV和73kV时，$\tan\delta \leqslant 0.005$；3kV时末屏对地 $\tan\delta \leqslant 0.02$。

（16）局部放电量（pC）：$\leqslant 5$。

（17）温升限值（K）：65。

6. 外形及安装尺寸

LB6—126型电流互感器外形尺寸（长×宽×高）（mm）：

（1）一次线为串联连接：

LB6—126型：775×615×（2540±30）；

LB6—126GY、LB6—126W2型：775×615×（2840±30）。

（2）一次线为并联连接：

LB6—126型：775×615×（2540±30）；

LB6—126GY、LB6—126W2型：775×615×（2840±30）。

7. 订货须知

订货时必须提供产品名称、型号、电流比、级次组合、数量等。

8. 生产厂

江苏省如皋高压电器有限公司。

九、LB7—110（WⅡ）型电流互感器

1. 概述

LB7—110（WⅡ）型电流互感器用于额定频率50Hz、110kV中性点有效接地系统中，作电流、电能测量及继电保护用。

产品顶部装有金属膨胀器，为全封闭结构，各项性能符合标准GB 1208—1997《电流互感器》。

2. 型号含义

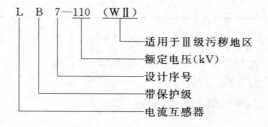

3．技术数据

（1）额定电压（kV）：110。

（2）绝缘水平（kV）：工频耐受电压185，全波冲击雷受电压450。

（3）局部放电量（pC）：≤10。

（4）额定二次电流（A）：5，1。

（5）额定一次电流、准确级及额定输出、额定短时热电流及动稳定电流，见表22-112。

表 22 - 112　LB7—110（WⅡ）型电流互感器技术数据

额定一次电流（A）	额定二次电流（A）	级次组合	准确级	额定输出（VA）	仪表保安系数	准确限值系数	额定短时电流（kA）	额定动稳定电流（kA）	外绝缘爬电比距（mm/kV）
2×50	5	10P/10P/10P/0.5/0.2 10P/10P/10P/0.2 10P/10P/10P/0.5 5P/5P/5P/0.5/0.2 5P/5P/5P/0.2 5P/5P/5P/0.5	0.2 0.5 10P (5P)	20～40 30～50 30～50	5 15	15 20	5.3～10.6	13～26	20 25
2×75							7.9～15.8	20～40	
2×100							10.5～21	27～54	
2×150							15.8～31.6	40～80	
2×200							21～42	54～108	
2×300									
2×400							31.5～45	80～115	
2×500									
2×600									
2×50	1		0.2 0.5 10P (5P)	25～30 25～30 15～30	5 20	15 20	5.3～10.6	13～26	20 25
2×75							7.9～15.8	20～40	
2×100							10.5～21	27～54	
2×150							15.8～31.6	40～80	
2×200							21～42	54～108	
2×300									
2×400							31.5～45	80～115	
2×500									
2×600									

4．外形及安装尺寸

该产品外形及安装尺寸，见图22-74。

5．生产厂

天津市百利纽泰克电器有限公司。

十、LB9—110（GYW2）型电流互感器

1．概述

LB9—110（GYW2）型电流互感器用于额定电压110kV、频率50Hz电力系统中，作

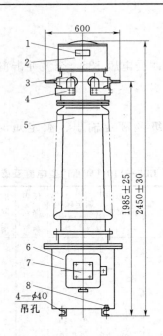

图 22-74　LB7—110（WⅡ）型电流互感器外形及安装尺寸
1—视察窗；2—膨胀器；3—储油柜；4——次出线端子；5—瓷套；6—油箱；7—二次出线盒；8—接地螺栓

电气测（计）量和继电保护用。户外油浸全密封结构，执行标准 GB 1208—1997《电流互感器》。

2. 型号含义

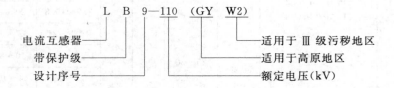

3. 技术数据

（1）额定电压（kV）：110。

（2）额定频率（Hz）：50。

（3）额定绝缘水平（kV）：126/185/450。

最高工作电压 126，1min 工频耐压 185，雷电冲击耐受电压全波 450。

（4）油容积（L）：130。

（5）瓷套爬电距离（mm）：2200，3150（W2）。

（6）海拔（m）：1000，3500（GY）。

（7）额定电流比、准确级及额定输出、短时热电流及动稳定电流，见表 22-113。

4. 生产厂

沈阳互感器厂（有限公司）。

表 22‑113　LB9—110（GYW2）型电流互感器技术数据

额定电流比 (A)	级次组合	准确级	额定输出（VA）满匝数	抽头	准确限值系数	额定1s短时热电流 (kA)	额定动稳定电流 (kA)	外形尺寸（长×宽×高）(mm)
2×50~2×200/5	10P/10P/10P/0.2 (0.5、0.2s)	0.2s	30			5.3~10.6 (2×50A)	13~26 (2×50A)	
		0.2	40			7.9~15.8 (2×75A)	20~40 (2×75A)	
		0.5	50			10.5~21 (2×100A)	27~54 (2×100A)	
		10P	50			15.8~31.6 (2×150A)	40~80 (2×150A)	
		0.2s	30			21~42 (2×200A)	54~108 (2×200A)	647× 546× 2359
2×300/5 2×400/5	10P/10P/ 10P/10P/0.2 (0.5、0.2s)	0.2	40					
		0.5	50					
		10P	50		15			
2×500/5	10P/10P/ 10P/10P/ 0.5/0.2	0.2s	30			31.5~45	80~115	
		0.2	50					
		0.5	50					
		10P	50		15			
2×600/5 (抽头 2×300/5)	10P/10P/ 10P/10P/ 0.5/0.2s	0.2s	30	(0.5级) 20				
		0.2	50	(0.5级) 40				
		0.5	50	30				
		10P	50		15			

22.1.4.3　LCW—110 系列

一、LCWD（2）—110 型电流互感器

1. 概述

LCWD—110、LCWD2—110 型电流互感器用于额定电压 110kV、频率 50Hz、中性点有效接地系统中，作电流、电能测量和继电保护用。执行标准 GB 1208—1997《电流互感器》，油浸式全密封户外型。

2. 型号含义

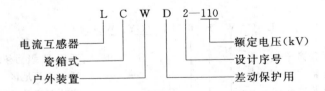

3. 技术数据

（1）额定电压（kV）：110。

（2）额定频率（Hz）：50。

（3）绝缘水平（kV）：126/250/425（LCWD—110 型）；126/250/450（LCWD2—110 型）。

(4) 海拔 (m)：1000。

(5) 额定电流比、准确级次及额定输出、额定短时热电流及动稳定电流，见表 22-114。

表 22-114　LCWD (2) —110 型电流互感器技术数据

型号	额定电流比 (A)	级次组合	准确级	额定输出 (VA)	10%倍数	仪表保安系数	额定短时热电流 (倍) (kA)	额定动稳定电流 (倍) (kA)	油容积 (L)	重量 (kg)	瓷套爬电距离 (mm)	外形尺寸 (长×宽×高) (mm)	生产厂
LCWD—110	2×50～2×300/5 2×600/5	D1/D2/0.5	0.5	30			75 倍 (2×50～2×300A) 34 倍 (2×600A)	125 倍 (2×50～2×300A) 60 倍 (2×600A)	143	500	2200	630×630×1785	沈阳互感器厂 (有限公司)
			D1	30	20								
			D2	30	15								
LCWD2—110	2×50～2×300/5 2×600/5	10P/10P/0.5	0.5	50		FS≤10	3.75～7.5 (2×50A)	6.75～13.5 (2×50A)	84	350	1870	630×630×1650	
							5.6～11.3 (2×75A)	10.1～20.3 (2×75A)					
							7.5×5 (2×100A)	13.5～27 (2×100A)					
							11.3～22.5 (2×150A)	20.3～40.5 (2×150A)					
			10P	50	15		15～30 (2×200A)	27～54 (2×200A)					
							22.5～45 (2×300A)	40.5～81 (2×300A)					
							20.4～40.8 (2×600A)	36～72 (2×600A)					

二、LCWB6—110～145（GYW2）型电流互感器

1. 概述

LCWB6—110（GYW2）、LCWB6—115（GYW2）、LCWB6—132（GYW2）、LCWB6—145（GYW2）型电流互感器用于额定电压 110kV、频率 50Hz、中性点有效接地系统中，作电气测量和继电保护用。执行 1208—1997《电流互感器》标准。户外油浸全密封结构。

2. 型号含义

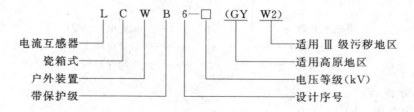

3. 技术数据

(1) 额定频率（Hz）：50。

（2）额定绝缘水平（kV）：126/185/450。

（3）瓷套爬电距离（mm）：1980，3850（GYW2）。

（4）海拔（m）：1000，3500（GYW2）。

（5）额定电流比、准确级次、额定输出、短时热电流和动稳定电流，见表 22-115。

表 22-115　LCWB6—110～145（GYW2）型电流互感器技术数据

型号	额定电流比（A）	级次组合	准确级	额定输出（VA）		准确限值系数	仪表保安系数	额定1s短时热电流（kA）	额定动稳定电流（kA）	油容积（L）	重量（kg）	外形尺寸（长×宽×高）（mm）	生产厂
				满匝数	抽头								
LCWB6—110（GYW2）　LCWB6—115（GYW2）　LCWB6—132（GYW2）　LCWB6—145（GYW2）	2×50～2×200/5	10P/10P/10P/0.5	0.5	50			FS≤20	5.3～10.6（2×50A）7.9～15.8（2×75A）10.5～21（2×100A）15.8～31.6（2×150A）21～42（2×200A）	13～26（2×50A）20～40（2×75A）27～54（2×100A）40～80（2×150A）54～108（2×200A）	221（244）	700（800）	785×675×2580　785×675×2880（GYW2）	沈阳互感器厂（有限公司）
			10P	50		15							
	2×300/5　2×400/5		0.5	50			FS≤20						
			10P	50		15							
	2×500/5　2×600/6（抽头2×300/5）　2×750/5（抽头2×400/5）		0.5	50	30		FS≤20	31.5～45	80～115	221（244）	755（850）		
			10P	50		15							
	2×1000/5（抽头2×500/5）		0.5	50	30		FS≤20						
			10P	50		15							
	2×50～2×200/1		0.5	30			FS≤20	5.3～10.6（2×50A）7.9～15.8（2×75A）10.5～21（2×100A）15.8～31.6（2×150A）21～42（2×200A）	13～26（2×50A）20～40（2×75A）27～54（2×100A）40～80（2×150A）54～108（2×200A）	221（244）	700（800）		
			10P	30		15							
	2×300/1　2×400/1		0.5	30			FS≤20						
			10P	30		15							
	2×500/1　2×600/1（抽头2×300/1）　2×750/1（抽头2×400/1）		0.5	30	20		FS≤20	31.5～45	80～115	221（244）	755（850）		
			10P	30		15							
	2×1000/1（抽头2×500/1）		0.5	30	20					221（244）	830（930）		
			10P	30		15							

22.1.4.4 LVB—110 系列

一、LVB—110W1 型倒立式电流互感器

1. 概述

LVB—110W1 型倒立式电流互感器用于额定电压 110kV、频率 50Hz 电力系统中，作电流、电能测量和继电保护用。

该产品为户外、倒立式、全密封型，一、二次绕组之间主绝缘采用电容型油纸绝缘。有四个二次绕组，其中一个 0.2 级，一个 5P 级，2 个 10P 级供继电保护用。铁芯用优质冷轧晶粒取向硅钢板卷制而成。

执行标准 GB 1208—1997《电流互感器》。

2. 型号含义

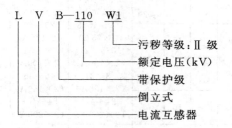

```
L  V  B—110  W1
                 └─ 污秽等级：Ⅱ级
             └──── 额定电压(kV)
          └─────── 带保护级
       └────────── 倒立式
    └───────────── 电流互感器
```

3. 技术数据

(1) 额定电压（kV）：110。

(2) 绝缘水平（kV）：126/185/450。

最高工作电压 126；1min 工频耐压 185；雷电冲击耐受电压全波 450，截波 550。

(3) 局部放电量（pC）：≤5。

(4) 介质损耗因数（%）：0.5。

(5) 额定一次及二次电流、准确级组合、额定输出、额定短时热电流及动稳定电流，见表 22-116。

表 22-116　LVB—110W1 型倒立式电流互感器技术数据

额定一次电流 （A）	级次 组合	准确 级	额定输出 （VA）		准确 限值 系数	频率 （Hz）	海拔 （m）	额定短时 热电流 （kA）	额定动 稳定电流 （kA）	瓷套爬 电距离 （cm）	重量 （油/总） （kg）
			满匝	抽头							
50～100～200								5.3～10.5～21	13.5～27～54		
75～150～300	0.2/	0.2	40		—			7.9～15.8～31.5	20～40～80		
100～200～400	5P/ 10P/	5P	60	—	20	50	1000	10.5～21～42	27～54～108	275	270/840
150～300～600	10P	10P 10P	60 60		20 20			15.8～31.5～45	40～80～115		
200～400～800								21～42～42	54～108～115		

4. 外形及安装尺寸

LVB—110W1 型倒立式电流互感器外形及安装尺寸，见图 22-75。

5. 生产厂

大连互感器厂。

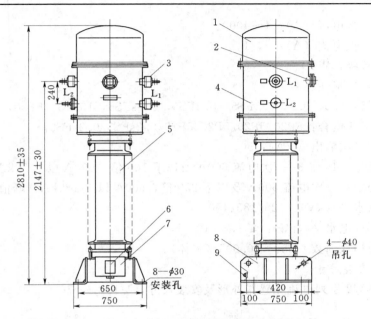

图 22-75 LVB—110W1 型倒立式电流互感器外形及安装尺寸

1—膨胀器；2—安全阀；3——次出线端子；4—储油柜；5—瓷套；
6—铭牌；7—接线盒；8—底座；9—活门

二、LVB—110W2 系列电流互感器

1. 概述

LVB—110W2 系列电流互感器适用于中性点有效接地的 110kV 交流电力系统作电流测量和继电保护用。执行标准 GB 1208—1997《电流互感器》。

2. 型号含义

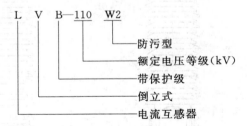

3. 结构特点

该系列产品为单相油浸倒立式全密封型结构，由底座、油箱、主绝缘包扎、一次导体、储油柜等组成，二次绕组安装在顶部的储油柜内。储油柜上部装有金属膨胀器，其外壁上有油位计。瓷套压紧采用压圈结构。

4. 技术数据

（1）额定工作电压（kV）：$110/\sqrt{3}$。

（2）最高工作电压（kV）：$126/\sqrt{3}$。

（3）额定频率（Hz）：50。

（4）额定一次电流（A）：1～4000。

（5）额定二次电流（A）：5，1。

（6）防污等级：W2。

（7）极性：减极性。

（8）准确级：0.5，0.2，0.5FS5，0.2FS5，0.2sFS5，10P15，5P20，5P30等。

（9）典型级次组合：5P20/5P20/5P20/5P20/0.2sFS5/0.2sFS5。

（10）典型二次输出（VA）：50。

（11）热稳定：1s或3s一次电流600A及以下100倍，600A以上50kA（均方根值）。

（12）动稳定：一次电流600A及以下250倍，600A以上125kA（峰值）。

（13）绝缘水平（kV）：126/185/450。

（14）局部放电水平（pC）：≤5，≤10。

（15）介质损耗因数 tanδ：≤0.005（整体）。

5. 外形及安装尺寸

LVB—110W2系列电流互感器外形及安装尺寸，见图22-76。

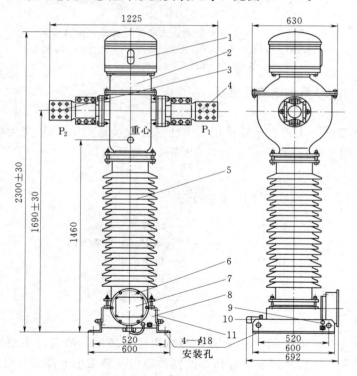

图22-76　LVB—110W2系列电流互感器外形及安装尺寸（重量410kg）

1—膨胀器；2—储油柜；3—导电板；4—导电板；5—瓷套；6—二次出线盒；
7—铭牌；8—底座；9—接地螺栓；10—注放油阀；11—接地板

6. 订货须知

订货时必须提供产品型号、额定电压、额定电流比、级次组合、额定输出、防污等级及数量等。

7. 生产厂

保定天威集团特变电气有限公司。

22.1.5 220kV电流互感器

22.1.5.1 LB—220系列

一、LB—220（W）型电流互感器

1. 概述

LB—220（W）型电流互感器适用于额定电压220kV、额定频率50Hz、中性点直接接地的电力系统中，供电流测量和继电保护用。

该产品执行标准 IEC 6044—1、GB 1208—1997、GB 311.1—1997、GB 7354—85、GB 7595—87。

2. 型号含义

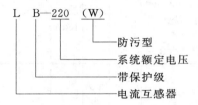

3. 结构特点

该产品为全密封、正立式结构，带有金属膨胀器，具有减缓变压器油的老化速度和泄压防爆作用。

产品由器身、油箱、瓷套、瓷箱帽、金属膨胀器等五部分组成，内部充满变压器油。器身的一次绕组呈"U"字形，采用油纸电容型绝缘结构。二次绕组由测量级和保护级组成，分别套装的一次绕组上，整个器身用一托架支撑并固定在油箱内。为了保证互感器的精度及准确度，测量级是由非晶纳米晶制成的环形铁芯，保护级是由冷轧硅钢带连续绕制成的环形铁芯，二次绕组均匀地绕制在环形铁芯上。

该产品具有外接式串并联装置，通过改变一次绕组出线端子的连接方式可得到多种额定电流比。

4. 技术数据

（1）额定电压（kV）：220。

（2）额定绝缘水平（kV）：252/395/950。

最高工作电压252；1min工频耐压395（干、湿式，有效值）；额定雷电冲击耐受电压全波950（峰值），截波1093。

（3）局部放电量（pC）：≤5。

（4）介质损耗因数（%）：≤0.5。

（5）温升限值（K）：65。

（6）无线电干扰水平（μV）：<500（160kV以下）。

（7）绝缘油击穿电压（kV）：>50。

（8）绝缘油含水量：<20×10⁻⁶。

（9）额定一次及二次电流、准确级组合、额定输出、额定短时热电流及动稳定电流，见表 22 - 117。

表 22 - 117 LB—220（W）型电流互感器技术数据

型号	额定一次电流（A）	额定二次电流（A）	准确级组合	额定输出（VA）	保护级准确限值系数	仪表保安系数（FS）	额定短时热电流（kA）	额定动稳定电流（kA）	公称爬电比距（mm/kV）	重量（油/总）（kg）	外形尺寸（长×宽×高）（mm）	生产厂
LB— 220 LB— 220 （W）	2×300 2×600 2×800 2×1000 2×1250	5 或 1	0.2s/5P/5P/5P/5P/5P 0.2/5P/5P/5P/5P/5P 0.2/0.5/5P/5P/5P/5P 0.2s/10P/10P/10P/10P/10P 0.5/10P/10P/10P/10P/10P 另：根据用户需要 0.2s、0.2、0.5、 10P、5P 可任意组合	50 或 60	15 或 20	0.2s、0.2 级 FS5；0.5 级 FS10	31.5 ～ 45/3s	82～ 115	普通型 ≥17 防污型 ≥25	普通型 350/ 1300	900× 680× 3770	西安西电电力电容器有限责任公司
LB— 220 （W）	2×600 (2×300) 2×750 (2×400) 2×800 (2×400)	5	P₁/P₂/ P₁/P₁/ P₁/0.2 (0.5)	50 50 (40) 50 (40)	P₁ 为 20 P₂ 为 30	10	21～ 42/1s	55～ 110	5100～ 6300	1100～ 1360	674×892 × (3700 ±300) 674×892 × (4400 ±30)	江苏省如皋高压电器有限公司
	2×600 (2×300) 2×750 (2×400) 2×800 (2×400)	1	P₁/P₂/ P₁/P₁/ P₁/0.2 (0.5)	40 40 (30) 40 (30)	P₁ 为 20 P₂ 为 30	10	21～ 42/1s	55～ 110	5100～ 6300			
	2×1250 (2×750)	5	P₁/P₂/ P₁/P₁/ P₁/0.2 (0.5)	60 60 (60) 60 (60)	P₁ 为 20 P₂ 为 30	10	50～ 100/3s	125～ 250	5100～ 6300			
LB— 220 LB— 220W1	2×1250（测量级抽头 2×750）	5 或 1	5P/0.2/ TPY/ TPY/ TPY/ TPY	5P20 60 0.2 级 30 TPY 10(cosφ =0.9)	≤5	2× 25/3s	2× 62.5		4400 3000 5500	1202× 1077× 4850	沈阳互感器厂（有限公司）

注 沈阳互感器厂（有限公司）LB—220、LB—220W1 产品带暂态保护特性，适用于海拔＜2000m。

5. 外形及安装尺寸

LB—220（W）型电流互感器外形及安装尺寸，见图 22 - 77。

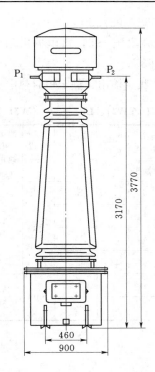

图 22-77 LB—220（W）型电流互感器外形及安装尺寸

（西安西电电力电容器有限责任公司）

6. 订货须知

订货时必须提供产品型号、额定电流比、准确级组合、使用环境及其它特殊要求。

二、LB1—220（GYW2）型电流互感器

1. 概述

LB1—220（GYW2）、LB1—220（W2）型电流互感器用于额定电压 220kV、频率 50Hz、有效接地系统中，作电气测（计）量和继电保护用。户外油浸绝缘全密封结构，执行标准 GB 1208—1997《电流互感器》。

2. 型号含义

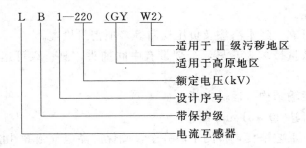

3. 技术数据

（1）额定电压（kV）：220。

（2）额定频率（Hz）：50。

（3）额定绝缘水平（kV）：252/395/950。

最高工作电压252，1min工频耐压395，雷电冲击耐受电压全波950。

（4）瓷套爬电距离（mm）：6300。

（5）额定电流比、级次组合、额定输出、额定短时热电流及动稳定电流，见表22-118。

表22-118 LB1—220（GYW2）、LB1—220（W2）型电流互感器技术数据

额定电流比（A）	级次组合	准确级	额定输出（VA）		准确限值系数	仪表保安系数	海拔（m）	额定3s短时热电流（kA）	额定动稳定电流（kA）	油容积（L）	重量（kg）	外形尺寸（长×宽×高）（mm）
			满匝数	抽头								
2×1250/5（抽头2×600/5或2×750/5）	5P/5P/5P/5P/5P/0.2	0.2	60	60		FS≤5	2500	31.5~63	80~160	700	2000	1202×956×4660
		5P	60		20							
	10P/10P/10P/10P/10P/0.2	0.2	40	40								
		10P	60		20							
2×1250/5 2×1250/1	0.2/5P20/5P20/5P20/5P20	0.2	50			FS≤5	1000	25~50	62.5~125	478	1400	1202×750×4010
		5P	60		20							

4. 生产厂

沈阳互感器厂（有限公司）。

三、LB7—220W型系列高压电流互感器

1. 概述

南京电气（集团）有限责任公司（原南京电瓷厂）生产的LB7—220W型系列高压电流互感器使用方便，适应性强，运行可靠性高。产品性能指标居全国前茅。特别是分析了世界各国互感器产品的结构特点和国内外互感器运行事故，结合国情进行大量的试验研究，从1980年起推出了LB系列新型电流互感器。

该产品性能特征：

（1）局部放电量小，介损低，绝缘可靠性高。局放、介损的出厂控制值均高于国家标准要求。

（2）产品上装优良的一次过电压保护器，有效地防止了操作过电压对主绝缘的突发性损伤，提高了可靠性。

（3）密封结构可靠，经水浴法及负压检漏等多项密封检查。

（4）二次绕组数量最多为6只，全部带有中间抽头，测量级可达0.2FS5；保护级可达5P30。

（5）采用卧倒运输结构，运输方便。

（6）爬电比距可达20~31mm/kV。

（7）设计先进，工艺精良，检测手段齐全，确保产品电气绝缘性能优越。

LB—220W型系列高压电流互感器适用于额定电压220kV、频率50Hz、有效接地系统中，作电气测（计）量和继电保护用，户外型。采用GB 1208—1997《电流互感器》标准，同时满足IEC 185或IEC 44.4《电流互感器》标准。

2. 型号含义

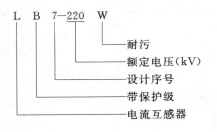

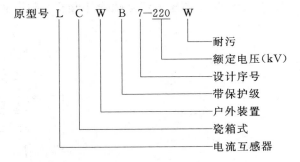

3. 产品结构

该产品为油纸电容式、装金属膨胀器全密封、大小伞结构，由一次绕组、二次绕组、油箱、瓷套、膨胀器、油柜和优质变压器油等组成。

4. 技术数据

该产品技术数据，见表 22-119。

表 22-119 LB7—220W 型电流互感器技术数据

额定电压 (kV)		220	
额定绝缘水平 (kV)		252/460/1050	
额定二次电流 (A)		5（或 1）	
额定一次电流 (A)		2×800 及以下	2×1000～2×1250
级次组合		5P/5P/5P/5P/0.5/0.2（或 0.2s）	
测量级额定负荷及仪表保安系数 (FS)	S1～S3	50VA0.2FS5 60VA0.5FS5	80VA0.2FS5 80VA0.5FS5
	S1～S2	25VA0.2FS5 40VA0.5FS5	50VA0.2FS5 50VA0.5FS5
保护级额定负荷及准确限值系数 (ALF)	S1～S3	50VA5P30	60VA5P30
	S1～S2	50VA5P15 或 25VA5P30	60VA5P15 或 30VA5P30
3s 短时热电流 (kA)		31.5～50	40～63
动稳定电流 (kA)		80～125	100～160
产品介质损耗率 (tanδ)		≤0.5%，末屏对地≤1.5%	
局部放电量 (pC)		175kV 下 5pC 252kV 下 10pC	
爬电距离 (mm)		5040 6300 7812	6300 7812
油重/总重 (kg)		320/1250	500/2000
海拔 (m)		2000	
一次端子耐受负荷	水平方向	4000N	
	其余方向	4000N	
外形尺寸 (mm)	L_1	3830	4160
	L_2	3290	3540
	L_3	2010	2170
	H	780	1070
尺寸 (mm)	$a×b$	610×400	610×500

注 1. 电流互感器中的级次组合根据用户需要可以是 5P、0.2 级或 0.5 级绕组的任意组合。

　　2. 测量级和保护级的准确级次、负荷等性能参数可按用户要求设计。

5. 外形及安装尺寸

LB7—220W型高压电流互感器外形及安装尺寸，见图22-78。

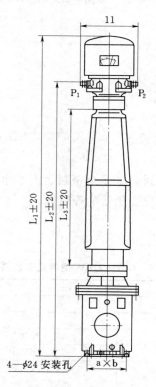

图 22 - 78　LB7—220W 型电流互感器外形及安装尺寸

6. 订货须知

订货时必须提供产品型号、额定电流比、级次组合及准确级、额定输出及其它特殊要求。

7. 生产厂

南京电气（集团）有限责任公司。

四、LB7—220（W1）系列电流互感器

1. 概述

LB7—220（W1）系列（原型号 LCWB7—220W）电流互感器用于额定电压220kV、额定频率50Hz或60Hz电力系统中，作电流、电能测量和继电保护用。户外、油浸式绝缘、全密封型产品，可卧倒运输。执行 GB 1208—1997《电流互感器》标准。

使用条件：

（1）周围气温（℃）：—30～+40。

（2）海拔（m）：<1700（中防污）。

（3）污秽等级：LB7—220 型用于 0～Ⅰ级污秽地区；LB7—220W1 型用于Ⅱ级污秽地区；LB7—220W2 型用于Ⅲ级污秽地区；LB7—220W3 型用于Ⅳ级污秽地区。

2. 型号含义

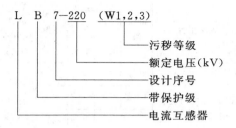

3. 技术数据

(1) 额定电压（kV）：220。

(2) 额定绝缘水平（kV）：252/395/950。

最高工作电压252，1min工频耐压395，雷电冲击耐受电压全波950，截波1050。

(3) 局部放电量（pC）：≤5。

(4) 介质损耗因数（tanδ）：≤0.5%（90℃）。

(5) 含水量≤20×10^{-6}。

(6) 额定频率（Hz）：50，60。

(7) 额定二次电流（A）：5，1。

(8) 仪表保安系数FS<10。

(9) 级次组合、额定短时热电流及动稳定电流，见表22-120。

表22-120 LB7—220（W1）型油浸式电流互感器技术数据

型　号	额定电流比（A）	级次组合	准确级	额定输出（VA）		准确限值系数	额定短时热电流（kA）	额定动稳定电流（kA）	瓷套爬电距离（cm）	重量（kg）	生产厂
				满匝	抽头						
LB7—220（LCWB7—220）	2×600/5	5P20/5P25/5P20/5P20/0.2s	0.2s 0.2	50	40	25（抽头为10）	2×21/3s	2×55	400	1300（油365）	大连互感器厂
LB7—220W1（LCWB7—220W1）	2×600/1	5P20/5P25/5P20/5P20/5P20/0.2s	5P	50	40	25（抽头为10）	2×21/3s	2×55	550		
LB7—220	600～1200/5	0.5/10P/10P/10P/10P	0.5P	50			2×21/5s	2×55		1200（油350）	中国·人民电器集团、江西变电设备有限公司
		0.5/10P/10P/10P/10P/10P	10P	50		20					
	600～1200/5（10P2及测量级抽头300～600/5）	0.2/10P1/10P1/10P1/10P2/10P1	0.5	50	30						
			0.2	40	30						
			10P1	50		20					
		0.5/10P1/10P1/10P1/10P2/10P1	10P2	50		25					
				50	12.5						

续表 22 - 120

型　号	额定电流比（A）	级次组合	准确级	额定输出（VA）		准确限值系数	额定短时热电流（kA）	额定动稳定电流（kA）	瓷套爬电距离（cm）	重量（kg）	生产厂
				满匝	抽头						
LCWB7—220（W1） LCWB7—230（W1）	2×600/5（抽头 2×300/5）	10P1/10P2/10P1/ 10P1/10P1/0.5	0.5	50	40		21～42/5s	55～110	550	1300	沈阳互感器厂有限公司
			10P1	50		20					
			10P2	50		25					
				50		12.5					
LCWB7—220（W1）ZH	2×600/5（抽头 2×300/5）	5P1/5P2/5P1/ 5P1/5P1/0.2	0.2	50	40（0.5级）		21～42/5s	55～110	550	1300	
			5P1	50		20					
			5P2	50		25					
				50		12.5					

4. 外形及安装尺寸

LB7—220（W1）型电流互感器外形及安装尺寸，见表 22 - 121。

表 22 - 121 LB7—220（W1）型电流互感器外形尺寸

型　号	外形尺寸（mm）（长×宽×高）	安装尺寸（mm）	生产厂
LB7—220（W1） ［LCWB7—220（W1）］	680×660×（3700±30）	.	大连互感器厂
LB7—220	820×660×3850	610×400	中国·人民电器集团、江西变电设备有限公司
LCWB7—220（W1） LCWB7—230（W1）	892×751×3700		沈阳互感器厂有限公司
LCWB7—220（W1）ZH	892×751×3700		

5. 订货须知

订货时必须提供产品型号、额定电流比、使用环境等要求。

6. 生产厂

中国·人民电器集团、江西变电设备有限公司、江西互感器厂、江西电力计量器厂、大连互感器厂、沈阳互感器有限公司。

五、LB7—220（GYW1）型电流互感器

1. 概述

LB7—220（GYW1）型电流互感器适用于频率 50Hz、额定电压 220kV 的户外交流供电系统中，作测量电流、电能和继电保护电源用。

执行标准 GB 1208《电流互感器》。

2. 型号含义

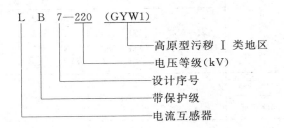

3. 使用条件

(1) 海拔（m）：＜1000（LB7—220）；＜2000（LB7—220GYW1）。

(2) 环境温度（℃）：—25～+40。

(3) 风速（m/s）：≤35。

(4) 大气中无严重影响绝缘的污秽及侵蚀性和爆炸性介质。

(5) 抗地震能力（g）：能承受水平加速度 0.4；垂直加速度 0.2。

(6) 外绝缘爬电比距（mm/kV）：≥19（LB7—220）；≥25（LB7—220GYW1）。

4. 技术数据

(1) 额定电压（kV）：220。

(2) 绝缘水平（kV）：252/395/950。

最高工作电压 252，1min 工频耐压 395，雷电冲击耐受电压 950（1.2/50μs）。

(3) 额定一次电流（A）：2×600（2×300），2×750（2×400），2×800（2×400），2×1000（2×500），2×1200（2×600），2×1250（2×750）。括号内一次电流为测量级和 P_2 级二次绕组抽头相对应的一次电流数值。

(4) 额定二次电流（A）：5，1。

(5) 额定频率（Hz）：50。

(6) 极性：减极性。

(7) 准确级组合：$P_1/P_2/P_1/P_1/0.5$（0.2，0.2s，0.1）；$P_1/P_2/P_1/P_1/P_1/0.5$（0.2，0.2s，0.1）。

(8) 额定输出，见表 22 - 122。

(9) 误差限值，见表 22 - 123。

(10) 测量级仪表保安系数（FS）：≤10，≤5。

(11) 保护级额定准确限值系数：P_1 级为 20，P_2 级为 25。

(12) 温升限值（K）：绕组 65，油顶面 55，绕组出头或接触处 50。

(13) 介质损耗因数：

环境温度 10～30℃，电压为 10kV 和 146kV 时，tanδ≤0.005；末屏对地及二次绕组在电压为 3kV 时，tanδ≤0.02。

(14) 局部放电量（pC）：≤5。

表 22 - 122 　 LB7—220（GYW1）型额定二次输出

额定电流比	额定二次输出 VA（$\cos\phi=0.8$ 滞后）				
	0.5 级（0.2 级，0.2s 级）		P_1 级	P_2 级	
	5S1～5S2 （6S1～6S2）	5S1～5S3 （6S1～6S3）	1S1～1S2 3S1～3S2 4S1～4S2 （5S1～5S2）	2S1～2S2	2S1～2S3
2×600/5，2×750/5，2×800/5	40	50	50	40	50
2×1000/5，2×1200/5，2×1250/5			60		
2×600/1，2×750/1，2×800/1	30	40	40	30	40
2×1000/1，2×1200/1，2×1250/1			50		

表 22 - 123 （一） 　 LB7—220（GYW1）型电流互感器测量级误差

准确级	电流误差±% 在下列额定电流（%）时					相位差，在下列额定电流（%）时									
						±（′）					±crad				
	1	5	20	100	120	1	5	20	100	120	1	5	20	100	120
0.1		0.4	0.2	0.1	0.1		15	8	5	5		0.45	0.24	0.15	0.15
0.2		0.75	0.35	0.2	0.2		30	15	10	10		0.9	0.45	0.3	0.3
0.5		1.5	0.75	0.5	0.5		90	45	30	30		2.7	1.35	0.9	0.9
0.2s	0.75	0.35	0.2	0.2	0.2	30	15	10	10	10	0.9	0.45	0.3	0.3	0.3
0.5s	1.5	0.75	0.5	0.5	0.5	90	45	30	30	30	2.7	1.35	0.9	0.9	0.9

表 22 - 123 （二） 　 LB7—220（GYW1）型电流互感器保护级误差

准确级	额定一次电流下的 电流误差（%）	额定一次电流下的相位差		在额定准确限值一次 电流下的复合误差（%）
		±（′）	±crad	
10P	±3	—	—	10
5P	±1	60	1.8	5

（15）底部放出变压器油：耐受电压≥55kV；在 90℃ 时 3kV 下 tanδ≤0.003；含水量 ≤15μg/g；氢含量≤70μg/g。无乙炔气体。

（16）额定短时热电流及动稳定电流，见表 22 - 124。

表 22 - 124 　 LB7—220（GYW1）型电流互感器短时热电流和动稳定电流

额定一次电流（A）	2×600，2×750，2×800，2×1000	2×1200，2×1250
额定 3s 短时热电流（kA）	21～42	31.5～63
额定动稳定电流（kA）	55～110（峰值）	80～160（峰值）

（17）重量（kg）：1200（油320）。

5. 外形及安装尺寸

LB7—220（GYW1）型电流互感器外形及安装尺寸，见图 22 - 79。

6. 订货须知

订货时必须提供产品型号、额定电流比、准确级次组合、额定输出、爬电比距及其它特殊要求。

7. 生产厂

中国·人民电器集团江西变电设备有限公司、江西互感器厂、江西电力计量器厂。

六、LB7—220W2 型电流互感器

1. 概述

LB7—220W2（原型号 LCWB7—220W2）型电流互感器适用于额定电压 220kV、频率 50Hz 的电力系统中，作电流、电能测量及继电保护用。执行标准 GB 1208—1997《电流互感器》。

2. 型号含义

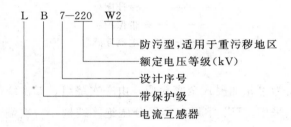

图 22 - 79　LB7—220（GYW1）型电流互感器外形及安装尺寸

3. 结构

该产品为油纸绝缘瓷箱式全密封结构，并装有盒式或波纹片式金属膨胀器，卧式运输，具有运行安全可靠的特点。

4. 技术数据

LB7—220W2 型电流互感器技术数据，见表 22 - 125。

5. 外形及安装尺寸

LB7—220W2（原型号 LCWB7—220W2）型电流互感器外形尺寸（长×宽×高）（mm）：680×660×（3700±30），重量 1300kg。

6. 生产厂

重庆高压电器厂。

七、LB9—220W2 系列电流互感器

1. 概述

LB9—220W2 系列电流互感器适用于中性点有效接地的 220kV 交流电力系统，作电流测量和继电保护用。执行标准 GB 1208—1997《电流互感器》。

表 22 - 125　LB7—220W2 型电流互感器技术数据

额定电压 (kV)	额定电流比 (抽头电流比) (A)	级次组合	准确级	额定输出 (VA) 满匝数	额定输出 (VA) 抽头	准确限值系数	额定短时热电流 (kA)	额定动稳定电流 (kA)	额定绝缘水平 (kV)	爬电比距 (cm/kV)
220	2×600/5 2×750/5 2×800/5 2×1000/5 2×1250/5	P₁/P₂/P₁/0.5（0.2） P₁/P₂/P₁/P₁/ 0.5（0.2） P₁/P₂/P₁/ P₁/P₁/0.5（0.2） P₁/P₂/P₁/0.5/0.2	P₁	50		20	(5s) 21~42	55~110	252/ 395/ 950	2.0
			P₂	50		20				
					50	12.5				2.5
			0.5	50	40					
			0.2	50	40 (0.5级)					3.1

2. 型号含义

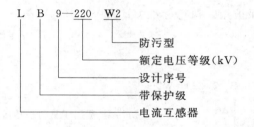

```
L  B  9—220  W2
            └── 防污型
        └────── 额定电压等级（kV）
     └───────── 设计序号
  └──────────── 带保护级
└─────────────── 电流互感器
```

3. 结构特点

该系列电流互感器为单相油浸式全密封型，由一次绕组、二次绕组、储油柜、瓷套及油箱等组成。一次绕组采用"U"字形电容屏分压绝缘结构，一次端子 P₁、P₂、C₁ 及 C₂ 用导电杆从储油柜壁引出，在外部通过串、并联变换来改变电流比（对于一次绕组只有一匝的电流互感器，通过变换二次绕组出头来改变电流比）。储油柜上部装有金属膨胀器，其外壁有油位计，监视油位。瓷套压紧采用压圈结构。

4. 技术数据

（1）额定工作电压 （kV）：220/$\sqrt{3}$。

（2）最高工作电压 （kV）：252/$\sqrt{3}$。

（3）额定频率 （Hz）：50。

（4）额定一次电流 （A）：2×75～2×800。

（5）额定二次电流 （A）：5，1。

（6）防污等级：W2 或 W3。

（7）极性：减极性。

（8）准确级：0.5，0.2，0.5FS5，0.2FS5，0.2FS5，0.2sFS5，10P15，5P20，5P30 等。

（9）典型级次组合：5P20/5P20/5P20/5P20/0.2sFS5/0.2sFS5。

（10）典型二次输出（VA）：50。

（11）热稳定：1s 或 3s 一次电流 2×300A 及以下 100 倍，2×300A 以上 50kA（均方根值）。

（12）动稳定：一次电流 2×300A 及以下 250 倍，2×300A 以上 125kA（峰值）。

（13）绝缘水平（kV）：252/395/950。

（14）局部放电量（pC）：≤5（1.2×252/$\sqrt{3}$=174.6kV）；≤10（252kV）。

（15）介质损耗因数 tanδ：≤0.005（整体，10～252/$\sqrt{3}$kV）；≤0.02（末屏；3kV 时）。

5. 外形及安装尺寸

LB9—220W2 系列电流互感器外形及安装尺寸，见图 22-80。

6. 订货须知

订货时必须提供产品型号、额定电压、额定电流比、级次组合、额定输出、防污等级及数量等。

7. 生产厂

保定天威集团特变电气有限公司。

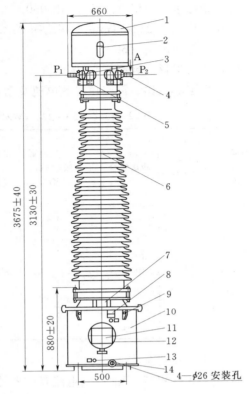

图 22-80 LB9—220W2 系列电流互感器
外形及安装尺寸（重量 1050kg）

1—金属膨胀器；2—油位视察窗；3——次接线端子（绝缘端）；4——次接线端子（非绝缘端）；5—连接板；6—瓷套；7—箱盖；8—末屏出线盒；9—吊攀；10—油箱；11—二次出线盒；12—铭牌；13—接地螺栓；14—注放油阀

八、LB9—220(W2)型油浸式电流互感器

1. 概述

LB9—220（W2）型油浸式电流互感器用于额定电压 220kV、频率为 50Hz 或 60Hz 电力系统中，作电流、电能测量和继电保护用。户外油浸式绝缘、全密封型，可卧倒运输，执行标准 GB 1208—1997《电流互感器》。

2. 型号含义

3. 技术数据

（1）额定电压（kV）：220。

（2）绝缘水平（kV）：252/395/950。

最高工作电压252；1min工频耐压395；雷电冲击耐受电压全波950，截波1050。

（3）局部放电量（pC）：≤5。

（4）介质损耗因数（%）：0.5。

（5）额定电流比、额定短时热电流及动稳定电流，见表22-126。

表22-126　LB9—220（W2）型油浸式电流互感器技术数据

额定电流比（A）	0.2级抽头额定电流比（A）	级次组合	准确级	额定输出（VA）	准确限值系数	频率（Hz）	海拔（m）	额定短时热电流（kA）	额定动稳定电流（kA）	瓷套爬电距离（cm）	重量（油/总）（kg）
2×1250/5/5/1/1/1			0.2	50							
	2×750/1	5P/5P/5P/5P/0.2	5P	60	20	50或60	1700	2×25（5s）	2×62.5	630	385/1600
2×1250/1/1/1/1/1			0.2	50							
			5P	60							

4. 外形及安装尺寸

LB9—220（W2）型油浸式电流互感器外形尺寸（mm）：824×751×（3900±30）。

5. 生产厂

大连互感器厂。

九、LB10—220W2型电流互感器

1. 概述

LB10—220W2型电流互感器适用于中性点有效接地的220kV交流电力系统中，作电流测量和继电保护用。执行GB 1208—1997《电流互感器》标准。

2. 型号含义

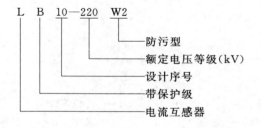

3. 结构特点

该系列产品为单相油浸式全密封型结构，由一次绕组、二次绕组、储油柜、瓷套及油箱等组成。一次绕组采用"U"字形电容屏分压绝缘结构，一次端子用导电杆从储油柜壁引出，在外部通过串、并联变换改变电流比（对于一次绕组只有一匝的电流互感器，可通

过变换二次绕组出头改变电流比）。储油柜上部装有金属膨胀器，其外壁有油位计。瓷套压紧采用压圈结构。

4. 技术数据

（1）额定工作电压（kV）：$220/\sqrt{3}$。

（2）最高工作电压（kV）：$252/\sqrt{3}$。

（3）额定频率（Hz）：50。

（4）额定一次电流（A）：$2\times1000\sim2\times1500$。

（5）额定二次电流（A）：5，1。

（6）防污等级：W2 或 W3。

（7）极性：减极性。

（8）准确级：0.5，0.2，0.5FS5，0.2FS5，0.2sFS5，10P15，5P20，5P30 等。

（9）典型级次组合：5P20/5P20/5P20/5P20/0.2sFS5/0.2sFS5。

（10）典型二次输出（VA）：50。

（11）热稳定（kA）：50/3s（均方根值）。

（12）动稳定（kA）：125（峰值）。

（13）绝缘水平（kV）：252/395/950。

（14）局部放电水平（pC）：$\leqslant$5（1.2×$252/\sqrt{3}$=174.6kVF）；$\leqslant$10（252kVF）。

（15）介质损耗因数 tanδ：$\leqslant$0.005（整体）。

5. 外形及安装尺寸

LB10—220W2 型电流互感器外形及安装尺寸，见图 22-81。

6. 订货须知

订货时必须提供产品型号、额定电压、额定电流比、级次组合、额定输出、防污等级及数量等。

7. 生产厂

保定天威集团特变电气有限公司。

十、LB11—220W2 型电流互感器

1. 概述

LB11—220W2 型电流互感器适用于中性点有效接地的 220kV 交流电力系统，作电流测量和继电保护用。执行标准 GB 1208—1997《电流互感器》。

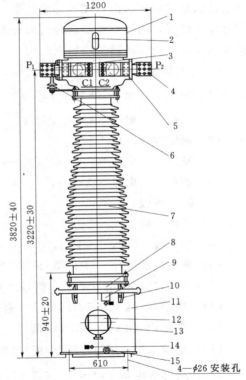

图 22-81 LB10—220W2 型电流互感器
外形及安装尺寸（重量 1290kg）
1—金属膨胀器；2—油位视察窗；3—一次接线端
子（绝缘端）；4—一次接线端子（非绝缘端）；
5—连接板；6—过压保护器；7—瓷套；
8—箱盖；9—末屏出线盒；10—吊攀；
11—油箱；12—二次出线盒；
13—铭牌；14—接地螺栓；
15—注放油阀

2. 型号含义

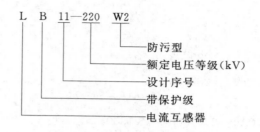

```
L B  11—220  W2
                防污型
                额定电压等级(kV)
                设计序号
                带保护级
                电流互感器
```

3. 结构特点

该系列产品为单相油浸式带暂态保护全密封型电流互感器，由一次绕组、二次绕组、储油柜、瓷套及油箱等组成。一次绕组采用"U"字形电容屏分压绝缘结构，一次端子用导电杆从储油柜壁引出，在外部通过串、并联变换来改变电流比（对于一次绕组只有一匝的电流互感器，通过变换二次绕组出头改变电流比）。储油柜上部装有金属膨胀器，其外壁有油位计。瓷套压紧采用压圈结构。

4. 技术数据

(1) 额定工作电压（kV）：$220/\sqrt{3}$。

(2) 最高工作电压（kV）：$252/\sqrt{3}$。

(3) 额定频率（Hz）：50。

(4) 额定一次电流（A）：$2\times1000\sim2\times1500$。

(5) 额定二次电流（A）：5，1。

(6) 防污等级：W2。

(7) 极性：减极性。

(8) 准确级：0.2，0.2FS5，0.2sFS5，5P20，5P30，TPY 等。

(9) 典型级次组合，5P20/0.2FS5/TPY/TPY/TPY/TPY。

(10) 典型二次输出（VA）：测量级和保护级50，TPY级15。

(11) 热稳定（kA）：50/3s（均方根值）。

(12) 动稳定（kA）：125（峰值）。

(13) 绝缘水平（kV）：252/395/950。

(14) 局部放电水平（pC）：$\leqslant5$（$1.2\times252/\sqrt{3}=174.6$kVF）；$\leqslant10$（252kVF）。

(15) 介质损耗因数 $\tan\delta$：$\leqslant0.005$（整体）。

5. 外形及安装尺寸

LB11—220W2 型电流互感器外形及安装尺寸，见图22-82。

6. 订货须知

订货时必须提供产品型号、额定电压、额定电流比、级次组合、额定输出、防污等级及数量等。

7. 生产厂

保定天威集团特变电气有限公司。

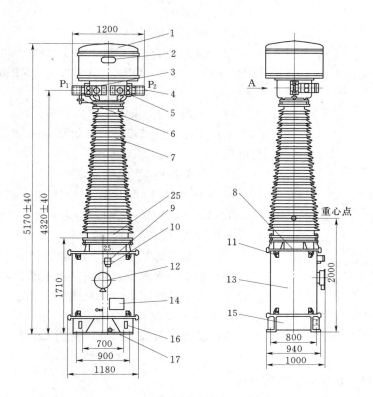

图 22-82 LB11—220W2 型电流互感器外形及安装尺寸（重量 4050kg）

1—金属膨胀器；2—油位观察窗；3—一次接线端子（绝缘端）；4—一次接线端子（非绝缘端）；
5—连接板；6—过压保护器；7—瓷套；8—箱盖；9—地屏出线盒；10—接地螺栓；11—吊
攀；12—二次出线盒；13—油箱；14—铭牌；15—底座；16—接地板；17—注放油阀

22.1.5.2 LCWB—220 系列

LCWB7—220GY、LCWB7—220GYWⅡ型电流互感器

1. 概述

LCWB7—220GY、LCWB7—220GYWⅡ型电流互感器系油浸户外装置，用于频率 50Hz、220kV 中性点有效接地系统中，作电流、电能测量和继电保护用。

产品顶部装有金属膨胀器，为全封闭结构，各项性能符合 GB 1208—1997《电流互感器》。

2. 型号含义

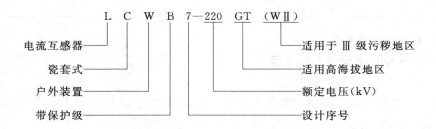

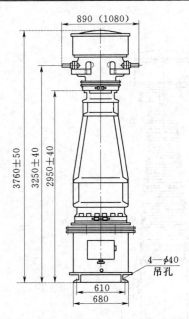

图 22-83 LCWB7—220GY（WⅡ）型电流互感器外形及安装尺寸

3. 技术数据

（1）额定电压（kV）：220。

（2）级次组合：10P20/10P25/10P20/10P20/10P20/0.2；10P20/10P25/10P20/10P20/10P20/0.5；10P20/10P25/10P20/10P20/0.5/0.2。

（3）绝缘水平（kV）：252/395/950。

最高工作电压 252，工频耐受电压 395，全波冲击耐受电压 950。

（4）局部放电量（pC）：≤10。

（5）外绝缘爬电比距：LCWB7—220GY，不小于 20mm/kV；LCWB7—220GTWⅡ，不小于 25mm/kV。

（6）海拔（m）：≤1700。

（7）重量（kg）：1300（油372）。

（8）额定一次电流、额定二次电流、额定输出、额定短时热电流及动稳定电流，见表22-127。

4. 外形及安装尺寸

该产品外形及安装尺寸，见图 22-83。

5. 生产厂

天津市百利纽泰克电器有限公司。

表 22-127　LCWB7—220GY（WⅡ）型电流互感器技术数据

额定一次电流（A）	额定二次电流（A）	准确级	额定输出（VA）	热稳定电流（kA/5s）	额定动稳定电流（kA）
2×300		0.2	30～50	15～30	37.5～75
2×600	5	0.5	30～50	21～42	52.5～105
2×1000		10P	40～50		
2×300		0.2	15～30	15～30	37.5～75
2×600	1	0.5	15～30	21～42	52.5～105
2×1000		10P	20～30		

22.1.5.3 LVB—220 系列

一、LVB—220W2 型电流互感器

1. 概述

LVB—220W2 型电流互感器适用于中性点有效接地的 220kV 交流电力系统，作电流测量和继电保护用。执行标准 GB 1208—1997《电流互感器》。

2. 型号含义

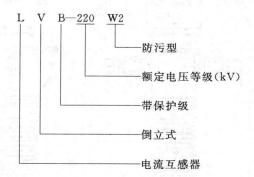

3. 结构特点

该产品为单相油浸倒立式全密封型结构，由底座、油箱、瓷套、主绝缘包扎、一次导体、储油柜等组成，二次绕组安装在顶部的储油柜内。储油柜上部装有金属膨胀器，其外壁上有油位计。瓷套压紧采用压圈结构。

4. 技术数据

(1) 额定工作电压（kV）：$220/\sqrt{3}$。

(2) 最高工作电压（kV）：$252/\sqrt{3}$。

(3) 额定频率（Hz）：50。

(4) 额定一次电流（A）：2000～4000。

(5) 额定二次电流（A）：5，1。

(6) 防污等级：W2。

(7) 极性：减极性。

(8) 准确级：0.5，0.2，0.5FS5，0.2FS5，0.2sFS5，10P15，5P20，5P30 等。

(9) 典型级次组合：5P30/5P30/5P30/5P30/0.2sFS5/0.2sFS5。

(10) 典型二次输出（VA）：60。

(11) 热稳定（kA）：63/3s（均方根值）。

(12) 动稳定（kA）：160（峰值）。

(13) 绝缘水平（kV）：252/395/950。

(14) 局部放电水平（pC）：≤5，≤10。

(15) 介质损耗因数 $\tan\delta$：≤0.005（整体）。

5. 外形及安装尺寸

LVB—220W2 型电流互感器外形及安装尺寸，见图 22-84。

6. 订货须知

订货时必须提供产品型号、额定电压、额定电流比、级次组合、额定输出、防污等级及数量等。

7. 生产厂

保定天威集团特变电气有限公司。

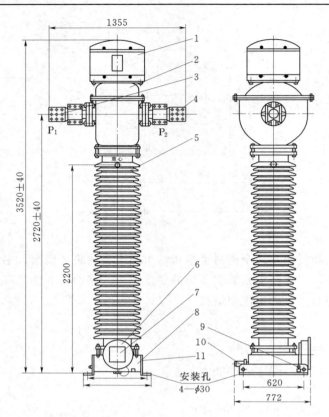

图 22-84 LVB—220W2 型电流互感器外形及安装尺寸（重量840kg）

1—膨胀器；2—储油柜；3、4—导电板；5—瓷套；6—二次出线盒；

7—铭牌；8—底座；9—接地螺栓；10—注放油阀；11—接地板

二、LVB—220W 型高压电流互感器

1. 概述

LVB—220W 型高压电流互感器由南京电气（集团）有限责任公司生产，适用于额定电压 220kV、额定频率 50Hz、中性点有效接地的电力系统中，作电流、电能测量及继电保护用，户外型。

该产品性能特征：

（1）密封性能可靠，并经正压（水浴法，氮压 0.2MPa）和负压两种方式的严格密封检查。

（2）介损低、局部放电量小，出厂的控制值均优于行业标准和国家标准。

（3）主绝缘性能可靠，绝缘裕度高。产品为不爆炸结构设计，可靠度 R≥0.999995。

（4）二次绕组全部带有中间抽头，测量级达 0.2 级 FS5。

（5）耐污秽、环境侵蚀能力强，黑色金属件全部采用热镀锌防护，可满足 10 年内不需专门维护的要求。

（6）闪络电压高，爬电距离最小为 5040mm，最大根据要求提供，可满足海拔 3000m 及以下各类地区使用。

2. 型号含义

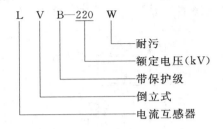

3. 结构

该产品为油纸电容式微正压全密封、大小伞结构。由二次绕组（主绝缘）、一次绕组、油柜、瓷套、金属膨胀器、底座和优质变压器油组成。通过一次串、并联换接和二次抽头可获得三种以上的额定电流的变比。如 2×1250/5A 产品，可得到的额定变比为：一次并联时：2500/5A，抽头 1500/5A；一次串联时：1250/5A，抽头 750/5A。

4. 技术数据

LVB—220 型高压电流互感器技术数据，见表 22-128。

表 22-128 LVB—220 型高压电流互感器技术数据

额定电压（kV）		220			
额定绝缘水平（kV）		252/460/1050			
额定二次电流（A）		5（或 1）			
额定一次电流（A）		2×1250、2×750、2×1500			
级次组合		B/B/B2/B2/0.2			
二次性能（保护级）		2×1250/5	2×1250/5	2×750/5, 2×1500/5	2×750/1, 2×1500/1
B 级	满匝/抽头（VA）	40/25（50/25）	30/20	50/30	30/20
	准确限值系数（ALF）	5P20（5P15）	5P20	5P20	5P20
B2 级	满匝/抽头（VA）	60/30（50/25）	40/25	60/30	40/25
	准确限值系数（ALF）	5P25（5P30）	5P25	5P30	5P30
测量级 性能	满匝/抽头（VA）	60/30	40/20	60/30	40/20
	仪表保安系数（FS）	5	5	5	5
短时热电流（kA/3s）		2×750A；31.5～50；其余：40～63			
动稳定电流（kA）		2×750A；80～125；其余：100～160			
产品介质损耗率（tanδ）		≤0.5%，零屏对地≤0.7%			
局部放电量（pC）		≤10（252kV 下，或 220kV 下大于 5pC）			
爬电距离（mm）		5040、6300、7812			
油重/总重（kg）		200/850（880）			
海拔（m）		不超过 3000			
一次端子 耐受负荷	水平方向	4000N			
	其余方向	4000N			

注 1. 电流互感器中的级次组合根据用户需要可以是 5P、0.2 级或 0.5 级绕组的任意组合。

  2. 测量级和保护级的准确级次、负荷等性能参数可按用户要求设计。

5. 外形及安装尺寸

LVB—220 型高压电流互感器外形及安装尺寸，见图 22-85。

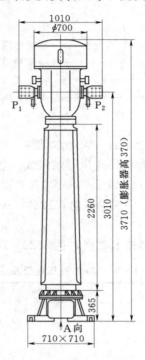

图 22-85　LVB—220W 型高压
电流互感器外形及安装尺寸

6. 订货须知

订货时必须提供产品型号、额定电流比、准确级次及额定输出、爬电距离及特殊要求。

7. 生产厂

南京电气（集团）有限责任公司。

22.2　高压电压互感器

22.2.1　3、6、10kV 单相浇注式电压互感器

22.2.1.1　JDZ—6、10 系列

一、JDZ3—12W 型电压互感器

1. 概述

JDZ3—12W 型电压互感器为户外环氧树脂浇注绝缘全封闭结构，适用于额定频率 50Hz 或 60Hz、额定电压 10kV 及以下中性点非有效接地电力系统中，作电能计量、电压监测和继电保护用。产品符合 IEC 60044—2：1997 及 GB 1207—1997《电压互感器》标准。

2. 型号含义

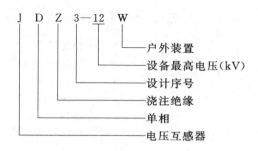

```
J  D  Z  3—12  W
                └── 户外装置
            └────── 设备最高电压(kV)
         └───────── 设计序号
      └──────────── 浇注绝缘
   └─────────────── 单相
└────────────────── 电压互感器
```

3. 结构特点

该产品采用户外环氧树脂全封闭浇注，具有耐电弧、耐紫外线、耐老化、爬电距离大、局部放电量小、抗过电压能力强等特点，体积小，重量轻，适宜于任何位置、任意方向安装。

4. 使用条件

(1) 环境温度（℃）：—25～+40。

(2) 污秽等级：Ⅳ级。

(3) 使用时二次绕组不许短路及超负荷运行。

5. 技术数据

该产品技术数据，见表 22-129。

表 22-129 JDZ3—12W 型电压互感器技术数据

额定电压比 （V）	额定输出（VA）			极限输出 （VA）	额定绝缘水平 （kV）
	0.2	0.5	1		
3000/100					3.6/25/40
6000/100	15	30	60	300	7.2/32/60
10000/100					12/42/75

6. 外形及安装尺寸

该产品外形及安装尺寸，见图 22-86。

7. 生产厂

江苏靖江互感器厂。

二、JDZ10—6、10A（B，C，D，E）型电压互感器

1. 概述

JDZ10—6、10A，JDZ10—6、10B，JDZ10—6、10C，JDZ10—6、10D，JDZ10—6、10E 型电压互感器为单相环氧树脂浇注全封闭户内式，适用于海拔 1000m 及其以下地区、频率50Hz、最高工作电压 12kV（标称电压10kV）、7.2kV（标称电压为6kV）中性点绝缘或非有效接地的电力系统中，作精密电压、电能测量及继电保护用。

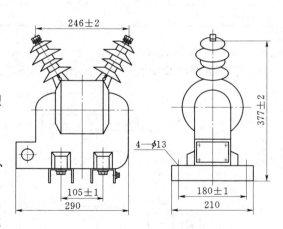

图 22-86 JDZ3—12W 型电压互感器
外形及安装尺寸

2. 型号含义

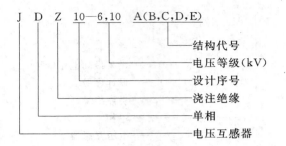

J D Z 10—6,10 A(B,C,D,E)

结构代号
电压等级(kV)
设计序号
浇注绝缘
单相
电压互感器

3. 技术数据

(1) 绝缘水平（kV）：7.2/32/60（6kV 产品）；12/42/75（10kV 产品）。

(2) 额定电压、准确级次、额定输出及极限输出，见表 22-130。

表 22-130　JDZ10—6、10A（B，C，D，E）型电压互感器技术数据

型　号	额定电压（V）		额定输出（VA）			极限输出（VA）	结　构
	一次线圈	二次线圈	0.2	0.5	1		
JDZ10—6A	6000	100	15	30	60	150	单相双绕组
JDZ10—6B			25	50	150	300	
JDZ10—6C			50	120	240	500	
JDZ10—10A	10000	100	15	30	60	150	单相双绕组
JDZ10—10B			25	50	150	300	
JDZ10—10C			50	120	240	500	
JDZ10—6D	$\dfrac{6000}{100、100}$	0.2/0.5	40	80		500	单相三绕组
JDZ10—6E			30	50		500	
JDZ10—10D	$\dfrac{10000}{100、100}$	0.2/0.5	40	80		500	单相三绕组
JDZ10—10E			30	50		500	

4. 外形及安装尺寸

该产品外形及安装尺寸，见图 22-87。

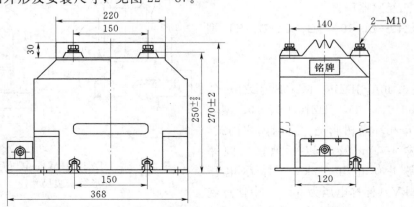

图 22-87　JDZ10—6、10E 型电压互感器外形及安装尺寸

5. 生产厂

天水长开互感器制造有限公司。

2.2.1.2 JDZ（J）（F）—3、6、10 系列

一、JDZ（J）（F）—10（6，3）B 型电压互感器

1. 概述

JDZ（F）—10（6，3）B、JDZJ—10（6，3）B 型电压互感器为户内式环氧树脂浇注全封闭式结构，适用于额定频率 50Hz 或 60Hz、额定电压 3、6、10kV 及以下的电力系统中，作电压、电能测量和继电保护用。产品性能符合 IEC 60044—2：1997 及 GB 1207—1997《电压互感器》标准，体积小，重量轻，绝缘性能优越，是旧型号 JDZ（F）—10（半封闭）的替代产品，安装尺寸与旧型号一致。

2. 型号含义

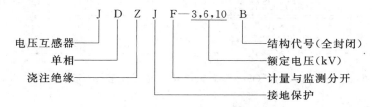

3. 结构

该产品为单相环氧树脂浇注全封闭结构，一、二次绕组及铁芯均在环氧树脂内，绝缘性能优良，耐潮湿。

4. 技术数据

（1）额定电压（kV）：3，6，10。

（2）额定频率（Hz）：50，60。

（3）表面爬电距离满足 Ⅱ 级污秽等级。

（4）负荷功率因数：cosφ＝0.8（滞后）。

（5）其它技术数据，见表 22-131。

表 22-131 JDZ（J）（F）—3，6，10B 型电压互感器技术数据

型 号	额定电压比（V）	准确级及额定输出（VA）				极限输出（VA）	额定绝缘水平（kV）
		0.2	0.5	1	6P		
JDZ—10B	10000/100						12/42/75
JDZ—6B	6000/100	20	30	50		300	7.2/32/60
JDZ—3B	3000/100						3.6/25/40
JDZF—10B	10000/100						12/42/75
JDZF—6B	6000/100	10	20	30		150×2	7.2/32/60
JDZF—3B	3000/100						3.6/25/40
JDZJ—10B	$\frac{10000}{\sqrt{3}}/\frac{100}{\sqrt{3}}/\frac{100}{3}$						12/42/75
JDZJ—6B	$\frac{6000}{\sqrt{3}}/\frac{100}{\sqrt{3}}/\frac{100}{3}$	15	25	50	50	200	7.2/32/60
JDZJ—3B	$\frac{3000}{\sqrt{3}}/\frac{100}{\sqrt{3}}/\frac{100}{3}$						3.6/25/40

5. 外形及安装尺寸

该产品外形及安装尺寸见图22-88。

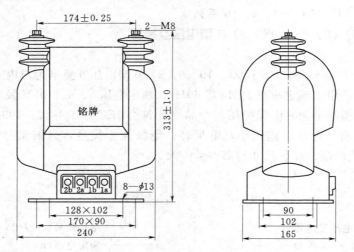

图 22-88　JDZ（J）（F）—3，6，10B 型电压互感器外形及安装尺寸

6. 生产厂

无锡市通宇电器有限责任公司。

二、JDZ（J）（F）—10（6，3，15）（Q）（W）型电压互感器

1. 概述

JDZ（J）—3，6，10，15（Q）（W）、JDZF—10（6，3）（Q）（W）型电压互感器为户内式半封闭环氧树脂浇注结构，适用于额定频率50Hz或60Hz、额定电压3、6、10、15kV及以下的电力系统中，作电能计量、电压监控和继电保护用。产品性能符合GB 1207和IEC 186标准。

2. 型号含义

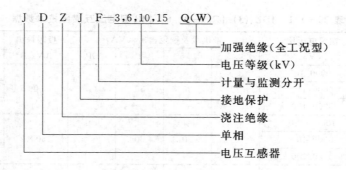

3. 结构

该系列产品为半封闭式单相双线圈结构，一、二次绕组均浇注在环氧树脂内，体积小，气候适应性强，绝缘性能优良，耐潮湿。JDZ（J）（F）—3，6，10Q 产品加强外绝缘强度，属全工况型，污秽等级Ⅱ级。

4. 技术数据

(1) 额定电压（kV）：3，6，10，15。

(2) 额定频率（Hz）：50，60。

(3) 污秽等级：Ⅱ级。

(4) 额定电压比、准确级及额定输出、额定绝缘水平，见表22-132。

表22-132　JDZ（J）（F）—3，6，10，15（Q）型电压互感器技术数据

型　号	额定电压比（V）	额定输出（VA）					极限输出（VA）	额定绝缘水平（kV）	生产厂
		0.2	0.5	1	3	6P			
JDZ—3	3000/100	25	30	50	100		200	3.6/25/40	
JDZ—6	6000/100	25	50	80	200		300	7.2/32/60	
JDZ—10 JDZ—10Q	10000/100	40	80	120	300		500	12/42/75	
JDZJ—3	3000/√3/100/√3/100/3	15	30	50	120	50	200	3.6/25/40	江苏靖江互感器厂
JDZJ—6	6000/√3/100/√3/100/3	15	30	50	120	50	200	7.2/32/60	
JDZJ—10 JDZJ—10Q	10000/√3/100/√3/100/3	20	40	60	150	50	300	12/42/75	
JDZ—15	13800/100, 15000/100	40	80	120	300		500	17.5/55/105	
JDZJ—15	13800/√3/100/√3/100/3 1500/√3/100/√3/100/3	20	40	60	150	50	300	17.5/55/105	
JDZ—10Q	10000/100		80	120	150		500	12/42/75	
		30					300		
JDZ—6Q	6000/100	25	50	80			300	7.2/32/60	
JDZ—3Q	3000/100	25	30	50			200	3.6/25/40	无锡市通宇电器有限责任公司
JDZF—10Q	10000/100/100	20	30	80			2×300	12/42/75	
JDZF—6Q	6000/100/100	15	25	50			2×200	7.2/32/60	
JDZF—3Q	3000/100/100						2×150	3.6/25/40	
JDZJ—10Q	10000/√3/100/√3/100/3	20	40	60		50	300	12/42/75	
JDZJ—6Q	6000/√3/100/√3/100/3	15	30	50		50	200	7.2/32/60	
JDZJ—3Q	3000/√3/100/√3/100/3							3.6/25/40	
JDZJ—6（Q）	6000/√3/100/√3/100/3	15	30		80	30	200	7.2/32/60	天津市百利纽泰克电器有限公司
JDZJ—10（Q）	10000/√3/100/√3/100/3	30	50		100	50	400	12/42/75	
JDZ—6（Q）	6000/100	15	30		200		400	7.2/32/60	
JDZ—10（Q）	10000/100	30	80		400		500	12/42/75	

续表 22 - 132

型　号	额定电压比 （V）	额定输出（VA）					极限 输出 （VA）	额定绝缘 水平 （kV）	生产厂
		0.2	0.5	1	3	6P			
JDZJ—6	6000/√3/100/√3/100/3	25	50				500	7.2/32/60	广东省中山市东风高压电器有限公司
JDZJ—10	10000/√3/100/√3/100/3	25	50				500	11.5/42/75	
JDZF—6	6000/100	25	50				500	7.2/32/60	
JDZF—10	10000/100	25	50				500	11.5/42/75	
JDZ—3（Q）	1000/100 2000/100 3000/100		30	50	80		200	3.6/23/40	浙江三爱互感器有限公司
JDZ—6（Q）	6000/100	30	50	80	200		400	7.2/32/60	
JDZ—10（Q）	10000/100	30	80	150	300		500	12/42/75	
JDZJ—3（Q）	2000/√3/100/√3/100/3 3000/√3/100/√3/100/3		30	50	80	50	200	3.6/23/40	
JDZJ—6（Q）	6000/√3/100/√3/100/3	20	50	80	200	50	400	7.2/32/60	
JDZJ—10（Q）	10000/√3/100/√3/100/3	20	50	80	200		400	12/42/75	
JDZ—3（W）	1000/100 2000/100 3000/100		30	50	80		200	3.6/25/40	大连第二互感器厂
JDZ—6（W）	6000/100		50	80	200		400	7.2/32/60	
	6300/100	30					200		
JDZ—10（W）	10000/100 10000/110 10000/220		80	150	300		500	12/42/75	
		30					200		
	10000/100/100	25	50				200		
JDZJ—3（W）	3000/√3/100/√3/100/3		30	50	80	50	200	3.6/25/40	
JDZJ—6（W）	6000/√3/100/√3/100/3		50	80	200	50	400	7.2/32/60	
	6300/√3/100/√3/100/3	20					200		
JDZJ—10（W）	10000/√3/100/√3/100/3		50	80	200	50	400	12/42/75	
		20					200		
JDZ—3	1000/100 2000/100 3000/100		30	50	80		200	3.5/24/42	沈阳互感器厂（有限公司）
JDZ1—3	3000/√3/100/√3		30	50	80		200	3.5/24/42	
JDZJ—3	1000/√3/100/√3/100/3 2000/√3/100/√3/100/3 3000/√3/100/√3/100/3		30	50	80	80	200	3.5/24/42	
JDZ—6	6000/100		50	80	200		400	6.9/32/60	
JDZ1—6	6000/√3/100/√3		50	80	200		400	6.9/32/57	
JDZJ—6	6000/√3/100/√3/100/3		50	80	200	200	400	6.9/32/60	
JDZJ2—6	6000/√3/100/√3/100/3		50			40	200	6.9/21	

型　号	额定电压比（V）	额定输出（VA）					极限输出（VA）	额定绝缘水平（kV）	生产厂
		0.2	0.5	1	3	6P			
JDZ—10	10000/100		80	150	300		500	11.5/42/80	沈阳互感器厂（有限公司）
JDZ1—10	10000/√3/100/√3		50	80	200		400	11.5/42/75	
JDZJ—10	10000/√3/100/√3/100/3		50	80	200	200	400	11.5/42/80	
JDZJ—10W	10000/√3/100/√3/100/3		50	80	200	200	400	11.5/42/80	
JDZJ—15	13800/√3/100/√3/100/3 15000/√3/100/√3/100/3		50	80	200	(3P) 200	400	17.5/55/100	
JDZJ1—15	15000/√3/100/√3/100/3 15750/√3/100/√3/100/3		80	150	320	80	400	17.5/55/108	
JDZ—3（W）	1000/100 2000/100 3000/100		30	50	80		200	3.6/25/40	金坛市金榆互感器厂
JDZ—6（W）	6000/100		50	80	200		400	7.2/32/60	
	6300/100	30					200		
JDZ—10（W）	10000/100	30	80	150	300		500	12/42/75	
JDZF—10（W）	10000/100/100	25	50				200		
JDZJ—3（W）	2000/√3/100/√3/100/3 3000/√3/100/√3/100/3		30	50	80	50		3.6/25/40	
JDZJ—6（W）	6000/√3/100/√3/100/3		50	80	200	50	400	7.2/32/60	
	6300/√3/100/√3/100/3	20				50	200		
JDZJ—10（W）	10000/√3/100/√3/100/3		50	80	200	50	400	12/42/75	
		20				50	200		
JDZJF—10（W）	10000/√3/100 /√3/100/√3/100/3	20	50	80	200	50	200	12/42/75	
JDZ—3	3000/100	15	30	50	100		200	3.6/25/40	宁波三爱互感器有限公司
JDZ—6	6000/100	25	50	80	200		300	7.2/32/60	
JDZ—10	10000/100°	40	80	120	300		500	12/42/75	
JDZ—15	15000/100	40	80	120	300		500	18/55/95	
JDZF—10	10000/100/100	20	20 30				300	12/42/75	
JDZJ—3	3000/√3/100/√3/100/3	15	30	50	100		200	3.6/25/40	
JDZJ—6	6000/√3/100/√3/100/3	15	30	50	100		200	7.2/32/60	
JDZJ—10	10000/√3/100/√3/100/3	20	40	60	150		300	12/42/75	宁波三爱互感器有限公司、宁波互感器厂
JDZJ—15	15000/√3/100/√3/100/3	20	40	60	150		300	18/55/95	
JDZJF—10	10000/√3/100 /√3/100/√3/100/3	10	10 15				200	12/42/75	

5. 外形及安装尺寸

JDZ—6，10Q、JDZJ—6，10Q、JDZ（F）—10Q 型电流互感器外形及安装尺寸，见图22-89。

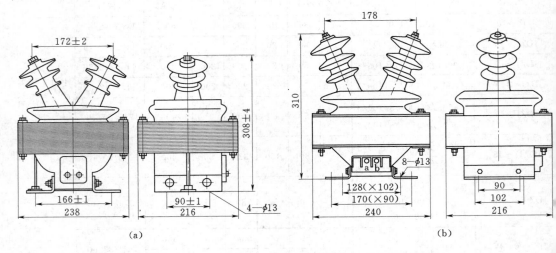

图22-89 JDZ（J）（F）—6，10Q 型电流互感器外形及安装尺寸

(a) JDZ—6，10Q、JDZJ—6，10Q（江苏靖江互感器厂）；(b) JDZ（F）—10Q（无锡市通宇电器有限责任公司）

22.2.1.3 JDZ（X）—6、10 系列

一、JDZX1，2—6，10 I 型电压互感器

1. 概述

JDZX1—6，10 I 、JDZX2—6，10 I 型电压互感器为单相带剩余（零序）绕组全封闭环氧浇注式互感器，供额定频率50Hz、额定电压6，10kV 户内开关柜、计量柜，作电能计量、电压测量和继电保护用。

2. 型号含义

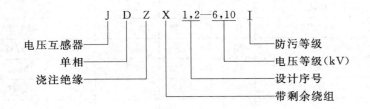

3. 使用条件

(1) 户内，任何位置、任何方向。

(2) 环境温度（℃）：—5～+40。

(3) 防污等级：I 级。

(4) 海拔（m）：＜3000（高湿、凝露、污秽条件下）；＜4000（高海拔污秽条件下）。

(5) 环境湿度（%）：100（室温条件下最大相对湿度）。

(6) 凝露：周围空气温度和压力剧变时，外表面出现水膜或凝结水珠。

4. 结构

该产品为全封闭环氧浇注绝缘结构，高压线圈用模具定位经环氧树脂浇注成型。铁芯由条形优质冷轧硅钢片叠装而成。一次线圈引出端在顶部，二次线圈在侧壁上，在二次接线座上分别标有 1a、1n、2a、2n，分别对应为计量和监控继保级。

本型互感器可用于单相及三相。在三相线路中可用两台互感器接成 V 型。

5. 技术数据

(1) 额定电压（kV）：6，10。

(2) 额定频率（Hz）：50。

(3) 额定绝缘水平（kV）：11.5/42/75（10kV 产品）。

(4) 表面泄漏距离（mm）：＞205。

(5) 感应耐压为额定电压的 2 倍（40s）。

(6) 额定电压比、准确级及额定输出、极限输出，见表 22-133。

表 22-133 JDZX1，2—6，10 I 型电压互感器技术数据

型　　号	额定电压比 (V)	额定输出（VA）		极限输出 (VA)	功率因数 $\cos\phi$
		0.2	0.5		
JDZX1—6 I JDZX2—6 I	$\frac{6000}{\sqrt{3}}/\frac{100}{\sqrt{3}}/\frac{100}{3}$	25	50	500	0.8
JDZX1—10 I JDZX2—10 I	$\frac{10000}{\sqrt{3}}/\frac{100}{\sqrt{3}}/\frac{100}{3}$	25	50	500	0.8

6. 外形及安装尺寸

该产品外形及安装尺寸，见图 22-90。

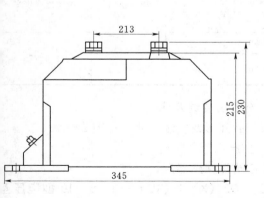
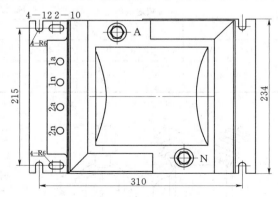

图 22-90 JDZX2—6，10 I 型电压互感器外形及安装尺寸

7. 生产厂

广东省中山市东风高压电器有限公司。

二、JDZ（X）1—12W 型电压互感器

1. 概述

JDZ（X）1—12W 型电压互感器为户外环氧树脂浇注绝缘全封闭结构，适用于额定

频率 50Hz 或 60Hz、额定电压 10kV 及以下中性点非有效接地电力系统中，作电能计量、电压监测和继电保护用。产品性能符合 IEC 60044—2：1997 及 GB 1207—1997《电压互感器》标准。户外型。

2. 型号含义

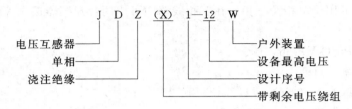

- 电压互感器
- 单相
- 浇注绝缘
- 户外装置
- 设备最高电压
- 设计序号
- 带剩余电压绕组

J D Z (X) 1—12 W

3. 结构特点

该产品采用户外环氧树脂全封闭浇注，具有耐电弧、耐紫外线、耐老化、爬电距离大、局部放电量小、抗过电压能力强等特点，体积小，重量轻，适宜于任何位置、任意方向安装。

4. 技术数据

(1) 额定电压 (kV)：10。

(2) 额定频率 (Hz)：50，60。

(3) 环境温度 (℃)：—25～+40。

(4) 污秽等级：Ⅱ级。

(5) 局部放电水平符合 GB 1207—1997《电压互感器》标准。

(6) 额定电压比、额定输出、极限输出、额定绝缘水平，见表 22-134。

表 22-134 JDZ (X) 1—12W 型电压互感器技术数据

型 号	额定电压比 (V)	额定输出 (VA)			极限输出 (VA)	额定绝缘水平 (kV)
		0.2	0.5	6P		
JDZ1—12W	10000/100	40	80		500	12/42/75
JDZX1—12W	$\frac{10000}{\sqrt{3}}/\frac{100}{\sqrt{3}}/\frac{100}{3}$	30	60	50	400	

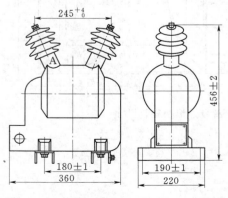

图 22-91 JDZ1—12W、JDZX1—12W 型
电压互感器外形及安装尺寸

5. 外形及安装尺寸

该产品外形及安装尺寸，见图 22-91。

6. 生产厂

江苏靖江互感器厂。

三、JDZ (X) 1 (1B) —3、6、10 型电压互感器

1. 概述

JDZ1 (1B) —3、6、10、JDZX1 (1B) —3、6、10 型电压互感器为环氧树脂全封闭式结构，供额定频率 50Hz 或 60Hz、额定电压 3、6、10kV 及以下的电力系统中，作电能测量、电压监测供用。产品符合 IEC 60044—2：1997 及 GB 1207—1997《电压互感器》标准，体积小，重量轻，可任意方向安装。

2. 型号含义

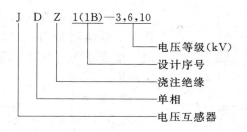

J D Z 1(1B)—3,6,10

- 电压等级(kV)
- 设计序号
- 浇注绝缘
- 单相
- 电压互感器

3. 技术数据

该产品技术数据，见表 22-135。

表 22-135 JDZ（X）1（1B）—3、6、10 型电压互感器技术数据

| 型 号 | 额定电压比（V） | 额定输出（VA） | | | | 极限输出（VA） | 额定绝缘水平（kV） | 结构 | 备注 |
		0.2	0.5	1	6P				
JDZ1—3	3000/100						3.6/25/40		
JDZ1—6	6000/100	20	30			300	7.2/32/60	全绝缘全封闭	等同 RZL10
JDZ1—10	10000/100						12/42/75		
JDZX1—3	$\frac{3000}{\sqrt{3}}/\frac{100}{\sqrt{3}}/\frac{100}{3}$						3.6/25/40		
JDZX1—6	$\frac{6000}{\sqrt{3}}/\frac{100}{\sqrt{3}}/\frac{100}{3}$	20	30	60	50	300	7.2/32/60	半绝缘全封闭	等同 REL10
JDZX1—10	$\frac{10000}{\sqrt{3}}/\frac{100}{\sqrt{3}}/\frac{100}{3}$						12/42/75		
JDZ1B—3	3000/100						3.6/25/40		
JDZ1B—6	6000/100	40	80			500	7.2/32/60	全绝缘全封闭	等同 RZL10
JDZ1B—10	10000/100						12/42/75		
JDZX1B—3	$\frac{3000}{\sqrt{3}}/\frac{100}{\sqrt{3}}/\frac{100}{3}$						3.6/25/40		
JDZX1B—6	$\frac{6000}{\sqrt{3}}/\frac{100}{\sqrt{3}}/\frac{100}{3}$	30	50	90	50	400	7.2/32/60	半绝缘全封闭	等同 REL10
JDZX1B—10	$\frac{10000}{\sqrt{3}}/\frac{100}{\sqrt{3}}/\frac{100}{3}$						12/42/75		

4. 外形及安装尺寸

该产品外形及安装尺寸，见图 22-92。

5. 生产厂

金坛市金榆互感器厂。

四、JDZ（X）9—35 型电压互感器

1. 概述

JDZ9—35、JDZX9—35 型电压互感器采用环氧树脂浇注成型，为支柱式全封闭结构，

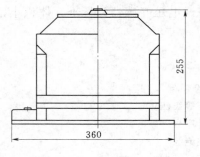

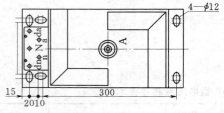

图 22-92　JDZX1B—3、6、10 型电压
互感器外形及安装尺寸

适用于海拔 1000m 及其以下地区、频率 50Hz、最高工作电压 42kV 的电力系统中，作精密电压、电能测量及继电保护用。

JDZX9—35 型二次测量绕组输出 $100/\sqrt{3}$ 电压，供电能测量用；100/3V 电压为剩余电压绕组，接成开口三角形，用以发生接地故障时继电保护用。

2. 型号含义

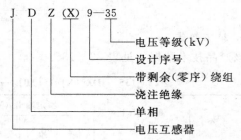

3. 技术数据

(1) 额定电压 (kV)：35。

(2) 额定频率 (Hz)：50。

(3) 额定绝缘水平 (kV)：42/95/200。

(4) 额定电压比、额定输出、准确级组合、极限输出，见表 22-136。

表 22-136　JDZ (X) 9—35 型电压互感器技术数据

型　号	额 定 电 压 比 (V)	准确级组合	额 定 输 出 (VA)	极 限 输 出 (VA)
JDZ9—35	35000/100	0.2	60	1000
		0.5	180	
		1	360	
	35000/100/100	0.2/0.5	30/50	600
JDZX9—35	$\frac{35000}{\sqrt{3}}/\frac{100}{\sqrt{3}}/\frac{100}{3}$	0.2/6P	40/100	600
		0.5/6P	90/100	
		1/6P	180/100	
	$\frac{35000}{\sqrt{3}}/\frac{100}{\sqrt{3}}/\frac{100}{\sqrt{3}}/\frac{100}{3}$	0.2/0.5/6P	20/30/100	300

4. 外形及安装尺寸

该产品外形及安装尺寸，见图 22-93。

5. 生产厂

天水长开互感器制造有限公司。

五、JDZX10—6、10A（B，C，D，E）型电压互感器

1. 概述

JDZX10—6、10A，JDZX10—6、10B，JDZX10—6、10C，JDZX10—6、10D，JDZX10—6、10E 型电压互感器为单相环氧树脂浇注全封闭户内式，适用于海拔 1000m 及其以下地区、额定频率 50Hz、最高电压 12kV（标称电压为 10kV）、7.2kV（标称电压为 6kV）中性点绝缘或非有效接地的电力系统中，作精密电压、电能测量及继电保护用。

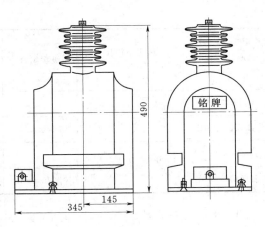

图 22-93 JDZX9—35 型电压互感器外形及安装尺寸

2. 型号含义

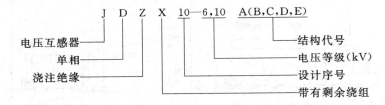

3. 技术数据

(1) 额定电压（kV）：6，10。

(2) 额定频率（Hz）：50。

(3) 额定绝缘水平（kV）：12/42/75（10kV 产品）；7.2/32/60（6kV 产品）。

(4) 额定电压比、准确级次、额定输出、极限输出，见表 22-137。

表 22-137 JDZX10—6、10A（B，C，D，E）型电压互感器技术数据

型 号	额定电压比（V）	级次组合	额定输出（VA）				极限输出（VA）	结构
			0.2	0.5	1	剩余绕组		
JDZX10—6A	$\dfrac{6000}{\sqrt{3}}/\dfrac{100}{\sqrt{3}}/\dfrac{100}{3}$		15	30	50	50	150	单相三绕组
JDZX10—6B			25	50	90	50	300	
JDZX10—6C			40	100	200	100	600	
JDZX10—10A	$\dfrac{10000}{\sqrt{3}}/\dfrac{100}{\sqrt{3}}/\dfrac{100}{3}$		15	30	50	50	150	
JDZX10—10B			25	50	90	50	300	
JDZX10—10C			40	100	200	100	600	

型 号	额定电压比 （V）	级次组合	额定输出（VA）			剩余 绕组	极限输出 （VA）	结构
			0.2	0.5	1			
JDZX10—6D	$\dfrac{6000}{\sqrt{3}}/\dfrac{100}{\sqrt{3}}/\dfrac{100}{\sqrt{3}}/\dfrac{100}{3}$		40	60		100	500	单相 四绕组
JDZX10—6E		0.2/0.5/6P	20	30		100	200	
JDZX10—10D	$\dfrac{10000}{\sqrt{3}}/\dfrac{100}{\sqrt{3}}/\dfrac{100}{\sqrt{3}}/\dfrac{100}{3}$		40	60		100	500	
JDZX10—10E		0.2/0.5/6P	20	30		100	200	

4. 外形及安装尺寸

该产品外形及安装尺寸，见图 22 - 94。

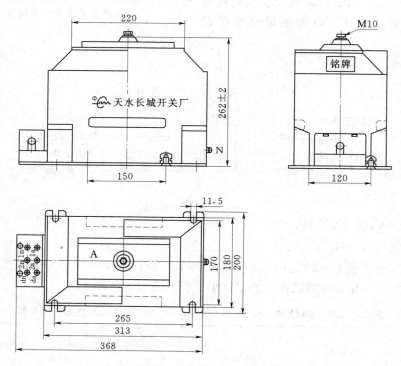

图 22 - 94   JDZX10—6、10E 型电压互感器外形及安装尺寸

5. 生产厂

天水长开互感器制造有限公司。

22.2.1.4   JDZ（X）（F）—3、6、10 系列

一、JDZ（X）（F）8—10（3，6）J（A1）（G）型电压互感器

1. 概述

JDZ（X）8—10（6，3）、JDZF—10（6，3）、JDZ（X）8—10（6，3）J、JDZ（F）8—3，6，10JG 型电压互感器为单相户内式环氧树脂浇注全封闭式结构，适用

于额定频率 50Hz 或 60Hz、额定电压 3、6、10kV 及以下的电力系统中，作电压、电能测量和继电保护用。产品符合 IEC 60044—2：1997 及 GB 1207—1997《电压互感器》标准。

2. 型号含义

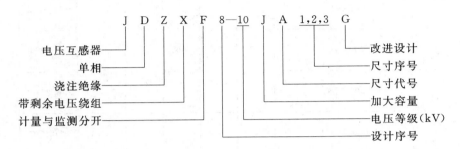

3. 结构

该系列产品为单相环氧树脂绝缘全封闭结构，铁芯与绕组浇注成一体，体积小，重量轻，绝缘性能优良，耐潮湿。二次引线端用出线盒罩住，并有三个不同方向的馈线出口。

JDZX8—10（6，3）为半绝缘结构，只能进行感应耐压试验，开关柜进行工频耐压试验时应将互感器与开关柜断开。

JDZX8—10（6，3）G 为全绝缘结构。

该产品使用时二次绕组不能短路及超负荷运行。

4. 技术数据

(1) 额定电压（kV）：3，6，10。

(2) 额定频率（Hz）：50，60。

(3) 局部放电水平符合 GB 1207—1997《电压互感器》标准。

(4) 表面爬电距离满足 Ⅱ 级污秽等级。

(5) 负载的功率因数：$\cos\phi=0.8$（滞后）。

(6) 污秽等级：Ⅱ 级。

(7) 额定电压比、准确级及额定输出、极限输出、额定绝缘水平，见表 22-138。

表 22-138 JDZ（X）（F）8—10（6，3）J（A1，2，3）（G）型电压互感器技术数据

型 号	额定电压比（V）	准确级及额定输出（VA）				极限输出（VA）	额定绝缘水平（kV）	生产厂
		0.2	0.5	1	6P			
JDZ8—10 JDZ8—10A1	10000/100						12/42/75	无锡市通宇电器有限责任公司
JDZ8—6 JDZ8—6A1	6000/100	15	30	60		200	7.2/32/60	
JDZ8—3 JDZ8—3A1	3000/100						3.6/25/40	

型号	额定电压比 （V）	准确级及额定输出（VA）				极限输出 （VA）	额定绝缘 水平 （kV）	生产厂
		0.2	0.5	1	6P			
JDZ8—10J JDZ8—10JA1	10000/100						12/42/75	
JDZ8—6J JDZ8—6JA1	6000/100	25	50	90		300	7.2/32/60	
JDZ8—3J JDZ8—3JA1	3000/100						3.6/25/40	
JDZF8—10 JDZF8—10A1	10000/100/100						12/42/75	
JDZF8—6 JDZF8—6A1	6000/100/100	15	30	60		150×2	7.2/32/60	
JDZF8—3 JDZF8—3A1	3000/100/100						3.6/25/40	无锡市通宇电器有限责任公司
JDZX8—10 JDZX8—10G	$10000/\sqrt{3}/100/\sqrt{3}/100/3$						12/42/75	
JDZX8—6 JDZX8—6G	$600/\sqrt{3}/100/\sqrt{3}/100/3$	15	25	50	50	200	7.2/32/60	
JDZX8—3 JDZX8—3G	$3000/\sqrt{3}/100/\sqrt{3}/100/3$						3.6/25/40	
JDZX8—10JG JDZX8—10JA1G	$10000/\sqrt{3}/100/\sqrt{3}/100/3$						12/42/75	
JDZX8—6JG JDZX8—6JA1G	$6000/\sqrt{3}/100/\sqrt{3}/100/3$	25	50	90	50	400	7.2/32/60	
JDZX8—3JG JDZX8—3JA1G	$3000/\sqrt{3}/100/\sqrt{3}/100/3$						3.6/25/40	
JDZ8—3 JDZ8—3A1 JDZ8—3A2 JDZ8—3A3	3000/100						3.6/25/40	
JDZ8—6 JDZ8—6A1 JDZ8—6A2 JDZ8—6A3	6000/100	15	30	60	50	300	7.2/32/60	江苏靖江互感器厂
JDZ8—10 JDZ8—10A1 JDZ8—10A2 JDZ8—10A3	10000/100						12/42/75	

续表 22-138

型 号	额定电压比 （V）	准确级及额定输出（VA）				极限输出 （VA）	额定绝缘 水平 （kV）	生产厂
		0.2	0.5	1	6P			
JDZX8—3 JDZX8—3A1G JDZX8—3A2G JDZX8—3A3G	$3000/\sqrt{3}/100/\sqrt{3}/100/3$						3.6/25/40	
JDZX8—6 JDZX8—6A1G JDZX8—6A2G JDZX8—6A3G	$6000/\sqrt{3}/100/\sqrt{3}/100/3$	15	30	60	50	300	7.2/32/60	
JDZX8—10 JDZX8—10A1G JDZX8—10A2G JDZX8—10A3G	$10000/\sqrt{3}/100/\sqrt{3}/100/3$						12/42/75	
JDZ8—3J JDZ8—3JA1 JDZ8—3JA2	3000/100						3.6/25/40	
JDZ8—6J JDZ8—6JA1 JDZ8—6JA2	6000/100	30	50	90		500	7.2/32/60	
JDZ8—10J JDZ8—10JA1 JDZ8—10JA2	10000/100						12/42/75	江苏靖江互 感器厂
JDZF8—3J JDZF8—3JA1 JDZF8—3JA2	3000/100/100						3.6/25/40	
JDZF8—6J JDZF8—6JA1 JDZF8—6JA2	6000/100/100	15	30			2×250	7.2/32/60	
JDZF8—10J JDZF8—10JA1 JDZF8—10JA2	10000/100/100						12/42/75	
JDZX8—3J JDZX8—3JA1G JDZX8—3JA2G	$3000/\sqrt{3}/100/\sqrt{3}/100/3$						3.6/25/40	
JDZX8—6J JDZX8—6JA1G JDZX8—6JA2G	$6000/\sqrt{3}/100/\sqrt{3}/100/3$	25	50		50	400	7.2/32/60	
JDZX8—10J JDZX8—10JA1G JDZX8—10JA2G	$10000/\sqrt{3}/100/\sqrt{3}/100/3$						12/42/75	
JDZXF8—3J JDZXF8—3JA1G JDZXF8—3JA2G	$3000/\sqrt{3}/100/\sqrt{3}/$ $100/\sqrt{3}/100/3$	15	20		50	2×200	3.6/25/40	

续表 22-138

型 号	额定电压比（V）	准确级及额定输出（VA）				极限输出（VA）	额定绝缘水平（kV）	生产厂
		0.2	0.5	1	6P			
JDZXF8—6J JDZXF8—6JA1G JDZXF8—6JA2G	$6000/\sqrt{3}/100/\sqrt{3}/$ $100/\sqrt{3}/100/3$	15	20		50	2×200	7.2/32/60	江苏靖江互感器厂
JDZXF8—10J JDZXF8—10JA1G JDZXF8—10JA2G	$10000/\sqrt{3}/100/\sqrt{3}/$ $100/\sqrt{3}/100/3$						12/42/75	
JDZ8—3JG	3000/100	30	50			500	3.6/25/40	
JDZ8—6JG	6000/100						7.2/32/60	
JDZ8—10JG	10000/100						12/42/75	
JDZF8—3JG	3000/100/100	50	30			2×250	3.6/25/40	
JDZF8—6JG	6000/100/100						7.2/32/60	
JDZF8—10JG	10000/100/100						12/42/75	
JDZX8—3	$3000/\sqrt{3}/100/\sqrt{3}/100/3$	30	80	80	50	400	3.6/25/40	
JDZX8—6	$6000/\sqrt{3}/100/\sqrt{3}/100/3$						7.2/32/60	
JDZX8—10	$10000/\sqrt{3}/100/\sqrt{3}/100/3$						12/42/75	
JDZXF8—3	$3000/\sqrt{3}/100/\sqrt{3}/$ $100/\sqrt{3}/100/3$	20	40	50	50	2×250	3.6/25/40	金坛市金榆互感器厂
JDZXF8—6	$6000/\sqrt{3}/100/\sqrt{3}/$ $100/\sqrt{3}/100/3$						7.2/32/60	
JDZXF8—10	$10000/\sqrt{3}/100/\sqrt{3}/$ $100/\sqrt{3}/100/3$						12/42/75	
JDZ8—3	3000/100	40	80			500	3.6/25/40	
JDZ8—6	6000/100						7.2/32/60	
JDZ8—10	10000/100						12/42/75	
JDZF8—3	3000/100/100	30	50			250	3.6/25/40	
JDZF8—6	6000/100/100						7.2/32/60	
JDZF8—10	10000/100/100						12/42/75	
JDZF8—10	10000/100/220		30		400 （带计量供电绕组）	1000	12/42/75	浙江三爱互感器有限公司
JDZ8—3	3000/100	40	120	240		600	3.6/24/40	
JDZ8—6	6000/100	40	120	240		600	7.2/32/60	
JDZ8—10	10000/100	40	120	240		600	12/42/75	
JDZX8—3	$3000/\sqrt{3}/100/\sqrt{3}/100/3$	30	90	180	100	950	3.6/24/40	
JDZX8—6	$6000/\sqrt{3}/100/\sqrt{3}/100/3$	30	90	180	100	500	7.2/32/60	
JDZX8—10	$1000/\sqrt{3}/100/\sqrt{3}/100/3$	30	90	180	100	500	12/42/75	

5. 外形及安装尺寸

该系列产品外形及安装尺寸，见图 22 - 95。

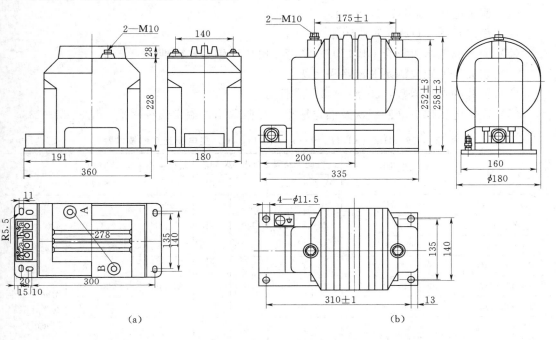

图 22 - 95　JDZ（X）（F）8—3，6，10 型电压互感器外形及安装尺寸
(a) JDZ（F）8—3，6，10JA1；JDZX8—3，6，10JA1G（无锡市通宇电器有限责任公司）；
(b) JDZ8—3，6，10JG；JDZF8—3，6，10JG（江苏靖江互感器厂）

二、JDZ（X）（F）9—10（6，3）（Q）（G）型电压互感器

1. 概述

JDZ（X）（F）9—10（6，3）（Q）（G）型电压互感器为环氧树脂浇注全封闭结构，适用于额定频率 50Hz 或 60Hz、额定电压 3、6、10kV 及以下的电力系统中，作电压、电能测量和继电保护用。产品性能符合 IEC 60044—2：1997 及 GB 1207—1997《电压互感器》标准。

2. 型号含义

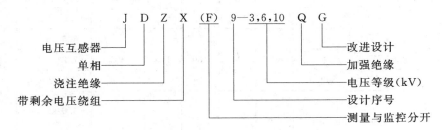

3. 结构

该产品为环氧树脂浇注绝缘全封闭结构，一、二次绕组和铁芯均浇注成一体，绝缘性能优良，耐潮湿。JDZX9—3，6，10、JDZXF9—3，6，10、JDZX9—3，6，10Q 为半绝缘结构，只能进行感应耐压试验；开关柜进行工频试验时应将互感器与开关柜断开。使用

时二次绕组不能短路及超负荷运行。

4. 技术数据

(1) 额定电压 (kV)：3，6，10。

(2) 额定频率 (Hz)：50，60。

(3) 局部放电水平符合 GB 1207—1997《电压互感器》标准。

(4) 表面爬电距离满足 II 级污秽等级。

(5) 负载的功率因数：$\cos\phi=0.8$（滞后）。

(6) 额定电压比、准确级次及额定输出、极限输出、额定绝缘水平，见表 22-139。

表 22-139　JDZ（X）（F）9—3、6、10Q（G）型电压互感器技术数据

型　　号	额定电压比（V）	准确级及额定输出（VA）				极限输出（VA）	额定绝缘水平（kV）	生产厂
		0.2	0.5	1	6P			
JDZ9—10Q	10000/100					600	12/42/75	无锡市通宇电器有限责任公司
JDZ9—6Q	6000/100	40	120	240		600	7.2/32/60	
JDZ9—3Q	3000/100						3.6/25/40	
JDZF9—10Q	10000/100/100						12/42/75	
JDZF9—6Q	6000/100/100	25	40	80		2×300	7.2/3.2/60	
JDZF9—3Q	3000/100/100						3.6/25/40	
JDZX9—10Q JDZX9—10G	10000/√3/100/√3/100/3						12/42/75	
JDZX9—6Q JDZX9—6Q	6000/√3/100/√3/100/3	25	90	180	100	500	7.2/32/60	
JDZX9—3Q JDZX9—3G	3000/√3/100/√3/100/3						3.6/25/40	
JDZ9—3	3000/100						3.6/25/40	江苏靖江互感器厂
JDZ9—6	6000/100	40	120	240		600	7.2/32/60	
JDZ9—10	10000/100						12/42/75	
JDZF9—3	3000/100/100						3.6/25/40	
JDZF9—6	6000/100/100	25	40			2×300	7.2/32/60	
JDZF9—10	10000/100/100						12/42/75	
JDZX9—3	3000/√3/100/√3/100/3						3.6/25/40	
JDZX9—6	6000/√3/100/√3/100/3	30	90	180	100	500	7.2/32/60	
JDZX9—10	10000/√3/100/√3/100/3						12/42/75	
JDZXF9—3	3000/√3/100/√3/100/√3/100/3						3.6/25/40	
JDZXF9—6	6000/√3/100/√3/100/√3/100/3	20	30		100	2×250	7.2/32/60	
JDZXF9—10	10000/√3/100/√3/100/√3/100/3						12/42/75	

续表 22-139

型　号	额定电压比 （V）	准确级及额定输出（VA）				极限输出 （VA）	额定绝缘水平 （kV）	生产厂
		0.2	0.5	1	6P			
JDZX9—3G	$3000/\sqrt{3}/100/\sqrt{3}/100/3$						3.6/25/40	
JDZX9—6G	$6000/\sqrt{3}/100/\sqrt{3}/100/3$	30	60		100	400	7.2/32/60	
JDZX9—10G	$10000/\sqrt{3}/100/\sqrt{3}/100/3$						12/42/75	江苏靖江互
JDZX9—3G1	$3000/\sqrt{3}/100/\sqrt{3}/100/3$						3.6/25/40	感器厂
JDZX9—6G1	$6000/\sqrt{3}/100/\sqrt{3}/100/3$	30	90		50	400	7.2/32/60	
JDZX9—10G1	$10000/\sqrt{3}/100/\sqrt{3}/100/3$						12/42/75	
JDZ9—3	3000/100						3.6/25/40	
JDZ9—6	6000/100	40	80			500	7.2/32/60	
JDZ9—10	10000/100						12/42/75	
JDZF9—3	3000/100/100						3.6/25/40	
JDZF9—6	6000/100/100	30	50			250	7.2/32/60	
JDZF9—10	10000/100/100						12/42/75	
JDZX9—3	$3000/\sqrt{3}/100/\sqrt{3}/100/3$						3.6/25/40	金坛市金榆
JDZX9—6	$6000/\sqrt{3}/100/\sqrt{3}/100/3$	30	80	180	50	400	7.2/32/60	互感器厂
JDZX9—10	$10000/\sqrt{3}/100/\sqrt{3}/100/3$						12/42/75	
JDZXF9—3	$3000/\sqrt{3}/100/\sqrt{3}/$ $100/\sqrt{3}/100/3$						3.6/25/40	
JDZXF9—6	$6000/\sqrt{3}/100/\sqrt{3}/$ $100/\sqrt{3}/100/3$	20	40		50	2×250	7.2/32/60	
JDZXF9—10	$10000/\sqrt{3}/100/\sqrt{3}/$ $100/\sqrt{3}/100/3$						12/42/75	
JDZ9—3Q	3000/100						3.6/25/40	
JDZ9—6Q	6000/100	40	80	200	3级 240	500	7.2/32/60	
JDZ9—10Q	10000/100						12/42/75	大连第二互
JDZX9—3Q	$3000/\sqrt{3}/100/\sqrt{3}/100/3$						3.6/25/40	感器厂
JDZX9—6Q	$6000/\sqrt{3}/100/\sqrt{3}/100/3$	30	80	180		400	7.2/32/60	
JDZX9—10Q	$10000/\sqrt{3}/100/\sqrt{3}/100/3$						12/42/75	
JDZ9—6	6000/100	40	120	240		1000	7.2/32/62	中国·人民 电器集团、
JDZ9—10	10000/100	40	120	240		1000	12/42/75	江西变电设 备有限公 司、江西互
JDZX9—6	$6000/\sqrt{3}/100/\sqrt{3}/100/3$	30	90	180	40	600	7.2/32/62	感器厂、江 西电力计量
JDZX9—10	$10000/\sqrt{3}/100/\sqrt{3}/100/3$	30	90	180	40	600	12/42/75	器厂

5. 外形及安装尺寸

该产品外形及安装尺寸, 见图 22 - 96。

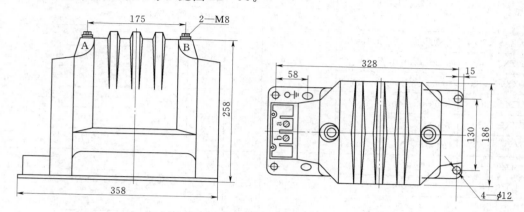

图 22 - 96 JDZ9—10Q、JDZF9—10Q、JDZX9—10G 型外形及安装尺寸

三、JDZ（X）（F）11—10（3，6）A（B）（AG）（BG）系列电压互感器

1. 概述

JDZ（X）（F）11—10（3，6）A（B）（AG）（BG）系列电压互感器为环氧树脂浇注绝缘全封闭产品, 适用于额定频率 50Hz 或 60Hz、额定电压 3、6、10kV 及以下的电力系统中, 作电能计量、电压监测和继电保护用。产品符合 IEC 60044—2：1997 及 GB 1207—1997《电压互感器》标准。

2. 型号含义

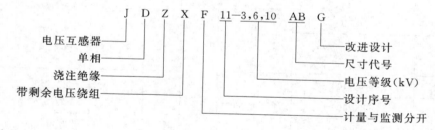

3. 结构

JDZ（X）（F）11—3、6、10A（AG）与 JDZ（X）（F）11—3、6、10B（BG）型电压互感器为环氧树脂浇注全封闭结构, 铁芯与绕组浇注成一体, 底部有安装板。JDZ11—3、6、10A 与 JDZ11—3、6、10B 为单相、相对相连接；JDZF11—3、6、10A 与 JDZF11—3、6、10B 为单相、相对相连接, 其二次绕组有两个, 测量与保护分开；JDZX11—3、6、10A 与 JDZX11—3、6、10B 型为单相、相对地连接；JDZX11—3、6、10AG 与 JDZX11—3、6、10BG 型为单相、相对地连接, 其结构形式、安装尺寸同 JDZ11—3、6、10A 与 JDZ11—3、6、10B。

4. 技术数据

（1）额定电压（kV）：3，6，10。

（2）额定频率（Hz）：50，60。

（3）局部放电水平符合 GB 1207—1997《电压互感器》标准。

（4）污秽等级：Ⅱ级。

（5）额定电压比、准确级组合及额定输出、极限输出、额定绝缘水平，见表 22－140。

表 22－140 JDZ（X）（F）11—3、6、10A（B）（AG）（BG）型电压互感器技术数据

型　号	额定电压比 （V）	准确级 组合	额定输出（VA）			极限 输出 （VA）	额定绝缘 水平 （kV）	备注	生产厂
			0.2	0.5	6P				
JDZ11—3A	3000/100	0.2 0.5	40	100		500	3.6/25/40	相当 UNZ10	
JDZ11—6A	6000/100						7.2/32/60		
JDZ11—10A	10000/100						12/42/75		
JDZF11—3A	3000/100/100	0.2/0.5 0.2/0.2 0.5/0.5	15	30		2×200	3.6/25/40	相当 UNZ10 —S	
JDZF11—6A	6000/100/100						7.2/32/60		
JDZF11—10A	10000/100/100						12/42/75		
JDZX11—3A	3000/√3/100/√3/100/3	0.2/6P 0.5/6P	30	90	100	500	3.6/25/40	相当 UNE10	
JDZX11—6A	6000/√3/100/√3/100/3						7.2/32/60		
JDZX11—10A	10000/√3/100/√3/100/3						12/42/75		
JDZX11—3AG	3000/√3/100/√3/100/3	0.2/6P 0.5/6P	30	60	100	400	3.6/25/40		
JDZX11—6AG	6000/√3/100/√3/100/3						7.2/32/60		
JDZX11—10AG	10000/√3/100/√3/100/3						12/42/75		
JDZ11—3B	3000/100	0.2 0.5	50	120		600	3.6/25/40	相当 UNZ10	江苏靖江 互感器厂
JDZ11—6B	6000/100						7.2/32/60		
JDZ11—10B	10000/100						12/42/75		
JDZF11—3B	3000/100/100	0.2/0.5 0.2/0.2 0.5/0.5				2×300	3.6/25/40	相当 UNZ10 —S	
JDZF11—6B	6000/100/100						7.2/32/60		
JDZF11—10B	10000/100/100						12/42/75		
JDZX11—3B	3000/√3/100/√3/100/3	0.2/6P 0.5/6P	40	100	100	600	3.6/25/40	相当 UNE10	
JDZX11—6B	6000/√3/100/√3/100/3						7.2/32/60		
JDZX11—10B	10000/√3/100/√3/100/3						12/42/75		
JDZX11—3BG	3000/√3/100/√3/100/3	0.2/6P 0.5/6P	30	60	100	600	3.6/25/40		
JDZX11—6BG	6000/√3/100/√3/100/3						7.2/32/60		
JDZX11—10BG	10000/√3/100/√3/100/3						12/42/75		
JDZXF11—3B	3000/√3/100/√3/100/√3/100/3	0.2/ 0.2/6P 0.2/ 0.5/6P	20	30	100	2×250	3.6/25/40	相当 UNE10 —S	
JDZXF11—6B	6000/√3/100/√3/100/√3/100/3						7.2/32/60		
JDZXF11—10B	10000/√3/100/√3/100/√3/100/3						12/42/75		

型　　号	额定电压比 (V)	准确级 组合	额定输出 (VA)				极限 输出 (VA)	额定绝缘 水平 (kV)	备注	生产厂
			0.2	0.5	1	6P				
JDZX11—3	$3000/\sqrt{3}/100/\sqrt{3}/100/3$							3.6/25/40		
JDZX11—6	$6000/\sqrt{3}/100/\sqrt{3}/100/3$		30	80	80	50	400	7.2/32/60		
JDZX11—10	$10000/\sqrt{3}/100/\sqrt{3}/100/3$							12/42/75		
JDZXF11—3	$3000/\sqrt{3}/100/\sqrt{3}/$ $100/\sqrt{3}/100/3$							3.6/25/40	相当 UNE10	金坛市金榆 互感器厂
JDZXF11—6	$6000/\sqrt{3}/100/\sqrt{3}/$ $100/\sqrt{3}/100/3$		20	40	50	50	2×250	7.2/32/60		
JDZXF11—10	$10000/\sqrt{3}/100/\sqrt{3}/$ $100/\sqrt{3}/100/3$							12/42/75		

5. 外形及安装尺寸

该产品外形及安装尺寸，见图 22-97。

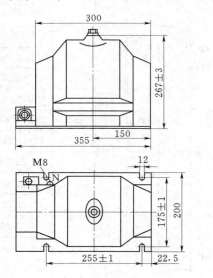
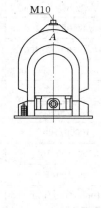

图 22-97　JDZX11—3、6、10B 与 JDZXF11—3、6、10B 型电压
互感器外形及安装尺寸

6. 生产厂

江苏靖江互感器厂、金坛市金榆互感器厂。

22.2.1.5　JZW—10 系列

一、JZW—12 型电压互感器

1. 技术数据

(1) 性能符合标准 GB 1207 和 IEC 186 及美国标准 ANSI/IEEEC57·B。

(2) 额定绝缘水平 (kV)：12/42/75，14.4/34/95。

（3）额定频率（Hz）：50，60。

（4）环境温度（℃）：−45～+45。

（5）污秽等级：Ⅳ级。

（6）进口户外环氧树脂浇注，户外单相型，暴露安装。

（7）额定电压比、准确级及额定输出、极限输出，见表22−141。

表 22−141　JZW—12 型电压互感器技术数据

型　号	额定电压比（kV）	准确级组合	额定输出（VA）				极限输出（VA）	重量（kg）
			0.2	0.5	1.0	6P		
JZW—12	10/0.1	0.2 或 0.5	40	75			300	40
	10/$\sqrt{3}$/0.1/ $\sqrt{3}$/0.1/3	0.2/6P 0.5/6P	20	40		45		
JZW—12 （U.S.A.）	12/0.12	0.6W 0.6X 0.6Y 0.6Z	0.6W cosϕ=0.1	0.6X cosϕ=0.7	0.6Y cosϕ=0.85	0.6Z cosϕ=0.85	200	31
			12.5	25	75	200		

2. 外形及安装尺寸

该产品外形及安装尺寸，见图22−98。

3. 生产厂

大连金业电力设备有限公司。

二、JZW1—10C 型插头式电压互感器

1. 技术数据

（1）性能符合标准 GB 1207 和 IEC 186。

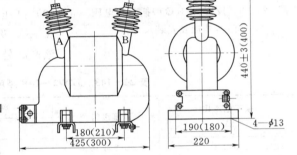

图 22−98　JZW—12 型电压互感器
外形及安装尺寸

（2）额定绝缘水平（kV）：12/42/75。

（3）额定频率（Hz）：50，60。

（4）污秽等级：Ⅳ级。

（5）环境温度（℃）：−45～+45。

（6）提供 220V 输出电源（瞬间使用时对测量级的影响忽略不计）。

（7）进口户外环氧树脂浇注，户外单相型。

（8）额定电压比、准确级组合及额定输出、极限输出，见表22−142。

表 22−142　JZW1—10C 型插头式电压互感器技术数据

额定电压比（kV）	准确级组合	额定输出（VA）				极限输出（VA）	重量（kg）
		0.2	0.5	1.0	220V		
10/0.1/0.22 0.1kV 为抽头	0.2/220V 0.5/220V 1.0/220V	15	30	60	300/30s	200	17
10/0.22	220V				500/10s		

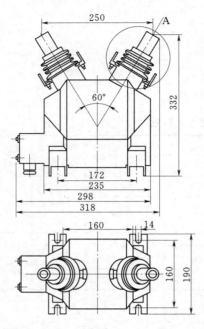

图 22-99　JZW1—10C 型插头式电压
互感器外形及安装尺寸

2. 外形及安装尺寸

该产品外形及安装尺寸，见图 22-99。

3. 生产厂

大连金业电力设备有限公司。

三、JZW2—10R 型电压互感器

1. 技术数据

(1) 性能符合标准 GB 1207 和 IEC 186。

(2) 额定绝缘水平（kV）：12/42/75。

(3) 额定频率（Hz）：50，60。

(4) 环境温度（℃）：—45～+45。

(5) 污秽等级：Ⅳ级。

(6) 提供 220V 输出电源（瞬间使用时对测量级的影响忽略不计）。

(7) 进口户外环氧树脂浇注，户外单相型。

(8) 额定电压比、准确级组合及额定输出、极限输出，见表 22-143。

(9) 高压限流熔断器保护。

2. 外形及安装尺寸

该产品外形及安装尺寸，见图 22-100。

表 22-143　JZW2—10R 型电压互感器技术数据

额定电压比 （kV）	准确级组合	额定输出（VA）			极限输出 （VA）	重量 （kg）
		0.2	0.5	220V		
10/0.1	0.2 或 0.5	30	75		300	25
10/0.1/0.1	0.2/0.2 或 0.5/0.5	15	30			
10/0.1/0.22	0.2/0.22 或 0.5/0.22	15	30	300/30s		
10/$\sqrt{3}$/0.1/$\sqrt{3}$/0.22		10	25			
10/0.22	220V			500		

3. 生产厂

大连金业电力设备有限公司。

四、JZW1、2、3—10 型电压互感器

1. 技术数据

(1) 性能符合标准 GB 1207 和 IEC 186。

(2) 额定绝缘水平（kV）：12/42/75。

(3) 额定频率（Hz）：50，60。

(4) 污秽等级：Ⅳ级。

(5) 环境温度（℃）：—45～+45。

（6）提供 220V 输出电源（瞬间使用时对测量级的影响忽略不计）。

（7）进口外环氧树脂浇注，户外单相型。

（8）额定电压比、准确级及额定输出、极限输出，见表 22 - 144。

2. 外形及安装尺寸

该产品外形及安装尺寸见图 22 - 101。

3. 生产厂

大连金业电力设备有限公司。

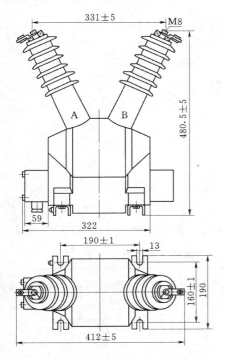

图 22 - 100 JZW2—10R 型电压互感器
外形及安装尺寸

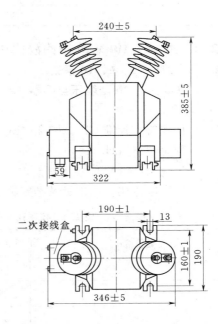

图 22 - 101 JZWZ—10 型电压互感器
外形及安装尺寸

表 22 - 144 JZW1，2，3—10 型电压互感器技术数据

型 号	额定电压比 （kV）	准确级 组合	额定输出（VA） cosφ＝0.8				极限输出 （VA）	重量 （kg）
			0.2	0.5	1.0	220V		
JZW1—10	10/0.1/0.22 0.1kV 为抽头	•0.2/220V 0.5/220V 1.0/220V	15	30	60	300VA/10s	200	17
	10/0.22	220V				500VA/10s		
JZW2—10	10/0.1/0.22	0.2/220V	15 或 30	30 或 75	60	300/30s	30	25
	10/√3/0.1/√3/0.22	0.5/220V 1.0/220V	10	25	50			
	10/0.22	220V			500			

型　号	额定电压比（kV）	准确级组合	额定输出（VA）cosϕ=0.8				极限输出（VA）	重量（kg）
			0.2	0.5	1.0	220V		
JZW3—10	10/0.1	0.2 或 0.5	30	75			300	25
	10/0.1/0.1	0.2/0.2 或 0.5/0.5	15	30				
	10/0.1/0.22	0.2/220V 或 0.5/220V	15	30		300/30s		
	10/$\sqrt{3}$0.1/$\sqrt{3}$0.22		10	25				
	10/0.22	220V				500		

22.2.2　3、6、10kV 单相油浸式电压互感器

22.2.2.1　JDJ—3、6、10 系列

一、JDJ—6、10 型电压互感器

1. 技术数据

（1）性能符合标准 GB 1207 和 IEC 186。

（2）额定频率（Hz）：50。

（3）环境温度（℃）：－5～＋40。

（4）额定电压比、准确级及额定输出、极限输出、额定绝缘水平，见表 22－145。

表 22－145　JDJ—6、10 型电压互感器技术数据

型　号	额定电压比（V）	准确级及额定输出（VA）				极限输出（VA）	额定绝缘水平（kV）
		0.2	0.5	1	3		
JDJ—6	3000/100		25	40	100	200	3.6/18/40
	6000/100		50	80	200	380	7.2/25/60
JDJ—10	10000/100	40	80	150	300	400	12/42/75

2. 外形及安装尺寸

该产品外形及安装尺寸，见图 22－102。

3. 生产厂

天津市百利纽泰克电器有限公司。

二、JDJ—3、6、10（W）（C）型电压互感器

1. 概述

JDJ—3、6、10（W）、JDJ—10（C）型电压互感器为单相油浸式结构，适用于额定频率 50Hz 或 60Hz、额定电压 3、6、10kV 及以下的电力系统中，作电能计量、电压监控和继电保护用。户内、户外型。

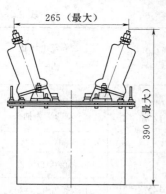

图 22－102　JDJ—10 型电压互感器外形及安装尺寸

2. 型号含义

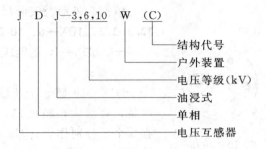

J D J—3,6,10 W (C)

- 结构代号
- 户外装置
- 电压等级(kV)
- 油浸式
- 单相
- 电压互感器

3. 技术数据

该产品技术数据，见表 22 - 146。

表 22 - 146　JDJ—3、6、10 (W)(C) 型电压互感器技术数据

型　号	额定电压比 (V)	额定输出（VA）				极限输出 (VA)	额定绝缘水平 (kV)	生产厂
		0.2	0.5	1	3			
JDJ—6	6000/100		50	80	200	400	7.2/32/60	江苏靖江互感器厂
JDJ—10	10000/100	30	80	150	320	640	12/42/75	
JDJ—10 (C)	10000/100/110					1100		
JDJ—10	10000/100	25	80				12/42/75	广东省中山市东风高压电器有限公司
JDJ—6	3000/100		25	40	100	200	6.9/32/60	沈阳互感器厂 (有限公司)
	6000/100		50	80	200	400		
JDJ—10	10000/100		80	150	320	640	11.5/42	
JDJ—3	3000/100		30	50	120	240	3.6/25/40	宁波三爱互感器有限公司、宁波互感器厂
JDJ—6	6000/100		50	80	200	400	7.2/32/60	
JDJ—10	10000/100		80	150	320	640	12/42/75	
JDJ—3 (W)	1000/100		30	50	120	240	3.6/25/40	大连第二互感器厂
	2000/100							
	3000/100	20				120		
JDJ—6 (W)	6000/100		50	80	150	400	7.2/32/60	
	6000/110	30				200		
JDJ—10 (W)	10000/100		80	150	320	640	12/42/75	
	10000/110	40				340		
	10000/100/100	25	50			340		
JDJ—6	3000/100	20	30	50	200	240	3.6/24/40	浙江三爱互感器有限公司
	6000/100	30	50	80		400	7.2/32/60	
JDJ—10	10000/100	50	80	150	320	640	12/42/75	

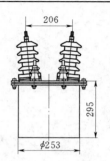

图 22-103　JDJ—3、6、10 型电压
互感器外形及安装尺寸

2. 型号含义

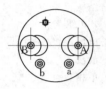

<pre>
J D X—10
        └── 电压等级(kV)
      └──── 带剩余电压绕组
    └────── 单相
  └──────── 电压互感器
</pre>

3. 结构

该产品为单相油浸式结构，铁芯经热处理的冷轧取向硅钢片叠装而成，并利用铁芯夹件将器身固定在箱盖下。4 个线圈均绕成同心，高压两端绝缘水平不同，A 端为高压绝缘，由高压瓷套管引出，N 端由小瓷套引出接地。

4. 技术数据

（1）额定电压比：$\dfrac{10000}{\sqrt{3}}\Big/\dfrac{100}{\sqrt{3}}\Big/\dfrac{100}{\sqrt{3}}\Big/\dfrac{100}{3}$。

（2）准确级及额定输出：0.2 级 20VA；0.5 级 25VA；3P级 50VA。

（3）极限输出（VA）：500。

（4）额定绝缘水平（kV）：12/42/75。

（5）使用时二次绕组不许短路及超负荷运行。

5. 外形及安装尺寸

该产品外形及安装尺寸，见图 22-104。

6. 生产厂

江苏靖江互感器厂。

二、JDX—6、10、13.8、15 型电压互感器（四绕组电压互感器）

1. 概述

目前生产的带零序电压互感器基本上只有两个绕组，其中一个绕组供零序保护，一个供计量与指示共用，往往使二次容

4. 外形及安装尺寸

该产品外形及安装尺寸，见图 22-103。

22.2.2.2　JDX—6、10 系列

一、JDX—10 型电压互感器

1. 概述

JDX—10 型电压互感器为单相户内油浸式产品，容量大，精度高，绝缘可靠。二次绕组有 3 个，分别作为计量、监控、零序保护作用。计量、监控分开，互不干扰，充分发挥各自性能。

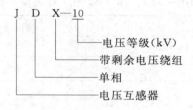

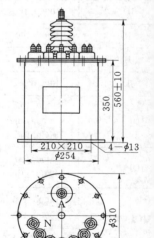

图 22-104　JDX—10 型电压互感器外形及安装尺寸

量过小，二次压降超过国际。广东省中山市东风高压电器有限公司专为供电部门研制出二次为三绕组的电压互感器，供计量指示零序专用。

2. 型号含义

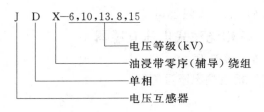

3. 结构

该产品为单相油浸式结构，铁芯经热处理的冷轧取向硅钢片叠装而成，并利用铁芯夹件将器身固定在箱盖下，4个线圈均绕成同心式，高压两端绝缘水平不同，A端为高压绝缘，由高压瓷套管引出，X端由小瓷瓶引出接地。

消除铁磁谐振采取以下措施能有效防止谐振损坏及耐受雷电等冲击过电压：

(1) 采用双层漆包线，防匝间短路。

(2) 增大铁芯截面，降低磁通密度，降低PT的饱和度，减小了冲击电流。

(3) 增大导线截面，降低了电流密度和温升，提高热稳定性能。

(4) 采用独有工艺，提高绝缘性能。

该产品能在1.2倍额定电压下长期运行，并能在长时间无损耗地承受1.9倍的额定电压。

4. 技术数据

(1) 一次电压（V）：$6000/\sqrt{3}$，$10000/\sqrt{3}$。

(2) 1a、1x：

电压（V）：$100/\sqrt{3}$。

容量（VA）：100。

等级：0.2级。

用途：计量。

(3) 2a、2x：

电压（V）：$100/\sqrt{3}$。

容量（VA）：100。

等级：0.5级。

用途：继保指示。

(4) ad、xd：

零序：｛接。

容量（VA）：100。

等级：3级。

(5) 最大容量（VA）：1000。

(6) 二次各组负荷分别在25%～100%的额定范围内任意数值。

JDX—13.8、15、18 型电压互感器技术数据见 JDX—20、27.5 型电压互感器技术数据，两者相同。

5. 生产厂

广东省中山市东风高压电器有限公司。

22.2.3　3、6、10kV 三相浇注式电压互感器

22.2.3.1　JSZ（W）—6、10 系列

一、JSZ—6、10 型三相五柱电压互感器

1. 概述

JSZ—6、10 型为三相五柱干式户内电压互感器，适用于额定频率 50Hz 或 60Hz、额定电压 6、10kV 电力系统中，作电能计量、电压测量和零序继电保护用，满足计量、继保、监控和安全可靠的要求。精度高，体积小，重量轻，抗谐振，绝缘可靠。

2. 型号含义

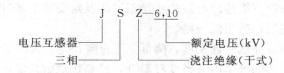

3. 结构

该产品铁芯采用带有旁铁轭的心式结构，由优质冷轧取向硅钢片叠成。一次线圈分为两段绕在二次线圈外面的陶瓷线框上，成为全绝缘结构。一次线圈的两段最外层均放有静电屏，A、B、C 三相线圈分别套在铁芯中间的 3 个铁芯柱上。

4. 技术数据

（1）额定电压、准确级次、额定输出，见表 22-147。

（2）零序绕组在三相平衡时其电压约 10V，当任何一相中性点短接时约 100V。

（3）能在 120% 额定电压下长期运行。

（4）能在长时间内无损伤地承受由于一次线圈中的一个线端与中性点短接而产生的高电压。

（5）高压一次对二次及地绝缘电阻大于 1000MΩ（一般要求 100MΩ）。

（6）耐雷电冲击电压 95kV，工频耐压 1min42kV，感应试验电压 28kV。

表 22-147　JSZ—6、10 型三相五柱电压互感器技术数据

型号	一次电压（线电压）（V）	基本二次（或第一组二次）				第二组二次（2a、2x）				ad、xd			最大容量（VA）
		电压（线压）（V）	容量（VA）	等级	用途	电压（线压）（V）	容量（VA）	等级	用途	容量（Ω）	等级	用途	
JSZ—6	6000	100	120	0.2	计量	100	120	0.5	监控	100	3P	零序	1500
JSZ—6	6000	100	200	0.2	综合	100	120	0.5	监控	100	3P	零序	1500
JSZ—10	10000	100	120	0.2	计量	100	120	0.5	监控	100	3P	零序	1500
JSZ—10	10000	100	200	0.2	综合					100	3P	零序	1500

5. 产品特点

（1）能耐受冲击电压和防止谐振损坏。

（2）增大 PT 铁芯截面积和降低磁密，降低 PT 饱和度，具有良好的伏安特性，限制了励磁电流。

（3）增大导线截面，降低电流密度和温升，提高热稳定性能。

6. 外形及安装尺寸

该产品外形及安装尺寸，见图 22－105。

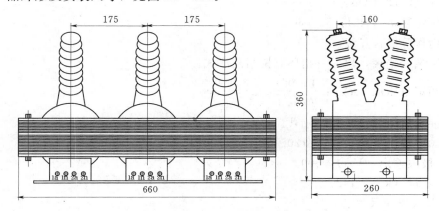

图 22－105 JSZ—6、10 型三相五柱电压互感器外形及安装尺寸

7. 生产厂

广东省中山市东风高压电器有限公司。

二、JSZW—10W 型户外干式电压互感器

1. 技术数据

（1）额定绝缘水平（kV）：12/42/75。

（2）负荷功率因数：$\cos\phi = 0.8$（滞后）。

（3）各项性能符合标准 GB 1207—1997《电压互感器》。

（4）环境温度（℃）：－30～＋40。

（5）海拔（m）：≤1000。

（6）其它技术数据，见表 22－148。

表 22－148 JSZW—10W 型户外干式电压互感器技术数据

额定电压比 （V）	级次组合	额定输出（VA）				极限输出 （VA）	额定绝缘水平 （kV）
		0.2	0.5	1	3P		
$\frac{10000}{\sqrt{3}}/\frac{100}{\sqrt{3}}/\frac{100}{3}$	0.2/3P		150	240	50	1200	12/42/75
	0.5/3P	60			50	600	

2. 外形及安装尺寸

该产品外形及安装尺寸，见图 22－106。

3. 生产厂

大连第二互感器厂。

三、JSZW—10W3 型电压互感器

1. 技术数据

（1）性能符合标准 GB 1207 和 IEC 186。

（2）额定绝缘水平（kV）：12/42/75。

（3）环境温度（℃）：－45～＋45。

（4）额定频率（Hz）：50，60。

（5）污秽等级：Ⅳ级。

（6）N 端全绝缘，户外三相环氧树脂浇注式。

（7）额定电压比（kV）：$\dfrac{10}{\sqrt{3}} / \dfrac{0.1}{\sqrt{3}} / \dfrac{0.1}{\sqrt{3}} / \dfrac{0.1}{3}$。

（8）准确组组合：0.2/0.5/3P。

（9）额定输出（VA）：75/120/150，50/100/150。

（10）极限输出（VA）：600。

（11）重量（kg）：142。

2. 外形及安装尺寸

JSZW—10W3 型电压互感器外形及安装尺寸，见图 22－107。

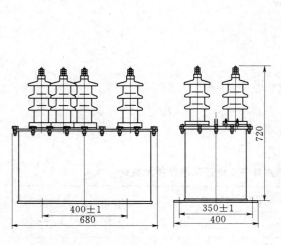

图 22－106　JSZW—10W 型电压
互感器外形及安装尺寸

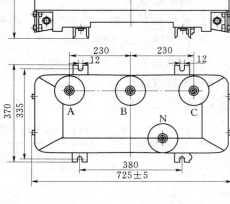

图 22－107　JSZW—10W3 型电压
互感器外形及安装尺寸

3. 生产厂

大连金业电力设备有限公司。

四、JSZW3—3、6、10A、B 型半封闭三相电压互感器

1. 技术数据

（1）负荷功率因数：$\cos\phi=0.8$（滞后）。

（2）表面爬电距离：满足 Ⅱ 级污秽等级。

（3）各项性能符合 GB 1207—1997《电压互感器》标准。

（4）其它技术数据，见表 22-149。

表 22-149　JSZW3—3、6、10A、B 型半封闭三相电压互感器技术数据

型　　号	额定电压比（V）	级次组合	额定输出（VA）					极限输出（VA）	耐压试验（kV）	
			0.2	0.5	1	3	6P		一次绕组感应耐压试验	二次绕组工频耐压试验
JSZW3—3A、B	$\dfrac{3000}{\sqrt{3}}/\dfrac{100}{\sqrt{3}}/\dfrac{100}{3}$			90	150	300	75	600	18	2
JSZW3—6A、B	$\dfrac{6000}{\sqrt{3}}/\dfrac{100}{\sqrt{3}}/\dfrac{100}{3}$	0.5/6P 1/6P 3/6P		150	240	600	100	10000	23	2
JSZW3—10A、B	$\dfrac{10000}{\sqrt{3}}/\dfrac{100}{\sqrt{3}}/\dfrac{100}{3}$								32	2

2. 外形及安装尺寸

该产品外形及安装尺寸，见图 22-108。

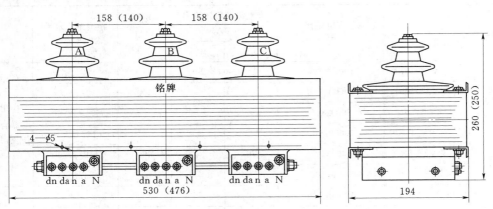

图 22-108　JSZW3—3、6、10A 型电压互感器外形及安装尺寸

3. 生产厂

大连第二互感器厂。

22.2.3.2　JSZV—3、6、10R 系列（带熔断器）

1. 概述

JSZV1、2、3—3、6、10R 型电压互感器为户内式环氧树脂浇注全封闭式结构，适用于额定频率 50Hz 或 60Hz、额定电压 10kV 及以下的电力系统中，作电压、电能测量和继电保护用。产品性能符合 IEC 60044—2：1997 及 GB 1207—1997《电压互感器》标准。

2. 型号含义

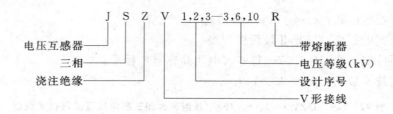

3. 结构

该产品为三相环氧树脂浇注全封闭结构,一次绕组带有熔断器保护 V 形接线。熔断器装在一次出线端子内部,更换方便,熔断电流与互感器短路承受能力相匹配,缩小了空间。除二次输出 100V 电压供测量使用外,还带有 110、220V 输出电压端子供给操作机构作电源。

4. 技术数据

(1) 额定电压(kV):3,6,10。

(2) 额定频率(Hz):50,60。

(3) 配用熔断器为 XRNP□—12 型,0.2A,50kA。

(4) 局部放电水平符合 GB 1207—1997《电压互感器》标准。

(5) 额定电压比、准确级及额定输出、额定绝缘水平技术数据,见表 22-150。

表 22-150 JSZV1、2、3—3、6、10R 型电压互感器技术数据

用途	型 号	额定电压比 (V)	准确级及额定输出 (VA)		极限 输出 (VA)	额定绝缘水平 (kV)	生产厂
			0.2	0.5			
测量用 电压互 感器	JSZV1—10R	10000/100	30	50		12/42/75	无锡市通宇 电器有限责 任公司
	JSZV2—10R	10000/100	40	80	500	12/42/75	
	JSZV2—6R	6000/100				7.2/32/60	
	JSZV3—10R	10000/100	70	140	600	12/42/75	
	JSZV3—6R	6000/100				7.2/32/60	
	JSZV3—3R	3000/100				3.6/25/40	
	JSZV1—10R	10000/100	30	50	500	12/42/75	江苏靖江互 感器厂
	JSZV2—6R	6000/100	40	80	800	7.2/32/60	
	JSZV2—10R	10000/100				12/42/75	
	JSZV3—3R	3000/100	70	140	600	3.6/25/40	
	JSZV3—6R	6000/100				7.2/32/60	
	JSZV3—10R	10000/100				12/42/75	
	JSZV1—10	10000/100	30	50	500	12/42/75	金坛市金榆 互感器厂
	JSZV2—3R	3000/100	40	80	800	3.6/25/40	
	JSZV2—6R	6000/100				7.2/32/60	
	JSZV2—10R	10000/100				12/42/75	

用途	型号	额定电压比（V）	短时最大输出功率（VA）	额定绝缘水平（kV）	生产厂
供断路器操作电源使用的电压互感器	JSZV1—10R	10000/100/110/220	800	12/42/75	无锡市通宇电器有限责任公司
	JSZV2—10R	10000/100/110/220	1100	12/42/75	
	JSZV2—6R	6000/100/110/220		7.2/32/60	
	JSZV3—10R	10000/100/110/220	1000	12/42/75	
	JSZV3—6R	6000/100/110/220		7.2/32/60	
	JSZV3—3R	3000/100/110/220		3.6/25/40	
	JSZV1—10R	10000/100/110/220	800	12/42/75	江苏靖江互感器厂
	JSZV2—6R	6000/100/110/220	1100	7.2/32/60	
	JSZV2—10R	10000/100/110/220		12/42/75	
	JSZV3—3R	3000/100/110/220	1000	3.6/25/40	
	JSZV3—6R	6000/100/110/220		7.2/32/60	
	JSZV3—10R	10000/100/110/220		12/42/75	

注 供断路器操作电源使用时阻抗压降不超过 15%。

5. 外形及安装尺寸

该产品外形及安装尺寸，见图 22-109。

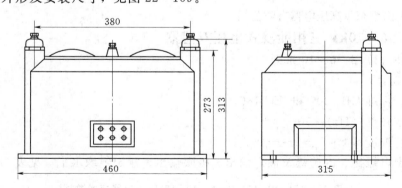

图 22-109 JSZV2—10R 型电压互感器外形及安装尺寸

22.2.3.3 JDZS—10 型

1. 概述

JDZS—10 型三相电压互感器（三相电力电源变压器）是专为开关电源设备提供电力，为各类开关开启电源。

该产品 Y/Y 接线，10000/380V；Y/Y₀ 接线，10000/220V。适用于环境温度 -5～+40℃、户内相对湿度≤95%、海拔小于 3000m 的地区。

2. 型号含义

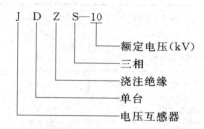

J D Z S—10

- 额定电压（kV）
- 三相
- 浇注绝缘
- 单台
- 电压互感器

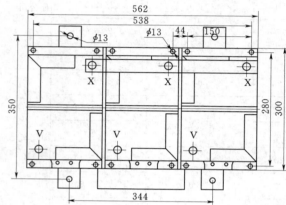

图 22-110 JDZS—10 型三相电压互感器
外形及安装尺寸

3. 技术数据

（1）额定电压（kV）：10。

（2）额定频率（Hz）：50。

（3）表面泄漏距离（mm）：>205。

（4）工频耐压（kV）：42/1min，
二次对地2。

（5）容量（VA）：200～10000。

（6）级别（级）：0.5～3。

（7）额定电压比（V）：10000/380
（Y/Y）；10000/220（Y/Y₀）。

4. 外形及安装尺寸

该产品外形及安装尺寸，见图
22-110。

5. 生产厂

广东省中山市东风高压电器有限公司。

22.2.4 3、6、10kV 三相油浸式电压互感器

22.2.4.1 JS（J）B—6、10系列

1. 技术数据

（1）执行标准 GB 1207 和 IEC 186。

（2）额定频率（Hz）：50。

（3）环境温度（℃）：—5～+40。

（4）额定电压比、准确级及额定输出、极限输出、额定绝缘水平，见表 22-151。

表 22-151 JS（J）B—6，10型电压互感器技术数据

型　号	额定电压比（V）	额定输出（VA）cosϕ=0.8			极限输出（VA）	额定绝缘水平（kV）
		0.5	1	3		
JSJB—6（JSB—6）	3000/100	45	75	180	360	3.6/18/40
	6000/100	75	120	300	600	7.2/25/60
JSJB—10（JSB—10）	10000/100	120	180	450	960	12/42/75

2. 外形及安装尺寸

该产品外形及安装尺寸，见图 22 - 111。

3. 生产厂

天津市百利纽泰克电器有限公司。

22.2.4.2 JS (J) W—3、6、10 系列

一、JS (J) W—6、10 型电压互感器

1. 技术数据

(1) 性能符合标准 GB 1207 和 IEC 186。

(2) 额定频率（Hz）：50。

(3) 环境温度（℃）：—5～+40。

(4) 额定电压比、准确级及额定输出、极限输出、额定绝缘水平，见表 22 - 152。

表 22 - 152　JS (J) W—6、10 型电压互感器技术数据

型　号	额定电压比 （V）	准确级及额定输出（VA）					极限输出 （VA）	额定绝缘水平 （kV）
		0.2	0.5	1	3	3P		
JSJW—6 （JSW—6）	3000/100/100		45			40	360	3.6/18/40
	6000/100/100		75			40	600	7.2/25/60
JSJW—10 （JSW—10）	10000/100/100	75	120	180	450	40	900	12/42/75

2. 外形及安装尺寸

该产品外形及安装尺寸，见图 22 - 112。

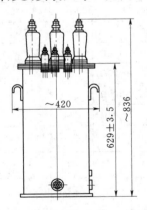

图 22 - 111　JSJB—10 型电压互感器
外形及安装尺寸

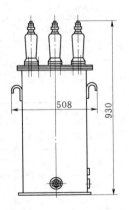

图 22 - 112　JSJW—10 型电压互感器
外形及安装尺寸

3. 生产厂

天津市百利纽泰克电器有限公司。

二、JSJW—3、6、10 (W)(Q)(G) 型电压互感器

1. 概述

JSJW—3、6、10 (W)(Q)(G) 型电压互感器为三相油浸式产品，适用于额定频率

50Hz 或 60Hz、额定电压 3、6、10kV 及以下的电力系统中，作电能计量、电压监控和继电保护用。户内、户外型。

2. 型号含义

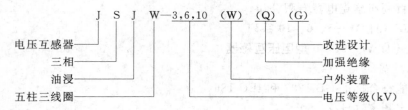

3. 结构

该产品的铁芯由冷轧硅钢片叠成，采用油浸式绝缘，为三相五柱油浸式结构。使用时二次绕组不允许短路和超负荷运行。

4. 技术数据

(1) 额定电压（kV）：3，6，10。

(2) 额定频率（Hz）：50，60。

(3) 污秽等级：Ⅱ级。

(4) 额定电压比、额定输出、额定绝缘水平，见表 22-153。

表 22-153　JSJW—3、6、10（W）（Q）（G）型电压互感器技术数据

型　号	额定电压比（V）	额定输出（VA）					极限输出（VA）	额定绝缘水平（kV）	生产厂
		0.2	0.5	1	3	3P			
JSJW—6	6000/100		80	150	320		640	7.2/32/60	江苏靖江互感器厂
JSJW—10	10000/100	60	20	200	480		960	12/42/75	
JSJW—6	6000/100	90	100			100Ω	1500	12/42/95	广东省中山市东风高压电器有限公司
	6000/100	180				100Ω	1500		
JSJW—10	10000/100	90	120			100Ω	1500		
	10000/100	180				100Ω	1500		
JSJW—6	6000/100—100/3		80	150	320		640	6.9/32	沈阳互感器厂（有限公司）
JSJW—10	10000/100—100/3		120	200	280		960	11.5/42	
JSJW—3（G）	$\dfrac{2000}{\sqrt{3}}/\dfrac{100}{\sqrt{3}}/\dfrac{100}{3}$		120	200	500		1000	3.6/23/40	大连第二互感器厂
	$\dfrac{3000}{\sqrt{3}}/\dfrac{100}{\sqrt{3}}/\dfrac{100}{3}$	60					500		
JSJW—6（G）	$\dfrac{6000}{\sqrt{3}}/\dfrac{100}{\sqrt{3}}/\dfrac{100}{3}$		120	200	500		1000	7.2/32/60	
	$\dfrac{6300}{\sqrt{3}}/\dfrac{100}{\sqrt{3}}/\dfrac{100}{3}$	60					500		
JSJW—10（G）	$\dfrac{10000}{\sqrt{3}}/\dfrac{100}{\sqrt{3}}/\dfrac{100}{3}$		120	200	500		1000	12/42/75	
		60					500		

续表 22 - 153

型 号	额定电压比（V）	额定输出（VA）					极限输出（VA）	额定绝缘水平（kV）	生产厂
		0.2	0.5	1	3	3P			
JSJW—3W	$\frac{3000}{\sqrt{3}}/\frac{100}{\sqrt{3}}/\frac{100}{3}$	120	200	00			1000	3.6/23/40	大连第二互感器厂
		60					500		
JSJW—6W	$\frac{6000}{\sqrt{3}}/\frac{100}{\sqrt{3}}/\frac{100}{3}$	120	200	500			1000	7.2/32/60	
		60					500		
JSJW—10W	$\frac{10000}{\sqrt{3}}/\frac{100}{\sqrt{3}}/\frac{100}{3}$	120	200	500			1000	12/42/75	
		60					500		
JSJW—3（Q）	$\frac{3000}{\sqrt{3}}/\frac{100}{\sqrt{3}}/\frac{100}{3}$	50	80	150			320	3.6/24/40	浙江三爱互感器有限公司
JSJW—6（Q）	$\frac{6000}{\sqrt{3}}/\frac{100}{\sqrt{3}}/\frac{100}{3}$	80	150	320			640	7.2/32/60	
JSJW—10（Q）	$\frac{10000}{\sqrt{3}}/\frac{100}{\sqrt{3}}/\frac{100}{3}$	120	240	480			960	12/42/75	
JSJW—6	6000/100/100	0.2/3P　3×30/100					960	7.2/32/60	宁波三爱互感器有限公司、宁波互感器厂
		0.5/3P　3×40/100							
JSJW—10	10000/100/100	0.2/3P　3×30/100					960	12/42/75	
		0.5/3P　3×40/100							

5. 外形及安装尺寸

该产品外形及安装尺寸，见图 22 - 113。

22.2.4.3　JSJV—3、6、10 系列

1. 技术数据

(1) 负荷的功率因数：$\cos\phi=0.8$（滞后）。

(2) 表面爬电距离：满足 Ⅱ 级污秽等级。

(3) 各项性能符合 GB 1207—1997《电压互感器》标准。

(4) 额定电压比、准确级及额定输出、额定绝缘水平，见表 22 - 154。

表 22 - 154　JSJV—3、6、10（W）型油浸式电压互感器技术数据

型 号	额定电压比（V）	额定输出（VA）				极限输出（VA）	额定绝缘水平（kV）
		0.2	0.5	1	3		
JSJV—3（W）	2000/100 3000/100	140	250	500		1000	3.6/25/40
JSJV—6（W）	6000/100	140	250	500		1000	7.2/32/60
		80				500	
JSJV—10（W）	10000/100	140	250	500		1000	12/42/75
		80				500	

2. 外形及安装尺寸

该产品外形及安装尺寸，见图22-114。

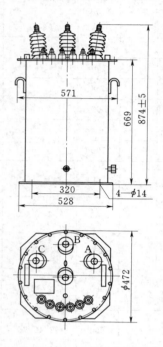

图22-113　JSJW—10型电压互感器外形及
安装尺寸（江苏靖江互感器厂）

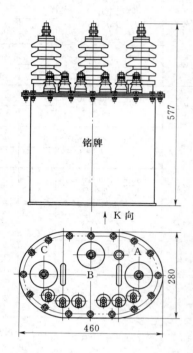

图22-114　JSJV—3、6、10（W）型电压
互感器外形及安装尺寸

3. 生产厂

大连第二互感器厂。

22.2.5　20、35kV浇注电压互感器

22.2.5.1　JZW（X）系列

一、JZWX—35型电压互感器

1. 技术数据

（1）性能符合标准GB 1207和IEC 186。

（2）额定绝缘水平（kV）：40.6/95/185。

（3）额定频率（Hz）：50，60。

（4）环境温度（℃）：—45～＋45。

（5）污秽等级：Ⅳ级。

（6）进口户外环氧树脂浇注，户外单相式。

（7）额定电压比、准确级组合及额定输出、极限输出，见表22-155。

2. 外形及安装尺寸

该产品外形及安装尺寸，见图22-115。

3. 生产厂

大连金业电力设备有限公司。

表 22-155　JZWX—35 型电压互感器技术数据

额定电压比 （kV）	准确级组合	额定输出（VA）				极限输出 （VA）	重量 （kg）
		0.2	0.5	1.0	6P		
$\frac{35}{\sqrt{3}}/\frac{0.1}{\sqrt{3}}/\frac{0.1}{3}$　$\frac{30}{\sqrt{3}}/\frac{0.1}{\sqrt{3}}/\frac{0.1}{3}$	0.2/6P 0.5/6P 1.0/6P	45	100	200	100	600	75
$\frac{35}{\sqrt{3}}/\frac{0.1}{\sqrt{3}}/\frac{0.1}{\sqrt{3}}/\frac{0.1}{3}$	0.2/0.5/6P	30	30		100		
		50	70		100		

二、JZW（X）（2）—35 型电压互感器

1. 技术数据

（1）性能符合标准 GB 1207 和 IEC 186。

（2）额定绝缘水平（kV）：40.5/95/185。

（3）额定频率（Hz）：50，60。

（4）环境温度（℃）：-45～+45。

（5）污秽等级：Ⅲ级。

（6）进口户外环氧树脂浇注，户外单相式。

（7）额定电压比、准确级及额定输出，见表 22-156。

表 22-156　JZW—35、JZWX2—35 型电压互感器技术数据

型　号	额定电压比 （kV）	准确级组合	额定输出（VA）				极限 输出	重量 （kg）
			0.2	0.5	1.0	6P		
JZW—35	35/0.1 30/0.1	0.2 0.5 1.0	45	100	200		600	104
	35/0.1/0.1 30/0.1/0.1	0.2/0.2 0.5/0.5 1.0/1.0	45	100	200			
	$\frac{35}{\sqrt{3}}/\frac{0.1}{\sqrt{3}}/\frac{0.1}{3}$　$\frac{30}{\sqrt{3}}/\frac{0.1}{\sqrt{3}}/\frac{0.1}{3}$	0.2/6P 0.5/6P 1.0/6P	45	100	200	100		
JZWX2—35 （V端耐压6kV）	$\frac{35}{\sqrt{3}}/\frac{0.1}{\sqrt{3}}/\frac{0.1}{\sqrt{3}}/\frac{0.1}{3}$	0.2/0.5/6P	50	100		150		

2. 外形及安装尺寸

该产品外形及安装尺寸，见图 22-116。

3. 生产厂

大连金业电力设备有限公司。

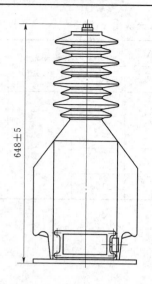

图22-115　JZWX—35型电压
互感器外形及安装尺寸

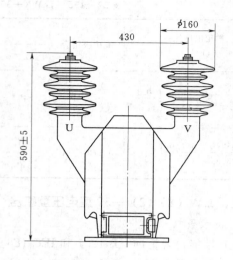

图22-116　JZW—35、JZWX2—35型电压
互感器外形及安装尺寸

22.2.5.2　JDZ（X）系列

一、JDZ（X）（J）—15、20（G）（GY）型电压互感器

1. 概述

JDZ（X）（J）—15、20（G）（GY）型电压互感器为环氧树脂浇注半封闭或全封闭式结构，用于额定频率50Hz或60Hz、额定电压20kV及以下的电力系统，作电能测量和继电保护用。执行标准GB 1207—1997《电压互感器》。

2. 技术数据

JDZ（X）（J）—15、20（G）（GY）型电压互感器技术数据，见表22-157。

表22-157　JDZ（X）（J）—15、20（G）（GY）型电压互感器技术数据

型　号	额定电压比 （V）	准确级	额定输出 （VA）	极限输出 （VA）	额定绝缘水平 （kV）	结构	生产厂
JDZ11—15	13800/100	0.2 0.5 1	30 100 200	500	18/55/105	全封闭（满足Ⅲ级污秽等级）	大连第二互感器厂
	15000/100						
	15700/100						
JDZ11—20	20000/100				24/65/125		
JDZ11—15	13800/100/100	0.2 0.5	20 40	300	18/55/105		
	15000/100/100						
	15700/100/100						
JDZ11—20	20000/100/100				24/65/125		
JDZ11—15G	13800/100	0.2 0.5 1	60 100 200	500	18/55/125		
	15000/100						
	15700/100						
JDZ11—20G	20000/100				24/65/125		

续表 22-157

型　号	额定电压比 （V）		准确级	额定输出 （VA）	极限 输出 （VA）	额定绝缘 水平 （kV）	结构	生产厂
JDZ11—15G	13800/100/100		0.2/0.5 0.5/0.5	30/30 50/50	380	18/55/105		
	15000/100/100							
	15700/100/100							
JDZ11—20G	20000/100/100					24/65/125		
JDZ11—15G	13800/$\sqrt{3}$/100/$\sqrt{3}$/100/3		0.2/6P 0.5/6P	60/100 100/100	600		全封闭 （满足Ⅲ 级污秽 等级）	大连第二 互感器厂
	13800/$\sqrt{3}$/100/$\sqrt{3}$/100/$\sqrt{3}$/100/3		0.2/0.5/6P 0.5/0.5/6P	30/30/100 40/40/100	400			
	15000/$\sqrt{3}$/100/$\sqrt{3}$/100/3		0.2/6P 0.5/6P	60/100 100/100	600			
	15000/$\sqrt{3}$/100/$\sqrt{3}$/100/$\sqrt{3}$/100/3		0.2/0.5/6P 0.5/0.5/6P	30/30/100 40/40/100	400			
	15700/$\sqrt{3}$/100/$\sqrt{3}$/100/3		0.2/6P 0.5/6P	60/100 100/100	600			
	15700/$\sqrt{3}$/100/$\sqrt{3}$/100/$\sqrt{3}$/100/3		0.2/0.5/6P 0.5/0.5/6P	30/30/100 40/40/100	400			
JDG11—20G	20000/$\sqrt{3}$/100/$\sqrt{3}$/100/3		0.2/6P 0.5/6P	60/100 100/100	600			
	20000/$\sqrt{3}$/100/$\sqrt{3}$/100/$\sqrt{3}$/100/3		0.2/0.5/6P 0.5/0.5/6P	30/30/100 40/40/100	400			
JDZX—20	18000/$\sqrt{3}$/100/$\sqrt{3}$/100/3		0.2 6P	80 75	500	17.5/40/125	全封闭	大连互感 器厂
	15750/$\sqrt{3}$/100/$\sqrt{3}$/100/3							
	13800/$\sqrt{3}$/100/$\sqrt{3}$/100/3							
JDZX3—15	13800/$\sqrt{3}$/100/$\sqrt{3}$/100/$\sqrt{3}$/100/3		0.2 0.5 6P	30 50 100	400	17.5/55/105	全封闭	
	15000/$\sqrt{3}$/100/$\sqrt{3}$/100/$\sqrt{3}$/100/3							
	15700/$\sqrt{3}$/100/$\sqrt{3}$/100/$\sqrt{3}$/100/3							
JDZJ—20	18000/$\sqrt{3}$/100/$\sqrt{3}$/100/3		0.5 1 3 3P	50 80 200 200	400	23/65/120		沈阳互感 器厂（有 限公司）
JDZJ2— 15（GY）	15750/$\sqrt{3}$/100/$\sqrt{3}$/100/3		0.5 1 3 6P	50 80 200 80	400	17.5/55/108	半封闭	
JDZJ—15	13800/$\sqrt{3}$/100/$\sqrt{3}$/100/3		0.5 1 3 3P	50 80 200 200	400	17.5/55/100		
	15000/$\sqrt{3}$/100/$\sqrt{3}$/100/3							

型　号	额定电压比 （V）		准确级	额定输出 （VA）	极限 输出 （VA）	额定绝缘 水平 （kV）	结构	生产厂
JDZJ1—15	15000/$\sqrt{3}$/100/$\sqrt{3}$/100/3		0.5	80	400	17.5/55/108		
			1	150				
	15750/$\sqrt{3}$/100/$\sqrt{3}$/100/3		3	320				
			6P	80				
JDZX3—20	20000/$\sqrt{3}$/100/$\sqrt{3}$/100/$\sqrt{3}$/100/3		0.2	30	600	20/70/145	全封闭	沈阳互感 器厂（有 限公司）
			0.5	70				
			6P	200				
JDZX1—20	18000/$\sqrt{3}$/100/$\sqrt{3}$/100/3		0.3	100	600	23/50/125		
			0.5	150				
			1	200				
	20000/$\sqrt{3}$/100/$\sqrt{3}$/100/3		3	350				
			6P	30				
JDZX4—20	20000/$\sqrt{3}$/100/$\sqrt{3}$/100/3		0.5	100	600	23/70/145		
			6P	200				
JDZX2—20	18000/$\sqrt{3}$/100/$\sqrt{3}$/100/3		0.3	100	600	23/50/125	全封闭	
			0.5	150				
			1	200				
			3	350				
			6P	30				

3. 外形及安装尺寸

该产品外形及安装尺寸，见图 22-117。

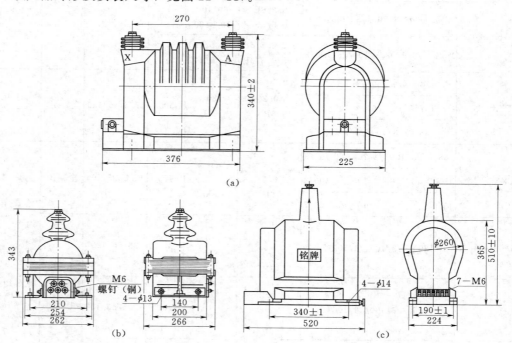

图 22-117　JDZ（X）（J）—15、20（G）（GY）型电压互感器外形及安装尺寸
(a) JDZ11—15、20G（大连第二互感器厂）；(b) JDZJ2—15GY，JDZJ—20
［沈阳互感器厂（有限公司）］；(c) JDZX3—20（沈阳互感器厂）

二、JDZ9—35W 型电压互感器

1. 概述

JDZ9—35W 型电压互感器为单相多绕组全封闭环氧树脂浇注式互感器，户内、外型装置，供额定频率 50Hz、额定电压 35kV 及以下的电力系统中，作电压、电能测量和继电保护用。

2. 型号含义

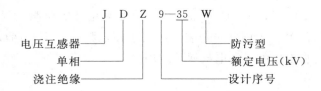

3. 结构特点

该系列产品为环氧树脂全封闭浇注绝缘结构，一次绕组的两个出线端子按全绝缘水平考核，且布置在浇注体顶部的两侧。耐污秽、耐潮性能良好，电气性能稳定。

4. 技术数据

(1) 额定绝缘水平 (kV)：40.5/95/200。

(2) 额定一次电压 (V)：35000。

(3) 额定二次电压 (V)：100。

(4) 额定频率 (Hz)：50。

(5) 额定二次输出及其相应准确级 (功率因数为 0.8 滞后)，见表 22-158。

表 22-158 JDZ9—35W 型电压互感器技术数据

额定电压比（V）	准确级次组合	额定输出（VA）	极限输出（VA）	额定电压比（V）	准确级次组合	额定输出（VA）	极限输出（VA）
	0.2	60					
35000/100	0.5	150	1000	35000/100/100	0.2/0.5	30/50	600
	1	360					

5. 外形及安装尺寸

JDZ9—35W 型电压互感器外形及安装尺寸，见图 22-118。

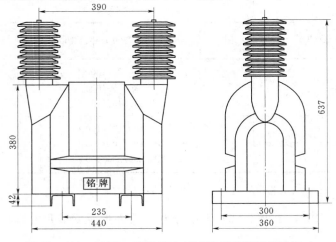

图 22-118 JDZ9—35W 型电压互感器外形及安装尺寸

6. 生产厂

浙江三爱互感器有限公司。

22.2.5.3 JDZ（X）（F）系列

一、JDZ（X）（F）（2）—35W1（2）型电压互感器

1. 概述

JDZ（X）（F）（2）—35W1（2）型电压互感器采用环氧树脂全封闭浇注，尺寸小，重量轻，适宜于任何位置、任意方向安装。适用于额定频率50Hz、额定电压35kV户内装置的电力系统中，作电气测量和电气保护之用。

2. 型号含义

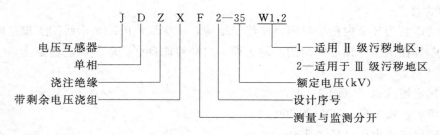

3. 技术数据

该系列产品技术数据，见表22-159。

表22-159   JDZ（X）（F）（2）—35W1（2）型电压互感器技术数据

型　　号	额定电压比（V）	准确级及其相应的额定输出（VA）cosφ=0.8				极限输出（VA）	额定绝缘水平（kV）
		0.2	0.5	1	6P		
JDZ—35W1	35000/100	45	100	200		1000	
JDZF—35W1	35000/100/100	0.2/0.2 25/25 0.2/0.5 25/30 0.5/0.5 45/45				500	
JDZX—35W1	$\dfrac{35000}{\sqrt{3}}/\dfrac{100}{\sqrt{3}}/\dfrac{100}{3}$	45	100	200	100	600	40.5/95/200
JDZXF—35W1	$\dfrac{35000}{\sqrt{3}}/\dfrac{100}{\sqrt{3}}/\dfrac{100}{\sqrt{3}}/\dfrac{100}{3}$	0.2/0.2/6P 20/20/100 0.2/0.5/6P 20/25/100 0.5/0.5/6P 45/45/100				300	
JDZXF2—35W2	$\dfrac{35000}{\sqrt{3}}/\dfrac{100}{\sqrt{3}}/\dfrac{100}{\sqrt{3}}/\dfrac{100}{3}$	0.2/0.2/3P 100/100/100 0.2/0.5/3P 100/100/100 0.5/0.5/3P 250/250/100				1000	40.5/95/200

4. 外形及安装尺寸

JDZ（X）（F）（2）—35W1（2）型电压互感器外形及安装尺寸，见表22-160及图22-119。

表 22 - 160 JDZ（X）（F）（2）—35W1（2）型电压互感器外形尺寸 单位：mm

型 号	外形尺寸（长×宽×高）	型 号	外形尺寸（长×宽×高）
JDZ—35W1	500×275×500.5	JDZXF—35W1	362×250×486
JDZF—35W1	500×275×500.5	JDZXF—35W2	452×290×576
JDZX—35W1	362×250×486		

5. 生 产 厂

宁波三爱互感器有限公司、宁波互感器厂、宁波市江北三爱互感器研究所。

二、JDZ（X）（F）6—35 型户内电压互感器

1. 概述

JDZ（X）（F）6—35 型户内电压互感器为全封闭环氧树脂浇注结构，适用于额定频率 50Hz 或 60Hz、额定电压 35kV 及以下的电力系统中，作电能计量、电压监控和继电保护用。产品符合 IEC 60044—2：1997 及 GB 1207—1997《电压互感器》标准。户内型。

图 22 - 119 JDZXF—35W1 型电压
互感器外形及安装尺寸

2. 型号含义

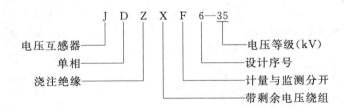

- 电压互感器
- 单相
- 浇注绝缘
- 电压等级(kV)
- 设计序号
- 计量与监测分开
- 带剩余电压绕组

（J D Z X F 6—35）

3. 技术数据

(1) 额定电压（kV）：35。

(2) 额定频率（Hz）：50，60。

(3) 局部放电水平符合 GB 1207—1997《电压互感器》标准。

(4) 污秽等级：Ⅱ级。

(5) 额定电压比、额定输出、额定绝缘水平，见表 22 - 161。

表 22 - 161 JDZ（X）（F）6—35 型电压互感器技术数据

型 号	额定电压比（V）	额定输出（VA）			极限输出（VA）	额定绝缘水平（kV）
		0.2	0.5	6P		
JDZ6—35	35000/100	60	150		1000	40.5/95/200
JDZF6—35	35000/100/100	40	40		2×500	
JDZX6—35	35000/$\sqrt{3}$/100/$\sqrt{3}$/100/3	50	90	100	1000	
JDZXF6—35	35000/$\sqrt{3}$/100/$\sqrt{3}$/100/$\sqrt{3}$/100/3	30	30	100	2×500	

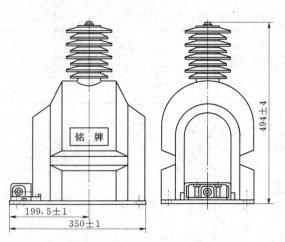

图 22-120　JDZX（F）6-35 型电压
互感器外形及安装尺寸

4. 外形及安装尺寸

该产品外形及安装尺寸，见图 22-120。

5. 生产厂

浙江三爱互感器有限公司。

三、JDZ（X）（F）8—35W 系列户外电压互感器

1. 概述

JDZ（X）（F）8—35W 系列户外电压互感器为户外环氧树脂浇注绝缘全封闭结构，适用于额定频率 50Hz 或 60Hz、额定电压 35kV 的电力系统中，作电能计量、电压监测和继电保护用。产品符合 IEC 60044-2：1997 及 GB 1207—1997《电压互感器》标准，适用环境温度-25～+40℃、Ⅳ级污秽地区。

2. 型号含义

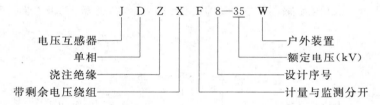

电压互感器 —— J
单相 —— D
浇注绝缘 —— Z
带剩余电压绕组 —— X
F
8—35 W
户外装置
额定电压（kV）
设计序号
计量与监测分开

3. 技术数据

（1）额定电压（kV）：35。

（2）额定频率（Hz）：50，60。

（3）局部放电水平符合 GB 1207—1997《电压互感器》标准。

（4）额定电压比、额定输出、极限输出、额定绝缘水平，见表 22-162。

表 22-162　JDZ（X）（F）8—35W 系列电压互感器技术数据

型　　号	额定电压比（V）	额定输出（VA）			极限输出（VA）	额定绝缘水平（kV）
		0.2	0.5	6P		
JDZ8—35W	35000/100	60	150		100	40.5/95/200
JDZF8—35W	35000/100/100	40	40		2×500	
JDZX8—35W	35000/√3/100/√3/100/3	50	90	100	100	
JDZXF8—35W	35000/√3/100/√3/100/√3/100/3	30	30	100	2×500	

注　1. 使用时二次绕组不允许短路及超负荷运行。

　　2. JDZX8—35W、JDZXF8—35W 为半绝缘结构，只能进行感应耐压试验；开关柜进行工频试验时，应将互感器与开关柜断开。

4. 外形及安装尺寸

该产品外形及安装尺寸，见图 22 - 121。

5. 生产厂

浙江三爱互感器有限公司。

四、JDZ（X）(F) 8—35 型电压互感器

1. 概述

JDZ（F）8—35、JDZX（F）8—35 型电压互感器为户内式环氧树脂浇注全封闭结构，适用于额定频率 50Hz 或 60Hz、额定电压 35kV 及以下的电力系统中，作电压、电能测量和继电保护用。产品性能符合 GB 1207—1997《电压互感器》标准。

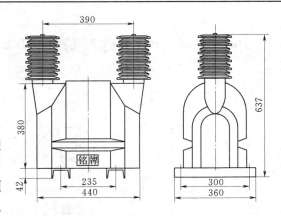

图 22 - 121　JDZ（F）8—35W 型电压
互感器外形及安装尺寸

2. 型号含义

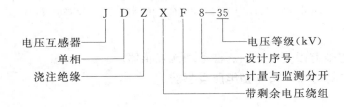

3. 结构

该系列产品为单相、环氧树脂、全封闭结构，铁芯与绕组浇注成一体，绝缘性能良好，耐潮湿。JDZ（F）8—35 为单相、相对相连接；JDZF8—35 有两个二次绕组，即电能测量与电压监控分开；JDZX（F）8—35 为单相、相对地连接，一次 A 端接相线，N 端接地；JDZXF8—35 有 3 个二次绕组，即电能测量、电压监控和继电保护分开。

互感器使用时，二次绕组不允许短路及超负荷运行。JDZX8—35、JDZXF8—35 为半绝缘结构，只能进行感应耐压试验；开关柜进行工频试验时应将互感器与开关柜断开。

4. 技术数据

（1）电压互感器技术数据，见表 22 - 163。

（2）局部放电水平符合 GB 1207—1997《电压互感器》标准，局部放电量≤20pC。

表 22 - 163　JDZ（X）(F) 8—35 型电压互感器技术数据

型　号	额定电压比（V）	准确级及额定输出（VA）			极限输出（VA）	额定绝缘水平（kV）
		0.2	0.5	6P		
JDZ8—35	35000/100	75	150		1000	40.5/95/200
JDZF8—35	35000/100/100	30	60		2×500	
JDZX8—35	$35000/\sqrt{3}/100/\sqrt{3}/100/3$	50	100	100	1000	
JDZXF8—35	$35000/\sqrt{3}/100/\sqrt{3}/100/\sqrt{3}/100/3$	25	50	100	2×500	

（3）温升限值（K）：60。

（4）污秽等级：Ⅱ级。

5. 外形及安装尺寸

JDZ（X）（F）8—35 型电压互感器外形及安装尺寸，见图 22-122。

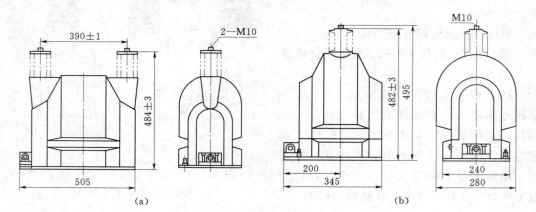

图 22-122　JDZ（X）（F）8—35 型电压互感器外形及安装尺寸

(a) JDZ8—35，JDZF8—35；(b) JDZX8—35，JDZXF8—35

6. 生产厂

无锡市通宇电器有限责任公司、江苏靖江互感器厂。

五、JDZ（X）（F）8—35W 型电压互感器

1. 概述

JDZ（X）（F）8—35W 型电压互感器为户外环氧树脂浇注全封闭结构，适用于额定频率 50Hz 或 60Hz、额定电压 35kV 及以下的电力系统中，作电压、电能测量和继电保护用。产品性能符合 IEC 60044—2：1997 及 GB 1207—1997《电压互感器》标准。

2. 型号含义

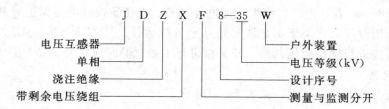

3. 结构特点

该系列产品为户外单相环氧树脂浇注全封闭结构，具有耐电弧、耐紫外线、耐老化、爬电距离大、局部放电量小、抗过电压能力强等特点。

JDZF（8）—35W 为单相、相对相连接；JDZF8—35W 有两个二次绕组，即电能测量与电压监控分开；JDZX（F）8—35W 为单相、相对地连接，一次 A 端接相线，N 端接地；JDZXF8—35W 有 3 个二次绕组，即电能测量、电压监控和继电保护分开。

4. 技术数据

（1）局部放电水平符合 GB 1207—1997《电压互感器》标准。

（2）环境温度（℃）：—25～+40。

（3）污秽等级：Ⅳ级。

（4）额定电压比、额定输出、极限输出、额定绝缘水平，见表 22-164。

表 22-164　JDZ（X）（F）8—35W 型电压互感器技术数据

型　号	额定电压比 （V）	额定输出（VA）			极限输出 （VA）	额定绝缘水平 （kV）
		0.2	0.5	6P		
JDZ8—35W	35000/100	75	150		1000	
JDZF8—35W	35000/100/100	30	60		2×500	40.5/95/200
JDZX8—35W	35000/√3/100/√3/100/3	50	100	100	1000	
JDZXF8—35W	35000/√3/100/√3/100/√3/100/3	25	50	100	2×500	

5. 外形及安装尺寸

JDZ（X）（F）8—35W 型电压互感器外形及安装尺寸，见图 22-123。

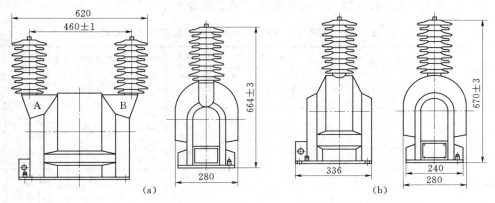

图 22-123　JDZ（X）（F）8—35W 型电压互感器外形及安装尺寸
（a）JDZ8—35W，JDZF8—35W；（b）JDZX8—35W，JDZXF8—35W

6. 生产厂

无锡市通宇电器有限责任公司、江苏靖江互感器厂。

六、JDZ（X）（F）9—35 型电压互感器

1. 概述

JDZ（X）（F）9—35 型电压互感器为户内环氧树脂浇注全封闭结构，适用于额定频率 50Hz 或 60Hz、额定电压 35kV 及以下的电力系统中，作电压、电能测量和继电保护用。产品性能符合 IEC 60044—2：1997 及 GB 1207—1997《电压互感器》。

2. 型号含义

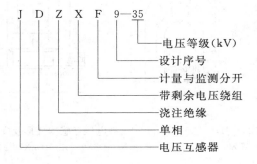

3. 结构

该系列产品为环氧树脂全封闭结构，铁芯与绕组浇注成一体，底部有安装板。JDZ（F）9—35 为单相、相对相连接；JDZF9—35 有两个二次绕组，即电能测量与电压监控分开；JDZX（F）9—35 为单相、相对地连接，一次 A 端接相线，N 端接地；JDZXF9—35 有 3 个二次绕组，即电能测量、电压监控和继电保护分开。使用时二次绕组不允许短路及超负荷运行。JDZX9—35、JDZXF9—35 为半绝缘结构，只能进行感应耐压试验；开关柜进行工频试验时应将互感器与开关柜断开。

4. 技术数据

（1）局部放电水平符合 GB 1207—1997《电压互感器》标准。

（2）污秽等级：Ⅱ级。

（3）额定电压比、额定输出、极限输出、额定绝缘水平，见表 22-165。

表 22‑165 JDZ（X）（F）9—35 型电压互感器技术数据

型 号	额 定 电 压 比（V）	准确级及额定输出（VA）			极限输出（VA）	额定绝缘水平（kV）	生产厂
		0.2	0.5	6P			
JDZ9—35	35000/100	75	150		1000		无锡市通宇电器有限责任公司、江苏靖江互感器厂
JDZF9—35	35000/100/100	30	60		2×500	40.5/95/200	
JDZX9—35	35000/$\sqrt{3}$/100/$\sqrt{3}$/100/3	50	100	100	1000		
JDZXF9—35	35000/$\sqrt{3}$/100/$\sqrt{3}$/100/$\sqrt{3}$/100/3	25	50	100	2×500		
JDZ9—35	35000/100	60	180	1级 360	1800	40.5/95/200	中国·人民电器集团江西变电设备有限公司、江西互感器厂、江西电力计量器厂
JDZX9—35	35000/$\sqrt{3}$/100/$\sqrt{3}$/100/3	30	90	1级 180 6P级 40		40.5/95/200	

5. 外形及安装尺寸

JDZ（X）（F）9—35 型电压互感器外形及安装尺寸，见图 22-124。

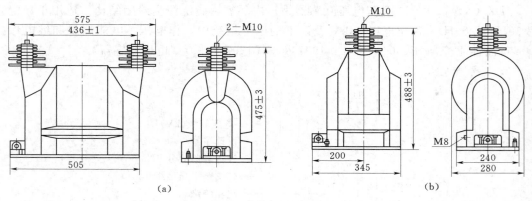

图 22‑124 JDZ（X）（F）9—35 型电压互感器外形及安装尺寸
(a) JDZ9—35，JDZF9—35；(b) JDZX9—35，JDZXF9—35

七、JDZX（F）（71）—35（W2）电压互感器

1. 概述

JDZX（F）（71）—35（W2）型电压互感器为单相多绕组全封闭环氧树脂浇注式互感器，户内、户外装置，供额定频率50Hz、额定电压35kV及以下的电力系统中，作电压、电能测量和继电保护用。

2. 型号含义

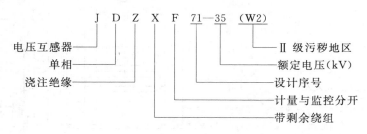

3. 结构

该系列产品为环氧树脂浇注绝缘结构，铁芯采用优质冷轧硅钢片，并经退火处理，铁芯与一次绕组和二次绕组一起用环氧树脂浇注成型。耐污秽、耐潮性能良好。二次接线端子处有接线保护端子盒，端子盒有三个不同出线方向，接线方便，并能实现防尘、防窃电措施。

4. 技术数据

（1）额定一次电压（V）：35000/$\sqrt{3}$。

（2）额定二次电压（V）：100/$\sqrt{3}$。

（3）额定频率（Hz）：50。

（4）额定二次输出及其相应准确级（负荷功率因数为0.8），见表22-166、表22-167。

（5）互感器的感应耐受电压为2倍的额定一次电压，频率100Hz，1min。

（6）JDZXF—35W2型接线图，见图22-125。

表22-166 JDZX（F）71—35型电压互感器技术数据

型号	A、B一次电压 (V)	1a、1b100/$\sqrt{3}$ (V) cosϕ=0.8			2a、2b100/$\sqrt{3}$ (V) cosϕ=0.8			da、dn 100/$\sqrt{3}$ (V) 剩余绕组	二次输出容量 (VA)
		容量 (VA)	等级	用途	容量 (VA)	等级	用途		
JDZX71—35	35000/$\sqrt{3}$	30	0.2	计量				100VA 6P	1000
JDZXF71—35	35000/$\sqrt{3}$	30	0.2	计量	50	0.5	监控	100VA 6P	1000

表22-167 JDZX（F）—35W2型户外电压互感器技术数据

型号	额定电压比 (V)	准确级次组合	额定输出 (VA)	极限输出 (VA)	额定绝缘水平 (kV)
JDZX—35W2	$\frac{35000}{\sqrt{3}}/\frac{100}{\sqrt{3}}/\frac{100}{3}$	0.2/3P	20/120	600	40.5/95/200
		0.5/3P	40/120		
JDZXF—35W2	$\frac{35000}{\sqrt{3}}/\frac{100}{\sqrt{3}}/\frac{100}{\sqrt{3}}/\frac{100}{3}$	0.2/0.2/3P	20/20/120	400	40.5/95/200
		0.5/0.5/3P	40/40/120		
		0.2/0.5/3P	20/30/120		

5. 外形及安装尺寸

JDZXF71—35 型电压互感器外形及安装尺寸，见图 22-126。

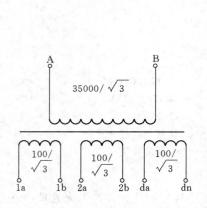

图 22-125 JDZXF—35W2
型电压互感器接线图

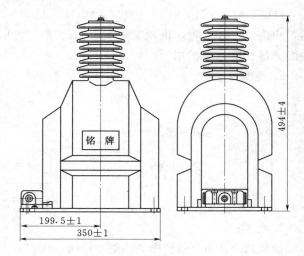

图 22-126 JDZXF71—35 型电压
互感器外形及安装尺寸

6. 生产厂

浙江三爱互感器有限公司。

22.2.6 20、35kV 单相油浸式电压互感器

22.2.6.1 JD (J) 系列

一、JDJ—27.5、35 型电压互感器

1. 概述

JDJ—27.5、JDJ—35 型电压互感器为单相油浸全绝缘户内外两用产品，适用于额定频率 50Hz、额定电压 27.5、35kV 的电力系统中，作电压测量及继电保护用。

该产品可用于单相及三相，在三相线路时可用两台互感器接成 V 型（即开口三角接线）。一次线圈接于高压线路，二次线圈接仪表、电压表、功率表或断电器。

适用于海拔不超过 3000m、周围气温 −30～+40℃ 的地区。

2. 型号含义

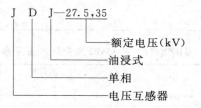

3. 技术数据

（1）额定频率（Hz）：50。

（2）额定电压（kV）：27.5、35。

（3）线圈的连接组为 V/V 型。

（4）能在 120% 额定电压下长期运行。

（5）二次线圈的电压为额定值，其油面、线圈温升分别不超过 55K。

（6）其它技术数据，见表 22-168。

表 22-168 JDJ—27.5、35 型电压互感器技术数据

| 型　号 | 额定电压（V） | | 综合使用额定容量（VA） | 1a（计量）1x | | | 2a（监控）2x | | | 功率因数 cosϕ |
	一次	二次		电压（V）	容量（VA）	等级	电压（V）	容量（VA）	等级	
JDJ—27.5	27500	100	60							0.3~0.5
JDJ—35	35000	100								0.3~0.5
JDJ—27.5	27500	100		100	30	0.2	100	30	0.2	0.3~0.5
	35000	100								

4. 外形及安装尺寸

JDJ—27.5、35 型电压互感器外形及安装尺寸，见图 22-127。

5. 订货须知

订货时必须提供产品型号、额定电压、额定容量及准确级别等要求。

6. 生产厂

广东省中山市东风高压电器有限公司。

二、JDJ（J）2—35 型电压互感器

1. 概述

JDJ（J）2—35［原型号 JD（X）N2—35］型电压互感器为单相油浸式，适用于额定频率 50Hz 或 60Hz、额定电压 35kV 及以下的电力系统中，作电能计量、电压监控和继电保护用。执行标准 GB 1207—1997《电压互感器》。

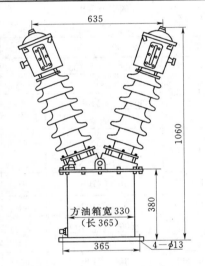

图 22-127 JDJ—35 型电压互感器外形及安装尺寸（635×430×1060）

2. 型号含义

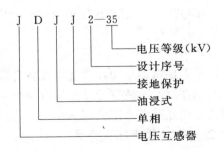

J D J J 2—35
- 电压等级(kV)
- 设计序号
- 接地保护
- 油浸式
- 单相
- 电压互感器

3. 结构

JDJ2—35（JDN2—35）、JDJJ2—35（JDXN2—35）型电压互感器的铁芯由条形硅钢片叠成，为三柱芯式，器身用铁夹件固定在箱盖上，箱盖上装有一次及二次套管等。油箱用钢板焊成，油箱壁下部装有接地螺栓及放油塞，箱底有四个安装孔。使用时二次绕组不允许短路及超负荷运行。

4. 技术数据

（1）额定一次电压（kV）：35。

（2）额定二次电压（V）：100。

（3）额定绝缘水平（kV）：40.5/95/200。

最高电压 40.5；1min 工频耐压 95；感应耐压 80（150Hz、40s）；雷电冲击耐受电压全波 200。

（4）额定输出、极限输出，见表 22-169。

表 22-169　JDJ2—35、JDJJ2—35 型电压互感器技术数据

型　号	额定电压比 （V）	准确级及其相应的额定输出（VA）					极限输出 （VA）	生产厂
		0.2	0.5	1	3	6P		
JDJ2—35	35000/100	75	150	250			1000	江苏靖江互感器厂
JDJJ2—35	$\dfrac{35000}{\sqrt{3}}/\dfrac{100}{\sqrt{3}}/\dfrac{100}{3}$	75	150	250		100	1000	
	$\dfrac{35000}{\sqrt{3}}/\dfrac{100}{\sqrt{3}}/\dfrac{100}{\sqrt{3}}/\dfrac{100}{3}$	30	60			100	2×500	
JDJJ2—35	$\dfrac{35000}{\sqrt{3}}/\dfrac{100}{\sqrt{3}}/\dfrac{100}{3}$	80	150	250	500	100	1000	中国·人民电器集团江西变电设备有限公司、江西互感器厂
JDJ2—35	35000/100	80	150	250	500			
JDJ2—35	35000/100	80	150	250	500		1000	大连第二互感器厂
JDJJ2—35	$\dfrac{35000}{\sqrt{3}}/\dfrac{100}{\sqrt{3}}/\dfrac{100}{3}$	80	150	250	500	100		
JDJ2—35	35000/100	60	150	250	500		1000	宁波三爱互感器有限公司
JDJJ2—35	$\dfrac{35000}{\sqrt{3}}/\dfrac{100}{\sqrt{3}}/\dfrac{100}{3}$	60	150	250		100		

5. 外形及安装尺寸

JDJ2—35（JDN2—35）、JDJJ2—35（JDXN2—35）型电压互感器外形及安装尺寸，见图 22-128。

6. 生产厂

江苏靖江互感器厂、中国·人民电器集团江西变电设备有限公司、江西互感器厂、江西电力计量器厂、大连第二互感器厂、宁波三爱互感器有限公司、宁波互感器厂、宁波市江北三爱互感器研究所、浙江三爱互感器有限公司。

三、JDJ2—35W1、JDJJ2—35W1 型电压互感器

1. 概述

JDJ2—35W1、JDJJ2—35W1 型电压互感器为单相二绕组油浸式电压互感器，适用于Ⅱ级污秽等级、额定频率 50Hz、额定电压 35kV 中性点非有效接地的电力系统中，作电压、电能测量和继电保护用。

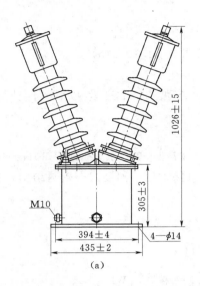
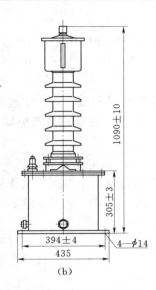

(a)　　　　　　　　　　　(b)

图 22-128　JDJ2—35、JDJJ2—35 型电压互感器外形及安装尺寸（江苏靖江互感器厂）

(a) JDJ2—35（JDN2—35）［(740±20)×(394±5)×(1026±15)］；

(b) JDJJ2—35（JDXN2—35）［435×(339±5)×(1090±10)］

　　该产品铁芯为支柱式，器身固定在箱盖上置于方形油箱中。绕组出线分别经高、低压瓷套引出，高压瓷套上端装有储油柜，一次接线端子设在储油柜上。储油柜内有耐油橡胶隔膜，使内部与大气隔绝，油柜上有油位计。

2. 型号含义

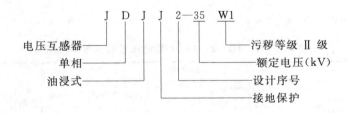

3. 技术数据

JDJ2—35W1、JDJJ2—35W1 型电压互感器技术数据，见表 22-170。

表 22-170　JDJ2—35W1、JDJJ2—35W1 型电压互感器技术数据

型　号	额定电压比（V）	准确级及其相应的额定输出（VA）cosφ=0.8					极限输出（VA）	额定绝缘水平（kV）
		0.2	0.5	1	3	6P		
JDJ2—35W1	35000/100	60	150	250	500		1000	40.5/95/200
JDJJ2—35W1	$\dfrac{35000}{\sqrt{3}}/\dfrac{100}{\sqrt{3}}/\dfrac{100}{3}$	60	150	250		100	1000	40.5/95/200

4. 外形及安装尺寸

JDJ2—35W1、JDJJ2—35W1 型电压互感器外形与 JDJ2—35、JDJJ2—35 型电压互感

器外形相似。

JDJ2—35W1 型外形尺寸（mm）：434×445×（930±12）；

JDJJ2—35W1 型外形尺寸（mm）：434×445×（1010±15）。

5. 生产厂

宁波三爱互感器有限公司、宁波互感器厂、宁波市江北三爱互感器研究所。

四、JD—27.5～35 型电压互感器

1. 概述

JD—27.5～35 型电压互感器用于额定电压 27.5～72.5kV、频率 50Hz 或 60Hz、非有效接地电力系统中，作电压、电能测量和继电保护用。油浸式全密封结构，各项性能指标符合 GB 1207—1997《电压互感器》。

2. 型号含义

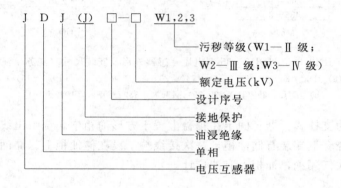

3. 技术数据

该产品技术数据，见表 22-171。

表 22-171　JD—27.5～35 型电压互感器技术数据

型号	额定电压比（kV）	频率（Hz）	准确级及额定输出（VA）				剩余电压绕组准确级及额定输出（VA）		热极限输出（VA）	额定绝缘水平（kV）	海拔（m）	油容积（L）	重量（kg）	瓷套爬电距离（mm）	外形尺寸（mm）（长×宽×高）
			0.2	0.5	1	3	3P	6P							
JD—27.5	27.5/0.1	50			500				1000	33/95/200	1000	49	160	825	924×495×1050
JD—27.5W	27.5/0.1	50			500				1000	33/95/200	1000	49	160	1243	960×495×1140
JDJ2—35	35/0.1	50		150	250	500			1000	40.5/95/200	1000	35	120	715	755×490×980
JDJJ2—35	$\frac{35}{\sqrt{3}}/\frac{0.1}{\sqrt{3}}/\frac{0.1}{3}$	50		150	250	500		100	1000	40.5/95/200	1000	31	105	715	490×420×1045
JDX7—35	$\frac{35}{\sqrt{3}}/\frac{0.1}{\sqrt{3}}/\frac{0.1}{3}$	50	80	150	250	500		100	1000	40.5/95/200	1000	44	145	875	495×496×1195
JD7—35	35/0.1	50	80	150	250	500		100		40.5/95/200	1000	49	160	875	924×496×1050

4. 生产厂

沈阳互感器厂（有限公司）。

22.2.6.2 JD (X) N 系列

一、JDN2—35 (GYW1) 型电压互感器

1. 概述

JDN2—35 (GYW1) 型（原型号 JDJ2—35）电压互感器为单相双绕组户外用油浸式电压互感器，适用于额定电压 35kV、额定频率 50Hz 的交流电力系统中，作电压、电能测量及继电保护用。执行标准 GB 1207—1997《电压互感器》。

2. 使用条件

(1) 环境温度（℃）：—25～+40。

(2) 海拔高度（m）：≤1000 (JDN2—35 型)；≤2000 (JDN2—35GYW1 型)。

(3) 大气条件：无严重污秽，JDN2—35GYW1 型适用于"Ⅰ"类污秽地区使用。

3. 型号含义

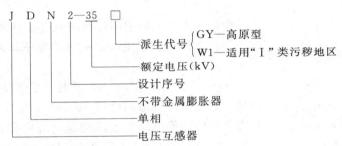

```
J D N 2—35 □
              ├─ 派生代号 ┤ GY—高原型
              │          └ W1—适用"Ⅰ"类污秽地区
              ├─ 额定电压(kV)
              ├─ 设计序号
              ├─ 不带金属膨胀器
              ├─ 单相
              └─ 电压互感器
```

4. 结构

该产品铁芯由条型硅钢片叠成，为三柱芯式，中柱上套有绕组。二次绕组卷绕在绝缘纸筒上，外包纸板后绕一次绕组。一次绕组均为全绝缘。器身固定在油箱面盖下部，油箱面上装有瓷套、二次小瓷套，瓷套上部装有储油柜，储油柜盖装有呼吸器。

5. 技术数据

(1) 额定一次电压 (kV)：35。

(2) 额定二次电压 (V)：100。

(3) 绝缘水平 (kV)：40.5/95/200。

一次绕组对二次及地：95；

一次绕组感应耐压 70 (150Hz, 40s)；

雷电冲击耐受电压全波 200，截波 225。

(4) 额定性能技术数据，见表 22-172。

表 22-172　JDN2—35 (GYW1) 型电压互感器额定技术数据

额定电压 (V)		额定频率 (Hz)	二次绕组在相应准确级下的额定输出 (VA)				二次绕组极限输出 (VA) ($\cos\phi = 0.8～1$)	绕组连接组标号
一次绕组	二次绕组		0.2	0.5	1	3		
35000	100	50	80	150	250	500	1000	1/1—12

注　额定二次负荷功率因数 $\cos\phi = 0.8$（滞后）。

（5）二次绕组电压误差和相位差限值，见表 22-173。

表 22-173　二次绕组电压误差和相位差

准确级	电压误差 ±（%）	相应差		准确级	电压误差 ±（%）	相应差	
		±（′）	±crad			±（′）	±crad
0.2	0.2	10	0.3	1	1	40	1.2
0.5	0.5	20	0.6	3	3	不规定	不规定

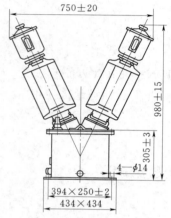

图 22-129　JDN2—35（GYW1）型电压互感器外形及安装尺寸（重量 104kg）

6. 外形及安装尺寸

JDN2—35（GYW1）型电压互感器外形及安装尺寸，见图 22-129。

7. 订货须知

订货时必须提供产品型号、额定电压比、准确级及额定输出等要求。

8. 生产厂

中国·人民电器集团江西变电设备有限公司。

二、JDN2—35、JDXN2—35 型电压互感器

1. 概述

JDN2—35、JDXN2—35 型电压互感器为户外用油浸式产品，适用于设备最高电压 40.5kV、额定频率 50Hz 交流电力系统中，作电压、电能测量、继电保护及信号装置供电用。执行标准 GB 1207—1997《电压互感器》。

JDN2—35 型电压互感器为单相双线圈结构。

JDXN2—35 型电压互感器为单相三绕组，适用于中性点不直接接地系统。

2. 使用条件

（1）环境温度（℃）：-25～+40。

（2）海拔（m）：≤1000。

（3）安装场所无影响互感器绝缘性能的气体、蒸气、化学性沉积、灰尘、污垢及其它爆炸性和浸蚀性介质。

3. 型号含义

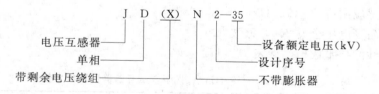

4. 结构

该产品由油箱及装于其上的高压瓷套组成。

JDN2—35 型油箱上部的两只高压瓷套呈 V 型布置；JDXN2—35 型油箱上部高压套管上部装有储油柜及油位计。固定在油箱内的器身由铁芯及紧贴其上的线圈组成。铁芯由

条状硅钢片叠成三芯柱成，中间芯柱上套有线圈，紧贴芯柱的绝缘筒上依次卷绕剩余绕组（JDXN2—35）、二次绕组、一次绕组，各绕组间用绝缘纸板隔开。

5．技术数据

（1）电压互感器额定性能，见表 22-174。

表 22-174 JD（X）N2—35 型电压互感器额定性能（$\cos\phi=0.8$ 滞后）

型　号	额定电压（V）			额定输出（VA）				极限输出（VA）	连接组标号
	一次	二次	剩余	0.5	1	3	剩余		
JDN2—35	35000	100		150	250	500		1000	1/1—12
JDXN2—35	$35000/\sqrt{3}$	$100/\sqrt{3}$	100/3				100		1/1/1—12—12

（2）准确级的电压误差和相位差，见表 22-175。

表 22-175 准确级的电压误差和相位差

准确级	电压误差 ±（%）	相位差		准确级	电压误差 ±（%）	相位差	
		±（′）	±crad			±（′）	±crad
0.5	0.5	20	0.6	3	3.0		
1	1.0	40	1.2				

（3）绝缘水平（kV）：40.5/95/200。

设备最高电压 40.5；内部绝缘试验电压一次绕组 A 端对二次（含剩余电压绕组）及地为 95/min；雷电冲击耐受电压全波 200，截波 220。

（4）介质损耗因数：≤0.5%。

6．外形及安装尺寸

JDXN2—35 型电压互感器外形尺寸（mm）：（435±2）×（435±5）×（1005±15）。

JDN2—35 型电压互感器外形尺寸（mm）：（435±2）×（435±5）×（980±15）。

7．订货须知

订货时必须提供产品型号、额定电压比、准确级及额定输出等要求。

8．生产厂

江苏省如皋高压电器有限公司。

三、JDN6—35、JDXN6—35 型电压互感器

1．概述

JDN6—35、JDXN6—35 型（原型号 JD6—35）电压互感器为油纸绝缘、户外用密封型产品，供设备最高电压 40.5kV、额定频率 50Hz 交流电力系统中，作电压、电能测量及继电保护用。

JDN6—35 型电压互感器为单相双绕组结构，适用于中性点非有效接地系统的相与相之间。

JDXN6—35 型电压互感器为单相三绕组结构，适用于中性点非有效接地系统的相与地之间。

执行标准 GB 1207—1997《电压互感器》。

2. 型号含义

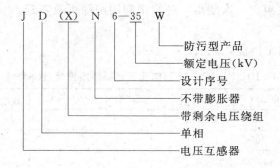

3. 使用条件

(1) 环境温度 (℃)：-30~+40。

(2) 海拔 (m)：≤1000。

(3) 安装场所无影响互感器绝缘性能的气体、蒸气、化学性沉积、灰尘、污秽及其它爆炸性和浸蚀性介质。

(4) 爬电比距 (mm/kV)：>20 [JD (X) N6-35W1 型]；>25 [JD (X) N6-35W2 型]。

4. 技术数据

(1) 额定一次电压 (kV)：35。

(2) 额定频率 (Hz)：50。

(3) 准确级及额定输出，见表 22-176。

表 22-176 准确级及额定输出 (cosφ=0.8 滞后)

型号	额定电压 (V)			额定输出 (VA)					极限输出 (VA)	连接组标号
	一次	二次	剩余	0.2	0.5	1	3	剩余		
JDN6—35	35000	100	—	80	150	250	500	—	1000	1/1—12
JDXN6—35	35000/√3	100/√3	100/3					100		1/1/1—12—12

(4) 二次绕组的电压误差和相位差，见表 22-177。

表 22-177 电压误差和相位差

准确级	电压误差 ±（%）	相位差		准确级	电压误差 ±（%）	相位差	
		±（′）	±crad			±（′）	±crad
0.2	0.2	10	0.3	1	1.0	40	1.2
0.5	0.5	20	0.6	3	3.0	不规定	不规定

(5) 绝缘水平 (kV)：40.5/95/200。

设备最高电压 40.5；内部绝缘试验电压一次绕组对二次（含剩余电压绕组）及地为 95/1min；雷电冲击耐受电压全波 200，截波 230。

(6) 温升限值 (K)：60。

5. 外形及安装尺寸

JDXN6—35 型电压互感器外形尺寸（mm）：520×485×（1285±20）。

JDN6—35 型电压互感器外形尺寸（mm）：320×（520±50）×（1140±20）。

6. 订货须知

订货时必须提供产品名称、型号、电流比、级次组合、数量等要求。

7. 生产厂

江苏省如皋高压电器有限公司。

四、JDXN2—35 型电压互感器

1. 概述

JDXN2—35 型电压互感器为单相三绕组、户外用油浸式电压互感器，适用于中性点不直接接地的 35kV、额定频率 50Hz 的交流电力系统中，作电压、电能测量及继电保护用。执行标准 GB 1207—1997《电压互感器》。

2. 型号含义

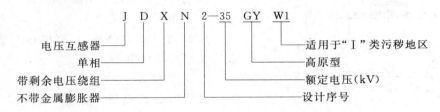

3. 使用条件

(1) 环境温度（℃）：—25～+40。

(2) 海拔（m）：≤1000（JDXN2—35 型）；≤2000（JDXN2—35GYW1 型）。

(3) 大气无严重污染，JDXN2—35GYW1 适用于高原"Ⅰ"类污秽地区使用。

4. 结构

铁芯由条形硅钢片叠成，为三芯柱。在中柱上套有绕组，分三个绕组（一次绕组、二次绕组及剩余电压绕组）。器身固定在油箱面盖下部，面盖上装有瓷套和二次小瓷套，瓷套上部装有储油柜，储油柜盖上装有呼吸器。

5. 技术数据

(1) 额定性能技术数据，见表 22 - 178。

表 22 - 178　JDXN2—35（GYW1）型电压互感器额定性能技术数据

额 定 电 压 （V）			额定频率（Hz）	二次绕组在相应准确级下的额定输出（VA）				二次绕组极限输出（VA）（$\cos\phi=0.8\sim1$）	剩余电压绕组额定输出（VA）$\cos\phi=0.8$（滞后）	绕组连接组标号
一次绕组	二次绕组	剩余电压绕组		0.2	0.5	1	3			
$35000/\sqrt{3}$	$100/\sqrt{3}$	100/3	50	80	150	250	500	1000	100	1/1/1—12—12

注　额定二次负荷功率因数 $\cos\phi=0.8$（滞后）。

(2) 电压误差和相位差，见表 22 - 179。

表 22－179　电 压 误 差 和 相 位 差

准确级	电压误差 ±（%）	相位差		准确级	电压误差 ±（%）	相位差	
		±（′）	±crad			±（′）	±crad
0.2	0.2	10	0.3	1	1.0	40	1.2
0.5	0.5	20	0.6	3	3.0	不规定	不规定

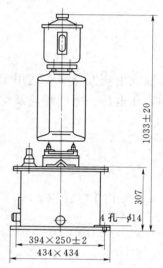

图 22－130　JDXN2—35（GYW1）型电压
互感器外形及安装尺寸（重量 95kg）

（3）绝缘水平（kV）：40.5/95/200。

一次绕组 A 端对二次（含剩余电压绕组
及地感应耐压 95（150Hz、40s）。

一次绕组 N 端对二次（含剩余电压绕组
及地试验电压 5kV（1min）。

二次绕组与剩余电压绕组及地试验电压
3kV（1min）。

雷电冲击耐受电压全波 200。

6. 外形及安装尺寸

JDXN2—35（GYW1）型电压互感器外形
及安装尺寸，见图 22－130。

7. 订货须知

订货时必须提供产品型号、额定电压比、
准确级及额定输出等要求。

8. 生产厂

中国·人民电器集团江西变电设备有限公司。

22.2.6.3　JD（X）系列

一、JDX—20、27.5、35 新型电压互感器（四绕组电压互感器）

1. 概述

目前生产的带零序电压互感器基本上只有两个绕组，其中一个绕组供零序保护，一个
供计量与指示共用，往往使二次容量过小，二次压降超过国际，给计量造成不必要的损
失。广东省中山市东风高压电器有限公司专为供电部门研制出二次为三绕组的电压互感
器，供计量指示零序专用，为 JDJJ、JDJJ1、JDJJ2 半绝缘互感器的更新换代新产品。

2. 型号含义

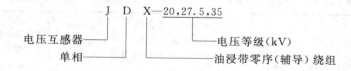

3. 结构特点

该产品为单相油浸式结构，铁芯经热处理的冷轧取向硅钢片叠装而成，并利用铁芯夹
件将器身固定在箱盖下，四个线圈均绕成同心式，高压两端绝缘水平不同，A 端为高压
绝缘，由高压瓷套管引出，X 端由小瓷瓶引出接地。

消除铁磁谐振采取以下措施能有效防止谐振损坏及耐受雷电等冲击过电压：

（1）采用双层漆包线，以防匝间短路。

（2）增大 PT 铁芯截面，降低磁通密度，降低 PT 的饱和度，减小了冲击电流。

（3）增大导线截面，降低了电流密度和温升，提高热稳定性能。

（4）采用独有工艺，提高绝缘性能，有效地防止线圈的内部损伤，杜绝乙炔的产生。

该产品能在 1.2 倍额定电压下长期运行，并能长时间无损耗地承受 1.9 倍的额定电压。

4. 技术数据

该产品技术数据，见表 22-180。

表 22-180　JDX—20、27.5、35 型电压互感器技术数据

型　号	一次电压 (V)	la、lx				2a、2x				ad、xd			最大容量 (VA)	备　　注
		电压 (V)	容量 (VA)	等级	用途	电压 (V)	容量 (VA)	等级	用途	零序	容量 (VA)	等级		
JDX—20, 27.5	20000/$\sqrt{3}$ 27500/$\sqrt{3}$	100/$\sqrt{3}$	50 100 150	0.2 0.5 1	计量	100/$\sqrt{3}$	50 100 150	0.2 0.5 1	监控	凸接	100	3P	1000	基本绕组最大容量
DX—35	35000/$\sqrt{3}$	100/$\sqrt{3}$	100	0.2	计量	100/$\sqrt{3}$	100	0.2	监控	凸接	150	3	2000	二次各组负荷分别在 25%～100% 的额定值范围内任意数值

注　JDX—13.8，15，18 型电压互感器技术数据与 JDX—20，27.5 型电压互感器相同，仅一次电压不同。

5. 外形及安装尺寸

该产品外形及安装尺寸，见图 22-131。

6. 生产厂

广东省中山市东风高压电器有限公司。

二、JD（X）6—35 型电压互感器

1. 概述

JD（X）6—35 型电压互感器为单相户外用油浸式，适用于额定频率 50Hz 或 60Hz、额定电压 35kV 的电力系统中，作电能计量、电压监测和继电保护用。执行 GB 1207—1997《电压互感器》标准。

2. 型号含义

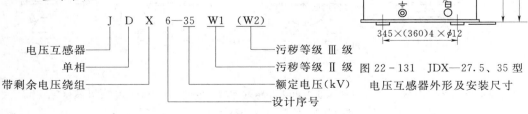

图 22-131　JDX—27.5、35 型电压互感器外形及安装尺寸

3. 结构

该系列产品的铁芯为三柱式，在中柱上套有一、二次绕组，器身固定在油箱内，在油箱盖上部有一次瓷套，瓷套顶端装有储油柜。全密封结构，能有效地防止油老化。

4. 技术数据

JD6—35、JDX6—35 型电压互感器技术数据，见表 22-181。

表 22-181　JD6—35、JDX6—35 型电压互感器技术数据

型　号	额定电压比 (V)	额定输出（VA）				极限输出 (VA)	生产厂
		0.2	0.5	1	6P		
JD6—35	35000/100	75	150	250		1000	江苏靖江互感器厂
JDX6—35	$\frac{35000}{\sqrt{3}}/\frac{100}{\sqrt{3}}/\frac{100}{3}$	75	150	250	100	1000	
	$\frac{35000}{\sqrt{3}}/\frac{100}{\sqrt{3}}/\frac{100}{\sqrt{3}}/\frac{100}{3}$	30	60		100	2×500	
JDX6—35	$\frac{35000}{\sqrt{3}}/\frac{100}{\sqrt{3}}/\frac{100}{3}$		150	250	3 级 500	1500	浙江三爱互感器有限公司
JD6—35	35000/100		150	250	3 级 500	1000	
JD6—35 (JDN6—35)	35000/100	80	150	250	3 级 500	1000	中国·人民电器集团江西变电设备有限公司、江西互感器厂、江西电力计量器厂
JDX6—35 (JDXN6—35)	$\frac{35000}{\sqrt{3}}/\frac{100}{\sqrt{3}}/\frac{100}{3}$	80	150	250	3 级 500 6P 100	1000	

5. 外形及安装尺寸

JDX6—35、JD6—35 型电压互感器外形及安装尺寸，见图 22-132。

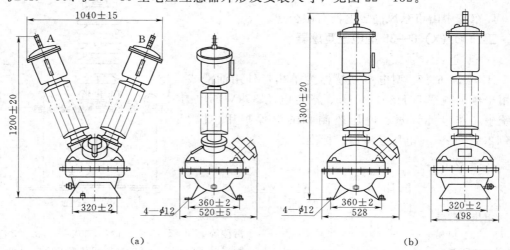

(a) (b)

图 22-132　JDX6—35、JD6—35 型电压互感器外形及安装尺寸（江苏靖江互感器厂）
(a) JD6—35 (JDN6—35)；(b) JDX6—35 (JDXN6—35)

三、JDX6—40.5 型电压互感器

1. 概述

JDX6—40.5 型电压互感器为单相户外用油浸式全封闭型产品，用于最高电压为40.5kV、额定频率 50Hz 或 60Hz 的交流电力系统中，作电压测量、电能测量、继电保护和控制装置供电用。

该产品提供计量和保护用的双二次绕组，负荷可满足要求，精度达 0.2 级。铁芯采用高导磁硅钢片，绝缘结构合理，磁场分布均匀，确保可靠运行。油箱采用仿型结构，用优质钢板进行整体拉伸成型。整体密封采用双道密封，合理、可靠，密封材料在正常使用周期内无老化。

使用环境温度 −30～+40℃，海拔不超过 1000m。执行标准 GB 1207—1997《电压互感器》。

2. 型号含义

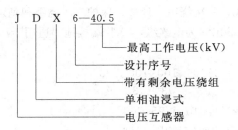

$$J \quad D \quad X \quad 6—40.5$$

最高工作电压(kV)
设计序号
带有剩余电压绕组
单相油浸式
电压互感器

3. 技术数据

(1) 额定电压 (kV)：35。

(2) 额定频率 (Hz)：50，60。

(3) 相数：单相。

(4) 一次绕组额定电压 (V)：$35000/\sqrt{3}$。

(5) 二次绕组额定电压 (V)：$100/\sqrt{3}$。

(6) 剩余绕组额定电压 (V)：100/3。

(7) 二次绕组极限负荷 (VA)：1000。

(8) 剩余绕组额定负荷 (VA)：100 (6P 级)。

(9) 准确级：0.2，0.5。

(10) 额定输出 (VA)：80，150。

(11) 重量 (kg)：126。

4. 外形及安装尺寸

JDX6—40.5 型电压互感器外形尺寸 (长×宽×高) (mm)：485×520×(1285±20)。

5. 订货须知

订货时必须提供产品型号、额定电压比、准确级等要求。

6. 生产厂

江苏省如皋高压电器有限公司。

22.2.6.4 JDXF 系列

JDXF7—35W1、JDXF10—35W1 型电压互感器。

1. 概述

JDXF7—35W1、JDXF10—35W1型电压互感器为单相四绕组，户外用油浸式全密封结构，适用于35kV中性点非有效接地系统中，作电压、电能的测量及继电保护用。

2. 型号含义

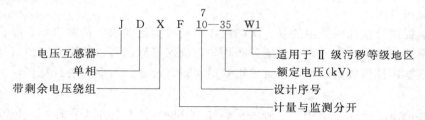

3. 结构

该产品铁芯为三柱芯式，一次绕组、计量、保护二次绕组和剩余电压绕组为同心式，绕成一个整体。一次绕组"A"端出线为全绝缘，"X"端接地。适用于污秽等级为Ⅱ级的地区。

4. 技术数据

（1）额定电压比（V）：$\dfrac{35000}{\sqrt{3}}/\dfrac{100}{\sqrt{3}}/\dfrac{100}{\sqrt{3}}/\dfrac{100}{3}$。

（2）额定绝缘水平（kV）：40.5/95/200。

（3）准确级组合及相应的额定输出（VA）：

0.2/3P/6P：30/150/100（JDXF7—35W1型）；75/100/100（JDXF10—35W1型）。

0.5/3P/6P：75/150/100（JDXF7—35W1型）；100/100/100（JDXF10—35W1型）。

（4）极限输出（VA）：1000。

5. 外形及安装尺寸

JDXF7—35W1型电压互感器外形尺寸（mm）：466×314×（1075±30）；

JDXF10—35W1型电压互感器外形尺寸（mm）：500×405×1080。

6. 生产厂

宁波三爱互感器有限公司、宁波互感器厂、宁波市江北三爱互感器研究所。

22.2.7　35kV三相油浸式电压互感器

JSFV7—35GYW1型电压互感器

1. 概述

JSFV7—35GYW1型电压互感器为三相油浸全绝缘结构，适用于额定频率50Hz或60Hz、额定电压35kV的电力系统中，作电能计量、电压监测和继电保护用。

2. 型号含义

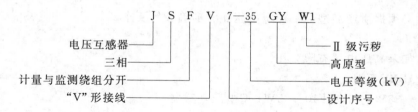

3. 结构

该产品由两台单相互感器接成"V"型，置于一个箱体内。器身用夹件固定在箱盖上，箱盖装有一次及二次套管等。油箱用钢板焊成，油箱壁下部装有接地螺栓及放油塞，箱底有4个安装孔。使用时二次绕组不允许短路及超负荷运行。

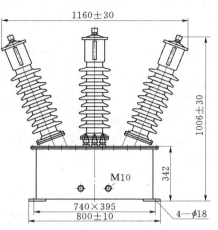

4. 技术数据

(1) 额定电压比（V）：35000/100/100。

(2) 额定绝缘水平（kV）：40.5/95/200。

(3) 准确级及相应的额定输出：0.2级25VA，0.5级30VA。

(4) 极限输出（VA）：200。

(5) 污秽等级：Ⅱ级。

5. 外形及安装尺寸

JSFV7—35GYW1型电压互感器外形及安装尺寸，见图22-133。

图22-133　JSFV7—35GYW1型电压互感器外形及安装尺寸

6. 生产厂

江苏靖江互感器厂。

22.2.8　110kV 油浸式电压互感器

22.2.8.1　JCC6—110 系列

一、JCC6—110（GYWⅡ）（TH）型电压互感器

1. 概述

JCC6—110WⅡ、JCC6—110TH、JCC6—110GYWⅡ型系列电压互感器为单相油浸户外装置，用于额定频率50Hz、110kV中性点有效接地系统中，作电压、电能测量和继电保护用，各项性能符合 GB 1207—1997《电压互感器》标准。

产品顶部装有金属膨胀器，为全封闭结构。

2. 型号含义

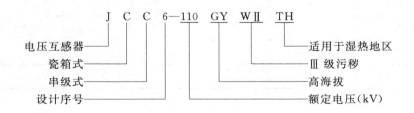

3. 技术数据

(1) 绝缘水平（kV）：工频耐受电压200；全波冲击耐受电压480。

(2) 局部放电量（pC）：≤10。

(3) 额定电压、额定输出、热极限输出，见表22-182。

表 22－182　JCC6—110（GY）WⅡ（TH）型电压互感器技术数据

绕　组	额定电压（V）	额定输出（VA）				热极限输出（VA）
		0.2	0.5	1	3P	
一次绕组	110000/√3					
二次绕组	100/√3	150	300	500	500	2000
剩余电压绕组	100				300	

4. 外形及安装尺寸

JCC6—110（GY）WⅡ（TH）型电压互感器外形及安装尺寸，见图 22－134 及表 22－183。

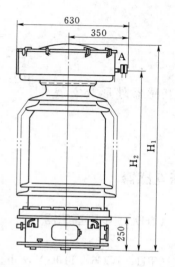

图 22－134　JCC6—110（GY）WⅡ型电压互感器外形及安装尺寸

表 22－183　JCC6—110（GY）WⅡ（TH）型电压互感器外形尺寸

型　号	海拔（m）	爬电比距（mm/kV）	重量（kg）	H_1（mm）	H_2（mm）
JCC6—110	≤1000	≥20	600（油 135）	1725	1460
JCC6—110WⅡ	≤1000	≥25	600（油 135）	1725	1460
JCC6—110TH	≤1000	≥25	600（油 135）	1725	1460
JCC6—110GYWⅡ	≤3000	≥25	680（油 163）	2035	1765

5. 生产厂

天津市百利纽泰克电器有限公司。

二、JCC6—110（W1，2）型油浸式电压互感器

1. 技术数据

JCC6—110（W1，2）型油浸式电压互感器技术数据，见表 22－184。

表 22-184　JCC6—110（W1，2）型油浸式电压互感器技术数据

型　号	额定电压比（kV）	准确级次及额定输出（VA）				剩余电压绕组准确级及额定输出（VA）		频率（Hz）	海拔（m）	极限输出（VA）	瓷套爬电距离（mm）	重量（油/总）（kg）
		0.2	0.5	1.0	3或3P	3P	6P					
JCC6—110	$\dfrac{110}{\sqrt{3}}/$	150	300	500	500	300		50 60	1000	2000	2050	135/620
JCC6—110$\left(\begin{smallmatrix}W1\\W2\end{smallmatrix}\right)$	$\dfrac{0.1}{\sqrt{3}}/0.1$										（2750）3150	165/710

2. 外形及安装尺寸

该产品外形尺寸（长×宽×高）（mm）：

JCC6—110：ϕ630×1840。

JCC6—110（W1）W2：ϕ720×2040（户外型）。

3. 生产厂

大连互感器厂。

三、JCC6—110（GYW2）型电压互感器

1. 概述

JCC6—110（GYW2）型电压互感器由沈阳互感器（有限公司）生产，供110kV电力系统作电能测（计）量及继电保护用。户外型油浸串级式结构，执行 GB 1207—1997《电压互感器》标准。

2. 技术数据

（1）额定电压比（kV）：$\dfrac{110}{\sqrt{3}}/\dfrac{0.1}{\sqrt{3}}/0.1$。

（2）额定频率（Hz）：50。

（3）准确级及额定输出（VA）：

准确级	0.2	0.5	1	3P
额定输出（VA）	150	300	500	500

（4）剩余电压绕组准确级及额定输出：3P级 300VA。

（5）热极限输出（VA）：2000。

（6）额定绝缘水平（kV）：126/200/480。

（7）海拔（m）：≤1000（JCC6—110）；≤3500（JCC6—110GYW2）。

（8）瓷套爬电距离（mm）：1980，3850（JCC6—GYW2）。

（9）外形尺寸（长×宽×高）（mm）：725×630×1760（JCC6—110）；725×630×2160（JCC6—110GYW2）。

（10）重量（kg）：555，655（JCC6—110GYW2）。

四、JCC6—110（W2）（GYW2）型户外电压互感器

1. 概述

JCC6—110、JCC6—110W2、JCC6—110GYW2 型户外电压互感器适用于额定频率 50Hz、额定电压 110kV 的中性点有效接地的电力系统中，作电气测量和电气保护用。

2. 使用条件

（1）环境温度（℃）：−25～＋40。

（2）海拔（m）：JCC6—110、JCC6—110W2 型：≤1000。JCC6—110GYW2 型：≤3500。

（3）外绝缘爬电距离（mm）：JCC6—110 型：＞1980；JCC6—110W2 型：＞3150；JCC6—110GYW2 型：＞3850。

3. 结构特点

该产品为油浸式全密封型、单相串级绝缘结构，油补偿装置采用金属膨胀器，底座上装有二次出线盒外，还开有一手孔，便于清洁二次引出线小瓷套。

4. 技术数据

（1）额定一次电压（V）：$110000/\sqrt{3}$。

（2）额定二次电压（V）：$100/\sqrt{3}$。

（3）剩余电压绕组额定电压（V）：100。

（4）二次绕组准确级及相应的额定输出：

准确级	0.2	0.5	1	3
额定输出（VA）	150	300	500	500

（5）极限输出（VA）：2000。

（6）剩余电压绕组准确级及额定输出：3P 级 300VA。

（7）负荷功率因数：$\cos\phi=0.8$（滞后）。

（8）额定绝缘水平（kV）：126/200/480。

（9）局部放电水平符合 GB 1207—1997 及 IEC 60044—2：1997 标准。

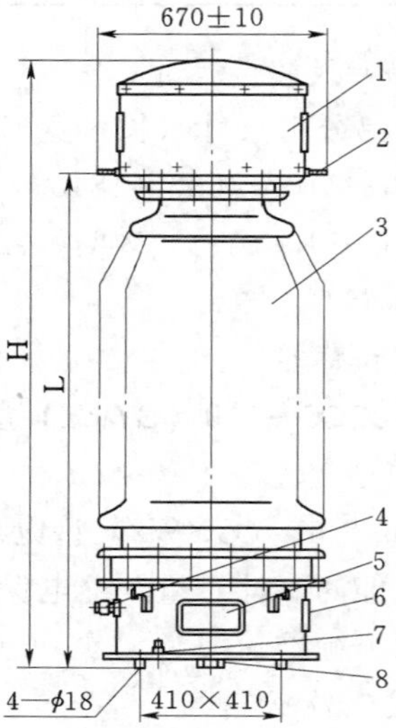

型　号	外形尺寸（mm）		重量（kg）	
	H	L	油	总体
JCC6—110	1740±50	1430±30	145	600
JCC6—110W2	1740±50	1430±30	145	635
JCC6—110GYW2	2070±50	1730±30	165	680

图 22-135　JCC6—110（W2）（GYW2）型
电压互感器外形及安装尺寸
1—膨胀器；2—出线排；3—瓷套；4—放油塞；
5—二次接线；6—手孔；7—接
地螺栓；8—二次出线夹

5. 外形及安装尺寸

该产品外形及安装尺寸，见图 22-135。

6. 生产厂

宁波三爱互感器有限公司、宁波互感器厂。

22.2.8.2　JDCF 系列

一、JDCF—（110～145）（GYW2）型电压互感器

1. 概述

JDCF—（110～145）（GYW2）型电压互感器用于额定电压 110～145kV、额定频率为 50Hz、有效接地系统中，作电压、电气测（计）量和继电保护用。油浸全密封串级瓷

箱结构，执行 GB 1207—1997《电压互感器》标准。

2. 型号含义

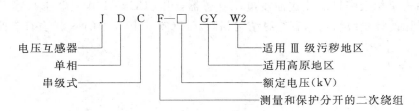

3. 技术数据

(1) 额定电压比（kV）：$\dfrac{110}{\sqrt{3}} / \dfrac{0.1}{\sqrt{3}} / \dfrac{0.1}{\sqrt{3}} / 0.1$。

(2) 额定频率（Hz）：50。

(3) 热极限输出（VA）：2000。

(4) 额定绝缘水平（kV）：126/200/480。

(5) 海拔（m）：1000（GYW2：3500）。

(6) 油容积（L）：160（GYW2：200）。

(7) 瓷套爬电距离（mm）：1980（GYW2：3850）。

(8) 重量（kg）：555（GYW2：655）。

(9) 准确级及额定输出，见表 22-185。

表 22-185 JDCF—（110～145）（GYW2）系列电压互感器技术数据

型　号	额定电压比 (kV)	准确级及额定输出 (VA)				剩余电压绕组准确级及额定输出 (VA)	
		0.2	0.5	1	3	3P	6P
JDCF—110（GYW2） JDCF—115（GYW2） JDCF—132（GYW2） JDCF—145（GYW2）	$\dfrac{110}{\sqrt{3}} / \dfrac{0.1}{\sqrt{3}} / \dfrac{0.1}{\sqrt{3}} / 0.1$	测量绕组　50VA0.2级（保护绕组输出 250VA） 　　　　　100VA0.5级（保护绕组输出 400VA） 保护绕组　400VA3P级（测量绕组输出 100VA，剩余电压绕组输出 300VA） 剩余电压绕组　300VA3P级（测量绕组输出 100VA，保护绕组输出 400VA）					

4. 外形及安装尺寸

JDCF—110（GYW2）、JDCF—115（GYW2）、JDCF—132（GYW2）、JDCF—145（GYW2）型电压互感器外形尺寸（长×宽×高）（mm）：630×630×1770。

5. 生产厂

沈阳互感器厂（有限公司）。

二、JDCF—110 电压互感器

1. 概述

JCC6—110N、JDCF—110WⅡ、JDCF—110GYWⅡ型电压互感器用于额定电压

110kV、频率50Hz有效接地系统中，作电压、电能测量和继电保护用，各项性能符合
GB 1207—1197《电压互感器》。

该产品为单相全密封户外式油浸电压互感器，比 JCC6—110 型电压互感器多一个专
为电能测量用的计量绕组，两者绝缘结构相同。JCC6—110N 中的 N 代表有单独的电能计
量绕组。

2. 型号含义

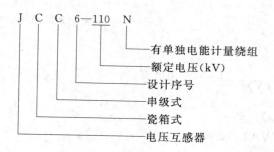

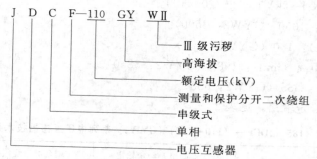

3. 技术数据

（1）绝缘水平（kV）：工频耐受电压 200；全波冲击耐受电压 480。

（2）局部放电量（pC）：≤10。

（3）额定电压、额定输出、热极限输出，见表 22 - 186。

表 22 - 186　额定电压、额定输出、热极限输出

绕　组	额定电压（V）	额定输出（VA）				功率因数 cosφ	热极限输出（VA）
		0.2	0.5	1	3P		
一次绕组	$110000/\sqrt{3}$						
测量绕组	$100/\sqrt{3}$	100	200	300		0.5	
保护绕组	$100/\sqrt{3}$				300	0.8	2000
剩余电压绕组	100				300	0.8	

4. 外形及安装尺寸

JDCF—110 型电压互感器外形及安装尺寸，见表 22 - 187 及图 22 - 136。

表 22 - 187 JDCF—110 型电压互感器外形尺寸

型 号	海拔 （m）	爬电比距 （mm/kV）	重量 （kg）	H_1 （mm）	H_2 （mm）
JDCF—110 JCC6—110N	＜1000	≥20	600（油 135）	1725	1460
JDCF—110WⅡ	＜1000	≥25	600（油 135）	1725	1460
JDCF—110GYWⅡ	＜3000	≥25	680（油 165）	2035	1765

5. 生产厂

天津市百利纽泰克电器有限公司。

三、JDCF—110（GY）（W）型电压互感器

1. 概述

JDCF—110（GY）（W）型电压互感器为单相、四绕组、户外用油浸式全密封电压互感器，供 110kV 中性点有效接地系统中作电压、电能测量及继电保护用。执行标准 GB 1207—1997《电压互感器》。

2. 使用条件

（1）环境温度℃：—25～＋40。

（2）海拔（m）：JDCF—110，JDCF—110W1，JDCF—110W2 型：＜1000；JDCF—110GY 型：＜3000。

（3）安装场所的大气中无严重影响绝缘的污秽及浸蚀性、爆炸性介质。

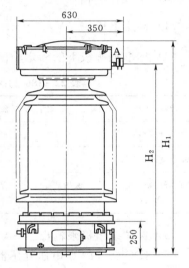

图 22 - 136　JDCF—110 型电压
互感器外形及安装尺寸

3. 型号含义

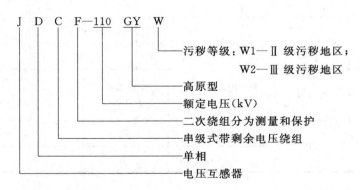

4. 结构

该系列产品为串级式结构，一次绕组分为两个线圈，每个线圈为一个绝缘分级，一次绕组的电位由上而下逐渐降低，上端为全绝缘，下端为接地端。一次绕组由单丝漆包圆铜

线绕制成多层圆筒式绕组，铁芯与一次绕组作等电位连接。

铁芯为方框式，上铁芯柱套有平衡绕组及一次绕组，下铁芯柱套有平衡绕组、一次绕组、测量用二次绕组、保护用二次绕组及剩余电压绕组。

产品为全密封结构，上部装有金属膨胀器，使变压器油与大气隔离，防止油受潮和老化。

5. 技术数据

(1) 设备最高电压（kV）：126。

(2) 额定频率（Hz）：50。

(3) 相数：单相。

(4) 额定电压比（V）：$\dfrac{110000}{\sqrt{3}}/\dfrac{100}{\sqrt{3}}/\dfrac{100}{\sqrt{3}}/100$。

(5) 标准准确级下的额定输出，见表 22 - 188。

表 22 - 188　JDCF—110 型电压互感器准确级及额定输出

绕　　组	测量二次绕组		保护二次绕组		剩余电压绕组
准确级	0.2	0.5	3P	0.5	3P
额定输出（VA）	100		250，500	250	300
其它绕组额定输出（VA）	保护绕组 250	保护绕组 500	测量绕组　100 剩余电压绕组　300		测量绕组　100 保护绕组　500

(6) 保护绕组极限输出（VA）：2000（$\cos\phi = 0.8$ 滞后～1.0）。

(7) JDCF—110 型电压互感器误差限值，见表 22 - 189。

表 22 - 189　JDCF—110 型电压互感器误差限值

	准确级	电压误差 ±（%）	相位差	
			±（′）	±crad
测量用二次绕组	0.2	0.2	10	0.3
	0.5	0.5	20	0.6

	准确级	额定电压百分数（%）	电压误差 ±（%）	相位差	
				±（′）	±crad
保护用二次绕组、剩余电压绕组	3P	2	6	240	7.0
		5～150	3	120	3.5

(8) 温升限值（K）：65。

(9) 额定绝缘水平（kV）：

1）内部绝缘耐受电压：

一次绕组短时 1min 工频耐压 200；

雷电冲击全波耐受电压：480（峰值）；

雷电冲击截波耐受电压 552（峰值）。

2）外部绝缘耐受电压，见表 22-190。

表 22-190 JDCF—110 型电压互感器外部绝缘耐受电压

型　号	短时工频耐受电压（kV）		雷电冲击全波耐受电压		型　号	短时工频耐受电压（kV）		雷电冲击全波耐受电压	
	干试	湿试	全波	截波		干试	湿试	全波	截波
JDCF—110 JDCF—110W1 JDCF—110W2	200	185	450	530	JDCF—110GY	231		563	650

（10）局部放电量（pC）：≤5。

（11）介质损耗因数：整体≤0.02；支架≤0.05。

6. 外形及安装尺寸

JDCF—110 型电压互感器外形及安装尺寸（长×宽×高）（mm）：

JDCF—110 型：φ620×（1770±40），重量 610kg；

JDCF—110W 型：φ620×（1770±40），重量 710kg；

JDCF—110GY 型：φ620×（2080±40），重量 750kg。

7. 订货须知

订货时必须提供产品型号、额定电压比、准确级及其它要求。

8. 生产厂

江苏省如皋高压电器有限公司。

四、JDCF—110GYW2 型电压互感器

1. 概述

JDCF—110GYW2（原型号 JDC6—110GYW2）型电压互感器适用于额定电压110kV、频率50Hz的星形有效接地交流系统中，作电压、电能测量和继电保护用。户外型，执行标准 GB 1207—1997《电压互感器》。

2. 型号含义

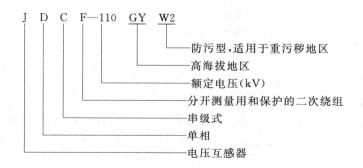

J D C F—110 GY W2
防污型，适用于重污秽地区
高海拔地区
额定电压(kV)
分开测量用和保护的二次绕组
串级式
单相
电压互感器

3. 结构

该产品为单相四绕组、全密封串级式、油纸绝缘的瓷箱结构，并装有金属膨胀器。

4．技术数据

JDCF—110GYW2 型电压互感器技术数据，见表 22 - 191。

5．外形及安装尺寸

JDCF—110GYW2 型电压互感器外形尺寸（mm）：ϕ630×（1810～2020），重量 550～655kg。

表 22 - 191　JDCF—110GYW2 型电压互感器技术数据

型　　号	额定电压比 (V)	准确级及额定输出容量（VA）					极限输出容量 (VA)	绝缘水平 (kV)
		0.2	0.5	1	3	3P		
JDC6—110	110000/$\sqrt{3}$/100/$\sqrt{3}$/100	150	300	500	300 剩余组	300	2000	126/200/480
JDCF—110（GYW2）	110000/$\sqrt{3}$/100/$\sqrt{3}$/100/$\sqrt{3}$/100	50	100	150	300 剩余组	400	2000	126/185/450

6．生产厂

重庆高压电器厂。

五、JDCF—110（GY）（W1，2）型电压互感器

1．概述

JDCF—110 型电压互感器适用于额定电压 110kV、中性点直接接地的户外交流电力系统中，作测量电压、电能和继电保护的电源用。

执行标准 GB 1207—1997《电压互感器》。

2．型号含义

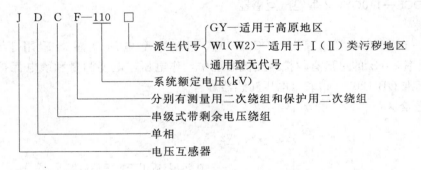

3．使用条件

（1）环境温度（℃）：－25～＋40。

（2）大气条件：无严重污秽。

（3）海拔（m）：≤1000（JDCF—110 型）；≤2000（JDCF—110GY 型）。

（4）爬电比距（mm/kV）：≥18（JDCF—110 型）；≥20（JDCF—110W1 型）；≥2（JDCF—110W2 型）。

4．结构特点

该产品为串级式绝缘，一次绕组分为两段，每段为一个绝缘分级，由上而下一次绕组

的电位逐渐降低，上端为全绝缘，下端为接地端。

铁芯为方框式，上铁芯柱套有一次绕组及平衡绕组，下铁芯柱套有一次绕组、平衡绕组、二次绕组及剩余电压绕组。

器身装在瓷箱中。互感器顶部装有 PB480 型波纹片金属膨胀器，使变压油与大气隔离。

5. 技术数据

(1) 额定电压 (kV)：额定一次电压 $110/\sqrt{3}$；额定二次电压 $0.1/\sqrt{3}$；剩余电压绕组额定电压 0.1。

(2) 额定频率 (Hz)：50，60。

(3) 相数：单相。

(4) 最高电压 (kV)：$126\sqrt{3}$。

(5) 二次绕组准确级及相应输出，见表 22-192。

表 22-192　准 确 级 及 相 应 输 出

二次端子标志	1a	1n，2a	2n	二次端子标志	1a	1n，2a	2n
准确级	0.2	0.5	3P	额定输出 (VA)	150	300	400

注　$\cos\phi=0.8$（滞后）。

(6) 二次绕组热极限输出 (VA)：2000（$\cos\phi=0.8$ 滞后～1）。

(7) 剩余电压绕组准确级及相应输出 (VA)：300（3P，$\cos\phi=0.8$ 滞后）。

(8) 绝缘水平 (kV)：

1) 短时工频耐受电压。

一次绕组对二次绕组、剩余电压绕组及地：200（150Hz，40s）。

外部绝缘耐受电压：200（JDCF—110 型）；231（JDCF—110GY 型）。

2) 雷电冲击试验电压。

内绝缘全波冲击试验电压 480。

外绝缘全波冲击试验电压 450（JDCF—110 型）；560（JDCF—110GY 型）。

截波冲击试验电压 530。

(9) 局部放电量 (pC)：≤5。

(10) 介质损耗因数：≤0.02（整体）；≤0.05（支架）。

(11) 重量 (kg)：600（油 133）。

6. 外形及安装尺寸

JDCF—110 型电压互感器外形尺寸 (mm)：$\phi625\times(1780\pm30)$。

7. 订货须知

订货时必须提供产品型号、额定电压比、准确级次组合及相应输出、爬电比距及特殊要求。

8. 生产厂

中国·人民电器集团公司江西变电设备有限公司、保定天威集团特变电气有限公司。

六、JDCF—110（W1）（W2）型油浸式电压互感器

1. 技术数据

JDCF—110（W1）（W2）型油浸式电压互感器技术数据，见表 22 - 193。

表 22 - 193　JDCF—110（W1）（W2）型油浸式电压互感器技术数据

型　号	额定电压比（kV）	准确级次及额定输出（VA）				剩余电压绕组准确级及额定输出（VA）		频率（Hz）	海拔（m）	极限输出（VA）	瓷套爬电距离（mm）	重量（kg）
		0.2	0.5	1.0	3, 3P	3P	6P					
JDCF—110	$\dfrac{110}{\sqrt{3}}$ / $\dfrac{0.1}{\sqrt{3}}$	测量绕组：100VA0.2级（保护绕组额定输出250VA）100VA0.5级（保护绕组额定输出500VA）保护绕组：50VA3P级（测量绕组额定输出100VA，剩余电压绕组额定输出300VA）250VA0.5级（测量绕组额定输出100VA）剩余电压绕组：300VA3P级（测量绕组额定输出100VA，保护绕组额定输出500VA）						50或60	1000	2000	2050	135/620
JDCF—110W1 JDCF—110W2	$\dfrac{0.1}{\sqrt{3}}$ / 0.1										2750 3150	165/710

2. 外形尺寸（长×宽×高）（mm）

JDCF—110 型：720×670×1840。

JDCF—110（W1）W2 型：720×670×2040。

3. 生产厂

大连互感器厂。

七、JDCF—126 型电压互感器

1. 概述

JDCF—126 型电压互感器为电磁式油纸绝缘、户外用全密封结构产品，用于设备最高电压 126kV、额定频率 50Hz 或 60Hz 的中性点有效接地的电力系统中，作电压、电能测量及继电保护用。

该产品设计可靠、磁密低，能避免线路发生谐振过电压，二次绕组将计量和保护分开，计量精度可达 0.2 级。选用不锈钢外罩的金属膨胀器，密封采用进口胶垫。器身采用先进的真空干燥处理和真空注油处理工艺，介损小，局放量低，运行安全可靠。

执行标准 GD 1207—1997《电压互感器》。

2. 型号含义

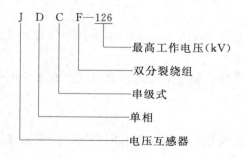

3. 技术数据

(1) 额定电压（kV）：126。

(2) 额定频率（Hz）：50，60。

(3) 相数：单相。

(4) 一次绕组额定电压（V）：110000/$\sqrt{3}$。

(5) 二次绕组额定电压（V）：100/$\sqrt{3}$。

(6) 剩余绕组额定电压（V）：100。

(7) 二次绕组极限负荷（VA）：2000。

(8) 剩余绕组额定负荷（VA）：300（3P）。

(9) 准确级：0.2/0.5/3P，0.2（或0.5）/3P/3P。

(10) 额定输出（VA）：100/250/300，100/500/300。

(11) 绝缘水平（kV）：126/200/480。

最高工作电压126，感应耐压200（150Hz、40s），雷电冲击耐受电压全波480。

(12) 局部放电量（pC）：≤5。

(13) 重量（kg）：1490～1800。

4. 外形及安装尺寸

JDCF—126型电压互感器外形尺寸（mm）：JDCF—126型：ϕ620×（1990±40），重量610kg；

JDCF—126W1型：ϕ620×（1990±40），重量650kg；

JDCF—126W2型：ϕ620×（2190±40），重量710kg；

JDCF—126GY型：ϕ620×（2290±40），重量750kg。

5. 生产厂

江苏省如皋高压电器有限公司。

22.2.8.3 JDC6（7）系列

一、JDC6—110（JCC1M—110）型电压互感器

1. 概述

JDC6—110（JCC1M—110）型电压互感器供110kV中性点有效接地电力系统中，作电压、电能测量及继电保护用。执行标准1207—1997《电压互感器》。

2. 型号含义

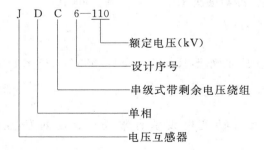

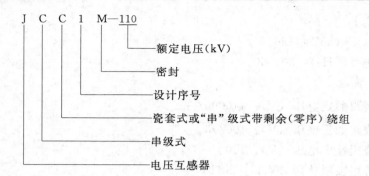

3. 结构特点

该产品为串级结构，绝缘强度大，计量精度高（0.2级）。全密封，顶部装有膨胀器，使油与外界空气隔离，防止产品受潮绝缘油老化。

4. 技术数据

（1）内绝缘耐受电压（kV）：短时工频耐受电压200；额定雷电冲击全波耐受电压480；额定雷电冲击截波耐受电压530。

（2）外绝缘耐受电压（kV）：短时工频干状态耐受电压185；短时工频湿状态耐受电压185；额定雷电冲击耐受电压450。

（3）感应试验电压：一次施加220kV、频率150Hz、40s不击穿。

（4）介质损耗率：在环境温度为20℃、相对湿度不超过70％下，$tg<1.5\%$。

（5）局部放电水平（pC）：$\leqslant10$。

（6）变压器油性能：击穿电压$\geqslant50$kV；含水量20×10^{-6}；介质损耗率$\leqslant20\%$（90℃、1kV）。

（7）额定电压（kV）：$110/\sqrt{3}$、$0.1/\sqrt{3}$、$0.1/\sqrt{3}$、0.1；$110/\sqrt{3}$、$0.1/\sqrt{3}$、0.1。

（8）最高工作电压（kV）：$126/\sqrt{3}$。

（9）准确级次及额定二次负荷（VA）：

0.2	0.5	1	3P（级）
150	300	500	500（VA）

（10）一次绕组极限负荷（VA）：2000。

（11）剩余电压绕组：准确级次3P；额定负荷500VA。

（12）额定频率（Hz）：50。

5. 外形及安装尺寸

JDC6—110型电压互感器外形尺寸（mm）：633×625×1780；安装尺寸（mm）：410×410。

6. 生产厂

中国·人民电器集团江西变电设备有限公司、江西互感器厂、江西电力计量器厂。

二、JDC7—110W 型高压电压互感器

1. 概述

JDC7—110W 型高压电压互感器由南京电气（集团）有限责任公司（原南京电瓷总厂）生产，产品性能指标居全国前茅。特别是分析了世界各国互感器产品的结构特点和国内外互感器运行事故，结合国情进行了大量的试验研究，推出 JDC 系列新型电压互感器，使用方便、适应性强、运行可靠性高。

该产品适用于额定电压 110kV、频率 50Hz、中性点有效接地系统中，作电气测（计）量和继电保护用，户外型。采用标准 GB 1207—1997《电压互感器》、IEC 185—87。

2. 型号含义

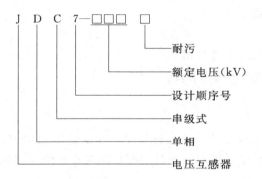

- 耐污
- 额定电压(kV)
- 设计顺序号
- 串级式
- 单相
- 电压互感器

3. 产品特征

(1) 带有释压装置的金属膨胀器或充氮正压全密封、大小伞结构。

(2) 有测量级和保护级分开的三个二次绕组。

(3) 一次导体为 $\phi 0.25$ 的单丝漆包线。

(4) 测量级为 0.5、0.2 级两种。

(5) 工作磁密低，可满足 1.6 倍额定电压。

(6) 采用优质支架。

4. 技术数据

(1) 额定一次电压（kV）：$110/\sqrt{3}$。

(2) 额定二次电压（V）：测量级 $100/\sqrt{3}$；保护级 $100/\sqrt{3}$；剩余电压 100。

(3) 额定输出及准确级：测量级 0.2 级/75～100VA；保护级 3P/300VA；剩余电压 3P/200VA。

(4) 热极限负荷（VA）：2000。

(5) 额定电压因素（VA）：1.6/30s。

(6) 工频耐受电压（kV）：一次绕组对地 200；一次绕组 N 端对地 5；二次绕组之间 2。

(7) 介质损耗率（%）：<2。

(8) 局放水平（pC）：<10。

(9) 标准雷电压全波冲击电压（kV）：550。

(10) 雷电截波冲击电压（kV）：630。

(11) 密封性能：0.2MPa 不渗漏（装膨胀器之前试）。

(12) 爬电距离（mm）：2865，3150，3906。

(13) 重量（kg）：550（油 140）。

(14) 二次绕组可以根据需要设计 2 个，负荷和精度进行调整。

5. 外形及安装尺寸

JDC7—110W 型高压电压互感器外形尺寸（长×宽×高）（mm）：700×700×（1810±20）。

6. 订货须知

订货时必须提供产品型号、额定电压、电压比（二次绕组排列）、准确级次及额定输出、爬电距离及特殊要求。

7. 生产厂

南京电气（集团）有限责任公司。

22.2.9　220kV 油浸式电压互感器

22.2.9.1　JCC5 系列

1. 概述

JCC5—220（W1）型油浸式电压互感器用于额定电压 220kV、频率 50Hz 或 60Hz 电力系统，作电气测量及继电保护用。油浸全密封结构，户外型。执行标准 GB 1207—1997《电压互感器》。

2. 型号含义

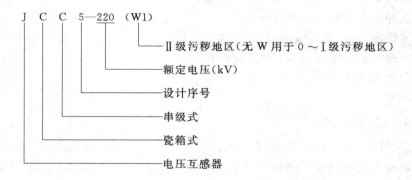

3. 技术数据

(1) 额定一次电压（kV）：220/√3。

(2) 额定二次电压（kV）：测量保护绕组 0.1/√3；剩余电压绕组 0.1。

(3) 绝缘水平（kV）：252/395/950。

(4) 绝缘油电气强度（标准电极下）（kV）：≥50。

(5) 介损 tgδ（%）≤0.5（90℃）。

(6) 含水量≤20×10⁻⁶。

(7) 额定电压比、准确级次、额定输出、极限输出等技术数据，见表 22-194。

表 22 - 194　JCC5—220（W1）型油浸式电压互感器技术数据

型　　号	额定电压比（kV）	准确级次及额定输出（VA）				剩余电压绕组准确级及额定输出（VA）		频率（Hz）	海拔（m）	极限输出（VA）	瓷套爬电距离（cm）	重量（油/总）（kg）
		0.2	0.5	1.0	3P	3P	6P					
JCC5—220	$\dfrac{220}{\sqrt{3}}$/0.1	150	250		300	300		50，60	1000	2000	405	265/1150
JCC5—220W1	$\dfrac{0.1}{\sqrt{3}}$/0.1										550	265/1250

4. 外形及安装尺寸

JCC5—220（W1）型油浸式电压互感器外形及安装尺寸，见图 22 - 137。

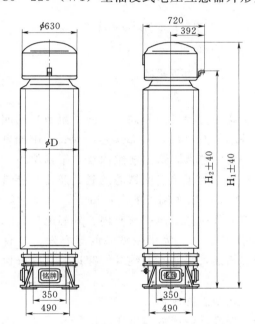

型　　号	H_1	H_2	ϕD
JCC5—220W1	2810	2385	690
JCC5—220	2810	2385	660

单位：mm

图 22 - 137　JCC5—220、JCC5—220（W1）型电压互感器外形及安装尺寸（大连互感器厂）

5. 生产厂

大连互感器厂、中国·人民电器集团、江西互感器厂、江西电力计量器厂、江西变电设备股份有限公司。

22.2.9.2　JDC5 系列

一、JDC5—220（GYW1）型电压互感器

1. 概述

JDC5—220（GYW1）型电压互感器适用于额定频率 50Hz、额定电压 220kV 的中性点直接接地的户外交流电力系统中，作测量电压、电能和继电保护电源用。执行标准 GB 1207—1997《电压互感器》。

使用条件：

（1）环境温度（℃）：-25～+40。

（2）大气条件：无严重污秽。

（3）海拔（m）：≤1000（JDC5—220 型）；≤2000（JDC5—220GYW1 型）。

（4）爬电比距（mm/kV）：≥18（JDC5—220 型）；≥25（JDC5—220GYW1 型）。

2. 型号含义

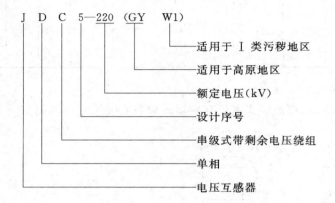

3. 结构特点

该产品为单相、串级式绝缘结构，一次绕组分为完全相同（绕向、匝数）的四组，分别套在铁芯 4 个芯柱上，四组彼此串联。铁芯带有电位，上部铁芯带有 3/4 施加电压，下部铁芯带有 1/4 施加电压。为了平衡磁通和传输能量，每组绕组内绕有平衡绕组，同一铁芯的两芯柱上的平衡绕组匝数相等，绕向相反。为了平衡两铁芯的磁通及传输能量，在第 2 组及第 3 组上绕有连耦绕组。为了改善在冲击电压作用下的电压分布，除了在第 4 绕组采用特殊的加强绝级措施外，每组一次绕组的开始和末尾都放有内、外静电屏。二次绕组和剩余电压绕组仅绕在对地电位最低的第 1 绕组上。为了使铁芯的穿心螺杆具有一定电位，不致悬浮放电，螺杆的一端做成与铁芯相连，另一端有绝缘管穿过铁芯螺杆保护，以防涡流。

产品为全密封结构，上部安装"波纹片式金属膨胀器"。

互感器上装有均匀罩，改善外部电场，提高外绝缘放电电压及电晕水平，改善内绝缘冲击电压分布。

4. 技术数据

（1）额定电压（kV）：额定一次电压 $220/\sqrt{3}$；额定二次电压 $0.1/\sqrt{3}$；剩余电压绕组额定电压 0.1。

（2）额定频率（Hz）：50，60。

（3）相数：单相。

（4）绝缘水平（kV）：252/395/950，252/395/1050。

最高电压 $252/\sqrt{3}$；感应耐压 950（150Hz，40s）；外部绝缘耐受电压：395（JDC5—220 型）；439（JDC5—220GYW1 型）。

雷电冲击耐受电压全波 950（JDC5—220 型）、1050（JDC5—220GYW1 型）；截波 1050。

（5）局部放电量（pC）：≤5。

（6）介质损耗因数：整体≤0.02，支架≤0.05。

（7）二次绕组准确级及相应输出（cosϕ＝0.8滞后）：

准确级	0.2	0.5	1.0	3P
额定输出（VA）	150	300	500	500

（8）二次绕组热极限输出（VA）：2000（cosϕ＝0.8～1）。

（9）剩余电压绕组准确级及相应输出（cosϕ＝0.8滞后）：3P级300VA。

5. 外形及安装尺寸

JDC5—220（GYW1）型电压互感器外形及安装尺寸，见图22-138。

6. 订货须知

订货时必须提供产品型号、额定电压比、准确级次组合及相应输出、爬电比距等要求。

7. 生产厂

中国·人民电器集团江西变电设备有限公司。

二、JDC5—220W1型电压互感器

1. 概述

JDC5—220W1型电压互感器用于额定电压220kV、额定频率50Hz、中性点有效接地系统中，作电气测（计）量和继电保护用。户外型油浸式结构，执行标准GB 1207—1997《电压互感器》。

2. 型号含义

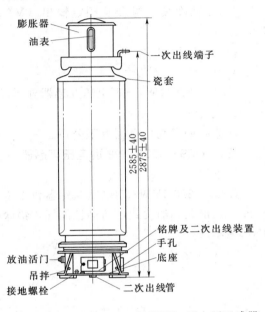

图22-138 JDC5—220（GYW1）型电压互感器
外形及安装尺寸（重量1385kg）

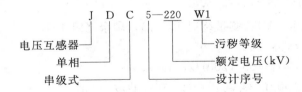

3. 技术数据

（1）额定一次电压（kV）：$220/\sqrt{3}$。

（2）额定二次电压（V）：测量绕组$100/\sqrt{3}$；剩余绕组100。

（3）绝缘水平（kV）：252/395/950。

（4）感应耐压（kV）：395（150Hz、40s）。

（5）雷电冲击耐受电压（kV）：全波950；截波1095。

（6）局部放电量（pC）：≤5。

（7）介质损耗因数：≤0.02（整体）；≤0.05（支架）。

（8）额定电压下的空载电流（A）：＜4.8。

（9）温升限值（K）：50。

（10）二次绕组极限容量（VA）：2000。

（11）准确级次组合及额定输出（VA）：0.2（0.5、1、3P）/3P；150（300、500、500）/300。

（12）cosϕ＝0.8。

4. 外形及安装尺寸

JDC5—220（W1）型电压互感器外形尺寸（长×宽×高）（mm）：720×720×2810。

5. 生产厂

江苏省如皋高压电器有限公司。

三、JDC9—220GYW2型电压互感器

1. 概述

JDC9—220GYW2型电压互感器供220kV电力系统作电能计（测）量及继电保护用户外型，正立、油浸式，防潮性能好，绝缘电阻稳定，执行国家标准GB 1207—1997《电压互感器》。

2. 型号含义

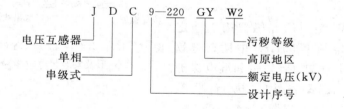

3. 技术数据

（1）额定一次电压（kV）：220/$\sqrt{3}$。

（2）额定二次电压（V）：测量绕组100/$\sqrt{3}$；剩余绕组100。

（3）绝缘水平（kV）：252/395/950。

（4）感应耐压（kV）：395（200Hz，30s）。

（5）雷电冲击耐受电压（kV）：全波950；截波1093。

（6）局部放电量（pC）：≤5。

（7）介质损耗因数：1.5%（整体）；4%（支架）。

（8）温升限值（K）：55。

（9）额定电压下的空载电流（A）：＜14.02。

（10）二次绕组极限容量（VA）：2000。

（11）准确级及额定输出（VA）。

测量绕组：

0.5	1	3 （准确级）
300	500	1000 （额定输出）

剩余绕组：3P 级 300VA。

4. 外形及安装尺寸

JDC9—220GYW2 型电压互感器外形尺寸（长×宽×高）(mm)：883×695×2750。

5. 生产厂

保定天威集团特变电气有限公司。

22.2.9.3 JDCF 系列

一、JDCF—220 型电压互感器

1. 概述

JDCF—220 型电压互感器适用于额定频率 50Hz、额定电压 220kV 的中性点直接接地的户外交流电力系统中，作测量电压、电能和继电保护电源用。

执行 GB 1207—1997《电压互感器》标准。

2. 型号含义

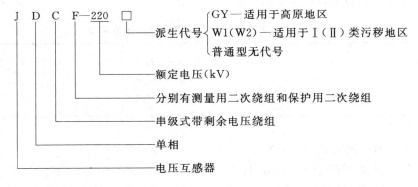

3. 使用条件

（1）环境温度（℃）—25～+40。

（2）大气条件：无严重污秽。

（3）海拔（m）：≤1000（JDCF—220 型）；≤2000（JDCF—220GY 型）。

（4）爬电比距（mm/kV）：18（JDCF—220）；20（JDCF—220W1）；25（JDCF—220W2）。

4. 结构特点

该产品为单相、串级式绝缘结构。一次绕组分为完全相同（绕向、匝数）的四组，分别套在铁芯四个芯柱上，四组彼此串联。由于一次绕组与铁芯相连，所以铁芯带有电位，

上部铁芯带 3/4 施加电压,下部铁芯带有 1/4 施加电压。为了平衡磁通和传输能量,每组绕组内绕有平衡绕组,同一铁芯的两心柱上的平衡绕组匝数相同,绕向相反。为了平衡两铁芯的磁通及传输能量,在第 2 组及第 3 组上绕有连耦绕组。为了改善在冲击电压作用下的电压分布,除在第 4 组绕组采用特殊的加强绝缘措施外,每组一次绕组的开始和末尾都放有内、外静电屏。二次绕组和剩余电压绕组仅绕在对地电位最低的第 1 组绕组上。为了使铁芯的穿心螺杆具有一定电位,不致悬浮放电,螺杆的一端做成与铁芯相连,另一端有绝缘管穿过铁芯螺杆保护,以防涡流。

该产品为全密封结构,上部安装"波纹片式金属膨胀器"起油保护使用,油表内不能见到油,只能见到膨胀器的上端盖(涂有红漆)随油温的变化上下垂直运动。

产品上有均匀罩,改善外部电场,提高外绝缘的放电电压及电晕水平,也改善内绝缘的冲击电压分布。

底座有适应高度,侧面增开一个手孔,便于维护二次出线装置。二次出线装置采用小瓷套结构,提高绝缘强度。

5. 技术数据

(1) 额定电压 (kV):额定一次电压 $220/\sqrt{3}$;额定二次电压 $0.1/\sqrt{3}$;剩余电压绕组额定电压 0.1。

(2) 最高电压 (kV):$252/\sqrt{3}$。

(3) 额定频率 (Hz):50,60。

(4) 相数:单相。

(5) 二次绕组准确级及相应输出,见表 22-195。

表 22-195　JDCF—220 型二次绕组及相应输出

二次端子标志	1a	1n, 2a	2n	二次端子标志	1a	1n, 2a	2n
准确级	0.2	0.5	3P	额定输出 (VA)	150	300	400

注　$\cos\phi=0.8$(滞后)。

(6) 二次绕组热极限输出 (VA):2000 ($\cos\phi=0.8$ 滞后~1)。

(7) 剩余电压绕组准确级及相应输出:3P 级 300VA ($\cos\phi=0.8$ 滞后)。

(8) 绝缘水平 (kV):252/395/950 (JDCF—220 型);252/439/1050 (JDCF—220GY 型)。

1) 1min 工频耐受电压:

一次绕组对二次绕组、剩余电压绕组及地:950。

外部绝缘耐受电压 395 (JDCF—220 型);439 (JDCF—220GY 型)。

2) 雷电冲击耐受电压:内绝缘全波冲击试验电压 950。

外绝缘全波冲击试验电压 950 (JDCF—220);1050 (JDCF—220GY)。

截波冲击试验电压 1050。

(9) 局部放电量 (pC):≤5。

（10）介质损耗因数：整体≤0.02，支架≤0.05。

（11）重量（kg）：600（油133）。

6. 外形及安装尺寸

JDCF—220型电压互感器外形及安装尺寸，见图22-139。

7. 订货须知

订货时必须提供产品型号、额定电压比、准确级次组合及相应输出、爬电比距等及其它特殊要求。

8. 生产厂

中国·人民电器集团江西变电设备有限公司。

二、JDCF—220（WⅡ）型电压互感器

1. 概述

JDCF—220（WⅡ）型电压互感器为单相油浸户外装置，用于额定频率50Hz、220kV中性点直接接地系统中，作电压、电能测量及继电保护用。

该产品为串级式四绕组互感器，将测量与保护绕组分开。各项性能符合GB 1207—1997《电压互感器》标准。

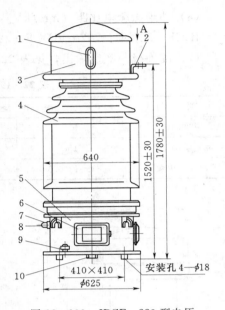

图22-139 JDCF—220型电压
互感器外形及安装尺寸

1—油位观察窗；2—一次端子；3—膨胀器；
4—瓷套；5—底座；6—二次出线盒；
7—吊钩；8—活门；9—接地
螺栓；10—出线管

2. 型号含义

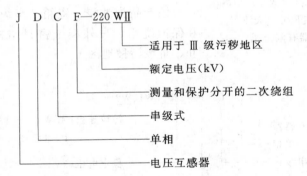

3. 技术数据

（1）额定电压（V）：

一次绕组：$220000/\sqrt{3}$；测量绕组：$100/\sqrt{3}$；

保护绕组：$100/\sqrt{3}$；剩余电压绕组：100。

（2）设备最高电压（kV）：252。

（3）热极限输出（VA）：2000（$\cos\phi=1$）。

（4）绝缘水平（kV）：工频耐受电压395；全波冲击耐受电压950。

（5）局部放电量（pC）：≤10。

（6）外绝缘爬电比距（mm/kV）：

JDCF—220 型：≥20；JDCF—220WⅡ型：≥25。

（7）准确级与额定输出，见表 22-196。

表 22-196　准 确 级 与 额 定 输 出

项　　目	测　量　绕　组		保护绕组	剩余电压绕组
准确级	0.2	0.5	3P	3P
额定输出（VA）	150	250	300	300
功率因数	$\cos\phi=0.5$	$\cos\phi=0.5$	$\cos\phi=0.8$	$\cos\phi=0.8$

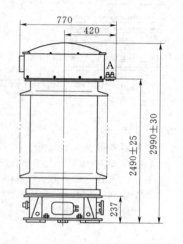

图 22-140　JDCF—220（WⅡ）型电压
互感器外形及安装尺寸（天津市
百利纽泰克电器有限公司）

2. 型号含义

J　D　C　F—220　（W1、W2）

电压互感器

单相

串级式

额定电压(kV)

分别有测量和保护绕组

污秽等级：无 W—0～Ⅰ级；
1—Ⅱ级；2—Ⅲ级

3. 技术数据

（1）额定一次电压（kV）：$220/\sqrt{3}$。

（2）测量绕组、保护绕组电压（kV）：$0.1/\sqrt{3}$、$0.1/\sqrt{3}$。

（3）剩余绕组电压（kV）：0.1。

（4）绝缘水平（kV）：252/395/950。

（5）额定频率（Hz）：50。

（6）海拔（m）：1000。

4. 外形及安装尺寸

JDCF—220（WⅡ）型电压互感器外形及安装尺寸，见图 22-140。

5. 生产厂

天津市百利纽泰克电器有限公司、保定天威集团特变电气有限公司。

三、JDCF—220（W1、W2）型油浸式电压互感器

1. 概述

JDCF—220、JDCF—220W1、JDCF—220W2型油浸式电压互感器，适用于额定电压220kV、额定频率50Hz、中性点有效接地系统中，作电气测量和继电保护用。

该产品为油浸、瓷箱、串级式，并分别有测量和保护绕组、户外型全密封结构，适用于 0～Ⅰ、Ⅱ、Ⅲ级污秽地区。

（7）额定电压比（kV）：$\dfrac{220}{\sqrt{3}} \Big/ \dfrac{0.1}{\sqrt{3}} \Big/ \dfrac{0.1}{\sqrt{3}} \Big/ 0.1$。

（8）极限输出（VA）：2000。

（9）准确级次、剩余电压绕组准确级及额定输出：

测量绕组：100VA0.2级（保护绕组额定输出250VA）；100VA0.5级（保护绕组额定输出500VA）。

保护绕组：500VA3P级（测量绕组额定输出100VA，剩余电压绕组额定输出00VA）。

剩余电压绕组：300VA3P级（测量绕组额定输出100VA，保护绕组额定输出00VA）。

（10）瓷套爬电距离（mm）：

JDCF—220	JDCF—220W1	JDCF—220W2
4400	6300	6300

4. 外形及安装尺寸

JDCF—220（W1、W2）型电压互感器外形及安装尺寸，见表22-197及图22-141。

表 22-197　JDCF—220（W1、W2）型电压互感器外形尺寸

型　号	外　形　尺　寸（mm）			重　　量（kg）	
	H_1	H_2	D	油	总　体
JDCF—220	3315	2640	715	385	1600
JDCF—220W1	3535	2860	725	425	1750
JDCF—220W2	3535	2860	755	425	1800

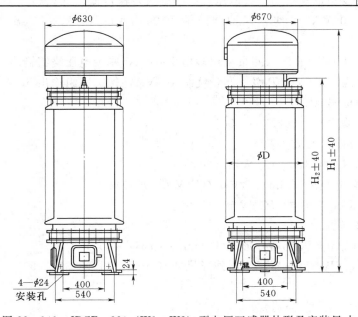

图 22-141　JDCF—220（W1、W2）型电压互感器外形及安装尺寸

5. 生产厂

大连互感器厂。

四、JDCF—220（GYW1）型电压互感器

1. 用途

JDCF—220（GYW1）型电压互感器用于额定电压 220kV、频率 50Hz、中性点有效接地系统中，作电能测（计）量及继电保护用。油浸串级式绝缘结构，具有测量和保护分开的二次绕组。执行标准 GB 1207—1997《电压互感器》。

2. 型号含义

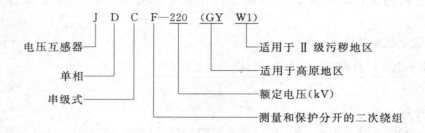

3. 技术数据

（1）额定电压比（kV）：$\dfrac{220}{\sqrt{3}}/\dfrac{0.1}{\sqrt{3}}/\dfrac{0.1}{\sqrt{3}}/0.1$。

（2）额定频率（Hz）：50。

（3）准确级：0.2，0.5，1，3。

（4）剩余电压绕组准确级：3P，6P。

（5）准确级及额定输出、剩余电压绕组准确级及额定输出（VA）：

测量绕组：100VA0.2 级（保护绕组输出 250VA）；100VA0.5 级（保护绕组输出 500VA）。

保护绕组：500VA3P 级（测量绕组输出 100VA，剩余电压绕组输出 300VA）。

剩余电压绕组：300VA3P 级（测量绕组 100VA，保护绕组输出 500VA）。

（6）热极限输出（VA）：2000。

（7）额定绝缘水平：252/395/950。

（8）海拔（m）：1000（GYW1：2000）。

（9）油容积（L）：450（GYW1：500）。

（10）瓷套爬电距离（mm）：4400（GYW1：5500）。

（11）重量（kg）：1600（GYW1：1750）。

4. 外形及安装尺寸

JDCF—220 型电压互感器外形尺寸（mm）：737×735×3315。

JDCF—220GYW1 型电压互感器外形尺寸（mm）：735×735×3535。

5. 生产厂

沈阳互感器厂（有限公司）。

五、JDCF—220GYW2 型电压互感器

1. 概述

JDCF—220GYW2 型电压互感器用于额定电压 20kV、额定频率 50Hz、中性点有效接地系统中，作电能计（测）量及继电保护用。户外型，为高压瓷套管油浸式盒或释压金属膨胀器密封，额定工作电压下铁芯磁密 0.9～1.0。

2. 技术数据

（1）额定一次电压（kV）：$220/\sqrt{3}$。

（2）额定二次电压（V）：测量保护绕组 $100/\sqrt{3}$，$100/\sqrt{3}$；剩余绕组 100。

（3）绝缘水平（kV）：252/395/950。

（4）感应耐压（kV）：395（150Hz、40s）。

（5）雷电冲击耐受电压（kV）：全波 950；截波 1050。

（6）局部放电量（pC）：≤5。

（7）介质损耗因数：2%（整体）；5%（支架）。

（8）额定电压下的空载电流（A）：≤0.12。

（9）温升限值（K）：65。

（10）二次绕组极限容量（VA）：2000。

3. 外形及安装尺寸

JDCF—220GYW2 型电压互感器外形及安装尺寸，见图 22-142。

4. 生产厂

西安西电变压器有限责任公司。

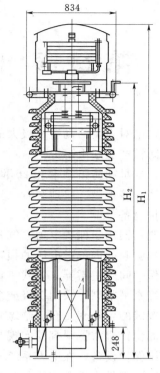

	H_1（mm）	H_2（mm）
JDCF—220GYW2	3240±10	2650±10

图 22-142　JDCF—220GYW2 型电压互感器外形及安装尺寸

第 23 章　防雷设备及过电压保护器

雷电对人类活动造成极大的危害。为了避免和减少雷电危害，对其防护进行不断地研究，防雷产品层出不穷。

（1）早期防雷技术和 20 世纪电气时代的防雷技术，采用避雷针、避雷带、避雷器、引下线、接地极、接地装置、接地模块、降阻剂等，为建筑物、电力系统输变电设备直击雷防护设备。

避雷器用于保护电力系统各种电气设备的绝缘，免遭受输电线路传来的雷电过电压或由操作引起的内部过电压的损害，是保证电力系统安全运行的重要保护设备之一。目前国内有保护间隙避雷器、管式避雷器、阀式避雷器、氧化锌避雷器等并联式避雷器，此类设备绝缘水平很高，采用单极或多极防雷方式很好地解决电气设备的防雷。本章仅介绍各种电压等级的瓷外套、合成绝缘外套氧化锌避雷器。

氧化锌避雷器很容易实现与被保护设备的绝缘配合，现已成为国际上公认的最可靠的过电压保护设备，在电力系统中得到广泛的应用。近年来复合绝缘材料的应用有了长足的发展，特别是应用于避雷器以来，使避雷器性能得到很大提高，给其发展又带来一次革命。复合外套氧化锌避雷器采用实心结构、密封结构、防爆结构、均压结构和整体一次成型技术，除具有瓷外套氧化锌避雷器的优点外，还具有优异的特点，是电力系统电气设备安全运行的理想防雷保护装置，并不断研制开发新产品。

氧化锌避雷器作为高可靠防雷保护装置，但在对其周期性预试时一直都采用在停电状态下测试的传统方法，配电网络的供电可靠性将大大降低。武汉博大科技集团随州避雷器有限公司研制开发生产的跌落式复合外套金属氧化物避雷器，在不停电下可以像更换熔断器一样拆卸避雷器，用绝缘棒（俗称令克棒）随时摘下避雷器试验或更新，从根本上解决了避雷器定期预试周期，对提高供电可靠性，增加经济效益，提供了安全切实可行的技术措施。

西安神电电器有限公司研制开发的全绝缘复合外套氧化锌避雷器，是一种新型过电压保护器，外形结构简洁，高压端的绝缘导线与避雷器芯体整体成型，密封性能好，介电强度高，提高了避雷器的爬电距离，缩小了避雷器本体之间的绝缘尺寸，尤其适用于有限空间的开关柜中和高海拔重污秽地区。

西安神电电器有限公司、紫金集团（南京有线电厂）、南京紫金电力保护设备有限公司、武汉博大科技集团随州避雷器有限公司等研制开发了带脱离器复合外套金属氧化物避雷器。脱离器作为避雷器的特殊附件，与避雷器串联使用。脱离器迅速动作后，使避雷器附带的放电计数器或在线监测器、避雷器同时退出运行，使避雷器免维护，提高了电力系统的稳定性和安全性，线路故障点容易发现。

6～35kV 组合式复合外套氧化锌避雷器，是由西安神电电器有限公司、西安西电高压电瓷有限责任公司、西安电瓷研究所、汉光电子集团（原四四零四厂）、汉光电器公司各自开发的一种新型避雷器，在限制相地之间过电压同时又对相间过电压进行有效地限制，是对限制相间过电压切实可行的措施。

（2）信息时代防雷技术。

随着我国现代化建设的步伐加快，电子技术和现代化信息迅速发展，电子设备被广泛地应用，尤其我国加入 WTO 后，世界电子和组装业向中国转业，这些精密的电子设备含大量的半导体集成模块，耐过电压能力极低，因此对电力、电子产品可靠性和安全性受到日益关注和重视。疏忽电源防雷保护会严重威胁经济损失和生命安全。信息系统避雷器具有抗浪涌能力，是一种安全保护器，是防感应雷的有效措施之一。不仅适用于雷电过电压保护，而且对工频过电压、操作过电压、谐振过电压进行抑制。

各种信息系统对避雷器要求日益增加，品种较多，用途不一。有低电压电源系统、计算机网络系统、工业自动化控制系统、音频信号系统、视频信号与监控系统、高频馈线、安防及监视系统、消防报警系统、无线通信系统等过电压保护器（避雷器）。

总之，现代防雷保护一般设三道防线：

（1）外部保护：绝大部分雷电流直接引入地下泄散。

（2）内部保护：阻塞沿电源线或数据线、信号线引入的侵入波危害设备。

（3）过电压保护：限制保护设备上雷电过电压幅值。

这三道防线相互配合，缺一不可。本章汇编了部分产品。

23.1 避雷针

23.1.1 ESE 系列避雷针

一、概述

ESE 系列避雷针为法国杜尔—梅森（DUVAL—MESSIEN）公司"satelit＋"（卫星）牌提前放电避雷针，由杭州易龙电气技术有限公司智能建筑防雷事业部代理销售。

法国杜尔—梅森公司为法国电工技术联合会（V. T. E. Commission）的成员，是制定国际新标准的权威机构——国际电工委员会（I. E. C.）的法国成员之一。该产品在法国国家专业委员会监督下通过 COFRAC 技术鉴定。获得法国工业电子中心试验室 LCIE 证书。试验证书证明"satelit＋"符合 NFC17—102，处于世界领先地位。产品性能符合中华人民共和国国家标准 GB 50057—94《建筑物防雷设计规范》。产品用户遍布 40 多个国家和地区，中国用户涉及各行各业，享有最高知名度和市场占有率。

产品性能优越，在同等条件（高度）下，比普通避雷针保护范围大。落雷更准确，减小了雷击点落于非避雷针体的概率。

安全可靠：无放射性元素，不锈钢材料，耐腐蚀，抗风能力强。

免维护：无源，无需供电，无耗能元件。

安装简单：重量轻，不需加装同轴屏蔽电缆。

造型美观。

二、型号含义

ESE □

提前放电时间 ΔT(μs)

预防电型避雷针

ΔT：根据法国国际 NFC17—102 规定的启动抢先时间，实际测试值大于规定值。

型 号	避雷针提前放电时间 ΔT
ESE2500 提前放电避雷针	25μs
ESE4000 提前放电避雷针	40μs
ESE5000 提前放电避雷针	50μs
ESE6000 提前放电避雷针	60μs

三、技术数据

"satelit+" 提前放电避雷针保护半径，见表 23-1。

表 23-1　ESE 系列避雷针保护半径

satelit+ 针尖高度	不同型号不同安装高度的 satelit+ 避雷针对各类防雷建筑物的保护半径（R_P）								
	h＝高于被保护物的水平高度（m）								
	2	4	6	7	10	15	20	45	60
第 一 类 防 雷 建 筑 物									
ESE2500	17	34	42	43	44	45	45		
ESE4000	24	46	58	59	59	60	60		
ESE5000	28	55	68	69	69	70	70		
ESE6000	32	64	79	79	79	80	80		
第 二 类 防 雷 建 筑 物									
ESE2500	23	45	57	59	61	63	65	70	
ESE4000	30	60	75	76	77	80	81	85	
ESE5000	35	69	86	87	88	90	92	95	
ESE6000	40	78	97	98	99	101	102	105	
第 三 类 防 雷 建 筑 物									
ESE2500	26	52	65	66	69	72	75	84	85
ESE4000	33	66	84	85	87	89	92	99	100
ESE5000	38	76	95	96	98	100	102	110	110
ESE6000	44	87	107	108	109	111	113	120	120

四、外形及安装尺寸

ESE 系列避雷针外形，见图 23-1。

五、生产厂

法国杜尔—海森（DUVAL—MESSIEN）公司，销售总代理：杭州易龙电气技术有限公司智能建筑防雷事业部。

23.1.2 SLE 半导体少长针消雷装置

一、概述

SLE 半导体少长针消雷装置由半导体材料制作的针体能全面抑制上行雷的产生和发展。其特点：

（1）独具的限流能力，可以延缓雷击放电时间、大幅度消减雷电的幅值和陡度，使雷击的二次效应大大减弱。

（2）少长针的独特，合理结构，能在雷电流过大时实现多支少长针自动并联，增加耐雷水平。

（3）气象条件适宜（如无横向来风）时，在雷云地面电场的作用下能产生毫安级至安培级的中和电流，即可大幅度降低雷击发生的概率。

（4）保护范围大，其保护角可以达 80°。

图 23-1　ESE 系列
提前放电避雷
针外形

二、型号含义

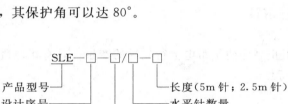

```
          SLE—□—□/□—□
产品型号 ——┘      │  │  └── 长度(5m 针；2.5m 针)
设计序号 ————┘      │  └──── 水平针数量
                  └────── 顶针数量
```

三、技术数据

SLE 半导体少长针消雷装置技术数据，见表 23-2。

表 23-2　SLE 半导少长针消雷装置技术数据

型　号	规　　格	针　数	重　量 （kg）	适用范围
SLE—V—3	500mm×3	3	45	输电线路
SLE—V—4	500mm×4	4	50	输电线路
SLE—V—9	500mm×9	9	95	中层民用建筑
SLE—V—13	500mm×13	13	120	重要保护设施
SLE—V—13/8	500mm×（13/8①）	13+8	120+80	60m 以上铁塔
SLE—V—13/16	500mm×（13/16②）	13+16	120+160	80m 以上铁塔
SLE—V—19	500mm×19	19	160	重要保护设施
SLE—V—19/8	500mm×（19/8①）	19+8	160+80	60m 以上铁塔
SLE—V—19/16	500mm×（19/16②）	19+16	160+160	80m 以上铁塔
SLE—V—25	500mm×25	25	205	重要保护设施

①　建构筑物高于 60m 时，在建构筑物中间增加的水平针数（距地 40～50m 处一层）。

②　建构筑物高于 80m 时，在建构筑物中间增加的水平针数（距地 40～60m 处二层）。

四、外形及安装尺寸

SLE 半导体少长针消雷装置外形及安装尺寸，见图 23-2。

五、生产厂

北京爱劳高科技有限公司。

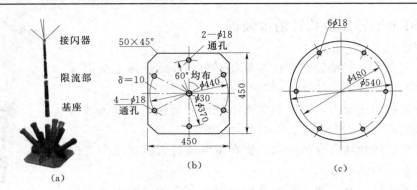

图 23-2 SLE 半导体少长针消雷装置外形及安装尺寸

(a) 外形结构；(b) SLE—V—19 基座底板；(c) SLE—25 基座底板

23.1.3 AR 限流避雷针

一、概述

AR 限流避雷针阻止高层建筑雷电上行先导的产生，具有普通避雷针的引雷作用，并将雷电流导入大地的特点。

该产品特点：

(1) 限制急剧上升的雷击电流，有效降低雷电流幅值和陡度，减少雷电感应引起的二次效应。

(2) 雷电通流能力强。

(3) 自身恢复功能强，寿命长。

(4) 防水，防腐，防污闪。

(5) 可配雷电计数器。

(6) 抗风能力强，可抗 45m/s 的风力。

(7) 安装方便，免维护。

(8) 保护范围以滚球法或折线法确定。

二、型号含义

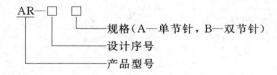

三、技术数据

AR 限流避雷针技术数据，见表 23-3。

表 23-3 AR 限流避雷针技术数据

型 号	总长度 （mm）	直 径 （mm）	重 量 （kg）	限流容量 （kA）	适 用 范 围
AR—ⅠA	2090	62	18.3	150	较重要设施直击雷防护
AR—ⅠB	3690	62	26.7	250	较重要设施直击雷防护
AR—ⅡA	2175	90	27.8	200	重要设施的直击雷防护

型　号	总长度 （mm）	直　径 （mm）	重　量 （kg）	限流容量 （kA）	适 用 范 围
AR—ⅡB	3735	90	39.5	300	重要设施的直击雷防护
AR—ⅢA	1415	51	6.5	100	防雷单元的直击雷防护如卫星接收天线、交通系统的收费站、场外摄像机等

四、外形及安装尺寸

AR 限流避雷针外形及安装尺寸，见图 23－3。

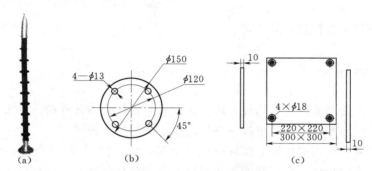

图 23－3　AR 限流避雷针外形及安装尺寸
（a）AR—Ⅲ型外形；（b）AR—ⅢA 基座底盘；（c）AR—Ⅰ、ARⅡ基座底盘

五、生产厂

北京爱劳高科技有限公司。

23.1.4　DXH01—ZU（Ⅰ、Ⅱ、Ⅲ）（TY）型避雷针

一、概述

DXH01—ZUⅠ、DXH01—ZUⅡ、DXH01—ZUⅢ、DXH01—ZTY 型避雷针保护建筑物免受雷击引起火灾事故及人身安全事故。

该产品特点：

（1）具有传统避雷针吸引雷电疏导入地的特长，又能使入地雷电流幅度波长和波头同时降低，使雷击危害减少到最小。

（2）雷电通流大。

（3）衰减倍率高。

（4）造型美观，具有装饰性。

（5）安装维护方便，牢固可靠。

二、技术数据

该系列避雷针技术数据，见表 23－4。

表 23－4　DXH01—ZU（Ⅰ、Ⅱ、Ⅲ）（TY）系列避雷针技术数据

型　　号	DXH01—ZUⅠ	DXH01—ZUⅡ	DXH01—ZUⅢ	DXH01—ZTY
通流容量（kA）	200	300	200	200
陡度衰减倍率（%）	≥33	≥33	≥25	

续表 23 - 4

型 号	DXH01—ZU I	DXH01—ZU II	DXH01—ZU III	DXH01—ZTY
幅值衰减倍率（%）	≥80	≥80	≥60	
电阻（Ω）	5	5	5	5
高度（m）	3	3	2	1.5
重量（kg）	42	45	20	3.2
抗风强度（m/s）	≤40	≤40	≤40	≤40

三、生产厂

株洲普天长江防雷科技有限公司。

23.2　氧化锌避雷器

氧化锌避雷器是当前最先进的过电压保护设备，是传统碳化硅阀式避雷器的升级换代产品，用于保护电力系统中各种电气设备的绝缘免受过电压损坏。

氧化锌避雷器主要由氧化锌非线性电阻片组装而成，具有极高的电阻而呈绝缘状态，有十分优良的非线性特性，在正常的工作电压下仅有几百微安的电流通过。因而，无需采用串联的放电间隙，使结构先进合理，同时可避免传统的碳化硅避雷器因有间隙而存在的放电电压分散性大的弊病。当过电压侵入时，呈现低阻状态，流过电阻片的电流迅速增大，泄放雷电流，使与避雷器并联的电器设备的残压被抑制在设备绝缘安全值以下，释放过电压能量，待有害的过电压消减后又迅速恢复高阻绝缘状态，从而保证了电气设备的正常运行，避雷器设有防爆装置，可防瓷套损坏。

氧化锌避雷器与传统的碳化硅避雷器相比，具有响应迅速、陡波特性好、残压低、通流容量大、无续流、结构简单、重量轻、可靠性高、耐污秽能力强、维护简便等特点，零部件减少 40%～50%，重量减轻 50%～60%，保护性能改善了 10%～15%，放大容量增大了 30%～40%。

额定电压在 96kV 以下的氧化锌避雷器采用圆饼状电阻片，96kV 及以上的避雷器采用环状电阻片，中间用绝缘棒固定。500kV 氧化锌避雷器为了改善电压分布还带有均压电容器。配电型氧化锌避雷器采用简单间隙与圆饼状电阻片串联组成，用弹簧压紧固定。高压型及防污型氧化锌避雷器，在普通型无间隙氧化锌避雷器基础上增加了内外绝缘，加大爬距，可适用于海拔 3500m 以下或 II 级以上污秽场所。阻波器专用的氧化锌避雷器，是采用非磁性材料，选用适当电容值的电阻片组装而成的新型、高可靠产品。

直流系统用金属氧化物避雷器有带串联间隙和无间隙的，在舟山 100kV 直流系统下及许多地铁直流系统中应用。

氧化锌避雷器分为无间隙氧化锌避雷器和有间隙氧化锌避雷器，技术性能符合 GB 11032—89《交流无间隙金属氧化物避雷器》、JB 4093—85《交流无间隙金属氧化物避雷器》、IEC 99—4 的标准。

23.2.1 3~500kV 交流无间隙瓷壳式氧化锌避雷器

一、概述

额定电压 3~500kV 交流无间隙瓷壳式氧化锌避雷器，用于保护交流输变电设备免受大气过电压和操作过电压损害的重要保护电器，适用于户内、户外。

二、使用条件

(1) 交流系统额定频率（Hz）：48~62。

(2) 海拔（m）：≤1000。

(3) 最大风速（m/s）：<35。

(4) 环境温度（℃）：−40~+40。

(5) 地震烈度（度）：<8。

(6) 太阳光最大辐射强度（kW/m²）：1.1。

对于使用在异常条件下的避雷器，有高原型、耐污型和抗震型产品。

高原型使用于海拔超过 1000m 的高海拔地区；

耐污型爬电比距不小于 25mm/kV，等值附盐密度为 ≥0.03mg/cm²（重污秽地区）；

抗震型使用于地震烈度 8 度以上。

3~500kV 交流无间隙壳式氧化锌避雷器分类，见表 23-5。

表 23-5 3~500kV 交流无间隙瓷壳式氧化锌避雷器分类

保护对象	电压等级 （kV）	产品型号	标称电流 （kA）	备 注
3~500kV 电站或线路	500	Y10W5—420~468	10	爬电比距 27.5mm/kV，有耐污型、抗震型
		Y20W5—420~468	20	
	330	Y10W5—288~330	10	爬电比距 31mm/kV、25mm/kV，有耐污型、高原型
	220	Y10W5—192~228	10	爬电比距 31mm/kV、25mm/kV，有高原型、耐污型和普通型
		Y5W5—192~228	5	
	110	Y10W5—96~126	10	爬电比距 31mm/kV、25mm/kV，有高原型、耐污型和普通型
		Y5W5—96~126	5	
	66	Y10W5—84~94	10	爬电比距 31mm/kV、25mm/kV，有高原型、耐污型和普通型
		Y5W5—84~94	5	
	35	Y10W5—51~55	10	爬电比距大于 31mm/kV，有耐污型、高原型
		Y5W5—51~55	5	
	3~10	Y5W5—5~17	5	
110~500kV 变压器 中性点	500	Y1.5W5—96~132	1.5	
	330	Y1.5W5—204~210	1.5	
	220	Y1.5W5—144~146	1.5	
	110	Y1.5W5—55~73	1.5	

保护对象	电压等级 (kV)	产品型号	标称电流 (kA)	备　　注
并联 电容器组	35	Y5WR5—48～54	5	2ms 方波电流 400～2000A，爬电比距大于 25mm/kV
		Y10WR5—48～54	10	
	3～10	Y5WR5—5～17	5	2ms 方波电流 400～1000A
电气化铁道	55	Y10WT5—82～84	10	2ms 方波电流 400～600A
		Y5WT5—82～84	5	
	27.5	Y10WT5—41～42	10	
		Y5WT5—41～42	5	

注　1. 330kV 交流用氧化锌避雷器最高海拔 3000m。
　　2. 220kV 交流用氧化锌避雷器最高海拔 3000m。
　　3. 110kV 交流用氧化锌避雷器最高海拔 4300m。
　　4. 3～500kV 交流用氧化锌避雷器全部为单柱式结构，不采用多柱式电阻片并联的方式。
　　5. 110～500kV 交流用氧化锌避雷器分为普通充氮型、微正压充氮型及微正压充 SF₆ 型。
　　6. 35～500kV 交流用氧化锌避雷器的绝缘底座为整体瓷底座。

三、型号含义

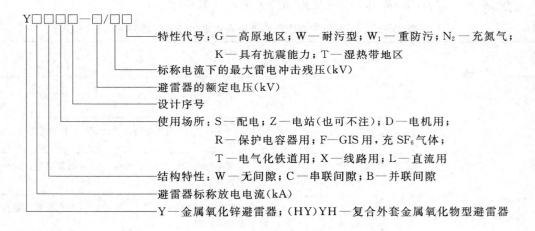

特性代号：G—高原地区；W—耐污型；W₁—重防污；N₂—充氮气；
　　　　　K—具有抗震能力；T—湿热带地区
标称电流下的最大雷电冲击残压(kV)
避雷器的额定电压(kV)
设计序号
使用场所：S—配电；Z—电站(也可不注)；D—电机用；
　　　　　R—保护电容器用；F—GIS用，充 SF₆ 气体；
　　　　　T—电气化铁道用；X—线路用；L—直流用
结构特性：W—无间隙；C—串联间隙；B—并联间隙
避雷器标称放电电流(kA)
Y—金属氧化锌避雷器；(HY)YH—复合外套金属氧化物型避雷器

四、特点

1. 优异的保护特性

无间隙氧化锌避雷器由于采用了非线性伏—安特性十分优异的氧化锌电阻片、陡波、雷电波、操作波下的保护特性比传统的碳化硅避雷器均有显著的改善。特别是氧化锌电阻片良好的陡波响应特性，对陡波电压无迟延、操作残压低、无放电分散性等优点，克服了碳化硅避雷器所固有的因陡波放电迟延引起陡波放电电压高，操作波放电分散性大，致使操作波放电电压高等缺点，从而增大了陡波、操作波下的保护裕度，在绝缘配合方面可以做到陡波、雷电波、操作波下的保护裕度接近一致，对设备提供最佳保护，提高了保护可靠性。

2. 大的通流能力

氧化锌避雷器具有吸收各种雷电过电压、操作过电压和工频暂态过电压能力。

(1) 4/10μs 大电流冲击耐受能力。氧化锌电阻片的大电流冲击耐受能力，在引进技术的基础上有改进和提高。不同标称放电电流等级产品的大电流冲击耐受能力为：

20、10kA 氧化锌避雷器：100kA；

5kA 氧化锌避雷器：65～100kA。

(2) 线路放电等级和 2ms 方波通流能力。氧化锌避雷器能够吸收切空载长线过电压或重合闸过电压线路所释放的能量，其能力大小规定用线路放电等级和 2ms 方波电流表征。Y5W5、Y10W5、Y20W5 系列氧化锌避雷器，其吸收过电压能量的能力，见表 23-6。

表 23-6 Y5W5、Y10W5、Y20W5 系列吸收过电压能量能力

系统电压等级 (kV)	产品型号	线路放电等级				能量吸收 (kJ/kV)	2ms 方波 20 次 (A)
		等级	波阻抗 (Ω)	电流持续时间 (μs)	充电电压 (kV)		
110～220	Y5W5 Y10W5	2～3	$1.3U_r$	2400	$2.8U_r$	6.3	600～800
330	Y10W5	4	$0.8U_r$	2800	$2.6U_r$	9	1000
500	Y10W5	5	$0.5U_r$	3200	$2.4U_r$	13.4	1500
	Y20W5	5	$0.5U_r$	3200	$2.4U_r$	15	2000

注 U_r 为避雷器额定电压。

(3) 暂态过电压耐受能力。由于系统单相接地、长线电容效应以及甩负荷引起的工频暂态过电压升高，要求避雷器具有一定的耐受能力，见表 23-7。

表 23-7 避雷器工频暂态过电压耐受能力

电压等级 (kV)	500	330	110～220	35～66 中性点非有效接地系统
工频暂态过电压耐受时间特性	注入二次线路放电等级能量负载后： $1.3U_r$ $1.2U_r$ $1.15U_r$ $1.1U_r$ $1.0U_r$ 0.1s 1s 10s 100s 1200s			大电流冲击后： U_r 2h U_c 24h

注 U_r 为避雷器额定电压。

(4) 良好的耐污性能。氧化锌避雷器由于采用了无间隙结构，瓷套表面的污秽对避雷器性能的影响（如使碳化硅避雷器的间隙放电电压降低，遮断性能变坏等）相应减少。

避雷器瓷套最小公称爬电比距（爬电距离与系统最高线电压之比）为：

无明显污秽地区：17mm/kV；

中等污秽地区：20mm/kV；

重污秽地区：25mm/kV；

特重污秽地区：31mm/kV。

对耐污型产品，执行 GB 11032《交流无间隙金属氧化物避雷器》标准，耐污性能见表 23-8。

表 23-8　氧化锌避雷器耐污性能

电压等级 (kV)	产品型号①	爬电比距 (mm/kV)	耐污能力 (mg/cm²)②	压力释放试验电流值	
				大电流 (kA)	小电流 (A)
35	Y5W5 Y10W5—48~55	35		16	
110~220	Y5W5 Y10W5—192~228GW	25 31	0.03~0.06	50	800
330	Y10W5—228~330GW	25 31	0.03	50	
500	Y10W5—420~468W Y20W5—420~468W	27.5	0.06 可带电水冲洗	63	

① 产品型号包括各种使用场所。
② 等值附盐密度。

(5) 独特的压力释放装置。35kV 及以上等级氧化锌避雷器带有压力释放装置。压力释放装置由隔弧筒、放压板和压力释放排气口组成。隔弧筒避免电弧直接烧灼瓷壁，能有效地防止电弧的热冲击引起瓷套碎裂；放压板保证动作可靠，及时排除内部压力；排气口使得电弧从内部很快转移到外部，在瓷套外形成电弧短接。

(6) 高的运行可靠性。

(7) 氧化锌电阻片的老化特性。各种电压等级的氧化锌避雷器采用的氧化锌电阻片均通过 115℃、1000h、荷电率 85%~95% 的老化试验，性能稳定，功耗随时间增长基本保持稳定略有下降。

(8) 避雷器元件的密封性能。避雷器元件采用气密性好、恒定压缩永久变形小的优质橡胶作为密封材料，采用控制密封圈压缩量和增涂密封胶等措施，确保密封可靠。35kV 及以上电压等级的产品漏率小于 4.43×10^{-5} Pa。

(9) 独特、新颖的微正压自封阀结构。对于 110~500kV 氧化锌避雷器增加了自封阀结构。产品内部充以微正压的高纯度干燥氮气或 SF_6 气体，杜绝了潮气浸入。

(10) 机械强度。3~500kV 氧化锌避雷器的芯体采用单柱结构，氧化锌电阻片用绝缘棒固定，结构简单，牢固可靠。使用在地震烈度 7 度及以下地区的避雷器，瓷套抗弯应力大于导线拉力和风力之和，具有 2.5 倍以上的裕度；使用在地震烈度 7 度以上的避雷器，除满足上述要求外，瓷套的抗弯应力对于地震力具有 1.67 倍的裕度。

500kV 氧化锌避雷器标准型可以耐受 8 度地震烈度，抗震型产品可以耐受 9 度地震烈度。

各种型号产品的安全系数，见表 23-9。

表 23-9 氧化锌避雷器安全系数

型号	导线水平拉力 (N)	风力 (35m/s)N	安全系数	型号	导线水平拉力 (N)	风力 (35m/s)N	安全系数
Y5W5 ——48～55 Y10W5	294	80	18	Y5W5 ——288～330 Y10W5	980	609	4.0
Y5W5 ——96～126 Y10W5	490	199	22	Y10W5 ——420～468 Y20W5	1470	1309	3.0
Y5W5 ——192～228 Y10W5	980	440	5.0				

五、结构

该产品由基本元件、均压环（额定电压 192kV 及以上产品）、绝缘底座组成。基本元件内部由氧化锌电阻片串联组成，不同电压等级的避雷器选用规格不同的电阻片。方波电流 400A 及以下的避雷器采用圆饼状电阻片，方波电流 400A 以上避雷器采用环状电阻片，均用绝缘棒固定。500kV 氧化锌避雷器为改善电压分布，还带有均压电容器。

六、技术数据

3～500kV 电力系统用交流无间隙氧化锌避雷器的性能完全符合国标 GB 11032 及 IEC 60099—4《交流无间隙金属氧化物避雷器》、XC/JT 8001《3～500kV 交流无间隙金属氧化物避雷器技术条件》。

（1）3～500kV 电站型和线路型无间隙瓷氧化锌避雷器的技术数据，见表 23-10～表 23-14。

表 23-10 3～500kV 电站型和线路型无间隙瓷氧化锌避雷器技术数据

型号	避雷器额定电压	系统额定电压	避雷器持续运行电压	直流参考电压 ≥	2ms方波电流 ≥	线路放电等级	陡波冲击电流残压	雷电冲击电流残压	操作冲击电流残压	备注	生产厂
	有效值，kV			(kV)	(A)		≤（峰值，kV)				
Y5WS5—5/15	5	3	4.0	7.5	100		17.3	15	12.8		
Y5WZ5—5/13.5	5	3	4.0	7.5	150		15.5	13.5	11.5		
Y5WS5—10/30	10	6	8.0	15.0	100		34.6	30	25.6		
Y5WZ5—10/27	10	6	8.0	15.0	150		31.0	27	23.0		
Y5WS5—17/50	17	10	13.6	25.0	100		57.5	50	42.5	操作冲击电流250A	
Y5WZ5—17/48	17	10	13.6	25.0	150		55.5	48	41.0		
Y5WZ5—17/45	17	10	13.6	24.0	150		51.8*	45	38.3		中国西电集团西安西电高压电瓷有限责任公司
Y5WZ5—17/44	17	10	13.6	24.0	150		50.5	44	37.5		
Y5W5—51/134	51	35	40.8	73.0	400		154	134	114		
Y5W5—51/130	51	35	40.8	73.0	400		150	130	112		
Y5W5—51/125	51	35	40.8	73.0	400		145	125	110		
Y5W5—52.7/134	52.7	35	42.4	76.0	400		154	134	114	操作冲击电流500A	
Y5W5—52.7/130	52.7	35	42.4	74.0	400		150	130	112		
Y5W5—52.7/125	52.7	35	42.4	73.0	400		145	125	110		
Y5W5—54/134	54	35	43.2	76.0	400		154	134	114		
Y5W5—54/130	54	35	43.2	74.0	400		150	130	112		
Y5W5—54/125	54	35	43.2	73.0	400		145	125	110		

型 号	避雷器额定电压	系统额定电压	避雷器持续运行电压	直流参考电压 ≥	2ms方波电流 ≥	线路放电等级	陡波冲击电流残压	雷电冲击电流残压	操作冲击电流残压	备注	生产厂
	有效值，kV			(kV)	(A)		≤ （峰值，kV）				
Y5W5—84/215	84	63	67.2	122	600		245	215	181		
Y5W5—84/221	84	63	67.2	121	600		254	221	188		
Y5W5—90/235	90	63	72.5	130	600		270	235	201		
Y5W5—90/224	90	63	72.5	128	600		258	224	190		
Y5W5—94/234	94	63	75.2	134	600		270	234	198		
Y5W5—96/250	96	110	75	140	600		288	250	213	操作冲击电流1kA	
Y5W5—100/260	100	110	78 ·	145	600		299	260	221		
Y5W5—102/266	102	110	79.6	148	600		305	266	226		
Y5W5—108/281	108	110	84	157	600		323	281	239		
Y5W5—116/302	116	110	90	168	600		338	302	256		
Y5W5—192/500	192	220	150	280	600		560	500	426		
Y5W5—200/520	200	220	156	290	600		582	520	442		
Y5W5—204/532	204	220	159	296	600		594	532	452		
Y5W5—216/562	216	220	168.5	314	600		630	562	478		中国西电集团西安西电高压电瓷有限责任公司
Y5W5—228/593	228	220	178	336	600		665	593	502		
Y10W5—51/134	51	35	40.8	73	400		154	134	114		
Y10W5—51/130	51	35	40.8	73	400		150	130	112		
Y10W5—51/125	51	35	40.8	73	600		144	125	110	操作冲击电流500A	
Y10W5—52.7/134	52.7	35	42.2	75	400		154	134	114		
Y10W5—52.7/130	52.7	35	42.2	75	400		144	130	113		
Y10W5—52.7/125	52.7	35	42.2	75	600		144	125	110		
Y10W5—54/134	54	35	43.2	76	600		154	134	114		
Y10W5—54/130	54	35	43.2	76	600		144	130	113		
Y10W5—84/215	84	63	67.2	122	600	2	245	215	181	操作冲击电流1kA	
Y10W5—90/224	90	63	72.5	128	600	2	248	224	190		
Y10W5—90/235	90	63	72.5	130	600	2	264	235	201		
Y10W5—94/234	94	63	75.5	133	600	2	270	234	198		
Y10W5—96/250	96	110	75.0	140	600	2	280	250	213	操作冲击电流1kA	
Y10W5—100/260	100	110	78.0	145	600	2	291	260	221		
Y10W5—102/266	102	110	79.6	148	600	2	297	266	226		
Y10W5—108/281	108	110	84.0	157	600	2	315	281	239		
Y10W5—116/302	116	110	90.0	168	600	2	338	302	257		
Y10W5—126/328	126	110	98.0	183	600	2	367	328	279		

型　　号	避雷器额定电压	系统额定电压	避雷器持续运行电压	直流参考电压 ≥ (kV)	2ms方波电流 ≥ (A)	线路放电等级	陡波冲击电流残压	雷电冲击电流残压	操作冲击电流残压	备注	生产厂
	有效值，kV			(kV)	(A)		≤ (峰值，kV)				
Y10W5—192/500	192	220	150.0	280	800	3	560	500	426	操作冲击电流1kA	
Y10W5—200/520	200	220	156.0	290	800	3	582	520	442		
Y10W5—204/532	204	220	159.0	296	800	3	594	532	452		
Y10W5—216/562	216	220	168.5	314	800	3	630	562	478		
Y10W5—288/698	288	330	219.0	408	1000	4	782	698	893		
Y10W5—300/727	300	330	228.0	425	1000	4	814	727	618		
Y10W5—306/742	306	330	233.0	433	1000	4	831	742	630		
Y10W5—312/760	312	330	237.0	442	1000	4	847	760	643		
Y10W5—324/789	324	330	246.0	459	1000	4	880	789	668		中国西电集团西安西电高压电瓷有限责任公司
Y10W5—420/960	420	500	318	565	1500	5	1075	960	852		
Y10W5—420/950	420	500	318	565	1500	5	1064	950	843		
Y10W5—444/1015	444	500	324	597	1500	5	1137	1015	900		
Y10W5—444/995	444	500	324	597	1500	5	1115	995	882		
Y10W5—468/1070	468	500	330	630	1500	5	1198	1070	950	操作冲击电流2kA	
Y10W5—468/1046	468	500	330	630	1500	5	1170	1046	928		
Y20W5—200/566	200	220	152.0	304	1200	4	634	566	464		
Y20W5—420/1006	420	500	318	565	2000	5	1067	1006	826		
Y20W5—420/1046	420	500	318	565	2000	5	1070	1046	830		
Y20W5—420/1066	420	500	318	565	2000	5	1096	1066	832		
Y20W5—444/1050	444	500	324	597	2000	5	1126	1050	874		
Y20W5—444/1063	444	500	324	597	2000	5	1159	1063	882		
Y20W5—444/1106	444	500	324	597	2000	5	1238	1106	907		
Y20W5—468/1120	468	500	330	630	2000	5	1222	1120	926		
Y20W5—468/1166	468	500	330	630	2000	5	1306	1166	956		

表 23-11　3～500kV 电站型和线路型无间隙瓷氧化锌避雷器技术数据

系统额定电压 (kV)	型　号	持续运行电压 (kV)	残压≤ (kV)			直流 1mA 参考电压 ≥ (kV)	工频参考电压 (阻性 1mA) ≥ (kV)	2mm 方波 (A)	生产厂
			1/4	8/20	30/60				
6	Y5WZ—7.6/24	4	27	24	20.4	13.7	8.8	200，400	西安电瓷研究所
	Y5WZ—7.6/26	4	30	26	22.1	14.4	9	200，400	
	Y5WZ—7.6/27	4	31	27	23	15	10.3	200，400	
10	Y5WZ—12.7/42	6.6	48	42	35.7	24	15.5	200，400	
	Y5WZ—12.7/45	6.6	51.8	45	38.3	24	16	200，400	

系统额定电压 (kV)	型 号	持续运行电压 (kV)	残压 ≤ (kV)			直流 1mA 参考电压 ≥ (kV)	工频参考电压 (阻性 1mA) ≥ (kV)	2mm 方波 (A)	生产厂
			1/4	8/20	30/60				
35	Y5W—41/115	23.4	133	115	98	66	42	400	
	Y5W—41/130	23.4	150	130	110	73	46	400	
	Y5W—42/122	23.4	140	122	104	66	42	400	
	Y5W—42/134	23.4	154	134	114	73	46	400	
	Y5W—45/135	23.4	155	135	115	70	45	400	
110	Y5W—96/238	73	262	238	202	140	96	600, 800	
	Y5W—100/260	73	299	260	221	145	100	600, 800	
	Y5W—108/281	73	314	281	239	156	108	600, 800	
	Y5W—126/332	73	382	332	282	214	134	600, 800	
	Y10W—96/238	73	262	238	202	140	96	600, 800	
	Y10W—100/248	73	273	248	211	145	100	600, 800	
	Y10W—100/260	73	291	260	221	145	100	600, 800	
	Y10W—102/255	73	282	255	217	148	102	600, 800	
	Y10W—108/268	73	295	268	228	156	108	600, 800	
220	Y5W—192/476	146	524	476	404	280	192	600, 800	西安电瓷研究所
	Y5W—200/520	146	598	520	442	290	200	600, 800	
	Y5W—216/562	146	628	562	478	314	216	600, 800	
	Y5W—228/593	146	663	593	504	331	228	600, 800	
	Y10W—192/476	146	524	476	404	280	192	600, 800	
	Y10W—200/496	146	546	496	422	290	200	600, 800	
	Y10W—200/520	146	582	520	442	290	200	600, 800	
	Y10W—204/515	146	564	515	438	296	204	600, 800	
	Y10W—216/536	146	590	536	456	314	216	600, 800	
	Y10W—228/565	146	622	565	480	331	228	600, 800	
330	Y10W—288/698	210	782	689	593	408	280	1200	
	Y10W—300/727	215	814	727	618	424	291	1200	
	Y10W—312/756	220	847	756	643	441	302	1200	
500	Y10W—420/960	318	1075	960	852	565	420 (3mA)	1800, 2400	
	Y10W—444/965	324	1080	965	854	597	420 (3mA)	1800, 2400	
	Y10W—468/1070	330	1198	1070	950	630	430 (3mA)	1800, 2400	
6	Y5WZ—10/27	8	31	27	23	14.4	9	200, 400	
10	Y5WZ—17/45	13.6	51.8	45	38.3	24	16	200, 400	
35	Y5WZ—51/134	40.8	154	134	114	73	48	400	

系统额定电压 (kV)	型 号	持续运行电压 (kV)	残压≤ (kV)			直流1mA参考电压 ≥ (kV)	工频参考电压 (阻性1mA) ≥ (kV)	2mm方波 (A)	生产厂
			1/4	8/20	30/60				
66	Y5W—84/221	67.2	254	221	188	121	84	600，800	
	Y5W—90/235	72.5	270	235	201	130	90	600，800	
	Y10W—90/235	72.5	264	235	201	130	90	600，800	
110	Y5W—96/250	75	288	250	213	140	96	600，800	
	Y10W—96/250	75	280	250	213	140	96	600，800	
	Y5W—100/260	78	299	260	221	145	100	600，800	
	Y10W—100/260	78	291	260	221	145	100	600，800	
	Y5W—102/266	79.6	305	266	226	148	102	600，800	
	Y10W—102/266	79.6	297	266	226	148	102	600，800	
	Y5W—108/281	84	323	281	239	157	108	600，800	西安电瓷研究所
	Y10W—108/281	84	315	281	239	157	108	600，800	
220	Y10W—192/500	150	560	500	426	280	192	600，800	
	Y10W—200/520	156	582	520	442	290	200	600，800	
	Y10W—204/532	159	594	532	452	296	204	600，800	
	Y10W—216/562	168.5	630	562	478	314	216	600，800	
330	Y10W—288/698	219	782	698	593	408	280	1200	
	Y10W—300/727	228	814	727	618	425	291	1200	
	Y10W—312/760	237	847	760	643	442	302	1200	
500	Y10W—420/960	318	1075	960	852	565	420（3mA）	1800，2400	
	Y20W—420/1046	318	1170	1046	858	565	420（3mA）	1800，2400	
	Y10W—444/1015	324	1137	1015	900	597	444（3mA）	1800，2400	
	Y20W—444/1106	324	1238	1106	907	597	444（3mA）	1800，2400	

表 23-12 3～500kV 电站型和线路型无间隙瓷氧化锌避雷器技术数据

型 号	系统标称电压	避雷器额定电压	避雷器持续运行电压	直流1mA参考电压 ≥ (kV)	2ms方波通流容量 (A)	雷电冲击电流下残压	陡波冲击电流下残压	操作冲击电流下残压	伞径 φ (mm)	高度 H (mm)	生产厂
	有效值，kV					≤（峰值，kV）					
Y5WZ—5/13.5	3	5	4	7.2	150	13.5	15.5	11.5	95	208	
Y5WZ—10/27	6	10	8	14.4	150	27	31	23	95	208	
Y5WZ—12/32.4	10	12	9.6	17.4	150	32.4	37.2	27.6	95	255	西安神电电器有限公司
Y5WZ—15/40.5	10	15	12	21.8	150	40.5	46.5	34.5	95	255	
Y5WZ—17/45	10	17	13.6	24.0	150	45	51.8	38.3	95	255	
Y5WZ—51/134	35	51	40.8	73	150	134	154	114	240 215	1030 650	

续表 23-12

型　号	系统标称电压	避雷器额定电压	避雷器持续运行电压	直流1mA参考电压	2ms方波通流容量(A)	雷电冲击电流下残压	陡波冲击电流下残压	操作冲击电流下残压	伞径φ(mm)	高度H(mm)	生产厂
	有效值，kV			≥ (kV)	(A)	≤（峰值，kV）			(mm)	(mm)	
Y5WZ—84/221	66	84	67.2	121	600	221	254	188	252	1210	
Y5WZ—90/235	66	90	72.5	130	600	235	270	201	252	1210	
Y10WZ—90/235	66	90	72.5	130	600	235	264	201	252	1210	
Y5WZ—96/250	110	96	75	140	600	250	288	213	308	1800	
Y10WZ—96/250	110	96	75	140	600	250	280	213	308	1800	
Y5WZ—100/260	110	100	78	145	600	260	299	221	308	1800	
Y10WZ—100/260	110	100	78	145	600	260	291	221	308	1800	西安神电电器有限公司
Y5WZ—102/266	110	102	79.6	148	600	266	305	226	308	1800	
Y10WZ—102/266	110	102	79.6	148	600	266	297	226	308	1800	
Y5WZ—108/281	110	108	84	157	600	281	323	239	308	1800	
Y10WZ—108/281	110	108	84	157	600	281	315	239	308	1800	
Y10WZ—192/500	220	192	150	280	800	500	560	426	308	3210	
Y10WZ—200/520	220	200	156	290	800	520	582	442	308	3210	
Y10WZ—204/532	220	204	159	296	800	532	594	452	308	3210	
Y10WZ—216/562	220	216	168.5	314	800	562	630	478	308	3210	
Y5WZ—17/45	10	17	13.6	24	150	45	51.8	38.3	89	340	紫金集团南京紫金电力保护设备有限公司

表 23-13　电站型、线路型瓷外套无间隙瓷氧化锌避雷器技术数据

型　号	系统标称电压	避雷器额定电压	持续运行电压	直流1mA参考电压	最大残压（峰值，kV）			电流冲击耐受			备注	生产厂
					陡波冲击电流下1/5μs	雷电冲击电流下8/20μs	操作冲击电流下30/60μs	2000μs方波电流（峰值，A）	8/20μs冲击电流(kA)	4/10μs冲击电流（峰值，kA）		
	有效值，kV			≥ (kV)								
Y1.5W—0.28/1.30	0.22	0.28	0.24	0.60		1.30		50	1.5	10	低压	
Y1.5W—0.50/2.6	0.38	0.50	0.42	1.20		2.60		50	1.5	10		武汉博大科技集团随州避雷器有限公司
Y5WZ—7.6/27	6	7.6	4.0	14.4	31	27	23	300	5	65		
Y5WZ—10/27	6	10	8	15	31	27	23	300	5	65		
Y5WZ—12.7/45	10	12.7	6.6	24	51.8	45	38.3	300	5	65	电站型(Z)	
Y5WZ—17/45	10	17	13.6	25	51.8	45	38.3	300	5	65		
Y5WZ—42/134	35	42	23.4	73	154	134	114	400	5	65		
Y5WZ—51/134	35	51	40.8	76	154	134	114	400	5	65		

型号	系统标称电压	避雷器额定电压	持续运行电压	直流1mA参考电压≥ (kV)	最大残压（峰值，kV）陡波冲击电流下 1/5μs	雷电冲击电流下 8/20μs	操作冲击电流下 30/60μs	电流冲击耐受 2000μs方波电流（峰值，A）	8/20μs冲击电流（kA）	4/10μs冲击电流（峰值，kA）	备注	生产厂
	有效值，kV											
Y5W—96/250	110	96	75	140	280	250	213	400	5	65		
Y5W—100/260	110	100	78	145	299	260	221	600	5	65		
Y5W—108/281	110	108	84.2	157	323	281	239	600	5	65		
Y10W—100/260	110	100	78	145	291	260	221	600	10	100		
Y10W—108/281	110	108	84	157	315	281	239	600	10	100	电站型（Z）	武汉博大科技集团随州避雷器有限公司
Y10W—200/520	220	200	156	290	582	520	442	800	10	100		
Y10W—216/562	220	216	168.4	314	630	562	478	800	10	100		
Y10W—300/727	330	300	228	425	814	727	618	1200	10	100		
Y10W—444/1015	500	444	324	597	1137	1015	900	1500	10	100		
Y20W—468/1166	500	468	330	630	1306	1166	956	2000	20	100		
Y10WX—17/60	10	17	13.6	28	64	60		18/40μs 10kA	8/20μs 20kA	100	线路型（X）	
Y10WX—51/170	35	51	40.8	80	185	170						

表 23-14　电站型、线路型瓷外套无间隙瓷氧化锌避雷器技术数据

型号	避雷器额定电压	系统额定电压	持续运行电压	直流参考电压≥ (kV)	操作冲击电流残压	雷电冲击电流残压	陡波冲击电流残压	2ms方波通流容量（A）	4/10μs大电流冲击耐受（kA）	标称爬电距离（mm）	生产厂
	有效值，kV			(kV)	残压≤kVP						
Y20W—420/1046	420	500	335	588	858	1046	1170	1800	150	15120	
Y20W—444/1095	444	500	335	628	900	1095	1192	1800	150	15120	
Y20W—468/1153	468	500	375	655	950	1153	1270	1800	150	15120	
Y20W—420/1006	420	500	335	588	832	1006	1096	2000	150	15120	
Y20W—444/1063	444	500	355	628	896	1063	1159	2000	150	15120	河南金冠王码信息产业股份有限公司、南阳氧化锌避雷器厂
Y20W—468/1120	468	500	375	655	926	1120	1222	2000	150	15120	
Y10W—420/960	420	500	335	588	852	960	1075	1500，2000	100	15120	
Y10W—444/1015	444	500	355	628	900	1015	1137	1500，2000	100	15120	
Y10W—468/1070	468	500	375	655	950	1070	1198	1500，2000	100	15120	
Y10W—192/500	192	220	150	280	426	500	560	800	100	5480	
Y10W—200/496	200	220	156	290	414	496	555	800	100	5480	
Y10W—200/520	200	220	156	290	442	520	582	800	100	5480	

型　号	避雷器额定电压	系统额定电压	持续运行电压	直流参考电压 ≥	操作冲击电流残压	雷电冲击电流残压	陡波冲击电流残压	2ms 方波通流容量（A）	4/10μs 大电流冲击耐受（kA）	标称爬电距离（mm）	生产厂
	有效值，kV			(kV)	残压≤kVₚ						
Y10W—204/520	204	220	159	296	442	520	582	800	100	5480	
Y10W—204/532	204	220	159	296	452	532	594	800	100	5480	
Y10W—216/536	216	220	168.5	314	456	536	616	800	100	5480	
Y10W—216/540	216	220	168.5	314	460	540	620	800	100	5480	
Y10W—216/562	216	220	168.5	314	478	562	630	800	100	5480	
Y10W—192/500W	192	220	150	280	426	500	560	800	100	6400	
Y10W—200/496W	200	220	156	290	414	496	555	800	100	6400	
Y10W—200/520W	200	220	156	290	442	520	582	800	100	6400	
Y10W—204/520W	204	220	159	296	442	520	582	800	100	6400	
Y10W—204/532W	204	220	159	296	452	532	594	800	100	6400	河南金冠王码信息产业股份有限公司、南阳氧化锌避雷器厂
Y10W—216/536W	216	220	168.5	314	456	536	616	800	100	6400	
Y10W—216/540W	216	220	168.5	314	460	540	620	800	100	6400	
Y10W—216/562W	216	220	168.5	314	478	562	630	800	100	6400	
Y10W—192/500W	192	220	150	280	426	500	560	800	100	8540	
Y10W—200/496W	200	220	156	290	414	496	555	800	100	8540	
Y10W—200/520W	200	220	156	290	442	520	582	800	100	8540	
Y10W—204/520W	204	220	159	296	442	520	582	800	100	8540	
Y10W—204/532W	204	220	159	296	452	532	594	800	100	8540	
Y10W—216/536W	216	220	168.5	314	456	536	616	800	100	8540	
Y10W—216/540W	216	220	168.5	314	460	540	620	800	100	8540	
Y10W—216/562W	216	220	168.5	314	478	562	630	800	100	8540	
Y10W—96/250	96	110	75	140	213	250	280	600，800	100	2740	
Y10W—100/248	100	110	78	145	211	248	273	600，800	100	2740	

型号	避雷器额定电压	系统额定电压	持续运行电压	直流参考电压≥	操作冲击电流残压	雷电冲击电流残压	陡波冲击电流残压	2ms方波通流容量(A)	4/10μs大电流冲击耐受(kA)	标称爬电距离(mm)	生产厂
	有效值,kV			(kV)	残压≤kV$_P$						
Y10W—100/260	100	110	78	145	221	260	291	600，800	100	2740	
Y10W—102/260	102	110	80	148	221	260	291	600，800	100	2740	
Y10W—102/266	102	110	80	148	226	266	297	600，800	100	2740	
Y10W—108/268	108	110	84	157	227	268	300	600，800	100	2740	
Y10W—108/281	108	110	84	157	239	281	315	600，800	100	2740	
Y10W—96/250W	96	110	75	140	213	250	280	600，800	100	3200	
Y10W—100/248W	100	110	78	145	211	248	273	600，800	100	3200	
Y10W—100/260W	100	110	78	145	221	260	291	600，800	100	3200	河南金冠王码信息产业股份有限公司、南阳氧化锌避雷器厂
Y10W—102/260W	102	110	80	148	221	260	291	600，800	100	3200	
Y10W—102/266W	102	110	80	148	226	266	297	600，800	100	3200	
Y10W—108/268W	108	110	84	157	227	268	300	600，800	100	3200	
Y10W—108/281W	108	110	84	157	239	281	315	600，800	100	3200	
Y10W—96/250W1	96	110	75	140	213	250	280	600，800	100	4270	
Y10W—100/248W1	100	110	78	145	211	248	273	600，800	100	4270	
Y10W—100/260W1	100	110	78	145	221	260	291	600，800	100	4270	
Y10W—102/260W1	102	110	80	148	221	260	291	600，800	100	4270	
Y10W—102/266W1	102	110	80	148	226	266	297	600，800	100	4270	
Y10W—108/268W1	108	110	84	157	227	268	300	600，800	100	4270	
Y10W—108/281W1	108	110	84	157	239	281	315	600，800	100	4270	

型号	避雷器额定电压	系统额定电压	持续运行电压	直流参考电压≥	2ms方波冲击电流(峰值)≥(A)	操作冲击电流残压	雷电冲击电流残压	陡波冲击电流残压	避雷器爬电比距(mm/kV)	重量(kg)	备注	生产厂
	有效值,kV			(kV)		≤（kV）						
Y1.5W—0.5/2.6	0.5	0.38	0.42	1.2	150		2.6		32	1	低压	
Y1.5W—0.28/1.3	0.28	0.22	0.24	0.6	150		1.3		32	1		
Y20W—468/1100	468	500	369	630	2500	956	1100		25	1688		北京电力设备总厂电器厂
Y20W—444/1060	444	500	353	597	2500	907	1060		25	1688		
Y20W—420/1005	420	500	331	565	2500	858	1005		25	1688		
Y20W—396/968	396	500	318	532	2500	808	986		25	1688	电站型	
Y10W—468/1045	468	500	369	630	1500	950	1045		25	1688		
Y10W—444/1015	444	500	353	597	1500	900	1015		25	1688		
Y10W—420/958	420	500	331	565	1500	852	958		25	1688		

续表 23-14

型 号	避雷器额定电压	系统额定电压	持续运行电压	直流参考电压 ≥	2ms方波冲击电流（峰值）≥	操作冲击电流残压	雷电冲击电流残压	陡波冲击电流残压	避雷器爬电比距	重量	备注	生产厂
	有效值，kV			(kV)	(A)	≤（kV）			(mm/kV)	(kg)		
Y10W—396/905	396	500	318	532	1500	804	905		25	1688		
Y10W—324/789	324	330	246	459	1500	668	789		25	700		
Y10W—312/760	312	330	237	442	1500	643	760		25	700		
Y10W—306/742	306	330	233	433	1500	630	742		25	700		
Y10W—300/727	300	330	228	425	1500	618	727		25	700		
Y10W—288/698	288	330	219	408	1500	593	698		25	700		
Y10W—216/562	216	220	169	314	600	478	562		25	340		
Y10W—204/532	204	220	159	296	600	452	532		25	340		
Y10W—200/520	200	220	156	290	600	442	520		25	340		
Y10W—192/500	192	220	150	280	600	426	500		25	340	电	北京电力设备总厂电器厂
Y10W—108/281	108	110	84	157	600	239	281		25	180		
Y10W—102/266	102	110	80	148	600	226	266		25	180		
Y10W—100/260	100	110	78	145	600	221	260		25	180		
Y10W—96/250	96	110	75	140	600	213	250		25	180	站	
Y10W—90/235	90	66	73	130	600	201	235		25	180		
Y5W—108/281	108	110	84	157	600	239	281		25	180		
Y5W—108/268	108	110	84	157	600	235	268		25	180		
Y5W—102/266	102	110	80	148	600	226	266		25	180	型	
Y5W—100/260	100	110	78	145	600	221	260		25	180		
Y5W—96/250	96	110	75	140	600	213	250		25	180		
Y5W—90/235	90	66	73	130	600	201	235		25	180		
Y5W—84/221	84	66	67.5	121	600	188	221		25	180		
Y5WZ—51/134	51	35	40.8	73	200	114	134		25	45		
Y5WZ—17/45	17	10	13.6	24	200	38.3	45		25	12		
Y5WZ—15/40.5	15	10	12	21.8	200	34.5	40.5		25	10		
Y5WZ—12/32.4	12	10	9.6	17.4	200	27.6	32.4		25	9		
Y5WZ—10/27	10	6	8	14.4	200	23	27		25	7		
Y5WZ—5/13.5	5	3	4	7.2	200	11.5	13.5		25	5		
Y1.5W—0.28/1.3	0.28	0.22	0.24	0.6	75		1.3				低	汉光电子集团电力电器公司
Y1.5W—0.5/2.6	0.5	0.38	0.42	1.2	75		2.6				压	
Y5WZ—3.8/13.5	3.8	3	2.0	7.2	200		13.5	14.5			电站	
Y5WZ—7.6/27	7.6	6	4.0	14.4	200		27	31			型	

续表 23 - 14

型 号	避雷器额定电压	系统额定电压	持续运行电压	直流参考电压 ≥	2ms方波冲击电流(峰值) ≥ (A)	操作冲击电流残压	雷电冲击电流残压	陡波冲击电流残压	避雷器爬电比距(mm/kV)	重量(kg)	备注	生产厂
	有效值，kV			(kV)		≤ (kV)			kV			
Y5WZ—10/27	10	6	8.0	14.4	200		27	31				
Y5WZ—12.7/45	12.7	10	6.6	24	200		45	51.8				汉光电子集团电力电器公司
Y5WZ—17/45	17	10	13.6	24	200		45	51.8				
Y5WZ—42/134	42	35	23.4	73	400		134	154				
Y5WZ—51/134	51	35	40.8	73	400		134	154				
Y5WZ—100/260	100	110	78	145	400，600		260	291			电站型	
Y5WE—100/260	100	110	78	145	600，800		260	291				
Y10WZ—100/260	100	110	73	148	600		260					
Y5WZ—51/134	51	35	40.8	75	400～500		134					
Y10WZ—90/235	90	66	72.5	130	800		235					宁波市镇海国创高压电器有限公司
Y10WZ—96/250	96	110	75	140	800		250					
Y10WZ—100/260	100	110	78	145	800		260					
Y10WZ—102/260	102	110	79.6	148	800		260					
Y10WZ—108/281	108	110	84	157	800		281					
Y10WZ—192/500	192	220	150	280	800		500					
Y10WZ—200/520	200	220	156	290	800		520					
Y10WZ—204/532	204	220	159	296	800		532					
Y10WZ—216/562	216	220	168.5	314	800		562					

型 号	避雷器额定电压	系统额定电压	持续运行电压	直流1mA参考电压 ≥	2ms方波通流容量 (A)	操作冲击电流残压	雷电冲击电流残压	陡波冲击电流残压	4/10μs冲击大电流2次(峰值) (kA)	爬电距离 (mm)	生产厂
	有效值，kV			(kV)		≤ (kV)					
Y10W2—96/250	96	110	75	140	400，600	213	250	280	100	3780	
Y10W2—96/250N₂	96	110	75	140	400，600	213	250	280	100	3780	
Y10W2—96/238	96	110	75	140	400，600	202	238	262	100	3780	
Y10W2—96/238N₂	96	110	75	140	400，600	202	238	262	100	3780	
Y10W2—100/260	100	110	78	145	400，600	221	260	291	100	3780	上海电瓷厂
Y10W2—100/260N₂	100	110	78	145	400，600	221	260	291	100	3780	
Y10W2—100/248	100	110	78	145	400，600	211	248	273	100	3780	
Y10W2—100/248N₂	100	110	78	145	400，600	211	248	273	100	3780	
Y10W2—102/266	102	110	79.6	148	400，600	226	266	297	100	3780	
Y10W2—102/266N₂	102	110	79.6	148	400，600	226	266	297	100	3780	

型　　号	避雷器额定电压	系统额定电压	持续运行电压	直流1mA参考电压 ≥	2ms方波通流容量（A）	操作冲击电流残压	雷电冲击电流残压	陡波冲击电流残压	4/10μs冲击大电流2次（峰值）（kA）	爬电距离（mm）	生产厂
	有效值，kV			（kV）		≤（kV）					
Y10W2—102/253	102	110	79.6	148	400，600	215	253	278	100	3780	
Y10W2—102/253N₂	102	110	79.6	148	400，600	215	253	278	100	3780	
Y10W2—108/281	108	110	84	157	400，600	239	281	315	100	3780	
Y10W2—108/281N₂	108	110	84	157	400，600	239	281	315	100	3780	
Y10W2—108/268	108	110	84	157	400，600	228	268	295	100	3780	
Y10W2—108/268N₂	108	110	84	157	400，600	228	268	295	100	3780	
Y10W2—192/500	192	220	150	280	600，800	426	500	560	100	7560	
Y10W2—192/500N₂	192	220	150	280	600，800	426	500	560	100	7560	
Y10W2—192/476	192	220	150	280	600，800	404	476	524	100	7560	
Y10W2—192/476N₂	192	220	150	280	600，800	404	476	524	100	7560	
Y10W2—200/520	200	220	156	290	600，800	442	520	582	100	7560	
Y10W2—200/520N₂	200	220	156	290	600，800	442	520	582	100	7560	
Y10W2—200/496	200	220	156	290	600，800	422	496	546	100	7560	
Y10W2—200/496N₂	200	220	156	290	600，800	422	496	546	100	7560	
Y10W2—204/532	204	220	159	296	600，800	452	532	594	100	7560	
Y10W2—204/532N₂	204	220	159	296	600，800	452	532	594	100	7560	上海电瓷厂
Y10W2—204/506	204	220	159	296		430	506	556	100	7560	
Y10W2—204/506N₂	204	220	159	296		430	506	556	100	7560	
Y10W2—216/562	216	220	168.5	314	600	478	562	630	100	7560	
Y10W2—216/562N₂	216	220	168.5	314	800	478	562	630	100	7560	
Y10W2—216/536	216	220	168.5	314		456	536	590	100	7560	
Y10W2—216/536N₂	216	220	168.5	314		456	536	590	100	7560	
Y5WZ2—5/13.5	5	3	4	7.2	150	11.5（250）	13.5	15.5	40，65	134	
Y5W—5/13.5	5	3	4	7.2	200，300，400	11.5（250）	13.5	15.5	65	134	
Y5WZ2—10/27	10	6	8	14.4	150	23（250）	27	31	40，65	200	
Y5W—10/27	10	6	8	14.4	200，300，400	23（250）	27	31	65	200	
Y5WZ2—17/45	17	10	13.6	24	150	38.3（250）	27	51.8	40，65	300	
Y5W—17/45	17	10	13.6	24	200，300，400	35	27	51.8	65	300	

型 号	避雷器额定电压	系统额定电压	持续运行电压	直流1mA参考电压≥	2ms方波通流容量(A)	操作冲击电流残压	雷电冲击电流残压	陡波冲击电流残压	4/10μs冲击大电流2次(峰值)(kA)	爬电距离(mm)	生产厂
	有效值，kV			(kV)	(A)	≤(kV)			(kA)	(mm)	
Y5WZ2—51/134	51	35	40.8	73	200	114(250)	134	154	65	891 1313 (W)	上海电瓷厂
Y5WZ2—84/221	84	66	67.2	121	400	188(250)	221	254	65	1782 2626 (W)	
Y5WZ2—90/235	90	66	72.5	130		201	235	270	65		
Y5W—96/250	96	110	75	140	500	213	250	288	65	2712 3244 (W)	
Y5W—100/260	100	110	78	145	600	221	260	299	65		
Y5W—102/266	102	110	79.6	148		226	266	305	65		
Y5W—108/281	108	110	84	157		239	281	323	65		
Y5W—51/126	51	35	40.8	73	200 300 400	102(250)	126	145	65	891 1313 (W)	
Y5W—52.7/134	52.7	35	42	74.5		114(250)	134	154	65		
Y5W—52.7/126	52.7	35	42	74.5		102(250)	126	145	65		

型 号	避雷器额定电压	系统额定电压	持续运行电压	直流1mA参考电压≥	2ms方波电流冲击耐受(A)	操作冲击电流残压	雷电冲击电流残压	陡波冲击电流残压	爬电距离(mm)	重量(kg)	生产厂
	有效值，kV			(kV)	(A)	≤(kV)			(mm)	(kg)	
Y5WZ2—5/13.5	5	3	4.0	7.2	200	11.5	13.5	15.5	200	3	牡丹江电业局避雷器厂
Y5WZ2—10/27	10	6	8.0	14.4	200	23.0	27	31.0	250	4	
Y5WZ2—17/45	17	10	13.6	24.0	200	38.3	45	51.8	330	4	
Y5WZ2—51/134W	51	35	40.8	73.0	300	114.0	134	154.0	1790	65	
Y5WZ2—51/134	51	35	40/8	73.0	300	114.0	134	154.0	940	65	
Y5WZ2—84/221W	84	66	67.2	121	500	188	221	254	1980	144	
Y5WZ2—84/221W	84	66	67.2	121	500	188	221	254	1790	144	
Y5WZ2—90/235W	90	66	72.5	130	500	201	235	270	1980	150	
Y10WZ2—90/235W	90	66	72.5	130	500	201	235	264	1980	150	
Y5WZ2—90/235W	90	66	72.5	130	500	201	235	270	1790	150	
Y10WZ2—90/235W	90	66	72.5	130	500	201	235	264	1790	150	
Y5WZ2—96/250W	96	66	75	140	500	213	250	288	1980	156	
Y10WZ2—96/250W	96	66	75	140	500	213	250	280	1980	156	

型　号	避雷器额定电压	系统额定电压	持续运行电压	直流1mA参考电压≥	2ms方波电流冲击耐受(A)	操作冲击电流残压	雷电冲击电流残压	陡波冲击电流残压	爬电距离(mm)	重量(kg)	生产厂
	有效值，kV			(kV)	(A)	≤ (kV)					
Y5WZ2—96/250W	96	66	75	140	500	213	250	280	1790	156	
Y5WZ2—100/260W①	100	110	78	145	500～600	221	260	299	3270	174	
Y5WZ2—100/260W①	100	110	78	145	500～600	221	260	291	3270	174	
Y5WZ2—102/266W	102	110	79.6	148	500～600	226	266	305	3270	174	
Y10WZ2—102/266W	102	110	79.6	148	500～600	226	266	297	3270	174	牡丹江电业局避雷器厂
Y5WZ2—108/281W	108	110	84	157	500～600	239	281	323	3270	174	
Y10WZ2—108/281W	108	110	84	157	500～600	239	281	315	3270	174	
Y10WZ2—192/500W	192	192	150	280		426	500	560	6540	348	
Y10WZ2—200/520W①	200	200	156	290		442	520	582	6540	348	
Y10WZ2—204/532W	204	204	159	296		452	532	594	6540	348	
Y10WZ2—216/562W	216	216	168.5	314		478	562	630	6540	348	

注　操作冲击电流残压一栏中括号内的数值为该产品的操作冲击电流值，未注括号为500A。
①　过渡产品。

（2）变压器中性点保护用瓷氧化锌避雷器。Y1W、Y1.5W系列氧化锌避雷器是用于保护110、220、300、500kV变压器中性点绝级免受过电压损坏的保护电器，克服了过去传统避雷器的保护不能与中性点绝缘相配合的缺点，可实现最佳保护，技术数据见表23-15、表23-16。

表23-15　变压器中性点保护用瓷氧化锌避雷器技术数据

型　号	变压器额定电压	避雷器额定电压	避雷器持续运行电压	雷电冲击电流残压	操作冲击电流残余	直流参考电压≤	2ms方波电流≥	4/10μs冲击大电流2次(峰值,kA)	爬电距离(mm)	外形尺寸(mm)(宽×高)	生产厂
	有效值，kV			≤（峰值，kV）		(kV)	(A)				
Y1.5W5—55/132	110	55	44	132	126	79	400				
Y1.5W5—60/144	110	60	48	144	135	85	400				
Y1.5W5—72/186	110	72	58	186	174	103	400				西安西电高压电瓷有限责任公司
Y1.5W5—144/320	220	144	116	320	299	205	600				
Y1.5W5—204/440	330	204	164	440	410	288	600				
Y1.5W5—207/440	330	207	166	440	410	292	600				
Y1.5W5—102/260	500	102	82	260	243	150	600				
Y1.5W5—96/260	500	96	77	260	243	137	600				
Y1W—55/151	110	55		151		86	400				西安电瓷研究所
Y1W—60/144	110	60		144		86	400				

续表 23-15

型　　号	变压器额定电压	避雷器额定电压	避雷器持续运行电压	雷电冲击电流残压	操作冲击电流残余	直流参考电压≤（kV）	2ms方波电流≥（A）	4/10μs冲击大电流2次（峰值，kA）	爬电距离（mm）	外形尺寸（mm）（宽×高）	生产厂
	有效值，kV			≤（峰值，kV）							
Y1W—73/200	110	73		200		103	400				
Y1W—146/320	220	146		320		190	400				
Y1W—210/440	330	210		440		270	400				
YW—100/260	500	100		260		152	600				
Y1.5W—30/80	35	30		80		44	400				西安电瓷研究所
Y1.5W—60/144	110	60		144		86	400				
Y1.5W—72/186	110	72		186		105	400				
Y1.5W—144/320	220	144		320		204	400				
Y1.5W—207/440	330	207		440		288	400				
Y1.5W—102/206	500	102		206		155	600				
Y1.5W2—60/114	110	60	48	144	135	85		65	1365 1622（W）	224（240） ×1015	
Y1.5W2—72/186	110	72	58	186	174	103	400 500 600	65	1416 1682（W）	224（240） ×1075	上海电瓷厂
Y1.5W2—96/260	500	96	77	260	243	137		65	2712 3244（W）	224（240） ×1724	
Y1.5W2—144/320	220	144	116	320	299	205		65	2832 3364（W）	224（240） ×1884	

表 23-16　变压器中性点保护用瓷氧化锌避雷器技术数据

型　　号	变压器额定电压	避雷器额定电压	避雷器持续运行电压	雷电冲击电流残压	操作冲击电流残压	直流参考电压≥（kV）	2ms方波电流（A）	伞径φ（mm）	高度H（mm）	重量（kg）	生产厂
	有效值，kV			≤（峰值，kV）							
Y1.5W—60/144	110	60	48	144	135	85	400	240	1170		
Y1.5W—72/186	110	72	58	186	174	103	400	240	1170		西安神电电器有限公司
Y1.5W—96/260	500	96	77	260	243	137	600	252	1210		
Y1.5W—144/320	220	144	116	320	299	205	600	308	1800		
Y1.5W—33/90	35	33	24	90	78	50	400				
Y1.5W—60/144	110	60	48	144	137	85	400				
Y1.5W—72/186	110	72	58	186	174	103	400				武汉博大科技集团随州避雷器有限公司
Y1.5W—96/260	500	96	77	260	243	137	400				
Y1.5W—144/320	220	144	116	320	299	205	400				
Y1.5W—207/440	330	207	166	440	410	292	400				

型　号	变压器额定电压	避雷器额定电压	避雷器持续运行电压	雷电冲击电流残压	操作冲击电流残压	直流参考电压 ≥ (kV)	2ms方波电流 (A)	伞径 ϕ (mm)	高度 H (mm)	重量 (kg)	生产厂
	有效值，kV			≤（峰值，kV)							
Y1.5W—60/144	110	60	48	144		85	135				汉光电子集团汉光电力电器公司
Y1.5W—72/186	110	72	58	186		103	174				
Y1.5W—207/440	330	207	166	440	410	292	400	1070	3040	340	北京电力设备总厂电器厂
Y1.5W—144/320	220	144	116	320	299	205	400	370	1610	180	
Y1.5W—96/260	500	96	77	260	243	137	400	370	1610	175	
Y1.5W—72/186	110	72	58	186	174	103	400	302	1310	80	
Y1.5W—60/144	110	60	48	144	135	85	400	302	1310	75	
Y1.5W—31/85	35	31	24.8	85		52	400	215	920		宁波市镇海国创高压电器有限公司
Y1.5W—60/144	110	60	48	144		85	400	215	920		
Y1.5W—72/186	110	72	58	186		103	400	215	920		
Y1.5W—96/260	500	96	77	260		137	400				
Y1.5W—144/320	220	144	116	320		205	500				
Y1.5W—207/440	330	207	166	440		292	400				
Y1.5W2—60/144W	110	60	48	144	135	85	500	240/210	1070	140	牡丹江电业局避雷器厂
Y1.5W2—72/186W	110	72	58	186	174	103	500	250/220	1320	150	
Y1.5W2—96/260W	220	96	77	260	243	137	500	250/220	1320	156	
Y1.5W2—144/320W	220	144	116	320	299	205	500	300/260	1520	180	

（3）并联补偿电容器组保护用瓷氧化锌避雷器。随着电压等级提高和电网输送容量的增大，为解决无功补偿，提高功率因数，安装电容器组已成为最经济和收效最快的措施。由于调整电压经常切合电容器组，产生的过电压对电容器及其相连设备都易造成损坏，必须用避雷器保护。

传统的碳化硅避雷器在放电瞬间，电容器阻抗为零，避雷器流过高达几千安的电流，将严重烧伤电极或使间隙重燃，导致避雷器损坏。氧化锌避雷器完全不同，由于没有间隙，只要过电压超过直流参考电压，就开始导通，吸收过电压能量，因此对限制投切电容器组的重燃过电压具有明显的抑制效果。

并联补偿电容器组保护用氧化锌避雷器技术数据，见表 23-17、表 23-18。

表 23-17　并联补偿电容器组保护用瓷氧化锌避雷器技术数据

型　号	避雷器额定电压	系统额定电压	避雷器持续运行电压	直流参考电压 ≥	2ms方波电流 ≥	雷电冲击电流残压	操作冲击电流残压	工频参考电压(阻性1mA) ≥	伞径φ	高度H	生产厂
	有效值，kV			(kV)	(A)	≤(峰值，kV)		≥(kV)	(mm)	(mm)	
Y5WR5—5/13.5	5	3	4.0	7.2	400	13.5	10.5				
Y5WR5—10/27	10	6	8.0	14.4	400	27.0	21.0				
Y5WR5—17/46	17	10	13.6	24	400~1000	46	35.0				
Y5WR5—48/134 Y10WR5—48/134	48	35	38.4	70	400~2000	134	105				西安西电高压电瓷有限责任公司
Y5WR5—51/134 Y10WR5—51/134	51	35	40.8	73	400~2000	134	105				
Y5WR5—52.7/134 Y10WR5—52.7/134	52.7	35	42.2	76	400~2000	134	105				
Y5WR5—54/134 Y10WR5—54/134	54	35	43.3	78	400~2000	134	105				
Y5WR—12.7/45	12.7	10	6.6	23	400	45	38.3	16			西安电瓷研究所
Y5WR—42/134	42	35	23.4	70	400	134	114	46			
Y5WR—17/45	17	10	13	24	400	45	35	16			
Y5WR—51/134	51	35	40.8	73	400	134	105	48			
Y5WR—5/13.5	5	3	4.0	7.2	400	13.5	10.5		110	208	
Y5WR—10/27	10	6	8.0	14.4	400	27.0	21.0		110	208	
Y5WR—12/32.4	12	10	9.6	17.4	400	32.4	25.2		110	255	
Y5WR—15/40.5	15	10	12.0	21.8	400	40.5	31.5		110	255	西安神电电器有限公司
Y5WR—17/46	17	10	13.6	24.0	400	46.0	35.0		110	255	
Y5WR—51/134	51	35	40.8	73.0	400	134	105.0		240	1030	
Y5WR—84/221	84	66	67.2	121	400	221	176		252	1210	
Y5WR—90/236	90	66	72.5	130	400	236	190		252	1210	

表 23-18　并联补偿电容器组保护用瓷氧化锌避雷器技术数据

型　号	避雷器额定电压	系统额定电压	避雷器持续运行电压	直流1mA参考电压 ≥	2ms方波电流 ≥	雷电冲击电流残压	操作冲击电流残压	爬电距离	外形尺寸(mm)(宽×高)	生产厂
	有效值，kV			(kV)	(A)	≤(峰值，kV)		(mm)		
Y5WR2—5/13.5	5	3	4	7.2	400	13.5	10.5	134	32×230	
Y5WR2—10/27	10	6	8	14.4	400	27	21	200	132×270	上海电瓷厂
Y5WR2—17/45	17	10	13.6	24	400	45	35	300	132×320	

型　号	避雷器额定电压	系统额定电压	避雷器持续运行电压	直流1mA参考电压	2ms方波电流	雷电冲击电流残压	操作冲击电流残压	爬电距离(mm)	外形尺寸(mm)(宽×高)	生产厂
	有效值，kV			≥（kV）	(A)	≤（峰值，kV）				
Y5WR2—51/134	51	35	40.8	73		134	105	891 1313（W）	327×918	
Y5WR2—84/221	84	66	67.2	121	400 500 600	221	176	1782 2626（W）	327×1563	上海电瓷厂
Y5WR2—90/235	90	66	72.5	130		235	190			
Y5WR2—52.7/126	52.7	35	42	74.5		126	105	891 1313（W）	327×918	
Y5WR—3.8/13.5	3.8	3	2	7.2	400	13.5	14.8			
Y5WR—7.6/27	7.6	6	14.4	14.4	400	27	30.8			
Y5WR—10/27	10	6	8	14.4	400	27	31.0	陡波冲击残压		汉光电子集团汉光电力电器公司
Y5WR—12.7/45	12.7	10	6.6	24	400	45	51			
Y5WR—17/45	17	10	13.6	24	400	45	51			
Y5WR—51/134	51	35	40.5	73	400	134	154			
Y5WR—90/236	90	66	72.5	130	400	236	190	25（32）	370×1610	
Y5WR—84/221	84	66	67.2	121	400	221	176	25（32）	370×1610	
Y5WR—51/134	51	35	40.8	73	400	134	105	爬电比距(mm/kV) 32	φ245×855	北京电力设备总厂电器厂
Y5WR—17/46	17	10	13.6	24	400	46	35	32	φ138×358	
Y5WR—15/40.5	15	10	12	21.8	400	40.5	31.5	32	φ138×358	
Y5WR—12/32.4	12	10	9.6	17.4	400	32.4	25.2	32	φ138×285	
Y5WR—10/27	10	6	8	14.4	400	27	21	32	φ138×285	
Y5WR—5/13.5	5	3	4	7.2	400	13.5	10.5		φ138×250	
Y5WR—51/128	51	35	40.8	75		128				宁波市镇海国创高压电器有限公司
Y5WR—84/221	84	66	67.2	121	400～500	221				
Y5WR—90/236	90	66	72.5	130		236				
Y5WR2—10/27	10	6	8	14.4	500	27	21	260	123×280	
Y5WR2—17/46	17	10	13.6	24	500	46	35	350	123×280	
Y5WR2—51/134W	51	35	40.8	73	500	134	105	1790	240×1220	牡丹江电业局避雷器厂
Y5WR2—90/236W	90	66	72.5	130	500	236	190	1980	250×1320	
Y5WR2—51/134	51	35	40.8	73	500	134	105	1080	240×1080	
Y5WR2—90/236	90	66	72.5	130	500	234	190	1380	250×1380	

（4）电气化铁道保护用瓷氧化锌避雷器技术数据，见表23-19。

表 23-19 电气化铁道保护用瓷氧化锌避雷器技术数据

型 号	避雷器额定电压	系统额定电压	避雷器持续运行电压	直流参考电压 ≥	2ms方波电流 ≥	陡波冲击电流残压	雷电冲击电流残压	操作冲击电流残压	伞径 φ (mm)	高度 H (mm)	生产厂
	有效值，kV			(kV)	(A)	≤（峰值，kV）					
Y5WT5—42/120	42	27.5	34	65	400	138	120	98			
Y5WT5—41/115	41	27.5	32.8	65	400	133	115	94			
Y5WT5—84/240	84	55	68	130	400	276	240	196			西安西电高压电瓷有限责任公司
Y5WT5—82/230	82	55	65.6	128	400	266	230	188			
Y10WT5—42/120	42	27.5	34	65	400	138	120	98			
Y10WT5—41/115	41	27.5	32.8	65	400	133	115	94			
Y10WT5—84/240	84	55	68	130	400	276	240	196			
Y10WT5—82/230	82	55	65.6	128	400	266	230	188			
Y5WT—42/110	42	27.5	31.5	60	400	127	110	94			
Y5WT—42/120	42	27.5	34	65	400	138	120	98			
Y5WT—42/128	42	27.5	31.5	65	400	147	128	109			
Y5WT—42/140	42	27.5	31.5	65	400	157	140	119			
Y5WT—84/240	84	55	63	125	400	276	240	204			
Y5WT—84/240	84	55	68	130	400	276	240	196			西安电瓷研究所
Y10WT—84/260	84	55	63	125	400	291	260	221			
Y5WT—100/260	100	110	73	145	600	291	260	221			
Y5WT—100/275	100	110	73	150	400	316	275	234			
Y10WT—100/290	100	110	73	145	600	325	295	247			
Y10WT—100/295	100	110	73	150	400	330	295	251			
Y10WT—42/105	42	27.5	31.5	58	400	118	105	89			
Y5WT—42/120	42	27.5	34	65	400	138	120	98	240	1030	西安神电电器有限公司
Y5WT—84/240	84	55	68	130	400	276	240	196	252	1210	
Y5WT—42/120	42	27.5	34	65	400	138	120	98			武汉博大科技集团随州电器有限公司
Y5WT—84/240	84	55	68	130	400	276	240	196			
Y5WT—42/120	42	27.5	34	65	600	138	120	98			
Y5WT—84/240	84	55	68	130	600	276	240	196			
Y5WT—84/240	84	55	68	130	400		240	196	203	1250	北京电力设备总厂电器厂
Y5WT—42/120	42	27.5	34	65	400		120	98	130 (135)	665 (586)	
Y5WT2—42/120	42	27.5	34	65	400	138	120	98	327	918	上海电瓷厂
Y5WT2—84/240	84	55	68	13	400, 500, 600	276	240	196	327	1563	

型 号	避雷器额定电压	系统额定电压	避雷器持续运行电压	直流参考电压 ≥	2ms方波电流 ≥	陡波冲击电流残压	雷电冲击电流残压	操作冲击电流残压	伞径 φ (mm)	高度 H (mm)	生产厂
	有效值，kV			(kV)	(A)	≤（峰值，kV）					
Y5WT—42/120	42	27.5	34	65	400		120				宁波市镇海国创高压电器有限公司
Y5WT—84/240	84	55	68	130	400		240				

（5）配电用无间隙瓷氧化锌避雷器技术数据，见表 23-20。

表 23-20 配电用无间隙瓷氧化锌避雷器技术数据

型 号	系统额定电压	避雷器额定电压	避雷器持续运行电压	直流1mA参考电压 ≥	2ms方波通流容量	雷电冲击电流下残压	陡波冲击电流下残压	操作冲击电流下残压	伞径 φ (mm)	高度 H (mm)	生产厂
	有效值，kV			(kV)	(A)	≤（峰值，kV）					
Y5WS—5/15	3	5	4	7.5	100	15.0	17.3	12.8	88	215	西安神电电器有限公司
Y5WS—10/30	6	10	8	15	100	30.0	34.6	25.6	88	215	
Y5WS—12/38.8	10	12	9.6	18	100	35.8	41.2	30.6	88	255	
Y5WS—15/45.6	10	15	12	23	100	45.6	52.5	39.0	88	255	
Y5WS—17/50	10	17	13.6	25	100	50	57.5	42.5	88	255	
Y5WS—7.6/30	6	7.6	4	15	100	34.5	30	25.6			武汉博大科技集团随州避雷器有限公司
Y5WS—10/30	6	10	8	16	100	34.5	30	25.6			
Y5WS—12.7/50	10	12.7	6.6	25	100	57.5	50	42.5			
Y5WS—17/50	10	17	13.6	26	100	57.5	50	42.5			
Y5WS—3.8/17	3	3.8	2	7.5	100	17	19.6				汉光电子集团汉光电力电器公司
Y5WS—7.6/30	6	7.6	4	15	100	30	34.5				
Y5WS—10/30	6	10	8	15	100	30	34.5				
Y5WS—12.4/50	10	12.4	6.6	25	100	50	57.5				
Y5WS—17/50	10	17	13.6	25	100	50	57.5				
Y5WS—17/50	10	17	13.6	25	150	50		42.5	138	358	北京电力设备总厂电器厂
Y5WS—15/45	10	15	12	23	150	45		39	138	358	
Y5WS—12/36	10	12	9.6	18	150	36		30.6	138	285	
Y5WS—10/30	6	10	8	15	150	30		25.6	138	285	
Y5WS—5/15	3	5	4	7.5	150	15		12.8	138	250	
Y5WS2—5/15	3	5	4	7.5	75 / 100	15	17.3	12.8	111	267	上海电瓷厂
Y5WS2—10/30	6	10	8	15		30	34.6	25.6	111	267	
Y5WS2—17/50	10	17	13.6	25		50	57.5	42.5	111	318	

续表 23-20

型 号	系统额定电压	避雷器额定电压	避雷器持续运行电压	直流1mA参考电压 ≥	2ms方波通流容量	雷电冲击电流下残压	陡波冲击电流下残压	操作冲击电流下残压	伞径φ(mm)	高度H(mm)	生产厂
	有效值，kV			(kV)	(A)	≤（峰值，kV）					
Y5WS2—5/15	3	5	4	7.5	100	15.0	17.3	12.8	80	240	牡丹江电业局避雷器厂
Y5WS2—10/30	6	10	8	15	100	30.0	34.6	25.6	80	280	
Y5WS2—17/50	10	17	13.6	25	100	50.0	57.5	42.5	80	320	

（6）电机用无间隙瓷氧化锌避雷器技术数据，见表23-21。

表 23-21 电机用无间隙瓷氧化锌避雷器技术数据

型 号	电机额定电压	避雷器额定电压	避雷器持续运行电压	直流1mA参考电压 ≥	2ms方波通流容量	雷电冲击电流下残压	陡波冲击电流下残压	操作冲击电流下残压	伞径φ(mm)	高度H(mm)	备注	生产厂
	有效值，kV			(kV)	(A)	≤（峰值，kV）						
Y2.5WD—4/9.5	3.15	4	3.2	5.7	400	9.5	10.7	7.6	110	208	电动机用	
Y2.5WD—8/18.7	6.3	8	6.3	11.2	400	18.7	21.0	15.0	110	208		
Y2.5WD—13.5/31	10.5	13.5	10.5	18.6	400	31	34.7	25.0	110	255		
Y2.5WD—4/9.5	3.15	4	3.2	5.7	400	9.5	10.7	7.6	110	208	发电机用	西安神电电器有限公司
Y2.5WD—8/18.7	6.3	8	6.3	11.2	400	18.7	21.0	15.0	110	208		
Y2.5WD—13.5/31	10.5	13.5	10.5	18.6	400	31	34.7	25.0	110	255		
Y2.5WD—17.5/40	13.8	17.5	13.8	24.4	400	40	44.8	32.0	110	255		
Y2.5WD—20/45	15.75	20	15.8	28.0	400	45	50.4	36.0	110	255		
Y2.5WD—23/51	18	23	18	31.9	400	51	57.2	40.8	110	335		
Y2.5WD—25/56.2	20	25	20	35.4	400	56.2	62.9	45.0	110	335		
Y2.5W—3.8/9.5		3.8	2	5.6	200 400	9.5	10.9	7.6			电动机、发电机用	
Y2.5W—7.6/19		7.6	4	11.5		19	21.9	15				
Y2.5W—12.7/31		12.7	6.6	18.9		31	35.7	25				
Y2.5W—16.7/40		16.7	9	24.8		40	46	32				
Y2.5W—19/45		19	10	28.2		45	51.8	36				
Y5W—4/9.5	3.15	4	3.2	5.7	400	9.5	10.7	7.6			发电机用	西安电瓷研究所
Y5W—8/18.7	6.3	8	6.3	11.2		18.7	21	15				
Y5W—13.5/31	10.5	13.5	10.5	18.6		31	34.7	25				
Y5W—17.5/40	13.8	17.5	13.8	24.4		40	44.8	32				
Y5W—20/45	15.75	20	15.8	28		45	50.4	36				
Y5W—23/51	18	23	18.0	31.9		51	57.2	40.8				
Y5W—25/56.2	20	25	20.0	35.4		56.2	62.9	45.0				

续表 23－21

型　号	电机额定电压	避雷器额定电压	避雷器持续运行电压	直流1mA参考电压≥	2ms方波通流容量(A)	雷电冲击电流下残压	陡波冲击电流下残压	操作冲击电流下残压	伞径φ(mm)	高度H(mm)	备注	生产厂
	有效值，kV			(kV)	(A)	≤（峰值，kV）						
Y2.5W—4/9.5	3.15	4	3.2	5.7		9.5	10.7	7.6			电动机用	西安电瓷研究所
Y2.5W—8/18.7	6.3	8	6.3	11.2	200 400	18.7	21	15				
Y2.5W—13.5/31	10.5	13.5	10.5	18.6		31	34.7	25				
Y2.5WD—3.8/9.5	3	3.8	2.0	5.7	400	9.5	10.7				旋转电机	汉光电子集团汉光电力电器公司
Y2.5WD—7.6/19	6	7.6	4.0	11.2	400	19	21.9					
Y2.5WD—12.7/31	10	12.7	6.6	18.6	400	31	35.7					
Y5W—25/56.2	20	25	20	35.4	400	56.2		45	138	455	电动机、发电机用	北京电力设备总厂电器厂
Y5W—23/51	18	23	18	31.9	400	51		40.8	138	455		
Y5W—20/45	15.75	20	15.8	28	400	45		36	138	358		
Y5W—17.5/40	13.8	17.5	13.8	24.4	400	40		32	138	358		
Y5W—13.5/31	10.5	13.5	10.5	19.6	400	31		25	138	285		
Y5W—8/18.7	6.3	8	6.3	11.2	400	18.7		15	138	285		
Y5W—4/9.5	3.15	4	3.2	5.7	400	9.5		7.6	138	250		
Y2.5W—13.5/31	10.5	13.5	10.5	18.6	400	31		25	138	285		
Y2.5W—8/18.7	6.3	8	6.3	11.2	400	18.7		15	138	285		
Y2.5W—4/9.5	3.15	4	3.2	5.7	400	9.5		7.6	138	250		
Y2.5W2—4/9.5	3.15	4	3.2	5.7	200 300 400	9.5	10.7	7.6	132	230	电动机用	上海电瓷厂
Y2.5W2—8/18.7	6.3	8	6.3	11.2		18.7	21	15	132	270		
Y2.5W2—13.5/31	10.5	13.5	10.5	18.6		31	34.7	25	132	320		
Y2.5W2—4/9.5	3.15	4	3.2	5.7	200	9.5	10.7	7.6	123	250	电动机用	牡丹江电业局避雷器厂
Y2.5W2—8/18.7	6.3	8	6.3	11.2	200	18.7	21.0	15.0	123	280		
Y2.5W2—13.5/31	10.5	13.5	10.5	18.6	200	31	34.7	25.0	123	320		

（7）电机中性点用无间隙瓷氧化锌避雷器技术数据，见表 23－22。

表 23－22　电机中性点用无间隙瓷氧化锌避雷器技术数据

型　号	电机额定电压	避雷器额定电压	避雷器持续运行电压	直流1mA参考电压≥	2ms方波通流容量(A)	雷电冲击电流下残压	陡波冲击电流下残压	操作冲击电流下残压	伞径φ(mm)	高度H(mm)	生产厂
	有效值，kV			(kV)	(A)	≤（峰值，kV）					
Y1.5W—2.4/6	3.5	2.4	1.9	3.4	400	6		5.0	110	208	西安神电电器有限公司
Y1.5W—4.8/12	6.3	4.8	3.8	6.8	400	12		10.0	110		

型　号	电机额定电压	避雷器额定电压	避雷器持续运行电压	直流1mA参考电压≥	2ms方波通流容量	雷电冲击电流下残压	陡波冲击电流下残压	操作冲击电流下残压	伞径φ(mm)	高度H(mm)	生产厂
	有效值，kV			(kV)	(A)	≤（峰值，kV）					
Y1.5W—8/19	10.5	8	6.4	11.4	400	19		15.9	110	208	
Y1.5W—10.5/23	13.8	10.5	8.4	14.9	400	23		19.2	110	208	西安神电电器有限公司
Y1.5W—12/26	15.75	12	9.6	17	400	26		21.6	110	208	
Y1.5W—13.7/29.2	18	13.7	11.0	19.5	400	29.2		24.3	110	255	
Y1.5W—15.2/31.7	20	15.2	12.2	21.6	400	31.7		26.4	110	255	
Y1W—2.3/6		2.3		3.4	200 400	6	6				
Y1W—4.6/12		4.6		6.9		12	12				西安电瓷研究所
Y1W—7.6/19		7.6		11.5		19	19				
Y1.5W—2.4/6	3.2	2.4	1.9	3.4	200 400	6		5			
Y1.5W—4.8/12	6.3	4.8	3.8	7.1		12		10			
Y1.5W—8/19	10.5	8	6.4	11.4		19		15.9			
Y1.5W—2.4/6	3.2	2.4	1.9	3.4		6					汉光电子集团汉光电力电器公司
Y1.5W—4.8/12	6.3	4.8	3.8	6.8		12					
Y1.5W—8/19	10.5	8	6.4	11.4		19					
Y1.5W—15.2/31.7	20	15.2	12.2	21.6	200	31.7		26.4	138	358	
Y1.5W—13.7/29.2	18	13.7	11	19.5	200	29.2		24.3	138	285	
Y1.5W—12/26	15.75	12	9.6	17	200	26		21.6	138	285	北京电力设备总厂电器厂
Y1.5W—10.5/23	13.8	10.5	8.4	14.9	200	23		19.2	138	285	
Y1.5W—8/19	10.5	8	6.4	11.4	200	19		15.9	138	285	
Y1.5W—4.8/12	6.3	4.8	3.8	6.8	200	12		10	138	250	
Y1.5W—2.4/6	3.15	2.4	1.9	3.4	200	6		5	110	240	
Y1.5W2—2.4/6	3.15	2.4	1.9	3.4	200 300 400	6		5	132	230	
Y1.5W2—4.8/12	6.3	4.8	3.8	6.8		12		10	132	270	上海电瓷厂
Y1.5W2—8/19	10.5	8	6.4	11.4		19		15.9	132	320	
Y1.5W2—2.4/6	3.15	2.4	1.9	3.4	200	6		5.0	123	280	
Y1.5W2—4.8/12	6.3	4.8	3.8	6.8	300	12		10.0	123	280	牡丹江电业局避雷器厂
Y1.5W2—8/19	10.5	8	6.4	11.4	300	19		15.9	123	280	

（8）静止补偿装置用成套瓷金属氧化物避雷器。

对于静止补偿装置35kV母线，TCR支路，滤波电容器组2、3、4、5支路，以及FC支路中性点保护用的成套金属氧化物避雷器技术数据，见表23-23。

表 23-23 静止补偿装置用成套瓷金属氧化物避雷器技术数据

型 号	系统额定电压（kV）	持续运行电压（kV）	残压≤（kVₚ）8/20	直流 1mA 参考电压≥（kV）	工频参考电压（阻性 1mA）≥（kV）	2ms 方波（A）	生产厂
Y0.5WR—45/106	35	41.26	106	76.4	45	600	
Y0.5WR—45/110	35	38.8	110	76.3	45	1200	
Y0.5WR—42/98.7	35	34.8	98.7	69.6	42	600	西安电瓷研究所
Y0.5WR—36/81.6	35	28.36	81.6	56.64	36	600	
Y0.5WR—42/92	35	23	92	60	42	600	
Y0.5WR—24/56.2	35		56.2	37.8	24	600	

（9）三相组合式瓷金属氧化物避雷器。为了保护由于真空开关切合而产生的相间及相地操作过电压而设计的 Y0.1W—51/127×51/140 组合式避雷器和为了保护旋转电机而设计的 Y0.5W—17/45×2 组合式避雷器，一台三相组合式可以替代六台普通型避雷器使用，典型的技术数据，见表 23-24。

表 23-24 三相组合式瓷金属氧化物避雷器

型 号	系统额定电压（kV）	连接方式	持续运行电压（kV）	残压 8/20（kVₚ）		直流 1mA 参考电压≥（kV）	工频参考电压（阻性 1mA）≥（kV）	2ms 方波（A）	生产厂
				0.1kA	0.5kA				
Y0.5W—17/45×2	10	相—相	13.6	42	45	28	17	200	
		相—地	13.6	42	45	28	17	200	
Y0.1W—51/127×51/140	35	相—相	41	140	154	102	65	400	西安电瓷研究所
		相—地	41	127	143	92.5	58	400	
		上部单元	24	70	77	51	33.5	400	
		下部单元	24	57	66	41.5	28.3	600	
Y0.5W—51/143×51/154	35	相—相	41	140	154	102	65	400	
		相—地	41	127	143	92.5	58	400	
		上部单元	24	70	77	51	33.5	400	
		下部单元	24	57	66	41.5	28.3	600	

七、外形及安装尺寸

3～500kV 交流无间隙瓷壳式氧化锌避雷器外形及安装尺寸，见表 23-25～表 23-27及图 23-4。

表 23-25（1）　无间隙瓷氧化避雷器外形及安装尺寸　　　　　单位：mm

型号	元件高度 h2	大伞外径 φa3	小伞外径 φa2	瓷件杆径 φa1	均压环外径 K	均压环下沉 L	元件数量(节)	爬电距离(mm)	使用海拔高度(m)	参考重量(kg)	产品总高 H	底座高度 h1	底座螺栓规格	备注	生产厂
Y5W5，Y10W5 —51~55	766 802	215		135			1	1556 1664	2000 3000	78 84	969 1009	182 182	M12 ×60	2ms方波 400A	
Y5W5，Y10W5 —96~126W	1428	310	280	180			1	3150	3000	194	1704	252	M16 ×80	2ms方波 600A	
Y5W5，Y10W5 —96~126WG	1559	310	280	180			1	3906	3000	210	1835	252	M16 ×80	2ms方波 600A	
Y5W5，Y10W5 —192~216W	1428	310	280	180	850	360	2	6300	3000	400	3138	252	M16 ×80	2ms方波 800A	
Y5W5，Y10W5 —192~216WG	1559	310	280	180	850	360	2	7812	3000	415	3400	252	M16 ×80	2ms方波 800A	
Y5W5，Y10W5 —192~216WG	2624	320	290	190	1260	734	1	6300	3000	435	2981	314	M24 ×100	2ms方波 800A	西安西电高压电瓷有限责任公司
Y10W5— 288~330WG	1694	351	311	205	1120	735	2	9075	3000	580	3820	314	M24 ×100	2ms方波 1000A	
Y10W5— 288~330WG	1824	365	335	205	1120	735	2	11253	3000	630	4080	314	M24 ×100	2ms方波 1000A	
Y10W5 —420~468W	1695	398	368	260	1500	862	3	15125	3000	1276	5659	382	M24 ×120	2ms方波 1500A	
Y20W5 —420~468W	1760	482	452	320	1500	862	3	15125	2000	1565	5856	384	M27 ×120	2ms方波 2000A	
Y1.5W5 —55~73	802	275	245	135			1	2263	3000	75	1005	182	M12 ×60	2ms方波 400A	
Y1.5W5 —96~132	1559	280		180			1	3150	3000	200	1835	252	M16 ×80	2ms方波 600A	
Y1.5W5 —144~146	1559	280		180			1	3150	3000	230	1835	252	M16 ×80	2ms方波 600A	
Y1.5W5 —204~210	1559	280		180	850	360	1	6300	3000	400	3400	252	M16 ×80	2ms方波 800A	
Y5WT5，Y10WT5 —41~42	802	215		135			1	1664	3000	84	1005	182	M12 ×60	2ms方波 400A	
Y5WT5，Y10WT5 —82~84	802	215		135			2	3328	3000	168	1810	182	M12 ×60	2ms方波 400A	

表 23-25（2）　电站型无间隙瓷氧化锌避雷器外形及安装尺寸　　　　　单位：mm

型号	每相节数	单节高度	总高 H	瓷套最大外径 D	均压环 最大外径	均压环 下垂高度	产品参考重量(kg)	绝缘底座高度	备注	生产厂
Y5W—7.6~10	1	224	224	112			4		卡装	西安电瓷研究所
Y5W—12.7~17	1	286	286	112			4		卡装	
Y5W—41~51	1	758	1080	232			70	242	可用于海拔3000m	
Y10W—45~51	1	758	1080	232			70	242		

型　号	每相节数	单节高度	总高H	瓷套最大外径D	均压环最大外径	均压环下垂高度	产品参考重量(kg)	绝缘底座高度	备　注	生产厂
Y5W—84～108	1	1331	1745	304			140	308	爬距 25mm/kV 可用于海拔 2000m	
Y10W—84～108	1	1331	1745	304			140	308		
Y5W—90～108G	1	1596	2010	304			155	308	爬距 25mm/kV 可用于海拔 3000m	
Y10W—90～108G	1	1596	2010	304			155	308		
Y5W—90～108W	1	1596	2010	304			155	308	爬距 31mm/kV	
Y10W—90～108W	1	1596	2010	304			155	308		
Y5W—192～228	2	1331	3068	304	850	360	260	308	爬距 25mm/kV 可用于海拔 2000m	
Y10W—192～228	2	1331	3068	304	850	360	260	308		
Y5W—192～228G	2	1596	3606	304	850	360	290	308	可用于海拔 3000m	西安电瓷研究所
Y10W—192～228G	2	1596	3606	304	850	360	290	308		
Y5W—192～228W	2	1596	3606	304	850	360	290	308	爬距 31mm/kV	
Y10W—192～228W	2	1596	3606	304	850	360	290	308		
Y10W—228～312	2	1700	3516	335	1122	700	534	91		
Y10W—228～312	1	3303	3868	450	1500	835	974	420		
Y10W—420～468	3	1610	5040	390	1500	862	1005	86	爬距 25mm/kV	
Y10W—420～468	1	4722	5343	566	1900	1198	1173	462		
Y20W—420～468	1	4722	5343	566	1900	1198	1173	462		
Y20W—420～468	3	1610	5040	390	1500	862	1005	86		

表 23-26　Y5WT、Y10WT、Y1W、Y1.5W 系列无间隙瓷金属
氧化物避雷器外形及安装尺寸　　　　单位：mm

型　号	每相节数	单节高度	总高H	最大伞径D	参考质量(kg)	绝缘底座高度	备　注	生产厂
Y1.5W—30/80	1	608	950	232	45	242		
Y1W—55～73	1	758	1080	232	70	242		
Y1.5W—55～73	1	758	1080	232	70	242		
Y1W—146/320	2	758	1770	232	108	242		
Y1.5W—144/320	2	758	1770	232	108	242		
Y1W—210/440	2	1331	3068	304	260	308		西安电瓷研究所
Y1.5W—207/440	2	1331	3068	304	260	308		
Y1W—100/260	1	1331	1745	304	140	308		
Y1.5W—102/260	1	1331	1745	304	140	308		
Y10WT—42/105	1	540	555	232	40		电力机车用，带防爆装置	
Y5WT—42/110	1	758	1080	232	70		牵引网用	

型　号	每相节数	单节高度	总　高 H	最大伞径 D	参考质量 (kg)	绝缘底座 高度	备　注	生产厂
Y5WT—42/128	1	758	1080	232	70			
Y10WT—42/140	1	758	1080	232	70			
Y5WT—84/240	2	758	1770	232	108			
Y10WT—84/260	2	758	1770	232	108		牵引网用	西安电瓷 研究所
Y5WT—100/275	2	890	2034	232	129			
Y10WT—100/295	2	890	2034	232	129			
Y5WT—100/260	1	1320	1703	256	110			
Y10WT—100/290	1	1320	1703	256	110			

表 23-27　南阳氧化锌避雷器厂瓷氧化锌避雷器外形及安装尺寸　　　单位：mm

代　号	系统电压	D	H	d	b	h	爬距 (mm)
电站、电容型	6kV	ϕ120	310	ϕ10.5	60	32	190
	10kV	ϕ120	370	ϕ10.5	60	32	310
配电型	6kV	ϕ84	260	ϕ8.5	50	27	230
	10kV	ϕ84	300	ϕ8.5	50	27	310

23.2.2　SF$_6$ 罐式氧化锌避雷器

一、概述

罐式氧化锌避雷器是全封闭组合电器（GIS）的重要配套产品，近年来得到迅速发展。GIS 用罐式氧化锌避雷器，除了具有瓷壳式氧化锌避雷器所具有的优点外，还具有以下特点：

（1）保护性能优异，陡波响应好，对于伏—秒特性比较平坦的 GIS 产品保护非常有利。

（2）性能稳定，不受外界气象条件及污秽的影响。

（3）内部采用特殊均压措施，改善电位分布，电位分布比较均匀。

（4）罐体内部充入一定压力的 SF$_6$ 气体，绝缘性能优异，较空气绝缘性能高许多倍，可大幅减少相间及相地间距离。

（5）密封性能可靠，出厂前进行 SF$_6$ 气体检漏，年漏率小于 1%。

（6）SF$_6$ 气体水分含量检测，含量小于 150ppm。

西安西电高压电瓷有限责任公司在引进日立 GIS 用罐式氧化锌避雷器制造技术的基础上，已开发生产了一相一罐式、三相共罐式 63、110kV GIS 用顶出线、侧出线和底出线罐式氧化锌避雷器；一相一罐式 220kV GIS 用顶出线和侧出线罐式氧化锌避雷器，以及一相一罐式 330、500kV GIS 用顶出线罐式氧化锌避雷器。

西安电瓷研究所已开发了 63~500kV 系统用的各种型号规格的避雷器。

产品性能符合 IEC 60099—4、GB 11032、JB/T 7617—94 SF$_6$ 罐式无间隙金属氧化物

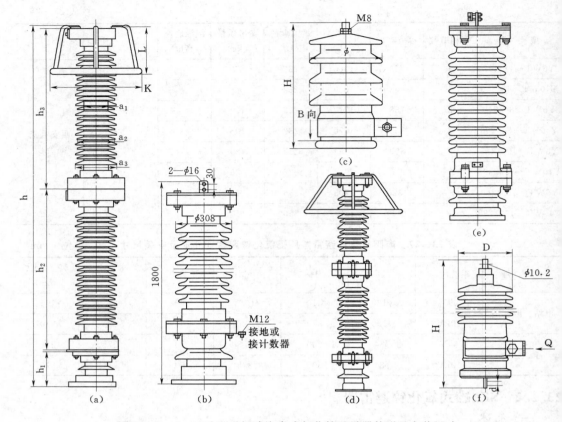

图 23-4 3～500kV 无间隙瓷壳式氧化锌避雷器外形及安装尺寸

(a) 西安西电高压电瓷有限责任公司 MOA（35～220kV）；(b) 西安神电电器有限公司 MOA（110kV 电站型）；

(c) 西安神电电器有限公司 MOA（电机、并联补偿电容器、配电、电机中性点、电站用）；

(d) 西安电瓷研究所 220kVMOA（双节）；(e) 西安电瓷研究所 Y1.5W—35，110MOA；

(f) 南阳氧化锌避雷器厂 MOA

避雷器标准。

二、结构

罐式氧化锌避雷器的结构与瓷套式氧化锌避雷器完全不同，罐式氧化锌避雷器的电阻片串联叠装在金属罐体内，内部充有 0.35～0.50MPa 额定压力的 SF$_6$ 气体。高压侧通过特殊环氧浇注的盆式绝缘子出线与 GIS 相连，低压侧通过密封端子及放电计数器或泄漏电流监测仪接地。110kV 及以下等级的产品采用三相共罐结构，大大缩小相间、相地之间的距离，结构更加紧凑。220kV 及以上等级的产品一相一罐，采用电阻片多柱并列布置，电气上串联连接。为了改善产品的电位分布，内部装有不同形状和尺寸的均压屏蔽屏。

三、技术数据

SF$_6$ 罐式金属氧化物避雷器技术数据，见表 23-28。

四、外形及安装尺寸

该产品外形及安装尺寸，见表 23-29 及图 23-5。

表 23-28　63~500kV SF₆罐式氧化锌避雷器技术数据

型　号	避雷器额定电压	系统额定电压	避雷器持续运行电压	直流参考电压 ≥ (kV)	2ms方波电流 ≥(峰值,A)	线路放电等级	陡波冲击电流残压	雷电冲击电流残压	操作冲击电流残压	标称放电电流 (kA)	1min工频耐受电压(有效值,kV)	全波冲击耐受电压(峰值,kV)	生产厂
	有效值,kV						≤（峰值,kV）						
Y5WF5—90/235	90	63	72.5	130	600	2	270	235	201	5			
Y5WF5—94/245	94	63	73.3	137	600	2	281	245	208				
Y5WF5—96/250	96	110	75.0	140	600	2	288	250	213				
Y5WF5—100/260	100	110	78.0	145	600	2	299	260	221				
Y5WF5—102/266	102	110	79.6	148	600	2	305	266	226				
Y5WF5—108/281	108	110	84.2	157	600	2	323	281	239				
Y5WF5—116/302	116	110	92.8	169	600	2	347	302	257		230	550	
Y10WF5—90/235	90	63	72.5	130	600	2	264	235	201				
Y10WF5—94/228	94	63	75.2	133	600	2	263	228	200				
Y10WF5—96/250	96	110	75.0	140	600	2	280	250	213				
Y10WF5—100/260	100	110	78.0	145	600	2	291	260	221	10			中国西电集团西安西电高压电瓷有限责任公司
Y10WF5—102/266	102	110	79.6	148	600	2	297	266	226				
Y10WF5—108/281	108	110	84.2	157	600	2	315	281	239				
Y10WF5—116/302	116	110	90.5	169	600	2	338	302	257				
Y10WF5—126/328	126	110	98.3	183	600	2	367	328	279				
Y10WF5—192/500	192	220	150	280	800	3	560	500	426				
Y10WF5—200/520	200	220	156.0	290	800	3	582	520	442	10	460	1050	
Y10WF5—204/532	204	220	159.0	296	800	3	594	532	452				
Y10WF5—216/562	216	220	168.5	314	800	3	630	562	478				
Y10WF5—288/698	288	330	219	408	1000	4	782	698	593				
Y10WF5—300/727	300	330	228.0	425	1000	4	814	727	618				
Y10WF5—306/742	306	330	233	433	1000	4	831	742	630	10	510	1175	
Y10WF5—312/756	312	330	237	442	1000	4	847	756	643				
Y10WF5—324/789	330	330	246	459	1000	4	880	789	668				
Y10WF5—420/960	420	500	318	565	1500	5	1075	960	852				
Y10WF5—444/1015	444	500	324	597	1500	5	1137	1015	900	10			
Y10WF5—468/1070	468	500	330	630	1500	5	1198	1070	950		680	1675	
Y20WF5—420/1006	420	500	318	565	2000	5	1067	1006	826				
Y20WF5—444/1050	444	500	324	597	2000	5	1126	1050	874	20			
Y20WF5—468/1120	468	500	330	630	2000	5	1222	1120	926				

续表 23-28

型　　号	避雷器额定电压	系统额定电压	避雷器持续运行电压	直流参考电压 ≥ (kV)	2ms方波通流 ≥ (A)	线路放电等级	陡波冲击电压残压	雷电冲击电流残压	操作冲击电流残压	工频参考电压（阻性1mA）≥ (kV)	4/10μs冲击大电流2次（峰值，kA）	生产厂
	有效值，kV						≤（峰值，kV）					
Y10WF—84/224	84	63	4.0 (67.2)	122	600		258	224	190	84		
Y10WF—96/235	96	68	42 (67.2)	130	800		271	235	200	90		
Y10WF—96/224	96	68		128			258	224	190	90		西安电瓷研究所
Y10WF—100/248	100	110	73 (78)	145	800		278	248	211	100		
Y10WF—100/260	100	110		145			291	260	221	100		
Y10WF—102/248	102	110	73 (79.6)	148			278	248	221	102		
Y10WF—108/281	108	110	73 (84.2)	156			315	281	239	108		
Y10WF—200/520	200	220	146 (156)	290	800		582	520	442	200		
Y10WF—216/562	216	220	146 (168.4)	314			630	562	478	216		
Y10WF—300/727	300	330	215 (228)	424	1200		814	727	618	291		
Y10WF—44/1015	444	500	324	597	1500		1137	1015	900	420		
Y1.5WF2—72/186	72	110	58	103	400			186	174		100	上海电瓷厂
Y10WF2—100/260	100	110	73	145	600			260	221		100	
Y10WF2—200/520	200	220	146	290	600,800			520	442		100	

表 23-29　63～500kV 罐式氧化锌避雷器外形尺寸　　　　　　　单位：mm

系统电压 (kV)	出线方式	总　高	罐体外径	参考重量 (kg)	结　　构	生产厂
63	顶出线	1385	φ618	620		
	侧出线	1830	φ618	764		
110	顶出线 A	1385	φ618	623.8		
	顶出线 B	1794	φ610	732		
	侧出线	1830	φ618	770		西安西电高压电瓷有限责任公司
	底出线	1042	φ624	306		
	顶出线（一相一罐）	1272	φ340	200		
220	顶出线 A	1690	φ718	750		
	顶出线 B	2143	φ720	997		
	侧出线	1800	φ718	895		
330	顶出线	2040	φ812	975		
550	顶出线	2660	φ1100	2200		
Y10WF—84～108	顶出线	1416	φ350	230	单相单罐	西安电瓷研究所
Y10WF—84～108	右侧出线	1830	φ618	780	三相一罐	

续表 23-29

系 统 电 压 （kV）	出线方式	总　　高	罐体外径	参考重量 （kg）	结　　构	生产厂
Y10WF—84～108	左侧出线	1930	φ618	820	三相一罐	
Y10WF—84～108	顶出线	1385	φ618	650	三相一罐	
Y10WF—192～228	侧出线	1800	φ718	910	单相单罐	西安电瓷研究所
Y10WF—192～228	顶出线	1690	φ718	780	单相单罐	
Y10WF—288～312	顶出线	2290	φ812	1300	单相单罐	
Y10WF—420～468	顶出线	269	φ1100	2300		
Y1.5WF2—72/186		1423	φ710	246		上海电瓷厂
Y10WF2—100/260		1423	φ710	246		
Y10WF2—200/520		2174	φ965	555		

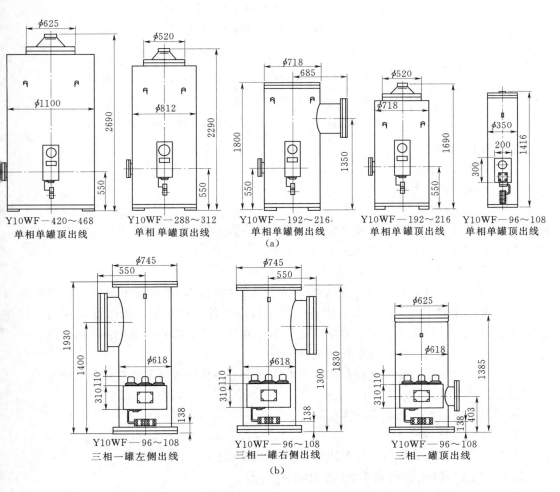

图 23-5　63～500kV SF₆ 罐式氧化锌避雷器外形及安装尺寸（西瓷所）

（a）单相单罐结构出线；（b）三相一罐结构出线

23.2.3　带串联间隙系列金属氧化物避雷器

一、概述

Y5CS系列有串联间隙配电型金属氧化物（氧化锌）避雷器，适用于6、10kV中性点对绝缘的配电系统，当系统发生单相接地故障或弧光接地时可能产生比较严重的暂态过电压，且持续时间较长，无间隙氧化锌避雷器难于承受此种过电压，而有串联间隙的Y5CS系列氧化锌避雷器克服了上述缺点，在单相接地和较低幅值的弧光接地过电压下，串联间隙不动作，使避雷器与系统隔离；在高于上述过电压下，间隙放电，氧化锌阀片优异的V—A特性限制了避雷器两端的残压，且通过避雷器的续流值很小，极易切断，对变压器的绝缘提供可靠保护。

二、型号含义

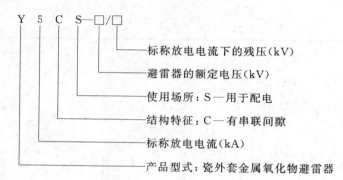

$$Y\ 5\ C\ S-\square/\square$$

- 标称放电电流下的残压（kV）
- 避雷器的额定电压（kV）
- 使用场所：S—用于配电
- 结构特征：C—有串联间隙
- 标称放电电流（kA）
- 产品型式：瓷外套金属氧化物避雷器

三、使用条件

（1）适用于户内。

（2）环境温度（℃）：−40～＋40。

（3）海拔（m）：＜1000。

（4）避雷器安装点电力系统的短时工频电压升高不得超过避雷器的额定电压。

（5）避雷器顶端承受导线的最大允许水平拉力为200N。

四、产品特点

（1）由具有十分优良非线性伏安特性的氧化锌电阻片和带并联电阻环的间隙串联组成。在正常工作状态时，电压由电阻环和氧化锌电阻片共同承担，由于电阻环的分压作用，减轻了氧化锌电阻片在工作电压下的负担，使氧化锌电阻片的老化基本可忽略。

（2）冲击系数低，工频过电压耐受能力强。

（3）由于采用了特殊的间隙结构，消除了淋雨、污秽等外界因素对产品的影响。

五、技术数据

该产品技术数据，见表23-30。

六、外形及安装尺寸

带串联间隙系列金属氧化物避雷器外形及安装尺寸，见图23-6。

23.2.4　带并联间隙系列金属氧化物避雷器

对于6～27.5kV系统弱绝缘的保护，开发了带并联间隙的金属氧化物避雷器，技术数据见表23-31。

表 23-30 带串联间隙系列金属氧化物避雷器技术数据

型号	系统标称电压 kV	避雷器额定电压 有效值 kV	持续运行电压	工频放电电压 ≥	波前冲击放电的波前陡度 (kV/μs)	1.2D/50μs冲击放电电压 ≤(峰值,kV)	波前冲击放电电压 (峰值,kV)	1.25/5μs冲击放电电压 (峰值,kV)	最大残压 2.5kA	最大残压 5kA	最大残压 10kA	通流 2000μs (A)	通流 8/20μs (kA)	通流 4/10μs (kA)	伞径 φ(mm)	高度 H(mm)	备注	生产厂
Y5CS-3.8/15	3	3.8		9		15				15		100			95	208		西安神电电器有限公司
Y5CS-7.6/27	6	7.6		16		27				27		100			95	208	配电用	
Y5CS-12.7/45	10	12.7		26		45				45		100			95	255		
Y5CZ-3.8/12	3	3.8		9		12				12		150			95	208		
Y5CZ-7.6/24	6	7.6		16		24				24		150			95	208		
Y5CZ-12.7/41	10	12.7		26		41				41		150			95	255	电站用	
Y5CZ-42/124	35	42		80		124				124		150			240/215	1030/650		
Y2.5CD-3.8/8.6	3	3.8		7.6		8.6			8.6			200			110	208		
Y2.5CD-7.6/17	6	7.6		15		17			17			200			110	208		
Y2.5CD-12.7/28	10	12.7		25		28			28			200			110	255	电机用	
Y5CS-7.6/27	6	7.6		16			43.8	35	25	27	30	100	5	40			配电用	武汉博大科技集团随州避雷器有限公司
Y5CS-12.7/45	10	12.7		26			62.5	50	40	45	50	100	5	40				
Y5CZ-7.6/24	6	7.6		16			37.5	30	22	24	27	300	5	65				
Y5CZ-12.7/41	10	12.7		26			56.5	45	38	41	45	300	5	65			电站用	
Y5CZ-42/124	35	42		80			168	134	114	124	134	300	5	65				
Y5C-3.8/13.5	3	3.8	2	9		20				13.5		75			114	298		西安电瓷研究所
Y5C-7.6/27	6	7.6	4	16		35				27					114	298		
Y5C-12.7/45	10	12.7	6.6	26		45				45		150			114	430		
Y5C-22/58	18	22	12	42		58				58		400			232	1080		

续表 23-30

型号	系统标称电压 (kV)	避雷器额定电压 有效值,kV	持续运行电压 有效值,kV	工频放电电压 ≥ 有效值,kV	波前冲击放电的波前陡度 (kV/μs)	1.2D/50μs 冲击放电电压 ≤(峰值,kV)	波前冲击放电电压 (峰值,kV)	最大残压 8/20μs(峰值,kV) 2.5kA	5kA	10kA	通流容量 2000μs (A)	8/20μs (kA)	4/10μs (kA)	伞径 φ (mm)	高度 H (mm)	备注	生产厂
Y5CS-3.8/15	3	3.8		9		21	26.3		15		75		40				
Y5CS-7.6/27	6	7.6		16		35	43.8		27		75		40			配电用	汉光电子集团汉光电力电器公司
Y5CS-12.7/45	10	12.7		26		50	62.5		45		75		40				
Y5CZ-3.8/12	3	3.8		9		20	25		12		75		65				
Y5CZ-7.6/24	6	7.6		16		30	37.5		24		75		65			电站用	
Y5CZ-12.7/41	10	12.7		26		45	56.5		41		75		65				
Y5CS2-3.8/13.5	3	3.8		9	32	13.5	18.8		13.5		75			80	244		
Y5CS2-7.6/27	6	7.6		16	63	27	33.8		27		75			80	244	配电用	
Y5CS2-12.7/45	10	12.7		26	106	45	56.3		45		75			80	295		
Y5C-18	20	18		30	126	60	69.3		60		75			80	425		上海电瓷厂
Y5C-24	20	24		40	168	80	92.4		80		75			80	425	电站用	
Y5CZ2-3.8/12	3	3.8		9	32	15	18.8		12		150			92	230		
Y5CZ2-7.6/24	6	7.6		16	63	27	33.8		24		150			92	270		
Y5CZ2-12.7/36	10	12.7		26	106	40	50		36		150			92	320	电站用	
Y5CZ2-42/110	35	42		80	343	110	143		110		150			120	640		
Y5CS-7.6/27	6	7.2		16	63		43.8		27		50	5	25	87	272	配电用	牡丹江北方高压电瓷有限责任公司
Y5CS-12.7/45	10	12.7		26	106		62.5		45		50	5	25	87	312		
Y5(10)CZ-42/124	35	42		80		134	168		124	124	200			245	855	电站型	北京电力设备总厂电器厂
Y5(10)CZ-12.7/41	10	12.7		26		45	56.5		41	41	200			138	358		
Y5(10)CZ-7.6/24	6	7.6		16		32	37.5		24	24	200			138	285		
Y5(10)CZ-3.8/14	3	3.8		9		20	25		12	12	200			138	250		

续表 23-30

型号	系统标称电压 有效值, kV	避雷器额定电压 有效值, kV	工频放电电压≥ kV	1.2/50μs冲击放电电压≤(峰值, kV)	波前冲击放电电压(峰值, kV)	最大残压8/20μs(峰值, kV) 20kA	5kA	10kA	通流容量 2000μs(A)	8/20μs(kA)	4/10μs(kA)	避雷器爬电比距(mm/kV)	重量(kg)	伞径φ(mm)	高度H(mm)	备注	生产厂
Y5(10)CS-12.7/45	10	12.7		50	62.5		45	45	150			25 (32)	10	138	358	配电型	
Y5(10)CS-7.6/27	6	7.6		35	43.8		27	27	150			25 (32)	7	138	285	配电型	
Y5(10)CS-3.8/15	3	3.8		21	26.3		15	15	150			25 (32)	5	138	250	配电型	北京电力设备总厂电器厂
Y20CB-61/202		61	73.2	134.3	165.2	202							80	302	1310		
Y20CB-48/159		48	57.6	105.7	130	159							40	138	1000		
Y20CB-38/125.8		38	45.6	83.7	103	125.8							30	138	1000		
Y20CB-30/99.3		30	36	66.1	81.3	99.3			600				25	138	1000		
Y20CB-24/79.4		24	28.8	53	65.2	79.4							20	138	900		
Y20CB-19/62.9		19	22.8	42	51.7	62.9							10	138	455	阻波器用	
Y20CB-15/49.7		15	18	33	40.6	49.7							10	138	455	阻波器用	
Y20CB-12/39.7		12	14.4	26.5	32.6	39.7						25 (32)	8	138	455		
Y20CB-9.5/31.5		9.5	11.4	24.5	30.1	31.5							8	138	358		
Y20CB-7.6/25.2		7.6	9.1	19.6	24.1	25.2							6	138	285		
Y20CB-6.1/20.1		6.1	7.3	15.7	19.3	20.1							5	138	285		
Y20CB-4.8/15.8		4.8	5.8	12.4	15.2	15.8							5	138	250		
Y20CB-3.8/12.5		3.8	4.6	10.2	12.5	12.5							4	138	250		
Y20CB-3/9.9		3	3.6	8.1	10	9.9							4	138	250		
Y20CB-2.4/7.9		2.4	2.9	6.5	8	7.9							3	110	240		
Y20CB-1.9/6.3		1.9	2.3	5.1	6.3	6.3							3	110	240		

续表 23 - 30

型号	系统标称电压 有效值, kV	避雷器额定电压 有效值, kV	工频放电电压 ≥ (kV)	1.2/50μs 冲击放电电压 ≤ (峰值, kV)	波前冲击放电电压 (峰值, kV)	最大残压 8/20μs (峰值, kV) 20kA	最大残压 5kA	最大残压 10kA	避雷器通流容量 2000μs (A)	避雷器通流容量 8/20μs (kA)	避雷器通流容量 4/10μs (kA)	爬电比距 (mm/kV)	重量 (kg)	伞径 φ (mm)	高度 H (mm)	备注	生产厂
Y5 (10) CB-61/183.6	61	73.2	134.3	165.2		183.6	183.6					80	302	1310		
Y5 (10) CB-48/144.5	48	57.6	105.7	130		144.5	144.5					40	138	1000		
Y5 (10) CB-38/114.4	38	45.6	83.7	103		114.4	114.4					30	138	1000		
Y5 (10) CB-30/90.3	30	36	66.1	81.3		90.3	90.3					25	138	1000		
Y5 (10) CB-24/72.2	24	28.8	53	65.2		72.2	72.2					20	138	900		
Y5 (10) CB-19/57.2	19	22.8	42	51.7		57.2	57.2					10	138	455		
Y5 (10) CB-15/45.2	15	18	33	40.6		45.2	45.2					10	138	455		
Y5 (10) CB-12/36.1	12	14.4	26.5	32.6		36.1	36.1					8	138	455		
Y5 (10) CB-9.5/28.6	9.5	11.4	24.5	30.1		28.6	28.6				25 (32)	8	138	358	阻波器用有间隙	北京电力设备总厂电器厂
Y5 (10) CB-7.6/22.9	7.6	9.1	19.6	24.1		22.9	22.9	400				6	138	285		
Y5 (10) CB-6.1/18.3	6.1	7.3	15.7	19.3		18.3	18.3					5	138	285		
Y5 (10) CB-4.8/14.4	4.8	5.8	12.4	15.2		14.4	14.4					5	138	250		
Y5 (10) CB-3.8/11.4	3.8	4.6	10.2	12.5		11.4	11.4					4	138	250		
Y5 (10) CB-3/9	3	3.6	8.1	10		9	9					4	138	250		
Y5 (10) CB-2.4/7.2	2.4	2.9	6.5	8		7.2	7.2					3	110	240		
Y5 (10) CB-1.9/5.7	1.9	2.3	5.1	6.3		5.7	5.7					3	110	240		
Y5 (10) CB-1.5/4.5	1.5	1.8	4.1	5		4.5	4.5					2	110	240		
Y5 (10) CB-1/3	1	1.2	2.8	3.4		3	3					2	110	240		
Y5 (10) CB-0.6/1.8	0.6	0.7	1.6	2		1.8	1.8					2	110	240		

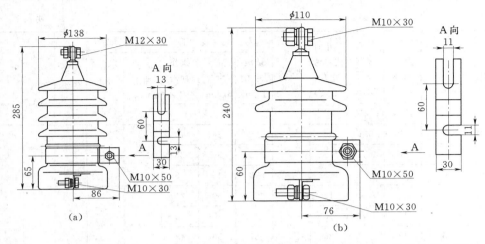

图 23-6 带串联间隙系列金属氧化物避雷器外形及安装尺寸（北京电力设备总厂电器厂）

(a) 配电、电站型；(b) 阻波器用

表 23-31 带并联间隙的金属氧化物避雷器技术数据

型 号	系统额定电压	避雷器额定电压	持续运行电压	标称放电电流下残压≤（峰值，kV）	直流 1mA 参考电压≥（kV）	2ms 方波通流容量（A）	伞径 φ（mm）	高度 H（mm）	生产厂
	有效值，kV								
Y0.5B—8/15	6.3	8	6.3	15	11.5	400	110	208	西安神电电器有限公司
Y0.5B—13.5/28	10.5	13.5	10.5	28	21	400	110	255	
Y0.5B—7.6/15	6	7.6	4	15	11.5	400			西安电瓷研究所
Y0.5B—12.7/28	10	12.7	6.7	28	21	400			
Y0.2B—42/79	27.5	42	31.5	79	60	400			

23.2.5 出口避雷器

武汉博大科技集团随州避雷器有限公司生产出口交流无间隙金属氧化物避雷器，技术数据，见表 23-32。

表 23-32 出口交流无间隙金属氧化物避雷器技术数据

型 号	额定电压	最大持续运行电压	最小直流参考电压（D.C）（kV）	标称放电电流（kA）	最 大 残 压			通流容量		负载等级	压力释放等级（kA）	生产厂
					陡波冲击 1/5μs	雷电冲击 8/20μs	操作冲击 30/60μs	方波冲击 2000μs（A）	大电流冲击 1/4μs（kA）			
	有效值，kV				（峰值，kV）							
Y1.5W—0.28/1.3	0.28	0.24	0.60	1.5	1.40	1.30						武汉博大科技集团、随州避雷器有限公司
Y1.5W—0.50/2.6	0.50	0.42	1.20		2.70	2.60						
Y3W—0.28/1.3	0.28	0.24	0.60	3	1.40	1.30		100	10			
Y3W—0.50/2.6	0.50	0.42	1.20		2.70	2.60						
Y3W—0.66/2.8	0.66	0.56	1.30		3.00	2.80						

续表 23-32

型　　号	额定电压 有效值，kV	最大持续运行电压 (kV)	最小直流参考电压 (D.C) (kV)	标称放电电流 (kA)	最大残压 陡波冲击 1/5μs	最大残压 雷电冲击 8/20μs	最大残压 操作冲击 30/60μs（峰值，kV）	通流容量 方波冲击 2000μs (A)	通流容量 大电流冲击 1/4μs (kA)	负载等级	压力释放等级 (kA)	生产厂
Y5W—6/24	6	5.1	10	5	25	24	18	150	65	1	10	武汉博大科技集团、随州避雷器有限公司
Y5W—9/30	9	7.65	15		32	30	26					
Y5W—12/46	12	10.2	20		48	46	35					
Y10W—9/30	9	7.65	15	10	35	30	24	300	100	1	20	
Y10W—12/40	12	10.2	18		42	40	32					
Y10W—18/50	18	15.3	26		57	50	43					
Y10W—33/110	33	28	50		118	110	88					
Y10W—36/120	36	30.4	54	10	129	120	96	400	100	1	20	
Y10W—54/140	54	42	78		161	140	124					
Y10W—84/212	84	65	122	10	243	212	187	600	100	2	40	
Y10W—108/268	108	84	157		300	268	240					
Y20W—228/565	228	180	330	20	621	565	503	1000	100	3	40	
Y20W—280/780	280	220	440		860	780	675					

23.2.6　交流系统用复合外套金属氧化物避雷器

一、概述

复合外套金属氧化物避雷器是 20 世纪 90 年代国际上的高科技产品，将金属氧化物避雷器和有机硅橡胶材料的优异特性聚为一体，成为原瓷套避雷器的更新换代产品。

该产品是一种性能优异的过电压保护设备，用于限制雷电过电压和操作过电压，适用于发变电设备、电缆终端及输电线路的保护。

金属氧化物避雷器很容易实现与被保护设备的绝缘配合，现已成为国际上公认的最可靠的过电压保护设备，在电力系统中得到广泛应用。近年来复合绝缘材料的应用有了长足的发展，特别是复合绝缘材料应用于避雷器以来，使避雷器的性能得到很大提高，给其发展又带来了一次革命。

复合外套金属氧化物避雷器除具有瓷外套金属氧化物避雷器的优点外，还具有体积小、重量轻、密封性能好、耐污性能优良和极好的压力释放特性等特点。安装方式灵活、可座式安装，也可用于线路悬挂，进行沿线保护，降低整个系统的过电压水平。

中能电力科技开发公司隶属于中国国电集团公司，与北京中能瑞斯特电气有限责任公司研制生产的复合外套金属氧化物避雷器，从 1995 年第一组挂网运行至今，35kV 及以上电压等级的产品有 7000 多相在系统运行，尤其是 110、220kV 电压等级的线路避雷器产品市场占有率分别为 15.6％和 56％，普及全国 20 多个省，至今运行良好。产品分类：6～220kV 电站用立柱式、悬挂式，66～220kV 变压器中性点用，35～220kV 交流输电线路用无间隙、带串联间隙共计60多个种类。

二、结构特点

（1）复合外套金属氧化物避雷器是由氧化锌电阻片、环氧玻璃钢筒、硅橡胶伞裙、电极等部件组成。

（2）外伞裙采用一次注射成型工艺、优质、进口双组份液态硅橡胶，更使其具有极高的抗拉伸强度。伞裙与环氧玻璃钢筒之间的界面处理良好，环氧玻璃钢筒内部空隙用液态硅橡胶填充，使之成为一个密不可分的整体，从而杜绝了因避雷器受潮而导致的事故。

（3）在避雷器设计上精益求精，机械性能和电气性能满足 IEC 99—4、GB 11032—2000、DL/T 815—2002 等标准。

（4）该产品在研制过程中做了大量的试验，其中包括1000h盐雾试验，委托瑞典皇家输电研究院通过了5000h综合因素老化试验，这在国内是第一次。

（5）公司拥有国内最先进的专业生产设备，使产品的品质根本上得到保证。

中能电力科技开发公司、北京中能瑞斯特电气有限责任公司复合外套金属氧化物避雷器结构，见图23-7。

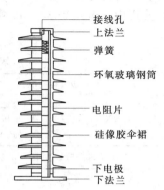

图23-7　复合外套金属氧化物避雷器结构示意图（中能电力科技开发公司、北京中能瑞斯特电气有限责任公司）

三、型号含义

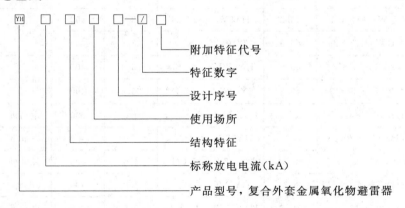

标称放电电流：当产品无标称放电电流要求时，则表示操作放电电流，但必须与残压值相对应。

结构特征代号：W—无间隙；C—有串联间隙；B—有并联间隙。

使用场所代号：S—配电型；Z—用于发变电站；R—用于保护电容器组；T—铁道型；X—用于变电站线路侧；L—用于直流；O—用于油浸式。

特征数字：在斜线上方为避雷器的额定电压值（kV），斜线下方为避雷器标称放电电流下的残压值（kV）。

附加特征代号：J—系统中性点有效接地；W—重污秽地区；G—高海拔地区；X—悬挂式；D—跌落式；R—熔断器式；L—带脱离器（或用 FT、TL 表示）；K—线路用带串联空气间隙。

目前氧化锌避雷器正处于新旧版国家过渡时期，为了便于对所需产品进行合理选型，避免在使用中误解，表23－33列出西安西电高压电瓷有限责任公司产品新旧型号及相关参数。

表23－33　新旧版国标型号对照

系统额定电压（kV）	新 版 标 准		旧 版 标 准		2ms方波通流容量（A）	用　途	生产厂
	型　号	持续运行电压（kV）	型　号	持续运行电压（kV）			
3	YH5WS5—5/15	4.0	HY5WS5—3.8/15	2.0	100	配电	
3	YH5WZ5—5/13.5	4.0	HY5WZ5—3.8/13.5	2.0	150	电站	
3	YH5WR5—5/13.5	4.0	HY5WR5—7.6/30	2.0	400	电容器	
6	YH5WS5—10/30	8.0	HY5WS5—3.8/15	4.0	100	配电	
6	YH5WZ5—10/27	8.0	HY5WZ5—7.6/27	4.0	150	电站	
6	YH5WR5—10/27	8.0	HY5WR5—7.6/27	4.0	400	电容器	
10	YH5WS5—17/50	13.6	HY5WS5—12.7/50	6.6	100	配电	
10	YH5WZ5—17/45	13.6	HY5WZ5—12.7/45	6.6	150	电站	
10	YH5WR5—17/45	13.6	HY5WR5—12.7/45	6.6	400	电容器	
35	YH5W5—51/134	40.8	HY5W5—42/134	23.4	400	电站	西安西电高压电瓷有限责任公司
35	YH10W5—51/134	40.8	HY10W5—42/134	23.4	400		
35	YH5WR5—51/134	40.8	HY5WR5—42/134	23.4	400	电容器	
35	YH10WR5—51/134	40.8	HY10WR5—42/134	23.4	400		
3.15	YH2.5W5—4/9.5	3.2	HY2.5W5—3.8/9.5	2.0	200	电动机	
3.15	YH5W5—4/9.5	3.2	HY5W5—3.8/9.5	2.0	400	发电机	
6.3	YH2.5W5—8/18.7	6.3	HY2.5W5—7.6/19	4.0	400	发电机	
6.3	YH5WS5—8/18.7	6.3	HY5W5—7.6/19	4.0	400	电机	
10.5	YH2.5W5—13.5/31	10.5	HY2.5W5—12.7/31	6.6	200	电动机	
10.5	YH5W5—13.5/31	10.5	HY5W5—12.7/31	6.6	400	发电机	
13.8	YH5W5—17.5/40	13.8	HY5W5—16.7/40	9.8	400		
15.75	YH5W5—20/45	15.8	HY5W5—19/45	16.0	400		
3.15	YH1.5W5—2.4/6	1.9	HY1W5—2.3/6		200	电机中性点	
6.3	YH1.5W5—4.8/12	3.8	HY1W5—4.6/12		200		
10.5	YH1.5W5—8/19	6.4	HY1W5—7.6/19		200		

四、使用条件

（1）户内、户外。

（2）环境温度（℃）：—40～＋40。

（3）海拔（m）：＜2600。

（4）电源频率（Hz）：48～62。

（5）长期施加在避雷器端子间的工频电压不超过避雷器的持续运行电压。

（6）地震烈度：＜8。

（7）最大风速（m/s）：＜35。

（8）最适宜严重污秽地区、防爆地区、紧凑型开关柜内、预防性检验困难和不宜维护地区。

（9）太阳光的辐射。

（10）覆冰厚度（cm）：＜2。

五、技术数据

（1）中能电力科技开发公司、北京中能瑞斯特电气有限责任公司的交流输电线路用复合外套金属氧化物避雷器，采用独特的绝缘结构设计，避雷器与构架可直接连接，给计数器的安装提供了方便。根据线路塔型采用不同的安装方式，耐张转角塔安装于跳线上，直线塔采用支架安装于输出线路上方。适用于Ⅲ级以上重污秽地区，覆冰厚度不大于2cm，技术数据见表23-34。电站用复合外套金属氧化物避雷器技术数据，见表23-35。

表 23-34　交流输电线路用复合外套金属氧化物避雷器技术数据

型　　号	类　　型		系统标称电压	避雷器额定电压	避雷器持续运行电压	避雷器标称放电电流（峰值）kA	陡波冲击电流残压	雷电冲击电流残压	操作冲击电流残压	直流1mA参考电压≥(kV)	2ms方波通流容量（峰值，A）	生产厂
			有效值，kV				≤（峰值，kV）					
YH5WX—54/142	无间隙		35	54	43.2	5	163	142	121	77	400	中能电力科技开发公司、北京中能瑞斯特电气有限责任公司
YH5WX—96/250			66	96	75.0	5	288	250	213	140	400	
YH5WX—108/281			110	108	84.0	5	323	281	239	157	400	
YH10WX—108/281			110	108	84.0	10	315	281	239	157	600	
YH10WX—216/562			220	216	168.0	10	630	562	478	314	600	
YH5CX—90/260	带串联间隙	串联绝缘支撑件间隙	110	90	(67.5)	5	292	260	222	130	400	
YH10CX—90/260			110	90	(67.5)	10	292	260	222	130	600	
YH10CX—96/280			110	96	(72)	10	314	280	239	140	600	
YH10CX—102/296			110	102	(76.5)	10	332	296	252	148	600	
YH5CX—180/520			220	180	(135)	5	584	520	444	260	400	
YH10CX—180/520			220	180	(135)	10	584	520	444	260	600	
YH10CX—192/560			220	192	(144)	10	628	560	478	280	600	
YH10CX—204/592			220	204	(153)	10	664	592	504	296	600	
YH5CX—90/260K		空气间隙	110	90	(67.5)	5	292	260	222	130	400	

型　号	类　型		系统标称电压	避雷器额定电压	避雷器持续运行电压	避雷器标称放电电流(峰值，kA)	陡波冲击电流残压	雷电冲击电流残压	操作冲击电流残压	直流1mA参考电压≥(kV)	2ms方波通流容量(峰值，A)	生产厂
			有效值，kV				≤（峰值，kV）					
YH10CX—90/260K	带串联间隙	空气间隙	110	90	(67.5)	10	292	260	222	130	600	中能电力科技开发公司、北京中能瑞斯特电气有限责任公司
YH10CX—96/280K			110	96	(72)	10	314	280	239	140	600	
YH10CX—102/296K			110	102	(76.5)	10	332	296	252	148	600	
YH5CX—180/520K			220	180	(135)	5	584	520	444	260	400	
YH10CX—180/520K			220	180	(135)	10	584	520	444	260	600	
YH10CX—192/560K			220	192	(144)	10	628	560	478	280	600	
YH10CX—204/592K			220	204	(153)	10	664	592	504	296	600	

型　号	类　型		4/10μs大电流冲击耐受电流(峰值，kA)	工频湿耐受电压1min(有效值，kV)	雷电冲击耐受电压(峰值，kV)	运行电压下持续电流≤		0.75U_{1mA}下漏电流≤(μA)	爬电比距≥(cm/kV)	总高度	最大外径	伞数大/小(个)	重量(kg)	生产厂
						I_XmA(有效值)	I_RmA(峰值)			mm				
YH5WX—54/142	无间隙		65	80	185	1.0	0.2	30	2.6	700	148	9	11.5	
YH5WX—96/250			65	140	325	1.0	0.2	30	2.6	1300	230	11/10	29	
YH5WX—108/281			100	185(200)	450	1.0	0.2	30	2.6	1300	230	11/10	29	
YH10WX—108/281			100	185(200)	450	1.0	0.2	30	2.6	1300	230	11/10	31	
YH10WX—216/562			100	395	950	1.0	0.2	30	2.6	2600	230	22/20	70	中能电力科技开发公司、北京中能瑞斯特电气有限责任公司
YH5CX—90/260	带串联间隙	串联绝缘支撑件间隙	65	185(200)	450	1.0	0.2	30	2.6	1686	148	13	19	
YH10CX—90/260			100	185(200)	450	1.0	0.2	30	2.6	1686	148	13	20	
YH10CX—96/280			100	185(200)	450	1.0	0.2	30	2.6	1686	148	13	20	
YH10CX—102/296			100	185(200)	450	1.0	0.2	30	2.6	1686	148	13	20	
YH5CX—180/520			65	395	950	1.0	0.2	30	2.6	3035	148	25	31	
YH10CX—180/520			100	395	950	1.0	0.2	30	2.6	3035	148	25	31	
YH10CX—192/560			100	395	950	1.0	0.2	30	2.6	3035	148	25	31	
YH10CX—204/592			100	395	950	1.0	0.2	30	2.6	3035	148	25	31	
YH5CX—90/260K		空气间隙	65	185(200)	450	1.0	0.2	30	2.6	1615	148	13	15	
YH10CX—90/260K			100	185(200)	450	1.0	0.2	30	2.6	1615	148	13	16	
YH10CX—96/280K			100	185(200)	450	1.0	0.2	30	2.6	1615	148	25	16	
YH10CX—102/296K			100	185(200)	450	1.0	0.2	30	2.6	1615	148	25	16	
YH5CX—180/520K			65	395	950	1.0	0.2	30	2.6	2865	148	25	26	
YH10CX—180/520K			100	395	950	1.0	0.2	30	2.6	2865	148	25	28	
YH10CX—192/560K			100	395	950	1.0	0.2	30	2.6	2865	148	25	28	
YH10CX—204/592K			100	395	950	1.0	0.2	30	2.6	2865	148	25	28	

表 23-35 电站用复合外套金属氧化物避雷器技术数据

型 号	类 型	系统标称电压	避雷器额定电压	避雷器持续运行电压	避雷器标称放电电流（峰值，kA）	陡波冲击电流残压	雷电冲击电流残压	操作冲击电流残压	直流1mA参考电压≥(kV)	2ms方波通流容量（峰值，A）	生产厂
		有效值，kV				≤（峰值，kV）					
YH5WS—10/30		6	10	8.0	5	34.6	30.0	25.6	15	150	
YH5WS—12/35.8	配电用	10	12	9.6	5	41.2	35.8	30.6	18	150	
YH5WS—15/45.6		10	15	12.0	5	52.5	45.6	39.0	23	150	
YH5WS—17/50		10	17	13.6	5	57.5	50.0	42.6	25	150	
YH5WR—10/27		6	10	8.0	5	—	27.0	21.0	14.4	400	
YH5WR—12/32.4	并联补偿电容器用	10	12	9.6	5	—	32.4	25.2	17.4	400	
YH5WR—15/40.5		10	15	12.0	5	—	40.5	31.5	21.8	400	
YH5WZ—10/27		6	10	8.0	5	31.0	27.0	23.0	14.4	250	
YH5WZ—12/32.4		10	12	9.6	5	37.2	32.4	37.6	17.4	250	
YH5WZ—15/40.5		10	15	12.0	5	46.2	40.5	34.5	21.8	250	
YH5WZ—17/45		10	17	13.6	5	51.8	45.0	38.8	24.0	250	
YH5WZ—51/134		35	51	40.8	5	154.0	134.0	114.0	73.0	400	
YH5WZ—84/221		66	84	67.2	5	254	221	118	121	600	
YH5WZ—90/235		66	90	72.5	5	270	235	201	130	600	
YH10WZ—90/235		66	90	72.5	10	264	235	201	130	800	
YH5WZ—96/250		110	96	75.0	5	288	250	213	140	600	中能电力科技开发公司、北京中能瑞斯特电气有限责任公司
YH5WZ—100/260		110	100	78.0	5	299	260	221	145	600	
YH5WZ—102/266	立柱式	110	102	79.6	5	305	266	226	148	600	
YH5WZ—108/281		110	108	84	5	323	281	239	157	600	
YH10WZ—96/250		110	96	75.0	10	280	250	213	140	800	
YH10WZ—100/260		110	100	78.0	10	291	260	221	145	800	
YH10WZ—102/266		110	102	79.6	10	297	266	226	148	800	
YH10WZ—108/281		110	108	84.0	10	315	281	239	157	800	
YH10WZ—192/500		220	192	150.0	10	560	500	426	280	800	
YH10WZ—200/520		220	200	156.0	10	582	520	442	290	800	
YH10WZ—204/532		220	204	159.0	10	594	532	452	296	800	
YH10WZ—216/562		220	216	168.5	10	630	562	478	314	800	
YH5WZ—51/134G		35	51	40.8	5	154.0	134.0	114.0	73.0	400	
YH5WZ—84/221G		66	84	67.2	5	254	221	118	121	600	
YH5WZ—90/235G	悬挂式	66	90	72.5	5	270	235	201	130	600	
YH10WZ—90/235G		66	90	72.5	10	264	235	201	130	800	
YH5WZ—96/250G		110	96	75.0	5	288	250	213	140	600	

续表 23 - 35

型　号	类　型	系统标称电压	避雷器额定电压	避雷器持续运行电压	避雷器标称放电电流(峰值,kA)	陡波冲击电流残压	雷电冲击电流残压	操作冲击电流残压	直流1mA参考电压≥(kV)	2ms方波通流容量(峰值,A)	生产厂
		有效值,kV				≤(峰值,kV)					
YH5WZ—100/260G		110	100	78.0	5	299	260	221	145	600	
YH5WZ—102/266G		110	102	79.6	5	305	266	226	148	600	
YH5WZ—108/281G		110	108	84	5	323	281	239	157	600	
YH10WZ—96/250G		110	96	75.0	10	280	250	213	140	800	
YH10WZ—100/260G		110	100	78.0	10	291	260	221	145	800	
YH10WZ—102/266G	悬挂式	110	102	79.6	10	297	266	226	148	800	中能电力科技开发公司、北京中能瑞斯特电气有限责任公司
YH10WZ—108/281G		110	108	84.0	10	315	281	239	157	800	
YH10WZ—192/500G		220	192	150.0	10	560	500	426	280	800	
YH10WZ—200/520G		220	200	156.0	10	582	520	442	290	800	
YH10WZ—204/532G		220	204	159.0	10	594	532	452	296	800	
YH10WZ—216/562G		220	216	168.5	10	630	562	478	314	800	
YH1.5WZ—60/144		110	60	48.0	1.5	—	144	135	85	600	
YH1.5WZ—72/186	变压器中性点用	110	72	58.0	1.5	—	186	174	103	600	
YH1.5WZ—144/320		220	144	116.0	1.5	—	320	299	205	600	

型　号	类　型	4/10μs大电流冲击耐受电流(峰值,kA)	工频湿耐受电压1min(有效值,kV)	雷电冲击耐受电压(峰值,kV)	运行电压下持续电流≤ I$_x$mA(有效值)	运行电压下持续电流≤ I$_R$mA(峰值)	0.75U$_{1mA}$下漏电流≤(μA)	爬电比距≥(cm/kV)	总高度 mm	最大外径 mm	伞数大/小(个)	重量(kg)	生产厂
YH5WS—10/30		65	25	60	0.8	0.15	30	3.0	220	90	3	1.1	
YH5WS—12/35.8	配电用	65	30	75	0.8	0.15	30	3.0	260	90	5	1.7	
YH5WS—15/45.6		65	30	75	0.8	0.15	30	3.0	260	90	5	1.7	
YH5WS—17/50		65	30	75	0.8	0.15	30	3.0	260	90	5	1.7	中能电力科技开发公司、北京中能瑞斯特电气有限责任公司
YH5WR—10/27	并联补偿电容器用	65	25	60	0.8	0.15	30	3.0	220	120	3	1.1	
YH5WR—12/32.4		65	30	75	0.8	0.15	30	3.0	260	120	6	2.8	
YH5WR—15/40.5		65	30	75	0.8	0.15	30	3.0	260	120	6	2.8	
YH5WZ—10/27		65	25	60	0.8	0.15	30	3.0	220	90	6	1.7	
YH5WZ—12/32.4		65	30	75	0.8	0.15	30	3.0	260	90	6	1.7	
YH5WZ—15/40.5	立柱式	65	30	75	0.8	0.15	30	3.0	260	90	6	1.7	
YH5WZ—17/45		65	30	75	0.8	0.15	30	3.0	260	90	6	1.7	
YH5WZ—51/134		65	80	185	1.0	0.2	30	3.0	768	148	9	18	

型　　号	类　型	4/10μs 大电流冲击耐受电流 (峰值, kA)	工频湿耐受电压 1min (有效值, kV)	雷电冲击耐受电压 (峰值, kV)	运行电压下持续电流 ≤ I_x mA (有效值)	I_R mA (峰值)	0.75 U_{1mA} 下漏电流 ≤ (μA)	爬电比距 ≥ (cm/kV)	总高度 mm	最大外径 mm	伞数 大/小 (个)	重量 (kg)	生产厂
YH5WZ—84/221		65	140	325	1.0	0.2	30	2.6	1391	230	11/10	43	
YH5WZ—90/235		65	140	325	1.0	0.2	30	2.6	1391	230	11/10	43	
YH10WZ—90/235		100	140	325	1.0	0.2	30	2.6	1391	230	11/10	45	
YH5WZ—96/250		65	185(200)	450	1.0	0.2	30	2.6	1391	230	11/10	43	
YH5WZ—100/260		65	185(200)	450	1.0	0.2	30	2.6	1391	230	11/10	43	
YH5WZ—102/266		65	185(200)	450	1.0	0.2	30	2.6	1391	230	11/10	43	
YH5WZ—108/281		65	185(200)	450	1.0	0.2	30	2.6	1391	230	11/10	43	
YH10WZ—96/250	立柱式	100	185(200)	450	1.0	0.2	30	2.6	1391	230	11/10	45	
YH10WZ—100/260		100	185(200)	450	1.0	0.2	30	2.6	1391	230	11/10	45	
YH10WZ—102/266		100	185(200)	450	1.0	0.2	30	2.6	1391	230	11/10	45	
YH10WZ—108/281		100	185(200)	450	1.0	0.2	30	2.6	1391	230	11/10	45	
YH10WZ—192/500		100	395	950	1.0	0.2	30	2.6	2678	230	22/20	107	
YH10WZ—200/520		100	395	950	1.0	0.2	30	2.6	2678	230	22/20	107	中能电力科技开发公司、北京中能瑞斯特电气有限责任公司
YH10WZ—204/532		100	395	950	1.0	0.2	30	2.6	2678	230	22/20	107	
YH10WZ—216/562		100	395	950	1.0	0.2	30	2.6	2678	230	22/20	107	
YH5WZ—51/134G		65	80	185	1.0	0.2	30	2.6	700	148	9/9	11.5	
YH5WZ—84/221G		65	140	325	1.0	0.2	30	2.6	1300	230	11/10	29	
YH5WZ—90/235G		65	140	325	1.0	0.2	30	2.6	1300	230	11/10	29	
YH10WZ—90/235G		100	140	325	1.0	0.2	30	2.6	1300	230	11/10	31	
YH5WZ—96/250G		65	185(200)	450	1.0	0.2	30	2.6	1300	230	11/10	29	
YH5WZ—100/260G		65	185(200)	450	1.0	0.2	30	2.6	1300	230	11/10	29	
YH5WZ—102/266G		65	185(200)	450	1.0	0.2	30	2.6	1300	230	11/10	29	
YH5WZ—108/281G	悬挂式	65	185(200)	450	1.0	0.2	30	2.6	1300	230	11/10	29	
YH10WZ—96/250G		100	185(200)	450	1.0	0.2	30	2.6	1300	230	11/10	31	
YH10WZ—100/250G		100	185(200)	450	1.0	0.2	30	2.6	1300	230	11/10	31	
YH10WZ—102/266G		100	185(200)	450	1.0	0.2	30	2.6	1300	230	11/10	31	
YH10WZ—108/281G		100	185(200)	450	1.0	0.2	30	2.6	1300	230	11/10	31	
YH10WZ—192/500G		100	395	950	1.0	0.2	30	2.6	2600	230	22/20	70	
YH10WZ—200/520G		100	395	950	1.0	0.2	30	2.6	2600	230	22/20	70	
YH10WZ—204/532G		100	395	950	1.0	0.2	30	2.6	2600	230	22/20	70	

续表 23－35

型　　　号	类　型	4/10 μs 大电流冲击耐受电流(峰值,kA)	工频湿耐受电压 1min(有效值,kV)	雷电冲击耐受电压(峰值,kV)	运行电压下持续电流 ≤ I_XmA(有效值)	I_RmA(峰值)	0.75 U_{1mA} 下漏电流 ≤ (μA)	爬电比距 ≥ (cm/kV)	总高度 mm	最大外径 mm	伞数 大/小(个)	重量(kg)	生产厂
YH10WZ—216/562G	悬挂式	100	395	950	1.0	0.2	30	2.6	2600	230	22/20	70	中能电力科技开发公司、北京中能瑞斯特电气有限责任公司
YH1.5WZ—60/144	变压器中性点用	65	95	250	1.0	0.2	30	2.6	1047	230	8/7	35	
YH1.5WZ—72/186		65	95	250	1.0	0.2	30	2.6	1047	230	8/7	35	
YH1.5WZ—144/320		65	200	400	1.0	0.2	30	2.6	1910	230	15/14	55	

（2）西安西电高压电瓷有限责任公司的复合外套氧化锌避雷器。

1）配电型 3～220kV 复合外套座装式氧化锌避雷器技术数据，见表 23－36。

保护相应电压等级的开关柜、箱式变电站、电力电缆出线头、柱上油开关等配电设备，免受大气和操作过电压的损坏。

表 23－36　配电型 3～220kV 复合外套氧化锌避雷器技术数据（座装式）

避雷器型号	系统额定电压	避雷器额定电压	避雷器持续运行电压	直流参考电压(U_{1mA})≥(kV)	陡波冲击电流下残压	雷电冲击电流下残压	操作冲击电流下残压	方波通流容量(2ms) A	大电流冲击耐受 kA	爬电比距 ≥ (cm/kV) 1	2	重量 kg 1	2	最大伞径 φ (mm)	总高 H (mm)	生产厂
	kV				≤ (kV)											
YH5WS5—5/17	3	5	4.0	8.0	19.6	17	14.5	100	65	3.1		1.02		87	155±5	西安西电高压电瓷有限责任公司
YH5WS5—5/16	3	5	4.0	8.0	18.8	16	13.5	100	65	3.1		1.02		87	155±5	
YH5WS5—10/30	6	10	8.0	16.0	34.5	30	25.5	100	65	3.1		1.27		87	230±5	
YH5WS5—10/28	6	10	8.0	16.0	32.5	28	24.5	100	65	3.1		1.27		87	230±5	
YH5WS5—17/50	10	17	13.6	25.0	57.5	50	38.5	100	65	3.1		1.8		204	275±5	
YH5WS5—17/47	10	17	13.6	25.0	54.5	47	36.5	100	65	3.1		1.8				
YH5W5—51/134	35	51	40.8	76.0	154	134	114①	400	65	3.1	2.5	15.8	13.3	(1) 150	592	
YH5W5—51/130	35	51	40.8	75.0	150	130	112①	400	65	3.1	2.5	15.2	12.8			
YH5W5—51/125	35	51	40.8	73.0	145	125	110①	400	65	3.1	2.5	14.5	12.2			
YH5W5—52.7/134	35	52.7	42.2	77.0	154	134	114	400	65	3.1	2.5	16.0	13.5	(2) 150	740	
YH5W5—52.7/130	35	52.7	42.2	76.0	150	130	113	400	65	3.1	2.5	15.4	13.0			
YH5W5—52.7/125	35	52.7	42.2	73.0	145	125	110	400	65	3.1	2.5	14.5	12.2			
YH5W5—54/134	35	54	43.2	77.0	154	134	114	400	65	3.1	2.5	16.0	13.5			

续表 23-36

避雷器型号	系统额定电压	避雷器额定电压	避雷器持续运行电压	直流参考电压(U_{1mA})	陡波冲击电流下残压	雷电冲击电流下残压	操作冲击电流下残压	方波通流容量(2ms)	大电流冲击耐受	爬电比距 ≥ (cm/kV)		重量 kg		最大伞径 φ (mm)	总高 H (mm)	生产厂
	kV			≥ (kV)	≤ (kV)			A	kA	1	2	1	2			
YH5W5—54/130	35	54	43.2	76.0	150	130	113	400	65	3.1	2.5	15.4	13.0	(1) 150	592	西安西电高压电瓷有限责任公司
YH5W5—54/125	35	54	43.2	74.0	145	125	110	400	65	3.1	2.5	14.5	12.2	(2) 150	740	
YH5W5—84/208	63	84	67.2	122	245	208	178①	600	100	3.1		44.2		220	1295±5	
YH5W5—84/221	63	84	67.2	125	254	221	188①	600	100	3.1		44.5				
YH5W5—90/224	63	90	72.5	130	258	224	188①	600	100	3.1		45.0				
YH5W5—94/233	63	94	75.2	133	268	233	195①	600	100	3.1		45.5				
YH5W5—96/250	110	96	76.8	145	287	250	213②	600	100		2.5	46.5				
YH5W5—100/260	110	100	80.0	151	299	260	221②	600	100		2.5	47.6				
YH5W5—102/265	110	102	81.6	154	305	265	226②	600	100		2.5	48.0				
YH5W5—108/281	110	108	86.4	163	323	281	239②	600	100		2.5	49.0				
YH5W5—116/302	110	116	92.8	175	347	302	256②	600	100		2.5	50.5		220	1295±5	
YH5W5—192/500	220	192	153.6	290	558	500	424②	800	100		2.5	122.0				
YH5W5—200/520	220	200	160.0	302	582	520	442②	800	100		2.5	123.2				
YH5W5—204/530	220	204	163.2	308	588	530	452②	800	100		2.5	124.8				
YH5W5—216/562	220	216	172.8	326	628	562	478②	800	100		2.5	126.0				
YH5W5—228/593	220	228	182.4	344	663	593	504②	800	100		2.5	127.5				

① 30/60μs1kA 下的残压值;

② 30/60μs2kA 下的残压值。

2) 电站型 3～220kV 复合外套座装式氧化锌避雷器保护发电厂、变电站的交流电气设备,免受大气过电压和操作过电压的损坏,技术数据,见表 23-37。

3) 并联电容器型 3～35kV 复合外套座装式氧化锌避雷器抑制真空开关及少油开关操作电容器组产生的过电压,保护电容器组免受过电压的破坏并吸收过电压能量,技术数据,见表 23-38。

4) 旋转电机型 3～20kV 复合外套座装式氧化锌避雷器,限制真空开关或少油开关切换旋转电机时产生的过电压,保护旋转电机免受操作过电压损坏,技术数据,见表 23-39。

5) 电气化铁道型 3～220kV 复合外套座装式氧化锌避雷器,保护电气化铁道的各种电气设备、接触网、电力机车,免受大气过电压和操作过电压的损坏,技术数据,见表 23-40。

6) 变压器中性点型 3～220kV 复合外套座装式氧化锌避雷器,保护相应等级的变压器中性点免受大气过电压和操作过电压的损坏,技术数据,见表 23-41。

表 23-37　电站型 3~220kV 复合外套座式氧化锌避雷器技术数据

避雷器型号	系统额定电压 有效值 kV	避雷器额定电压 有效值 kV	避雷器持续运行电压 kV	直流参考电压 U_1mA ≥(kV)	陡波冲击电流下残压 ≤(kV)	雷电冲击电流下残压 ≤(kV)	操作冲击电流下残压 (kV)	方波通流容量 (2ms)(A)	大电流冲击耐受 (kA)	爬电比距 ≥(cm/kV) 1	爬电比距 ≥(cm/kV) 2	重量 (kg) 1	重量 (kg) 2	最大伞径 φ (mm) 1	最大伞径 φ (mm) 2	总高 H (mm) 1	总高 H (mm) 2	生产厂
YH5WZ5—5/13.5	3	5	4.0	7.5	15.5	13.5	11.5	150	65	3.1		1.02		87				
YH5WZ5—10/27	6	10	8.0	15.0	31.0	27	23.0	150	65	3.1		1.27		87				
YH5WZ5—17/45	10	17	13.6	24.0	51.5	45	38.3	150	65	3.1		1.8		108				
YH5WZ5—17/44	10	17	13.6	24.0	50.5	44	37.5	150	65	3.1		1.8						
YH5W5—51/134	35	51	40.8	76.0	154	134	114①	400	65	3.1	2.5	15.8	13.3					
YH5W5—51/130	35	51	40.8	75.0	150	130	112①	400	65	3.1	2.5	15.2	12.8					
YH5W5—51/125	35	51	40.8	73.0	145	125	110①	400	65	3.1	2.5	14.5	12.2					
YH5W5—52.7/134	35	52.7	42.2	77.0	154	134	114	400	65	3.1	2.5	16.0	13.5					西安西电高压电瓷有限责任公司
YH5W5—52.7/130	35	52.7	42.2	76.0	150	130	113	400	65	3.1	2.5	15.4	13.0					
YH5W5—52.7/125	35	52.7	42.2	73.0	145	125	110	400	65	3.1	2.5	14.5	12.2	150		592	593±5	
YH5W5—54/134	35	54	43.2	77.0	154	134	114	400	65	3.1	2.5	16.0	13.5					
YH5W5—54/130	35	54	43.2	76.0	150	130	113	400	65	3.1	2.5	15.4	13.0					
YH5W5—54/125	35	54	43.2	74.0	145	125	110	400	65	3.1	2.5	14.5	12.2		140	742	741±5	
YH10W5—51/134	35	51	40.8	75.0	154	134	114	400	100	3.1	2.5	15.8	13.3					
YH10W5—51/130	35	51	40.8	73.0	150	130	112	400	100	3.1	2.5	15.2	12.8					
YH10W5—51/125	35	51	40.8	74.0	144	125	110	600	100	2.5		25.2		178				
YH10W5—51/120	35	51	40.8	72.0	140	120	108	600	100	2.5		25.0			554			

续表 23-37

避雷器型号	系统额定电压 有效值,kV	避雷器额定电压 有效值,kV	避雷器持续运行电压 行电压,kV	直流参考电压 U$_{1mA}$ ≥(kV)	陡波冲击电流下残压 ≤(kV)	雷电冲击电流下残压 ≤(kV)	操作冲击电流下残压 ≤(kV)	方波通流容量 (2ms)(A)	大电流冲击耐受 (kA)	爬电比距 ≥(cm/kV) 1	2	重量 (kg) 1	2	最大伞径 φ (mm) 1	2	总高 H (mm) 1	2	生产厂
YH10W5-52.7/134	35	52.7	42.2	75.0	154	134	114	400	100	3.1	2.5	16.0	13.5	150	140	592	593±5	
YH10W5-52.7/130	35	52.7	42.2	74.0	150	130	112	400	100	3.1	2.5	15.4	13.0			742	741±5	
YH10W5-53.7/125	35	52.7	42.2	72.5	144	125	110	600	100	2.5		25.0		178		554		
YH10W5-54/134	35	54	43.2	76.0	154	134	114	400	100	3.1	2.5	16.0	13.5	150		592,740		西安西电高压电瓷有限责任公司
YH10W5-54/130	35	54	43.2	75.0	144	130	112	600	100	2.5		25.0		178		554		
YH10W5-94/228	63	94	75.2	133	263	228	200	600	100	3.1		45.5		220		1295±5		
YH10W5-96/250	110	96	76.8	146	280	250	212	600	100	2.5		46.5						
YH10W5-100/260	110	100	80.0	152	291	260	221	600	100	2.5		47.6		220	1295±5			
YH10W5-102/265	110	102	81.6	155	297	265	225	600	100	2.5		48.0						
YH10W5-108/281	110	108	86.4	164	314	281	239	600	100	2.5		49.0						
YH10W5-116/302	110	116	92.8	176	338	302	257	600	100	2.5		50.5						
YH10W5-126/328	110	126	100.8	192	367	328	279	600	100	2.5		52.0						
YH10W5-192/500	220	192	153.6	292	560	500	424	800	100	2.5		122.0		800	2380±10			
YH10W5-198/565	220	198	158.4	322	633	565	490	800	100	2.5		126.2						
YH10W5-200/520	220	200	160.0	304	582	520	442	800	100	2.5		124.8						
YH10W5-204/530	220	204	163.2	310	594	530	451	800	100	2.5		126.0						
YH10W5-216/562	220	216	172.8	328	628	562	477	800	100	2.5		127.5						

① 为 30/60μs1kA 下的残压值。

表23-38　并联电容器型 3～60kV 复合外套座装式氧化锌避雷器技术数据

避雷器型号	系统额定电压 有效值, kV	避雷器额定电压	避雷器持续运行电压	直流参考电压 U_{1mA} ≥(kV)	雷电冲击下电流下残压 ≤(kV)	操作冲击下电流下残压 ≤(kV)	方波通流容量 (2ms)(A)	大电流冲击耐受 (kA)	爬电比距 ≥(cm/kV) 1	爬电比距 2	重量(kg) 1	重量(kg) 2	最大伞径 φ(mm)	总高 H(mm)	生产厂
YH5WR5-5/13.5	3	5	4.0	7.2	13.5	10.5	400	65	3.1		1.50		116	160±5	
YH5WR5-10/27	6	10	8.0	14.4	27.0	21.0	400		3.1		1.92		120	225±5	
YH5WR5-17/44	10	17	13.6	24.0	44	35.0	400	100	3.1		2.8		120	275±5	
YH5WR5-17/42					42	34.0	600		3.1		3.8		140	354±5	
YH5WR5-17/42					42	34.0	800		3.1		3.8				
YH5WR5-17/41					41	34.0①	1000		3.1		5.0		158	360±5	
YH5WR5-17/40					40	34.0①	1200		3.1		5.0				
YH5WR5-48/134	35	48	38.4	72.5	134	105	400	65	3.1	2.5	15.0	12.8	150	592	西安西电高压电瓷有限责任公司
YH5WR5-48/130					130	105			3.1	2.5	15.0	12.8		740	
YH5WR5-48/125				72.0	125	102			3.1	2.5	15.0	12.8			
YH5WR5-48/125				71.0	125	102									
YH5WR5-48/120	35	48	38.4	73.0	120	105	600	100	2.5		25.0		178	554	
YH5WR5-48/134					134	105									
YH10WR5-48/134				73.0	134	104									
YH10WR5-48/125				72.0	125	125									
YH5WR5-48/125	35	48	38.4	73.0	125	105	800	100	2.5		25.0		178	554	
YH5WR5-48/120					120	104									
YH5WR5-48/134					134	104									
YH10WR5-48/134					134										
YH10WR5-48/125					125										
YH5WR5-48/134	35	48	38.4	74.0	134	105	1000	100	2.5		28.8		178	554	

避雷器型号	系统额定电压 kV	避雷器额定电压 有效值 kV	避雷器持续运行电压 kV	直流参考电压 U_{1mA} ≥(kV)	雷电冲击下电流下残压 ≤(kV)	操作冲击电流下残压 ≤(kV)	方波通流容量(2ms)(A)	大电流冲击耐受(kA)	爬电比距 ≥(cm/kV) 1	爬电比距 2	重量(kg) 1	重量(kg) 2	最大伞径 φ(mm)	总高 H(mm)	生产厂
YH5WR5-48/125	35	48	38.4	74.0	125	105	1000	100	2.5		28.8		178	554	西安西电高压电瓷有限责任公司
YH5WR5-48/120	35	48	38.4	73.0	120	102									
YH10WR5-48/134	35	48	38.4	73.0	134	105①	1000	100	2.5		28.8		178	554	
YH10WR5-48/125	35	48	38.4	71.0	125	103①									
YH10WR5-48/120	35	48	38.4	70.0	120	100①									
YH5WR5-51/134	35	51	40.8	72.5	134		400	65	3.1	2.5	15.0	12.8	150	592	
YH5WR5-51/130	35	51	40.8		130	105			3.1				150	740	
YH5WR5-51/125	35	51	40.8		125				3.1						
YH5WR5-51/134	35	51	40.8	73.0	134	105	600	100	2.5		25.0		178	554	
YH5WR5-51/125	35	51	40.8	72.0	125	104									
YH5WR5-51/120	35	51	40.8	71.0	120	102									
YH10WR5-51/134	35	51	40.8	73.0	134	105	800	100	2.5		25		178	554	
YH10WR5-51/125	35	51	40.8	72.0	125	104									
YH5WR5-51/134	35	51	40.8	74.0	134	105	1000	100	2.5		28.8		178	554	
YH5WR5-51/125	35	51	40.8	74.0	125	105									
YH5WR5-51/120	35	51	40.8	73.0	120	102									

续表 23-38

避雷器型号	系统额定电压 有效值,kV	避雷器额定电压 有效值,kV	避雷器持续运行电压 kV	直流参考电压 U₁ₘA ≥(kV)	雷电冲击下电流下残压 ≤(kV)	操作冲击下电流下残压 ≤(kV)	方波通流容量 (2ms)(A)	大电流冲击耐受 (kA)	爬电比距 ≥(cm/kV) 1	爬电比距 2	重量 (kg) 1	重量 2	最大伞径 φ(mm)	总高 H(mm)	生产厂
YH10WR5—51/134	35	51		73.0	134	105①									
YH10WR5—51/125			40.8	71.0	125	103①	1000	100	2.5		28.8		178	554	
YH10WR5—51/120				70.0	120	100①									
YH5WR5—52.7/134	35	52.7		73.0	134	105									
YH5WR5—52.7/130			42.2	73.0	130	105	400	65	3.1	2.5	15.0	12.8	150	592	
YH5WR5—52.7/125			42.2	73.0	125	105	400	65	3.1	2.5	15.0	12.8	150	740	
YH5WR5—52.7/134				73.5	134	105									
YH5WR5—52.7/125	35	52.7	42.2	73.5	125	105	600	100	2.5		25.0		178	554	
YH10WR5—52.7/134				73.5	134	105									
YH10WR5—52.7/125				72.5	125	104									
YH5WR5—52.7/134				74.5	134	105									
YH5WR5—52.7/125	35	52.7	42.2	74.5	125	105	800	100	2.5		25.0		178	554	西安西电高压电瓷有限责任公司
YH5WR5—52.7/120				72.5	120	104									
YH10WR5—52.7/134				74.5	134	105									
YH10WR5—52.7/125				74.5	125	104									
YH5WR5—52.7/134				74.5	134	105									
YH5WR5—52.7/125	35	52.7	42.2	74.5	125	105	1000	100	2.5		28.8		178	554	
YH5WR5—52.7/120				73.5	120	103									
YH10WR5—52.7/134				74.5	135	105①									
YH10WR5—52.7/125				73.5	125	105①									
YH10WR5—52.7/120				71.0	120	103①									

续表 23-38

避雷器型号	系统额定电压 有效值, kV	避雷器额定电压 有效值, kV	避雷器持续运行电压 kV	直流参考电压 U_{1mA} ≥(kV)	雷电冲击电流下残压 ≤(kV)	操作冲击电流下残压 ≤(kV)	方波通流容量(2ms)(A)	大电流冲击耐受(kA)	爬电比距 ≥(cm/kV) 1	2	重量(kg) 1	2	最大伞径 φ(mm)	总高 H(mm)	生产厂
YH5WR5-54/134	35	54	43.2	75.0	134	105	600	100	2.5		25.5				西安西电高压电瓷有限责任公司
YH5WR5-54/125	35	54	43.2	75.0	125	105	600	100	2.5		25.5				
YH10WR5-54/134	35	54	43.2	75.0	134	105	800	100	2.5		25.5		178	554	
YH5WR5-54/134	35	54	43.2	75.0	134	105		100	2.5		25.5				
YH5WR5-54/125	35	54	43.2	75.0	125	105	1000	100	2.5						
YH0WR5-54/134	35	54	43.2	75.0	134	104		100	2.5		29.5				
YH5WR5-54/134	35	54	43.2	75.0	134	105									
YH5WR5-54/125	35	54	43.2	75.0	125	105									
YH5WR5-54/122	35	54	43.2	74.5	122	104	1000	100	2.5		29.5		178	554	
YH10WR5-54/134	35	54	43.2	75.0	134	105									
YH10WR5-54/130	35	54	43.2	75.0	130	105									
YH10WR5-54/125	35	54	43.2	74.0	125	104									

① 为 1kA 操作冲击电流下残压。

表 23-39　旋转电机型 3~20kV 复合外套座装式氧化锌避雷器技术数据

避雷器型号	系统额定电压 有效值, kV	避雷器额定电压 有效值, kV	避雷器持续运行电压 kV	直流参考电压 U_{1mA} ≥(kV)	陡波冲击电流下残压 ≤(kV)	雷电冲击电流下残压 ≤(kV)	操作冲击电流下残压 ≤(kV)	方波通流容量(2ms)(A)	大电流冲击耐受(kA)	爬电比距 ≥(cm/kV) 1	2	重量(kg) 1	2	最大伞径 φ(mm)	总高 H(mm)	生产厂
YH5W5-4/9.5	3.15	4	3.2	5.7	10.7	9.5	7.6	400	65	3.1		1.5		116	160±5	西安西电高压电瓷有限责任公司
YH5W5-8/18.7	6.3	8	6.3	11.3	21.0	18.7	15.0	400	65	3.1		1.9		120	225±5	
YH5W5-13.5/31	10.5	13.5	10.5	18.9	34.7	31.0	25.0	400	65	3.1		2.8		120	275±5	

续表 23-39

避雷器型号	系统额定电压 有效值 kV	避雷器额定电压 有效值 kV	避雷器持续运行电压 kV	直流参考电压 U_{1mA} ≥ (kV)	陡波冲击电流下残压 ≤ (kV)	雷电冲击电流下残压 ≤ (kV)	操作冲击电流下残压 (kV)	方波通流容量 (2ms) (A)	大电流冲击耐受 (kA)	爬电比距 ≥ (cm/kV) 1	2	重量 (kg) 1	2	最大伞径 φ (mm)	总高 H (mm)	生产厂
YH5W5-17.5/40	13.8	17.5	13.8	24.8	44.8	40.0	32.0	400	65	3.1		3.0		120	275±5	西安西电高压电瓷有限责任公司
YH5W5-20/45	15.8	20	15.8	28.4	50.4	45.0	36.0	400	65	2.5		3.3				
YH5W5-21/48	20.0	21	16.8	29.0	54.6	48.0	44.0	1200	100	2.5		3.4		158	360±5	
YH5W5-23/51	18.0	23	18.0	32.0	57.2	51.0	40.8	400	65	2.5		3.7		120	275±5	
YH5W5-25/56.2	20.0	25	20.0	35.4	62.9	56.2	45.0	400	65	2.5		4.0				
YH2.5W5-4/9.5①	3.15	4	3.2	5.7	10.7	9.5	7.6	200	65	3.1		1.2		97	155±5	
YH2.5W5-8/19①	6.3	8	6.3	11.3	21.0	19.0	15.0	200	65	3.1		1.6		97	230±5	
YH2.5W5-13.5/31①	10.5	13.5	10.5	18.9	34.7	31.0	25.0	200	65	3.1		2.2		108	275±5	
YH1.5W5-2.4/6②	3.15	2.4	1.9	3.4		6.0		200	65	3.1		1.2		97	155±5	
YH1.5W5-5/12②	6.3	5	4.0	7.1		12.0		200	65	3.1		1.6		97	230±5	
YH1.5W5-8/19②	10.5	8	6.4	11.3		19.0		200	65	3.1		2.2		108	275±5	

① 为电动机用。
② 为电机中性点用；其余为发电机用。

表 23-40 电气铁道化复合外套式氧化锌避雷器技术数据

避雷器型号	系统额定电压 有效值 kV	避雷器额定电压 有效值 kV	避雷器持续运行电压 kV	直流参考电压 U_{1mA} ≥ (kV)	陡波冲击电流下残压 ≤ (kV)	雷电冲击电流下残压 ≤ (kV)	操作冲击电流下残压 (kV)	方波通流容量 (2ms) (A)	大电流冲击耐受 (kA)	爬电比距 ≥ (cm/kV) 1	2	重量 (kg) 1	2	最大伞径 φ (mm)	总高 H (mm)	生产厂
YH5WT5-42/120	27.5	42	34.0	67	138	120	98	400	65	3.1		13.0		140	593±5	西安西电高压电瓷有限责任公司
YH5WT5-41/115	27.5	41	32.8	67	133	115	94	400	65	3.1		13.0				
YH5WT5-84/240	55.0	84	68.0	134	276	240	196	400	65	3.1		18.0		150	767±5	
YH5WT5-82/230	55.0	82	65.6	134	266	230	188	400	65	3.1		18.0				

续表 23-40

避雷器型号	系统额定电压 有效值, kV	避雷器额定电压 有效值, kV	避雷器持续运行电压, kV	直流参考电压 U_{1mA} ≥(kV)	陡波冲击电流下残压 ≤(kV)	雷电冲击电流下残压 ≤(kV)	操作冲击电流下残压 ≤(kV)	方波通流容量(2ms)(A)	大电流冲击耐受(kA)	爬电比距 ≥(cm/kV) 1	爬电比距 2	重量(kg) 1	重量(kg) 2	最大伞径 φ(mm)	总高 H(mm)	生产厂
YH10WT5-42/120	27.5	42	34.0	66	138	120	98	400	100	3.1		13.0		140	593±5	西安西电高压电瓷有限责任公司
YH10WT5-41/115	27.5	41	32.8	66	133	115	94	400	100	3.1		13.0		140		
YH10WT5-84/240	55.0	84	68.0	132	276	240	196	400	100	3.1		18.0		150	767±5	
YH10WT5-82/230	55.0	82	65.6	132	266	230	188	400	100	3.1		18.0		150		

表 23-41 变压器中性点型 3～220kV 复合外套氧化锌避雷器技术数据

避雷器型号	系统额定电压 有效值, kV	避雷器额定电压 有效值, kV	避雷器持续运行电压, kV	直流参考电压 U_{1mA} ≥(kV)	雷电冲击电流下残压 ≤(kV)	操作冲击电流下残压 ≤(kV)	方波通流容量(2ms)(A)	大电流冲击耐受(kA)	爬电比距 ≥(cm/kV) 1	爬电比距 2	重量(kg) 1	重量(kg) 2	最大伞径 φ(mm)	总高 H(mm)	生产厂
YH1.5W5-55/132	110	55	44.0	79	132	126	400	65	3.1		16.2		150	592	西安西电高压电瓷有限公司
YH1.5W5-60/144	110	60	48.0	86	144	135	400	65	3.1		16.7				
YH1.5W5-72/186	110	72	58.0	103	186	174	400	65	3.1		18.5				
YH1.5W5-73/200	110	73	58.4	105	200	165	400	65	3.1		18.5				
YH1.5W5-96/260	500	96	76.8	137	260	243	600	100	2.5		41.0		220	1295±5	
YH1.5W5-102/260	500	102	80.0	158	260	243	600	100	2.5		43.5		220		
YH1.5W5-144/320	220	144	115.8	205	320	299	600	100	2.5		48.0				
YH1.5W5-146/320	220	146	116.8	208	320	304	600	100	2.5		48.5				
YH1.5W5-207/440	330	207	165.6	292	440	410	600	100	2.5		123		800	2380±10	
YH1.5W5-210/440	330	210	168.0	296	440	399	600	100	2.5		123				
YH1.5W5-132/320①	500	132	105.6	187	320	272	800	100	2.5		46.0		220	1295±5	

注 ① 操作冲击电流值为500A。
① 电抗器用。

（3）西安电瓷研究所生产的复合外套金属氧化物避雷器技术数据，见表23-42。

表 23-42　复合外套金属氧化物避雷器技术数据

型　号	系统额定电压（kV）	持续运行电压（kV）	残压 ≤ （kV）			直流1mA参考电压 ≥（kV）	工频参考电压（阻性1mA）≥（kV）	2ms方波（A）	伞径 φ（mm）	高度 H（mm）	生产厂
			1/4	8/20	30/60						
YH5W—96/238	110	73	262	238	202	140	96	400，600	190	1188（座式）1280（悬挂式）	西安电瓷研究所
YH5W—100/260		73	291	260	221	145	100	400，600			
YH5W—108/281		73	314	281	239	156	108	400，600			
YH5W—126/332		73	382	332	282	214	134	400，600			
YH10W—96/238		73	262	238	202	140	96	600，800			
YH10W—100/248		73	273	248	211	145	100	600，800			
YH10W—100/260		73	291	260	221	145	100	600，800			
YH10W—102/255		73	282	255	217	148	102	600，800			
YH10W—108/268		73	295	268	228	156	108	600，800			
YH5W—192/476	220	146	524	476	404	280	192	400，600	850	2481（座式）2560（悬挂式）	
YH5W—200/520		146	582	520	442	290	200	400，600			
YH5W—216/562		146	628	562	478	314	216	400，600			
YH5W—228/593		146	663	593	504	331	228	400，600			
YH10W—192/476		146	524	476	404	280	192	600，800			
YH10W—200/496		146	546	496	422	290	200	600，800			
YH10W—200/520		146	582	520	442	290	200	600，800			
YH10W—204/515		146	564	515	438	296	204	600，800			
YH10W—216/536		146	590	536	456	314	216	600，800			
YH10W—228/565		146	622	565	480	331	228	600，800			
YH10W—420/960	500	318	1075	960	852	565	385	1500，1800	1500	5256（座式）5402±50（悬挂式）	
YH10W—444/1015		324	137	1015	900	597	408				
YH10W—468/1070		330	1198	1070	950	630	430				
YH5WS—5/15	3	4	17.3	15	12.8	7.5		75	88	297	
YH5WZ—5/13.5		4	15.5	13.5	11.5	7.2		75	108	297	
YH5WS—10/30	6	8	34.6	30	25.5	15	10	75，150	88	297	
YH5WZ—10/27		8	31	27	23	14.4	10	200，400	108	297	
YH5WS—17/50	10	13.6	57.5	50	42.5	25	17	75，150	88	297	
YH5WZ—17/45		13.6	51.8	45	38.3	24	17	200，400	108	297	
YH5WZ—51/134	35	40.8	154	134	114	73	48	400	140	599（661）	
YH5W—84/221	66	67.2	254	221	188	121	84	400，600	190	1188（1280）	
YH10W—90/235		72.5	268	235	201	128	90	400，600			

型　号	系统额定电压(kV)	持续运行电压(kV)	残　压 ≤(kV)			直流1mA参考电压 ≥(kV)	工频参考电压(阻性1mA) ≥(kV)	2ms方波(A)	伞径φ(mm)	高度H(mm)	生产厂
			1/4	8/20	30/60						
YH10W—90/235	66	72.5	264	235	201	128	90	600,800	190	118(1280)	
YH5W—96/250	110	75	288	250	213	140	96	400,600	190	1188(1280)	
YH5W—100/260		78	299	260	221	145	100	400,600			
YH5W—102/266		79.6	305	266	226	148	102	400,600			
YH5W—108/281		84	323	281	239	157	108	400,600			
YH10W—96/250	110	75	280	250	213	140	96	600,800			
YH10W—100/260		78	291	260	221	145	100	600,800			
YH10W—102/266		79.6	297	266	226	148	102	600,800			
YH10W—108/281		84.2	315	281	239	157	108	600,800			
YH10W—192/500	220	148	460	500	426	280	192	600,800	850	2481(2560)	
YH10W—200/520		156	582	520	441	290	200	600,800			
YH10W—204/532		159	592	532	452	296	204	600,800			
YH10W—216/562		168.5	630	562	478	314	216	600,800			
YH10W—420/960	500	318	1075	960	852	565	385	1500,1800	1500(2000)	5256(5402±50)	西安电瓷研究所
YH10W—444/1015		324	1137	1015	900	597	408	1500,1800			
YH10W—468/1070		330	1198	1070	950	630	430	1500,1800			
YH20W—420/960		318	1075	960	852	565	385	1500,1800			
YH20W—444/1106		324	1238	1106	907	597	408	1500,1800			
YH20W—468/1166		330	1306	1166	956	630	430	1500,1800			
YH1.5W—30/80	35			80		44	30	400	168	940	
YH1.5W—60/144	110			144		86	59	400	168	940	
YH1.5W—72/186	110			186		105	72	400	168	940	
YH1.5W—144/320	220			320		204	140	400	168	1835	
YH10CX1—84/220	110			220		123		400			
YH10CX2—100/320	110			320		145		400			
YH10CX1—168/440	220			440		246		400,600			
YH10C2—200/640	220			640		290		400,600			
YH10WT—42/105	27.5	31.5	118	105	89	58	40	400	160	530	
YH0.5W—17/45×2	10	13.6		45		28	17	200		相—相	
		13.6		45		28	17	200		相—地	
YH0.1W—51/127×51/140	35	41		140		102	65	400		相—相	
		41		127		92.5	58	400		相—地	

续表 23 - 42

型　号	系统额定电压 (kV)	持续运行电压 (kV)	残　压 ≤ (kV)			直流1mA参考电压 ≥(kV)	工频参考电压(阻性1mA) ≥(kV)	2ms方波 (A)	伞径 φ (mm)	高度 H (mm)	生产厂
			1/4	8/20	30/60						
YH0.1W—51/127×51/140	35	24		70		51	33.5	400		上部单元	西安电瓷研究所
		24		57		41.5	28.3	600		下部单元	
YH0.5W—51/143×51/154	35	41		154		102	65	400		相—相	
		41		143		92.5	58	400		相—地	
		24		77		51	33.5	400		上部单元	
		24		66		41.5	28.3	600		下部单元	

（4）西安神电电器有限公司生产的复合外套金属氧化物避雷器技术数据，见表23 - 43。

表 23 - 43　复合外套金属氧化物避雷器技术数据

型　号	系统标称电压	避雷器额定电压	避雷器持续运行电压	直流1mA参考电压 ≥ (kV)	2ms方波通流容量 (A)	雷电冲击电流下残压	陡波冲击电流下残压	操作冲击电流下残压	伞径 φ (mm)	高度 H (mm)	备注	生产厂
	有效值，kV					≤（峰值，kV）						
YH5WS—5/15	3	5	4	7.5	100	15.0	17.3	12.8	91	218		
YH5WS—10/30	6	10	10	15	100	30.0	34.6	25.6	91	218		
YH5WS—12/35.8	10	12	12	18	100	35.8	41.2	30.6	91	270	配电用	
YH5WS—15/45.6	10	15	15	23	100	45.6	52.5	39.0	91	270		
YH5WS—17/50	10	17	17	25	100	50.0	57.5	42.5	91	270		
YH5WZ—5/13.5	3	5	4	7.2	150	13.5	15.5	11.5	98	213		西安神电电器有限公司
YH5WZ—10/27	6	10	8	14.4	150	27.0	31.0	23.0	98	213		
YH5WZ—12/32.4	10	12	9.6	17.4	150	32.4	37.2	27.6	98	263		
YH5WZ—15/40.5	10	15	12.0	21.8	150	40.5	46.5	34.5	98	263		
YH5WZ—17/45	10	17	13.6	24.0	150	45.0	51.8	38.3	98	263		
YH5WZ—51/134	35	51	40.8	73.0	150	134.0	154	114.0	136	562		
YH5WZ—84/221	66	84	67.2	121	600	221	254	188	178	1150	电站用	
YH5WZ—90/235	66	90	72.5	130	600	235	270	201	178	1150		
YH10WZ—90/235	66	90	72.5	130	600	235	264	201	178	1150		
YH5WZ—96/250	110	96	75	140	600	250	288	213	226	1280		
YH10WZ—96/250	110	96	75	140	600	250	280	213	226	1280		
YH5WZ—100/260	110	100	78	145	600	260	299	221	226	1280		
YH10WZ—100/260	110	100	78	145	600	260	291	221	226	1280		

续表 23-43

型　号	系统标称电压	避雷器额定电压	避雷器持续运行电压	直流1mA参考电压 ≥	2ms方波通流容量	雷电冲击电流下残压	陡波冲击电流下残压	操作冲击电流下残压	伞径φ(mm)	高度H(mm)	备注	生产厂
	有效值，kV			(kV)	(A)	≤（峰值，kV）						
YH5WZ—102/266	110	102	79.6	148	600	266	305	226	226	1280		
YH10WZ—102/266	110	102	79.6	148	600	266	297	226	226	1280		
YH5WZ—108/281	110	108	84	157	600	281	323	239	226	1280		
YH10WZ—108/281	110	108	84	157	600	281	315	239	226	1280	电站用	
YH10WZ—192/500	220	192	150	280	800	500	560	426	226	2430		
YH10WZ—200/520	220	200	156	290	800	520	582	442	226	2430		
YH10WZ—204/532	220	204	159	296	800	532	594	452	226	2430		
YH10WZ—216/562	220	216	168.5	314	800	562	630	478	226	2430		
YH5WR—5/13.5	3	5	4.0	7.2	400	13.5		10.5	113	213		
YH5WR—10/27	6	10	8.0	14.4	400	27.0		21.0	113	213		
YH5WR—12/32.4	10	12	9.6	17.4	400	32.4		25.2	113	263	并联补偿电容器用	
YH5WR—15/40.5	10	15	12.0	21.8	400	40.5		31.5	113	263		
YH5WR—17/46	10	17	13.6	24.0	400	46.0		35.0	113	263		
YH5WR—51/134	35	51	40.8	73.0	400	134.0		105.0	512	562		西安神电电器有限公司
YH5WR—84/221	66	84	67.2	121	400	221		176	178	1150		
YH5WR—90/236	66	90	72.5	130	400	236		190	178	1150		
YH5WT—42/120	27.5	42	34.0	65.0	400	120.0	138	98	152	562	电气化铁道用	
YH5WT—84/240	55	84	68	130	400	240	276	196	178	1150		
YH1.5W—60/144	110	60	48	85	400	144		135	178	1150		
YH1.5W—72/186	110	72	58	103	400	186		174	178	1150	变压器中性点用	
YH1.5W—96/260	500	96	77	137	600	260		243	178	1150		
YH1.5W—144/320	220	144	116	205	600	320		299	226	1280		
YH5WX—51/134	35	51	40.8	73	400	134	154	114	152	622		
YH5WX—54/142	35	54	43.2	77	400	142	163	121	152	622		
YH5WX—54/150	35	54	43.2	80	400	150	169	128	152	622		
YH5WX—96/250	66	96	75	140	600	250	288	213	178	1220		
YH5WX—96/275	66	96	75	154	600	275	316	234	178	1220		
YH5WX—108/281	110	108	84	157	600	281	323	239	226	1276	线路用	
YH5WX—108/309	110	108	84	173	600	309	348	263	226	1276		
YH10WX—108/281	110	108	84	157	600	281	315	239	226	1276		
YH10WX—108/309	110	108	84	173	600	309	348	263	226	1276		
YH10WX—216/562	220	216	168	314	600	562	630	478	226	2520		
YH10WX—216/618	220	216	168.5	346	600	618	693	526	226	2520		

型　　号	系统标称电压	避雷器额定电压	避雷器持续运行电压	标称放电电流下残压(峰值)≤(kV)	直流1mA参考电压≥(kV)	2ms方波通流容量(A)	雷电冲击电流下残压	陡波冲击电流下残压	操作冲击电流下残压	伞径φ(mm)	高度H(mm)	备注	生产厂
	有效值, kV						≤(峰值, kV)						
YH2.5WD—4/9.5	3.15	4	3.2	5.7	400	9.5	10.7	7.6	113	213		
YH2.5WD—8/18.7	6.3	8	6.3	11.2	400	18.7	21.0	15	113	213		
YH2.5WD—13.5/31	10.5	13.5	10.5	186	400	31	34.7	25	113	263		
YH5WD—4/9.5	3.15	4	3.2	5.7	400	9.5	10.7	7.6	113	213		
YH5WD—8/18.7	6.3	8	6.3	11.2	400	18.7	21.0	15	113	213		
YH5WD—13.5/31	10.5	13.5	10.5	18.6	400	31	34.7	25	113	263	电机用	
YH5WD—17.5/40	13.8	17.5	13.8	24.4	400	40	44.8	32	113	263		
YH5WD—20/45	15.75	20	15.8	28.0	400	45	50.4	36	113	263		
YH5WD—23/51	18	23	18	31.9	400	51	57.2	40.8	113	348		西安神电电器有限公司
YH5WD—25/56.2	20.0	25	20	35.4	400	56.2	62.9	45	113	348		
YH1.5W—2.4/6	3.15	2.4	1.9	3.4	400	6.0		5.0	113	213		
YH1.5W—4.8/12	6.3	4.8	3.8	6.8	400	12.0		10.0	113	213		
YH1.5W—8/19	10.5	8	6.4	11.4	400	19		15.9	113	213		
YH1.5W—10.5/23	13.8	10.5	8.4	14.9	400	23		19.2	113	213	电机中性点用	
YH1.5W—12/26	15.75	12	9.6	17.0	400	26		21.6	113	213		
YH1.5W—13.7/29.2	18	13.7	11.0	19.5	400	29.2		24.3	113	263		
YH1.5W—15.2/31.7	20	15.2	12.0	21.6	400	31.7		26.4	113	263		
YH0.5B—8/15	6.3	8	6.3	15	11.5	400			113	213		
YH0.5B—13.5/28	10.5	13.5	10.5	28	21	400			113	263		

型　　号	系统标称电压	避雷器额定电压	标称放电电流下残压≤(峰值, kV)	工频放电电压≥(有效值, kV)	1.2/50冲击放电电压≤(峰值, kV)	直流1mA参考电压≥(kV)	2ms方波通流容量(A)	避雷器工频耐受电压≥(有效值, kV)	避雷器雷电冲击U50%放电电压≤(峰值, kV)	陡波冲击电流下残压	雷电冲击电流下残压≤(峰值, kV)	伞径φ(mm)	高度H(mm)	备注	生产厂
	有效值, kV														
YH5CS—3.8/15	3	3.8	15	9	15		100					98	213		
YH5CS—7.6/27	6	7.6	27	16	27		100					98	213		西安神电电器有限公司
YH5CS—12.7/45	10	12.7	45	26	45		100					98	263	带串联间隙	
YH5CZ—3.8/12	3	3.8	12	9	12		150					98	213		
YH5CZ—7.6/24	6	7.6	24	16	24		150					98	213		
YH5CZ—12.7/41	10	12.7	41	26	41		150					98	263		

续表 23 - 43

型 号	系统标称电压	避雷器额定电压	标称放电电流下残压 ≤(峰值,kV)	工频放电电压 ≥(有效值,kV)	1.2/50冲击放电电压 ≤(峰值,kV)	直流1mA参考电压 ≥(kV)	2ms方波通流容量(A)	避雷器工频耐受电压 ≥(有效值,kV)	避雷器雷电冲击U50%放电电压 ≤(峰值,kV)	陡波冲击电流下残压 ≤(峰值,kV)	雷电冲击电流下残压 ≤(峰值,kV)	伞径φ(mm)	高度H(mm)	备注	生产厂
	有效值,kV														
YH5CZ—42/124	35	42	124	80	124		150					136	562	带串联间隙	
YH2.5CD—3.6/8.6	3	3.8	8.6	7.6	8.6		200					113	213		
YH2.5CD—7.6/17	6	7.6	17	15	17		200					113	213		
YH2.5CD—12.7/28	10	12.7	28	25	28		200					113	263		
YH5CX—42/120	35	42	120			65	400	70	240	138	120	152	640	线路用带间隙	西安神电电器有限公司
YH5CX—75/218	66	75	218			108	600	117	400	246	218	178	1260		
YH5CX—90/260	110	90	260			130	600	170	525	292	260	178	1260		
YH10CX—96/280	110	96	280			140	600	170	525	314	280	178	1260		
YH10CX—102/296	110	102	296			148	600	170	525	332	296	178	1260		
YH10CX—180/520	220	180	520			260	600	340	900	584	520	178	2280		
YH10CX—192/560	220	192	560			280	600	340	900	628	560	178	2280		
YH10CX—204/592	220	204	592			296	600	340	900	664	592	178	2280		
YH10CX—90/260	110	90	260			130	600	170	525	292	260	178	1260		
YH1.5W—0.28/1.3	0.22	0.28	1.3			0.6	50					50	95	低压用	
YH1.5W—0.5/2.6	0.38	0.5	2.6			1.2	50					50	95		

(5) 紫金集团生产的复合外套金属氧化物避雷器技术数据，见表 23 - 44。

表 23 - 44　紫金集团复合外套金属氧化物避雷器技术数据

型 号	系统额定电压	避雷器额定电压	避雷器持续运行电压	陡波冲击电流下残压	雷电冲击电流下残压	操作冲击电流下残压	4/10μs大电流冲击耐受	直流1mA电压 ≥(kV)	2ms方波电流 ≥(A)(峰值)	备注	生产厂
	有效值,kV			峰值,kV							
YH5WS—5/15	3	5	4.0	17.3	15	12.8	65	7.5	75 (100)	配电型	紫金集团南京紫金电力保护设备有限公司
YH5WS—10/30	6	10	8	34.6	30	25.6	65	15	75 (100)		
YH5WS—17/50	10	17	13.6	57.5	50	42.5	65	25 (26)	75 (100)		
YH5WS—17/50L	10	17	13.6	57.5	50	42.5	65	25 (26)	75 (100)		
YH5WS1—17/50	10	17	13.6	57.5	50 (48)	42.5	65	25 (26)	75 (100)		

型 号	系统额定电压	避雷器额定电压	避雷器持续运行电压	陡波冲击电流下残压	雷电冲击电流下残压	操作冲击电流下残压	4/10μs大电流冲击耐受	直流1mA电压≥(kV)	2ms方波电流(峰值)≥(A)	备 注	生产厂
	有效值，kV				峰值，kV						
YH5WS2—17/50	10	17	13.6	50	50 (48)	42.5 (39.4)		26 (26)	75 (100)	配电型	
YH5WS3—17/50	10	17	13.6	57.5	50 (48)	42.5		25 (26)	75 (100)		
YH5WZ—5/13.5	3	5	4.0	15.5	13.5	11.5	65	7.2	150 (200)		
YH5WZ—10/27	6	10	8	31	27	23	65	14.4	150 (200)		
YH5WZ—17/45	10	17	13.6	51.8	45	38.3	65	24	150 (200)		
YH5WZ—51/134	35	51	40.8	154	134	114	100	73 (76)	400	电站型	
YH5WZ1—17/45	10	17	13.6	51.8	45 (43)	38.3		24 (25)	150 (200)		
YH5WZ1—17/45L	10	17	13.6	51.8	45 (43)	38.3		24 (25)	150 (200)		
YH5WZ1—51/134	35	51	40.8	154	134 (130)	114		73 (76)	400		
YH5W—4/9.5		4	3.2	10.7	9.5	65	5.7	5.7	400		紫金集团南京紫金电力保护设备有限公司
YH2.5W—4/9.5		4	3.2	10.7	9.5	65	5.7	5.7	200		
YH5W—8/19		8	6.3	21.0	18.7	65	11.2	11.2	400		
YH2.5W—8/19		8	6.3	21.0	18.7	65	11.2	11.2	200		
YH2.5W—13.5/31		13.5	10.5	34.7	31	65	18.6	18.6	400	发电机、电动机保护用	
YH5W—13.5/31		13.5	10.5	34.7	31	65	18.6	18.6	400		
YH5W—17.5/40		17.5	13.8	44.8	40	65	24.4	24.4	400		
YH5W—20/45		20	13.8	50.4	45	65	28	28	400		
Y·H5W—23/51		23	18	57.2	51	65	31.9	31.9	400		
YH5W—25/56.2		25	20	62.9	56.2	65	35.4	35.4	400		
YH1.5W—0.28/1.3	0.22	0.28	0.24		1.3			0.6 (0.65)	50 (75)		
YH1.5W—0.5/2.6	0.38	0.5	042		2.6			1.2 (1.26)	50 (75)		
YH5WR—10/27	6	10	8		27	21	100	14.4	400	低压用补偿电容器用	
YH5WR—17/45	10	17	13.6		45	35	100	24	400		
YH5WR—51/134	35	51	40.8		134	105	100	76 (73)	400		
YH5WR1—17/46	10	17	13.6		46	35		24 (25)	400		

型　　号	系统额定电压	避雷器额定电压	避雷器持续运行电压	陡波冲击电流下残压	雷电冲击电流下残压	操作冲击电流下残压	4/10μs大电流冲击耐受	直流1mA电压≥(kV)	2ms方波电流(峰值)≥(A)	备　注	生产厂
	有效值，kV			峰值，kV							
YH5WT—42/120	27.5	42	34	138	120	98	100	65	400	电气化铁道用	紫金集团南京紫金电力保护设备有限公司
5H10WT—42/120	27.5	42	34	138	120	98	100	65	400		
5H5WT—84/240	55	84	68	276	240	196	100	130	400		
5H10WT—84/240	55	84	68	276	240	196	100	130	400		

注　1. 括号内为企业内控参数。
　　2. YH5WZ1—17/45L、YH5WS—17/50L 为带脱离装置的复合外套无间隙氧化锌避雷器。

（6）武汉博大科技集团随州避雷器有限公司 0.28～216kV 复合外套避雷器，采用500kV 合成绝缘子技术与高水平的氧化锌阀片融为一体，重量、体积为瓷外套的 1/3～1/7。线路型避雷器能明显降低雷击跳闸率，提高线路耐雷水平，特别适用于雷电活动频繁、土壤电阻率高、杆塔接地电阻大、跨江河高山的输电线路，以及变电站、开关站进线端。该公司产品技术数据，见表 23-45。

表 23-45　复合外套避雷器技术数据

型　　号	避雷器额定电压	系统标称电压	持续运行电压	最小参考电压(1mA)	最大残压			电流冲击耐受			备　注	生产厂
					陡波冲击电流下	雷电冲击电流下	操作冲击电流下	2000μs方波电流(A)	8/20μs冲击电流(kA)	4/10μs冲击大电流(kA)		
	有效值，kV				峰值，kV							
YH1.5W—0.28/1.3	0.28	0.22	0.24	0.60		1.30		50	1.5	10	低压型	武汉博大科技集团随州避雷器有限公司
YH1.5W—0.50/2.6	0.50	0.38	0.42	1.20		2.60		50	1.5	10		
YH5WS—7.6/3.0	7.6	6	4.0	15	34.5	30	25.6	100	5	65	配电型(S)	
YH5WS—10/30	10	6	8	16	34.5	30	25.6	100	5	65		
YH5WS—12.7/50	12.7	10	6.6	25	57.5	50	42.5	100	5	65		
YH5WS—17/50	17	10	13.6	26	57.5	50	42.5	100	5	65		
YH5WR—7.6/27	7.6	6	4.0	13.8		27	21		5	65	电容器型(R)	
YH5WR—10/27	10	6	8	14.4		27	21		5	65		
YH5WR—12.7/45	12.7	10	6.6	23.0		45	35	400	5	65		
YH5WR—17/45	17	10	13.6	24		45	35		5	65		
YH5WR—42/134	42	35	23.4	70		134	105		5	65		
YH5WR—51/134	51	35	40.8	73		134	105	600	5	65		
YH5WR—84/221	84	63	67.2	121		221	176		5	65		
YH5WZ—7.6/27	7.6	6	4.0	14.4	31	27	23	300	5	65	电站型(Z)	
YH5WZ—10/27	10	6	8	15	31	27	23	300	5	65		

续表 23 - 45

型　号	避雷器额定电压	系统标称电压	持续运行电压	最小参考电压(1mA)	最大残压 陡波冲击电流下	最大残压 雷电冲击电流下	最大残压 操作冲击电流下	电流冲击耐受 2000μs方波电流(A)	电流冲击耐受 8/20μs冲击电流(kA)	电流冲击耐受 4/10μs冲击大电流(kA)	备　注	生产厂
	有效值，kV			峰值，kV								
YH5WZ—12.7/45	12.7	10	6.6	24	51.8	45	38.3	300	5	65	电站型（Z）	武汉博大科技集团随州避雷器有限公司
YH5WZ—17/45	17	10	13.6	25	51.8	45	38.3	300	5	65		
YH5WZ—42/134	42	35	23.4	73	154	134	114	400	5	65		
YH5WZ—51/134	51	35	40.8	76	154	134	114	400	5	65		
YH5W—96/250	96	110	75	140	280	250	213	400	5	65		
YH5W—100/260	100	110	78	145	299	260	221	600	5	65		
YH5W—108/281	108	110	84.2	157	323	281	239	600	5	65		
YH10W—100/260	100	110	78	145	291	260	221	600	5	65		
YH10W—108/281	108	110	84	157	315	281	239	600	10	100		
YH10W—200/520	200	220	156	290	582	520	442	800	10	100		
YH10W—216/562	216	220	168.4	314	630	562	478	800	10	100		
YH10W—300/727	300	330	228	425	814	727	618	1200	10	100		
YH10W—444/1015	444	500	324	597	1137	1015	900	1500	10	100		
YH20W—468/1166	468	500	330	630	1306	1166	956	2000	20	100		
YH1.5W—33/90	33	35	24	50		90	78	400	1.5	10	变压器中性点型	
YH1.5W—60/144	60	110	48	85		144	137	400	1.5	10		
YH1.5W—72/186	72	110	58	103		186	174	400	1.5	10		
YH1.5W—96/260	96	500	77	137		260	243	400	1.5	10		
YH1.5W—144/320	144	220	116	205		320	299	400	1.5	10		
YH1.5W—207/440	207	330	166	292		440	410	400	1.5	10		
YH5WT—42/120	42	27.5	34	65	138	120	98	400	5	65	电气化铁道型	
YH5WT—84/240	84	55.0	68	130	276	240	196	400	5	65		
YH10WT—42/120	42	27.5	34	65	138	120	98	60	10	100		
YH10WT—84/240	84	55	68	130	276	240	196	60	10	100		

型　号	避雷器额定电压	系统标称电压	持续运行电压	最小参考电压(1mA)	最大残压 陡波冲击电流下	最大残压 雷电冲击电流下	18/40μs	8/20μs	4/10μs冲击大电流(kA)	H	D	备注
YH10WX—17/60	17	10	13.6	28	64	60	100			420	140	座式 线路型
YH10WX—51/170	51	35	40.8	80	185	170	10kA	20kA	100	770	160	座式
YH10WX—10/36	10	6	8	18	40	36	400	10	100	340	120	
YH10WX—51/170X	51	35	40.8	80	185	170	400	10	100	760	160	挂式
YH10WX—108/290	108	110	78	160	310	290	800	10	100	1200	180	座式
YH10WX—108/290X	108	110	78	160	310	290	800	10	100	1320	180	挂式
YH10WX—216/580	216	220	156	320	620	580	800	10	100	2200	180	座式
YH10WX—216/580X	216	220	156	320	620	580	800	10	100	2750	180	挂式

注　1. $0.75U_{1mA}$ 直流参考电压下泄漏电流不大于 $50\mu A$，爬电比距不小于 $25mm/kV$，持续运行电压下的全电流 $\not> 800\mu A$。

　　2. 线路型 H 为总高；D 为最大伞径，单位 mm。

（7）宁波天安（集团）股份有限公司6～35kV交流电力系统用复合外套无间隙金属氧化物避雷器技术数据，见表23－46。

表23－46　6～35kV交流电力系统用复合外套无间隙金属氧化物避雷器技术数据

型　　号	避雷器			冲击电流残压			直流1mA参考电压≤(kV)	电流冲击耐受		重量(kg)	主要尺寸（mm）			生产厂
	系统电压	额定电压	持续运行电压	陡波残压5kA	雷电残压5kA	操作残压		2ms方波(A)	4/10μs大电流（峰值，kA)		高度H	伞径φ	伞数	
	有效值，kV			≤（峰值，kV）										
YH5WS—7.6/30	6	7.6	4.0	34.5	30.0	25.5	15.0	150	40	1.2	225	94	3	宁波天安（集团）股份有限公司
YH5WS—12/35.8	10	12	9.6	41.2	35.8	30.6	18.0	150	40	1.6	275	94	5	
YH5WS—15/45.6	10	15	12.0	52.5	45.6	39.0	23.0	150	40	1.6	275	94	5	
YH5WS—17/50	10	17	13.6	57.5	50.0	42.5	25.0	250	40	1.6	275	94	5	
YH5WZ—7.6/27	6	5	4.0	31.0	27.0	23.0	14.4	250	40～65	1.6	225	102	3	
YH5WZ—12/32.4	10	12	9.6	37.2	32.4	27.6	17.4	250	40～65	2.2	275	102	5	
YH5WZ—15/40.5	10	15	12.0	46.5	40.5	34.5	21.8	250	40～65	2.2	275	102	5	
YH5WZ—17/45	10	17	13.6	518	45.0	38.3	24.0	250	40～65	2.2	275	102	5	
YH5WZ—51/134	35	51	40.8	154.0	134.0	114.0	73.0	250	40～65	10	713	148	11	

（8）北京电力设备总厂电器厂复合外套金属氧化物避雷器技术数据，见表23－47。

表23－47　复合外套金属氧化物避雷器技术数据

型　　号	避雷器额定电压	避雷器持续运行电压	直流参考电压≥(kV)	雷电冲击残压	操作冲击残压	2ms方波冲击电流（峰值）≥(A)	避雷器爬电比距(mm/kV)	重量(kg)	伞径φ(mm)	总高H(mm)	备注	生产厂
	有效值，kV			≤（峰值，kV）								
HY10W—216/562	216	169	314	562	478	600			900 920	2550 2450		北京电力设备总厂电器厂
HY10W—204/532	204	159	296	532	452	600			900 920	2550 2450		
HY10W—200/520	200	156	290	520	442	600		70				
HY10W—192/500	192	150	280	500	426	600		70				
HY10W—108/281	108	84	157	281	239	600		30				
HY10W—102/266	102	•810	148	266	226	600	32	30	203	1250	电站型	
HY10W—100/260	100	78	145	260	221	600		30				
HY10W—96/250	96	75	140	250	213	600		30				
HY10W—90/235	90	73	130	235	201	600		30				
HY5W—108/281	108	84	157	281	239	600		30				
HY5W—108/268	108	84	157	268	235	600		30				
HY5W—102/266	102	84	148	266	226	600		30				
HY5W—100/260	100	78	145	260	221	600		30				

型　　号	避雷器额定电压 有效值,kV	避雷器持续运行电压 (kV)	直流参考电压 ≥(kV)	雷电冲击残压 ≤(峰值,kV)	操作冲击残压 ≤(峰值,kV)	2ms方波冲击电流(峰值)≥(A)	避雷器爬电比距(mm/kV)	重量(kg)	伞径φ(mm)	总高H(mm)	备注	生产厂
HY5W—96/250	96	75	140	250	213	600		30				
HY5W—90/235	90	73	130	235	201	600		30	203	1250		
HY5W—84/221	84	67.5	121	221	188	600		30				
HY5WZ—51/134	51	40.8	73	134	114	200		15	130	665		
HY5WZ—17/45	17	13.6	24	45	38.3	200	32	3	110	300	电站型	
HY5WZ—15/40.5	15	12	21.8	40.5	34.5	200		3	110	260		
HY5WZ—12/32.4	12	9.6	17.4	32.4	27.6	200		3	110	260		
HY5WZ—10/27	10	8	14.4	27	23	200		2	110	260		
HY5WZ—5/13.5	5	4	7.2	13.5	11.5	200		1	110	225		
HY5WS—17/50	17	13.6	25	50	42.5	150		3	90	263		
HY5WS—15/45	15	12	22	45	39	150		3	90	263		
HY5WS—12/36	12	9.6	18	36	30.6	150	32	3	90	263	配电型	
HY5WS—10/30	10	8	15	30	25.6	150		2	90	263		
HY5WS—5/15	5	4	7.5	15	12.8	150		1	90	263		
HY1.5W—0.5/2.6	0.5	0.42	1.2	2.6		150	32	0.5	110	80	低压避雷器	北京电力设备总厂电器厂
HY1.5W—0.28/1.3	0.28	0.24	0.6	1.3		150	32	0.5	110	80		
HY5W—25/56.2	25	20	35.4	56.2	45	400	32	5	110	325		
HY5W—23/51	23	18	31.9	51	40.8	400	32	5	110	300		
HY5W—20/45	20	15.8	28	45	36	400	32	4	110	300		
HY5W—17.5/40	17.5	13.8	24.4	40	32	400	32	3	110	300	电动机、发电机用	
HY5W—13.5/31	13.5	10.5	18.6	31	25	400	32	3	110	260		
HY5W—8/18.7	8	6.3	11.2	18.7	15	400	32	2	110	225		
HY5W—4/9.5	4	3.2	5.7	9.5	7.6	400	32	1	110	225		
HY2.5W—13.5/31	13.5	10.5	18.6	31	25	400	32	3	110	260		
HY2.5W—8/18.7	8	6.3	11.2	18.7	15	400	32	2	110	225		
HY2.5W—4/9.5	4	3.2	5.7	9.5	7.6	400	32	1	110	225		
HY1.5W—207/440	207	166	292	440	410	400	32	70	920	2450		
HY1.5W—144/320	144	116	205	320	299	400	32	50	920	2450	变压器中性点用	
HY1.5W—96/260	96	77	137	260	243	400	32	30	203	1250		
HY1.5W—72/186	72	58	103	186	174	400	32	20	203	1250		
HY1.5W—60/144	60	48	85	144	135	400	32	20	203	1250		
HY1.5W—15.2/31.7	15.2	12.2	21.6	31.7	26.4	200	32	3	110	260	电机中性点用	
HY1.5W—13.7/29.2	13.7	11	19.5	29.2	24.3	200	32	3	110	260		

续表 23-47

型号	避雷器额定电压	避雷器持续运行电压	直流参考电压	雷电冲击残压	操作冲击残压	2ms方波冲击电流(峰值)	避雷器爬电比距(mm)/kV	重量(kg)	伞径φ(mm)	总高H(mm)	备注	生产厂
	有效值，kV	≥(kV)	≤(峰值，kV)			≥(A)						
HY1.5W—12/26	12	9.6	17	26	21.6	200	32	3	110	260		
HY1.5W—10.5/23	10.5	8.4	14.9	23	19.2	200	32	2	110	260	电机中性点用	
HY1.5W—8/19	8	6.4	11.4	19	15.9	200	32	2	110	225		
HY1.5W—4.8/12	4.8	3.8	6.8	12	10	200	32	1	110	225		
HY1.5W—2.4/6	2.4	1.9	3.4	6	5	200	32	1	110			
HY5WR—90/236	90	72.5	130	236	190	400	32	30	203	1250		北京电力设备总厂电器厂
HY5WR—84/221	84	67.2	121	221	176	400	32	30	203	1250		
HY5WR—51/134	51	40.8	73	134	105	400	32	15	130	665	并联补偿电容器用	
HY5WR—17/46	17	13.6	24	46	35	400	32	10	110	300		
HY5WR—15/40.5	15	12	21.8	40.5	31.5	400	32	3	110	260		
HY5WR—12/32.4	12	9.6	17.4	32.4	25.2	400	32	3	110	260		
HY5WR—10/27	10	8	14.4	27	21	400	32	2	110	260		
HY5WR—5/13.5	5	4	7.2	13.5	10.5	400	32	1	110	225		
HY5WT—84/240	84	68	130	240	196	400	32	25	203	1250	电气化铁道用	
HY5WT—42/120	42	34	65	120	98	400	32	15	130	665		

型号	避雷器额定电压	工频放电电压 ≥	雷电冲击残压	波前放电电压	1.2/50μs冲击放电电压	2ms主波冲击电流(峰值)	避雷器爬电比距(mm)/kV	重量(kg)	伞径φ(mm)	总高H(mm)	备注	生产厂
	有效值，kV		≤(峰值，kV)			≥(A)						
HY5(10)CZ—42/124	42	80	124	168	134	200	32	10	110	600		
HY5(10)CZ—12.7/41	12.7	26	41	56.5	45	200	32	3	110	300	电站型有间隙	
HY5(10)CZ—7.6/24	7.6	16	24	37.5	30	200	32	2	110	265		
HY5(10)CZ—3.8/12	3.8	9	12	25	20	200	32	1	110	230		
HY5(10)CS—12.7/45	12.7	26	45	62.5	50	150	32	3	110	300	配电型有间隙	北京电力设备总厂电器厂
HY5(10)CS—7.6/27	7.6	16	27	43.8	35	150	32	2	110	265		
HY5(10)CS—3.8/15	3.8	9	15	26.3	21	150	32	1	110	230		
HY20CB—61/202	61	73.2	202	165.2	134.3	600	32	25	130	930		
HY20CB—48/159	48	57.6	159	130	105.7	600	32	15	130	835		
HY20CB—38/125.8	38	45.6	125.8	103	83.7	600	32	10	110	600	阻波器用有间隙	
HY20CB—30/99.3	30	36	99.3	81.3	66.1	600	32	6	110	600		
HY20CB—24/79.4	24	28.8	79.4	65.2	53	600	32	5	110	415		
HY20CB—19/62.9	19	22.8	62.9	51.7	42	600	32	4	110	375		

续表 23-47

型　号	避雷器额定电压	工频放电电压≥	雷电冲击残压	波前放电电压	1.2/50μs冲击放电电压	2ms主波冲击电流（峰值）≥(A)	避雷器爬电比距（mm/kV）	重量（kg）	伞径φ（mm）	总高H（mm）	备注	生产厂
	有效值，kV		≤（峰值，kV）									
HY20CB—15/49.7	15	18	49.7	40.6	33	600	32	3	110	340		
HY20CB—12/39.7	12	14.4	39.7	32.6	26.5	600	32	3	110	300		
HY20CB—9.5/31.5	9.5	11.4	31.5	30.1	24.5	600	32	2	110	265		
HY20CB—7.6/25.2	7.6	9.1	25.2	24.1	19.6	600	32	2	110	265		
HY20CB—6.1/20.1	6.1	7.3	20.1	19.3	15.7	600	32	1.5	110	230		
HY20CB—4.8/15.8	4.8	5.8	15.8	15.2	12.4	600	32	1.5	110	230	阻波器用有间隙	
HY20CB—3.8/12.5	3.8	4.6	12.5	12.5	10.2	600	32	1	110	230		
HY20CB—3/9.9	3	3.6	9.9	10	8.1	600	32	1	110	190		
HY20CB—2.4/7.9	2.4	2.9	7.9	8	6.5	600	32	0.5	110	190		
HY20CB—1.9/6.3	1.9	2.3	6.3	6.3	5.1	600	32	0.5	110	190		
HY5(10)CB—61/183.6	61	73.2	183.6	165.2	134.3	400	32	25	130	930		
HY5(10)CB—48/144.5	48	57.6	144.5	130	105.7	400	32	15	130	835		
HY5(10)CB—38/114.4	38	45.6	114.4	103	83.7	400	32	10	110	600		
HY5(10)CB—30/90.3	30	36	90.3	81.3	66.1	400	32	6	110	600		北京电力设备总厂电器厂
HY5(10)CB—24/72.2	24	28.8	72.2	65.2	53	400	32	5	110	415		
HY5(10)CB—19/57.2	19	22.8	57.2	51.7	42	400	32	4	110	375		
HY5(10)CB—15/45.2	15	18	45.2	40.6	33	400	32	3	110	340		
HY5(10)CB—12/36.1	12	14.4	36.1	32.6	26.5	400	32	3	110	300		
HY5(10)CB—9.5/28.6	9.5	11.4	28.6	30.1	24.5	400	32	2	110	265		
HY5(10)CB—7.8/22.9	7.8	9.1	22.9	24.1	19.6	400	32	2	110	265		
HY5(10)CB—6.1/18.3	6.1	7.3	18.3	19.3	15.7	400	32	1.5	110	230		
HY5(10)CB—4.8/14.4	4.8	5.8	14.4	15.2	12.4	400	32	1.5	110	230	阻波器用有间隙	
HY5(10)CB—3.8/11.4	3.8	4.6	11.4	12.5	10.2	400	32	1	110	230		
HY5(10)CB—3/9	3	3.6	9	10	8.1	400	32	1	110	190		
HY5(10)CB—2.4/7.2	2.4	2.9	7.2	8	6.5	400	32	0.5	110	190		
HY5(10)CB—1.9/5.7	1.9	2.3	5.7	6.3	5.1	400	32	0.5	110	190		
HY5(10)CB—1.5/4.5	1.5	1.8	4.5	4.5	4	400	32	0.5	110	190		
HY5(10)CB—1/3	1	1.2	3	3.4	2.8	400	32	0.5	110	190		
HY5(10)CB—0.6/1.8	0.6	0.7	1.8	2	1.6	400	32	0.5	110	190		
HY10Y1—385/918	385		918			800	16			3330	500kV带串联间隙	

（9）汉光电力电器公司 HYW 型系列复合绝缘避雷器技术数据，见表 23-48。

表 23-48 汉光电力电器公司的 5、10kV 无间隙复合绝缘避雷器

型 号	额定电压 (kV)	最大持续运行电压 (kV)	残 压 (kV) 陡波冲击电流	残 压 (kV) 操作冲击电流	残 压 (kV) 8/20μs 标准雷电流	方波冲击电流耐受 2000μs (A)	大电流耐受 4/10μs (kA)	线路放电等级	生产厂
HY5W—3	3	2.55	9.5	7.7	9	100	65		
HY5W—6	6	5.1	19.0	15.4	18	100	65		
HY5W—9	9	7.65	28.5	23.1	27	100	65		
HY5W—12	12	10.2	38.0	30.8	36	100	65		
HY5W—15	15	12.7	47.5	38.5	45	100	65		
HY5W—18	18	15.3	57.0	46.2	54	100	65		
HY5W—21	21	17.0	66.5	53.9	63	100	65		
HY5W—24	24	19.2	76.0	61.6	72	100	65		
HY5W—27	27	21.9	85.5	69.3	81	100	65		
HY5W—30	30	24.4	95.0	76.5	80	100	65		
HY5W—33	33	26.8	104.5	84.7	99	100	65		
HY5W—36	36	29	114.0	92.4	108	100	65		汉光电子集团汉光电力电器公司
HY5W—42	42	34.1	132.3	100.1	126	100	65		
HY5W—3	3	2.55	9.5	7.7	9				
HY5W—6	6	5.1	19.0	15.4	18				
HY5W—9	9	7.65	28.5	23.1	27				
HY5W—12	12	10.2	38.0	30.8	36				
HY5W—15	15	12.7	47.5	38.5	45				
HY5W—18	18	15.3	57.0	46.2	54				
HY5W—21	21	17.0	66.5	53.9	63	100	1		
HY5W—24	24	19.2	76.0	61.6	72				
HY5W—27	27	21.9	85/5	69.3	81				
HY5W—30	30	24.4	95.0	76.5	90				
HY5W—33	33	26.8	104.5	84.7	99				
HY5W—36	36	29	114.0	92.4	108				
HY5W—42	42	34.1	132.3	100.1	126				

注 如果是瓷套避雷器应去掉型号前的"H"。

（10）上海电瓷厂复合外套金属氧化物避雷器技术数据，见表 23-49。

表 23-49 复合外套金属氧化物避雷器技术数据

型 号	避雷器额定电压 (有效值, kV)	系统额定电压 (有效值, kV)	避雷器持续运行电压 (有效值, kV)	直流 1mA 参考电压 ≥ (kV)	波头 1μs 10kA 陡波冲击电流残压 ≤ (峰值, kV)	8/20μs 10kA 雷电冲击电流残压 ≤ (峰值, kV)	30/60μs 500A 操作冲击电流残压 ≤ (峰值, kV)	2000μs 方波通流容量 18 次 (峰值, A)	4/10μs 冲击大电流 2 次 (峰值, kA)	爬电距离 (mm)	生产厂
YH10W2—96/250(238)	96		75	140	280/262	250/238	213/202	600 800 1000	100	3906	上海电瓷厂
YH10W2—100/260(248)	100	110	78	145	291/273	260/248	221/211				
YH10W2—102/266(253)	102		79.6	148	297/278	266/253	226/215				

续表 23-49

型号	避雷器额定电压(有效值,kV)	系统额定电压(有效值,kV)	避雷器持续运行电压(有效值,kV)	直流1mA参考电压≥(kV)	波头1μs 10kA陡波冲击电流残压≤(峰值,kV)	8/20μs 10kA雷电冲击电流残压≤(峰值,kV)	30/60μs 500A操作冲击电流残压≤(峰值,kV)	2000μs方波通流容量18次(峰值,A)	4/10μs冲击大电流2次(峰值,kA)	爬电距离(mm)	生产厂
YH10W2—108/281(268)	108	110	84	157	315/295	281/268	239/228			3906	
YH10W2—192/500(476)	192	220	150	280	560/524	500/476	426/404	600 800 1000	100	7812	
YH10W2—200/520(496)	200		156	290	582/546	520/496	442/422				
YH10W2—204/532(506)	204		159	296	594/556	532/506	452/430				
YH10W2—216/562(536)	216		168.5	314	630/590	562/536	478/456				
HY5WZ2—10/27	10	6	8	14.4	31	27	23	150	45, 65	370	上海电瓷厂
HY5WR2—10/27							21	400,600	65		
HY5WS2—10/30				15	34.6	30	25.6	75, 100	40	330	
HY5WZ2—17/45	17	10	13.6	24	51.8	45	38.3	150	40, 65	370	
HY5WR2—17/45							35	400,600	65		
HY5WS2—17/50				25	57.5	50	42.5	75, 100	400	330	
ZHY5WS2—17/50①										380	
HY5WZ2—51/134	51	35	40.8	73	154	134	114	150,400	40, 65		
HY5WR2—51/134							105	400,600	65		
HY5WZ2—52.7/134	52.7		42	74.5	154	134	114	150,400	40, 65	1200	
HY5WR2—52.7/134							105	400,600	65		
HY5WR2—52.7/126						126	102				

型号	避雷器额定电压	系统额定电压	避雷器持续运行电压	标称放电电流(kA)	直流1mA参考电压≥(kV)	波头1μs陡波冲击电流残压	8/20μs雷电冲击电流残压	30/60μs 100A操作冲击电流残压	2000μs方波通流容量18次(峰值,A)	4/10μs冲击大电流2次(峰值,kA)	适用场所	外形尺寸H,D(mm)	爬电距离(mm)	生产厂
	有效值,kV					≤(峰值,kV)								
HY5W2—4/9.5	4	3.15	3.2	5	5.7	10.7	9.5	7.6	400 600 800	65, 100	保护发电机用	258, 130		
HY5W2—8/18.7	8	6.3	6.3			11.2	21	18.7	15					
HY5W2—13.5/31	13.5	10.5	10.5			18.6	34.7	31	25					
HY5W2—17.5/40	17.5	13.8	13.8			24.4	44.8	40	32					
HY2.5W2—4/9.5	4	3.15	3.2	2.5		5.7	10.7	9.5	7.6	200 400 600		保护电动机用	258, 120	370	上海电瓷厂
HY2.5W2—8/18.7	8	6.3	6.3			11.2	21	18.7	15		65			
HY2.5W2—13.5/31	13.5	10.5	10.5			18.6	34.7	31	25					
HY1.5WZ2—2.4/6	2.4	3.15	1.9	1.5		3.4	6	5		200 400		电机中性点保护用	258, 120		
HY1.5WZ2—4.8/12	4.8	6.3	3.8			6.8	12	10						
HY1.5W2—8/19	8	10.5	6.4			11.4	19	15.9						

续表 23-49

型号	避雷器额定电压	系统额定电压	避雷器持续运行电压	标称放电电流 (kA)	直流1mA参考电压 ≥ (kV)	波头1μs陡波冲击电流残压	8/20μs雷电冲击电流残压	30/60μs 100A操作冲击电流残压	2000方波通流容量18次(峰值,A)	4/10μs冲击大电流2次(峰值,kA)	适用场所	外形尺寸 H,D (mm)	爬电距离 (mm)	生产厂
	有效值,kV					≤(峰值,kV)								
HY1.5W2—10.5/23	10.5	13.8	8.4	1.5	14.9	23	19.2	400 600	65,100	电机中性点保护用	258,130	370	上海电瓷厂
HY1.5W2—12/26	12	15.75	9.6		17	26	21.6						
HY1.5W2—13.7/29.2	13.7	18	11		19.5	29.2	24.3						

注 1. 操作冲击电流残压一栏中 HY5WZ2 系列产品的操作冲击电流值为 250A，HY5WS2 系列产品的操作冲击电流值为 100A。

2. 每只产品的陡波冲击和雷电冲击的冲击电流值为该产品标称放电电流一栏中的值。

3. 保护发电机用产品的操作冲击电流值为 250A。

① 产品 ZHY5WS2—17/50 为支柱式金属氧化物避雷器，弯曲耐受负荷为 1.6kN，扭转耐受力矩为 600N·m。

（11）宁波市镇海国创高压电器有限公司 220kV 及以下系列交流电力系统用复合外套金属氧化物避雷器技术数据，见表 23-50。

表 23-50　10kV 及以下系列复合外套金属氧化物避雷器技术数据

避雷器型号	避雷器额定电压(kV)	持续运行电压(kV)	直流1mA参考电压≥(kV)	标称放电电流下残压≤(kVp)	2ms方波通流容量(A)	4/10μs大电流通流容量(kA)	最大伞径φ(mm)	总高H(mm)	重量(kg)	备注	生产厂
HY5WS—17/50	17	13.6	25	50	150	40~65	89	270	1.3	配电型	宁波市镇海国创高压电器有限公司
HY5WS—10/30	10	8	15	30	150	40~65					
HY5WS—5/15	5	4	7.5	15	150	40~65					
HY5WZ—17/45	17	13.6	24	45	250	40~65	102	270	1.9	电站型	
HY5WZ—10/27	10	8	14.4	27	250	65					
HY5WZ—5/13.5	5	4	7.2	13.5	250	65					
HY5WR—17/45	17	13.6	24	45	400~500	65	110	270	2.7	电容型	
HY5WR—10/27	10	8	14.4	27	400~500	65					
HY5WR—5/13.5	5	4	7.2	13.5	400~500	65					
HY5WD—13.5/31	13.5	10.5	18.6	31	400~500	65				电机型	
HY5WD—8/18.7	8	6.3	11.2	18.7	400~500	65					
HY5WD—4/9.5	4	3.2	5.7	9.5	400~500	65					
HY2.5WD—13.5/31	13.5	10.5	18.6	31	250	65					
HY2.5WD—8/18.7	8	6.3	11.2	18.7	250	65					
HY2.5WD—4/9.5	4	3.2	5.7	9.5	250	65					
HY1.5W—2.4/6	2.4	1.9	3.4	6	250	65				电机中性点型	
HY1.5W—4.8/12	4.8	3.8	6.8	12	250	65					
HY1.5W—8/19	8	6.4	11.4	19	250	65					
HY1.5W—15.2/31.7	15.2	12.2	21.6	31.7	250	65					
HY1.5W—0.28/13	0.28	0.24	0.6	1.3	50	10				低压型	
HY1.5W—0.5/2.6	0.5	0.42	1.2	2.6	50	10					

产 品 型 号	避雷器额定电压（kV）	避雷器持续运行电压（kV）	标称放电电流下残压 ≤（kV）	直流1mA参考电压 ≥（kV）	持续运行电压下阻性电流 ≤（μA）	2ms方波通流容量（A）	4/10μs大电流通流容量（kA）	备　注	生产厂
HY5WZ—51/134	51	40.8	134	75	200	400～500	65	电站型	
HY5WR—51/128	51	40.8	128	75	200	400～500	65	电容型	
HY5WD—23/51	23	18	51	31.9	200	400～500	65		
HY5W—33/86	33	26.4	86	45	200	400～500	65		
HY5WR—84/221	84	67.2	221	121	200	400～500	65	电容型	
HY5WR—90/236	90	72.5	236	130	200	400～50	65		
HY10WZ—90/235	90	72.5	235	130	200	600～800	100		
HY10WZ—96/250	96	75	250	140	200	600～800	100		
HY10WZ—100/260	100	78	260	145	200	600～800	100		
HY10WZ—102/266	102	79.6	266	148	200	600～800	100		
HY10WZ—108/281	108	84	281	157	200	600～800	100	电站型	
HY10WZ—192/500	192	150	500	280	200	600～800	100		宁波市镇海国创高压电器有限公司
HY10WZ—200/520	200	156	520	290	200	600～800	100		
HY10WZ—204/532	204	159	532	296	200	600～800	100		
HY10WZ—216/562	216	168.5	562	314	200	600～800	100		
HY10WZ—25/62	25	20	62	37	200	600	100		
HY5WT—42/120	42	34	120	65	200	400	65	电气化铁道用	
HY5WT—84/240	84	68	240	130	200	400	65		
HY1.5W—31/85	31	24.8	85	52	200	400	65		
HY1.5W—60/144	60	48	144	85	200	400	65		
HY1.5W—72/186	72	58	186	103	200	400	65		
HY1.5W—96/260	96	77	260	137	200	400	65		
HY1.5W—144/320	144	116	320	205	200	400	65		
HY1.5W—207/440	207	166	440	292	200	400	65		
HY10CX—90/260	90		260①	130		400	100	串联间隙（绝缘子支撑空气间隙和纯空气间隙）	
HY10CX—90/260K									
HY10CX—180/520	180		520①	260		500	100		
HY10CX—180/520K									
HY10WX—57/170TL	57		170①	85		400	100	无间隙（带脱离装置）	
HY10WX—120/334TL	120		334①	180		400	100		

注　K 表示串联纯空气间隙，TL 表示带脱离装置。

①　8/20μs雷压残压（10kA）。

（12）牡丹江北方高压电瓷有限责任公司复合外套金属氧化物避雷器技术数据，见表 23-51。

（13）法伏安电器有限公司"法伏安牌"复合绝缘金属氧化物避雷器（PMOA）技术数据，见表 23-52。

表 23-51　220kV 及以下交流系统用复合外套金属氧化物避雷器技术数据

型号	系统额定电压 有效值 kV	避雷器额定电压 有效值 kV	持续运行电压 kV	标称放电电流 (kA)	残压 ≤(峰值, kV) 陡波冲击 1/10 (1/4) μs	残压 ≤(峰值, kV) 雷电冲击 8/20 μs	残压 ≤(峰值, kV) 操作冲击 30/60 μs	直流1mA参考电压 ≥(kV)	2ms方波通流容量 (20次)(A)	外部串联间隙 (mm)	外爬距 (mm)	总高 H (mm)	伞径 φ (mm)	备注	生产厂
YH5WS-10/30	6	10	8.0	5	(34.6)	30	25.6	15	100			200	90	配电型	
YH5WS-17/50	10	17	13.6	5	(57.5)	50	42.5	25	100			260	90		
YH5WZ-10/27	6	10	8.0	5	(31.0)	27	23	14.4	200			240	128	电站型	
YH5WZ-17/45	10	17	13.6	5	(51.8)	45	38.3	24	200			300	128		
YH5WR-10/27	6	10	8.0	5		27	21	14	400			240	128	电容器型	
YH5WR-17/46	10	17	13.6	5		46	35	24	400			300	128		牡丹江北方高压电瓷有限责任公司
YH5CX-42/120W	35	42	33.6	5	138	120		60	400	200±10	1194	584	160	输电线路有串联间隙	
YH5CX-69/198W	66	69	55.2	5	228	198		100	500	370±20	3583	1142	200		
YH5CX-90/260W	110	90	72.5	5	292	260		130	500	450±30	3583	1142	200		
YH10CX-90/260W	110	90	72.5	10	292	260		130	600	450±30	3583	1142	200		
YH5CX-96/280W	110	96	75	5	314	280		140	500	450±30	3583	1142	200		
YH10CX-96/280W	110	96	75	10	314	280		140	600	450±30	3583	1142	200		
YH5CX-108/320W	110	108	84	5	358	320		160	500	450±30	3583	1142	200		
YH10CX-108/320W	110	108	84	10	358	320		160	600	450±30	3583	1142	200		
YH10CX-180/520W	220	180	140	10	584	520		260	600	850±50	7166	2194	200		
YH10CX-192/560W	220	192	150	10	628	560		280	600	850±50	7166	2194	200		
YH10CX-216/640W	220	216	168.5	10	716	640		320	600	850±50	7166	2194	200		
YH10WZ2-90/235W	66	90	72.5	10	264	235	201	130	500		1220	1060	216	发变电站	
YH10WZ3-192/500W	220	192	150	10	560	500	426	280	600~800		6794	2538	216		
YH10WZ3-200/520W	220	200	156	10	582	520	442	290	600~800		6794	2538	216		

续表 23-51

型号	系统额定电压	避雷器额定电压	持续运行电压	标称放电电流 (kA)	陡波冲击 1/10 (1/4) μs	雷电冲击 8/20 μs	操作冲击 30/60 μs	直流 1mA 参考电压 ≥ (kV)	2ms 方波通流容量 (20次) (A)	外部串联间隙 (mm)	外爬距 (mm)	总高 H (mm)	伞径 φ (mm)	备注	生产厂
		有效值，kV			≤ (峰值，kV)										
YH10WZ3—204/532W	220	204	159	10	594	532	452	296	600~800		6794	2538	216	发变电站	牡丹江北方高压电瓷有限责任公司
YH10WZ3—216/562W	220	216	168.5	10	630	562	478	314	600~800		6794	2538	216		
YH1.5W2—60/144W	110	60	48	1.5	144	144	135	85	500		933	820	216	中性点	
YH1.5W2—144/320W	220	144	116	1.5	320	320	299	205	500		1866	1620	216		

表 23 - 52 法伏安牌复合绝缘金属氧化物避雷器技术数据

型号	避雷器额定电压	系统标称电压	避雷器持续运行电压	直流参考电压 U1mA ≥ (kV)	雷电冲击电流 8/20 5kA	陡波冲击电流 1/10 5kA	操作冲击电流 30/60 0.25kA	2ms 方波 (A)	4/10μs 大电流 (kA)	0.75 U1mA 漏电流 ≤ (μA)	爬电比距 ≥ (mm/kV)	安装高度 H	结构高度 h	最大裙径 φ	重量 (kg)	备注	生产厂
			有效值，kV		≤ (峰值，kV)												
HY5WS2—5/15	5	3	4.0	7.5	15	17.3	12.8	100	65	50	57	175	105	90	0.7		大连经济技术开发区法伏安电器有限公司
HY5WS2—10/30	10	6	8.0	15	30	34.6	25.6	100	65	50	35	208	138	90	1.1		
HY5WS2—12/35.8 (1)	12	10	9.6	18	35.8	41.2	30.6	100	65	50	35	270	200	90	1.1		
HY5WS2—15/45.6 (2)	15	10	12	23	45.6	52.5	39	100	65	50	31	270	200	95	1.2		
HY5WS2—17/50	17	10	13.6	25	50	57.5	42.5	100	65	50	32	270	200	95	1.2		
HY5WS2—17/50k	17	10	13.6	25	50	57.5	42.5	100	65	50	28	256	182	90	1.0	配电型	
HY5WS2—10/30TL	10	6	8	15	30.0	34.6	25.6	100	65	50	31	261	116	90	1.37	带脱离器	
HY5WS2—12/35.8TL	12	10	9.6	18	35.8	41.2	30.6	100	65	50	31	323	172.5	90	1.37		
HY5WS2—17/50TL	17	10	13.6	25	50.0	17.5	42.5	100	65	50	31	323	172.5	95	1.77		

续表 23-52

型号	避雷器额定电压 有效值, kV	系统标称电压 有效值, kV	避雷器持续运行电压 kV	直流参考电压 U_{1mA} ≥ (kV)	残压 ≤(峰值, kV) 雷电冲击电流 8/20 5kA	残压 陡波冲击电流 1/10 5kA	残压 操作冲击电流 30/60 0.25kA	通流容量 2ms 方波 (A)	通流容量 4/10μs 大电流 (kA)	0.75 U_{1mA} 漏电流 ≤ (μA)	爬电比距 ≥ (mm/kV)	外形尺寸(mm) 安装高度 H	外形尺寸 结构高度 h	外形尺寸 最大裙径 φ	重量 (kg)	备注	生产厂
HY5WZ2-10/27TL	10	6	8	14.4	27	31	23	400	65	50	31	261	116	100	1.97		
HY5WZ2-12/32.4TL	12	10	9.6	17.4	32.4	37.2	27.6	400	65	50	31	319	170	105	2.45	带脱离器	
HY5WZ2-17/45TL	17	10	13.6	24	45	51.8	38.7	400	65	50	31	319	170	105	2.75		
HY5WZ2-51/134TL	51	35	40.8	73	134	154	114	400	65	50	31	763	570	200	11.6		
HY5WR2-5/13.5	5	3	4	7.2	13.5		10.5	400	65	50	35	175	105	100	1.1		
HY5WR2-10/27	10	6	8	14.4	27		21	400	65	50	36	208	138	100	1.5		
HY5WR2-12/32.4 (1)	12	10	9.6	17.4	32.4		25.2	400	65	50	26	266	196	105	2.1	电容器组型	
HY5WR2-15/40.5 (2)	15	10	12	21.8	40.5		31.5	400	65	50	26	254	186	100	2.3		
HY5WR2-17/46	17	10	13.6	24	46		35	400	65	50	26	254	186	100	2.5		大连经济技术开发区法伏安电器有限公司
HY5WR2-51/134	51	35	40.8	73	134		105	400	65	50	38	590	550	160	10.3		
HY5WR2-90/236	90	66	72.5	130	236		190	400	65	50	32	1200	1068	180	24.2		
HY2.5W2-4/9.5	4	3	3.2	5.7	9.5	10.7	7.6	400	65	50	32	175	105	100	1.0	电动机型	
HY2.5W2-8/18.7	8	6	6.3	11.2	18.7	21	15	400	65	50	32	208	138	100	1.4		
HY2.5W2-13.5/31	13.5	10	10.5	18.6	31	34.7	25	400	65	50	29	254	186	100	2.3		
HY1.5W2-2.4/6	2.4	3.15	1.9	3.4	6		5	400	65	50	35	175	105	100	0.7	电机中性点型	
HY1.5W2-4.8/12	4.8	6.3	3.8	6.8	12		10	400	10	50	35	175	105	100	1.0		
HY1.5W2-8/19	8	10.5	6.4	11.4	19		15.9	400	10	50	36	208	138	100	1.4		
HY5WZ2-5/13.5	5	3	4	7.2	13.5	15.5	11.5	400	65	50	35	175	105	100	1.4	电站型	
HY5WZ2-10/27	10	6	8	14.4	27	31	23	400	65	50	36	208	138	100	1.9		

续表 23-52

型号	避雷器额定电压 有效值, kV	系统标称电压	避雷器持续运行电压	直流参考电压 U_1mA ≥ (kV)	残压 ≤ (峰值, kV) 雷电冲击电流 8/20 5kA	残压 陡波冲击电流 1/10 5kA	残压 操作冲击电流 30/60 0.25kA	通流容量 2ms 方波 (A)	通流容量 4/10μs 大电流 (kA)	0.75 U_1mA 漏电流 ≤ (μA)	爬电比距 ≥ (mm/kV)	外形尺寸 安装高度 H	外形尺寸 结构高度 h	外形尺寸 最大裙径 φ	重量 (kg)	备注	生产厂
HY5WZ2-10/24	10	6	8	14.4	24	27.6	20.4	400	65	50	36	208	138	110	2.0		
HY5WZ2-12/32.4 (1)	12	10	9.6	17.4	32.4	37.2	27.6	400	65	50	36	266	196	105	2.1		
HY5WZ2-15/40.5 (2)	15	10	12	21.8	40.5	46.5	34.5	400	65	50	32	266	196	105	2.1		
HY5WZ2-17/45	17	10	13.6	24	45	51.8	38.3	400	65	50	32	266	196	105	2.2		
HY5WZ2-17/42	17	10	13.6	24	42	48.3	35.7	400	65	50	32	266	196	105	2.2		
HY5WZ2-17/45k	17	10	13.6	24	45	51.8	38.3	400	65	50	26	254	182	100	1.9		大连经济技术开发区法伏安电器有限公司
HY5WZ2-30/80	30	20	24	43	80	92	68	400	65	50	31	474	386	150	4.8		
HY5WZ2-32/84	32	20	25.6	45	84	96.7	71.5	400	65	50	31	474	386	150	4.9		
HY5WZ2-51/134	51	35	40.8	73	134	154	114	400	65	50	28	590	550	160	10.3	电站型	
HY5WZ2-51/130	51	35	40.8	73	130	149	111	400	65	50	28	590	550	160	10.3		
HY5WZ2-51/122	51	35	40.8	73	122	140	104	400	65	50	28	590	550	180	11.2		
HY5WZ2-51/116G	51	35	40.8	73	116	133	99	400	65	50	28	590	550	180	11.2		
HY5WZ2-54/134	54	35	43.2	76	134	154	114	400	65	50	28	590	550	160	10.3		
HY5WZ2-84/224	84	66	67.2	121	224	254	188	400	65	50	32	1120	980	180	29.8		
HY5WZ2-90/235	90	66	72.5	130	235	270	201	600	65	50	32	1120	980	180	29.8		
HY5WZ2-96/232	96	66	75	134	232	267	198	600	65	50	32	1120	980	180	29.8		
HY5WZ2-96/250	96	110	75	140	250	288	213	600	65	50	32	1268	1182	180	31.2		
HY5WZ2-100/260	100	110	78	145	260	299	221	600	65	50	25	1268	1182	180	35.2		
HY5WZ2-102/266	102	110	79.6	148	266	305	226	600	65	50	25	1268	1182	180	35.2		

续表 23-52

型号	避雷器额定电压 有效值 kV	系统标称电压 kV	避雷器持续运行电压 kV	直流参考电压 U_{1mA} ≥ (kV)	残压 ≤ (峰值, kV)			通流容量		0.75 U_{1mA} 漏电流 ≤ (μA)	爬电比距 ≥ (mm/kV)	外形尺寸 (mm)			重量 (kg)	备注	生产厂
					雷电冲击电流 8/20 5kA	陡波冲击电流 1/10 5kA	操作冲击电流 30/60 0.25kA	2ms 方波 (A)	4/10μs 大电流 (kA)			安装高度 H	结构高度 h	最大裙径 φ			
HY5WZ2-108/281	108	110	84	157	281	323	239	600	65	50	25	1268	1182	180	35.2		
HY10WZ2-51/134	51	35	40.8	73	134	154	114	600	100	50	32	590	550	180	14.9		
HY10WZ2-51/122	51	35	40.8	73	122	140	104	600	100	50	32	590	550	180	14.9		
HY10WZ2-90/235	90	66	72.5	130	235	264	201	600	100	50	32	1120	980	200	39.8		大连经济技术开发区法伏安电器有限公司
HY10WZ2-96/232	96	66	75	134	232	267	198	600	100	50	32	1120	980	200	39.8		
HY10WZ2-96/250	96	110	75	140	250	280	213	600	100	50	32	1268	1182	200	40.8		
HY10WZ2-100/260	100	110	78	145	260	291	221	600	100	50	27	1268	1182	200	43.8		
HY10WZ2-100/248	100	110	78	145	248	278	211	600	100	50	27	1268	118	200	43.8		
HY10WZ2-102/266	102	110	79.6	148	266	297	226	600	100	50	27	1268	1182	200	43.8		
HY10WZ2-102/254	102	110	79.6	148	254	284	216	600	100	50	27	1268	1182	200	43.8	电站型	
HY10WZ2-108/281	108	110	84	157	281	315	239	600	100	50	27	1268	1182	200	44.8		
HY10WZ2-192/500	192	220	150	280	500	560	426	600,800	100	50	28	2515		200	72.6		
HY10WZ2-192/464	192	220	150	268	464	520	396	600,800	100	50	28	2515		200	72.6		
HY10WZ2-200/520	200	220	156	290	520	582	442	600,800	100	50	28	2515		200	80.6		
HY10WZ2-200/496	200	220	156	290	496	556	422	600,800	100	50	28	2515		200	80.6		
HY10WZ2-204/532	204	220	159	296	532	594	452	600,800	100	50	28	2515		200	80.6		
HY10WZ2-204/508	204	220	159	296	508	569	433	600,800	100	50	28	2515		200	80.6		
HY10WZ2-216/562	216	220	168.5	314	562	630	478	600,800	100	50	28	2515		200	80.6		
HY10WZ2-216/536	216	220	168.5	314	536	600	457	600,800	100	50	28	2515		200	80.6		

续表 23-52

型号	避雷器额定电压 有效值, kV	系统标称电压	避雷器持续运行电压	直流参考电压 U1mA ≥ (kV)	残压 (峰值, kV) 雷电冲击电流 8/20 10kA ≤	残压 陡波冲击电流 1/10 10kA	残压 操作冲击电流 30/60 0.5kA	通流容量 2ms方波 (A)	通流容量 4/10μs 大电流 (kA)	0.75 U1mA 漏电流 ≤ (μA)	爬电比距 ≥ (mm/kV)	外形尺寸 安装高度 H	外形尺寸 结构高度 h	外形尺寸 最大裙径 φ	重量 (kg)	备注	生产厂
HY10WZ3-192/500	192	220	150	280	500	560	426	600	100	50	28	2388	2248	230	70.2	电站型	大连经济技术开发区法伏安电器有限公司
HY10WZ3-192/464	192	220	150	268	464	520	396	800									
HY10WZ3-200/520	200	220	156	290	520	582	442										
HY10WZ3-200/496	200	220	156	290	496	556	422	600	100	50	28	2388	2248	230	78.2		
HY10WZ3-204/532	204	220	159	296	532	594	452										
HY10WZ3-204/508	204	220	159	296	508	569	433	800									
HY10WZ3-216/562	216	220	168.5	314	562	630	478										
HY10WZ3-216/536	216	220	168.5	314	536	600	457										
HY5W2-4/9.5	4	3.15	3.2	5.7	9.5	10.7	7.6	400	65	50	35	175	105	110	1.2	发电机型	
HY5W2-8/18.7	8	6.3	6.3	11.2	18.7	21	15	400	65	50	36	208	138	110	1.8		
HY5W2-13.5/31	13.5	10.5	10.5	18.6	31	34.7	25	400	65	50	29	254	186	110	2.9		
HY5W2-17.5/40	17.5	13.8	13.8	24.4	40	44.8	32	600	65	50	32	266	196	110	3.4		
HY5W2-20/45	20	15.75	15.8	28	45	50.4	36	600	65	50	34	338	268	120	4.6		
HY5W2-23/51	23	18.2	18	31.9	51	57.2	40.8	600	65	50	31	338	268	120	5.5		
HY5W2-25/56.2	25	20.22	20	35.4	56.2	62.9	45	600	65	50	31	338	268	120	6.0		
HY1.5WZ2-30/72	30	35	24	45	72		67	400	10	50	28	590	350	160	9.5	变压器中性点型	
HY1.5WZ2-33/81	33	35	26.4	50	81		76	400	10	50	28	590	550	160	9.5		
HY1.5WZ2-42/110	42	66	34	65	110		103	400	10	50	28	590	550	160	25.6		
HY1.5WZ2-54/127	54	66	43.2	76	127		119	400	10	50	28	590	550	160	26.8		

续表 23-52

型号	系统标称电压 有效值，kV	避雷器额定电压 有效值，kV	避雷器持续运行电压 kV	直流参考电压 U_{1mA} ≥ (kV)	残压 ≤（峰值，kV） 雷电冲击电流 8/20 5kA	残压 陡波冲击电流 1/10 5kA	残压 操作冲击电流 30/60 0.25kA	通流容量 2ms 方波 (A)	通流容量 4/10μs 大电流 (kA)	0.75 U_{1mA} 漏电流 ≤ (μA)	爬电比距 ≥ (mm/kV)	外形尺寸（mm）安装高度 H	外形尺寸 结构高度 h	外形尺寸 最大裙径 φ	重量 (kg)	备注	生产厂
HY$_{1.5}$WZ$_2$—60/144	110	60	48	85	177		135	400	10	50	32	1200	1068	180	39.8	变压器中性点型	大连经济技术开发区法伏安电器有限公司
HY$_{1.5}$WZ$_2$—72/186	110	72	58	103	186		174	400	10	50	32	1200	1068	180	39.8		
HY$_{1.5}$WZ$_2$—96/260	500	96	77	137	260		243	400	10	50	32	2388	2248	230	78.2		
HY$_{1.5}$WZ$_2$—144/320	220	144	116	205	320		299	400	10	50	28	1859	1719	230	52.0		
HY$_{1.5}$WZ$_2$—207/440	330	207	166	292	440		410	400	10	50	28	2388	2248	230	78.2		
HY$_{1.5}$W$_2$—10.5/23	13.8	10.5	8.4	14.9	23		19.2	400	10	50	26	208	138	100	1.8	电机中性点型	
HY$_{1.5}$W$_2$—12/26	15.75	12	9.6	17	26		21.6	400	10	50	26	254	186	100	2.3		
HY$_{1.5}$W$_2$—13.7/29.2	18	13.7	11	19.5	29.2		24.3	400	10	.50	26	254	186	100	2.3		
HY$_{1.5}$W$_2$—15.2/31.7	20	15.2	12.2	21.6	31.7		26.4	400	10	50	26	254	186	100	2.3		

型号	系统标称电压 有效值，kV	避雷器额定电压 有效值，kV	避雷器持续运行电压 kV	直流参考电压 U_{1mA} ≥ (kV)	残压 ≤（峰值，kV） 雷电冲击电流 8/20 5kA	残压 陡波冲击电流 1/10 5kA	残压 操作冲击电流 30/60 0.5kA	通流容量 2ms 方波 (A)	通流容量 4/10μs 大电流 (kA)	0.75 U_{1mA} 漏电流 ≤ (μA)	爬电比距 ≥ (mm/kV)	外形尺寸（mm）安装高度 H	外形尺寸 结构高度 h	外形尺寸 最大裙径 φ	重量 (kg)	备注	生产厂
HY$_5$WZ$_2$—51/134S	35	51	40.8	73	134	154	114	400	65	50	30	688	538	160	9.6	悬挂式无间隙避雷器，用于保护变电站、开关站、断口、电缆头、输电线路	大连经济技术开发区法伏安电器有限公司
HY$_5$WZ$_2$—51/122S	35	51	40.8	73	122	140	104	400	65	50	30	688	538	180	11.5		
HY$_5$WZ$_2$—54/150S	35	54	43.2	76	150	168	128	400	65	50	30	688	538	180	12.0		
HY$_5$WZ$_2$—90/235S	66	90	72.5	130	235	270	201	600	100	50	28	1120	960	180	23.5		
HY$_5$WZ$_2$—96/232S	66	96	75	134	232	267	198	600	100	50	32	1120	960	180	23.5		

续表23-52

型号	避雷器额定电压 有效值，kV	系统标称电压	避雷器持续运行电压	直流参考电压 U_{1mA} ≥ (kV)	残压 ≤ (峰值，kV) 雷电冲击电流 8/20 5kA	陡波冲击电流 1/10 5kA	操作冲击电流 30/60 0.5kA	通流容量 2ms方波 (A)	4/10μs 大电流 (kA)	0.75 U_{1mA} 漏电流 ≤ (μA)	爬电比距 ≥ (mm/kV)	外形尺寸 (mm) 安装高度 H	结构高度 h	最大裙径 φ	重量 (kg)	备注	生产厂
HY5WZ2—96/250S	96	110	75	140	250	288	213	600	100	50	28	1330	1170	180	23.5	悬挂式无间隙避雷器，用于保护变电站、断路器、开关、电缆头、电输品、电线路	大连经济技术开发区济伏安法电器有限公司
HY5WZ2—100/260S	100	110	78	145	260	299	221	600	100	50	28	1330	1170	180	27.1		
HY5WZ2—102/266S	102	110	79.6	148	266	301	226	600	100	50	28	1330	1170	180	27.1		
HY5WZ2—108/281S	108	110	84	157	281	323	239	600	100	50	28	1330	1170	180	27.5		
HY10WZ2—51/134S	51	35	40.8	73	134	154	114	600	100	50	32	688	538	180	11.5		
HY10WZ2—51/122S	51	35	40.8	73	122	140	104	600	100	50	32	688	538	200	11.5		
HY10WZ2—51/150S	54	35	43.2	76	150	168	128	600	100	50	30	680	538	180	12.0		
HY10WZ2—90/235S	90	66	72.5	130	235	264	201	600	100	50	32	1120	960	200	36.6		
HY10WZ2—96/232S	96	66	75	134	232	267	198	600	100	50	32	1120	960	200	36.6		
HY10WZ2—96/250S	96	110	75	140	250	280	213	600	100	50	32	1330	1170	200	36.6		
HY10WZ2—100/260S	100	110	78	145	260	291	221	600	100	50	27	1330	1170	200	36.6		
HY10WZ2—102/266S	102	110	79.6	148	266	297	226	600	100	50	27	1330	1170	200	36.6		
HY10WZ2—108/281S	108	110	84	157	281	315	239	600	100	50	27	1330	1170	200	36.6		
HY10WZ2—192/500S	192	220	150	280	500	560	426	600	100	50	28	2595		200	69.6		
HY10WZ2—200/520S	200	220	156	290	520	582	442	600	100	50	28	2595		200	73.6		
HY10WZ2—204/532S	204	220	159	296	532	594	452	600	100	50	28	2595		200	73.6		
HY10WZ2—216/563S	216	220	168.5	314	562	630	478	600	100	50	28	2595		200	73.6		
HY10WZ2—192/500S	192	220	150	280	500	560	426	600	100	50	28	2380		230	63.2		
HY10WZ2—200/520S	200	220	156	290	520	582	442	600	100	50	28	2380		230	61.2		
HY10WZ2—204/532S	204	220	159	296	532	594	452	600	100	50	28	2380		230	71.2		
HY10WZ2—216/562S	216	220	168.5	314	562	630	478	600	100	50	28	2380		230	71.2		

型号	避雷器额定电压 有效值 kV	系统标称电压 有效值 kV	避雷器持续运行电压 kV	直流参考电压 U_{1mA} ≥ (kV)	残压 ≤(峰值,kV) 雷电冲击电流 8/20 5,10kA5,10kA	残压 陡波冲击电流 1/10 5,10kA	残压 操作冲击电流 30/60 0.25,0.5kA	通流容量 2ms方波(A)	通流容量 4/10μs大电流(kA)	0.75 U_{1mA} 漏电流 ≤(μA)	爬电比距 ≥(mm/kV)	外形尺寸(mm) 安装高度 H_1/H_2	外形尺寸 结构高度 h	外形尺寸 最大括径 φ	重量(kg)	备注	生产厂
HY5CX1-42/120	42	35	33.6	60	120	130	96	250	65	50	47.0	688/490	538	160	11.5		
HY5CX1-78/203	78	66	62.4	110	203	233	173	400	65	50	51.0	1135/880	960	180	24.5		
HY5CX1-84/221	84	66	67.2	120	221	254	188	400	65	50	51.0	1135/880	960	180	25.1		
HY5CX1-90/235	90	110	72	130	235	264	200	400	65	50	33.7	1135/1000	960	180	26.0		
HY5CX1-96/250	96	110	76.8	136	250	280	212	400	65	50	33.7	1135/1000	960	180	26.5	悬挂式带串联间隙线路型	大连经济技术开发区法伏安电器有限公司
HY5CX1-180/470	180	220	144	260	470	528	400	600	65	50	33.7	1850/1460	1675	230	46.0		
HY5CX1-192/500	192	220	156.8	272	500	560	424	600	65	50	33.7	1850/1460	1675	230	48.0		
HY10CX1-78/203	78	66	62.4	110	203	233	173	600	100	50	51.0	1135/880	960	200	25.5		
HY10CX1-84/221	84	66	67.2	120	221	254	188	600	100	50	51.0	1135/880	960	200	26.0		
HY10CX1-90/235	90	110	72	130	235	264	201	600	100	50	33.7	1135/1000	960	200	26.5		
HY10CX1-96/250	96	110	76.8	136	250	280	200	600	100	50	33.7	1135/1000	960	200	27.0		
HY10CX1-180/470	180	220	144	260	470	528	402	800	100	50	33.7	1850/1460	1675	230	52.0		

续表 23-52

型号	避雷器额定电压 有效值, kV	系统标称电压	避雷器持续运行电压 kV	直流参考电压 U_{1mA} ≥ (kV)	残压 ≤ (峰值, kV) 雷电冲击电流 8/20 5、10kA,10kA	残压 陡波冲击电流 1/10 5、10kA,10kA	残压 操作冲击电流 30/60 0.25、0.5kA	通流容量 2ms方波 (A)	通流容量 4/10μs 大电流 (kA)	0.75 U_{1mA} 漏电流 ≤ (μA)	爬电比距 ≥ (mm/kV)	外形尺寸 安装高度 H_1/H_2	外形尺寸 结构高度 h	外形尺寸 最大裙径 φ	重量 (kg)	备注	生产厂
HY₁₀CX₁—192/500	192	220	156.8	272	500	560	400	800	100	50	33.7	1850/1460	1675	230	52.0		
HY₅CX₂—42/120	42	35	33.6	60	120	130	96	250	65	50	35.5	738	550	160	11.5		
HY₅CX₂—78/203	78	66	62.4	110	203	233	173	400	65	50	34.2	1360	980	180	24.5		
HY₅CX₂—84/221	84	66	67.2	120	221	254	188	400	65	50	34.2	1360	980	180	25.0		
HY₅CX₂—90/235	90	110	72	130	235	264	200	400	65	50	22.2	1530	980	180	25.5	悬挂式带串联间隙线路型	大连经济技术开发区济安伏法安电器有限公司
HY₅CX₂—96/250	96	110	76.8	136	250	280	212	400	65	50	22.2	1530	980	180	26.5		
HY₅CX₂—180/470	180	220	144	260	470	528	402	400	65	50	22.2	2555	1690	230	45.0		
HY₅CX₂—192/500	192	220	156.8	272	500	560	424	400	65	50	22.2	2555	1690	230	47.0		
HY₁₀CX₂—78/203	78	66	62.4	110	203	233	173	600	100	50	34.2	1360	980	200	27.1		
HY₁₀CX₂—84/221	84	66	67.2	120	221	254	188	600	100	50	34.2	1360	980	200	28.0		
HY₁₀CX₂—90/235	90	110	72	130	235	264	200	600	100	50	22.2	1530	980	200	28.5		
HY₁₀CX₂—96/250	96	110	76.8	136	250	280	212	600	100	50	22.2	1530	980	200	29.2		
HY₁₀CX₂—180/470	180	220	144	260	470	528	400	600	100	50	22.2	2555	1690	230	54.0		
HY₁₀CX₂—192/500	192	220	156.8	272	500	560	424	800	100	50	22.2	2555	1690	230	55.5		

续表 23-32

型号	避雷器额定电压 有效值, kV	系统标称电压	避雷器持续运行电压	直流参考电压 U₁mA ≥ (kV)	残压 ≤ (峰值, kV) 雷电冲击电流 8/20 5,10kA,10kA	陡波冲击电流 1/10 10kA	操作冲击电流 30/60 0.25,0.1kA	通流容量 2ms方波 (A)	4/10μs大电流 (kA)	0.75 U₁mA 漏电流 ≤ (μA)	爬电比距 ≥ (mm/kV)	安装高度 H	结构高度 h	最大裙径 φ	重量 (kg)	备注	生产厂
HY₅WS₂－10/33－P₃	10	6	8	19	33	37.9	28.1	200	65	50	40	320	210	135	5.6	复合绝缘柱式避雷器	大连经济技术开发区法伏安电器有限公司
HY₅WS₂－17/56－P₃	17	10	13.6	33	56	64.3	47.7	200	65	50	40	370	260	135	5.7	复合绝缘子式避雷器	
HY₅WT₂－42/120	42	27.5	34	65	120	138	98	400	65	50	36	590	550	160	18	电气化铁道型	
HY₅WT₂－84/240	84	55	68	130	240	276	196	600	100	50	36	1120	980	180	30		
HY₁₀WT₂－42/110	42	27.5	34	65	110	127	90	600	100	50	43	590	550	180	22		
HY₁₀WT₂－84/220	84	55	68	130	220	253	180	600	100	50	44	1120	980	180	33		
HY₂.₅W₂－5.6/12.2×3相－相 ＋HY₂.₅W₂－2.4/6.5相－地	11.2 / 8	6	8.8 / 6.3	15.2 / 11.2	24.4 / 18.7		20.4 / 15	400	65	50	28	220	150	115	2×3	相－相 相－地 复合绝缘 无间隙型	
HY₂.₅W₂－9.4/20.5×3相－相 ＋HY₂.₅W₂－4.1/10.5相－地	18.8 / 13.5	10	14.6 / 10.5	26 / 18.6	41 / 31		34 / 25	400	65	50	28	270	200	115	2.4×3		
HY₅WZ₂－5.5/13.5×3相－相 ＋HY₅WZ₂－4.5/11.5相－地	11 / 10	6	8.8 / 8	15.8 / 14.4	27 / 25	24.4 / 22.6	23 / 21	400	65	50	28	240	170	105	2×3	相－相 相－地 复合绝缘 无间隙型	
HY₅WZ₂－9.4/22.5×3相－相 ＋HY₅WZ₂－7.6/19.5相－地	18.8 / 17	10	15 / 13.6	26.4 / 24	45 / 42	40.6 / 37.9	38.3 / 36	400	65	50	28	285	215	105	2.4×3		
HY₅WZ₂－31/77×3相－相 ＋HY₅WZ₂－20/57相－地	62 / 51	35	49.6 / 40.8	90 / 73	154 / 134	139 / 121	131 / 114	400	65	50	31	600	565	160	10.1×3		
HY₅WZ₂－31/74×3相－相 ＋HY₅WZ₂－20/48相－地	62 / 51	35	49.6 / 40.8	90 / 73	148 / 122	134 / 110	126 / 104	400	65	50	31	600	565	160	10.1×3		
HY₁.₅WS₂－0.28/1.3	0.28	0.22	0.24	0.6	1.3	1.49	1.1	100	10	50	250	65	32	65	0.2	低压型	
HY₁.₅WS₂－0.5/2.6	0.5	0.38	0.42	1.2	2.6	2.98	2.2	100	10	50	156	65	32	65	0.2		
ZB－1.0		220		1.2	2.6			600	65	50	100	115	44	112	0.6	电流互感器匝间绝缘保护型	

（14）上海上友电气有限公司交流复合外套避雷器技术数据，见表 23 - 53。

表 23 - 53　交流复合外套避雷器技术数据

避雷器型号	避雷器额定电压（kV）	系统标称电压（kV）	持续运行电压（kV）	直流1mA参考电压≥（kV）	工频（阻性）1mA参考电压≥（kV）	残压≤（kV） 8/20μs雷电冲击	30/60μs操作冲击	1/5μs陡波冲击	2000μs方波通流容量（A）	4/10μs大电流冲击耐受（kA）	0.75U泄漏电流（μA）	使用场所	生产厂
HY5WS—5/15	5	3	4.0	7.5	5.0	15.0	12.8	17.3	150	40	50	配电	
HY5WS—10/30	10	6	8.0	15.0	10.0	30.0	25.6	34.6					
HY5WS—17/50	17	10	13.6	25.0	17.0	50.0	42.5	57.5					
HY5WZ—5/13.5	5	3	4.0	7.2	5.0	13.5	11.5	15.5	200/400	65	50	电站	
HY5WZ—10/27	10	6	8.0	14.4	10.0	27.0	23.0	31.0					
HY5WZ—51/134	17	10	13.6	24.0	17.0	45.0	38.3	51.8					
HY5WR—5/13.5	51	35	40.8	73.0	51.0	134.0	114.0	154.0					
HY5WZ—17/45	5	3	4.0	7.2	5.0	13.5	10.5		400/600	65	50	电容器组并联补偿	
HY5WR—10/27	10	6	8.0	14.4	10.0	27.0	21.0						
HY5WR—17/45	17	10	13.6	24.0	17.0	45.0	35.0						
HY5WR—51/134	51	35	40.8	73.0	51.0	134.0	105.0						
HY5WD—4/9.5	4	3.15①	3.2	5.7		9.5	7.6	10.7	400	65	50	发电机	上海上友电气有限公司
HY5WD—8/18.7	8	6.3①	6.3	11.2		18.7	15.0	21.0					
HY5WD—13.5/31	13.5	10/5①	10.5	18.6		31.0	25.0	34.7					
HY5WD—17.5/40	17.5	13.8①	13.8	24.4		40.0	32.0	44.8					
HY5WD—20/45	20	15.75①	15.8	28.0		45.0	36.0	50.4					
HY5WD—23/51	23	18.0①	18.0	31.9		51.0	40.8	57.2					
HY5WD—25/56.2	25	20.0①	20.0	35.4		56.2	45.0	62.9					
HY2.5WD—4/9.5	4	3.15①	3.2	5.7		9.5	7.6	10.7	200	40	50	电动机	
HY2.5WD—8/18.7	8	6.3①	6.3	11.2		18.7	15.0	21.0					
HY2.5WD—13.5/31	13.5	10.5①	10.5	18.6		31.0	25.0	34.7					
HY1.5W—0.28/1.3	0.28	0.22	02.4	0.6		1.3			75	25	50	低压	
HY1.5W—0.5/2.6	0.5	0.38	0.42	1.2		2.6							
HY5WT—42/120	42	27.5	34.0	65.0		120.0	98.0	138.0	400	65	50	电铁	
HY5WT—84/240	84	55.0	63.0	130.0		240.0	196.0	276.0					

① 为电机额定电压。

（15）山东彼岸电力科技有限公司复合绝缘氧化锌避雷器技术数据，见表 23 - 54。

表 23-54 山东彼岸电力科技有限公司复合绝缘氧化锌避雷器技术数据

型号	标称系统电压	避雷器额定电压	持续运行电压	直流1mA参考电压 ≥ (kV)	2ms方波冲击耐受电流 (A)	4/10μs大电流冲击耐受电流 (kA)	残压 陡波冲击电流下	残压 雷电冲击电流下	残压 操作冲击电流下	总高H (mm)	最大伞径φ (mm)	重量 (kg)	备注	生产厂
	有效值,kV						≤(峰值,kV)							
YH5WS—10/30	6	10	8.0	15	150	65	34.6	30	25.6	225±3	95	1.05	配电型	
YH5WS—17/50	10	17	13.6	25.0	150	65	57.5	50	42.5	270±3	95	1.32		
YH5WZ—17/45	10	17	13.6	24.0	250	65	51.8	45	38.3	280±3	110	1.87		
YH5WZ—51/134	35	51	40.8	73	400	65	154	134	114	745±3	150	14.5		
YH5W—96/250	110	96	75.0	140	600	100	288	250	213	1360±3	210	43		
YH5W—100/260	110	100	78	145	600	100	299	260	221	1360±3	210	43.5		
YH5W—108/281	110	108	84.0	157	600	100	323	281	239	1360±3	210	44		
YH10W—102/266	110	102	79.6	148	800	100	297	266	226	1360±3	210	47.7		
YH10W—108/281	110	108	84	157	800	100	315	281	239	1360±3	210	48.5	电站型	山东彼岸电力科技有限公司
YH10W—192/500	220	192	150	280	800	100	560	500	426	2515±5	210	96		
YH10W—200/520	220	200	156.0	290	800	100	582	520	442	2515±5	210	102		
YH10W—204/532	220	204	159	296	800	100	594	532	452	2515±5	210	100		
YH10W—216/562	220	216	168.5	314	800	100	630	562	478	2515±5	210	108		
YH5WZ—10/27	6	10	8.0	14.4	250	65	31.0	27	23.0	225±3	110	1.32		
YH5WZ—84/221	66	84	67.2	121	400	65	254	221	188	1055±3	160	23		
YH10WZ—100/260	110	100	78.0	145	600	100	291	260	221	1360±3	210	47.2		
YH5W—102/266	110	102	79.6	148	800	100	305	266	226	1360±3	210	43.5		
YH5WR—10/27	6	10	8.0	14.4	400	65		27	21	225±3	120	1.76		
YH5WR—17/46	10	17	13.6	24.0	400	65		46	35	280±3	120	2.16	电容器型	
YH5WR—51/134	35	51	40.8	73.0	400	65		134	105	745±3	150	14.5		
YH5WR—84/221	66	84	67.2	121	400	65		221	176	1055±3	160	23.0		
YH2.5W—8/18.7	6.3	8	6.3	11.2	400	65	21	18.7	15.0	225±3	160	1.66	电机型	
YH5W—8/18.7	6.3	8	6.3	11.2	400	65	21	18.7	15.0	225±3	160	1.66		
YH1.5W—60/144		60	48	85	400	65		144	135	1055±3	160	21.7	变压器中性点型	
YH1.5W—72/186		72	58	103	400	65		186	174	1055±3	160	21.8		
YH1.5W—144/320		144	110	205	400	65		320	299	1980±3	160	48		
YH5WT—42/120	27.5	42	34	65	400	65	138	120	98	745±3	150	13.9	电气化铁道型	
YH5WT—84/240	55	84	68	130	400	65	276	240	196	1055±3	160	23.5		

(16) 牡丹江电业局避雷器厂复合外套无间隙金属氧化物避雷器技术数据，见表23-55。

表 23-55　牡丹江电业局避雷器厂复合外套无间隙金属氧化物避雷器技术数据

产品称号	系统(设备)额定电压 有效值,kV	避雷器额定电压	避雷器持续运行电压	避雷器残压 ≤(有效值,kV) 操作冲击	雷电冲击	陡波冲击	避雷器直流参考电压 ≥(kV)	方波通流容量 2ms 20次(峰值),A	外爬距(mm)	高度H(mm)	伞径φ(mm)	备注	生产厂
YH2.5W2—4/9.5	3.15	4	3.2	7.6	9.5	10.7	5.7	200	170	150	113	电动机用	
YH2.5W2—8/18.7	6.3	8	6.3	15.0	18.7	21.0	11.2	200	300	230	113		
YH2.5W2—13.5/31	10.5	13.5	10.5	25.0	31.0	34.7	18.6	200	450	285	113		
YH5W3—4/9.5	3.15	4	3.2	7.6	9.5	10.7	5.7	500	120	130	113	发电机用	
YH5W3—8/18.7	6.3	8	6.3	15.0	18.7	21.0	11.2	500	250	230	113		
YH5W3—13.5/31	10.5	13.5	10.5	25.0	31.0	34.7	18.6	500	400	290	113		
YH5WR2—10/27①	6	10	8.0	21.0	27.0		14.4	500	250	230	125	电容器组用	
YH5WR2—17/46①	10	17	13.6	35.0	46.0		24.0	500	400	290	125		
YH5WR2—51/134①	35	51	40.8	105.0	134.0		73.0	500	830	615	140		
YH5WR2—90/236W①	66	90	72.5	190	236		130	500	2670	1245	210		
YH5WS3—5/15	3	5	4.0	12.8	15.0	17.3	7.5	100	160	150	90	配电用	
YH5WS3—10/30	6	10	8.0	25.6	30.0	34.6	15.0	100	250	200	90		
YH5WS3—17/50	10	17	13.6	42.5	50.0	57.5	25.0	100	400	285	90		
YH5WZ2—5/13.5	3	5	4.0	11.5	13.5	15.5	7.2	200	170	150	113		牡丹江电业局避雷器厂
YH5WZ2—10/27	6	10	8.0	23.0	27.0	31.0	14.4	200	300	230	113		
YH5WZ2—17/45	10	17	13.6	38.3	45.0	51.8	24.0	200	450	285	113		
YH5WZ2—51/134	35	51	40.8	114.0	134.0	154.0	73.0	300	830	615	140		
YH5WZ2—84/221W	66	84	67.2	188	221	254	121	500	2800	1245	210	电站用	
YH5WZ2—90/235W	66	90	72.5	201	235	270	130	500	2800	1245	210		
YH10WZ2—90/235W	66	90	72.5	201	235	264	130	500	2800	1245	210		
YH5WZ2—96/250W	66	96	75	213	250	288	140	500	2800	1245	210		
YH10WZ2—96/250W	66	96	75	213	250	280	140	500	2800	1245	210		
YH5WZ2—100/260W②	110	100	78	221	260	299	145		2800	1245	210		
YH10WZ2—100/260W②	110	100	78	221	260	291	145		2800	1245	210		
YH5WZ2—102/266W	110	102	79.6	226	266	305	148	500~600	2800	1245	210		
YH10WZ2—102/266W	110	102	79.6	226	266	297	148		2800	1245	210		
YH5WZ2—108/281W	110	108	84	239	281	323	157		2800	1245	210		
YH10WZ2—108/281W	110	108	84	239	281	315	157		2800	1245	210		
YH1.5W2—60/144W	110	60	48	135	144		85	500	2800	1245	210	变压器中性点用	
YH1.5W2—72/186W	110	72	58	174	186		103	500	2800	1245	210		
YH1.5W2—96/260W	220	96	77	243	260		137	500	2800	1245	210		

产品称号	系统(设备)额定电压	避雷器额定电压	避雷器持续运行电压	避雷器残压 ≤ (有效值,kV) 操作冲击	雷电冲击	陡波冲击	避雷器直流参考电压 ≥ (kV)	方波通流容量 2ms 20次(峰值)(A)	外爬距(mm)	高度H(mm)	伞径φ(mm)	备注	生产厂
	有效值,kV												
YH1.5W2—2.4/6.0	3.15	2.4	1.9	5.0	6.0		3.4	200	170	150	113	电机中性点用	牡丹江电业局避雷器厂
YH1.5W2—4.8/12	6.3	4.8	3.8	10.0	12		6.8	200	300	230	113		
YH1.5W2—8/19	10.5	8	6.4	15.9	19		11.4	200	450	285	113		
YH1.5W2—0.28/1.3	0.22	0.28	0.24		1.3		0.6	50	80	98	90	低压	
YH1.5W2—0.5/2.6	0.38	0.5	0.42		2.6		1.2	50	80	98	90		

① 方波如有更高要求，由供需双方协商。

② 过渡产品。

(17) 重庆电瓷厂复合外套金属氧化物避雷器技术数据，见表 23-56。

表 23-56　重庆电瓷厂复合外套金属氧化物避雷器技术数据

型号	系统额定电压	避雷器额定电压	持续运行电压	标称放电电流(kA)	1mA直流参考电压(kV)	2ms方波冲击电流(A)	残压(kV) 陡波冲击电流	雷电冲击电流	操作冲击电压	4/10μs冲击大电流(kA)	公称爬电距离(mm)	总高度H(mm)	最大伞径φ(mm)	生产厂
	有效值,kV													
HY5WS—10/30	6	10	8	5	15		34.6	30	100		245	200	90	重庆电瓷厂
HY5WS—17/50	10	17	13.6	5	25		57.5	50	100		345	250	90	
HY5WZ—10/27	6	10	8	5	14.4		31	27	250		255	220	105	
HY5WZ—17/45	10	17	13.6	5	24		51.8	45	250		355	270	105	
HY5WZ—51/134	35	51	40.8	5	73		154	134	250		950	685	130	
HY10WZ—100/260	110	100	78	10	145		291	260	125，500		2530	1230	160	
HY5WR—10/27	6	10	8	5	14.4			27	125，500		265	260	130	
HY5WR—17/45	10	17	13.6	5	24			45	125，500		385	310	130	
HY5WR—51/134	35	51	40.8	5	73			134	125，500		950	685	130	
HY5WT—42/120	27.5	42	34	5	65		138	120	500		930	685	130	
HY5W—24/70		24	19.5	5	38	150	80	70	100，250	65	495	300	65	
HY5W—36/100		36	30.4	5	57	150	115	100	100，250	65	725	430	90	
HY10W—24/70		24	19.5	5	36	300	80	70	100，500	65	515	310	130	
HY10W—36/100		36	30.4	5	54	300	115	100	100，500	65	750	445	130	

(18) 襄樊国网合成绝缘子股份有限合成外套无间隙金属氧化物避雷器技术数据，见表 23-57。

表 23 - 57 复合外套金属氧化物避雷器技术数据

型号	额定电压(kV)	持续运行电压(kV)	最小绝缘距离(mm)	最小爬电距离(mm)	总高(mm)	陡波冲击电流残压	雷电冲击电流残压	操作冲击电流残压	直流1mA参考电压≥(kV)	生产厂
						≤（峰值，kV）				
YH5WS—17/50	17	13.0	180	220	260	57.5	50.0	42.5	25.0	襄樊国网合成绝缘子股份有限公司
YH5WZ—51/134	51	40.8	480	800	590	154	134	114	73	
YH5WZ—17/45	17	13.6			180		45		24	

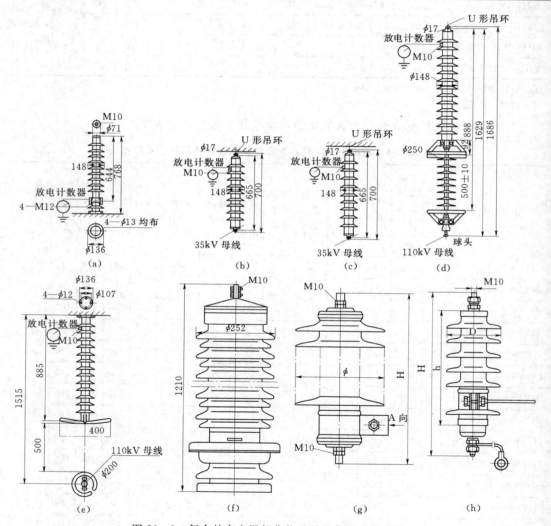

图 23 - 8 复合外套金属氧化物避雷器外形及安装尺寸

(a) 电站型 35～220kV 立柱式（中能电力科技开发公司）；(b) 电站型 35～220kV 悬挂式（中能电力科技开发公司）；(c) 电站型 35/66～10/220kV 无间隙（中能电力科技开发公司）；(d) 线路型 110/220kV 带串联绝缘支撑件间隙（中能电力科技开发公司）；(e) 线路型 110/220kV 带空气间隙（中能电力科技开发公司）；(f) 电站型（西安神电电器有限公司）；(g) 带串联间隙（西安神电电器有限公司）；(h) 带脱离器（西安神电电器有限公司）

六、外形及安装尺寸

复合外套金属氧化物避雷器外形及安装尺寸，见图 23-8。

23.2.7 35～220kV 线路悬挂式复合外套氧化锌避雷器

一、概述

交流输变线路用悬挂式有机复合外套氧化锌避雷器并联连接于绝缘子（串）两端，限制线路雷电过电压，提高线路耐雷水平，降低系统因雷击故障引起的跳闸率。西安西电高压电瓷有限责任公司专门设计一种悬挂安装于输电杆上的新型避雷器，主要用于电压等级、6、10、35、110、220kV 的交流电力输变电系统中，用于限制输变电线路中可能出现的各种过电压，以保证输变电线路的安全。

复合外套氧化锌避雷器内装有优异伏安特性的氧化锌电阻片，复合外套采用高压注射、整体成型的先进工艺。

二、使用条件

(1) 海拔（mm）：＜2000。

(2) 环境温度（℃）：－40～＋40。

(3) 电源频率（Hz）：48～62。

(4) 最大风速（m/s）：35。

(5) 避雷器允许摆脱，根据塔形，考虑悬挂方式。

(6) 最适宜下列场合和地区使用：

1) 耐雷水平较低、雷击跳闸率偏高的输电线路。

2) 干旱、少雨的丘陵、山区等地区。

3) 接地电阻较高的杆塔及地区。

4) 较大跨距的过江杆塔。

5) 操作过电压较高，需要对在进入变电站前进行限制场合。

6) 严重污秽地区。

7) 不宜维护地区。

三、结构特点

(1) 高压注射整体成型，密封性能好。

(2) 散热性能好，具有较大的过电压能量吸收能力。

(3) 耐污性能优良。

(4) 特殊结构，防潮，防爆。

(5) 体积小，重量轻，安装灵活。

(6) 抗拉强度高，耐碰撞，运输无破损。

四、技术数据

35～220kV 线路悬挂式复合外套氧化锌避雷器执行标准 GB 11032—2000、JB/T 952—1999、GB 311.1—1997、JB/T 8459—1996 等，技术数据见表 23-58。

表23-58　35～220kV 线路悬挂式复合外套氧化锌避雷器技术数据

避雷器型号	系统额定电压 有效值, kV	避雷器额定电压 有效值, kV	避雷器持续运行电压 kV	直流参考电压 (U_{1mA}) ≥(kV)	陡波冲击电流下残压 ≤(kV)	雷电冲击电流下残压 ≤(kV)	操作冲击电流下残压	方波通流容量 (2ms)(A)	大电流冲击耐受 (kA)	爬电比距 ≥(cm/kV) 1	爬电比距 ≥(cm/kV) 2	避雷器雷电冲击 U_{50%}放电电压 ≤(kV)	重量 (kg) 1	重量 (kg) 2	最大伞径 φ (mm)	总高 H (mm)	备注
YH5WX5-17/50	10	17	13.6	25.0	57.5	50.0	42.5	150	65	3.1			1.8	2	108	275±5	
YH5WX5-51/134	35	51	40.8	76.0	154	134	114	400	65	3.1			16.5	14.0	150	710±5	
YH5WX5-54/134	35	54	43.2	77.0	154	134	114	400	65	3.1	2.5		17.0	14.5	150	710±5	
YH10WX5-102/265	110	102	81.6	152.0	297	265	225	600	100	2.5			41.0				无间隙型悬挂式
YH10WX5-108/281	110	108	86.4	164.0	314	281	239	600	100	2.5			42.5				
YH10WX5-114/300	110	114	91.2	173.0	336	300	255	600	100	2.5			43.5		210	1435±10	
YH10WX5-120/320	110	120	96.0	184.0	358	320	272	600	100	2.5			44.5				
YH10WX5-126/328	110	126	100.8	190.0	367	328	279	600	100	2.5			45.2				
YH10WX5-204/530	220	204	163.2	304.0	594	530	450	800	100	2.5			80.0		210	2643±15	
YH10WX5-216/562	220	216	172.8	328.0	628	562	478	800	100	2.5			83.0				
YH10WX5-228/600	220	228	182.4	346.0	627	600	510	800	100	2.5			85.2				
YH10WX5-240/640	220	240	192.0	368.0	716	640	544	800	100	2.5			87.8		210	2643±15	
YH10WX5-252/656	220	252	201.6	380.0	734	656	558	800	100	2.5			89.2				
YH10CX5-84/240	110	84	67.2	132.0	276	240	204	600	100	2.5			43.0				外间隙型悬挂式
YH10CX5-96/260	110	96	76.8	145.0	299	260	221	600	100	2.5		560	44.5		210	1435 10	
YH10CX5-108/281	110	108	86.4	164.0	314	281	239	600	100	2.5			45.5				
YH10CX5-168/480	220	168	134.4	264.0	552	480	408	800	100	2.5			82.0				
YH10CX5-192/520	220	192	153.6	290.0	598	520	442	800	100	2.5		960	85.8		210	2643±15	
YH10CX5-216/562	200	216	172.8	328.0	628	562	478	800	100	2.5			87.0				

五、外形及安装尺寸

该产品外形及安装尺寸，见图23-9。

六、订货须知

订货时必须提供产品名称及型号、特殊要求等。

七、生产厂

中国西电集团西安西电高压电瓷有限责任公司。

23.2.8 组合式复合外套金属氧化物避雷器

一、6～35kV组合式复合外套氧化锌避雷器

（一）概述

6～35kV组合式复合外套氧化锌避雷器是用于保护电力设备绝缘免受过电压危害的保护电器，是一种新型避雷器，在限制相地之间过电压的同时又对相间过电压进行有效地限制。这种组合避雷器已运行十几年，实践证明是一种切实可行有效限制相间过电压的措施。一台组合式避雷器可起到6台普通避雷器的作用。该产品内部采用氧化锌电阻片作为主要元件，具有良好的伏安特性，对被保护设备提供可靠的保护，目前已为电力系统选用。适用于户内、外。

（二）结构特点

（1）外形结构小巧，绝缘耐压高，极大地利用和缩减使用空间。

（2）整体模压一次成型，具有良好的密封、耐污、防爆、防潮性能。

（3）结构新颖独特，技术性能合理可靠，特别是引用硅橡胶外套金属氧化物避雷器的优点，电气绝缘性能好。

（4）介电强度高，抗漏痕、抗电蚀，耐热、耐寒，耐老化，防爆和良好的化学稳定性、憎水性、密封性。

（5）体积小，重量轻，节省占地，安装灵活。

（三）型号含义

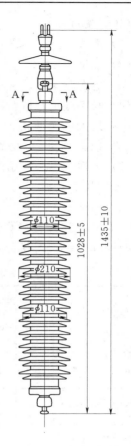

图23-9 35～220kV线路悬挂式
复合外套氧化锌避雷器
外形及安装尺寸

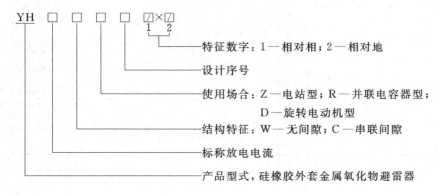

特征数字：1—相对相；2—相对地

设计序号

使用场合：Z—电站型；R—并联电容器型；
D—旋转电动机型

结构特征：W—无间隙；C—串联间隙

标称放电电流

产品型式，硅橡胶外套金属氧化物避雷器

（四）使用条件

（1）海拔（m）：<2000。

（2）环境温度（℃）：－40～＋40。

（3）电源频率（Hz）：40～62。

（4）长期施加在避雷器上的工频电压不超过避雷器的持续运行电压。

（5）最大风速（m/s）：<35。

（6）地震烈度：7 度及以下地区。

（7）最适宜电厂厂用电系统、电弧炉系统、紧凑型开关柜内。

（五）技术数据

执行标准 GB 11032—2000、JB/T 8952—1999、GB 311.1—1997、DL/T 620—1997、JB/T 8459—1996、JB/T 9672.2—1999。

6～35kV 组合式复合外套氧化锌避雷器技术数据，见表 23-59。

表 23-59　6～35kV 组合式复合外套氧化锌避雷器技术数据

型　号	系统额定电压（kV）	避雷器额定电压（kV）	接线方式	持续运行电压（kV）	直流1mA参考电压≥（kV）	工频1mA参考电压≥（kV）	标称放电电流下残压≤（kV）	方波冲击电流耐受2ms（A）	备注	生产厂
YH5WZ5—10/27×2	6	10	相—相	6.9	15	9.5	27	150	电站型	西安西电高压电瓷有限责任公司
			相—地	4.0	14.4	9.5	27	150		
YH5WZ5—17/45×2	10	17	相—相	11.5	25	16.5	45	150		
			相—地	6.6	24	16	45	150		
YH5WZ5—51/160×51/134	35	51	相—相	41	88	59	160	150		
			相—地	23.4	73	49	134	150		
YH5WR5—10/27×2	6.3	10	相—相	6.9	15	10.6	27	400	并联补偿电容器	
			相—地	4.0	13.8	9.3	27	400		
YH5WR5—17/45×2	10	17	相—相	11.5	26	17	45	400		
			相—地	6.6	23	15.4	45	400		
YH5WR5—51/150×51/134	35	51	相—相	41	88	59	150	400		
			相—地	23.4	70	47	134	400		
YH2.5WD5—7.6/25×7.6/19	6.3	7.6	相—相	6.9	15	10	25	200	保护旋转电动机	
			相—地	4.0	11.3	7.6	19	200		
YH2.5WD5—12.7/41.5×12.7/31	105	12.7	相—相	11.5	25	16.5	41.5	200		
			相—地	6.6	18.9	12.7	31	200		
YH0.5W—17/45×2	10	17	相—相	13.6	28	17	45	200	保护旋转电机	
			相—地	13.6	28	17	45	200		
YH0.1W—51/127×51×140	35	51	相—相	41	102	65	127	400	保护真空开关	西安电瓷研究所
			相—地	41	92.5	58	140	400		
YH0.5W—51/143×51/154	35	51	相—相	41	102	65	143	400		
			相—地	41	92.5	58	154	400		

（六）外形及安装尺寸

该产品外形及安装尺寸，见图 23-10。

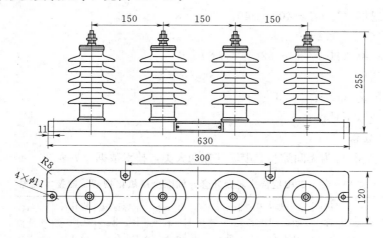

图 23-10 10kV（150A）组合式复合外套氧化锌避雷器外形及安装尺寸

（西安西电高压电瓷有限责任公司）

（七）订货须知

订货时必须提供产品型号、外形结构及特殊要求。

（八）生产厂

中国西电集团西安西电高压电瓷有限责任公司、西安电瓷研究所。

二、三相组合式复合外套金属氧化物避雷器

（一）概述

三相组合式复合外套金属氧化物避雷器是西安神电电器有限公司研制开发的一种新型过电压保护器，对相地之间、相间过电压提供保护。

该产品结构新颖独特，外形组合灵活多变，有效地利用和缩减了使用空间，技术性能合理可靠，保护水平严格执行 GB 11032—2000、JB/T 9672.2—1999、DL/T 620—1997标准。目前广泛为电力、石化、铁道、煤炭等系统选用。

（二）型号含义

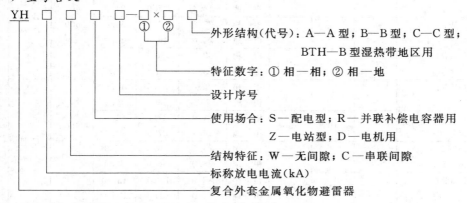

（三）使用条件

（1）适用于户内、外。

（2）环境温度（℃）：－40～＋40。

（3）海拔（m）：＜2600。

（4）电源频率（Hz）：48～62。

（5）地震烈度：＜8。

（6）最大风速（m/s）：＜35。

（7）重污秽以下地区。

（四）技术数据

该产品结构特征分为无间隙和有串联间隙两大类，技术数据，见表23-60～表23-63。

表 23-60　三相组合式复合外套无间隙金属氧化物避雷器技术数据

型　号	系统标称电压	避雷器额定电压	避雷器持续运行电压	接线方式	直流1mA参考电压≥（kV）	标称放电电流下残压≤（峰值，kV）	操作冲击电流下残压	2ms方波通流容量（A）	外形结构	备注
	有效值，kV									
YH5WS1—5/15×5/15	3	5	4.0	相—相	8.0	15.0	12.8			
				相—地	7.5	15.0	12.8		A型	
YH5WS1—10/30×10/30	6	10	8.0	相—相	16.0	30.0	23.0	100	B型	配电型
				相—地	15.0	30.0	23.0		C型	
YH5WS1—17/50×17/50	10	17	13.6	相—相	26.5	50.0	38.0			
				相—地	25.0	50.0	38.0			
YH5WZ1—5/13.5×5/13.5	3	5	4.0	相—相	8.0	13.5	11.5			
				相—地	7.2	13.5	11.5			
YH5WZ1—10/27×10/27	6	10	8.0	相—相	15.0	27.0	22.0		A型	
				相—地	14.4	27.0	22.0	150	B型	电站型
YH5WZ1—17/45×17/45	10	17	13.6	相—相	25.0	45.0	36.0		C型	
				相—地	24.0	45.0	36.0			
YH5WZ1—51/150×51/134	35	51	40.8	相—相	88.0	150.0	122.0			
				相—地	73.0	134.0	105.0			
YH5WR1—5/13.5×5/13.5	3	5	4.0	相—相	8.0	13.5	10.5			
				相—地	7.2	13.5	10.5			
YH5WR1—10/27×10/27	6	10	8.0	相—相	15.0	27.0	21.0		A型	
				相—地	14.4	27.0	21.0	400	B型	
YH5WR1—17/46×17/46	10	17	13.6	相—相	25.0	46.0	35.0	600	C型	
				相—地	24.0	46.0	35.0			
YH5WR1—51/150×51/134	35	51	40.8	相—相	88.0	150.0	122.0			并联
				相—地	73.0	134.0	105.0			补偿
YH5WR1—5/13.5×5/13.5	3	5	4.0	相—相	8.0	13.5	10.5			电容
				相—地	7.2	13.5	10.5			器用
YH5WR1—10/27×10/27	6	10	8.0	相—相	15.0	27.0	21.0			
				相—地	14.4	27.0	21.0	800		
YH5WR1—17/46×17/46	10	17	13.6	相—相	25.0	46.0	35.0	1000	C型	
				相—地	24.0	46.0	35.0	1200		
YH5WR1—51/150×51/134	35	51	40.8	相—相	88.0	150.0	122.0			
				相—地	73.0	134.0	105.0			

续表 23-60

型号	系统标称电压	避雷器额定电压	避雷器持续运行电压	接线方式	直流1mA参考电压 ≥(kV)	标称放电电流下残压	操作冲击电流下残压	2ms方波通流容量(A)	外形结构	备注
	有效值,kV					≤(峰值,kV)				
YH2.5WD1—4/11.5×4/9.5	3.15①	4	3.15	相—相 相—地	7.5 5.7	11.5 9.5	9.8 7.6	200	A型 B型 C型	电动机用
YH2.5WD1—8/23×8/18.7	6.3①	8	6.3	相—相 相—地	15.0 11.2	23.0 18.7	19.5 15.0			
YH2.5WD1—13.5/38×13.5/31	10.5①	13.5	10.5	相—相 相—地	25.0 18.6	38.0 31.0	32.5 25.0			
YH5WD1—4/11.5×4/9.5	3.15①	4	3.15	相—相 相—地	7.5 5.7	11.5 9.5	10.0 7.6	800	C型	发电机用
YH5WD1—8/23×8/18.7	6.3①	8	6.3	相—相 相—地	15.0 11.2	23.0 18.7	20.0 15.0			
YH5WD1—13.5/38×13.5/31	10.5①	13.5	10.5	相—相 相—地	25.0 18.6	38.0 31.0	33.0 25.0			

注 配电型、电动机用操作冲击电流为100A；电站型、发电机用操作冲击电流为250A；并联补偿电容器用操作冲击电流为500A。

① 参数表示电机额定电压。

表 23-61 三相组合式复合外套有串联间隙金属氧化物避雷器技术数据

型号	系统标称电压	避雷器额定电压	接线方式	工频放电电压 ≥(有效值,kV)	1.2/50冲击放电电压	操作冲击电流下残压	标称放电电流下残压	2ms方波通流容量(A)	备注
	有效值,kV				≤(峰值,kV)				
YH5CS1—38/15×3.8/13.5	3	3.8	相—相 (相—地)	10.0 (9.0)	15.0 (13.5)	11.3 (10.2)	15.0 (13.5)	100	配电型
YH5CS1—7.6/27×7.6/24.5	6	7.6		17.6 (16.0)	27.0 (24.5)	20.4 (18.5)	27.0 (24.5)		
YH5CS1—12.7/45×12.7/41	10	12.7		28.6 (26.0)	45.0 (41.0)	33.9 (30.8)	45.0 (41.0)		
YH5CZ1—3.8/12×3.8/11	3	3.8		10.0 (9.0)	12.0 (11.0)	9.6 (8.9)	12.0 (11.0)	150	电站型
YH5CZ1—7.6/24×7.6/22	6	7.6		17.6 (16.0)	24.0 (22.0)	19.5 (17.8)	24.0 (22.0)		
YH5CZ1—12.7/41×12.7/38	10	12.7		28.6 (26.0)	41.0 (38.0)	33.0 (30.5)	41.0 (38.0)		
YH5CZ1—42/124×12/116	35	42		88.0 (80.0)	124.0 (116.0)	100.0 (93.0)	124.0 (116.0)		
YH5CR1—3.8/12×3.8/11	3	3.8		10.0 (9.0)	12.0 (11.0)	9.6 (8.9)	12.0 (11.0)	400 600	并联补偿电容器用
YH5CR1—7.6/24×7.6/22	6	7.6		17.6 (16.0)	24.0 (22.0)	19.5 (17.8)	24.0 (22.0)		
YH5CR1—12.7/41×12.7/38	10	12.7		28.6 (26.0)	41.0 (38.0)	33.0 (30.5)	41.0 (38.0)		
YH5CR1—42/124×42/116	35	42		88.0 (80.0)	124.0 (116.0)	100.0 (93.0)	124.0 (116.0)		

型　号	系统标称电压	避雷器额定电压	接线方式	工频放电电压 ≥（有效值，kV）	1.2/50冲击放电电压	操作冲击电流下残压	标称放电电流下残压	2ms方波通流容量（A）	备注
	有效值，kV				≤（峰值，kV）				
YH2.5CD1—3.8/8.5×3.8/8.5	3.15①	3.8	相—相（相—地）	7.5（7.5）	8.5（8.5）	6.5（6.5）	8.5（8.5）	200	电动机用
YH2.5CD1—7.6/17×7.6/17	6.3①	7.6		15.0（15.0）	17.0（17.0）	13.0（13.0）	17.0（17.0）		
YH2.5CD1—12.7/29×12.7/29	10.5①	12.7		25.0（25.0）	29.0（29.0）	22.0（22.0）	29.0（29.0）		
YH5CD1—3.8/8.5×3.8/8.5	3.15①	3.8		7.5（7.5）	8.5（8.5）	6.8（6.8）	8.5（8.5）	400	发电机用
YH5CD1—7.6/17×7.6/17	6.3①	7.6		15.0（15.0）	17.0（17.0）	13.6（13.6）	17.0（17.0）		
YH5CD1—12.7/29×12.7/29	10.5①	12.7		25.0（25.0）	29.0（29.0）	23.0（23.0）	29.0（29.0）		

注 1. 括号内为相—地数据。

2. 配电型、电动机用操作冲击电流为100A；电站型、发电机用操作冲击电流为250A；并联补偿电容器用操作冲击电流为500A。

① 参数表示电机额定电压。

表 23－62　C型三相组合复合式外套无间隙金属氧化物避雷器技术数据

型　号	系统标称电压	避雷器额定电压	直流1mA参考电压 ≥（kV）		标称放电电流下残压 ≤（峰值，kV）		操作冲击电流下残压 ≤（峰值，kV）		2ms方波通流容量（A）	伞径φ（mm）	高度H（mm）	备注
	有效值，kV		相单元	地单元	相单元	地单元	相单元	地单元				
YH5WS1—5/15×5/15	3	5	4	3.5	7.5	7.5	6.4	6.4	100	98	263	配电型
YH5WS1—10/30×10/30	6	10	8	7	15	16	11.5	11.5		98	263	
YH5WS1—17/50×17/50	10	17	13.3	11.7	25	25	19	19		98	258	
YH5WZ1—5/13.5×5/13.5	3	5	4	3.2	6.8	6.7	5.8	5.7	150	98	263	电站型
YH5WZ1—10/27×10/27	6	10	7.5	6.9	13.5	13.5	11.0	11		98	263	
YH5WZ1—17/45×17/45	10	17	12.5	11.5	22.5	22.5	18	18		98	358	
YH5WZ1—51/150×51/134	35	51	44	29	75	59	61	44		136	562	
YH5WR1—5/13.5×5/13.5	3	5	4	3.2	6.8	6.7	5.3	5.2	400 600	113	263	并联补偿电容器用
YH5WR1—10/27×10/27	6	10	7.5	6.9	13.5	13.5	10.5	10.5		113	263	
YH5WR1—17/46×17/46	10	17	12.5	11.5	23	23	17.5	17.5		113	358	
YH5WR1—51/150×51/134	35	51	44	29	75	59	61	44		152	562	
YH5WR1—5/13.5×5/13.5	3	5	4	3.2	6.8	6.7	5.3	5.2	800 1000 1200	184	325	
YH5WR1—10/27×10/27	6	10	7.5	6.9	13.5	13.5	10.5	10.5		184	325	
YH5WR1—17/46×17/46	10	17	12.5	11.5	23	23	17.5	17.5		184	365	
YH5WR1—51/150×51/134	35	51	44	29	75	59	61	44		184	365	

续表 23-62

型　号	系统标称电压 有效值,kV	避雷器额定电压 kV	直流1mA参考电压 ≥(kV) 相单元	地单元	标称放电电流下残压 ≤(峰值,kV) 相单元	地单元	操作冲击电流下残压 ≤(峰值,kV) 相单元	地单元	2ms方波通流容量(A)	伞径φ(mm)	高度H(mm)	备注
YH2.5WD1—4/11.5×4/9.5	3.15①	4	3.8	1.9	5.7	3.8	4.9	2.7	200	113	263	电动机用
YH2.5WD1—8/23×8/18.7	6.3①	7	7.5	3.7	11.5	7.2	9.7	5.3	200	113	263	
YH2.5WD1—13.5/38×13.5/31	10.5①	13.5	12.5	6.1	19		16.3	8.7		113	358	
YH5WD1—4/11.5×4/9.5	3.15①	4	3.8	1.9	5.7	3.8	5	2.6	800	184	325	发电机用
YH5WD1—8/23×8/18.7	6.3①	8	7.5	3.7	11.5	7.2	10	5.0	800	184	365	
YH5WD1—13.5/38×13.5/31	10.5①	13.5	12.5	6.1	19	12	16.5	8.5		184	615	

注 配电型、电动机用操作冲击电流为100A；电站型、发电机用操作冲击电流为250A；并联电补偿电容器用操作冲击电流为500A。

① 参数表示电机额定电压。

表 23-63　C型三相组合式复合外套有串联间隙金属氧化物避雷器技术数据

型　号	系统标称电压 有效值,kV	避雷器额定电压 kV	工频放电电压 ≥(有效值,kV) 相单元	地单元	标称放电电流下残压 ≤(峰值,kV) 相单元	地单元	操作冲击电流下残压 ≤(峰值,kV) 相单元	地单元	2ms方波通流容量(A)	伞径φ(mm)	高度H(mm)	备注
YH5CS1—3.8/15×3.8/13.5	3	3.8	5.0	4.0	7.5	6.0	5.6	4.6	100	98	263	配电型
YH5CS1—7.6/27×7.6/24.5	6	7.6	8.8	7.2	13.5	11.0	10.2	8.3	100	98	358	
YH5CS1—12.7/45×12.7/41	10	12.7	14.3	11.7	22.5	18.5	17.0	13.8	100	98	358	
YH5CZ1—3.8/12×3.8/11	3	3.8	5.0	4.0	6.0	5.0	4.8	4.1	150	98	263	电站型
YH5CZ1—7.6/24×7.6/22	6	7.6	8.8	7.2	12.0	10.0	9.7	8.1	150	98	358	
YH5CZ1—12.7/41×12.7/38	10	12.7	14.3	11.7	20.5	17.5	16.5	14.0	150	98	358	
YH5CZ1—42/124×42/116	35	42	44.0	36.0	62.0	54.0	50.0	43.0	150	160	690	
YH5CR1—3.8/12×3.8/11	3	3.8	5.0	4.0	6.0	5.0	4.8	4.1	400 600	98	263	并联补偿电容器用
YH5CR1—7.6/24×7.6/22	6	7.6	8.8	7.2	12.0	10.0	9.7	8.1		98	358	
YH5CR1—12.7/41×12.7/38	10	12.7	14.3	11.7	20.5	17.5	16.5	14.0		98	358	
YH5CR1—42/124×42/116	35	42	44.0	36.0	62.0	54.0	50.0	43.0		160	690	
YH2.5CD1—3.8/8.5×3.8/8.5	3.15①	3.8	3.8	3.8	4.3	4.2	3.3	3.2	200	113	263	电动机用
YH2.5CD1—7.6/17×7.6/17	6.3①	7.6	7.5	7.5	8.5	8.5	6.5	6.5	200	113	358	
YH2.5CD1—12.7/29×12.7/29	10.5①	12.7	12.5	12.5	14.5	14.5	11.0	11.0	200	113	358	
YH5CD1—3.8/8.5×3.8/8.5	3.15①	3.8	3.8	3.7	4.3	4.2	3.4	3.4	400	113	263	发电机用
YH5CD1—7.6/17×7.6/17	6.3①	7.6	7.5	7.5	8.5	8.5	6.8	6.8	400	113	358	
YH5CD1—12.7/29×12.7/29	10.5①	12.7	12.5	12.5	14.5	14.5	11.5	11.5	400	113	358	

注 配电型、电动机用操作冲击电流为100A；电站型、发电机用操作冲击电流为250A；并联补偿电容器用操作冲击电流为500A。

① 参数表示电机额定电压。

（五）外形及安装尺寸

该产品外形结构有 A、B、C 型，外形及安装尺寸见图 23-11。

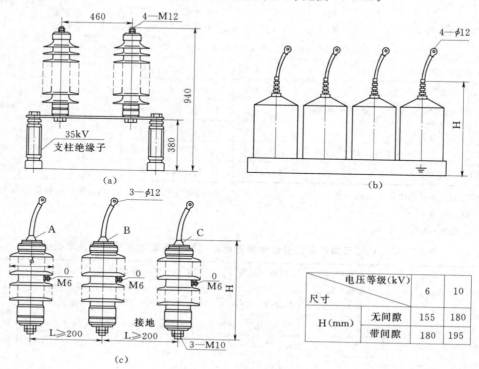

(a)

(b)

(c)

电压等级(kV) 尺寸		6	10
H(mm)	无间隙	155	180
	带间隙	180	195

图 23-11 三相组合式复合外套金属氧化物避雷器外形及安装尺寸

(a) A2 型 (35kV)；(b) 3、6、10kV B 型 (BTH 型)；(c) 3~10kV (C 型)

（六）订货须知

订货时必须提供产品型号及特殊要求。

（七）生产厂

西安神电电器有限公司。

三、三相组合式避雷器

（一）用途

三相组合式避雷器是一种新颖的过电压保护器，主要用于 35kV 及以下电力系统中，保护变压器、开关、母线、电动机、并联电容器等电气设备，可限制大气过电压及各种真空断路器引起的操作过电压，对相地和相间的过电压均能起到可靠的限制作用。

（二）型号含义

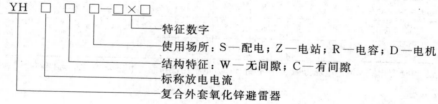

（三）使用条件

(1) 适用于户内、外。

(2) 环境温度（℃）：−40～＋40。

(3) 海拔（m）：＜2500。

(4) 电源频率（Hz）：48～62。

(5) 地震烈度：7度及以下地区。

(6) 最大风速（m/s）：＜35。

(7) 组合式避雷器长期工作电压应不超过持续运行电压。

（四）结构特点

三相组合式避雷器由4只避雷器组成四星型接法（见图23-12），从而使各相地、相间的过电压都得到保护。由于结构上的巧妙配合，使1台避雷器起到6台避雷器的作用，同时克服了简单的3台避雷器星形接法不能更好保护相间过电压的缺点。

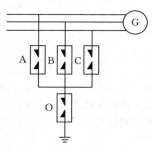

图 23-12 四星型接法

三相组合式避雷器可以是有串联间隙型，也可以是无间隙型。

该产品可以装在各种不同型号的 KYN、GBC、JYN、GZSI、XGN 等 35kV 以下高压开关柜内。组合式避雷器除4个线鼻子为裸导体外，其它部分绝缘体封闭，故安装时无需考虑它的相间距离和对地距离，只需将标有接地符号单元的电缆接地外，其余分接 A、B、C 三相即可。该产品可直接安装在高压开关柜的底盘和互感器室内。

（五）技术数据

该产品技术数据，见表23-64。

表 23-64 三相组合式避雷器技术数据

三相组合式避雷器	电动机型		真空断路器、开关型			电容器型			电机中性点型	
电动机额定电压（kV）		6.3	10.5							6.3	10.5
系统额定电压（kV）	有效值			有效值	6.3	10.5	35	有效值	6.3	10.5	35		
组合式避雷器持续运行电压（kV）		7.6	12.5		7.6	12.7	42		7.6	12.7	42	4.5	7.8
工频放电电压≮（kV）		10.3	17		14	23.2	72		14.6	24.2	74		
直流 1mA 参考电压≮（kV）		10	16.2		13.6	22.5	70		13.8	23	70	6.7	11.5
1.2/50μs 冲击放电电压≯（kV）		15	24.8		20.4	33.8	105						
100A 操作冲击电流残压≯（kV）	峰值	14	23.1	峰值				峰值					
500A 雷电冲击电流残压≯（kV）		15	25		24	40	119		23.4	39.1	119	12.2	19.3
2000μs 方波冲击电流（A）	400			400				400					
安全净距离≮（mm）		95	120		95	120	285		95	120	285		
沿面爬距≮（mm）		140	235		140	235	1020		140	235	1020		
最小相间距离（mm）		115	145		115	145	470		115	145	470		
500A 操作冲击电流残压≯（kV）				峰值	20.4	33.8	105	峰值	20.7	34.5	105		

（六）生产厂

汉光电子集团、汉光电力电器公司。

23.2.9　全绝缘复合外套金属氧化物避雷器

一、概述

全绝缘复合外套金属氧化物避雷器，是西安神电电器有限公司研制开发的一种新型过电压保护器，外形结构简洁，高压端的绝缘导线与避雷器芯体整体成型，密封性能良好，介电强度高。

由于避雷器在使用时必须保证相间绝缘距离，且随着使用条件变化，其爬电距离、相间距离也相应增加。该产品克服了这些缺点，提高了避雷器的爬电距离，缩小了避雷器本体之间的绝缘尺寸，方便、灵活地适用不同安装环境，尤其适用于有限空间的开关柜中和高海拔、重污秽等地区。

二、型号含义

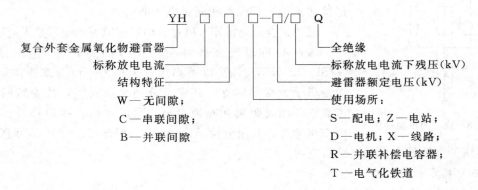

三、技术数据

全绝缘复合外套金属氧化物避雷器技术数据，见表23-65。

表 23-65　3~35kV 全绝缘复合外套金属氧化物避雷器技术数据

型　号	系统标称电压	避雷器额定电压	避雷器持续运行电压	直流1mA参考电压 ≮ (kV)	2ms方波通流容量 (A)	雷电冲击电流下残压	陡波冲击电流下残压	操作冲击电流下残压	备注
	有效值，kV					≯（峰值，kV）			
YH5WS—5/15Q	3	5	4	7.5	100	15	17.3	12.8	
YH5WS—10/30Q	6	10	10	15	100	30	34.6	25.6	
YH5WS—12/35.8Q	10	12	12	18	100	35.8	41.2	30.6	配电用
YH5WS—15/45.6Q	10	15	15	23	100	45.6	52.5	39.0	
YH5WS—17/50Q	10	17	17	25	100	50	57.5	42.5	
YH5WZ—5/13.5Q	3	5	4	7.2	150	13.5	15.5	11.5	
YH5WZ—10/27Q	6	10	8	14.4	150	27	31	23	电站用
YH5WZ—12/32.4Q	10	12	9.6	17.4	150	32.4	37.2	27.6	
YH5WZ—15/40.5Q	10	15	12	21.8	150	40.5	46.5	34.5	

续表 23-65

型　号	系统标称电压	避雷器额定电压	避雷器持续运行电压	直流1mA参考电压 ⊥ (kV)	2ms方波通流容量 (A)	雷电冲击电流下残压	陡波冲击电流下残压	操作冲击电流下残压	备　注
	有效值，kV					⊅ (峰值，kV)			
YH5WZ—17/45Q	10	17	13.6	24	150	45	5.8	38.3	电站用
YH5WZ—51/134Q	35	51	40.8	73	150	134	154	114	
YH5WR—5/13.5Q	3	5	4	7.2	400	13.5		10.5	
YH5WR—10/27Q	6	10	8	14.4	400	27		21.0	并联补偿电容器用
YH5WR—12/32.4Q	10	12	9.6	17.4	400	32.4		25.2	
YH5WR—15/40.5Q	10	15	12.0	21.8	400	40.5		31.5	
YH5WR—17/46Q	10	17	13.6	24.0	400	46		35.0	
YH5WR—51/134Q	35	51	40.8	73.0	400	134		105	
YH5WT—42/120Q	27.5	42	34	65	400	120	138	98	电气化铁道用
YH5WX—51/134Q	35	51	40.8	73	400	134	154	114	线路用
YH5WX—54/142Q	35	54	43.2	77	400	142	163	121	
YH5WX—54/150Q	35	54	43.2	80	400	150	169	128	

型　号	电机额定电压	避雷器额定电压	避雷器持续运行电压	直流1mA参考电压 ⊥ (kV)	2ms方波通流容量 (A)	雷电冲击电流下残压	陡波冲击电流下残压	操作冲击电流下残压	备　注
	有效值，kV					⊅ (峰值，kV)			
YH2.5WD—4/9.5Q	3.15	4	3.2	5.7	400	9.5	10.7	7.6	
YH2.5WD—8/18.7Q	6.3	8	6.3	11.2	400	18.7	21.0	15	
YH2.5WD—13.5/31Q	10.5	13.5	10.5	186	400	31	34.7	25	
YH5WD—4/9.5Q	3.15	4	3.2	5.7	400	9.5	10.7	7.6	
YH5WD—8/18.7Q	6.3	8	6.3	11.2	400	18.7	21.0	15	电机用
YH5WD—13.5/31Q	10.5	13.5	10.5	18.6	400	31	34.7	25	
YH5WD—17.5/40Q	13.8	17.5	13.8	24.4	400	40	44.8	32	
YH5WD—20/45Q	15.75	20	15.8	28.0	400	45	50.4	36	
YH5WD—23/51Q	18	23	18	31.9	400	51	57.2	40.8	
YH5WD—25/56.2Q	20	25	20	35.4	400	56.2	69.2	45	
YH1.5W—2.4/6Q	3.15	2.4	1.9	3.4	400	6.0		5	
YH1.5W—4.8/12Q	6.3	4.8	3.8	6.8	400	12		10	
YH1.5W—8/19Q	10.5	8	6.4	11.4	400	19		15.9	电机中性点用
YH1.5W—10.5/23Q	13.8	10.5	8.4	14.9	400	23		19.2	
YH1.5W—12/26Q	15.75	12	9.6	17.0	400	26		21.6	
YH1.5W—13.7/29.2Q	18	13.7	11.0	19.5	400	29.2		24.3	

续表 23 - 65

型　号	电机额定电压	避雷器额定电压	避雷器持续运行电压	直流1mA参考电压 ∢（kV）	2ms方波通流容量（A）	雷电冲击电流下残压	陡波冲击电流下残压	操作冲击电流下残压	备注
	有效值，kV					≯（峰值，kV）			
YH1.5W—15.2/31.7Q	20	15.2	12.0	21.6	400	31.7		26.4	电机中性点用
YH0.5B—8/15Q	6.3	8	6.3	11.5	400				
YH0.5B—13.5/28Q	10.5	13.5	10.5	21	400				

型　号	系统标称电压	避雷器额定电压	标称放电电流下残压 ≯（峰值，kV）	工频放电电压 ≮（有效值，kV）	1.2/50μs冲击放电电压 ≯（峰值，kV）	直流1mA参考电压 ∢（kV）	2ms方波通流容量（A）	备注
	有效值，kV							
YH5CS—3.8/15Q	3	3.8	15	9	15		100	
YH5CS—7.6/27Q	6	7.6	27	16	27		100	
YH5CS—12.7/45Q	10	12.7	45	26	45		100	
YH5CZ—3.8/12Q	3	3.8	12	9	12		150	
YH5CZ—7.6/24Q	6	7.6	24	16	24		150	
YH5CZ—12.7/41Q	10	12.7	41	26	41		150	带串联间隙
YH5CZ—42/124Q	35	42	124	80	124		150	
YH2.5CD—3.8/8.6Q	3	3.8	8.6	7.6	8.6		200	
YH2.5CD—7.6/17Q	6	7.6	17	15	17		200	
YH2.5CD—12.7/28Q	10	12.7	28	25	28		200	
YH5CX—42/120Q	35	42	120			65	400	线路用带间隙

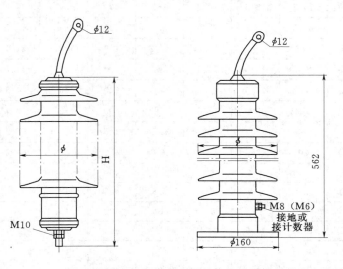

图 23 - 13　3～35kV 全绝缘复合外套金属氧化物避雷器外形及安装尺寸

四、外形及安装尺寸

3～35kV 全绝缘复合外套金属氧化物避雷器外形及安装尺寸，见图 23-13。新开发的三相一体型全绝缘复合外套金属氧化物避雷器外形及安装尺寸，见图 23-14 及表 23-66。外形结构分Ⅰ型、Ⅱ型，单只产品型号后"×3"，再加上外形结构代号，如 YH5WZ—17/45×3Ⅰ。

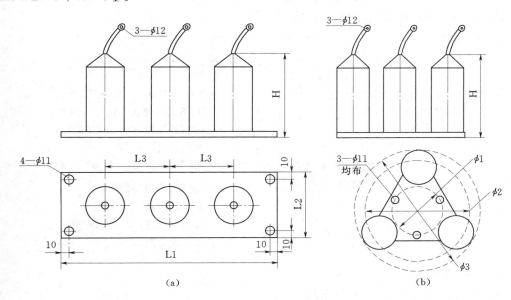

图 23-14 三相一体型全绝缘复合外套金属氧化物避雷器外形及安装尺寸
(a) Ⅰ型; (b) Ⅱ型

表 23-66 三相一体型全绝缘复合外套金属氧化物外形及安装尺寸

Ⅰ型 (mm)	系统标称电压 (kV)	6	10	35	Ⅱ型 (mm)	系统标称电压 (kV)	6	10	35
	H	150	200	500		H	150	200	500
	L1	280	300	460		$\phi 1$	86	86	124
	L2	80	80	90		$\phi 2$	140	140	230
	L3	90	100	180		$\phi 3$	210	210	300

五、生产厂

西安神电电器有限公司。

23.2.10 带脱离器复合外套金属氧化物避雷器

一、概述

带脱离器复合外套金属氧化物避雷器是国际上 20 世纪 90 年代初的高科技产品，目前已广泛应用在电力、石化、铁道、煤炭、冶金等系统中，运行质量可靠，效果显著。

脱离器作为避雷器的特殊附件，分为热爆式和热熔式两种，与避雷器串联使用。热爆式脱离器是利用避雷器损坏时其工频故障电流持续增大，使脱离器内部产生电弧及热能，迅速引爆特制炸药，将避雷器退出运行；热熔式脱离器是利用避雷器损坏时其工频故障电流持续增大，避雷器内部的电阻片产生相当大的热量，使脱离器在避雷器热崩溃前及时可靠的动作，将避雷器退出运行。脱离器迅速动作后有明显的脱离标志，使避雷器免维护，提高电力系统运行的稳定性和安全性，线路故障点容易发现。

带脱离器复合外套金属氧化物避雷器仍可附带放电计数器或在线监测器。避雷器正常运行时，监测避雷器泄漏电流的变化及记录动作次数。脱离器动作后，放电计数器或在线监测器连同避雷器同时退出运行。

二、型号含义

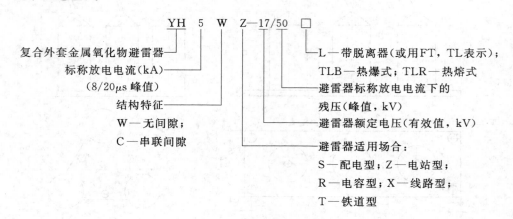

YH 5 W Z—17/50 □

复合外套金属氧化物避雷器
标称放电电流(kA)
(8/20μs峰值)
结构特征
　　W—无间隙；
　　C—串联间隙

L—带脱离器(或用FT，TL表示)；
TLB—热爆式；TLR—热熔式；
避雷器标称放电电流下的
残压(峰值，kV)
避雷器额定电压(有效值，kV)
避雷器适用场合：
　　S—配电型；Z—电站型；
　　R—电容型；X—线路型；
　　T—铁道型

三、使用条件

(1) 环境温度（℃）：—40～+40。

(2) 海拔（m）：<2600。

(3) 电源频率（Hz）：48～62。

(4) 长期施加在避雷器端子间的工频电压应不超过避雷器的持续运行电压。

(5) 地震烈度：<8。

(6) 最大风速（m/s）：<35。

(7) MOA顶端导线的最大水平拉力：147N。

四、结构特点

该产品由主体元件、脱离器和绝缘支架等组成。主体元件内部采用非线性的金属氧化物电阻片作为核心元件，具有优异的伏安特性。当系统出现大气过电压或操作过电压时，电阻片呈现低电阻，使MOA的残压被限制在允许值下，同时吸收过电压能量，从而对电力设备提供可靠的保护。在MOA的正常运行电压下，电阻片呈高电阻，使流过MOA的电流很小，起到与系统绝缘隔离作用。

该产品安—秒特性稳定，反应快，灭弧效果好，分断能力强，工作可靠性高，体积小，密封性能好，防爆性能强，耐污性能优良，便于及时迅速发现故障点并及时维修。

执行标准GB 11032—2000、JB 8952—1999。

五、技术数据

带脱离器复合外套无间隙金属氧化物避雷器技术数据见表23－67，带间隙金属氧化物避雷器技术数据见表23－68。

表 23-67 带脱离器复合外套无间隙金属氧化物避雷器技术数据

型　号	系统标称电压	避雷器额定电压	避雷器持续运行电压	直流1mA参考电压 $\angle$（kV）	2ms方波通流容量（A）	标称放电电流下残压 $\angle$（峰值,kV）	伞径 ϕ（mm）	高度 H（mm）	备注	生产厂
	有效值，kV									
YH5WS—10/30 TLB（TLR）	6	10	8.0	15.0	100	30.0	91	223	配电用（无间隙）	
YH5WS—12/35.8 TLB（TLR）	10	12	9.6	18.0	100	35.8	91	275		
YH5WS—15/45.6 TLB（TLR）	10	15	12.0	23.0	100	45.6	91	275		
YH5WS—17/50 TLB（TLR）	10	17	13.6	25.0	100	50.0	91	275		
YH5WZ—10/27 TLB（TLR）	6	10	8.0	14.4	150	27.0	98	218		
YH5WZ—12/32.4 TLB（TLR）	10	12	9.6	17.4	150	32.4	98	268		
YH5WZ—15/40.5 TLB（TLR）	10	15	12.0	21.8	150	40.5	98	268		
YH5WZ—17/45 TLB（TLR）	10	17	13.6	24.0	150	45.0	98	268		
YH5WZ—51/134 TLB（TLR）	35	51	40.8	73.0	150	134.0	136	640,820		
YH5WZ—84/221 TLB	66	84	67.2	121	600	221	178	1650		
YH5WZ—90/235 TLB	66	90	72.5	130	600	235	178	1650		
YH10WZ—90/235 TLB	66	90	72.5	130	600	235	178	1650		西安神电电器有限公司
YH5WZ—96/250 TLB	110	96	75	140	600	250	226	1950	电站用（无间隙）	
YH10WZ—96/250 TLB	110	96	75	140	600	250	226	1950		
YH5WZ—100/260 TLB	110	100	78	145	600	260	226	1950		
YH10WZ—100/260 TLB	110	100	78	145	600	260	226	1950		
YH5WZ—102/266 TLB	110	102	79.6	148	600	266	226	1950		
YH10WZ—102/266 TLB	110	102	79.6	148	600	266	226	1950		
YH5WZ—108/281 TLB	110	108	84	157	600	281	226	1950		
YH10WZ—108/281 TLB	110	108	84	157	600	281	226	1950		
YH10WZ—192/500 TLB	220	192	150	280	800	500	226	3460		
YH10WZ—200/520 TLB	220	200	156	290	800	520	226	3460		
YH10WZ—204/532 TLB	220	204	159	296	800	532	226	3460		
YH10WZ—216/562 TLB	220	216	168.5	314	800	562	226	3460		
YH5WR—10/27— TLB（TLR）	6	10	8.0	14.4	400	27.0	113	218	并联补偿电容器用（无间隙）	
YH5WR—12/32.4 TLB（TLR）	10	12	9.6	17.4	400	32.4	113	268		
YH5WR—15/40.5 TLB（TLR）	10	15	12.0	21.8	400	40.5	113	268		
YH5WR—17/46 TLB（TLR）	10	17	13.6	24.0	400	46.0	113	268		
YH5WR—51/134 TLB（TLR）	35	51	40.8	73.0	400	134.0	152	640,820		
YH5WX—51/134 TLB（TLR）	35	51	40.8	73	400	134.0	152	640 280	线路用（无间隙）	
YH5WX—54/142 TLB（TLR）	35	54	43.2	77	400	142	152			
YH5WX—54/150 TLB（TLR）	35	54	43.2	80	400	150	152			

型　号	系统标称电压	避雷器额定电压	避雷器持续运行电压	直流1mA参考电压 ≮ (kV)	2ms方波通流容量 (A)	标称放电电流下残压 ≯ (峰值,kV)	伞径 φ (mm)	高度 H (mm)	备注	生产厂
	有效值,kV									
YH5WX—96/250 TLB	66	96	75	140	600	250	178	1700 1650 1600		
YH5WX—96/276 TLB	66	96	75	154	600	275	178			
YH5WX—108/281 TLB	110	108	84	157	600	281	226	1950 1900 1850	线路用（无间隙）	
YH5WX—108/309 TLB	110	108	84	173	600	309	226			
YH10WX—108/281 TLB	110	108	84	157	600	281	226			
YH10WX—108/309 TLB	110	108	84	173	600	309	226			
YH10WX—216/562 TLB	220	216	168	314	600	562	226	3450 3650 3550		西安神电电器有限公司
YH10WX—216/618 TLB	220	216	168.5	346	600	618	226			
YH5WT—42/120 TLB（TLR）	27.5	42	34	65.0	400	120	152	640 820	铁道用（无间隙）	
YH2.5WD—8/18.7 TLB（TLR）	6.3①	8	6.3	11.2	400	18.7	113	218	电动机用（无间隙）	
YH2.5WD—13.5/31 TLB（TLR）	10.5①	13.5	10.5	18.6	400	31	113	268		
YH5WD—8/18.7 TLB（TLR）	6.3①	8	6.3	11.2	400	18.7	113	218		
YH5WD—13.5/31 TLB（TLR）	10.5①	13.5	10.5	18.6	400	31	113	268	发电机用（无间隙）	
YH5WD—17.5/40 TLB（TLR）	10.5①	17.5	13.8	24.4	400	40	113	268		
YH5WD—20/45 TLB（TLR）	15.75①	20	15.8	28.0	400	45	113	268		
YH5WD—23/51 TLB（TLR）	18.0①	23	18.0	31.9	400	51	113	353		
YH5WD—25/56.2 TLB（TLR）	20.0①	25	20.0	35.4	400	56.2	113	353		
YH5WS—17/50L	10	17	13.6	25 (26)	75 (100)	50			配电用	紫金集团（南京有线电厂）、南京紫金电力保护设备有限公司
YH5WZ1—17/45L	10	17	13.6	24 (25)	150 (200)	45			电站用	
HY5WS—17/50L	10	17	13.6	25	150	50			配电用	宁波市镇海国创高压电器有限公司
HY5WZ—17/45L	10	17	13.6	24	250	45			电站用	
HY5WR—17/45L	10	17	13.6	24	400	45			电容器用	

注　括号内为企业内控参数。

①　参数为电机额定电压。

表 23 - 68　带脱离器复合外套带间隙金属氧化物避雷器技术数据

型　号	系统标称电压 有效值，kV	避雷器额定电压	标称放电电流下残压 ⟩(峰值，kV)	工频放电电压 ⟨ (有效值，kV)	1.2/50冲击放电电压 ⟩(峰值，kV)	直流1mA参考电压 ⟨(kV)	2ms方波通流容量(A)	伞径φ(mm)	高度H(mm)	备注	生产厂
YH5CS—7.6/27TLB（TLR）	6	7.6	27.0	16	27		100	98	218	配电用	
YH5CS—12.7/45 TLB（TLR）	10	12.7	45.0	26	45		100	98	268		
YH5CZ—7.6/24 TLB（TLR）	6	7.6	24.0	16	24		150	98	218	电站用	
YH5CZ—12.7/41 TLB（TLR）	10	12.7	41.0	26	41		150	98	268		
YH5CZ—42/124 TLB（TLR）	35	42	124.0	80	124		150	136	640,820		西安神电电器有限公司
YH2.5CD—8/17 TLB（TLR）	6.3①	8	17.0	15	17		200	113	218	电机用	
YH2.5CD—13.5/28 TLB（TLR）	10.5①	13.5	28.0	25	28		200	113	268		
YH0.5B—7.6/15 TLB（TLR）	6	7.5	15.0			11.5	400	113	218	并联间隙	
YH0.5B—12.7/28 TLB（TLR）	10	12.7	28.0			21	400	113	268		
YH5CX—42/120 TLB（TLR）	35	42	120.0	82	120		400	152	640,820	线路用	
YH5CB—6.1/18.3 TLB（TLR）		6.1	18.3	7.3～10.3	15.7		300	113	218	阻波器用	
YH5CB—7.6/22.9 TLB（TLR）		7.6	22.9	9.1～12.8	19.6		300	113	218		
YH5CB—9.5/28.6 TLB（TLR）		9.5	28.6	11.4～16.0	24.5		300	113	268		
YH5CB—12/36.1 TLB（TLR）		12	36.1	14.4～17.3	26.5		300	113	268		
YH5CB—15/45.2 TLB（TLR）		15	45.2	18.0～21.6	33.0		300	113	353		
YH5CB—19/57.2 TLB（TLR）		19	57.2	22.8～27.4	42.0		300	113	353		
YH5CB—24/72.2 TLB（TLR）		24	72.2	28.8～34.6	53.0		300	113	353		
YH5CB—30/90.3 TLB（TLR）		30	90.3	36.0～43.2	66.1		300	113	353		
YH5CB—38/114.4 TLB（TLR）		38	114.4	45.6～54.7	83.7		300	152	640,820		
YH5CB—48/144.5 TLB（TLR）		48	144.5	57.6～69.1	105.7		300	152	640,820		

① 参数为电机额定电压。

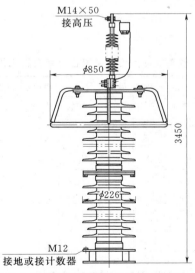

图 23-15　带脱离器复合外套金属氧化物避雷器外形及安装尺寸（西安神电电器有限公司）

六、外形及安装尺寸

该产品外形及安装尺寸，见图 23-15。

23.2.11 5～17kV 跌落式复合外套金属氧化物避雷器

一、概述

5～17kV 跌落式复合外套金属氧化物避雷器，适用于变压器、配电屏、开关柜、真空开关及铁路输配电线路等电力设备的过电压保护。

二、型号含义

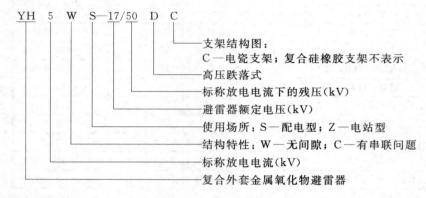

YH 5 W S—17/50 D C

- 支架结构图：
  C—电瓷支架；复合硅橡胶支架不表示
- 高压跌落式
- 标称放电电流下的残压(kV)
- 避雷器额定电压(kV)
- 使用场所：S—配电型；Z—电站型
- 结构特性：W—无间隙；C—有串联问题
- 标称放电电流(kV)
- 复合外套金属氧化物避雷器

三、特点与原理

该产品是将氧化锌避雷器安装在跌落式熔断器上，在不停电情况下可以像更换熔断器熔管一样拆卸避雷器。该产品分为无间隙和有串联间隙，支架分为电瓷支架和硅橡支架。

无间隙避雷器响应特性好，无续流，通流容量大，不产生截波，抑制过电压能力强，不受污秽、高海拔约束，保护可靠，维护方便。

有串联间隙避雷器残压低，无工频续流，耐受工频过电压能力强，放电时延短，保护特性好，体积小，重量轻，使用寿命长。

四、技术数据

该产品技术数据，见表 23-69、表 23-70。

表 23-69 5～17kV 跌落式交流无间隙复合外套金属氧化物避雷器技术数据

用途	型号	额定电压 MOA U_r	持续运行电压 U_c	系统标称电压 U_n	直流参考电压 U_{1mA} U_{ret}	最大冲击残压（峰值） 操作 30/60μs U_{ret}	雷电 8/20μs U_{ret}	陡波 1/5μs U_{ret}	最小通流容量（峰值） 方波 2000μs I_n	雷电 8/20μs I_n	大电流 4/10μs I_n	持续运行电压下最大全电流（有效值）	0.75倍直流参考电压下最大泄漏电流（μA）
		有效值，kV			kV	kV			A	kA			
配电型	YH5WS—5/15D	5	4	3	7.5	12.8	15	17.3					
	YH5WS—10/30D	10	8	6	15	25.6	30	34.5	75		40	600	
	YH5WS—17/50D	17	13.6	10	25	42.5	50	57.5		5			50
电站型	YH5WZ—5/13D	5	4	3	7.2	11.5	13	15.5					
	YH5WZ—10/27D	10	8	6	14.4	23	27	31	150		65	800	
	YH5WZ—17/45D	17	13.6	10	24	38.3	45	51.8					

表 23-70　5～17kV 跌落式交流有串联间隙复合外套金属氧化物避雷器技术数据

用途	型号	额定电压 MOA U_r	持续运行电压	系统标称电压	工频放电电压	最大冲击残压（峰值）			最小通流容量（峰值）			系统标称电压数值下最大直流泄漏电流
						冲放 1.2/50μs	雷电 8/20μs	波前冲放	方波 2000μs I_n	雷电 8/20μs I_n	大电流 4/10μs I_n	
			有效值									
			U_c	U_n	U_I	U_{res}						
		kV				kV			(A)	kA		μA
配电型	YH5CS—5/13.5D	5	4	3	9	13.5	13.5	15.5	75		40	30
	YH5CS—10/27D	10	8	6	16	27	27	31				
	YH5CS—17/45D	17	13.6	10	26	45	45	52		5		
电站型	YH5CZ—5/12D	5	4	3	9	12	12	14	150		65	
	YH5CZ—10/24D	10	8	6	16	24	24	28				
	YH5CZ—17/41D	17	13.6	10	26	41	41	48				

注　电瓷支架避雷器电气性能参数与此表相同，仅在型号后面加"C"。

五、订货须知

订货时必须提供产品型号及特殊要求。

六、生产厂

武汉博大科技集团随州避雷器有限公司。

23.2.12　WDLB 型户外交流高压跌落式避雷器

一、概述

WDLB 型户外交流高压跌落式避雷器是一种新型过电压保护器，适用于 10kV 及以下输变电系统中。该产品引用带脱离器金属氧化物避雷器的先进理念，在避雷器损坏前脱离器可靠动作，致使避雷器迅速回转跌落，退出运行，避免系统单相接地，具有明显的脱离标志。避雷器更换方便，只需 1～2min 即可更换一组，且不需停电，给电力线路的检修和维护带来很大方便。

二、型号含义

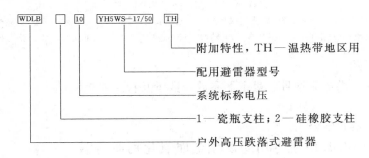

WDLB □ 10 YH5WS—17/50 TH

附加特性，TH—温热带地区用
配用避雷器型号
系统标称电压
1—瓷瓶支柱；2—硅橡胶支柱
户外高压跌落式避雷器

三、使用条件

(1) 适用于户外。

(2) 环境温度（℃）：-40～+40。

(3) 海拔（m）：<2600。

（4）电源频率（Hz）：48～62。

（5）长期施加避雷器端子间的工频电压应不超过避雷器的持续运行电压。

四、技术数据

产品符合 GB 11022《高压开关设备通用技术条件》、GB 11032《交流无间隙金属氧化物避雷器》标准。技术数据见表 23-71。

表 23-71 户外 WDLB 型交流高压跌落式避雷器技术数据

系统标称电压（kV）	雷电冲击耐压对地/断口（kV）	水平最大拉力（N）	避雷器额定电压（kV）	最大放电电流8/20μs（kA）	备 注
6	85	>150	10	20	避雷器参数以选用避雷器的型号为准
10	85	>150	17	20	

五、外形及安装尺寸

该产品外形及安装尺寸，见图 23-16。

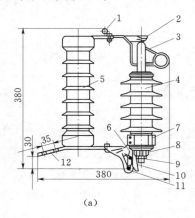 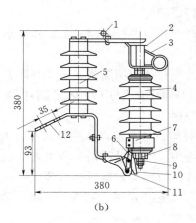

（a）　　　　　　　　　　（b）

图 23-16　WDLB 型户外交流高压跌落式避雷器外形及安装尺寸

（a）WDLB1 型；（b）WDLB2 型

1—上接线螺丝；2—上导电压板；3—触头（拉环）；4—硅橡胶避雷器；5—瓷瓶支柱（Ⅰ），硅橡胶支柱（Ⅱ）；6—支座；7—抱匝；8—脱离器；9—转块；10—连接导线；11—下支座；12—安装支件

六、订货须知

订货时必须提供产品型号、避雷器参数、数量及特殊要求。

七、生产厂

西安神电电器有限公司。

23.2.13 YH5WDB 电机专用防爆型金属氧化物避雷器

一、概述

电机在运行中，由于过电压的频繁产生造成绝级的击穿，西安神电电器有限公司研制开发出电机用防爆型 YH5WDB 系列避雷器，其独有的特点是对发电机、电动机具有极优的保护水平和大的保护范围、高的持续运行电压和充裕的方波通流，独特的防爆结构使其有可靠的防爆能力。

该产品性能符合 GB 11032《交流无间隙金属氧化物避雷器》、GB 755—87《旋转电机基本要求》、DL/T 620—1997《交流电气装置的过电压保护和绝缘配合》等标准。

二、型号含义

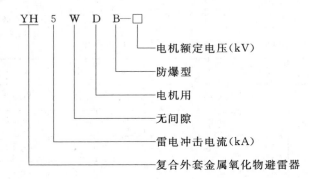

三、使用条件

(1) 环境温度（℃）：－40～＋40。

(2) 海拔（m）：＜2600。

(3) 电源频率（Hz）：48～62。

(4) 长期施加在避雷器上的工频电压应不超过避雷器的持续运行电压。

(5) 地震烈度：＜8。

(6) 最大风速（m/s）：＜35。

(7) 污秽等级：≤Ⅳ。

四、技术数据

YH5WDB 型电机专用防爆避雷器技术数据，见表 23－72。

五、外形及安装尺寸

该产品外形及安装尺寸，见图 23－17。

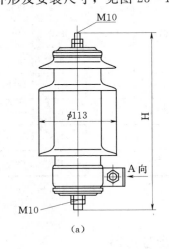
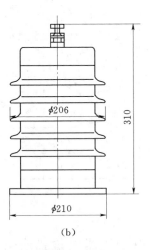

图 23－17　YH5WDB 电机专用防爆型避雷器外形及安装尺寸
(a) YH5WDB、YH5WDB$_1$、YH5WDB$_2$ 型；(b) YH5WDB$_3$ 型

表 23 - 72 YH5WDB 电机专用防爆型金属氧化物避雷器技术数据

型 号	电机额定电压	避雷器额定电压	避雷器持续运行电压	陡波冲击电流 5kA 下残压	雷电冲击电流 5kA 下残压	操作冲击电流 100A 下残压	直流 1mA 参考电压≮（有效值，kV）	2ms 方波通流容量（A）	伞径 ϕ（mm）	高度 H（mm）
	有效值，kV			峰值，kV						
YH5WDB—3.15	3.15	4.0	3.2	10.7	9.5	7.6	5.7	400	113	213
YH5WDB—6.3	6.3	8.3	6.3	21.0	18.7	15.0	11.2	400	113	213
YH5WDB—10.5	10.5	13.5	10.5	34.7	31.0	25.0	18.6	400	113	263
YH5WDB$_1$—13.8	13.8	17.5	13.8	44.8	40.0	32.0	24.4	400	113	263
YH5WDB$_2$—13.8	13.8	17.5	13.8	44.8	40.0	32.0	24.4	600	113	263
YH5WDB$_3$—13.8	13.8	17.5	13.8	44.8	40.0	32.0	24.4	800	206	310
YH5WDB$_1$—15.75	15.75	20	15.8	50.4	45.0	36.0	28.0	400	113	263
YH5WDB$_2$—15.75	15.75	20	15.8	50.4	45.0	36.0	28.0	600	113	263
YH5WDB$_3$—15.75	15.75	20	15.8	50.4	45.0	36.0	28.0	800	206	310
YH5WDB$_1$—18.0	18.0	23	18.0	57.2	51.0	40.8	31.9	400	113	348
YH5WDB$_2$—18.0	18.0	23	18.0	57.2	51.0	40.8	31.9	600	113	348
YH5WDB$_3$—18.0	18.0	23	18.0	57.2	51.0	40.8	31.9	800	206	310
YH5WDB$_1$—20.0	20.0	25	20.0	62.9	56.2	45.0	35.4	400	113	348
YH5WDB$_2$—20.0	20.0	25	20.0	62.9	56.2	45.0	35.4	600	113	348
YH5WDB$_2$—20.0	20.0	25	20.0	62.9	56.2	45.0	35.4	800	224	380
YH5WDB$_1$—22.0	22.0	27.5	22.0	69.1	61.6	49.5	38.0	400	113	348
YH5WDB$_2$—22.0	22.0	27.5	22.0	69.1	61.6	49.5	38.0	600	113	348
YH5WDB$_3$—22.0	22.0	27.5	22.0	69.1	61.6	49.5	38.0	800	224	380
YH5WDB$_1$—24.0	24.0	30.0	24.0	75.3	67.2	54.0	41.5	400	113	348
YH5WDB$_2$—24.0	24.0	30.0	24.0	75.3	67.2	54.0	41.5	600	113	348
YH5WDB$_3$—24.0	24.0	30.0	24.0	75.3	67.2	54.0	41.5	800	224	380

六、生产厂

西安神电电器有限公司。

23.2.14 配电变压器内藏式使用金属氧化物避雷器

配电变压器内藏式使用金属氧化物避雷器技术数据见表 23 - 73，外形及安装尺寸见图 23 - 18。

表 23-73　配电变压器内藏式使用金属氧化物避雷器

型　　号	避雷器额定电压	系统额定电压	避雷器持续运行电压	直流 1mA 参考电压	标称放电电流	陡波冲击电流残压	雷电冲击电流残压	操作冲击电流残压	2000μs 方波通流容量 18 次	4/10μs 冲击大电流 2 次
	有效值，kV			∠ (kV)	(kA)	≥ (峰值，kV)			(峰值，A)	(峰值，kA)
Y3W02—0.28/1.3	0.28	0.22	0.24	0.6	3		1.3		50	10
Y5W02—17/50	17	10	13.6	25	5	57.5	50	42.5	75，100	40

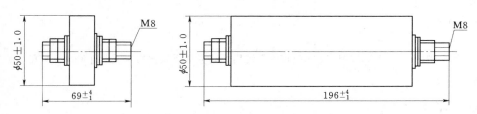

图 23-18　配电变压器内藏式使用金属氧化物避雷器外形及安装尺寸

生产厂：上海电瓷厂。

23.2.15　直流系统用金属氧化物避雷器

一、概述

为了保护 0.825～500kV 直流系统电器设备免受大气及某些操作过电压的损害，西安电瓷研究所专门研究开发了直流系统保护用避雷器。分为两类：一类是带串联间隙；另一类无间隙。在舟山 100kV 直流系统以及许多地铁直流系统的应用，效果十分显著。产品性能符合 JB 9672.1—1999 标准。

二、技术数据

直流系统用串联金属间隙氧化物避雷器技术数据，见表 23-74；直流系统用无间隙金属氧化物避雷器技术数据，见表 23-75。

表 23-74　直流系统用串联金属间隙氧化物避雷器技术数据

系统额定电压 (kV)	避雷器型号	直流放电电压 (kV)		冲击放电电压 ≤ (kV)	3kA 下残压 ≤ (kV)	2ms 方波 (A)
		≥	≤			
0.825	Y3CL—1.1/2.7	2.0	2.4	2.7	2.7	200
1.658	Y3CL—2.2/5.4	4.0	4.8	5.4	5.4	200
1.5	Y5CL—1.8/5.45	3.9	4.7	7.5	5.45（3kA 下）	600

表 23-75　直流系统用无间隙金属氧化物避雷器技术数据

系统额定电压 (kV)	避雷器型号	8/20 下残压 ≤ (kV)	2ms 方波 (A)	备注	系统额定电压 (kV)	避雷器型号	8/20 下残压 ≤ (kV)	2ms 方波 (A)	备注
50	YH3WL—65.6/110	110	2000	复合外套	100	Y5WL—103/250	250	800	瓷外套
	YH3WL—72/126	126	1500		500	Y10WL—571/1225	1225	2400	瓷外套

三、外形及安装尺寸

Y10WL—571/1225 型直流用无间隙金属氧化物避雷器外形及安装尺寸，见图 23 - 19。

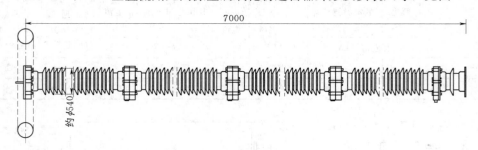

图 23 - 19　Y10WL—571/1225 型直流系统用无间隙金属氧化物避雷器外形及安装尺寸

四、生产厂

西安电瓷研究所。

23.2.16　HY_3WL_1 型复合绝缘金属直流避雷器

一、概述

HY_3WL_1 型复合绝缘金属直流避雷器主要用于 0.825～1.65kV 直流系统电气设备免受雷电过电压的损坏，对户内外运行的变电站、频繁启动的矿山电机车等设备有可靠的保护作用。

二、产品特点

(1) 在直流电压长期作用下具有持久的抗老化能力和稳定的保护特性。

(2) 密封性能好，体积小，重量轻，易安装。

(3) 整体成型，耐振动，特别适用于电力机车等场所的应用。

三、技术数据

该产品技术数据，见表 23 - 76。

表 23 - 76　HY_3WL_1 型复合绝缘金属直流避雷器技术数据

型　号	系统电压（有效值，kV）	避雷器额定电压（有效值，kV）	直流参考电压 ≮（kV）	80/20μs3kA冲击残压 ≯（峰值，kV）	2ms方波冲击电流耐受	0.75U_{1mA}下漏电流 ≯（μA）
HY_3WL_1—1.1/2.7	0.825	1.1	1.6	2.7	200	50
HY_3WL_1—2.2/5.4	1.658	2.2	3.2	5.4	200	50

四、外形及安装尺寸

该产品外形及安装尺寸，见表 23 - 77 及图 23 - 20。

表 23 - 77　HY_3WL_1 型外形尺寸　　　　　　　　　　单位：mm

型　号	安装高度 H	结构高度 h	最大裙径 ϕ_1	重量（kg）	型　号	安装高度 H	结构高度 h	最大裙径 ϕ_1	重量（kg）
HY_3WL_1—1.1/2.7	100	50	110	0.3	HY_3WL_1—2.2/5.4	100	50	110	0.4

五、生产厂

大连经济技术开发区法伏安电器有限公司。

23.2.17 TL—1型避雷器脱离器

一、概述

避雷器脱离器是一种可以在避雷器损坏时使避雷器引线与系统断开，以排除系统持续故障，并给出事故避雷器可见标志的装置。TL—1型脱离器是一种爆型脱离器，性能符合 IEC 60099—4 标准。

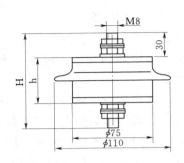

图 23-20 HY₃WL₁ 型复合绝缘金属直流避雷器外形及安装尺寸

二、技术数据

该产品技术数据，见表 23-78。

表 23-78 TL—1型避雷器脱离器安秒特性

动作电流	工 频 电 流 (A)			方波冲击 电流耐受 (A)	大电流耐受 4/10μs (kA)
	20	200	800	600	100
动作时间	<0.5	<0.04	<0.02	∞	∞

三、外形及安装尺寸

该产品外形及安装尺寸，见图 23-21。

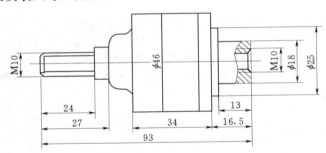

图 23-21 TL—1型避雷器脱离器外形及安装尺寸

四、生产厂

汉光电子集团汉光电力电器公司。

23.3 YH2.5W—0.28/1.3kV 低压多极避雷器

一、概述

多极低压避雷器是武汉博大科技集团随州避雷器有限公司针对我国低压电源线路遭受雷击，导致仪器设备雷击烧坏，危及人身财产安全而研制生产的，适用于电力变压器低压侧、邮电通讯、有线电视、广播、家用电器、电能表、铁路讯号、低压进户等用电设备的过电压保护。

二、结构原理

该产品是将两只避雷器集于一体。根据被保护设备的运行电压和设备的绝缘配合可作为单只避雷器使用，也可作为两只避雷器使用，为提高保护裕度，将避雷器多个并联使用。

当该产品白色导线接地，另外两条有色导线接到同一相线时，成为两只0.28kV避雷器并联，通流容量增大一倍，避雷器的残压不变，但避雷器保护裕度增大。当白色导线接地，另外两条有色导线接到不同的相线时，成为两只（相）0.28kV避雷器分别运行。当断开白色导线，两条有色导线接到相线和相线或地线之间，形成两只0.28kV避雷器串联，即成为一只额定电压为0.50kV避雷器，通流容量不变。

该产品接线，见图23-22。

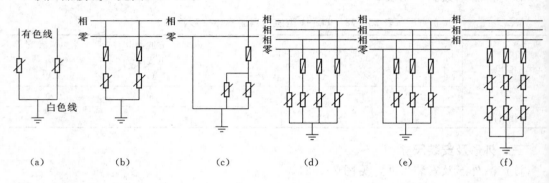

图 23-22 YH2.5W—0.28/1.3kV 低压多极避雷器接线图（⎓单极0.28kV避雷器；⎓保险管）
(a) 2YH2.5W—0.28/1.3原理图；(b) 单相系统，零线不允许重复（二次）接地；(c) 单相系统，
零线可以重复（二次）接地；(d) 三相四线系统，零线不允许重复（二次）接地；
(e) 三相四线系统，零线可以重复（二次）扫地；(f) 三相系统，零线不接地

三、技术数据

该产品技术数据，见表23-79。

表 23-79　YH2.5W—0.28/1.3kV 低压多极避雷器技术数据

接线方式	额定电压 MOA U_r	持续运行电压 U_c	系统标称电压 U_n	直流参考电压 U_{1mA} U_{ret}	最大雷电冲击残压（峰值）8/20μs U_{res}	最小通流容量（峰值）			0.75倍直流参考电压下最大泄漏电流（μA）
						方波 2000μs I_n	雷电 8/20μs I_n	大电流 4/10μs I_n	
	有效值，kV			kV	kV	A		kA	
单线	0.28	0.24	0.22	≥0.55	1.30	50.00	2.50	25.00	
并联	0.28	0.24	0.22	≥0.55	1.30	100.00	5.00	40.00	50.00
串联	0.50	0.42	0.38	≥1.10	2.60	50.00	2.50	25.00	

四、生产厂

武汉博大科技集团随州避雷器有限公司。

23.4 SYD 系列市内电气化轨道用直流避雷器

一、概述

SYD 系列市内电气化轨道用直流避雷器专用于城市铁道电气化线路，有效保护系统。产品采用无间隙配置，主要性能指标均优于进口同类产品，填补了国内的空白。

二、直流避雷器选型

SYD 系列市内电气化轨道用直流避雷器使用场所和系统电压如下：

系统电压（kV）	产品型号	使用场所	系统电压（kV）	产品型号	使用场所
2	SYD—A—2	地下隧道线	0.75	SYD—A—0.75	地下隧道线
2	SYD—B—2	地面架空线	0.75	SYD—B—0.75	地面架空线
1.5	SYD—A—1.5	地下隧道线	0.6	SYD—A—0.6	地下隧道线
1.5	SYD—B—1.5	地面架空线	0.6	SYD—B—0.6	地面架空线

三、生产厂

上海上友电气有限公司。

23.5 压敏电阻器

23.5.1 MYG2、G3 型氧化锌压敏电阻器

一、概述

MYG2、G3 型氧化锌压敏电阻器是一种以氧化锌为主体，添加多种氧化物，经典型的电子陶瓷工艺制成的多晶半导体陶瓷元件。因其特有的非线性电导特性及通流容量大、限制电压低、响应速度快、无续流、无极性、电压温度系数低等特点，广泛应用于电力、通信、铁路、邮电、化工、石油等领域的设施设备，免受瞬时电涌电压的损害。

氧化锌压敏电阻器工作原理（见图 23-23）：压敏电阻器与被保护的电器设备或元器件并联。当电路中未出现电涌电压时，压敏电阻器工作在预击穿区，等效电路中晶界电阻约为 $10^{12} \sim 10^{13} \, \Omega/cm$，压敏电阻器为高阻，不影响被保护设备的正常运行；当电路中出现电涌电压时，由于压敏电阻器响应速度很快，它以纳秒级时间迅速导流，此时压敏电阻器工作在击穿区，晶界被击穿，晶界电阻变小，其两端的电压也迅速下降，被保护的设备、元器件上实际承受

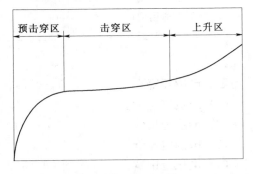

图 23-23 氧化锌压敏电阻器工作原理

的电压远低于电涌电压，从而使其保护的设备、元器件免遭损坏；当电路中的电涌电压过后，压敏电阻器恢复至预击穿区，呈高阻状态，不影响设备的正常运行。

当电涌很大，使通过压敏电阻器的电流大于约 $100A/cm^2$ 时，压敏电阻器的伏安特性主要由晶粒电阻的伏安特性决定，此时压敏电阻器的伏安特性呈线性电导特性（$I = V/R_g$），上升区电流与电压几乎呈线性关系，压敏电阻器在该区域已经劣化，也失去了其抑制电涌、吸收或释放浪涌能量等特性。

使用条件：

（1）避免在恶劣的环境中使用，如高温、高湿环境不应使用，户外、露天场合不宜使用。

（2）保存在常温、常湿的环境中（5～35℃、45％RH～75％RH），避免温度急剧变化。

（3）避免在腐蚀性气体、尘埃多的场合保存。

（4）避免冲击负重。

二、型号含义

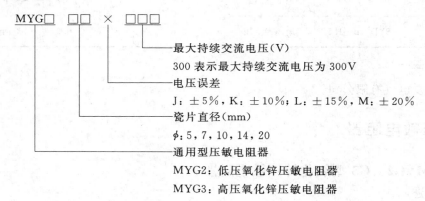

三、产品特点

（1）通流容量大。

（2）响应速度快。

（3）限制电压低。

（4）电压范围宽。

（5）无续流、无极性。

（6）电压温度系数低。

四、选用方法

1. 压敏电压

压敏电压值应大于实际电路的电压峰值，一般为：

$$U_{1mA} = K_1 \times U_c / K_2 \times K_3$$

式中　U_{1mA}——压敏电压；

U_c——电路直流工作电压（交流时为有效值）；

K_1——电源电压波动系数，一般取 1.2；

K_2——压敏电压误差，一般取 0.85；

K_3——老化系数，一般取 0.9。

交流状态下，应将有效值变为峰值，即扩大 $\sqrt{2}$ 倍，实际应用中可参考此公式通过实验确定压敏电压值。

2. 通流量

实际应用中，压敏电阻器所吸收的浪涌电流应小于压敏电阻的最大峰值电流，以延长产品的使用寿命。

五、技术数据

（1）常规参数，见表 23-80。

表 23-80　MYT 系列压敏电阻器常规参数

电压范围 （V_{1mA}）	漏电流 （μA）	电压比	电压范围 （V_{1mA}）	漏电流 （μA）	电压比
＜50	≤400	≤1.20	＞100	≤20	≤1.08
50～100	≤300	1.15			

（2）测压敏电压时通过的规定电流为 1mA。

（3）技术数据，见表 23-81、表 23-82。

六、外形及安装尺寸

MYG2、MYG3 氧化锌压敏电阻器外形及安装尺寸，见表 23-83 及图 23-24。

七、生产厂

西安神电电器有限公司、中国科学院力学研究所、北京中科天力电子有限公司。

23.5.2　MYL 型防雷用压敏电阻器

一、概述

防雷型压敏电阻器包括 MYL1、MYL2、MYL3、MYL4、MYL5、MYL6、MYL7、MYL8、MYL9、

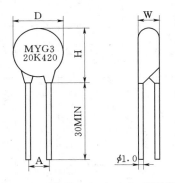

图 23-24　MYG3（20k420）型氧化锌压敏电阻器外形尺寸（西安神电电器有限公司）

表23-81　MYG2、MYG3系列氧化锌压敏电阻器技术数据

系列	型号	规定电流下的电压 V_1ma (V)	持续电压 (V)		最大限制电压(8/20μs)(V)		最大静态功率(W)	能量耐量(J)		通流容量 8/20μs(A)		静态电容量 1kHz(pF)	外形尺寸 (mm)				生产厂
			AC(有效值)	DC	V_C(V)	I_P(A)		10/1000μs	2ms	1次	2次		H	D_max	A	W_max	
MYG2 φ05A型	05K11	18 (16~20)	11	14	40			0.4	0.3			1600					
	05K14	22 (19~25)	14	18	48			0.6	0.4			1300				3.0	
	05K17	27 (24~30)	17	22	60			0.7	0.5			1050					
	05K20	33 (29~37)	20	26	73	1		0.8	0.6			900				3.5	
	05K25	39 (35~43)	25	31	86		0.01	1.1	0.8	100	50	500				4.0	
	05K30	47 (42~52)	30	38	104			1.4	1.0			450					
	05K35	56 (50~62)	35	45	123			1.7	1.2			400				4.5	
	05K40	68 (61~75)	40	56	150			2.1	1.5			350					
	05K50	82 (73~91)	50	65	145			2.4	1.7			250					西安神电电器有限公司
	05K60	100 (90~110)	60	85	175			2.8	2.0			200	11.5	7.5	5.0±1	5.0	
	05K75	120 (108~132)	75	100	210			3.5	2.5			170					
	05K95	150 (135~165)	95	125	260			4.2	3.0			90				5.3	
	05K115	180 (162~198)	115	150	317			5.0	3.6			90					
MYG3 φ05A型	05K130	200 (180~220)	130	170	355			5.6	4.0			80				5.5	
	05K140	220 (198~242)	140	180	380			6.3	4.5	400	200	70					
	05K150	240 (216~264)	150	200	415	5		7.0	5.0			70				5.0	
	05K175	270 (243~297)	175	225	475		0.1	8.4	6.0			65					
	05K190	300 (270~330)	190	250	523			9.1	6.5			60				5.2	
	05K210	330 (297~363)	210	276	572			9.8	7.0			55				5.3	
	05K230	360 (324~396)	230	300	620			10.5	7.5			50				5.5	

续表 23-81

系列	型号	规定电流下的电压 V₁ₘₐ (V)	持续电压 (V) AC(有效值)	持续电压 DC	最大限制电压(8/20μs) V_C (V)	I_p (A)	最大静态功率 (W)	能量耐量(J) 10/1000μs	能量耐量 2ms	通流容量8/20μs(A) 1次	2次	静态电容量 1kHz (pF)	外形尺寸(mm) H	D_max	A	W_max	生产厂
MYG3 φ05A型	05K250	390 (351~429)	250	320	675	5	0.1	11.2	8.0	400	200	50	11.5	7.5	5.0±1	5.5	
	05K275	430 (387~473)	275	350	745			12.6	9.0			45				6.0	
	05K300	470 (423~517)	300	385	810			14.0	10.0			10				4.5	
MYG2型 φ05B型	05K11	18 (16~20)	11	14	40	1	0.01	3.5	2.5	100	50	1525	11.5	7.5	5.0±1		
	05K14	22 (19~25)	14	18	48			3.5	2.5			1250				5.0	
	05K17	27 (24~30)	17	22	60			3.5	2.5			1100					
	05K20	33 (29~37)	20	26	73			3.5	2.5			950				5.5	西安神电电器有限公司
	05K25	39 (35~43)	25	31	86			3.5	2.5			850				6.0	
	05K30	47 (42~52)	30	38	104			3.5	2.5			750				6.5	
	05K35	56 (50~62)	35	45	123			3.5	2.5			630				7.0	
	05K40	68 (61~75)	40	56	150			3.5	2.5			520				7.5	
MYG3 φ05B型	05K50	82 (73~91)	50	65	145	5	0.1	3.5	2.5	800	600	200	11.5	7.5	5.0±1	5.0	
	05K60	100 (90~110)	60	85	175			4.0	3.0			160					
	05K75	120 (108~132)	75	100	210			5.0	3.5			135					
	05K95	150 (135~165)	95	125	260			6.5	4.5			105					
	05K115	180 (162~198)	115	150	317			7.0	5.0			90					
	05K130	200 (180~220)	130	170	355			8.5	6.0			80					
	05K140	220 (198~242)	140	180	380			9.0	6.5			75					
	05K150	240 (216~264)	150	200	415			10.5	7.5			70					
	05K175	270 (243~297)	175	225	475			11.0	8.0			65				5.5	

续表 23-81

系列	型号	规定电流下的电压 V_{1mA} (V)	持续电压 (V) AC(有效值)	持续电压 (V) DC	最大限制电压 (8/20μs) V_C (V)	I_p (A)	最大静态功率 (W)	能量耐量 (J) 10/1000μs	能量耐量 (J) 2ms	通流容量 8/20μs (A) 1次	通流容量 8/20μs (A) 2次	静态电容量 1kHz (pF)	外形尺寸 H	外形尺寸 D_{max}	外形尺寸 A	外形尺寸 W_{max}	生产厂
MYG3 φ05B型	05K190	300 (270~330)	190	250	523			12.0	8.5			59				5.5	
	05K210	330 (297~363)	210	276	572			13.0	9.5			55					
	05K230	360 (324~396)	230	300	620	5	0.1	16.0	11.0	800	600	55	11.5	7.5	5.0±1	6.5	
	05K250	390 (351~429)	250	320	675			17.0	12.0			50					
	05K275	430 (387~473)	275	350	745			20.0	13.5			50					
	05K300	470 (423~517)	300	385	810			21.0	15.0			40					
MYG2 φ07A型	07K11	18 (16~20)	11	14	36			1.1	0.8			3500				3.5	西安神电电器有限公司
	07K14	22 (19~25)	14	18	43			1.3	0.9			2800				4.0	
	07K17	27 (24~30)	17	22	53			1.4	1.0			2000					
	07K20	33 (29~37)	20	26	65	2.5	0.02	1.7	1.2	250	125	1500	12.5	9.5	5.0±1	4.5	
	07K25	39 (35~43)	25	31	77			2.1	1.5			1350				5.0	
	07K30	47 (42~52)	30	38	93			2.5	1.8			1150					
	07K35	56 (50~62)	35	45	110			3.1	2.2			950				5.2	
	07K40	68 (61~75)	40	56	135			3.5	2.5			700					
MYG3 φ07A型	07K50	82 (73~91)	50	65	135			4.9	3.5			550				4.5	
	07K60	100 (90~110)	60	85	175			5.6	4.0			500					
	07K70	110 (99~121)	70	92	180	10	0.25	6.2	4.4	1200	600	470	12.5	9.5	5.0±1	5.0	
	07K75	120 (108~132)	75	100	200			7.0	5.0			450					
	07K95	150 (135~165)	95	125	250			8.4	6.0			280				5.3	
	07K115	180 (162~198)	115	150	305			11.8	8.4			280				5.5	

续表 23-81

系列	型号	规定电流下的电压(V) V_1ma(V)	持续电压(V) AC(有效值)	DC	最大限制电压(8/20μs) V_c(V)	I_p(A)	最大静态功率(W)	能量耐量(J) 10/1000μs	2ms	通流容量8/20μs(A) 1次	2次	静态电容量1kHz(pF)	H	D_max	A	W_max	生产厂
MYG3 Φ07A型	07K130	200 (180~220)	130	170	340			13.1	9.3			250				4.5	
	07K140	220 (198~242)	140	180	360			14.3	10.2			250				4.6	
	07K150	240 (216~264)	150	200	395			15.6	11.1			200				5.0	
	07K175	270 (243~297)	175	225	455			17.5	12.5			170					
	07K190	300 (270~330)	190	250	505	10	0.25	18.2	3.0	1200	600	155	12.5	9.5	5.0±1	5.0	
	07K210	330 (297~363)	210	276	545			19.6	14.0			140				5.5	
	07K230	360 (324~396)	230	300	595			21.0	15.0			130					
	07K250	390 (351~429)	250	320	650			23.8	17.0			130				5.6	
	07K275	430 (387~473)	275	350	710			26.2	18.7			110					西安神电电器有限公司
	07K300	470 (423~517)	300	385	775			28.0	20.0			100				6.0	
MYG2 Φ07B型	07K11	18 (16~20)	11	14	36			7.0	5.0			3360				4.5	
	07K14	22 (19~25)	14	18	43			7.0	5.0			2750				5.0	
	07K17	27 (24~30)	17	22	53			7.0	5.0			2250				5.0	
	07K20	33 (29~37)	20	26	65	2.5	0.02	7.0	5.0	250	125	2000	12.5	9.5	5.0±1	5.5	
	07K25	39 (35~43)	25	31	77			7.0	5.0			1700				6.0	
	07K30	47 (42~52)	30	38	93			7.0	5.0			1500				6.5	
	07K35	56 (50~62)	35	45	110			7.0	5.0			1260				7.0	
	07K40	68 (61~75)	40	56	135			7.0	5.0			1040				7.5	
MYG3 Φ07B型	07K50	82 (73~91)	50	65	135	10	0.25	7.0	5.0	1750	1250	395	12.5	9.5	5.0±1	5.0	
	07K60	100 (90~110)	60	85	175			8.5	6.0			325				5.0	

续表 23-81

系列	型号	规定电流下的电压 V_{1ma} (V)	持续电压(V) AC(有效值)	DC	最大限制电压(8/20μs) V_C(V)	I_p(A)	最大静态功率(W)	能量耐量(J) 10/1000μs	2ms	通流容量8/20μs(A) 1次	2次	静态电容量1kHz(pF)	外形尺寸(mm) H	D_{max}	A	W_{max}	生产厂
MYG3 φ07B型	07K70	110 (99~121)	70	92	180			9.0	6.5			295				5.0	西安神电电器有发公司
	07K75	120 (108~132)	75	100	200			10.0	7.0			270				5.0	
	07K95	150 (135~165)	95	125	250			13.0	9.0			215				5.0	
	07K115	180 (162~198)	115	150	305			13.3	9.5			180				5.0	
	07K130	200 (180~220)	130	170	340			17.5	12.5			165				5.0	
	07K140	220 (198~242)	140	180	360	10	0.25	19.0	13.5	1750	1250	150	12.5	9.5	5.0±1	5.0	
	07K150	240 (216~264)	150	200	395			21.0	15.0			140				5.5	
	07K175	270 (243~297)	175	225	455			24.0	17.0			125				5.5	
	07K190	300 (270~330)	190	250	505			25.0	18.0			110				6.5	
	07K210	330 (297~363)	210	276	545			28.0	20.0			110				6.5	
	07K230	360 (324~396)	230	300	595			32.0	23.0			100				6.5	
	07K250	390 (351~429)	250	320	650			35.0	25.0			95				6.5	
	07K275	430 (387~473)	275	350	710			40.0	27.5			85				6.5	
	07K300	470 (423~517)	300	385	775			42.0	30.0			80				6.5	
MYG2 φ10A型	10K11	18 (16~20)	11	14	36			2.1	1.5			7500				3.5	
	10K14	22 (19~25)	14	18	43			2.8	2.0			6000				4.0	
	10K17	27 (24~30)	17	22	53	5	0.05	3.5	2.5	500	250	4000	18	14	7.5±1	4.0	
	10K20	33 (29~37)	20	26	65			4.2	3.0			3000				4.5	
	10K25	39 (35~43)	25	31	77			4.9	3.5			2600				4.5	
	10K30	47 (42~52)	30	38	93			6.3	4.5			2200				5.0	

系列	型号	规定电流下的电压 V_{1ma} (V)	持续电压 (V) AC(有效值)	DC	最大限制电压 (8/20μs) V_C(V)	I_p(A)	最大静态功率 (W)	能量耐量 (J) 10/1000μs	2ms	通流容量 8/20μs(A) 1次	2次	静态电容量 1kHz(pF)	外形尺寸(mm) H	D_{max}	A	W_{max}	生产厂
MYG2 φ10A 型	10K35	56 (50~62)	35	45	110	5	0.05	7.7	5.5	500	250	1800	18	14	7.5±1	5.3	西安神电电器有限公司
	10K40	68 (61~75)	40	56	135			9.1	6.5			1300				5.0	
	10K50	82 (73~91)	50	65	135			11.2	8.0			1800				5.1	
	10K60	100 (90~110)	60	85	165			14.0	10.0			1400					
	10K75	120 (108~132)	75	100	200			16.8	12.0			1100				5.5	
	10K95	150 (135~165)	95	125	250			22.4	16.0			560					
	10K115	180 (162~198)	115	150	305			25.8	18.4			560				6.0	
	10K130	200 (180~220)	130	170	340			28.0	20.0			500					
	10K140	220 (198~242)	140	180	360			32.2	23.0			450				5.0	
	10K150	240 (216~264)	150	200	395			35.0	25.0			400					
MYG3 φ10A 型	10K175	270 (243~297)	175	225	455	25	0.4	39.0	28.0	2500	1250	350	18	14	7.5±1	5.2	
	10K190	300 (270~330)	190	250	505			43.0	31.0			330					
	10K210	330 (297~363)	210	276	545			48.0	34.0			325				5.5	
	10K230	360 (324~396)	230	300	595			52.0	37.0			300					
	10K250	390 (351~429)	250	320	650			56.0	40.0			270				6.0	
	10K275	430 (387~473)	275	350	710			63.0	45.0			250					
	10K300	470 (423~517)	300	385	775			63.0	45.0			230				6.5	
	10K325	510 (459~561)	325	425	840			63.0	45.0			230					
	10K340	530 (477~583)	340	445	870			63.0	45.0			220				6.7	
	10K360	560 (504~616)	360	470	925			63.0	45.0			200				7.0	

续表 23-81

系列	型号	规定电流下的电压 V₁ma (V)	持续电压(V) AC(有效值)	持续电压(V) DC	最大限制电压(8/20μs) Vc(V)	最大限制电压(8/20μs) Ip(A)	最大静态功率(W)	能量耐量(J) 10/1000μs	能量耐量(J) 2ms	通流容量 8/20μs(A) 1次	通流容量 8/20μs(A) 2次	静态电容量 1kHz(pF)	外形尺寸(mm) H	外形尺寸(mm) Dmax	外形尺寸(mm) A	外形尺寸(mm) Wmax	生产厂
MYG3 φ10A型	10K385	625 (558~682)	385	505	1025	25	0.4	63.0	45.0	2500	1250	130	18	14	7.5±1	7.0	西安神电电器有限公司
	10K420	680 (612~748)	420	560	1120			63.0	45.0			120				7.5	
	10K460	750 (675~825)	460	615	1240			70.0	50.0			110					
	10K480	780 (702~858)	480	650	1290			70.0	50.0			110				8.0	
	10K510	820 (738~902)	510	670	1355			77.0	55.0			100					
	10K550	910 (819~1001)	550	745	1500			84.0	60.0			90				8.5	
	10K625	1000 (900~1100)	625	825	1650			91.0	65.0			90					
	10K680	1100 (990~1210)	680	895	1815			98.0	70.0			80				9.0	
MYG2 φ10B型	10K11	18 (16~20)	11	14	36	5	0.05	14.0	10.0	500	250	6965	18.0	14.0	7.5±1	5.5	
	10K14	22 (19~25)	14	18	43			14.0	10.0			5700					
	10K17	27 (24~30)	17	22	53			14.0	10.0			5100					
	10K20	33 (29~37)	20	26	65			14.0	10.0			4500				6.0	
	10K25	39 (35~43)	25	31	77			14.0	10.0			4000				6.5	
	10K30	47 (42~52)	30	38	93			14.0	10.0			3700				7.0	
	10K35	56 (50~62)	35	45	110			14.0	10.0			3100				7.5	
	10K40	68 (61~75)	40	56	135			14.0	10.0			2560				8.0	
MYG3 φ10B型	10K50	82 (73~91)	50	65	135	25	0.4	14.0	10.0	3500	2500	860	18.0	14.0	7.5±1	5.5	
	10K60	100 (90~110)	60	85	165			17.0	12.0			710					
	10K75	120 (108~132)	75	100	200			20.0	14.5			590					
	10K95	150 (135~165)	95	125	250			25.0	18.0			475					

续表 23-81

系列	型号	规定电流下的电压 V_1ma (V)	持续电压 (V) AC (有效值)	持续电压 (V) DC	最大限制电压 (8/20μs) V_C (V)	最大限制电压 (8/20μs) I_p (A)	最大静态功率 (W)	能量耐量 (J) 10/1000μs	能量耐量 (J) 2ms	通流容量 8/20μs (A) 1次	通流容量 8/20μs (A) 2次	静态电容量 1kHz (pF)	外形尺寸 (mm) H	D_max	A	W_max	生产厂
	10K115	180 (162~198)	115	150	305			31.0	22.0			395				5.5	
	10K130	200 (180~220)	130	170	340			35.0	25.0			360					
	10K140	220 (198~242)	140	180	360			39.0	27.5			330					
	10K150	240 (216~264)	150	200	395			42.0	30.0			305					
	10K175	270 (243~297)	175	225	455			49.0	35.0			275				6.0	
	10K190	300 (270~330)	190	250	505			53.0	38.0			250					
	10K210	330 (297~363)	210	276	545			58.0	42.0			230					
MYG3 φ10B型	10K230	360 (324~396)	230	300	595	25	0.4	65.0	45.0	3500	2500	215	18.0	14.0	7.5±1	6.5	西安神电电器有限公司
	10K250	390 (351~429)	250	320	650			70.0	50.0			200					
	10K275	430 (387~473)	275	350	710			80.0	55.0			185					
	10K300	470 (423~517)	300	385	775			85.0	60.0			170				7.0	
	10K325	510 (459~561)	325	425	840			92.0	67.0			155					
	10K340	530 (477~583)	340	445	870			92.0	67.0			150				8.0	
	10K360	560 (504~616)	360	470	925			92.0	67.0			140					
	10K385	625 (558~682)	385	505	1025			92.0	67.0			135				8.5	
	10K420	680 (617~748)	420	560	1120			92.0	67.0			125				9.0	
	10K460	750 (270~330)	460	615	1240			100.0	20.0			115				9.5	
	10K480	780 (702~858)	480	650	1290			105.0	75.0			110					
	10K510	820 (738~902)	510	670	1355			110.0	80.0			105				10.0	
	10K550	910 (819~1001)	550	745	1500			130.0	90.0			95					

续表 23-81

系列	型号	规定电流下的电压 V_{1mA} (V)	持续电压 (V) AC(有效值)	持续电压 (V) DC	最大限制电压 (8/20μs) V_C (V)	最大限制电压 (8/20μs) I_P (A)	最大静态功率 (W)	能量耐量 (J) 10/1000μs	能量耐量 (J) 2ms	通流容量 8/20μs (A) 1次	通流容量 8/20μs (A) 2次	静态电容量 1kHz (pF)	外形尺寸 (mm) H	外形尺寸 (mm) D_{max}	外形尺寸 (mm) A	外形尺寸 (mm) W_{max}	生产厂
MYG3 φ10B型	10K625	1000 (900~1100)	625	825	1650	25	0.4	140.0	100.0	3500	2500	90	18.0	14.0	7.5±1	10.5	
	10K680	1100 (990~1210)	680	895	1815			155.0	110.0			85					
MYG2 φ14A型	14K11	18 (16~20)	11	14	36	10	0.1	4.9	3.5	1000	500	18000	22.0	17.5		4.0	
	14K14	22 (19~25)	14	18	43			5.6	4.0			15000					
	14K17	27 (24~30)	17	22	53			7.6	5.0			10000					
	14K20	33 (29~37)	20	26	65			8.4	6.0			7500				4.5	西安神电电器有限公司
	14K25	39 (35~43)	25	31	77			9.8	7.0			6500					
	14K30	47 (42~52)	30	38	93			11.9	8.5			5500				5.0	
	14K35	56 (50~62)	35	45	110			14.0	10.0			4500					
	14K40	68 (61~75)	40	56	135			16.8	12.0			3300				5.5	
	14K50	82 (73~91)	50	65	135			19.6	14.0			2900				5.0	
MYG3 φ14A型	14K60	100 (90~110)	60	85	165	50	0.6	25.2	18.0	4500	2500	2400				5.5	
	14K75	120 (108~132)	75	100	200			28.0	20.0			1900				6.0	
	14K95	150 (135~165)	95	125	250			35.0	25.0			1150				6.2	
	14K115	180 (162~198)	115	150	305			43.4	31.0			1150				6.3	
	14K130	200 (180~220)	130	170	340			49.0	35.0			1000				5.2	
	14K140	220 (198~242)	140	180	360			56.0	40.0			1000				5.5	
	14K150	240 (216~264)	150	200	395			56.0	40.0			900					
	14K175	270 (243~297)	175	225	455			70.0	50.0			750				5.7	
	14K190	300 (270~330)	190	250	505			77.0	55.0			675					

续表 23-81

系列	型号	规定电流下的电压 V_{1ma} (V)	持续电压 (V) AC(有效值)	持续电压 (V) DC	最大限制电压 (8/20μs) V_C (V)	最大限制电压 (8/20μs) I_p (A)	最大静态功率 (W)	能量耐量 (J) 10/1000μs	能量耐量 (J) 2ms	通流容量 8/20μs (A) 1次	通流容量 8/20μs (A) 2次	静态电容量 1kHz (pF)	外形尺寸 (mm) H	外形尺寸 (mm) D_{max}	外形尺寸 (mm) A	外形尺寸 (mm) W_{max}	生产厂
MYG3 φ14A型	14K210	330 (297~363)	210	276	545			84.0	60.0			600				6.0	西安神电电器有限公司
	14K230	360 (324~396)	230	300	595			91.0	65.0			550				6.3	
	14K250	390 (351~429)	250	320	650			80.0	70.0			500				6.5	
	14K275	430 (387~473)	275	350	710			105.0	75.0			450					
	14K300	470 (423~517)	300	385	775			112.0	80.0			440				6.7	
	14K325	510 (459~561)	325	425	840			119.0	85.0			415					
	14K340	530 (477~583)	340	445	870	50	0.6	119.0	85.0	4500	2500	400	22.0	17.5		7.0	
	14K360	560 (504~616)	360	470	925			119.0	85.0			370				7.2	
	14K385	625 (558~682)	385	505	1025			119.0	85.0			250				7.5	
	14K420	680 (612~748)	420	560	1120			116.0	90.0			230					
	14K460	750 (675~825)	460	615	1240			140.0	100.0			200					
	14K480	780 (702~858)	480	650	1290			147.0	105.0			180				7.7	
	14K510	820 (738~902)	510	670	1355			154.0	110.0			180				8.0	
	14K550	910 (819~1001)	550	745	1500			168.0	120.0			150				8.6	
	14K625	1000 (900~1100)	625	825	1650			182.0	130.0			150				9.0	
	14K680	1100 (990~1210)	680	895	1815			196.0	140.0			150				9.5	
	14K1000	1800 (1620~1980)	1000	1465	2970			336.0	240.0			100				13.0	
MYG2 φ14B型	14K11	18 (16~20)	11	14	36	10	0.1	28	20	1000	500	13400	22	17.5	7.5±1	5.5	
	14K14	22 (19~25)	14	18	43			28	20			11000					
	14K17	27 (24~30)	17	22	53			28	20			10000					

续表 23－81

系列	型号	规定电流下的电压 V_{1ma} (V)	持续电压 (V) AC (有效值)	DC	最大限制电压 (8/20μs) V_c (V)	I_p (A)	最大静态功率 (W)	能量耐量 (J) 10/1000μs	2ms	通流容量 8/20μs (A) 1次	2次	静态电容量 1kHz (pF)	外形尺寸 (mm) H	D_{max}	A	W_{max}	生产厂
MYG2 φ14B型	14K20	33 (29~37)	20	26	65			28	20			9500				6.0	
	14K25	39 (35~43)	25	31	77			28	20			9000				6.5	
	14K30	47 (42~52)	30	38	93	10	0.1	28	20	1000	500	8600	22	17.5	7.5±	7.0	
	14K35	56 (50~62)	35	45	110			28	20			7220				7.5	
	14K40	68 (61~75)	40	56	135			28	20			5945				8.0	
	14K50	82 (73~91)	50	65	135			28	20			1625					
	14K60	100 (90~110)	60	85	165			35	25			1330					
	14K75	120 (108~132)	75	100	200			42	30			1110				5.5	西安神电电器有限公司
	14K95	150 (135~165)	95	125	250			53	37			900					
	14K115	180 (162~198)	115	150	305			60	43			750					
	14K130	200 (180~220)	130	170	340			70	50			680					
	14K140	220 (198~242)	140	180	360			78	55			630					
MYG3 φ14B型	14K150	240 (216~264)	150	200	395	50	0.6	84	60	6000	5000	580	22	17.5	7.5±1		
	14K175	270 (243~297)	175	225	455			99	70			520					
	14K190	300 (270~330)	190	250	505			105	75			475				6.0	
	14K210	330 (297~363)	210	276	545			115	80			430					
	14K230	360 (324~396)	230	300	595			130	90			400					
	14K250	390 (351~429)	250	320	650			140	100			370				6.5	
	14K275	430 (387~473)	275	350	710			155	110			340					
	14K300	470 (423~517)	300	385	775			175	125			315				7.0	

续表 23－81

系列	型号	规定电流下的电压 V_{1mA} (V)	持续电压 AC (有效值)	持续电压 DC	最大限制电压 (8/20μs) V_C (V)	I_p (A)	最大静态功率 (W)	能量耐量 (J) 10/1000μs	能量耐量 (J) 2ms	通流容量 8/20μs (A) 1次	通流容量 8/20μs (A) 2次	静态电容量 1kHz (pF)	外形尺寸 (mm) H	外形尺寸 (mm) D_{max}	外形尺寸 (mm) A	外形尺寸 (mm) W_{max}	生产厂
MYG3 φ14B 型	14K325	510 (459～561)	325	425	840	50	0.6	190	136	5000	4500	295	22	17.5	7.5±1	7.0	西安神电电器有限公司
	14K340	530 (477～583)	340	445	870			190	136			280				8.0	
	14K360	560 (504～616)	360	470	925			190	136			270				8.5	
	14K385	625 (558～682)	385	505	1025			190	136			250				9.0	
	14K420	680 (612～748)	420	560	1120			190	136			230					
	14K460	750 (270～330)	460	615	1240			210	150			205				9.5	
	14K480	780 (702～858)	480	650	1290			217	155			200					
	14K510	820 (738～902)	510	670	1355			235	165			190				10.0	
	14K550	910 (819～1001)	550	745	1500			255	180			175					
	14K625	1000 (900～1100)	625	825	1650			280	200			160				10.5	
	14K680	1100 (990～1210)	680	895	1815			310	220			150					
	14K1000	1800 (1620～1980)	1000	1465	2970			510	360			95				14.5	
MYG2 φ20A 型	20K11	18 (16～20)	11	14	36	20	0.2	14.0	10.0	2000	1000	37000	29.0	24.0	10.0±1	4.0	
	20K14	22 (19～25)	14	18	43			18.2	13.0			35000				4.5	
	20K17	27 (24～30)	17	22	53			21.0	15.0			22000				5.0	
	20K20	33 (29～37)	20	26	65			28.0	20.0			17000				5.0	
	20K25	39 (35～43)	25	31	77			33.6	24.0			15000				5.0	
	20K30	47 (42～52)	30	38	93			42.0	30.0			13000				5.0	
	20K35	56 (50～62)	35	45	110			49.0	35.0			11000				5.5	
	20K40	68 (61～75)	40	56	135			60.0	40.0			7000				5.8	

续表 23-81

系列	型号	规定电流下的电压 V_{1ma} (V)	持续电压 (V) AC (有效值)	持续电压 (V) DC	最大限制电压 (8/20μs) V_c (V)	最大限制电压 (8/20μs) I_p (A)	最大静态功率 (W)	能量耐量 (J) 10/1000 μs	能量耐量 (J) 2ms	通流容量 8/20μs (A) 1次	通流容量 8/20μs (A) 2次	静态电容量 1kHz (pF)	外形尺寸 (mm) H	外形尺寸 (mm) D_{max}	外形尺寸 (mm) A	外形尺寸 (mm) W_{max}	生产厂
MYG3 Φ20A型	20K50	82 (73~91)	50	65	135			37.8	27.0			5500				6.0	
	20K60	100 (90~110)	60	85	165			42.0	30.0			4800				6.0	
	20K75	120 (108~132)	75	100	200			56.0	40.0			3800				6.2	
	20K95	150 (135~165)	95	125	250			70.0	50.0			2250				6.5	
	20K115	180 (162~198)	115	150	305			86.8	62.0			2250				6.7	
	20K130	200 (180~220)	130	170	340			98.8	70.0			2000				7.0	
	20K140	220 (198~242)	140	180	360			105.0	75.0			2000				6.0	
	20K150	240 (216~264)	150	200	395			112.0	80.0			1800				6.2	
	20K175	270 (243~297)	175	225	455			126.0	90.0			1600				6.3	
	20K190	300 (270~330)	190	250	505	100	1.0	140.0	100.0	6500	4000	1440	29.0	24.0	10.0±1	6.5	西安神电电器有限公司
	20K210	330 (297~363)	210	276	545			154.0	110.0			1310				6.5	
	20K230	360 (324~396)	230	300	595			168.0	120.0			1200				6.7	
	20K250	390 (351~429)	250	320	650			182.0	130.0			1000				6.8	
	20K275	430 (387~473)	275	350	710			196.0	140.0			900				7.0	
	20K300	470 (423~517)	300	385	775			210.0	150.0			900				7.0	
	20K325	510 (459~561)	325	425	840			210.0	150.0			830				7.2	
	20K340	530 (477~583)	340	445	870			210.0	150.0			800				7.3	
	20K360	560 (504~616)	360	470	925			210.0	150.0			750				7.5	
	20K385	625 (558~682)	385	505	1025			210.0	150.0			500				7.7	
	20K420	680 (612~748)	420	560	1120			224.0	160.0			420				8.0	

续表 23－81

系列	型号	规定电流下的电压 V_{1ma} (V)	持续电压(V) AC(有效值)	DC	最大限制电压(8/20μs) V_C(V)	I_P(A)	最大静态功率(W)	能量耐量(J) 10/1000μs	2ms	通流容量8/20μs(A) 1次	2次	静态电容量 1kHz(pF)	外形尺寸(mm) H	D_{max}	A	W_{max}	生产厂
MYG3 φ20A型	20K460	750（270～330）	460	615	1240			245.0	175.0			400				8.3	
	20K480	780（702～858）	480	650	1290			252.0	180.0			380				8.6	
	20K510	820（738～902）	510	670	1355			266.0	190.0			350				8.8	
	20K550	910（819～1001）	550	745	1500	100	1.0	301.0	215.0	6500	4000	320	29.0	24.0	10.0±1	9.0	西安神电电器有限公司
	20K625	1000（900～1100）	625	825	1650			322.0	230.0			320				9.5	
	20K680	1100（990～1210）	680	895	1815			350.0	250.0			300				10.3	
	20K1000	1800（1620～1980）	1000	1465	2970			560.0	400.0			200				14.0	
MYG2 φ20B型	20K11	18（16～20）	11	14	36			56.0	40.0			28110				6.0	
	20K14	22（19～25）	14	18	43			56.0	40.0			23000					
	20K17	27（24～30）	17	22	53			56.0	40.0			19500				6.5	
	20K20	33（29～37）	20	26	65	20	0.2	56.0	40.0	2000	1000	16000	29.0	24.0	10.0±1	7.0	
	20K25	39（35～43）	25	31	77			56.0	40.0			13500				7.5	
	20K30	47（42～52）	30	38	93			56.0	40.0			11000				8.0	
	20K35	56（50～62）	35	45	110			56.0	40.0			9230				8.5	
	20K40	68（61～75）	40	56	135			56.0	40.0			7600					
MYG3 φ20B型	20K50	82（73～91）	50	65	135			70.0	40.0			3220					
	20K60	100（90～110）	60	85	165	100	1.0	70.0	50.0	10000	7000	2640				6.0	
	20K75	120（108～132）	75	100	200			85.0	60.0			2200					
	20K95	150（135～165）	95	125	250			106.0	75.0			1770					
	20K115	180（162～198）	115	150	305			119.0	85.0			1475					

续表 23-81

系列	型号	规定电流下的电压 V_1ma (V)	持续电压 (V) AC (有效值)	持续电压 (V) DC	最大限制电压 (8/20μs) V_c (V)	I_p (A)	最大静态功率 (W)	能量耐量 (J) 10/1000μs	能量耐量 (J) 2ms	通流容量 8/20μs (A) 1次	通流容量 8/20μs (A) 2次	静态电容量 1kHz (pF)	外形尺寸 (mm) H	外形尺寸 (mm) D_max	外形尺寸 (mm) A	外形尺寸 (mm) W_max	生产厂
MYG3 φ20B型	20K130	200 (180~220)	130	170	340	100	1.0	140.0	100.0	10000	6500	1350	29.0	24.0	10.0±1	6.0	西安神电电器有限公司
	20K140	220 (198~242)	140	180	360			155.0	110.0			1230				6.0	
	20K150	240 (216~264)	150	200	395			168.0	120.0			1150				6.0	
	20K175	270 (243~297)	175	225	455			190.0	135.0			1010				6.5	
	20K190	300 (270~330)	190	250	505			203.0	145.0			910				6.5	
	20K210	330 (297~363)	210	276	545			228.0	160.0			850				7.0	
	20K230	360 (324~396)	230	300	595			255.0	180.0			780				7.0	
	20K250	390 (351~429)	250	320	650			275.0	195.0			730				7.0	
	20K275	430 (387~473)	275	350	710			303.0	215.0			660				7.5	
	20K300	470 (423~517)	300	385	775			350.0	250.0			600				7.5	
	20K325	510 (459~561)	325	425	840			382.0	273.0			570				7.5	
	20K340	530 (477~583)	340	445	870			382.0	273.0			550				8.0	
	20K360	560 (504~616)	360	470	925			382.0	273.0			520				8.5	
	20K385	625 (558~682)	385	505	1025			382.0	273.0			475				9.5	
	20K420	680 (612~748)	420	560	1120			420.0	273.0	7500		435				10.0	
	20K460	750 (675~825)	460	615	1240			434.0	300.0			395				10.0	
	20K480	780 (702~858)	480	650	1290			460.0	310.0			380				10.0	
	20K510	820 (738~902)	510	670	1355			510.0	325.0			370				10.0	
	20K550	910 (819~1001)	550	745	1500			565.0	360.0			330				10.5	
	20K625	1000 (900~1100)	625	825	1650			620.0	400.0			305				11.0	
	20K680	1100 (990~1210)	680	895	1815			1020.0	440.0			280				11.0	
	20K1000	1800 (1620~1980)	1000	1465	2970			1020.0	720.0			175				15.0	

表 23-82　MYT 系列压敏电阻器技术数据

型　号		压敏电压	最大连续工作电压		最大限制电压 (8/20μs)	最大峰值电流 8/20μs 2 次		脉冲电流寿命值 8/20μs 10⁴ 次	电容量 (参考值) 1kHz	生产厂
			V_{AC}	V_{DC}			2ms			
		V	V_{AC}	V_{DC}	V	A	A	J	A	μF
MYG2型	07D100M	10（8~12）	5	7	22	1	70	0.3	7	5.0	中国科学院力学研究所、北京中科天力电子有限公司
	10D100M	10（8~12）	5	7	22	2	150	0.6	20	10.0	
	07D150M	15（12~18）	8	10	33	1	70	0.5	7	4.0	
	10D150M	15（12~18）	8	10	33	2	150	1.0	20	8.0	
	07D180M	18（16~20）	11	14	35	2	125	0.8	15	3.0	
	10D180M	18（16~20）	11	14	35	5	250	1.5	60	6.0	
	12D180M	18（16~20）	11	14	35	7	360	3.0	68	9.0	
	14D180M	18（16~20）	11	14	35	10	500	5.0	80	13.0	
	16D180M	18（16~20）	11	14	35	13	640	6.5	90	16.0	
	20D180M	18（16~20）	11	14	35	20	1000	10.0	120	25.0	
	07D220M	22（20~24）	14	18	45	2	125	1.0	15	2.5	
	10D220M	22（20~24）	14	18	45	5	250	2.0	60	5.0	
	12D220M	22（20~24）	14	18	45	7	360	3.0	68	8.0	
	14D220M	22（20~24）	14	18	45	10	500	5.0	80	12.0	
	16D220M	22（20~24）	14	18	45	13	640	6.5	90	15.0	
	20D220M	22（20~24）	14	18	45	20	1000	10.0	120	21.0	
	07D270K	27（24~30）	17	22	54	2	125	1.0	15	2.0	
	10D270K	27（24~30）	17	22	54	5	250	2.5	60	4.0	
	12D270K	27（24~30）	17	22	54	7	360	3.0	68	6.0	
	14D270K	27（24~30）	17	22	54	10	500	5.0	80	8.0	
	16D270K	27（24~30）	17	22	54	13	640	6.5	90	11.0	
	20D270K	27（24~30）	17	22	54	20	1000	10.0	120	17.0	
	07D330K	33（30~36）	20	26	65	2	125	1.2	15	1.5	
	10D330K	33（30~36）	20	26	65	5	250	3.0	60	3.0	
	12D330K	33（30~36）	20	26	65	7	360	4.5	68	4.5	
	14D330K	33（30~36）	20	26	65	10	500	6.0	80	6.0	
	16D330K	33（30~36）	20	26	65	13	640	7.5	90	9.0	
	20D330K	33（30~36）	20	26	65	20	1000	11.0	120	13.0	
	07D390K	39（36~43）	25	31	75	2	125	1.5	15	1.3	
	10D390K	39（36~43）	25	31	75	5	250	3.5	60	2.5	
	12D390K	39（36~43）	25	31	75	7	360	5.0	68	4.0	
	14D390K	39（36~43）	25	31	75	10	500	9.0	80	5.0	

型　号	压敏电压	最大连续工作电压		最大限制电压（8/20μs）	最大峰值电流		脉冲电流寿命值 8/20μs 10^4 次	电容量（参考值）1kHz	生产厂
					8/20μs 2 次	2ms			
	V	V_{AC}	V_{DC}	V	A	A	J	A	μF	

型　号	压敏电压 V	V_{AC}	V_{DC}	V	A	A	J	A	μF	生产厂
16D390K	39（36～43）	25	31	75	13	640	10.0	90	7.0	
20D390K	39（36～43）	25	31	75	20	1000	14.0	120	11.0	
07D470K	47（43～52）	30	38	90	2	125	1.8	15	1.2	
10D470K	47（43～52）	30	38	90	5	250	4.5	60	2.3	
12D470K	47（43～52）	30	38	90	7	360	5.5	68	3.4	
14D470K	47（43～52）	30	38	90	10	500	10.0	80	4.5	
16D470K	47（43～52）	30	38	90	13	640	11.5	90	6.0	
20D470K	47（43～52）	30	38	90	20	1000	16.0	120	9.0	
07D560K	56（52～62）	35	45	110	2	125	2.2	15	1.0	
10D560K	56（52～62）	35	45	110	5	250	5.5	60	2.0	
12D560K	56（52～62）	35	45	110	7	360	7.5	68	3.0	
14D560K	56（52～62）	35	45	110	10	500	10.0	80	4.0	
16D560K	56（52～62）	35	45	110	13	640	12.5	90	5.3	
20D560K	56（52～62）	35	45	110	20	1000	18.0	120	8.0	
07D680K	68（62～75）	40	56	130	2	125	2.5	15	0.9	中国科学院力学研究所、北京中科天力电子有限公司
10D680K	68（62～75）	40	56	130	5	250	6.5	60	1.8	
12D680K	68（62～75）	40	56	130	7	360	9.0	68	2.7	
14D680K	68（62～75）	40	56	130	10	500	12.0	80	3.5	
16D680K	68（62～75）	40	56	130	13	640	14.5	90	4.6	
20D680K	68（62～75）	40	56	130	20	1000	20.0	120	7.0	
07D820K	82（74～90）	50	65	160	10	600	4	85	0.8	
10D820K	82（74～90）	50	65	160	25	1250	8	100	1.6	
12D820K	82（74～90）	50	65	160	36	1800	12	110	2.3	
14D820K	82（74～90）	50	65	160	50	2500	15	130	3.0	
16D820K	82（74～90）	50	65	160	64	3200	20	150	4.0	
20D820K	82（74～90）	50	65	160	100	4000	27	200	6.0	
07D101K	100（90～110）	60	85	165	10	600	4	85	0.7	
10D101K	100（90～110）	60	85	165	25	1250	10	100	1.5	
12D101K	100（90～110）	60	85	165	36	1800	14	110	2.0	
14D101K	100（90～110）	60	85	165	50	2500	20	130	2.5	
16D101K	100（90～110）	60	85	165	64	3200	23	150	3.5	
20D101K	100（90～110）	60	85	165	100	4000	30	200	5.5	

型号列左侧标注：MYG2 型（16D390K～20D680K），MYG3 型（07D820K～20D101K）

续表 23－82

型　　号		压敏电压	最大连续工作电压		最大限制电压（8/20μs）	最大峰值电流		脉冲电流寿命值8/20μs 10^4 次	电容量（参考值）1kHz	生产厂
						8/20μs 2 次	2ms			
		V	V_{AC}	V_{DC}	V	A	A	J	A	μF
MYG3型	07D121K	120（110～134）	75	100	200	10	600	5	85	0.6
	10D121K	120（110～134）	75	100	200	25	1250	12	100	1.4
	12D121K	120（110～134）	75	100	200	36	1800	16	110	1.8
	14D121K	120（110～134）	75	100	200	50	2500	20	130	2.2
	16D121K	120（110～134）	75	100	200	64	3200	27	150	3.1
	20D121K	120（110～134）	75	100	200	100	4000	40	200	5.0
	07D151K	150（135～165）	95	125	240	10	600	6	85	0.5
	10D151K	150（135～165）	95	125	240	25	1250	16	100	1.3
	12D151K	150（135～165）	95	125	240	36	1800	20	110	1.6
	14D151K	150（135～165）	95	125	240	50	2500	25	130	2.1
	16D151K	150（135～165）	95	125	240	64	3200	30	150	3.0
	20D151K	150（135～165）	95	125	240	100	4000	50	200	4.5
	07D201K	200（190～210）	130	170	330	10	600	10	85	0.3
	10D201K	200（190～210）	130	170	330	25	1250	20	100	1.0
	12D201K	200（190～210）	130	170	330	36	1800	25	110	1.2
	14D201K	200（190～210）	130	170	330	50	2500	35	130	1.5
	16D201K	200（190～210）	130	170	330	64	3200	45	150	1.8
	20D201K	200（190～210）	130	170	330	100	4000	70	200	2.5
	07D221K	220（210～230）	140	180	370	10	600	10	85	0.25
	10D221K	220（210～230）	140	180	370	25	1250	25	100	0.8
	12D221K	220（210～230）	140	180	370	36	1800	30	110	1.0
	14D221K	220（210～230）	140	180	370	50	2500	40	130	1.2
	16D221K	220（210～230）	140	180	370	64	3200	50	150	1.5
	20D221K	220（210～230）	140	180	370	100	4000	75	200	2.0
	07D241K	240（230～255）	150	200	400	10	600	10	85	0.25
	10D241K	240（230～255）	150	200	400	25	1250	25	100	0.8
	12D241K	240（230～255）	150	200	400	36	1800	30	110	1.0
	14D241K	240（230～255）	150	200	400	50	2500	40	130	1.2
	16D241K	240（230～255）	150	200	400	64	3200	55	150	1.5
	20D241K	240（230～255）	150	200	400	100	4000	80	200	2.0
	07D271K	270（255～297）	175	225	460	10	600	12	85	0.2
	10D271K	270（255～297）	175	225	460	25	1250	30	100	0.6

生产厂：中国科学院力学研究所、北京中科天力电子有限公司

型　　号	压敏电压	最大连续工作电压		最大限制电压（8/20μs）	最大峰值电流		脉冲电流寿命值8/20μs10⁴次	电容量（参考值）1kHz	生产厂
					8/20μs2次	2ms			
	V	V_{AC}	V_{DC}	V	A	A	J	A	μF
12D271K	270（255～297）	175	225	460	36	1800	40	110	0.8	
14D271K	270（255～297）	175	225	460	50	2500	50	130	1.0	
16D271K	270（255～297）	175	225	460	64	3200	60	150	1.3	
20D271K	270（255～297）	175	225	460	100	4000	90	200	1.8	
07D331K	330（298～350）	210	270	555	10	600	8	85	0.15	
10D331K	330（298～350）	210	270	555	25	1250	15	100	0.5	
12D331K	330（298～350）	210	270	555	36	1800	20	110	0.65	
14D331K	330（298～350）	210	270	555	50	2500	30	130	0.8	
16D331K	330（298～350）	210	270	555	64	3200	40	150	1.1	
20D331K	330（298～350）	210	270	555	100	4000	60	200	1.6	
07D361K	360（350～380）	230	300	600	10	600	15	85	0.13	
10D361K	360（350～380）	230	300	600	25	1250	35	100	0.4	
12D361K	360（350～380）	230	300	600	36	1800	45	110	0.5	
14D361K	360（350～380）	230	300	600	50	2500	60	130	0.6	
16D361K	360（350～380）	230	300	600	64	3200	80	150	0.9	
20D361K	360（350～380）	230	300	600	100	4000	120	200	1.4	
07D391K	390（380～420）	250	320	660	10	600	17	85	0.13	
10D391K	390（380～420）	250	320	660	25	1250	40	100	0.4	
12D391K	390（380～420）	250	320	660	36	1800	55	110	0.5	
14D391K	390（380～420）	250	320	660	50	2500	70	130	0.6	
16D391K	390（380～420）	250	320	660	64	3200	90	150	0.8	
20D391K	390（380～420）	250	320	660	100	4000	130	200	1.2	
07D431K	430（420～450）	275	350	720	10	600	20	85	0.12	
10D431K	430（420～450）	275	350	720	25	1250	45	100	0.3	
12D431K	430（420～450）	275	350	720	36	1800	60	110	0.4	
14D431K	430（420～450）	275	350	720	50	2500	75	130	0.5	
16D431K	430（420～450）	275	350	720	64	3200	95	150	0.7	
20D431K	430（420～450）	275	350	720	100	4000	140	200	1.0	
07D471K	470（450～517）	300	385	795	10	600	20	85	0.11	
10D471K	470（450～517）	300	385	795	25	1250	45	100	0.25	
12D471K	470（450～517）	300	385	795	36	1800	60	110	0.35	
14D471K	470（450～517）	300	385	795	50	2500	80	130	0.45	

MYG3型

中国科学院力学研究所、北京中科天力电子有限公司

型 号	压敏电压	最大连续工作电压		最大限制电压(8/20μs)	最大峰值电流			脉冲电流寿命值8/20μs 10⁴ 次	电容量(参考值)1kHz	生产厂
					8/20μs 2 次	2ms				
	V	V_AC	V_DC	V	A	A	J	A	μF	
16D471K	470（450～517）	300	385	795	64	3200	105	150	0.6	
20D471K	470（450～517）	300	385	795	100	4000	150	200	0.9	
10D561K	560（517～600）	320	450	945	25	1250	30	100	0.2	
12D561K	560（517～600）	320	450	945	36	1800	45	110	0.3	
14D561K	560（517～600）	320	450	945	50	2500	80	130	0.4	
16D561K	560（517～600）	320	450	945	64	3200	105	150	0.55	
20D561K	560（517～600）	320	450	945	100	4000	150	200	0.8	
10D621K	620（600～660）	385	505	1050	25	1250	45	100	0.18	
12D621K	620（600～660）	385	505	1050	36	1800	65	110	0.25	
14D621K	620（600～660）	385	505	1050	50	2500	85	130	0.35	
16D621K	620（600～660）	385	505	1050	64	3200	105	150	0.45	
20D621K	620（600～660）·	385	505	1050	100	4000	150	200	0.7	
10D681K	680（660～730）	420	565	1090	25	1250	45	100	0.16	
12D681K	680（660～730）	420	565	1090	36	1800	65	110	0.23	
14D681K	680（660～730）	420	565	1090	50	2500	90	130	0.3	中国科学院力学研究所、北京中科天力电子有限公司
16D681K	680（660～730）	420	565	1090	64	3200	110	150	0.4	
20D681K	680（660～730）	420	565	1090	100	4000	160	200	0.6	
10D751K	750（730～800）	460	615	1200	25	1250	50	100	0.14	
12D751K	750（730～800）	460	615	1200	36	1800	75	110	0.19	
14D751K	750（730～800）	460	615	1200	50	2500	100	130	0.25	
16D751K	750（730～800）	460	615	1200	64	3200	125	150	0.35	
20D751K	750（730～800）	460	615	1200	100	4000	175	200	0.55	
10D781K	780（702～858）	480	640	1250	25	1250	52	100	0.13	
12D781K	780（702～858）	480	640	1250	36	1800	78	110	0.18	
14D781K	780（702～858）	480	640	1250	50	2500	105	130	0.25	
16D781K	780（702～858）	480	640	1250	64	3200	130	150	0.32	
20D781K	780（702～858）	480	640	1250	100	4000	182	200	0.53	
10D821K	820（800～890）	510	670	1315	25	1250	55	100	0.12	
12D821K	820（800～890）	510	670	1315	36	1800	80	110	0.17	
14D821K	820（800～890）	510	670	1315	50	2500	110	130	0.22	
16D821K	820（800～890）	510	670	1315	64	3200	135	150	0.30	
20D821K	820（800～890）	510	670	1315	100	4000	190	200	0.50	

MYG3 型

型　号	压敏电压	最大连续工作电压		最大限制电压（8/20μs）	最大峰值电流		脉冲电流寿命值 8/20μs 10⁴ 次	电容量（参考值）1kHz	生产厂
					8/20μs 2 次	2ms			
	V	V_{AC}	V_{DC}	V	A	A	J	A	μF

型　号	压敏电压 V	V_{AC}	V_{DC}	V	A	A	J	A	μF	生产厂
10D911K	910（890～990）	550	745	1460	25	1250	60	100	0.11	
12D911K	910（890～990）	550	745	1460	36	1800	90	110	0.15	
14D911K	910（890～990）	550	745	1460	50	2500	120	130	0.20	
16D911K	910（890～990）	550	745	1460	64	3200	150	150	0.28	
20D911K	910（890～990）	550	745	1460	100	4000	215	200	0.40	
10D102K	1000(990～1080)	625	825	1600	25	1250	65	100	0.10	
12D102K	1000(990～1080)	625	825	1600	36	1800	95	110	0.14	
14D102K	1000(990～1080)	625	825	1600	50	2500	130	130	0.18	
16D102K	1000(990～1080)	625	825	1600	64	3200	160	150	0.25	中国科学院力学研究所、北京中科天力电子有限公司
20D102K	1000(990～1080)	625	825	1600	100	4000	230	200	0.35	
10D112K	1100(1080～1200)	680	895	1760	25	1250	70	100	0.09	
12D112K	1100(1080～1200)	680	895	1760	36	1800	105	110	0.12	
14D112K	1100(1080～1200)	680	895	1760	50	2500	140	130	0.16	
16D112K	1100(1080～1200)	680	895	1760	64	3200	175	150	0.22	
20D112K	1100(1080～1200)	680	895	1760	100	4000	250	200	0.32	
10D182K	1800(1620～1980)	1000	1465	2900	25	1250	75	100	0.08	
12D182K	1800(1620～1980)	1000	1465	2900	36	1800	130	110	0.11	
14D182K	1800(1620～1980)	1000	1465	2900	50	2500	240	130	0.14	
16D182K	1800(1620～1980)	1000	1465	2900	64	3200	290	150	0.17	
20D182K	1800(1620～1980)	1000	1465	2900	100	4000	400	200	0.25	

型号栏左侧标注：MYG3 型

表 23 - 83　通用型压敏电阻器外形尺寸

单位：mm

规格	D_{max}	L	C	H_{max}	ϕ_d	F	生产厂
7D	9.5		5.0	5.2～7.0	0.7		
10D	14.0		7.5	5.3～14.0	0.7		
12D	16.0		7.5	5.4～14.0	0.7		中国科学院力学研究所、北京中科天力电子有限公司
14D	17.5	30±5	7.5	5.5～14.0	0.7	3～5	
16D	20.0		10.0	5.7～14.0	1.0		
20D	24.0		10.0	5.8～14.0	1.0		

MYL10 型等，其通流能量（8/20μs）从 3～100kA，广泛应用于电力输变电、铁路信号、通讯建筑等的雷电电涌和操作电涌防护。

二、型号含义

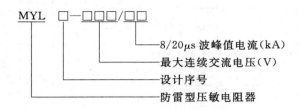

MYL □—□□□/□□

- 8/20μs 波峰值电流（kA）
- 最大连续交流电压（V）
- 设计序号
- 防雷型压敏电阻器

三、特点

(1) 结构简单，使用可靠。

(2) 通流容量大，为 3～100kA。

(3) 使用电压范围宽。

(4) 种类多，可实现不同的安装方式。

四、技术数据

该系列产品技术数据，见表 23-84、表 23-85。

表 23-84 MYL 型防雷用压敏电阻器技术数据

型　　号	规定电流下的电压 V_{1mA}（V）	最大持续电压（V）		限制电压		最大峰值电流 8/20μs 2 次（kA）	能量耐量 2ms 1 次（A）	漏电流（μA）	备注	生产厂
		AC	DC	V_P（V）	I_P（A）					
MYL1—30/3	47	30	38	105						
MYL1—35/3	56	35	45	125						
MYL1—40/3	68	40	56	150	50	3		≤40		
MYL1—50/3	82	50	65	180						
MYL1—60/3	100	60	85	220						
MYL1—75/3	120	75	100	265						
MYL1—95/5	150	95	125	300						
MYL1—115/5	180	115	150	340			150		MYL1—25	西安神电电器有限公司
MYL1—130/5	200	130	170	350						
MYL1—140/5	220	140	180	375						
MYL1—150/5	240	150	200	395	150	5		≤20		
MYL1—175/5	270	175	225	455						
MYL1—195/5	300	195	250	505						
MYL1—215/5	330	215	275	555						
MYL1—230/5	360	230	300	595						
MYL1—250/5	390	250	320	650						

续表 23－84

型　　号	规定电流下的电压 V_{1mA}（V）	最大持续电压（V）		限制电压		最大峰值电流 $8/20\mu s$ 2次（kA）	能量耐量 2ms 1次（A）	漏电流（μA）	备注	生产厂
		AC	DC	V_P（V）	I_P（A）					
MYL1—275/5	430	275	350	710						
MYL1—300/5	470	300	385	775						
MYL1—320/5	510	320	415	845						
MYL1—365/5	560	365	465	925						
MYL1—385/5	620	385	505	1025						
MYL1—420/5	680	420	560	1120					MYL1 —25	
MYL1—460/5	750	460	615	1240	150	5	150	≤20		
MYL1—485/5	780	485	640	1290						
MYL1—510/5	820	510	670	1355						
MYL1—550/5	910	550	745	1500						
MYL1—625/5	1000	625	825	1650						
MYL1—680/5	1100	680	895	1815						
MYL1—30/5	47	30	38	105						
MYL1—35/5	56	35	45	125						
MYL1—40/5	68	40	56	150						
MYL1—50/5	82	50	65	180	75	5		≤40		
MYL1—60/5	100	60	85	220						
MYL1—75/5	120	75	100	265						西安神电电器有限公司
MYL1—95/5	150	95	125	300						
MYL1—115/10	180	115	150	340						
MYL1—130/10	200	130	170	350						
MYL1—140/10	220	140	180	375			200		MYL1 —32	
MYL1—150/10	240	150	200	395						
MYL1—175/10	270	175	225	455						
MYL1—195/10	300	195	250	505				≤20		
MYL1—215/10	330	215	275	555	200	10				
MYL1—230/10	360	230	300	595						
MYL1—250/10	390	250	320	650						
MYL1—275/10	430	275	350	710						
MYL1—300/10	470	300	385	775						
MYL1—320/10	510	320	415	845						
MYL1—365/10	560	365	465	925						

型 号	规定电流下的电压 V_{1mA} (V)	最大持续电压 (V)		限制电压		最大峰值电流 8/20μs 2次 (kA)	能量耐量 2ms 1次 (A)	漏电流 (μA)	备注	生产厂
		AC	DC	V_P (V)	I_P (A)					
MYL1—385/10	620	385	505	1025						
MYL1—420/10	680	420	560	1120						
MYL1—460/10	750	460	615	1240						
MYL1—485/10	780	485	640	1290		200	10	200	≤20	MYL1—32	
MYL1—510/10	820	510	670	1355							
MYL1—550/10	910	550	745	1500							
MYL1—625/10	1000	625	825	1650							
MYL1—680/10	1100	680	895	1815							
MYL1—30/10	47	30	38	105							
MYL1—35/10	56	35	45	125							
MYL1—40/10	68	40	56	150		125	10		≤40		
MYL1—50/10	82	50	65	180							
MYL1—60/10	100	60	85	220							
MYL1—75/10	120	75	100	265							
MYL1—95/20	150	95	125	300							西安神电电器有限公司
MYL1—115/20	180	115	150	340							
MYL1—130/20	200	130	170	350							
MYL1—140/20	220	140	180	375							
MYL1—150/20	240	150	200	395							
MYL1—175/20	270	175	225	455				250		MYL1—40	
MYL1—195/20	300	195	250	505							
MYL1—215/20	330	215	275	555							
MYL1—230/20	360	230	300	595		250	20		≤20		
MYL1—250/20	390	250	320	650							
MYL1—275/20	430	275	350	710							
MYL1—300/20	470	300	385	775							
MYL1—320/20	510	320	415	845							
MYL1—365/20	560	365	465	925							
MYL1—385/20	620	385	505	1025							
MYL1—420/20	680	420	560	1120							
MYL1—460/20	750	460	615	1240							
MYL1—485/20	780	485	640	1290							

型　号	规定电流下的电压 V_{1mA} (V)	最大持续电压 (V)		限制电压		最大峰值电流 8/20μs 2次 (kA)	能量耐量 2ms 1次 (A)	漏电流 (μA)	备注	生产厂
		AC	DC	V_P (V)	I_P (A)					
MYL1—510/20	820	510	670	1355						
MYL1—550/20	910	550	745	1500		250	20	250	≤20	MYL1 —40
MYL1—625/20	1000	625	825	1650						
MYL1—680/20	1100	680	895	1815						
MYL2—30/5	47	30	38	105						
MYL2—35/5	56	35	45	125						
MYL2—40/5	68	40	56	150		75	5			
MYL2—50/5	82	50	65	180						
MYL2—60/5	100	60	85	220						
MYL2—75/5	120	75	100	265						
MYL2—95/20	150	95	125	300						
MYL2—115/20	180	115	150	340						
MYL2—130/20	200	130	170	350						
MYL2—140/20	220	140	180	375						
MYL2—150/20	240	150	200	395						西安神电电器有限公司
MYL2—175/20	270	175	225	455						
MYL2—195/20	300	195	250	505						
MYL2—215/20	330	215	275	555				200	≤20	MYL2
MYL2—230/20	360	230	300	595		200	20			
MYL2—250/20	390	250	320	650						
MYL2—275/20	430	275	350	710						
MYL2—300/20	470	300	385	775						
MYL2—320/20	510	320	415	845						
MYL2—365/20	560	365	465	925						
MYL2—385/20	620	385	505	1025						
MYL2—420/20	680	420	560	1120						
MYL2—460/20	750	460	615	1240						
MYL2—485/20	780	485	640	1290						
MYL2—510/20	820	510	670	1355						
MYL2—550/20	910	550	745	1500						
MYL2—95/40	150	95	125	300			40			
MYL2—115/40	180	115	150	340						

续表 23-84

型　号	规定电流下的电压 V_{1mA} (V)	最大持续电压 (V)		限制电压		最大峰值电流 8/20μs 2次 (kA)	能量耐量 2ms 1次 (A)	漏电流 (μA)	备注	生产厂
		AC	DC	V_P (V)	I_P (A)					
MYL2—130/40	200	130	170	350						
MYL2—140/40	220	140	180	375						
MYL2—150/40	240	150	200	295						
MYL2—175/40	270	175	225	455						
MYL2—195/40	300	195	250	505						
MYL2—215/40	330	215	275	555						
MYL2—230/40	360	230	300	595						
MYL2—250/40	390	250	320	650						
MYL2—275/40	430	275	350	710	200	40	200	≤20	MYL2	
MYL2—300/40	470	300	385	775						
MYL2—320/40	510	320	415	845						
MYL2—365/40	560	365	465	925						
MYL2—385/40	620	385	505	1025						
MYL2—420/40	680	420	560	1120						
MYL2—460/40	750	460	615	1240						西安神电电器有限公司
MYL2—485/40	780	485	640	1290						
MYL2—510/40	820	510	670	1355						
MYL2—550/40	910	550	745	1500						
MYL2A—30/1	47	30	38	93						
MYL2A—35/1	56	35	45	110	20	1	125			
MYL2A—40/1	68	40	56	135						
MYL2A—50/4	82	50	65	135						
MYL2A—60/4	100	60	85	165						
MYL2A—75/4	120	75	100	200						
MYL2A—95/4	150	95	125	250				≤10	MYL 2A	
MYL2A—130/4	180	130	170	340						
MYL2A—140/4	220	140	180	360	100	4	100			
MYL2A—150/4	240	150	200	395						
MYL2A—175/4	270	175	225	455						
MYL2A—230/4	360	230	300	595						
MYL2A—250/4	390	250	320	650						
MYL2A—275/4	430	275	350	710						

型　号	规定电流下的电压 V_{1mA} (V)	最大持续电压 (V)		限制电压		最大峰值电流 8/20μs 2次 (kA)	能量耐量 2ms 1次 (A)	漏电流 (μA)	备注	生产厂
		AC	DC	V_P (V)	I_P (A)					
MYL2A—300/4	470	300	385	775						
MYL2A—385/4	620	385	505	1025						
MYL2A—420/4	680	420	560	1120						
MYL2A—460/4	750	460	615	1240	100	4	100	≤10	MYL 2A	
MYL2A—485/4	780	485	640	1290						
MYL2A—510/4	820	510	670	1500						
MYL2A—550/4	910	550	745	1500						
MYL3—30/3	47	30	38	105						
MYL3—35/3	56	35	45	125						
MYL3—40/3	68	40	56	150						
MYL3—50/3	82	50	65	180	50	3		≤40		
MYL3—60/3	100	60	85	220						
MYL3—75/3	120	75	100	265						
MYL3—95/5	150	95	125	300						西安神电电器有限公司
MYL3—115/5	180	115	150	340						
MYL3—130/5	200	130	170	350						
MYL3—140/5	220	140	180	375						
MYL3—150/5	240	150	200	395						
MYL3—175/5	270	175	225	455						
MYL3—195/5	300	195	250	505			150		MYL3	
MYL3—215/5	330	215	275	555						
MYL3—230/5	360	230	300	595						
MYL3—250/5	390	250	320	650	150	5		≤20		
MYL3—275/5	430	275	350	710						
MYL3—300/5	470	300	385	775						
MYL3—320/5	510	320	415	845						
MYL3—365/5	560	365	465	925						
MYL3—385/5	620	385	505	1025						
MYL3—420/5	680	420	560	1120						
MYL3—460/5	750	460	615	1240						
MYL3—485/5	780	485	640	1290						
MYL3—510/5	820	510	670	1355						

续表 23－84

型 号	规定电流下的电压 V_{1mA}（V）	最大持续电压（V）		限制电压		最大峰值电流 8/20μs 2 次（kA）	能量耐量 2ms 1 次（A）	漏电流（μA）	备注	生产厂
		AC	DC	V_P（V）	I_P（A）					
MYL3—550/5	910	550	745	1500						
MYL3—625/5	1000	625	825	1650	150	5	150	≤20		
MYL3—680/5	1100	685	895	1815						
MYL3—30/5	47	30	38	105						
MYL3—35/5	56	35	45	125						
MYL3—40/5	68	40	56	150	75	5		≤40		
MYL3—50/5	82	50	65	180						
MYL3—60/5	100	60	85	220						
MYL3—75/5	120	75	100	265						
MYL3—95/10	150	95	125	300						
MYL3—115/10	180	115	150	340						
MYL3—130/10	200	130	170	350						
MYL3—140/10	220	140	180	375						
MYL3—150/10	240	150	200	395						
MYL3—175/10	270	175	225	455						
MYL3—195/10	300	195	250	505					MYL3	西安神电电器有限公司
MYL3—215/10	330	215	275	555						
MYL3—230/10	360	230	300	595			200			
MYL3—250/10	390	250	320	650						
MYL3—275/10	430	275	350	710		10				
MYL3—300/10	470	300	385	775	200			≤20		
MYL3—320/10	510	320	415	845						
MYL3—365/10	560	365	465	925						
MYL3—385/10	620	385	505	1025						
MYL3—420/10	680	420	560	1120						
MYL3—460/10	750	460	615	1240						
MYL3—485/10	780	485	640	1290						
MYL3—510/10	820	510	670	1355						
MYL3—550/10	910	550	745	1500						
MYL3—625/10	1000	625	825	1650						
MYL3—680/10	1100	680	895	1815						
MYL3—95/20	150	95	125	300		20				

续表 23-84

型　　号	规定电流下的电压 V_{1mA}（V）	最大持续电压（V）		限制电压		最大峰值电流 8/20μs 2次（kA）	能量耐量 2ms 1次（A）	漏电流（μA）	备注	生产厂
		AC	DC	V_P（V）	I_P（A）					
MYL3—115/20	180	115	150	340						
MYL3—130/20	200	130	170	350						
MYL3—140/20	220	140	180	375						
MYL3—150/20	240	150	200	395						
MYL3—175/20	270	175	225	455						
MYL3—195/20	300	195	250	505						
MYL3—215/20	330	215	275	555						
MYL3—230/20	360	230	300	595						
MYL3—250/20	390	250	320	650						
MYL3—275/20	430	275	350	710	200	20	200	≤20	MYL3	
MYL3—300/20	470	300	385	775						
MYL3—320/20	510	320	415	845						
MYL3—365/20	560	365	465	925						
MYL3—385/20	620	385	505	1025						
MYL3—420/20	680	420	560	1120						
MYL3—460/20	750	460	615	1240						西安神电电器有限公司
MYL3—485/20	780	485	640	1290						
MYL3—510/20	820	510	670	1355						
MYL3—550/20	910	550	745	1500						
MYL4—130/10	200（180～220）	130	170	350						
MYL4—140/10	220（198～242）	140	180	375						
MYL4—150/10	240（216～264）	150	200	395						
MYL4—175/10	270（243～297）	175	225	455						
MYL4—215/10	330（297～363）	215	275	555						
MYL4—230/10	360（324～396）	230	300	595						
MYL4—250/10	390（351～429）	250	320	650	150	10	150	≤10	MYL4	
MYL4—275/10	430（387～473）	275	350	710						
MYL4—300/10	470（423～517）	300	385	775						
MYL4—320/10	510（495～561）	320	415	845						
MYL4—365/10	560（504～616）	365	465	925						
MYL4—385/10	620（558～682）	385	505	1025						
MYL4—420/10	680（612～748）	420	560	1120						

型 号	规定电流下的电压 V_{1mA} (V)	最大持续电压 (V)		限制电压		最大峰值电流 8/20μs 2次 (kA)	能量耐量 2ms 1次 (A)	漏电流 (μA)	备注	生产厂
		AC	DC	V_P (V)	I_P (A)					
MYL5—130/10	200 (180~220)	130	170	350						
MYL5—140/10	220 (198~242)	140	180	375						
MYL5—150/10	240 (216~264)	150	200	395						
MYL5—175/10	270 (243~297)	175	225	455						
MYL5—215/10	330 (297~363)	215	275	555						
MYL5—230/10	360 (324~396)	230	300	595						
MYL5—250/10	390 (351~429)	250	320	650	150	10	150	≤15	MYL5	
MYL5—275/10	430 (387~473)	275	350	710						
MYL5—300/10	470 (423~517)	300	385	775						
MYL5—320/10	510 (495~561)	320	415	845						
MYL5—365/10	560 (504~616)	365	465	925						
MYL5—385/10	620 (558~682)	385	505	1025						
MYL5—420/10	680 (612~748)	420	560	1120						西安神电电器有限公司
MYL6—180/10	180	115	150	340						
MYL6—200/10	200	130	170	350						
MYL6—220/10	220	140	180	375						
MYL6—240/10	240	150	200	395						
MYL6—270/10	270	175	225	455						
MYL6—300/10	300	195	250	505						
MYL6—330/10	330	215	275	555						
MYL6—360/10	360	230	300	595						
MYL6—390/10	390	250	320	650						
MYL6—430/10	430	275	350	710	200	10	200	≤20	MYL6—10kA	
MYL6—470/10	470	300	385	775						
MYL6—510/10	510	320	415	845						
MYL6—560/10	560	365	465	925						
MYL6—620/10	620	385	505	1025						
MYL6—680/10	680	420	560	1120						
MYL6—750/10	750	460	615	1240						
MYL6—780/10	780	485	640	1290						
MYL6—820/10	820	510	670	1355						
MYL6—910/10	910	550	745	1500						

型号	规定电流下的电压 V_{1mA}（V）	最大持续电压（V）		限制电压		最大峰值电流 8/20μs 2次（kA）	能量耐量 2ms 1次（A）	漏电流（μA）	备注	生产厂
		AC	DC	V_P（V）	I_P（A）					
MYL6—1000/10	1000	625	825	1650		200	10	200	≤20	MYL6—10kA	
MYL6—1100/10	1100	680	895	1815							
MYL6—220/20	220	140	180	375							
MYL6—240/20	240	150	200	395							
MYL6—270/20	270	175	225	455							
MYL6—300/20	300	195	250	505							
MYL6—330/20	330	215	275	555							
MYL6—360/20	360	230	300	595							
MYL6—390/20	390	250	320	650							
MYL6—430/20	430	275	350	710							
MYL6—470/20	470	300	385	775							
MYL6—510/20	510	320	415	845		200	20	200	≤20	MYL6—20kA	
MYL6—560/20	560	365	465	925							
MYL6—620/20	620	385	505	1025							
MYL6—680/20	680	420	560	1120							
MYL6—750/20	750	460	615	1240							西安神电电器有限公司
MYL6—780/20	780	485	640	1290							
MYL6—820/20	820	510	670	1355							
MYL6—910/20	910	550	745	1500							
MYL6—1000/20	1000	625	825	1650							
MYL6—1100/20	1100	680	895	1815							
MYL6—220/40	220	140	180	375							
MYL6—240/40	240	150	200	395							
MYL6—270/40	270	175	225	455							
MYL6—300/40	300	195	250	505							
MYL6—330/40	330	215	275	555							
MYL6—360/40	360	230	300	595		500	40	500	≤20	MYL6—40kA	
MYL6—390/40	390	250	320	650							
MYL6—430/40	430	275	350	710							
MYL6—470/40	470	300	385	775							
MYL6—510/40	510	320	415	845							
MYL6—560/40	560	365	465	925							

型 号	规定电流下的电压 V_{1mA} (V)	最大持续电压 (V)		限制电压		最大峰值电流 8/20μs 2次 (kA)	能量耐量 2ms 1次 (A)	漏电流 (μA)	备注	生产厂
		AC	DC	V_P (V)	I_P (A)					
MYL6—620/40	620	385	505	1025						
MYL6—680/40	680	420	560	1120						
MYL6—750/40	750	460	615	1240						
MYL6—780/40	780	485	640	1290	500	40	500	≤20	MYL6—40kA	
MYL6—820/40	820	510	670	1355						
MYL6—910/40	910	550	745	1500						
MYL6—1000/40	1000	625	825	1650						
MYL6—1100/40	1100	680	895	1815						
MYL6—220/65	220	140	180	375						
MYL6—240/65	240	150	200	395						
MYL6—270/65	270	175	225	455						
MYL6—300/65	300	195	250	505						
MYL6—330/65	330	215	275	555						
MYL6—360/65	360	230	300	595						
MYL6—390/65	390	250	320	650						
MYL6—430/65	430	275	350	710						西安神电电器有限公司
MYL6—470/65	470	300	385	775						
MYL6—510/65	510	320	415	845	500	65	500	≤20	MYL6—65kA	
MYL6—560/65	560	365	465	925						
MYL6—620/65	620	385	505	1025						
MYL6—680/65	680	420	560	1120						
MYL6—750/65	750	460	615	1240						
MYL6—780/65	780	485	640	1290						
MYL6—820/65	820	510	670	1355						
MYL6—910/65	910	550	745	1500						
MYL6—1000/65	1000	625	825	1650						
MYL6—1100/65	1100	680	895	1815						
MYL7—95/20	150	95	125	300						
MYL7—115/20	180	115	150	340						
MYL7—130/20	200	130	170	350	200	20	200	≤20	MYL7—20kA	
MYL7—140/20	220	140	180	375						
MYL7—150/20	240	150	200	395						

续表 23-84

型　　号	规定电流下的电压 V_{1mA}（V）	最大持续电压（V）		限制电压		最大峰值电流 8/20μs 2次（kA）	能量耐量 2ms 1次（A）	漏电流（μA）	备注	生产厂
		AC	DC	V_P（V）	I_P（A）					
MYL7—175/20	270	175	225	455						
MYL7—195/20	300	195	250	505						
MYL7—215/20	330	215	275	555						
MYL7—230/20	360	230	300	595						
MYL7—250/20	390	250	320	650						
MYL7—275/20	430	275	350	710						
MYL7—300/20	470	300	385	775						
MYL7—320/20	510	320	415	845	200	20	200	≤20	MYL7—20kA	
MYL7—365/20	560	365	465	925						
MYL7—385/20	620	385	505	1025						
MYL7—420/20	680	420	560	1120						
MYL7—460/20	750	460	615	1240						
MYL7—485/20	780	485	640	1290						
MYL7—510/20	820	510	670	1355						
MYL7—550/20	910	550	745	1500						
MYL7—95/40	150	95	125	300						西安神电电器有限公司
MYL7—115/40	180	115	150	340						
MYL7—130/40	200	130	170	350						
MYL7—140/40	220	140	180	375						
MYL7—150/40	240	150	200	395						
MYL7—175/40	270	175	225	455						
MYL7—195/40	300	195	250	505						
MYL7—215/40	330	215	275	555						
MYL7—230/40	360	230	300	595	200	40	250	≤20	MYL7—40kA	
MYL7—250/40	390	250	320	650						
MYL7—275/40	430	275	350	710						
MYL7—300/40	470	300	385	775						
MYL7—320/40	510	320	415	845						
MYL7—365/40	560	365	465	925						
MYL7—385/40	620	385	505	1025						
MYL7—420/40	680	420	560	1120						
MYL7—460/40	750	460	615	1240						

型　号	规定电流下的电压 V_{1mA} (V)	最大持续电压 (V)		限制电压		最大峰值电流 8/20μs 2次 (kA)	能量耐量 2ms 1次 (A)	漏电流 (μA)	备注	生产厂
		AC	DC	V_P (V)	I_P (A)					
MYL7—485/40	780	485	640	1290						
MYL7—510/40	820	510	670	1355	200	40	250	≤20	MYL7 —40kA	
MYL7—550/40	910	550	745	1500						
MYL8—130/70	200	130	170	350						
MYL8—140/70	220	140	180	375						
MYL8—150/70	240	150	200	395						
MYL8—175/70	270	175	225	455						
MYL8—195/70	300	195	250	505						
MYL8—215/70	330	215	275	555						
MYL8—230/70	360	230	300	595						
MYL8—250/70	390	250	320	650						
MYL8—275/70	430	275	350	710						
MYL8—300/70	470	300	385	775						
MYL8—320/70	510	320	415	845	200	70	600	≤30	MYL8	西安神电电器有限公司
MYL8—365/70	560	365	465	925						
MYL8—385/70	620	385	505	1025						
MYL8—420/70	680	420	560	1120						
MYL8—460/70	750	460	615	1240						
MYL8—485/70	780	485	640	1290						
MYL8—510/70	820	510	670	1355						
MYL8—550/70	910	550	745	1500						
MYL8—680/70	1100	680	895	1640						
MYL8—750/70	1200	750	975	1880						
MYL8—880/70	1500	880	1150	2340						
MYL9—95/40	150	95	125	300						
MYL9—115/40	180	115	150	340						
MYL9—130/40	200	130	170	350						
MYL9—140/40	220	140	180	375						
MYL9—150/40	240	150	200	395	200	40	250	≤20	MYL9	
MYL9—175/40	270	175	225	455						
MYL9—195/40	300	195	250	505						
MYL9—215/40	330	215	275	555						

型　号	规定电流下的电压 V_{1mA}（V）	最大持续电压（V）		限制电压		最大峰值电流 8/20μs 2次（kA）	能量耐量 2ms 1次（A）	漏电流（μA）	备注	生产厂
		AC	DC	V_P（V）	I_P（A）					
MYL9—230/40	360	230	300	595						
MYL9—250/40	390	250	320	650						
MYL9—275/40	430	275	350	710						
MYL9—300/40	470	300	385	775						
MYL9—320/40	510	320	415	845						
MYL9—365/40	560	365	465	925	200	40	250	≤20	MYL9	
MYL9—385/40	620	385	505	1025						
MYL9—420/40	680	420	560	1120						
MYL9—460/40	750	460	615	1240						
MYL9—485/40	780	485	640	1290						
MYL9—510/40	820	510	670	1355						
MYL9—550/40	910	550	745	1500						
MYL10—140/60	220（198～242）	140		440						
MYL10—150/60	240（216～264）	150		480						
MYL10—175/60	270（243～297）	175		540						
MYL10—230/60	360（324～396）	230		720						
MYL10—250/60	390（351～429）	250		780						
MYL10—275/60	430（387～473）	275		860						
MYL10—300/60	470（423～517）	300		940						西安神电电
MYL10—320/60	510（495～561）	320		1020	1000	60	500	≤20	MYL10—60kA	器有限公司
MYL10—365/60	560（504～616）	365		1120						
MYL10—385/60	620（558～682）	385		1240						
MYL10—420/60	680（612～748）	420		1360						
MYL10—460/60	750（675～825）	460		1500						
MYL10—510/60	820（738～902）	510		1640						
MYL10—550/60	910（819～1001）	550		1820						
MYL10—625/60	1000（900～1100）	625		2000						
MYL10—680/60	1140（990～1210）	680		2200						
MYL10—140/100	220（198～242）	140		440						
MYL10—150/100	240（216～264）	150		480	2000	100	800	≤20	MYL10—100kA	
MYL10—175/100	270（243～297）	175		540						
MYL10—230/100	360（324～396）	230		720						

型　　号	规定电流下的电压 V₁mA (V)	最大持续电压 (V)		限制电压		最大峰值电流 8/20μs 2次 (kA)	能量耐量 2ms 1次 (A)	漏电流 (μA)	备注	生产厂
		AC	DC	V$_P$ (V)	I$_P$ (A)					
MYL10—250/100	390（351～429）	250		780						
MYL10—275/100	430（387～473）	275		860						
MYL10—300/100	470（423～517）	300		940						
MYL10—320/100	510（495～561）	320		1020						
MYL10—365/100	560（504～616）	365		1120						
MYL10—385/100	620（558～682）	385		1240		2000	100	800	≤20	MYL10 —100kA	西安神电电器有限公司
MYL10—420/100	680（612～748）	420		1360						
MYL10—460/100	750（675～825）	460		1500						
MYL10—510/100	820（738～902）	510		1640						
MYL10—550/100	910（819～1001）	550		1820						
MYL10—625/100	1000（900～1100）	625		2000						
MYL10—680/100	1140（990～1210）	680		2200						

表 23－85　MYL 防雷型压敏电阻器技术数据

型　　号		压敏电压 (V)	最大连续电压 (V)		脉冲电压 (操作限制电压) (V$_{p1}$)		脉冲电压 (雷电限制电压) (V$_{p2}$)		最大峰值电流 (8/20μs) (kA)	最大峰值电流 (2ms) (A)	脉冲电流寿命 (8/20μs) (A)	漏电流 (μA)	电容量 (pF)	生产厂
			AC (有效值)	DC	(8/20s) (V)	I$_{p1}$ (A)	(8/20s) (V)	I$_{p2}$ (kA)						
MYL —32	MYL—47/3	47	30	38	105	50	210	1	3	150	125	≤40	15000	中国科学院力学研究所、北京中科天力电子有限公司
	MYL—56/3	56	35	45	125	50	250	1	3	150	125	≤40	13000	
	MYL—68/3	68	40	56	150	50	300	1	3	150	125	≤40	10000	
	MYL—82/3	82	50	65	180	50	360	1	3	150	125	≤40	8500	
	MYL—100/3	100	60	85	220	50	440	1	3	150	125	≤40	7000	
	MYL—120/3	120	75	100	265	50	530	1	3	150	125	≤40	6000	
	MYL—150/3	150	95	125	300	50	630	1	3	150	125	≤40	5000	
	MYL—180/3	180	115	150	340	50	650	1	3	150	125	≤40	4000	
	MYL—200/5	200	130	170	350	150	660	3	5	150	250	≤20	3400	
	MYL—220/5	220	140	180	375	150	700	3	5	150	250	≤20	3200	
	MYL—240/5	240	150	200	395	150	765	3	5	150	250	≤20	3000	
	MYL—270/5	270	175	225	455	150	860	3	5	150	250	≤20	2200	
	MYL—330/5	330	215	275	555	150	1040	3	5	150	250	≤20	2000	

型　　号		压敏电压（V）	最大连续电压（V）		脉冲电压（操作限制电压）（V_{p1}）		脉冲电压（雷电限制电压）（V_{p2}）		最大峰值电流（8/20μs）（kA）	最大峰值电流（2ms）（A）	脉冲电流寿命（8/20μs）（A）	漏电流（μA）	电容量（pF）	生产厂
			AC（有效值）	DC	（8/20s）（V）	I_{p1}（A）	（8/20s）（V）	I_{p2}（kA）						
MYL—32	MYL—360/5	360	230	300	595	150	1100	3	5	150	250	≤20	1900	中国科学院力学研究所、北京中科天力电子有限公司
	MYL—390/5	390	250	320	650	150	1200	3	5	150	250	≤20	1800	
	MYL—430/5	430	275	350	710	150	1325	3	5	150	250	≤20	1500	
	MYL—470/5	470	300	385	775	150	1450	3	5	150	250	≤20	1500	
	MYL—510/5	510	320	415	845	150	1570	3	5	150	250	≤20	1400	
	MYL—560/5	560	365	465	925	150	1725	3	5	150	250	≤20	1350	
	MYL—620/5	620	385	505	1025	150	1910	3	5	150	250	≤20	1300	
	MYL—680/5	680	420	560	1120	150	2095	3	5	150	250	≤20	1250	
	MYL—750/5	750	460	65	1240	150	2310	3	5	150	250	≤20	1200	
	MYL—780/5	780	485	640	1290	150	2400	3	5	150	250	≤20	1100	
	MYL—820/5	820	510	670	1355	150	2525	3	5	150	250	≤20	1100	
	MYL—910/5	910	550	745	1500	150	2800	3	5	150	250	≤20	1000	
	MYL—1000/5	1000	625	825	1650	150	3080	3	5	150	250	≤20	500	
	MYL—1100/5	1100	680	895	1815	150	3380	3	5	150	250	≤20	400	
	MYL—47/5	47	30	38	105	75	210	2.5	5	200	150	≤40	27000	
	MYL—56/5	56	35	45	125	75	250	2.5	5	200	150	≤40	23000	
	MYL—68/5	68	40	56	150	75	300	2.5	5	200	150	≤40	18000	
	MYL—82/5	82	50	65	180	75	360	2.5	5	200	150	≤40	15000	
	MYL—100/5	100	60	85	220	75	440	2.5	5	200	150	≤40	13000	
	MYL—120/5	120	75	100	265	75	530	2.5	5	200	150	≤40	10000	
	MYL—150/5	150	95	125	300	75	630	2.5	5	200	150	≤40	9000	
	MYL—180/5	180	115	150	340	75	650	2.5	5	200	150	≤40	8000	
	MYL—200/10	200	130	170	350	200	660	5	10	200	300	≤20	5500	
	MYL—220/10	220	140	180	375	200	700	5	10	200	300	≤20	5200	
	MYL—240/10	240	150	200	395	200	765	5	10	200	300	≤20	5000	
	MYL—270/10	270	175	225	455	200	860	5	10	200	300	≤20	4200	
	MYL—330/10	330	215	275	555	200	1040	5	10	200	300	≤20	4000	
	MYL—360/10	360	230	295	595	200	1110	5	10	200	300	≤20	3500	
	MYL—390/10	390	250	320	650	200	1200	5	10	200	300	≤20	3000	

型　号	压敏电压(V)	最大连续电压(V)		脉冲电压(操作限制电压)(V_{p1})		脉冲电压(雷电限制电压)(V_{p2})		最大峰值电流(8/20μs)(kA)	最大峰值电流(2ms)(A)	脉冲电流寿命(8/20μs)(A)	漏电流(μA)	电容量(pF)	生产厂
		AC(有效值)	DC	(8/20s)(V)	I_{p1}(A)	(8/20s)(V)	I_{p2}(kA)						
MYL—32													
MYL—430/10	430	275	350	710	200	1325	5	10	200	300	≤20	2500	中国科学院力学研究所、北京中科天力电子有限公司
MYL—470/10	470	300	385	775	200	1450	5	10	200	300	≤20	2500	
MYL—510/10	510	320	415	845	200	1570	5	10	200	300	≤20	2400	
MYL—560/10	560	365	465	925	200	1725	5	10	200	300	≤20	2300	
MYL—620/10	620	385	505	1025	200	1910	5	10	200	300	≤20	2200	
MYL—680/10	680	420	560	1120	200	2095	5	10	200	300	≤20	2100	
MYL—750/10	750	460	65	1240	200	2310	5	10	200	300	≤20	2000	
MYL—780/10	780	485	640	1290	200	2400	5	10	200	300	≤20	1900	
MYL—850/10	820	510	670	1355	200	2525	5	10	200	300	≤20	1800	
MYL—910/10	910	550	745	1500	200	2800	5	10	200	300	≤20	1700	
MYL—1000/10	1000	625	825	1650	200	3080	5	10	200	300	≤20	1000	
MYL—1100/10	1100	680	895	1815	200	3380	5	10	200	300	≤20	800	
MYL—40													
MYL—47/10	47	30	38	105	125	210	5	10	250	200	≤40	55000	
MYL—56/10	56	35	45	125	125	250	5	10	250	200	≤40	46000	
MYL—68/10	68	40	56	150	125	300	5	10	250	200	≤40	38000	
MYL—82/10	82	50	65	180	125	360	5	10	250	200	≤40	30000	
MYL—100/10	100	60	85	220	125	440	5	10	250	200	≤40	25000	
MYL—120/10	120	75	100	265	125	530	5	10	250	200	≤40	20000	
MYL—150/10	150	95	125	300	125	630	5	10	250	200	≤40	18000	
MYL—180/10	180	115	150	340	125	650	5	10	250	200	≤40	16000	
MYL—200/20	200	130	170	350	250	660	10	20	250	500	≤20	10000	
MYL—220/20	220	140	180	375	250	700	10	20	250	500	≤20	9000	
MYL—240/20	240	150	200	395	250	765	10	20	250	500	≤20	8000	
MYL—270/20	270	175	225	455	250	860	10	20	250	500	≤20	8000	
MYL—330/20	330	215	275	555	250	1040	10	20	250	500	≤20	7000	
MYL—360/20	360	230	300	595	250	1110	10	20	250	500	≤20	6000	
MYL—390/10	390	250	320	650	250	1200	10	20	250	500	≤20	5000	
MYL—430/20	430	275	350	710	250	1325	10	20	250	500	≤20	4500	
MYL—470/20	470	300	385	775	250	1450	10	20	250	500	≤20	4000	

型号		压敏电压(V)	最大连续电压(V)		脉冲电压(操作限制电压)(V_{p1})		脉冲电压(雷电限制电压)(V_{p2})		最大峰值电流(8/20μs)(kA)	最大峰值电流(2ms)(A)	脉冲电流寿命(8/20μs)(A)	漏电流(μA)	电容量(pF)	生产厂
			AC(有效值)	DC	(8/20s)(V)	I_{p1}(A)	(8/20s)(V)	I_{p2}(kA)						
MYL—40	MYL—510/20	510	320	415	845	250	1570	10	20	250	500	≤20	3800	中国科学院力学研究所、北京中科天力电子有限公司
	MYL—560/20	560	365	465	925	250	1725	10	20	250	500	≤20	3700	
	MYL—620/20	620	385	505	1025	250	1910	10	20	250	500	≤20	3400	
	MYL—680/20	680	420	560	1120	250	2095	10	20	250	500	≤20	3000	
	MYL—750/20	750	460	65	1240	250	2310	10	20	250	500	≤20	2700	
	MYL—780/20	780	485	640	1290	250	2400	10	20	250	500	≤20	2600	
	MYL—820/20	820	510	670	1355	250	2525	10	20	250	500	≤20	2500	
	MYL—910/20	910	550	745	1500	250	2800	10	20	250	500	≤20	2200	
	MYL—1000/20	1000	625	825	1650	250	3080	10	20	250	500	≤20	2000	
	MYL—1100/20	1100	680	895	1815	250	3380	10	20	250	500	≤20	1800	

五、外形及安装尺寸

MYL防雷型压敏电阻器外形及安装尺寸，见图23-25及表23-86~表23-88。

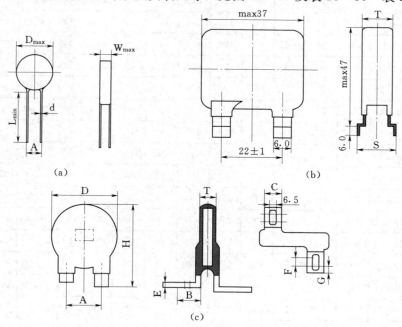

图23-25　MYL防雷型压敏电阻器外形尺寸（西安神电电器有限公司）

(a) MYL1型；(b) MYL9型；(c) MYL10型

表 23-86　MYL 防雷型压敏电阻器外形尺寸　　　　　　单位：mm

型　号	外　形　尺　寸（mm）					生产厂
	D	d	W	A	L	
	max	±0.1	max	±1	min	
MYL1—25	30	1.2	12	17	40	西安神电电器有限公司
MYL1—32	38	1.5	13	25	40	
MYL1—40	48	1.5	13	32	40	
A 型　MYL—25	30	1.2①	12	17	40	中国科学院力学研究所、北京中科天力电子有限公司
MYL—32	38	1.5	13	25	40	
MYL—40	48	2.0②	13	32	40	
C 型	45×28×17					
通流能量	3kA	5kA	10kA	20kA		
B 型	ϕ32×11	ϕ36×14	ϕ42×14	ϕ54×18		

① 允许采用 1.0mm 和 1.5mm 直径。
② 允许采用 1.5mm 直径。

表 23-87　MYL10 型防雷用压敏电阻器外形及安装尺寸

型号	通流能量（kA）	外　形　尺　寸（mm）									生产厂
		A	B	C	D	E	F	G	H	T	
MYL10	60	38±1	20±0.5	15±0.1	≤63	1±0.1	4±0.2	7.5±0.1	≤80	6.5±0.1	西安神电电器有限公司
	100	44±1	40±0.5	20±0.1	≤77	1±0.1	21±0.2	8.5±0.1	≤93	6.5±0.1	

表 23-88　MYL9、MYL10 型防雷用压敏电阻器外形尺寸

型　号	S（±1.0）	T_{max}	生产厂	型　号	S（±1.0）	T_{max}	生产厂
MYL9—130/40	5.0	6.6	西安神电电器有限公司	MYL9—485/40	8.5	10.1	西安神电电器有限公司
MYL9—140/40	5.1	6.7		MYL9—510/40	8.8	10.4	
MYL9—150/40	5.2	6.8		MYL9—550/40	9.3	10.9	
MYL9—175/40	5.4	7.0		MYL10—140/60~175/60		12.0	
MYL9—195/40	5.6	7.2		MYL10—230/60~250/60		13.0	
MYL9—215/40	5.8	7.4		MYL10—275/60~300/60		14.0	
MYL9—230/40	6.0	7.6		MYL10—320/60~365/60		15.0	
MYL9—250/40	6.2	7.6		MYL10—385/60~460/60		16.0	
MYL9—275/40	6.4	8.0		MYL10—510/60~680/60		17.0	
MYL9—300/40	6.7	8.3		MYL10—140/60~175/60		13.0	
MYL9—320/40	6.9	8.5		MYL10—230/60~250/60		15.0	
MYL9—365/40	7.2	8.8		MYL10—275/60~300/60		16.0	
MYL9—385/40	7.6	9.2		MYL10—320/60~365/60		17.0	
MYL9—420/40	7.9	9.5		MYL10—385/60~460/60		20.0	
MYL9—460/40	8.3	9.9		MYL10—510/60~680/60		23.0	

23.6 电缆保护器

23.6.1 LHQ (BYL) 系列电缆护层保护器

一、用途

LHQ (BYL) 系列电缆护层保护器用于高压电缆的护层绝缘免受过电压的损害，带计数器电缆护层保护器并能自动记录电缆护层保护器在过电压作用下的放电次数。

二、技术数据

该产品技术数据，见表23-89。

表23-89 LHQ (BYL) 系列电缆护层保护器

型号	系统标称电压（有效值，kV）	残压10kA 8/20μs ≯（有效值，kV）	工频耐受电压/时间（有效值，kV/s）	直流1mA参考电压≮（kV）	0.75U_{1mA}泄漏电流≯（μA）	2ms方波通流容量（A）	伞径 φ（mm）	高度 H（mm）
LHQ—10 BYL—10 LHQJS—10 BYLJS—10	10	6.5	3/2	3.25	50	600	67.5	95
LHQ—35 BYL—35 LHQJS—35 BYLJS—35	35	6.5	5/3	3.25	50	600	67.5	95
LHQ—110—Ⅰ BYL—110—Ⅰ LHQJS—110—Ⅰ BYLJS—110—Ⅰ	110	10.0	5/4	5.5	50	600	67.5	95
LHQ—110—Ⅱ BYL—110—Ⅱ LHQJS—110—Ⅱ BYLJS—110—Ⅱ	110	20.0	10/4	11.0	50	600	113	213
LHQ—220 BYL—220 LHQJS—220 BYLJS—220	220	30.0	6/3	17.0	50	600	113	263

注 LHQJS (BYLJS) 表示带计数器电缆护层保护器。

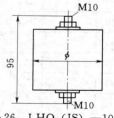

图23-26 LHQ (JS) —10,35、BYL (JS) —10,35、LHQ (JS) —110—Ⅰ、BYL (JS) —110 —Ⅰ型电缆护层保护器

三、外形及安装尺寸

该产品外形及安装尺寸，见图23-26。

四、生产厂

西安神电电器有限公司。

23.6.2 BHQ型电缆护层保护器

一、概述

BHQ系列电缆护层保护器适用于110、220kV电力系统，保护高压电缆的护层绝缘免受过电压的损害。产品

性能符合 Q/JDAC24—99 标准。

二、型号含义

```
BHQ—□
     └── 保护器分类编号
 └── 电缆护层保护器
```

三、使用条件

（1）环境温度（℃）：－40～＋40。

（2）太阳光的辐射。

（3）海拔（m）：＜2000。

（4）电源频率（Hz）：48～62。

四、技术数据

该产品技术数据，见表23-90。

表 23-90 BHQ 系列电缆护层保护器技术数据

型　号	系统额定电压（kV）	直流 1mA 参考电压 ∡（kV）	8/20μs 10kA 雷电冲击电流残压∠（峰值，kV）	2000μs 方波通流容量，18 次（峰值，A）	4/10μs 冲击大电流 2 次（峰值，kA）	工频过电压耐受能力		高度 H（mm）
						电压 有效值，kV	时间 ∠（s）	
BHQ—2	110	3.25	6.5	400	65	2.45	5	104
BHQ—3	220	6	12	500 600		6		120

五、外形及安装尺寸

该产品外形及安装尺寸，见图23-27。

六、生产厂

上海电瓷厂。

23.6.3　DLHB 系列复合绝缘电缆护层保护器

一、概述

DLHB 系列复合绝缘电缆护层保护器，用于保护 10～500kV 的单芯电力电缆护层绝缘免受过电压的损坏。

二、产品特点

（1）密封性能好，绝缘性能佳，抗老化，体积小，重量轻。

（2）免维护。

（3）根据要求安装计数器监测动作次数。

三、技术数据

DLHB 系列技术数据，见表23-91。

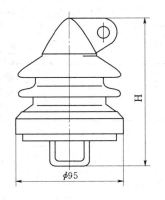

图 23-27　BHQ 型电缆护层保护器外形及安装尺寸

表 23-91 DLHB 系列复合绝缘电缆护层保护器技术数据

型 号	系统额定电压（kV）	工频耐受电压（kV/s）	10kA 残压（8/20μs）≤（kV）	直流参考电压 U_{1mA}（kV）	$0.75U_{1mA}$下漏电流（μA）	重量（kg）
DLHB—10	10					
DLHB—20	20					3.3
DLHB—35	35	5/4	13	5.5		
DLHB—66	66					
DLHB—110（Ⅰ）	110				30	3.6
DLHB—110（Ⅱ）	110	10/4	26	11		
DLHB—220	220	6/3	18	7.0		3.4
DLHB—330	330	5/4	13	5.5		3.6
DLHB—500	500		15（16kA）			

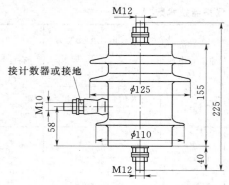

图 23-28 DLHB 系列复合绝缘电缆护层
保护器外形及安装尺寸

接计数器或接地

四、外形及安装尺寸

该产品外形及安装尺寸，见图 23-28。

五、生产厂

大连经济技术开发区法伏安电器有限公司。

23.6.4 BYLJS 系列电缆保护器

一、概述

BYLJS 系列电缆保护层是为了防止电缆护层绝缘免受过电压损害，还具有自动记录保护器在过电压下动作次数的作用。

二、技术数据

该产品的技术数据，见表 23-92。

表 23-92 BYLJS 系列电缆保护器技术数据

型 号	系统额定电压（kV）	工频耐压/时间（kV）	10kA 残压≤（kV）	直流 1mA参考电压≥（kV）	重量（kg）	高度 H（mm）
BYLJS—35	35	5/4	13	5.5	6.2	365
BYLJS—110（Ⅰ）	110	5/4	15	5.5	6.2	365
BYLJS—110（Ⅱ）	110	10/4	30	11.0	6.5	365
BYLJS—220	220	6/3	35	37.0	6.3	365
BYLJS—500	500	5/4	18（16kA）	5.5	6.2	365

三、生产厂

西安电瓷研究所。

23.6.5　氧化锌电缆保护器

一、概述

LYB1—110、220、500kV 电缆保护器是用于保护高压电缆的保护层绝缘免受过电压的损害，具有保护性能可靠稳定、寿命长、结构简单等特点。

二、技术数据

该产品技术数据，见表 23-93。

表 23-93　LYB1—110、220、500kV 电缆保护器技术数据

型　　号	系统标称电压（有效值，kV）	工频耐受电压（有效值，kV）	8/20μs、10kA 雷电冲击残压（峰值，kV）	直流泄漏电流		直流参考电压（1mA）（kV）	重量（kg）
				试验电压（kV）	电流（μA）		
LYB1—110	110	5/4	15	4.1	50	5.5	3
LYB1—110	110	10/4	30	8.2	50	11	5
LYB1—220	220	6/3	35	5.2	50	7.0	4
LYB1—500	500	5/4	(20kAF) 18	4.1	50	5.5	3

三、外形及安装尺寸

该产品外形及安装尺寸，见图 23-29。

四、生产厂

北京电力设备总厂电器厂。

23.6.6　CSP 同轴电缆保护器

一、特点

（1）通流容量大，为 5kA。

（2）频带范围宽，DC—3GHz。

（3）体积小，重量轻，使用寿命长。

（4）N 型、L16 型两种标准接口，安装方便。

二、型号含义

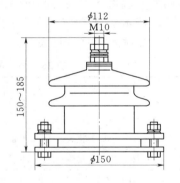

图 23-29　LYB1 型氧化锌电缆保护器
外形及安装尺寸

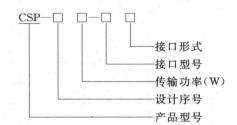

三、技术数据

CSP 同轴电缆保护器技术数据，见表 23-94。

四、生产厂

北京爱劳高科技有限公司。

表 23 - 94　CSP 同轴电缆保护器技术数据

型　　号	CSP—20	CSP—50	CSP—100	CSP—200	CSP—400	CSP—L
频率范围（GHz）	DC—3	DC—3	DC—3	DC—3	DC—3	1.5～1.6
阻抗（Ω）	50	50	50	50	50	50
驻波比	<1.2	<1.2	<1.2	<1.2	<1.2	<1.2
插入损耗（dB）	<0.3	<0.3	<0.3	<0.3	<0.3	<0.2
输出功率（W）	<20	<50	<100	<200	<400	<100
起始放电电压（V）	70	120	180	230	350	6
通流容量（kA）	5	5	5	5	5	10
外形尺寸（mm）	78×47×20	78×47×20	78×47×20	78×47×20	78×47×20	80×52×25
接口型号	L16，Q9，N，L29，7/16 型等					

23.6.7　KO—1G～12G 高频保护连接头

一、概述

高频保护单元 KO（1～12）G 用于保护通过同轴电缆连接在天馈系统上的设备，最大泄放电流 I_{max}＝20kA（8/20μs），确保接收和发射系统的安全，避免直击雷的危害。针对不同的连接器和不同的测试输出端，提供多种选型。

二、技术数据

该产品技术数据，见表 23 - 95。

表 23 - 95　KO—1G～12G 高频保护连接头技术数据

型　　号	频率范围（GHz）	衰减（dB）	阻抗（Ω）	最大发放功率（W）	最大起始电压 U_{2s}（陡度<500V/s）
KO—1G BNC 连接头	0～1	<0.15	50 或 75	50	90
KO—2G BNC 连接头				400	400
KO—3G F/F 连接头 N	0～3	<0.15	50	50	90
KO—3G F/M 连接头 N					
KO—3G M/M 连接头 N					
KO—4G F/F 连接头 N				400	250
KO—4G F/M 连接头 N					
KO—4G M/M 连接头 N					
KO—9GF 连接头（卫星接收）	0～2	<0.15	75	50	90
KO—10G 电话连接	0～1	<1.2		50	90
KO—11G UHF 连接头	0～3	<0.3	50	50	90
KO—12G UHF 连接头				400	250

注　M—凸件，最大泄放电流（8/20μs）～20kA。
　　F—凸件。

三、生产厂

中国科学院力学研究所、北京中科天力电子有限公司。

23.7 弱电设备过电压保护器

23.7.1 标准型单相交流电源防雷器

一、概述

标准型单相交流电源防雷器，属限压型防雷器。适用于防止雷电过电压、操作浪涌过电压和其它瞬态过电压对交流电源系统和用电设备造成的损坏。防雷器技术条件符合国标 GB 18802.1、信息产业部 YD 1235.1 等标准规定。适宜于安装在二级或三级（C/D 级）防护界面上。

二、特点

（1）复合对称电路全模保护，特别适合电网电压波动较大、电磁干扰频繁的地区及单位使用。

（2）支持热插拔更换。

（3）先进的热脱离技术，支持劣化后显示并自动退出系统，防止短路事故。

（4）内置脉冲电流过载保护，防止过量浪涌电流引起的事故。

（5）可安装远程告警干节点，便于远端监控。

（6）选用优质名牌元器件，V0 级阻燃耐高温塑料。

三、技术数据

标准型单相交流电源防雷器技术数据，见表 23 - 96。

表 23 - 96 标准型单相交流电源防雷器技术数据

项 目 型 号		VPA20/K—···			VPA40/K—···		
标称工作电压 U_n		220V					
最大持续工作电压 U_c		275V	320V	385V	275V	320V	385V
最大放电电流 I_{max} （8/20μs）		20kA			40kA		
标称放电电流 I_n （8/20μs）		10kA			20kA		
保护水平 U_p	L—PE N—PE L—N	U10kA	U10kA	U10kA	U20kA	U20kA	U20kA
		≤1500V	≤1600V	≤1700V	≤1500V	≤1600V	≤1700V
响应时间		≤25ns					
遥信端口		干节点导线面积 0.5～1.5mm²					
工作环境		−40～+75℃，相对湿度≤95％（25℃），海拔高度≤3km					

U_c 选择：

U_c275V—电源稳定的良好环境；

U_c320V—电源一般的环境；

U_c385V—电源波动比较大的恶劣环境。

四、生产厂

武汉维京网络科技有限公司。

23.7.2　标准型三相交流电源防雷器

一、概述

标准型三相交流电源防雷器，属限压型防雷器，分为 3＋1 和 4 模块结构。适用于防止雷电过电压、操作浪涌过电压和其它瞬态过电压对交流电源系统与用电设备造成的损坏。防雷器技术条件符合国标 GB 18802.1、信息产业部 YD 1235.1 等标准规定。适宜于安装在二级或三级（C/D 级）防护界面上。

二、特点

（1）3＋NPE 电路，适合电网电压波动较大的地区及单位使用。

（2）支持热插拔更换。

（3）先进的热脱离技术，支持劣化后显示并自动退出系统，防止短路事故。

（4）内置脉冲电流过载保护，防止过量浪涌电流引起的事故。

（5）带有远程告警干节点，便于远端监控。

（6）选用优质名牌元器件，V0 级阻燃耐高温塑料。

三、技术数据

标准型三相交流电源防雷器技术数据，见表 23 - 97。

表 23 - 97　标准型三相交流电源防雷器技术数据

项　目　　　　　型　号			VPA20…				VPA40…			
标称工作电压 U_n			220V							
最大持续工作电压 U_c			320V	385V	420V	450V	320V	385V	420V	450V
最大放电电流 I_{max} （8/20μs）			20kA				40kA			
标称放电电流 I_n （8/20μs）			10kA（8kA）				20kA（15kA）			
保护水平 U_p	3＋1	L—N	U10kA ≤1450V	U10kA ≤1500V	U10kA ≤1600V	U10kA ≤1650V	U20kA ≤1700V	U20kA ≤1800V	U20kA ≤1900V	U20kA ≤2000V
		N—PE	≤900V	≤900V	≤900V	≤900V	≤900V	≤900V	≤900V	≤900V
	4＋0	L—PE	≤1450V	≤1500V	≤1600V	≤1650V	≤1700V	≤1800V	≤1900V	≤2000V
响应时间			≤25ns							
遥信端口			干节点导线面积 0.5～1.5mm²							
工作环境			−40～＋75℃，相对湿度≤95%（25℃），海拔高度≤3km							

U_c 选择：

U_c 320V—电源稳定的良好环境；

U_c 385V—电源一般的环境；

U_c 420V—电源波动比较大的恶劣环境；

U_c 450V—电源波动特别大的恶劣环境。

四、安装

（1）防雷器应安装在 35mm² 标准电气导轨上，导轨应用螺丝紧固。

（2）连接导线应采用 10mm 以上 BVR 铜芯绝缘导线，引接线长度应小于 1m，接地线长度小于 1.5m。

（3）引接线和接地线须连接紧固，防止雷电流通过时产生的线芯收缩造成连接松动。

（4）标准交流电源防雷器的前端应有合适的前备保护，宜选取 C 型脱扣特性，额定电流 32A 的空开。

注意：安装人员应具备相关资质，严禁带电操作，注意人身安全。

五、维护

（1）每年雷雨过后需观察防雷器指示窗口是否变红，变红请及时更换同型号的防雷器（可带电插拔）。

（2）定期检查接线是否松动。

六、生产厂

武汉维京网络科技有限公司。

23.7.3 大通流三相交流电源防雷器

一、概述

大通流（$I_{max} \geqslant 60kA$）三相交流电源防雷器，属限压型防雷器，分为 3＋1 和 4 模块结构。适用于防止雷电过电压、操作浪涌过电压和其它瞬态过电压，对交流电源系统和用电设备造成的损坏。防雷器技术条件符合国标 GB 18802.1、信息产业部 YD 1235.1 等标准规定。适宜安装在一级或二级（B/C）防护界面上。

二、特点

（1）3＋NPE 电路，特别适合电网电压波动较大的地区及单位使用。

（2）先进的热脱离技术，支持劣化后显示自动退出系统，防止短路事故。

（3）内置脉冲电流过载保护，防止过量浪涌电流引起的事故。

（4）带工作状态指示，带有远程告警干节点，便于远端监控。

（5）选用优质名牌元器件，V0 级阻燃耐高温塑料。

三、技术数据

大通流三相交流电源防雷器技术数据，见表 23-98 及表 23-99。

表 23-98 大通流三相交流电源防雷器技术数据（一）

项　目　　　型　号			VPA60…				VPA80…			
标称工作电压 U_n			220V							
最大持续工作电压 U_c			320V	385V	420V	450V	320V	385V	420V	450V
最大放电电流 I_{max} (8/20μs)			60kA				80kA			
标称放电电流 I_n (8/20μs)			30kA（25kA）				40kA（30kA）			
保护水平 U_p	3＋1		U30kA	U30kA	U30kA	U30kA	U40kA	U40kA	U40kA	U40kA
		L—N	≤1550V	≤1650V	≤1750V	≤1850V	≤1650V	≤1750V	≤1850V	≤1900V
		N—PE	≤1000V	≤1000V	≤1000V	≤1000V	≤1000V	≤1000V	≤1000V	≤1000V
	4＋0	L—PE	≤1600V	≤1650V	≤1700V	≤1750V	≤1600V	≤1650V	≤1700V	≤1750V
响应时间			≤25ns							
接入导线面积			火线、零线≥10mm²；地线≥16mm²							
遥信端口			干节点导线面积 0.5～1.5mm²							
工作环境			−40～＋75℃，相对湿度≤95%（25℃），海拔高度≤3km							

U_c 选择：

U_c320V—电源稳定的良好环境；

U_c385V—电源一般的环境；

U_c420V—电源波动比较大的恶劣环境；

U_c450V—电源波动特别大的恶劣环境。

表 23-99 大通流三相交流电源防雷器技术数据（二）

型号 项目			VPA100···				VPA120···			
标称工作电压 U_n			220V							
最大持续工作电压 U_c			320V	385V	420V	450V	320V	385V	420V	450V
最大放电电流 I_{max} (8/20μs)			100kA				120kA			
标称放电电流 I_n (8/20μs)			50kA（40kA）				60kA（50kA）			
保护水平 U_p			U50kA	U50kA	U50kA	U50kA	U60kA	U60kA	U60kA	U60kA
	3+1	L—N	≤1500V	≤1700V	≤1850V	≤1950V	≤1750V	≤1850V	≤1900V	≤1950V
		N—PE	≤1000V	≤1000V	≤1000V	≤1000V	≤1000V	≤1000V	≤1000V	≤1000V
	4+0	L—PE	≤1700V	≤1800V	≤1850V	≤1950V	≤1750V	≤1850V	≤1900V	≤1950V
响应时间			≤25ns							
接入导线面积			火线、零线≥10mm²；地线≥16mm²							
遥信端口			干节点导线面积 0.5~1.5mm²							
工作环境			−40~+75℃，相对湿度≤95%（25℃），海拔高度≤3km							

U_c 选择：

U_c320V—电源稳定的良好环境；

U_c385V—电源一般的环境；

U_c420V—电源波动比较大的恶劣环境；

U_c450V—电源波动特别大的恶劣环境。

四、安装

（1）防雷器应安装在 35mm² 标准电气导轨上，导轨应用螺丝紧固。

（2）连接导线采用 BVR 铜芯绝缘导线，规格参照技术参数表。引接线长度应小于 1m。接地线的长度小于 1.5m。

（3）引接线和接地线，须连接紧固，防止雷电流通过时产生线芯收缩造成连接松动。

（4）防雷器的前端应有合适的前备保护，宜采用 C 型脱扣特性的空开。

注意：安装人员应具备相关资质，严禁带电操作，注意人身安全。

五、维护

（1）每年雷雨过后需目测防雷器指示窗口是否变红。变红请及时更换同型号的防雷器。

（2）定期检查接线是否松动。

六、生产厂

武汉维京网络科技有限公司。

23.7.4 5V 交流电源防雷器

一、概述

LERS—AC 系列产品用于螺丝端子方式连接的一体化交流电涌保护器，防止二次电源线路上由于雷电引起的浪涌过电压对相关设备造成危害，可用于各种交直流变压器输出的电源设备保护，安装于防雷分区 LPZ1—3 界面。

二、特点

(1) 提供 AC 交流电源两线保护。

(2) 通流容量大，响应时间快，保护水平低。

(3) 采用标准导轨安装方式，适用集中接线安装场合。

(4) 多级电压保护，应用范围广泛。

(5) 可对各种二次交流电源进行保护。

三、使用环境

(1) 温度：$-40 \sim +70℃$。

(2) 相对湿度：$\leqslant 95\%$。

(3) 大气压：$70 \sim 106kPa$。

四、技术数据

5V 交流电源防雷器技术数据，见表 23-100。

表 23-100 5V 交流电源防雷器技术数据

型 号	LERS—5V/AC
标称工作电压 U_n	5V
最大持续工作电压 U_c	6V
标称电流 I_L	2A
标称放电电流（$8/20\mu s$）I_n	3kA
最大放电电流（$8/20\mu s$）I_{max}	5kA
线—线电压保护水平（I_n）U_p	$\leqslant 15V$
线—PG 电压保护水平（I_n）U_p	$\leqslant 600V$
响应时间 t_A	$\leqslant 1ns$
带宽 f_G	2MHz
插入损耗 a_E	$\leqslant 0.5dB$
温度范围	$-40 \sim +80℃$
接口类型	螺丝端子
安装接线规格	$1.5 \sim 4mm^2$
外壳材料	PBT 红色阻燃塑料，UL94—V0
安装宽度	23mm（宽），90mm（高）
安装支架	35mmDIN 轨
防护等级	IP20

五、生产厂

深圳市雷尔盛科技有限公司。

23.7.5 12V 交流电源防雷器

一、概述

LERS—AC 系列产品用于螺丝端子方式连接的一体化交流电涌保护器，防止二次电源线路上由于雷电引起的浪涌过电压对相关设备造成危害，可用于各种交直流变压器输出的电源设备保护，安装于防雷分区 LPZ1—3 界面。

二、特点

(1) 提供 AC 交流电源两线保护。

(2) 通流容量大，响应时间快，保护水平低。

(3) 采用标准导轨安装方式，适用集中接线安装场合。

(4) 多级电压保护，应用范围广泛。

(5) 可对各种二次交流电源进行保护。

三、使用环境

(1) 温度：−40～+70℃。

(2) 相对湿度：≤95%。

(3) 大气压：70～106kPa。

四、技术数据

12V 交流电源防雷器技术数据，见表 23 - 101。

表 23 - 101 12V 交流电源防雷器技术数据

型　号	LERS—12V/AC
标称工作电压 U_n	12V
最大持续工作电压 U_c	18V
标称电流 I_L	2A
标称放电电流 (8/20μs) I_n	3kA
最大放电电流 (8/20μs) I_{max}	5kA
线—线电压保护水平 (I_n) U_p	≤15V
线—PG 电压保护水平 (I_n) U_p	≤600V
响应时间 t_A	≤1ns
带宽 f_G	2MHz
插入损耗 a_E	≤0.5dB
温度范围	−40～+80℃
接口类型	螺丝端子
安装接线规格	1.5～4mm^2
外壳材料	PBT 红色阻燃塑料，UL94—V0
安装宽度	23mm（宽），90mm（高）
安装支架	35mmDIN 轨
防护等级	IP20

五、生产厂

深圳市雷尔盛科技有限公司。

3.7.6　24V 交流电源防雷器

一、概述

LERS—AC 系列产品用于螺丝端子方式连接的一体化交流电涌保护器，防止二次电源线路上由于雷电引起的浪涌过电压对相关设备造成危害，可用于各种交直流变压器输出的电源设备保护，安装于防雷分区 LPZ1—3 界面。

二、特点

(1) 提供 AC 交流电源两线保护。

(2) 通流容量大，响应时间快，保护水平低。

(3) 采用标准导轨安装方式，适用集中接线安装场合。

(4) 多级电压保护，应用范围广泛。

(5) 可对各种二次交流电源进行保护。

三、使用环境

(1) 温度：$-40\sim+70℃$。

(2) 相对湿度：$\leqslant95\%$。

(3) 大气压：$70\sim106kPa$。

四、技术数据

24V 交流电源防雷器技术数据，见表 23 - 102。

表 23 - 102　24V 交流电源防雷器技术数据

型　号	LERS—24V/AC
标称工作电压 U_n	24V
最大持续工作电压 U_c	30V
标称电流 I_L	2A
标称放电电流（$8/20\mu s$）I_n	3kA
最大放电电流（$8/20\mu s$）I_{max}	5kA
线—线电压保护水平（I_n）U_p	$\leqslant15V$
线—PG 电压保护水平（I_n）U_p	$\leqslant600V$
响应时间 t_A	$\leqslant1ns$
带宽 f_G	2MHz
插入损耗 a_E	$\leqslant0.5dB$
温度范围	$-40\sim+80℃$
接口类型	螺丝端子
安装接线规格	$1.5\sim4mm^2$
外壳材料	PBT 红色阻燃塑料，UL94—V0
安装宽度	23mm（宽），90mm（高）
安装支架	35mmDIN 轨
防护等级	IP20

五、生产厂

深圳市雷尔盛科技有限公司。

23.7.7 110V交流电源防雷器

一、概述

LERS—AC系列产品用于螺丝端子方式连接的一体化交流电涌保护器，防止二次电源线路上由于雷电引起的浪涌过电压对相关设备造成危害，可用于各种交直流变压器输出的电源设备保护，安装于防雷分区LPZ1—3界面。

二、特点

(1) 提供AC交流电源两线保护。

(2) 通流容量大，响应时间快，保护水平低。

(3) 采用标准导轨安装方式，适用集中接线安装场合。

(4) 多级电压保护，应用范围广泛。

(5) 可对各种二次交流电源进行保护。

三、使用环境

(1) 温度：$-40\sim+70℃$。

(2) 相对湿度：$\leqslant95\%$。

(3) 大气压：$70\sim106kPa$。

四、技术数据

110V交流电源防雷器技术数据，见表23-103。

表 23-103 110V交流电源防雷器技术数据

型 号	LERS—110V/AC
标称工作电压 U_n	110V
最大持续工作电压 U_c	170V
标称电流 I_L	2A
标称放电电流（8/20μs）I_n	3kA
最大放电电流（8/20μs）I_{max}	5kA
线—线电压保护水平（I_n）U_p	$\leqslant15V$
线—PG电压保护水平（I_n）U_p	$\leqslant600V$
响应时间 t_A	$\leqslant1ns$
带宽 f_G	2MHz
插入损耗 a_E	$\leqslant0.5dB$
温度范围	$-40\sim+80℃$
接口类型	螺丝端子
安装接线规格	$1.5\sim4mm^2$
外壳材料	PBT红色阻燃塑料，UL94—V0
安装宽度	23mm（宽），90mm（高）
安装支架	35mmDIN轨
防护等级	IP20

五、生产厂

深圳市雷尔盛科技有限公司。

23.7.8 12V 直流电源防雷器

一、概述

LERS—DC 系列产品用于螺丝端子方式连接的一体化直流电涌保护器，防止二次电源线路上由于雷电引起的浪涌过电压对相关设备造成危害，可用于各种交直流变压器输出的电源设备保护，安装于防雷分区 LPZ1—3 界面。

二、特点

(1) 提供 DC 直流电源正负极线保护。

(2) 通流容量大，响应时间快，保护水平低。

(3) 采用标准导轨安装方式，适用集中接线安装场合。

(4) 多级电压保护，应用范围广泛。

(5) 可对各种二次直流电源进行保护。

三、使用环境

(1) 温度：$-40 \sim +70℃$。

(2) 相对湿度：$\leqslant 95\%$。

(3) 大气压：$70 \sim 106\text{kPa}$。

四、技术数据

12V 直流电源防雷器技术数据，见表 23-104。

表 23-104 12V 直流电源防雷器技术数据

型 号	LERS—12V/DC
标称工作电压 U_n	12V
最大持续工作电压 U_c	18V
标称电流 I_L	2A
标称放电电流（$8/20\mu s$）I_n	3kA
最大放电电流（$8/20\mu s$）I_{max}	5kA
线—线电压保护水平（I_n）U_p	$\leqslant 15V$
线—PG 电压保护水平（I_n）U_p	$\leqslant 600V$
响应时间 t_A	$\leqslant 1\text{ns}$
带宽 f_G	2MHz
插入损耗 a_E	$\leqslant 0.5\text{dB}$
温度范围	$-40 \sim +80℃$
接口类型	螺丝端子
安装接线规格	$1.5 \sim 4\text{mm}^2$
外壳材料	PBT 红色阻燃塑料，UL94—V0
安装宽度	23mm（宽），90mm（高）
安装支架	35mmDIN 轨
防护等级	IP20

五、生产厂

深圳市雷尔盛科技有限公司。

23.7.9 24V直流电源防雷器

一、概述

LERS—DC系列产品用于螺丝端子方式连接的一体化直流电涌保护器，防止二次电源线路上由于雷电引起的浪涌过电压对相关设备造成危害，可用于各种交直流变压器输出的电源设备保护，安装于防雷分区LPZ1—3界面。

二、特点

（1）提供DC直流电源正负极线保护。

（2）通流容量大，响应时间快，保护水平低。

（3）采用标准导轨安装方式，适用集中接线安装场合。

（4）多级电压保护，应用范围广泛。

（5）可对各种二次直流电源进行保护。

三、使用环境

（1）温度：−40～+70℃。

（2）相对湿度：≤95%。

（3）大气压：70～106kPa。

四、技术数据

24V直流电源防雷器技术数据，见表23-105。

表 23-105 24V直流电源防雷器技术数据

型 号	LERS—24V/DC
标称工作电压 U_n	24V
最大持续工作电压 U_c	30V
标称电流 I_L	2A
标称放电电流（8/20μs）I_n	3kA
最大放电电流（8/20μs）I_{max}	5kA
线—线电压保护水平（I_n）U_p	≤15V
线—PG电压保护水平（I_n）U_p	≤600V
响应时间 t_A	≤1ns
带宽 f_G	2MHz
插入损耗 a_E	≤0.5dB
温度范围	−40～+80℃
接口类型	螺丝端子
安装接线规格	1.5～4mm²
外壳材料	PBT 红色阻燃塑料，UL94—V0
安装宽度	23mm（宽），90mm（高）
安装支架	35mmDIN 轨
防护等级	IP20

五、生产厂

深圳市雷尔盛科技有限公司。

23.7.10 48V直流电源防雷器

一、概述

LERS—DC 系列产品用于螺丝端子方式连接的一体化直流电涌保护器，防止二次电源线路上由于雷电引起的浪涌过电压对相关设备造成危害，可用于各种交直流变压器输出的电源设备保护，安装于防雷分区 LPZ1—3 界面。

二、特点

(1) 提供 DC 直流电源正负极线保护。

(2) 通流容量大，响应时间快，保护水平低。

(3) 采用标准导轨安装方式，适用集中接线安装场合。

(4) 多级电压保护，应用范围广泛。

(5) 可对各种二次直流电源进行保护。

三、使用环境

(1) 温度：$-40 \sim +70℃$。

(2) 相对湿度：$\leqslant 95\%$。

(3) 大气压：$70 \sim 106kPa$。

四、技术数据

48V 直流电源防雷器技术数据，见表 23-106。

表 23-106 48V直流电源防雷器技术数据

型　　号	LERS—48V/DC
标称工作电压 U_n	48V
最大持续工作电压 U_c	60V
标称电流 I_L	2A
标称放电电流（$8/20\mu s$）I_n	3kA
最大放电电流（$8/20\mu s$）I_{max}	5kA
线—线电压保护水平（I_n）U_p	$\leqslant 15V$
线—PG电压保护水平（I_n）U_p	$\leqslant 600V$
响应时间 t_A	$\leqslant 1ns$
带宽 f_G	2MHz
插入损耗 a_E	$\leqslant 0.5dB$
温度范围	$-40 \sim +80℃$
接口类型	螺丝端子
安装接线规格	$1.5 \sim 4mm^2$
外壳材料	PBT 红色阻燃塑料，UL94—V0
安装宽度	23mm（宽），90mm（高）
安装支架	35mmDIN 轨
防护等级	IP20

五、生产厂

深圳市雷尔盛科技有限公司。

23.7.11 110V直流电源防雷器

一、概述

LERS—DC系列产品用于螺丝端子方式连接的一体化直流电涌保护器，防止二次电源线路上由于雷电引起的浪涌过电压对相关设备造成危害，可用于各种交直流变压器输出的电源设备保护，安装于防雷分区LPZ1—3界面。

二、特点

(1) 提供DC直流电源正负极线保护。

(2) 通流容量大，响应时间快，保护水平低。

(3) 采用标准导轨安装方式，适用集中接线安装场合。

(4) 多级电压保护，应用范围广泛。

(5) 可对各种二次直流电源进行保护。

三、使用环境

(1) 温度：$-40\sim+70$℃。

(2) 相对湿度：$\leqslant 95\%$。

(3) 大气压：$70\sim106$kPa。

四、技术数据

110V直流电源防雷器技术数据，见表23-107。

表23-107 110V直流电源防雷器技术数据

型 号	LERS—110V/DC
标称工作电压 U_n	110V
最大持续工作电压 U_c	170V
标称电流 I_L	2A
标称放电电流（$8/20\mu s$）I_n	3kA
最大放电电流（$8/20\mu s$）I_{max}	5kA
线—线电压保护水平（I_n）U_p	$\leqslant 15$V
线—PG电压保护水平（I_n）U_p	$\leqslant 600$V
响应时间 t_A	$\leqslant 1$ns
带宽 f_G	2MHz
插入损耗 a_E	$\leqslant 0.5$dB
温度范围	$-40\sim+80$℃
接口类型	螺丝端子
安装接线规格	$1.5\sim4$mm^2
外壳材料	PBT红色阻燃塑料，UL94—V0
安装宽度	23mm（宽），90mm（高）
安装支架	35mmDIN轨
防护等级	IP20

五、生产厂

深圳市雷尔盛科技有限公司。

23.7.12 二端口直流电源防雷器（SPD）

一、概述

DK—DC20 二端口直流电源电涌保护器按 IEC 标准设计。适用于 12VDC、24VDC、48VDC、110VDC 直流供电系统及广博线路的防雷，具有安装方便、残压低等优点。

$8/20\mu s$ 最大放电电流 I_{max} 可达 20kA/每线。

二、技术数据

二端口直流电源防雷器（SPD）技术数据，见表 23-108。

表 23-108 二端口直流电源防雷器（SPD）技术数据

型　号	DK—DC20	DK—DC20	DK—DC20	DK—DC20
产品名称	12 型直流电涌保护器	24 型直流电涌保护器	48 型直流电涌保护器	110 型直流电涌保护器
外壳防护材质	铁质外壳			
外壳防护等级	IP20			
颜色	灰色			
接线端口数量	5PIN			
工作温度	$-40\sim+85℃$			
相对湿度	$\leqslant95\%$			
损坏状态	呈断路状态			
保护模式	正—PE，负—PE			
外形尺寸（mm）	$140\times47\times48$			
重量（kg）	0.33	0.34	0.35	0.33
指示功能	工作指示			
主要参考标准	IEC 61643 和 GB 18802.1—2002			
防雷保护等级	D 级			
SPD 类型	二端口			
适用的供电系统类型	TT，TN，IT			
额定电压	12V DC	24V DC	48V DC	110V DC
额定工作电流	20A			
最大持续运行电压	15V DC	28V DC	60V DC	150V DC
漏电流	$\leqslant20\mu A$			
标称放电电流（$8/20\mu s$）	10kA			
最大放电电流（$8/20\mu s$）	20kA			
电压保护水平（$8/20\mu s$）U_p	$\leqslant80V$	$\leqslant150V$	$\leqslant200V$	$\leqslant500V$
响应时间（正/负—PE）	$<20ns$			
订货号	100602011	100602010	100602009	100602014

三、适用范围

(1) 直流配电系统。

(2) 机房直流线路。

(3) 直流配电箱。

(4) 直流供电设备。

四、生产厂

广西地凯科技有限公司。

23.7.13 模块化直流电源防雷器 (SPD)

一、概述

DK—DC20 24型、48型、220型模块化直流电源电涌保护器按 IEC 标准设计，适用于 48V DC、220V DC 直流供电系统的防雷，安装于电信机房直流母线、微波通信机房直流母线、变电站合闸母线、控制母线等。

$8/20\mu s$ 最大放电电流 I_{max} 可达 20kA/每线。

二、技术数据

模块化直流电源防雷器 (SPD) 技术数据，见表 23-109。

表 23-109 模块化直流电源防雷器 (SPD) 技术数据

型 号	DK—DC20	DK—DC20
产品名称	24型、48型直流电涌保护器	220型直流电涌保护器
外壳防护材质	PBT/PA—F	
外壳阻燃等级	UL94—V0	
外壳防护等级	IP20	
颜色	灰白色（压敏电阻模块标识条为绿色）	
安装标准	35mm DIN 电气导轨	
接线端口数量	3PIN	
工作温度	$-40\sim+80℃$	
相对湿度	$\leqslant95\%$	
损坏状态	呈断路状态	
保护模式	正—PE，负—PE	
外形尺寸（mm）	$34\times90\times69$	
指示功能	劣化指示	
主要参考标准	IEC 61643—1 和 GB 18802.1—2002	
防雷保护等级	D级	
SPD类型	一端口	
额定电压	48V DC	220V DC
额定工作频率	50Hz（60Hz）	
漏电流	$\leqslant30\mu A$	
标称放电电流（$8/20\mu s$）	10kA	

型　　号	DK—DC20	DK—DC20
最大放电电流（8/20μs）	20kA	
电压保护水平（8/20μs）U_p	≤200V	≤800V
响应时间（正/负—PE）	<20ns	
主线路连接参数		
正（负）接口类型	螺栓固定式端子	
螺栓规格	M5	
SPD 连接导线最小截面	BVR—10mm²	
SPD 连接导线最大截面	BVR—25mm²	
PE 接口类型	螺栓固定式端子	
螺栓规格	M5	
PE 连接导线最小截面	BVR—10mm²	
PE 连接导线最大截面	BVR—25mm²	
订货号	100402015	100402017

三、适用范围

（1）直流配电系统。

（2）机房直流线路。

（3）直流配电屏。

（4）直流配电箱。

（5）直流供电设备。

（6）48、220V DC 直流母线。

四、生产厂

广西地凯科技有限公司。

23.7.14　I 级太阳能光伏专用直流 1000V 电源防雷器—40kA

一、概述

LERS 系列光伏发电系统电涌保护器专为光伏发电系统而设计的电涌保护器，具备大的雷电流泄放能力，每位的最大放电电流 40～80kA，适用于光伏发电系统的各级保护。

在正常工作情况下，防雷保护模块处于高阻状态。当供电线路有雷电侵入或出现操作瞬时过电压时，防雷保护模块将以纳秒级的响应速度立即导通，将雷电过电压或瞬时过电压限制在用电设备允许承受的电压范围内，从而保护电子设备正常运行。而当雷电过电压或瞬时过电压结束以后，防雷保护模块又迅速地恢复到高阻状态，不影响电网的正常供电。

二、特点

电涌保护器（Surge Protection Device）是电子设备雷电防护中不可缺少的一种装置，过去常称为"避雷器"或"过电压保护器"，英文简写为 SPD。电涌保护器的作用是把窜入电力线、信号传输线的瞬时过电压限制在设备或系统所能承受的电压范围内，或将强大的雷电流泄流入地，保护被保护的设备或系统不受冲击而损坏。

由于光伏设备暴露在户外，并且逆变器的电子元件又非常敏感，为确保其20年的使用寿命，有效的雷击和电涌保护是必不可少的。光伏设备中产生电涌的原因主要是：由于雷电放电和上游电源系统的开关操作引起感性或容性的耦合电压。雷电引起的电涌可能会损坏光伏模块和逆变器，这将给设备的运转造成严重后果。

三、型号含义

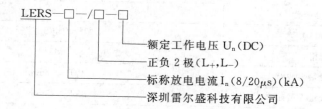

LERS—□/□—□

- 额定工作电压 U_n(DC)
- 正负2极（L_+，L_-）
- 标称放电电流 I_n（8/20μs）（kA）
- 深圳雷尔盛科技有限公司

四、技术数据

Ⅰ级太阳能光伏专用直流1000V电源防雷器—40kA技术数据，见表23-110。

表23-110 Ⅰ级太阳能光伏专用直流1000V电源防雷器—40kA技术数据

型 号	LERS—40K/2—1000
SPD端口	一端口
SPD类别	限压型
电源系统	TN—S
额定电压 U_n	1000V DC
最大持续运行电压 U_c	1250V DC
标称放电电流 I_n（8/20μs）	40kA
最大放电电流 I_{max}（8/20μs）	80kA
保护水平 U_p	<3500V
推荐串接过流保护装置	63A/35kA
单极宽度	36mm
内部过热断路器	内置
断路装置	内置
内部电路过流断路装置	内置
机 械 性 能	
遥控报警信号	常开/常闭触点端子（可选）
失效指示	绿色：正常 红色：失效
连接导线	16～25mm²
安装	35mm标准导轨（EN50022/DIN46277—3）
工作环境温度	—40/85℃
外壳材料	符合UL94V—0
外壳保护等级	IP20

五、外形及安装尺寸

Ⅰ级太阳能光伏专用直流 1000V 电源防雷器—40kA 外形及安装尺寸，见图 23 - 30。

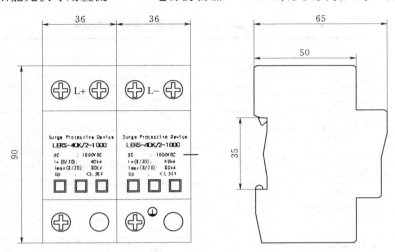

图 23 - 30 Ⅰ级太阳能光伏专用直流 1000V 电源防雷器—40kA 外形及安装尺寸

六、生产厂

深圳市雷尔盛科技有限公司。

23.7.15 Ⅰ级三相 380V 电源防雷器

一、概述

LERS 系列低压配电系统电涌保护器具备大的雷电流泄放能力，每位的最大放电电流 0～150kA，适用于低压配电系统的各级保护，依据不同的配电系统（TT/TN/IT）可选择多种组合方式。

正常工作情况下，防雷保护模块处于高阻状态。当供电线路有雷电侵入或出现操作瞬时过电压时，防雷保护模块将以纳秒级的响应速度立即导通，将雷电过电压或瞬时过电压限制在用电设备允许承受的电压范围内，从而保护电子设备正常运行。而当雷电过电压或瞬时过电压结束以后，防雷保护模块又迅速地恢复到高阻状态，不影响电网的正常供电。

二、特点

电涌保护器（Surge Protection Device）是电子设备雷电防护中不可缺少的一种装置，过去常称为"避雷器"或"过电压保护器"，英文简写为 SPD。电涌保护器的作用是把窜入电力线、信号传输线的瞬时过电压限制在设备或系统所能承受的电压范围内，或将强大的雷电流泄流入地，保护被保护的设备或系统不受冲击而损坏。

三、型号含义

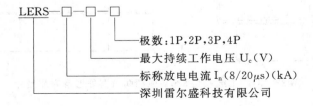

四、技术数据

Ⅰ级三相380V电源防雷器技术数据，见表23-111。

表23-111 Ⅰ级三相380V电源防雷器技术数据

型 号	LERS—100K	NPE
SPD端口	一端口	一端口
SPD类别	限压型	开关型
电源系统	TT—TN—IT	TT
额定电压 U_n	380V	220V
最大持续运行电压 U_c	385V	255V
标称放电电流 I_n （8/20μs）	80kA	80kA
最大放电电流 I_{max} （8/20μs）	100kA	100kA
保护水平 U_p	＜3500V	＜1200V
推荐串接过流保护装置	63A/35kA	63A/35kA
单极宽度	27mm	27mm
内部过热断路器	内置	外置
断路装置	内置	外置
内部电路过流断路装置	内置	外置
机 械 性 能		
遥控报警信号	常开/常闭触点端子（可选）	无
失效指示	绿色：正常 红色：失效	无
连接导线	16～25mm²	
安装	35mm标准导轨（EN50022/DIN46277—3）	
工作环境温度	—40/85℃	
外壳材料	符合UL94V—0	
外壳保护等级	IP20	

五、外形及安装尺寸

Ⅰ级三相380V电源防雷器外形及安装尺寸，见图23-31。

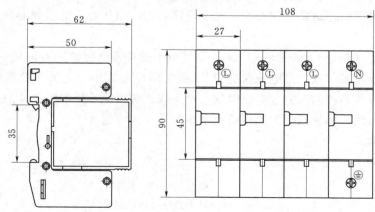

图23-31 Ⅰ级三相380V电源防雷器外形及安装尺寸

六、生产厂

深圳市雷尔盛科技有限公司。

23.7.16 Ⅱ级单相220V电源防雷器—40kA

一、概述

LERS系列低压配电系统电涌保护器具备大的雷电流泄放能力，每位的最大放电电流0～150kA，适用于低压配电系统的各级保护，依据不同的配电系统（TT/TN/IT）可选择多种组合方式。

正常工作情况下，防雷保护模块处于高阻状态。当供电线路有雷电侵入或出现操作瞬时过电压时，防雷保护模块将以纳秒级的响应速度立即导通，将雷电过电压或瞬时过电压限制在用电设备允许承受的电压范围内，从而保护电子设备正常运行。而当雷电过电压或瞬时过电压结束以后，防雷保护模块又迅速地恢复到高阻状态，不影响电网的正常供电。

二、特点

电涌保护器（Surge Protection Device）是电子设备雷电防护中不可缺少的一种装置，过去常称为"避雷器"或"过电压保护器"，英文简写为SPD。电涌保护器的作用是把窜入电力线、信号传输线的瞬时过电压限制在设备或系统所能承受的电压范围内，或将强大的雷电流泄流入地，保护被保护的设备或系统不受冲击而损坏。

三、型号含义

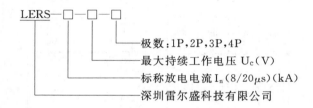

极数：1P,2P,3P,4P
最大持续工作电压 U_c(V)
标称放电电流 I_n(8/20μs)(kA)
深圳雷尔盛科技有限公司

四、技术数据

Ⅱ级单相220V电源防雷器—40kA技术数据，见表23-112。

表23-112　Ⅱ级单相220V电源防雷器—40kA技术数据

型　　　号	LERS—40K	NPE
SPD端口	一端口	一端口
SPD类别	限压型	开关型
电源系统	TT—TN—IT	TT
额定电压 U_n	220V/380V	220V
最大持续运行电压 U_c	275V/385V	255V
标称放电电流 I_n (8/20μs)	40kA	40kA
最大放电电流 I_{max} (8/20μs)	60～80kA	80kA
保护水平 U_p	<2500V	<1200V
推荐串接过流保护装置	63A/35kA	63A/35kA
单极宽度	27mm	27mm

型 号	LERS—40K	NPE
内部过热断路器	内置	外置
断路装置	内置	外置
内部电路过流断路装置	内置	外置
机 械 性 能		
遥控报警信号	常开/常闭触点端子（可选）	无
失效指示	绿色：正常 红色：失效	无
连接导线	16～25mm²	
安装	35mm 标准导轨（EN50022/DIN46277—3）	
工作环境温度	—40/85℃	
外壳材料	符合 UL94V—0	
外壳保护等级	IP20	

五、外形及安装尺寸

Ⅱ级单相220V电源防雷器—40kA外形及安装尺寸，见图23-32。

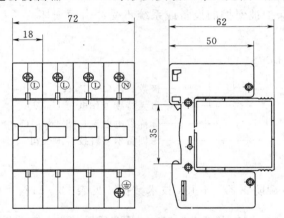

图 23-32 Ⅱ级单相220V电源防雷器—40kA外形及安装尺寸

六、生产厂

深圳市雷尔盛科技有限公司。

23.7.17 Ⅱ级三相380V电源防雷器—40kA

一、概述

LERS系列低压配电系统电涌保护器具备大的雷电流泄放能力，每位的最大放电电流10～150kA，适用于低压配电系统的各级保护，依据不同的配电系统（TT/TN/IT）可选择多种组合方式。

正常工作情况下，防雷保护模块处于高阻状态。当供电线路有雷电侵入或出现操作时过电压时，防雷保护模块将以纳秒级的响应速度立即导通，将雷电过电压或瞬时过电压限制在用电设备允许承受的电压范围内，从而保护电子设备正常运行。而当雷电过电压或瞬时过电压结束以后，防雷保护模块又迅速地恢复到高阻状态，不影响电网的正常供电。

二、特点

电涌保护器（Surge Protection Device）是电子设备雷电防护中不可缺少的一种装置，过去常称为"避雷器"或"过电压保护器"，英文简写为SPD。电涌保护器的作用是把窜入电力线、信号传输线的瞬时过电压限制在设备或系统所能承受的电压范围内，或将强大的雷电流泄流入地，保护被保护的设备或系统不受冲击而损坏。

三、型号含义

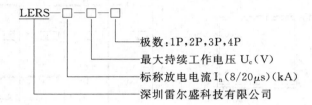

LERS－□－□－□

极数：1P,2P,3P,4P
最大持续工作电压 U_c(V)
标称放电电流 I_n(8/20μs)(kA)
深圳雷尔盛科技有限公司

四、技术数据

Ⅱ级三相380V电源防雷器—40kA技术数据，见表23-113。

表23-113 Ⅱ级三相380V电源防雷器—40kA技术数据

型 号	LERS—40K	NPE
SPD端口	一端口	一端口
SPD类别	限压型	开关型
电源系统	TT—TN—IT	TT
额定电压 U_n	220V/380V	220V
最大持续运行电压 U_c	275V/385V	255V
标称放电电流 I_n（8/20μs）	40kA	40kA
最大放电电流 I_{max}（8/20μs）	60～80kA	80kA
保护水平 U_p	＜2500V	＜1200V
推荐串接过流保护装置	63A/35kA	63A/35kA
单极宽度	27mm	27mm
内部过热断路器	内置	外置
断路装置	内置	外置
内部电路过流断路装置	内置	外置
机 械 性 能		
遥控报警信号	常开/常闭触点端子（可选）	无
失效指示	绿色：正常 红色：失效	无
连接导线	16～25mm²	
安装	35mm标准导轨（EN50022/DIN46277—3）	
工作环境温度	—40/85℃	
外壳材料	符合 UL94V—0	
外壳保护等级	IP20	

五、外形及安装尺寸

Ⅱ级三相380V电源防雷器—40kA外形及安装尺寸，见图23-33。

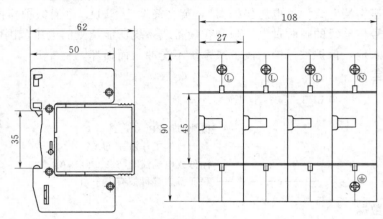

图23-33 Ⅱ级三相380V电源防雷器—40kA外形及安装尺寸

六、生产厂

深圳市雷尔盛科技有限公司。

23.7.18 Ⅱ级三相380V电源防雷器—80kA

一、概述

LERS系列低压配电系统电涌保护器具备大的雷电流泄放能力，每位的最大放电电流10～150kA，适用于低压配电系统的各级保护，依据不同的配电系统（TT/TN/IT）可选择多种组合方式。

正常工作情况下，防雷保护模块处于高阻状态。当供电线路有雷电侵入或出现操作瞬时过电压时，防雷保护模块将以纳秒级的响应速度立即导通，将雷电过电压或瞬时电压限制在用电设备允许承受的电压范围内，从而保护电子设备正常运行。而当雷电过电压或瞬时过电压结束以后，防雷保护模块又迅速地恢复到高阻状态，不影响电网的正常供电。

二、特点

电涌保护器（Surge Protection Device）是电子设备雷电防护中不可缺少的一种装置，过去常称为"避雷器"或"过电压保护器"，英文简写为SPD。电涌保护器的作用是把窜入电力线、信号传输线的瞬时过电压限制在设备或系统所能承受的电压范围内，或将强大的雷电流泄流入地，保护被保护的设备或系统不受冲击而损坏。

三、型号含义

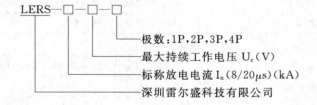

四、技术数据

Ⅱ级三相380V电源防雷器—80kA技术数据，见表23-114。

表 23-114 Ⅱ级三相 380V 电源防雷器—80kA 技术数据

型 号	LERS—80K	NPE
SPD 端口	一端口	一端口
SPD 类别	限压型	开关型
电源系统	TT—TN—IT	TT
额定电压 U_n	380V	220V
最大持续运行电压 U_c	385V	255V
标称放电电流 I_n（8/20μs）	60kA	40kA
最大放电电流 I_{max}（8/20μs）	80kA	80kA
保护水平 U_p	＜2500V	＜1200V
推荐串接过流保护装置	63A/35kA	63A/35kA
单极宽度	27mm	27mm
内部过热断路器	内置	外置
断路装置	内置	外置
内部电路过流断路装置	内置	外置
机 械 性 能		
遥控报警信号	常开/常闭触点端子（可选）	无
失效指示	绿色：正常 红色：失效	无
连接导线	16～25mm²	
安装	35mm 标准导轨（EN50022/DIN46277—3）	
工作环境温度	—40/85℃	
外壳材料	符合 UL94V—0	
外壳保护等级	IP20	

五、外形及安装尺寸

Ⅱ级三相 380V 电源防雷器—80kA 外形及安装尺寸，见图 23-34。

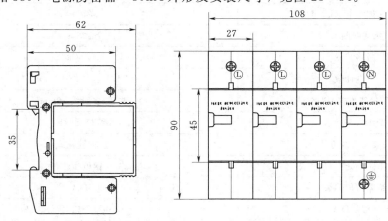

图 23-34 Ⅱ级三相 380V 电源防雷器—80kA 外形及安装尺寸

六、生产厂

深圳市雷尔盛科技有限公司。

23.7.19 Ⅱ级三相380V模块式电源防雷箱—40kA

一、概述

LERS系列产品模块式箱式电涌保护器用于将电源系统接入防雷等电位系统中，防止低压设备受到过压干扰甚至直击雷破坏，应用于防雷分区LPZ0B—2界面。

二、特点

(1) 箱体采用优质钢材制作，阻燃、防腐。

(2) 防雷单元采用LERS产品，模块化设计，方便测试和更换。

(3) 带负载过流、过热、失效分离装置。

(4) 显示正常/故障工作状态及过电压自动计数，提供遥信。

(5) 防雷单元采用双重的热脱扣装置，提供更可靠的保护。

(6) 设计合理，免维护，易操作，易安装。

三、使用环境

(1) 温度：—40～+70℃。

(2) 相对湿度：≤95%。

(3) 大气压：70～106kPa。

四、技术数据

Ⅱ级三相380V模块式电源防雷箱—40kA技术数据，见表23-115。

表23-115 Ⅱ级三相380V模块式电源防雷箱—40kA技术数据

型　　号	LERS—X40K/4	LERS—X40K/2
标称工作电压 U_n	380V/50Hz	220V/50Hz
最大持续工作电压 U_c	385V	
标称放电电流（8/20μs） I_n	40kA	
最大放电电流（8/20μs） I_{max}	80kA	
电压保护水平（I_n） U_p	≤2.5kV	
响应时间 t_A	≤25ns	
断路装置	空开 C32	
雷电计数	TLC—3（0～99位）	
安装接线方式/规格	并联/多股线 16mm²	
工作状态指示	绿灯/红灯	
安装位置及方式	室内壁挂式	
箱体外壳材料	钢板喷塑	
箱体防护等级	IP64	
温（湿）度范围	—40～+80℃，相对湿度≤95%	
箱体外形尺寸（mm）	304×220×115	

五、生产厂

深圳市雷尔盛科技有限公司。

23.7.20 Ⅱ级三相380V一体化电源防雷箱—80kA

一、概述

LERS电源防雷箱系列产品是按SPD Ⅰ级分类试验要求设计的一体化复合型三相电源电涌保护器，可用于电源线路的负载设备第一级防护，防止低压设备受到过压干扰甚至直击雷破坏，应用于防雷分区LPZOA—2界面。

二、特点

（1）箱体采用优质钢材制作，阻燃、防腐。

（2）通流容量大，残压低，响应时间快。

（3）带负载过流、过热、失效分离装置。

（4）共模、差模全保护模式。

（5）工作状态指示及过电压计数，提供声光告警及遥信。

（6）采用压敏串接气放管彻底消除漏电流，安全性能更高。

（7）多级压敏嵌位并联技术。

（8）配有完整的接线，可实现凯文或串联接线方式。

三、使用环境

（1）温度：$-40\sim+70℃$。

（2）相对湿度：$\leqslant95\%$。

（3）大气压：$70\sim106kPa$。

四、技术数据

Ⅱ级三相380V一体化电源防雷箱—80kA技术数据，见表23-116。

表23-116 **Ⅱ级三相380V一体化电源防雷箱—80kA技术数据**

型　　　号	LERS—X80K/380Y
标称工作电压 U_n	380V
最大持续工作电压 U_c	385V
标称放电电流（$8/20\mu s$）I_n	40kA
最大放电电流（$8/20\mu s$）I_{max}	80kA
电压保护水平（I_n）U_p	$\leqslant2.5kV$
响应时间 t_A	$\leqslant25ns$
备用保险丝	160A
温（湿）度范围	$-40\sim+80℃$，相对湿度$\leqslant95\%$
安装接线方式/规格	并联/多股线 $25mm^2$
工作状态指示	声光告警和遥信功能
安装位置及方式	室内壁挂式
箱体防护等级	IP64
箱体外形尺寸（mm）	$285\times150\times70$

五、生产厂

深圳市雷尔盛科技有限公司。

23.7.21　Ⅱ级太阳能光伏专用直流 1000V 电源防雷

一、概述

LERS 系列光伏发电系统电涌保护器专为光伏发电系统而设计的电涌保护器，具备大的雷电流泄放能力，每位的最大放电电流 40~80kA，适用于光伏发电系统的各级保护。

在正常工作情况下，防雷保护模块处于高阻状态。当供电线路有雷电侵入或出现操作瞬时过电压时，防雷保护模块将以纳秒级的响应速度立即导通，将雷电过电压或瞬时过电压限制在用电设备允许承受的电压范围内，从而保护电子设备正常运行。而当雷电过电压或瞬时过电压结束以后，防雷保护模块又迅速地恢复到高阻状态，不影响电网的正常供电。

二、特点

电涌保护器（Surge Protection Device）是电子设备雷电防护中不可缺少的一种装置，过去常称为"避雷器"或"过电压保护器"，英文简写为 SPD。电涌保护器的作用是把窜入电力线、信号传输线的瞬时过电压限制在设备或系统所能承受的电压范围内，或将强大的雷电流泄流入地，保护被保护的设备或系统不受冲击而损坏。

由于光伏设备暴露在户外，并且逆变器的电子元件又非常敏感，为确保其 20 年的使用寿命，有效的雷击和电涌保护是必不可少的。光伏设备中产生电涌的原因主要是：由于雷电放电和上游电源系统的开关操作引起感性或容性的耦合电压。雷电引起的电涌可能会损坏光伏模块和逆变器，这将给设备的运转造成严重后果。

三、型号含义

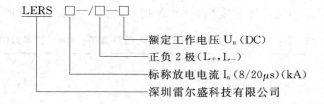

```
LERS  □/□-□
              └── 额定工作电压 Un（DC）
          └── 正负 2 极（L+，L−）
       └── 标称放电电流 In（8/20μs）（kA）
   └── 深圳雷尔盛科技有限公司
```

四、技术数据

Ⅱ级太阳能光伏专用直流 1000V 电源防雷技术数据，见表 23-117。

表 23-117　Ⅱ级太阳能光伏专用直流 1000V 电源防雷技术数据

型　　号	LERS—20K/2—1000
SPD 端口	一端口
SPD 类别	限压型
电源系统	TN—S
额定电压 U_n	1000V DC
最大持续运行电压 U_c	1250V DC
标称放电电流 I_n（8/20μs）	20kA

型　　号	LERS—20K/2—1000
最大放电电流 I_{max}（8/20μs）	40kA
保护水平 U_p	＜3000V
推荐串接过流保护装置	25A/6kA
单极宽度	18mm
内部过热断路器	内置
断路装置	内置
内部电路过流断路装置	内置
机　械　性　能	
遥控报警信号	常开/常闭触点端子（可选）
失效指示	绿色：正常　红色：失效
连接导线	16～25mm²
安装	35mm 标准导轨（EN50022/DIN46277—3）
工作环境温度	—40/85℃
外壳材料	符合 UL94V—0
外壳保护等级	IP20

五、外形及安装尺寸

Ⅱ级太阳能光伏专用直流 1000V 电源防雷外形及安装尺寸，见图 23 – 35。

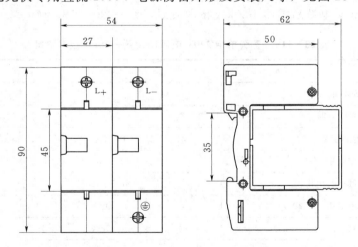

图 23 – 35　Ⅱ级太阳能光伏专用直流 1000V 电源防雷外形及安装尺寸

六、生产厂

深圳市雷尔盛科技有限公司。

23.7.22　Ⅲ级单相 220V 电源防雷器—20kA

一、概述

LERS 系列低压配电系统电涌保护器具备大的雷电流泄放能力，每位的最大放电电流

10～150kA，适用于低压配电系统的各级保护，依据不同的配电系统（TT/TN/IT）可选择多种组合方式。

正常工作情况下，防雷保护模块处于高阻状态。当供电线路有雷电侵入或出现操作瞬时过电压时，防雷保护模块将以纳秒级的响应速度立即导通，将雷电过电压或瞬时过电压限制在用电设备允许承受的电压范围内，从而保护电子设备正常运行。而当雷电过电压或瞬时过电压结束以后，防雷保护模块又迅速地恢复到高阻状态，不影响电网的正常供电。

二、特点

电涌保护器（Surge Protection Device）是电子设备雷电防护中不可缺少的一种装置，过去常称为"避雷器"或"过电压保护器"，英文简写为SPD。电涌保护器的作用是把窜入电力线、信号传输线的瞬时过电压限制在设备或系统所能承受的电压范围内，或将强大的雷电流泄流入地，保护被保护的设备或系统不受冲击而损坏。

三、型号含义

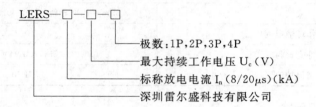

四、技术数据

Ⅲ级单相220V电源防雷器—20kA技术数据，见表23-118。

表 23-118　Ⅲ级单相220V电源防雷器—20kA技术数据

型　　　号	LERS—20K	NPE
SPD端口	一端口	一端口
SPD类别	限压型	开关型
电源系统	TT—TN—IT	TT
额定电压 U_n	220V/380V	220V
最大持续运行电压 U_c	275V/385V	255V
标称放电电流 I_n（8/20μs）	20kA	20kA
最大放电电流 I_{max}（8/20μs）	40kA	40kA
保护水平 U_p	＜1800V	＜1200V
推荐串接过流保护装置	25A/6kA	25A/6kA
单极宽度	18mm	18mm
内部过热断路器	内置	外置
断路装置	内置	外置
内部电路过流断路装置	内置	外置

型　　　号	LERS—20K	NPE
机　械　性　能		
遥控报警信号	常开/常闭触点端子（可选）	无
失效指示	绿色：正常　红色：失效	无
连接导线	16～25mm²	
安装	35mm 标准导轨（EN50022/DIN46277—3）	
工作环境温度	—40/85℃	
外壳材料	符合 UL94V—0	
外壳保护等级	IP20	

五、外形及安装尺寸

Ⅲ级单相220V电源防雷器—20kA 外形及安装尺寸，见图 23-36。

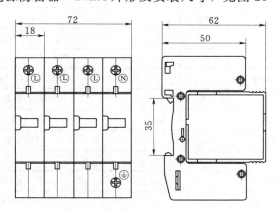

图 23-36　Ⅲ级单相220V电源防雷器—20kA 外形及安装尺寸

六、生产厂

深圳市雷尔盛科技有限公司。

23.7.23　Ⅲ级三相380V模块式电源防雷箱—20kA

一、概述

LERS 系列产品模块式箱式电涌保护器用于将电源系统接入防雷等电位系统中，防止低压设备受到过压干扰甚至直击雷破坏，应用于防雷分区 LPZOB—2 界面。

二、特点

(1) 箱体采用优质钢材制作，阻燃、防腐。

(2) 防雷单元采用 LERS 产品，模块化设计，方便测试和更换。

(3) 带负载过流、过热、失效分离装置。

(4) 显示正常/故障工作状态及过电压自动计数，提供遥信。

(5) 防雷单元采用双重的热脱扣装置，提供更可靠的保护。

(6) 设计合理，免维护，易操作，易安装。

三、使用环境

（1）温度：$-40 \sim +70℃$。

（2）相对湿度：$\leqslant 95\%$。

（3）大气压：$70 \sim 106kPa$。

四、技术数据

Ⅲ级三相 380V 模块式电源防雷箱—20kA 技术数据，见表 23-119。

表 23-119　Ⅲ级三相 380V 模块式电源防雷箱—20kA 技术数据

型　　号	LERS—X20K/4	LERS—X20K/2
标称工作电压 U_n	380V/50Hz	220V/50Hz
最大持续工作电压 U_c	385V	
标称放电电流（$8/20\mu s$）I_n	20kA	
最大放电电流（$8/20\mu s$）I_{max}	40kA	
电压保护水平（I_n）U_p	$\leqslant 1.8kV$	
响应时间 t_A	$\leqslant 25ns$	
断路装置	空开 C32	
雷电计数	TLC—3（$0 \sim 99$ 位）	
安装接线方式/规格	并联/多股线 $16mm^2$	
工作状态指示	绿灯/红灯	
安装位置及方式	室内壁挂式	
箱体外壳材料	钢板喷塑	
箱体防护等级	IP64	
温（湿）度范围	$-40 \sim +80℃$，相对湿度$\leqslant 95\%$	
箱体外形尺寸（mm）	$304 \times 220 \times 115$	

五、生产厂

深圳市雷尔盛科技有限公司。

23.7.24　Ⅲ级三相 380V 电源防雷器—20kA

一、概述

LERS 系列低压配电系统电涌保护器具备大的雷电流泄放能力，每位的最大放电电流 $10 \sim 150kA$，适用于低压配电系统的各级保护，依据不同的配电系统（TT/TN/IT）可选择多种组合方式。

正常工作情况下，防雷保护模块处于高阻状态。当供电线路有雷电侵入或出现操作瞬时过电压时，防雷保护模块将以纳秒级的响应速度立即导通，将雷电过电压或瞬时过电压限制在用电设备允许承受的电压范围内，从而保护电子设备正常运行。而当雷电过电压或瞬时过电压结束以后，防雷保护模块又迅速地恢复到高阻状态，不影响电网的正常供电。

二、特点

电涌保护器（Surge Protection Device）是电子设备雷电防护中不可缺少的一种装置

过去常称为"避雷器"或"过电压保护器"，英文简写为 SPD。电涌保护器的作用是把窜入电力线、信号传输线的瞬时过电压限制在设备或系统所能承受的电压范围内，或将强大的雷电流泄流入地，保护被保护的设备或系统不受冲击而损坏。

三、型号含义

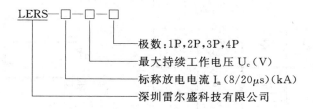

LERS—□—□—□

极数：1P,2P,3P,4P
最大持续工作电压 U_c(V)
标称放电电流 I_n(8/20μs)(kA)
深圳雷尔盛科技有限公司

四、技术参数

Ⅲ级三相 380V 电源防雷器—20kA 技术数据，见表 23-120。

表 23-120　Ⅲ级三相 380V 电源防雷器—20kA 技术数据

型　　号	LERS—20K	NPE
SPD 端口	一端口	一端口
SPD 类别	限压型	开关型
电源系统	TT—TN—IT	TT
额定电压 U_n	220V/380V	220V
最大持续运行电压 U_c	275V/385V	255V
标称放电电流 I_n（8/20μs）	20kA	20kA
最大放电电流 I_{max}（8/20μs）	40kA	40kA
保护水平 U_p	＜1800V	＜1200V
推荐串接过流保护装置	25A/6kA	25A/6kA
单极宽度	18mm	18mm
内部过热断路器	内置	外置
断路装置	内置	外置
内部电路过流断路装置	内置	外置
机　械　性　能		
遥控报警信号	常开/常闭触点端子（可选）	无
失效指示	绿色：正常　红色：失效	无
连接导线	16～25mm²	
安装	35mm 标准导轨（EN50022/DIN46277—3）	
工作环境温度	—40/85℃	
外壳材料	符合 UL94V—0	
外壳保护等级	IP20	

五、外形及安装尺寸

Ⅲ级三相 380V 电源防雷器—20kA 外形及安装尺寸，见图 23-37。

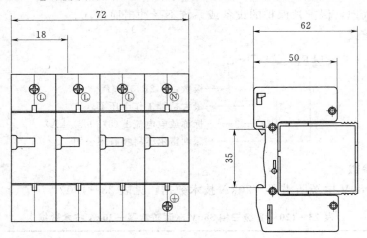

图 23-37 Ⅲ级三相 380V 电源防雷器—20kA 外形及安装尺寸

六、生产厂

深圳市雷尔盛科技有限公司。

23.7.25 Ⅲ级三相 380V 一体化电源防雷箱—40kA

一、概述

LERS 电源防雷箱系列产品是按 SPD Ⅲ级分类试验要求设计的一体化复合型单相/三相电源电涌保护器，可用于电源线路的负载设备第三级防护，防止低压设备受到过压干扰甚至直击雷破坏，应用于防雷分区 LPZ0B—2 界面。

二、特点

（1）箱体采用优质钢材制作，阻燃、防腐。

（2）通流容量大，残压低，响应时间快。

（3）带负载过流、过热、失效分离装置。

（4）共模、差模全保护模式。

（5）工作状态指示及过电压计数，提供声光告警及遥信。

（6）采用压敏串接气放管彻底消除漏电流，安全性能更高。

（7）多级压敏嵌位并联技术。

（8）配有完整的接线，可实现凯文或串联接线方式。

三、使用环境

（1）温度：—40～+70℃。

（2）相对湿度：≤95％。

（3）大气压：70～106kPa。

四、技术数据

Ⅲ级三相 380V 一体化电源防雷箱—40kA 技术数据，见表 23-121。

表 23-121　Ⅲ级三相 380V 一体化电源防雷箱—40kA 技术数据

型　　　号	LERS—X40K/380Y 三相	LERS—X40K/380Y 单相
标称工作电压 U_n	380V	220V
最大持续工作电压 U_c	385V	
标称放电电流（8/20μs）I_n	20kA	20kA
最大放电电流（8/20μs）I_{max}	40kA	40kA
电压保护水平（I_n）U_p	≤1.75kV	≤1.75kV
响应时间 t_A	≤25ns	
备用保险丝	125A	
温（湿）度范围	−40～+80℃，相对湿度≤95%	
安装接线方式/规格	并联/多股线 16mm²	
工作状态指示	声光告警和遥信功能	
安装位置及方式	室内壁挂式	
箱体防护等级	IP64	
箱体外形尺寸（mm）	220×120×70	

五、生产厂

深圳市雷尔盛科技有限公司。

23.7.26　Ⅳ级单相 220V 电源防雷器—10kA

一、概述

　　LERS 系列低压配电系统电涌保护器具备大的雷电流泄放能力，每位的最大放电电流 10～150kA，适用于低压配电系统的各级保护，依据不同的配电系统（TT/TN/IT）可选择多种组合方式。

　　在正常工作情况下，防雷保护模块处于高阻状态。当供电线路有雷电侵入或出现操作瞬时过电压时，防雷保护模块将以纳秒级的响应速度立即导通，将雷电过电压或瞬时过电压限制在用电设备允许承受的电压范围内，从而保护电子设备正常运行。而当雷电过电压或瞬时过电压结束以后，防雷保护模块又迅速地恢复到高阻状态，不影响电网的正常供电。

二、特点

　　电涌保护器（Surge Protection Device）是电子设备雷电防护中不可缺少的一种装置，过去常称为"避雷器"或"过电压保护器"，英文简写为 SPD。电涌保护器的作用是把窜入电力线、信号传输线的瞬时过电压限制在设备或系统所能承受的电压范围内，或将强大的雷电流泄流入地，保护被保护的设备或系统不受冲击而损坏。

三、型号含义

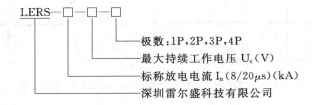

四、技术数据

Ⅳ级单相 220V 电源防雷器—10kA 技术数据，见表 23-122。

表 23-122　Ⅳ级单相 220V 电源防雷器—10kA 技术数据

型　号	LERS—10K	NPE
SPD 端口	一端口	一端口
SPD 类别	限压型	开关型
电源系统	TT—TN—IT	TT
额定电压 U_n	220V/380V	220V
最大持续运行电压 U_c	275V/385V	255V
标称放电电流 I_n（8/20μs）	10kA	10kA
最大放电电流 I_{max}（8/20μs）	20kA	20kA
保护水平 U_p	<1500V	<1200V
推荐串接过流保护装置	16A/6kA	16A/6kA
单极宽度	18mm	18mm
内部过热断路器	内置	外置
断路装置	内置	外置
内部电路过流断路装置	内置	外置
遥控报警信号	常开/常闭触点端子（可选）	无
失效指示	绿色：正常　红色：失效	无
连接导线	16~25mm²	
安装	35mm 标准导轨（EN50022/DIN46277—3）	
工作环境温度	—40/85℃	
外壳材料	符合 UL94V—0	
外壳保护等级	IP20	

五、外形及安装尺寸

Ⅳ级单相 220V 电源防雷器—10kA 外形及安装尺寸，见图 23-38。

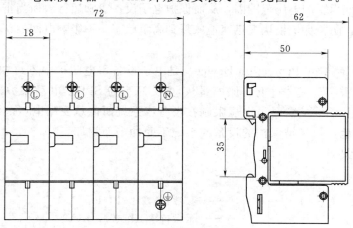

图 23-38　Ⅳ级单相 220V 电源防雷器—10kA 外形及安装尺寸

六、生产厂

深圳市雷尔盛科技有限公司。

23.7.27 Ⅳ级三相380V电源防雷器—10kA

一、概述

LERS系列低压配电系统电涌保护器具备大的雷电流泄放能力，每位的最大放电电流10～150kA，适用于低压配电系统的各级保护，依据不同的配电系统（TT/TN/IT）可选择多种组合方式。

在正常工作情况下，防雷保护模块处于高阻状态。当供电线路有雷电侵入或出现操作瞬时过电压时，防雷保护模块将以纳秒级的响应速度立即导通，将雷电过电压或瞬时过电压限制在用电设备允许承受的电压范围内，从而保护电子设备正常运行。而当雷电过电压或瞬时过电压结束以后，防雷保护模块又迅速地恢复到高阻状态，不影响电网的正常供电。

二、特点

电涌保护器（Surge Protection Device）是电子设备雷电防护中不可缺少的一种装置，过去常称为"避雷器"或"过电压保护器"，英文简写为SPD。电涌保护器的作用是把窜入电力线、信号传输线的瞬时过电压限制在设备或系统所能承受的电压范围内，或将强大的雷电流泄流入地，保护被保护的设备或系统不受冲击而损坏。

三、型号含义

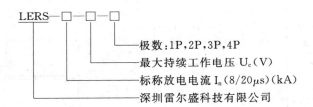

```
LERS—□—□—□
              └── 极数：1P,2P,3P,4P
           └── 最大持续工作电压 Uc(V)
        └── 标称放电电流 In(8/20μs)(kA)
   └── 深圳雷尔盛科技有限公司
```

四、技术数据

Ⅳ级三相380V电源防雷器—10kA技术数据，见表23-123。

表 23-123 Ⅳ级三相380V电源防雷器—10kA 技术数据

型　　　号	LERS—10K	NPE
SPD端口	一端口	一端口
SPD类别	限压型	开关型
电源系统	TT—TN—IT	TT
额定电压 U_n	220V/380V	220V
最大持续运行电压 U_c	275V/385V	255V
标称放电电流 I_n（8/20μs）	10kA	10kA
最大放电电流 I_{max}（8/20μs）	20kA	20kA
保护水平 U_p	＜1500V	＜1200V
推荐串接过流保护装置	16A/6kA	16A/6kA

型　　　号	LERS—10K	NPE
单极宽度	18mm	18mm
内部过热断路器	内置	外置
断路装置	内置	外置
内部电路过流断路装置	内置	外置
遥控报警信号	常开/常闭触点端子（可选）	无
失效指示	绿色：正常　红色：失效	无
连接导线	16～25mm²	
安装	35mm 标准导轨（EN50022/DIN46277—3）	
工作环境温度	−40/85℃	
外壳材料	符合 UL94V—0	
外壳保护等级	IP20	

五、外形及安装尺寸

Ⅳ级三相 380V 电源防雷器—10kA 外形及安装尺寸，见图 23 - 39。

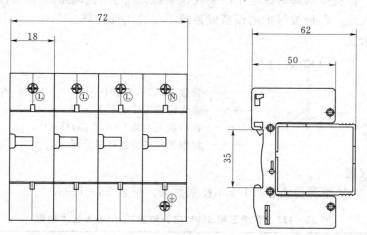

图 23 - 39　Ⅳ级三相 380V 电源防雷器—10kA 外形及安装尺寸

六、生产厂

深圳市雷尔盛科技有限公司。

23.7.28　8 路网络信号防雷器

一、概述

LERS—RJ45/100M 系列产品为各种网络传输设备等设计的网络用信号电涌保护器，适用于各种计算机网络，服务器路由器、HUB、交换机、宽带等，安装于数据线防雷分区 LPZ1—3 界面之间的 RJ45 接口 2 上。浪涌保护器串接于被保护设备的前端，当传输线遭到感应雷及其它瞬时过电压冲击时，冲击电流通过浪涌保护器的保护支路将其泄放到大地，并将感应过电压嵌位在设备允许的电压范围内，从而确保了运行设备的安全。

二、特点

(1) 额定放电电流大，响应时间快。

(2) 高传输速率。

(3) 具有过流、过压、嵌位保护功能。

(4) 集中式防护，安装维护简单方便。

(5) 采用具有屏蔽能力的金属合金外壳。

(6) 提供 4/8 线全保护。

三、使用环境

(1) 温度：$-40\sim+70$℃。

(2) 相对湿度：$\leqslant95\%$。

(3) 大气压：$70\sim106$kPa。

四、技术数据

8 路网络信号防雷器技术数据，见表 23-124。

表 23-124　8 路网络信号防雷器技术数据

型　　号	LERS—RJ45/100M—8
保护路数	8 路
标称工作电压 U_n	5V
最大持续工作电压 U_c	6V
标称放电电流（8/20μs）I_n	5kA
最大放电电流（8/20μs）I_{max}	10kA
线—线电压保护水平（I_n）U_p	$\leqslant$24V
线—PG 电压保护水平（I_n）U_p	$\leqslant$180V
响应时间 t_A	$\leqslant$1ns
传输速率 V_s	100Mbps
插入损耗 a_E	$\leqslant$0.3dB
温度范围	$-40\sim+80$℃
保护线路	4 线（Pin1/2,3/6）
接口类型	RJ45
外壳材料	黑色屏蔽金属
安装方式	机柜平放/桌面
防护等级	IP20

五、生产厂

深圳市雷尔盛科技有限公司。

23.7.29 12—24路10/100M网络信号防雷器

一、概述

RJ45系列12—24路网络信号电涌保护器按照IEC标准设计。本产品适用于10/100M网络设备的防雷保护。

产品的接口形式为标准RJ45接口，保护芯线为8线（12、36、45、78），最多保护24路标准RJ24接口，19英寸机架式安装，维护方便。

8/20μs最大放电电流I_{max}可达10kA/每线，动作反应时间快，适用于高速互联网络的雷电浪涌防护。

二、技术数据

12—24路10/100M网络信号防雷器技术数据，见表23-125。

表23-125 12—24路10/100M网络信号防雷器技术数据

产品型号	DK—nDCt/RJ45	
产品名称	5—12L信号电涌保护器	5—24L信号电涌保护器
外壳材质	铝质外壳	
外壳防护等级	IP20	
工作温度	$-40\sim+85℃$	
相对湿度	$<95\%$	
标称放电电流I_n（8/20μs）（kA）	5	
最大放电电流I_{max}（8/20μs）（kA）	10	
线—线限制电压（V）	$\leqslant 30$	
线—PE限制电压（V）	$\leqslant 90$	
传输数率（bit/s）	100M	
插入损耗（dB）	$\leqslant 0.5$	
阻抗（Ω）	0.5	
接口型号	RJ45	
重量	2.09	1.56
外形尺寸（mm）	$481\times96\times45$	
被保护芯线	1，2，3，4	
保护线路数量	12口网络	24口网络
安装标准	19英寸机架式	
订货号	1008009	1008010

三、适用范围

（1）楼层交换机电源、信号防雷。

（2）计算机机房网络交换机电源、信号防雷。

四、生产厂

广西地凯科技有限公司。

23.7.30 12V—4线控制信号防雷器

一、概述

LERS数据信号系列产品用于螺丝端子方式连接的一体化两对四条双绞线电涌保护器，防止信息线路上由于雷电引起的浪涌过电压对相关设备造成危害，可用于各种与电话线或数据控制线连通的设备保护，安装于防雷分区LPZ1—3界面。

二、特点

(1) 提供四芯线保护。

(2) 通流容量大，响应时间快，保护水平低。

(3) 采用标准导轨安装方式，适用集中接线安装场合。

(4) 信号传输性能优越。

(5) 多级电压保护，应用范围广泛。

(6) 可对各种通信线路进行保护。

三、使用环境

(1) 温度：$-40\sim+70℃$。

(2) 相对湿度：$\leqslant95\%$。

(3) 大气压：$70\sim106$kPa。

四、技术数据

12V—4线控制信号防雷器技术数据，见表23-126。

表 23-126 12V—4线控制信号防雷器技术数据

型　　号	LERS—CH4/12V	LERS—CH4/24V
标称工作电压 U_n	12V	24V
最大持续工作电压 U_c	18V	30V
标称电流 I_L	2A	
标称放电电流（8/20μs）I_n	3kA	
最大放电电流（8/20μs）I_{max}	5kA	
电压保护水平（I_n）U_p	$\leqslant120$V	
响应时间 t_A	$\leqslant1$ns	
带宽 f_G	2MHz	
插入损耗 a_E	$\leqslant0.5$dB	
温度范围	$-40\sim+80℃$	
保护线路	4线	
接口类型	螺丝端子	
安装接线规格	1.5$\sim$4mm^2	
外壳材料	铝合金，UL94—V0	
外形尺寸（mm）	56×40×25	
安装支架	面挂式	
防护等级	IP20	

五、生产厂

深圳市雷尔盛科技有限公司。

23.7.31 24 路电话交换机信号防雷器

一、概述

LERS—RJ11 系列产品用于 RJ11 接口方式连接的双绞线电涌保护器，适用于 TEL、DDN、ISDN、ADSL 设等，防止雷电浪涌及过电压对其传输设备的损害，安装于数据线防雷分区 LPZ1—3 界面之间的 RJ11 接口上。

二、特点

(1) 通流容量大，残压低，响应时间快。

(2) 具有过压过流双重保护。

(3) 信号传输性能优越。

(4) 采用具有屏蔽能力的金属合金外壳。

(5) 提供 2/4 线全保护。

(6) 结构简单，易安装维护。

三、使用环境

(1) 温度：$-40\sim+70℃$。

(2) 相对湿度：$\leqslant95\%$。

(3) 大气压：$70\sim106kPa$。

四、技术数据

24 路电话交换机信号防雷器技术数据，见表 23 - 127。

表 23 - 127　24 路电话交换机信号防雷器技术数据

型　　号	LERS—RJ11/TELE—24
标称工作电压 U_n	48V
最大持续工作电压 U_c	60V
标称电流 I_L	150mA
标称放电电流（$8/20\mu s$）I_n	5kA
最大放电电流（$8/20\mu s$）I_{max}	10kA
线—线电压保护水平（I_n）U_p	$\leqslant100V$
线—PG 电压保护水平（I_n）U_p	$\leqslant350V$
响应时间 t_A	$\leqslant1ns$
传输速率 V_s	2Mbps
插入损耗 a_E	$\leqslant0.5dB$
温度范围	$-40\sim+80℃$
保护线路	24 路 2 线（Pin2/3）
接口类型	RJ11
外壳材料	屏蔽金属
安装方式	19 寸标准 1U
外形尺寸（长×宽×高）(mm)	$482.6\times44.4\times62$
防护等级	IP20

五、生产厂

深圳市雷尔盛科技有限公司。

23.7.32 24 路百兆网络信号防雷器

一、概述

LERS—RJ45/100M 系列产品为各种网络传输设备等设计的网络用信号电涌保护器，适用于各种计算机网络、服务器路由器、HUB、交换机、宽带等，安装于数据线防雷分区 LPZ1—3 界面之间的 RJ45 接口 2 上。浪涌保护器串接于被保护设备的前端，当传输线遭到感应雷及其它瞬时过电压冲击时，冲击电流通过浪涌保护器的保护支路将其泄放到大地，并将感应过电压嵌位在设备允许的电压范围内，从而确保了运行设备的安全。

二、特点

(1) 额定放电电流大，响应时间快。

(2) 高传输速率。

(3) 具有过流、过压、嵌位保护功能。

(4) 集中式防护，安装维护简单方便。

(5) 采用具有屏蔽能力的金属合金外壳。

(6) 提供 4/8 线全保护。

三、使用环境

(1) 温度：—40～+70℃。

(2) 相对湿度：≤95%。

(3) 大气压：70～106kPa。

四、技术数据

24 路百兆网络信号防雷器技术数据，见表 23-128。

表 23-128 24 路百兆网络信号防雷器技术数据

型 号	LERS—RJ45/100M—24
保护路数	24 路
标称工作电压 U_n	5V
最大持续工作电压 U_c	6V
标称放电电流（8/20μs）I_n	5kA
最大放电电流（8/20μs）I_{max}	10kA
线—线电压保护水平（I_n）U_p	≤24V
线—PG 电压保护水平（I_n）U_p	≤180V
响应时间 t_A	≤1ns
传输速率 V_s	100Mbps
插入损耗 a_E	≤0.3dB
温度范围	—40～+80℃
保护线路	4 线（Pin1/2, 3/6）
接口类型	RJ45
外壳材料	黑色屏蔽金属
安装方式	19 寸标准 1U 机柜安装
外形尺寸（mm）	485×110×45
防护等级	IP20

五、生产厂

深圳市雷尔盛科技有限公司。

23.7.33 24 路千兆网络信号防雷器

一、概述

LERS—RJ45/KM 系列产品为各种网络传输设备等设计的网络用网络信号电涌保护器，适用于各种千兆以太网、ATM、VoIP 网络、PoE 系统等，安装于数据线防雷分区 LPZ1—3 界面之间的 RJ45 接口上。

二、特点

(1) 六类线电涌保护产品。

(2) 额定放电电流大，响应时间快。

(3) 高传输速率。

(4) 具有过流、过压、嵌位保护功能。

(5) 采用具有屏蔽能力的金属合金外壳。

三、使用环境

(1) 温度：−40～+70℃。

(2) 相对湿度：≤95%。

(3) 大气压：70～106kPa。

四、技术数据

24 路千兆网络信号防雷器技术数据，见表 23－129。

表 23－129　24 路千兆网络信号防雷器技术数据

型　　号	LERS—RJ45/KM	LERS—RJ45/KM—24
保护路数	1 路	24 路
标称工作电压 U_n	5V	
最大持续工作电压 U_c	6V	
标称电流 I_L	350mA	
标称放电电流（8/20μs）I_n	2.5kA	
最大放电电流（8/20μs）I_{max}	5kA	
线—线电压保护水平（I_n）U_p	≤15V	
线—PG 电压保护水平（I_n）U_p	≤150V	
寄生电容 C	≤25pF	
响应时间 t_A	≤10ns	
传输速率 V_s	1000Mbps	
插入损耗 a_E	≤0.5dB	
温度范围	−40～+80℃	
保护线路	8 线（Pin1/2，3/6，4/5，7/8）	
接口类型	RJ45	
外壳材料	屏蔽金属	
安装方式	35mmDIN 轨/桌面	19″机架
外形尺寸（mm）	112×40×25	485×110×45
防护等级	IP20	

五、生产厂

深圳市雷尔盛科技有限公司。

23.7.34 DB 接口信号防雷器 (SPD)

一、概述

DB 接口系列网络信号电涌保护器按照 IEC 标准设计。本产品适用于 RS232，RS485/422 接口设备的防雷保护。

产品的接口形式为 D 型 (串行接口)：有 9 芯、15 芯、25 芯、37 芯四个系列，安装维护方便。

$8/20\mu s$ 最大放电电流 I_{max} 可达 10kA/每线，动作反应时间快，限制电压低。

二、技术数据

DB 接口信号防雷器 (SPD) 技术数据，见表 23-130。

表 23-130 DB 接口信号防雷器 (SPD) 技术数据

产 品 型 号	DK—nDCp			
产品名称	D9 信号 SPD	D15 信号 SPD	D25 信号 SPD	D37 信号 SPD
外壳材质	铝质外壳			PBT
外壳防护等级	IP20			
工作温度	$-40\sim+85℃$			
相对湿度	$<95\%$			
标称放电电流 I_n ($8/20\mu s$) (kA)	5			
最大放电电流 I_{max} ($8/20\mu s$) (kA)	10			
限制电压 ($10/700\mu s$) (V)	$\leqslant 40$			
传输数率 (bit/s)	1M			
插入损耗 (dB)	$\leqslant 0.5$			
阻抗 (Ω)	5.1			
接口型号	DB9	DB15	DB25	DB37
外形尺寸 (mm)	68×41×25	68×41×25	80×56×25	102×71×59
重量 (kg)	0.2	0.21	0.45	0.32
被保护芯线	1~9	1~15	1~25	1~37
订货号	1007005	1007006	1007007	1007008

三、适用范围

计算机信息系统：通讯线路。

工业控制系统：通讯线路。

四、生产厂

广西地凯科技有限公司。

23.7.35 DK—380AC50G 型模块式电源防雷器

一、概述

DK—380AC50G 电压开关型模块化高能量 SPD 是依据 IEC 标准设计，单模块的冲击电流可达 50kA ($10/350\mu s$)，产品应用于雷击高风险地区供电系统的第一级防雷保护，可组合安装于380V配电系统。

产品采用模块化设计，密封性好，配有35mm电气导轨安装，接线十分方便；具有残压极低、响应速度快、通流容量大、寿命长；品种齐全、维护简单等诸多优点。并可根据用户需要，特制生产。

二、技术数据

DK—380AC50G型模块式电源防雷器技术数据，见表23-131。

表 23 - 131　DK—380AC50G型模块式电源防雷器技术数据

型　　　号	DK—380AC50G 型
外壳防护材质	PBT/PA—F
外壳阻燃等级	UL94—V0
外壳防护等级	IP20
颜色	灰白色
安装标准	35mm DIN 电气导轨
接线端口数量	4PIN
工作温度	$-40\sim+85℃$
相对湿度	$\leqslant95\%$
损坏状态	呈断路状态
保护模式	L—PE、N—PE
外形尺寸	$108\times90\times62$
重量（kg）	0.9
主要参考标准	IEC 61643—1 和 GB 18802.1—2002
防雷保护等级	A 级
SPD 类型	一端口
适用的供电系统类型	TT，TN，IT
额定电压	220V AC
最大持续运行电压	275V AC
动作电压	$\geqslant620V DC$
额定工作频率	50Hz（60Hz）
漏电流	$\leqslant10\mu A$
标称放电电流（$8/20\mu s$）	50kA
冲击电流（$10/350\mu s$）	50kA
电压保护水平（10/350）$\mu s\ U_p$	$\leqslant2.0kV$
响应时间	$<100ns$
L（N）接口类型	螺栓固定式端子
螺栓规格	M5
SPD 连接导线最小截面	$BVR—10mm^2$
SPD 连接导线最大截面	$BVR—25mm^2$
PE 接口类型	螺栓固定式端子
螺栓规格	M5
PE 连接导线最小截面	$BVR—16mm^2$
PE 连接导线最大截面	$BVR—25mm^2$
订货号	100302001

三、适用范围

(1) 建筑物低压总配电柜/分配电箱。

(2) 室外配电柜/配电箱。

(2) 需要雷电泄放记录的环境。

(4) 适用的供电系统类型：TT，TN。

四、生产厂

广西地凯科技有限公司。

23.7.36 DK—DW/m RJ45 二合一电涌保护器 (SPD)

一、概述

DK—DW/m RJ45 型网络监控摄像机电涌保护器根据 IEC 标准设计和制造，针对具有 POE 供电功能的网络摄像机设计，可以通过避雷器的网络口为摄像机提供电源和信号的保护，产品具有结构紧凑、响应速度快等特点，能有效确保摄像机正常工作。

二、技术数据

DK—DW/m RJ45 二合一电涌保护器 (SPD) 技术数据，见表 23-132。

表 23-132　DK—DW/m RJ45 二合一电涌保护器 (SPD) 技术数据

产 品 型 号	DK—DW/m RJ45
信号传输线	1、2、3、6
电源传输线	4、5、7、8
信号线额定工作电压 U_n	5V
信号线最大持续运行电压 U_c	8V
信号线 100V/μs 限制电压	$\leqslant$30V
电源线额定工作电压 U_n	DC48V
电源线最大持续运行电压 U_c	DC64V
电源线额定工作电流	0.5A
电源线电压保护水平 U_p	$\leqslant$200V
标称放电电流 I_n（8/20μs）	1kA
最大放电电流 I_{max}（8/20μs）	2kA
响应时间 t_A	$\leqslant$10ns
传输速率	100Mbps
接口类型	RJ45
外壳材质	铝合金
防护等级	IP20
工作温度	$-20\sim+70$℃
相对湿度	$\leqslant$95%RH

三、适用范围

(1) 计算机机房网络交换机 RJ45 接口雷电浪涌防护。

(2) 计算器网卡雷电浪涌防护。

(3) 楼层交换机雷电浪涌防护。

（4）其它网络设备 RJ45 接口雷电浪涌防护。

四、生产厂

广西地凯科技有限公司。

23.7.37 POE 网络电源＋信号二合一防雷器

一、概述

LERS—RJ45/POE 一体化二合一多功能以太网供电电涌保护器，适用于超五类以太网供电线路及无线网桥、IP 电话、网络监控设备等的雷电防护，安装于数据线防雷分区 LPZ1—3 界面之间的 RJ45 接口上。

二、特点

（1）具有电源和网络信号多种保护功能。

（2）残压低，响应时间快。

（3）插入损耗小，通流容量大，传输性能优越。

（4）体积小，安装简单，维护方便。

三、使用环境

（1）温度：$-40\sim+70℃$。

（2）相对湿度：$\leqslant95\%$。

（3）大气压：$70\sim106kPa$。

四、技术数据

POE 网络电源＋信号二合一防雷器技术数据，见表 23－133。

表 23－133　POE 网络电源＋信号二合一防雷器技术数据

型　　号	LERS RJ45/POE	
	电　源	网　络
标称工作电压 U_n	48V	5V
最大持续工作电压 U_c	72V	6V
标称电流 I_L	10A	—
标称放电电流（$8/20\mu s$）I_n	5kA	
最大放电电流（$8/20\mu s$）I_{max}	10kA	
线—线电压保护水平（I_n）U_p	$\leqslant150V$	$\leqslant25V$
线—PG 电压保护水平（I_n）U_p	$\leqslant300V$	$\leqslant500V$
响应时间 t_A	$\leqslant25ns$	$\leqslant1ns$
传输速率 V_s	—	100Mbps
插入损耗 a_E	—	$\leqslant0.5dB$
温度范围	$-40\sim+80℃$	
保护线路	4 线（Pin4/5，7/8）	4 线（Pin1/2，3/6）
接口类型	RJ45	
安装地线规格	$4mm^2$	
外壳材料	黑色铝合金	
外形尺寸（mm）	$111.5\times40\times25$	
安装支架	室内壁挂式	
防护等级	IP20	

五、生产厂

深圳市雷尔盛科技有限公司。

3.7.38 RJ11 通讯信号防雷器

一、概述

RJ11 系列信号电涌保护器按照 IEC 通讯电涌保护器的标准设计。

RJ11 系列产品适用于电话线路、数据通讯专线、程控交换机及所有 RJ11 接口的防雷保护。

产品的接口形式为标准 RJ11 水晶接头，有单口 RJ11、20 口和 30 口 RJ11 保护，单口信号电涌保护器可以保护 1 对/2 对通讯线路。多口产品可安装在 19 英寸标准机柜内，安装维护方便。

8/20μs 最大放电电流 I_{max} 可达 10kA/每线，反应时间为皮秒级、残压更低。

二、技术数据

RJ11 通讯信号防雷器技术数据，见表 23-134。

表 23-134　RJ11 通讯信号防雷器技术数据

产品型号	DK—nDCt/RJ11
产品名称	200 信号电涌保护器
外壳材质	铝质外壳
外壳防护等级	IP30
工作温度	−40～＋85℃
相对湿度	＜95％
最大持续运行电压 U_c（V）	220
标称放电电流 I_n（8/20μs）（kA）	5
最大放电电流 I_{max}（8/20μs）（kA）	10
限制电压（10/700μs）（V）	≤300
传输数率（bit/s）	2M
插入损耗（dB）	≤0.5
阻抗（Ω）	10
接口方式	RJ11
重量（kg）	0.08
外形尺寸（mm）	59×25×25
被保护芯线	3，4
订货号	1008002

三、适用范围

电话机/程控交换机/传真机/MODEM/通讯信号线终端设备/通讯机房保护。

四、生产厂

广西地凯科技有限公司。

23.7.39 RJ45 系列 10/100M 网络信号防雷器（单路）

一、概述

RJ45 系列网络信号电涌保护器按照 IEC 标准设计。

本产品适用于 10/100M/1000M 网络设备的防雷保护。

产品的接口形式为标准 RJ45 接口，保护芯线为 8 线（12、36、45、78），最多保护 24 路标准 RJ24 接口，19 英寸机架式安装，维护方便。

$8/20\mu s$ 最大放电电流 I_{max} 可达 10kA/每线，动作反应时间快，适用于高速互联网络的雷电浪涌防护。

二、技术数据

RJ45 系列 10/100M 网络信号防雷器（单路）技术数据，见表 23-135。

表 23-135 RJ45 系列 10/100M 网络信号防雷器（单路）技术数据

产 品 型 号	DK—nDCt/RJ45		
产品名称	5—8S 信号电涌保护器	5—8S G 型信号电涌保护器	5—4S 信号电涌保护器
外壳材质	铝质外壳		
外壳防护等级	IP20		
工作温度	$-40\sim+85℃$		
标称放电电流 I_n（$8/20\mu s$）（kA）	5		
最大放电电流 I_{max}（$8/20\mu s$）（kA）	10		
线—线限制电压（V）	≤10		
线—PE限制电压（V）	≤90		
传输数率（bit/s）	100M	1000M	100M
插入损耗（dB）	≤0.5		
阻抗（Ω）	0.5		
接口方式	RJ45		
重量（kg）	0.17	0.17	0.16
外形尺寸（mm）	80×45×25		
被保护芯线	1，2，3，6（细保护）	1，2，3，6（细保护）	1，2，3，6
	4，5，7，8（粗保护）	4，5，7，8（粗保护）	
订货号	1008007	1008007	1008006

三、适用范围

（1）计算机机房网络交换机 RJ45 接口雷电浪涌防护。

（2）计算器网卡雷电浪涌防护。

（3）楼层交换机雷电浪涌防护。

（4）其它网络设备 RJ45 接口雷电浪涌防护。

四、生产厂

广西地凯科技有限公司。

3.7.40 光伏防雷汇流箱 DK—PV8016

一、概述

对于大型光伏并网发电系统，为了减少光伏组件与逆变器之间连接线，方便维护，提高可靠性，一般需要在光伏组件与逆变器之间增加直流汇流装置。光伏防雷汇流箱系列产品就是为了满足这一要求而特别设计的，可与光伏逆变器产品相配套组成完整的光伏发电系统解决方案。使用光伏汇流箱，用户可以根据逆变器输入的直流电压范围，把一定数量的规格相同的光伏组件串并联组成 1 个光伏组件阵列，再将光伏组件阵列接入光伏防雷汇流箱进行汇流后输出，方便了后级逆变器的接入。

二、特点

（1）可同时接入多路太阳能光伏阵列，每路额定电流可达 10A，最大 15A，能满足不同用户需求。

（2）每路输入独立配有太阳能光伏直流高压防雷电路，具备多级防雷功能，确保雷击不影响光伏阵列正常输出。

（3）输出端配有光伏直流高压防雷模块，可耐受最大 80kA 的雷电流。

（4）采用高压断路器，直流耐压值不低于 DC1000V，安全可靠。

（5）具有雷电记录功能，方便了解雷电灾害的侵入情况。

（6）具有电流、电压、电量的实时显示功能，便于观察工作状况（选配）。

（7）防护等级达 IP65，满足室外安装的使用要求。

（8）具有远程监控功能（选配）。

三、技术数据

光伏防雷汇流箱 DK—PV8016 技术数据，见表 23 - 136。

表 23 - 136 光伏防雷汇流箱 DK—PV8016 技术数据

型　　号	DK—PV8016
汇 流 参 数	
外形尺寸（mm）	580×450×200
光伏组件输入路数	16
输入电压	DC 80～1000V
每路最大电流	15A
输出最大电流	250A
直流断路器	250A
输入线防水接头	PG7（推荐使用 4mm² 光伏电缆线）
输出线	PG21（推荐使用 70mm² 光伏电缆线）
输入防雷性能	
标称放电电流 I_n	10kA
最大放电电流 I_{max}	20kA
电压保护水平 U_p	≤3.2kV

型　号	DK—PV8016
输出防雷性能	
标称放电电流 I_n	40kA
最大放电电流 I_{max}	80kA
电压保护水平 U_p	≤4kV
环　境	
使用环境温度	$-35\sim+70℃$
相对湿度	$0\sim95\%$
保护等级	IP65

四、安装说明

（1）将汇流箱固定在支架上。

（2）松开输入输出防水接头，接好所有线路，拧紧防水接头。

（3）所有的操作必须由具备相应资质的专业人员进行。

（4）本产品为电子设备，避免安装在潮湿的地方。

（5）用户在安装及使用时必须遵守相关安全规范。

五、生产厂

广西地凯科技有限公司。

23.7.41　风电系统防雷器 DK—690ACm Ⅰ型电源电涌保护器

一、概述

DK—690ACm Ⅰ型电源电涌保护器产品按照 GB 18802.1 标准要求进行设计、生产和检测，产品严格按照 ISO9001 质量保证体系进行控制。

DK—690ACm Ⅰ型电源电涌保护器（简称电源 SPD）采用耐高温塑料，密封性好安装接线方便，具有防尘、防腐蚀、阻燃等功能，能在较恶劣的环境下长期稳定工作。本SPD 专用于风电系统的防雷保护，安装在配电设备的前端，能防止雷击等因素产生的感应过电压、过电流现象和其它瞬间浪涌电压对系统或设备造成的永久性损坏或瞬间中断等危害。

二、技术数据

风电系统防雷器 DK—690ACm Ⅰ型电源电涌保护器技术数据，见表23-137。

三、外形及安装尺寸

（1）DK—690AC60 Ⅰ型电源 SPD 可安装在风电系统中风机保护的位置上，一般安装在电源配电柜（箱）或电源开关、插座上。它与电网并联，35mm 导轨安装，安装时应尽可能采用凯文接线方式，以降低电路残压（见图23-40）。

（2）将电源输入、输出线前端剥去表层胶皮露出铜芯，将铜芯插入 SPD 上的孔中用螺丝刀将其固定紧。

（3）将地线前端剥去表层胶皮露出铜芯，将铜芯插入 SPD 上的孔中，用螺丝刀将其固定紧。

表 23 - 137 风电系统防雷器 DK—690ACm Ⅰ型电源电涌保护器技术数据

产品型号	DK—690AC80	DK—690AC60
工作电压 U_n	690VAC	
最大持续运行电压 U_c	900VAC	
标称放电电流 I_n	40kA	30kA
最大放电电流 I_{max}	80kA	60kA
电压保护水平 U_p	5000V	4500V
漏电流	30μA	
保护模式	L—PE	
产品尺寸	91×70×84	
工作温度	—40～85℃	
相对湿度	<95%	
防护等级	IP20	
使用环境	室内运行，或在没有雨雪侵袭的地方	

（4）连接模块式指示报警 SPD 接地导线的横截面积至少为 $16mm^2$，其引线长度应小于 1m，且越短越好。

（5）风电系统防雷器 DK—690ACm Ⅰ型电源电涌保护器外形及安装尺寸，见图 23 - 40。

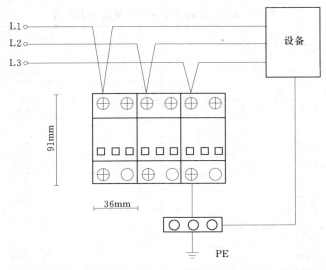

图 23 - 40 风电系统防雷器 DK—690ACm Ⅰ型电源电涌保护器外形及安装尺寸

四、注意事项

（1）保护器窗口指示绿色时为正常，红色时为损坏。

（2）将损坏的模块拆下，装上新的模块。

注 安装时必须断开电源，严禁带电操作；接地线尽可能粗短且接地电阻应小于 10Ω。

五、生产厂

广西地凯科技有限公司。

23.7.42　单路电话信号防雷器

一、概述

LERS—RJ11 系列产品用于 RJ11 接口方式连接的双绞线电涌保护器，适用于 TEL、DDN、ISDN、ADSL 设备等，防止雷电浪涌及过电压对其传输设备的损害，安装于数据线防雷分区 LPZ1—3 界面之间的 RJ11 接口上。

二、特点

(1) 通流容量大，残压低，响应时间快。

(2) 具有过压过流双重保护。

(3) 信号传输性能优越。

(4) 采用具有屏蔽能力的金属合金外壳。

(5) 提供 2/4 线全保护。

(6) 结构简单，易安装维护。

三、使用环境

(1) 温度：−40～＋70℃。

(2) 相对湿度：≤95%。

(3) 大气压：70～106kPa。

四、技术数据

单路电话信号防雷器技术数据，见表 23-138。

表 23-138　单路电话信号防雷器技术数据

型　　号	LERS—RJ11/TELE
标称工作电压 U_n	48V
最大持续工作电压 U_c	60V
标称电流 I_L	150mA
标称放电电流（8/20μs）I_n	5kA
最大放电电流（8/20μs）I_{max}	10kA
线—线电压保护水平（I_n）U_p	≤100V
线—PG 电压保护水平（I_n）U_p	≤350V
响应时间 t_A	≤1ns
传输速率 V_s	2Mbps
插入损耗 a_E	≤0.5dB
温度范围	−40～＋80℃
保护线路	2 线（Pin2/3）
接口类型	RJ11
外壳材料	屏蔽金属
安装方式	35mmDIN 轨/桌面
外形尺寸（mm）	68×25×25
防护等级	IP20

五、生产厂

深圳市雷尔盛科技有限公司。

23.7.43 单路百兆网络信号防雷器

一、概述

LERS—RJ45/100M 系列产品为各种网络传输设备等设计的网络用信号电涌保护器，适用于各种计算机网络、服务器路由器、HUB、交换机、宽带等，安装于数据线防雷分区 LPZ1—3 界面之间的 RJ45 接口 2 上。浪涌保护器串接于被保护设备的前端，当传输线遭到感应雷及其它瞬时过电压冲击时，冲击电流通过浪涌保护器的保护支路将其泄放到大地，并将感应过电压嵌位在设备允许的电压范围内，从而确保了运行设备的安全。

二、特点

(1) 额定放电电流大，响应时间快。

(2) 高传输速率。

(3) 具有过流、过压、嵌位保护功能。

(4) 集中式防护，安装维护简单方便。

(5) 采用具有屏蔽能力的金属合金外壳。

(6) 提供 4/8 线全保护。

三、使用环境

(1) 温度：$-40\sim+70℃$。

(2) 相对湿度：$\leqslant 95\%$。

(3) 大气压：$70\sim106$kPa。

四、技术数据

单路百兆网络信号防雷器技术数据，见表 23 - 139。

表 23 - 139 单路百兆网络信号防雷器技术数据

型 号	LERS—RJ45/100M
保护路数	1 路
标称工作电压 U_n	5V
最大持续工作电压 U_c	6V
标称放电电流（8/20μs）I_n	5kA
最大放电电流（8/20μs）I_{max}	10kA
线—线电压保护水平（I_n）U_p	$\leqslant 24$V
线—PG 电压保护水平（I_n）U_p	$\leqslant 180$V
响应时间 t_A	$\leqslant 1$ns
传输速率 V_s	100Mbps
插入损耗 a_E	$\leqslant 0.3$dB
温度范围	$-40\sim+80℃$
保护线路	4 线（Pin1/2, 3/6）
接口类型	RJ45
外壳材料	蓝色屏蔽金属
安装方式	35mmDIN 轨/桌面
外形尺寸（mm）	$68\times25\times25$
防护等级	IP20

五、生产厂

深圳市雷尔盛科技有限公司。

23.7.44 单路千兆网络信号防雷器

一、概述

LERS—RJ45/KM 系列产品为各种网络传输设备等设计的网络用网络信号电涌保护器，适用于各种千兆以太网、ATM、VoIP 网络、PoE 系统等，安装于数据线防雷分区 LPZ1—3 界面之间的 RJ45 接口上。

二、特点

（1）六类线电涌保护产品。

（2）额定放电电流大，响应时间快。

（3）高传输速率。

（4）具有过流、过压、嵌位保护功能。

（5）采用具有屏蔽能力的金属合金外壳。

三、使用环境

（1）温度：－40～＋70℃。

（2）相对湿度：≤95％。

（3）大气压：70～106kPa。

四、技术数据

单路千兆网络信号防雷器技术数据，见表 23－140。

表 23－140　单路千兆网络信号防雷器技术数据

型　　号	LERS—RJ45/KM	LERS—RJ45/KM—24
保护路数	1 路	24 路
标称工作电压 U_n	5V	
最大持续工作电压 U_c	6V	
标称电流 I_L	350mA	
标称放电电流（8/20μs）I_n	2.5kA	
最大放电电流（8/20μs）I_{max}	5kA	
线—线电压保护水平（I_n）U_p	≤15V	
线—PG 电压保护水平（I_n）U_p	≤150V	
寄生电容 C	≤25pF	
响应时间 t_A	≤10ns	
传输速率 V_s	1000Mbps	
插入损耗 a_E	≤0.5dB	
温度范围	－40～＋80℃	
保护线路	8 线（Pin1/2，3/6，4/5，7/8）	
接口类型	RJ45	
外壳材料	屏蔽金属	
安装方式	35mmDIN 轨/桌面	19″机架
外形尺寸（mm）	112×40×25	485×110×45
防护等级	IP20	

五、生产厂

深圳市雷尔盛科技有限公司。

23.7.45 四路百兆网络信号防雷器

一、概述

LERS—RJ45/100M 系列产品为各种网络传输设备等设计的网络用信号电涌保护器，适用于各种计算机网络、服务器路由器、HUB、交换机、宽带等，安装于数据线防雷分区 LPZ1—3 界面之间的 RJ45 接口 2 上。浪涌保护器串接于被保护设备的前端，当传输线遭到感应雷及其它瞬时过电压冲击时，冲击电流通过浪涌保护器的保护支路将其泄放到大地，并将感应过电压嵌位在设备允许的电压范围内，从而确保了运行设备的安全。

二、特点

(1) 额定放电电流大，响应时间快。

(2) 高传输速率。

(3) 具有过流、过压、嵌位保护功能。

(4) 集中式防护，安装维护简单方便。

(5) 采用具有屏蔽能力的金属合金外壳。

(6) 提供 4/8 线全保护。

三、使用环境

(1) 温度：$-40\sim+70℃$。

(2) 相对湿度：$\leqslant 95\%$。

(3) 大气压：$70\sim106$kPa。

四、技术数据

四路百兆网络信号防雷器技术数据，见表 23-141。

表 23-141 四路百兆网络信号防雷器技术数据

型 号	LERS—RJ45/100M—4
保护路数	4 路
标称工作电压 U_n	5V
最大持续工作电压 U_c	6V
标称放电电流（8/20μs）I_n	5kA
最大放电电流（8/20μs）I_{max}	10kA
线—线电压保护水平（I_n）U_p	$\leqslant$24V
线—PG 电压保护水平（I_n）U_p	$\leqslant$180V
响应时间 t_A	$\leqslant$1ns
传输速率 V_s	100Mbps
插入损耗 a_E	$\leqslant$0.3dB
温度范围	$-40\sim+80℃$
保护线路	4 线（Pin1/2，3/6）
接口类型	RJ45
外壳材料	黑色屏蔽金属
安装方式	35mmDIN 轨/桌面
外形尺寸（mm）	76×48
防护等级	IP20

五、生产厂

深圳市雷尔盛科技有限公司。

23.7.46 电源防雷器 A 型箱式（SPD）

一、概述

DK—220AC60 A 型、DK—220AC100 A 型、DK—380AC60 A 型、DK—380AC100 A 型并联 A 型箱式带雷击计数器电涌保护器按照 IEC 标准设计，配备电源工作指示、故障指示及雷击计数器等。

本产品适用于 220/380V 配电系统的防雷。

$8/20\mu s$ 最大放电电流 I_{max} 可达 $60\sim100$kA/每线。

二、技术数据

电源防雷器 A 型箱式（SPD）技术数据，见表 23-142。

表 23-142 电源防雷器 A 型箱式（SPD）技术数据

型　　号	DK—220AC60 A 型	DK—220AC100 A 型	DK—380AC60 A 型	DK—380AC100 A 型
外壳防护材质	铝质防水箱体			
外壳防护等级	IP23			
颜色	白色			
安装方式	挂壁式			
接线端口数量	3PIN		5PIN	
工作温度	$-40\sim+85$℃			
相对湿度	≤95%			
损坏状态	呈断路状态			
保护模式	L—N—PE（1+1）		L—N—PE（3+1）	
外形尺寸（mm）	220×295×90			
重量（kg）	3.26	3.28	3.55	3.67
指示功能	工作指示、故障指示、雷击计数			
主要参考标准	IEC 61643—1 和 GB 18802.1—2002			
防雷保护等级	C 级	B 级	C 级	B 级
SPD 类型	一端口			
适用的供电系统类型	TT，TN，IT			
额定电压	220V AC		380V AC	
最大持续运行电压	385V AC			
动作电压	≥620V DC			
额定工作频率	50Hz（60Hz）			
漏电流	≤30μA			
标称放电电流（8/20）μs	30kA	50kA	30kA	50kA
最大放电电流（8/20）μs	60kA	100kA	60kA	100kA
电压保护水平（8/20）μs（10kA）	≤1.5kV			

型 号	DK—220AC60 A 型	DK—220AC100 A 型	DK—380AC60 A 型	DK—380AC100 A 型
电压保护水平（8/20）μs（I_n）	≤2.2kV	≤2.5kV	≤2.2kV	≤2.5kV
响应时间（L—N）	<20ns			
响应时间（N—PE）	<100ns			
L（N）接口类型	螺栓固定式端子			
螺栓规格	M5			
SPD 连接导线最小截面	BVR—10mm²	BVR—16mm²	BVR—10mm²	BVR—16mm²
SPD 连接导线最大截面	BVR—25mm²			
PE 接口类型	螺栓固定式（冷压端子）			
螺栓规格	M6			
PE 连接导线最小截面	BVR—16mm²	BVR—25mm²	BVR—16mm²	BVR—25mm²
PE 连接导线最大截面	BVR—25mm²			
接口类型	螺栓固定式端子			
螺栓规格	M2			
连接导线最小截面	BVR—0.5mm²			
连接导线最大截面	BVR—1.5mm²			
最大工作电压	125V DC			
最大工作电流	0.5A（DC）			
最大负载功率	12.5W			
订货号	10401002	10401001	10301005	10301004

三、适用范围

（1）建筑物低压总配电柜/分配电箱。

（2）室外配电柜/配电箱。

（3）需要防水、防潮、防尘、防腐的环境。

（4）需要雷电泄放记录的环境。

（5）适用的供电系统类型：TT，TN，IT。

四、生产厂

广西地凯科技有限公司。

23.7.47 电源防雷器 B 型箱式（SPD）

一、概述

DK—380AC80 B 型、DK—380AC100 B 型、DK—380AC120 B 型、DK—380AC150 B 型并联 B 型箱式带雷击计数器电涌保护器按照 IEC 标准设计，配备电源工作指示、故障指示及雷击计数器等。

本产品适用于 220/380V 配电系统的防雷。

防雷箱具有空开外部分离装置，配置有工作指示、故障指示和雷击记数器等功能；采用温控断路技术，内置过流保护电路，能彻底避免火险。具有残压极低、响应速度快、通流容量大、寿命长；品种齐全、维护简单等诸多优点。采用3＋1保护模式、多种不同工作电压等级和雷电通流容量的产品，并可根据用户需要特制生产。

$8/20\mu s$最大放电电流I_{max}可达$80\sim150kA$/每线。

二、技术数据

电源防雷器B型箱式（SPD）技术数据，见表23-143。

表23-143 电源防雷器B型箱式（SPD）技术数据

型号	DK—380AC80 B型	DK—380AC100 B型	DK—380AC120 B型	DK—380AC150 B型
外壳材质	铁质箱体			
外壳防护等级	IP20			
颜色	蓝色			
安装方式	挂壁式			
接线端口数量	5PIN			
工作温度	$-40\sim+85℃$			
相对湿度	$\leqslant95\%$			
损坏状态	呈断路状态			
保护模式	L—N—PE（3＋1）			
外形尺寸（mm）	$320\times230\times122$			
重量（kg）	6.3	6.45	6.5	6.7
指示功能	工作指示、故障指示、雷击计数			
主要参考标准	IEC 61643—1和GB 18802.1—2002			
防雷保护等级	B级			
SPD类型	一端口			
适用的供电系统类型	TT，TN，IT			
额定电压	380V AC			
最大持续运行电压	385V AC			
动作电压	$\geqslant620V DC$			
额定工作频率	50Hz（60Hz）			
漏电流	$\leqslant30\mu A$			
标称放电电流（8/20）μs	40kA	50kA	60kA	80kA
最大放电电流（8/20）μs	80kA	100kA	120kA	160kA
电压保护水平(8/20)μs(10kA)U_p	$\leqslant1.5kV$	$\leqslant1.5kV$	$\leqslant1.5kV$	$\leqslant1.5kV$
电压保护水平（8/20）μs（I_n）U_p	$\leqslant2.0kV$	$\leqslant2.5kV$	$\leqslant2.5kV$	$\leqslant3.0kV$
响应时间（L—N）	$<20ns$			
响应时间（N—PE）	$<100ns$			
主线路连接参数				

型 号	DK—380AC80 B 型	DK—380AC100 B 型	DK—380AC120 B 型	DK—380AC150 B 型
L（N）接口类型	螺栓固定式端子			
螺栓规格	M5			
SPD 连接导线最小截面	BVR—10mm²			
SPD 连接导线最大截面	BVR—35mm²			
PE 接口类型	螺栓固定式端子			
螺栓规格	M6			
PE 连接导线最小截面	BVR—16mm²			
PE 连接导线最大截面	BVR—50mm²			
接口类型	螺栓固定式端子			
螺栓规格	M2			
连接导线最大截面	BVR—1.5mm²			
最大工作电压	125V DC			
最大工作电流	0.5A（DC）			
最大负载功率	12.5W			
订货号	10301007	10301003	10301002	10301001

三、适用范围

（1）建筑物低压总配电柜/分配电箱。

（2）室外配电柜/配电箱。

（3）需要雷电泄放记录的环境。

（4）适用的供电系统类型：TT，TN，IT。

四、生产厂

广西地凯科技有限公司。

23.7.48 电源防雷器 C 型箱式（SPD）

一、概述

DK—220AC80 C 型、DK—220AC100 C 型、DK—380AC80C 型、DK—380AC100 C 型、DK—380AC120 C 型并联 C 型箱式电涌保护器按照 IEC 标准设计。

本产品适用于 220/380V 配电系统的防雷。

防雷箱配置有工作指示、故障指示等功能；采用温控断路技术，内置过流保护电路，能彻底避免火险。具有残压极低、响应速度快、通流容量大、寿命长；品种齐全、维护简单等诸多优点。可提供多种不同工作电压等级和雷电通流容量的产品，并可根据用户需要特制生产。

二、技术数据

电源防雷器 C 型箱式 SPD 技术数据，见表 23-144。

表 23-144 电源防雷器 C 型箱式 SPD 技术数据

型 号	DK—220AC80 C型	DK—220AC100 C型	DK—380AC80 C型	DK—380AC100 C型	DK—380AC120 C型
外壳防护材质	铁质箱体				
外壳防护等级	IP20				
颜色	灰色				
安装方式	挂壁式				
接线端口数量	3PIN		5PIN		
工作温度	$-25\sim+70\text{℃}$				
相对湿度	$\leqslant95\%$				
损坏状态	呈断路状态				
保护模式	L—PE N—PE				
外形尺寸（mm）	$264\times170\times76$				
重量（kg）	0.85	0.91	1.1	1.15	1.2
指示功能	工作指示、故障指示				
主要参考标准	IEC 61643—1 和 GB 18802.1—2002				
防雷保护等级	B 级				
SPD 类型	一端口				
适用的供电系统类型	TT，TN，IT				
额定电压	220V AC		380V AC		
最大持续运行电压	385V AC				
动作电压	$\geqslant620\text{V DC}$				
额定工作频率	50Hz（60Hz）				
漏电流	$\leqslant30\mu\text{A}$				
标称放电电流（8/20）μs（L—N）	40kA	50kA	40kA	50kA	60kA
最大放电电流（8/20）μs（L—N）	80kA	100kA	80kA	100kA	120kA
电压保护水平（8/20）μs（10kA）U_p	$\leqslant1.5\text{kV}$				
电压保护水平（8/20）μs（I_n）U_p	$\leqslant2.0\text{kA}$	$\leqslant2.5\text{kV}$	$\leqslant2.0\text{kV}$	$\leqslant2.5\text{kV}$	$\leqslant2.5\text{kV}$
响应时间（L—N）	$<20\text{ns}$				
响应时间（N—PE）	$<100\text{ns}$				
L（N）接口类型	螺栓固定式端子				
螺栓规格	M5				
SPD 连接导线最小截面	BVR—10mm^2				
SPD 连接导线最大截面	BVR—25mm^2				
PE 接口类型	螺栓固定式端子				
螺栓规格	M5				
PE 连接导线截面	BVR16—25mm^2				
订货号	100402005	100402043	100302013	100302023	100302040

三、适用范围

（1）建筑物低压总配电柜/分配电箱。

（2）室外配电柜/配电箱。

（3）需要雷电泄放记录的环境。

（4）适用的供电系统类型：TT，TN，IT。

四、生产厂

广西地凯科技有限公司。

23.7.49 DK 20～40kA 模块式电源防雷器（SPD）

一、概述

DK—220AC20、DK—220AC40、DK—380AC20、DK—380AC40 并联模块式电涌保护器按照 IEC 标准设计，每线的最大放电电流 I_{max}（8/20μs）可达 20～40kA，适用于 220/380V 配电系统的各级防雷保护。

产品采用模块化设计，密封性好，配置有工作指示、遥信接口及劣化指示等功能；配有 35mm 电气导轨安装，接线十分方便；采用温控断路技术，内置过流熔断器和热感断路器，劣化时自动脱扣；具有残压极低、响应速度快、通流容量大、寿命长；品种齐全、维护简单等诸多优点。可提供多种不同工作电压等级和雷电通流容量的产品，并可根据用户需要，特制生产。

二、技术数据

DK 20～40kA 模块式电源防雷器 SPD 技术数据，见表 23－145。

表 23－145　DK 20～40kA 模块式电源防雷器 SPD 技术数据

型　　号	DK—220AC 20	DK—220AC 40	DK—380AC 20	DK—380AC 40
外壳防护材质	PBT/PA—F			
外壳阻燃等级	UL94—V0			
外壳防护等级	IP20			
颜色	灰白色			
安装标准	35mm 电气导轨			
接线端口数量	3PIN 5PIN			
工作温度	−40～+85℃			
相对湿度	≤95%			
损坏状态	呈断路状态			
保护模式	L—PE、N—PE（2P）		L—PE、N—PE 或 L—N—PE（3+1）	
外形尺寸（mm）	91×70×34		91×70×68	
重量（kg）	0.25	0.26	0.48	0.54
指示功能	窗口指示			
主要参考标准	IEC 61643—1 和 GB 18802.1—2002			
防雷保护等级	D 级			
SPD 类型	一端口			

续表 23 - 145

型 号	DK—220AC 20	DK—220AC 40	DK—380AC 20	DK—380AC 40
适用的供电系统类型	TT，TN，IT			
额定电压	220V AC		380V AC	
最大持续运行电压	385V AC			
动作电压	620V DC			
额定工作频率	50Hz（60Hz）			
漏电流	≤30μA			
标称放电电流（8/20）μs	10kA	20kA	10kA	20kA
最大放电电流（8/20）μs	25kA	40kA	25kA	40kA
电压保护水平（8/20）μs（10kA）U_p	≤1.5kV			
电压保护水平（8/20）μs（I_n）U_p	≤1.2kV	≤1.5kV	≤1.2kV	≤1.5kV
响应时间（L/N—PE）	＜20ns			
L（N）接口类型	螺栓固定式端子			
螺栓规格	M5			
SPD 连接导线最小截面	BVR—10mm²			
SPD 连接导线最大截面	BVR—25mm²			
PE 接口类型	螺栓固定式端子			
螺栓规格	M5			
PE 连接导线最小截面	BVR—10mm²		BVR—10mm²	
PE 连接导线最大截面	BVR—25mm²			
远程告警线路连接参数				
接口类型	螺栓固定式端子			
螺栓规格	M2			
连接导线最小截面	BVR—0.5mm²			
连接导线最大截面	BVR—1.5mm²			
最大工作电压/电流	125V AC/0.2A			
	48V DC/0.5A			
订货号	100402010	100402008	100302019	100302017

三、适用范围

（1）建筑物低压分配电箱。

（2）建筑物楼层配电箱。

（3）室外配电柜/配电箱。

（4）需要防水、防潮、防尘、防腐的环境。

（5）适用于 3＋1/1＋1 接线模式下配电系统。

（6）适用的供电系统类型：TT，TN。

四、生产厂

广西地凯科技有限公司。

23.7.50　DK 60～80kA 模块式电源防雷器（SPD）

一、概述

DK—220AC60、DK—220AC80、DK—380AC60、DK—380AC80 并联模块式电涌保护器按照 IEC 标准设计，具备大雷电流泄放能力，大通流量，每线的最大放电电流 I_{max} （8/20μs）可达 60～80kA，适用于 220/380V 配电系统的各级防雷保护。

产品采用模块化设计，密封性好，配置有工作指示、遥信接口及劣化指示等功能；配有 35mm 电气导轨安装，接线十分方便；采用温控断路技术，内置过流熔断器和热感断路器，劣化时自动脱扣；具有残压极低、响应速度快、通流容量大、寿命长；品种齐全、维护简单等诸多优点。可提供多种不同工作电压等级和雷电通流容量的产品，并可根据用户需要特制生产。

二、技术数据

DK 60～80kA 模块式电源防雷器 SPD 技术数据，见表 23 - 146。

表 23 - 146　DK 60～80kA 模块式电源防雷器 SPD 技术数据

型　　号	DK—220AC60 Ⅰ型	DK—220AC80 Ⅰ型	DK—380AC60 Ⅰ型	DK—380AC80 Ⅰ型
外壳防护材质	PC			
外壳阻燃等级	UL94—V0			
外壳防护等级	IP20			
颜色	白色			
安装标准	35mm 电气导轨			
接线端口数量	3PIN		5PIN	
工作温度	−40～+85℃			
相对湿度	≤95%			
损坏状态	呈断路状态			
保护模式	L—PE、N—PE（2P）		L—PE、N—PE（4P）	
外形尺寸（mm）	91×70×56		91×70×112	
重量（kg）	0.40	0.47	0.8	0.93
指示功能	窗口指示			
主要参考标准	IEC 61643—1 和 GB 18802.1—2002			
防雷保护等级	C 级			
SPD 类型	一端口			
适用的供电系统类型	TT，TN，IT			
额定电压	220V AC		380V AC	
最大持续运行电压	385V AC			
动作电压	620V DC			
额定工作频率	50Hz（60Hz）			

续表 23-146

型号	DK—220AC60 Ⅰ型	DK—220AC80 Ⅰ型	DK—380AC60 Ⅰ型	DK—380AC80 Ⅰ型
漏电流	≤30μA			
标称放电流（8/20）μs	30kA	40kA	40kA	40kA
最大放电流（8/20）μs	60kA	80kA	80kA	80kA
电压保护水平（8/20）μs（10kA）U_p	≤1.5kV	≤1.5kV	≤1.5kV	≤1.5kV
电压保护水平（8/20）μs（I_n）U_p	≤1.8kV	≤2kV	≤1.8kV	≤2kV
响应时间（L/N—PE）	<20ns			
L（N）接口类型	螺栓固定式端子			
螺栓规格	M5			
SPD连接导线最小截面	BVR—10mm²			
SPD连接导线最大截面	BVR—35mm²			
PE接口类型	螺栓固定式端子			
螺栓规格	M5			
PE连接导线最小截面	BVR—16mm²			
PE连接导线最大截面	BVR—35mm²			
接口类型	螺栓固定式端子			
螺栓规格	M2			
连接导线最小截面	BVR—0.5mm²			
连接导线最大截面	BVR—1.5mm²			
最大工作电压/电流	125V AC/0.2A			
	48V DC/0.5A			
订货号	100302086	100402003	100302014	100302011

三、适用范围
（1）建筑物低压分配电箱。
（2）建筑物楼层配电箱。
（3）室外配电柜/配电箱。
（4）需要防水、防潮、防尘、防腐的环境。
（5）适用于3＋1/1＋1接线模式下配电系统。
（6）适用的供电系统类型：TT，TN。

四、生产厂
广西地凯科技有限公司。

23.7.51 DK 100～150kA 模块式电源防雷器（SPD）
一、概述
DK—220AC100、DK—380AC100、DK—380AC120、DK—380AC150 并联模块式电

涌保护器按照 IEC 标准设计，具备大雷电流泄放能力，大通流量，每线的最大放电电流 I_{max} （8/20μs）可达 80～150kA，适用于 220/380V 配电系统的各级防雷保护。

产品采用模块化设计，密封性好，配置有工作指示、遥信接口及劣化指示等功能；配有 35mm 电气导轨安装，接线十分方便；采用温控断路技术，内置过流熔断器和热感断路器，劣化时自动脱扣；具有残压极低、响应速度快、通流容量大、寿命长；品种齐全、维护简单等诸多优点。可提供多种不同工作电压等级和雷电通流容量的产品，并可根据用户需要特制生产。

二、技术数据

DK 100～150kA 模块式电源防雷器 SPD 技术数据，见表 23-147。

表 23-147　DK 100～150kA 模块式电源防雷器 SPD 技术数据

型　号	DK—220AC100 I型	DK—380AC100 I型	DK—380AC120 I型	DK—380AC150 I型
外壳防护材质	PC			
外壳阻燃等级	UL94—V0			
外壳防护等级	IP20			
颜色	白色			
安装标准	35mm 电气导轨			
接线端口数量	3PIN			
工作温度	—40～+85℃			
相对湿度	≤95%			
损坏状态	呈断路状态			
保护模式	L—PE、N—PE(2P)	L—PE、N—PE(4P)		
外形尺寸（mm）	91×70×72	91×70×144		
重量（kg）	0.55	1.05	1.09	1.23
指示功能	窗口指示			
主要参考标准	IEC 61643—1 和 GB 18802.1—2002			
防雷保护等级	B 级			
SPD 类型	一端口			
适用的供电系统类型	TT，TN，IT			
额定电压	220V AC	380V AC		
最大持续运行电压	385V AC			
动作电压	620V DC			
额定工作频率	50Hz（60Hz）			
漏电流	≤30μA			
标称放电电流（8/20）μs	50kA	50kA	60kA	80kA
最大放电电流（8/20）μs	100kA	100kA	120kA	160kA
电压保护水平（8/20）μs（10kA）U_p	≤1.5kV	≤1.5kV	≤1.0kV	≤1.5kV
电压保护水平（8/20）μs（I_n）U_p	≤2.5kV	≤2.5kV	≤2.5kV	≤3kV

型　　　号	DK—220AC100 I型	DK—380AC100 I型	DK—380AC120 I型	DK—380AC150 I型
响应时间（L/N—PE）	<20ns			
L（N）接口类型	螺栓固定式端子			
螺栓规格	M5			
SPD连接导线最小截面	BVR—16mm²			
SPD连接导线最大截面	BVR—35mm²			
PE接口类型	螺栓固定式端子			
螺栓规格	M5			
PE连接导线最小截面	BVR—25mm²			
PE连接导线最大截面	BVR—35mm²			
接口类型	螺栓固定式端子			
螺栓规格	M2			
连接导线最小截面	BVR—0.5mm²			
连接导线最大截面	BVR—1.5mm²			
最大工作电压/电流	125V AC/0.2A			
	48V DC/0.5A			
订货号	100402001	100302008	100302005	100302002

三、适用范围

（1）建筑物低压分配电箱。

（2）建筑物楼层配电箱。

（3）室外配电柜/配电箱。

（4）需要防水、防潮、防尘、防腐的环境。

（5）适用于3＋1/1＋1接线模式下配电系统。

（6）适用的供电系统类型：TT，TN。

四、生产厂

广西地凯科技有限公司。

23.7.52　MB系列模块化电源电涌保护器

一、概述

MB系列模块化电源电涌保护器是依据IEC电源防雷器的标准，应用于电源供电系统的第一级电源防雷保护产品，具备很高的雷电流泄放能力，单模块冲击电流最大可达100kA，可防范直击雷在内的各种电涌。

MB系列模块化电源电涌保护器无续流、避免普通间隙式SPD浪涌过后灭弧掉电问题，同时无泄漏电流。可以安装在电能表前面作浪涌保护。

产品为标准35mm导轨式安装方式，每模块占两位标准安装位置，无需额外加装电路熔断保护装置，安装维护简单，通过不同数量的组合可适用于单相、三相 TT/TN/IT 电源系统。

产品分为一体化和可插拔式、积木式模块，可插拔更换，同时具备遥信检功能，当模块没有插好时将提示报警。

二、特点

（1）泄放能量大。

（2）无漏电流。

（3）安全系数高。

（4）无续流。

（5）使用寿命长。

（6）模块化安装。

三、技术数据

MB 系列模块化电源电涌保护器技术数据，见表 23-148。

表 23-148　MB 系列模块化电源电涌保护器技术数据

型　号	MB—15 MB—15A	MB—25 MB—25A	MB—35 MB—35A	MB—50 MB—50A	MB—NPE MB—NPE/A
SPD 端口	一端口	一端口	一端口	一端口	一端口
SPD 类别	电压开关型	电压开关型	电压开关型	电压开关型	电压开关型
电源系统	TT—TN—IT	TT—TN—IT	TT—TN—IT	TT—TN—IT	TT—TN—IT
额定电压 U_n	220V	220V	220V	220V	220V
最大持续运行电压 U_c	275V	275V	275V	275V	275V
绝缘阻抗 I_c	>100Mohm	>100Mohm	>100Mohm	>100Mohm	>100Mohm
冲击电流 I_{imp}	15kA	25kA	35kA	50kA	50kA
最大放电电流 I_{max}	100kA	140kA	160kA	200kA	200kA
限制电压 U_p	<2000V	<2000V	<2000V	<2000V	<2000V
机　械　性　能					
遥控报警信号	常开/常闭触点端子（可选）				
连接导线	6～35mm²				
安装	35mm 标准导轨				
工作环境温度	−40～85℃				
外壳材料	符合 UL94V—0				
外壳防护等级	IP20				

四、适用范围

（1）建筑物内总配电屏。

（2）建筑物内架空输入的配电箱。

（3）室外配电柜、配电箱。

五、生产厂

广州市畅域信息技术有限公司。

23.7.53　MC1 系列电源大通流电涌保护器

一、概述

MC1 系列电源大通流电涌保护器是依据 IEC 电源防雷器的标准和 GB 标准设计，应用于电源供电系统的第一级电源防雷保护产品，具备很高的雷电流泄放能力，单模块冲击电流最大可达 160kA，可防范直击雷在内的各种电涌。

产品安装简单，积木式模块可插拔更换，并且具备防呆功能，通过不同角度的防呆插口（孔）有效地防止了不同电压模块与底座误插。通过不同数量的组合可适用于单相/三相供电线路。产品为 35mm 导轨式安装方式。

二、特点

（1）泄放能量大。

（2）安全系数高。

（3）使用寿命长。

（4）残压低。

（5）漏流小。

（6）模块化安装。

三、技术数据

MC1 系列电源大通流电涌保护器技术数据，见表 23 - 149。

表 23 - 149　MC1 系列电源大通流电涌保护器技术数据

型　　号	MC1—50K420	MC1—60K420	MC1—80K420
电源系统	TT—TN—IT	TT—TN—IT	TT—TN—IT
标称工作电压	220V	220V	220V
最大持续运行电压 U_n	420V	420V	420
标称放电电流 I_n	50kA	60kA	80kA
最大放电电流 I_{max}	100kA	120kA	160kA
限制电压 U_p	＜2.5kV	＜2.5kV	＜2.5kV
端口类型	一端口		
SPD 类型	限压型		
机　械　性　能			
外形尺寸（mm）	100×82×36		
连接导线	6～35mm²		
安装	35mm 标准导轨		
工作环境温度	—40～85℃		
外壳材料	符合 UL94V—0		
失效指示	绿色：正常　红色：失效		
外壳防护等级	IP20		

四、适用范围

(1) 建筑物总配电屏。

(2) 室外大功率设备配电柜、配电箱。

(3) 建筑物内架空输入的配电箱。

(4) 室外配电柜、配电箱。

五、生产厂

广州市畅域信息技术有限公司。

23.7.54 MC 系列模块化电源电涌保护器

一、概述

MC 系列模块化电源电涌保护器是依据 IEC 电源防雷器的标准设计，具备大的雷电流泄放能力，每位的最大放电电流 20~80kA，适用于低压配电系统的各级保护。依据不同的配电系统（TT/TN/IT）可选择多种组合方式。

三相保护组合：MC∗—∗∗/3＋NPE，也称为 3＋1 保护模式；

单相保护组合：MC∗—∗∗/1＋NPE，也称为 1＋1 保护模式；NPE：MC—NPE 零地保护模块。

二、特点

(1) 高能电涌保护。

(2) 内置瞬间过流断路装置。

(3) 遥信报禁接口（可选）。

(4) 可插拔更换防雷模块。

(5) 失效检测指示。

(6) 单模块放电电流 20~80kA。

(7) 标准模块化安装。

(8) 内置过热断路装置。

(9) ns 级反应速度。

(10) 插拔防呆设计。

三、技术数据

MC 系列模块化电源电涌保护器技术数据，见表 23-150。

表 23-150 MC 系列模块化电源电涌保护器技术数据

型 号	MC1—40K385	MC2—20K385	MC3—10K385	MC—NPE
SPD 端口分类	一端口	一端口	一端口	一端口
SPD 类别	限压型	限压型	限压型	限压型
电源系统	TT—TN—IT	TT—TN—IT	TT—TN—IT	TT—TN—IT
额定电压 U_n	220V	220V	220V	—
最大持续运行电压 U_c	385V	385V	385V	250V
标称放电电流 I_n	40kA	20kA	10kA	50kA（I_{imp}：15kA）

续表23-150

型 号	MC1—40K385	MC2—20K385	MC3—10K385	MC—NPE
最大放电电流 I_{max}	80kA	40kA	20kA	20kA
限制电压 U_{xx}	＜2500V	＜1800V	＜1200V	＜1200V
推荐串接过流保护装置	63A/35kA	32A/35kA	16/35kA	63/35kA
断 路 装 置				
内部过热断路器	内置	内置	内置	内置
内部电路过流断路装置	内置	内置	内置	内置
机 械 性 能				
遥控报警信号	常开/常闭触点端子（可选）			
失效指示	绿色：正常 红色：失效			
连接导线	16～25mm²			
安装	35mm 标准导轨			
工作环境温度	—40～85℃			
外壳材料	符合 UL94V—0			
外壳防护等级	IP20			

四、适用范围

（1）MC1—40K385 适用范围：电源线路屏蔽埋地输入的建筑物的总配电柜。

（2）建筑物内有室外进出线路输入的配电箱。

（3）室外配电柜/配电箱。

（4）MC2—20K385 适用范围：建筑物层配电箱。

（5）MC3—10K385 适用范围：建筑物重要用电设备配电箱，如机房配电箱。

（6）MC—NPE 适用范围：适用于 3＋1/1＋1 接线模式下配电箱及重要设备配电箱。

五、生产厂

广州市畅域信息技术有限公司。

23.7.55 二端口 B 型箱式电源防雷器（SPD）

一、概述

DK—380AC80 B63 型、DK—380AC100 B63 型、DK—380AC150 B63 型二端口 B 型箱式带雷击计数器电涌保护器按照 IEC 标准设计，配备电源工作指示、故障指示及雷击计数器等。

二端口 SPD 可实现两级防雷保护，残压低，安装方便，适用于 380V 配电系统，用电负荷稳定、对限制电压要求低或需要实现两级保护的场所。可安装在计算机机房 UPS 电源、监控机房、控制室 UPS 电源、设备箱等设备电源输入端的雷电防护。

8/20μs 最大放电电流 I_{max} 可达 80～150kA/每线，工作电流为 63A。

二、技术数据

二端口 B 型箱式电源防雷器（SPD）技术数据，见表 23-151。

表 23 – 151　二端口 B 型箱式电源防雷器（SPD）技术数据

型　　　号	DK—380AC80	DK—380AC100	DK—380AC150
产品名称	B63 型电源电涌保护器		
外壳材质	铁质箱体		
外壳防护等级	IP20		
颜色	白色		
安装方式	挂壁式		
接线端口数量	7PIN		
工作温度	$-40\sim+85℃$		
相对湿度	$\leqslant 95\%$		
损坏状态	呈断路状态		
保护模式	L—N—PE（3+1）		
外形尺寸（mm）	$380\times 450\times 100$		
重量（kg）	14	14.25	14.5
指示功能	工作指示、故障指示、雷击计数		
主要参考标准	IEC 61643—1 和 GB 18802.1—2002		
防雷保护等级	B+C 级		
SPD 类型	二端口		
适用的供电系统类型	TT，TN，IT		
额定电压	380V AC		
额定工作电流	63A/线		
最大持续运行电压	385V AC		
动作电压	620V DC		
额定工作频率	50Hz（60Hz）		
漏电流	$\leqslant 30\mu A$		
标称放电电流（8/20）μs	40kA	50kA	80kA
最大放电电流（8/20）μs	80kA	100kA	160kA
电压保护水平（8/20）μs（10kA）	$\leqslant 1.0kV$		
响应时间（L—N）	$<20ns$		
响应时间（L—PE）	$<100ns$		
L（N）接口类型	螺栓固定式端子		
螺栓规格	M5		
SPD 连接导线最小截面	BVR—$16mm^2$		
SPD 连接导线最大截面	BVR—$35mm^2$		
PE 接口类型	螺栓固定式端子		
螺栓规格	M5		

型　　号	DK—380AC80	DK—380AC100	DK—380AC150
PE 连接导线最小截面		BVR—25mm²	
PE 连接导线最大截面		BVR—35mm²	
远程告警线路连接参数			
接口类型		螺栓固定式端子	
螺栓规格		M2	
连接导线最大截面		BVR—1.5mm²	
最大工作电压		125V DC	
最大工作电流		0.5A（DC）	
最大负载功率		12.5W	
订货号	100501004	100501002	100501005

三、适用范围

（1）计算机机房、通讯机房、监控机房、控制室等 UPS/稳压器电源输入端。

（2）需要实现两级电源防雷的场所。

（3）设备机柜或需保护设备电源输入端。

（4）无人值守基站电源防雷。

（5）配电箱电源防雷。

四、生产厂

广西地凯科技有限公司。

23.7.56　二端口 D 型箱式电源防雷器（SPD）

一、概述

DK—220AC40 D30 型、DK—220AC40 D10 型二端口 D 型箱式带雷击计数器电涌保护器按照 IEC 标准设计，配备电源工作指示、故障指示及雷击计数器等。

二端口 SPD 可实现两级防雷保护，残压低，安装方便，适用于 220V 配电系统，用电负荷稳定、对限制电压要求低或需要实现两级保护的场所。可安装在计算机机房 UPS 电源、监控机房、控制室 UPS 电源、PLC 柜、控制柜、设备箱等设备电源输入端的雷电防护。

$8/20\mu s$ 最大放电电流 I_{max} 可达 40kA/每线，工作电流为 10～30A。

二、技术数据

二端口 D 型箱式电源防雷器（SPD）技术数据，见表 23－152。

表 23－152　二端口 D 型箱式电源防雷器（SPD）技术数据

型　　号	DK—220AC40	
产品名称	D30 型电涌保护器	D10 型电涌保护器
外壳防护材质		铝质外壳
外壳防护等级		IP20
颜色		蓝色

型 号		DK—220AC40
安装方式		挂壁式
接口形式	5PIN	输入端为 10A 电源三芯插头（国标） 输出端为 10A 电源万用插座（国标）
工作温度		−40～+85℃
相对湿度		≤95％
损坏状态		呈断路状态
保护模式		L—PE，N—PE
外形尺寸（mm）		145×205×85
重量（kg）	1.99	1.93
指示功能		工作指示、故障指示、雷击计数
主要参考标准		IEC 61643—1 和 GB 18802.1—2002
防雷保护等级		C＋D 级
SPD 类型		二端口
适用的供电系统类型		TT，TN，IT
额定电压		220V AC
额定工作电流	30A	10A
最大持续运行电压		385V AC
动作电压		≥620V DC
额定工作频率		50Hz（60Hz）
漏电流		≤30μA
标称放电电流（8/20）μs		20kA
最大放电电流（8/20）μs		40kA
电压保护水平（8/20）μs		≤1.2kV
响应时间（L/N—PE）		＜25ns
接口类型		螺栓固定式端子
螺栓规格		M5
SPD 连接导线最小截面		BVR—10mm²
SPD 连接导线最大截面		BVR—35mm²
接口类型		螺栓固定式端子
螺栓规格		M2
连接导线最大截面		BVR—1.5mm²
最大工作电压		125V DC
最大工作电流		0.5A（DC）
最大负载功率		12.5W
订货号	100602001	100602002

三、适用范围

（1）计算机机房、通讯机房、监控机房、控制室等 UPS/稳压器电源输入端。

（2）需要实现两级电源防雷的场所。

（3）设备机柜或需保护设备电源输入端。

（4）无人值守基站电源防雷。

（5）配电箱电源防雷。

四、技术参数

广西地凯科技有限公司。

23.7.57 二端口 E 型电源防雷器 （SPD）

一、概述

DK—220AC40 E10 型、DK—220AC20 E10 型二端口 E 型电涌保护器按照 IEC 标准设计，配备电源工作指示、故障指示等功能。

二端口 SPD 可实现两级防雷保护，残压低，安装方便，适用于 220V 配电系统，用电负荷稳定、对限制电压要求低或需要实现两级保护的场所。可安装在小功率 UPS、稳压器电源、监控系统设备箱电源、设备机柜电源及其它通讯设备电源输入端的雷电防护。

$8/20\mu s$ 最大放电电流 I_{max} 可达 20～40kA/每线，工作电流为 10A。

二、技术数据

二端口 E 型电源防雷器 （SPD）技术数据，见表 23－153。

表 23－153 二端口 E 型电源防雷器 （SPD）技术数据

型 号	DK—220AC40	DK—220AC20
产品名称	E10 型电涌保护器	
外壳防护材质	铁质外壳	
外壳防护等级	IP20	
颜色	银灰色	
接口形式	螺栓固定式端子	输入端为 10A 电源三芯插头 （国标） 输出端为 10A 电源万用插座 （国标）
工作温度	$-40\sim+85℃$	
相对湿度	≤95％	
损坏状态	呈断路状态	
保护模式	L—PE，N—PE	
外形尺寸 （mm）	$127\times92\times55$	
重量 （kg）	0.52	0.54
指示功能	工作指示	
主要参考标准	IEC 61643—1 和 GB 18802.1—2002	
防雷保护等级	C＋D 级	
SPD 类型	二端口	
适用的供电系统类型	TT，TN，IT	

型　　　　号	DK—220AC40	DK—220AC20
额定电压	220V AC	
额定工作电流	10A	
最大持续运行电压	385V AC	
动作电压	620V DC	
额定工作频率	50Hz（60Hz）	
漏电流	≤30μA	
标称放电电流（8/20）μs（L—PE）	20kA	10kA
最大放电电流（8/20）μs（L—PE）	40kA	25kA
电压保护水平（8/20）μsU$_p$	≤1.2kV	≤1.1kV
响应时间（L/N—PE）	<25ns	
订货号	100602004	100602005

三、生产厂

广西地凯科技有限公司。

23.7.58　二端口 F 型电源防雷器（SPD）

一、概述

DK—220AC20 F5 型；AC20 24 型、110 型二端口 F 型电涌保护器按照 IEC 标准设计。

二端口 SPD 可实现两级防雷保护，残压低，安装方便，适用于 220V 配电系统，用电负荷稳定、对限制电压要求低或需要实现两级保护的场所。可安装在小功率 UPS、稳压器电源、监控系统设备箱电源、设备机柜电源及其它通讯设备电源输入端的雷电防护。

8/20μs 最大放电电流 I$_{max}$ 可达 20kA/每线，工作电流为 5A。

二、技术数据

二端口 F 型电源防雷器（SPD）技术数据，见表 23 - 154。

表 23 - 154　二端口 F 型电源防雷器（SPD）技术数据

型　　　　号	DK—220AC20
产品名称	F5 型电涌保护器
外壳防护材质	铁质外壳
外壳防护等级	IP20
颜色	蓝色
接线端口数量	5PIN
工作温度	−40～+85℃
相对湿度	≤95%
损坏状态	呈断路状态
保护模式	L—PE，N—PE

型 号	DK—220AC20
外形尺寸（mm）	140×47×48
重量（kg）	0.34
指示功能	工作指示
主要参考标准	IEC 61643—1 和 GB 18802.1—2002
防雷保护等级	C+D 级
SPD 类型	二端口
适用的供电系统类型	TT，TN，IT
额定电压	220V AC
额定工作电流	5A
最大持续运行电压	385V AC
动作电压	620V DC
额定工作频率	50Hz（60Hz）
漏电流	≤30μA
标称放电电流（8/20）μs	10kA
最大放电电流（8/20）μs	25kA
电压保护水平（8/20）μs U_p	≤1.1kV
响应时间（L/N—PE）	<25ns
订货号	100602006

三、适用范围

（1）需要精细保护的设备。

（2）对限制电压要求低的设备。

（3）需要实现两级电源防雷的场所。

（4）设备机柜或需保护设备电源输入端。

（5）设备箱、设备控制箱电源防雷。

四、生产厂

广西地凯科技有限公司。

23.7.59 PB1—XXX—＊S 系列电源防雷箱

一、概述

PB1—XXX—＊S 系列电源防雷箱是依据 IEC 等相关标准精心设计、精工制造的新一代一级三相/单相电源防雷箱，产品采用优质 MOV 防雷模块组作为 8/20μs 雷击防护，同时配备有空气开关等优质元器件。适用于 220V/380V 交流电源配电系统的防雷，可以对电子电气设备实施有效的雷击防护。具有完善的保护性能和优异的技术指标，完全符合 GB、IEC、VDE 等国际、国内标准。

此外，采用防水、防火、防潮箱体使用更安全；采用无续流、无火花外泄器件工作更可靠；并具有体积小、重量轻；操作简便、维护方便等优点。

二、特点

(1) 电源工作独立指示。

(2) 防雷器故障独立报警指示。

(3) 主开关状态远程指示（可选）。

(4) 雷击自动计数功能。

(5) 过流过压保护功能。

(6) 具备远程接口。

三、技术数据

PB1—XXX—＊S系列电源防雷箱技术数据，见表23-155。

表 23-155 **PB1—XXX—＊S系列电源防雷箱技术数据**

型 号	PB1—40—3S	PB1—60—3S	PB1—100—3S	PB1—40—1S	PB1—60—1S	PB1—100—1S
供电方式	三相			单相		
标称放电电流（8/20μs）	20kA	30kA	50kA	20kA	30kA	50kA
最大放电电流（8/20μs）	40kA	60kA	100kA	40kA	60kA	100kA
额定电压	380VAC			220VAC		
最大持续工作电压	385VAC					
电压保护水平	1800V	2000V	2500V	1800V	2000V	2500V
工作指示	电源、报警指示灯					
浪涌计数功能	两位、四位可选					
保护模式	L—N—PE					
连接方式	并联凯文连接					
防雷箱状态显示	光报警、遥信接口					
工作温度	−40℃～+80℃					
外壳防护等级	IP50					

四、适用范围

用于各类电子设备的工频电源防雷保护和各种浪涌保护，特别适用于通信基站、证券机房、邮电机房、计算机中心机房、传呼机房、电台、电视机房、交换机机房、银行机房等信息、网络系统中的电子设备电源环境的雷击浪涌保护。

五、生产厂

广州市畅域信息技术有限公司。

23.7.60 热拔插信号防雷器 (SPD)

一、概述

DK—DCM热拔插式模块化信号电涌保护器按照IEC标准设计。产品适用于任何电压等级的模拟量信号/开关量信号/数据信号/通讯专线/遥控遥测信号等仪器仪表设备及PLC柜的信号雷电浪涌防护，广泛应用于电力系统、化工厂、水泥厂、天然气LNG气化站、炼油厂、污水处理、石油石化、民航等系统中信号控制线、数据传输线、仪器仪表监测线等信号线路使用的一种先进的雷电浪涌保护器。

产品的接口形式为标准的螺丝固定卡接式接口，每个模块可保护 1 对信号线路。产品是模块化 35mm 电气导轨安装方式，可带电插拔，安装维护方便。

$8/20\mu s$ 最大放电电流 I_{max} 可达 20kA/每线。

二、特点

产品可带电插拔，可随时更换模块且不影响正常信号传输；配有 35mm 电气导轨安装，可作为信号线的接线端子使用；产品内置过流、过压、断路装置，实现了高效泄放雷电流和抗雷电电磁脉冲冲击的功能；具有多级保护，残压极低；传输性能优异、响应速度快、通流容量大、寿命长；品种齐全、安装接线方便，维护简单的优点。可提供多种不同工作电压等级的产品，并可根据用户需要特制生产。

三、技术数据

热拔插信号防雷器（SPD）技术数据，见表 23 - 156。

表 23 - 156　热拔插信号防雷器（SPD）技术数据

产品型号	DK—DCM			
产品名称	12 热拔插信号电涌保护器	24 热拔插信号电涌保护器	48 热拔插信号电涌保护器	200 热拔插信号电涌保护器
额定负载电流（A）	1			
标称放电电流（$8/20\mu s$）（kA）	10			
最大放电电流（$8/20\mu s$）（kA）	20			
线—线电压保护水平（V）	≤19	≤36	≤80	≤230
线—PE 电压保护水平（V）	≤70	≤90	≤150	≤300
响应时间	≤1ns			
工作环境	温度：$-40\sim+80$℃；湿度：<95%			
接口方式	螺丝固定式端子			
导线截面（mm²）	最大 2.5			
安装支架	35mm 导轨			
外形尺寸（mm）	106×65×14			
重量（kg）	0.08			
外壳材料	塑料 UL94—V0			
外壳防护等级	IP20			
认证	CE 认证			
订货号	1014001	1014002	1014003	1014005

四、适用范围

工业控制系统：模拟量信号线、开关量信号线、数据信号线、通讯专线。

石油化工系统：模拟量信号线、开关量信号线、485 信号线、通讯专线。

安防系统：控制信号线、通讯信号线。

其它控制系统：遥测线路、遥控线路、通讯线路。

五、生产厂

广西地凯科技有限公司。

23.7.61 接线端子系列信号防雷器（SPD）

一、概述

DK—NDCP 接线端子系列信号电涌保护器按照 IEC 通讯电涌保护器的标准设计。

接线端子系列产品适用于工业自动化控制系统模拟量信号/开关量信号/数据信号/通讯专线/遥控遥测信号、数据通讯专线、仪器仪表线路的防雷保护。

产品的接口形式为螺丝固定卡接式，有 3 芯和 4 芯保护，安装维护方便。

$8/20\mu s$ 最大放电电流 I_{max} 可达 10kA/每线，反应时间为皮秒级、残压更低。

二、技术数据

接线端子系列信号防雷器（SPD）技术数据，见表 23-157。

表 23-157 接线端子系列信号防雷器（SPD）技术数据

产 品 型 号	DK—nDCp		
产品名称	12—3 信号电涌保护器	24—3 信号电涌保护器	24—4 信号电涌保护器
额定负载电流（A）	0.5		
标称放电电流（8/20μs）（kA）	5		
最大放电电流（8/20μs）（kA）	10		
线—线电压保护水平（V）	≤30	≤50	
线—PE 电压保护水平（V）	≤70	≤150	
响应时间	≤1ns		
插入损耗（dB）	0.5		
接口方式	3P 螺丝接线端子		4P 螺丝接线端子
外形尺寸（mm）	77×41×25		
重量（kg）	0.07		0.09
保护芯线	1～3		1～4
外壳防护等级	IP30		
外壳材料	金属铝		
工作环境	温度：−40～+80℃；湿度：<95%		
订货号	1007016	1007023	1007025

三、适用范围

工业控制系统：模拟量信号线、开关量信号线、数据信号线、通讯专线。

石油化工系统：模拟量信号线、开关量信号线、485 信号线、通讯专线。

其它控制系统：遥测线路、遥控线路、通讯线路。

四、生产厂

广西地凯科技有限公司。

23.7.62 4线制控制信号防雷器—12V

一、概述

LERS 数据信号系列产品用于螺丝端子方式连接的一体化两对四条双绞线电涌保护器，防止信息线路上由于雷电引起的浪涌过电压对相关设备造成危害，可用于各种与电话线或数据控制线连通的设备保护，安装于防雷分区 LPZ1—3 界面。

二、特点

（1）提供四芯线保护。
（2）通流容量大，响应时间快，保护水平低。
（3）采用标准导轨安装方式，适用集中接线安装场合。
（4）信号传输性能优越。
（5）多级电压保护，应用范围广泛。
（6）可对各种通信线路进行保护。

三、使用环境

（1）温度：－40～＋70℃。
（2）相对湿度：≤95%。
（3）大气压：70～106kPa。

四、技术数据

4线制控制信号防雷器—12V 技术数据，见表 23-158。

表 23-158 4线制控制信号防雷器—12V 技术数据

型　　　号	LERS—CH4/12V	LERS—CH4/24V
标称工作电压	12V	24V
最大持续工作电压	18V	30V
标称电流	2A	
标称放电电流（8/20μs）	3kA	
最大放电电流（8/20μs）	5kA	
电压保护水平	≤120V	
响应时间	≤1ns	
带宽	2MHz	
插入损耗	≤0.5dB	
温度范围	－40～＋80℃	
保护线路	4线	
接口类型	螺丝端子	
安装接线规格	1.5～4mm²	
外壳材料	铝合金，UL94—V0	
外形尺寸（mm）	56×40×25	
安装支架	面挂式	
防护等级	IP20	

五、生产厂

深圳市雷尔盛科技有限公司。

23.7.63 控制信号防雷器—5V

一、概述

LERS 数据信号系列产品用于螺丝端子方式连接的一体化两条双绞线电涌保护器,防止信息线路上由于雷电引起的浪涌过电压对相关设备造成危害,可用于各种与电话线或数据控制线连通的设备保护,安装于防雷分区 LPZ1—3 界面。

二、特点

(1) 提供双芯线保护。

(2) 通流容量大,响应时间快,保护水平低。

(3) 采用标准导轨安装方式,适用集中接线安装场合。

(4) 信号传输性能优越。

(5) 多级电压保护,应用范围广泛。

(6) 可对各种通信线路进行保护。

三、使用环境

(1) 温度:-40~+70℃。

(2) 相对湿度:≤95%。

(3) 大气压:70~106kPa。

四、技术数据

控制信号防雷器—5V 技术数据,见表 23-159。

表 23-159 控制信号防雷器—5V 技术数据

型　　　号	LERS—RS485/5V
标称工作电压	5V
最大持续工作电压	6V
标称电流	2A
标称放电电流 (8/20μs)	3kA
最大放电电流 (8/20μs)	5kA
线—线电压保护水平	≤15V
线—PG 电压保护水平	≤600V
响应时间	≤1ns
带宽	2MHz
插入损耗	≤0.5dB
温度范围	-40~+80℃
接口类型	螺丝端子
安装接线规格	1.5~4mm²
外壳材料	PBT 蓝色阻燃塑料,UL94—V0
安装尺寸	23mm (宽),90mm (高)
安装支架	35mmDIN 轨
防护等级	IP20

五、生产厂

深圳市雷尔盛科技有限公司。

23.7.64　控制信号防雷器—12V

一、概述

LERS 数据信号系列产品用于螺丝端子方式连接的一体化两条双绞线电涌保护器，防止信息线路上由于雷电引起的浪涌过电压对相关设备造成危害，可用于各种与电话线或数据控制线连通的设备保护，安装于防雷分区 LPZ1—3。

二、特点

（1）提供双芯线保护。

（2）通流容量大，响应时间快，保护水平低。

（3）采用标准导轨安装方式，适用集中接线安装场合。

（4）信号传输性能优越。

（5）多级电压保护，应用范围广泛。

（6）可对各种通信线路进行保护。

三、使用环境

（1）温度：−40～+70℃。

（2）相对湿度：≤95%。

（3）大气压：70～106kPa。

四、技术数据

控制信号防雷器—12V 技术数据，见表 23−160。

表 23−160　控制信号防雷器—12V 技术数据

型　　　号	LERS—RS485/12V
标称工作电压	12V
最大持续工作电压	18V
标称电流	2A
标称放电电流（8/20μs）	3kA
最大放电电流（8/20μs）	5kA
线—线电压保护水平	≤15V
线—PG 电压保护水平	≤600V
响应时间	≤1ns
带宽	2MHz
插入损耗	≤0.5dB
温度范围	−40～+80℃
接口类型	螺丝端子
安装接线规格	1.5～4mm²
外壳材料	PBT 蓝色阻燃塑料，UL94—V0
安装尺寸	23mm（宽），90mm（高）
安装支架	35mmDIN 轨
防护等级	IP20

五、生产厂

深圳市雷尔盛科技有限公司。

23.7.65 控制信号防雷器—24V

一、概述

LERS 数据信号系列产品用于螺丝端子方式连接的一体化两条双绞线电涌保护器，防止信息线路上由于雷电引起的浪涌过电压对相关设备造成危害，可用于各种与电话线或数据控制线连通的设备保护，安装于防雷分区 LPZ1—3。

二、特点

(1) 提供双芯线保护。

(2) 通流容量大，响应时间快，保护水平低。

(3) 采用标准导轨安装方式，适用集中接线安装场合。

(4) 信号传输性能优越。

(5) 多级电压保护，应用范围广泛。

(6) 可对各种通信线路进行保护。

三、使用环境

(1) 温度：—40～+70℃。

(2) 相对湿度：≤95%。

(3) 大气压：70～106kPa。

四、技术数据

控制信号防雷器—24V 技术数据，见表 23-161。

表 23-161 控制信号防雷器—24V 技术数据

型 号	LERS—RS485/24V
标称工作电压	24V
最大持续工作电压	30V
标称电流	2A（适用于 4～20mA 模拟信号）
标称放电电流（8/20μs）	3kA
最大放电电流（8/20μs）	5kA
线—线电压保护水平	≤15V
线—PG 电压保护水平	≤600V
响应时间	≤1ns
带宽	2MHz
插入损耗	≤0.5dB
温度范围	—40～+80℃
接口类型	螺丝端子
安装接线规格	1.5～4mm²
外壳材料	PBT 蓝色阻燃塑料，UL94—V0
安装尺寸	23mm（宽），90mm（高）
安装支架	35mmDIN 轨
防护等级	IP20

五、生产厂

深圳市雷尔盛科技有限公司。

23.7.66　网络高清摄像头防雷器—24V 网电二合一

一、概述

浪涌保护器串接于被保护设备的前端，当传输线遭到感应雷及其它瞬时过电压冲击时，冲击电流通过浪涌保护器的保护支路将其泄放到大地，并将感应过电压嵌位在设备允许的电压范围内，从而确保了运行设备的安全。

二、特点

产品适用于监控系统前端网络摄像机，无线遥控摄像机的电源线，网络线的雷电浪涌保护，使其免受感应过电压、操作过电压和静电放电等所造成的损坏。同时，带有不同电压等级的信号电源的防雷保护。整个产品的特点为：多级保护、通流容量大、限制电压低、响应时间快、插入损耗小、传输速率高等优点。

三、使用环境

(1) 温度：−40～+70℃。

(2) 相对湿度：≤95%。

(3) 大气压：70～106kPa。

四、技术数据

网络高清摄像头防雷器—24V 网电二合一技术数据，见表 23-162。

表 23-162　网络高清摄像头防雷器—24V 网电二合一技术数据

型　　　号	LERS—RJK24AC/2		
	网　络　单　元		电　源　单　元
额定工作电压	5V		24
最大持续运行电压	6V		30
最大放电电流 (8/20ms)	1—2	0.3kA	10kA
	3—6	0.3kA	
	1、2、3、6—PE	2kA	
	SE—PE	5kA	
限制电压 (10/700/ms)	1—2	<20V	60V
	3—6	<20V	
绝缘电阻（MΩ）	≥0.4		
插入损耗（dB）	≤0.5		
近端串扰（dB）	≥60（PASS）		
带宽	(0.3～100) M		
传输速率（bps）	100M		
响应时间	≤1ns		≤25ns
外壳防护等级	IP20		
外形尺寸（mm）	100×100×35.5		
外壳材料	屏蔽金属铝		
保护线对	2 对（1—2、3—6）		差模、共模保护
接口方式	RJ45		接线端子

五、生产厂

深圳市雷尔盛科技有限公司。

23.7.67 网络高清摄像头防雷器—220V网电二合一

一、概述

浪涌保护器串接于被保护设备的前端，当传输线遭到感应雷及其它瞬时过电压冲击时，冲击电流通过浪涌保护器的保护支路将其泄放到大地，并将感应过电压嵌位在设备允许的电压范围内，从而确保了运行设备的安全。

二、特点

产品适用于监控系统前端网络摄像机，无线遥控摄像机的电源线，网络线的雷电浪涌保护，使其免受感应过电压、操作过电压和静电放电等所造成的损坏。同时，带有不同电压等级的信号电源的防雷保护。整个产品的特点为：多级保护、通流容量大、限制电压低、响应时间快、插入损耗小、传输速率高等优点。

三、使用环境

(1) 温度：−40～+70℃。

(2) 相对湿度：≤95%。

(3) 大气压：70～106kPa。

四、技术数据

网络高清摄像头防雷器—220V网电二合一技术数据，见表23-163。

表23-163 网络高清摄像头防雷器—220V网电二合一技术数据

型 号	LERS—RJK220AC/2		
	网 络 单 元		电 源 单 元
额定工作电压	5V		220V
最大持续运行电压	6V		275V
最大放电电流 (8/20ms)	1—2	0.3kA	10kA
	3—6	0.3kA	
	1、2、3、6—PE	2kA	
	SE—PE	5kA	
限制电压 (10/700/ms)	1—2	<20V	275V
	3—6	<20V	
绝缘电阻（MΩ）	≥0.4		
插入损耗（dB）	≤0.5		
近端串扰（dB）	≥60（PASS）		
带宽	（0.3～100）M		
传输速率（bps）	100M		
响应时间	≤1ns		≤25ns
外壳防护等级	IP20		
外形尺寸（mm）	100×100×35.5		
外壳材料	屏蔽金属铝		
保护线对	2对（1—2、3—6）		差模、共模保护
接口方式	RJ45		接线端子

五、生产厂

深圳市雷尔盛科技有限公司。

23.7.68 视频/射频线路信号 SPD

一、概述

视频/射频同轴信号电涌保护器按照 IEC 标准及国家标准设计。分为单口 BNC、1口 BNC、F 头及 N 头等同轴接口的防雷保护。

本产品适用于监控系统视频线 BNC 接口、矩阵 BNC 接口、光端机 BNC 接口、摄像机 BNC 接口的雷电浪涌防护。产品采用泄流、嵌位、滤波的原理，实现了高效泄放雷电流和抗雷电电磁脉冲冲击的功能；具有多级保护，残压极低；传输性能优异、响应速度快、通流容量大、安装接线方便，维护简单的优点。可提供不同工作电压等级和接口数量的产品。

$8/20\mu s$ 最大放电电流 I_{max} 可达 10kA。

二、技术数据

视频/射频线路信号 SPD 技术数据，见表 23-164。

表 23-164　视频/射频线路信号 SPD 技术数据

型　　号	DK—10f/BNC	DK—10f/BNC 16L
技术参数	视频	
标称工作电流（A）	0.25	
标称放电电流 $8/20\mu s$（kA）	5	
最大放电电流 $8/20\mu s$（kA）	10	
标称放电电流下保护电压级别（V）	≤20	
$1kV/\mu s$ 下电压保护级别（V）	8	
响应时间	≤1ns	
插入损耗（dB）	≤0.3	
数据传输速率（bps）	16M	
寄生电容（pF）	≤50	
阻抗	75Ω	
接入电阻	≤4Ω	
保护模式	芯—屏蔽—PE	
接入方式	串联	
接口类型	BNC—K/J	BNC—K/K
外形尺寸（mm）	79×25×25	480×60×54
净重（kg）	0.1	1.64
工作温度	−25～+70℃	
工作湿度	≤95%	
订货号	1009002	1009003

三、适用范围

（1）监控系统视频线。

（2）监控系统 BNC 接口。

（3）有线电视。

（4）其它视频线信号设备防雷。

（5）CCTV 防雷。

四、生产厂

广西地凯科技有限公司。

23.7.69　视频监控摄像机二合一系列防雷器

一、概述

视频监控系统二合一系列摄像机防雷器，按照 IEC 标准及国家标准、多功能一体化设计。

产品适用于安全防范系统前端固定安装摄像机等设备的电源线和视频线的雷电浪涌防护。广泛应用于库房、小区、道路监控系统及"3111"平安城市等监控系统前端设备的防雷保护。

产品能有效防止因电源、视频等电位差瞬时增大而造成设备损坏，响应速度快、集成度非常高，安装简便，二合一组合为一体机。产品内置过流、过压装置，实现了高效泄放雷电流和抗雷电电磁脉冲冲击的功能；具有多级保护，残压极低；传输性能优异、响应速度快、通流容量大、寿命长；品种齐全、安装接线方便，维护简单的优点。可提供多种不同工作电压等级及雷电通流量的产品，并可根据用户需要特制生产。

二、技术数据

视频监控摄像机二合一系列防雷器技术数据，见表 23-165。

表 23-165　视频监控摄像机二合一系列防雷器技术数据

型　　号	DK—DS/m 12X		DK—DS/m 24X		DK—DS/m 220X	
技术参数	电源	视频	电源	视频	电源	视频
标称电压（V）	DC12	1V—PP	AC24	1V—PP	AC220	1V—PP
最大持续工作电压（V）	DC15		AC30		AC385	
标称工作电流（A）	5	0.25	5	0.25	5	0.25
标称放电电流 8/20μs（kA）	10	5	10	5	10	5
最大放电电流 8/20μs（kA）	20	10	20	10	20	10
标称放电电流下保护电压级别（V）	≤100	≤20	≤200	≤20	≤700	≤20
1kV/μs 下电压保护级别（V）	36	8	82	8	385	8
响应时间	≤1ns					
插入损耗（dB）	≤0.5					
数据传输速率（bps）	2M					
寄生电容（pF）	≤150	≤50	≤150	≤50	≤150	≤50
阻抗						

型　　号	DK—DS/m 12X		DK—DS/m 24X		DK—DS/m 220X	
接入电阻	≤0.1Ω	≤0.1Ω	≤0.1Ω	≤0.1Ω	≤0.1Ω	≤0.1Ω
保护模式	L1—PE L2—PE	芯—屏蔽 —PE	L1—PE L2—PE	芯—屏蔽 —PE	L—N —PE	芯—屏蔽 —PE
接入方式	串联					
接口类型	端子					
外形尺寸（mm）	104×63×37					
净重（kg）	0.23		0.23		0.26	
工作温度	−25～+70℃					
工作湿度	≤95％					

三、适用范围

（1）220V/24V/12V 供电电源摄像机。

（2）固定安装摄像机。

（3）电源、视频线信号组合一体设备防雷。

四、生产厂

广西地凯科技有限公司。

23.7.70　视频监控摄像机三合一防雷器（SPD）

一、概述

视频监控系统三合一系列摄像机防雷器，按照 IEC 标准及国家标准、多功能一体化设计。产品适用于安全防范系统前端高速球、中速球、云台摄像机等设备的电源线、视频线和信号控制线的雷电浪涌防护。广泛应用于库房、小区、道路监控系统及"3111"平安城市等监控系统前端设备的防雷保护。

二、特点

本产品能有效防止因电源、视频、控制线等电位差瞬时增大而造成设备损坏，响应速度快、集成度非常高，安装简便，三合一组合为一体机。产品内置过流、过压装置，实现了高效泄放雷电流和抗雷电电磁脉冲冲击的功能；具有多级保护，残压极低；传输性能优异、响应速度快、通流容量大、寿命长；品种齐全、安装接线方便，维护简单的优点。可提供多种不同工作电压等级及雷电通流量的产品，并可根据用户需要特制生产。

三、技术数据

视频监控摄像机三合一防雷器（SPD）技术数据，见表 23-166。

四、适用范围

（1）220V/24V/12V 供电电源摄像机。

（2）前端高速球、中速球、云台摄像机。

（3）电源、视频线、控制线信号组合一体设备防雷。

表 23-166 视频监控摄像机三合一防雷器（SPD）技术数据

型　　号	DK—DSX/m 12			DK—DSX/m 24			DK—DSXm 220		
技术参数	电源	控制	视频	电源	控制	视频	电源	控制	视频
标称电压（V）	DC12	DC30		AC24	DC30		AC220	DC30	
最大持续工作电压（V）	DC15	DC36		AC30	DC36		AC385	DC36	
标称工作电流（A）	5	0.5	0.25	5	0.5	0.25	5	0.5	0.25
标称放电电流 $8/20\mu s$（kA）	10	5	5	10	5	5	10	5	5
最大放电电流 $8/20\mu s$（kA）	20	10	10	20	10	10	20	10	10
标称放电电流下保护电压级别（V）	≤100	≤120	≤20	≤200	≤120	≤20	≤700	≤120	≤20
$1kV/\mu s$ 下电压保护级别（V）	36	62	8	82	62	8	385	62	8
响应时间	≤1ns								
插入损耗（dB）		≤0.5	≤0.3		≤0.5	≤0.3		≤0.5	≤0.3
数据传输速率（bps）		2M	16M		2M	16M		2M	16M
寄生电容（pF）	≤150	≤50	≤50	≤150	≤50	≤50	≤150	≤50	≤50
阻抗			75Ω			75Ω			75Ω
接入电阻	≤0.1Ω	≤15Ω	≤0.1Ω	≤0.1Ω	≤15Ω	≤0.1Ω	≤0.1Ω	≤15Ω	≤0.1Ω
保护模式	L1—PE L2—PE	L1—PE L2—PE	芯—屏蔽 —PE	L1—PE L2—PE	L1—PE L2—PE	芯—屏蔽 —PE	L—N —PE	L1—PE L2—PE	芯—屏蔽 —PE
接入方式	串联								
接口类型	2P端子	2P端子	BNC—K	2P端子	2P端子	BNC—K	2P端子	2P端子	BNC—K
外形尺寸（mm）	103×63×37			103×63×37			110×70×47		
净重（kg）	0.26			0.26			0.32		
工作温度	−25～+70℃								
工作湿度	≤95%								
订货号	101101003			101101002			101101001		

五、生产厂

广西地凯科技有限公司。

23.7.71　监控二合一防雷器—24V

一、概述

浪涌保护器串接于被保护设备的前端，当传输线遭到感应雷及其它瞬时过电压冲击时，冲击电流通过浪涌保护器的保护支路将其泄放到大地，并将感应过电压嵌位在设备允许的电压范围内，从而确保了运行设备的安全。

二、特点

产品适用于监控系统前端视频监控摄像机，使其免受感应过电压、操作过电压和静电放电等所造成的损坏。同时，带有不同电压等级的信号电源的防雷保护。整个产品的特点为：多级保护、通流容量大、限制电压低、响应时间快、插入损耗小、传输速率高等优点。

三、使用环境

（1）温度：－40～＋70℃。

（2）相对湿度：≤95％。

（3）大气压：70～106kPa。

四、技术数据

监控二合一防雷器—24V 技术数据，见表 23－167。

表 23－167　监控二合一防雷器—24V 技术数据

型　　号	LERS—JK24AC/2	
	电源	视频 BNC
标称工作电压	24V	5V
最大持续运行电压	30V	8V
标称负载电流	10A	－
标称放电电流（8/20μs）	5kA	
最大放电电流（8/20μs）	10kA	
电压保护水平	≤120V	≤30V
响应时间	≤25ns	≤1ns
传输速率		20Mbps
插入损耗		≤0.5dB
温度范围	－40～＋80℃	
接口类型	螺丝端子	BNC
安装接线规格	4mm²	
外壳材料	蓝色铝合金	
外形尺寸（mm）	100×100×35.5	
安装支架	室内壁挂式	
防护等级	IP20	

五、生产厂

深圳市雷尔盛科技有限公司。

23.7.72　监控二合一防雷器—220V

一、概述

浪涌保护器串接于被保护设备的前端，当传输线遭到感应雷及其它瞬时过电压冲击时，冲击电流通过浪涌保护器的保护支路将其泄放到大地，并将感应过电压嵌位在设备允许的电压范围内，从而确保了运行设备的安全。

二、特点

产品适用于监控系统前端视频监控摄像机，使其免受感应过电压、操作过电压和静电放电等所造成的损坏。同时，带有不同电压等级的信号电源的防雷保护。整个产品的特点为：多级保护、通流容量大、限制电压低、响应时间快、插入损耗小、传输速率高等优点。

三、使用环境

（1）温度：－40～＋70℃。

（2）相对湿度：≤95%。

（3）大气压：70～106kPa。

四、技术数据

监控二合一防雷器—220V 技术数据，见表 23－168。

表 23－168　监控二合一防雷器—220V 技术数据

型　　号	LERS—JK220AC/2	
	电源	视频
标称工作电压	220V	5V
最大持续运行电压	275V	8V
标称负载电流	10A	
标称放电电流（8/20μs）	5kA	
最大放电电流（8/20μs）	10kA	
电压保护水平	≤600V	≤30V
响应时间	≤25ns	≤1ns
传输速率		20Mbps
插入损耗		≤0.5dB
温度范围		
接口类型	螺丝端子	BNC
安装接线规格	4mm²	
外壳材料	蓝色铝合金	
外形尺寸（mm）	105×56×35.5	
安装支架	室内壁挂式	
防护等级	IP20	

五、生产厂

深圳市雷尔盛科技有限公司。

23.7.73　监控三合一防雷器—24V

一、概述

浪涌保护器串接于被保护设备的前端，当传输线遭到感应雷及其它瞬时过电压冲击时，冲击电流通过浪涌保护器的保护支路将其泄放到大地，并将感应过电压嵌位在设备允许的电压范围内，从而确保了运行设备的安全。

二、特点

产品适用于监控系统前端视频监控摄像机，使其免受感应过电压、操作过电压和静电放电等所造成的损坏。同时，带有不同电压等级的信号电源的防雷保护。整个产品的特点为：多级保护、通流容量大、限制电压低、响应时间快、插入损耗小、传输速率高等优点。

三、使用环境

(1) 温度：−40～＋70℃。

(2) 相对湿度：≤95％。

(3) 大气压：70～106kPa。

四、技术数据

监控三合一防雷器—24V 技术数据，见表 23−169。

表 23−169　监控三合一防雷器—24V 技术数据

型　　号	LERS—JK24AC/3		
	电源	控制	视频
标称工作电压	24V/12V	5V/24V	5V
最大持续运行电压	30V/15V	8V/30V	8V
标称负载电流	10A		
标称放电电流（8/20μs）	5kA		
最大放电电流（8/20μs）	10kA		
电压保护水平	≤120V	≤30V	
响应时间	≤25ns	≤1ns	
传输速率	20Mbps		
插入损耗	≤0.5dB		
温度范围	−40～＋80℃		
接口类型	螺丝端子		BNC
安装接线规格	4mm²		
外壳材料	蓝色屏蔽金属铝		
外形尺寸（mm）	100×100×35.5		
安装支架	室内和室外防水箱壁挂式		
防护等级	IP20		

五、生产厂

深圳市雷尔盛科技有限公司。

23.7.74　监控三合一防雷器—220V

一、概述

浪涌保护器串接于被保护设备的前端，当传输线遭到感应雷及其它瞬时过电压冲击时，冲击电流通过浪涌保护器的保护支路将其泄放到大地，并将感应过电压嵌位在设备允许的电压范围内，从而确保了运行设备的安全。

二、特点

产品适用于监控系统前端视频监控摄像机，使其免受感应过电压、操作过电压和静电放电等所造成的损坏。同时，带有不同电压等级的信号电源的防雷保护。整个产品的特点为：多级保护、通流容量大、限制电压低、响应时间快、插入损耗小、传输速率高等优点。

三、使用环境

(1) 温度：-40～+70℃。

(2) 相对湿度：≤95%。

(3) 大气压：70～106kPa。

四、技术数据

监控三合一防雷器—220V技术数据，见表23-170。

表 23-170 监控三合一防雷器—220V 技术数据

型　　号	LERS—JK220AC/3		
	电源	控制	视频
标称工作电压	220V	5V/24V	5V
最大持续运行电压	275V	8V/30V	8V
标称负载电流	10A		
标称放电电流（8/20μs）	5kA		
最大放电电流（8/20μs）	10kA		
电压保护水平	≤120V		≤30V
响应时间	≤25ns		≤1ns
传输速率		20Mbps	
插入损耗		≤0.5dB	
温度范围	-40～+80℃		
接口类型	螺丝端子		BNC
安装接线规格	4mm²		
外壳材料	蓝色屏蔽金属铝		
外形尺寸（mm）	100×100×35.5		
安装支架	室内和室外防水箱壁挂式		
防护等级	IP20		

五、生产厂

深圳市雷尔盛科技有限公司。

23.7.75 单路视频信号防雷器

一、概述

视频信号防雷器使用于50Ω、75Ω同轴视频监控系统设备，同轴信号传输、图像信号传输等具有信号传输系统的电子设备，能防止以上各类系统设备被雷击或工业噪声等产生的感应过电压、过电流现象和其它瞬间浪涌电压，对系统或设备造成的永久性损坏或瞬间中断等危害。当信号线受雷电感应过电压和过电流时，视频信号将雷电能量或其干扰信号释放入地，并把由雷电引起的过电压限制在用电设备允许承受的耐压范围以内，以确保电气设备的安全运行。一般用于数据移动通信、微波2兆、监视/保安系统等数据系统电子设备的雷电防护。

二、特点

(1) 信号损耗小，残压低、传输性能优异。

(2) 响应速度快、使用寿命长。

(3) 采用泄流、限流、嵌位、稳压的原理设计制造。

(4) 采用铝合金外壳，外形美观、安装接线方便、维护简单，能在较恶劣的环境下长期稳定工作。

三、使用环境

(1) 温度：$-40 \sim +70℃$。

(2) 相对湿度：$\leqslant 95\%$。

(3) 大气压：$70 \sim 106 kPa$。

四、技术数据

单路视频信号防雷器技术数据，见表 23 - 171。

表 23 - 171　单路视频信号防雷器技术数据

型　　　　号	LERS—BNC
SPD 端口分类	两端口
SPD 类别	组合型
接口形式	BNC F/M
额定电压	5V
标称放电电流	5kA
最大放电电流	10kA
限制电压	15V
最大传输速率	20Mbps
插入损耗	$<0.15 dB$
外壳防护等级	IP20

五、生产厂

深圳市雷尔盛科技有限公司。

23.7.76　4 路视频信号防雷器

一、概述

视频信号防雷器使用于 50Ω、75Ω 同轴视频监控系统设备，同轴信号传输、图像信号传输等具有信号传输系统的电子设备，能防止以上各类系统设备被雷击或工业噪声等产生的感应过电压、过电流现象和其它瞬间浪涌电压，对系统或设备造成的永久性损坏或瞬间中断等危害。当信号线受雷电感应过电压和过电流时，视频信号将雷电能量或其干扰信号释放入地，并把由雷电引起的过电压限制在用电设备允许承受的耐压范围以内，以确保电气设备的安全运行。一般用于数据移动通信、微波 2 兆、监视/保安系统等数据系统电子设备的雷电防护。

二、特点

(1) 信号损耗小，残压低、传输性能优异。

（2）响应速度快、使用寿命长。

（3）采用泄流、限流、嵌位、稳压的原理设计制造。

（4）采用铝合金外壳，外形美观、安装接线方便、维护简单，能在较恶劣的环境下长期稳定工作。

三、使用环境

（1）温度：-40～+70℃。

（2）相对湿度：≤95％。

（3）大气压：70～106kPa。

四、技术数据

4 路视频信号防雷器技术数据，见表 23-172。

表 23-172 4 路视频信号防雷器技术数据

型　　号	LERS—BNC/4
SPD 端口分类	4 路视频信号
SPD 类别	组合型
接口形式	BNC F/M
额定电压	5V
标称放电电流	5kA
最大放电电流	10kA
限制电压	15V
最大传输速率	20Mbps
插入损耗	<0.15dB
外壳防护等级	IP20

五、生产厂

深圳市雷尔盛科技有限公司。

23.7.77　8 路视频信号防雷器

一、概述

视频信号防雷器使用于 50Ω、75Ω 同轴视频监控系统设备，同轴信号传输、图像信号传输等具有信号传输系统的电子设备，能防止以上各类系统设备被雷击或工业噪声等产生的感应过电压、过电流现象和其它瞬间浪涌电压，对系统或设备造成的永久性损坏或瞬间中断等危害。当信号线受雷电感应过电压和过电流时，视频信号将雷电能量或其干扰信号释放入地，并把由雷电引起的过电压限制在用电设备允许承受的耐压范围以内，以确保电气设备的安全运行。一般用于数据移动通信、微波 2 兆、监视/保安系统等数据系统电子设备的雷电防护。

二、特点

（1）信号损耗小，残压低、传输性能优异。

（2）响应速度快、使用寿命长。

（3）采用泄流、限流、嵌位、稳压的原理设计制造。

（4）采用铝合金外壳，外形美观、安装接线方便、维护简单，能在较恶劣的环境下长期稳定工作。

三、使用环境

（1）温度：$-40\sim+70$℃。

（2）相对湿度：$\leqslant 95\%$。

（3）大气压：$70\sim 106$kPa。

四、技术数据

8路视频信号防雷器技术数据，见表 23-173。

表 23-173 8路视频信号防雷器技术数据

型 号	LERS—BNC/8
SPD端口分类	8路视频信号
SPD类别	组合型
接口形式	BNC F/M
额定电压	5V
标称放电电流	5kA
最大放电电流	10kA
限制电压	15V
最大传输速率	20Mbps
插入损耗	<0.15dB
外壳防护等级	IP20

五、生产厂

深圳市雷尔盛科技有限公司。

23.7.78 16路视频信号防雷器

一、概述

视频信号防雷器使用于 50Ω、75Ω 同轴视频监控系统设备，同轴信号传输、图像信号传输等具有信号传输系统的电子设备，能防止以上各类系统设备被雷击或工业噪声等产生的感应过电压、过电流现象和其它瞬间浪涌电压，对系统或设备造成的永久性损坏或瞬间中断等危害。当信号线受雷电感应过电压和过电流时，视频信号将雷电能量或其干扰信号释放入地，并把由雷电引起的过电压限制在用电设备允许承受的耐压范围以内，以确保电气设备的安全运行。一般用于数据移动通信、微波2兆、监视/保安系统等数据系统电子设备的雷电防护。

二、特点

（1）信号损耗小、残压低、传输性能优异。

（2）响应速度快、使用寿命长。

（3）采用泄流、限流、嵌位、稳压的原理设计制造。

（4）采用铝合金外壳，外形美观、安装接线方便、维护简单，能在较恶劣的环境下长期稳定工作。

三、使用环境

(1) 温度：－40～＋70℃。

(2) 相对湿度：≤95％。

(3) 大气压：70～106kPa。

四、技术数据

16 路视频信号防雷器技术数据，见表 23－174。

表 23－174 16 路视频信号防雷器技术数据

型　　号	LERS—BNC/16
SPD 端口分类	16 路视频信号
SPD 类别	组合型
接口形式	BNC F/M
额定电压	5V
标称放电电流	5kA
最大放电电流	10kA
限制电压	15V
最大传输速率	20Mbps
插入损耗	<0.15dB
外壳防护等级	IP20

五、生产厂

深圳市雷尔盛科技有限公司。

23.7.79 5.8G 天馈信号防雷器—N 头

一、概述

LERS—MC—6BP 系列产品开关型天馈电涌保护器用以防止因馈线感应雷击过电压而对天线及收发设备造成的损害，适用于无线通信、移动基站、微波通信、广播电视等同轴天馈系统信号防雷浪涌保护，安装于防雷分区 LPZ0A—1 及后续分区。

二、特点

(1) 高雷电流通流能力。

(2) 工作频带宽。

(3) 卓越射频信号传输性能。

(4) 驻波比小，插入损耗低。

(5) 内置可更换式放电管，安装维护简单。

三、使用环境

(1) 温度：－40～＋70℃。

(2) 相对湿度：≤95％。

(3) 大气压：70～106kPa。

四、技术数据

5.8G 天馈信号防雷器—N 头技术数据，见表 23－175。

表 23-175 5.8G 天馈信号防雷器—N 头技术数据

型　　　号	LERS—MC—6BP		
最大持续工作电压	230V		
标称放电电流（8/20μs）	10kA		
最大放电电流（8/20μs）	20kA		
电压保护水平（I_n）	≤600V		
响应时间	≤100ns		
最大传输功率	150W	200W	400W
带宽	0～6000MHz 适用于 5.8G 的频率		
插入损耗	≤0.3dB		
驻波比	≤1.2		
特性阻抗	50Ω		
温度范围	−40～+80℃		
接口形式	N 头（一公一母）		
外壳材料	黄铜		
外形尺寸（mm）	68×31×23		
防护等级	IP20		

五、生产厂

深圳市雷尔盛科技有限公司。

23.7.80 卫星天馈信号防雷器—F 头

一、概述

LERS—TK/F 系列产品开关型天馈电涌保护器用以防止因馈线感应雷击过电压而对天线及收发设备造成的损害，适用于无线通信、移动基站、微波通信、广播电视等同轴天馈系统信号防雷浪涌保护，安装于防雷分区 LPZ0A—1 及后续分区。

二、特点

（1）高雷电流通流能力。

（2）工作频带宽。

（3）卓越射频信号传输性能。

（4）驻波比小，插入损耗低。

（5）内置可更换式放电管，安装维护简单。

三、使用环境

（1）温度：−40～+70℃。

（2）相对湿度：≤95%。

（3）大气压：70～106kPa。

四、技术数据

卫星天馈信号防雷器—F 头技术数据，见表 23-176。

表 23 - 176　卫星天馈信号防雷器—F 头技术数据

型号	LERS—TK/F		
最大持续工作电压	64V		
标称放电电流（8/20μs）	10kA		
最大放电电流（8/20μs）	20kA		
电压保护水平	≤600V		
响应时间	≤100ns		
最大传输功率	150W	200W	400W
带宽	0～2500MHz		
插入损耗	≤0.3dB		
驻波比	≤1.2		
特性阻抗	50Ω		
温度范围	−40～+80℃		
接口形式	F	BNC	N
外壳材料	黄铜		
外形尺寸（mm）	$\phi21×48$	57×29×25	60×29×25
防护等级	IP20		

五、生产厂

深圳市雷尔盛科技有限公司。

23.7.81　天馈线路电涌保护器（SPD）

一、概述

DK—f 系列天馈线电涌保护器按照 IEC 标准及国家通信标准设计。产品的接口形式分为 BNC/N/L16/SL16/TNC/DIN/SMB/SMA 公母接头（J/K），产品通流容量大，低损耗、安装方便、维护简单。产品适用于无线通信设备天馈线路的防雷保护，如：卫星天线/微波/有线电视/短波/超短波/移动通信设备等。

监控系统视频线 BNC 接口、矩阵 BNC 接口、光端机 BNC 接口、摄像机 BNC 接口的雷电浪涌防护。产品采用泄流、嵌位、滤波的原理，实现了高效泄放雷电流和抗雷电电磁脉冲冲击的功能；具有多级保护，残压极低；传输性能优异、响应速度快、通流容量大、安装接线方便，维护简单的优点。可提供不同工作电压等级和接口数量的产品。

$8/20μs$ 最大放电电流 I_{max} 可达 10kA。

二、技术数据

天馈线路电涌保护器（SPD）技术数据，见表 23 - 177。

三、适用范围

（1）移动基站天馈线。

（2）卫星接收天线。

（3）对讲机等短波超短波天馈线。

表 23-177 天馈线路电涌保护器 (SPD) 技术数据

产 品 型 号	DK—f		
产品名称	N型天馈线电涌保护器	50型天馈线电涌保护器	DIN 1/4天馈线电涌保护器
标称放电电流 (8/20μs)(kA)	≤10	≤10	≤25
最大放电电流 (8/20μs)(kA)	≤20	≤20	≤50
电压保护水平 (8/20μs)(V)	<150	<150	<10
工作频率 (MHz)	1～2000	50～600	800～2500
传输功率 (W)	200	200	1000
插入损耗 (dB)	≤0.2	≤0.2	≤0.1
驻波系数	≤1.2	≤1.2	≤1.15
阻抗 (Ω)	50		
端口型号	F (可选N头)	N (可选SL16, L16)—J/K	DIN—J/K
外形尺寸 (mm)	53×25×27	84×25×25	84×25×25
重量 (kg)	0.08	0.14	0.34
工作环境	温度：-25～+70℃；相对湿度：<95%		

(4) 有线电视放大器。

(5) 微波天馈线。

(6) 无线发射、接收设备。

四、生产厂

广西地凯科技有限公司。

第24章 高压绝缘子及套管

在电力系统中，高压绝缘子及套管的用途是将电位不同的导电体在机械上相互连接，而在电气上相互绝缘。本章编入了500kV及以下线路、电站电瓷各类绝缘子和套管、玻璃绝缘子、复合绝缘子、油纸电容式套管产品的用途、型号、结构、技术数据、外形及安装尺寸。

交流输电线路用有机复合外套绝缘子是电力系统瓷绝缘子及高压电器瓷套管的更新产品，在高压输电中占据重要位置，在许多方面显示出瓷绝缘子无法比拟的优点，耐污闪、阻燃、耐老化、耐低温、重量轻、体积小、机械强度高、表面憎水性能好、无零值、无需清扫、维护方便，特别适用于城市和农村电网改造中，设施架空输电线路紧凑型布置和中等及以上污秽地区，以防止绝缘子污秽闪络事故。此外，还可用作事故抢修备用品。我国已成为世界复合绝缘子使用的第二大国，其研究和制造已达国际先进水平，运行经验引起IEC的关注。

南京电气（集团）有限责任公司（原南京电瓷总厂）引进了意大利钢化玻璃绝缘子的生产技术、设备、配方、计算机控制系统；自贡塞迪维尔钢化玻璃绝缘子有限公司（中法合资企业），采用法国SEDIVER拥有的技术、工艺和完善的测试设备。我国钢化玻璃绝缘子的生产和产品质量具有世界先进水平，品种齐全，可满足各种电压等级的需要。钢化玻璃绝缘子是我国输电线路更新换代及替代进口产品的理想选择。产品除符合国标外，还符合国际电工（IEC）标准。选用玻璃绝缘子主要不用检测"零值"和防止瓷绝缘子爆裂后的掉线。

24.1 高压瓷绝缘子

24.1.1 高压线路盘形悬式瓷绝缘子

一、概述

高压线路盘形悬式绝缘子供高压架空输配电线路中的绝缘和固定导线用，一般组装成绝缘子串用于不同电压等级的线路上。绝缘子按其使用环境和地区，分普通型和耐污型两类，普通型绝缘子适用于一般地区，如适当增加绝缘子片数可提高污闪性能。耐污型绝缘子按其伞形结构分为钟罩型、双层伞型、草帽型，适用于工业粉尘、化工、盐碱、沿海及多雾地区，不同结构型式耐污绝缘子的最佳使用范围需通过试预运行后确定。

绝缘子按连接方式分球型和槽型。

普通型悬式包括XP型（新型号）、X型（老型号）两个系列。XP型系列按机电破坏

负荷有 70、80、100、120、160、210、300kN 7 级；X 型系列按 1h 机电负荷有 30、40kN
两级。

二、型号含义

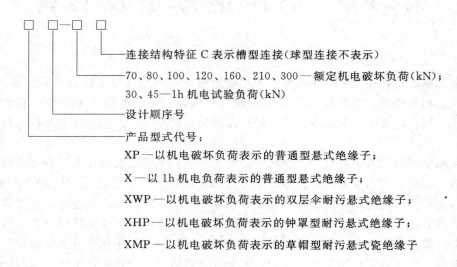

连接结构特征 C 表示槽型连接（球型连接不表示）

70、80、100、120、160、210、300 — 额定机电破坏负荷(kN)；
30、45 — 1h 机电试验负荷(kN)

设计顺序号

产品型式代号：

XP — 以机电破坏负荷表示的普通型悬式绝缘子；

X — 以 1h 机电负荷表示的普通型悬式绝缘子；

XWP — 以机电破坏负荷表示的双层伞耐污悬式绝缘子；

XHP — 以机电破坏负荷表示的钟罩型耐污悬式绝缘子；

XMP — 以机电破坏负荷表示的草帽型耐污悬式瓷绝缘子

三、结构

（1）悬式绝缘子由瓷件、铁帽和钢脚用不低于 525 号硅酸盐水泥、瓷砂或石英砂胶合剂胶装而成。铁帽及钢脚与胶合剂接触表面薄涂一层缓冲层。钢脚顶部有弹性衬垫。瓷件表面一般上白釉，也可上棕釉或蓝灰釉。球型连接结构的推拉式弹性锁紧销有 W 型和 R 型，弹性及防腐性好，拆装方便。槽型连接的圆柱销和驼背形开口销。

（2）普通型绝缘子瓷件伞裙的棱与棱之间留有较大间距，特别是 XP—70 和 X—45 型绝缘子，棱槽宽，清扫方便，钢脚球头一般均伸出瓷裙外有利于带电作业。

（3）双层伞耐污绝缘子爬距大，伞形开放，裙内光滑无棱，积灰速率低，风雨自洁性能好。

（4）钟罩型耐污悬式绝缘子，吸收了欧、美和日本防雾型绝缘子的结构特点，利用伞内外受潮的不同期性及伞下高棱的抑制放电作用，防污性能较好，污闪电压比同级普通绝缘子可提高 20％～50％。

同一强度等级的普通型和耐污型绝缘子采用相同的球窝连接尺寸互换。

普通盘形悬式绝缘子执行标准 GB 1001《盘形悬式绝缘子技术条件》和 GB 7253《盘形悬式绝缘子串元件尺寸与特性》。

耐污盘形悬式绝缘子执行标准 GB 1001 和 ZBK 50008《高压线路耐污盘形悬式绝缘子》。

四、技术数据

该产品技术数据，见表 24-1。

五、外形及安装尺寸

该产品外形及安装尺寸，见图 24-1。

表 24-1 高压线路盘形悬式绝缘子技术数据

工厂代号	型号	额定机电破坏负荷 (kN)	打击破坏负荷 (N·cm)	爬电距离 (mm)	连接尺寸标记 (mm)	主要尺寸 (mm) H	D	d_1	b	b_1	耐受电压 (kV) 工频1min 干	湿	雷电冲击	闪络电压 (kV) 工频 干	湿	雷电冲击 正极性	负极性	工频击穿电压 (kV)	重量 (kg)	备注	生产厂
1119	X-30C	40	565	220	16C	146	200	16	19	12.7	55	25	85	60	30	100	105	90	3.8		
1123	X-45	60	565	300	16	150	255	16	18		70	40	100	75	45	120	125	110	5.1		
1144	XP-70	70	565	300	16	146	255	16	19.5		70	40	100	75	45	120	125	110	4.6		
1160	XP-70	70	565	300	16	146	255	16	19.5		70	40	100	75	45	120	125	110	5.0		
1161	XP-70C	70	565	300	16C	146	255	16	19	13.5	70	40	100	75	45	120	125	110	5.2	普通型盘形悬式绝缘子	西安西电高压电瓷有限责任公司
1163	XP-80	80	565	300	16	146	255	16	19.5		70	40	100	75	45	120	125	110	5.0		
1165	XP-80C	80	565	300	16C	146	255	16	18.5	13.5	70	40	100	75	45	120	125	110	5.2		
1146	XP-100	100	678	300	16	146	255	16	19.5		70	40	100	75	45	120	125	110	5.4		
1166	XP-100	100	678	300	16	146	255	16	19.5		70	40	100	75	45	120	125	110	5.4		
1164	XP-120	120	678	300	16	146	255	16	19.5		70	40	100	75	45	120	125	110	5.7		
1167	XP2-160	160	1017	305	20	146	280	20	23		75	42	105	80	50	130	135	120	6.9		
1170	XP-160	160	1017	305	20	155	255	20	23		70	40	100	75	45	120	125	110	6.3		
1348		210	1017	370	20	170	280	20	23		75	42	105	80	50	130	135	120	8.8		
1148	XP-210	210	1017	340	24	170	280	24	27.5		75	42	105	80	50	130	135	120	8.9		
1168	XP1-210	210	1017	335	20	170	280	20	23		75	42	105	80	50	130	135	120	8.5		
1149	XP-300	300	1017	380	24	195	320	24	27.5		75	42	105	80	50	130	135	120	13.6		
1351	XWP2-70	70		400	16	146	255	16	19.5		70	42	120	85	45	130	140	120	5.6		
1362	XWP2-100	100		450	16	160	280	16	19.5		80	45	120	90	50	135	145	120	8.5		
1363		100		450	16	146	280	16	19.5		80	45	120	90	50	135	145	120	8.4	耐污形(双层伞形)	
1364	XWP-120	120		450	16	146	280	16	19.5		80	45	120	90	50	135	145	120	8.2		
1367	XWP-160	160		450	20	155	300	20	23		80	45	120	90	50	135	145	120	9.5		

续表 24－1

| 工厂代号 | 型　号 | 额定机电破坏负荷(kN) | 打击破坏负荷(N·cm) | 爬电距离(mm) | 连接尺寸标记(mm) | 主要尺寸 (mm) | | | | | 耐受电压 (kV) | | | 闪络电压 (kV) | | | | 工频击穿电压(kV) | 重量(kg) | 备注 | 生产厂 |
						H	D	d₁	b	b₁	工频1min 干	工频1min 湿	雷电冲击	工频 干	工频 湿	雷电冲击 正极性	雷电冲击 负极性				
1337	XHP—70	70	565	430	16	146	255	16	19.5		80	42	120	90	45	130	140	120	6.1		西安西电高压电瓷有限责任公司
1338		70	565	430	16	160	255	16	19.5		80	42	120	90	45	130	140	120	6.1		
1353	XHP—100	100	678	430	16	146	280	16	19.5		80	45	120	90	50	135	145	120	7.0	耐污形(钟罩伞形)	
1355	XHP1—100	100	678	400	16	160	270	16	19.5		80	45	120	90	50	135	145	120	6.5		
1357	XHP1—160	160	1017	400	20	155	280	20	23		80	45	120	90	50	135	145	120	7.5		
1116		45	500	178		140	165	14	19	12.7				60	30	100	100	80	2.6		
1117		70	550	218		146	200	16	19	12.7				65	35	115	115	90	4.1		
1180		70	600	300		146	254	16	19.2					80	50	125	130	110	5.0	美标盘形悬式绝缘子	
1181		80	600	300		146	254	16	19.2					80	50	125	130	110	5.0		
1161		70	600	292		146	254	16	18.5	13.5				80	50	125	130	110	5.2		
1185		111	700	292		146	254	18	19.5					80	50	125	130	110	5.7		
1187		160	1000	280		146	298	23	25					80	50	125	130	110	6.9		
1189		222	1000	381		156	296	23	25					80	50	140	140	125	9.3		
	X—3(C)	40		200	14(16)	140(146)	200				60	30						90	3.25(4.1)		石家庄市电瓷有限责任公司
	XP—40C	40		200	13C	140	190				60	30	115					90	3.6	普通型	
	XP—70(C)	70		295	16	146	255				75	45	120					110	4.7(4.9)		

续表 24-1

工厂代号	型号	额定机电破坏负荷 (kN)	打击破坏负荷 (N·cm)	爬电距离 (mm)	连接尺寸标记 (mm)	H	D	d_1	b	b_1	耐受电压 工频1min 干	耐受电压 工频1min 湿	耐受电压 雷电冲击	闪络电压 工频 干	闪络电压 工频 湿	闪络电压 雷电 正极性	闪络电压 雷电 负极性	工频击穿电压 (kV)	重量 (kg)	备注	生产厂
	XP_3-70 (X-4.5)	70		300	16	146	255				75	45	120					110	4.9	普通型	石家庄市电瓷厂有限责任公司
	XP-100	100		295	16	146	255				75	45	120					110	5.1		
	XP-160	160		305	20	155	255				75	45	120					110	6.5		
	XWP_1-70	70		400	16	160	255					45	120					120	6.1		
	XWP_2-70 (C)	70		400	16	146	255					45	120					120	5.9	防污型	
	XWP_3-70	70		450	16	160	280					45	120					120			
	XWP_1-100	100		400	16	160	255					45	120					120	8.5		
	XWP_2-100	100		450	16	160	280					45	120					120			
	X-4.5	60		280		146	254						100					110	5		重庆电瓷厂
	XP-70	70		295		146	255						100					110	4.5		
	XWP_2-70	70		400		146	255						120					120	6		
12103	XP-60	60		280		146	255	16					100					110	4.6	普通型	景德镇电瓷电器工业公司
12104	XP-70	70		295		146	255	16					100		40			110	5.1		
12105	XP-100	110		295		146	255	16					100		40			110	5.6		
12106	XP_1-160	160		305		146	255	20					100		40			110	6.4		
12116	XP_2-160	160		330		146	280	20					105		42			110			
12310	XWP_1-60	60		400		160	255	16			45		120					120	5.5	双层伞	
12315	XWP_1-70	70		400		160	255	16			45		120					120		耐污悬式	
12312	XWP_2-60	60		400		146	255	16			45		120					120			

续表 24-1

工厂代号	型号	额定机电破坏负荷 (kN)	打击破坏负荷 (N·cm)	爬电距离 (mm)	连接尺寸标记	主要尺寸 (mm) H	D	d₁	b	b₁	耐受电压 (kV) 工频1min 干	湿	雷电冲击	闪络电压 (kV) 工频 干	湿	雷电冲击 正极性	负极性	工频击穿电压 (kV)	重量 (kg)	备注	生产厂
12316	XWP₂—70	70		400		146	255	16			45		120					120			
12314	JXWP₂—70	70		400		146	270	16			45		120					120	6.5		
12313	XWP₃—70	70		450		160	280	16			45		120					120		双层伞耐污悬式	
12317	XWP₁—100	100		400		160	255	16			45		120					120			
12318	XWP₂—100	100		450		160	280	16			45		120					120			
12319	XWP₁—160	160		400		160	280	20			45		130					120			
12320	XWP₆—160	160		400		160	280	20			50		130					120			景德镇电瓷电器工业公司
12401	XHP₁—60	60		400		160	255	16			50		120					120			
12402	XHP₁—70	70		400		160	255	16			45		120					120		钟罩伞耐污悬式	
12403	XHP₁—100	100		400		160	270	16			45		120					120			
12411	XHP₁—160	160		400		160	280	16			50		130					120			
12501	XAP₁—160	160		400		160	300	16			50		130					120		大伞径	
	XWP—210	210		450	24	170	300				45	80	130					130	12	耐污悬式	内蒙古精诚高压电瓷有限公司
	XWP—70	70		430	16	146	255				42	80	120					120	7.1		
	XWP—100	100		430	16	160	280				45	80	120					120	5.5	钟罩型	
	XWP—160	160		450	20	155	300				45	80	120					130	10.5		

型号	绝缘子等级	主要尺寸 (mm)			连接标记	机电破坏负荷 (kN)	执行标准	重量 (kg)	备注	生产厂
		结构高度 H	公称盘径 D	爬电距离 L						
XP-40C	U40C	140	200	220	14C	40		2.5		
XP-70	U70BL	146	255	295	16	70		5.0		
XP-70C	U70C	146	255	295	16C	70		5.0		
XP$_1$-70	U70BS	127	255	295/320	16	70		4.8/5.0		
XP-80	U80BL	146	255	295	16	80	GB 1001	5.0		
XP-80C	U80C	146	255	295	16C	80	IEC 383	5.0		
XP-100	U100BL	146	255	295	16	100	BS 137	5.4		
XP-120	U120B	146	255	295/320	16	120	AS 2947	5.6/5.8		
XP-160	U160B	155	255	305	20	160		6.3		
XP$_1$-160	U160BL	170	280	370	20	160		8.0	盘形悬式瓷绝缘子	牡丹江北方高压电瓷有限责任公司
XP$_1$-210	U210B	170	280	335	20/24	210		9.5		
XP$_1$-45C-M	52-1	140	160	178	13C	45		2.5		
XP$_1$-70C-M	52-2	146	200	210	16C	70		3.6		
XP-70-M	52-3	146	255	295	16	70		4.6		
XP-70C-M	52-4	146	255	295	16C	70		4.9		
XP-110-M	52-5	146	255	295	16	111	ANSI	5.6		
XP-110C-M	52-6	146	255	295	16C	111	C29.2	5.9		
XP-160-M	52-8	146	255	305	20	160		6.7		
XP$_1$-45C-M	52-9	159	108	171	13C	45		2.5		
XP-160C-M	52-10	165	255	305	20C	160		7.2		
XP-220-M	52-11	156	300	381	24	222		9.2		

续表 24-1

型号	主要尺寸 (mm) 结构高度 H	公称盘径 D	爬电距离 L	连接标记	机电破坏负荷 (kN)	执行标准	重量 (kg)	备注	生产厂
XHP—70	146	255	432	16	70		6.5		
XHP₁—70	160	255	400	16	70		5.6		
XHP—80	160	255	400	16	80		6.0		
XHP₁—80	146	255	432	16	80		7.0		
XHP—100	160	280	430	16	100		7.9		
XHP₁—100	146	280	450	16	100		7.6		
XHP₂—100	146	255	432	16	100		7.9		
XHP₃—100	146	320	555	16	100		11.5		
XHP₄—100	160	270	400	16	100	ZBK 50008	6.8	耐污盘形 钟罩式	牡丹江北方高压电瓷有限责任公司
XHP—120	160	280	430	16	120	IEC 383	7.9		
XHP₁—120	146	280	450	16	120	BS 137	7.6		
XHP₂—120	146	255	432	16	120	AS 2947	7.9		
XHP₃—120	146	320	555	16	120		11.5		
XHP—160	155	300	450	20	160		10.3		
XHP₃—160	155	280	400	20	160		7.5		
XHP₂—160	170	320	525/550	20	160		11.5		
XHP₄—160	146	330	440	20	160		10.4		
XHP—190	170	340	556	20/24	190		15.0		
XHP—210	170	300	450	20/24	210		12.5		
XHP₁—210	170	320	550	20	210		14.6		
XWP₁—70	160	255	400	16	70	ZBK	6.0	耐污盘形 双层伞型	
XWP₂—70	146	255	400	16	70	IEC	6.0		
XWP—70C	146	255	400	16C	70	BS	6.2		
XWP₃—70	160	280	450	16	70	AS	7.0		

续表 24－1

型号	主要尺寸 (mm)			连接标记	机电破坏负荷 (kN)	执行标准	重量 (kg)	备注	生产厂
	结构高度 H	公称盘径 D	爬电距离 L						
XWP_4－70	146	300	400	160	70		6.5		
XWP_6－70	146	255	450	16	70		5.9		
XWP_7－70	146	280	450	16	70		7.0		
XWP_1－100	160	255	400	16	100		7.3		
XWP_2－100	160	280	450	16	100		8.4		
XWP_3－100	146	280	450	16	100		8.1		
XWP_2－120	160	280	450	16	120		8.4	耐污盘形	
XWP_3－120	146	280	450	16	120	ZBK	8.1	双层伞型	
XWP－160	155	300	400	20	160	IEC	8.8		
XWP_1－160	160	280	400	20	160	BS	8.8		
XWP_2－160	155	300	450	20	160	AS	10.0		
XWP_3－160	155	280	450	20	160		8.2		
XWP_6－160	170	330	450	20	160		9.4		牡丹江北方
XWP_7－160	170	340	545	20	160		12.0		高压电瓷有
XWP－210	170	300	450	20/24	210		11.5		限责任公司
XWP_3－210	170	350	525	20	210		13.5		
XMP－70	146	350	300	16	70		6.2		
XMP－70C	146	350	300	16C	70		6.4		
XMP－80	146	350	300	16	80		6.7		
XMP－100	146	360	300	16	100	QB	7.5	耐污盘形	
XMP－100C	146	360	300	16C	100		7.7	草帽型	
XMP－120	146	360	300	16	120		7.8		
XMP－160	155	360	300	20	160		8.1		
XMP_2－160	146	425	385	20	160		10.6		

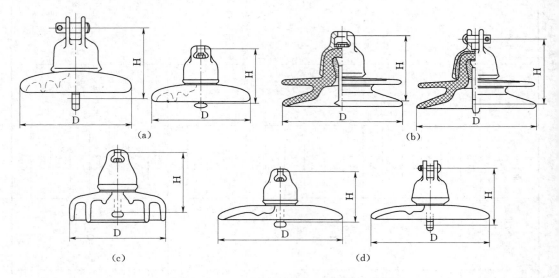

图 24 - 1 高压线路盘形悬式绝缘子

(a) 普通型；(b) 双层伞；(c) 钟罩型；(d) 草帽型

24.1.2 XWP6 型高压线路耐污盘形悬式瓷绝缘子

一、概述

XWP6 型高压线路耐污盘形悬式瓷绝缘子是石家庄电瓷有限责任公司新开发的具有国际先进水平、填补了国内空白的新产品，适用于交流架空电力线路、变电站和电气化铁路接触网悬挂或张紧导线并与杆塔有效绝缘的场所。该产品为大伞径、大爬距及三层伞结构，具有优异的防污闪特性，在相同污秽条件下，XWP6—100 比 XP—100 的污秽闪络电压提高幅度为 46.2%；XWP6—70 比 XP—70 的污秽闪络电压提高幅度为 72.5%，特别适用于重污秽地区使用。

执行标准 GB 1001—1986《盘形悬式绝缘子技术条件》、JB 9681—1999《高压线路耐污盘形悬式绝缘子》、Q/SC 049—2002《XWP6 型高压线路耐污盘形悬式瓷绝缘子》。

二、型号含义

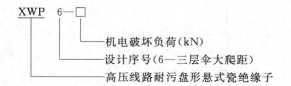

XWP 6—□

机电破坏负荷(kN)

设计序号(6—三层伞大爬距)

高压线路耐污盘形悬式瓷绝缘子

三、产品特点

该产品机械强度高，分散性小，爬电距离大，防污性能好，达到国际先进水平，填补了国内空白，与其它悬式瓷绝缘子相比具有如下特点：

（1）XWP6 型产品有三层伞结构，即在两大伞中间增加一个小伞裙。两大伞之间的伞间距较普通耐污型增加 42%，提高了绝缘子的耐污闪和湿闪性能。

（2）上面大伞直径大于下面大伞直径，可减少冰雪天气状况下伞间短路的机会。

(3) 大伞裙与小伞裙之间空间距离大，便于人工冲洗和清扫。

(4) 由于加大了绝缘子的盘径，爬电距离为 545mm，较普通耐污型提高了 36.25% 和 21.1%（普通耐污型爬电距离 400mm 和 450mm），故具有很好的防污闪性能。

(5) 在相同污秽条件下，XWP6—70 的人工污秽闪络电压值比 XP—70 提高 72.5%，XWP6—100 的人工污秽闪络电压值比 XP—100 提高 46.2%，而普通耐污型瓷绝缘子提高的幅度仅有 10%～25%。

(6) XWP2 型耐污盘形悬式绝缘子爬电距离为 400mm，以 220kV 线路为例，采用 15 片爬电比距为 2.38cm/kV，仅能满足三级污区下限的要求。而采用 15 片 XWP6 型产品，爬电比距可达 3.24cm/kV，可满足四级污区的要求。

(7) XWP6 型连接金具与 XWP2 型完全相同，产品可互换。在结构高度上 110kV 采用 8 片比原来长约 72mm，220kV 采用 15 片比原来长约 150mm。因此，XWP6 型产品不但适用于新建线路，而且也适用于老线路的改造。

综上所述，XWP6 型耐污盘形悬式绝缘子的耐污性能得到了很大提高，特别适用于重污秽地区。

四、技术数据

该产品技术数据，见表 24-2。

表 24-2　XWP6 型高压线路耐污盘形悬式瓷绝缘子技术数据

型　号	主　要　尺　寸（mm）			连接形式标记	机电破坏负荷（kN）	50%雷电全波冲击闪络电压（峰值，kV）	工频电压≮（有效值，kV）		人工污秽闪络电压 盐密：0.1 灰密：1.0（kV）	重　量（kg）
	公称结构高度 H	瓷件公称盘径 D1（上伞）/D2（下伞）	公称爬电距离 L				湿闪络	击穿		
XWP6—70	155±5	φ320（上伞）/φ300（下伞）	545	16	70	>145	50	120	13.6	9.0
XWP6—100	170±5	φ320（上伞）/φ300（下伞）	545	16	100	>145	50	120	13.6	9.5

五、外形及安装尺寸

XWP6 型高压线路耐污盘形悬式绝缘子外形及安装尺寸，见图 24-2。

六、生产厂

石家庄市电瓷有限责任公司。

24.1.3　高压线路针式瓷绝缘子

一、概述

高压线路针式瓷绝缘子用于工频电压 6～35kV 高压架空输配电线路，用以绝缘和支持导线，适用于海拔 1000m 以下的工业区和农村线路。对于高原或污秽地区需加强绝缘，视情况选用加强型产品或选用比线路的额定电压高 1～2 级的一般绝缘子。

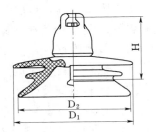

图 24-2　XWP6 型耐污盘形悬式瓷绝缘子外形尺寸

绝缘子老型号按额定电压分为 6、10、15、20kV 4 个品种，每种按钢脚型式又分为铁担直脚和木担直脚两种规格。新型号额定电压均为 10kV，分普通型、加强绝缘 1 型、加强绝缘 2 型三种。

二、结构

针式绝缘子由起绝缘作用的瓷件、钢脚（或螺套）用不低于 525 号的硅酸盐水泥、石英砂胶合剂胶装而成，钢脚胶入瓷件部分压有深槽，防钢脚松动，钢脚顶端与瓷件之间垫有弹性衬垫。瓷件表面一般上棕釉或白釉。钢脚或套筒经热镀锌处理，防锈蚀。

6～15kV 绝缘子为单层瓷件，与钢脚胶装为一整体，钢脚有直脚和弯脚两种。20、35kV 绝缘子钢脚为可拆卸式，主绝缘体由两层瓷件胶合而成，下瓷件内孔还胶有螺套供与钢脚旋合。钢脚一般为双头螺栓。为提高强度，还配有铸铁套筒（也可采用截面逐渐增大的圆锥形钢脚）。

三、型号含义

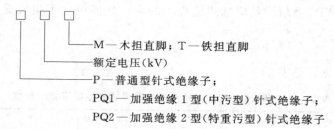

M—木担直脚；T—铁担直脚

额定电压(kV)

P—普通型针式绝缘子；

PQ1—加强绝缘 1 型(中污型)针式绝缘子；

PQ2—加强绝缘 2 型(特重污型)针式绝缘子

四、绝缘子选用

1. 绝缘强度

该系列产品适用于一般工业区和农村线路，用木横担时选用与线路电压相同等级绝缘子；用铁横担时，对于 10kV 级电力线路应充分考虑地区污秽等级，建议 Ⅰ、Ⅱ 级选用 P—15 或 PQ1 型；Ⅲ、Ⅳ 级选用 P—20 或 PQ2 型。

2. 机械强度

现行国标中未规定瓷件与钢脚装配为成品的机械强度。瓷件抗弯破坏负荷是确保瓷件和水泥胶合剂经受长期机电负荷作用而不致损坏，不能作为选择绝缘子强度依据。由于瓷件的机械强度很高，试验时应加强钢脚。绝缘子弯曲耐受负荷是允许钢脚在受力后中心轴线偏斜 5°时的试验负荷，此值可作为选用绝缘子强度时参考。

五、技术数据

针式绝缘子技术数据，见表 24-3。

六、外形及安装尺寸

该产品外形及安装尺寸，见图 24-3。

24.1.4 高压线路蝶式瓷绝缘子

一、概述

高压线路蝶式瓷绝缘子用于架空配电线路终端，耐张及转角杆上作为绝缘和固定导线用，与线路悬式绝缘子配合作为线路金具中的一个元件，简化金具结构。

蝶式绝缘件的瓷件带有两个（老型号）或四个（新型号）较大的伞裙，形如蝴蝶。

表 24-3 高压瓷绝缘子的型号规格及技术数据

工厂代号	型号	额定电压 (kV)	最高工作电压 (kV)	公称爬电距离 (mm)	公称结构尺寸 (mm) 高度 H	H₁	H₂	外径 D	连接标记	瓷件弯曲破坏负荷 (kN)	弯曲耐受负荷 (kN)	工频电压 (kV) 干	湿	击穿	雷电全波冲击电压 (kV) 50%闪络	耐受	重量 (kg)	生产厂
	P–6T (M)	6		150	90	128	35	125	16	13.7	1.4	50	28	65			1.3 (1.4)	石家庄市电瓷有限责任公司
	P–10T (M)	10		195	105	151	35	145	16	13.7	1.4	60	32	95			2.0 (2.16)	
	P–15T (M)	15		280	120	185	40 (140)	190	20	13.7	2.0	75	45	98			3.7 (3.9)	
	P–20T (M)	20		370	165	221	45 (178)	228	20	13.2	2.0	86	57	111			6.5 (7.1)	
	P–11T (M) (PQ1–10T16)	11		255	133	183	40	140	16	13.7	2.0	75	45	130			2.5	
	PQ1–10T	10		450	165	209	40	228	20	13.3	3.0			145			6.6	
	FPQ2–10T	10		460				150	20	13.0	3.0	86	57				1.5	
	ST–20	20		340	185	229	40	175	20	13.0	2.0	80	45	120			4.4	
11201	P–6T	6	6.9	150	90			125		14	1.4	50	28	65	70	60	1.4	牡丹江北方高压电瓷有限责任公司
11200	P–6M	6	6.9	150	90			125		14	1.4	50	28	65	70	60	1.5	
11301	P–10T	10	11.5	185	105			145		14	1.4	60	32	78	85	75	2.0	
11300	P–10M	10	11.5	185	105			145		14	1.4	60	32	78	85	75	2.2	
11401	P–15T	15	17.5	280	120	151	35	190		14	2.5	75	45	98	118	90	3.2	
11400	P–15M	15	17.5	280	120			190		14	2.5	75	45	98	118	90	3.5	
11402	P–15T16	15	17.5	280	120			190		14	2.5	75	45	98	118	90	3.0	
11501	P–20T	20	23	370	165			228		13.5	3.0	86	57	111	140	110	6.2	
11301	P–10T	10	11.5	195	105	151	35	145		13.7	1.4		28	95		75	2.0	
11502	PQ1–10T20	10	11.5	255	133	183	40	140		10.6	2.0		40	130		90	3.0	
11503	PQ1–10L	10	11.5	255	133			140		10.6			40	130		90	3.0	
11504	PQ1–10LT	10	11.5	255	133	183	40	140		10.6	4.0		40	130		90	2.7	
11511	PQ2–10T	10	11.5	450	165	209	40	228		13.3	3.0		50	145		110	5.0	

续表 24-3

工厂代号	型号	额定电压 (kV)	最高工作电压 (kV)	公称爬电距离 (mm)	公称结构尺寸 (mm) 高度 H	H₁	H₂	外径 D	连接标记	瓷件弯曲破坏负荷 (kN)	弯曲耐受负荷 (kN)	工频电压 (kV) 干	湿	击穿	雷电全波冲击电压 (kV) 50%闪络	耐受	重量 (kg)	生产厂
11512	PQ2—10L	10	11.5	450	165			228		13.3			50	145		110	4.6	牡丹江北方高压电瓷有限责任公司
11513	PQ2—10LT	10	11.5	450	165	209	40	228		13.3	3.5		50	145		110	5.1	
11514	PQ2—10BT	10	11.5	450	165	209	40	228		13.3	3.0		54	145		110	5.0	
11515	PQ2—10BL	10	11.5	450	165		40	228		13.3			50	145		110	4.6	
11516	PQ2—10BLT	10	11.5	450	165	209	40	228		13.3	3.5		50	145		110	5.1	
11107	P—10T	10		195	105	151	35	M16		13.7	1.4		28	95		75		
11112		10		280	120	40	35	M20		14	1.4		45①	98		118①		
11127	PQ—10T16	10		255	133	183	40	M16		10.6	2.0		40	130		90		景德镇电瓷电器工业公司
11128	PQ—10T20	10		255	133	183	40	M20		10.6	2.0		40	130		90		
11129	PQ—10L	10		255	133					10.6			40	130		90		
11130	PQ—10LT	10		255	133	183	40	M20		10.6	4.0		40	130		90		
11131	PQ1—10T	10		450	165	209	40	M20		13.3	3.0		50	145		110		
11132	PQ1—10L	10		450	165					13.3			50	145		110		
11133	PQ1—10LT	10		450	165	209	40	M20		13.3	3.5		50	145		110		
11134	PQ1—10BT	10		450	165	209	40	M20		13.3	3.0		50	145		110		
11135	PQ1—10BL	10		450	165					13.3			50	145		110		
11136	PQ1—10BLT	10		450	165	209	40	M20		13.3	3.5		50	145		110		
11114	P—10T	10		450	165	45		M20		13.3	3.5		50	145		110	2	
	P—10T	10		195						13.7	1.4		28	95		75		重庆电瓷厂
	PQ1—10T	10		255						10.6	2		40	130		90		
	PQ2—10T	10		450						13.3	3		50	145		110		
	P—15	15		280						10.6	2		40	130		90	3.2	
	P—20	20		370						13.3	3		50	145		110	6.2	

注　新型号中：B—瓷件侧槽以上部分，除承烧面外，全部上半导体釉；L—不带脚，铁担；T—带脚，瓷件与脚直接胶装，铁担；LT—带脚，瓷件与螺脚螺纹连接，铁担。

① 闪络值。

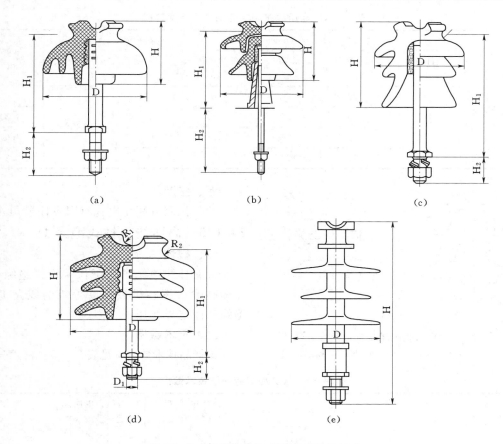

图 24-3　高压线路针式绝缘子外形尺寸

(a) P—6T（M），P—10T（M），P—15T（M）；(b) P—20T（M）；

(c) P—11T（M）（PQ—10T16），ST—20；(d) PQ1—10T；(e) FPQ2—10T

二、型号含义

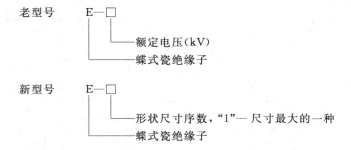

老型号　　　E—□

　　　　　　　　　额定电压（kV）

　　　　　　　蝶式瓷绝缘子

新型号　　　E—□

　　　　　　　　　形状尺寸序数，"1"—尺寸最大的一种

　　　　　　　蝶式瓷绝缘子

三、技术数据

该产品的技术数据，见表 24-4。

四、外形及安装尺寸

蝶式瓷绝缘子外形及安装尺寸，见图 24-4。

表 24-4 高压线路蝶式瓷绝缘子技术数据

型号	主要尺寸（mm）				机械破坏负荷（kN）	执行标准	重量（kg）
	瓷件高度 H	最大伞径 D	安装孔径 ϕ	线槽半径 R			
E—10	175	180	26	12	15		3.5
E—6	145	150	26	12	15	GB 1390	1.8
E—1	180	150	26	12	20		4.0
E—2	150	130	26	12	20		2.2

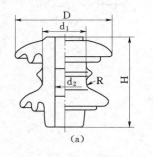 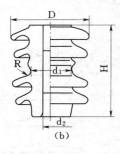

图 24-4 蝶式瓷绝缘子外形及安装尺寸
(a) E—10，E—6；(b) E—1，E—2

五、生产厂

牡丹江北方高压电瓷有限责任公司。

24.1.5 高压线路柱式绝缘子

一、概述

线路柱式绝缘子用于代替针式绝缘子在提高耐污秽和机械强度等级的线路上作绝缘和固定导线用。

二、技术数据

该产品技术数据，见表 24-5、表 24-6。

表 24-5 线路柱式绝缘子技术数据

产品品号	型号	主要尺寸（mm）				公称爬电距离（mm）	弯曲破坏负荷（kN）	工频湿耐受电压（kV）	雷电冲击耐受电压（kV）	伞数	生产厂
		H	D	L_1	L_2						
121003	PS—105/3Z (PS—15/3)	224	ϕ120	40	40	300	3.0	40	105		南京电气（集团）有限责任公司
121004	PS—105/5ZS (PS—15/5)	283	ϕ125	50	45	360	5.0	40	105		
	57—1	222	140			356	12.5	60		4	
	57—2	305	155			560	12.5	85		6	
	57—3	370	165			737	12.5	100		8	
	57—4	432	180			1016	12.5	125		10	
	57—5	510	190			1143	12.5	150		12	
	R12.5ET95L	222	160			350	12.5		95	3	重庆电瓷厂
	R12.5ET125N	305	155			400	12.5		125	4	
	R12.5ET125L	305	165			530	12.5		125	5	
	R12.5ET170N	370	165			580	12.5		170	6	
	R12.5ET170L	370	175			720	12.5		170	7	
	R12.5ET200N	430	170			620	12.5		200	6	
	R12.5ET200L	430	185			900	12.5		200	8	

产品品号	型号	主要尺寸(mm)				公称爬电距离(mm)	弯曲破坏负荷(kN)	工频湿耐受电压(kV)	雷电冲击耐受电压(kV)	伞数	生产厂
		H	D	L_1	L_2						
	R12.5ET250N	510	185			860	12.5		250	8	重庆电瓷厂
	R12.5ET250L	510	195			1140	12.5		250	10	
	R12.5ET325N	660	195			1200	12.5		325	10	
	R12.5ET325L	660	205			1450	12.5		325	12	

表 24-6 高压线路柱式瓷绝缘子技术数据

型号	主要尺寸(mm)				雷电全波冲击耐受电压(kN)	抗弯破坏负荷(kN)	执行标准	重量(kg)	生产厂
	公称总高 H	瓷件最大公称直径 D	公称爬电距离 L	底座螺孔 M					
PS—105/3Z	224	120	300	—	105	3		3.5	
PSN—105/5ZS	283	125	360	16	105	5		4.3	
PSN$_1$—105/5ZS	283	125	400	16	105	5		5.1	
PSN—95/8ZS	222	145	350	20	95	8			
PSN—125/8ZS	305	150	530	20	125	8			
PSN—170/8ZS	370	160	720	20	170	8			
PS—150/12.5Z	336	170	534	—	150	12.5	JB/T 8509		牡丹江北方高压电瓷有限责任公司
PS—170/12.5ZS	370	170	580	20	170	12.5			
PS—200/12.5ZS	430	180	620	20	200	12.5			
PS—250/12.5ZS	510	190	860	20	250	12.5			
PS—325/12.5ZS	660	200	1200	24	325	12.5			
PSN—95/12.5ZS	222	165	350	20	95	12.5			
PSN—125/12.5ZS	305	170	530	20	125	12.5			
PSN—170/12.5ZS	370	180	720	20	170	12.5			
PSN—200/12.5ZS	430	190	900	20	200	12.5			
PSN—250/12.5ZS	510	200	1140	20	250	12.5			
PSN—325/12.5ZS	660	210	1450	24	325	12.5			
PSJ—125/12.5ZS	350	160	400	20	125	12.5	JB/T 8509		
PSJ—125/12.5S	370	160	400	20	125	12.5			
PSJ—170/12.5ZS	420	170	580	20	170	12.5			
PSJ—170/12.5S	440	170	580	20	170	12.5			
PSJ—200/12.5ZS	490	180	620	20	200	12.5			
PSJ—200/12.5S	515	180	620	20	200	12.5			
PSJ—250/12.5ZS	570	190	860	20	250	12.5			

续表 24 - 6

型 号	主 要 尺 寸（mm）				雷电全波冲击耐受电压（kN）	抗弯破坏负荷（kN）	执行标准	重量（kg）	生产厂
	公称总高 H	瓷件最大公称直径 D	公称爬电距离 L	底座螺孔 M					
PSJ—250/12.5S	590	190	860	20	250	12.5			
PST—325/12.5ZS	710	200	1200	24	325	12.5			
PSJ—325/12.5S	730	200	1200	24	325	12.5			
PSJN—95/12.5ZS	270	165	350	20	95	12.5			
PSJN—95/12.5S	290	165	350	20	95	12.5			
PSJN—125/12.5ZS	350	170	530	20	125	12.5			
PSJN—125/12.5S	370	170	530	20	125	12.5	JB/T 8509		
PSJN—170/12.5ZS	420	180	720	20	170	12.5			
PSJN—170/12.5S	440	180	720	20	170	12.5			
PSJN—200/12.5ZS	495	190	900	20	200	12.5			
PSJN—200/12.5S	515	190	900	20	200	12.5			
PSJN—250/12.5ZS	570	200	1140	20	250	12.5			
PSJN—250/12.5S	590	200	1140	20	250	12.5			
PSJN—325/12.5ZS	710	210	1450	24	325	12.5			
PSJN—325/12.5S	730	210	1450	24	325	12.5			
57—1S（L）	223	146	356	20	130/155	12.5		5.2	牡丹江北方高压电瓷有限责任公司
57—2S（L）	305	152	559	20	180/205	12.5		9.0	
57—3S（L）	368	165	737	20	210/260	12.5		11.0	
57—4S（L）	432	178	1015	20	255/340	12.5		16.0	
57—5S（L）	476	184	1145	20	290/380	12.5		18.0	
57—11	257	146	356	20	130/155	12.5		6.8	
57—12	333	160	559	20	180/205	12.5		10.0	
57—13	400	160	737	20	210/260	12.5	ANSIC 29.7	11.8	
57—14	483	184	1015	20	255/340	12.5		15.9	
57—15	549	184	1145	20	290/380	12.5		18.6	
57—16	276	146	356	20	130/155	12.5		7.5	
57—17	352	160	559	20	180/205	12.5		10.5	
57—18	419	160	737	20	210/260	12.5		12.7	
57—19	502	184	1015	20	255/340	12.5		16.8	
57—20	568	184	1145	20	290/380	12.5		19.5	
24463	336	170	534	20	180/205	12.5		8.8	
24413	263	155	625	20	166	4		7.0	
24414	275	155	625	20	166	4	IEC 60383	6.5	
24461	340	175	530	20	150	12.5		9.8	
24462	336	175	500	20	150	12.5		9.4	

三、外形及安装尺寸

该产品外形及安装尺寸，见图 24-5。

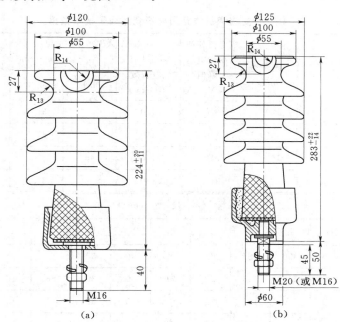

图 24-5 线路柱式绝缘子〔南京电气（集团）有限责任公司〕
(a) PS—105/3Z (PS—15/3)；(b) PSN—105/5ZS (PS—15/5)

24.1.6 交流牵引线路用棒形瓷绝缘子

一、概述

交流牵引线路用棒形瓷绝缘子用于电气化铁路接触网，作为接触导线的固定和对地绝缘。

绝缘子按使用和连接方式分为悬挂式和腕臂支撑式。悬挂式用于悬挂接触导线，腕臂支撑式用作线路电杆上定位器腕臂的刚性支撑。铁道棒式绝缘子由于在潮湿脏污的隧道内以及在蒸汽机车交叉通过的区段内工作，一般均有较长的泄漏距离。

二、型号含义

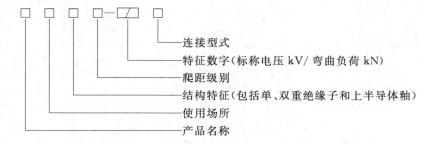

连接型式
特征数字（标称电压 kV/ 弯曲负荷 kN）
爬距级别
结构特征（包括单、双重绝缘子和上半导体釉）
使用场所
产品名称

Q—交流牵引线路用棒形瓷绝缘子；X—隧道悬挂；E—隧道定位；B—区间、站场腕臂支撑；Z—双重绝缘（单绝缘不表示）；S—上半导体釉；A—下附件安装为双孔（单孔不表示）；D—上附件安装为管母；1，2，3—分别代表爬距为 1000、1200mm 和 1500mm 的产品

三、技术数据

该产品技术数据，见表24-7。

表24-7 交流牵引线路用棒形瓷绝缘子技术数据

型　　号	额定电压（kV）	最小公称爬电距离（mm）	雷电全波冲击耐受电压∠（峰值，kV）	工频湿耐受电压∠（有效值，kV）	人工污秽耐受电压(kV)（不小于盐密 mg/cm²）		额定弯曲破坏负荷（kN）	额定拉伸破坏负荷（kV）
					0.1	0.3		
QB₂—25/8D	25	1200	270	130		31.5	8	80
QE₂—25A	25	1200	270	130		31.5		40
QX₃—25	25	1500	310	150	45			40
QB₂—25/AD	25	1200	270	130		31.5		40

型　　号	主　要　尺　寸（mm）									重量（kg）	生产厂
	H	h	D	d₁	d₂	h₁	h₂	a	b		
QB₂—25/8D	760	490	185	62	21	90	30		16	22.8	石家庄市电瓷有限责任公司
QE₂—25A	690	510	145	21	21		30	56	16		
QX₃—25	690	510	155	21			30	30	16		
QB₂—25/AD	760	490	185	62	21	90	30		16		

四、外形及安装尺寸

该产品外形及安装尺寸，见图24-6。

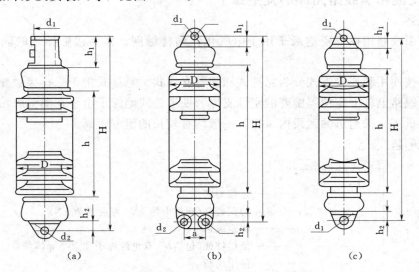

图24-6 交流牵引线路用棒形瓷绝缘子
(a) QB₂—25/8D，QB₂—25/AD；(b) QE₂—25A；(c) QX₃—25

五、生产厂

石家庄市电瓷有限责任公司。

24.1.7 交流电气化铁道接触网用耐污型瓷绝缘子

一、概述

该产品为额定电压 25kV 的工频单项交流电气化铁道接触网用耐污棒形瓷绝缘子，安装地点海拔高度重污区不大于 1500mm，轻污区不大于 4000mm；环境温度 -40 ～ +40℃。执行标准 GB 11030—2000、TB 2076—1998、JB/T 8180—1995。

二、型号含义

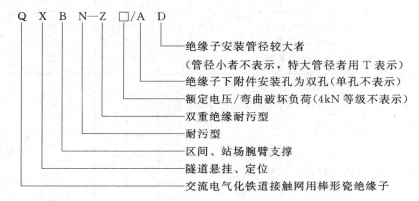

```
Q  X  B  N - Z  □ / A  D
                        └── 绝缘子安装管径较大者
                            （管径小者不表示，特大管径者用 T 表示）
                        └── 绝缘子下附件安装孔为双孔（单孔不表示）
                        └── 额定电压/弯曲破坏负荷(4kN 等级不表示)
                        └── 双重绝缘耐污型
                        └── 耐污型
                        └── 区间、站场腕臂支撑
                        └── 隧道悬挂、定位
                        └── 交流电气化铁道接触网用棒形瓷绝缘子
```

三、技术数据

该产品技术数据，见表 24-8。

表 24-8 交流电气化铁道接触网用耐污棒型瓷绝缘子技术数据

产品品号	型　号	额定电压(kV)	主要尺寸（mm） D	d	H	公称爬电距离(mm)	工频湿耐受电压(kV)	雷电冲击耐受电压(kV)	耐污性能 盐密(mg/cm²)	耐污电压(kV)	弯曲破坏负荷(kN)	拉伸破坏负荷(kN)	备注	生产厂
172001D	QXN2—25A	25	φ154		690	1200	130	270	0.32	31.5		40	定位用耐污型	
172002D	QXN2—25	25	φ154		690	1200	130	270	0.32	31.5		40		
172003D	QBN2—25D	25	φ168	φ62	760	1200	130	270	0.32	31.5	4		区间、站场腕臂支撑用耐污型	南京电气（集团）有限责任公司
172004D	QBN2—25	25	φ168	φ50	760	1200	130	270	0.32	31.5	4			
172005D	QBZ2—25D	25	φ178	φ62	850	1200/145	130	270	0.32	31.5	4		区间、站场腕臂支撑用双重绝缘耐污型	
172006D	QBZ2—25	25	φ178	φ50	850	1200/145	130	270	0.32	31.5	4			
172007D	QBN2—25/8D	25	φ168	φ62	760	1200	130	270	0.32	31.5	8	80	耐污型	区间、站场腕臂支撑用
172009D	QBN2—25/12D	25	φ180	φ61.5	760	1200	130	270	0.32	31.5	12	120		
	QBN2—25/12T	25	φ180	φ77.5	760	1200	130	270	0.32	31.5	12	120		

续表 24 - 8

产品品号	型号	额定电压(kV)	主要尺寸(mm)			公称爬电距离(mm)	工频湿耐受电压(kV)	雷电冲击耐受电压(kV)	耐污性能		弯曲破坏负荷(kN)	拉伸破坏负荷(kN)	备注		生产厂
			D	d	H				盐密(mg/cm²)	耐受电压(kV)					
172008D	QBZ2—25/8D	25	φ178	φ62	850	1200/45	130	270	0.32	31.5	8	80	双重绝缘耐污型	区间、站场腕臂支撑用	南京电气(集团)有限责任公司
172010D	QBZ2—25/12D	25	φ180	φ61.5	850	1200/45	130	270	0.32	31.5	12	120			
	QBZ2—25/12T	25	φ180	φ77.5	850	1200/45	130	270	0.32	31.5	12	120			
17102	QXN1—25A	25	145		600	1000	105	205				40	悬挂定位绝缘子		景德镇电瓷电器工业公司
17101	QXN1—25	25	145		600	1000	105	205				40			
17104	QXN2—25A	25	145		690	1200	130	270				40			
17103	QXN2—25	25	145		690	1200	130	270				40			
17122	QXZ1—25A	25	145		680	1000/120	105	205				40			
17124	QXZ2—25A	25	145		780	1200/145	130	270				40			
17106	QBN1—25D	25	165	62	660	1000	105	205			4.0		腕臂支撑绝缘子		
17105	QBN1—25	25	165	50	660	1000	105	205			4.0				
17108	QBN2—25D	25	185	62	760	1200	130	270			4.0				
17107	QBN2—25	25	185	50	760	1200	130	270			4.0				
17110	QBZ1—25D	25	170	62	740	1000/120	105	205			4.0				
17109	QBZ1—25	25	120	50	740	1000/120	105	205			4.0				
17112	QBZ2—25D	25	185	62	850	1200/145	130	270			4.0				
17111	QBZ2—25	25	185	50	850	1200/145	130	270			4.0				
14204	QXN1—25A	25	145	21	600	1000	105	205	0.1	29		40	隧道悬挂定位用耐污型		牡丹江北方高压电瓷有限责任公司
14205	QXN1—25	25	145	21	600	1000	105	205	0.1	29		40			
14200	QXN2—25A	25	145	21	690	1200	130	270	0.3	29		40			
14201	QXN2—25	25	145	21	690	1200	130	270	0.3	29		40			
14202	QXN3—25A	25	185	21	720	1350	140	300	0.3	30		40			
14203	QXN3—25	25	185	21	720	1350	140	300	0.3	30		40			
14311	QBN1—25D	25	165	62	660	1000	105	205	0.1	29	4.0	40	区间、站场腕臂支撑用耐污型		
14310	QBN1—25	25	165	50	660	1000	105	205	0.1	29	4.0	40			
14313	QBN2—25D	25	185	62	760	1200	130	270	0.3	29	4.0	40			
14312	QBN2—25	25	185	50	760	1200	130	270	0.3	29	4.0	40			
14315	QBN3—25D	25	200	62	780	1500	140	300	0.3	30	4.0	40			
14314	QBN3—25	25	200	50	780	1500	140	300	0.3	30	4.0	40			

产品品号	型 号	额定电压 (kV)	主要尺寸 (mm)			公称爬电距离 (mm)	工频湿耐受电压 (kV)	雷电冲击耐受电压 (kV)	耐污性能		弯曲破坏负荷 (kN)	拉伸破坏负荷 (kN)	备 注	生产厂
			D	d	H				盐密 (mg/cm²)	耐受电压 (kV)				
14321	QBZ1—25D	25	170	62	740	1000/120	105	205	0.1	29	4.0	40		
14320	QBZ1—25	25	170	50	740	1000/120	105	205	0.1	29	4.0	40	区间、站场腕臂支撑用双重绝缘耐污型	牡丹江北方高压电瓷有限责任公司
14323	QBZ2—25D	25	185	62	850	1200/145	130	270	0.3	29	4.0	40		
14322	QBZ2—25	25	185	50	850	1200/145	130	270	0.3	29	4.0	40		
14324	QBZ3—25P	25	185		865	1200/145	130	270	0.3	29	4.0	40		

四、外形及安装尺寸

该产品外形及安装尺寸，见图 24 – 7。

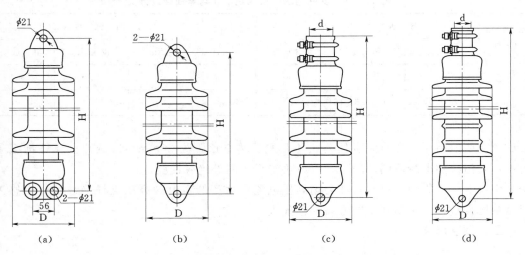

图 24 – 7 交流电气化铁道接触网用耐污型瓷绝缘子外形及安装尺寸
(a) QXN2—25A；(b) QXN2—25；(c) QBN2—25D，QBN2—25；(d) QBZ2—25D，QBZ2—25

24.1.8 电站用高压户内支柱瓷绝缘子

高压支柱绝缘子电气性能，见表 24 – 9。

该产品执行标准 GB 8287.1《高压支柱瓷绝缘子技术条件》、GB/T 8287.2《高压支柱瓷绝缘子尺寸与特性》。

一、概述

户内支柱绝缘子用于额定电压 6～35kV 户内电站、变电所配电装置及电器设备中，作绝缘和固定导电体用。

表 24-9　高压支柱绝缘子电气性能

额定电压（kV）	6	7.2	10	12	15	20	24	35	40.5	110	220
最高电压（kV）	6.9		11.5		17.5	23		40.5		126	252
工频试验电压 ≮（有效值，kV）　干耐受 1min	32	36	42	47	57	68	68	100	110	265	450, 495
湿耐受 1min[1]	23		30		40	50		80		185	360, 395
击穿[2]	56	58	74	75	100	119	119	175			
标准雷电冲击耐受电压 ≮（峰值，kV）	60	60	75	80	105	125	125	185	195	450	850, 950

① 仅对户外绝缘子进行。

② 仅对 35kV 及以下 B 型绝缘子进行。

绝缘子适用于周围环境温度为 −40～+40℃，安装地点海拔普通型不超过 1000m，高原型不超过 4000m。

绝缘子按胶装结构分为外胶装、内胶装和联合胶装三种结构形式，按额定电压与弯曲强度分类，见表 24-10。

表 24-10　支柱绝缘子按额定电压与弯曲强度分类

额定电压（kN）	弯曲强度（kN）			额定电压（kV）	弯曲强度（kN）		
	外胶装	内胶装	联合胶装		外胶装	内胶装	联合胶装
7.2	3.75，7.5	4		24	20		30
12	3.75，7.5，20	4，(7)，8，16	4	40.5		(7.5)	4，(7.5)，8

注　（ ）表示非标准等级。

西安西电高压电瓷有限责任公司还开发了爬电比距为 20mm/kV 的户内支柱绝缘子，用在户内污秽加上凝露的环境下，以改善绝缘子的外绝缘性能。

南京电气（集团）有限责任公司高压电瓷厂生产的雷电牌高压支柱绝缘子历史悠久，产品结构合理，采用高强度料方，工艺先进。

二、型号含义

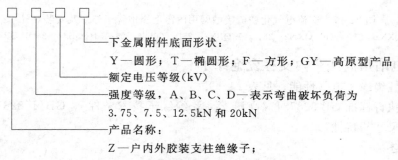

□□—□□

下金属附件底面形状：
Y—圆形；T—椭圆形；F—方形；GY—高原型产品

额定电压等级（kV）

强度等级，A、B、C、D—表示弯曲破坏负荷为 3.75、7.5、12.5kN 和 20kN

产品名称：
Z—户内外胶装支柱绝缘子；
ZL—户内外胶装多棱形支柱绝缘子

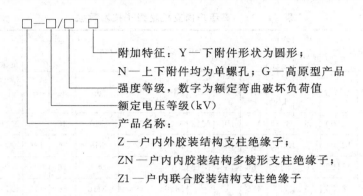

附加特征：Y—下附件形状为圆形；

N—上下附件均为单螺孔；G—高原型产品

强度等级，数字为额定弯曲破坏负荷值

额定电压等级(kV)

产品名称：

Z—户内外胶装结构支柱绝缘子；

ZN—户内内胶装结构多棱形支柱绝缘子；

Z1—户内联合胶装结构支柱绝缘子

三、结构

该产品由瓷件和上下金属附件用胶合剂胶装而成，瓷件端面与金属附件胶装接触部位垫有衬垫，瓷件胶装部位分别采用上砂、滚花、挖槽等结构，以保证机械强度，并防止松动、扭转。瓷件表面均匀上白釉（也可按需求上棕釉），金属附件表面涂灰磁漆。

绝缘子瓷件主体结构有空腔隔板（可击穿型）结构和实心（不可击穿型）结构两种，联合胶装支柱绝缘子一般属实心不可击穿型结构。后一种结构比前一种结构提高了安全可靠性，减少了维护测试工作量。

绝缘子瓷件外形有多棱和少棱两种。多棱形增加了沿面距离，电气性能优于少棱形，除将逐步淘汰的外胶装支柱绝缘子外，其余产品均为多棱形。

绝缘子的胶装结构分为外胶装、内胶装和联合胶装三种结构。

外胶装结构是两端金属附件胶在瓷件外面，机械强度较高，但在放电距离一定的情况下，安装时占空间位置较大。

内胶装结构是两端金属附件全部胶入瓷件孔内，相应地增加了绝缘距离，提高了电气性能，同时缩小了安装时所占空间位置，但内胶装对提高机械强度不利。

联合胶装吸收了外胶装和内胶装结构的优点，上部金属附件胶入瓷件孔内，下部金属附件胶在瓷件外面。这种胶装结构，安装时所占空间位置比外胶装结构小，而机械强度却比内胶装结构高。

瓷件表面一般带有2个螺孔。带一个螺孔为供支持母线用；联合胶装支柱绝缘子主要用于变电所、电站支持母线，下附件有2个或4个光孔，上附件仅有一中心螺孔；35kV支柱上附件为3个螺孔，亦可供电器使用。

四、技术数据

该产品技术数据，见表24-11、表24-12。

五、外形及安装尺寸

该产品外形及安装尺寸，见图24-8。

24.1.9 电站用高压户外支柱瓷绝缘子

一、用途

电站用高压户外支柱绝缘子用于户内外电站、变电所电器和配电装置的绝缘和支撑用。

表 24-11 高压户内支柱绝缘子技术数据

型 号	产品品号		额定电压 (kV)	弯曲破坏负荷 ⊀ (kN)	主 要 尺 寸 (mm)								重量 (kg)	备注	生产厂
	新品号	老品号			H	D	d	d₁	d₂	d₃	a₁	a₂			
ZA—6Y	200151	12100	6	3.75	165	109	M12	M10		M6	36		2.45		
ZA—6T	200152	12101	6	3.75	166	160		M10	12	M6	36	135	2.75		
ZB—6Y	200251	12102	6	7.5	185	135	M16	M16		M10	46		4.25		
ZB—6T	200252	12103	6	7.5	185	215		M16	15	M10	46	175	4.77		
ZA—10Y	201151	12105	10	3.75	190	109	M12	M10		M6	36		2.5		
ZA—10T	201152	12106	10	3.75	190	160		M10	12	M6	36	135	2.77		
ZB—10Y	201251	12107	10	7.5	215	136	M16	M16		M10	46		4.7	户内外胶装	
ZB—10T	201252	12108	10	7.5	215	215		M16	15	M10	46	175	5.2		
ZC—10F	201351	12109	10	12.5	225	175		M16	15	M10	66	140	7.43		
ZD—10F	201451	12110	10	20	235	190		M16	15	M12	76	155	11.5		
ZD—20F	202451	12113B	20	20	315	220		M18	18	M12	76	175	17		南京电气（集团）有限责任公司
ZA—35Y	203151	12114	35	3.75	380	135	M16	M16		M6	36		6.45		
ZA—35T	203152	12115	35	3.75	380	215		M10	15	M6	36	175	7.34		
ZB—35F	203251	12116	35	7.5	400	190		M16	15	M10	46	155	14.25		
ZLA—10MM	201114	2513	10	3.75	120	80	h1	M12	M8	h2	18	h3	1.5		
ZLB—10MM	201214	2514	10	7.5	120	100		M16	M10		24		2.5	户内内胶装	
ZNA—6MM	200112	2506	6	3.75	100	75		M12	M8		18		1.3		
ZNB—10MM	201212	2510	10	7.5	120	100		M16	M16				2.1		
ZNB—10SS	201213	2511	10	7.5	168	100	120	M16	M16	25		23	2.4		
ZL—20/16	272301		20	16	265	125		M16	4 孔 φ14		210				
ZL—20/30	272503		20	30	290	160		M20	4 孔 φ18		250				
ZL—35/4	273101		35	4	380	90		M10	2 孔 M8	2 孔 φ14	36	145	7		
ZL—35/4Y	273102		35	4	380	90		M10	2 孔 M8	M16	36			户内联合胶装	
ZL—35/8	273201		35	8	400	110		M16	2 孔 M14	4 孔 φ14	46	180	11.3		
ZLA—35T	273131	2013	35	3.75	380	215		M10	2 孔 φ15	2 孔 M16	36	175	10		
ZL—35/4	273103		35	4	380	90		M10	2 孔 M8	2 孔 φ14	36	145		爬距 729 mm	
ZL—35/8	273202		35	8	400	110		M16	2 孔 M14	4 孔 φ14	46	180			
ZB—12T	2023		12	7.5	215	106		M16	2—φ15	2—M10	46	175	5.5		西安西电高压电瓷有限责任公司
ZLD—12F	2054		12	20	215	115		M16	4—φ15	4—M12	76	125	9.7	户内外胶装	
12kV/3.75kN	2075		12	3.75	190	110		M10	M12	2—M6	36		2.8		

续表 24-11

型 号	产品品号		额定电压(kV)	弯曲破坏负荷≮(kN)	主 要 尺 寸 (mm)								重量(kg)	备注	生产厂
	新品号	老品号			H	D	d	d₁	d₂	d₃	a₁	a₂			

型 号	新品号	老品号	额定电压(kV)	弯曲破坏负荷(kN)	H	D	d	d_1	d_2	d_3	a_1	a_2	重量(kg)	备注	生产厂
12kV/7.5kN	2076		12	7.5	215	126	M16		2—φ15	2—M10	46	175	6	户内外胶装	
12kV/20kN	2055		12	20	215	115	M16		4—φ15	4—M12	76	155	10.9	户内外胶装	
12kV/20kN	2077		12	20	215	160	M16		4—φ15	4—M12	76	125	10	户内外胶装	
ZLD—24F	2062		24	20	315	143	M18		4—φ18	4—M12	76	135	16.3		
ZN—7.2/4	2006		7.2	4	100	78	M12		2—M8				1.25		
	2007		7.2	4	100	78	M12		M12				1.25		
ZN—12/4	2027		12	4	120	82	M12		2—M8				1.6		
ZN—12/8	2036		12	8	120	100	M16		2—M10				2.55	户内内胶装	
ZN—12/8N	2074		12	8	120	100	M16		M16				2.55		
ZN—12/16	2037		12	16	170	140							8		
	2038		24	30	205	200							15.2		西安西电高压电瓷有限责任公司
	2047		40.5	7.5	320	120							8.1		
	2048		40.5	7.5	320	120							10.1		
	2049		40.5	5	320	110							9.3		
ZL—12/4G	2017		12	4	210	90			2—φ14	2—M8	18	145	5.4		
ZL—24/30	2064		24	30	290	160	M20		4—φ18			250	24.6		
ZL—40.5/4Y	2070		40.5	4	380	95	M10	M16	2—M8		36		7.1	户内联合胶装	
ZL—40.5/4	2071		40.5	4	380	95	M10		2—φ14	2—M8	36	145	8.3		
ZL—40.5/8	2072		40.5	8	400	120	M16		4—φ14	2—M10	46	180	11.4		
ZLA—40.5GY	2083		40.5	3.75	445	105	M10		2—φ12	2—M8	36	150	10.4		
ZLB—40.5GY	2084		40.5	7.5	450	125	M16		4—φ14	2—M10	46	180	11.4		
ZL—40.5/4G	2085		40.5	3.75	535	110	M16		4—φ14	2—M10	46	180	14		
ZA—7.2Y	2000		7.2	3.75	165	86	M10		M12	2—M6	36		2.38		
ZA—7.2T	2001		7.2	3.75	165	86	M10		2—φ12	2—M6	36	135	2.56		
ZA—7.2Y	2002		7.2	7.5	185	106	M16		M16	2—M10	46		4.7		
ZA—7.2T	2003		7.2	7.5	185	106	M16		2—φ15	2—M10	46	175	5.2	户内外胶装	
ZA—12Y	2020		12	3.75	190	86	M10		M12	2—M6	36		2.5		
ZA—12T	2021		12	3.75	190	86	M10		2—φ12	2—M6	36	135	2.7		
ZB—12Y	2022		12	7.5	215	106	M16		M16	2—M10	46		5.1		

表 24-12 高压户内支柱瓷绝缘子技术数据

型号	额定电压(kV)	高度h(mm)	绝缘件最大公称直径D(mm)	上附件 旁孔 a_1	d_2	孔数(个)	上附件 中心孔d_1	下附件 旁孔 a_2	d_4	孔数(个)	下附件 中心孔d_3	额定机械破坏负荷(kN) 弯曲	拉伸	备注	生产厂
ZA—7.2Y	7.2	165	90	36	M6	2	M10				M12	3.75	3.75		
ZB—7.2Y	7.2	185	110	46	M10	2	M16				M16	7.5	7.5		
ZA—7.2T	7.2	165	90	36	M6	2	M10	135	12	2		3.75	3.75		
ZB—7.2T	7.2	185	110	46	M10	2	M16	175	15	2		7.5	7.5	户内外胶装	
ZA—12Y	12	190	90	36	M6	2	M10				M12	3.75	3.75		
ZB—12Y	12	215	110	46	M10	2	M16				M16	7.5	7.5		
ZA—12T	12	190	90	36	M6	2	M10	135	12	2		3.75	3.75		石家庄市电瓷有限责任公司
ZB—12T	12	215	110	46	M10	2	M16	175	15	2		7.5	7.5		
ZC—12F	12	225	135	66	M10	4	M16	140	15	4		12.5	12.5		
ZD—12F	12	235	170	76	M12	4	M16	155	15	4		20	20		
ZD—24F	24	315	180	76	M12	4	M18	175	18	4		20	20		
ZN—7.2/4	7.2	100	85	18	M8	2					M12				
ZN—12/4	12	120	85	18	M8	2					M12			户内胶装	
ZN—12/8	12	120	105	24	M10	2					M16				
ZN—12/16	12	170	160	36	M12	2					M20				
ZN—24/16	24	230	160	36	M12	2					M20				
ZL—12/4	12	160	95				M10	130	12	2					
ZL—12/8	12	170	95				M16	145	14	2				联合胶装	
ZL—12/16	12	185	120				M16	180	14	4					
ZL—24/16	24	265	130				M16	210	14	4					
ZL—24—30	24	290	170				M20	250	18	4					

型号	额定电压(kV)	弯曲破坏负荷∢(kN)	主要尺寸(mm) H	D	d	d_1	d_2	d_3	a_1	a_2	重量(kg)	备注	生产厂
ZA—6Y	6	3.75	165	86	M12	M10		2—M6	36		2.1		
ZB—6Y	6	7.5	185	106	M16	M16		2—M10	46		4.2		
ZA—10Y	10	3.75	190	86	M12	M10		2—M6	36		2.3		
ZB—10Y	10	7.5	215	106	M16	M16		2—M10	46		4.7		牡丹江北方高压电瓷有限责任公司
ZA—35Y	35	3.75	380	120	M16	M16		2—M8	36		6.9	户内外胶装	
ZA—6T	6	3.75	165	86		M10		2—M6	36	135	2.4		
ZB—6T	6	7.5	185	106		M16		2—M10	46	175	4.9		
ZA—10T	10	3.75	190	86		M10		2—M6	36	135	2.5		
ZB—10T	10	7.5	215	106		M16		2—M10	46	175	5.2		

续表 24-12

| 型 号 | 额定电压 (kV) | 弯曲破坏负荷 ≮(kN) | 主要尺寸（mm） | | | | | | | 重量 (kg) | 备注 | 生产厂 |
| | | | H | D | d | d₁ | d₂ | d₃ | a₁ | a₂ | | |

型 号	额定电压 (kV)	弯曲破坏负荷 ≮(kN)	H	D	d	d₁	d₂	d₃	a₁	a₂	重量 (kg)	备注	生产厂
ZA—35T	35	3.75	380	120		M10		2—M8	36	175	7.6	户内外胶装	牡丹江北方高压电瓷有限责任公司
ZC—10F	10	12.5	225	130		M16	4—φ15	4—M10	66	140	7.7	户内外胶装	牡丹江北方高压电瓷有限责任公司
ZD—10F	10	20	235	150		M16	4—φ15	4—M12	76	155	12.2	户内外胶装	牡丹江北方高压电瓷有限责任公司
ZD—20F	20	20	315	170		M18	4—φ18	4—M12	76	175	15.5	户内外胶装	牡丹江北方高压电瓷有限责任公司
ZB—35F	35	7.5	400	150		M16	4—φ15	2—M10	46	155	12.9	户内外胶装	牡丹江北方高压电瓷有限责任公司
ZN—6/4	6	4	100	85					18		1.2	户内内胶装	牡丹江北方高压电瓷有限责任公司
ZN—10/4	10	4	120	85					18		1.6	户内内胶装	牡丹江北方高压电瓷有限责任公司
ZN—10/8N	10	8	120	105							2.6	户内内胶装	牡丹江北方高压电瓷有限责任公司
ZN—10/8	10	8	120	105					24		2.6	户内内胶装	牡丹江北方高压电瓷有限责任公司
ZN—10/16	10	16	170	160					36		7.7	户内内胶装	牡丹江北方高压电瓷有限责任公司
ZN—20/30	20	30	230	200					46		11.0	户内内胶装	牡丹江北方高压电瓷有限责任公司
ZL—10/4G	10	4	210	90			2—φ14		18	145	5.4	户内联合胶装	牡丹江北方高压电瓷有限责任公司
ZL—35/4Y	35	4	380	90		M10	M16		36		6.2	户内联合胶装	牡丹江北方高压电瓷有限责任公司
ZL—35/4G	35	4	445	100		M10	2—φ12		36	150	9.3	户内联合胶装	牡丹江北方高压电瓷有限责任公司
ZL—35/8G	35	8	445	125		M16	4—φ14		46	180	11.4	户内联合胶装	牡丹江北方高压电瓷有限责任公司
ZA—7.2Y	7.2	3.75	165	90		M10		M6	36		2.35	户内外胶装	上海电瓷厂
ZA—7.2T	7.2	3.75	165	90		M10	12	M6	36	135	2.7	户内外胶装	上海电瓷厂
ZB—7.2Y	7.2	7.5	185	110		M16		M10	46		4.1	户内外胶装	上海电瓷厂
ZB—7.2T	7.2	7.5	185	110		M16	15	M10	46	175	5.5	户内外胶装	上海电瓷厂
ZA—12Y	12	3.75	190	90		M10		M6	36		2.65	户内外胶装	上海电瓷厂
ZA—12T	12	3.75	190	90		M10	15	M6	36	135	3.0	户内外胶装	上海电瓷厂
ZAW—12Y	12	3.75	190	110		M10		M6	36		2.9	户内外胶装	上海电瓷厂
ZAW—12T	12	3.75	190	110		M10	15	M6	36	135	3.2	户内外胶装	上海电瓷厂
ZB—12Y	12	7.5	215	110		M16		M10	46		4.7	户内外胶装	上海电瓷厂
ZB—12T	12	7.5	215	110		M16	15	M10	46	175	5.7	户内外胶装	上海电瓷厂
ZBW—12Y	12	7.5	215	130		M16		M10	46		5.0	户内外胶装	上海电瓷厂
ZBW—12T	12	7.5	215	130		M16	15	M10	46	175	6.0	户内外胶装	上海电瓷厂
ZC—12F	12	12.5	225	135		M16	15	M10	66	140	8.3	户内外胶装	上海电瓷厂
ZD—12F	12	20	235	170		M16	15	M12	76	155	12	户内外胶装	上海电瓷厂
ZD—24F	24	20	315	180		M18	18	M12	76	175	17.5	户内外胶装	上海电瓷厂
ZA—40.5Y	40.5	3.75	380	120		M10		M6	36		7.6	户内外胶装	上海电瓷厂
ZA—40.5T	40.5	3.75	380	120		M10	15	M6	36	175	8.3	户内外胶装	上海电瓷厂
ZAW—40.5Y	40.5	3.75	380	120		M10		M6	36		9.0	户内外胶装	上海电瓷厂
ZAW—40.5T	40.5	3.75	380	120		M10	15	M6	36	175	9.7	户内外胶装	上海电瓷厂

型号	额定电压(kV)	弯曲破坏负荷 ≮(kN)	主要尺寸(mm)								重量(kg)	备注	生产厂
			H	D	d	d_1	d_2	d_3	a_1	a_2			
ZB—40.5F	40.5	7.5	400	150		M16	15	M10	46	155	13	户内外胶装	上海电瓷厂
ZBW—40.5F	40.5	7.5	400	150		M16	15	M10	46	155	15		
ZN—7.2/4	7.2	4	85	100				M8	18		1.3	户内内胶装	
ZN—12/4	12	4	85	120				M8	18		1.8		
ZN—12/8	12	8	105	120				M8	24		2.2		
ZL—40.5/4Y	40.5	4	105	380		M10		M8	36		6	户内联合胶装	
ZL—40.5/4T	40.5	4	105	380		M10	14	M8	36	145	6.4		
ZN—10/4	10	4	120	85			2—M8		18		1.6	户内内胶装	景德镇电瓷电器工业公司
ZN—10/4N	10	4	120	85	M10						1.6		
ZN—10/8	10	8	120	105			2—M10		24		2.5		
ZN—10/8N	10	8	120	105	M16						2.5		
ZN—10/16	10	16	170	160			2—M12		36				
ZN—20/16	20	16	230	160			2—M12		36				
ZL—10/4	10	4	160	95		M10	2—ϕ12			130		户内联合胶装	
ZL—10/8	10	8	170	95		M16	2—ϕ14			145			
ZL—10/16	10	16	185	120		M16	4—ϕ14			180			
ZL—20/16	20	16	265	130		M16	4—ϕ14			210			
ZL—20/30	20	30	290	170		M20	4—ϕ18			250			
ZA—10Y	10	3.75	190	90		M10			36		2.3	户内外胶装	
ZA—10T	10	3.75	190	90		M10			36	135	2.5		
ZB—10Y	10	7.5	215	110		M16			46		4.7		
ZB—10T	10	7.5	215	110		M16			46	175	5.2		
ZC—10F	10	12.5	225	135		M16			66	140	7.7		
ZD—10F	10	20	235	170		M16			76	155	12.2		
ZD—20F	20	20	315	180		M18			76	175	15.5		
ZA—12T	10	3.75	190	90		M10	2/12	2/M6	36	135	2.5	户内外胶装	重庆电瓷厂
ZA—12Y	10	3.75	190	90	M12	M10		2/M6	36		2.3		
ZB—12T	10	7.5	215	110		M16	2/15	2/M10	46	175	25.2		
ZB—12Y	10	7.5	215	110	M16	M16		2/M10	46		4.7		

续表 24 - 12

型　号	额定电压(kV)	弯曲破坏负荷≮(kN)	主要尺寸（mm）								重量(kg)	备注	生产厂
			H	D	d	d₁	d₂	d₃	a₁	a₂			
ZC—12F	10	12.5	225	135		M16	4/15	4/M10	66	140	7.7	户内外胶装	
ZD—12F	10	20	235	170		M16	4/15	4/M12	76	155	12.5		
ZD—24F	20	20	315	180		M18	4/18	4/M12	76	175	15.5		
ZN—12/4	10	4	120	85	M12			2/M8	18		1.56	户内内胶装	
ZN—12/4N	10	4	120	85	M12	M10					1.56		
ZN—12/8	10	8	120	105	M16			2/M10	24		2.5		
ZN—12/8N	10	8	120	105	M16	M16					2.5		
ZN—12/16	10	16	170	160	M20			2/M12	36				重庆电瓷厂
ZN—24/16	20	16	230	160	M20			2/M12	36				
ZN—24/30	20	30	230	200			2/M20	2/M16	46	46			
ZL—12/4	10	4	160	95		M10	2/φ12			130		户内联合胶装	
ZL—12/8	10	8	170	95		M16	2/φ14			145			
ZL—12/16	10	16	185	120		M16	4/φ14			180			
ZL—24/16	20	16	265	130		M16	4/φ14			210			
ZL—24/30	20	30	290	170		M20	4/φ18			250			
ZL—40.5/4Y	35	4	380	105	M16	M10		2/M8	36		6.2		
ZL—40.5/4	35	4	380	105		M10	2/φ14	2/M8	36	145	6.2		
ZL—40.5/8	35	8	400	120		M16	4/φ14	2/M10	46	180	10.7		

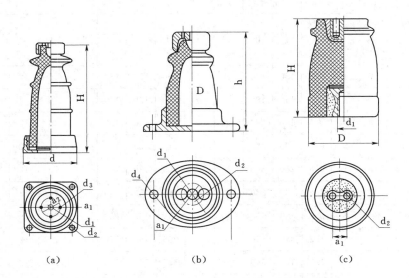

图 24 - 8　电站用高压户内支柱绝缘子外形及安装尺寸（一）

（a）、（b）户内外胶装；（c）户内胶装

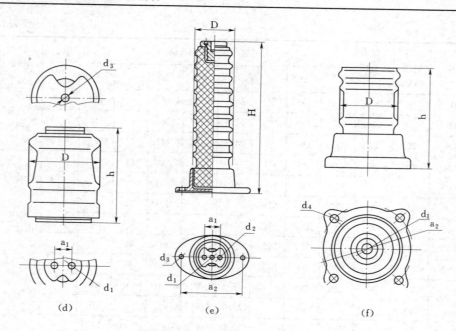

图 24-8　电站用高压户内支柱绝缘子外形及安装尺寸（二）

(d) 户内胶装；(e)、(f) 户内联合胶装

二、技术数据

该绝缘子技术数据，见表 24-13。

表 24-13　电站用高压户外支柱绝缘子

型　　　号	雷电冲击耐受电压 (kV)	工频湿耐受电压 (kV)	破坏负荷 弯曲 (kN)	破坏负荷 扭转 (kN·m)	爬电距离 (mm) I	爬电距离 (mm) II	伞　数 I	伞　数 II	主要尺寸 (mm) H	主要尺寸 (mm) D I	主要尺寸 (mm) D II	L	d	M	螺孔数	备　注
C4—60	60	20	4	0.6	120	190	2	2	190	110	130		76	12	4	
C8—60	60	20	8	0.8	120	190	2	2	190	120	140		76	12	4	
C4—75	75	28	4	0.6	190	280	2	3	215	120	135		76	12	4	
C8—75	75	28	8	0.8	190	280	2	3	215	135	150		76	12	4	
C4—95	95	38	4	0.8	280	380	3	4	255	130	145		76	12	4	户外外胶装支柱绝缘子
C8—95	95	38	8	1.2	280	380	3	4	255	150	165		76	12	4	
C4—125	125	50	4	0.8	380	500	4	5	305	135	150		76	12	4	
C8—125	125	50	8	1.2	380	500	4	5	305	155	170		76	12	4	
C4—150	150	50	4	1.0	450	660	5	6	355	140	165		76	12	4	
C8—150	150	50	8	1.5	450	660	5	6	355	160	185		76	12	4	
C4—170	170	70	4	1.2	580	850	6	7	445	140	180		76	12	4	

续表 24-13

型号	雷电冲击耐受电压 (kV)	工频湿耐受电压 (kV)	破坏负荷 弯曲 (kN)	破坏负荷 扭转 (kN·m)	爬电距离 (mm) I	爬电距离 (mm) II	伞数 I	伞数 II	H	D I	D II	L	d	M	螺孔数	备注
C8—170	170	70	8	2.0	580	850	6	7	445	170	200		76	12	4	
C4—200	200	70	4	1.2	680	950	6	8	475	155	180		76	12	4	
C8—200	200	70	8	2.0	680	950	6	8	475	180	200		76	12	4	
C4—250	250	95	4	1.8	835	1200	7	10	560	165	185		76/127	12/16	4	户外外胶装支柱绝缘子
C8—250	250	95	8	2.5	835	1200	7	10	560	190	210		127	16	4	
C4—325	325	140	4	2.0	1160	1600	10	12	770	175	200		127	16	4	
C8—325	325	140	8	3.0	1160	1600	10	12	770	200	225		127	16	4	
H4—60	60	20	4		220		3		95	120		36	60	16		
H8—60	60	20	8		220		3		95	130		46	70	16		
H4—75	75	28	4		240		3		130	120		36	60	16		
H8—75	75	28	8		240		3		130	135		46	70	20		
H4—95	95	38	4		330		4		175	130		36	70	16		
H8—95	95	38	8		330		4		175	145		46	80	20		户外内胶装支柱绝缘子
H4—125	125	50	4		430		5		210	130		36	70	16		
H8—125	125	50	8		430		5		210	150		46	80	20		
H4—170	170	70	4		600		6		300	145		36	80	16		
H8—170	170	70	8		600		6		300	165		46	90	24		
H4—250	250	95	4		980		8		500	175		36	90	16		
H8—250	250	95	8		980		8		500	195		46	100	24		
H4—325	325	140	4		1200		10		620	180		36	100	20		
H8—325	325	140	8		1200		10		620	205		46	110	24		
OL—150	150	50	4		455		6		225	120		40	50	12		
OL—200	200	70	4		600		8		300	130		50	60	16		
P—125	125	50	4		380		6		230	120			62	14		
P—200	200	70	2.25		1000		10		370	167			74	14		非标准型
P—250	250	95	2.25		1000		10		460	170			74	14		
HN1—30	170	70	拉伸10kN		720		7		436	140			12			

三、外形及安装尺寸

电站用高压户外支柱绝缘子外形及安装尺寸，见图 24-9。

四、生产厂

重庆电瓷厂。

24.1.10　户外针式支柱绝缘子

一、概述

户外针式支柱瓷绝缘子用于工频交流电压6～10kV户外变电所、配电装置和电器设备中，作带电部分的绝缘和支持用，多作为GW—6～10kV隔离开关的触头绝缘和支持件。

绝缘子由盆状瓷件和帽脚组成。6～10kV支柱为单层瓷件，35kV支柱为双层瓷件，均由水泥胶合剂胶装成一整体。瓷件胶合部位一般采用上砂措施，各部件胶合面上均有起缓冲作用的衬垫和涂层。瓷件表面一般绘棕釉或白釉，金属附件表面涂灰磁漆。

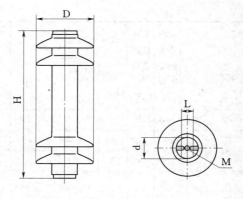

图24-9　电站用高压户外支柱绝缘子外形及安装尺寸

二、型号含义

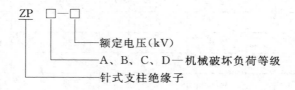

ZP □—□

- 额定电压(kV)
- A、B、C、D—机械破坏负荷等级
- 针式支柱绝缘子

三、技术数据

户外针式支柱绝缘子技术数据，见表24-14。

表24-14　户外针式支柱绝缘子技术数据

型号	工厂代号	额定电压(kV)	总高h(mm)	绝缘件最大公称直径D(mm)	额定弯曲破坏负荷(kN)	最小公称爬电距离(mm)	雷电全波冲击耐受电压(kV)	上附件(mm) a₁	d₁	h₁	孔数(个)	下附件(mm) a₂	d₂	h₂	孔数(个)	生产厂
ZPA—7.2		7.2	170	150	3.75	170		36	M8	8	2	50	11	2	2	石家庄市电瓷有限责任公司
ZPB—12		12	188	170	5	200		36	M8	10	2	70	11	13	2	
ZPD—12		12	210	260	20	200		120	M12	18	4	120	15	16	4	
ZPA—6	21000	6	170	150	3.75	170	60	36	M8	8	2	50	φ11	8	2	牡丹江北方高压电瓷有限责任公司
ZPB—10	21001	10	188	170	5.0	200	75	36	M8	10	2	70	φ11	13	2	
ZPD—10	21002	10	210	260	20	200	75	φ120	M12	18	4	φ120	φ15	16	4	
ZPA—6	210201	6	170	140	3.75			36	M8	8		50	11			南京电气(集团)有限责任公司
ZPB—10	211101	10	180	160	7.5			36	M8	10		70	11			
ZPD—10	211401	10	210	250	20			120	M12	18		120	15			
ZPB—12		12	188	160	5	200		36	M8		2	70	φ11	2	3.7	重庆电瓷厂
ZPD—12		12	210	250	20	200		120	M12		4	120	φ15	4	10.8	

四、外形及安装尺寸

该产品外形及安装尺寸，见图24-10。

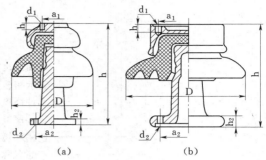

图 24-10　户外针式支柱绝缘子外形及安装尺寸
(a) ZPA—7.2；(b) ZPD—12

24.1.11　户外棒形支柱绝缘子

一、概述

户外实心棒形支柱绝缘子用于工频交流电压 10～800kV 户外电站、变电所配电装置和电器设备中，作带电部分的绝缘和支持用。严格执行标准 IEC 60168《标称电压高于 1000V 系统用户内和户外瓷或玻璃支柱绝缘子的试验》、GB 8287.1《高压支柱绝缘子技术条件》。适用于环境温度为－40～＋40℃，安装地点海拔高度最高可达 4000m。产品分普通型和耐污型两大类，耐污型适用于中等、重及特重污区。

二、结构

该系列绝缘子瓷件为实心结构，胶装部分采用柱体上砂结构。上砂用的砂子是专用的经过严格工艺控制的造粒砂，具有与瓷体优良的结合性能和合理的膨胀系数，能有效地提高机械强度。产品的法兰结构合理，受力时应力分布均匀，材料为机械强度高的球墨铸铁，表面热镀锌，具有优良的抗锈蚀能力。胶装用的水泥为高标号，合理的养护工艺，使瓷的强度得到充分的发挥。任何电压等级的产品皆为单柱式，具有结构简单、运行使用寿命长和维护工作量少等优点。

西安西电高压电瓷有限责任公司从美国引进了"等温高速喷嘴抽屉窑"，从瑞典引进等静压成形工艺及关键设备，建成了具有国际先进水平的棒形生产线。产品瓷质结构均匀，强度分散性小，尺寸精确，形位公差好，强度高。500kV 等级的绝缘子弯曲破坏强度最高可达 20kN，完全可以替代进口产品。

三、型号含义

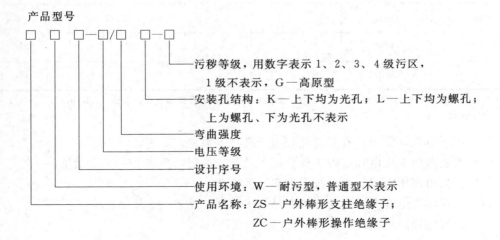

产品型号

□□□—□/□□—□

污秽等级，用数字表示 1、2、3、4 级污区，
　1 级不表示，G—高原型
安装孔结构：K—上下均为光孔；L—上下均为螺孔；
　上为螺孔、下为光孔不表示
弯曲强度
电压等级
设计序号
使用环境：W—耐污型，普通型不表示
产品名称：ZS—户外棒形支柱绝缘子；
　　　　　ZC—户外棒形操作绝缘子

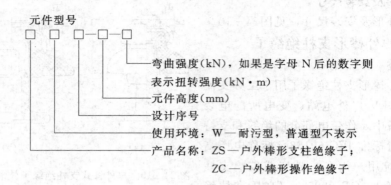

元件型号

弯曲强度(kN)，如果是字母 N 后的数字则表示扭转强度(kN·m)

元件高度(mm)

设计序号

使用环境：W—耐污型，普通型不表示

产品名称：ZS—户外棒形支柱绝缘子；
ZC—户外棒形操作绝缘子

四、技术数据

户外棒形支柱绝缘子电气性能，见表 24-15。

表 24-15 户外棒形支柱绝缘子电气性能

系统标称电压 (kV)	额定电压 (kV)	工频耐受电压 ∠ (有效值，kV)		标准雷电冲击耐受电压 ∠ (峰值，kV)	标准操作冲击湿耐受电压 ∠ (峰值，kV)
		干	湿		
10	12	42	30	75	
20	24	68	50	125	
35	40.5	100	80	185	
66	72.5	165	140	325	
110	126	265	185	450	
132	145	375	275	650	
220	252	495	395	950	
330	363			1175	950
500	550			1800/1950	1300
750	800			2100	1550

注 海拔高度超过 1000m 的绝缘子的电气性能，为此表中数值乘以海拔高度校正系数 K：K=1/(1.1—H/10000)，H 为海拔高度 (m)。

(1) 南京电气（集团）有限责任公司产品技术数据，见表 24-16。
(2) 西安西电高压电瓷有限责任公司产品技术数据，见表 24-17、表 24-18。
(3) 唐山市高压电瓷厂产品技术数据，见表 24-19。
(4) 石家庄市电瓷有限责任公司产品技术数据，见表 24-20。
(5) 上海电瓷厂产品技术数据，见表 24-21。

表24-16 户外棒形支柱绝缘子技术数据

型号	新品号	老品号	额定电压(kV)	弯曲 正装(kN)	弯曲 倒装(kN)	扭矩(kN·m)	爬电距离(mm)	H	a1	d1	孔数	a2	d2	孔数	重量(kg)	备注
ZS-15/4		4815部6	15	4			300	240	70	M10	2	125	12	4	8	
ZS-20/4		76451部1	20	4		1	400	290	70	M10	2	125	12	4	9	
ZS-20/8	262007		20	8			400	350	76	M12	2	180	14	4	12	
ZS-20/16	262001		20	16			400	350	140	M12	4	210	18	4	19.5	
ZS-20/30	262003		20	30		1	400	400	140	M12	4	210	18	4	29	
ZS-35/4	263110	2630	35	4		1	625	400	140	14	4	140	14	4	112	普通型
ZS-35/8	263210	2632	35	8		1.5	625	420	140	M12	4	180	14	4	18.5	
ZS-110/4	265112	2673	110	4		2	1870	1060	140	M12	4	225	18	4	49	
ZS-110/4L	265113		110	4		2	1870	1080	140	M12	4	140	M12	4	47	
ZS-110/8.5	265210	2672	110	8.5	4.8	2	1870	1060	225	18	4	250	18	4	76	
ZS-110/4	265003		110	4		2	2142	1150	140	M12	4	225	18	4	53	
ZS-110/4L	265103		110	4		3	2142	1170	140	M12	4	140	M12	4	49	
ZS-110/17	265301		110	17	9.4	4	2016	1150	225	18	4	254	18	8	95.5	
ZS-110/6	265203		110	6			2142	1150	140	M12	4	225	18	4	49	
ZS-110/8.5	265210		110	8.5		2	1870	1060	225	18	4	250	18	4	76	
ZS-110/23.5	265411		110	23.5		2	2200	1100	250	18	8	300	18	8	109	
ZS-110/12.5	265321		110	12.5			2016	1080	225	18	4	250	18	4	79	
ZS-1150-8.5	265004		110	8.5	4.8	2	2142	1150	225	18	4	250	18	4	76	
ZS-1150-12.5	265302		110	12.5	7.2	3	2142	1150	225	18	4	250	18	4	74	
ZC-1150-N1.5	265001		110			1.5	2016	1150	180	14	4	180	14	4	37	
ZSX-110/4	265146		110	4		2	1900	1060	140	M12	4	225	18	4	50	
ZS-110/4	265025		110	4		2	1870	1170	140	M12	4	225	18	4	65	
ZSW-20/16-3	262009D		20	16	1.8		600	405	140	M12	4	210	18	4	22	耐污型

注：机械破坏负荷 f；主要尺寸 (mm)：上附件 (a1、d1、孔数)、下附件 (a2、d2、孔数)。

续表 24-16

型　号	产品号 新品号	产品号 老品号	额定电压 (kV)	机械破坏负荷 (kN) 弯曲 正装	机械破坏负荷 (kN) 弯曲 倒装	扭矩 (kN·m)	爬电距离 (mm)	主要尺寸 (mm) H	上附件 a₁	上附件 d₁	上附件 孔数	下附件 a₂	下附件 d₂	下附件 孔数	重量 (kg)	备注
ZSW—35/4—3	263004D		35	4		1.2	1015	405	140	14	4	140	14	4	14	
ZSW—35/4	263007D		35	4		1.5	1200	610	140	M12	2	140	M12	4	27	
ZSW—35/4—2	263140D		35	4		1	900	405	140	14	4	140	14	4	14.2	
ZSW—35/4—2	263001D		35	4		1	920	405	140	14	4	140	14	4	15	
ZSW—35/8—3	263008D		35	8		1.5	1015	450	140	M12	4	180	14	4	20	
ZSW—40.5/4—4	263008D		35	4		2	1256	525	140	M12	4	180	14	4	20	
ZSW—40.5/8—4	263009D		35	8		2	1256	525	140	M12	4	180	14	4	22	
ZSW—72.5/4—3	264001D		63	4		1.5	1813	760	140	M12	4	140	M12	4	31	
ZSW—110/10—3	265017D		110	10	8	4	3150	1150	140	M12	4	225	18	4	92	
ZSW—110/6—4	265023D		110	6		3	3906	1340	140	M12	4	225	18	4	90	
ZSW—110/4(倒置)	265027D		110	6		2	3150	1200	140	M12	4	225	18	4	73	
ZSW—110/4	265028D		110	4		2	3150	1170	140	M12	4	225	18	4	75	耐污型
ZSW—110/4L	265029D		110	6		3	3150	1190	140	M12	4	140	M12	4	72	
ZSW—110/4—2	265144D	2676	110	4		2	2750	1080	140	M12	4	225	18	4	65	
ZSW—110/8.5—2	265246D	2681	110	8.5	4.8	2	2750	1080	225	18	4	250	18	4	83	
ZSW—110/4—3	265005D		110	4		2	3150	1150	140	M12	4	225	18	4	65	
ZSW—110/4L—3	265104D		110	4		2	3150	1170	140	M12	4	140	M12	4	53	
ZSW—110/6—3	265204D		110	6		2	3150	1150	140	M12	4	225	18	4	57	
ZSW—110/4—3	265101D		110	4		2	3150	1200	140	M12	4	225	18	4	57.5	
ZSW—110/4—3	265011D		110	4		3	4012	1340	140	M12	4	225	18	4	63	
ZSW—110/6,12	265244D		110	6.12		2	2676	1080	140	M12	4	225	18	4	63	
ZSW—110/12.75	265245D		110	12.75		2	2676	1080	225	18	4	250	18	4	85	
ZSW—110/4	265140D		110	4		2	2676	1080	140	M12	4	225	18	4	62	
ZSW—110/4	265021D		110	4		2	3528	1340	140	M12	4	225	18	4	83	

型号	产品品号		额定电压 (kV)	机械破坏负荷		扭矩 (kN·m)	爬电距离 (mm)	主要尺寸 (mm)							重量 (kg)	备注
				弯曲 (kN)					上附件			下附件				
	新品号	老品号		正装	倒装			H	a_1	d_1	孔数	a_2	d_2	孔数		
ZSW—110/8.5	265242		110	8.5			2676	1080	225	18	4	250	18	4	80	
ZSW—110/10	265017D		110	10	8	4	3150	1150	127	M16	4	225	18	4	92	
ZSW—110/4	265145D		110	4		2	2676	1100	140	M12	4	140	M12	4	63	
ZSW—110—4L	265032D		110	4		1.5	2750	1190	140	M12	4	140	M12	4	67	
ZSW—110/4	265026D		110	4		2	2750	1170	140	M12	4	225	18	4	73	
ZSW—1150—20	265018D		110	20	14	4	3150	1150	225	18	4	254	18	8	118	
ZSW—1150—28	265015D		110	28	20	4	3150	1150	254	18	8	275	18	8	109	
ZSW—1150—8.5	265006D		110	8.5	4.8	2	3150	1150	225	18	4	250	18	4	83	
ZSW—1150—12.5	265303D		110	12.5	7.2	3	3150	1150	225	18	4	250	18	4	81	
ZSW—1150—17	265014D		110	17	9.4		3150	1150	225	18	4	254	18	8	110	
ZSW—1200—8.5	265031D		110	8.5	4.8	4	3150	1200	225	18	4	250	4	18	88	
ZSW—1330—8.5	265012D		110	8.5		3	3800	1330	225	18	4	250	18	4	71	
ZSW—1390—8.5	265030D		110	8.5		4	3906	1390	225	18	4	250	18	4	104	耐污型
ZCW—1150—N1.5	265002D		110			1.5	3150	1150	180	14	4	180	14	4	57	
ZSW—1150—N1.5	265022D		110		1.5		3150	1150	182	18	6	182	18	6	58	
ZCW—1150—N1.5	265002D		110			1.5	3150	1150	180	14	4	250	18	4	71	
ZS—220/4	265112、265210	组合	220	4		2	3740	2120	140	M12	4	250	18	4		
ZS—220/4	265003、265004	组合	220	4		2	4284	2300	140	M12	4	250	18	4		
ZS—220/6	265203、265302	组合	220	6		3	4284	2300	140	M12	4	250	18	4		
ZSW—220/4	265144D、265246D	组合	220	4		2	5500	2160	140	M12	4	250	18	4		
ZSW—220/4	265005D、265006D	组合	220	4		2	6300	2300	140	M12	4	250	18	4		
ZSW—220/4	265011D、265012D	组合	220	4		3	7812	2670	140	M12	4	250	18	4		
ZSW—220/6	265204D、265303D	组合	220	6		3	6300	2300	140	M12	4	250	18	4		
ZSW—220/10	265017D、265018D	组合	220	10		4	6300	2300	127	M16	4	254	18	8		

表 24-17 户外棒形支柱绝缘子技术数据

代号	型号	电压等级 (kV)	弯曲负荷 (kN)	扭转负荷 (kN·m)	公称爬距 (mm)	雷电全波冲击耐受电压 (kV)	工频干耐受电压 (kV)	工频湿耐受电压 (kV)	重量 (kg)	总高 H	最大伞径 D	干弧距离	伞数 (个)	上附件 孔数	上附件 d₁	上附件 a₁	下附件 孔数	下附件 d₂	下附件 a₂	备 注
2210	ZS—12/5L	12	5		230	75	40	28	6	220	140	125	2	2	M8	36	4	M10	ϕ55	
2211	ZS—12/4	12	4		230	75	40	28	6.1	210	140	123	2	2	M8	36	2	ϕ12	130	
2220	ZS—24/10	24	10		400	150	75	50	18	350	180	224	4	4	M12	ϕ140	4	ϕ18	ϕ210	
2221	ZS—24/8	24	8		400	150	75	50	14.5	350	165	217	4	2	M12	76 (ϕM 16)	4	ϕ14	ϕ180	
2222	ZS—24/8	24	8		400	150	75	50	14.5	350	165	217	4	2	M12	ϕ140	4	ϕ14	ϕ180	普通伞型 (12~ 72.5kV)
2224	ZS—24/16	24	16		470	150	75	50	32	350	190	218	5	4	M12	ϕ140	4	ϕ18	ϕ210	
2225	ZS—24/30	24	30		470	150	75	50	32	400	205	222	5	4	M12	ϕ140	4	ϕ18	ϕ250	
2226	ZS—24/30—G	24	30		575	170	100	70	32.6	450	205	272	5	4	M12	ϕ140	4	ϕ18	ϕ225	
2229	ZY—24/20K	24	20		400	150	75	50	31.2	370	210	206	4	4	ϕ18	ϕ225	4	ϕ18	ϕ225	
2200	ZS—40.5/6L	40.5	6	3	648	170	100	70	17	420	165	308	7	4	M12	ϕ140	4	M12	ϕ140	
2204	ZS—40.5/8	40.5	8	2	625	170	100	70	16	420	165	306	6	4	M12	ϕ140	4	ϕ14	ϕ180	
2206	ZS—40.5/4K	40.5	4	2	648	170	100	70	12	400	150	300	7	4	ϕ14	ϕ140	4	ϕ14	ϕ140	
2207	ZSW—40.5/4K—2	40.5	4	1.2	875	185	100	80	13	445	150	345	10	4	ϕ14	ϕ140	4	ϕ14	ϕ140	
2209	ZS—40.5/4—4	40.5	4	1	650	185	100	80	14.6	480	155	370	7	4	ϕ14	ϕ140	4	ϕ14	ϕ180	
2213	ZSW2—40.5/4—4	40.5	4	1.8	1260	250	135	90	27	560	235	405	大5小4	4	M16	ϕ127	4	ϕ14	ϕ180	大小开放伞
2270	ZSW—40.5/4—G	40.5	4	1.2	875	200	110	70	15	480	170	372	7	4	ϕ14	ϕ140	4	M12	ϕ140	
2240	ZS—72.5/5	72.5	5	2	1160	325	165	140	38.1	710	180	565	11	4	M12	ϕ140	4	ϕ18	ϕ225	普通伞形 (12~ 17.5kV)
2241	ZS—72.5/4	72.5	4	2	1104	325	175	140	28.5	760	170	627	10	4	M12	ϕ140	4	ϕ14	ϕ180	
2242	ZS—72.5/15K	72.5	15	4	1104	325	175	140	58.4	840	230	628	9	4	ϕ18	ϕ210	8	ϕ18	ϕ250	
2830	ZSW—72.5/4—3	72.5	4	2	2010	325	175	140	50	850	235	705	15	4	M12	ϕ140	4	ϕ18	ϕ225	

续表 24-17

代号	型号	电压等级(kV)	弯曲负荷(kN)	扭转负荷(kN·m)	公称爬距(mm)	雷电全波冲击耐受电压(kV)	工频干耐受电压(kV)	工频湿耐受电压(kV)	重量(kg)	总高 H	最大伞径 D	干弧距离	伞数(个)	上附件 孔数	上附件 d_1	上附件 a_1	下附件 孔数	下附件 d_2	下附件 a_2	备注
2800	ZSW—72.5/8—2	72.5	8	4	1380	325	175	140	39	850	235	705	12	4	M12	φ140	4	φ18	φ225	普通伞形
22301	ZSW3—40.5/4—2	40.5	4	4	875	185	100	80	14	445	150	350	10	4	M12	φ140	4	φ14	φ180	(12～17.5kV)
22302	ZSW2—40.5/4—2	40.5	4	4	875	185	100	80	13.5	445	150	351	10	4	M12	φ140	4	M12	φ140	
22303	ZSW—40.5/10—4	40.5	10	2	1260	250	135	90	31.4	560	245	405	大5小4	4	M16	φ127	4	φ14	φ180	大小开放伞
22304		40.5	10	2	1092	250	140	100	25.5	530	178	408	12	4	φ18	φ180	4	φ18	φ180	普通伞形
22201		24	8.9	1.2	610	150	70	60	15	330	168	232	7	4	M12	φ140	4	φ18	φ180	普通伞形
22306	ZSW—40.5/10—3	40.5	10	2	1015	250	150	90	26	560	210	405	5大4小	4	M16	φ127	4	φ14	φ180	开放伞形
22307	ZS—40.5/6L	40.5	6	2	648	185	100	80	16	420	165	313	7	4	M12	φ140	4	M12	φ140	普通伞形
22308	ZS—72.5/4L	72.5	4	2	1815	325	180	140	32.5	760	210	629	8大7小	4	M12	φ140	4	M12	φ140	开放伞形
22309	ZS—40.5/5L	40.5	5	2	1300	185	100	80	23.6	625	205	470	9	4	M12	φ120	4	M12	φ120	伞下带棱伞
22303a	ZSW—40.5/10—4	40.5	10	2	1260	250	135	90	29.9	560	245	327	5大4小	4	M12	φ140	4	φ18	φ180	开放伞形
2243	ZS—126/4—G	126	4	4	2016	550	300	230	52	1200	170	1055	16	4	M12	φ140	4	φ18	φ225	普通伞形
2272	ZSW—126/8K—2	126	8	4	2830	550	300	230	90.5	1200	250	1008	大12 小12	4	φ18	φ225	4	φ18	φ250	
2272D	ZSW2—126/8K—2	126	8	4	2830	550	300	230	85	1200	250	1008	大12 小12	4	φ18	φ250	4	φ18	φ225	大小开放伞
2295	ZSW—126/4K—2	126	4	2	3025	550	362	230	70	1200	245	1050	大12 小12	4	φ14	φ190	4	φ18	φ225	
2805	ZS—126/6	126	6	4	2016	450	300	185	47	1060	195	917	16	4	φ18	φ140	4	φ18	φ225	普通伞形
2807	ZS—126/6—2	126	6	4	3050	550	300	230	76	1200	245	1038	大12 小12	4	M12	φ140	4	φ18	φ225	
2809	ZSW—126/10—4	126	10	4	3906	650	375	275	128.5	1400	280	1222	大15 小14	4	M12	φ140	8	φ18	φ254	大小开放伞

续表 24-17

代号	型号	电压等级 (kV)	弯曲负荷 (kN)	扭转负荷 (kN·m)	公称爬距 (mm)	雷电全波冲击耐受电压 (kV)	工频干耐受电压 (kV)	工频湿耐受电压 (kV)	重量 (kg)	总高 H	最大伞径 D	干弧距离	伞数 (个)	上附件 孔数	上附件 d_1	上附件 a_1	下附件 孔数	下附件 d_2	下附件 a_2	备注
2810	ZS-126/10K	126	10	4	2142	450	245	185	76	1050	220	878	18	4	φ18	φ225	8	φ18	φ254	普通伞形
2811	ZS-126/10K	126	10	6	2200	450	245	185	93	1050	240	866	18	8	φ18	φ254	8	φ18	φ254	普通伞形
2813	ZS3-126/10K	126	10	4	2520	450	245	185	85	1050	230	878	23	4	φ18	φ225	8	φ18	φ254	普通伞形
2814	ZS3-126/10K	126	16	10	2520	450	245	185	95	1050	240	866	23	8	φ18	φ254	8	φ18	φ254	普通伞形
2818	ZSW-145/8K-4	145	8	4	4612	650	375	275	123	1500	280	1326	大16 小15	4	φ18	φ225	8	φ18	φ254	大小开放伞
2819	ZSW-126/6-3	126	6	3	3150	550	280	230	77	1200	250	1023	大13 小12	4	M12	φ140	4	φ18	φ225	大小开放伞
2820	ZSW-126/10K-3	126	10	2	3150	450	245	185	87	1150	270	978	大12 小11	4	φ18	φ225	8	φ18	φ254	大小开放伞
2821	ZSW-126/20K-3	126	20	10	3200	450	245	185	102	1150	285	953	大12 小11	8	φ18	φ254	8	φ18	φ254	大小开放伞
2831	ZS-126/4	126	4	2	2016	450	245	185	44	1060	195	917	16	4	M12	φ140	4	φ18	φ225	普通伞形
2832	ZSW-126/4-4	126	4	2	3906	650	375	275	72	1400	255	1240	大12 小11	4	M12	φ140	4	φ18	φ225	大小带棱伞
2833	ZS2-126/4	126	4	2	2142	450	245	185	50	1060	197	915	19	4	M12	φ140	4	M12	φ140	普通伞形
2834	ZS1-126/4	126	4	3	2016	550	280	230	46	1190	195	1037	18	4	M12	φ140	4	M12	φ140	普通伞形
2835	ZSW3-126/4-2	126	4	3	2750	550	280	230	66	1190	235	1020	大12 小11	4	M12	φ140	4	M12	φ140	大小开放伞
2837	ZS-126/5K	126	5	2	2016	450	245	185	52.2	1060	210	886	15	4	φ14	φ190	4	φ18	φ225	普通伞形
2838	ZS2-126/8K	126	8	4	2142	450	245	185	75	1060	230	868	18	4	φ18	φ225	4	φ18	φ250	普通伞形
2850	ZSW1-126/8K-3	126	8	4	3780	550	280	230	104	1220	270	1048	大13 小13	4	φ18	φ225	8	φ18	φ254	大小开放伞
2867	ZS-145/10	145	10	10	3300	650	375	275	108	1500	230	1288	26	4	M16	φ127	8	φ18	φ254	普通伞形

续表 24-17

代号	型号	电压等级 (kV)	弯曲负荷 (kN)	扭转负荷 (kN·m)	公称爬距 (mm)	雷电全波冲击耐受电压 (kV)	工频干耐受电压 (kV)	工频湿耐受电压 (kV)	重量 (kg)	总高 H	最大伞径 D	干弧距离	伞数 (个)	上附件 孔数	上附件 d_1	上附件 a_1	下附件 孔数	下附件 d_2	下附件 a_2	备注
2868	ZS-145/4	145	4	2	2520	650	375	275	70	1400	210	1240	19	4	M12	φ140	4	φ18	φ225	普通伞形
2869	ZS-145/8K	145	8	6	2900	650	375	275	114	1500	230	1316	26	4	φ18	φ225	8	φ18	φ254	
2886	ZSW-126/4-2	126	4	4	2750	550	300	230	59	1200	205	1055	大14 小13	4	M12	φ140	4	φ18	φ225	大小开放伞
2888	ZSW2-126/4-2	126	4	2	3050	550	300	230	71	1200	245	1040	大12 小12	4	M12	φ140	4	φ18	φ225	
22401	ZSW2-126/6-3	126	6	4	3150	550	300	230	78.6	1200	250	970	大13 小12	4	φ18	φ210	4	φ18	φ210	
22402	ZSW2-126/12.5-2	126	12.5	8	2750	550	300	230	96	1200	260	1013	大12 小11	8	φ18	φ254	4	φ18	φ225	
22403	ZSW2-126/4-4	126	4	2	3906	650	375	275	88	1400	255	1210	大12 小11	4	M12	φ140	4	M12	φ140	大小带棱伞、正装倒装通用
22404	ZSW-126/8-2	126	8	4	2350	450	265	185	68.5	1220	215	1034	21	4	M16	φ188	4	φ20	φ250	普通伞形
22405	ZSW-126/16-2	126	16	10	2520	450	265	185	95.6	1075	250	878	22	4	M12	φ140	8	φ18	φ254	
22405D	ZSW-126/16-2	126	16	10	2520	450	265	275	95.6	1075	250	878	22	8	φ18	φ254	4	M12	φ140	
22406	ZSW-145/10	145	10	10	3780	650	375	275	117	1500	250	1275	大18 小18	8	M16	φ127	8	φ18	φ254	
22407	ZSW-126/8.5	126	8.5	6	3906	650	375	275	118.4	1400	280	1218	大15 小14	4	φ18	φ225	4	φ22	φ250	
22407a	ZSW-126/8.5	126	8.5	6	3906	650	375	275	125.8	1400	280	1218	大15 小14	4	φ18	φ225	4	φ18	φ270	
22408	ZSW-145/6-3	145	6	3	3625	650	375	275	91	1500	230	1328	大18 小17	4	M12	φ140	4	φ18	φ225	开放伞形
22408a	ZSW-145/6-3	145	6	3	3625	650	375	275	94.2	1500	230	1336	大18 小17	4	φ14	φ190	4	φ18	φ225	

续表 24-17

代号	型号	电压等级 (kV)	弯曲负荷 (kN)	扭转负荷 (kN·m)	公称爬距 (mm)	雷电全波冲击耐受电压 (kV)	操作波冲击耐受电压 (kV)	工频湿耐受电压 (kV)	工频干耐受电压 (kV)	重量 (kg)	总高 H	最大伞径 D	干弧距离	伞形	上附件 孔数	上附件 d_1	上附件 a_1	下附件 孔数	下附件 d_2	下附件 a_2	元件组成
2261	ZSW4—252/4K—2	252	4	4	5500	1050	850	525	460	146	2300	245	1968	开放伞	4	φ12	φ190	4	φ18	φ250	2295+2889
2262	ZSW2—252/4—2	252	4	4	5500	1050	850	525	460	146	2300	245	1973		4	M12	φ140	4	φ18	φ250	2888+2889
2274	ZSW1—252/8K—2	252	8	4	5500	1050	850	525	460	189	2300	280	1898		4	φ18	φ225	8	φ18	φ250	2272+2273
2276	ZSW1—252/15K—2	252	15	10	4510	1050	850	525	460	239	2300	290	1805		4	φ18	φ250	8	φ18	φ310	2273+2273
2278	ZS—252/4	252	4	4	4284	1050	850	525	460	249	2420	240	2073		4	M12	φ140	4	φ18	φ250	2283+2847
2701	ZS2—252/4	252	4	4	4284	950	750	490	395	123	2120	230	1832	普通伞	4	M12	φ140	4	φ18	φ250	2833+2838
2703	ZS—252/10K	252	10	10	4284	950	750	490	395	169	2100	240	1732		4	φ18	φ225	8	φ18	φ254	2810+2811
2704	ZS—252/6	252	6	6	3776	950	750	490	395	122	2120	230	1777		4	M12	φ140	4	φ18	φ250	2805+2806
2705	ZSW—252/6—2	252	6	6	5500	1050	850	525	460	156	2300	245	1973	开放伞	4	M12	φ140	4	φ18	φ250	2807+2808
2706	ZS—252/16K	252	16	10	4280	950	750	490	395	207	2100	270	1691		8	φ18	φ254	8	φ18	φ300	2811+2812
2707	ZC—252/N2L	252	2.5	2	4284	1050	850	525	460	114	2400	190	2046	普通伞	4	M16	φ127	4	M16	φ127	2801+2802
2708	ZS—252/8	252	8	8	4284	1050	850	525	460	191	2400	240	2004		4	M16	φ127	6	φ18	φ286	2803+2804
2712	ZS—252/6—3	252	6	6	6300	1050	850	525	460	164	2350	260	2001		4	M12	φ140	8	φ18	φ254	2819+2820A
2713	ZSW—252/10K—3	252	10	10	6300	1050	850	525	460	190	2300	285	1931		8	φ18	φ225	8	φ18	φ254	2820+2821
2714	ZSW—252/8K—4	252	8	8	7812	1175	950	525	510	227	2650	285	2279		4	φ18	φ225	8	φ18	φ254	2818+2821
2715	ZSW—252/10K—4	252	10	8	7812	1175	950	525	510	253	2650	310	2251		4	φ18	φ225	8	φ18	φ254	2818+2822
2716	ZSW—252/16K—3	252	16	6	6300	1050	850	525	460	232	2300	310	1878		4	φ18	φ254	8	φ18	φ300	2821+2822
2717	ZSW—252/12.5K—3	252	12.5	6	6300	1050	850	525	460	224	2300	310	1888	开放伞	4	φ18	φ225	8	φ18	φ300	2823+2824
2718	ZSW2—252/10K—3	252	10	6	6300	1050	850	525	460	201.3	2400	290	2019		4	φ18	φ225	8	φ18	φ275	2825+2826
2719	ZSW—252/8K—3	252	8	10	6300	1050	850	525	460	209	2300	295	1913		4	φ18	φ225	8	φ18	φ254	2850+2851

续表 24-17

代号	型　号	电压等级 (kV)	弯曲负荷 (kN)	扭转负荷 (kN·m)	公称爬距 (mm)	雷电全波放电冲击耐受电压 (kV)	操作波冲击耐受电压 (kV)	工频湿耐受电压 (kV)	工频干耐受电压 (kV)	重量 (kg)	总高 H	最大伞径 D	干弧距离	伞形	上附件 孔数	上附件 d₁	上附件 a₁	下附件 孔数	下附件 d₂	下附件 a₂	元件组成
2720	ZCW—252/N2L—3	252	2.5	2	6300	1050	850	525	460	146.7	2400	240	2046	开放伞	4	M16	M16	4	M16	φ127	2827+2828
2860	ZS—252/4	252	4	2	3776	950	750	490	395	114	2120	230	1777	普通伞	4	M12	φ140	4	φ18	φ250	2831+2836
22601	ZCW—252/N2K—2	252		2	5500	1050	850	525	460	122.5	2300	210	2012	开放伞	4	φ18	φ210	4	φ18	φ210	23401+23401
22602	ZSW3—252/4—2	252	4	2	5500	1050	850	525	460	146	2300	245	1973	开放伞	4	M12	φ140	4	φ18	φ270	2888+23403
22603	ZSW—252/6—2	252	6	4	5500	1050	850	525	460	158	2370	245	2026	开放伞	4	M12	φ140	4	φ22	φ250	23404+23405
22604	ZSW—252/6K—3	252	6	6	6300	1050	850	525	460	173	2300	275	1966	开放伞	4	φ18	φ225	8	φ18	φ254	23411+23412
22605	ZS2—252/6	252	6	4	3776	950	750	490	395	122	2120	230	1777	普通伞	4	M12	φ140	4	φ18	φ270	2805+23410
22606	ZSW1—252/8K—3	252	8	8	6300	1050	850	525	460	216	2400	285	2031	开放伞	4	φ18	φ225	8	φ18	φ254	23413+23414
22607	ZSW2—252/8K—2	252	8	4	5500	1050	850	525	460	234	2400	270	2012	开放伞	6	φ18	φ286	6	φ18	φ286	23415+23415
22608	ZCW—252/N4K—2	252	—	4	5500	1050	850	525	460	105.3	2300	205	2028	开放伞	4	φ13	φ180	4	φ13	φ180	23416+23416
22609	ZSW—252/8—2	252	8	4	5500	1050	850	525	460	163	2120	280	1793	开放伞	4	M12	φ140	4	φ18	φ270	23417+23418
22610	ZSW2—252/6—2	252	6	4	5500	950	750	490	395	150.7	2200	255	1858	开放伞	4	M12	φ140	4	φ18	φ250	23419+23420
22611	ZS—252/8K	252	8	4	4284	950	750	490	395	172.5	2100	250	1731	普通伞	4	φ18	φ225	8	φ18	φ254	2810+23424
22612	ZSW3—252/10K—3	252	10	6	6300	1050	850	525	460	199.5	2300	300	1931	开放伞	4	φ18	φ225	8	φ18	φ254	2820+23427
22613	ZSW2—252/12.5K—3	252	12.5	6	6300	1050	850	525	460	217.5	2300	315	1901	开放伞	4	φ18	φ225	8	φ18	φ275	23412+23428
22614	ZSW2—252/16K—3	252	16	10	6300	1050	850	525	460	243.7	2300	330	1878	开放伞	8	φ18	φ254	8	φ18	φ300	23427+23429
22604a	ZSW—252/6—3	252	6	6	6300	1050	850	525	460	170	2300	275	1954	开放伞	4	φ14	φ190	4	φ18	φ250	23411a+23412a
22604b	ZSW—252/6—3	252	6	6	6300	1050	850	525	460	170.6	2300	275	1956	开放伞	4	M12	φ140	4	φ18	φ250	23411b+23412a
22606a	ZSW—252/8K—3	252	8	8	6300	1050	850	525	460	217	2400	285	2031	开放伞	4	φ22	φ250	8	φ18	φ280	23413a+23414a
22609a	ZSW—252/8—2	252	8	4	5500	950	750	495	395	162.5	2120	280	1793	开放伞	4	M12	φ140	4	φ22	φ250	23417+23418A

续表 24－17

代号	型号	电压等级 (kV)	弯曲负荷 (kN)	扭转负荷 (kN·m)	公称爬距 (mm)	雷电全波冲击耐受电压 (kV)	操作波冲击湿耐受电压 (kV)	工频干耐受电压 (kV)	工频湿耐受电压 (kV)	重量 (kg)	总高 H	最大伞径 D	干弧距离	伞形	上附件 孔数	d₁	a₁	下附件 孔数	d₂	a₂	元件组成
22612a	ZSW—252/10K—3	252	10	6	6300	950	850	495	395	199.5	2300	300	1931	开放伞	4	ϕ18	ϕ225	8	ϕ18	ϕ250	2820+23427a
22615	ZCW—252/N3K—3	252	2	3	6300	1050	850	525	460	121	2300	230	2012	开放伞	4	ϕ18	ϕ210	4	ϕ18	ϕ210	23409+23409
22616	ZSW—252/4K—3	252	4	3	6300	1050	850	525	460	155	2300	265	1974	开放伞	4	ϕ14	ϕ190	4	ϕ18	ϕ250	23425+23426
22616A	ZSW—252/4—3	252	4	4	6300	1050	850	525	460	154.5	2320	265	1986	开放伞	4	M12	ϕ140	8	ϕ18	ϕ254	23425A+23426A
22616b	ZSW—252/4—3	252	4	4	6300	1050	850	525	460	155	2300	265	1958	开放伞	4	M12	ϕ140	4	ϕ18	ϕ250	23425b+23426
22617	ZSW—252/8K—3	252	8	4	6300	1050	850	525	460	189.5	2300	290	1910	开放伞	4	ϕ18	ϕ225	8	ϕ18	ϕ250	23430+23431
22617A	ZSW—252/8K—3	252	8	4	6300	1050	850	525	460	190.6	2300	290	1915	开放伞	4	ϕ18	ϕ225	8	ϕ18	ϕ254	23430+23431A
22617B	ZSW—252/8—3	252	8	8	6300	1050	850	525	460	190	2320	290	1913		4	M12	ϕ140	8	ϕ18	ϕ254	23430A+23431A
22617C	ZSW—252/8—3	252	8	4	6700	1050	850	525	460	187	2300	290	1900		4	M12	ϕ140	8	ϕ18	ϕ250	23430B+23431
22617d	ZSW—252/8—3	252	8	4	6300	1050	850	525	460	189	2300	290	2108	开放伞	4	ϕ14	ϕ190	8	ϕ18	ϕ250	23430C+23431
22618	ZSW—252/8—3	252	8	6	6300	1050	850	525	460	220	2400	290	2031		8	ϕ18	ϕ254	4	ϕ18	ϕ225	23433+23432
22620	ZSW—252/8.5—3	252	8.5	4	6300	1050	850	525	460	226	2600	290	2196		4	ϕ18	ϕ225	8	ϕ18	ϕ300	22407+23436
22622	ZCW—252/N3K—3	252		3	6300	1050	850	525	460	100	2300	215	2020		4	ϕ14	ϕ160	4	ϕ14	ϕ160	22439+23439
22623	ZSW—252/6—3	252	6	4	6300	1050	850	525	460	186.8	2350	275	1980	开放伞	4	M12	ϕ140	4	ϕ18	ϕ270	23430b+23412b
22624	ZSW—252/10—3	252	10	4	6300	1050	850	525	460	224.7	2400	305	2021		4	ϕ18	ϕ225	8	ϕ18	ϕ254	2825+23441
2265	ZS—363/4K	363	4	2	5610	1425	950	695	630	230	3200	240	2614	普通伞	4	ϕ14	ϕ190	8	ϕ18	ϕ250	均压环+2837+2836+2848
2277	ZS—363/5K	363	5	5	6890	1425	950	695	630	250	3480	240	2884	普通伞	4	ϕ14	ϕ190	8	ϕ18	ϕ250	均压环+2244+2847+2848
2736	ZS1—363/10K	363	10	10	6171	1425	950	695	630	285	3150	270	2551	普通伞	4	ϕ18	ϕ225	8	ϕ18	ϕ300	均压环+2810+2811+2812
2737.	ZS3—363/10K	363	10	6	7260	1425	950	695	630	297	3150	270	2569	普通伞	4	ϕ18	ϕ225	8	ϕ18	ϕ300	均压环+2813+2814+2815

主要尺寸 (mm)

续表

主要尺寸（mm）

代号	型号	电压等级(kV)	弯曲负荷(kN)	扭转负荷(kN·m)	公称爬距(mm)	雷电全波冲击耐受电压(kV)	操作波冲击湿耐受电压(kV)	工频耐受电压(kV)	工频干工频湿耐受电压(kV)	重量(kg)	总高H	最大伞径D	干弧距离	伞形	上附件 孔数	上附件 d_1	上附件 a_1	下附件 孔数	下附件 d_2	下附件 a_2	元件组成
2740	ZSW—363/4K—2	363	4	2	8210	1550	1050	740	680	257	3400	280	2858	开放伞	4	φ14	φ190	8	φ18	φ250	均压环+2295+2889+2273
2744	ZSW—363/6—3	363	6	3	9075	1550	1050	740	680	268	3500	285	2936	开放伞	4	M12	φ140	8	φ18	φ254	均压环+2819+2820A+2821
2745	ZSW1—363/8K—3	363	8	10	9075	1550	1050	740	680	361	3500	315	2896	开放伞	4	φ18	φ225	8	φ18	φ275	均压环+2850+2851+2852
2746	ZSW—363/10K—3	363	10	4	9075	1550	1050	740	680	325	3460	310	2860	开放伞	4	φ18	φ225	8	φ18	φ300	均压环+2820+2821+2822
22701	ZSW—363/4K—2	363	4	2	8250	1550	1050	740	630	230	3200	270	2739	开放伞	4	φ14	φ190	8	φ18	φ250	23406+23407+23408
22702	ZSW—363/4K—3	363	4	4	9075	1550	1050	740	630	241	3200	285	2739	开放伞	4	φ14	φ190	8	φ18	φ250	23421+23422+23423
22703	ZSW2—363/4K—3	363	4	2	9075	1550	1050	740	630	256.7	3400	280	2858	开放伞	4	φ14	φ190	8	φ18	φ250	23425+23426+2273
2267	ZS1—550/5K	550	5	5	8710	1950	1240	900	800	385	4570	240	3796	普通伞	4	φ18	φ225	8	φ18	φ300	均压环+2846+2847+2848+2849
2750	ZC1—550/N4L	550	4	8800	1950	1240	900	800	193	4400	200	3942		普通伞	8	M10	φ127	8	M10	φ127	2871+2872+2873
2751	ZC1—550/N4K	550	4	8800	1950	1240	900	800	198	4400	200	3968		普通伞	4	φ18	φ210	4	φ18	φ210	2872+2872+2877
2753	ZS1—550/8K	550	8	10	8800	1950	1240	900	800	432	4400	290	3713	普通伞	8	φ18	φ275	8	φ18	φ300	2861+2862+2863
2754	ZS1—550/11K	550	11	10	8800	1950	1240	900	800	465	4400	290	3700	普通伞	8	φ18	φ275	8	φ18	φ325	2866+2866+2865
2755	ZS1—550/12K—3	550	12	10	8800	1950	1240	900	800	532	4400	305	3660	普通伞	4	M16	φ127	8	φ18	φ325	2881+2882+2883

续表 24-17

代号	型号	电压等级 (kV)	弯曲负荷 (kN)	扭转负荷 (kN·m)	公称爬距 (mm)	雷电全波冲击耐受电压 (kV)	操作波湿耐受电压 (kV)	工频干耐受电压 (kV)	工频湿耐受电压 (kV)	重量 (kg)	总高 H	最大伞径 D	干弧距离	伞形	上附件 孔数	上附件 d₁	上附件 a₁	下附件 孔数	下附件 d₂	下附件 a₂	元件组成
2756	ZS1—550/14K	550	14	10	8800	1950	1240	900	800	536	4400	305	3675	普通伞	8	φ18	φ275	8	φ18	φ325	2880+2882 +2883
2757	ZS3—550/10K	550	10	10	8800	1950	1240	900	800	424	4400	305	3726		8	φ18	φ254	8	φ18	φ325	2864+2862 +2865
2770	ZCW—550/N4L—3	550		4	13750	1950	1240	900	800	242	4400	290	3842	带棱伞	8	M10	φ127	8	M10	φ127	2874+2875 +2876
2771	ZCW—550/N4K—3	550		4	13750	1950	1240	900	800	247	4400	240	3968		4	φ18	φ210	4	φ18	φ210	2875+2875 +2878
2773	ZSW1—550/8K—3	550	8	10	13750	1950	1300	900	800	540	4700	335	3848	开放伞	4	φ18	φ225	8	φ18	φ300	均压环+2850 +2851+2852 +2853
2774	ZSW1—550/11K—3	550	11	10	13750	1950	1240	890	790	530	4400	320	3670		8	φ18	φ275	8	φ18	φ325	2896+2896 +2897
2775	ZSW1—550/12—3	550	12	10	13750	1675	1240	890	790	546	4400	335	3660		4	M16	φ127	8	φ18	φ325	2884+2885 +2887
2776	ZSW2—550/14K—3	550	14	4	13750	1950	1240	890	790	554	4400	335	3675		8	φ18	φ275	8	φ18	φ325	2890+2885 +2887
2777	ZSW2—550/10K—3	550	10	10	13750	1950	1240	890	790	494	4400	320	3713	带棱伞	8	φ18	φ254	8	φ18	φ325	2895+2896 +2897
2778	ZSW3—550/8K—3	550	8	10	13750	1950	1240	890	790	494	4400	320	3700		8	φ18	φ275	8	φ18	φ300	2894+2896 +2898
2784	ZSW2—550/11K—3	550	11	10	13750	1950	1240	890	790	540	4400	320	3670		8	φ18	φ275	8	φ18	φ325	均压环+2896 +2896+2897
27801	ZSW4—550/11K—3	550	11	10	13750	1950	1240	890	790	505	4400	320	3713		8	φ18	φ254	8	φ18	φ325	均压环+2895 +2896+2897

主要尺寸 (mm)

表 24 - 18　户外棒形支柱绝缘子元件技术数据

代号	型号	弯曲		扭转负荷 (kN·m)	公称爬距 (mm)	主要尺寸（mm)						伞数 (个)	最大伞径 (mm)	重量 (kg)
		力臂 (mm)	力臂升高后的负荷 (kN)			总高 H	上部安装尺寸			下部安装尺寸				
							孔数	d_1	a_1	孔数	d_2	a_2			
23401	ZCW—1150—N2	1150	4	2	2750	1150	4	$\phi18$	$\phi210$	4	$\phi18$	$\phi210$	大 14 小 13	210	61
23402	ZCW1—1060—6	1060	6	4	2142	1060	4	$\phi18$	$\phi225$	4	M12	$\phi140$	18	205	56
23403	ZSW1—1100—8.5	2300	4	2	2368	1100	4	$\phi18$	$\phi225$	4	$\phi18$	$\phi270$	大 11 小 10	245	74.5
23404	ZSW—1235—6	1235	6	4	3132	1235	4	M12	$\phi140$	4	$\phi18$	$\phi225$	大 12 小 12	245	77
23405	ZSW—1135—12.5	2370	6	6	2368	1135	4	$\phi18$	$\phi225$	4	$\phi22$	$\phi250$	大 11 小 10	245	81
23406	ZSW—1060—4	1060	4	2	2750	1060	4	$\phi14$	$\phi190$	8	$\phi18$	$\phi225$	大 11 小 10	235	62
23407	ZSW—1060—8	2120	4	2	2750	1060	8	$\phi18$	$\phi225$	8	$\phi18$	$\phi225$	大 11 小 10	250	74
23408	ZSW—1080—12	3200	4	2	2750	1080	8	$\phi18$	$\phi225$	8	$\phi18$	$\phi250$	大 11 小 10	270	92
28110	ZSW—1500—20	1500	20	15	4780	1500	8	$\phi18$	$\phi254$	8	$\phi18$	$\phi300$	25	300①	176
28111	ZSW—1500—40	3000	20	15	4765	1500	8	$\phi18$	$\phi300$	8	$\phi18$	$\phi325$	24	335①	232
28112	ZSW—1400—62.9	4400	20	15	4205	1400	8	$\phi18$	$\phi225$	8	$\phi18$	$\phi225$	22	360①	263
23410	ZS—1060—6	1060	6	6	1760	1060	4	$\phi18$	$\phi225$	4	$\phi18$	$\phi270$	13	230	74.7
23411	ZSW—1150—6	1150	6	6	3150	1150	4	$\phi18$	$\phi225$	8	$\phi18$	$\phi225$	大 12 小 11	250	74
23412	ZSW—1150—12	2300	6	6	3150	1150	8	$\phi18$	$\phi225$	8	$\phi18$	$\phi254$	大 12 小 11	275	98
23413	ZSW—1200—8	1200	8	8	3150	1200	8	$\phi18$	$\phi225$	8	$\phi18$	$\phi254$	大 13 小 12	255	93
23414	ZSW—1200—16	2400	8	8	3150	1200	8	$\phi18$	$\phi225$	8	$\phi18$	$\phi254$	大 13 小 12	285	122
23415	ZSW2—1200—16	2400	8	6	2750	1200	6	$\phi18$	$\phi286$	6	$\phi18$	$\phi286$	大 12 小 11	270	116.5
23416	ZSW2—1150—N4	1150		4	2750	1150	4	$\phi13$	$\phi180$	4	$\phi13$	$\phi180$	大 13 小 12	205	52.6
23417	ZSW—1060—8	1060	8	4	2750	1060	4	M12	$\phi225$	4	$\phi18$	$\phi225$	大 10 小 10	260	70.5
23418	ZSW—1060—16	2120	8	4	2750	1060	4	$\phi18$	$\phi270$	4	$\phi18$	$\phi270$	大 10 小 9	280	92
23419	ZSW—1100—6	1100	6	4	2800	1100	4	M12	$\phi225$	4	$\phi18$	$\phi225$	大 12 小 12	235	65.7
23420	ZSW—1100—12	2200	6	4	2700	1100	4	$\phi18$	$\phi250$	4	$\phi18$	$\phi250$	大 12 小 11	255	84.3
23421	ZSW2—1060—4	1060	4	4	3025	1060	4	$\phi14$	$\phi225$	8	$\phi18$	$\phi225$	大 11 小 10	250	65
23422	ZSW2—1060—8	2120	4	4	3025	1060	8	$\phi18$	$\phi225$	8	$\phi18$	$\phi225$	大 11 小 10	265	77.5
23423	ZSW2—1080—12	3200	4	4	3025	1080	8	$\phi18$	$\phi250$	8	$\phi18$	$\phi250$	大 11 小 10	285	96.5
23424	ZS—1050—16	2100	8	8	2142	1050	8	$\phi18$	$\phi254$	8	$\phi18$	$\phi254$	18	250	95.3
23425	ZSW—1200—4	1100	4	2	3400	1200	4	$\phi14$	$\phi190$	4	$\phi18$	$\phi225$	大 12 小 12	245	69.7
23426	ZSW2—1100—8.5	2300	4	2	2965	1100	4	$\phi18$	$\phi225$	4	$\phi18$	$\phi250$	大 11 小 10	265	84.7

续表 24 - 18

代号	型　号	弯曲力臂 (mm)	力臂升高后的负荷 (kN)	扭转负荷 (kN·m)	公称爬距 (mm)	总高 H	上部安装尺寸 孔数	d_1	a_1	下部安装尺寸 孔数	d_2	a_2	伞数 (个)	最大伞径 (mm)	重量 (kg)
2823	ZSW—1150—12.5	1150	12.5	6	3200	1150	4	φ18	φ225	8	φ18	φ254	大12小11	285	97
2824	ZSW—1150—25	2300	12.5	6	3100	1150	8	φ18	φ254	8	φ18	φ275	大11小11	310	125
2825	ZSW—1200—10	1200	10	4	3032	1200	4	φ18	φ225	8	φ18	φ254	大13小12	260	89
23427	ZSW—1150—20	2300	10	6	3200	1150	8	φ18	φ254	8	φ18	φ254	大12小11	300	111.
23428	ZSW—1150—25	2300	12.5	6	3100	1150	8	φ18	φ254	8	φ18	φ275	大11小11	315	118.
23429	ZSW2—1150—32	2300	16	10	3100	1150	8	φ18	φ254	8	φ18	φ300	大11小11	330	131.
23411a	ZSW—1150—6	1150	6	6	3150	1150	4	φ14	φ190	4	φ18	φ225	大12小11	250	72
23411b	ZSW—1150—6	1150	6	6	3150	1150	4	M12	φ140	4	φ18	φ225	大12小11	250	72
23411c	ZSW—1170—6	1170	6	6	3150	1170	4	M12	φ140	4	φ18	φ225	大12小11	250	72.4
23412a	ZSW—1150—12	2300	6	6	3150	1150	4	φ18	φ225	4	φ18	φ250	大12小11	275	98
23413a	ZSW—1200—8	1200	8	8	3150	1200	4	φ22	φ250	4	φ18	φ254	大13小12	255	93
23414a	ZSW—1200—8	2400	8	8	3150	1200	8	φ18	φ254	8	φ18	φ280	大13小12	285	122.
23418A	ZSW—1060—16	2120	16	4	2750	1060	4	φ18	φ225	4	φ22	φ250	大10小9	280	91.5
23425A	ZSW—1220—4	1220	4	4	3400	1220	4	M12	φ140	4	φ18	φ225	大12小12	245	70
23425b	ZSW—1200—4	1200	4	4	3335	1200	4	M12	φ140	4	φ18	φ225	大12小12	245	70
23426A	ZSW—1100—8.5	2300	8	4	2965	1100	4	φ18	φ225	8	φ18	φ254	大11小10	265	84
23427a	ZSW—1150—20	2300	10	6	3200	1150	8	φ18	φ254	8	φ18	φ250	大12小11	300	111
23430	ZSW—1200—8	1200	8	4	3340	1200	4	φ18	φ225	4	φ18	φ250	大12小12	265	90
23430A	ZSW—1200—8	1220	8	4	3340	1220	4	M12	φ140	4	φ18	φ250	大12小12	265	89.
23430b	ZSW—1200—8	1200	8	4	3340	1200	4	M12	φ140	4	φ18	φ250	大12小11	265	87.5
23430c	ZSW—1200—8	1200	8	4	3340	1200	4	φ14	φ190	4	φ18	φ250	大12小12	265	89.5
23431	ZSW—1100—16	2300	8	4	2960	1100	4	φ18	φ250	8	φ18	φ250	大11小10	290	99
23431A	ZSW—1100—16	2300	8	4	2960	1100	4	φ18	φ250	8	φ18	φ254	大11小10	290	100
23409	ZCW—1150—N3K	2300	2	3	3150	1150	4	φ18	φ210	4	φ18	φ210	大13小12	230	60.2
23432	ZSW—1200—8	1200	8	4	3150	1200	8	φ18	φ254	4	φ18	φ225	大12小11	270	93
23433	ZSW—1200—16	2400	8	6	3150	1200	8	φ18	φ254	8	φ18	φ254	大12小11	290	126
23434	ZSW—1150—12	2300	12	6	3100	1150	8	φ18	φ275	8	φ18	φ254	大11小11	319	138
23435	ZSW—1150—12	1150	12	6	3200	1150	8	φ18	φ254	4	φ18	φ225	大12小11	277	97

代号	型号	弯曲 力臂(mm)	力臂升高后的负荷(kN)	扭转负荷(kN·m)	公称爬距(mm)	总高H	上部安装尺寸 孔数	d_1	a_1	下部安装尺寸 孔数	d_2	a_2	伞数(个)	最大伞径(mm)	重量(kg)
23436	ZSW—1200—8.5	2600	8.5	4	2800	1200	4	$\phi22$	$\phi250$	8	$\phi18$	$\phi300$	大12小11	290	127
23439	ZSW—1150—N3K	2300		3	3150	1150	4	$\phi14$	$\phi160$	4	$\phi14$	$\phi160$	大13小12	215	49.8
23440	ZSW—1050—8	2250	8	4	2635	1050	4	$\phi18$	$\phi250$	8	$\phi18$	$\phi254$	大10小10	290	98.8
2876a	ZCW—1400—8.5	1400		4	4310	1400	4	$\phi13$	$\phi180$	8	M10	$\phi127$	21	240①	71.5
2244	ZS—1300—5	1300	5	4	2705	1300	4	$\phi14$	$\phi190$	4	$\phi18$	$\phi225$	20	220	68.5
2273	ZSW—1100—17	2300	8	8	2710	1100	4	$\phi18$	$\phi250$	8	$\phi18$	$\phi250$	大10小9	280	98
2275	ZSW—1200—29	2300	15	10	2800	1200	8	$\phi18$	$\phi250$	8	$\phi18$	$\phi310$	大11小11	290	137.4
2812	ZS—1050—32	2100	16	6	2084	1050	8	$\phi18$	$\phi254$	8	$\phi18$	$\phi300$	17	270	114
2815	ZS3—1050—32	2100	16	10	2500	1050	8	$\phi18$	$\phi254$	8	$\phi18$	$\phi300$	22	270	118
2818	ZSW—1500—8	1500	8	4	4612	1500	8	$\phi18$	$\phi225$	8	$\phi18$	$\phi254$	大16小15	310	123
2822	ZSW—1150—32	2300	16	6	3100	1150	8	$\phi18$	$\phi254$	8	$\phi18$	$\phi300$	大11小11	310	129
2823	ZSW—1150—12	1150	12	10	3150	1150	8	$\phi18$	$\phi225$	8	$\phi18$	$\phi254$	大12小11	285	97
2824	ZSW—1150—25	2300	12.5	6	3100	1150	8	$\phi18$	$\phi254$	8	$\phi18$	$\phi275$	大11小11	310	125
2825	ZSW—1200—10	1200	10	4	3150	1200	8	$\phi18$	$\phi225$	8	$\phi18$	$\phi254$	大13小12	260	89
2826	ZSW—1200—20	2400	10	6	3150	1200	8	$\phi18$	$\phi254$	8	$\phi18$	$\phi254$	大12小12	290	111
2836	ZS—1060—8.5	2120	4	4	1760	1060	8	$\phi18$	$\phi225$	4	$\phi18$	$\phi250$	13	230	69
2846	ZS—1300—5	1300	5	4	2705	1300	8	$\phi18$	$\phi225$	4	$\phi18$	$\phi225$	20	230	80
2847	ZS1—1100—11	2400	5	4	2240	1100	4	$\phi18$	$\phi225$	4	$\phi18$	$\phi250$	16	240	82.1
2848	ZS1—1070—16.5	3470	5	4	1945	1075	4	$\phi18$	$\phi250$	8	$\phi18$	$\phi250$	15	240	91
2849	ZS1—1100—21.7	4570	5	4	1820	1100	8	$\phi18$	$\phi250$	8	$\phi18$	$\phi300$	15	240	116
2851	ZSW1—1080—17.5	2300	8	8	3090	1080	8	$\phi18$	$\phi254$	8	$\phi18$	$\phi254$	大11小10	295	114
2852	ZSW—1200—23.5	3500	8	8	3500	1200	8	$\phi18$	$\phi254$	8	$\phi18$	$\phi275$	大12小12	315	145
2853	ZSW—1200—31.5	4700	8	8	3380	1200	8	$\phi18$	$\phi275$	8	$\phi18$	$\phi300$	大12小11	335	171
2861	ZS1—1500—8	1500	8	10	3100	1500	8	$\phi18$	$\phi275$	8	$\phi18$	$\phi254$	26	230	116
2862	ZS—1500—20	3000	10	10	3100	1500	8	$\phi18$	$\phi254$	8	$\phi18$	$\phi275$	25	270	147.3
2863	ZS—1400—25.5	4400	8	10	2600	1400	8	$\phi18$	$\phi275$	8	$\phi18$	$\phi300$	22	290	167
2864	ZS2—1500—10	1500	10	10	3100	1500	8	$\phi18$	$\phi254$	8	$\phi18$	$\phi254$	26	230	112
2856	ZS—1400—35	4400	11	10	2600	1400	8	$\phi18$	$\phi275$	8	$\phi18$	$\phi325$	22	290	163

续表 24－18

代号	型号	弯曲		扭转负荷 (kN·m)	公称爬距 (mm)	总高 H	主要尺寸 (mm)						伞数 (个)	最大伞径 (mm)	重量 (kg)
		力臂 (mm)	力臂升高后的负荷 (kN)				上部安装尺寸			下部安装尺寸					
							孔数	d_1	a_1	孔数	d_2	a_2			
2866	ZS—1500—22	3000	11	10	3100	1500	8	$\phi18$	$\phi275$	8	$\phi18$	$\phi275$	25	270	150
2871	ZC1—1500—N4	—	—	4	2940	1500	8	M10	$\phi127$	4	$\phi18$	$\phi210$	26	200	64.5
2872	ZC2—1500—N4	—	—	4	2940	1500	4	$\phi18$	$\phi210$	4	$\phi18$	$\phi210$	26	200	67
2873	ZC1—1400—N4	—	—	4	2920	1400	4	$\phi18$	$\phi210$	8	M10	$\phi127$	24	200	60.5
2874	ZCW1—1500—N4	—	—	4	4720	1500	8	M10	$\phi127$	4	$\phi18$	$\phi210$	23	240①	89
2875	ZCW2—1500—N4	—	—	4	4720	1500	4	$\phi18$	$\phi210$	4	$\phi18$	$\phi210$	23	240①	91
2876	ZCW1—1400—N4	—	—	4	4310	1400	4	$\phi18$	$\phi210$	8	M10	$\phi127$	21	240①	75.3
2877	ZC2—1400—N4	—	—	4	2950	1400	4	$\phi18$	$\phi210$	4	$\phi18$	$\phi210$	24	200①	63
2878	ZCW2—1400—N4	—	—	4	4310	1400	4	$\phi18$	$\phi210$	4	$\phi18$	$\phi210$	21	240①	82
2880	ZS2—1500—14	1500	14	10	3095	1500	8	$\phi18$	$\phi275$	8	$\phi18$	$\phi254$	26	245	134
2881	ZS—1500—16	1500	12	10	3095	1500	4	M16	$\phi127$	8	$\phi18$	$\phi254$	26	245	126
2882	ZS—1500—32	3000	11	10	3090	1500	8	$\phi18$	$\phi254$	8	$\phi18$	$\phi300$	26	280	177
2883	ZS—1400—50	4400	11	10	2615	1400	8	$\phi18$	$\phi300$	8	$\phi18$	$\phi325$	22	305	206
2884	ZSW1—1500—12	1500	12	10	4780	1500	4	M16	$\phi127$	8	$\phi18$	$\phi254$	25	275①	137.4
2885	ZSW—1500—24	300	12	10	4765	1500	8	$\phi18$	$\phi254$	8	$\phi18$	$\phi300$	25	310①	188
2887	ZSW—1400—50	4400	11	10	4205	1400	8	$\phi18$	$\phi300$	8	$\phi18$	$\phi325$	22	335①	218.4
2889	ZSW—1100—8.5	2300	4	2	2368	1100	4	$\phi18$	$\phi225$	4	$\phi18$	$\phi250$	大11 小10	245	74
2890	ZSW—1500—14	1500	14	10	4780	1500	8	$\phi18$	$\phi275$	8	$\phi18$	$\phi254$	25	275①	145
2894	ZSW—1500—8	1500	8	10	4760	1500	8	$\phi18$	$\phi275$	8	$\phi18$	$\phi275$	25	270①	145
2895	ZSW—1500—10	1500	10	10	4760	1500	8	$\phi18$	$\phi254$	8	$\phi18$	$\phi275$	25	270①	142
2896	ZSW1—1500—22	3000	11	10	4760	1500	8	$\phi18$	$\phi275$	8	$\phi18$	$\phi275$	25	295①	173
2897	ZSW1—1400—36	4400	11	10	4230	1400	8	$\phi18$	$\phi275$	8	$\phi18$	$\phi325$	22	320①	181.5
2898	ZSW2—1400—33	4400	11	10	4230	1400	8	$\phi18$	$\phi275$	8	$\phi18$	$\phi300$	22	320①	184
2806	ZS1—1060—12	2120	6	6	1760	1060	4	$\phi18$	$\phi225$	4	$\phi18$	$\phi250$	13	230	74
2808	ZSW—1100—11.5	2300	6	6	2368	1100	4	$\phi18$	$\phi225$	4	$\phi18$	$\phi250$	大11 小10	245	80

注 330kV 及以上产品有带均压环与分水罩结构，也有不带均压环和分水罩。前者用于母线支柱，后者一般用于隔离开关，亦可用于母线支柱用。

① 伞下带棱伞产品。

表 24-19 户外棒形支柱瓷绝缘子技术数据

型号	代号	额定电压 (kV)	系统标称电压 (kV)	海拔 (m)	公称爬电距离 (mm)	主要尺寸 (mm)						机械破坏负荷		重量 (kg)	备注
						H	D	a_1	d_1	a_2	d_2	弯曲 (kN)	扭转 (kN·m)		
ZSWN-12/4	2310	12	10	~1000	400	200	143	36	2-M8	70	2-11	4	—	3.9	
ZSW-24/9L	2324	24	20	~1000	610	356	176	76	4-M12	76	4-M12	9	1	14	
ZSW-24/10	2321	24	20	~1000	600	350	205	140	4-M12	210	4-φ18	10	—	15	
ZSW1-24/10L	2323	24	20	~1000	600	380	205	76	4-M12	76	4-M12	10	7	16	
ZSW-24/30	2322	24	20	~1000	600	400	235	140	4-M12	250	4-φ18	30	2	22	
ZSW2-40.5/4	2330	40.5	35	~1000	875	400	198	140	4-φ14	140	4-φ14	4	1.5	13	耐污型户外棒形支柱瓷绝缘子
ZSW-40.5/4L	2330A	40.5	35	~1000	875	400	198	140	4-M12	140	4-M12	4	1.5	13	
ZSW1-40.5/4	2338	40.5	35	~1000	875	400	202	140	4-M12	180	4-φ14	4	1.5	20	
ZSW3-40.5/4	23310	40.5	35	~1000	875	440	202	140	4-M12	180	4-φ14	4	1.5	22	
ZSXW-40.5/4L	2339	40.5	35	~1000	875	450	208	140	4-M12	140	4-M12	4	1.5	21	
ZSW6-40.5/4L	23320	40.5	35	~1000	1013	445	210	76	4-M12	76	4-M12	4	1.5	21	
ZSW7-40.5/4	23321	40.5	35	~1000	1013	440	210	140	4-M12	180	4-φ14	4	1.5	22	
ZSW4-40.5/4	23311	40.5	35	~1000	1015	450	210	140	4-M12	180	4-φ14	4	1.5	22	
ZSW4-40.5/4L	23315	40.5	35	~1000	1015	470	210	140	4-M12	140	4-φ14	4	1.5	23	
ZSW5-40.5/4	2337	40.5	35	~1000	1200	550	215	140	4-M12	180	4-M12	4	1.5	24	
ZSW8-40.5/4	23323	40.5	35	~2000	1300	560	220	127	4-M16	180	4-φ14	4	1.5	26	
ZSW5-40.5/6L	23317	40.5	35	~1000	810	500	202	140	4-M12	140	4-M12	6	1.5	24	
ZSW-40.5/6L	2331	40.5	35	~1000	875	420	202	140	4-M12	140	4-M12	6	1.5	17.5	
ZSW1-40.5/6L	2333	40.5	35	~1000	875	450	202	140	4-M12	140	4-M12	6	1.5	22	
ZSW4-40.5/6L	23316	40.5	35	~1000	1015	500	202	140	4-M12	140	4-M12	6	1.5	24	
ZSW2-40.5/6L	23312	40.5	35	~1000	1300	510	220	140	4-M12	140	4-M12	6	1.5	26	
ZSW3-40.5/6L	23314	40.5	35	~2000	1300	560	220	140	4-M12	140	4-M12	6	1.5	27	

续表 24 - 19

型号	代号	额定电压 (kV)	系统标称电压 (kV)	海拔 (m)	公称爬电距离 (mm)	主要尺寸 (mm)						机械破坏负荷 (kN)		重量 (kg)	备注
						H	D	a_1	d_1	a_2	d_2	弯曲 (kN)	扭转 (kN·m)		
ZSW4—40.5/8	2336	40.5	35	~1000	875	420	210	140	4—M12	180	4—φ14	8	1.5	17	
ZSW2—40.5/8	2332	40.5	35	~1000	875	450	210	140	4—M12	180	4—φ14	8	1.5	18	
ZSW—40.5/8L	23313	40.5	35	~2000	1300	560	220	140	4—M12	140	4—M12	8	2	27	
ZSW3—40.5/8	2334	40.5	35	~2000	1300	560	220	225	4—φ18	225	4—φ18	8	2	27	
ZSW—40.5/10	23324	40.5	35	~2000	1300	560	215	127	4—M16	180	4—φ14	10	4	27	
ZSW1—40.5/12	23319	40.5	35	~2000	1015	560	240	225	4—φ18	225	4—φ18	12	7	30	
ZSW—40.5/12L	23318	40.5	35	~2000	1300	560	240	140	4—M12	140	4—M12	12	7	30	
ZCW—500—N1.5	2335	40.5	35	~1000	1300	500	220	140	4—M12	140	4—M12	—	1.5	24	
ZSW—72.5/4L	2340	72.5	63	~1000	1500	760	210	140	4—M12	140	4—M12	4	1.5	39	
ZSXW—72.5/4L	2346	72.5	63	~1000	1575	760	210	140	4—M12	140	4—M12	4	1.5	41	耐污型
ZSW1—72.5/4L	2344	72.5	62	~1000	1700	760	210	140	4—M12	140	4—M12	4	1.5	40	
ZSW2—72.5/5	2341	72.5	63	~1000	1600	760	225	225	4—φ18	225	4—φ18	5	2	42	户
ZSW—72.5/5L	2347	72.5	63	~1000	1813	760	220	140	4—M12	140	4—M12	5	2	43	外棒
ZSW1—72.5/5	2343	72.5	63	~1000	2205	870	220	140	4—M12	210	4—φ15	5	2	43	形支
ZSW1—72.5/5L	2342	72.5	63	~2000	2205	890	220	140	4—M12	140	4—M12	5	2	45	柱
ZSXW—72.5/5L	2345	72.5	63	~2000	2205	890	230	140	4—M12	140	4—M12	5	2	45	瓷
ZSWZ—72.5/5L	23418	72.5	63	~2000	2250	760	230	140	4—M12	140	4—M12	5	2	45	绝缘
ZSW—72.5/6L	23410	72.5	63	~1000	1450	760	210	140	4—M12	140	4—M12	6	2	39	子
ZSW1—72.5/6L	2349	72.5	63	~1000	1800	770	225	127	4—M16	127	4—M16	6	3	42	
ZSW1—72.5/8	23413	72.5	63	~2000	2205	870	220	190	4—φ14	225	4—φ18	8	4	45	
ZSW1—72.5/8	23417	72.5	63	~2000	2205	890	220	140	4—M12	225	4—φ18	8	4	43	
ZSW2—72.5/8L	23419	72.5	63	~1000	1815	760	235	140	4—M12	140	4—M12	8	3	47	

续表 24-19

型 号	代号	额定电压 (kV)	系统标称电压 (kV)	海拔 (m)	公称爬电距离 (mm)	H	主要尺寸 (mm)					机械破坏负荷		重量 (kg)	备注
							D	a_1	d_1	a_2	d_2	弯曲 (kN)	扭转 (kN·m)		
ZSW1—72.5/8.5	23412	72.5	63	~1000	1550	740	255	225	4—$\phi18$	250	4—$\phi18$	8.5	2	49	
ZSW—72.5/8.5	23411	72.5	63	~1000	1813	760	225	225	4—$\phi18$	250	4—$\phi18$	8.5	2	51	
ZSW—72.5/18	23415	72.5	63	~2000	2205	870	255	225	4—$\phi18$	270	4—$\phi18$	18	7	53	
ZSW1—72.5/18L	23416	72.5	63	~1000	1829	762	235	127	4—M16	127	4—M16	18	5	48	
ZSW1—72.5/21.5	2348	72.5	63	~1000	1550	740	255	225	4—$\phi18$	270	4—$\phi18$	21.5	7	49	
ZSW2—126/4	2350	126	110	~1000	2750	1060	225	140	4—M12	225	4—$\phi18$	4	2	53	
ZSW2—126/4L	2351	126	110	~1000	2750	1080	225	140	4—M12	140	4—M12	4	2	52	
ZSW17—126/4L	235246	126	110	~2000	2750	1150	220	140	4—M12	140	4—M12	4	2	61	耐污型户外棒形支柱瓷绝缘子
ZSW1—126/4L	2352	126	110	~2500	2750	1190	225	140	4—M12	140	4—M12	4	2	60	
ZSW1—126/4	2353	126	110	~2500	2750	1170	225	140	4—M12	225	4—$\phi18$	4	2	56	
ZSW7—126/4	23521	126	110	~2500	2750	1160	215	190	4—$\phi14$	225	4—$\phi18$	4	2	61	
ZSW11—126/4	235191	126	110	~2000	2750	1150	220	190	4—$\phi14$	225	4—$\phi18$	4	2	60	
ZSW13—126/4	235196	126	110	~2000	2750	1150	220	140	4—M12	225	4—$\phi18$	4	2	60	
ZSW12—126/4	235195	126	110	~2000	3150	1150	230	140	4—M12	225	4—$\phi18$	4	2	64	
ZSW12—126/4L	235205	126	110	~2000	3150	1170	230	140	4—M12	140	4—M12	4	2	65	
ZSW19—126/4	235252	126	110	~2000	3150	1150	220	127	4—M16	200	4—M16	4	4.6	60	
ZSW15—126/4	235232	126	110	~2000	3150	1150	230	190	4—$\phi14$	225	4—$\phi14$	4	2	62	
ZSW18—126/4	235250	126	110	~2000	3150	1150	230	225	4—$\phi18$	225	4—$\phi18$	4	2	62	
ZSW14—126/4L	235231	126	110	~2000	3150	1170	230	140	4—M12	127	4—M16	4	2	65	

续表 24-19

型号	代号	额定电压 (kV)	系统标称电压 (kV)	海拔 (m)	公称爬电距离 (mm)	主要尺寸 (mm)						机械破坏负荷		重量 (kg)	备注
						H	D	a_1	d_1	a_2	d_2	弯曲 (kN)	扭转 (kN·m)		
ZSW20—126/4	235287	126	110	~2500	3150	1170	232	190	4—φ14	225	4—φ18	4	2	63	
ZSW6—126/4	23546	126	110	~2500	3150	1170	230	140	4—M12	225	4—φ18	4	2	63	
ZSW6—126/4L	23547	126	110	~2500	3150	1190	230	140	4—M12	140	4—M12	4	2	62	
ZSW9—126/4	23539	126	110	~3000	3150	1200	235	190	4—φ14	225	4—φ18	4	2	63	
ZSW10—126/4	23584	126	110	~3000	3150	1200	235	140	4—M12	225	4—φ18	4	2	64	
ZSW3—126/4	2354	126	110	~3000	3150	1200	235	140	4—M12	225	4—φ18	4	2	64	
ZSW22—126/4L	235297	126	110	~3000	3150	1220	230	127	4—M16	127	4—M16	4	2	65	
ZSW23—126/4	235307	126	110	~3000	3410	1220	210	127	4—M16	178	4—φ18	4	2	65	
ZSW5—126/4	2355	126	110	~3000	3410	1200	245	140	4—M12	225	4—φ18	4	2	74	耐污型户外棒形支柱瓷绝缘子
ZSW4—126/4	2356	126	110	~3000	3528	1220	245	140	4—M12	225	4—φ18	4	2	75	
ZSW16—126/4	235238	126	110	~2000	3700	1150	245	140	4—M12	225	4—φ18	4	2	65	
ZSW8—126/4	23555	126	110	~4000	3700	1400	255	140	4—M12	225	4—φ18	4	2	97	
ZSW8—126/4L	23556	126	110	~4000	3700	1420	255	140	4—M12	140	4—M12	4	2	98	
ZSW21—126/4L	235290	126	110	~3000	3906	1220	270	140	4—M12	140	4—M12	4	2	79	
ZSW—126/5.4	23560S	126	110	~2500	3150	1170	230	140	4—M12	225	4—φ18	5.4	3	63	
ZSW7—126/6	235136	126	110	~1000	2750	1060	225	140	4—M12	225	4—φ18	6	3	53	
ZSW7—126/6L	235281	126	110	~1000	2750	1080	225	140	4—M12	140	4—M12	6	3	53	
ZSW5—126/6	235117	126	110	~2000	2750	1150	220	140	4—M12	225	4—φ18	6	3	60	
ZSW5—126/6L	235118	126	110	~2000	2750	1170	220	140	4—M12	140	4—M12	6	3	62	
ZSW9—126/6	235145	126	110	~2000	2750	1150	220	190	4—φ14	225	4—φ18	6	3	63	
ZSW12—126/6L	235178	126	110	~2000	2750	1150	220	140	4—M12	140	4—M12	6	3	61	

续表 24-19

型号	代号	额定电压 (kV)	系统标称电压 (kV)	海拔 (m)	公称爬电距离 (mm)	主要尺寸 (mm)						机械破坏负荷		重量 (kg)	备注
						H	D	a_1	d_1	a_2	d_2	弯曲 (kN)	扭转 (kN·m)		
ZSW22—126/6	235274	126	110	~3000	3906	1230	230	140	4—M12	225	4—φ18	6	3	78	
ZSW22—126/6L	235272	126	110	~3000	3906	1250	230	140	4—M12	140	4—M12	6	3	80	
ZCW—1150—N1.5	23519	126	110	~2000	2750	1150	220	180	4—φ13	180	4—φ13		1.5	56	
ZCW1—1150—N1.5	23520	126	110	~2000	3150	1150	230	180	4—φ13	180	4—φ13		1.5	65	
ZCW1—1170—N1.5	23524	126	110	~2500	3140	1170	235	180	4—φ13	180	4—φ13		1.5	67	
ZCW—1060—N2	23589	126	110	~1000	2520	1060	210	160	4—M12	180	4—φ13		2	45	耐污型户外棒形支柱瓷绝缘子
ZCW1—1060—N2	235121	126	110	~1000	2520	1060	210	180	4—φ13	160	4—M12		2	45	
ZCW4—1060—N2	235216	126	110	~1000	2520	1060	210	127	4—M16	180	4—φ13		2	45	
ZCW5—1060—N2	235217	126	110	~1000	2520	1060	210	180	4—φ13	127	4—M16		2	45	
ZCW—1080—N2	235122	126	110	~1000	2520	1080	210	160	4—M12	160	4—M12		2	47	
ZCW7—1060—N2	235220	126	110	~1000	2750	1060	210	160	4—φ13	160	4—φ13		2	45	
ZCW10—1150—N2	235296	126	110	~2000	2750	1150	220	180	4—φ13	180	4—φ13		2	56	
ZCW—1150—N2	235123	126	110	~2000	2750	1150	220	160	4—M12	180	4—M12		2	55	
ZCW1—1150—N2	235124	126	110	~2000	2750	1150	220	180	4—φ13	160	4—φ13		2	55	
ZCW—1170—N2	235125	126	110	~2500	2750	1170	220	160	4—M12	160	4—M12		2	56	
ZCW7—1150—N2	235170	126	110	~2000	2750	1150	215	160	4—φ13	160	4—φ13		2	54	
ZCW—1200—N2	23511	126	110	~2500	2750	1200	220	127	4—M16	225	4—φ18		2	64	
ZCW1—1200—N2	23512	126	110	~2500	2750	1200	220	225	4—φ18	127	4—M16		2	64	
ZCW4—1200—N2	235138	126	110	~2500	2750	1200	220	225	4—φ18	225	4—φ18		2	64	
ZCW2—1060—N2	235214	126	110	~1000	3150	1060	255	127	4—M16	225	4—φ18		2	50	
ZCW6—1060—N2	235219	126	110	~1000	3150	1060	255	160	4—φ13	160	4—φ13		2	55	

续表24-19

型号	代号	额定电压(kV)	系统标称电压(kV)	海拔(m)	公称爬电距离(mm)	主 要 尺 寸 (mm)						机械破坏负荷		重量(kg)	备注
						H	D	a_1	d_1	a_2	d_2	弯曲(kN)	扭转(kN·m)		
ZCW3—1060—N2	235215	126	110	~1000	3150	1060	255	225	4—M16	127	4—M16		2	50	
ZCW2—1150—N2	235126	126	110	~2000	3150	1150	230	160	4—M12	180	4—φ13		2	63	
ZCW3—1150—N2	235127	126	110	~2000	3150	1150	230	180	4—φ13	160	4—M12		2	63	
ZCW11—1150—N2	235321	126	110	~2000	3150	1150	185	127	4—φ12	127	4—φ12		2	52	
ZCW8—1150—N2	235181	126	110	~2000	3150	1150	221	180	4—φ13	180	4—φ13		2	55	
ZCW6—1150—N2	235169	126	110	~2000	3150	1150	225	160	4—φ13	160	4—φ13		2	57	
ZCW1—1170—N2	235100	126	110	~2500	3150	1170	230	160	4—M12	160	4—M12		2	64	耐污型户外棒形支柱瓷绝缘子
ZCW2—1200—N2	23563	126	110	~2500	3150	1200	235	127	4—M16	225	4—φ18		2	66	
ZCW3—1200—N2	23564	126	110	~2500	3150	1200	235	225	4—φ18	127	4—φ18		2	66	
ZCW5—1200—N2	235147	126	110	~2500	3150	1200	235	225	4—φ18	225	4—φ18		2	66	
ZCW—1220—N2	235304	126	110	~3000	3150	1220	220	127	4—M16	127	4—M16	2	2	63	
ZSXW—126/6	23545	126	110	~2500	2750	1160	225	190	4—φ14	225	4—φ18	6	3	68	
ZSW1—126/6	23515	126	110	~2500	2750	1170	225	140	4—M12	225	4—φ18	6	3	60	
ZSW3—126/6	23583	126	110	~2500	2750	1200	235	210	4—φ18	210	4—φ18	6	3	68	
ZSW19—126/6	235245	126	110	~3000	2750	1200	220	140	4—M12	225	4—φ18	6	3	66	
ZSW15—126/6	235207	126	110	~1000	3150	1060	235	140	4—M12	225	4—φ18	6	3	55	
ZSW6—126/6	235119	126	110	~2000	3150	1150	230	140	4—M12	225	4—φ18	6	3	64	
ZSW6—126/6L	235120	126	110	~2500	3150	1170	230	140	4—M12	140	4—M12	6	3	65	
ZSW26—126/6	235327	126	110	~2000	3150	1150	225	127	4—M16	225	4—φ18	6	4	60	
ZSW21—126/6	235253	126	110	~2000	3150	1150	220	127	4—M16	200	8—φ18	6	5	58	
ZSW20—126/6	235249	126	110	~2000	3150	1150	230	225	4—φ18	225	4—φ18	6	3	62	

续表 24－19

型　号	代号	额定电压(kV)	系统标称电压(kV)	海拔(m)	公称爬电距离(mm)	H	D	a₁	d₁	a₂	d₂	弯曲(kN)	扭转(kN·m)	重量(kg)	备注
ZSW24—126/6	235309	126	110	~2000	3150	1150	225	225	4—φ18	225	8—φ18	6	4.5	56	
ZSW8—126/6	235142	126	110	~2000	3150	1150	230	190	4—φ14	225	4—φ18	6	3	62	
ZSW11—126/6L	235177	126	110	~2000	3150	1150	230	140	4—M12	140	4—M12	6	3	62	
ZSW27—126/6	235333	126	110	~2000	3150	1150	230	127	4—M16	225	4—φ18	6	3	65	
ZSW4—126/6	235113	126	110	~2500	3150	1160	230	190	4—φ14	225	4—φ18	6	3	63	
ZSW—126/6	23560	126	110	~2500	3150	1170	230	140	4—M12	225	4—φ18	6	3	63	
ZSW—126/6L	235116	126	110	~2500	3150	1190	230	140	4—M12	140	4—M12	6	3	64	
ZSW18—126/6L	235229	126	110	~2000	3150	1170	232	140	4—M12	127	4—M16	6	3	64	
ZSXW2—126/6	235164	126	110	~3000	3150	1200	245	140	4—M12	225	4—φ18	6	3	70	耐污型户外棒形支柱瓷绝缘子
ZSW1—1200—6	23522	126	110	~2500	3150	1200	245	210	4—φ18	210	4—φ18	6	3	70	
ZSW2—126/6	23570	126	110	~3000	3150	1200	235	140	4—M12	225	4—φ18	6	3	64	
ZSXW3—126/6	235322	126	110	~3000	3150	1200	245	210	4—φ18	225	4—φ18	6	8	72	
ZSW13—126/6	235182	126	110	~3000	3150	1220	235	127	4—M16	200	4—φ18	6	4	68	
ZSW25—126/6	235311	126	110	~3000	3150	1215	220	120	4—M12	165	4—φ18	6	3	70	
ZSXW1—126/6	235110	126	110	~3000	3150	1220	245	140	4—M12	225	4—φ18	6	3	72	
ZSW14—126/6	235206	126	110	~3000	3410	1200	245	140	4—M12	225	4—φ18	6	3	70	
ZSW17—126/6	235227	126	110	~2500	3906	1170	270	140	4—M12	225	4—φ18	6	3	76	
ZSW16—126/6	235226	126	110	~2500	3906	1200	270	190	4—φ14	225	4—φ18	6	3	79	
ZSW10—126/6	235148	126	110	~3000	3906	1200	270	140	4—M12	225	4—φ18	6	3	78	
ZSW10—126/6L	235151	126	110	~3000	3906	1220	270	140	4—M12	140	4—M12	6	3	79	
ZCW9—1150—N2	235273	126	110	~2000	3906	1150	245	180	4—φ13	180	4—φ13	6	2	67	

续表 24-19

型号	代号	额定电压 (kV)	系统标称电压 (kV)	海拔 (m)	公称爬电距离 (mm)	主要尺寸 (mm)						机械破坏负荷		重量 (kg)	备注
						H	D	a₁	d₁	a₂	d₂	弯曲 (kN)	扭转 (kN·m)		
ZCW6—126/N2	235152	126	110	～3000	3906	1200	265	160	4—M12	160	4—M12		2	75	
ZCW7—1200—N2	235153	126	110	～3000	3906	1200	265	160	4—M12	180	4—φ13		2	75	
ZCW8—1200—N2	235154	126	110	～3000	3906	1200	265	180	4—φ13	160	4—M12		2	75	
ZCW9—1200—N2	235244	126	110	～3000	3906	1200	265	180	4—φ13	180	4—φ13		2	74	
ZCW10—1200—N2	235279	126	110	～2500	3906	1200	265	127	4—M16	225	4—φ18		2	68	
ZCW11—1200—N2	235280	126	110	～2500	3906	1200	265	225	4—φ18	127	4—M16		2	68	
ZCW5—1150—N3	235143	126	110	～2000	2750	1150	220	210	4—φ18	210	4—φ18	4	3	61	
ZCW—1150—N3	235251	126	110	～2000	3150	1150	195	127	4—φ12	127	4—φ12		3	50	
ZCW4—1150—N3	235160	126	110	～2000	3150	1150	230	210	4—φ18	210	4—φ18	4	3	63	耐污型户外棒形支柱瓷绝缘子
ZCW9—1150—N3	235329	126	110	～2000	3150	1150	230	127	4—M16	200	4—φ18		3	62	
ZCW10—1150—N3	235330	126	110	～2000	3150	1150	230	200	4—φ18	127	4—M16		3	62	
ZCW—1220—N3	235332	126	110	～3000	3528	1220	220	127	4—M16	127	4—M16		3	67	
ZCW8—1150—N3	235237	126	110	～2000	3906	1150	236	160	4—φ13	160	4—φ13		3	67	
ZCW11—1150—N3	235358	126	110	～2000	3906	1150	255	127	4—M16	200	4—φ18		3	65	
ZCW12—1150—N3	235359	126	110	～2000	3906	1150	255	200	4—φ18	127	4—M16		3	65	
ZCW—1200—N3	235267	126	110	～3000	3906	1200	265	160	4—φ13	160	4—φ13	4	3	75	
ZCW1—1220—N3	235350	126	110	～3000	3906	1220	245	127	4—M16	127	4—M16		3	70	
ZCW—1200—N6	235344	126	110	～2500	2750	1200	220	127	4—M16	225	4—φ18		6	65	
ZCW1—1200—N6	235345	126	110	～2500	2750	1200	220	225	4—φ18	127	4—M16		6	65	
ZSW—126/8	23565	126	110	～1000	2750	1060	225	140	4—M12	225	4—φ18	8	4	56	
ZSW19—126/8	235212	126	110	～1000	2750	1060	225	127	4—M16	225	4—φ18	8	4	60	

续表 24-19

型号	代号	额定电压 (kV)	系统标称电压 (kV)	海拔 (m)	公称爬电距离 (mm)	主要尺寸 (mm)						机械破坏负荷		重量 (kg)	备注
						H	D	a_1	d_1	a_2	d_2	弯曲 (kN)	扭转 (kN·m)		
ZSW7-126/8	235167	126	110	~2000	2750	1150	230	127	4-M16	225	4-φ18	8	4	60	耐污型户外棒形支柱瓷绝缘子
ZSW17-126/8	235199	126	110	~2000	2750	1150	230	140	4-M12	225	4-φ18	8	4	57	
ZSW13-126/8	235190	126	110	~2000	2750	1150	230	225	4-φ18	225	4-φ18	8	4	59	
ZSW15-126/8	235193	126	110	~2000	2750	1150	230	190	4-φ14	225	4-φ18	8	4	59	
ZSW4-126/8	235161	126	110	~2500	2750	1170	225	140	4-M12	225	4-φ18	8	4	62	
ZSW9-126/8	235175	126	110	~2500	2750	1200	225	127	4-M16	225	4-φ18	8	4	62	
ZSW11-126/8	235185	126	110	~2500	2750	1200	225	127	4-M16	250	8-φ18	8	4	63	
ZSW2-126/8	235106	126	110	~2500	2750	1200	260	140	4-M12	270	4-φ18	8	7	94	
ZSW18-126/8	235210	126	110	~1000	3150	1060	235	127	4-M16	225	8-φ18	8	4	62	
ZSW6-126/8	235165	126	110	~2000	3150	1150	230	127	4-M16	225	4-φ18	8	4	62	
ZSW16-126/8	235198	126	110	~2000	3150	1150	230	140	4-M12	225	4-φ18	8	4	58	
ZSW12-126/8	235189	126	110	~2000	3150	1150	230	225	4-φ18	225	4-φ18	8	4	61	
ZSW14-126/8	235192	126	110	~2000	3150	1150	230	190	4-φ14	225	4-φ18	8	4	61	
ZSW27-126/8	235295	126	110	~2000	3150	1170	225	140	4-M12	225	4-φ18	8	4	61	
ZSW8-126/8L	235171	126	110	~2000	3150	1190	265	140	4-M12	140	4-M12	8	7	95	
ZSW8-126/8	235173	126	110	~2500	3150	1200	235	127	4-M16	225	4-φ18	8	4	64	
ZSW10-126/8	235183	126	110	~2000	3150	1200	235	127	4-M16	250	8-φ18	8	4	65	
ZSW25-126/8	235284	126	110	~2500	3150	1200	225	140	4-M12	225	4-φ18	8	4	63	
ZSW20-126/8	235222	126	110	~2500	3150	1200	235	225	4-φ18	225	4-φ18	8	4	64	
ZSW10-126/8L	235298	126	110	~2500	3150	1220	265	127	4-M16	127	4-M16	8	4	112	
ZSW29-126/8	235308	126	110	~2500	3400	1200	265	140	4-M12	286	6-φ18	8	12	110	

续表 24-19

型号	代号	额定电压 (kV)	系统标称电压 (kV)	海拔 (m)	公称爬电距离 (mm)	主 要 尺 寸 (mm)						机械破坏负荷			重量 (kg)	备注
						H	D	a_1	d_1	a_2	d_2	弯曲 (kN)		扭转 (kN·m)		
												正装	倒装			
ZSW3—126/8	235134	126	110	~2000	3430	1210	265	140	4-M12	270	4-φ18	8		4	117	
ZSW21—126/8	235235	126	110	~2000	3528	1150	245	225	4-φ18	225	4-φ18	8		4	63	
ZSW2—1250—8	235323	126	110	~3000	3550	1250	260	225	4-φ18	225	4-φ18	8		6	102	
ZSW1—1250—8	235105	126	110	~3000	3670	1250	275	225	4-φ18	270	4-φ18	8		7	103	
ZSW1—126/8	23582	126	110	~2500	3780	1220	270	225	4-φ18	250	4-φ18	8		7	104	
ZSW—1250—8	23535	126	110	~3000	3820	1250	275	225	4-φ18	254	8-φ18	8		7	103	
ZSW32—126/8	235353	126	110	~2000	3906	1150	265	225	4-φ18	225	4-φ18	8		4	78	
ZSW28—126/8	235305	126	110	~2000	3906	1170	265	140	4-M12	225	4-φ18	8		4	78	
ZSW30—126/8	235312	126	110	~2000	3906	1170	275	140	4-M12	270	4-φ18	8		10	79	
ZSXW—126/8	235263	126	110	~2500	3906	1200	295	225	4-φ18	250	4-φ18	8		7	108	耐污型户外棒形支柱瓷绝缘子
ZSW22—126/8	235265	126	110	~2500	3906	1200	275	225	4-φ18	225	4-φ18	8		4	105	
ZSW23—126/8	235270	126	110	~2500	3906	1200	275	190	4-φ14	225	4-φ18	8		4	108	
ZSW24—126/8	235271	126	110	~2500	3906	1200	275	140	4-M12	225	4-φ18	8		4	108	
ZSW5—126/8	235155	126	110	~2500	3906	1200	295	225	4-φ18	250	4-φ18	8		7	108	
ZSW31—126/8	235349	126	110	~2500	3906	1215	260	120	4-M12	方165	4-φ18	8		4	82	
ZSW2—1060—8.5	23571	126	110	~1000	2750	1060	260	225	4-φ18	250	4-φ18	8.5	4.7	7	84	
ZSW2—1060—8.5D	2357	126	110	~1000	2750	1060	260	225	4-φ18	270	4-φ18	8.5	4.7	7	89	
ZSW—126/8.5	235102	126	110	~1000	2750	1060	260	140	4-M12	250	4-φ18	8.5	4.7	7	85	
ZSW—1150—8.5	23513D	126	110	~2000	2750	1150	255	225	4-φ18	250	4-φ18	8.5	4.7	7	91	
ZSW8—1150—8.5	235286	126	110	~2000	2750	1150	253	225	4-φ18	250	4-φ22	8.5	4.7	7	93	
ZSW4—1150—8.5	235225	126	110	~2000	2750	1150	250	225	4-φ18	250	8-φ18	8.5	4.7	7	94	

型　号	代号	额定电压 (kV)	系统标称电压 (kV)	海拔 (m)	公称爬电距离 (mm)	主 要 尺 寸 (mm)						机械破坏负荷			重量 (kg)	备注
						H	D	a_1	d_1	a_2	d_2	弯曲 (kN) 正装	倒装	扭转 (kN·m)		
ZSW3－1200－8.5	235112	126	110	~2500	2750	1200	250	225	4－φ18	250	4－φ18	8.5	4.7	7	93	
ZSW2－1200－8.5D	2358	126	110	~2500	2750	1200	250	225	4－φ18	270	4－φ18	8.5	4.7	7	94	
ZSW1－1200－8.5	23517	126	110	~2500	2750	1200	250	225	4－φ18	250	4－φ22	8.5	4.7	7	92	
ZSW1－1150－8.5	235131	126	110	~2000	3150	1150	265	225	4－φ18	250	4－φ18	8.5	4.7	7	91	
ZSW2－1150－8.5	235157	126	110	~2000	3150	1150	265	225	4－φ18	250	4－φ22	8.5	4.7	7	93	耐污型户外棒形支柱瓷绝缘子
ZSW7－1150－8.5	235254	126	110	~2000	3150	1150	235	200	4－φ18	200	4－φ18	8.5	4.7	4.6	85	
ZSW3－1150－8.5	235221	126	110	~2000	3150	1150	265	225	4－φ18	250	8－φ18	8.5	4.7	7	97	
ZSW1－1200－8.5D	23518	126	110	~2500	3150	1200	260	225	4－φ18	270	4－φ18	8.5	4.7	7	97	
ZSW2－1200－8.5	23532	126	110	~2500	3150	1200	260	225	4－φ18	250	4－φ18	8.5	4.7	7	95	
ZSW4－1200－8.5	235159	126	110	~2500	3150	1200	260	225	4－φ18	250	4－φ22	8.5	4.7	7	95	
ZSW5－1150－8.5	235234	126	110	~2000	3200	1150	265	225	4－φ18	254	8－φ18	8.5		7	97	
ZSW－1220－8.5D	23527	126	110	~2500	3410	1220	265	225	4－φ18	270	4－φ18	8.5	4.7	7	99	
ZSW－1220－8.5	23572	126	110	~2500	3410	1220	260	225	4－φ18	250	4－φ18	8.5	4.7	7	98	
ZSW6－1150－8.5	235239	126	110	~2000	3528	1150	285	225	4－φ18	250	4－φ18	8.5	4.7	7	100	
ZSW－1400－8.5D	23557	126	110	~3000	3700	1400	265	225	4－φ18	270	4－φ22	8.5	4.7	7	125	
ZSW－1400－8.5	23558	126	110	~3000	3700	1400	265	225	4－φ18	250	4－φ18	8.5	4.7	7	126	
ZSW5－1200－8.5	235228	126	110	~2500	3906	1200	295	225	4－φ18	250	8－φ18	8.5	4.7	7	108	
ZSW6－1200－8.5	235268	126	110	~2500	3906	1200	295	225	4－φ18	250	4－φ18	8.5	4.7	7	108	
ZSW6－1200－8.5D	235326	126	110	~2500	3906	1200	295	225	4－φ18	270	4－φ18	8.5	4.7	7	108	
ZSW2－1100－9	2359	126	110	~1000	2750	1100	258	225	4－φ18	250	4－φ18	9	5	7	87	
ZSW－126/9	23510	126	110	~2000	2750	1200	250	127	4－M16	286	6－φ18	9		7	112	

续表 24-19

型　号	代号	额定电压 (kV)	系统标称电压 (kV)	海拔 (m)	公称爬电距离 (mm)	主要尺寸 (mm)						机械破坏负荷 (kN)			重量 (kg)	备注
						H	D	a_1	d_1	a_2	d_2	弯曲 正装	弯曲 倒装	扭转 (kN·m)		
ZSW1—126/9	23543	126	110	~2000	2750	1200	258	140	4—M12	286	6—φ18	9		7	112	
ZSW1—1100/9	23573	126	110	~1000	2890	1100	265	225	4—φ18	250	4—φ18	9	5	7	89	
ZSW3—1100—9	235115	126	110	~1000	3150	1100	275	225	4—φ18	250	4—φ18	9	5	7	94	
ZSW2—126/9	23553	126	110	~2500	3150	1200	280	127	4—M16	286	6—φ18	9		7	110	
ZSW3—126/9	23585	126	110	~2500	3400	1200	265	225	4—φ18	250	4—φ18	9		7	92	
ZSW4—126/9	23588	126	110	~2500	3400	1200	265	127	4—M16	286	6—φ18	9		7	130	
ZSW5—126/9	235158	126	110	~2500	3550	1200	270	140	4—M12	250	4—φ18	9		7	126	耐污型户外棒形支柱瓷绝缘子
ZSW6—126/9	235278	126	110	~2500	3906	1200	275	127	4—M16	250	6—φ18	9		7	115	
ZSW—1200—10	23513	126	110	~2500	2750	1200	250	286	6—φ18	286	6—φ18	10		7	116	
ZSW4—1200—10	235111	126	110	~2500	2750	1200	250	127	4—M16	280	8—φ18	10		7	112	
ZSW5—1200—10	235187	126	110	~2500	2750	1200	250	225	4—φ18	250	8—φ18	10		7	112	
ZSW7—1200—10	235257	126	110	~2500	2900	1200	270	286	6—φ18	286	6—φ18	10		7	122	
ZSW5—126/10	235315	126	110	~1000	3150	1060	265	140	4—M12	225	4—φ8	10		7	80	
ZSW6—126/10	235319	126	110	~2000	3150	1150	260	225	4—φ18	225	4—φ18	10		8	95	
ZSW—126/10	23559A	126	110	~2000	3150	1150	265	225	4—φ18	254	8—φ18	10		7	97	
ZSW2—126/10L	235299	126	110	~2500	3150	1220	265	127	4—M16	127	4—M16	10		4	62	
ZSW3—126/10	235300	126	110	~2500	3150	1220	265	127	4—M16	225	4—φ18	10		4	60	
ZSW1—1200—10	23530	126	110	~2500	3400	1200	265	250	4—φ22	280	8—φ18	10		7	117	
ZSW2—1200—10	23541	126	110	~2500	3400	1200	265	250	4—φ22	286	6—φ18	10		7	117	
ZSW3—1200—10	235101	126	110	~2500	3400	1200	265	286	6—φ18	286	6—φ18	10	8	7	·120	
ZSW6—1200—10	235200	126	110	~2500	3400	1200	265	225	4—φ18	250	4—φ18	10		6	116	

续表 24-19

型号	代号	额定电压 (kV)	系统标称电压 (kV)	海拔 (m)	公称爬电距离 (mm)	主要尺寸 (mm)						机械破坏负荷 (kN)			重量 (kg)	备注
						H	D	a_1	d_1	a_2	d_2	弯曲 正装	弯曲 倒装	扭转 (kN·m)		
ZSW8—126/10	235360	126	110	~1000	3528	1060	275	140	4-M12	225	4-φ18	10		7	85	耐污型户外棒形支柱瓷绝缘子
ZSW7—126/10	235351	126	110	~2000	3906	1150	265	127	4-M16	225	4-φ18	10		4	110	
ZSW4—126/10	235313	126	110	~2000	3906	1170	275	140	4-M12	225	4-φ18	10		10	102	
ZSW1—126/10	235276	126	110	~2500	3906	1200	270	286	6-φ18	250	6-φ18	10		7	110	
ZSW—126/11	235140	126	110	~2500	2750	1220	260	140	4-M12	270	4-φ18	11	8	4	94	
ZSW2—126/11	235204	126	110	~2500	2750	1200	250	286	6-φ18	286	6-φ18	11		7	116	
ZSW4—126/11	235260	126	110	~1000	3150	1060	290	140	4-M12	270	4-φ18	11		7	95	
ZSW3—126/11	235259	126	110	~1000	3150	1120	275	140	4-M12	270	4-φ18	11		7	96	
ZSW1—126/11	235179	126	110	~2000	3400	1200	265	286	6-φ18	286	6-φ18	11		7	117	
ZSW—1100—12	23540	126	110	~1000	2750	1100	265	225	4-φ18	250	6-φ18	12	7	7	91	
ZSW1—126/12	23587	126	110	~2000	3150	1150	265	225	4-M16	254	8-φ18	12		7	97	
ZSW1—1150—12	23525	126	110	~2000	3150	1150	265	225	4-φ18	254	8-φ18	12	7	7	97	
ZSXW—1150—12	235342	126	110	~2000	3150	1150	265	225	4-M16	254	8-φ18	12		7	96	
ZSW—1160—12.5D	235137	126	110	~1000	2750	1060	260	225	4-φ18	270	4-φ18	12.5	7	7	88	
ZSW1—1160—12.5	235139	126	110	~1000	2750	1060	260	225	4-φ18	250.	8-φ18	12.5	7	7	87	
ZSW2—1160—12.5	235209	126	110	~2000	2750	1060	260	225	4-φ18	250	8-φ18	12.5	7	7	87	
ZSW1—1150—12.5	235128	126	110	~2000	2750	1150	250	225	4-φ18	250	8-φ18	12.5	7	7	94	
ZSW3—1150—12.5	235146	126	110	~2500	2750	1150	250	225	4-φ18	250	4-φ18	12.5	7	7	92	
ZSW2—1200—12.5D	23516	126	110	~2500	2750	1200	250	225	4-φ18	270	4-φ18	12.5	7	7	94	
ZSW—1200—12.5	23574	126	110	~2500	2750	1200	250	225	4-φ18	250	4-φ22	12.5	7	7	92	
ZSXW—1200—12.5D	23548	126	110	~2500	2750	1200	250	225	4-φ18	270	4-φ18	12.5	7	7	94	

续表 24-19

型号	代号	额定电压 (kV)	系统标称电压 (kV)	海拔 (m)	公称爬电距离 (mm)	H	D	a₁	d₁	a₂	d₂	弯曲 (kN) 正装	弯曲 (kN) 倒装	扭转 (kN·m)	重量 (kg)	备注
ZSW1-1060—12.5	235208	126	110	~1000	3150	1060	270	225	4-φ18	250	8-φ18	12.5		7	89	
ZSW6-1150—12.5	235328	126	110	~2000	3150	1150	240	225	4-φ18	225	4-φ18	12.5		3	80	
ZSW1-1150—12.5	235129	126	110	~2000	3150	1150	270	225	4-φ18	250	8-φ18	12.5		7	97	
ZSW2-1150—12.5	235144	126	110	~2000	3150	1150	265	225	4-φ18	250	4-φ18	12.5		7	90	
ZSW3-126/12.5	23559	126	110	~2000	3150	1150	265	225	4-φ18	254	8-φ18	12.5	7.5	7	98	
ZSW4-1150—12.5	235255	126	110	~2000	3150	1150	245	200	4-φ18	225	4-φ18	12.5		5	80	
ZSW5-1150—12.5	235310	126	110	~2000	3150	1150	245	225	8-φ18	225	8-φ18	12.5		4.5	80	
ZSW4-126/12.5	235347	126	110	~2000	3150	1150	245	127	4-M16	254	8-φ18	12.5		6	80	耐污型户外棒形支柱瓷绝缘子
ZSW1-1200/12.5	23575	126	110	~2500	3150	1200	260	225	4-φ18	250	8-φ18	12.5		7	95	
ZSW3-1200—12.5	235346	126	110	~2500	3150	1200	260	225	4-φ18	250	4-φ22	12.5		7	95	
ZSW3-1200—12.5D	23561	126	110	~2500	3150	1200	260	225	8-φ18	270	4-φ18	12.5		7	97	
ZSW5-1200—12.5	235163	126	110	~2500	3150	1200	260	225	4-φ18	254	8-φ18	12.5	6.7	3.5	97	
ZSW-126/12.5	235301	126	110	~2500	3150	1220	275	127	4-M16	254	8-φ18	12.5		6	87	
ZSW5-126/12.5	235355	126	110	~2000	3906	1150	275	127	4-M16	254	8-φ18	12.5		6	85	
ZSW4-1200—12.5	235149	126	110	~2500	3906	1220	295	225	4-φ18	250	8-φ18	12.5		7	108	
ZSW-1220—12.5	235247	126	110	~2500	3906	1220	295	127	4-M16	250	8-φ18	12.5		7	108	
ZSW4-1200—12.5D	235275	126	110	~2500	3906	1220	295	225	4-φ18	270	4-φ18	12.5		7	108	
ZSW7-1200—12.5	235269	126	110	~2500	3906	1220	295	225	4-φ18	250	4-φ18	12.5		7	108	
ZSXW-126/13	23549	126	110	~2000	3150	1150	265	225	4-φ18	254	8-φ18	13		7	97	
ZSW-1050-14	235108	126	110	~1000	2750	1050	290	127	4-M16	254	8-φ18	14		7	98	
ZSW-1070-15	23529	126	110	~1000	2750	1070	265	250	4-φ18	250	8-φ18	15	9	7	92	

续表 24-13

型号	代号	额定电压(kV)	系统标称电压(kV)	海拔(m)	公称爬电距离(mm)	主要尺寸 (mm)						机械破坏负荷			重量(kg)	备注
						H	D	a_1	d_1	a_2	d_2	弯曲(kN) 正装	倒装	扭转(kN·m)		
ZSW-1100-15	23533	126	110	~1000	2750	1100	265	250	4-ϕ18	250	8-ϕ18	15		7	93	
ZSW-1200-15D	23577	126	110	~2000	2750	1200	265	270	4-ϕ18	270	6-ϕ18	15	9	7	102	
ZSW-126/15	225258	126	110	~2000	3150	1150	285	254	8-ϕ18	254	8-ϕ18	15		7	110	
ZSW-1170-16	235230	126	110	~2000	2750	1170	265	250	4-ϕ22	270	4-ϕ22	16		7	120	耐污型户外棒形支柱瓷绝缘子
ZSW-1200-16	23528	126	110	~2000	2900	1200	260	286	6-ϕ18	286	6-ϕ18	16	10	7	122	
ZSW1-126/16	235302	126	110	~2500	3150	1220	285	127	4-M16	254	8-ϕ18	16		6	75	
ZSW-1150-16	235343	126	110	~2000	3150	1150	280	254	8-ϕ18	254	8-ϕ18	16		16	110	
ZSW-1150-16	235338	126	110	~2000	3150	1150	285	127	4-M16	275	8-ϕ18	16		10	110	
ZSXW-126/16	23568	126	110	~2000	3150	1150	285	254	8-ϕ18	254	8-ϕ18	16	10	7	110	
ZSW-1220-16	23523	126	110	~2000	3410	1220	285	286	6-ϕ18	286	6-ϕ18	16	10	7	129	
ZSW1-1200-16	235243	126	110	~2000	3906	1200	300	286	8-ϕ18	286	8-ϕ18	16	10	7	124	
ZSW1-1060-18	235213	126	110	~1000	2750	1060	265	225	4-ϕ18	250	8-ϕ18	18	10	4	90	
ZSW-1070-18	23566	126	110	~1000	2750	1070	265	225	4-ϕ18	250	4-ϕ18	18	11	4	90	
ZSW1-1070-18D	235114	126	110	~1000	2750	1070	265	225	4-ϕ18	270	4-ϕ18	18	11	7	92	
ZSW1-1070-18	23579	126	110	~1000	2750	1070	260	250	4-ϕ18	250	4-ϕ18	18	11	7	92	
ZSW-1100-18	23552	126	110	~1000	2775	1100	260	250	4-ϕ18	250	4-ϕ18	18	11	7	102	
ZSW2-1150-18	235168	126	110	~2000	2750	1150	255	225	4-ϕ18	250	8-ϕ18	18	10	7	103	
ZSW-1160-18	235135	126	110	~2000	2750	1160	250	270	4-ϕ18	250	4-ϕ18	18	10.5	7	105	
ZSW7-1200-18	235176	126	110	~2000	2750	1200	250	225	8-ϕ18	250	8-ϕ18	18	10	4	107	
ZSW9-1200-18	235186	126	110	~2000	2750	1200	250	225	8-ϕ18	250	8-ϕ18	18	10	4	109	
ZSW4-1200-18D	235162	126	110	~2000	2750	1200	250	225	4-ϕ18	270	4-ϕ18	18	9.5	4	95	

续表 24-19

型　号	代号	额定电压 (kV)	系统标称电压 (kV)	海拔 (m)	公称爬电距离 (mm)	主要尺寸 (mm)						机械破坏负荷 (kN)			重量 (kg)	备注
						H	D	a₁	d₁	a₂	d₂	弯曲 正装	弯曲 倒装	扭转 (kN·m)		
ZSW—1160—18D	235107	126	110	~2000	2870	1160	265	270	4—ϕ18	270	4—ϕ18	18	10.5	7	105	耐污型户外棒形支柱瓷绝缘子
ZSW—1080—18	23576	126	110	~1000	2890	1080	270	250	4—ϕ18	254	8—ϕ18	18	12	7	95	
ZSW2—1100—18	23586	126	110	~1000	2900	1100	285	250	8—ϕ18	250	8—ϕ18	18	11	7	125	
ZSW1—1100—18	23544	126	110	~1000	2900	1100	270	250	4—ϕ18	254	8—ϕ18	18	12	7	97	
ZSW2—1200—18	23531	126	110	~2000	2900	1200	260	280	8—ϕ18	280	8—ϕ18	18	11	7	122	
ZSW10—1200—18	235203	126	110	~2000	2900	1200	265	250	4—ϕ18	254	8—ϕ18	18	10	7	114	
ZSW—1200—18	23514	126	110	~2000	2900	1200	260	286	6—ϕ18	286	6—ϕ18	18	11	7	122	
ZSW1—1200—18D	23542	126	110	~2000	2900	1200	260	286	6—ϕ18	270	4—ϕ18	18	11	7	120	
ZSW—1060—18	235211	126	110	~1000	3150	1060	290	225	8—ϕ18	250	8—ϕ18	18	10	4	98	
ZSW3—1150—18	235233	126	110	~2000	3150	1150	265	225	8—ϕ18	254	8—ϕ18	18	10	4	115	
ZSW1—1150—18	235166	126	110	~2000	3150	1150	265	225	4—ϕ18	250	8—ϕ18	18	10	4	116	
ZSW5—1150—18	235283	126	110	~2000	3150	1150	265	225	4—ϕ18	250	8—ϕ22	18	10	4	112	
ZSW6—1150—18	235291	126	110	~2000	3150	1150	300	254	8—ϕ18	275	8—ϕ18	18	10	4	130	
ZSW3—1200—18	23554	126	110	~2000	3150	1200	290	286	6—ϕ18	286	6—ϕ18	18	11	7	125	
ZSW6—1200—18	235174	126	110	~2000	3150	1200	250	225	8—ϕ18	250	8—ϕ18	18	10	4	120	
ZSW8—1200—18	235184	126	110	~2000	3150	1200	250	250	8—ϕ18	250	8—ϕ18	18	10	4	122	
ZSW14—1200—18	235285	126	110	~2000	3150	1200	250	225	4—ϕ18	250	4—ϕ22	18	10	4	115	
ZSW16—1200—18D	235317	126	110	~2000	3150	1200	250	225	4—ϕ18	270	4—ϕ22	18	10	4	118	
ZSW—126/18	235172	126	110	~2000	3150	1200	250	225	4—ϕ18	270	4—ϕ18	18	11	7	120	
ZSW1—126/18	235223	126	110	~2000	3150	1200	250	225	8—ϕ18	280	8—ϕ18	18	11	4	116	
ZSW17—1200—18	235324	126	110	~2000	3350	1200	280	225	4—ϕ18	254	8—ϕ18	18	10	6	128	

续表 24-19

型号	代号	额定电压 (kV)	系统标称电压 (kV)	海拔 (m)	公称爬电距离 (mm)	主要尺寸 (mm)						机械破坏负荷			重量 (kg)	备注
						H	D	a_1	d_1	a_2	d_2	弯曲 (kN)		扭转 (kN·m)		
												正装	倒装			
ZSW12—1200—18	235256	126	110	~2000	3400	1200	295	286	6-φ18	286	6-φ18	18	11	7	127	
ZSW—1150—18	23536	126	110	~2000	3410	1150	300	254	8-φ18	275	8-φ18	18	10.5	7	126	
ZSW4—1150—18	235236	126	110	~2000	3528	1150	285	225	4-φ18	250	8-φ18	18	10	7	120	
ZSW7—1150—18	235354	126	110	~2000	3906	1150	300	225	4-φ18	254	8-φ18	18	10	4	122	
ZSW5—1200—18	235156	126	110	~2500	3906	1200	300	250	4-φ18	250	8-φ18	18	10	7	116	
ZSW13—1200—18	235266	126	110	~2000	3906	1200	295	225	4-φ18	250	8-φ18	18	10	4	123	
ZSW15—1200—18D	235306	126	110	~2000	3906	1200	295	225	4-φ18	270	4-φ18	18	9.5	4	110	耐污型户外棒形支柱瓷绝缘子
ZSXW—1200—18	235264	126	110	~2000	3906	1200	300	250	4-φ18	250	8-φ18	18	10	7	110	
ZSW11—1200—18	235277	126	110	~2000	3906	1200	290	250	6-φ18	286	6-φ18	18	10	7	120	
ZSW—1200—19.5D	235133	126	110	~2000	2775	1200	260	270	4-φ18	270	6-φ18	19.5	13.7	7	115	
ZSW—1150—21	23562	126	1101	~2000	3150	1150	300	254	8-φ18	254	8-φ18	21	14.5	7	130	
ZSW1—1150—21	235335	126	110	~2500	3150	1150	295	250	4-φ18	250	8-φ18	21	12.5	8	120	
ZSW2—1200—21D	235318	126	110	~2500	3150	1200	270	225	4-φ18	270	4-φ22	21	12	8	115	
ZSW2—1150—21	235352	126	110	~2000	3906	1150	315	225	4-φ18	275	8-φ18	21	12	4	117	
ZSW—1200—21D	235314	126	110	~2500	3906	1200	305	225	4-φ18	270	4-φ18	21	12	10	125	
ZSW—1250—21	235248	126	110	~2500	3906	1250	315	250	8-φ18	275	8-φ18	21	11.5	7	130	
ZSW—1200—21.5	235188	126	110	~2500	2750	1200	265	250	8-φ18	275	4-φ18	21.5	12	7	120	
ZSW1—1200—21.5	235201	126	110	~2500	2900	1200	265	250	4-φ18	254	4-φ18	21.5	12	6	122	
ZSW2—1200—21.5	235202	126	110	~2000	2900	1200	265	286	6-φ18	286	8-φ18	21.5	12.5	7	122	
ZSW—1060—21.5	235316	126	110	~1000	3150	1060	295	225	4-φ18	250	4-φ18	21.5	12	7	95	
ZSW1—1150—21.5D	235320	126	110	~2000	3150	1150	270	225	4-φ18	270	4-φ18	21.5	12.5	8	110	

续表 24-19

型号	代号	额定电压 (kV)	系统标称电压 (kV)	海拔 (m)	公称爬电距离 (mm)	主要尺寸 (mm)						机械破坏负荷			重量 (kg)	备注
						H	D	a_1	d_1	a_2	d_2	弯曲 (kN) 正装	弯曲 (kN) 倒装	扭转 (kN·m)		
ZSW1—1060—21.5	235361	126	110	~1000	3528	1060	300	225	4—φ18	250	4—φ18	21.5	12	7	105	
ZSW1—1060—21.5D	235362	126	110	~1000	3528	1060	300	225	4—φ18	270	4—φ18	21.5	12	7	106	
ZSW—1150—23D	235261	126	110	~2000	3150	1150	295	270	4—φ18	270	6—φ18	23	13	7	130	
ZSW—1060—23.5D	235262	126	110	~1000	3150	1060	305	270	4—φ18	270	6—φ18	23.5	13.6	7	116	
ZSW—1200—24	23551	126	110	~2000	2750	1200	265	280	8—φ18	280	8—φ18	24	14.5	7	132	
ZSW—1160—24D	235141	126	110	~2000	2750	1160	265	270	4—φ18	270	6—φ18	24	14	4	110	
ZSW1—1200—24	235180	126	110	~2000	2900	1200	270	286	6—φ18	286	6—φ18	24	14	7	134	
ZSW—1200—25	23580	126	110	~2000	3500	1200	315	254	8—φ18	275	8—φ18	25	19	7	145	耐污型户外棒形支柱瓷绝缘子
ZSW—1150—26	23526	126	110	~2000	3150	1150	300	254	8—φ18	275	8—φ18	26	16	7	130	
ZSXW—1150—26	23550	126	110	~2000	3150	1150	300	254	8—φ18	275	8—φ18	26	16	7	130	
ZSW—1200—26	235282	126	110	~2000	3906	1200	315	250	8—φ18	275	8—φ18	26	14.5	7	145	
ZSW—1150—26.5	235341	126	110	~2000	3150	1150	305	254	8—φ18	300	8—φ18	26.5	15.5	7	130	
ZSW—1200—26.5	235325	126	110	~2000	3150	1200	305	254	8—φ18	300	8—φ18	26.5	19	6	140	
ZSW1—1150—26.5	235348	126	110	~2000	3150	1150	290	254	8—φ18	275	8—φ18	26.5	15.5	6	130	
ZSW2—1150—26.5	235356	126	110	~2000	3150	1150	325	254	8—φ18	275	8—φ18	26.5	15.5	6	140	
ZSW—1100—27	235194	126	110	~1000	2775	1100	285	250	8—φ18	275	8—φ18	27	19.5	7	120	
ZSW—1150—27	23537	126	110	~1000	3350	1150	310	275	8—φ18	300	8—φ18	27	20	7	146	
ZSW—1050—30	235109	126	110	~1000	2750	1050	315	254	8—φ18	254	8—φ18	30	17	7	120	
ZSW—1200—30	235224	126	110	~2000	3150	1200	290	280	8—φ18	325	8—φ18	30	17.5	7	148	
ZSW—1200—31	23534	126	110	~2000	2750	1200	290	250	8—φ18	310	8—φ18	31	17.5	8	145	
ZSW—1150—32	23581	126	110	~1000	3150	1150	310	254	8—φ18	300	8—φ18	32	23	7	129	

续表 24-19

型号	代号	额定电压 (kV)	系统标称电压 (kV)	海拔 (m)	公称爬电距离 (mm)	H	D	a₁	d₁	a₂	d₂	机械破坏负荷 弯曲 (kN) 正装	机械破坏负荷 弯曲 (kN) 倒装	扭转 (kN·m)	重量 (kg)	备注
ZSW-1200-33	235197	126	110	~2000	3050	1200	290	286	6-φ18	286	6-φ18	33	24	7	146	
ZSW-1150-34	23569	126	110	~1000	3150	1150	310	254	8-φ18	300	8-φ18	34	19.5	7	138	
ZSXW-1150-34	235339	126	110	~1000	3150	1150	310	275	8-φ18	300	8-φ18	34	19.5	10	138	
ZSW1-1150-34	235357	126	110	~1000	3906	1150	345	254	8-φ18	300	8-φ18	34	19.5	8	140	
ZSW-1150-36	23538	126	110	~1000	3170	1150	320	300	8-φ18	325	8-φ18	36	29	7	168	
ZSW1-1150-36	23567	126	110	~1000	3170	1150	320	300	8-φ18	300	8-φ18	36	29	7	166	
ZSW1-145/4	23597	145	132	~1000	3300	1400	240	140	4-M12	225	4-φ18	4		2	93	耐污型户外棒形支柱瓷绝缘子
ZSW3-145/4L	235911	145	132	~2000	3625	1500	230	127	4-M16	127	4-M16	4		3	95	
ZSW2-145/4	23593	145	132	~2000	3906	1500	240	140	4-M12	225	4-φ18	4		2	98	
ZSW2-145/4L	23594	145	132	~2000	3906	1520	240	140	4-M12	140	4-M12	4		2	100	
ZSW-145/4L	23595	145	132	~1000	3906	1420	230	140	4-M12	140	4-M12	4		2	95	
ZSW-145/4	23599	145	132	~1000	3906	1400	230	140	4-M12	225	4-φ18	4		2	94	
ZSW-145/5L	23591	145	132	~1000	2900	1420	230	140	4-M12	140	4-M12	5		2	95	
ZSW-145/6	23598	145	132	~1000	3906	1400	230	140	4-M12	225	4-φ18	6		3	94	
ZSW1-145/6L	235218	145	132	~1000	2900	1420	220	140	4-M12	140	4-M12	6		3	92	
ZSW2-145/6	235910	145	132	~2000	3625	1500	230	140	4-M12	225	4-φ18	6		3	94	
ZSW3-145/6L	235912	145	132	~2000	3625	1500	230	127	4-M16	127	4-M16	6		3	95	
ZSW-145/8	23596	145	132	~1000	3300	1400	240	140	4-M12	225	4-φ18	8		3	95	
ZSW1-145/8L	235913	145	132	~2000	3625	1500	230	127	4-M16	127	4-M16	8		4	97	
ZSW2-145/8	235914	145	132	~2000	3625	1500	230	140	4-M12	225	4-φ18	8		4	96	
ZSW-170/8	23592	170	154	~1000	4300	1800	225	140	4-M12	270	4-φ18	8		3	134	

续表 24-19

型号	代号	额定电压 (kV)	系统标称电压 (kV)	海拔 (m)	公称爬电距离 (mm)	主要尺寸 (mm)						机械破坏负荷			重量 (kg)	备注
						H	D	a_1	d_1	a_2	d_2	弯曲 (kN)		扭转 (kN·m)		
												正装	倒装			
ZSW1-1500-8	2390	126	110	~4000	5060	1500	290	275	8-φ18	275	8-φ18	8		7	127	
ZSW1-1500-17	2391	126	110	~4000	4840	1500	315	275	8-φ18	275	8-φ18	17	9.5	7	152	
ZSW1-1400-27	2392	126	110	~3000	3850	1400	315	275	8-φ18	300	8-φ18	27	19.5	7	168	
ZSW1-1400-8	23934	126	110	~3000	3900	1400	260	225	4-φ18	275	8-φ18	8		7	115	
ZSW-1300-18	23955	126	110	~3000	3600	1300	290	275	8-φ18	300	8-φ18	18	10.5	7	130	
ZSW-1300-27	23936	126	110	~3000	3500	1300	305	300	8-φ18	325	8-φ18	27	19.5	7	150	
ZSW2-1400-27	23947	126	110	~3000	3850	1400	310	300	8-φ18	300	8-φ18	27	20	7	170	
ZSW1-1500-10	2393	126	110	~4000	5150	1500	280	225	4-φ18	254	8-φ18	10		10	142	耐污型户外棒形支柱瓷绝缘子
ZSW2-1500-10	2396	126	110	~4000	4760	1500	280	254	8-φ18	254	8-φ18	10		10	144	
ZSW1-1400-34	2395	126	110	~3000	4230	1400	320	300	8-φ18	325	8-φ18	34	24.6	10	185	
ZSW2-1500-21	23967	126	110	~4000	4840	1500	310	254	8-φ18	300	8-φ18	21	12	10	156	
ZSW2-1400-34	23968	126	110	~3000	3850	1400	310	300	8-φ18	300	8-φ18	34	25	10	178	
ZSW1-1500-11	23931	126	110	~4000	5060	1500	315	127	4-M16	254	8-φ18	11		10	155	
ZSW1-1500-11	23946	126	110	~4000	5060	1500	290	275	8-φ18	254	8-φ18	11		10	153	
ZSW1-1500-23	23932	126	110	~4000	4840	1500	310	254	8-φ18	300	8-φ18	23	13	10	175	
ZSW-1400-37.5	23933	126	110	~3000	3850	1400	310	300	8-φ18	325	8-φ18	37.5	27.5	10	185	
ZSW-1500-12	2397	126	110	~4000	4760	1500	280	275	8-φ18	275	8-φ18	12		10	145	
ZSW-1500-25	2398	126	110	~4000	4760	1500	300	275	8-φ18	300	8-φ18	25	14	10	172	
ZSW-1400-41	2399	126	110	~3000	4230	1400	320	300	8-φ18	325	8-φ18	41	30	10	185	
ZSW1-1500-12	23924	126	110	~4000	4450	1500	290	127	4-M16	254	8-φ18	12		10	142	
ZSW1-1500-25	23925	126	110	~4000	4300	1500	310	254	8-φ18	300	8-φ18	25	14	10	165	

续表 24－19

型号	代号	额定电压 (kV)	系统标称电压 (kV)	海拔 (m)	公称爬电距离 (mm)	H	D	a₁	d₁	a₂	d₂	正装	倒装	扭转 (kN·m)	重量 (kg)	备注
ZSW1-1400-41	23926	126	110	~3000	3850	1400	320	300	8-φ18	325	8-φ18	41	30	10	185	
ZSW2-1500-12	23927	126	110	~4000	5060	1500	315	275	8-φ18	275	8-φ18	12		10	155	
ZSW2-1500-25	23928	126	110	~4000	4840	1500	320	275	8-φ18	300	8-φ18	25	14	10	175	
ZSW3-1500-12	23929	126	110	~4000	5060	1500	315	127	4-M16	254	8-φ18	12		10	155	
ZSW3-1500-25	23930	126	110	~4000	4840	1500	320	254	8-φ18	300	8-φ18	25	14	10	175	
ZSW1-1500-12.5	23910	126	110	~4000	5060	1500	295	225	4-φ18	254	8-φ18	12.5		10	147	
ZSW-1500-12.5	23969	126	110	~4000	5060	1500	300	127	4-M16	254	8-φ18	12.5		10	145	耐污型户外棒形支柱瓷绝缘子
ZSW1-1500-26.5	23911	126	110	~4000	4840	1500	310	254	8-φ18	300	8-φ18	26.5	14.5	10	178	
ZSW1-1400-42.5	23912	126	110	~3000	3850	1400	310	300	8-φ18	325	8-φ18	42.5	31	10	190	
ZSW2-1500-12.5	23913	126	110	~4000	5060	1500	295	254	8-φ18	275	8-φ18	12.5		10	148	
ZSW2-1500-26.5	23914	126	110	~4000	4840	1500	310	275	8-φ18	300	8-φ18	26.5	14.5	10	179	
ZSW3-1500-12.5	23948	126	110	~4000	5100	1500	320	127	4-M16	254	8-φ18	12.5		10	155	
ZSW-1500-26	23949	126	110	~4000	5100	1500	325	254	8-φ18	300	8-φ18	26	14.5	10	175	
ZSW-1500-40	23950	126	110	~4000	5000	1500	355	300	8-φ18	325	8-φ18	40	28.5	10	195	
ZSW-1500-54.5	23951	126	110	~4000	4800	1500	380	325	8-φ18	356	8-φ18	54.5	42.5	10	215	
ZSW1-1500-14	23915	126	110	~4000	4760	1500	280	127	4-M16	275	8-φ18	14		10	145	
ZSW2-1500-14	23918	126	110	~4000	4760	1500	280	275	8-φ18	275	8-φ18	14		10	146	
ZSW1-1500-30	23916	126	110	~4000	4760	1500	300	275	8-φ18	325	8-φ18	30	16.5	10	185	
ZSW1-1400-48	23917	126	110	~3000	4230	1400	335	325	8-φ18	356	8-φ18	48	32.5	10	202	
ZSW3-1500-14	23952	126	110	~4000	5150	1500	315	275	8-φ18	254	8-φ18	14		10	210	
ZSW2-1500-30	23953	126	110	~4000	4750	1500	320	254	8-φ18	300	8-φ18	30	16.5	10	220	
ZSW2-1400-48	23954	126	110	~3000	3850	1400	320	300	8-φ18	325	8-φ18	48	34.5	10	230	

续表 24 - 19

型 号	代号	额定电压(kV)	系统标称电压(kV)	海拔(m)	公称爬电距离(mm)	主要尺寸(mm)						机械破坏负荷(kN)			重量(kg)	备注
						H	D	a_1	d_1	a_2	d_2	弯曲 正装	弯曲 倒装	扭转(kN·m)		
ZSW—1500—16	23955	126	110	~4000	5150	1500	315	275	8—φ18	254	8—φ18	16		10	210	
ZSW—1500—33.5	23956	126	110	~4000	4750	1500	320	254	8—φ18	300	8—φ18	33.5	19	10	220	
ZSW—1400—54.5	23957	126	110	~3000	3850	1400	320	300	8—φ18	325	8—φ18	54.5	39.5	10	230	
ZCW1—1500—N4	23919	126	110	~4000	4720	1500	220	127	8—M10	210	4—φ18			4	75	
ZCW—1500—N4	23920	126	110	~4000	4720	1500	220	210	4—φ18	210	4—φ18			4	75	
ZCW1—1400—N4	23921	126	110	~3000	4310	1400	220	210	4—φ18	210	8—M10			4	70	
ZCW2—1500—N4	23922	126	110	~4000	4720	1500	220	210	4—φ18	210	4—φ18			4	76	
ZCW2—1400—N4	23923	126	110	~3000	4310	1400	220	210	4—φ18	210	4—φ18			4	72	耐污型户外棒形支柱瓷绝缘子
ZCW3—1500—N4	23937	126	110	~4000	4720	1500	240	210	4—φ18	210	4—φ18			4	76	
ZCW3—1400—N4	23938	126	110	~3000	4310	1400	240	210	4—φ18	210	4—φ18			4	72	
ZSW2—252/4	2360	252	220	~1000	5500	2120	260	140	4—M12	250	4—φ18		4	2	137	
ZSW2—252/4D	2361	252	220	~1000	5500	2120	260	140	4—M12	250	4—φ18		4	2	138	
ZSW9—252/4	23631	252	220	~2000	5500	2300	255	140	4—M12	250	4—φ18		4	2	151	
ZSW14—252/4	23681	252	220	~2000	5500	2300	255	190	4—φ14	250	4—φ18		4	2	151	
ZSW7—252/4	23610	252	220	~2500	5500	2360	250	190	4—φ14	250	4—φ22		4	2	153	
ZSW1—252/4	2362	252	220	~2500	5500	2370	250	140	4—M12	250	4—φ22		4	2	148	
ZSW1—252/4D	2363	252	220	~2500	5500	2370	250	140	4—M12	270	4—φ18		4	2	150	
ZSW10—252/4	23632	252	220	~2000	5900	2300	258	190	4—φ14	250	4—φ18		4	2	150	
ZSW3—252/4	2364	252	220	~2000	5900	2300	258	140	4—M12	250	4—φ18		4	2	151	
ZSW13—252/4	23674	252	220	~2000	6300	2300	265	140	4—M12	250	4—φ22		4	2	157	
ZSW5—252/4	23611	252	220	~2000	6300	2300	265	140	4—M12	250	4—φ18		4	2	163,158	
ZSW12—252/4	23664	252	220	~2000	6300	2300	265	190	4—φ14	250	4—φ18		4	2	153	

续表 24-19

型号	代号	额定电压 (kV)	系统标称电压 (kV)	海拔 (m)	公称爬电距离 (mm)	主要尺寸 (mm)						机械破坏环负荷		重量 (kg)	备注
						H	D	a₁	d₁	a₂	d₂	弯曲 (kN)	扭转 (kN·m)		
ZSW8-252/4D	23615	252	220	~4000	7400	2800	265	140	4—M12	270	4-φ18	4	2	223	耐污型户外棒形支柱瓷绝缘子
ZSW17-252/4	236110	252	220	~2500	7812	2400	295	190	4-φ14	250	4-φ18	4	2	186	
ZSW18-252/4	236113	252	220	~2500	7812	2400	295	140	4—M12	250	4-φ18	4	2	186	
ZSW6-252/6D	23646	252	220	~1000	5500	2120	260	140	4—M12	270	4-φ18	6	3	140	
ZSW12-252/6	23695	252	220	~1000	5500	2120	260	140	4—M12	250	8-φ18	6	3	140	
ZSW6-252/6	23666	252	220	~2000	5500	2300	250	190	4-φ14	250	4-φ18	6	3	155	
ZSW2-252/6	23634	252	220	~2000	5500	2300	260	140	4—M12	250	8-φ18	6	3	154	
ZSXW-252/60	23620	252	220	~2500	5500	2360	250	190	4-φ14	270	4-φ18	6	3	162	
ZSW1-252/6D	23616	252	220	~2500	5500	2370	250	140	4—M12	270	4-φ18	6	3	154	
ZSW1-252/6	23617	252	220	~2500	5500	2370	250	140	4—M12	250	4-φ22	6	3	152	
ZSW11-252/6	23694	252	220	~1000	6300	2120	270	140	4—M12	250	8-φ18	6	3	152	
ZSW10-252/6	23675	252	220	~2000	6300	2300	265	140	4—M12	254	8-φ18	6	3	161	
ZSW3-252/6	23635	252	220	~2000	6300	2300	265	140	4—M12	250	8-φ18	6	3	161	
ZSW7-252/6	23663	252	220	~2000	6300	2300	265	190	4-φ14	250	4-φ18	6	3	152	
ZSW13-252/6	236104	252	220	~2000	6300	2300	235	127	4—M16	225	4-φ18	6	5	143	
ZSW26-252/6	236143	252	220	~2000	6300	2300	250	127	4—M16	225	8-φ18	6	4	140	
ZSW25-252/6	236142	252	220	~2000	6300	2300	270	140	4—M16	250	4-φ18	6	6	154	
ZSW27-252/6	236147	252	220	~2000	6300	2300	250	127	4—M16	225	4-φ18	6	3	145	
ZSW24-252/6	236133	252	220	~2000	6300	2300	245	225	4-φ18	225	4-φ18	6	4.5	142	
ZSXW2-252/6	236141	252	220	~2000	6300	2350	265	210	4-φ18	254	8-φ18	6	3	169	
ZSW9-252/6	23668	252	220	~2000	6300	2350	260	140	4—M12	254	8-φ18	6	3	161	
ZSW5-252/6D	23636	252	220	~2500	6300	2360	260	190	4-φ14	270	4-φ18	6	3	160	

续表24-19

型号	代号	额定电压(kV)	系统标称电压(kV)	海拔(m)	公称爬电距离(mm)	主要尺寸(mm)						机械破坏负荷		重量(kg)	备注
						H	D	a_1	d_1	a_2	d_2	弯曲(kN)	扭转(kN·m)		
ZSW5—252/6	23637	252	220	~2500	6300	2360	260	190	4—φ14	250	4—φ22	6	3	158	
ZSW1—252/6	23638	252	220	~2500	6300	2370	265	140	4—M12	254	8—φ18	6	3	169	
ZSW—252/6D	23618	252	220	~2500	6300	2370	260	140	4—M12	270	4—φ18	6	3	160	
ZSW—252/6	23619	252	220	~2500	6300	2370	260	140	4—M12	250	4—φ22	6	3	158	
ZSW8—252/6	23667	252	220	~2500	7812	2400	295	140	4—φ14	250	8—φ18	6	3	186	
ZSW14—252/6	236111	252	220	~2500	7812	2400	295	190	4—φ14	250	4—φ18	6	3	186	
ZSW15—252/6D	236115	252	220	~2500	7812	2400	275	140	4—M12	270	4—φ18	6	3	186	
ZCW1—252/N1.5	23653	252	220	~2000	5500	2300	220	180	4—φ13	180	4—φ13	6	1.5	112	
ZCW1—252/N1.5	23654	252	220	~2000	6300	2300	230	180	4—M12	180	4—φ13	6	1.5	130	耐污型户外棒形支柱瓷绝缘子
ZCW4—252/N2	23651	252	220	~1000	5040	2120	210	160	4—M12	160	4—M12		2	90	
ZCW12—252/N2	23699	252	220	~1000	5500	2120	210	127	4—M16	127	4—M16		2	90	
ZCW14—252/N2	236101	252	220	~1000	5500	2120	210	160	4—φ13	160	4—φ13		2	90	
ZCW—252/N2	23647	252	220	~2000	5500	2300	220	160	4—M12	160	4—M12		2	110	
ZCW9—252/N2	23672	252	220	~2000	5500	2300	215	160	4—φ13	160	4—φ13		2	108	
ZCW2—252/N2	23649	252	220	~2000	5500	2400	220	127	4—M16	127	4—M16		2	128	
ZCW11—252/N2	23698	252	220	~1000	6300	2120	255	127	4—M16	127	4—M16		2	100	
ZCW13—252/N2	236100	252	220	~1000	6300	2120	255	160	4—φ13	160	4—φ13		2	110	
ZCW1—252/N2	23648	252	220	~2000	6300	2300	230	160	4—M12	160	4—M12		2	126	
ZCW17—252/N2	236140	252	220	~2000	6300	2300	200	127	4—φ12	127	4—φ12		2	102	
ZCW8—252/N2	23671	252	220	~2000	6300	2300	225	160	4—φ13	160	4—φ13		2	114	
ZCW3—252/N2	23650	252	220	~2000	6300	2400	235	127	4—M16	127	4—M16		2	132	
ZCW10—252/N2	23657	252	220	~2000	7056	2300	236	160	4—φ13	160	4—φ13	2	2	132	

续表 24-19

型号	代号	额定电压 (kV)	系统标称电压 (kV)	海拔 (m)	公称爬电距离 (mm)	主要尺寸 (mm)						机械破坏负荷		重量 (kg)	备注
						H	D	a_1	d_1	a_2	d_2	弯曲 (kN)	扭转 (kN·m)		
ZCW16—252/N2	236119	252	220	~2000	7812	2300	265	180	4-φ13	180	4-φ13		2	134	
ZCW7—252/N2	23656	252	220	~2500	7812	2400	265	160	4-M12	160	4-M12		2	150	
ZCW15—252/N2	236118	252	220	~2500	7812	2400	265	127	4-M16	127	4-M16		2	132	
ZCW6—252/N3	23655	252	220	~2000	5500	2300	220	210	4-φ18	210	4-φ18	2	3	122	
ZCW—252/N3	236102	252	220	~2000	6300	2300	195	127	4-φ12	127	4-φ12	—	3	100	
ZCW5—252/N3	23652	252	220	~2000	6300	2300	230	210	4-φ18	210	4-φ18	2	3	126	
ZCW10—252/N3	236144	252	220	~2000	6300	2300	230	127	4-M16	127	4-M16		3	124	
ZCW3—252/N3	236158	252	220	~2000	7812	2300	255	127	4-M16	127	4-M16		3	130	
ZCW7—252/N3	236109	252	220	~2500	7812	2400	265	160	4-φ13	160	4-φ13	2	3	150	
ZCW—252/N6	236155	252	220	~2500	5500	2400	220	127	4-M16	127	4-M16	—	6	130	耐污型户外棒形支柱瓷绝缘子
ZSW29—252/8	23697	252	220	~1000	5500	2120	265	127	4-M16	250	8-φ18	8	4	150	
ZSW10—252/8	23639	252	220	~1000	5500	2130	260	140	4-M16	250	8-φ18	8	7	177	
ZSW10—252/8D	23640	252	220	~1000	5500	2130	265	140	4-M12	270	4-φ18	8	7	148	
ZSW5—252/8	23624	252	220	~1000	5500	2130	265	140	4-M12	250	4-φ18	8	4	146	
ZSW6—252/8	23625	252	220	~1000	5500	2130	260	225	4-φ18	250	8-φ18	8	7	176	
ZSW3—252/8	23690	252	220	~2000	5500	2300	260	225	4-φ18	250	8-φ18	8	4、7	162、195	
ZSW19—252/8	23670	252	220	~2000	5500	2300	255	127	4-M16	250	8-φ18	8	4	163	
ZSW25—252/8	23683	252	220	~2000	5500	2300	255	140	4-M12	250	8-φ18	8	4	160	
ZSW23—252/8	23680	252	220	~2000	5500	2300	255	190	4-φ14	250	8-φ18	8	4	162	
ZSW15—252/8D	23659	252	220	~2000	5500	2370	265	140	4-M12	270	4-φ18	8	4	157	
ZSW14—252/8	23658	252	220	~2000	5500	2380	260	140	4-M12	250	4-φ18	8	7	199	
ZSW16—252/4	236103	252	220	~2000	6300	2300	235	127	4-M16	200	4-φ18	4	4.6	145	

续表 24-19

型　号	代号	额定电压 (kV)	系统标称电压 (kV)	海拔 (m)	公称爬电距离 (mm)	主　要　尺　寸 (mm)						机械破坏负荷		重量 (kg)	备注
						H	D	a_1	d_1	a_2	d_2	弯曲 (kN)	扭转 (kN·m)		
ZSW19—252/4	236145	252	220	~2000	6300	2320	265	140	4—M12	250	4—φ18	4	2	154	
ZSW11—252/4	23692	252	220	~2000	6300	2370	260	140	4—M12	250	4—φ22	4	2	158	
ZSW6—252/4D	23612	252	220	~2500	6300	2370	260	140	4—M12	270	4—φ18	4	2	160	
ZSW10—252/4D	23633	252	220	~2500	6820	2420	275	140	4—M12	270	4—φ18	4	2	166	
ZSW4—252/4D	23613	252	220	~3000	6820	2440	265	140	4—M12	270	4—φ18	4	2	174	
ZSW15—252/4	23687	252	220	~2000	7056	2300	285	140	4—M12	250	4—φ18	4	2	165	
ZSW8—252/4	23614	252	220	~4000	7400	2800	265	140	4—M12	250	4—φ22	4	2	222	
ZSW11—252/8D	23641	252	220	~1000	5500	2380	265	140	4—M12	270	4—φ18	8	7	199	
ZSW21—252/8	23677	252	220	~2000	5500	2400	250	127	4—M16	250	8—φ18	8	4	169, 172	耐污型户外棒形支柱瓷绝缘子
ZSW—252/8	2365	252	220	~2000	5650	2400	260	127	4—M16	286	6—φ18	8	7	234	
ZSW8—252/8D	23623	252	220	~2000	5650	2400	260	140	4—M12	270	4—φ18	8	7	232	
ZSW12—252/8	23642	252	220	~2000	5650	2400	260	286	6—φ18	286	6—φ18	8	7	238	
ZSW28—252/8	23696	252	220	~1000	6300	2120	275	127	4—M16	250	8—φ18	8	4	160	
ZSW24—252/8	23682	252	220	~2000	6300	2300	265	140	4—M12	250	8—φ18	8	4	174	
ZSW9—252/8	23630	252	220	~2000	6300	2300	285	225	4—φ18	250	8—φ18	8	4, 7	177, 217	
ZSW7—252/8	23621	252	220	~2000	6300	2300	270	225	4—φ18	254	8—φ18	8	7	193	
ZSW16—252/8	23662	252	220	~2000	6300	2300	285	140	4—M16	250	8—φ18	8	3	251	
ZSW18—252/8	23669	252	220	~2000	6300	2300	265	127	4—M16	250	8—φ18	8	4	178	
ZSW22—252/8	23679	252	220	~2000	6300	2300	265	190	4—φ14	250	8—φ18	8	4	177	
ZSW35—252/8	236120	252	220	~2000	6300	2300	265	140	4—M12	250	4—φ22	8	4	170	
ZSW37—252/8D	236124	252	220	~2500	6300	2370	250	140	4—M12	270	4—φ18	8	6	181	
ZSW42—252/8D	236137	252	220	~2500	6300	2370	250	140	4—M12	270	4—φ22	8	6	179	

续表 24-19

型号	代号	额定电压 (kV)	系统标称电压 (kV)	海拔 (m)	公称爬电距离 (mm)	主要尺寸 (mm)						机械破坏负荷		重量 (kg)	备注
						H	D	a_1	d_1	a_2	d_2	弯曲 (kN)	扭转 (kN·m)		
ZSW16—252/8D	23660	252	220	~2000	6300	2370	265	140	4—M12	270	4—φ18	8	7	222	耐污型户外棒形支柱瓷绝缘子
ZSW20—252/8	23676	252	220	~2000	6300	2400	260	127	4—M16	250	8—φ18	8	4	185, 188	
ZSW1—252/8	2368	252	220	~2000	6300	2400	265	250	4—φ22	280	8—φ18	8	7	239	
ZSW2—252/8	2369	252	220	~2000	6300	2400	265	250	4—φ22	286	6—φ18	8	7	239	
ZSW4—252/8	23622	252	220	~2000	6300	2400	290	127	4—M16	286	6—φ18	8	7	235, 252	
ZSW13—252/8	23643	252	220	~2000	6300	2400	265	286	6—φ18	286	6—φ18	8	7	242	
ZSW36—252/8	236121	252	220	~2500	6300	2400	265	140	4—M12	250	4—φ18	8	4	177	
ZSW40—252/8	236132	252	220	~2500	6300	2400	270	140	4—M12	286	6—φ18	8	12	232	
ZSW26—252/8	23684	252	220	~2500	6300	2400	260	225	4—φ18	250	8—φ18	8	4	184	
ZSW43—252/8	236149	252	220	~2500	6900	2400	265	190	4—φ14	250	8—φ18	8	4	228	
ZSW27—252/8	23686	252	220	~2000	7056	2300	285	225	4—φ18	250	8—φ18	8	4	183	
ZSW39—252/8D	236131	252	220	~2500	7812	2370	295	140	4—M12	270	4—φ18	8	6	213	
ZSW31—252/8	236112	252	220	~2500	7812	2400	295	190	4—φ14	250	8—φ18	8	4	228	
ZSW30—252/8	236108	252	220	~2500	7812	2400	295	225	4—φ18	250	8—φ18	8	4	228	
ZSW32—252/8	36114	252	220	~2500	7812	2400	295	140	4—M12	250	8—φ18	8	4	228	
ZSW33—252/8	236116	252	220	~2500	7812	2400	300	286	6—φ18	286	6—φ18	8	7	230	
ZSW34—252/8	236117	252	220	~2500	7812	2400	300	127	4—M16	286	6—φ18	8	7	230	
ZSW17—252/8	23665	252	220	~2500	7812	2400	300	225	4—φ18	250	8—φ18	8	7	224	
ZSW2—252/10	23644	252	220	~2000	5500	2400	260	127	4—M16	280	8—φ18	10	7	244	
ZSW—252/10	2366	252	220	~2000	6150	2400	265	250	4—φ22	280	8—φ18	10	7	249	
ZSW9—252/10	236136	252	220	~1000	6300	2120	295	140	4—M12	250	4—φ18	10	7	175	
ZSW12—252/10	236150	252	220	~2000	6300	2300	295	225	4—φ18	250	8—φ18	10	8	215	

续表 24-19

型号	代号	额定电压 (kV)	系统标称电压 (kV)	海拔 (m)	公称爬电距离 (mm)	主要尺寸 (mm)						机械破坏负荷		重量 (kg)	备注
						H	D	a_1	d_1	a_2	d_2	弯曲 (kN)	扭转 (kN·m)		
ZSW11-252/10D	236139	252	220	~2000	6300	2300	270	225	4-φ18	270	4-φ18	10	8	205	
ZSW1-252/10	23626	252	220	~2000	6300	2300	300	225	4-φ18	254	8-φ18	10	7	228	
ZSW10-252/10D	236138	252	220	~2500	6300	2370	270	140	4-M12	270	4-φ22	10	8	195	
ZSW13-252/10	236161	252	220	~1000	7056	2120	300	140	4-M12	250	4-φ18	10	7	190	
ZSW13-252/10D	236160	252	220	~1000	7056	2120	300	140	4-M12	270	4-φ18	10	7	191	
ZSW8-252/10D	236135	252	220	~2500	7812	2370	305	140	4-M12	270	4-φ18	10	10	237	耐污型户外棒形支柱瓷绝缘子
ZSW4-252/10	23693	252	220	~3000	7812	2470	315	127	4-M16	275	8-φ18	10	7	238	
ZSW3-252/10	23688	252	220	~2500	7812	2450	315	225	4-φ18	275	8-φ18	10	7	238	
ZSW-252/11D	23661	252	220	~2000	5500	2380	265	140	4-M12	270	6-φ18	11	7	204	
ZSW3-252/11D	236107	252	220	~1000	6300	2120	305	140	4-M12	270	6-φ18	11	7	222	
ZSW2-252/11D	236106	252	220	~2500	6300	2270	305	140	4-M12	270	6-φ18	11	7	226	
ZSW1-252/11	23678	252	220	~2000	6300	2400	286	286	6-φ18	286	6-φ18	11	7	251	
ZSW1-252/12	23645	252	220	~2000	6300	2300	300	225	4-M16	275	8-φ18	12	7	227	
ZSW-252/12	2367	252	220	~2000	6300	2300	300	225	4-φ18	275	8-φ18	12	7	227	
ZSXW-252/12	23627	252	220	~2000	6300	2300	300	225	4-φ18	275	8-φ18	12	7	232	
ZSXW1-252/12	236153	252	220	~2000	6300	2300	300	225	4-M16	275	8-φ18	12	7	232	
ZSW2-252/12	236122	252	220	~2000	7812	2400	320	225	4-φ18	275	8-φ18	12	7	253	
ZSW2-252/12.5	236151	252	220	~1000	6300	2300	305	225	4-φ18	275	8-φ18	12.5	7	228	
ZSW-252/14	23689	252	220	~1000	5500	2100	315	127	4-M16	254	8-φ18	14	7	218	
ZSW1-252/14	23685	252	220	~2000	6300	2400	315	225	4-φ18	325	8-φ18	14	7	264	
ZSW-252/15	23691	252	220	~2000	5500	2300	290	250	4-φ18	310	8-φ18	15	7	238	
ZSW1-252/15	23673	252	220	~2000	6300	2300	320	275	8-φ18	325	8-φ18	15	7	314	

续表 24-19

型号	代号	额定电压 (kV)	系统标称电压 (kV)	海拔 (m)	公称爬电距离 (mm)	主要尺寸 (mm)						机械破坏环负荷		重量 (kg)	备注
						H	D	a_1	d_1	a_2	d_2	弯曲 (kN)	扭转 (kN·m)		
ZSW2—252/15	236105	252	220	~2000	6300	2300	310	254	8—ϕ18	300	8—ϕ18	15	7	239	
ZSW—252/16	23628	252	220	~2000	6300	2300	310	254	8—ϕ18	300	8—ϕ18	16	7	248	
ZSW1—252/16	236154	252	220	~2000	6300	2300	310	254	8—ϕ18	300	8—ϕ18	16	16	248	
ZSXW—252/16	236152	252	220	~2000	6300	2300	310	127	4—M16	300	8—ϕ18	16	10	248	
ZSW—363/4	2380	363	330	~2000	8250	3400	260	190	4—ϕ14	250	8—ϕ18	4	2	252	
ZSW1—363/4	2381	363	330	~3000	8250	3570	265	140	4—M12	270	6—ϕ18	4	2	256	
ZSW2—363/4	2386	363	330	~2000	9075	3400	265	190	4—ϕ14	250	8—ϕ18	4	2	255	
ZSW—363/6	2382	363	330	~2500	9075	3500	300	140	4—M12	254	8—ϕ18	6	3	292	耐污型户外棒形支柱瓷绝缘子
ZSW1—363/6D	2385	363	330	~2500	9075	3570	360	140	4—M12	270	6—ϕ18	6	3	275	
ZSW2—363/8	23810	363	330	~2000	8250	3400	285	225	4—ϕ18	275	8—ϕ18	8	4	297	
ZSW1—363/8	2389	363	330	~2000	9075	3400	285	225	4—ϕ18	275	8—ϕ18	8	4	282	
ZSW—363/8	2383	363	330	~2500	9075	3500	315	225	4—ϕ18	275	8—ϕ18	8	7	344	
ZSW—363/10	2384	363	330	~2000	9075	3450	310	225	4—ϕ18	300	8—ϕ18	10	7	357	
ZSW1—363/10	23811	363	330	~2000	9350	3600	290	286	6—ϕ18	286	6—ϕ18	10	7	388	
ZCW—363/N2	2387	363	330	~2000	8250	3600	220	127	4—M16	127	4—M16	—	2	192	
ZCW1—363/N2	2388	363	330	~2000	9450	3600	235	127	4—M16	127	4—M16	—	2	198	
ZSW—550/8	2371	550	500	~1000	13750	4700	320	225	4—ϕ18	300	8—ϕ18	8	7	541	
ZSW2—550/8	23716	550	500	~1000	11000	4000	305	225	4—ϕ18	325	8—ϕ18	8	7	450	
ZSW10—550/8	2370	550	500	~1000	13750	4700	320	225	4—ϕ18	325	8—ϕ18	8	7	543	
ZSW3—550/8	23724	550	500	~1000	13750	4400	320	275	4—ϕ18	300	8—ϕ18	8	7	498	
ZSW1—550/8	2372	550	500	~1000	13750	4400	305	275	8—ϕ18	300	8—ϕ18	8	7	447	
ZSW1—550/10	2373	550	500	~1000	13750	4400	320	225	4—ϕ18	325	8—ϕ18	10	10	483	

续表 24-19

型　号	代号	额定电压 (kV)	系统标称电压 (kV)	海拔 (m)	公称爬电距离 (mm)	主要尺寸 (mm) H	D	a₁	d₁	a₂	d₂	机械破坏负荷 弯曲 (kN)	扭转 (kN·m)	重量 (kg)	备注
ZSW2-550/10	2374	550	500	~1000	13750	4400	320	254	8-ϕ18	325	8-ϕ18	10	10	485	
ZSW5-550/10	23726	550	500	~1000	13750	4400	310	254	8-ϕ18	300	8-ϕ18	10	10	515	
ZSW7-550/10	23734	550	500	~1000	13750	4400	310	275	8-ϕ18	300	8-ϕ18	10	10	487	
ZSW-550/11	23715	550	500	~1000	13750	4400	310	127	4-M16	325	8-ϕ18	11	10	515	
ZSW1-550/11	23725	550	500	~1000	13750	4400	310	275	8-ϕ18	325	8-ϕ18	11	10	513	
ZSW1-550/12	23712	550	500	~1000	12500	4400	320	127	4-M16	325	8-ϕ18	12	10	492	
ZSW10-550/12	2375	550	500	~1000	13750	4400	320	275	8-ϕ18	325	8-ϕ18	12	10	502	
ZSW2-550/12	23713	550	500	~1000	13750	4400	320	275	8-ϕ18	325	8-ϕ18	12	10	515	
ZSW9-550/12	23714	550	500	~1000	13750	4400	320	127	4-M16	325	8-ϕ18	12	10	515	耐污型户外棒形支柱瓷绝缘子
ZSW-550/12.5	23733	550	500	~1000	13750	4400	310	127	4-M16	325	8-ϕ18	12.5	10	513	
ZSW1-550/12.5	2376	550	500	~1000	13750	4400	310	225	4-ϕ18	325	8-ϕ18	12.5	10	515	
ZSW2-550/12.5	2377	550	500	~1000	13750	4400	310	254	8-ϕ18	325	8-ϕ18	12.5	10	517	
ZSW1-550/14	2378	550	500	~1000	13750	4400	335	127	4-M16	356	8-ϕ18	14	10	532	
ZSW2-550/14	2379	550	500	~1000	13750	4400	335	275	8-ϕ18	356	8-ϕ18	14	10	533	
ZSW3-550/14	23728	550	500	~1000	13750	4400	320	275	8-ϕ18	325	8-ϕ18	14	10	660	
ZSW-550/16	23729	550	500	~1000	13750	4400	320	275	8-ϕ18	325	8-ϕ18	16	10	660	
ZCW1-550/N4	23710	550	500	~1000	13750	4400	220	127	8-M10	127	8-M10	—	4	221	
ZCW2-550/N4	23711	550	500	~1000	13750	4400	220	210	4-ϕ18	210	4-ϕ18	—	4	224	
ZCW3-550/N4	23717	550	500	~1000	13750	4400	240	210	4-ϕ18	210	4-ϕ18	—	4	196	
ZSW-800/12.5	2300	800	750	~1000	20000	6000	380	127	4-M16	356	8-ϕ18	12.5	10	740	

续表24-19

型号	代号	额定电压 (kV)	系统标称电压 (kV)	海拔 (m)	公称爬电距离 (mm)	主要尺寸 (mm)						机械破坏负荷		重量 (kg)	备注
						H	D	a_1	d_1	a_2	d_2	弯曲 (kN)	扭转 (kN·m)		
ZS—12/4	2210	12	10	~1000	200	210	140	36	2—M8	55	4—M10	4		5.4	
ZSN—12/4	2212	12	10	~1000	200	190	133	36	2—M18	70	2—11	4		3.5	
ZS1—12/5	2213	12	10	~1000	200	210	140	36	2—M8	130	2—φ12	5		6	
ZS—24/8	2220	24	20	~1000	400	350	165	76	2—M12	180	4—φ14	8		13	
ZS—24/10	2223	24	20	~1000	400	350	165	76	2—M12	180	4—φ14	10		14.5	
ZSX—24/10	2224	24	20	~1000	400	350	185	140	4—M12	210	4—φ18	10		17.5	
ZS—24/16	2221	24	20	~1000	400	350	175	140	4—M12	210	4—φ18	16		16	
ZS2—24/20	2222	24	20	~1000	400	345	175	140	4—M12	200	4—φ14	20		16	
ZS—24/30	2225	24	20	~1000	470	400	205	140	4—M12	250	4—φ18	30	2	32	
ZS—40.5/4	2230	40.5	35	~1000	625	400	150	140	4—φ14	140	4—φ14	4	1.5	10.5	普通型户外棒形支柱瓷绝缘子
ZS—40.5/4L	2230A	40.5	35	~1000	625	400	150	140	4—M12	140	4—M12	4	1.5	10.7	
ZS—40.5/6L	2234	40.5	35	~1000	625	420	180	140	4—M12	140	4—M12	6	1.5	14	
ZSX—40.5/6L	2231	40.5	35	~1000	625	450	190	140	4—M12	140	4—M12	6	2	14	
ZS1—40.5/6L	2232	40.5	35	~1000	625	450	180	140	4—M12	140	4—M12	6	2	14	
ZS—40.5/8	2233	40.5	35	~1000	625	420	170	140	4—M12	140	4—φ14	8	2	16	
ZS—72.5/5L	2241	72.5	63	~1000	1200	760	190	140	4—M12	140	4—M12	5	2	33	
ZSX—72.5/5L	2243	72.5	63	~1000	1100	760	200	140	4—M12	140	4—M12	5	2	34	
ZS—72.5/8.5	2242	72.5	63	~1000	1100	760	210	225	4—φ18	250	4—φ18	8.5	2	55	
ZS—126/4	2250	126	110	~1000	1870	1060	200	140	4—M12	225	4—φ18	正装4	2	48	
ZS—126/4L	2251	126	110	~1000	1870	1080	200	140	4—M12	140	4—M12	4	2	46	
ZS1—126/4L	2259	126	110	~2500	1870	1190	200	140	4—M12	140	4—M12	4	2	48	
ZS1—126/4	22513	126	110	~2500	1870	1170	200	140	4—M12	225	4—φ18	4	2	50	

续表 24-19

型号	代号	额定电压 (kV)	系统标称电压 (kV)	海拔 (m)	公称爬电距离 (mm)	主要尺寸 (mm)						机械破坏负荷		重量 (kg)	备注
						H	D	a_1	d_1	a_2	d_2	弯曲 (kN)	扭转 (kN·m)		
ZSX—126/4	22531	126	110	~1000	2020	1060	210	140	4—M12	225	4—φ18	4	2	49	
ZS2—126/4	22518	126	110	~2500	2150	1170	210	140	4—M12	225	4—φ18	4	2	52	
ZS2—126/4L	22519	126	110	~2500	2150	1190	210	140	4—M12	140	4—M12	4	2	50	
ZSX—126/4L	22532	126	110	~2500	2150	1190	210	140	4—M12	140	4—M12	4	2	50	
ZS—1300—5	2256	126	110	~3000	2700	1300	220	190	4—φ14	225	4—φ18	5	2	69	
ZS5—126/6	2252	126	110	~1000	1870	1060	200	190	4—φ14	225	4—φ18	6	3	47	
ZS—126/6	22510	126	110	~1000	1870	1060	200	140	4—M12	225	4—φ18	6	3	48	普通型户外棒形支柱瓷绝缘子
ZS1—126/6	22537	126	110	~2500	1870	1200	210	210	4—φ18	210	4—φ18	6	3	54	
ZS2—126/6	22541	126	110	~1000	1870	1170	200	140	4—M12	225	4—φ18	6	3	50	
ZS4—126/6	22546	126	110	~1000	2016	1170	215	140	4—M12	225	4—φ18	6	3	52	
ZS3—126/6	22544	126	110	~1000	2150	1060	225	140	4—φ18	225	4—φ18	6	3	49	
ZC—1200/N2	22561	126	110	~2000	1870	1200	192	127	4—M16	225	4—φ18	6	2	50	
ZC1—1200/N2	22562	126	110	~2000	1870	1200	192	225	4—φ18	127	4—M16		2	50	
ZC—1150/N1.5	22512	126	110	~2000	1870	1150	180	180	4—φ13	180	4—φ13		1.5	47	
ZC—1060—N2	22530	126	110	~1000	2024	1060	195	160	8—φ11	160	8—φ11		2	44	
ZC1—1060—N2	22542	126	110	~1000	2024	1060	195	160	4—M12	180	4—M12		2	44	
ZC2—1060—N2	22543	126	110	~1000	2024	1060	195	180	4—φ13	160	4—M12		2	44	
ZC—1080—N2	22548	126	110	~1000	2024	1080	195	160	4—M12	160	4—M12		2	45	
ZC—1060—8.5	2253	126	110	~1000	1870	1060	230	225	4—φ18	250	4—φ18	8.5	7	72	
ZS—1060—8.5D	2254	126	110	~1000	1870	1060	230	225	4—φ18	270	4—φ18	8.5	7	74	
ZS2—1060—8.5	22580	126	110	~1000	1870	1060	230	225	4—φ18	250	4—φ22	8.5	7	72	
ZS—1200—8.5D	22514	126	110	~2500	1870	1200	230	225	4—φ18	270	4—φ18	8.5	7	79	

续表 24-19

型　　号	代号	额定电压 (kV)	系统标称电压 (kV)	海拔 (m)	公称爬电距离 (mm)	主　要　尺　寸 (mm)						机械破坏负荷			重量 (kg)	备注
						H	D	a₁	d₁	a₂	d₂	弯曲 (kN) 正装	弯曲 (kN) 倒装	扭转 (kN·m)		
ZS-1200-8.5	22515	126	110	~2500	1870	1200	230	225	4-φ18	250	4-φ18	8.5	4.7	7	77	
ZSX-126/8.5	22533	126	110	~1000	2020	1060	230	225	4-φ18	270	4-φ18	8.5	4.7	7	71	
ZS1-1200-8.5D	22516	126	110	~2500	2150	1200	230	225	4-φ18	270	4-φ18	8.5	4.7	7	81	
ZS-126/9	2255	126	110	~2000	1870	1200	230	127	4-M16	286	6-φ18	9	5	7	109	
ZS-1200-10	22520	126	110	~2000	1870	1200	230	250	4-φ22	280	8-φ18	10	5	7	112	
ZS-126/10	22534	126	110	~1000	2600	1050	230	225	4-φ18	254	8-φ18	10	5	7	78	
ZS-1100-12	22511	126	110	~1000	2240	1100	240	225	4-φ18	250	4-φ18	12	7	7	82	
ZS1-1200-12D	22538	126	110	~1000	2400	1200	250	225	4-φ18	270	4-φ18	12	7	7	82	普通型户外棒形支柱瓷绝缘子
ZS-1060-12.5	22549	126	110	~1000	1870	1060	230	225	4-φ18	250	4-φ18	12.5	6.8	7	74	
ZS-1060-12.5D	22522	126	110	~1000	1870	1060	230	225	4-φ18	270	4-φ18	12.5	6.8	7	75	
ZS-1200-12.5D	22517	126	110	~2500	1870	1200	240	225	4-φ18	270	4-φ18	12.5	6.8	7	80	
ZS1-1200-12.5D	22547	126	110	~1000	2016	1200	230	225	4-φ18	270	4-φ18	12.5	7	7	78	
ZS2-1060-12.5D	22545	126	110	~1000	2150	1060	255	225	4-φ18	270	4-φ18	12.5	7	7	76	
ZS-1150-12.5	22521	126	110	~2000	2400	1150	250	225	4-φ18	254	8-φ18	12.5	6.8	7	113	
ZS-1200-16	2257	126	110	~2000	1870	1200	245	286	6-φ18	286	6-φ18	16	9	7	112	
ZS1-1200-16	22524	126	110	~2000	1870	1200	245	127	4-M16	286	8-φ18	16	9	7	106	
ZS-1150-16	22525	126	110	~2000	2400	1150	260	254	4-φ18	275	8-φ18	16	9	7	106	
ZS-1200-18	2258	126	110	~2000	1870	1200	245	286	6-φ18	286	8-φ18	18	11	7	112	
ZS-1070-18	22526	126	110	~1000	1980	1070	245	250	4-φ18	250	8-φ18	18	13.5	7	116	
ZS-1050-21.5	22535	126	110	~1000	2600	1050	250	254	8-φ18	254	8-φ18	21.5	12.5	7	95	
ZS-1200-24	22527	126	110	~2000	1870	1200	245	280	8-φ18	280	8-φ18	24	14.4	7	134	

续表 24-19

型　号	代号	额定电压 (kV)	系统标称电压 (kV)	海拔 (m)	公称爬电距离 (mm)	主要尺寸 (mm) H	D	a₁	d₁	a₂	d₂	机械破坏负荷 弯曲 (kN) 正装	倒装	扭转 (kN·m)	重量 (kg)	备注
ZS—1150—25.4	22528	126	110	~2000	2400	1150	260	254	8—φ18	275	8—φ18	25.4	14.6	7	130	
ZS—1050—32	22536	126	110	~1000	2600	1050	280	254	8—φ18	300	8—φ18	32	23	7	117	
ZS—1150—34	22529	126	110	~1000	2200	1150	270	275	8—φ18	300	8—φ18	34	20	7	136	
ZS—1500—12	2290	126	110	~4000	3090	1500	245	127	4—M16	254	8—φ18	12		8	129	
ZS—1500—25	2291	126	110	~4000	3090	1500	270	254	8—φ18	300	8—φ18	25	14	8	171	
ZS—1400—41	2292	126	110	~3000	2615	1400	300	300	8—φ18	325	8—φ18	41	30	8	203	
ZS—1500—14	2293	126	110	~4000	3090	1500	245	275	8—φ18	254	8—φ18	14		10	134	普通型户外棒形支柱瓷绝缘子
ZS—1500—30	2294	126	110	~4000	3090	1500	280	254	8—φ18	300	8—φ18	30	16.5	10	177	
ZS—1400—47.5	2295	126	110	~3000	2615	1400	305	300	8—φ18	325	8—φ18	47.5	34.5	10	206	
ZC1—1500—N4	2296	126	110	~4000	2940	1500	205	127	8—M10	210	4—φ18			4	65	
ZC—1500—N4	2297	126	110	~4000	2940	1500	205	210	4—φ18	210	4—φ18			4	67	
ZC1—1400—N4	2298	126	110	~3000	2920	1400	205	210	4—φ18	127	8—M10			4	61	
ZC2—1400—N4	2299	126	110	~3000	2950	1400	205	210	4—φ18	210	4—φ18			4	63	
ZS1—145/4	22598	145	132	~1000	2400	1400	210	140	4—M12	225	4—φ18	4		2	86	
ZS2—145/4	22597	145	132	~1000	2900	1400	215	140	4—M12	225	4—φ18	4		2	90	
ZS2—145/4L	22596	145	132	~1000	2900	1420	215	140	4—M12	140	4—M12	4		2	92	
ZS—145/4L	22599	145	132	~2000	2900	1500	215	140	4—M12	140	4—M12	4		2	95	
ZS3—145/4	22594	145	132	~1000	2900	1500	215	1400	4—M12	225	4—φ18	4		2	93	
ZS3—145/4L	22595	145	132	~1000	2900	1520	215	140	4—M12	140	4—M12	4		2	96	

续表 24-19

型号	代号	额定电压 (kV)	系统标称电压 (kV)	海拔 (m)	公称爬电距离 (mm)	H	D	a_1	d_1	a_2	d_2	机械破坏负荷 弯曲 (kN)	机械破坏负荷 扭转 (kN·m)	重量 (kg)	备注
ZS—252/4	2260	252	220	~1000	3740	2120	230	140	4—M12	250	4—φ18	4	2	120	
ZS—252/4D	2261	252	220	~1000	3740	2120	230	140	4—M12	270	4—φ18	4	2	122	
ZS1—252/4D	2265	252	220	~2500	3740	2370	230	140	4—M12	270	4—φ18	4	2	129	
ZS1—252/4	2266	252	220	~2500	3740	2370	230	140	4—M12	250	4—φ18	4	2	127	
ZSX—252/4D	22612	252	220	~1000	4040	2120	230	140	4—M12	270	4—φ18	4	2	120	
ZS3—252/6	2267	252	220	~1000	3740	2120	230	190	4—φ14	250	4—φ18	6	3	121	
ZS—252/6D	2262	252	220	~1000	3740	2120	230	140	4—M12	270	4—φ18	6	3	123	
ZS1—252/6D	22620	252	220	~1000	4300	2120	255	140	4—M12	270	4—φ18	6	3	125	
ZS2—252/6D	22621	252	220	~1000	4032	2370	230	140	4—M12	270	4—φ18	6	3	130	普通型户外棒形支柱瓷绝缘子
ZS2—252/6D	2268	252	220	~1000	3740	2120	230	190	4—φ14	270	4—φ18	6	3	122	
ZS3—252/6D	2263	252	220	~2500	3740	2400	192	127	4—M16	127	8—M16	6	3	100	
ZC—252/N2	2264	252	220	~2500	3740	2400	245	127	4—M16	286	6—φ18	8	2	221	
ZS—252/8	2269	252	220	~2500	3740	2400	245	250	4—φ22	280	8—φ18	10	7	246	
ZS—252/10	22610	252	220	~2000	4800	2300	260	225	4—φ18	275	8—φ18	12	7	243	
ZS—252/12	22611	252	220	~2000	4600	2300	270	254	4—φ18	300	8—φ18	16	7	242	
ZS—363/5	2280	363	330	~2000	6920	3470	245	190	4—φ14	250	8—φ18	5	2	267	
ZS—363/10	2281	363	330	~1000	7800	3150	280	225	4—M16	300	8—φ18	10	6	290	
ZS—550/12	2270	550	500	~1000	8800	4400	300	127	8—φ18	325	8—φ18	12	8	503	
ZS—550/14	2271	550	500	~1000	8800	4400	305	275	8—φ18	325	8—φ18	14	10	517	
ZC1—550/N4	2272	550	500	~1000	8800	4400	205	127	8—M10	127	8—M10		4	193	
ZC2—550/N4	2273	550	500	~1000	8800	4400	205	210	4—φ18	210	4—φ18		4	197	

表 24 - 20 户外棒形支柱瓷绝缘子技术数据 (一)

型 号	额定电压 (kV)	最小公称爬电距离 (mm)	额定弯曲破坏负荷 (kN)	主 要 尺 寸 (mm)								重量 (kg)
				高度 H	直径 D	上 附 件			下 附 件			
						a_1	d_1	孔数 (个)	a_2	d_2	孔数 (个)	
ZS—12/4	12	200	4	210	145	36	M8	2	130	12	2	
ZS—24/8	24	400	8	350	185	76	M12	2	180	14	4	
ZS—24/16	24	400	16	350	210	140	M12	4	210	18	4	
ZS—24/30	24	400	30	400	230	140	M12	4	250	18	4	

表 24 - 21 户外棒形支柱瓷绝缘子技术数据 (二)

型 号	额定电压 (kV)	总高 H (mm)	上附件安装尺寸			下附件安装尺寸			爬电距离 (mm)	机械破坏负荷 不小于		重量 (kg)
			孔中心圆直径 a_1 (mm)	孔径 d_1 (mm)	孔数 (个)	孔中心圆直径 a_2 (mm)	孔径 d_2 (mm)	孔数 (个)		弯曲 (kN)	扭转 (kN·m)	
ZS—12/4	12	210	36	M8	2	130	12	2	200	4	—	4.9
ZS—12/4L	12	220	36	M8	2	56	M10	2	200	4	—	4.9
ZS—17.5/4	17.5	260	36	M8	2	130	12	2	300	4		6.2
ZSX—17.5/4	17.5	260	130	12	2	36	M8	2	300	4		6.2
ZS—24/8	24	350	76	M12	2	180	14	4	400	8		15.6
ZS—24/10	24	350	140	M12	4	210	18	4	400	10		19.1
ZS—24/16	24	350	140	M12	4	210	18	4	400	16	—	20.2
ZS—24/20	24	400	140	M12	4	210	18	4	400	20		22
ZS—24/30	24	400	140	M12	4	250	18	4	400	30		31
ZS—40.5/4	40.5	400	140	14	4	140	14	4	625	4		10.5
ZSX—40.5/4	40.5	400	140	14	4	140	14	4	625	4		10.5
ZS—40.5/6L	40.5	420	140	M12	4	140	M12	4	625	6		18.5
ZS—40.5/8	40.5	420	140	M12	4	180	14	4	625	8	1.5	20.9
ZS—40.5/16	40.5	500	190	14	4	250	18	4	625	16	2	36
ZSW2—40.5/4—2	40.5	400	140	14	4	140	14	4	875	4	1	13.5
ZSW2—40.5/8—2	40.5	450	140	M12	4	180	14	4	875	8	1.5	21

(6) 牡丹江北方高压电瓷有限责任公司产品技术数据,见表 24 - 22。

(7) 重庆电瓷厂产品技术数据,见表 24 - 23。

表 24－22　户外实心棒形支柱瓷绝缘子技术数据

型　号	代号	主　要　尺　寸（mm）							机械破坏负荷		工频1min耐受电压（kV）		雷电全波冲击耐受电压（kV）	重量（kg）	备注
		H	D	爬距	a_1	d_1	a_2	d_2	弯曲（kN）	扭转（kN·m）	干	湿			
ZS—10/4	21100	210	145	200	φ36	2—M8	φ130	2-φ12	4.0	—	42	30	75	6	普通型
ZS—20/8	21101	350	185	400	φ76	2—M12	φ180	4-φ14	8.0	—	68	50	125	15	
ZS—35/4K	21104	400	185	625	φ140	4-φ14	φ140	4-φ14	4.0	1.0	100	80	185	12	
ZS—35/6L	21103	420	200	625	φ140	4—M12	φ140	4—M12	6.0	1.0	100	80	185	17	
ZS—35/8	21105	420	200	625	φ140	4—M12	φ180	4-φ14	8.0	1.5	100	80	185	16	
ZS—63/4L	21107	785	200	1100	φ140	4—M12	φ140	4—M12	4.0	1.5	165	140	325	30	
ZS—63/4	21108	760	200	1100	φ140	4—M12	φ180	4-φ14	4.0	1.5	165	140	325	29	
ZSW2—35/4L—2	21110	420	230	875	φ140	4—M12	φ140	4—M12	4.0	1.0	100	80	185	15	耐污型
ZSW2—63/4L—2	21111	785	210	1670	φ140	4—M12	φ140	4—M12	4.0	1.5	165	140	325	48	
ZSW1—63/4L—3	21109	760	230	1725	φ140	4—M12	φ140	4—M12	4.0	1.5	165	140	325	52	
ZSW1—110/4L—2	21112	1200	230	2880	φ140	4—M12	φ140	4—M12	4.0	2.0	265	185	450	68	
ZSW2—110/4—2	21114	1200	245	3050	φ140	4—M12	φ225	4-φ18	4.0	3.0	265	185	450	71	
ZSW1—1200—8.5	21113	1200	245	2880	φ225	4-φ18	φ250	4-φ22	8.5	2.0	265	185	450		
ZSW1—220/4—2	21220	2400	245	5930	φ140	4—M12	φ250	4-φ22	4.0	2.0	495	395	950		

表 24－23　高压户外支柱绝缘子技术数据

型　号	额定电压（kV）	系统标称电压（kV）	伞数	爬电距离（mm）	破坏负荷		主　要　尺　寸（mm）						重量（kg）	备注
					弯曲（kN）	扭转（kN·m）	H	D	a_1	d_1	a_2	d_2		
ZS—12/4	12	10	2	200	4		210	145	36	2—M8	130	2-φ12	5.4	普通型
ZS—24/8	24	20	4	400	8		350	185	76	2—M12	180	4-φ14	14	
ZS—24/16	24	20	4	400	16		350	210	140	4—M12	210	4-φ18	18	
ZS—24/30	24	20	4	400	30		400	230	140	4—M12	250	4-φ18	36	
ZS—40.5/4	40.5	35	6	625	4		400	185	140	4-φ14	140	4-φ14	11	
ZS—40.5/8	40.5	35	6	625	8	1	420	200	140	4—M12	180	4-φ14	16	
ZS—72.5/4	72.5	63	10	1100	4	1.5	760	200	140	4—M12	180	4-φ14	27	
ZS—72.5/4L	72.5	63	10	1100	4	1.5	785	200	140	4—M12	140	4—M12	27	
ZS—126/4	126	110	14	1870	4	2	1060	210	140	4—M12	225	4-φ18	50	
ZS—126/4L	126	110	14	1870	4	2	1080	210	140	4—M12	140	4—M12	50	
ZS—1060—8.5	126	110	13	1870	8.5		1060	225	225	4-φ18	250	4-φ18	76	
ZSW3—40.5/4L	40.5	35	4/3	900	4	1	420	210	140	4—M12	140	4—M12		耐污型
ZSW3—40.5/4	40.5	35	4/3	900	4		420	170	140		180	4-φ14		

续表 24-23

型号	额定电压(kV)	系统标称电压(kV)	伞数	爬电距离(mm)	破坏负荷		主要尺寸(mm)						重量(kg)	备注
					弯曲(kN)	扭转(kN·m)	H	D	a₁	d₁	a₂	d₂		
ZSW3—40.5/8	40.5	35	4/3	870	8	1.5	420	210 170	140	4—M12	180	4—ϕ14		耐污型
ZSW3—40.5/8L	40.5	35	4/3	870	8	1.5	435		140		180	4—M12		
ZSW1—40.5/4	40.5	35	4/4	870	4	1	440		140		180	4—ϕ14		
ZSW—126/4	126	110	11/10	2880	4	2	1170	230 190	140		225	4—ϕ18		

（8）景德镇电瓷电器工业公司产品技术数据，见表24-24。

表 24-24　户外棒形支柱绝缘子技术数据

型号	代号	额定电压(kV)	伞数(大/小)	主要尺寸(mm)							机械破坏负荷		重量(kg)	备注
				H	D	a₁	d₁	a₂	d₂	爬电距离	弯曲(kN)	扭转(kN·m)		
ZS—35/4	21603	35	6	400	145	140	4—ϕ14	140	4—ϕ14	625	4		10.2	普通型户外棒形支柱绝缘子
J·ZS—35/6L	21638	35	6	450	160	140	4—M12	140	4—M12	625	4		17	
ZS—63/4L	21607	63	10	785	170	140	4—M12	140	4—M12	1100	4		31	
ZS—110/4L	21616	110	14	1080	190	140	4—M12	140	4—M12	1870	4	2		
ZS5—110/4L	21628	110	16	1190	200	140	4—M12	140	4—M12	1870	4	1.5		
J·ZC1—1200—N2	21630		16	1200	200	127	4—M16	225	4—ϕ18	1870		2		
J·ZC2—1200—N2	21631		16	1200	200	225	4—ϕ18	127	4—M16	1870		2		
J·ZS—1200—8	21632		16	1200	235	127	4—M16	286	6—ϕ18	1870	8	2		
J·ZS—1200/16	21633		16	1200	250	286	4—ϕ18	286	6—ϕ18	1870	16	2		
ZS—110/4	21640	110	14	1060	200	140	4—M12	225	4—ϕ18	1870	4	2		
ZS—1060—8.5	21641		14	1060	230	225	4—ϕ18	250	4—ϕ18	1870	8.5	2		
J·ZS—110/4	21642	110	15	1060	190	140	4—M12	225	4—ϕ18	1870	4	2		
ZS—1200—12.8	21643		16	1200	290	280	8—ϕ18	280	4—ϕ18	1870	12.8	2		
ZS—1200—17	21645		16	1200	290	280	8—ϕ18	280	8—ϕ18	1870	17	2		
ZC—1150—N1.5	21647		14	1150	210	180	4—ϕ14	180	4—ϕ14	1870		1.5		
J·ZS—145/4	21648	145	23	1400	200	140	4—M12	225	4—ϕ18	2400	4	2		
J·ZS—110/5K	21653	110	14	1060	210	190	4—ϕ14	225	4—ϕ18	1960	4	2		
J·ZS—1070—18	21655		14	1070	240	250	4—ϕ18	250	4—ϕ18	1980	18	2		
J·ZC1—1150—N1.5	21657		14	1150	210	225	4—ϕ18	225	4—ϕ18	1870		1.5		
J·ZC2—1150—N1.5	21658		14	1150	210	210	4—ϕ18	210	4—ϕ18	1870		1.5		

型　号	代号	额定电压 (kV)	伞数 (大/小)	主要尺寸（mm）							机械破坏负荷		重量 (kg)	备注
				H	D	a_1	d_1	a_2	d_2	爬电距离	弯曲 (kN)	扭转 (kN·m)		
ZS—1400—5	21620	500 kV 元件	20	1400	230	225	4—ϕ18	225	4—ϕ18	2920	5	2		普通型户外棒形支柱绝缘子
ZS—1400—10.6	21621		20	1400	260	225	4—M16	250	8—ϕ18	3060	10.6	2		
ZS—1400—16.2	21622		19	1400	275	250	8—ϕ18	300	8—ϕ18	2750	16.2	2		
ZS—220/4	21639	220		2120	230	140	4—M12	250	4—ϕ18	3740				
ZS—220/6K	21644	220		2400	290	280	8—ϕ18	280	8—ϕ18	3740				
J·ZS—220/8K	21634	220		2400	250	127	4—M16	286	6—ϕ18	3740				
ZS—220/8K	21646	220		2400	290	280	8—ϕ18	280	8—ϕ18	3740				
ZS—500/5K	21624	500		4200	275	225	4—ϕ18	300	8—ϕ18	8730				
J·ZSW—35/4L—2	21701	35	6/5	420	200	140	4—M12	140	4—M12	875	4	2		耐污型户外棒形支柱绝缘子
ZSW4—35/4L—2	21740	35	6/5	450	200	140	4—M12	140	4—M12	875	4	2		
ZSW5—110/4—3	21709	110	13/12	1200	230	140	4—M12	225	4—ϕ18	3150				
ZSW5—1200/8.5—3	21710		13/12	1200	265	225	4—ϕ18	250	4—ϕ18	3150	8.5	2		
ZSW6—1200—6—3	21712		13/12	1200	230	210	4—ϕ18	210	4—ϕ18	2900	6	4		
J·ZSW—145/4—3	21717	145	15/14	1400	235	140	4—M12	225	4—ϕ18	2906				
ZSW—1200—4—3	21719		13/12	1200	230	190	4—ϕ14	225	4—ϕ18	3150				
ZSW6—1060—8—2	21723		11/10	1060	255	140	4—M12	250	4—ϕ18	2600	8	3		
J·ZSW1—110/4—2	21726	110	11/10	1060	230	140	4—M12	225	4—ϕ18	2500	4	2		
J·ZSW1—110/4L—3	21734	110	12/11	1190	230	140	4—M12	140	4—M12	2800	4	2		
ZSW6—1080—16—2	21739		11/10	1080	270	250	4—ϕ18	250	4—ϕ21	2600	16	3		
J·ZSW2—110/4—3	21742	110	12/11	1060	230	140	4—M12	225	4—ϕ18	2850	4	2		
J·ZSW2—1060—8.5—2	21743		11/11	1060	260	225	4—ϕ18	250	4—ϕ18	2720	8.5	2		
ZSW2—110—4L—2	21744	110	11/10	1080	230	140	4—M12	140	4—M12	2750	4	2		
J·ZSW2—110/4L—4	21745	110	13/12	1190	260	140	4—M12	140	4—M12	3520	4	2		
J·ZSW3—1060—8—3	21746		11/10	1060	270	140	4—M12	225	4—ϕ18	2800	8	4		
J·ZSW3—1060—16—3	21747		11/10	1080	285	225	4—ϕ18	250	4—ϕ21	2800	16			
J·ZSW3—110/4—3	21751	110	13/12	1200	230	225	4—M14	225	4—ϕ18	3150	4	2		
J·ZSW3—1200—8.5—3	21752		13/12	1200	260	225	4—ϕ18	225	8—ϕ18	3150	8.5	2		
J·ZSW1—1200—9—3	21754		13/12	1200	270	127	4—M16	286	6—ϕ18	3150	9			
J·ZSW1—1200—16—3	21755		12/11	1200	285	286	6—ϕ18	286	6—ϕ18	3150	16			
J·ZCW1—1200—N2—3	21757		12/11	1200	230	127	4—M16	225	4—ϕ18	3150		2		
J·ZCW2—1200—N2—3	21758		12/11	1200	230	225	4—ϕ18	127	4—M16	3150		2		
J·ZSW6—1200—8—3	21760		13/12	1200	270	225	4—ϕ18	250	4—ϕ18	3150	8	3		

续表 24 - 24

型　号	代号	额定电压(kV)	伞数(大/小)	主要尺寸(mm)							机械破坏负荷		重量(kg)	备注
				H	D	a_1	d_1	a_2	d_2	爬电距离	弯曲(kN)	扭转(kN·m)		
J·ZSW6—1100—17—2	21761		11/10	1100	270	250	4—ϕ18	250	8—ϕ18	2650	17			
J·ZSW4—110/4L—3	21762	110	13/12	1220	230	140	4—M12	140	4—M12	3150	4	2		
J·ZSW—1100—18—2	21771		11/10	1100	280	250	4—ϕ18	225	4—ϕ18	2550	18			
J·ZSW1—110/6—3	21777	110	13/12	1200	240	140	4—M12	225	4—ϕ18	3150	6	3		
J·ZSW1—1200—13—3	21778		13/12	1200	265	225	4—ϕ18	250	4—ϕ18	3150	13	3		
ZSW4—1100—8.5—3	21779		11/10	1100	250	225	4—ϕ18	250	4—ϕ18	2450	8.5	2		
ZSW—1150—12—3	21782		11/10	1150	275	225	4—ϕ18	254	8—ϕ18	3200	12	6		
ZSW—1150—28—3	21783		10/9	1150	315	254	8—ϕ18	275	8—ϕ18	3100	28			
ZSW7—1400—10—2	21902		14/13	1400	270	225	4—ϕ18	254	8—ϕ18	4100	10	4		
ZSW7—1400—23—2	21903		14/3	1400	300	254	8—ϕ18	275	8—ϕ18	4100	23	4		
ZSW7—1200—40—2	21904		11/10	1200	325	275	8—ϕ18	325	8—ϕ18	3260	40	4		
ZSW8—1150—8—2	21906		11/10	1150	240	225	4—ϕ18	254	8—ϕ18	2850	8	4		
ZSW8—1150—17—2	21907		11/10	1150	260	254	8—ϕ18	254	8—ϕ18	2850	17	4		
ZSW9—1050—26—2	21908		10/9	1050	280	254	8—ϕ18	275	8—ϕ18	2825	26	4		耐污型户外棒形支柱绝缘子
ZSW9—1050—28—2	21909		10/9	1050	310	275	8—ϕ18	300	8—ϕ18	2825	38	4		
ZSW10—1250—10—3	21911		12/11	1250	270	225	4—ϕ18	254	8—ϕ18	3725	10	4		
ZSW10—1250—22—3	21912		12/11	1250	290	254	8—ϕ18	275	8—ϕ18	3725	22	4		
ZSW10—1150—34—3	21913		11/10	1150	320	275	8—ϕ18	300	8—ϕ18	3150	34	4		
ZSW10—1050—53—3	21914		11/10	1050	350	300	8—ϕ18	325	8—ϕ18	3150	53	4		
ZSW5—220/4—3	21711	220		2400	265	140	4—M12	250	4—ϕ18	6300	4	2		
ZSW6—220/8—2	21738	220		2140	275	140	4—M12	250	4—ϕ21	5200	8	3		
J·ZSW2—220/4—3	21741	220		2120	260	140	4—M12	250	4—ϕ18	5570	4	2		
J·ZSW3—220/8—3	21748	220		2140	285	140	4—M12	250	4—ϕ21	5600	8	3		
ZSW4—220/4—3	21749	220		2300	245	140	4—M12	250	4—ϕ18	5600	4	2		
J·ZSW3—220/4—3	21753	220		2400	260	225	4—M14	250	8—ϕ18	6300	4	2		
J·ZSW1—220/8—3	21756	220		2400	285	127	4—M16	286	6—ϕ18	6300	8	3		
J·ZSW6—220/8—3	21759	220		2300	270	225	4—ϕ18	250	4—ϕ18	5800	8	3		
J·ZSW1—220/6—3	21776	220		2400	265	140	4—M12	250	4—ϕ18	6300	6	3		
J·ZSW1—220/4K—3	21780	220		2400	250	190	4—ϕ14	250	4—ϕ18	6300	4	2		
ZSW—220/12—3	21784	220		2300	315	250	4—ϕ18	275	8—ϕ18	6300	12	6		
ZSW9—500/10K—2	21901	500		4000	325	225	4—ϕ18	325	8—ϕ18	11460	10	4		
ZSW8—500/8K—2	21905	500		4400	325	225	4—ϕ18	300	8—ϕ18	11350	8	4		
ZSW10—500/10K—3	21910	500		4700	350	225	4—ϕ18	325	8—ϕ18	13750	10	4		

注　J—景瓷暂编代号。

五、外形及安装尺寸

户外棒形支柱瓷绝缘子外形及安装尺寸，见图 24-11。

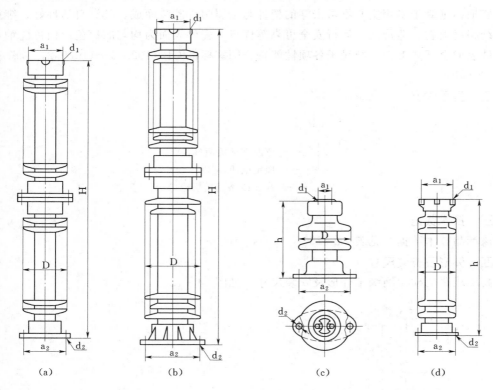

图 24-11 户外棒形支柱瓷绝缘子外形及安装尺寸

(a) 耐污型（252kV）；(b) 普通型（252kV）[南京电气（集团）有限责任公司]；
(c) ZS—12/4；(d) ZS—24/16，ZS—24/30（石家庄市电瓷有限责任公司）

六、订货须知

(1) 订货时必须提供产品型号及工厂代号（以工厂代号为准，型号仅作参考）。

(2) 如要支撑阻波器用时，订货加注，最上端的法兰采用铸铜件。

(3) 对于隔离开关用棒形支柱绝缘子应注明法兰底面的具体形状（圆形、方形、梅花形）。

(4) 330kV 及以上亦有不带均压环和分水罩结构的产品，一般用于隔离开关，如作母线支柱用必须注明，另增配均压环和水分罩。

七、生产厂

南京电气（集团）有限责任公司、中国西电集团西安西电高压电瓷有限责任公司、唐山市高压电瓷厂、石家庄市电瓷有限责任公司、上海电瓷厂、牡丹江北方高压电瓷有限责任公司、重庆电瓷厂、景德镇电瓷电器工业公司。

24.1.12 高压线路瓷横担绝缘子

一、概述

高压线路瓷横担绝缘子用于工频交流高压架空输配电线路中绝缘和支持导线，可以代替悬式绝缘子和针式绝缘子。绝缘子的安装方式为水平式（边相用）和直立式（顶相用）两种。

瓷横担绝缘子采用实心不可击穿的瓷件与金属附件胶装而成，具有自洁性好、维护简单、线路材料省、造价低、运行安全可靠等优点。瓷件表面为均匀的棕色或白色瓷釉，金属附件表面全部热镀锌。绝缘子各项性能符合国家标准 GB 11029.1—11029.2，瓷件符合 GB 772 标准。

二、型号含义

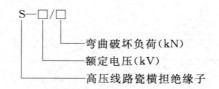

$$S—\square/\square$$

- 弯曲破坏负荷（kN）
- 额定电压（kV）
- 高压线路瓷横担绝缘子

三、技术数据

该产品技术数据，见表 24-25。

四、外形及安装尺寸

高压线路瓷横担绝缘子外形及安装尺寸，见图 24-12。

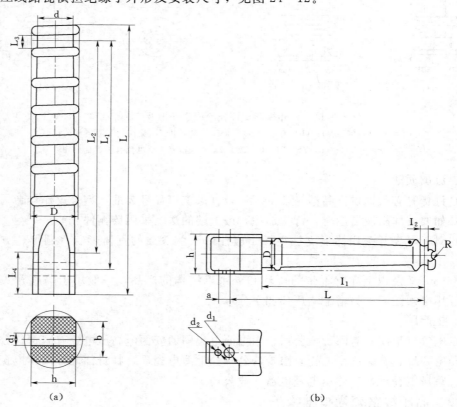

图 24-12　高压线路瓷横担绝缘子外形及安装尺寸

（a）S—10/2.5（景德镇电瓷电器工业公司）；（b）S—35/5.0（牡丹江北方高压电瓷有限责任公司）

表 24-25　高压线路瓷横担绝缘子技术数据

型号	代号	额定电压(kV)	工频耐受电压(kV)	雷电全波冲击耐受电压(kV)	额定弯曲破坏负荷(kN)	爬电距离(mm)	重量(kg)	主要尺寸(mm)													生产厂
								L	L$_1$	L$_2$	l$_1$	R	d	D	L$_3$	d$_1$	d$_2$	h	b	a	
S—10/2.5 (S$_C$—185)	13105	10			2.5	320		400	340	315			45	75	22	18		68	45		
S—10/2.5 (S$_C$—185Z)	13106	10			2.5	320		400	340	315	11		45	75	22	18		68	45		
S—10/2.5 (S$_C$—210)	13109	10			2.5	380		450	390	365			45	82	22	18		72	45		
S—10/2.5 (S$_C$—210Z)	13110	10			2.5	380		450	390	365	11		45	82	22	18		72	45		
S—35/3.5 (S$_C$—280)	13107	35			3.5	600		600	530	490			60	110	26	22		90	80		
S—35/3.5 (S$_C$—280Z)	13108	35			3.5	600		600	530	490	13		60	110	26	22		90	80		景德镇电瓷电器工业公司
S—10/2.5 (S—185)	13201	10			2.5	320		470	390	315			45	75	22	18	6.5	14		40	
S—10/2.5 (S—185Z)	13202	10	45	165	2.5	320		470	390	315	11		45	75	22	18	6.5	14		40	
S—10/2.5 (S—210)	13203	10			2.5	380		520	440	365			45	82	22	18	6.5	14		40	
S—10/2.5 (S—210Z)	13204	10	50	185	2.5	380		520	440	365	11		45	85	22	18	6.5	14		40	
S—35/5 (S—280)	13205	35		185	5.0	700		670	580	490			60	115	26	22	11	140		40	
S—35/5 (S—280Z)	13206	35	85	250	5.0	700		670	580	490	13		60	115	26	22	11	140		40	
S—10/2.5	14107	10	45	165	2.5	320	5.0	390		315	11				(12)22	18±0.5	6.5	64		40±1	牡丹江北方高压电瓷有限责任公司
S—35/5.0	14115	35	85	250	5.0	700	12.2	580		490	14				28	22±0.5	11.0	140		40±1	

五、生产厂

牡丹江北方高压电瓷有限责任公司、景德镇电瓷电器工业公司。

24.1.13　架空电力线路用拉紧瓷绝缘子

一、概述

架空电力线路用拉紧瓷绝缘子用于工频交流或直流架空电力线路及通信线路中，电杆拉线或张紧导线和作绝缘用。使用时拉线穿过其孔或嵌在其线槽上。

二、型号含义

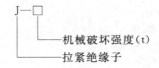

J—□

└── 机械破坏强度(t)
└── 拉紧绝缘子

三、技术数据

该绝缘子技术数据，见表 24 - 26。

表 24 - 26　架空电力线路用拉紧瓷绝缘子技术数据

型 号	代号	工频电压 ≮（kV）		机械破坏负荷 ≮(kV)	主 要 尺 寸（mm）							重量 (kg)
		干闪	湿闪		L	l	D	B	b	d	R	
J—0.5	16005	4	2	5	38		30		20		4	0.1
J—1	16004	5	2.5	10	50		38		26		6	0.1
J—2	16003	6	2.8	20	72		53		30		8	0.2
J—4.5	16001	20	10	45	90	42	64	58	45	14	10	1.1
J—9	16002	30	20	90	172	72		88	60	25	14	2.0

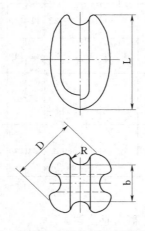

图 24 - 13　架空电力线路用拉紧瓷绝缘子外形
及安装尺寸（J—0.5，J—1，J—2）

该类绝缘子分为转轴绝缘子、支柱绝缘子、支持瓷套及穿墙套管等。

四、外形及安装尺寸

该绝缘子外形及安装尺寸，见图 24 - 13。

五、生产厂

牡丹江北方高压电瓷有限责任公司。

24.1.14　高压电器柱式瓷绝缘子

牡丹江北方高压电瓷有限责任公司生产的高压电器柱式瓷绝缘子技术数据，见表 24 - 27。

24.1.15　电气除尘器用绝缘子

一、概述

电气除尘器用绝缘子主要用于静电除尘设备中，作为绝缘支持和与外部导线连接之用。

表 24 - 27 高压电器柱式瓷绝缘子技术数据

产品型号	雷电冲击耐受电压（kV）	主要尺寸（mm）						机械强度				重量（kg）
		全高 H	伞径 D	伞数 n	爬电距离 L	安装法兰		抗弯（kN）	抗拉（kN）	抗扭（N·m）	抗压（kN）	
						孔数—孔径	安装孔中心圆 φ					
TR—205	110	254	160	4	394	4—M12	108	8.9	38	791	44.5	7
TR—208	150	356	160	7	610	4—M12	108	8.9	44.5	904	44.5	11
TR—210	200	457	160	10	940	4—M12	108	8.9	53	1130	66.7	15.4
TR—214	250	559	186	12	1092	4—M12	108	8.9	62	1356	66.7	20.5
TR—216	350	762	196	16	1829	4—M12	108	6.7	71	1695	111	29
TR—286	550	1143	210	20	2515	4—M16	127	7.6	89	4520	267	60
TR—288	650	1372	210	23	2946	4—M16	127	6.2	89	4520	267	70
TR—308	900	2032	235	3×10	4191	4—M16	127	6.5	111	10168	334	120
TR—316	1050	2337	235	3×11	5029	4—M16	127	5.6	111	10168	334	150

二、型号含义

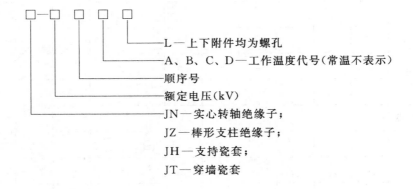

L—上下附件均为螺孔

A、B、C、D—工作温度代号（常温不表示）

顺序号

额定电压（kV）

JN—实心转轴绝缘子；

JZ—棒形支柱绝缘子；

JH—支持瓷套；

JT—穿墙瓷套

三、技术数据

电气除尘器用绝缘子技术数据，见表 24 - 28。

四、外形及安装尺寸

该绝缘子外形及安装尺寸，见图 24 - 14。

五、生产厂

景德镇电瓷电器工业公司。

表24-28　电气除尘器用绝缘子技术数据

型号	代号	工作电压 DC (kV)	工作温度 (℃)	耐受电压 (kV) AC	1min工频	冲击 湿	爬电距离 (mm)	弯曲 (kN)	扭转 (kN·m)	拉伸 (kN)	压缩 (kN)	H	D	d_1	a/b	d_2	a_1	a_2	d	δ	L	L_1	L_2	重量 (kg)	备注
JN—10001BL	52101	100	200	160				11	5			650	190	6—M12	165									35	
JN—10002CL	52102	100	250						1			390	130	4—M10	80/50									10	转轴
JN—6003C	52103	60	250	100					1			400	175		75									12	
JZ—8001L	52201	80	250		120	265	1100	19	7	90		650	230	8—M12		8—M12	170	190						42	棒形支柱
JZ—10002C	52202	100	250								300	475	155	M16		4—φ15		155						21	
JZ—10003C	52203	100	250								300	475	155	M16		4—φ13		160						21	
JH—7201C	52301	72	250	100						900		400	460											41	支持瓷套
JH—7202	52302	72	250	180						1500		400	480							40				50	
JH—10001C	52303	100	250	150						900		700	450							30				70	支持瓷套
JH—10010DC	52310	100	250	100								400	350						250	25				27	
JT—8001	52401	80	100	110											290/25	φ12 6—φ15	15		250	12	1363	1110	660	72	穿墙瓷套
JT—10002	52402	100	100	140 (2min)											330/25	M16 8—φ19	50		240		1610	1430	715	127	

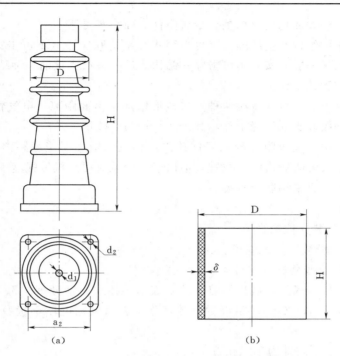

图 24－14　电气除尘器用绝缘子外形及安装尺寸
(a) JZ 型；(b) JH 型

24.1.16　ZA—35T 户内外胶装支柱绝缘子

一、概述

户内支柱绝缘子用于额定电压 6～35kV 户内电站、变电所配电装置及电器设备，用以绝缘和固定导电部分。

绝缘子适用于周围环境温度为 －40～＋40℃，安装地点海拔高度普通型不超过 1000m，高原型不超过 4000m。

绝缘子按胶装结构分为外胶装、内胶装和联合胶装三种结构型式，绝缘子按额定电压与抗弯强度等级分类，见表 24－29。

表 24－29　绝缘子按额定电压与抗弯强度等级分类表

额定电压 (kV)	抗弯强度（kN）		
	外胶装	内胶装	联合胶装
6	3.75，7.5	4	
10	3.75，7.5，20	4，(7)，8，16	4
20	20		30
35		(7.5)	4，(7.5)，8

二、特点

绝缘子由瓷件和上、下金属附件用胶合剂胶装而成。瓷件端面与金属附件胶装接触部位垫有弹性衬垫，瓷件胶装部位分别采用上砂、滚花、挖槽等结构，以保证机械强度，防止松动、扭转。瓷件表面均匀上白釉，金属附件表面涂灰磁漆。

　　绝缘子瓷件主体结构有空腔隔板（可击穿式）结构和实心（不可击穿式）结构两种。联合胶装支柱绝缘子一般属实心不可击穿式结构。后一种结构比前一种结构提高了安全可靠性，减少了维护测试工作量。

　　绝缘子瓷件外形有多棱或少棱两种，多棱形增加了沿面距离，电气性能优于少棱形，除将逐步淘汰的外胶装支柱绝缘子外，其余产品均为多棱形。

　　内胶装结构，由于金属附件胶入瓷件孔内，相应地增加了绝缘距离，提高了电气性能，同时也缩小了安装时所占空间位置，但由于内胶装对提高机械强度不利，故机械强度要求较高的绝缘子，宜采用联合胶装。

三、型号含义

　　Z——户内外胶装支柱绝缘子。

　　ZN——户内内胶装支柱绝缘子。

　　ZL——户内联合胶装支柱绝缘子。

　　对于外胶装支柱绝缘子，破折号前字母 L 表示多棱式，字母 A、B、D 表示机械破坏负荷分别为 3.75，7.5，20kN。字母后分数，分子表示额定电压千伏数，分母为机械破坏负荷 kN 数。

　　N——内胶装上下附件为单螺孔者。

　　Y——外胶装和联合胶装下附件为圆形者。

　　T——外胶装下附件为椭圆形者。

　　F——外胶装下附件为方形者。

　　G——高原型（老产品为 GY）。

四、外形及安装尺寸

　　ZA—35T 户内外胶装支柱绝缘子外形及安装尺寸，见表 24 - 30 及图 24 - 15。

表 24 - 30　ZA—35T 户内外胶装支柱绝缘子外形及安装尺寸

型　　号	主　要　尺　寸（mm）													重量
	H	D	h_1	h_2	h_3	h_4	h_5	d_1	d_2/b	d_3	d_4	d_5	a_1	a_2	（kg）
ZA—6Y	165	86	27	36	6	13	20	62	106	2—M6	M10	M12	36		2.1
ZA—6T	165	86	27	36	6	13	10	62	110	2—M6	M10	2—ϕ12	36	135	2.3
ZB—6Y	185	106	38	48	7	18	22	82	129	2—M10	M16	M16	46		4.2
ZB—6T	185	106	38	46	7	18	12	82	140	2—M10	M16	2—ϕ15	46	175	4.9
ZA—10Y	190	86	27	36	6	13	20	66	110	2—M6	M10	M12	36		2.25
ZA—10T	190	86	27	36	6	13	10	62	110	2—M6	M10	2—ϕ12	36	135	2.5
ZB—10Y	215	106	38	48	7	18	22	82	129	2—M10	M16	M16	46		4.6
ZB—10T	215	106	38	46	7	18	12	82	140	2—M10	M16	2—ϕ15	46	175	5.24
ZLD—10F	215	110	46	65	14	22	18	160	160	4—M12	M16	4—ϕ15	76	125	9.5
10kV/3.75kN	190	110	27	36	6	13	20	66	110	2—M6	M10	M12	36		2.8
10kV/7.5kN	215	126	38	48	7	18	12	82	135	2—M10	M16	2—ϕ15	46	175	6.0

型　号	主　要　尺　寸（mm）													重量（kg）
	H	D	h_1	h_2	h_3	h_4	h_5	d_1	d_2/b	d_3	d_4	d_5	a_1	a_2	
10kV/20kN	215	110	46	65	14	22	18	160	192	4—M12	M16	4—ϕ15	76	155	10.9
10kV/20kN	215	110	46	65	14	22	18	160	160	4—M12	M16	4—ϕ15	76	125	10.9
ZLD—20F	315	143	46	80	14	22	18	128	195	4—M12	M18	4—ϕ18	76	155	16

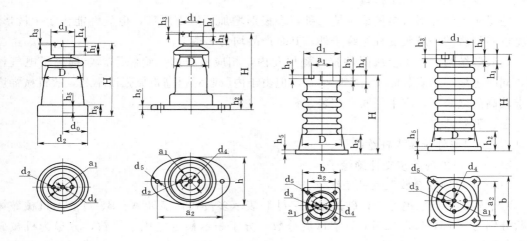

图 24－15　ZA—35T 户内外胶装支柱绝缘子外形及安装尺寸

五、生产厂

乐清市沓来电气有限公司。

24.1.17　ZA—35Y 户内外胶装支柱绝缘子

一、概述

户内支柱绝缘子用于额定电压 6～35kV 户内电站、变电所配电装置及电器设备，用以绝缘和固定导电部分。

绝缘子适用于周围环境温度为 －40～＋40℃，安装地点海拔高度普通型不超过 1000m，高原型不超过 4000m。

绝缘子按胶装结构分为外胶装、内胶装和联合胶装三种结构型式，绝缘子按额定电压与抗弯强度等级分类，见表 24－31。

表 24－31　绝缘子按额定电压与抗弯强度等级分类表

额 定 电 压（kV）	抗 弯 强 度（kN）		
	外胶装	内胶装	联合胶装
6	3.75，7.5	4	
10	3.75，7.5，20	4，(7)，8，16	4
20	20		30
35		(7.5)	4，(7.5)，8

二、特点

绝缘子由瓷件和上、下金属附件用胶合剂胶装而成。瓷件端面与金属附件胶装接触部位垫有弹性衬垫,瓷件胶装部位分别采用上砂、滚花、挖槽等结构,以保证机械强度,防止松动、扭转。瓷件表面均匀上白釉,金属附件表面涂灰磁漆。

绝缘子瓷件主体结构有空腔隔板(可击穿式)结构和实心(不可击穿式)结构两种。联合胶装支柱绝缘子一般属实心不可击穿式结构。后一种结构比前一种结构提高了安全可靠性,减少了维护测试工作量。

绝缘子瓷件外形有多棱或少棱两种,多棱形增加了沿面距离,电气性能优于少棱形,除将逐步淘汰的外胶装支柱绝缘子外,其余产品均为多棱形。

内胶装结构,由于金属附件胶入瓷件孔内,相应的增加了绝缘距离,提高了电气性能,同时也缩小了安装时所占空间位置,但由于内胶装对提高机械强度不利,故机械强度要求较高的绝缘子,宜采用联合胶装。

三、型号含义

Z——户内外胶装支柱绝缘子。

ZN——户内内胶装支柱绝缘子。

ZL——户内联合胶装支柱绝缘子。

对于外胶装支柱绝缘子,破折号前字母 L 表示多棱式,字母 A、B、D 表示机械破坏负荷分别为 3.75,7.5,20kN。字母后分数,分子表示额定电压千伏数,分母为机械破坏负荷 kN 数。

N——内胶装上下附件为单螺孔者。

Y——外胶装和联合胶装下附件为圆形者。

T——外胶装下附件为椭圆形者。

F——外胶装下附件为方形者。

G——高原型(老产品为 GY)。

四、技术数据

ZA—35Y 户内外胶装支柱绝缘子技术数据,见表 24-32。

表 24-32　ZA—35Y 户内外胶装支柱绝缘子技术数据

型　号	额定电压 (kV)	工频电压 (kV,≮)		全波冲击耐受电压 (kV,≮) 60	抗弯及抗拉破坏负荷 (kN,≮)	公称爬电距离 (mm)
		干耐受	击穿			
ZA—6Y	6	36	58	60	3.75	
ZA—6T	6	36	58	60	3.75	
ZB—6Y	6	36	58	60	7.50	
ZB—6T	6	36	58	80	7.50	
ZA—10Y	10	47	75	80	3.75	
ZA—10T	10	47	75	80	3.75	
ZB—10Y	10	47	75	80	7.50	

续表 24 - 32

型　号	额定电压 (kV)	工　频　电　压 (kV，≮)		全波冲击耐受 电压 (kV，≮)	抗弯及抗拉破坏 负荷 (kN，≮)	公称爬电距离 (mm)
		干耐受	击穿	60		
ZB—10T	10	47	75	80	7.50	
ZLD—10F	10	47	75	80	20	
10kV/3.75kN	10	47	75	80	3.75	
10kV/7.5kN	10	47	75	80	7.50	230
10kV/20kN	10	47	75	80	20	230
10kV/20kN	10	47	75	80	20	上下法兰均 为球铁
ZLD—20F	20	75		125	20	

五、外形及安装尺寸

ZA—35Y 户内外胶装支柱绝缘子外形及安装尺寸，见表 24 - 33、表 24 - 34、表 24 - 35 及图 24 - 16。

表 24 - 33　ZA—35Y 户内外胶装支柱绝缘子外形及安装尺寸（一）

型　号	主　要　尺　寸 (mm)														重量 (kg)
	H	D	h_1	h_2	h_3	h_4	h_5	d_1	d_2/b	d_3	d_4	d_5	a_1	a_2	
ZA—6Y	165	86	27	36	6	13	20	62	106	2—M6	M10	M12	36		2.1
ZA—6T	165	86	27	36	6	13	10	62	110	2—M6	M10	2—φ12	36	135	2.3
ZB—6Y	185	106	38	48	7	18	22	82	129	2—M10	M16	M16	46		4.2
ZB—6T	185	106	38	46	7	18	12	82	140	2—M10	M16	2—φ15	46	175	4.9
ZA—10Y	190	86	27	36	6	13	20	66	110	2—M6	M10	M12	36		2.25
ZA—10T	190	86	27	36	6	13	10	62	110	2—M6	M10	2—φ12	36	135	2.5
ZB—10Y	215	106	38	48	7	18	22	82	129	2—M10	M16	M16	46		4.6
ZB—10T	215	106	38	46	7	18	12	82	140	2—M10	M16	2—φ15	46	175	5.24
ZLD—10F	215	110	46	65	14	22	18	160	160	4—M12	M16	4—φ15	76	125	9.5
10kV/3.75kN	190	110	27	36	6	13	20	66	110	2—M6	M10	M12	36		2.8
10kV/7.5kN	215	126	38	48	7	18	12	82	135	2—M10	M16	2—φ15	46	175	6.0
10kV/20kN	215	110	46	65	14	22	18	160	192	4—M12	M16	4—φ15	76	155	10.9
10kV/20kN	215	110	46	65	14	22	18	160	160	4—M12	M16	4—φ15	76	125	10.9
ZLD—20F	315	143	46	80	14	22	18	128	195	4—M12	M18	4—φ18	76	155	16

表 24-34　ZA—35Y 户内外胶装支柱绝缘子外形及安装尺寸（二）

产品型号	主　要　尺　寸（mm）							机械破坏负荷（kN）		工频电压（kV）		雷电冲击耐受电压（kV）	参考重量（kg）
	H	D	d_1	d_2	d_3	a_1	a_2	弯曲	拉伸	干耐受	击穿		
ZA—35Y	380	120	M10	M8	M16	36	36	3.75	3.75	100	175	185	6.8
ZA—35T	380	120	M10	M8			175	3.75	3.75	100	175	185	7.2

表 24-35　ZA—35Y 户内外胶装支柱绝缘子外形及安装尺寸（三）

产品型号	主　要　尺　寸（mm）							机械破坏负荷（kN）		工频电压（kV）		雷电冲击耐受电压（kV）	参考重量（kg）
	H	D	d_1	d_2	d_3	a_1	a_2	弯曲	拉伸	干耐受	击穿		
ZC—10F	225	135	M16	M10	15	66	140	12.5	12.5	42	74	75	8.0
ZD—10F	235	170	M16	M12	15	76	155	155	20	42	74	75	12.2
ZD—20F	315	180	M18	M12	18	76	175	175	20	68	119	125	16.5

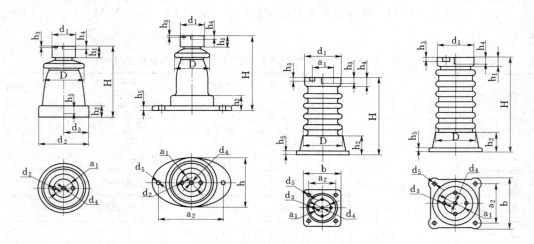

图 24-16　ZA—35Y 户内外胶装支柱绝缘子外形及安装尺寸

六、生产厂

乐清市沓来电气有限公司。

24.1.18　ZL—35T 户内联合胶装支柱绝缘子

一、概述

户内支柱绝缘子用于额定电压 6～35kV 户内电站，变电所配电装置及电器设备，用以绝缘和固定导电部分。

绝缘子适用于周围环境温度为 −40～+40℃，安装地点海拔高度普通型不超过 1000m，高原型不超过 4000m。

绝缘子按胶装结构分为外胶装、内胶装和联合胶装三种结构型式，绝缘子按额定电压与抗弯强度等级分类，见表 24-36。

表 24-36 绝缘子按额定电压与抗弯强度等级分类表

额定电压 (kV)	抗弯强度 (kN)		
	外胶装	内胶装	联合胶装
6	3.75, 7.5	4	
10	3.75, 7.5, 20	4, (7), 8, 16	4
20	20		30
35		(7.5)	4, (7.5), 8

二、特点

绝缘子由瓷件和上、下金属附件用胶合剂胶装而成。瓷件端面与金属附件胶装接触部位垫有弹性衬垫,瓷件胶装部位分别采用上砂、滚花、挖槽等结构,以保证机械强度,防止松动、扭转。瓷件表面均匀上白釉,金属附件表面涂灰磁漆。

绝缘子瓷件主体结构有空腔隔板(可击穿式)结构和实心(不可击穿式)结构两种。联合胶装支柱绝缘子一般属实心不可击穿式结构。后一种结构比前一种结构提高了安全可靠性,减少了维护测试工作量。

绝缘子瓷件外形有多棱或少棱两种,多棱形增加了沿面距离,电气性能优于少棱形,除将逐步淘汰的外胶装支柱绝缘子外,其余产品均为多棱形。

内胶装结构,由于金属附件胶入瓷件孔内,相应的增加了绝缘距离,提高了电气性能,同时也缩小了安装时所占空间位置,但由于内胶装对提高机械强度不利,故机械强度要求较高的绝缘子,宜采用联合胶装。

三、型号含义

Z——户内外胶装支柱绝缘子。

ZN——户内内胶装支柱绝缘子。

ZL——户内联合胶装支柱绝缘子。

对于外胶装支柱绝缘子,破折号前字母 L 表示多棱式,字母 A、B、D 表示机械破坏负荷分别为 3.75,7.5,20kN。字母后分数,分子表示额定电压千伏数,分母为机械破坏负荷 kN 数。

N——内胶装上下附件为单螺孔者。

Y——外胶装和联合胶装下附件为圆形者。

T——外胶装下附件为椭圆形者。

F——外胶装下附件为方形者。

G——高原型(老产品为 GY)。

四、技术数据

ZL—35T 户内联合胶装支柱绝缘子技术数据,见表 24-37。

五、外形及安装尺寸

ZL—35T 户内联合胶装支柱绝缘子外形及安装尺寸,见表 24-38、表 24-39、图 24-17 及图 24-18。

表 24-37　ZL—35T 户内联合胶装支柱绝缘子技术数据

型　号	额定电压 (kV)	工频电压（kV，≮）		全波冲击耐受电压 (kV，≮)	抗弯及抗拉破坏负荷 (kN，≮)	适用海拔高度 (m)
		干耐受	击穿			
ZL—10/4G	10	67	107	114	4	～4000
ZL—20/30	20	68		121	30	～1000
ZL—35/4Y	35	110		195	4	～1000
ZL—35/4	35	110		195	4	～1000
ZL—35/8	35	110		195	8	～1000
ZLA—35GY	35	138		244	4	～3000
ZLB—35GY	35	138		244	7.50	～3000
ZL—35/4G	35	157		279	4	～4000

表 24-38　ZL—35T 户内联合胶装支柱绝缘子外形及安装尺寸

型　　号	主　要　尺　寸（mm）														重量 (kg)
	H	D	h_1	h_2	h_3	h_4	h_5	d	d/b	d_3	d_4	d_5	a_1	a_2	
ZL—10/4G	210	90		60	18		15	70	112	2—M8		2—ϕ14	18	145	5.4
ZL—20/30	290	160		110		30	25	105	250		M20	4—ϕ18		250	24.6
ZL—35/4Y	380	90		60	8	20	25	62	114	2—M8	M10	M16	36		6.2
ZL—35/4	380	90		60		15	20	62	112	2—M8	M10	2—ϕ14	36	145	7.5
ZL—35/8	400	110		65	12	25	14	68	160	2—M10	M16	4—ϕ14	46	180	11.2
ZLA—35GY	445	100		64	8	20	14	62	120	2—M8	M10	2—ϕ12	36	150	9.3
ZLB—35GY	445	125		70	12	25	14	68			2—M10	M16	4—ϕ14	46	180	11.4
ZL—35/4G	535	110		65	12	25	18	68			2—M10	M16	4—ϕ14	46	180	14.0

表 24-39　ZL—35T 户内联合胶装支柱绝缘子外形及安装尺寸

产品型号	主　要　尺　寸（mm）						弯曲破坏负荷 (kN)	工频干耐受电压 (kV)	雷电冲击耐受电压 (kV)	参考重量 (kg)
	H	D	d_1	d_2	a	b				
ZL—10/4	160	72	M10	12	130		4	42	75	2.2
ZL—10/8	170	86	M16	14	145		8	42	75	4.6
ZL—10/16	185	110	M16	14		180	16	42	75	6.1
ZL—20/16	265	125	M16	14		210	16	68	125	15.2
ZL—20/30	290	160	M20	20		250	30	68	125	20

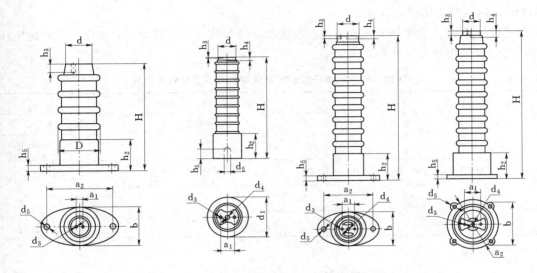

图 24-17　ZL—35T 户内联合胶装支柱绝缘子外形及安装尺寸（一）

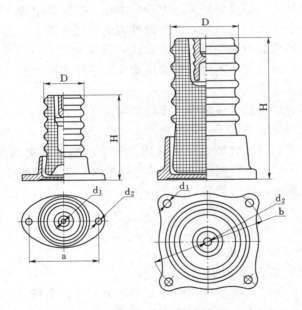

图 24-18　ZL—35T 户内联合胶装支柱绝缘子外形及安装尺寸（二）

六、生产厂

乐清市沓来电气有限公司。

24.1.19　ZL—35/Y 户内联合胶装支柱绝缘子

一、概述

户内支柱绝缘子用于额定电压 6～35kV 户内电站，变电所配电装置及电器设备，用以绝缘和固定导电部分。

绝缘子适用于周围环境温度为 −40～+40℃，安装地点海拔高度普通型不超过

1000m，高原型不超过 4000m。

绝缘子按胶装结构分为外胶装、内胶装和联合胶装三种结构型式，绝缘子按额定电压与抗弯强度等级分类，见表 24-40。

表 24-40　绝缘子按额定电压与抗弯强度等级分类表

额定电压 （kV）	抗弯强度（kN）		
	外胶装	内胶装	联合胶装
6	3.75，7.5	4	
10	3.75，7.5，20	4，(7)，8，16	4
20	20		30
35		(7.5)	4，(7.5)，8

二、特点

绝缘子由瓷件和上、下金属附件用胶合剂胶装而成。瓷件端面与金属附件胶装接触部位垫有弹性衬垫，瓷件胶装部位分别采用上砂、滚花、挖槽等结构，以保证机械强度，防止松动、扭转。瓷件表面均匀上白釉，金属附件表面涂灰磁漆。

绝缘子瓷件主体结构有空腔隔板（可击穿式）结构和实心（不可击穿式）结构两种。联合胶装支柱绝缘子一般属实心不可击穿式结构。后一种结构比前一种结构提高了安全可靠性，减少了维护测试工作量。

绝缘子瓷件外形有多棱或少棱两种，多棱形增加了沿面距离，电气性能优于少棱形，除将逐步淘汰的外胶装支柱绝缘子外，其余产品均为多棱形。

内胶装结构，由于金属附件胶入瓷件孔内，相应的增加了绝缘距离，提高了电气性能，同时也缩小了安装时所占空间位置，但由于内胶装对提高机械强度不利，故机械强度要求较高的绝缘子，宜采用联合胶装。

三、型号含义

Z——户内外胶装支柱绝缘子。

ZN——户内内胶装支柱绝缘子。

ZL——户内联合胶装支柱绝缘子。

对于外胶装支柱绝缘子，破折号前字母 L 表示多棱式，字母 A、B、D 表示机械破坏负荷分别为 3.75，7.5，20kN。字母后分数，分子表示额定电压千伏数，分母为机械破坏负荷 kN 数。

N——内胶装上下附件为单螺孔者。

Y——外胶装和联合胶装下附件为圆形者。

T——外胶装下附件为椭圆形者。

F——外胶装下附件为方形者。

G——高原型（老产品为 GY）。

四、技术数据

ZL—35/Y 户内联合胶装支柱绝缘子技术数据，见表 24-41。

表 24-41 ZL—35/Y 户内联合胶装支柱绝缘子技术数据

型 号	额定电压 (kV)	工频电压 (kV, ⩽) 干耐受	工频电压 (kV, ⩽) 击穿	全波冲击耐受电压 (kV, ⩽)	抗弯及抗拉破坏负荷 (kN, ⩽)	适用海拔高度 (m)
ZL—10/4G	10	67	107	114	4	～4000
ZL—20/30	20	68		121	30	～1000
ZL—35/4Y	35	110		195	4	～1000
ZL—35/4	35	110		195	4	～1000
ZL—35/8	35	110		195	8	～1000
ZLA—35GY	35	138		244	4	～3000
ZLB—35GY	35	138		244	7.50	～3000
ZL—35/4G	35	157		279	4	～4000

五、外形及安装尺寸

ZL—35/Y 户内联合胶装支柱绝缘子外形及安装尺寸，见表 24-42、表 24-43、图 24-19 及图 24-20。

表 24-42 ZL—35/Y 户内联合胶装支柱绝缘子外形及安装尺寸（一）

型 号	主 要 尺 寸 (mm)													重量 (kg)
	H	D	h_1	h_2	h_3	h_4	h_5	d	d/b	d_3	d_4	d_5	a_1	a_2	
ZL—10/4G	210	90		60	18		15	70	112	2—M8		2—ϕ14	18	145	5.4
ZL—20/30	290	160		110		30	25	105	250		M20	4—ϕ18	—	250	24.6
ZL—35/4Y	380	90		60	8	20	25	62	114	2—M8	M10	M16	36		6.2
ZL—35/4	380	90		60	8	20	15	62	112	2—M8	M10	2—ϕ14	36	145	7.5
ZL—35/8	400	110		65	12	25	14	68	160	2—M10	M16	4—ϕ14	46	180	11.2
ZLA—35GY	445	100		64	8	20	14	62	120	2—M8	M10	2—ϕ12	36	150	9.3
ZLB—35GY	445	125		70	12	25	14	68		2—M10	M16	4—ϕ14	46	180	11.4
ZL—35/4G	535	110		65	12	25	18	68		2—M10	M16	4—ϕ14	46	180	14.0

表 24-43 ZL—35/Y 户内联合胶装支柱绝缘子外形及安装尺寸（二）

型 号	主 要 尺 寸 (mm)						弯曲破坏负荷 (kN)	工频干耐受电压 (kV)	雷电冲击耐受电压 (kV)	参考重量 (kg)
	H	D	d_1	d_2	a	b				
ZL—10/4	160	72	M10	12	130		4	42	75	2.2
ZL—10/8	170	86	M16	14	145		8	42	75	4.6
ZL—10/16	185	110	M16	14		180	16	42	75	6.1
ZL—20/16	265	125	M16	14		210	16	68	125	15.2
ZL—20/30	290	160	M20	20		250	30	68	125	20

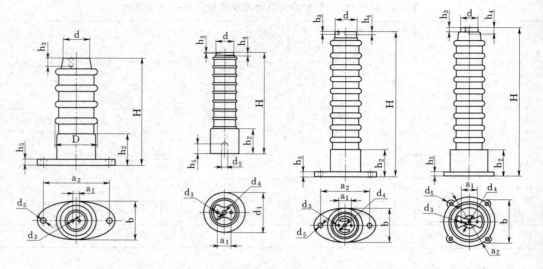

图 24-19 ZL—35/Y 户内联合胶装支柱绝缘子外形及安装尺寸（一）

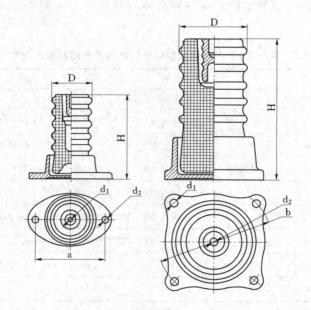

图 24-20 ZL—35/Y 户内联合胶装支柱绝缘子外形及安装尺寸（二）

六、生产厂

乐清市沓来电气有限公司。

24.1.20 ZN—10W/4、8 户内内胶装支柱绝缘子

一、概述

户内支柱绝缘子用于额定电压 6～35kV 户内电站，变电所配电装置及电器设备，用以绝缘和固定导电部分。

绝缘子适用于周围环境温度为 −40～+40℃，安装地点海拔高度普通型不超过

1000m，高原型不超过 4000m。

绝缘子按胶装结构分为外胶装、内胶装和联合胶装三种结构型式，绝缘子按额定电压与抗弯强度等级分类，见表 24-44。

表 24-44 绝缘子按额定电压与抗弯强度等级分类表

额 定 电 压 (kV)	抗 弯 强 度（kN）		
	外胶装	内胶装	联合胶装
6	3.75，7.5	4	
10	3.75，7.5，20	4，(7)，8，16	4
20	20		30
35		(7.5)	4，(7.5)，8

二、特点

绝缘子由瓷件和上、下金属附件用胶合剂胶装而成。瓷件端面与金属附件胶装接触部位垫有弹性衬垫，瓷件胶装部位分别采用上砂、滚花、挖槽等结构，以保证机械强度，防止松动、扭转。瓷件表面均匀上白釉，金属附件表面涂灰磁漆。

绝缘子瓷件主体结构有空腔隔板（可击穿式）结构和实心（不可击穿式）结构两种。联合胶装支柱绝缘子一般属实心不可击穿式结构。后一种结构比前一种结构提高了安全可靠性，减少了维护测试工作量。

绝缘子瓷件外形有多棱或少棱两种，多棱形增加了沿面距离，电气性能优于少棱形，除将逐步淘汰的外胶装支柱绝缘子外，其余产品均为多棱形。

内胶装结构，由于金属附件胶入瓷件孔内，相应的增加了绝缘距离，提高了电气性能，同时也缩小了安装时所占空间位置，但由于内胶装对提高机械强度不利，故机械强度要求较高的绝缘子，宜采用联合胶装。

三、型号含义

Z——户内外胶装支柱绝缘子。

ZN——户内内胶装支柱绝缘子。

ZL——户内联合胶装支柱绝缘子。

对于外胶装支柱绝缘子，破折号前字母 L 表示多棱式，字母 A、B、D 表示机械破坏负荷分别为 3.75，7.5，20kN。字母后分数，分子表示额定电压千伏数，分母为机械破坏负荷 kN 数。

N——内胶装上下附件为单螺孔者。

Y——外胶装和联合胶装下附件为圆形者。

T——外胶装下附件为椭圆形者。

F——外胶装下附件为方形者。

G——高原型（老产品为 GY）。

四、技术数据

ZN—10W/4、8 户内内胶装支柱绝缘子技术数据，见表 24-45。

表 24－45　ZN—10W/4、8 户内内胶装支柱绝缘子技术数据

型　号	额定电压（kV）	工频电压（kV，≮）		全波冲击耐受电压（kV，≮）	抗弯及抗拉破坏负荷（kN，≮）
		干耐受	击穿		
ZN—6/4	6	36	58	60	4
	6	36	58	60	8
ZN—10/4	10	47	75	80	4
ZN—10/8	10	47	75	80	8
ZN—10/8N	10	47	75	80	8
ZN—10/16	10	47	75	80	16
	20	75	120	125	30
	35	110	—	195	75
	35	110	—	195	75

五、外形及安装尺寸

ZN—10W/4、8 户内内胶装支柱绝缘子外形及安装尺寸，见表 24－46 及图 24－21。

表 24－46　ZN—10W/4、8 户内内胶装支柱绝缘子外形及安装尺寸

型　号	主　要　尺　寸（mm）									重量（kg）
	H	D	h_1	h_2	d	d_1	d_2	a_1	a_2	
ZN—6/4	100	78	18	20	60	2—M8	M12	18		1.25
	100	78	18	20	60	M12	M12			1.25
ZN—10/4	120	82	18	20	62	2—M8	M12	18		1.6
ZN—10/8	120	100	18	25	82	2—M10	M16	24		2.55
ZN—10/8N	120	100	18	25	82	M16	M16			2.55
ZN—10/16	170	160	18	30	100	2—M12	M20	36		8.0
	205	190	15	20	68	4—M12	4—M16	40	65	15.0
	320	130	20	40	70	M10	M16			8.1
	320	130	25	75	80	2—M10	M16	30		10.1

六、生产厂

乐清市沓来电气有限公司。

24.1.21　ZSW—110kV 两只连接 ZSW—200kV 户外支柱绝缘子

一、概述

户外实心棒形支柱绝缘子用于工频交流电压 10～500kV 户外电站、变电所配电装置

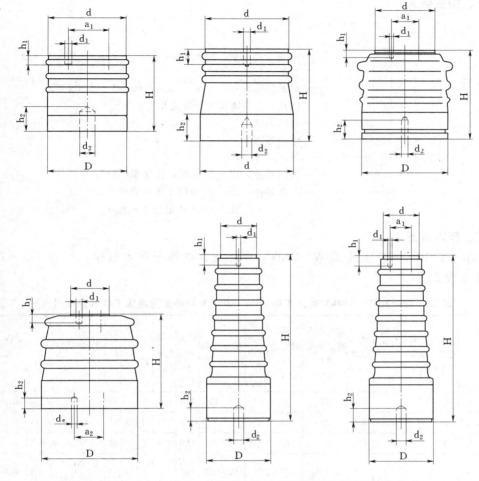

图 24-21 ZN—10W/4、8 户内内胶装支柱绝缘子外形及安装尺寸

和电器设备中,作带电部分的绝缘和支持用。绝缘子适用环境为-40~+40℃,部分产品可用于海拔高度为 4000m 的地区。产品分为普通形和耐污性两大类,耐污性可适用于中等、重及特重污区。

二、特点

该系列绝缘子瓷件为实心结构,胶装部分采用柱体上砂结构,瓷配方先进、性能优异,经实际运行,可靠性非常高。上砂用的砂子是专用的经过严格工艺控制的造粒砂,具有与瓷体优良的结合性能和合理的膨胀系数,能有效地提高产品的机械强度。产品的法兰结构合理,受力时应力分布均匀。其材料为机械强度高的球墨铸铁,表面热镀锌。具有优良的抗锈蚀能力。胶装用水泥为高标号水泥,加上合理的养护工艺,使瓷的强度得到了充分的发挥。任何电压等级的产品皆为单柱式,具有结构简单,运行使用寿命长和维护工作量少等优点。为保证绝缘子的可靠性,本厂对产品进行逐只打击、超声波探伤和四向弯曲耐受负荷试验。

三、型号含义

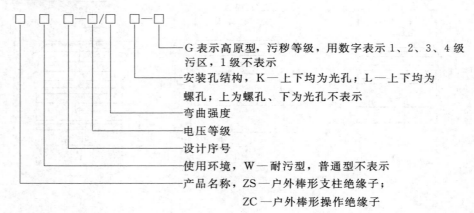

G 表示高原型，污秽等级，用数字表示 1、2、3、4 级
污区，1 级不表示

安装孔结构，K—上下均为光孔；L—上下均为
螺孔；上为螺孔、下为光孔不表示

弯曲强度

电压等级

设计序号

使用环境，W—耐污型，普通型不表示

产品名称，ZS—户外棒形支柱绝缘子；
ZC—户外棒形操作绝缘子

四、技术数据

ZSW—110kV 两只连接 ZSW—200kV 户外支柱绝缘子技术数据，见表 24 - 47、表 24 - 48 及表 24 - 49。

表 24 - 47　ZSW—110kV 两只连接 ZSW—200kV 户外支柱绝缘子技术数据（一）

型　号	额定电压(kV)	弯曲强度(kN)	扭转负荷(kN·m)	爬电距离(mm)	雷电全波冲击耐受电压(kV)	工频干耐受电压(kV)	工频湿耐受电压(kV)	重量(kg)	总高(H)	最大半径D	干弧距离(mm)	伞数	h_1	h_2	上部安装尺寸 $n_1—d_1—a_1$	下部安装尺寸 $n_1—d_1—a_1$
ZS—10/5L	10	5		230	78	40	28	6	220	140	125	2	10	15	2—M8—36	4—M10—φ55
ZS—10/4	10	4		230	78	40	28	6	210	140	123	2	10	12	2—M8—36	2—φ12—φ130
ZS—20/10	20	10		400	150	75	50	18	350	180	224	4	15	20	4—M12—φ140	4—φ18—φ210
ZS—20/8	20	8		400	150	75	50	14.5	350	165	217	4	15	14	2—M12—76（中 M16）	4—φ14—φ180
ZS—20/16	20	16		470	150	75	50	14.5	350	190	218	4	15	20	4—M12—φ140	4—φ18—φ210
ZS—20/30	20	30		470	150	75	50	32	400	205	222	5	15	25	4—M12—φ140	4—φ18—φ250
ZS—35/30—G	20	30		575	170	100	70	32.6	450	205	272	5	15	25	4—M12—φ140	4—φ18—φ225
ZS—35/6L	35	6	3	648	170	100	70	17	420	165	308	7	15	15	4—M12—φ140	4—M12—φ140
ZS—35/8	35	8	2	625	170	100	70	16	420	165	306	7	14	15	4—M12—φ140	4—φ14—φ180
ZS—35/4K	35	4	2	648	170	100	70	12	400	150	300	7	14	15	4—M14—φ140	4—φ14—φ140

表 24 - 48　ZSW—110kV 两只连接 ZSW—200kV 户外支柱绝缘子技术数据（二）

型　号	额定电压(kV)	弯曲强度(kN)	扭转负荷(kN·m)	爬电距离(mm)	雷电全波冲击耐受电压(kV)	工频干耐受电压(kV)	工频湿耐受电压(kV)	重量(kg)	总高(H)	最大半径D	干弧距离(mm)	伞数	h_1	h_2	上部安装尺寸 $n_1—d_1—a_1$	下部安装尺寸 $n_1—d_1—a_1$
ZSW—35/4K-2	35	4	1.2	875	185	100	80	13	445	150	345	10	12	14	4—φ14—φ140	4—φ14—φ140

型号	额定电压(kV)	弯曲强度(kN)	扭转负荷(kN·m)	爬电距离(mm)	雷电全波冲击耐受电压(kV)	工频干耐受电压(kV)	工频湿耐受电压(kV)	重量(kg)	总高(H)	量大半径D	干弧距离(mm)	伞数	h_1	h_2	上部安装尺寸 $n_1-d_1-a_1$	下部安装尺寸 $n_1-d_1-a_1$
ZSW2—35/4-4	35	4	1.8	1260	250	100	90	27	560	235	405	大5小4	20	14	4—M16—φ127	4-φ18-φ180
ZS—63/5	63	5	2	1160	325	175	140	38	710	180	565	11	15	20	4—M12—φ140	4-φ18-φ225
ZS—63/4	63	4	2	1104	325	175	140	29	760	170	627	10	15	14	4—M12—φ140	4-φ14-φ180
ZS—63/15K	63	15	4	1104	325	175	140	61	840	230	628	9	16	20	4—φ18—φ210	8-φ18-φ250
ZSQ—63/4-3	63	4	2	2010	325	175	140	50	850	235	705	15	15	20	4—M12—φ140	4-φ18-φ225
ZSW—63/8-2	63	8	4	1380	325	175	140	39	850	235	705	12	15	20	4—M12—φ140	4-φ18-φ225
ZSW—35/4-2	35	4	4	875	185	100	80	14	445	150	350	10	15	14	4—M12—φ140	4-φ14-φ180
ZSW3—35/4-2	35	4	4	875	185	100	80	13.5	445	150	351	10	15	15	4—M12—φ140	4-M12-φ140
ZSW2—35/10-4	35	10	2	1260	250	135	90	31.4	560	245	405	大5小4	20	14	4—M16—φ127	4-φ14-φ180

表 24-49　ZSW—110kV 两只连接 ZSW—200kV 户外支柱绝缘子技术数据（三）

型号	额定电压(kV)	弯曲强度(kN)	扭转负荷(kN·m)	爬电距离(mm)	雷电全波冲击耐受电压(kV)	操作波冲击湿耐受电压(kV)	工频干耐受电压(kV)	工频湿耐受电压(kV)	重量(kg)	总高H	量大半径D	干弧距离(mm)	h_1	h_2	上部安装尺寸 $n_1-d_1-a_1$	下部安装尺寸 $n_1-d_1-a_1$
ZS—110/6	110	6	4	2016	450		262	185	47	1060	195	917	15	18	4—M12—φ140	4-M18-φ225
ZSW—110/6-2	110	6	4	3050	550		300	230	76	1200	245	1038	15	18	4—M12—φ140	4-M18-φ254
ZSW—110/10-4	110	10	4	3906	650		375	275	128.5	1400	280	1222	15	20	4—M12—φ140	8-M18-φ254
ZSW—220/6-3	220	6	6	6300	1050	850	525	460	164	2350	260	2001	13	20	4—M12—φ140	8-M18-φ254
ZSW—220/10-3	220	10	10	6300	1050	850	525	460	190	2300	285	1931	18	22	4—M18—φ225	8-M18-φ254
ZSW—220/8-3	220	8	8	7812	1175	950	525	510	227	2350	285	2279	20	22	4—M18—φ225	8-M18-φ254
ZSW—220/10-3	220	10	10	7812	1175	950	525	510	253	2350	310	2251	20	22	4—M18—φ225	8-M18-φ300
ZSW—220/16-3	220	16	6	6300	1050	850	525	460	232	2300	310	1878	20	22	4—M18—φ254	8-M18-φ300
ZSW—220/12.5-3	220	12.5	6	6300	1050	850	525	460	224	2300	310	1888	20	22	4—M18—φ225	8-M18-φ275
ZSW2—220/10-3	220	10	10	6300	1050	850	525	460	201	2400	290	2019	20	22	4—M18—φ225	8-M18-φ254
ZSW—220/8-3	220	8	10	6300	1050	850	525	460	209	2300	295	1913	20	22	4—M18—φ225	8-M18-φ254
ZS—220/4	220	4	2	3776	950	750	490	395	114	2120	230	1777	15	18	4—M12—φ140	4-M18-φ250
ZSW3—220/4-2	220	4	2	3500	1050	850	850	460	146	2300	245	1973	15	18	4—M12—φ140	4-M18-φ270

五、外形及安装尺寸

ZSW—110kV 两只连接 ZSW—200kV 户外支柱绝缘子外形及安装尺寸，见图 24-22、图 24-23 及图 24-24。

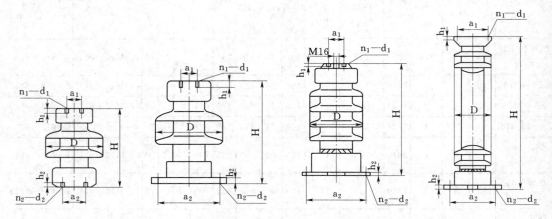

图 24-22 ZSW—110kV 两只连接 ZSW—200kV 户外支柱绝缘子外形及安装尺寸（一）

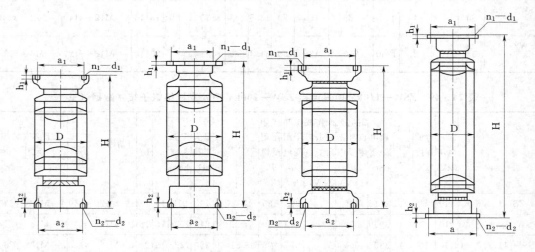

图 24-23 ZSW—110kV 两只连接 ZSW—200kV 户外支柱绝缘子外形及安装尺寸（二）

六、生产厂

乐清市沓来电气有限公司。

24.2 电器瓷套

电器瓷套主要用于输变电设备的引线的绝缘支撑或绝缘容器，主要分为 SF_6 断路器瓷套、互感器瓷套、电容器瓷套、变压器瓷套以及各种其它断路器用瓷套。瓷套适用于环境温度为 −40℃ 至相应标准规定的正值温度，瓷套按使用特点可分为普通型和耐污型以及平原型和高原型，平原型适用于海拔不超过 1000m 的地区，高原型适用于海拔 3500m 以

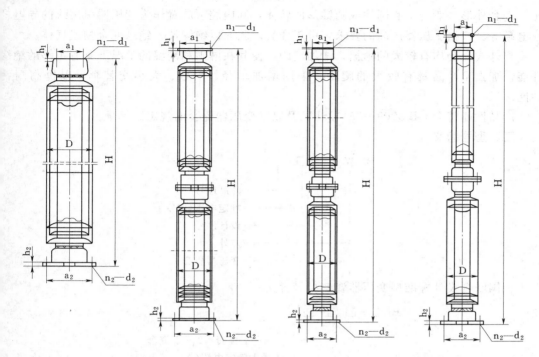

图 24-24　ZSW—110kV 两只连接 ZSW—200kV 户外支柱绝缘子外形及安装尺寸（三）

下的地区。

电器瓷套瓷件的内外表面一般为棕釉，也可为灰白釉，瓷套的伞形可为普通伞或开放交替伞，也可为其它形状。

瓷件一般选用高强瓷制作，氧化铝含量较高，具有相当好的机械强度和热稳定性能，确保产品具有优良的内水压强度、弯曲强度及其长期运行可靠性。对于气压瓷套为保证气密性，瓷性两端均经过精密的研磨加工，其粗糙度达到 Ra1.6，平面度达到 0.15。对于非气压瓷套其粗糙度达到 Ra3.2，平面度达到 0.15。

对于气压瓷套为了防上水和潮气进入到法兰和水泥胶合剂中，法兰口涂有一层防水的硅像胶，以避免产品在高寒地区使用时，由于水和潮气结冰而造成对瓷件的附加温度应力。

产品的法兰，根据不同的需要可采用热镀锌球墨铸铁或高强度铸铝合金。

该产品执行标准 GB 772《高压电瓷瓷件技术条件》、IEC 233—1974《电气设备用空心绝缘子试验》、JB/T 7844—95《气压瓷套通用技术条件》。

订货时必须注明产品的工厂代号、型号。

24.2.1　变压器瓷套

一、概述

变压器瓷套用于变压器高低压导线引出对箱体的绝缘，作为充油套管的绝缘瓷套。

瓷套按使用场所分为普通型和加强型，加强型适用于不同等级的污秽地区，亦可根据不同的高度及爬距用于海拔 4000m 以下的高原地区。

　　瓷套外形一般为空心圆柱或圆锥形回转体，其内腔可放置作为变压器引出线的导电杆或电缆等。根据变压器产品的要求，可于瓷套内腔充以绝缘油、绝缘混合物或气体。

　　户外式瓷套均有较大的伞裙，增加爬距，使其在淋雨和潮湿的工况下具有足够的绝缘性能。加强型产品具有较大的爬距，采用增加伞径、伞数、大小交替伞，以提高耐污性能。

　　产品性能符合 GB 3969—85《35kV 及以下变压器瓷套的规定》标准。

二、型号含义

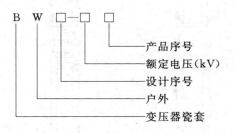

全国联合设计标准型变压器瓷套型号含义

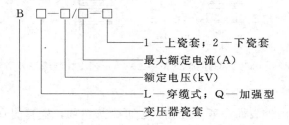

三、技术数据

　　(1) 变压器结构型式及弯曲破坏负荷等级，见表 24-50。

　　(2) 各种变压器瓷套适用于变压器套管的电流等级及组装用瓷套种类，见表 24-51（供参考）。

　　(3) 技术数据，见表 24-52～表 24-54。

表 24-50　变压器结构型式及弯曲破坏负荷

额定电压 (kV)	结构型式	适用于套管的额定电流 (A)	额定电压 (kV)	额定电流 (A)	弯曲破坏负荷 (kN)
1	对夹式	315，630，1250，2000，3150，4000	10	315，630	2.0
6	对夹式	315		3150，4000	4.0
10	穿缆式	315	20	315，630	2.0
	导杆式	630，3150，4000		3150	4.0
20	穿缆式	315		4000，8000	8.0
	导杆式	630，3150，4000，8000		630	2.0
35	穿缆式	630	35	3150	4.0
	导杆式	3150			

表 24-51 各种变压器瓷套适用于变压器套管的电流等级及组装表

额定电压(kV)	适用的套管电流等级(A)	瓷套类别	上瓷套	下瓷套	瓷压盖
1	315	普通型	B—1/315—1	B—1/315—2	BC—14
	400	普通型	B—1/630—1	B—1/630—2	BC—18
	630	普通型	B—1/630—1	B—1/630—2	BC—22
	800	普通型	B—1/1250—1	B—1/1250—2	BC—26
	1000	普通型	B—1/1250—1	B—1/1250—2	BC—35
	1250	普通型	B—1/1250—1	B—1/1250—2	BC—35
	1600	普通型	B—1/2000—1	B—1/2000—2	BC—44
	2000	普通型	B—1/2000—1	B—1/2000—2	BC—44
	3150	普通型	B—1/3150—1	B—1/3150—2	BC—50
	4000	普通型	B—1/4000—1	B—1/4000—2	BC—60
6	315	普通型	B—6/315—1	B—6/315—2	BC—14
10	315	普通型	BL—10/315		BCL—14
	315	加强型	BLQ—10/315		BCL—14
	400	普通型	B—10/630		BC—18
	400	加强型	BQ—10/630		BC—18
	630	普通型	B—10/630		BC—22
	630	加强型	BQ—10/630		BC—22
	800	普通型	B—10/3150		BC—26
	800	加强型	BQ—10/3150		BC—26
	1000	普通型	B—10/3150		BC—35
	1000	加强型	BQ—10/3150		BC—35
	1250	普通型	B—10/3150		BC—35
	1250	加强型	BQ—10/3150		BC—35
	1600	普通型	B—10/3150		BC—44
	1600	加强型	BQ—10/3150		BC—44
	2000	普通型	B—10/3150		BC—50
	2000	加强型	BQ—10/3150		BC—50

额定电压(kV)	适用的套管电流等级(A)	瓷套类别	上瓷套	下瓷套	瓷压盖
10	3150	普通型	B—10/3150		BC—50
	3150	加强型	BQ—10/3150		BC—50
	4000	普通型	B—10/4000		BC—60
	4000	加强型	BQ—10/4000		BC—60
20	315	普通型	BL—20/315		BCL—14
	315	加强型	BLQ—20/315		BCL—14
	400	普通型	B—20/630		BC—18
	400	加强型	BQ—20/630		BC—18
	630	普通型	B—20/630		BC—22
	800	普通型	B—20/3150		BC—26
	800	加强型	BQ—20/3150		BC—26
	1000	普通型	B—20/3150		BC—35
	1250	普通型	B—20/3150		BC—35
	1600	普通型	B—20/3150		BC—44
	2000	普通型	B—20/3150		BC—50
	3150	普通型	B—20/3150		BC—50
	4000	普通型	B—20/4000		BC—60
	6300	加强型	BQ—20/8000		
	8000	加强型	BQ—20/8000		
35	100	普通型	BL—35/630		BCL—14
	100	加强型	BLQ—35/630		BCL—14
	250	普通型	BL—35/630		BCL—18
	250	加强型	BLQ—35/630		BCL—18
	315	普通型	BL—35/630		BCL—14
	315	加强型	BLQ—35/630		BCL—14
	400	普通型	BL—35/630		BC—18
	400	加强型	BLQ—35/630		BC—18

额定电压(kV)	适用的套管电流等级(A)	瓷套类别	组装用瓷套种类			额定电压(kV)	适用的套管电流等级(A)	瓷套类别	组装用瓷套种类		
			上瓷套	下瓷套	瓷压盖				上瓷套	下瓷套	瓷压盖
35	630	普通型	BL—35/630		BCL—22	35	1250	普通型	B—35/3150		BC—35
		加强型	BLQ—35/630					加强型	BQ—35/3150		
	800	普通型	B—35/3150		BC—26		2000	普通型	B—35/3150		BC—50
		加强型	BQ—35/3150					加强型	BQ—35/3150		
	1000	普通型	B—35/3150		BC—35		3150	普通型	B—35/3150		BC—50
		加强型	BQ—35/3150					加强型	BQ—35/3150		

表 24－52　变压器瓷套技术数据

型　号	产品品号 新品号	产品品号 老品号	伞数(个)	额定电压(kV)	额定电流(A)	爬电距离(mm)	H	h_1	h_2	h_3	D	d_1	d_2	d_3	d_4	d_5	b	c	δ	重量(kg)	生产厂
BW1—1001	501010	13116	2	10	300~600	300	132	25	20	125	90	60	65	60	32				2.5	
BW1—1002	501011	13117	3	10	800~1400	402	150	30	25	150	130	95	98	85	56				5.8	
BW2—1001	501004	042—4	2	10	300~700	300	100	24	8	130	60	35	110	70		38			2.9	
BW2—1002	501001	042—5	3	10	300~700	335	100	24	8	130	60	35	110	70		38			3.4	
BW2—1003	501002	042—6	2	10	1250	320	120	25	8	140	80	45	130	80		50			3.6	
BW2—1004	501003	042—7	2	10	2000~3000	320	120	25	8	160	90	60	150	100		62			5.1	
	501015	042—27	2	10	300	320	130	22	35	130	35	40	110	70	14	40	8		2.5	南京电气（集团）有限责任公司
BW3—1005	501012	042—12	2	15	50~300	265	65	25	20	115	40	35	110	70	14	20	6		2.2	
	501018	042—14	2	15	700	300	100	25	8	115	55	35	110	70		46	10		2.53	
BW2—1005	501013	042—15	2	15	3000	320	120	25	8	150	85	60	150	100		82	12		6	
	502003	042—13A	3	20	50~300	305	65	25	20	125	35	35	110	70	14	20	6		2.5	
	502005	042—16	3	20	50~700	340	100	25	8	125	55	35	110	70		46	10		3.4	
	502004	042—17	3	20	3000	360	120	25	8	160	85	60	150	100		82	12		7	
BW2—3501	503008	042—8	4	35	300~700	520	120	30	25	220	54	100	190	140	24	31	6		13.1	
BW2—3502	503009	042—9	5	35	300~700	520	120	30	35	220	50	100	190	140	24	31	6		14.8	
BW2—3506	503010	042—10	4	35	1250~3000	540	140	30	35	220	85	100	190	140	52	69	18		13.9	
BW3—3501	503002	042—18A	5	35	·700	560	120	25	35	220	55	90	188	140	24	30	6		15	

续表 24-52

型号	产品品号 新品号	老品号	伞数(个)	额定电压(kV)	额定电流(A)	爬电距离(mm)	H	h₁	h₂	h₃	D	d₁	d₂	d₃	d₄	d₅	b	c	δ	重量(kg)	生产厂
BW3—3501	503004	042—20A	7	40	700		580	120	25	35	220	55	90	188	140	24	30	10		20	南京电气（集团）有限责任公司
	501501			10	315	440	300	65	18	32	140	50	35	100	65	14	22	7		2	
	502501		5	20	315	470	300	65	18	25	150	50	35	100	65	14	22	7		3	
BLW—35/630	503510			35	630	980	572	120	25	35	235	55	90	190	140	24	30	10		22	
	503502			35	3000	980	625	120	25	35	230	85	90	190	140	52	62	12		21	
BLW—35/630	503013D			35	630	1020	625	120	25	35	230	55	90	190	140	24	30	10		22.5	
BLQ—35/630—3510	503504D			35	3150	1080	625	120	25	35	230	85	90	190	140	52	62	10		22.5	
B—10/600	501101	5065	2	10	600		300	100	18	6	115	35	35	100	65		46			2.5	
B—10/3000	501102	5066	2	10	3000		320	120	25	6	150	85	60	150	100		82			6	
BL—10/300	501103	5067	2	10	300		240	60	18	25	115	32	14	100	65		22		5	2.1	
BL—11/300	501027		3	11	300		240	110	25	50	140	42		100	70		22			4.3	
B—20/600	502101	5070	3	20	600		340	100	18	6	115	55	35	100	65		46			3.2	
B—20/2000	502002		3	20	2000		627	387	25		160	85	60	150	100		82		10		
B—20/3000	502102	5071	3	20	3000		360	120	25	6	160	85	60	150	100		82			7	
B—20/4000	502103	5072	3	20	4000		360	120	25	6	180	105	85	170	120		105			9.5	
BL—20/300	502104	5073		20	300		300	60	18	25	115	32	14	100	65		22		5	2.4	
B—35/3000	503101	5080	5	35	3000		520	120	25	35	210	85	52	190	140		62			14	
BQ—35/3000	503102	5081	5	35	3000		625	120	25	35	210	85	52	190	140		62			18	
BL—35/600	503103	5082	5	35	600		520	120	25	35	210	40	24	190	140		30		4	14	
BLQ—35/600	503104	5083	5	35	600		625	120	25	35	210	40	24	190	140		30		4	18	

表 24-53　35kV 及以下变压器用瓷套

代号	额定电压(kV)	公称爬电距离(mm)	H	h₁	h₂	h₃	D	d₁	d₂	d₃	d₄	d₅	R	L	伞数(个)	重量(kg)	生产厂
C3202	10	240	330	132	25	—	122	60	60	32	90				2	1.5	西安西电高压电瓷有限责任公司
C3203	10	330	402	150	30	—	150	95	85	55	130				3	5.8	
C3263	10	320	315	100	25	—	180	120	120	85	160				3	3	
C3209	10	280	300	100	24	—	130	60	70	35	110	38			2	3	
C3212	10	340	335	100	24	—	130	60	70	35	110	38			3	3.4	
C3210	10	276	320	120	25	—	140	80	80	45	130	50			2	3.5	
C3211	10	250	320	120	25	—	160	90	100	60	150	62			2	5	
C3225	10	255	270	80	22	8	110	46	70	25	110		6	37	3	3.1	

续表 24 - 53

代　号	额定电压(kV)	公称爬电距离(mm)	主要尺寸(mm) H	h_1	h_2	h_3	D	d_1	d_2	d_3	d_4	d_5	R	L	伞数(个)	重量(kg)	生产厂
C3261	10	210	300	100	118	6	115	55	65	35	100		5	46	2	2.4	
C3262	10	210	320	120	225	6	150	85	100	60	150		6	82	2	5	
C3302	20	308	340	100	118	6	115	55	65	35	100		5	46	3	3.6	
C3303	20	350	360	120	225	6	160	85	100	60	150		6	82	3	6.4	
C3305	20	520	420	120	550	12	270	180	180	120	225		6	148	4	22	
C3308	15	550	460	120	30	52	238	112	158	78	210	103	8		4	15	
C3348	20	500	500	160	25	52	186	70	95	37	165	56	6		4	12	
C3312	20	713	560	160	30	70	233	87	140	48	188	70	6	82	3	18	
C3345	35	645	520	120	25	35	210	55	140	24	190	90	5	30	5	16.4	西安西电高压电瓷有限责任公司
C3347	35	730	560	120	25	35	210	55	140	24	190	90	5	30	6	15.4	
C3400	35	850	625	120	25	35	210	55	140	24	190	90	5	30	7	20.4	
C3349	35	648	560	120	25	35	210	55	140	24	190	90	5	30	5	21	
C3402	35	1050	625	120	25	35	230	55	140	24	190	90	5	30	8	29	
C3407	35	1013	625	120	30	55	235	70	140	30	188	53	6	36	8	20	
C3406	35	1271	725	120	30	35	240	85	140	52	188	90	4	62	10	30	
C3346	35	630	520	120	25	35	210	85	140	52	190	90	6	62	5	16.2	
C3401	35	840	625	120	25	35	210	85	140	52	190	90	6	62	7	20.2	
C3408	35	820	625	120	25	35	196	85	126	52	188	75	6	62	7	18	
C3409	35	1100	625	120	25	55	247	188	140	53	188	90	6	62	8	20	

代　号	额定电压(kV)	公称爬电距离(mm)	主要尺寸(mm) H	h_1	h_2	h_3	D	d	d_1	d_2	d_3	d_4	d_5	C	R	L	伞数(个)	重量(kg)	生产厂
C3403	35	1013	625	120	30	64	237		70	140	37	188	53		6		8	22	
C3404	40.5	1300	725	120	30	55	233		70	140	37	188	53		6		9	25	
C3405	35	1043	640	120	25	52	250		113	145	78	210	100		6		8	24	
C3410	35	1256	685	120	30	70	247		93	140	59	188	81		6		9	30	
C3311	20	713	560	160	30	52	225		85	115	37	188	60	6	8	82	5	15	西安西电高压电瓷有限责任公司
C3309	12		225	102	21	18	107	39	80	70	70	80			6	29		1.75	
C3310	12		225	102	21	18	117	48	89	80	80	89			6	34		2.4	
C3313	33		394	178	25	18	159	64	114	102	102	114			6	45		6.9	
C3314	24		291	135	21	18	107	39	80	70	70	80		6	2	29		2.5	
C8340			20						35	25	14			5.5				0.04	
C8341			25						45	30	18			6				0.08	

续表 24-53

代　号	额定电压 (kV)	公称爬电距离 (mm)	主　要　尺　寸（mm）														伞数 (个)	重量 (kg)	生产厂
			H	h₁	h₂	h₃	D	d	d₁	d₂	d₃	d₄	d₅	C	R	L			
C8342		25							45	35	22		6.5					0.08	西安西电高压电瓷有限责任公司
C8343		25							54	40	26		7					0.09	
C8344		25							60	50	35		7.5					0.12	
C8345		30							85	72	50		11					0.27	
C8355		35							100	85	60		12.5					0.43	
C8356		15							42	32	14		6					0.05	
C8357		20							55	40	22		9					0.10	

表 24-54　35kV 及以下变压器瓷套技术数据

型　　号	伞数 (个)	主　要　尺　寸（mm）															公称爬电距离 (mm)	生产厂
		D	d₁	d₂	d₃	d₄	d₅	d₆	d	H	h₁	h₂	h₃	h₄	L	R	C		
B—1/315—1	1	50	35	26±1.5	14±1.5	50±2			25	75	30	12					3		牡丹江北方高压电瓷有限责任公司
B—1/315—2	—	65	—	55	—	—	30±1.5		30			12			46	5	6		
B—1/630—1	1	75	45	45±1.5	22±1.5	75±3			35	75	30	12					4		
B—1/630—2		95	—	80	—		50±2		30			12			65	6	6		
B—1/1250—1	1	90	60	55±2	35±1.5	90±3.5			50	90	35	12					4		
B—1/1250—2		120	—	100	—		60±2		35			15			82	6	6		
B—1/2000—1	1	100	72	64±2	44±1.5	100±3.5			60	90	35	12					5		
B—1/2000—2		130	—	110	—		70±2.5		35			15			90	6	6		
B—1/3150—1	1	115	85	80±2.5	51±2	115±4.5			72	90	35	12					6		
B—1/3150—2		160	—	140	—		87±3.5		35			15			105	6	6		
B—1/4000—1	1	130	100	90±3	60±2	130±5			85	90	35	12					7		
B—1/4000—2		170	—	150	—		98±4		40			20			115	6	6		
B—6/315—1	1	80	40	45±1.5	14±1.5	80±3			25	150	50	12					4		
B—6/315—2		95	—	80	—		50±2		55			12			65	5	6		
B—10/630	2	115	55	65	35	100$^{+3}_{-4}$				300	100	18			46	5	6	230	
BQ—10/630	3	115	55	65	35	100$^{+3}_{-4}$				300	100	18			46	5	6	270	
B—10/3150	2	150	85	100	60	150±6		110		320	120	25			82	6	6	230	
BQ—10/3150	3	150	85	100	60	150±6		110		320	120	25			82	6	6	270	
B—10/4000	2	180	105	120	80	170±6.5		130		320	120	25			105	6	6	270	
BQ—10/4000	3	180	105	120	80	170±6.5		130		320	120	25			105	6	6	320	
B—20/630	3	115	55	65	35	100$^{+3}_{-4}$				340	100	18			46	5	6	340	

续表 24-54

型号	伞数（个）	主要尺寸（mm）																公称爬电距离（mm）	生产厂
		D	d_1	d_2	d_3	d_4	d_5	d_6	d	H	h_1	h_2	h_3	h_4	L	R	C		
B—20/3150	3	160	85	100	60	150±6			110	360	120	25			82	6	6	340	
B—20/4000	3	180	105	120	80	170±6.5			130	360	120	25			105	6	6	340	
BQ—20/8000	4	250	—	180	130	245±8			200	430	120	25						500	
B—35/3150	5	210	85	140	52±2	190±7	90			520	120	25	35		62	6		650	
BQ—35/3150	7	210	85	140	52±2	190±7	90			625	120	25	35		62	6		875	
BL—10/315	2	115	35	65	14±1.5	100^{+3}_{-4}	35		32	240	60	18	25	10	22	3.5	6	230	牡丹江北方高压电瓷有限责任公司
BLQ—10/315	3	115	35	65	14±1.5	100^{+3}_{-4}	35		32	240	60	18	25	10	22	3.5	6	270	
BL—20/315	3	115	35	65	14±1.5	100^{+3}_{-4}	35		32	300	60	18	25	10	22	3.5	6	340	
BLQ—20/315	4	115	35	65	14±1.5	100^{+3}_{-4}	35		32	300	60	18	25	10	22	3.5	6	380	
BL—35/630	5	210	55	140	24±1.5	190±7	90		40	520	120	25	35	10	30	5	5	650	
BLQ—35/630	7	210	55	140	24±1.5	190±7	90		40	625	120	25	35	10	30	5	5	875	
BC—14			35	25	14				20								5.5		
BCL—14			42	32	14				15								6		
BC—18			45	35	18				25								8.5		
BC—22			45	35	22				25								6.5		
BCL—22			55	40	22				20								9		
BC—26			60	50	26				25								7		
BC—35			60	50	35				25								7.5		
BC—44			72	60	44				30								8		
BC—50			85	72	50				30								11		
BC—60			100	85	60				35								12.5		

四、外形及安装尺寸

变压器瓷套外形及安装尺寸，见图 24-25。

五、生产厂

南京电气（集团）有限责任公司、西安西电高压电瓷有限责任公司、牡丹江北方高压电瓷有限责任公司。

24.2.2 断路器瓷套

一、概述

断路器瓷套用作断路器外绝缘和内绝缘的容器，其性能符合国标 GB 772—87《高压绝缘子瓷件技术条件》及 JB 1542—75《110kV 及 220kV 户外少油断路器用瓷套》。

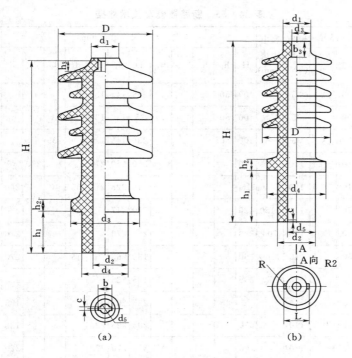

图 24－25 变压器瓷套外形及安装尺寸

（a）耐污型 BLW—35/630，BLW—35/630，BLQ—35/630～3510（南瓷）；

（b）35kV 及以下变压器瓷套（西瓷、牡瓷）

二、型号含义

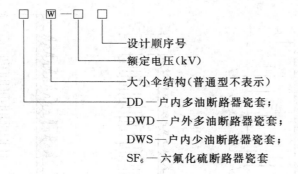

设计顺序号

额定电压（kV）

大小伞结构（普通型不表示）

DD—户内多油断路器瓷套；

DWD—户外多油断路器瓷套；

DWS—户内少油断路器瓷套；

SF₆—六氟化硫断路器瓷套

三、技术数据

断路器瓷套技术数据，见表 24－55。

四、外形及安装尺寸

断路器瓷套外形及安装尺寸，见图 24－26。

五、生产厂

南京电气（集团）有限责任公司、景德镇电瓷电器工业公司。

表 24－55　断路器瓷套技术数据

型　号	产品品号 新品号	老品号	额定电压(kV)	爬电距离(mm)	主要尺寸(mm) H	h₁	h₂	h₃	h₄	D	d₁	d₂	d₃	d₄	d₅	d	重量(kg)	备注
DWD—3501	513001	13204	35		400	50				236	143	139	100				10.3	多油断路器瓷套
DWD—3501	513004		35		400	50				35	140	138	100				10.3	两端滚花
DWD2—3501—1	582006		35		400	50				236	143	139	100	139				
DWS—1101	515101	5124	110		700					350	270	270			220	46		少油断路器瓷套
DWS—110	515102	5125	110		1150					340	328	317	55	40		240	120	
	515501		110	1150	420					240	317	55	40			328	129	耐污型瓷套
	515502		110	700	380					220	270					270	54	
	515503		110	1200	360					185	263	70	45			270	103	
	515504		110	670	335					185	235					225	46	
DWS—11010	23215		110		1200	45	70			335	263	276				185	98	少油断路器瓷套
DWS—11008	23213		110		670					295	235	225				185	28	
DWS—11011	23216		110		700					350	270	270				220		
DWS—11012	23217		110		1100			45		370	320					240		
DWSW—11010	23218		110		1200	45	70			375	263	276				185	105	
DWSW—11008	23219		110		670					335	235	225				185	34.5	

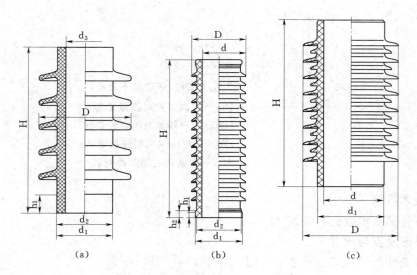

图 24－26　断路器瓷套外形及安装尺寸
(a) 多油断路器瓷套；(b) 少油断路器瓷套；(c) 耐污型断路器瓷套

24.2.3 SF₆ 断路器瓷套

一、概述

SF₆ 断路器瓷套用于户外高压 SF₆ 断路器和 GIS 中，瓷套按使用情况可分为瓷柱式 SF₆ 断路器用瓷套和罐式 SF₆ 断路器或 GIS 用的出线瓷套，瓷柱式 SF₆ 用瓷套按使用场合又可分为支柱瓷套、灭弧瓷套和电阻瓷套三种。支柱瓷套作为瓷柱式 SF₆ 断路器的绝缘支柱用，灭弧瓷套作为瓷柱式 SF₆ 断路器灭弧室的绝缘容器用，电阻瓷套作为瓷柱式 SF₆ 断路器合闸电阻绝缘容器用。

二、型号含义

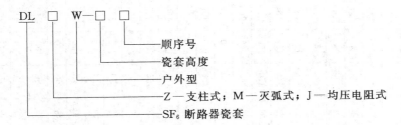

三、技术数据

（1）南京电气（集团）有限责任公司产品技术数据，见表 24-56。

表 24-56　SF₆ 断路器瓷套技术数据

产品品号	额定电压（kV）	爬电距离（mm）	主要尺寸（mm）									重量（kg）
			H	D	d_1	d_2	d_3	d_4	h_1	h_2	h_3	
515505D	110		1350	420	240	329	120	201	40	250	25	110
515503	110		1125	275	155	280	98	220	387			114
515506D	110~500		1361	430	190	314	14					
515508D	110~500		1181	325	110	310	19					
516001	220		2300	670	460	572	160	262	106	580	37	375
517202	330		2760	630	390	600	160	310	750			345
517501D	330		3600	605	390	600	160	310	780			613
518501D	500		4900	660	440	650	160	310	2046			877

（2）西安西电高压电瓷有限责任公司产品技术数据，见表 24-57。

（3）唐山市高压电瓷厂产品技术数据，见表 24-58。

（4）景德镇电瓷电器工业公司产品技术数据，见表 24-59。

四、外形及安装尺寸

SF₆ 断路器用瓷套外形及安装尺寸，见图 24-27。

表 24-57　SF₆ 断路器用瓷套技术数据 (一)

代号	额定电压 (kV)	公称爬电距离 (mm)	内水压负荷 (MPa) 例行	破坏	弯曲力矩 (kN·m) 例行	破坏	伞数 (大/小)	重量 (kg)	主要尺寸 (mm) H	h_1	h_2	h_3	h_4	D	d_1	d_2	d_3	d_4	d_5	d_6
47301	35	1015 (最小)	2.3	3.3	5	9.9	6/5	35.8	550	60	25	60	25	240	90	90	220	12—ϕ13	220	12—ϕ13
47302	35	1015	2.3	3.3	5	10	9	37	650	60	25	60		300	160	160	274	12—M12	274	12—M12
4800	72.5	1890 (最小)	2	4	4.9	9.8	22	47	1000	80	25	80	25	210	80	80	225	6—ϕ14	225	6—ϕ14
4840	72.5	1890 (最小)	2	4	4.9	9.8	24	69	1080	80	25	80	25	272	160	160	295	6—ϕ14	295	6—ϕ14
4801	126	2520	2	4	9.8	19.6	24	109	1220	80	25	80	25	300	150	150	310	6—ϕ19	310	6—ϕ19
4807	126	2210 (最小)	1.6	2.6	4.9	9.8	16	138	1200	100	25	100	25	355	185	185	355	16—ϕ18	335	16—ϕ18
4808	126	3150	1.6	2.6	6	12	12/12	169	1350	100	25	100	25	375	185	185	335	16—ϕ18	335	16—ϕ18
4283	132	3400	3	4.5	17.6	35.3	13/12	232	1500	110	25	1100	30	370	150	150	370	12—ϕ19	370	12—ϕ9
4284	132	3910	3	4.5	17.6	34.3	14/14	236	1550	100	30	100	30	340	265	265	455	16—ϕ18.5	455	16—ϕ18.5
4802 A	220/2	1350 (最小)	2.2	4	15	30	12/11	156	1220	80	25	90	25	350	150	150	310	6—ϕ19	310	6—ϕ19
4806	220/2	1804 (最小)	2	4	9.8	19.6	18	104	1000	80	25	80	25	280	150	150	310	6—ϕ19	310	6—ϕ19
4809	220	6300	3	4.5	22.5	45	22/21	429	2100	150	30	170	30	475	260	260	455	16—ϕ18.5	455	16—ϕ18.5
18101	220/2	3600	3.2	3.7	39.2	56	12/12	176	1300	135	20	135	20	410	180	180	345	12—ϕ16.5	345	16—ϕ16.5
4280	220/2	2760	3.5	4.5	14.7	34.3	18	263	1340	140	27	140	27	455	265	265	450	16—ϕ18	450	16—ϕ18
4281	220	2760	3.5	4.5	10.8	34.3	18	275	1340	140	27	140	27	455	265	265	450	16—ϕ18	450	16—ϕ18
4282	220	4250	3	4.5	22.5	45	12/11	270	2000	120	35	120	30	450	265	265	455	16—ϕ18.5	455	16—ϕ18.5
4803	330/2	3155	2	4	20.6	41.2	12/11	211	1400	110	30	110	30	375	150	150	370	12—ϕ19	370	12—ϕ19
4804	500/3	2894	2	4	13.7	28.1	11/10	201	1220	110	30	110	30	375	150	150	370	12—ϕ19	370	12—ϕ19
4805	500/3	3910	2	4	34.3	68.6	14/14	323	1630	122	35	122	35	400	150	150	400	12—ϕ19	400	12—ϕ19
4841	110	2628	2	4	16.6	33.1	21	119	1300	70	25	100	25	380	150	240	270	6—ϕ12	390	6—ϕ19
4843	330	3755	2	4	16.5	32.9	13/13	179	1460	70	25	100	25	440	240	240	270	6—ϕ12	390	8—ϕ19
4845	220	6300	2.94	4.41	22.5	45	22/21	426	2100	150	30	150	30	475	260	260	455	16—ϕ18.5	455	16—ϕ18.5
4846	110	3150	2	4	18	35	13/12	152	11300	70	25	100	25	420	150	240	270	6—ϕ12	390	6—ϕ19
44401	110	3150	0.25	0.5	15	30	14/13	163	11250	95	25	95	25	362	210	210	370	12—ϕ14	370	12—ϕ14
47401	145	3724	1.6	2.6	9.8	19.6	15/15	168	1550	100	25	100	25	375	185	185	335	12—ϕ18	335	12—ϕ18

代号	额定电压 (kV)	公称爬电距离 (mm)	内水压负荷 (MPa) 例行	内水压负荷 破坏	弯曲力矩 (kN·m) 例行	弯曲力矩 破坏	伞数 (大/小)	重量 (kg)	H	h₁	h₂	h₃	h₄	D	d₁	d₂	d₃	d₄	d₅	d₆
47402	126	3150	2.0	2.8	3.9	7.8	16/15	74	1330	80	25	80	25	240	80	80	225	6-φ14	225	6-φ14
47403	126	3150	2.0	2.8	15	30	13/12	128	1330	70	25	100	25	375	150	200	270	6-φ12	350	6-φ19
47404	145	3625	2.0	4.0	6	10	16/16	82	1350	80	25	80	25	250	80	80	225	6-φ14	225	6-φ14
47405	145	3625	2.0	4.0	15	30	15/14	140	1400	70	25	100	25	375	150	200	270	6-φ12	350	6-φ19
47406	72.5	2250 (最小)	2.0	4.0	4.9	9.8	11/10	54	1000	80	25	80	25	244	80	80	225	6-φ14	225	6-φ14
47407	72.5	2585 (最小)	2.0	4.0	4.9	9.8	12/11	82	1080	80	25	80	25	320	160	160	295	6-φ14	295	6-φ14
48301	40.5	1015 (最小)	2.0	2.8	2.5	5	5/4	22.3	450	50	12	50	12	240	80	80	200	8-φ12	200	8-φ12
48302	40.5	1015 (最小)	2.0	2.8	2.5	5	5/4	21.3	450	50	12	50	12	240	90	90	200	8-φ12	200	8-φ12
48303	40.5	1256	2.0	2.8	2.5	5	7/6	25.3	560	50	12	50	12	224	80	80	200	8-φ12	200	8-φ12
48304	40.5	1256	2.0	2.8	2.5	5	7/6	23.3	560	50	12	50	12	224	90	90	200	8-φ12	200	8-φ12
48504	126	3155	2.4	4.0	10	20	12/11	175	1400	110	30	110	30	355	150	150	330	12-φ14	330	12-φ14
4844	500	5095	1.6	3.2	13.5	27	36	312	2300	80	25	140	35	490	210	240	350	8-φ15	390	8-φ19
4860	330	3730	1.6	3.2	8.6	17.2	13/13	203	1460	100	25	100	25	440	240	240	380	6-φ19	390	8-φ19
4861	500	5000	1.6	3.2	13.5	27	36	283	2300	100	25	140	35	400	240	240	380	6-φ19	390	8-φ19
4880	110	2590	2	2.8	4.2	8.4	21	74	1225	50	12	70	15	290	130	155	235	8-φ12	270	8-φ15
4884y	220	6345	2	2.8	22	44	46	347	2600	70	15	120	30	490	140	320	270	8-φ15	500	8-φ19
4885y	330	6345	2	2.8	26	52	42	446	2670	95	20	150	25	580	160	390	310	12-φ15	600	12-φ24
4886y	330	9075	2	2.8	36	72	37/36	630	3600	95	20	150	25	590	160	390	310	12-φ15	600	12-φ24
4887y	330	7260	2	2.8	31	62	30/29	543	3100	95	20	150	25	590	160	390	310	12-φ15	600	12-φ24
4888y	500	13750	2	2.8	63	126	53/53	1172	4900	70	15	215	30	670	135	450	270	8-φ15	650	12-φ24
4889y	220	6300	2	2.8	19.2	36	25/24	339	2400	70	15	120	30	520	140	330	270	8-φ15	500	12-φ18
48601	220	6360	2.0	2.8	22	44	27/26	335	2600	70	15	120	30	500	140	320	270	8-φ14	500	12-φ18
48602	220	7100	2.0	2.8	19.2	36	27/26	366	2400	70	15	120	30	528	140	330	270	8-φ15	500	12-φ18
48604	252	6300	2.0	2.8	24	48	25/24	439	2400	95	20	150	25	479	160	390	310	12-φ15	600	12-φ24
48605	252	6300	2.0	2.8	24	48	25/24	439	2400	95	20	150	25	588	160	390	310	12-φ15	600	12-φ24
48503	126	3155 (最小)	2.5	4.0	9.0	18	13/12	132	1324	110	25	110	25	384	160	160	330	12-φ14	330	12-φ14

主要尺寸 (mm)

表24-58 SF₆断路器用瓷套技术数据（二）

代号	公称爬电距离 (mm)	内水压负荷 (MPa)		弯曲力矩 (kN·m)		主要尺寸 (mm)											重量 (kg)
		例行	破坏	例行	破坏	H	D	h_1	h_2	$d_上$	$d_下$	a_1	d_1	a_2	d_2	
35710	3150	1.6	2.6	6	12	1350	375	100	100	185	185	335	16—φ18	335	16—φ18	168
35711	3400	3	4.5	17.6	35.5	1500	370	110	110	150	150	370	12—φ19	370	12—φ19	230
35712	3910	3	4.5	17.2	34.3	1550	465	100	100	265	265	455	16—φ18.5	455	16—φ18.5	235
35713	3150	2	4	9.8	19.6	1220	340	80	80	150	150	310	6—φ19	310	6—φ19	138
35714	6300	2.94	4.41	22.5	45	2100	475	170	170	260	260	455	16—φ18.5	455	16—φ18.5	235
35715	3660	3.2	3.7	39.2	56	1300	410	135	135	180	180	345	12—φ16.5	345	12—φ16.5	175
35716	4570	3.2	3.7	39.2	56	1550	410	135	135	180	180	345	12—φ16.5	345	12—φ16.5	205
35717	4250	3	4.5	22.5	45	2000	450	120	120	265	265	455	16—φ18.5	455	16—φ18.5	270
35718	3155	2	4	20.6	41.2	1400	375	110	110	150	150	370	12—φ19	370	12—φ19	210
35719	2894	2	4	13.7	28.1	1220	375	110	110	150	150	370	12—φ19	370	12—φ19	200
35720	4016	2	4	34.3	68.6	1630	400	122	122	150	150	400	12—φ19	400	12—φ19	320
35721	6300	2.94	4.41	22.5	45	2100	475	150	150	260	260	455	16—φ18.5	455	16—φ18.5	426
35722	3150	1.6	3.2	16.6	33.1	1300	420	70	70	240	240	270	6—φ12	390	6—φ19	130
35723	3755	1.6	3.2	16.5	32.9	1460	440	70	70	240	240	270	6—φ12	390	8—φ19	180
35724	3730	1.6	3.2	8.6	17.2	1460	440	100	100	240	240	380	6—φ19	390	6—φ19	200
35725	3719	3	4.25	21.1	30.1	1470	289	110	110	110	110	300	8—φ18	300	8—φ18	156
35726	3719	3	4.25	23.6	33.75	1422	355	111	111	195	195	300	8—M16	300	8—M16	145
35727	2325	3	4.25	21.1	30.1	920	310	110	110	110	110	300	8—φ18	300	8—φ18	120

表 24-59 SF₆ 断路器用瓷套技术数据 (三)

型号	代号	额定电压(kV)	伞数(大/小)	弯曲破坏负荷强度(kN·m)	水压强度(MPa)	适用于断路器型号	H	h₁	h₂	D	d	d₁	d₂	d₃	d₄	爬电距离
DLZW—81001	23224	72.5		25	3.7	FA—72.5	810	105	105	316	180	345	12—φ16.5	345	12—φ16.5	1520
DLMW—93001	23225	72.5		30	3.7	FA—72.5	930	105	105	337	201	345	12—φ16.5	345	12—φ16.5	1700
DLZW—81002	23226	72.5		25	3.7	FA—72.5	810	105	105	382	180	345	12—φ16.5	345	12—φ16.5	2050
DLZW—93002	23227	110~500		30	3.7	FA—72.5	930	105	105	403	201	345	12—φ16.5	345	12—φ16.5	2510
DLZW—130001	23211	110~500	14/14	35.56	3.7	FA—110—500	1300	135	135	316	180	345	12—φ16.5	345	12—φ16.5	2590
DLZW—130002	23212	110~500	14/14	35.56	3.7	FA—110—500	1300	135	135	382	180	345	12—φ16.5	345	12—φ16.5	3660
DLMW—138001	23213	110~500		35	3.7	FA—110—500	1380	135	105	412	180	345	12—φ16.5	345	12—φ16.5	2850
DLMW—138002	23214	110~500		35	3.7	FA—110—500	1380	135	105	478	180	345	12—φ16.5	345	12—φ16.5	4050
DLJW—155001	23215	110~500		35	3.7	FA—110—500	1550	135	135	316	180	345	12—φ16.5	345	12—φ16.5	3190
DLJW—155002	23216	110~500		35	3.7	FA—110—500	1550	135	135	382	180	345	12—φ16.5	345	12—φ16.5	4570
DLZW—130003	23217	500		80	3.7	FA—500	1300	160	135	336	180	380	12—φ22	345	12—φ16.5	2590
DLZW—130001	23218	500		80	4	FA—500	1300	160	135	402	180	380	12—φ22	345	12—φ16.5	3660
DLZW—122001	23261	110	24	30	4	LW11—110	1220	80	80	280	150	310	6—φ19	310	6—φ19	2730
DLZW—122002	23262	110	12/11	30		LW11—110	1220	80	80	355	150	310	6—φ19	310	6—φ19	3150
DLMW—130001	23263	110	25			LW11—110	1300	100	70	380	150	390	6—φ19	270	6—φ19	3150
DLMW—130002	23264	110	13/12	35	4	LW11—110	1300	100	70	426	150	390	6—φ19	270	6—φ19	3150
DLZW—110001	23267	145	11/13	30	4	LW11—110	1400	80	80	360	150	310	6—φ19	310	6—φ19	3650

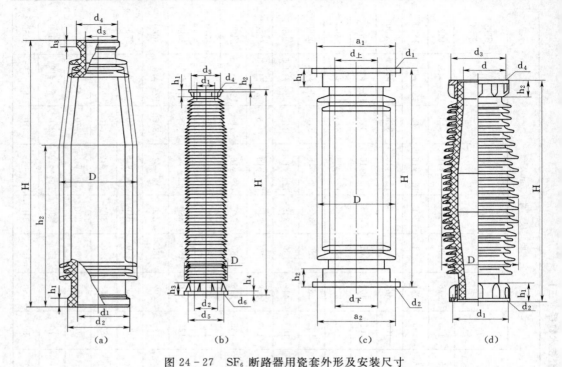

图 24-27　SF₆ 断路器用瓷套外形及安装尺寸

（a）南京电气（集团）有限责任公司产品；（b）西安西电高压电瓷有限责任公司产品；

（c）唐山市高压电瓷厂产品；（d）景德镇电瓷电器工业公司产品

24.2.4　电容器瓷套

一、概述

电容器瓷套用作电容器的外绝缘或内绝缘的容器，执行标准 GB 772—87《高压绝缘子瓷件技术条件》。按用途分为并联电容器瓷套、脉冲电容器瓷套、均压电容器瓷套、耦合电容器瓷套及电容式电压互感器瓷套。

瓷套外型一般为空心圆柱或锥形回转体，对于均压电容器瓷套、耦合电容器瓷套以及电容式电压互感器瓷套，其上下部位的结构分为卡台式和胶装式两种结构。

户外式瓷套其外部设有较大伞裙，对于普通型瓷套一般为普通型伞，对于耐污型瓷套一般为大小交替的开放伞，以保证有足够的爬电距离。瓷套内外表面一般为棕釉，也可绘白釉。

二、型号含义

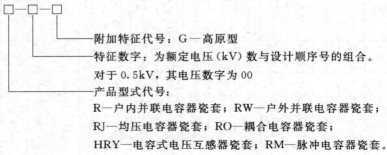

附加特征代号：G—高原型

特征数字：为额定电压（kV）数与设计顺序号的组合。

对于 0.5kV，其电压数字为 00

产品型式代号：

R—户内并联电容器瓷套；RW—户外并联电容器瓷套；

RJ—均压电容器瓷套；RO—耦合电容器瓷套；

HRY—电容式电压互感器瓷套；RM—脉冲电容器瓷套。

三、技术数据

电容器瓷套技术数据，见表 24-60～表 24-63。

表 24-60 电容器瓷套技术数据（一）

代号	额定电压(kV)	公称爬电距离(mm)	弯曲破坏力矩(kN·m)	主要尺寸(mm) H	h₁	h₂	D	d₁	d₂	d₃	伞数(大/小)	伞形	重量(kg)	结构	生产厂
5762	110	600	—	455	35	75	600	532	500	420	3	普通伞	78		
5763	220/2	1200	—	800	35	85	600	532	500	420	6	普通伞	130		
5761	330/3	1520	—	1140	55	112	790	734	700	625	8	普通伞	244		
5746	40	1015	—	755	22	38	195	155	135	100	12	普通伞	17		
5749	40	1395	—	855	22	42	190	155	135	100	14	普通伞	28		
5750	60	1680	—	1000	22	42	190	155	135	100	17	普通伞	33		
5789	150	2140	—	1300	25	60	230	195	175	120	20	普通伞	46		
5731	15	420	20	395	35	69	448	370	342	265	2	普通伞	40		
5742	35	950(图测)	20	670	30	53	260	210	185	140	6	普通伞	24		
5741	55	1150	20	750	35	62	448	370	340	265	6	普通伞	65		
6753	60	1600	20	980	35	60	386	320	295	216	9	普通伞	84	卡台结构	西安西电高压电瓷有限责任公司
5753	110	1870	20	1220	35	55	380	316	290	220	10	普通伞	91		
5757	110	2090	20	1290	35	65	448	375	342	265	10	普通伞	140		
5774	110	1870	20	1320	45	95	525	445	415	340	10	普通伞	140		
6748	500/3	3125	20	1800	45	95	610	532	500	420	15	普通伞	310		
6749	500/3	4035	20	1800	60	95	610	532	500	420	25	普通伞	370		
6750	110	2965	20	1220	35	35	406	320	295	216	11/11	开放伞	192		
6751	110	3195	20	1290	35	35	455	370	342	265	12/12	开放伞	204		
6752	110	3200	20	1320	45	45	525	445	415	340	12/12	开放伞	229		
5792	110	2970	20	1220	35	55	410	316	290	216	11/11	开放伞	170		
5793	110	2970	20	1290	35	60	450	370	342	265	12/12	开放伞	192		
6757	500/3	4584	30	1760	40	75	545	465	425	335	17/16	开放伞	322		
46801	500/3	4950	30	1760	45	75	555	465	425	335	17/16	开放伞	325		
5790	220	5705		2355	45	20	320	270	4—φ18	160	25/24	开放伞		胶装结构	
5791	330	4540		1700	45	20	310	240	4—φ20	130	16/16				

续表 24 - 60

代号	额定电压(kV)	公称爬电距离(mm)	弯曲破坏力矩(kN·m)	主要尺寸(mm)							伞数(大/小)	伞形	重量(kg)	结构	生产厂
				H	h_1	h_2	D	d_1	d_2	d_3					
6754	500/4	3287	54.9	1400	30	140	475	455	18—ϕ15	265	12/11	开放伞		胶装结构	西安西电高压电瓷有限责任公司
6755	500/4	3287	28	1400	30	140	475	455	18—ϕ15	265	12/11				
6756	500/3	4537	70	1600	25	140	450	410	8—ϕ14	220	8/21				
46802	500/3	4583	47	1700	25	135	430	410	16—ϕ14	220	15/15				
46803	500/3	3116	47	1700	25	135	420	410	16—ϕ14	220	16	普通伞			
46804	500/3	4263	56	1440	25	140	495	455	18—ϕ15	265	14/14				
46805	500/3	5156	56	1800	25	140	480	455	18—ϕ15	265	19/18	开放伞			
46806	500/3	5050	70	1700	30	140	485	455	18—ϕ15	265	18/17				

表 24 - 61　电容器瓷套技术数据（二）

型号	产品品号		额定电压(kV)	主要尺寸(mm)								重量(kg)	备注	生产厂
	新品号	老品号		H	h_1	h_2	D	d_1	d_2	d_3	d_4			
RJ—4001	544001	5460	60	800	50	95	190	95	130	145	130	10		南京电气（集团）有限责任公司
	545001	5470	110	1220	35	150	365	215	285	315	265	100		
	545004		110	1200	35	150	385	230	294	320		90		
	4471—001		110	1210	35	170	335	205	258	286	255	70		
	545502		110	1210	35	165	375	205	258	286	255	97	耐污型	

表 24 - 62　电容器瓷套技术数据（三）

代号 型号	额定电压(kV)	公称爬电距离(mm)	主要尺寸(mm)										伞数(大/小)	重量(kg)	备注	生产厂
			H	h_1	h_2	h_3	D	d_1	d_2	d_3	d_4	d_5				
R—0002	0.5		75	16	—	—	34	28	17	—	—			0.15		牡丹江北方高压电瓷有限责任公司
RW—0303	3	100	100	25	—	—	80	37	20	45	37	—	1	0.32	并联电容器瓷套	
RW—0604	6	210	150	30	—	—	80	37	20	45	37	—	3	0.52		
RW—1003	10	275	190	35	—	—	80	37	20	45	37	—	4	0.62		
RW—1003—G	10	300	230	45	—	—	80	37	20	45	37	—	4	0.9		
RW—2001	20	530	446	24	24	85	162	86	140	120	42	92	4	7.8		
RW—2002	20	530	446	24	24	85	140	96	140	120	42	92	4	8.4		
RM—11001	110	600	455	35			600	532	500	420			3	78	脉冲电容器瓷套	
RM—10003	100	560	480	15	10		135	75	42	135	95		5	5.8		
RM—15003	150	730	600	15	10		151	75	42	155	110		7	12		
RM—22002	220	1200	800	35			600	532	500	120			6	130		

续表 24－62

代号	型 号	额定电压(kV)	公称爬电距离(mm)	主要尺寸(mm) H	h₁	h₂	h₃	D	d₁	d₂	d₃	d₄	d₅	伞数(大/小)	重量(kg)	备注	生产厂
	RJ—4001	40	1015	755	22			195	155	135	100			12	17	均压电容器瓷套	牡丹江北方高压电瓷有限责任公司
	RJ—4002	40	1395	855	22			190	155	135	100			14	28		
	RJ—6001	60	1680	1000	22			190	155	135	100			17	33		
34401	RO—1501	15	420	395	35			448	370	342	265			2	40	电容式电压互感器瓷套、耦合电容器瓷套	
34411	RO—3501	35	950	670	30			260	210	185	140			6	24		
34421	RO—5502	55	1150	750	35			448	370	340	265			6	65		
33331		60	1600	980	35			386	320	295	216			9	84		
34431	RO—11001	110	1870	1220	35			386	316	288	216			10	110		
34432	RO—11002	110	2090	1290	35			448	375	342	265			10	140		
34433	RO—11003	110	1870	1320	45			525	445	415	340			10	140		
33341		110	2965	1220	35			406	320	295	216			11/11	192		
33342		110	3195	1290	35			455	370	342	265			12/12	204		
33343		110	3200	1320	45			525	445	415	340			12/12	229		
33344		110	2970	1220	35			410	316	290	216			11/11	170		
33345		110	2970	1290	35			450	370	342	265			12/12	192		
33346		110	1870	1210	35			335	286	258	205			12	70		
33347		110	3150	1220	35			375	286	258	205			11/11	101		
33348		110	3150	1290	35			445	356	328	265			12/12	147		
33351		500/4	3287	1400	30			475	455	φ15	265			12/11	293		

表 24－63　电容器瓷套技术数据（四）

型 号	代号	额定电压(kV)	伞数(大/小)	适用于电容器型号	主要尺寸(mm) H	h₁	h₂	D	d	d₁	d₂	d₃	爬电距离	重量(kg)	弯曲破坏负荷(kN·m)	生产厂
RJ—6301	23405	63	12	JY—40	755	22		190	100		155		1070	15		景德镇电瓷电器工业公司
RJW—6301	23406	63	8/7	JY—40	755	22		250	100		175		1575	24		
RJW—11001	23401	110	17/16	JWF90	1310	75	1260	212	80	2—M12	155	4—M8	3500	45	5.7	
RJW—11002	23402	110	17/17	JWF90	1290	50	1260	210	80	2—M12	150	4—M8	3500	41	5.7	
RO—11001	23431	110	10	OY—110	1220	35		380	216		316		1870	105		
ROW—11001	23432	110	13/12	OY—110	1300	35		375	195		295		3160	103		

四、外形及安装尺寸

电容器瓷套外形及安装尺寸，见图 24－28。

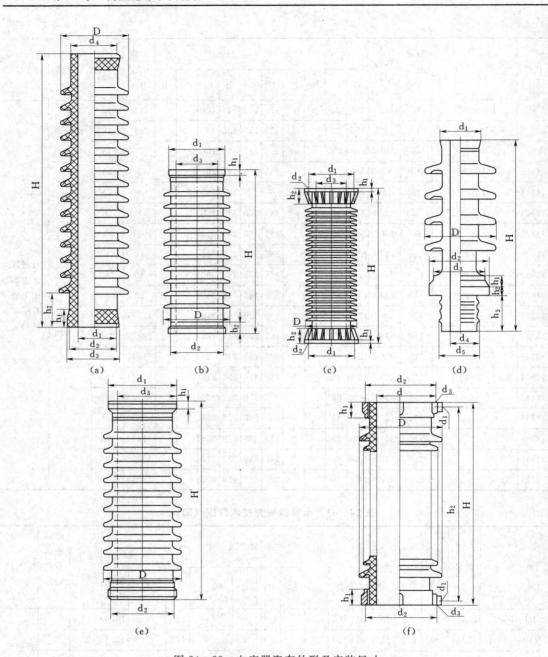

图 24－28　电容器瓷套外形及安装尺寸

(a) 均压电容器瓷套（南瓷）；(b) 卡台结构（西瓷）；(c) 胶装结构（西瓷）；

(d) 并联电容器瓷套（牡丹江电瓷厂）；(e) 耦合电容器瓷套

（牡丹江电瓷厂）；(f) 均压电容器瓷套（景瓷）

五、生产厂

南京电气（集团）有限责任公司、西安西电高压电瓷有限责任公司、牡丹江北方高压电瓷有限责任公司、景德镇电瓷电器工业公司。

24.2.5 互感器瓷套

一、概述

互感器瓷套主要用于电压互感器和电流互感器作为外绝缘的容器。瓷套按用途分为电压互感器瓷套和电流互感器瓷套；按使用场所分为户内式和户外式，普通型和耐污型以及平原型和高原型；按瓷套的联结结构主要为卡台式，也可设计成胶装式结构。

瓷套外形一般为空心圆柱或圆锥形回转体，对于户外式瓷套其下部一般为卡台式结构，上部有两种结构，即内卡式和外卡式。

户外式瓷套外部设有较大伞裙，对于普通型瓷套一般为普通型伞，对于耐污型瓷套一般为大小交替的开放伞或大小交替的带棱伞，以保证足够的爬电距离。

瓷套内外表面一般为棕釉，也可绘白釉。

该产品性能符合 GB 772—87《高压绝缘子瓷件技术条件》标准。

二、型号含义

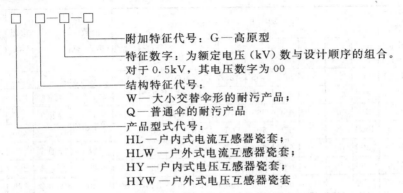

附加特征代号：G—高原型

特征数字：为额定电压（kV）数与设计顺序的组合。对于 0.5kV，其电压数字为 00

结构特征代号：
W—大小交替伞形的耐污产品；
Q—普通伞的耐污产品

产品型式代号：
HL—户内式电流互感器瓷套；
HLW—户外式电流互感器瓷套；
HY—户内式电压互感器瓷套；
HYW—户外式电压互感器瓷套

三、技术数据

(1) 南京电气（集团）有限责任公司产品技术数据，见表 24-64。

(2) 西安西电高压电瓷有限责任公司产品技术数据，见表 24-65。

(3) 牡丹江北方高压电瓷有限责任公司、景德镇电瓷电器工业公司产品技术数据，见表 24-66。

表 24-64 互感器瓷套技术数据（一）

产品品号		额定电压 (kV)	主要尺寸 (mm)									重量 (kg)	备注	生产厂
新品号	老品号		H	D	d_1	d_2	d_3	d_4	d_5	h_1	h_2			
00531—1		110	1260	414	250	346	270			115	62	108		南京电气（集团）有限责任公司
003532—1		110	1260	424	250	346	270			115	62	114		
003532—2		110	1260	404	250	346	270			115	62	98		
525008D		110	1150	660	470	584	260	360		888	90	208	耐污型	
525015D		110	1150	605	415	425	250	360		360	90	162		
525502		110	1200	670	470	580	234	342		940	142	221		
525506		110	1200	640	470	580	234	342		1005	155	191		

产品品号		额定电压（kV）	主要尺寸（mm）									重量（kg）	备注	生产厂
新品号	老品号		H	D	d_1	d_2	d_3	d_4	d_5	h_1	h_2			
003651—1		220	2060	666	480	608						347		南京电气（集团）有限责任公司
003651—2		220	2060	696	480	608						405	耐污型	
003631—1		220	2480	620	420	553	320	446		155	80	452		
003631—2		220	2480	640	420	553	320	446		155	80	513	耐污型	
	5281	220	2130	565	370	472	250	342		115	62	247		
526002	5380	220	2000	660	600	380	470		300	50	1900	315		
526005		220	2150	610	420	540	280	400		720	470	285		
528503D		500	3800	995	745	910	290	410		400	90		耐污型	

表 24-65 互感器瓷套技术数据（二）

代号	额定电压（kV）	公称爬电距离（mm）	主要尺寸（mm）										伞数（大/小）	伞形	重量（kg）	备注	生产厂
			H	h	h_1	D	d	d_1	d_2	d_3	d_4	d_5					
5121	60	1242	810	45	40	525	465	425	375	160	100		7	普通伞	92		
5132	110	1870	1100	50	40	620	565	540	460	320	230		11	普通伞	210		
5133	110	2646	1310	50	40	630	565	540	460	320	230		17	普通伞	300	户外电压互感器瓷套	
5134	220	3528	2000	60	50	650	605	565	470	420	300		22	普通伞	400		
5135	220	5040	2200	60	50	680	605	565	470	420	300		28	普通伞	513		
5139	110	3150	1460	50	40	630	570	535	460	360	320	260	20	普通伞	265		
5140	110	3150	1480	60	40	660	605	565	480	360	320	260	20	普通伞	275		
5141	220	6300	2360	60	50	680	605	565	480	425	385	300	24/23	开放伞	552		
5137	220	5040	2250	60	50	670	605	565	480	425	385	300	29	普通伞	513		
5138	220	6300	2360	60	50	680	605	565	480	425	385	300	24/23	开放伞	552		
5304	35	810	530	35	22	440	360	340	290	210	145		5		50		中国西电集团西安西电高压电瓷有限责任公司
5322	110	2016	1100	50	40	540	470	440	370	250	160		11	普通伞	150		
5323	110	2772	1525	50	40	540	470	430	370	250	160		16		210		
5325	110	2016	1100	50	35	470	400	370	300	250	160		11		135		
5327	145	3698（最小）	1550	50	40	565	485	455	380	250	160		14/13	开放伞	195		
5303	35	932	540	50	50	470	390	360	310	270	250	200	4/3		45	户外电流互感器瓷套	
5324	110	1870	1150	50	50	460	400	370	300	310	280	220	11	普通伞	80		
5326	110	2646	1150	50	50	480	400	370	300	310	280	220	11/10	开放伞	126		
5344	110	1980	1150	50	40	555	500	457	385	360	309	250	12	普通伞	148		
5345	110	3150	1150	50	40	595	500	457	385	360	309	250	11/10	开放伞	150		
5341	220	2140	2100	70	45	820	750	690	610	430	370	310	15		320		
5342	220	3740	2150	60	50	616	540	496	420	400	330	280	23	普通伞	290		
5343	220	4032	2150	60	50	600	540	490	404	400	360	290	23		350		
45601	220	4342	2200	25		140	410	446	220	10—φ14			27		270		

表 24－66 互感器瓷套技术数据（三）

型号	适用于互感器型号	额定电压 (kV)	公称爬电距离 (mm)	H	h	h₁	D	d	d₁	d₂	d₃	d₄	d₅	伞数 (大/小)	重量 (kg)	备注	生产厂
HY-0101-1		1		18	12		36	24		10					0.03		
HY-0101-2		1		29	14		38	18		10					0.05		
HY-0601	JDJ-6 / JDJB-6 / JSJW-6	6		130	70		57		37	15					0.43	户内电压互感器瓷套	
HY-1001	JDJ-10 / JDJB-10 / JSJW-10	10		210	70	25	90		65	34	12				1.8		
HYW-3501	JCC-35	35	610	700	330		205	165	115	105	60			1	16.3		
HYW-6003	JCC1-60	60	1242	810	45	40	525	465	420	375	160	100		7	92		牡丹江北方高压电瓷有限责任公司
HYW-11002	JCC1-110	110	1870	1100	50	40	620	565	540	460	320	230		11	210		
HYW-11003-G	JCC1-110GY	110	2646	1300	50	40	630	565	540	460	320	230		17	300		
HYW-22001	JCC1-220	220	3528	2000	60	50	650	605	565	470	420	300		22	400		
HYW-22002	JCC1-220	220	5040	2200	60	50	680	605	565	170	420	300	260	28	513	户外电压互感器瓷套	
HYW-11004-G		110	3150	1460	50	40	630	570	535	460	360	320	260	20	265		
HYW-11005-G		110	3150	1480	60	40	660	605	565	480	360	320	260	20	275		
HYW-11006	JCC6-110	110	1980	1150	50	40	630	570	535	460	360	319	260	12	160		
HYW-11007-G	JCC6-110-GYW2	110	4410	1460	60	40	670	570	535	460	360	319	260	15/14	240		
HYW-22005		220	6300	2360	60	50	680	605	565	480	425	385	300	24/23	552		
HYW-22006		220	5040	2250	60	50	670	605	565	480	425	385	300	29	513		
HL-1010	LFC-10	10		400	220	110	106	73	67	41.5					3.5		
HL-1011	LFC-10	10		358	138	110	106	73	67	41.5					3	户内电流互感器瓷套	
HL-1004	LDC-10	10		500					93	53					5.4		
HL-1003	LDC-10	10		450					93	53					52		
HL-1005	LDC-10	10		560					93	53					5.6		

续表 24-66

工厂代号	型号	适用于互感器型号	额定电压(kV)	公称电爬距离(mm)	主要尺寸(mm) H	h_1	h_2	D	d	d_1	d_2	d_3	d_4	d_5	伞数(大/小)	重量(kg)	备注	生产厂
32001	HLW—3501	LCW—35	35	800	580	60	55	500	448	400	340	364	328	278	4	49		
32004	HLW—3502		35	810	530	22	35	430	360	340	290	210	140		5	50		
	HLWW—3501		35	810	530	22	35	440	360	340	290	210	145	200	5	50		
	HLWW—3501		35	930	540	50	50	470	390	360	310	270	250		4/3	54		
32006	HLW—6001		60	1620	890	40	50	535	460	425	375	220	130	320	9	130		
32009	HLW—6002	LCWB5—60	60	1600	840	40	50	605	535	475	415	440	370		8	133		
32002	HLW—11003	LCWD—110	110	2000	1100	40	50	530	460	420	360	220	130		11	148		牡丹江北方高压电瓷有限责任公司
	HLWQ—11003	LCWD—110	110	2016	1100	40	50	540	470	440	370	250	160	220	11	150	户外	
	HLWQ—11001—G		110	2772	1525	35	50	540	470	430	370	250	160	220	16	210	电流互感器瓷套	
	HLWQ—11009	LB—110	110	2016	1100	50	50	470	400	370	300	250	160	250	11	135		
	HLWQ—11010	LB1—110	110	1870	1150	50	50	460	400	370	300	310	280	250	11	108		
	HLWW—11001	LB1—110	110	2646	1150	40	50	480	400	370	300	310	280	250	11/10	126		
	HLWQ—11011	LB6—110	110	1980	1150	40	50	555	500	457	385	360	309	250	12	148		
	HLWW—11002	LB6—110W2	110	3150	1150	50	50	595	500	457	385	360	309		11/10	150		
	HLWW—15401		154	3698	1550	45	40	565	485	455	380	250	160	—	14/13	195		
	HLWW—22001		220	4140	2140	50	70	820	750	690	610	430	370	310	15/14	320		
	HLWW—22002		220	3740	2150	50	60	616	540	490	420	400	330	280	23/22	290		
	HLWW—22003	LB—220	220	4030	2150	60	60	600	540	490	404	400	360	290	23/22	350		
23350	HLW—3502	LCW—35	35	945	580	60	55	520	448	410	340	364	278		5	65	电流互感器瓷套	景德镇电瓷电器工业公司
23360		LCW—35	35	1120	580	60	55	540	448	410	340	364	278	278	4/3	70		
23351	HLW—11001	LCW—110	110	1980	1260	60	60	630	550	500	420	360	270	270	8	185		

续表 24-66

工厂代号	型号	额定电压 (kV)	适用于互感器型号	公称爬电距离 (mm)	主要尺寸 (mm)										伞数 (大/小)	重量 (kg)	备注	生产厂
					H	h₁	h₂	D	d	d₁	d₂	d₃	d₄	d₅				
23352	HLW—11002	110	LCWD—110	2320	1200	60	55	665	600	535	475	230	170		13	177	电流互感器瓷套	景德镇电瓷工业电器公司
23353	HLW—11003	110	LCWD—110	1870	1110	40	50	530	460	420	360	220	130		11	90		
23354	HLW—11004	110	LCWB6—110	1980	1150	40	50	555	550	445	385	360	250		12	153		
23363		110	LCWD—110	2750	1100	40	50	560	460	420	360	220	130		9/8	120		
23364		110	LCLWB6—110W2	3000	1150	40	50	595	500	445	385	360	250		9/8	168		
23356	HLW—22001	220	LCLWD3—220	4000	2150	50	60	610	540	490	420	400	280		23	320		
23366		220	LCLWB7—220	5500	2150	50	60	550	560	510	440	400	280		17/16	430		
23358	HLW—33001	330	LCLWD—330	5940	2600	50	55	570	490	440	360	280	200		33	400		
23308	HYW—3501	35	JCC—35		700			205	165	115	105	60			4	16.3	电压互感器瓷套	
23313	HYW—6302	63	JCC1—63	1150	810	40	45	525	100	465	420	375	160		7	92		
23321		63	JCC1—63W	1920	810	40	45	570	100	465	420	375	160		6/5	110		
23314	HYW—11002	110	JCC1—110	1870	1100	50	50	620	200	560	520	460	320		13	160		
23322		110	JCC1—110W	2750	1100	50	60	650	200	560	520	460	320		9/8	180		
23315	HYW—22001	220	JCC1—220	3740	2000	50	60	660	300	600	540	470	420		23	370		
23324		220	JCC1—220W	5500	2000	50	60	690	300	600	540	470	420		17/16	452		
23317	HYW—33001	330	JCC1—330	5610	2700	50	60	680	350	600	550	470	470		32	550		
23318	HYW—11003GY	110	JCC1—110GY	2200	1310	50	50	640	200	560	520	460	320		16	210		
23316	HYW—22002GY	220	JCC1—220GY	4400	2200	50	60	660	350	600	550	470	420		25	390		

四、外形及安装尺寸

互感器瓷套外形及安装尺寸,见图 24 - 29。

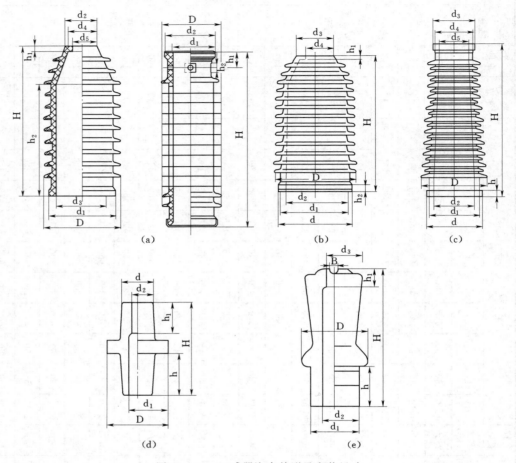

图 24 - 29   互感器瓷套外形及安装尺寸

(a) 110kV 互感器瓷套(南瓷);(b) 户外电流互感器瓷套(牡丹江电瓷厂);(c) 户外电压互感器
瓷套(西瓷);(d) 户内电流互感器瓷套;(e) 户内电压互感器瓷套(牡丹江电瓷厂)

24.2.6   电缆瓷套

一、用途

电缆瓷套用作电缆接头、终端盒的外绝缘和内绝缘的容器,其性能符合 GB 772—87
《高压绝缘子瓷件技术条件》标准。

二、型号含义

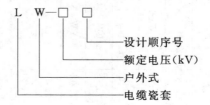

三、技术数据

电缆瓷套技术数据，见表24-67。

表 24-67 电 缆 瓷 套 技 术 数 据

型号	产品品号		额定电压(kV)	主 要 尺 寸（mm）												重量(kg)		备注	生产厂
	新品号	老品号		H	D	h1	h2	h3	h4	d1	d2	d3	d4	d5	d6				
LW—11003	555001	5513	110	1200	420	50	140	560	40	260	315	345	230	200	146	75			
	556502D		132	1620	430	50	155	1000	40	250	315	345	230	200	140	170			
	555502D		132	1620	440	50	155	1000	40	250	315	345	230	200	140	178		耐污型	
	555501		145	1480	420	50	155	785	40	250	315	345	230	200	140	109			南京电气（集团）有限责任公司
	556501D		220	2310	515	60	215	1205	60	320	395	440	280	245	175	246			
LW—22002	556001	5515	220	2200	515	60	215	1065	60	325	395	440	280	245	175	300			
	556002	5580	220	2200	420	60	200			230	316	358				230			
	556003		220	2200	515	60	215	1045	60	320	395	440	280	245	175	278			
	557001	5590	330	3170	570	60	210	1230	60	350	440	485	415	375	300				
	558001	5591	500	4400	505	60	220			325	395	440				542		耐污型，带法兰	
	558503D		500	4800	555					325	500	22		830					
	559001	5592	750	2700	505														
LW—3501	23524		35	380	185	55				85	125	155	155	85		10.2		水压强度(MPa)	景德镇电瓷电器工业公司
LW—3502	23525		35	410	238	55				85	120	155	155	85		11.4			
LW—11003	23527		110	1300	420	50				250	316	345	225	140		105	0.8		
	23529		110	1300	420	60				230	316	358	328	230		140	2.0		

四、外形及安装尺寸

电缆瓷套外形及安装尺寸，见图24-30。

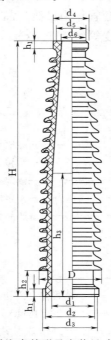

图 24-30 电缆瓷套外形及安装尺寸（LW—11003）

24.3 高压穿墙套管

一、概述

高压穿墙套管适用于工频交流电压为 35kV 及以下电厂、变电站的配电装置和高压电器中，作导电部分穿过墙壁或其它接地物的绝缘和支持用。套管适用于环境温度为 −40～+40℃，不适用在足以降低套管性能的条件下，以及套管户内部分表面凝露情况下使用。当套管环境温度高于+40℃，但不超过+60℃时，套管的工作电流建议按环境温度每增高 1℃，额定电流负荷降低 1.8％。当套管环境温度低于−40℃以及符合 GB 12944.1 第 5.1 条中规定的最高允许发热温度的情况下使用时，允许其工作电流长期过载。建议按环境温度每降低 1℃，额定电流负荷增加 0.5％，但增加值不应大于额定电流的 20％。

套管按使用场所可分为户内普通型、户外—户内普通型、户外—户内耐污型、户外—户内高原型、户外—户内高原耐污型五种类型。

户内普通型一般适用于安装地点海拔不超过 1000m 户内地区。

户外—户内普通型一般适用于安装地点海拔不超过 1000m 地区，但安装地点应是无明显污秽地区。

户外—户内耐污型适用于安装地点海拔不超过 1000m，对于严重和特重污区用 35kV 套管，可选用 63kV 油纸电容式穿墙套管。

户外—户内高原型适用于安装地点海拔 3000m 以下地区。

户外—户内高原耐污型适用于安装地点海拔 3000m 以下污秽地区。

套管按所使用导体材料又可分为铝导体、铜导体及不带导体（母线式）三种类型。额定电流 1500A 及以下铜导体的穿墙套管作为过渡产品，其主要尺寸及特性按 GB 12944.2 附录的规定，其型号字母 B 表示强度等级为 7.5kN，母线穿墙套管的使用电流决定于用户采用的母线尺寸。

二、型号含义

（一）导体套管

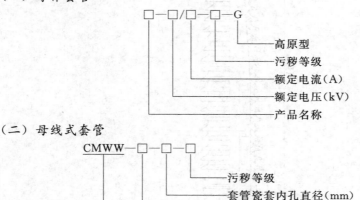

```
□ — □ / □ — □ — G
                    高原型
                污秽等级
            额定电流（A）
        额定电压（kV）
    产品名称
```

（二）母线式套管

```
CMWW — □ — □ — □
                    污秽等级
                套管瓷套内孔直径（mm）
            额定电压（kV）
        户外—户内耐污型母线式穿墙套管
        CM—户内母线穿墙套管
```

产品名称含义:

CL—户内铝导体穿墙套管;

C—户内铜导体穿墙套管,A、B、C表示弯曲破坏负荷分别为3.75、7.5、12.5kN;

CWL—户外—户内铝导体穿墙套管;

CW—户外—户内铜导体穿墙套管;

CWWL—户外—户内耐污铝导体穿墙套管;

CWW—户外—户内耐污铜导体穿墙套管;

CM—户内母线穿墙套管;

CMWW—户内耐污母线穿墙套管。

三、结构

套管由瓷件、安装法兰及导体装配而成。母线穿墙套管不带导电部分,瓷套与法兰固定方式除35kV高原型及部分产品采用机械卡装外,其余均用水泥胶合剂胶装;铜导体采用定心垫圈和螺母固定,铜、铝导电排采用定心垫圈和开口销固定。对母线穿墙套管两端盖板,开口尺寸根据选用的母线规格型式自行确定。附件表面涂灰磁漆。

为了提高套管的起始电晕,对20、35kV套管在结构上采用均压措施,将靠近法兰部位的瓷壁及两边的伞(棱)适当加大、加厚,在瓷件焙烧前于瓷套内腔和法兰附近,以及靠近法兰的第一个伞(棱)上均匀上一层半导体釉,经焙烧后使半导体釉牢固地结合在瓷壁上,并通过接触片使瓷壁短路,大大改善电场分布,防止套管内腔放电,提高滑闪放电电压。

套管导电部分采用铝导体,节省大量的铜材,降低成本,与母线连接的导电面积增大,克服了铜导杆接触面积小而产生温度过高的缺点。

套管安装法兰分正反两种安装方式,除6、10kV铜导体管正装外,其余均为反装。

套管执行标准GB 12944.1《高压穿墙瓷套管技术条件》、GB 12944.2《高压穿墙瓷套管尺寸与特性》、GB 770、GB 771《电站用35kV及以下户内穿墙套管》。

四、机电热特性

高压穿墙套管的机电热特性,见表24-68~表24-70。

表24-68 穿墙套管的弯曲破坏负荷

带导体的套管		母线式套管		带导体的套管		母线式套管	
套管额定电流(A)	额定弯曲破坏负荷(kN)	瓷套孔径(mm)	额定弯曲破坏负荷(kN)	套管额定电流(A)	额定弯曲破坏负荷(kN)	瓷套孔径(mm)	额定弯曲破坏负荷(kN)
250	4	<100	4	1600	4		
400	4	100~200	8	2000	8		
630	4	150~300	16	3150	8		
1000	4	>300	30				

表 24 - 69 穿墙套管的电气性能

| 套管型式 | 套管额定电压 (kV) | 套管最高电压 (kV) | 工频电压≮ (kV) | | | | 雷电冲击耐受电压≮ (kV) |
			干耐受 1min	湿耐受[①] 1min	击 穿	可见电晕	
普通型及耐污型	6	6.9	23		58	—	60
	10	11.5	30		75		75
	20	23	50		120	14.8	125
	35	40.5	80		176	25.8	185
高原型	10	11.5	37.5		75	—	93.8
	35	40.5	100		176	32.2	231

① 仅对户外—户内套管户外端进行。

表 24 - 70 带导体套管长期最高允许发热温度及热短时电流值

套管各部分名称	最高允许发热温度 (℃)	最高允许温升 (K)	套管额定电流 (A)	热短时 5s 电流≮ (kA)
载流或不载流的金属部分（盖、法兰和导电排的非接触部分）及瓷件等	110	70	250	3.8
			400	7.2
在空气中的用螺栓压紧的接触连接部分： 裸铜或裸铝	85	45	630	12
			1000	20
镀银	105	65	1600	30
			2000	40
镀锡	95	55	3150	60

五、订货须知

订货时必须提供：产品型号及代号；额定电压和额定电流；爬电比距；套管的内腔直径；特殊要求。

24.3.1 户内铝导体穿墙套管

一、技术数据

户内铝导体穿墙套管技术数据，见表 24-71。

二、外形及安装尺寸

该套管外形及安装尺寸，见图 24-31。

表 24-71 户内铝导体穿墙套管技术数据

型号	品号	额定电压(kV)	额定电流(A)	总长L(mm)	两端盖间长L₁(mm)	一端长L₂(mm)	伸出长L₃(mm)	接线端子				导电排				安装法兰				生产厂
								孔距a₁(mm)	孔距a₂(mm)	孔径d₁(mm)	孔数(个)	排厚b₁(mm)	排宽b₂(mm)	间距b₃(mm)	片数(片)	穿墙直径d(mm)	孔距a(mm)	孔径d₂(mm)	孔数(个)	
CL—6/200	230202	6	200	440	280	105	75	30	15	11	2	4	30		1	114	175	14	1	南京电气（集团）有限责任公司
CL—6/400	230302	6	400	440	280	105	75	30	15	11	2	5	40		1	115	175	14	2	
CL—6/600	230402	6	600	480	280	105	95	40	20	13	2	8	40		1	114	175	14	2	
CL—10/200	231202	10	200	490	330	130	75	30	15	11	2	4	30		1	114	175	14	2	
CL—10/400	231302	10	400	490	330	130	75	30	15	11	2	5	40		1	115	175	14	2	
CL—10/600	231402	10	600	530	330	130	95	20	15	11	2	8	40		1	114	175	14	2	
CL—6/250	2315	6	250	440	280	105	75	30	15	11	2	4	31.5			115	175	14	2	西安西电高压电瓷有限责任公司
CL—6/400	2316	6	400	440	280	105	75	30	15	11	2	5	40			115	175	14	2	
CL—6/630	2317	6	630	480	280	105	95	40	20	13	2	8	40			115	175	14	2	
CL—10/250	2335	10	250	490	330	130	75	30	15	11	2	4	31.5			115	175	14	2	
CL—10/400	2336	10	400	490	330	130	75	30	15	11	2	5	40			115	175	14	2	
CL—10/630	2337	10	630	530	330	130	95	40	20	13	2	8	40			115	175	14	2	
CL—6/250	22100	6	250	440	280	105	75	30	15	11	2	4	31.5			115	175	14	2	牡丹江北方高压电瓷有限责任公司
CL—6/400	22101	6	400	440	280	105	75	30	15	11	2	5	40			115	175	14	2	
CL—6/630	22102	6	630	480	280	105	95	40	20	13	2	8	40			115	175	14	2	
CL—10/250	22103	10	250	490	330	130	75	30	15	11	2	4	31.5			115	175	14	2	
CL—10/400	22104	10	400	490	330	130	75	30	15	11	2	5	40			115	175	14	2	
CL—10/630	22105	10	630	530	330	130	95	40	20	13	2	8	40			115	175	14	2	
CL—10/1000	22106	10	1000	490	330	131	83	30	15	14	4	125	63			148	150	14	4	

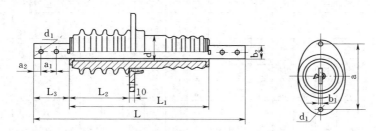

图 24-31 户内铝导体穿墙套管外形及安装尺寸

24.3.2 户外—户内铝导体穿墙套管

一、技术数据

户外—户内铝导体穿墙套管技术数据，见表 24-72～表 24-75。

表24-72 户外—户内内铝导体穿墙套管技术数据（一）

型号	新品号	老品号	额定电压(kV)	额定电流(A)	总长L(mm)	两端盖间长L1(mm)	一端长L2(mm)	伸出长L3(mm)	接线端 孔距a1(mm)	孔距a2(mm)	孔径d1(mm)	孔数(个)	导电排 排厚b1(mm)	排宽b2(mm)	同距b3(mm)	片数(片)	安装法兰 穿墙直径d(mm)	孔距a(mm)	孔径d2(mm)	孔数(个)	重量(kg)	公称爬电距离 户外端(mm)	户内端(mm)	生产厂
CWL—10/200	241202	2461	10	200	520	360	158	75	15	30	11	2	4	30		1	114	175	14	2	5.7			南京电气（集团）有限责任公司
CWL—10/400	241302	2462	10	400	520	360	158	75	15	30	11	2	5	40		1	114	175	14	2	5.8			
CWL—10/600	241402	2463	10	600	560	360	158	95	20	40	13	4	8	40		1	114	175	14	2	6			
CWL—10/1000	241502	2464	10	1000	520	360	158	75	15	30	14	4	12	60		1	145	150	14	4	7.7			
CWL—10/1500	241602	2465	10	1500	520	360	158	75	15	30	14	4	12	60	10	2	145	150	14	4	8.8			
CWL—10/2000	241604	2466	10	2000	600	365	158	115	25	50	18	4	10	100	10	2	200	200	14	4	14.5			
CWL—10/3000	241702	2467	10	3000	600	365	158	115	25	50	18	4	12	100	10	3	200	200	14	4	17			
CWL—20/2000	242602	2468	20	2000	835	590	255	115	25	50	18	4	10	100	10	2	250	220	15	4	29.6			
CWL—20/3000	242702	2469	20	3000	835	590	255	115	25	50	18	4	12	100	10	3	250	220	15	4	33			
CWL—35/200	243202	2470	35	200	980	815	372	75	15	30	11	2	4	30		1	220	200	15	4	31			
CWL—35/400	243302	2471	35	400	980	815	372	75	15	30	11	2	5	40		1	220	200	15	4	31.2			
CWL—35/600	243402	2472	35	600	1020	815	372	95	20	40	13	2	8	40		1	220	200	15	4	31.6			
CWL—35/1000	243502	2473	35	1000	980	815	372	75	15	30	14	4	12	60		1	245	220	15	4	33			
CWL—35/1500	243602	2474	35	1500	980	815	372	75	15	30	14	4	12	60	10	2	245	220	15	4	346			
CWWL—10/1000—4	241004		10	1000	680	515	235	75	30	15	14	4	12.5	63		1	150	150	14	4		375	270	
CWWL—10/1600—4	241005		10	1600	680	515	235	75	30	15	14	4	12.5	63		1	150	150	14	4		375	270	
CWWL—35/250—3	243002		35	250	1085	920	440	75	30	15	11	2	4	31.5		1	225	200	15	4		1015	810	
CWWL—35/400—3	243003		35	400	1085	920	440	75	30	15	13	2	5	40		1	225	200	15	4		1015	810	
CWWL—35/630—3	243004		35	630	1085	920	440	95	40	20	13	2	8	40		1	225	200	15	4		1015	810	
CWWL—35/1000—3	243005		35	1000	1085	920	440	75	30	15	14	4	12.5	63		1	245	220	15	4		1015	810	

续表 24-72

型号 新品号	型号 老品号	额定电压 (kV)	额定电流 (A)	总长 L (mm)	两端盖同长 L₁ (mm)	一端长 L₂ (mm)	接线端子 伸出长 L₃ (mm)	接线端子 孔距 a₁ (mm)	接线端子 孔距 a₂ (mm)	接线端子 孔径 d₁ (mm)	接线端子 孔数 (个)	导电排 排厚 b₁ (mm)	导电排 排宽 b₂ (mm)	导电排 同距 b₃ (mm)	导电排 片数 (片)	安装法兰 穿墙直径 d (mm)	安装法兰 孔距 a (mm)	安装法兰 孔径 d₂ (mm)	安装法兰 孔数 (个)	重量 (kg)	公称爬电距离 户外端 (mm)	公称爬电距离 户内端 (mm)	生产厂
CWWL—35/1600—3	243006	35	1600	1085	920	440	75	30	15	14	4	12.5	63	10	2	245	220	15	4		1015	810	南京电气（集团）有限责任公司
CWWL—35/250—4	243007	35	250	1200	1035	478	75	30	15	11	2	4	31.5		1	225	200	15	4		1260	1000	
CWWL—35/400—4	243008	35	400	1200	1035	478	75	30	15	11	2	5	40		1	225	200	15	4		1260	1000	
CWWL—35/630—4	243009	35	630	1240	1035	478	95	40	15	13	2	8	40		1	225	200	15	4		1260	1000	
CWWL—35/1000—4	243010	35	1000	1200	1035	478	75	30	15	14	4	12.5	63		1	245	220	15	4		1260	1000	
CWWL—35/1600—4	243011	35	1600	1200	1035	478	75	30	15	14	4	12.5	63	10	2	245	220	15	4		1260	1000	

表 24-73　户外—户内铝导体穿墙套管技术数据（二）

代号	型号	额定电压 (kV)	额定电流 (A)	5s 短时耐受电流 (kA)	户外端公称爬距离 (mm)	工频电压 干耐受 (kV)	工频电压 湿耐受 (kV)	工频电压 击穿 (kV)	可见电晕 (kV)	雷电冲击耐受电压 (kV)	弯曲破坏负荷 (kN)	重量 (kg)	主要尺寸 L (mm)	L₁	L₂	L₃	L₄	B	d₁	d₂	a₁	a₂	a₃	b	b₁	δ	生产厂
2364	CWL—35/250	35	250	3.8	595	110	80	176	25.8	195	7.5	31.9	980	815	372	16	75	225	4-φ15	2-φ11	200	30	15	31.5	4		西安高压电瓷电瓷有限责任公司
2365	CWL—35/400	35	400	7.2	595	110	80	176	25.8	195	7.5	32.2	980	815	372	16	75	225	4-φ15	2-φ11	200	30	15	40	5		
2366	CWL—35/630	35	630	12	595	110	80	176	25.8	195	7.5	32.5	1020	815	372	16	95	225	4-φ15	2-φ13	200	40	20	40	8		
2367	CWL—35/1000	35	1000	20	595	110	80	176	25.8	195	7.5	32.3	980	815	372	16	75	245	4-φ14	2-φ14	220	30	15	63	12.5	10	
2368	CWL—35/1600	35	1600	30	595	110	80	176	25.8	195	7.5	34.1	980	815	372	16	75	245	4-φ14	2-φ14	220	30	15	63	12.5		
2434	CWWL—10/250—2	10	250	3.8	230	47	30	75		80	4	6.2	520	360	158	10	75	115	2-φ14	2-φ11	175	30	15	31.5	4		
2435	CWWL—10/400—2	10	400	7.2	230	47	30	75		80	4	6.3	520	360	158	10	75	115	2-φ14	2-φ11	175	30	15	40	5		
2436	CWWL—10/630—2	10	630	12	230	47	30	75		80	4	6.5	560	360	158	10	95	115	2-φ14	2-φ13	175	40	20	40	8		

续表 24 - 73

代号	型号	额定电压 (kV)	额定电流 (A)	5s短时耐受电流 (kA)	户外端公称爬电距离 (mm)	工频电压 (kV)				雷电冲击耐受电压 (kV)	弯曲破坏负荷 (kN)	重量 (kg)	主要尺寸 (mm)														生产厂
						干耐受	湿耐受	击穿	可见电晕				L	L₁	L₂	L₃	L₄	B	d₁	d₂	a₁	a₂	a₃	b	b₁	δ	
2437	CWWL—10/1000—2	10	1000	20	230	47	30	75		80	4	9.5	520	360	158	10	75	150	4—φ14	2—φ14	150	30	15	63	12.5		西安西电高压电瓷有限责任公司
2438	CWWL—10/1600—2	10	1600	30	230	47	30	75		80	4	9.5	520	360	158	10	75	150	4—φ14	2—φ14	150	30	15	63	12.5	10	
2439	CWWL—10/2000	10	2000	40	230	47	30	75		80	8	17	600	365	158	14	115	200	4—φ14	4—φ18	200	50	25	100	10	10	
2446	CWWL—10/3150	10	3150	60	230	47	30	75		80	8	20	600	365	158	14	115	200	4—φ14	4—φ18	200	50	25	100	12	10~12	
2448	CWWL—10/4000	10	4000	80	260	47	30	75		80	16	30	670	388	165	18	135	280	4—φ18	4—φ20	260	60	30	120	12	10~12	
2454	CWWL—20/2000	20	2000	40	400	75	50	120	14.8	125	8	29	835	590	255	14	115	250	4—φ15	4—φ18	220	50	25	100	10	10	
2455	CWWL—20/3150	20	3150	60	400	75	50	120	14.8	125	8	32.7	835	590	255	14	115	250	4—φ15	4—φ18	220	50	25	100	12	10~12	
2380	CWWL—35/250—3	35	250	3.8	1015	110	90	176	25.8	200	4	46	1085	920	440	16	75	225	4—φ11	2—φ11	200	30	15	31.5	4		
2381	CWWL—35/400—3	35	400	7.2	1015	110	90	176	25.8	200	4	47	1085	920	440	16	75	225	4—φ11	2—φ11	200	30	15	40	5		
2382	CWWL—35/630—3	35	630	12	1015	110	90	176	25.8	200	4	48	1125	920	440	16	95	225	4—φ13	2—φ13	200	40	20	40	8		
2383	CWWL—35/1000—3	35	1000	20	1015	110	90	176	25.8	200	4	49	1085	920	440	16	75	245	4—φ14	4—φ14	220	30	15	63	12.5		
2384	CWWL—35/1600—3	35	1600	30	1015	110	90	176	25.8	200	4	51	1085	920	440	16	75	245	4—φ15	4—φ14	220	30	15	63	12.5	10	
2385	CWWL—35/1000—4	35	1000	20	1256	115	100	176	25.8	210	4	52	1195	1030	550	16	75	245	4—φ15	4—φ14	220	30	15	63	12.5		
2386	CWWL—35/1600—4	35	1600	30	1256	115	100	176	25.8	210	4	55.5	1195	1030	550	16	75	245	4—φ15	4—φ14	220	30	15	63	12.5	10	
23100	CWL—6/250	6	250	3.8		23		58	—	60	4.0	5.0	470	312	129	10	75	112	2—φ14	2—φ11	175	30	15	31.5	4		牡丹江北方高压电瓷有限责任公司
23101	CWL—6/400	6	400	7.2								5.1	470	312	129	10	75	112	2—φ14	2—φ11	175	30	15	40	5		
23102	CWL—6/630	6	630	12								5.5	510	312	129	10	95	112	2—φ14	2—φ13	175	40	20	40	8		
23103	CWL—10/250	10	250	3.8	230	30		75	—	75	4.0	6.5	520	360	158	10	75	115	2—φ14	2—φ11	175	30	15	31.5	4		
23104	CWL—10/400	10	400	7.2								6.6	520	360	158	10	75	115	2—φ14	2—φ11	175	30	15	40	5		
23105	CWL—10/630	10	630	12								6.8	560	360	158	10	95	115	2—φ14	2—φ13	175	40	20	40	8		

续表 24-73

代号	型号	额定电压 (kV)	额定电流 (A)	5s短时耐受电流 (kA)	户外端公称爬电距离 (mm)	工频电压 (kV) 干耐受	湿耐受	击穿	可见电晕	雷电冲击耐受电压 (kV)	弯曲破坏负荷 (kN)	重量 (kg)	L	L₁	L₂	L₃	L₄	B	d₁	d₂	a₁	a₂	a₃	b	b₁	δ	生产厂
23106	CWL—10/1000	10	1000	20	230	30		75	—	75	4.0	9.7	520	360	158	10	75	150	4-φ14	4-φ14	150	30	15	63	12.5		
23203	CWWL—10/250-2	10	250	3.8	230	47	30	75	—	80	4.0	6.2	520	360	158	10	75	115	2-φ14	2-φ11	175	30	15	31.5	4	—	
23204	CWWL—10/400-2	10	400	7.2	230	47	30	75	—	80	4.0	6.3	520	360	158	10	75	115	2-φ14	2-φ11	175	30	15	40	5		
23205	CWWL—10/630-2	10	630	12	230	47	30	75	—	80	4.0	6.5	560	360	158	10	95	115	2-φ14	2-φ13	175	40	20	40	8		
23206	CWWL—10/1000-2	10	1000	20	230	47	30	75	—	80	4.0	9.5	520	360	158	10	75	150	4-φ14	4-φ14	150	30	15	63	12.5	—	
23207	CWWL—10/1600-2	10	1600	30	230	47	30	75	—	80	4.0	10.5	520	360	158	10	75	150	4-φ14	4-φ14	150	30	15	63	12.5	10	
23208	CWWL—10/2000-2	10	2000	40	400	47	30	75	—	80	8.0	17	600	365	158	14	115	200	4-φ14	4-φ18	200	50	25	100	10	10	牡丹江北方高压电瓷有限责任公司
23209	CWWL—10/3150-2	10	3150	60	400	47	30	75	—	80	8.0	19.4	600	365	158	14	115	200	4-φ14	4-φ18	200	50	25	100	12	10	
23220	CWWL—20/2000-2	20	2000	40	400	75	50	120	14.8	125	8.0	29.3	835	590	255	14	115	250	4-φ15	4-φ18	220	50	25	100	10	10	
23221	CWWL—20/3150-2	20	3150	60	400	75	50	120	14.8	125	8.0	32.7	835	590	255	14	115	250	4-φ15	4-φ18	220	50	25	100	12	10	
23130	CWL—35/250	35	250	3.8	595	110	80	176	25.8	195	4	31.9	980	815	372	16	75	225	4-φ15	2-φ11	200	30	15	31.5	4	10	
23131	CWL—35/400	35	400	7.2	595	110	80	176	25.8	195	4	32.2	980	815	372	16	75	225	2-φ15	2-φ11	200	30	15	40	5		
23132	CWL—35/630	35	630	12	595	110	80	176	25.8	195	4	32.5	1020	815	372	16	95	225	2-φ15	2-φ13	200	40	20	40	8		
23133	CWL—35/1000	35	1000	20	595	110	80	176	25.8	195	4	32.3	980	815	372	16	75	245	4-φ15	4-φ14	220	30	15	63	12.5		
23134	CWL—35/1600	35	1600	30	595	110	80	176	25.8	195	4	34.1	980	815	372	16	75	245	4-φ15	4-φ14	220	30	15	63	12.5	10	
23230	CWWL—35/250-3	35	250	3.8	1015	110	80	176	25.8	195	4	46.9	1085	920	440	16	75	225	4-φ15	2-φ11	200	30	15	31.5	4		
23231	CWWL—35/400-3	35	400	7.2	1015	110	80	176	25.8	195	4	47.2	1085	920	440	16	75	225	2-φ15	2-φ11	200	30	15	40	5		
23232	CWWL—35/630-3	35	630	12	1015	110	80	176	25.8	195	4	47.3	1125	920	440	16	95	225	2-φ15	2-φ13	200	40	20	40	8		
23233	CWWL—35/1000-3	35	1000	20	1015	110	80	176	25.8	195	4	47.3	1085	920	440	16	75	245	4-φ15	4-φ14	220	30	15	63	12.5		
23234	CWWL—35/1600-3	35	1600	30	1015	110	80	176	25.8	195	4	49.4	1085	920	440	16	75	245	4-φ15	4-φ14	220	30	15	63	12.5	10	

表24-74　户外—户内铝导体穿墙套管技术数据（三）

型号	额定电压 (kV)	额定电流 (A)	污秽等级	户外端公称爬电距离 (mm)	弯曲破坏负荷 (kN)	总长 L (mm)	两端盖间长 L1 (mm)	一端长 L2 (mm)	重量 (kg)	导电排				接线端子（每一端）						安装法兰			生产厂
										b (mm)	δ (mm)	δ1 (mm)	片数	d1 (mm)	a1 (mm)	a2 (mm)	孔数 (个)	L3 (mm)	d2 (mm)	a (mm)	孔数 (个)	d (mm)	
CWL—40.5/400	40.5	400		595	4	980	815	372	30	40	5	10	1	11	15	30	2	75	15	200	4	225	
CWL—40.5/630	40.5	630		595	4	1020	815	372	31	40	8	10	1	13	20	40	2	95	15	200	4	225	
CWL—40.5/1000	40.5	1000		595	4	980	815	372	32	63	12.5	10	1	14	15	30	4	75	15	220	4	245	
CWL—40.5/1600	40.5	1600		595	4	980	815	372	33	63	12.5	10	2	14	15	40	4	75	15	220	4	245	
CWWL—12/400—2	12	400	II	230	4	520	360	158	5.8	40	5	10	1	11	15	30	2	75	14	175	2	115	
CWWL—12/630—2	12	630	II	230	4	560	360	158	7	40	8	10	1	13	20	40	2	95	14	175	2	115	
CWWL—12/1000—2	12	1000	II	230	4	520	360	158	9.8	63	12.5	10	1	14	15	30	4	75	14	150	4	150	
CWWL—12/1600—2	12	1600	II	230	4	520	360	158	10	63	12.5	10	2	14	15	30	4	75	14	150	4	150	
CWWL—12/2000—2	12	2000	II	230	8	600	365	158	15	100	10	10	3	18	25	50	4	115	14	200	4	200	
CWWL—12/3150—2	12	3150	II	230	8	600	365	158	18	100	12.5	10	3	18	25	50	4	115	14	200	4	200	
CWWL—12/400—4	12	400	IV	360	4	680	515	235	11	40	5	10	1	11	15	30	2	75	14	175	2	115	上海电瓷厂
CWWL—12/630—4	12	630	IV	360	4	720	515	235	11.5	40	8	10	1	13	20	40	2	95	14	175	2	115	
CWWL—12/1000—4	12	1000	IV	360	4	680	515	235	13	63	12.5	10	1	14	15	30	4	75	14	150	4	150	
CWWL—12/1600—4	12	1600	IV	360	4	680	515	235	14	63	12.5	10	2	14	15	30	4	75	14	150	4	150	
CWWL—12/2000—4	12	2000	IV	360	8	710	475	215	15	100	10	10	2	18	25	50	4	115	14	200	4	200	
CWWL—12/3150—4	12	3150	IV	360	8	710	475	215	18	100	12.5	10	3	18	25	50	4	115	14	200	4	200	
CWWL—24/2000—1	24	2000	I	400	4	835	590	255	30	100	10	10	2	18	25	50	4	115	15	220	5	250	
CWWL—24/3150—1	24	3150	I	400	4	835	590	255	33	100	12.5	10	3	18	25	50	4	115	15	220	5	250	
CWWL—40.5/400—2	40.5	400	爬电比距 18 mm/kV	730	4	1015	850	390	32	40	5	10	1	11	15	30	2	75	15	200	4	225	
CWWL—40.5/630—2	40.5	630		730	4	1055	850	390	33	40	8	10	1	13	20	40	2	95	15	200	4	225	
CWWL—40.5/1000—2	40.5	1000		730	4	1015	850	390	34	63	12.5	10	1	14	15	30	4	75	15	220	4	245	
CWWL—40.5/1600—2	40.5	1600		730	4	1015	850	390	35	63	12.5	10	2	14	15	30	4	75	15	220	4	245	
CWWL—40.5/400—3	40.5	400	III	1050	4	1085	920	440	34	40	5	10	1	11	15	30	2	75	15	200	4	225	
CWWL—40.5/630—3	40.5	630	III	1050	4	1125	920	440	35	40	8	10	1	13	20	40	2	95	15	200	4	225	
CWWL—40.5/1000—3	40.5	1000	III	1050	4	1085	920	440	36	63	12.5	10	1	14	15	30	4	75	15	220	4	245	
CWWL—40.5/1600—3	40.5	1600	III	1050	4	1085	920	440	38	63	12.5	10	2	14	15	30	4	75	15	220	4	245	

表 24-75　户外—户内内铝导体穿墙套管技术数据（四）

型号	代号	额定电压(kV)	额定电流(A)	主要尺寸(mm)														户外端爬电距离	污秽等级	额定弯曲破坏负荷(kN)	生产厂
				L	L₁	L₂	b	δ	δ₁	电排个数	d₁	a₁	a₂	L₃	d₂	a	d				
CWWL-10/250-2	22411	10	250	520	360	158	31.5	4		1	11	15	30	75	14	175	115	230	II	4	
CWWL-10/400-2	22412	10	400	520	360	158	40	5		1	11	15	30	75	14	175	115	230	II	4	
CWWL-10/1600-2	22415	10	160	520	360	158	63	12.5	10	2	14	15	30	75	14	150	150	230	II	4	
CWWL-10/2000-2	22416	10	2000	600	365	158	100	10	10	2	18	25	50	115	14	200	200	230	II	8	景德镇电瓷电器工业公司
CWWL-10/3150-2	22417	10	3150	600	365	158	100	12.5		3	18	25	50	115	14	200	200	230	II	8	
CWWL-10/250-4	22418	10	250	680	515	235	31.5	4		1	11	15	30	75	14	175	115	360	IV	4	
CWWL-10/400-4	22419	10	400	680	515	235	40	5		1	11	15	30	75	14	175	115	360	IV	4	
CWWL-10/1600-4	22422	10	1600	680	515	235	63	12.5	10	2	14	15	30	75	14	150	150	360	IV	4	
CWWL-20/2000-1	22423	20	2000	835	590	255	100	10	10	2	18	25	50	115	15	220	250	400	I	8	
CWWL-20/3150-1	22424	20	3150	835	590	255	100	12.5		3	18	25	50	115	15	220	250	400	I	8	
CWL-35/60	22425	35	630	1020	815	372	40	8		1	13	20	40	95	15	200	225	595	I	4	
CWL-35/1000	22428	35	1000	980	815	372	63	12.5	10	1	14	15	30	75	15	220	245	595	I	4	
CWL-35/1600	22429	35	1600	980	815	372	63	12.5	10	2	14	15	30	75	15	220	245	595	I	4	
CWL-35/250-1	22430	35	250	1200	1035	478	31.5	4		1	11	15	30	75	15	200	225	690	I	4	
CWL-35/1000-1	22433	35	1000	1200	1035	478	63	12.5	10	1	14	15	30	75	15	220	245	690	I	4	
CWL-35/1600-1	22434	35	1600	1200	1035	478	63	12.5	10	2	14	15	30	75	15	220	245	690	I	4	
CWL-35/630-3	22435	35	630	1125	920	440	40	8		1	13	20	40	95	15	200	225	1015	III	4	
CWL-35/1600-3	22439	35	1600	1085	920	440	63	12.5	10	2	14	15	30	75	15	220	245	1015	III	4	
CWL-40.5/250		35	250	980	815	372	31.5	4		1	11	15	30	75	15	200	225	595	I	4	
CWL-40.5/400		35	400	980	815	372	40	5		1	11	15	30	75	15	200	225	595	I	4	重庆电瓷厂
CWL-40.5/630		35	630	1020	815	372	40	8		1	13	20	40	95	15	200	225	595	I	4	
CWL-40.5/1000		35	1000	980	815	372	63	12.5	10	1	14	15	30	75	15	220	245	595	I	4	
CWL-40.5/1600		35	1600	980	815	372	63	12.5	10	2	14	15	30	75	15	220	245	595	I	4	

续表 24-75

型号（代号）	额定电压(kV)	额定电流(A)	主要尺寸 (mm)														户外端爬电距离	污秽等级	额定弯曲破坏环负荷(kN)	生产厂
			L	L_1	L_2	b	δ	δ_1	电排个数	d_1	a_1	a_2	L_3	d_2	a	d				
CWWL—12/250—2	10	250	520	360	158	31.5	4			11	15	30	75	14	175	115	230			
CWWL—12/400—2	10	400	520	360	158	40	5			11	15	30	75	14	175	115	230			
CWWL—12/630—2	10	630	560	360	158	40	8			13	20	40	95	14	175	115	230			
CWWL—12/1000—2	10	1000	520	360	158	63	12.5			14	15	30	75	14	150	150	230			
CWWL—12/1600—2	10	1600	520	360	158	63	12.5	10		14	15	30	75	14	150	150	230			
CWWL—12/2000—2	10	2000	600	365	158	100	10	10		18	25	50	115	14	200	200	230			
CWWL—12/3150—2	10	3150	600	365	158	100	12.5	10		18	25	50	115	14	200	200	230			
CWWL—12/250—4	10	250	680	515	235	31.5	4			11	15	30	75	14	175	115	360			
CWWL—12/400—4	10	400	680	515	235	40	5			11	15	30	75	14	175	115	360			
CWWL—12/630—4	10	630	720	515	235	40	8			13	20	40	95	14	175	115	360			
CWWL—12/1000—4	10	1000	680	515	235	63	12.5			14	15	30	75	14	150	150	360			重庆电瓷厂
CWWL—12/1600—4	10	1600	680	515	235	63	12.5	10		14	15	30	75	14	150	150	360			
CWWL—40.5/250—1	35	250	1200	1035	478	31.5	4			11	15	30	75	15	200	225	690			
CWWL—40.5/400—1	35	400	1200	1035	478	40	5			11	15	30	75	15	200	225	690			
CWWL—40.5/630—1	35	630	1240	1035	478	40	8			13	20	40	95	15	200	225	690			
CWWL—40.5/1000—1	35	1000	1200	1035	478	63	12.5			14	15	30	75	15	220	245	690			
CWWL—40.5/1600—1	35	1600	1200	1035	478	63	12.5	10		14	15	30	75	15	220	245	690			
CWWL—40.5/250—3	35	250	1085	920	440	31.5	4			11	15	30	75	15	200	225	1015			
CWWL—40.5/400—3	35	400	1085	920	440	40	5			11	15	30	75	15	200	225	1015			
CWWL—40.5/630—3	35	630	1125	920	440	40	8			13	20	40	95	15	200	225	1015			
CWWL—40.5/1000—3	35	1000	1085	920	440	63	12.5			14	15	30	75	15	220	245	1015			
CWWL—40.5/1600—3	35	1600	1085	920	440	63	12.5	10		14	15	30	75	15	220	245	1015			

二、外形及安装尺寸

户外—户内铝导体穿墙套管外形及安装尺寸，见图 24-32。

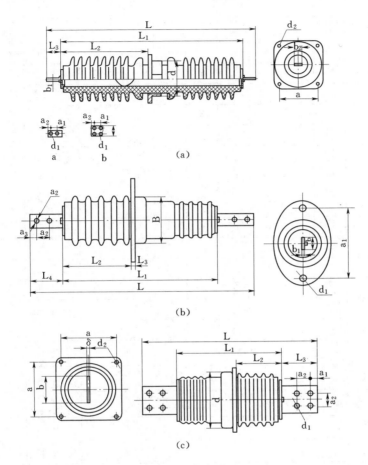

图 24-32 户外—户内铝导体穿墙套管外形及安装尺寸

（a）南瓷、上瓷产品；（b）西瓷、牡瓷产品；（c）重瓷、景瓷产品

24.3.3 户外—户内高原型铝导体穿墙套管

一、技术数据

户外—户内高原型铝导体穿墙套管技术数据，见表 24-76。

二、外形及安装尺寸

户外—户内高原型导体穿墙套管外形及安装尺寸，见图 24-33。

24.3.4 户内铜导体穿墙套管

一、技术数据

户内铜导体穿墙套管技术数据，见表 24-77。

二、外形及安装尺寸

户内铜导体穿墙套管外形及安装尺寸，见图 24-34。

表24-76　户外—户内高原型铝导体穿墙套管技术数据

型号	额定电压 (kV)	额定电流 (A)	5s热稳定电流 (kA)	户外端公称爬电距离 (mm)	工频电压干耐受 (kV)	工频电压湿耐受 (kV)	击穿 (kV)	可见电晕 (kV)	雷电冲击耐受电压 (kV)	抗弯破坏负荷 (kN)	适用海拔 (m)	L	L_1	L_2	L_3	L_4	B	d_1	d_2	a_1	a_2	a_3	b	b_1	重量 (kg)	代号	生产厂
CWWL—10/250—4—G	10	250	3.8	360	61	37.5	75	—	93.8	4.0	4000	680	515	235	10	75	115	4-φ14	2-φ11	150	30	15	30	4	11.2		牡丹江北方高压电瓷有限责任公司
CWWL—10/400—4—G	10	400	7.2	360	61	37.5	75	—	93.8	4.0	4000	715	515	235	10	75	115	4-φ14	2-φ11	150	30	15	40	5	11.4		
CWWL—10/630—4—G	10	630	12	360	61	37.5	75	—	93.8	4.0	4000	720	515	235	10	75	115	4-φ14	2-φ13	150	40	20	40	8	11.6		
CWWL—35/250—2—G	35	250	3.8	810	138	100	176	32.2	231	4.0	3500	1200	1035	478	16	75	223	4-φ15	2-φ11	200	30	15	31.5	4	38.8		
CWWL—35/400—2—G	35	400	7.2	810	138	100	176	32.2	231	4.0	3500	1200	1035	478	16	75	223	4-φ15	2-φ11	200	30	15	40	5	39.1		
CWWL—35/630—2—G	35	630	12	810	138	100	176	32.2	231	4.0	3500	1240	1035	478	16	95	223	4-φ15	2-φ13	200	40	20	40	8	39.5		
CWWB—35/600—2—G	35	600	12							7.5	3500	1160	1035	478	16	50	223	4-φ15	M20×1.5	200	—	—	40	—	40.4		
CWWB—35/1000—2—G	35	1000	20							7.5	3500	1220	1035	478	16	95	223	4-φ15	M30×2	200	—	—	—	—	46.8		
CWWL—10/250—4—G	10	250	3.8	360	61	37.5	75	—	93.8	4	4000	680	515	235	10	75	115	4-φ14	2-φ11	150	30	15	30	4	11.2	2449	西安西电高压电瓷有限责任公司
CWWL—10/400—4—4G	10	400	7.2	360	61	37.5	75	—	93.8	4	4000	715	515	235	10	75	115	4-φ14	2-φ11	150	30	15	40	5	11.4	2456	
CWWL—10/630—4—G	10	630	12	360	61	37.5	75	—	93.8	4	4000	720	515	235	10	95	150	4-φ13	2-φ13	150	40	20	40	8	11.6	2447	
CWWL—35/250—2—G	35	250	3.8	810	138	106	176	32.2	244	4	3500	1200	1035	478	16	75	223	4-φ15	2-φ11	200	30	15	31.5	4	37	2370	
CWWL—35/400—2—G	35	400	7.2	810	138	106	176	32.2	244	4	3500	1200	1035	478	16	75	223	4-φ15	2-φ11	200	30	15	40	5	38	2371	
CWWL—35/630—2—G	35	630	12	810	138	106	176	32.2	244	4	3500	1240	1035	478	16	95	223	4-φ15	2-φ13	200	40	20	40	8	38	2372	

主要尺寸 (mm)

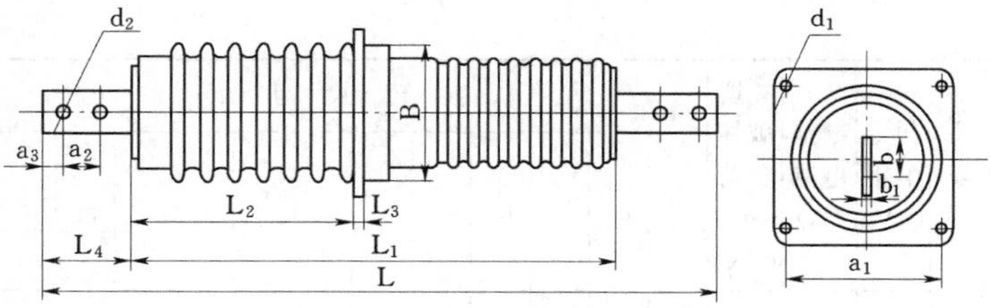

图 24－33 户外—户内高原型导体穿墙套管外形及安装尺寸

表 24－77 户内铜导体穿墙套管技术数据

型号	产品品号 新品号	产品品号 老品号	额定电压(kV)	额定电流(A)	抗弯破坏负荷(kN)	主要尺寸(mm) L	L_1	D	d_1	d_2	a_1	a	b	重量(kg)	生产厂
CA—6/200	230201	12200	6	200	3.75	375	305	70	12	11	132	20	3	3.1	南京电气（集团）有限责任公司
CA—6/400	230301	12201	6	400	3.75	375	305	70	12	13	132	25	5	3.2	
CB—6/400	230303	12202	6	400	7.5	410	310	90	12	13	150	40	3	4.7	
CB—6/600	230401	12203	6	600	7.5	410	310	90	12	17	150	40	6	4.5	
CB—10/200	231201	12213	10	200	7.5	450	350	100	12	11	165	20	3	5.7	
CB—10/400	231301	12214	10	400	7.5	450	350	100	12	13	165	40	3	6.5	
CB—10/600	231401	12215	10	600	7.5	450	350	100	12	17	165	40	6	5.7	
CB—6/1000	230521	12245	6	1000	7.5	430	310	90	12	M30×2	150			6.9	
CC—6/1000	230523	12247	6	1000	12.5	540	405	140	15	M30×2	150			13.8	
CB—6/1500	230621	12246	6	1500	7.5	450	310	90	12	M39×3	150			8.9	
CC—6/1500	230623	12248	6	1500	12.5	550	405	140	15	M39×3	150			19.8	
CC—6/2000	230631	12249	6	2000	12.5	570	405	140	15	M45×3	150			19.6	
CB—10/1000	231521	12254	10	1000	7.5	470	350	100	12	M30×2	165			8	
CC—10/1000	231523	12256	10	1000	12.5	625	488	145	15	M30×2	150			20.3	
CB—10/1500	231621	12255	10	1500	7.5	480	350	100	12	M39×3	165			10.5	
CC—10/1500	231623	12257	10	1500	12.5	645	488	145	15	M39×3	150			23.4	
CC—10/2000	231631	12258	10	2000	12.5	655	488	145	15	M45×3	150			26	
CB—35/400	233321	2322	35	400	7.5	925	822	220	15	M14×1.5	200			30.6	
CB—35/600	233421	2323	36	600	7.5	925	822	220	15	M20×1.5	200			31.6	
CB—35/1000	233521	2324	35	1000	7.5	945	822	220	15	M30×2	200			37.8	
CB—35/1500	233621	2325	35	1500	7.5	965	822	220	15	M39×3	200			40.4	

型号	代号	额定电压(kV)	额定电流(A)	弯曲破坏负荷≮(kN)	主要尺寸(mm) L	L_1	L_2	L_3	L_4	B	d_1	d_2	a_1	a_2	b_1	重量(kg)	生产厂
CB—6/600	2303	6	600	7.5	410	310	135	10	45	90	2—ϕ12	ϕ13	150	22	6	5	西安西电高压电瓷有限责任公司
CB—10/200	2322	10	200	7.5	460	350	155	10	48	100	2—ϕ12	ϕ11	165	22	3	6	
CB—10/400	2323	10	400	7.5	460	350	155	10	48	100	2—ϕ12	ϕ13	165	22	3	6.2	

续表 24-77

型号	代号	额定电压(kV)	额定电流(A)	弯曲破坏负荷≮(kN)	主要尺寸(mm)											重量(kg)	生产厂
					L	L1	L2	L3	L4	B	d1	d2	a1	a2	b1		
CB—10/600	2324	10	600	7.5	460	350	155	10	48	100	2—φ12	φ13	165	22	6	6.7	西安西电高压电瓷有限责任公司
CB—10/1000	2325	10	1000	7.5	500	355	155	10	72	100	2—φ12	M30×2	165			10.2	
CB—10/1500	2326	10	1500	7.5	520	355	155	12	82	100	2—φ12	M39×3	165			12.8	
CA—6/200	22000	6	200	3.75	375	305	140	10	35	72	2—φ12	φ11	132	15	4	3.3	牡丹江北方高压电瓷有限责任公司
CA—6/400	22001	6	400	3.75	375	305	140	10	35	72	2—φ12	φ13	132	15	6	3.5	
CB—6/400	22002	6	400	7.5	410	310	145	10	50	90	2—φ12	φ13	150	22	4	4.8	
CB—6/600	22003	6	600	7.5	410	310	145	10	50	90	2—φ12	φ17	150	22	6	5.2	
CB—6/1000	22004	6	1000	7.5	440	310	145	10	65	90	2—φ12	M30	150			6.0	
CB—10/200	22006	10	200	7.5	460	350	155	10	55	100	2—φ12	φ11	165	22	4	6.0	
CB—10/400	22007	10	400	7.5	460	350	155	10	55	100	2—φ12	φ13	165	22	4	6.4	
CB—10/600	22008	10	600	7.5	460	350	155	10	55	100	2—φ12	φ17	165	22	6	6.8	
CB—10/1000	22009	101	1000	7.5	500	355	155	10	72	100	2—φ12	M30	165			10.2	
CB—10/400		10	400		450	350	165						165			6.5	上海电瓷厂
CB—10/600		10	600	7.5	450	350	165						165			7.5	
CB—10/1000		10	1000	7.5	480	350	165					M30×2	165			8.5	
CB—10/1500		10	1500	7.5	480	350	165					M39×3	165			10.5	
CC—10/1000		10	1000	12.5	655	510	250					M30×2	150			16	
CC—10/1500		10	1500	12.5	655	510	250					M39×3	150			18	
CC—10/2000		10	2000	12.5	675	510	250					M45×3	150			21	
CB—35/400		35	400	7.5	925	810	370					M14×1.5	200			30.5	
CB—35/600		35	600	7.5	925	810	370					M20×1.5	200			31	
CB—35/1000		35	1000	7.5	945	810	370					M30×2	200			34.5	
CB—35/1500		35	1500	7.5	945	810	370					M39×2	200			36.5	

型号	代号	额定电压(kV)	额定电流(A)	弯曲破坏负荷(kN)	主要尺寸(mm)										重量(kg)	生产厂
					L	L1	L2	L3	B	d1	d2	a1	a2	b		
CB—10/200		10	200	7.5	450	350	165		100	12	11	165		3	6.1	重庆电瓷厂
CB—10/400		10	400	7.5	450	350	165		100	12	13	165		3	6.4	
CB—10/630		10	630	7.5	450	350	165		100	12	17	165		6	6.8	
CB—10/1000		10	1000	7.5	480	350	165		100	12	M30×2	165			8	
CB—10/1500		10	1500	7.5	480	350	165		100	12	M39×3	165			8.5	
CB—35/400		35	400	7.5	925	810	370		180	15	M14×1.5	200			30.5	

续表 24-77

型　号	代号	额定电压 (kV)	额定电流 (A)	弯曲破坏负荷 (kN)	主要尺寸（mm）										重量 (kg)	生产厂
					L	L₁	L₂	L₃	B	d₁	d₂	a₁	a₂	b		

型　号	代号	额定电压 (kV)	额定电流 (A)	弯曲破坏负荷 (kN)	L	L₁	L₂	L₃	B	d₁	d₂	a₁	a₂	b	重量 (kg)	生产厂
CB—35/600		35	600	7.5	925	810	370		180	15	M20×1.5	200			31	重庆电瓷厂
CB—35/1000		35	1000	7.5	945	810	370		180	15	M30×2	200			34.5	
CB—35/1500		35	1000	7.5	945	810	370		180	15	M39×3	200			36.4	
CB—35/400	22118	35	400	7.5	925	810	370	40	180	15	M14×1.5	200				景德镇电瓷电器工业公司
CB—35/600	22119	35	600	7.5	925	810	370	40	180	15	M20×1.5	200				

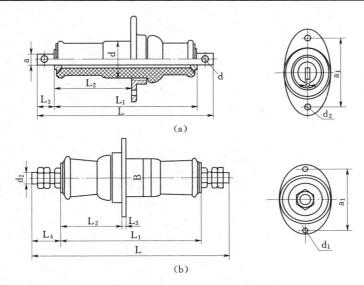

图 24-34　户内铜导体穿墙套管外形及安装尺寸
(a) CA、CB 型（南瓷）；(b) CB—10/1000，CB—10/1500（西瓷）

24.3.5　户外—户内铜导体穿墙套管

一、技术数据

户外—户内铜导体穿墙套管技术数据，见表 24-78。

表 24-78　户外—户内铜导体穿墙套管技术数据

型　号	产品品号 新品号	产品品号 老品号	额定电压 (kV)	额定电流 (A)	抗弯破坏负荷 (kN)	L	L₁	d	d₁	d₂	a₁	a	b	重量 (kg)	备注	生产厂
CWB—6～10/400	241321	2450	6～10	400	7.5	525	420	108	18	M14×1.5	175			9	导电杆式	南京电气（集团）有限责任公司
CWB—6～10/600	241421	2451	6～10	600	7.5	525	420	108	18	M20×1.5	175			10		
CWB—6～10/1000	241521	2452	6～10	1000	7.5	550	420	108	18	M30×2	175			12		
CWB—6～10/1500	241621	2453	6～10	1500	7.5	575	420	108	18	M39×3	175			14		

型　　号	产品品号 新品号	产品品号 老品号	额定电压 (kV)	额定电流 (A)	抗弯破坏负荷 (kN)	主要尺寸（mm） L	L₁	d	d₁	d₂	a₁	a	b	重量 (kg)	备注	生产厂
CWC—10/1000	241523	12263	10	1000	12.5	680	555	169	18	M30×2	155			19		南京电气（集团）有限责任公司
CWC—10/1500	241623	12264	10	1500	12.5	700	555	169	18	M39×3	155			22.2		南京电气（集团）有限责任公司
CWC—10/2000	241625	12265	10	2000	12.5	710	555	169	18	M45×3	155			25.7	导电杆式	南京电气（集团）有限责任公司
CWB—35/400	243321	2422	35	400	7.5	980	860	220	15	M14×1.5	220			33.2		南京电气（集团）有限责任公司
CWB—35/600	243421	2423	35	600	7.5	980	860	220	15	M20×1.5	200			34.6		南京电气（集团）有限责任公司
CWB—35/1000	243521	2424	35	1000	7.5	1000	860	220	15	M30×2	200			38		南京电气（集团）有限责任公司
CWB—35/1500	243621	2425	35	1500	7.5	1000	860	220	15	M39×2	200			40.6		南京电气（集团）有限责任公司
CWBQ—35/600	243457	2419	35	600	7.5	1165	1044	235	15	M20×1.5	200			50		南京电气（集团）有限责任公司
CWB—10/400	2428		10	400	7.5	580	450	108	18	M14×1.5	175			10		西安西电高压电瓷有限责任公司
CWB—10/600	2429		10	600	7.5	580	450	108	18	M20×1.5	175			12		西安西电高压电瓷有限责任公司
CWB—10/1000	2430		10	1000	7.5	600	450	108	18	M30×2	175			14.5	导电杆式	西安西电高压电瓷有限责任公司
CWB—10/1500	2431		10	1500	7.5	610	450	108	18	M39×3	175			17		西安西电高压电瓷有限责任公司
18kV/1600A	2457*		18	1600	7.5	1450	975	250	15	4—φ18	230		100	67.7		西安西电高压电瓷有限责任公司
18kV/6300A	2458		18	6300	16	1405	688	400	18	4—φ18	360		125	120		西安西电高压电瓷有限责任公司
CWB—10/400	23004		10	400	7.5	580	470	108	18	M14	175			11.4		牡丹江北方高压电瓷有限责任公司
CWB—10/630	23005		10	630	7.5	580	470	108	18	M20	175			12.3		牡丹江北方高压电瓷有限责任公司
CWB—10/1000	23006		10	1000	7.5	600	450	108	18	M30	175			14.7		牡丹江北方高压电瓷有限责任公司
CWB—10/1500	23007		10	1500	7.5	610	450	108	18	M39	175			17.2		牡丹江北方高压电瓷有限责任公司
CWB—6/400	22301		6	400	7.5	510	400	108	18	M14×1.5	175				导电杆式	景德镇电瓷电器工业公司
CWB—6/600	22302		6	600	7.5	510	400	108	18	M14×1.5	175					景德镇电瓷电器工业公司
CWB—10/400	22305		10	400	7.5	580	470	110	18	M14×1.5	175					景德镇电瓷电器工业公司
CWB—10/600	22306		10	600	7.5	580	470	110	18	M20×1.5	175					景德镇电瓷电器工业公司
CWB—35/400	22312		35	400	7.5	980	860	180	15	M14×1.5	200					景德镇电瓷电器工业公司
CWB—35/600	22313		35	600	7.5	980	860	180	15	M20×1.5	200					景德镇电瓷电器工业公司
CWB—10/400			10	400	7.5	580	470	110	18	M14×1.5	175			9		上海电瓷厂
CWB—10/600			10	600	7.5	580	470	110	18	M20×1.5	175			10		上海电瓷厂
CWB—10/1000			10	1000	7.5	600	470	110	18	M30×2	175			12	导电杆式	上海电瓷厂
CWB—10/1500			10	1500	7.5	610	470	110	18	M39×3	175			14		上海电瓷厂
CWC—10/1000			10	1000	12.5	670	530	140	18	M30×2	155			19		上海电瓷厂
CWC—10/1500			10	1500	12.5	670	530	140	18	M39×3	155			22		上海电瓷厂
CWC—10/2000			10	2000	12.5	700	530	140	18	M45×3	155			25.7		上海电瓷厂

型　号	产品品号 新品号	产品品号 老品号	额定电压 (kV)	额定电流 (A)	抗弯破坏负荷 (kN)	主要尺寸 (mm) L	L₁	d	d₁	d₂	a₁	a	b	重量 (kg)	备注	生产厂
CWC—20/2000			20	2000	12.5	930	740	230	15		220			46		
CWC—20/2500			20	2500	12.5	930	740	230	15		220			49		
CWC—20/3000			20	3000	12.5	970	740	230	15		220			52		上海电瓷厂
CWB—35/400			35	400	7.5	980	860	180	15	M14×1.5	200			39		
CWB—35/600			35	600	7.5	980	860	180	15	M20×1.5	200			40		
CWB—35/1000			35	1000	7.5	1000	860	180	15	M30×2	200			34		
CWB—35/1500			35	1500	7.5	1010	860	180	15	M39×3	200			38		
CWB—10/400			10	400	7.5	580	470	108	18	M14×1.5	175			11.4		
CWB—10/630			10	630	7.5	580	470	108	18	M20×1.5	175			12.3		
CWB—10/1000			10	1000	7.5	600	470	108	18	M30×2	175			14.8		
CWB—10/1500			10	1500	7.5	610	470	108	18	M39×3	175			17.2	导电杆式	
CWC—10/1000			10	1000	12.5	670	530	130	18	M30×2	155			20.3		
CWC—10/1500			10	1500	12.5	670	530	130	18	M39×3	155			21.2		重庆电瓷厂
CWC—10/2000			10	2000	12.5	700	530	130	18	M45×3	155			24.4		
CWC—20/2000			20	2000	12.5	920	740	230	15		220		8	46.1		
CWC—20/2500			20	2500	12.5	920	740	230	15		220		10	48.7		
CWC—20/3000			20	3000	12.5	920	740	230	15		220		10	52		
CWB—35/400			35	400	7.5	980	860	180	15	M14×1.5	200			32.6		
CWB—35/630			35	630	7.5	980	860	180	15	M20×1.5	200			34		
CWB—35/1000			35	1000	7.5	1000	860	180	15	M30×2	200			38		
CWB—35/1500			35	1500	7.5	1010	860	180	15	M39×3	200			39.4		

二、外形及安装尺寸

户外—户内铜导体穿墙套管外形及安装尺寸，见图 24-35。

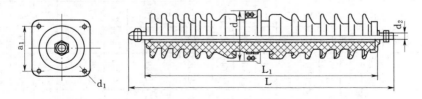

图 24-35　户外—户内铜导体穿墙套管外形及安装尺寸

24.3.6　户外—户内铜导体耐污型穿墙套管（导电排式）

一、技术数据

户外—户内铜导体耐污型穿墙套管技术数据，见表 24-79、表 24-80。

表 24-79　户外—户内铜导体耐污型穿墙套管技术数据（导电排式）

型　号	品号	额定电压 (kV)	额定电流 (A)	总长 L (mm)	两端同盖长 L₁ (mm)	一端长 L₂ (mm)	伸出长 L₃ (mm)	接线端子 孔距 a₁ (mm)	接线端子 孔距 a₂ (mm)	接线端子 孔径 d₁ (mm)	接线端子 孔数 (个)	导电排 排厚 b₁ (mm)	导电排 排宽 b₂ (mm)	导电排 间距 b₃ (mm)	导电排 片数 (片)	穿端直径 d (mm)	安装法兰 孔距 a (mm)	安装法兰 孔径 d₂ (mm)	安装法兰 孔数 (个)	公称爬电距离 户外端 (mm)	公称爬电距离 户内端 (mm)	生产厂
CWW—10/630—4	241003	10	630	720	515	235	95	40	20	13	2	6.3	40	—	1	115	175	14	2	375	270	南京电气（集团）有限责任公司
CWW—10/1000—4	241006	10	1000	680	515	235	75	30	15	14	4	10	63	—	1	150	150	14	4	375	270	
CWW—10/1600—4	241007	10	1600	680	515	235	75	30	15	14	4	10	63	10	2	150	150	14	4	375	270	
CWW—35/250—3	243012	35	250	1085	920	440	75	30	15	11	2	3.15	31.5	—	1	225	200	15	4	1015	810	
CWW—35/400—3	243013	35	400	1085	920	440	75	30	15	11	2	4	40	—	1	225	200	15	4	1015	810	
CWW—35/630—3	243014	35	630	1085	920	440	95	40	20	13	2	6.3	40	—	1	225	200	15	4	1015	810	
CWW—35/1000—3	243015	35	1000	1085	920	440	75	30	15	14	4	10	63	—	1	245	220	15	4	1015	810	
CWW—35/1600—3	243016	35	1600	1085	920	440	75	30	15	14	4	10	63	10	2	245	220	15	4	1015	810	
CWWB—35/2000—2	2358	35	2000	1400	882	433		50	25	18	4					250	220	15	4	810	810	西安西电高压电瓷有限责任公司
CWWB2—35/2000—2	2359	35	2000	1270	882	433		50	25	18	4					250	220	15	4	810	810	
CWW—10/250—2	22321	10	250	520	360	158	75	30	15	11	4	3.15	31.5	10		115	175	14	4	230		景德镇电瓷电器工业公司
CWW—10/1600—2	22325	10	1600	520	360	158	75	30	15	14	4	10	63			150	150	14	4	230		
CWW—10/250—4	22326	10	250	680	515	235	75	30	15	11	4	3.15	31.5			115	175	14	4	360		
CWW—10/1000—4	22329	10	1000	680	515	235	75	30	15	14	4	10	63			115	150	14	4	360		
CWW—10/1600—4	22330	10	1600	680	515	235	75	30	15	14	4	10	63	10		115	150	14	4	360		
CWW—35/250—3	22336	35	250	1085	920	440	75	30	15	15	4	3.15	31.5			225	200	15	4	1015		
CWW—35/1600—3	22340	35	1600	1085	920	440	75	30	15	15	4	10	63			245	220	15	4	1015		
CWW—35/2000—3	22341	35	2000	1438	920	440	190	50	25	18	4	10	63	10		245	220	15	4	1015		

表24-80 户外—户内铜导体耐污型穿墙套管技术数据

型号	额定电压(kV)	额定电流(A)	总长 L (mm)	两端盖间长 L₁ (mm)	一端长 L₂ (mm)	排宽 b (mm)	排厚 δ (mm)	排间距 δ₁ (mm)	片数 (片)	孔径 d₁ (mm)	孔距 a₁ (mm)	孔距 a₂ (mm)	孔数 (个)	伸出长 L₃ ≤ (mm)	孔径 d₂ (mm)	孔距 a (mm)	孔数 (个)	穿入墙洞处最大直径 d (mm)	户外端最小公称爬电距离 (mm)	污秽等级 爬电比距 18 mm/kV	额定弯曲破坏负荷 (kN)	重量 (kg)	生产厂
CWW—40.5/400—2	40.5	400	1015	850	390	40	4	—	1	11	15	30	2	75	15	200	4	225	730		4	33	上海电瓷厂
CWW—40.5/630—2	40.5	630	1055	850	390	40	6.3	—	1	13	20	40	2	95	15	200	4	225	730		4	34.5	
CWW—40.5/1000—2	40.5	1000	1015	850	390	63	10	—	1	14	15	30	4	75	15	220	4	245	730		4	39	
CWW—40.5/1600—2	40.5	1600	1015	850	390	63	10	10	1	14	15	30	4	75	15	220	4	245	730		4	44	
CWW—40.5/400—3	40.5	400	1085	920	440	40	4	—	1	11	15	30	2	75	15	200	4	225	1015	III	4	34	
CWW—40.5/630—3	40.5	630	1125	920	440	40	6.3	—	1	13	20	40	2	95	15	200	4	225	1015	III	4	38	
CWW—40.5/1000—3	40.5	1000	1085	920	440	63	10	10	1	14	15	30	4	75	15	220	4	245	1015	III	4	42	
CWW—40.5/1600—3	40.5	1600	1085	920	440	63	10	10	1	14	15	30	4	75	15	220	4	245	1015	III	4	47	
CWW—40.5/2000—2	40.5	2000	1155	920	460	80	8	8	2	14	20	40	4	115	15	240	4	260	850	II	8	56.6	
CWW—40.5/2500—2	40.5	2500	1155	920	460	80	10	10	2	14	20	40	4	115	15	240	4	260	850	II	8	60	
CWW—40.5/3000—2	40.5	3000	1155	920	460	100	10	10	2	18	25	50	4	115	15	240	4	260	850	II	8	64	
CWW—40.5/2000—3	40.5	2000	1175	940	480	80	8	8	2	14	20	40	4	115	15	240	4	260	1015	III	8	58.5	
CWW—40.5/2500—3	40.5	2500	1175	940	480	80	10	10	2	14	20	40	4	115	15	240	4	260	1015	III	8	62	
CWW—40.5/3000—3	40.5	3000	1175	940	480	100	10	10	2	18	25	50	4	115	15	240	4	260	1015	III	8	65.5	

二、外形及安装尺寸

户外—户内铜导体耐污型穿墙套管外形及安装尺寸，见图 24-36。

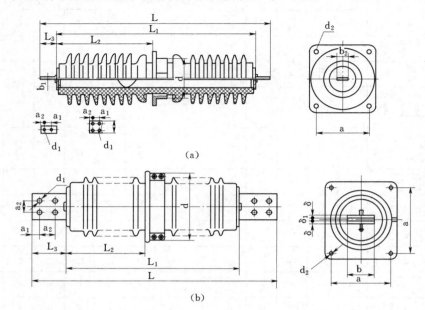

图 24-36 户外—户内铜导体耐污型穿墙套管外形及安装尺寸

(a) 南瓷产品；(b) 上瓷产品

24.3.7 户外—户内高原型铜导体穿墙套管

一、技术数据

户外—户内高原型铜导体穿墙套管技术数据，见表 24-81。

表 24-81 户外—户内高原型铜导体穿墙套管技术数据

代号	型 号	额定电压(kV)	额定电流(A)	户外端公称爬电距离(mm)	弯曲破坏负荷(kN)	适用海拔高度(m)	主 要 尺 寸 (mm)									重量(kg)
							L	L₁	L₂	L₃	L₄	B	d₁	d₂	a₁	
2369	CWWB—35/600—2—G	35	600	810	7.5	3500	1160	1035	478	16	50	223	4—φ15	M20×1.5	200	40.4
2373	CWWB—35/1000—2—G	35	1000	810	7.5	3500	1220	1035	478	16	75	223	4—φ15	M30×2	200	46

二、外形及安装尺寸

该套管外形及安装尺寸，见图 24-37。

三、生产厂

西安西电高压电瓷有限责任公司。

24.3.8 母线穿墙套管

一、技术数据

母线穿墙套管电气性能，见表 24-82，技术数据，见表 24-83。

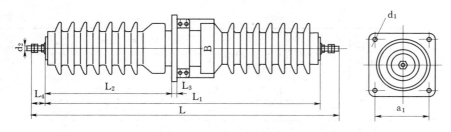

图 24-37 户外—户内高原型铜导体穿墙套管外形及安装尺寸

表 24-82 母线穿墙套管电气性能

额定电压 (kV)	工频试验电压∠(有效值，kV)			全波冲击耐受电压∠(峰值，kV)	额定电压 (kV)	工频试验电压∠(有效值，kV)			全波冲击耐受电压∠(峰值，kV)
	干耐受	湿耐受	冲击			干耐受	湿耐受	冲击	
10	47	34	75	80	20	75	55	120	125

表 24-83 母线穿墙套管技术数据

型 号	产品品号		额定电压 (kV)	弯曲破坏负荷 (kN)	主 要 尺 寸 (mm)								孔数	b	重量 (kg)	生产厂
	新品号	老品号			L	L₂	D	d	d₁	d₂	d₃	a	a₁			
CMD—10	221010	12221	10	20	480	155		18				200			13.8	南京电气（集团）有限责任公司
	221110	12222	10	23	484	176		18				230			17.3	
CME—10	221111	12223	10	30	488	205		18				260			18.5	
CMW—20—180	222611	2414	20	20	764		320		22	180		300	126	10	57.8	
CMW—20—330	222812		20	30	720	310		510		22	330	400		4	85	
CM—10—90	2503		10	7.5	480	220	220	18				200			15.8	西安西电高压电瓷有限责任公司
CM—10—160	2504		10	8	505	210	280	18				260			26.5	
CMWW—20—180—1	2553		20	16	720	320	335	18				300			51.7	
CMWW—20—270—1	2554		20	16	720	320	425	18				360			70.4	
CMWW—20—330—1	2556		20	30	720	320	490	22				410			95.1	
CM—10—90	24011		10	4	480	200	220	18				200			15.8	牡丹江北方高压电瓷有限责任公司
CM—10—160	24012		10	8	505	210	280	18				260			26.5	
CMWW—20—180—1	24000.1		20	16	720	320	335	18				300			51.7	
CMWW—20—270—1	24002		20	16	720	320	425	18				300			70.4	
CMWW—20—330—1	24001.1		20	30	720	320	500	22				410			125.1	
CM—10—160			10	8	505	210	280	18		160		260		4	26	上海电瓷厂
CMWW—20—180—1			20	16	720	320	335	18		180		300		4	52	

续表 24-83

型 号	产品品号	额定电压 (kV)	弯曲破坏负荷 (kN)	主 要 尺 寸 (mm)										重量 (kg)	生产厂
				L	L_2	D	d	d_1	d_2	d_3	a	a_1	孔数	b		
CMWW—20—270—1		20	16	720	320	425		18		270	360		4		71	上海电瓷厂
CMWW—20—330—1		20	30	720	320	500		22		330	420		4		95	
CM—10—90	22501	10	4	480	200	220		18		200						景德镇电瓷电器工业公司
CM—10—160	22502	10	8	505	210	280		18		260						
CMWW—20—180—1	22503	20	16	720	320	335		18		300						
CMWW—20—270—1	22504	20	16	720	320	425		18		360						
CMWW—20—330—1	22505	20	16	720	320	500		22		420						

二、外形及安装尺寸

母线穿墙套管外形及安装尺寸，见图 24-38。

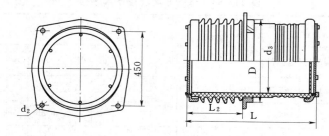

图 24-38 母线穿墙套管外形及安装尺寸

24.4 油纸电容式套管

24.4.1 油纸电容式穿墙套管

一、概述

油纸电容式穿墙套管主要用于发电厂、变电站中，引导高压或超高压导线穿过建筑物的墙板，作为导电载流和高压对地墙板的绝缘及机械固定用。户内部分可套装管式电流互感器，可以供电网的电能测量和继电保护之用。

产品性能符合 GB/T 4109、IEC 60137 标准。

二、型号含义

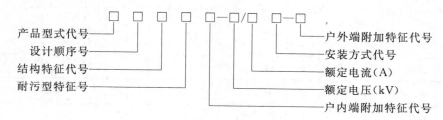

产品型式代号：CR—油纸电容式穿墙套管。

结构特征代号：可装设电流互感器 L，有注脚 1，2，3…的，表明有几种不同的供装电流互感器的接地部分长度；不可装设电流互感器的不表示。

安装方式代号：Z—垂直安装，水平安装不表示。

耐污型特征号：W—适用于污秽地区，普通型不表示。

附加特征代号：套管户外端（或上端）、户内端（或下端）外绝缘污秽等级最小公称爬电比距（瓷件最小爬电距离与套管额定电压之比），其外绝缘等级代号及适用污区规定如下：

1—最小公称爬电比距为 17mm/kV 以下，一般地区（户内端）；

2—最小公称爬电比距为 20mm/kV，中等污区；

3—最小公称爬电比距为 25mm/kV，重污区；

4—最小公称爬电比距为 31mm/kV，特重污区。

D—品号中 D 表示大小伞。

对于套管式电流互感器型号说明：

L—电流互感器；R—穿入式；B—保护级（不带 B 为测量级）。

新老套管型号对照，见表 24-84。

表 24-84 新老套管型号对照表

新 型 套 管		对 应 老 型 套 管
套管老型号	套管新型号	
CRLW—110/630—2	CRLW—126/630—2	CRLQ2—110/600
CRLW—110/1250—3	CRLW—126/1250—3	CRLQ2—110/1200
CRLW—110/630Z—2	CRLW—126/630Z—2	CNR2—110/600Z
CRLW—110/630Z—3	CRLW—126/630Z—3	
CR—220/1250	CR—252/1250	CR2—220/1200
CRW—220/1250—2	CRW—252/1250—2	CRQ2—220/1200
CRW—220/630—2	CRW—252/630—2	CR2—220/600
CRW—220/630Z—3	CRW—252/630Z—3	CR2—220/100Z

三、结构

油纸电容式穿墙套管分为立式安装和卧式安装两种。其主要由油枕、瓷套、电容芯子、连接套筒、油封（卧式套管有）等主要零部件组成。电容芯子是套管的主绝缘，是在套管的中心铜管外包绕以铝箔作极板，以油浸电缆纸作为极间介质组成的串联同心圆体电容器，电容器的一端为中心导管，另一端通过连接套筒上的测量端子引出，在串联电容器的作用下使套管的径向和轴向电场分布均匀，瓷套作为套管的外绝缘和油的容器用，使内绝缘不受外界大气的侵蚀作用。

套管为机械坚固的全密封结构，其与内外界接触的主要零部件之间衬以橡胶垫。借助于强力弹簧的压力作用，使套管具有良好的密封性能，立式套管油枕和卧式套管油封作内压力补偿，并设有油标。套管连接套筒上设有取油装置和电气测量端子。取样装置供抽取套管油样，测量端子供测量套管介损和局部放电量用，运行时必须与连接套筒同时接地。

套管式电流互感器是以套管导电杆为一次绕组。油纸电容式穿墙套管为二次绕组，二次绕组有 2～4 个，干式绝缘，装在独立金属套筒内，此金属套筒固定于假墙上。

四、使用条件

（1）海拔高度（m）：＜1000。

（2）环境温度（℃）：－40～＋40。

（3）安装方式：水平、垂直。

（4）无化学气体作用及严重脏污、盐雾地区。

五、技术数据

（1）套管的电气性能，见表 24－85。

表 24－85　油纸电容式穿墙套管电气性能

标称电压（kV）		66	66～77	110	132	220	330	500
额定电压（kV）		69	72.5	126	145	252	363	550
1min 工频耐受电压（kV）	内绝缘	140		185		395	510	740
	外绝缘（干和湿）	140	干 165 湿 147	185	275	395	510	740
雷电全波冲击耐受电压（kV）		325	325	450	650	950	1175	1675
操作波冲击耐受电压（kV）							950	1175
1.05 倍最高工作相电压下介损 tgδ≯（%）		0.7	0.6	0.7	0.6	0.7	0.7	0.7
1.05 倍最高工作相电压下局部放电量≯（pC）		10	10	10	10	10	10	10

（2）弯曲试验负荷，见表 24－86。

表 24－86　油纸电容式穿墙套管弯曲试验负荷

标称电压（kV）	额定电流（A）				生产厂	标称电压（kV）	额定电流（A）				生产厂
	≤800	1000～1600	2000～2500	≥3150			≤800	1000～1600	2000～2500	≥3150	
	弯曲试验负荷（N）						弯曲试验负荷（N）				
40.5	1000	1250	2000	3150	西安西电高压电瓷有限责任公司	66	1000	1250	2000	4000	南京电气（集团）有限责任公司
72.5～145	2000	2000	2500	4000		110	1000	1250	2000	4000	
170	2000	2000	2500	4000		220	1250	1600	2500	4000	
252	4000	4000	5000	5000		330	2500	2500	3150	5000	
≥363	5000	5000	5000	5000		500	2500	2500	3150	5000	

该产品技术数据，见表 24－87、表 24－88。

六、外形及安装尺寸

该套管外形及安装尺寸，见图 24－39。

七、订货须知

订货时必须提供产品型号（产品代号）、额定电压及额定电流、爬电比距或爬电距离、是否需装设电流互感器的接地部分及电流互感器的等级和精度（或型号）、特殊要求。

八、生产厂

南京电气（集团）有限责任公司、西安西电高压电瓷有限责任公司、西安电瓷研究所。

表 24－87　油纸电容式穿墙套管技术数据（一）

品号	型号	额定电压(kV)	额定电流(A)	L	L₁	L₂	L₃	L₄	L₅	d	d₁	n×d₂	d₃	d₄	a	a₁	最小公称爬电距离(mm)	重量(kg)	备注	生产厂
374020	CRW—63/630—2	63	630	2240	700	580	945	200	140	205	14	6×φ24	200	240	350	40	1380	125		
374003	CRLW—63/630—2	63	630	2820	700	580	1525	780	720	205	14	6×φ24	200	240	350	40	1380	160		
374007D	CRLW—63/630—3	63	630	2820	700	580	1525	780	720	205	14	6×φ24	200	240	350	40	1575	200		
374001D	CRW—63/1250—3	63	1250	2320	700	580	1100	325	200	205	18	6×φ24	250	240	350	50	1725	178		
374004	CRLW—63/1250—2	63	1250	2900	700	580	1880	905	780	205	18	6×φ24	250	240	350	50	1380	197		
374005D	CRLW—63/1250—3	63	1250	2900	700	580	1880	905	780	205	18	6×φ24	250	240	350	50	1725	200		
374022	CRLW—63/1250—2	63	1250	2320	700	580	1100	325	200	205	18	6×φ24	250	240	350	50	1380	175		南京电气（集团）有限责任公司
375010	CRW—110/630—2	110	630	3030	1150	950	1290	200	140	230	14	6×φ24	200	240	350	40	2520	200		
375030D	CRW—110/630—3	110	630	3030	1150	950	1290	200	140	230	14	6×φ24	200	240	350	40	3150	210		
375031	CRLW—110/630—2	110	630	3630	1150	950	1870		780	230	14	6×φ24	200	240	350	40	2520	240		
375031D	CRLW—110/630—3	110	630	3630	1150	950	1870	780	780	230	14	6×φ24	200	240	350	40	3150	250		
375011D	CRLW—110/630—4	110	630	3860	1350	950	1900	780	780	230	14	6×φ24	250	240	350	40	3910	380		
375004D	CRW—110/1250—3	110	1250	3140	1150	950	1470	325	200	230	18	6×φ24	250	240	350	50	3150	240		
375008	CRLW—110/1250—2	110	1250	3670	1150	950	1975	855	730	230	18	6×φ24	250	240	350	50	2520	260		
375005D	CRLW—110/1250—3	110	1250	3670	1150	950	1890	855	730	230	18	6×φ24	250	240	350	50	3150	270		
375006D	CRLW—110/1250—4	110	1250	3360	1350	950	1360	200	200	230	18	6×φ24	250	240	350	50	3190	300		
375012D	CR—110/2500	110	2500	3105	950	950	1330	200	200	260	18	8×φ24	250	240	400	60	2016		卧式	
376001	CRL—220/1250	220	1250	6390	2130	1930	3680	1475	1275	450	18	16×φ24	350	350	600	50	4620	1350		
376003D	CRLW—220/1250—3	220	1250	6390	2130	1930	3680	1475	1275	450	18	16×φ24	350	500	600	50	6300	1350		
376004D	CRLW—220/2500—3	220	2500	5960	2130	1930	2600	30	230	490	18	16×φ24	350	350	600	60	6300	1500		
376005D	CRW—220/630—3	220	630	5660	2130	2130	2610	270	270	510	14	16×φ24	350	350	600	40	6300	1200		
376006D	CRW—220/1600—4	220	1600	5960	2330	2130	2600	370	230	490	18	16×φ24	350	350	600	60	7812	1500		
376007D	CRW—185/630—2	185	630	4120	1550	1550	1940	350	200	390	14	16×φ24	250	350	550	40	3700	730		

续表 24-87

品号	型号	额定电压(kV)	额定电流(A)	L	L₁	L₂	L₃	L₄	L₅	d	d₁	n×d₂	d₃	d₄	a	a₁	最小公称爬电距离(mm)	重量(kg)	备注	生产厂
376008D	CRW—220/1250—4	220	1250	5850	2330	1930	2615	690	370	450	18	12×φ22	350	350	600	50	7812	1250		
376224D	CRLW—220/2000—2	220	2000	5950	2100	1900	3005	760	660	470	18	16×φ24	350	350	600	60	5040	1220		
377002D	CRLW—330/1250—2	330	1250	7490	2730	2730	3765	670		525	18	16×φ24	400	400	700	50	7620	1900	卧式	南京电气(集团)有限责任公司
377003D	CRLW—330/1250—2	330	1250	7490	2730	2730	3765	670		525	18	16×φ24	400	400	700	50	7620	1905		
377004D	CRW—330/1250—3	330	1250	7680	2930	2730	3650	450	285	475	18	12×φ22	400	400	700	50	9075	1720		
378232D	CRLW—500/1250—2	500	1250	10020	4025	4025	4960	600		650	18	12×φ24	500	500	750	50	11000	3000		
374006	CRW—63/630Z—2	63	630	2240	700	580	960	200		205	14	6×φ24	200	350	40		1380	110		
375001	CRLW—110/630Z—2	110	630	2920	950	1150	1390	70		270	14	6×φ24	200	350	40		2520	210		
375013	CRL—110/2000Z	110	2000	3405	950	950	1630	500		260	18	8×φ24	250	400	60		2016	200	立式	
375002	CR—110/630Z	110	630	2840	950	950	1320	200		230	14	6×φ24	200	350	40		2068	200		
375003	CRL—110/630Z	110	630	3360	950	950	1850	730		230	14	6×φ24	200	350	40		2068	230		
377001D	CRLW—330/1250Z—2	330	1250	7490	2730	2730	3765	670		525	18	6×φ24	400	700	50		7260	1800		

表 24-88　油纸电容式穿墙套管技术数据(二)

产品代号	产品老型号	产品新型号	额定电压(kV)	额定电流(A)	总长 L(mm)	户外瓷件 绝缘距离 L₁	公称爬电距离 L₂	最大直径 D	户内瓷件 绝缘距离 L₃	公称爬电距离 L₂	户内端总长 L₃	户内端最大直径 d	安装法兰厚度 L₄	油枕直径 d₃	安装法兰孔距 a₂	孔数-孔径 n₂-d₂	接线端子孔距 a₁	孔数-孔径 n₁-d₁	油箱轴线安装面 L₅	油箱安装高度 L₆	重量(kg)	备注	生产厂
720	CRW—66/630—3	CRW2—69/630—3	69	630	2380	700	1725	250	620	1380	1060	240	20	210	350	6×φ24	40	4×φ14	135	260	185		西安西电高压电瓷有限责任公司
721	CRW—66/630—4	CRW2—69/630—4	69	630	2380	700	2140	275	620	1380	1060	240	20	210	350	6×φ24	40	4×φ14	135	260	201		
722	CRLW—66/630—3	CRLW2—69/630—3	69	630	2780	700	1725	250	620	1380	1460	240	20	210	350	6×φ24	40	4×φ14	535	260	194	卧式	
723	CRLW—66/630—4	CRLW2—69/630—4	69	630	2780	700	2140	275	620	1380	1460	240	20	210	350	6×φ24	40	4×φ14	535	260	210		

续表 24-88

产品代号	产品老型号	产品新型号	额定电压 (kV)	额定电流 (A)	总长 L (mm)	户外瓷件 公称绝缘距离 L1 (mm)	户外瓷件 公称爬电距离 (mm)	户外瓷件 公称最大直径 D (mm)	户内瓷件 绝缘距离 L2 (mm)	户内瓷件 公称爬电距离 (mm)	户内瓷件 总长 L3 (mm)	户内瓷件 最大直径 d (mm)	安装法兰厚度 L4 (mm)	油枕直径 d3 (mm)	安装法兰 安装孔距 a2 (mm)	安装法兰 孔数-孔径 n2-d2	接线端子 孔距 a1 (mm)	接线端子 孔数-孔径 n1-d1	油箱轴线安装距面 L5 (mm)	油箱安装高度 L6 (mm)	重量 (kg)	备注	生产厂
724	CRLW-66/1250-3	CRLW2-69/1250-3	69	1250	2835	700	1725	250	620	1380	1480	240	20	210	350	6-φ24	50	4-φ18	535	260	179		西安西电高压电瓷有限责任公司
725	CRLW-66/1250-4	CRLW2-69/1250-4	69	1250	2835	700	2140	275	620	1380	1480	240	20	210	350	6-φ24	50	4-φ18	535	260	195		
726	CRW-66/1250-3	CRW2-69/1250-3	69	1250	2435	700	1725	250	620	1380	1080	240	20	210	350	6-φ24	50	4-φ18	135	260	170		
727	CRW-66/1250-4	CRW2-69/1250-4	69	1250	2435	700	2140	275	620	1380	1080	240	20	210	350	6-φ24	50	4-φ18	135	260	186		
64301	—	CRW3-72.5/1250-4	72.5	1250	2810	1000	3160	295	750	2240	1210	295	18	210	290	6-φ18	50	4-φ18	135	268	206	卧式	
735、735(TH)	CRLW-110/630-2	CRLW-126/630-2	126	630	3800	1150	2520	320	1000		1970	225	20	250	350	6-φ24	40	4-φ14	665	300	313		
740	CRLW-110/630-4	CRLW-126/630-4	126	630	3800	1150	3906	370	1000		1970	225	20	250	350	6-φ24	40	4-φ14	665	300	345		
744	CRW-110/630-2	CRW-126/630-2	126	630	3300	1150	2520	320	1000		1470	225	20	250	350	6-φ24	40	4-φ14	165	300	285		
728	CRW-110/630-3	CRW-126/630-3	126	630	3300	1150	3150	340	1000		1470	225	20	250	350	6-φ24	40	4-φ14	165	300	291		
745	CRW-110/630-4	CRW-126/630-4	126	630	3300	1150	3906	370	1000		1470	225	20	250	350	6-φ24	40	4-φ14	165	300	317		
729	CRLW1-110/630-3	CRLW2-126/630-3	126	630	3957	1150	3150	340	1150	2520	2120	320	20	250	350	6-φ24	40	4-φ24	665	300	350		
746	CRW1-110/630-3	CRW2-126/630-3	126	630	3450	1150	3150	340	1150	2520	1620	320	20	250	350	6-φ24	40	4-φ24	165	300	337		
747	CRW1-110/630-4	CRW1-126/630-4	126	630	3255	1150	3906	370	950	2016	1420	295	20	250	350	6-φ24	40	4-φ24	165	300	332		
64403		CRLW1W-126/630-3	126	630	3435	1150	3150	340	1000		1600	225	20	250	350	6-φ24	40	4-φ24	300	300	298		
718	CRL1W-110/630-3	CRL1W-126/630-3	126	630	3920	1150	3150	340	1000		2085	225	20	250	350	6-φ24	40	4-φ14	785	300	326		
736	CRLW-110/1250-3	CRLW-126/1250-3	126	1250	3840	1150	3150	385	1000		1990	270	20	270	350	6-φ24	50	4-φ18	665	300	342		
741	CRLW-110/1250-4	CRLW-126/1250-4	126	1250	3840	1150	3906	405	1000		1990	270	20	270	350	6-φ24	50	4-φ18	665	300	391		
749	CRW-110/1250-3	CRW-126/1250-3	126	1250	3340	1150	3150	385	1000		1490	270	20	270	350	6-φ24	50	4-φ18	165	300	316		
750	CRW-110/1250-4	CRW-126/1250-4	126	1250	3340	1150	3906	405	1000		1490	270	20	270	350	6-φ24	50	4-φ18	165	300	365		

续表 24 - 88

产品代号	产品老型号	产品新型号	额定电压 (kV)	额定电流 (A)	总长 L (mm)	户外瓷件 (mm) 绝缘距离 L1	户外瓷件 (mm) 公称爬电距离	户外瓷件 (mm) 最大直径 D	户内瓷件 (mm) 公称爬电距离 L2	户内瓷件 (mm) 户内端总长 L3	户内瓷件 (mm) 户内端最大直径 d	安装法兰厚度 L4 (mm)	安装油枕直径 d3 (mm)	安装法兰 (mm) 孔距 a2	安装法兰 (mm) 孔数-孔径 n2-d2	接线端子 (mm) 孔距 a1	接线端子 (mm) 孔数-孔径 n1-d1	油箱轴线距安装面 L5 (mm)	油箱安装高度 L6 (mm)	重量 (kg)	备注	生产厂
730	CRLW1-110/1250-3	CRLW3-126/1250-3	126	1250	3995	1150	3150	385	1150	2140	385	20	270	350	6-φ24	50	4-φ18	665	300	410		
717		CRW3-126/1250-4	126	1250	4300	1150	3906	420	1150	2140	385	20	270	350	6-φ24	50	4-φ18	165	300			
748	CRW1-110/1250-4	CRW1-126/1250-4	126	1250	3525	1150	3906	405	950	1670	355	20	270	500	6-φ24	50	4-φ18	400	290	411		
719	CRL1W-110/1250-3	CRL1W-126/1250-3	126	1250	3960	1150	3150	385	1000	2105	270	20	270	350	6-φ24	50	4-φ18	785	300	349		
64401		CRW1-126/1600-3	126	1600	3290	1150	3150	385	950	1440	355	20	270	350	6-φ24	50	4-φ18	165	500	348		
739	CRLW-110/2500-3	CRLW-126/2500-3	126	2500	3975	1150	3150	385	1000	2015	280	20	265	400	6-φ24	60	4-φ18	670	320	380		
64402		CRL1W-126/2500-3	126	2500	4100	1150	3150	385	1000	2145	280	20	265	400	6-φ24	60	4-φ18	800	320	395		
743	CRW1-110/2500-4	CRW1-126/2500-4	126	2500	3660	1150	3906	405	950	1695	355	20	270	500	6-φ24	60	4-φ18	400	326	473		
712	CRW-145/1250-3	CRW2-145/1250-3	145	1250	4130	1400	3625	390	1400	1950	370	20	270	350	6-φ24	50	4-φ18	165	290	475		
757	CRW-220/630-2	CRW1-252/630-2	252	630	5700	2150	5500	530	1900	2705	506	25	320	650	16-φ22	50	4-φ18	355	346	1085	卧式	西安西电高压电瓷有限责任公司
763	CRW-220/630-3	CRW1-252/630-3	252	630	5700	2150	6300	520	1900	2705	506	25	320	650	16-φ22	50	4-φ18	355	346	1075		
764	CRW-220/630-4	CRW1-252/630-4	252	630	5700	2150	7812	530	1900	2705	506	25	320	650	16-φ22	50	4-φ18	355	346	1172		
64603	—	CR1W1-252/630-3	252	630	5700	2150	6300	520	1900	2705	506	25	320	650	16-φ22	50	4-φ18	355	346	1106		
755	CR-220/1250	CR-252/1250	252	1250	5450	1900	5500	490	1900	2705	506	25	320	650	16-φ22	50	4-φ18	355	346	1094		
756	CRW-220/1250-2	CRW1-252/1250-2	252	1250	5700	2150	5500	530	1900	2705	506	25	320	650	16-φ22	50	4-φ18	355	346	1195		
765	CRW-220/1250-3	CRW1-252/1250-3	252	1250	5700	2150	6300	520	1900	2705	506	25	320	650	16-φ22	50	4-φ18	355	346	1185		
766	CRW-220/1250-4	CRW1-252/1250-4	252	1250	5700	2150	7812	530	1900	2705	506	25	320	650	16-φ22	50	4-φ18	355	346	1282		
64604	—	CRW-252/1600-3	252	1600	5700	2150	6300	520	1900	2705	506	25	320	650	16-φ22	50	4-φ18	355	346	1185		

续表 24-88

产品代号	产品老型号	产品新型号	额定电压 (kV)	额定电流 (A)	总长 L (mm)	户外瓷件 绝缘距离 L1 (mm)	户外瓷件 公称爬电距离 (mm)	户外瓷件 最大直径 D (mm)	户外瓷件 绝缘距离 L2 (mm)	户内瓷件 公称爬电距离 (mm)	户内端总长 L3 (mm)	户内端最大直径 d (mm)	安装法兰厚度 L4 (mm)	油枕直径 d3 (mm)	安装法兰孔距 a2 (mm)	安装法兰孔数孔径 n2-d2 (mm)	接线端子孔距 a1 (mm)	接线端子孔数孔径 n1-d1 (mm)	油箱轴线距安装面 L5 (mm)	油箱安装高度 L6 (mm)	重量 (kg)	户内接地部分长度 L5	备注	生产厂
772	CRW1-220/1250-3	CR1W1-252/1250-3	252	1250	5635	2110	6300	520	1950	4284	2720	500	25	320	650	16-φ22	50	4-φ18	355	390	1224		卧式	西安西电高压电瓷有限责任公司
773	CRW1-220/1250-4	CR1W1-252/1250-4	252	1250	5635	2110	7812	536	1950	4284	2720	500	25	320	650	16-φ22	50	4-φ18	355	390	1274			
759	CRW-220/2500-3	CRW-252/2500-3	252	2500	5760	2130	6300	520	1900	—	2725	506	25	340	650	16-φ22	60	4-φ18	355	390	1245			
760	CRW-220/2500-4	CRW-252/2500-4	252	2500	5760	2150	7812	530	1900	—	2725	506	25	340	650	16-φ22	60	4-φ18	355	390	1342			
769	CRW2-220/2500-3	CR2W1-252/2500-3	252	2500	5760	2150	6300	520	1900	4284	2725	506	25	340	650	16-φ22	60	4-φ18	355	390	1320			
770	CRW2-220/2500-4	CR2W1-252/2500-4	252	2500	5760	2150	7812	530	1900	4284	2725	506	25	340	650	16-φ22	60	4-φ18	355	390	1415			
771	CRW2-220/2500-2	CR2W1-252/2500-2	252	2500	5760	2150	5500	530	1900	4284	2725	506	25	340	650	16-φ22	60	4-φ18	355	390	1330			
774	CRW2-220/2500-3	CR2W1-252/2500-3	252	2500	5680	2110	6300	520	1950	4284	2725	500	25	340	650	16-φ22	60	4-φ18	355	390	1393			
775	CRW1-220/2500-4	CR2W1-252/2500-4	252	2500	5680	2110	7812	536	1950	4284	2725	500	25	340	650	16-φ22	60	4-φ18	355	390	1431			
715	CRW-66/630Z-3	CRW2-69/630Z-3	69	630	2380	700	1725	250	620	1380	1060	240	20	210	350	6-φ24	40	4-φ14			145	200	立式	
737	CRW-110/630Z-3	CRW-126/630Z-3	126	630	3255	1150	3150	340	1000	—	1420	225	20	250	350	6-φ24	40	4-φ14			270	185		
738	CRLW-110/630Z-3	CRLW-126/630Z-3	126	630	3800	1150	3150	340	1000	—	1970	225	20	250	350	6-φ24	40	4-φ14			296	732		
742	CRLW-110/1250Z-3	CRLW-126/1250Z-3	126	1250	3960	1150	3150	385	1000	—	2105	270	20	270	350	6-φ24	50	4-φ18			363	850		
711	CRW-145/1250Z-2	CRW2-145/1250Z-2	145	1250	4130	1400	2900	370	1400	2900	1950	370	20	270	350	6-φ24	50	4-φ18			440	232		
710	CRW-145/2000Z-2	CRW2-145/2000Z-2	145	2000	4130	1400	2900	370	1400	2900	1950	370	20	270	350	6-φ24	50	4-φ18			440	232		
758	CRW-220/630Z-3	CRW1-252/630Z-3	252	630	5825	2150	6300	520	1900	4032	2680	506	25	320	650	16-φ22	40	4-φ14			1137	435		
768	CRW-220/630Z-4	CRW1-252/630Z-4	252	630	5825	2150	7812	530	1900	4032	2680	506	25	320	650	16-φ22	40	4-φ14			1234	435		
64602	—	CRLW2-252/630Z-3	252	630	6840	2150	6300	520	1900	5500	3700	520	25	320	650	16-φ22	40	4-φ14			1526.7	1450		

续表 24-88

代号	型号	额定电压 (kV)	额定电流 (A)	最高工作相电压 (kV)	1min工频耐受 (kV)	雷电冲击 (kV)	破坏负荷 (N)	允许弯曲负荷 (N)	重量 (kg)	总长 L	户内端长度 L3	户内端最大直径 D2	户外瓷套公称长度 L1	户外瓷套爬距	最大直径 D1	户内瓷套公称长度 L2	户内瓷套爬距	法兰厚度 L4	安装孔中心距 a2	法兰孔数 n2-d2	法兰直径 D	油封轴线至安装面距离 L5	油封安装面 L6	接线端子孔距 a1	孔数 n1-d1	生产厂
3740	CRLW1-126/630-2	126	630	73	185	450	1000	625	250	3655	1910	255	1150	2760	320	1000	1048	20	350	6-φ24	395	650	340	40	4-φ14	西安电瓷研究所
3742	CRW1-126/630-2	126	630	73	185	450	1000	625	250	3125	1380	255	1150	2760	320	1000	1048	20	350	6-φ24	395	120	340	40	4-φ14	
3745	CRLW1-126/630-3	126	630	73	185	450	1000	625	250	3655	1910	255	1150	3150	340	1000	1048	20	350	6-φ24	395	650	340	40	4-φ14	
3746	CRW1-126/630-3	126	630	73	185	450	1000	625	250	3125	1380	255	1500	3150	340	1000	1048	20	350	6-φ24	395	120	340	40	4-φ14	
3754	CRWL1-126/630-G	126	630	73	185	450	1000	625	250	3705	1910	255	1200	3500	340	1000	1048	20	350	6-φ24	395	650	340	40	4-φ14	
3755	CRW1-126/630-G	126	630	73	185	450	1000	625	250	3175	1380	255	1200	3500	340	1000	1048	20	350	6-φ24	395	120	340	40	4-φ14	
3741	CRLW1-126/1250-2	126	1250	73	185	450	1250	625	250	3759	1960	255	1150	2760	320	1000	1048	20	350	6-φ24	395	650	340	50	4-φ18	
3753	CRW1-126/1250-2	126	1250	73	185	450	1250	625	250	3229	1430	255	1150	2760	320	1000	1048	20	350	6-φ24	395	120	340	50	4-φ18	
3752	CRLW-126/1250-3	126	1250	73	185	450	1250	625	250	3759	1960	255	1150	3150	340	1000	1048	20	350	6-φ24	395	650	340	50	4-φ18	
3751	CRW1-126/1250-3	126	1250	73	185	450	1250	625	250	3229	1430	255	1150	3150	340	1000	1048	20	350	6-φ24	395	120	340	50	4-φ18	
3750	CRLW1-126/1250-G	126	1250	73	185	450	1250	625	250	3809	1960	255	1200	3500	340	1000	1048	20	350	6-φ24	395	650	340	50	4-φ18	
3749	CRW1-126/1250-G	126	1250	73	185	450	1250	625	250	3729	1430	255	1200	3500	340	1000	1048	20	350	6-φ24	395	120	340	50	4-φ18	
3767	CRW-252/630-3	252	630	146	395	850	1250	800	1200	5790	2720	490	2250	6300	530	2000	4400	25	650	16-φ24	700	335	390	50	4-φ18	
3768	CRW-252/630-4	252	630	146	395	850	1250	800	1297	5790	2720	490	2250	7812	530	2000	4400	25	650	16-φ24	700	335	390	50	4-φ18	
3760	CRW-252/1250-3	252	1250	146	395	850	1600	800	1210	5790	2720	490	2250	6300	530	2000	4400	25	650	16-φ24	700	335	390	50	4-φ18	
3761	CRW-252/1250-4	252	1250	146	395	850	1600	800	1274	5790	2720	490	2250	7812	530	2000	4400	25	650	16-φ24	700	335	390	50	4-φ18	
3743	CRLW1-126/630Z-2	126	630	73	185	450	1250	625	250	3633	1910	255	1150	2760	320	1000	1048	20	350	6-φ24	395	650	340	50	4-φ18	
3744	CRW1-126/630Z-2	126	630	73	185	450	1250	625	250	3103	1380	255	1150	2760	320	1000	1048	20	350	6-φ24	395	120	340	40	4-φ14	
3747	CRL1-126/630Z	126	630	73	185	450	1250	625	250	3433	1910	255	950	1970	320	1000	1048	20	350	6-φ24	395	650	340	40	4-φ14	
3748	CR1-126/630Z	126	630	73	185	450	1250	625	250	2903	1380	255	950	1970	320	1000	1048	20	350	6-φ24	395	120	340	40	4-φ14	
3731	CRW-132/1250	126	1250	84	230	550	1250	625	270	3805	1755	280	1350	3906	330	1350	2646	20	350	6-φ24	395	145	340	50	4-φ18	

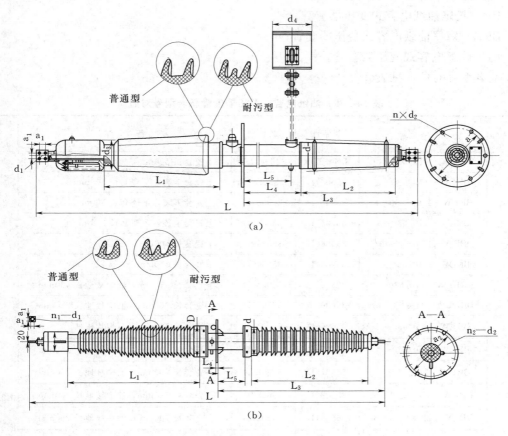

图 24-39 油纸电容式穿墙套管外形及安装尺寸
（a）卧式（南瓷）；（b）立式（西瓷）

24.4.2 油纸电容式变压器套管

一、概述

油纸电容式变压器套管主要用于电力变压器中，作为引入或引出变压器的高、中、低压侧电流的载流导体对变压器油箱外壳起绝缘作用。产品执行标准 GB/T 4109、IEC 60137。

二、型号含义

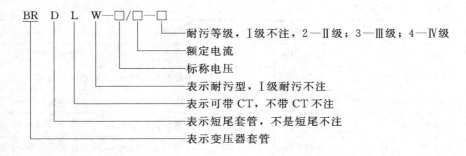

工厂品号中的 D 表示大小伞。

BR—长尾油纸电容式变压器套管；

BRD—短尾油纸电容式变压器套管；

BJ—胶纸电容式变压器套管。

新老型号对照，见表 24 - 89。

表 24 - 89　油纸电容式变压器套管新老型号对照

电压 (kV)	型　　号	新品号	老品号	备　　注	生产厂
110	BRLW—110/630—3	355055DF	355241DF	下瓷套长 500mm	
	BRLW—110/630—3	355057D	355032D（A）	上瓷套卡装，下瓷套长 500mm	
	BRLW—110/1250—3	355058D	355037D	上瓷套卡装，下瓷套长 500mm	
	BRLW—110/630—4	355059D	355042D	上瓷套卡装，下瓷套长 500mm	
	BRW—110/630—3	355060D	355240D	下瓷套长 500mm	
	BRDW—110/630—3	355061D	355640D	下瓷套长 350mm	
	BRDLW—110/630—3	355062D	355650D	下瓷套长 350mm，油中接地长 400mm	
	BRDLW—110/630—3	355063D	355651D	下瓷套长 350mm，油中接地长 550mm	
220	BRLW—220/630—3	356066D		下瓷套长 700mm，不带均压球	南京电气（集团）有限责任公司（南京电瓷总厂）
	BRLW—220/630—3	356075D	356067D	下瓷套长 700mm，油中接地长 550mm	
	BRLW—220/630—3	356079D	356035D	下瓷套长 700mm，油中接地长 750mm	
	BRLW—220/1250—3	356080D	356033D	下瓷套长 700mm，油中接地长 550mm	
	BRLW—220/1250—3	365081D	356037D	下瓷套长 700mm，油中接地长 750mm	
	BRLW—220/630—4	356082D	356068D	下瓷套长 700mm，油中接地长 550mm	
	BRLW—220/630—4	356083D	356036D	下瓷套长 700mm，油中接地长 750mm	
	BRLW—220/1250—3	356084D		下瓷套长 700mm，油中接地长 550mm	
	BRLW—220/1250—4	356085D	356038D	下瓷套长 700mm，油中接地长 750mm	
	BRDLW—220/630—3	356087D	356029D	下瓷套长 700mm，油中接地长 450mm	
	BRLW—220/630—3	356088D	356028D	下瓷套长 700mm，油中接地长 650mm	
	BRLW—220/630—3	356090D		下瓷套长 1000mm，油中接地长 550mm	
	BRLW—220/630—3	356091D	356014D	下瓷套长 1000mm，油中接地长 750mm	
	BRLW—220/630—4	356092D		下瓷套长 1000mm，油中接地长 550mm	
	BRLW—220/630—4	356093D	356008D	下瓷套长 1000mm，油中接地长 750mm	
	BRLW—220/1250—3	356094D		下瓷套长 1000mm，油中接地长 550mm	
	BRLW—220/1250—3	356095D	356242D	下瓷套长 1000mm，油中接地长 750mm	
	BRLW—220/1250—4	356096D		下瓷套长 1000mm，油中接地长 550mm	
	BRLW—220/1250—4	356097D	356004D	下瓷套长 1000mm，油中接地长 750mm	

续表 24-89

产品代号	型 号	老 型 号	生产厂	产品代号	型 号	老 型 号	生产厂
133	BRD—110/630	BRD—110/630		137	BRDL$_1$—1250	BRDL—110/1250	
134	BRDW—110/630—3	BRDQ—110/630		138	BRDL$_1$W—110/1250—3	BRDLQ—110/1250	
135	BRDL$_1$—110/630	BRDL—110/630		139	BRDL—110/2500	BRDL—110/2500	
136	BRDL$_1$W—110/630—3	BRDLQ—110/630		140	BRDLW—110/2500	BRDLQ—110/2500	
131	BRDL$_2$—110/630	BRDL—110/400		155	BRDL$_1$—220/630	BRDL—110/630	
132	BRDL$_2$W—110/630—3	BRDLQ—110/400		156	BRDL$_1$W—220/630—2	BRDLQ—220/630	
231	BR—110/630	BR—110/400～630	西安西电高压电瓷有限责任公司	153	BRDL$_2$—220/630	BRDL—220/400	西安西电高压电瓷有限责任公司
232	BRW—110/630—3	BRQ—110/400～630		154	BRDL$_2$W—220/630—2	BRDLQ—220/400	
233	BRW—110/630—4	BRW—110/400～630		157	BRDL—220/1250	BRDL—220/1250	
234	BRL$_1$—110/630—4	BRL—110/400～630		157	BRDLW—220/1250—2	BRDLQ—220/1250	
235	BRL$_1$W—110/630—3	BRL$_1$Q—110/400～630		159	BRDL$_1$—220/1250	BRDL—220/1250	
236	BRL$_1$W—110/630—4	BRL$_1$W—110/400～630		160	BRDLW—220/1250—2	BRDLQ—220/1250	
237	BRL$_2$—110/630	BRL$_2$—110/630		161	BRDL—220/2500	BRDL—220/2500	
238	BRL$_2$W—110/630—4	BRL$_2$Q—110/630		162	BRDLW—220/2500—3	BRDLQ—220/2500	
239	BRL$_2$W—110/630—4	BRL$_2$W—110/630					

三、使用条件

(1) 海拔高度（m）：＜1000。

(2) 环境温度（℃）：−40～＋40。

(3) 安装方式：倾斜（≤30°）垂直。

(4) 无化学气体作用及严重脏污、盐雾地区。

四、结构

南京电气（集团）有限责任公司生产的油纸电容式变压器套管，主要由电容芯子、油枕、法兰、上下瓷套组成，借助于强力弹簧和密封橡胶垫圈压紧成全密封结构。为了满足机械强度和抗震能力要求，在上瓷件下端有卡装结构。主绝缘为电容芯子，采用同心电容串联而成，以均匀电场分布。油枕可对套管内的油在温度、压力变化时进行补偿，220kV油枕上采用磁针式油表，使油位一目了然。110kV套管的油表采用圆形玻璃油表。油枕和法兰采用铸铝件，提高抗锈能力，减轻产品重量，美化外观。法兰上设有取油装置和测量端子，测量端子与芯子末屏连接，测套管介损、局放之用。运行时，测量端子的外罩一定要罩上，保证末屏接地，严禁开路。油纸电容式变压器套管采用电容式全密封结构。主绝缘通过先进的真空干燥工艺处理和真空压力浸油工艺，电气性能优越，密封可靠，使用寿命耐久。

五、技术数据

（1）电气性能见表24－90。

表 24 - 90   油纸电容式变压器套管技术数据

系统标称电压 U_n（kV）		35	66～77	110	132	150～154	220	330	500
额定电压 U_r（kV）		40.5	72.5	126	145	170	252	363	550
设备最高工作相电压 $U_r/\sqrt{3}$（kV）		23.5	42	73	84	98.5	146	210	317
1min 工频耐压（kV）	干	95	165	230	275	340	460	570	740
	湿	80	147	230	275	340	460	570	740
雷电冲击耐受电压（kV）	全波	200	325	550	650	750	1050	1300	1675
	截波			635	750	865	1210	1495	1930
操作冲击耐受电压（干或湿）（kV）								1050	1300
介质损耗角正切（%）	增值（≯）	\multicolumn{8}{c}{$1.5U_r/\sqrt{3}\sim U_r$：0.1}
	是大值（≯）40.5～363kV	\multicolumn{8}{c}{$1.05U_r/\sqrt{3}$下测量：0.6}
	550V	\multicolumn{8}{c}{$1.05U_r/\sqrt{3}$下测量：0.5}
U_r 下局部放电量≯（pC）		\multicolumn{8}{c}{10}

（2）弯曲试验负荷，见表24－91。

表 24 - 91   油纸电容式变压器套管弯曲试验负荷

额定电压 U_r（kV）	额定电流 I_r（A）≤800	＞800 ≤1600	≥2000 ≤2500	≥3150	额定电压 U_r（kV）	额定电流 I_r（A）≤800	＞800 ≤1600	≥2000 ≤2500	≥3150
	\multicolumn{4}{c}{弯曲试验负荷（N）}		\multicolumn{4}{c}{弯曲试验负荷（N）}
40.5	1000	1250	2000	3150	252	4000	4000	5000	5000
72.5～145	2000	2000	2500	4000	≥363	5000	5000	5000	5000
170	2000	2000	2500	4000					

（3）油纸电容式变压器套管技术数据，见表24－92。

（4）推荐优先选用产品技术数据，见表24－93。

（5）新型 40.5～550kV 电容式变压器套管技术数据，见表24－94～表24－99。

表 24-92 油纸电容式变压器套管技术数据

品号	型号	额定电压 (kV)	额定电流 (A)	L	L_1	L_2	L_3	L_5	d	d_3	$n \times d_2$	d_5	d_6	a_1	a_2	电缆引入长度 L_4 (mm)	最小公称爬距 (mm)	重量 (kg)	备注	生产厂
354003D	BRDLW—72.5/630—4	72.5	630	2000	890	830	220	105	130	180	6×φ16	130	26	45	230	1840	2248	110		
354004D	BRDW—72.5/630—4	72.5	630	1860	850	310	40	60	170	200	6×φ18	120	35	40	280	1475	2248	123		
354006	BRLW—63/1250—2	63	1250	2460	700	970	550	100	170	250	6×φ24	140	55	60	350	2050	1380	182		
354012.1	BRLW—63/630—2	63	630	2290	700	865	440	105	170	200	6×φ18	120	35	40	280	2035	1380	130		
354015D	BRW—63/630—3	63	630	1930	700	510	80	105	170	200	6×φ18	120	35	40	280	1680	1725	105		南京电气（集团）有限责任公司
354019D	BRLW—63/1250—3	63	1250	2460	700	970	550	100	170	250	6×φ24	140	55	60	350	2050	1725	155		
354021D	BRDW—72.5/630—4	72.5	630	1810	850	310	40	60	170	200	6×φ18	120	35		280	1475	2248	122	头部螺纹连接	
354024D	BRLW—63/630—3	63	630	2115	700	690	265	105	170	200	6×φ18	120	35	40	280	1860	1725	120		
354220.1	BRW—63/630—2	63	630	1820	700	425	40	60	170	200	6×φ18	120	35	40	280	1570	1380	90		
354304	BRDL—63/2000—2	63	2000	2095	630	660	300	115	230	250	8×φ24	240	70	60	400	1647	1380	80		
354324D	BRDLW—63/2000—3	63	2000	2095	630	660	300	115	230	250	8×φ24	240	70	60	400	1647	1725	84		
354028D	BRLW—63/2500—4	63	2500	2760±15	780	1170	550	300	220	250	12×φ24	300		45	350		2139	210	导管载流	
354025D	BRLW—63/2500—3	63	2500	2610	630	1170	550	300	220	250	12×φ24	300		45	350		1760	175		
354012.2	BRLW—110/630—3	63	630	2115	700	690	265	105	170	200	6×φ18	120	35	40	280	1860	1380	110	（引线接头与354012不同）	
355003D	BRLW—110/630—3	110	630	3250	1350	1160	550	105	210	250	6×φ24	120	35	40	350	2885	3150	310		
355005D	BRW—110/630—3	110	630	2620	1150	680	70	105	210	200	6×φ24	120	35		350	2180	3150	200	线夹 130×φ26.7	
355006D	BRLW—145/630—3	145	630	3110	1350	1010	400	105	210	250	6×φ24	120	35	40	350	2740	3625	290		
355009D	BRLW—145/630—3	145	630	3260	1350	1160	550	105	210	250	6×φ24	120	35	40	350	2890	3625	310		
355011Da	BRLW—110/630—3	110	630	2850	1150	910	300	105	210	200	6×φ24	120	35		350	2535	3150	172	线夹 130×φ26.7	
355013D	BRLW—110/1250—3	110	1250	3085	1150	1125	585	220	250	250	6×φ24	225	35	50	350		3150	260	导管载流	

续表 24-92

品 号	型 号	额定电压 (kV)	额定电流 (A)	L	L₁	L₂	L₃	L₅	d	d₃	n×d₂	d₅	d₆	a₁	a₂	电缆引入长度 L₄ (mm)	最小公称爬距 (mm)	重量 (kg)	备 注	生产厂
355015D	BRLW—110/630—3	110	630	3100	1150	1175	565	105	210	200	6×φ24	120	35		350	2850	3150	196	线夹 130×φ26.7	南京电气（集团）有限责任公司
355016D	BRLW—110/630—3	110	630	3060	1150	1175	565	105	210	250	6×φ24	120	35	40	350	2890	3150	210		
355018	BRW—110/630—2	110	630	2530	1150	680	70	105	210	200	12×φ24	120	35	40	350	2230	2520	167		
355019	BRLW—110/630—2	110	630	3020	1150	1175	565	105	210	200	12×φ24	120	35	40	350	2780	2520	190		
355020D	BRDLW—110/630—3	110	630	2785	1150	940	530	60	190	200	6×φ24	120	35	40	350	2485	2150	177		
355021D	BRDLW—110/630—3	110	630	2655	1150	810	400	60	190	200	6×φ24	120	35	40	350	2355	3150	171		
355022D	BRDLW—110/1250—3	110	1250	2815	1150	835	400	85	210	250	8×φ24	155	55	50	400	2390	3150	220	油—油	
355023	BRL—110/1250	110	1250	2200	390	1050	500	105	210	210	12×φ18	120	55		350	1850		190		
355024D	BRLW—145/630—4	145	630	3260	1500	1010	400	105	210	250	6×φ24	120	35	40	350	2890	4495	350		
355025D 1	BRLW—110/1250—4	110	1250	3325	1280	1165	550	115	230	250	6×φ24	200	55	50	350	2920	3906	306		
355028D	BRLW—145/630—3	145	630	2930	1350	790	220	105	210	250	6×φ24	120	35	40	350	2560	3625	270		
355029	BRLW—110/630—2	110	630	3020	1150	1175	565	105	210	250	6×φ24	120	35	40	350	2786	2520	200	上瓷套直桶	
355030D	BRW—110/630—3	110	630	3020	1150	1175	565	105	210	250	6×φ24	120	35	40	350	2786	3150	205	上瓷套直桶	
355033	BRW—110/630—2	110	630	2535	1150	680	70	105	210	250	6×φ24	120	35	40	350	2296	2520	175	上瓷套直桶	
355034D	BRW—110/630—3	110	630	2535	1150	680	70	105	210	250	6×φ24	120	35	40	350	2296	3150	185	上瓷套直桶	
355035	BRW—110/630—2	110	630	2535	1090	680	70	105	210	250	6×φ24	120	35	40	350	2166	2520	185	上瓷套直桶+卡装	
355036D	BRW—110/630—3	110	630	2535	1090	680	70	105	210	250	6×φ24	120	35	40	350	2166	3150	195	上瓷套直桶+卡装	
355043D	BRDLW—154/630—2	154	1600	3160	1460	875	330	120	240	270	6×φ24	160	35	40	350	2695	3540	450	上瓷套卡装	
35044D	BRLW—110/1600—3	110	1250	3290	1090	1230	585	235	250	250	6×φ24	200	70	60	350	2935	3150	310	上瓷套卡装	
355045D	BRLW—110/1250—4	110	1250	3350	1270	1185	585	100	250	250	6×φ24	140	55	50	350	3030	3906	320	上瓷套卡装	
355046D	BRLW—110/630—3	110	630	3020	1150	1175	565	105	210	200	6×φ24	120	35	40	350	2806	3150	195		

续表 24-92

品号	型号	额定电压 (kV)	额定电流 (A)	主 要 公 称 尺 寸 (mm)												电缆引入长度 L4 (mm)	最小公称爬距 (mm)	重量 (kg)	备注	生产厂
				L	L1	L2	L3	L5	d	d3	n×d2	d5	d6	a1	a2					
355047D	BRLW—110/2500—3	110	2500	3290	1080	1365	585	300	240	250	8×φ24	300		60	400		3150	250	上瓷套卡装	南京电气（集团）有限责任公司
355048D	BRLW—145/630—3	145	630	2830	1350	730	120	105	210	250	6×φ24	120	35	40	350	2460	3625	225	带放电间隙	
355049D	BRLW—110/2500—3	110	2500	2780	1080	850	70	300	240	250	8×φ24	300		60	400		3150	200	上瓷套卡装	
355110	BRLW—110/630—2	110	630	3250	1350	1160	550	105	210	250	6×φ24	120	35	40	350	2886	2520	300		
355200	BR—110/630	110	630	2320	950	680	70	105	210	200	6×φ24	120	35	40	350	2080	2016	150		
355201	BRL—110/630	110	630	2815	950	1175	565	105	210	200	6×φ24	120	35	40	350	2580	2016	173		
355202	BRL—110/1250	110	1250	2970	1000	1185	585	100	250	250	6×φ24	140	55	50	350	2685	2016	240	代替3508	
355220	BRW—110/630—2	110	630	2530	1150	680	70	105	210	200	6×φ24	120	35	40	350	2230	2520	167		
355221	BRLW—110/630—2	110	630	3020	1150	1175	565	105	210	200	6×φ24	120	35	40	350	2780	2520	190		
355242D	BRLW—110/1250—3	110	1250	3150	1150	1185	585	100	250	250	6×φ24	140	55	50	350	2830	3150	260	代替3508W	
355242D1	BRLW—110/1250—3	110	1250	3150	1150	1185	585	100	250	250	6×φ24	140	55	50	350	2830	3150	260		
355306	BRDL—110/2500	110	2500	2990	950	1200	550	300	260	250	8×φ24	300		60	400		2055	225	导管载流	
355315	BRL—110/2000	110	2000	2860	950	1173	550	120	240	250	8×φ24	200	70	60	400	2540	2055	275		
355316D	BRLW—110/2000—3	110	2000	3000	1050	1173	550	120	240	250	8×φ24	200	70	60	400	2670	3150	290		
355600	BRD—110/630	110	630	2130	950	450	40	60	190	200	6×φ24	120	35	40	350	1770	2016	140		
355610	BRDL—110/630	110	630	2460	950	810	400	60	190	200	6×φ24	120	35	40	350	2100	2016	175		
355611	BRDL—110/630	110	630	2610	950	960	550	60	190	200	6×φ24	120	35	40	350	2250	2016	170		
355612	BRDL—110/1250	110	1250	2480	950	840	1400	90	210	250	6×φ24	155	55	50	350	2160	2016	170		
355613	BRDL—110/1250	110	1250	2630	950	990	550	90	210	250	6×φ24	155	55	50	350	2310	2016			
355620	BRDLW—110/630—2	110	630	2330	1150	450	40	60	190	200	6×φ24	120	35	40	350	1970	2520	160		
355630	BRDLW—110/630—2	110	630	2660	1150	810	400	60	190	200	6×φ24	120	35	40	350	2300	2520	175		

续表 24-92

品号	型　号	额定电压(kV)	额定电流(A)	L	L_1	L_2	L_3	L_5	d	d_3	$n×d_2$	d_5	d_6	a_1	a_2	电缆引入长度 L_4 (mm)	最小公称爬距 (mm)	重量 (kg)	备　注	生产厂
355631	BRDLW—110/630—2	110	630	2810	1150	960	550	60	190	200	6×φ24	120	35	40	350	2450	2520	193		
355632	BRDLW—110/1250—2	110	1250	2680	1150	840	400	90	210	250	6×φ24	155	55	50	350	2360	2520			
355663D.1	BRLW—110/1250—3	110	1250	2940	1150	990	550	90	210	250	8×φ24	155	55	50	400	2515	3150	240		
355700	BRL—145/630	145	630	2810	860	1160	550	105	244	255	8×φ24	120	35	400	2400	1060	257		油—油	
356007D	BRDLW—220/630—3	220	630	4530	2200	1345	730	260	300	350	12×φ24	282		40	500		6300	1000	导管载流	南京电气（集团）有限责任公司
356010D	BRLW—220/1250—3	220	1250	4550	2200	1385	250	130	400	350	12×φ19	236	58	50	680	4080	6300	940		
356013	BRD—220/630	220	630	3680	2000	885	200	115	300	350	16×φ24	240	55	40	495	3350	4032	700	上瓷套卡装	
356017D	BRDLW—220/630—3	220	630	4180	2130	1115	430	115	300	350	12×φ24	240	55	40	500	3950	6300	930		
356030D	BRLW—220/630—3	220	630	5360	2130	2240	1000	251	310	350	12×φ24	260	55	40	500	5025	6300	1000		
356031D	BRDLW—220/630—3	220	630	4460	2130	1385	550	130	340	350	12×φ19	236	58	40	680	3900	6300	900	均压环+卡装	
356033D	BRDLW—220/1250—3	220	1250	4510	2130	1385	550	130	340	350	12×φ19	236	58	50	380	3900	6300	905	均压环+卡装	
356035D	BRDLW—220/630—3	220	630	4660	2130	1585	750	130	340	350	12×φ19	236	58	40	680	4320	6300	920	均压环+卡装	
356036D	BRDLW—220/630—4	220	630	4875	2330	1585	750	130	340	350	12×φ19	236	58	40	680	4520	7812	950	均压环+卡装	
356037D	BRDLW—220/1250—3	220	1250	4735	2130	1585	750	130	340	350	12×φ19	236	58	40	680	4300	6300	965	均压环+卡装	
356038D	BRDLW—220/1250—4	220	1250	4930	2330	1585	750	130	340	350	12×φ19	236	58	50	680	4500	7812	1030	均压环+卡装	
356047D	BRDLW—220/1250—3	220	1250	4430	2200	1230	550	115	300	350	12×φ24	240	70	50	500	3930	6300	920	代替356039D	
356040D.1	BRDLW—220/630—3	220	630	4425	2200	1430	730	150	340	350	12×φ24	270	55	40	500	4095	6300	1020		
356041D	BRDLW—220/2500—3	220	2500	4900	2130	1745	750	300	400	350	12×φ24	300		80	680	4450	6300	1100		
356042D	BRLW—220/630—3	220	630	5000	2130	1885	750	130	320	350	12×φ19	236	58	40	680	4450	6300	990	均压环+卡装	
356122D	BRLW—220/1250—3	220	1250	4985	2200	1960	860	115	320	350	12×φ19	240	55	50	680	4665	6300	1100		
356201	BRLW—170/630—2	170	630	3690	1550	1400	550	150	290	250	16×φ24	160	35	40	495	3335	3400	465		

续表 24-92

品号	型号	额定电压(kV)	额定电流(A)	L	L_1	L_2	L_3	L_5	d	d_3	$n×d_2$	d_5	d_6	a_1	a_2	电缆引入长度 L_4(mm)	最小公称爬距(mm)	重量(kg)	备注	生产厂
356202	BRL—220/1250	220	1250	4850	2000	1880	750	130	400	350	12×φ19	236	58	50	680	4380	4180	890		南京电气（集团）有限责任公司
356200	BRL—220/630	220	630	4800	2000	1880	750	130	400	350	12×φ19	236	58	40	680	4380	4180	880		
356220	BRLW—220/630—2	220	630	5000	2200	1880	750	130	400	350	12×φ19	236	58	40	680	4580	5040	920		
356221D	BRLW—170/630—3	170	630	3690	1550	1400	550	150	290	250	16×φ24	160	35	40	495	3335	4250	475		
356222	BRLW—220/1250—2	220	1250	5050	2200	1880	750	130	400	350	12×φ19	236	58	50	680	4580	5040	930	导管载流	
356306	BRDL—220/2500	220	2500	4880	2130	1745	750	300	340	350	12×φ24	300		60	600		4620	1000		
356324D	BRLW—220/1600—2	220	1600	5060	2100	2035	900	130	400	350	12×φ19	280	85	60	680	4730	5040	950		
356325D	BRLW—220/2000—2	220	2000	5060	2100	2035	900	130	400	350	12×φ19	280	85	60	680	4730	5040	950	导管载流	
356326D	BRDLW—220/2500—2	220	2500	4880	2130	1745	750	300	340	350	12×φ24	300		60	600	4580	5040	1100		
356602	BRDL—220/1250	220	1250	4470	2000	1565	750	115	300	320	12×φ24	240	70	50	500	4150	4260	900	油—油	
356702	BRL—220/1250	220	1250	4030	1370	1880	750	130	400	255	12×φ19	236	58		680	3755	1810	705	上瓷套卡装	
356044D	BRDLW—220/630—4	220	630	4680	2330	1405	450	251	330	350	12×φ24	260	58	40	500	4325	7812	1100		
356049D	BRDLW—220/630—4	220	630	4640	2330	1350	550	250	300	350	12×φ24	260	55	40	500	4170	7812	1100	上瓷套卡装	
356051D	BRDLW—220/630—4	220	630	4860	2330	1605	650	251	330	350	12×φ24	260	58	40	500	4500	7812	1060		
356052D	BRLW—220/3150—4	220	3150	5095	2330	1745	750	300	340	350	12×φ24	300		50	680		7812	1200	导管载流	
356043D	BRLW—220/3150—3	220	3150	4900	2130	1745	750	300	340	350	12×φ24	300		50	680		6300	1100	导管载流	
356053D	BRDLW—220/630—4	220	630	4380	2400	1150	430	115	300	240	12×φ24	240	55	40	500	4150	7812	1100		
357001	BR—375/630	375	630	4410	2060	1358	178	200	520	450	24×φ22	320	70	50	950	4150	4032	1400	试验变压器用	
357002D	BR—375/100	375	100	3920	2080	785	10	80	480	450	24×φ20	400	85	50	940		4300	1300	试验变压器用	
357005D	BRDLW—330/630—3	330	630	5680	2930	1650	430	350	425	400	12×φ24	350	70	50	660	5170	9075	1380		
357302	BRDLW—380/1250—2	380	1250	5845	3180	1585	550	130	425	500	16×φ24	280	70	50	600	5535	7360	1100		

续表 24-92

品号	型号	额定电压(kV)	额定电流(A)	L	L₁	L₂	L₃	L₅	d	d₃	n×d₂	d₅	d₆	a₁	a₂	电缆引入长度L₄(mm)	最小公称爬距(mm)	重量(kg)	备注	生产厂
358001D	BRW—500/1250—2	500	1250	7680	4030	2380	600	280	500	500	16×φ24	330	85	60	1130		13500			
358002D	BRLW—500/2000—2	500	2000	7840	4030	2590	810	280	500	500	16×φ24	330	85	60	1130		13500			
358004D	BRLW—500/1250—3	500	1250	7760	4030	2230	650		500	500	16×φ24		85	60	750	7185	13750	2223		
358005D	BRDLW—500/630—3	500	630	7915	4780	2070	550	280	415	500	12×φ24	350	56	60	660	7520	13750	2300		南京电气（集团）有限责任公司
358006D	BRDLW—500/1600—3	500	1600	7726	4030	2380	600	280	500	500	16×φ24	330		60	750		13750	2250	导杆载流	
358312	BRL—500/1250	500	1250	7575	4030	2275	600	420	500	500	16×φ24	350	85	50	750	7275	8800	1900		
358322D 1	BRLW—500/1250—3	500	1250	7435	4030	2135	600	280	500	500	16×φ24	330	85	50	750	7135	13750	2000		
358322D 2	BRLW—500/1250—3	500	1250	7485	4030	2135	600	280	500	500	16×φ24	330	85	60	750	7135	13750	2000		
358323D 1	BRLW—500/1250—3	500	1250	7480	4030	2230	650	280	500	500	16×φ24		85	60	750	7185	13750	2200		
358402	BRLW—500/1250	500	1250	7875	4330	2275	600	420	500	500	16×φ24	350	85	50	750	7575	13750	2000		

表 24-93　推荐优先选用油纸电容式变压器套管产品技术数据

品号	型号	额定电压(kV)	额定电流(A)	L	L₁	L₂	L₃	L₅	d	d₃	n×d₂	d₅	d₆	a₁	a₂	电缆引入长度L₄(mm)	最小公称爬距(mm)	重量(kg)	备注	生产厂
354001D	BRLW—63/1250—3	63	1250	2460	700	970	550	100	170	250	6×φ24	140	55	60	350	2050	1725	155		
354002D	BRDW—72.5/630—4	72.5	630	1910	850	310	40	60	170	200	6×φ18	120	35		280	1475	2248	125	夹板接线	
354005D	BRDLW—72.5/630—4	72.5	630	2110	850	535	265	60	170	200	6×φ18	120	35	40	280	1700	2248	132		南京电气（集团）有限责任公司
354007	BRW—63/630—2	63	630	1930	700	510	80	105	170	200	6×φ18	120	35	40	280	1680	1380	100		
354008D	BRW—72.5/630—3	72.5	630	1930	700	510	80	105	170	200	6×φ18	120	35	40	280	1680	1813	105		
354009D	BRDLW—72.5/630—4	72.5	630	2170	850	570	300	60	170	200	6×φ18	120	35		280	1735	2248	135	夹板接线	
354010D	BRDLW—63/1250—4	63	1250	2485	850	845	550	85	170	250	6×φ24	155	55	50	350	2060	2140	185		

品号	型号	额定电压(kV)	额定电流(A)	L	L₁	L₂	L₃	L₅	d	d₃	n×d₂	d₅	d₆	a₁	a₂	电缆引入长度 L₄(mm)	最小公称爬距(mm)	重量(kg)	备注	生产厂
354011D	BRLW—63/2000—3	63	2000	2545	700	970	550	100	220	250	6×φ24	175	85	60	350	2085	1725	250		
354012	BRLW—63/630—2	63	630	2115	700	690	265	105	170	200	6×φ18	120	35	40	280	1860	1380	110		
354013D	BRLW—72.5/630—3	72.5	630	2145	700	690	300	105	170	200	6×φ18	120	35	40	280	1890	1813	115	上瓷套卡装	
354017D	BRLW—63/1250—3	63	1250	2440	640	972	550	100	120	250	6×φ24	140	55	50	350	2050	1725	160		
354018D	BRLW—72.5/2500—3	72.5	2500	2610	630	1170	550	300	220	250	12×φ24	300		60	350		1813	175	导管载流	
354022D	BRLW—63/630—3	63	630	2115	640	690	265	105	170	200	6×φ18	120	35	40	280	1860	1725	175		
354023D	BRLW—63/1250—4	63	1250	2600	780	970	550	100	170	250	6×φ24	140	55	50	350	2200	2140	175		南京电气（集团）有限责任公司
354026D	BRDLW—72.5/630—4	72.5	630	2110	800	535	265	60	170	200	6×φ18	120	35	40	280	1700	2248	135		
354027D	BRLW—72.5/2500—4	72.5	2500	2495	780	885	265	300	220	250	12×φ24	300		60	350		2248	170	导管载流	
354220	BRW—63/630—2	63	630	1930	700	510	80	100	170	200	6×φ14.5	120	35	40	295	1680	1380	100		
355004D	BRLW—110/630—4	110	630	3250	1350	1160	550	105	210	250	6×φ24	120	35	40	350	2885	3906	310		
355007D	BRLW—145/630—3	145	630	2780	1350	680	70	105	210	250	6×φ24	120	35	40	350	2410	3625	270		
355011D	BRLW—110/630—3	110	630	2770	1150	910	300	105	210	200	6×φ24	120	35	40	350	2535	3150	170		
355012D	BRLW—145/1250—3	145	1250	3325	1350	1165	550	115	230	250	6×φ24	200	55	50	350	2920	3625	280	上瓷套直桶+卡装	
355025D	BRLW—110/1250—4	110	1250	3325	1350	1165	550	115	230	250	6×φ24	200	55	50	350	2920	3906	300		
355031	BRLW—110/630—2	110	630	3020	1090	1175	565	105	210	250	6×φ24	120	35	40	350	2656	2520	210		
355032D	BRLW—110/630—3	110	630	3020	1090	1175	565	105	210	250	6×φ24	120	35	40	350	2656	3150	215		
355037D	BRDW—110/1250—3	110	1250	3150	1090	1185	585	100	250	250	6×φ24	140	55	50	350	2830	3150	275		
355039D	BRLW—110/1250—3	110	1250	2580	1350	450	40	60	190	250	6×φ24	140	55	50	350	2170	3906	230		
355040D	BRW—110/630—4	110	630	2770	1350	680	70	105	210	250	6×φ24	120	35	40	350	2410	3906	270		
355042D	BRLW—110/630—4	110	630	3250	1270	1160	550	105	210	250	6×φ24	120	35	40	350	2886	3906	325	上瓷套卡装	

续表 24－93

品号	型号	额定电压(kV)	额定电流(A)	L	L_1	L_2	L_3	L_5	d	d_3	$n×d_2$	d_5	d_6	a_1	a_2	电缆引入长度 L_4 (mm)	最小公称爬距(mm)	重量(kg)	备注	生产厂
355051D	BRDLW—110/1250—4	110	1250	2995	1270	835	400	85	210	250	6×φ24	155	55	50	350	2565	3906	290	上瓷套卡装	
355240D	BRW—110/630—3	110	630	2540	1150	680	70	105	210	200	6×φ24	120	35	40	350	2310	3150	170		
355241D	BRLW—110/630—3	110	630	3020	1150	1175	565	105	210	200	6×φ24	120	35	40	350	2780	3150	195		
355640D	BRDW—110/630—3	110	630	2460	1150	450	40	60	190	200	6×φ24	120	35	40	350	1970	3150	165		
355650D	BRDLW—110/630—3	110	630	2660	1150	810	400	60	190	200	6×φ24	120	35	40	350	2300	3150	185		
355651D	BRDLW—110/630—3	110	630	2810	1150	960	550	60	190	200	6×φ24	120	35	40	350	2450	3150	187		
355652D	BRDLW—110/1250—3	110	1250	2795	1150	835	400	85	210	250	6×φ24	155	55	50	350	2365	3150	200		
355653D	BRDLW—110/1250—3	110	1250	2940	1150	985	550	85	210	250	6×φ24	155	55	50	350	2515	3150	225		
355052D	BRDLW—110/630—4	110	630	2895	1350	810	400	60	190	250	6×φ24	120	35	40	350	2535	3906	255		南京电气（集团）有限责任公司
356004D	BRLW—220/1250—4	220	1250	5250	2400	1885	750	130	360	350	12×φ19	236	58	50	680	4820	7812	900		
356005D	BRDLW—220/1600—4	220	1600	4670	2400	1245	550	130	305	350	12×φ24	300	85	60	500	4210	7812	895		
356006D	BRDLW—220/630—3	220	630	4180	2200	1115	430	115	300	350	12×φ24	240	55	40	500	3950	6300	900		
356008D	BRLW—220/630—4	220	630	5200	2400	1885	750	130	400	350	12×φ19	236	58	40	680	4920	7812	1200		
356014D	BRDLW—220/630—3	220	630	5030	2130	1885	750	130	400	350	12×φ19	236	58	40	680	4580	6300	980	上瓷套卡装	
356015D	BRDLW—220/1250—3	220	1250	4550	2130	1385	250	130	400	350	12×φ19	236	58	50	680	4080	6300	944	上瓷套卡装	
356016D	BRLW—220/1250—4	220	1250	5250	2330	1885	750	130	360	350	12×φ19	236	58	50	680	4820	7812	908	上瓷套卡装	
356028D	BRDLW—220/630—3	220	630	4680	2130	1605	650	251	330	350	12×φ24	260	58	40	500	4320	6300	1000	上瓷套卡装	
356029D	BRDLW—220/630—3	220	630	4480	2130	1405	450	251	330	350	12×φ24	260	58	40	500	4120	6300	900	上瓷套卡装	
356046D	BRDLW—220/630—3	220	630	4550	2200	1410	730	115	300	350	12×φ24	240	58	40	500	4095	6300	1000	代替356040D	
356240D	BRLW—220/630—3	220	630	5000	2200	1880	750	130	400	350	12×φ19	236	58	40	680	4580	6300	970		
356242D	BRLW—220/1250—3	220	1250	5050	2200	1880	750	130	400	350	12×φ19	236	58	50	680	4580	6300	980		
356307D	BRDLW—220/2500—3	220	2500	4880	2130	1745	750	300	340	350	12×φ24	300		60	600		6300	1095	导管载流	
356308D	BRLW—220/2500—3	220	2500	4880	2130	1745	750	300	340	350	12×φ24	300		60	600		6300	1095	导管载流	

续表 24-93

品号	型号	额定电压(kV)	额定电流(A)	L	L1	L2	L3	L5	d	d3	n×d2	d5	d6	a1	a2	电缆引入长度 L4(mm)	最小公称爬距(mm)	重量(kg)	备注	生产厂
356050D	BRLW—220/1250—3	220	1250	5050	2130	1885	750	130	400	350	12×φ19	236	58	50	680	4450	6300	990	上瓷套卡装	南京电气（集团）有限责任公司
356051D	BRDLW—220/630—4	220	630	4860	2330	1605	650	251	330	350	12×φ24	260	58	40	500	4500	7812	1160	上瓷套卡装	
357003D	BRDLW—330/630—3	330	630	5820	2930	1765	600	280	425	400	12×φ24	330	70	50	660	5350	9075	1380	上瓷套卡装	
357004D	BRDLW—330/630—3	330	630	5955	2930	1900	600	280	425	400	12×φ24	330	70	50	660	5485	9075	1420	上瓷套卡装	
358003D	BRLW—500/1250—3	500	1250	7875	4030	2640	900	240	500	500	16×φ24	300	85	60	750	7540	13750	2300	上瓷套卡装	
358322D	BRLW—500/1250—3	500	1250	7575	4030	2275	600	420	500	500	16×φ24	350	85	50	750	7275	13750	2000	上瓷套卡装	
358323D	BRLW—500/1250—3	500	1250	7480	4030	2230	650	280	500	500	16×φ24		85	50	750	7185	13750	2200	上瓷套卡装	
358332D	BRLW—500/1250—3	500	1250	7470	4030	2220	650	280	500	500	16×φ24		85	50	750	7175	13750	2200	上瓷套卡装	
358333D	BRLW—500/1250—3	500	1250	7660	4030	2470	900	240	500	500	16×φ24		85	50	750	7360	13750	2300	上瓷套卡装	

表 24-94 110kV 油纸电容式变压器套管技术数据

型号	品号	套管总长 L	接线端子				电缆引入长度 L4	油枕引线直径 d3	油枕至法兰盘距离 L7	接头法兰盘距离 d8	上瓷套						法兰				浸油部分总长 L2	油中最大直径 d	下瓷套长 L8	均压球		导电管内径 d6	套管重量(kg)	L9	备注	生产厂
			孔数 n	孔距 a1	板面 L6×L6	孔径 d1					有效绝缘距离 L1	公称爬距 S	伞形	最大个径 d9	法兰盘外径 d10	安装孔中心距 a2	安装孔数 n(m)	孔中心距 a2	密封面直径 d2	接地直径 d4				高度 L5	直径 d5					
BRW—110/630—3	355060D	2485	4	40	80×80	14	2185	250	1280	28	1150	3150	大小伞	280	400	350	6	350	24	250	680	170	500	105	120	35	144	108	长尾	南京电气（集团）有限公司
BRLW—110/630—3	355055DF	2980	4	40	80×80	14	2680	250	1280	28	1150	3150	大小伞	280	400	350	6	350	24	250	1175	170	500	105	120	35	165	108	结构	
BRDLW—110/630—3	355062D	2620	4	40	80×80	14	2300	282	1280	28	1150	3150	大小伞	280	400	350	6	350	24	240	810	170	350	60	120	35	157		短尾结构	
BRDLW—110/630—3	355063D	2770	4	40	80×80	14	2450	282	1280	28	1150	3150	大小伞	280	400	350	6	350	24	240	960	170	350	60	120	35	160		结构	
BRDW—110/630—3	355061D	2260	4	40	80×80	14	1960	282	1280	28	1090	3150	大小伞	280	400	350	6	350	24	240	450	170	350	60	120	35	137		结构	
BRLW—110/630—3	355057D	2980	4	40	80×80	14	2660	282	1280	28	1280	3910	大小伞	295	400	350	6	350	24	240	1175	170	500	105	120	35	182		长尾卡装结构	
BRLW—110/630—4	355059D	3165	4	40	80×80	14	2845	282	1480	28	1090	3150	大小伞	315	400	350	6	350	24	240	1160	170	500	105	120	35	275		卡装	
BRLW—110/1250—3	355058D	3060	4	50	100×100	18	2680	282	1280	46	1090	3150	大小伞	315	400	350	6	350	24	240	1185	195	500	100	140	55	233		结构	

注 尺寸单位：mm（余同）。

表 24 - 95　220kV 油纸电容式变压器套管技术数据

型号	品号	套管总长 L	接线端子 孔距 a1	孔数 n1	孔径 d1	板厚 δ	板面 L6×L6	电缆引入线长 L4	油枕直径 d3	油枕至法兰盘距离 L7	引线接头 外径 d7	连接孔径 d8	上瓷套 有效绝缘距离 L1	爬电距离 S
BRLW—220/630—3	356066D	4315±25	40	4	14	15	80×80	4030	350	2410	42	32	2130	6930
BRLW—220/630—3	356075D	4380±25	40	4	14	15	80×80	4030	350	2410	42	32	2130	6930
BRLW—220/630—3	356079D	4580±25	40	4	14	15	80×80	4230	350	2410	42	32	2130	6930
BRLW—220/630—3	356087D	4300±25	40	4	14	15	80×80	4050	350	2410	42	32	2130	6930
BRLW—220/630—3	356088D	4500±25	40	4	14	15	80×80	4250	350	2410	42	32	2130	6930
BRLW—220/630—3	356090D	4680±25	40	4	14	15	80×80	4330	350	2410	42	32	2130	6930
BRLW—220/630—3	356091D	4880±25	40	4	14	15	80×80	4530	350	2410	42	32	2130	6930
BRLW—220/630—4	356082D	4580±25	40	4	14	15	80×80	4230	350	2610	42	32	2330	8595
BRLW—220/630—4	356083D	4780±25	40	4	14	15	80×80	4430	350	2610	42	32	2330	8595
BRLW—220/630—4	356092D	4880±25	40	4	14	15	80×80	4530	350	2610	42	32	2330	8595
BRLW—220/630—4	356093D	5080±25	40	4	14	15	80×80	4730	350	2610	42	32	2330	8595
BRLW—220/1250—3	356080D	4420±25	50	4	18	16	100×100	4030	350	2410	52	46	2130	6930
BRLW—220/1250—3	356081D	4620±25	50	4	18	16	100×100	4230	350	2410	52	46	2130	6930
BRLW—220/1250—3	356094D	4720±25	50	4	18	16	100×100	4330	350	2410	52	46	2130	6930
BRLW—220/1250—3	356095D	4920±25	50	4	18	16	100×100	4530	350	2410	52	46	2130	6930
BRLW—220/1250—4	356084D	4620±25	50	4	18	16	100×100	4030	350	2610	52	46	2330	8595
BRLW—220/1250—4	356085D	4820±25	50	4	18	16	100×100	4430	350	2610	52	46	2330	8595
BRLW—220/1250—4	356096D	4920±25	50	4	18	16	100×100	4530	350	2610	52	46	2330	8595
BRLW—220/1250—4	356097D	5120±25	50	4	18	16	100×100	4730	350	2610	52	46	2330	8595

型号	上瓷套 伞形	最大伞径 d10	法兰盘外径 d9	安装孔中心距 a2	孔数 n2	孔径 d2	密封面直径 d4	油中接地长度 L3	浸油部分总长 L2	油中最大直径 d	下瓷套长	底座直径 d6	导管内径 d5	套管重量 (kg)	生产厂
BRLW—220/630—3	大小伞	400	550	500	12	19	300	550	1315	265	700	145	55	550	
BRLW—220/630—3	大小伞	400	550	500	12	19	300	550	1380	265	700	130　236	55	550	
BRLW—220/630—3	大小伞	400	550	500	12	19	300	750	1580	265	700	130　236	55	560	
BRLW—220/630—3	大小伞	400	550	500	12	24	300	450	1405	265	700	251　260	55	545	
BRLW—220/630—3	大小伞	400	550	500	12	24	300	650	1605	265	700	251　260	55	560	
BRLW—220/630—3	大小伞	400	550	500	12	19	300	550	1680	265	100	130　236	55	580	
BRLW—220/630—3	大小伞	400	550	500	12	19	300	750	1880	265	1000	130　236	55	590	
BRLW—220/630—4	大小伞	420	550	500	12	19	300	500	1380	265	700	130　236	55	570	南京电气（集团）有限责任公司
BRLW—220/630—4	大小伞	420	550	500	12	19	300	750	1580	265	700	130　236	55	580	
BRLW—220/630—4	大小伞	420	550	500	12	19	300	550	1680	265	1000	130　236	55	600	
BRLW—220/630—4	大小伞	420	550	500	12	19	300	750	1880	265	1000	130　236	55	610	
BRLW—220/1250—3	大小伞	400	550	500	12	19	300	550	1380	265	700	130　236	58	560	
BRLW—220/1250—3	大小伞	400	550	500	12	19	300	750	1580	265	700	130　236	58	570	
BRLW—220/1250—3	大小伞	400	550	500	12	19	300	750	1680	265	1000	130　236	58	590	
BRLW—220/1250—3	大小伞	400	550	500	12	19	300	750	1880	265	1000	130　236	58	600	
BRLW—220/1250—4	大小伞	420	550	500	12	19	300	550	1380	265	700	130　236	58	580	
BRLW—220/1250—4	大小伞	420	550	500	12	19	300	750	1580	265	700	130　236	58	590	
BRLW—220/1250—4	大小伞	420	550	500	12	19	300	550	1680	265	1000	130　236	58	610	
BRLW—220/1250—4	大小伞	420	550	500	12	19	300	750	1880	265	1000	130　236	58	620	

表 24-96 40.5kV 油纸电容式变压器套管技术数据

产品代号	产品老型号	产品新型号	额定电压 (kV)	额定电流 (A)	户外侧爬距 公称爬距	户外总长 L	户外瓷件绝缘距离 L_2	浸油部分总长 L_3	CT部分总长 L_4	安装法兰 安装孔中心距 a_1	安装法兰 孔数-孔径 n_1-d_1	户外接线端子 孔距 a_2	户外接线端子 孔数-孔径 n_2-d_2	油中接线端子 孔距 a_3	油中接线端子 孔数-孔径 n_3-d_3	油中最大直径 d_4	油枕外径 d_5	重量 (kg)	生产厂
203	BRDW$_1$—35/2000—3	BRDW1—40.5/2000—3	40.5	2000	1013	1466	500	435	20	225	8-φ14	50	4-φ18	40	4-φ14	144	145	80	西安西电高压电瓷有限责任公司
204	BRDW$_1$—35/2000—4	BRDW1—40.5/2000—4	40.5	2000	1256	1466	500	435	20	225	8-φ14	50	4-φ18	40	4-φ14	144	145	85	
205	BRDW$_1$—35/3150—3	BRDW1—40.5/3150—3	40.5	3150	1013	1536	500	470	20	225	8-φ14	60	4-φ18	50	4-φ18	144	145	85	
206	BRDW$_1$—35/3150—4	BRDW1—40.5/3150—4	40.5	3150	1256	1536	500	470	20	225	8-φ14	60	4-φ18	50	4-φ18	144	145	90	
202	BRDLW$_1$—35/2000—4	BRDLW1—40.5/2000—4	40.5	2000	1256	1775	500	715	300	225	8-φ14	50	4-φ18	40	4-φ14	144	145	102	
60315		BRDLW2—40.5/2000—4	40.5	2000	1256	1775	500	715	300	225	8-φ14	50	4-φ18	40	4-φ14	144	145	102	
200		BRD1W—40.5/1000—2	40.5	1000	810	1185	450	265	20	210	8-φ14	40	4-φ14		M33×1.5	124	145	46	
510		BRD1W—40.5/1000—3	40.5	1000	1013	1185	450	265	20	210	8-φ14	40	4-φ14		M33×1.5	124	145	48	
60308		BRDW—40.5/1000—3	40.5	1000	1013	1135	400	265	20	210	8-φ14	40	4-φ14		M33×1.5	124	145	49	
60309		BRDW—40.5/1000—2	40.5	1000	810	1135	400	265	20	210	8-φ14	40	4-φ14		M33×1.5	124	145	57	
60307		BRDW—40.5/1000—4	40.5	1000	1256	1230	500	265	20	210	8-φ14	40	4-φ14		M33×1.5	124	145	57	
60316		BRDLW—40.5/3150—4	40.5	3150	1256	1645	500	580	150	225	8-φ14	60	4-φ18	50	4-φ18	144	145	107	
60323		BRDL1W—40.5/3150—4	40.5	3150	1256	1795	500	730	300	225	8-φ14	60	4-φ18	50	4-φ18	144	145	116	
60318		BRDLW—40.5/1600—4	40.5	1600	1256	1680	500	715	400	210	8-φ14	40	4-φ14	45	4-φ14	124	145	66	
60326		BRDW2—40.5/2000—4	40.5	2000	1256	1310	500	302	20	225	8-φ14	50	4-φ18		M45×2	144	145	73	
60327		BRDW2—40.5/2000—3	40.5	2000	1013	1310	500	302	20	225	8-φ14	50	4-φ18		M45×2	144	145	68	

表 24－97　72.5～550kV 油纸电容式变压器套管技术数据

产品代号	产品老型号	产品新型号	额定电压(kV)	额定电流(A)	户外侧公称爬距	总长 L	引入电缆长 L1	户外件绝缘距离 L2	浸油部分总长 L3	CT部分总长 L4	放气鉴油孔	安装孔中心距 a1	孔数—孔径 n1—d1	孔距 a2	孔数—孔径 n2—d2	均压球直径 d3	均压球高度 L5	油中最大直径 d4	油枕外径 d5	引线接头内径 d6	导管内径 d7	重量(kg)	备注	生产厂
121	BRDLW－63/630－2	BRDLW－69/630－2	69	630	1380	1975	1700	620	687	400	φ160	280	6—φ18	40	4—φ14	120	60	126	210	28	36	103		
122	BRDLW－63/630－3	BRDLW－69/630－3	69	630	1725	2055	1780	700	687	400	φ160	280	6—φ18	40	4—φ14	120	60	126	210	28	36	110		
129	BRDLW－63/630－4	BRDLW－69/630－4	69	630	2248	2055	1780	700	687	400	φ160	280	6—φ18	40	4—φ14	120	60	126	210	28	36	114		
123	BRDW－63/630－2	BRDW－69/630－2	69	630	1380	1615	1310	620	327	40	φ160	280	6—φ18	40	4—φ14	120	60	126	210	28	36	95		
124	BRDW－63/630－3	BRDW－69/630－3	69	630	1725	1695	1420	700	327	40	φ160	280	6—φ18	40	4—φ14	120	60	126	210	28	36	98		
130, 130(TH)	BRDW－63/630－4	BRDW－69/630－4	69	630	2248	1695	1420	700	327	40	φ160	280	6—φ18	40	4—φ14	120	60	126	210	28	36	106		
60322		BRDL1W－72.5/630－4	72.5	630	2248	1905	1630	670	535	260	φ160	280	6—φ18	40	4—φ18	120	60	126	210	28	36	95		西安西电高压电瓷有限责任公司
207		BRDLW－70/630－3	70	630	2248	2185	1885	700	687	400	φ160	280	6—φ18	40	4—φ18	120	60	126	210	28	36	132		
208		BRW－72.5/630－4	72.5	630	2248	1830	1600	700	456	54	φ160	280	12—φ18	45	4—φ18	130	110	126	210	28	36	105		
209		BRLW－72.5/630－4	72.5	630	2248	2038	1730	700	662	260	φ160	280	6—φ18	40	4—φ18	130	110	126	210	28	36	107		
217		BRDW－69/1250－4	69	1250	2140	1760	1460	700	327	40	φ190	280	6—φ18	50	4—φ18	160	60	175	245	46	70	131		
215		BRDL1W－69/1250－4	69	1250	2140	1980	1680	700	547	260	φ190	280	6—φ18	50	4—φ18	160	60	175	245	46	70	141		
214		BRDL2W－69/1250－4	69	1250	2140	2120	1820	700	687	400	φ190	280	6—φ18	50	4—φ18	160	60	175	245	31.5	70	145		
60319		BRDL3W－72.5/1250－3	72.5	1250	2140	2170	1870	700	737	450	φ190	280	6—φ18	50	4—φ18	160	60	175	245	31.5	70	150		
60324	—	BRDLW－72.5/2500－3	72.5	2500	2140	2155	1820	700	687	400	φ190	280	6—φ18	60	4—φ18	160	60	175	245	50	70	162		
60312	—	BRW－72.5/630－3	72.5	630	1813	1930	1680	700	510	80	φ190	280	6—φ18	40	4—φ14	120	105	170	200	28	35	120		
60325	—	BRDLW－72.5/800－3	72.5	800	1980	1455	1255	625	555	260	—	185	6—φ16	—	—	86	60	95	—	15	24	38		
61301	—	BRLW－72.5/1250－3	72.5	1250	2140	2185	1885	700	752	400	φ190	280	6—φ18	50	4—φ18	160	60	175	245	31.5	70	155		
61302	—	BRLW－72.5/1250－4	72.5	1250	2248	2185	1885	700	752	400	φ190	280	6—φ18	50	4—φ18	160	60	175	245	31.5	70	164		

产品代号	产品老型号	产品新型号	额定电压 (kV)	额定电流 (A)	户外侧公称爬距	总长 L	L_1	绝缘距离 L_2	浸油部分总长 L_3	CT部分总长 L_4	放气塞孔中心距	安装孔中心距 a_1	孔数-孔径 n_1-d_1	孔距 a_2	孔数-孔径 n_2-d_2	直径 d_3	均压球直径	高度 L_5	油中最大直径 d_4	油枕外径 d_5	引线接头内径 d_6	导管内径 d_7	重量 (kg)	备注	生产厂
133	BRD—110/630	BRD—126/630	126	630	2016	2075	1835	950	450	40	φ220	350	6-φ24	40	4-φ14	φ14	120	60	196	210	28	36	140		西安西电高压电瓷有限责任公司
133J	BRD—110/630	BRD1—126/630	126	630	2016	2075	1835	950	450	40	φ220	350	6-φ24	40	4-φ14	φ14	120	60	196	210	28	36	145		
133 (TH)	BRD—110/630	BRD—126/630	126	630	2016	2075	1835	950	450	40	φ220	350	12-φ22	45	4-φ14	φ14	120	60	196	210	28	36	145		
134	BRDW—110/630—3	BRDW—126/630	126	630	3150	2275	2035	1150	450	40	φ220	350	6-φ24	40	4-φ14	φ14	120	60	196	210	28	36	166		
144	BRDW—110/630—4	BRDW—126/630—4	126	630	3906	2275	2035	1150	450	40	φ220	350	6-φ24	40	4-φ14	φ14	120	60	196	210	28	36	205		
135	BRDL1—110/630	BRDL1—126/630	126	630	2016	2435	2195	950	810	400	φ220	350	6-φ24	40	4-φ14	φ14	120	60	196	210	28	36	167		
135J	BRDL1—110/630	BRDL1L—126/630	126	630	2016	2435	2195	950	810	400	φ220	350	6-φ24	40	4-φ14	φ14	120	60	196	210	28	36	165		
136	BRDL1W—110/630—3	BRDLW—126/630—3	126	630	3150	2635	2395	1150	810	400	φ220	350	6-φ24	40	4-φ14	φ14	120	60	196	210	28	36	184		
60401		BRDLW1—126/630—3	126	630	3150	2635	2365	1120	810	400	φ220	350	6-φ24	40	4-φ14	φ14	120	60	196	210	28	36	190		
142	BRDL1W—110/630—4	BRDLW—126/630—4	126	630	3906	2635	2395	1150	810	400	φ220	350	6-φ24	40	4-φ14	φ14	120	60	196	210	28	36	226		
131	BRDL2—110/630	BRDL1—126/630	126	630	2016	2565	2320	950	940	530	φ220	350	6-φ24	40	4-φ14	φ14	120	60	196	210	28	36	158		
132	BRDL2W—110/630—3	BRDL1W—126/630—3	126	630	3150	2765	2520	1150	940	530	φ220	350	6-φ24	40	4-φ14	φ14	120	60	196	210	28	36	180		
143	BRDL2W—110/630—4	BRDL2W—126/630—4	126	630	3906	2765	2520	1150	940	530	φ220	350	12-φ22	40	4-φ14	φ14	120	60	196	210	28	36	220		
231	BR—110/630	BR—126/630	126	630	2016	2305	2075	950	680	75	φ220	350	6-φ24	40	4-φ14	φ14	120	110	196	210	28	36	135		
232	BRW—110/630—3	BRW—126/630—3	126	630	3150	2505	2275	1150	680	75	φ220	350	6-φ24	40	4-φ14	φ14	120	110	196	210	28	36	163		
234		BRL1—126/630	126	630	2016	2670	2440	950	1045	440	φ220	350	6-φ24	40	4-φ14	φ14	120	110	196	210	28	36	150		
234 (TH)	BRL1—110/630	BRL1—126/630	126	630	2016	2670	2440	950	1045	440	φ220	350	12-φ22	45	4-φ14	φ14	120	110	196	210	38	36	185		
235, 235 (TH)	BRL1W—110/630—3	BRL1W—126/630—3	126	630	3150	2870	2640	1150	1045	440	φ220	350	6-φ24	40	4-φ14	φ14	120	110	196	210	28	36	174 210		

续表 24－97

产品代号	产品老型号	产品新型号	额定电压(kV)	额定电流(A)	户外侧公称爬距	总长 L	引入电缆长 L_1	户外侧瓷件部分总长 L_2	浸油部分总长 L_3	CT长 L_4	放气塞孔中心距	安装孔中心距 a_1	安装法兰孔数孔径 n_1-d_1	接线端子孔距 a_2	接线端子孔数孔径 n_2-d_2	均压球直径 d_3	均压球高度 L_5	油中最大直径 d_4	油枕外径 d_5	引线接头内径 d_6	导管内径 d_7	重量(kg)	备注	生产厂
236		BRL1W—126/630—4	126	630	3906	2870	2640	1150	1045	440	Φ220	350	6-Φ24	40	4-Φ14	120	110	196	210	28	36	215		西安西电高压电瓷有限责任公司
237		BRL2—126/630	126	630	2016	2800	2570	950	1175	570	Φ220	350	6-Φ24	40	4-Φ14	120	110	196	210	28	36	153		
238		BRL2W—126/630—3	126	630	3150	3000	2770	1150	1175	570	Φ220	350	6-Φ24	40	4-Φ14	120	110	196	210	28	36	181		
239		BRL2W—126/630—4	126	630	3906	3000	2770	1150	1175	570	Φ220	350	6-Φ24	40	4-Φ14	120	110	196	210	28	36	222		
538		BRL2W2—126/630—3	126	630	3150	3000	2770	1120	1175	570	Φ220	350	6-Φ24	40	4-Φ14	120	110	196	210	28	36	187		
538a		BRL2W3—126/630—3	126	630	3150	3000	2655	1120	1175	570	Φ220	350	6-Φ24	40	4-Φ14	120	110	196	210	28	36	207		
539		BRL2W2—126/630—4	126	630	3906	3000	2770	1120	1175	570	Φ220	350	6-Φ24	40	4-Φ14	120	110	196	210	28	36	226		
242	BRLW—110/1250—3	BRLW—126/1250—3	126	1250	3150	3055	2800	1150	1190	595	Φ220	350	6-Φ24	50	4-Φ18	140	100	232	245	46	55	287		
243	BRLW—110/1250—4	BRLW—126/1250—4	126	1250	3906	3055	2800	1150	1190	595	Φ220	350	6-Φ24	50	4-Φ18	140	100	232	245	46	55	336		
61501	—	BRDLW1—126/1250—4	126	1250	3300	3300	3045	1150	1190	595	Φ220	400	8-Φ24	50	4-Φ18	140	100	232	245	46	55	342		
137	BRDL—110/1250	BRDL—126/1250	126	1250	2016	2520	2215	950	840	415	Φ280	400	8-Φ24	50	4-Φ18	180	85	232	245	46	70	224		
138	BRDL1W—110/1250—3	BRDLW—126/1250—3	126	1250	3150	2720	2415	1150	840	415	Φ280	400	8-Φ24	50	4-Φ18	180	85	232	245	46	70	248		
60402	—	BRDLW3—126/1250—3	126	1250	3150	2720	2415	1090	840	415	Φ220	350	8-Φ24	50	4-Φ18	180	85	232	245	46	70	285		
60501	—	BRDLW1—126/1250—4	126	1250	3150	2720	2415	1150	840	415	Φ220	350	8-Φ24	50	4-Φ18	180	85	232	245	46	70	246		
145	BRDLW—110/1250—4	BRDLW—126/1250—4	126	1250	3906	2720	2415	1150	840	415	Φ280	400	8-Φ24	50	4-Φ18	180	85	232	245	46	70	297		
247	BRDL—110/2500	BRDL—126/2500	126	2500	2016	2840	—	950	1150	565	Φ280	400	8-Φ24	60	4-Φ18	260	250	252	265	—	—	300	直接载流	
246	BRDLW—110/2500—3	BRDLW1—126/2500—3	126	2500	3150	3040	—	1150	1150	565	Φ280	400	8-Φ24	60	4-Φ18	260	250	252	265	—	—	290	直接载流	
248	BRDL1W—110/1250—3	BRDLW2—126/1250—3	126	1250	3150	2815	2510	1150	940	510	Φ220	350	8-Φ24	50	4-Φ18	180	85	232	245	46	70	261		
249	—	BRDL2W—126/1250—3	126	1250	3150	2865	2510	1150	990	565	Φ220	350	6-Φ24	50	4-Φ18	180	85	232	245	46	70	274		

产品代号	产品老型号	产品新型号	额定电压 (kV)	额定电流 (A)	户外侧公称爬距	引入电缆总长 L	长 L₁	户外部分绝缘距离 L₂	浸油部分总长 L₃	CT部分总长 L₄	放气塞孔中心距	安装孔中心距 a₁	孔数—孔径 n₁—d₁	孔距 a₂	孔数—孔径 n₂—d₂	均压球直径 d₃	均压球高度 L₅	油中最大直径 d₄	油枕外径 d₅	引线接头内径 d₆	导管内径 d₇	重量 (kg)	备注	生产厂
139	BRDL—110/2500	BRDL—126/2500	126	2500	2016	2560	2205	950	840	415	φ264	400	8—φ24	60	4—φ18	200	85	252	265	60	95	311		西安西电高压电瓷有限责任公司
139J	BRDL—110/2500	BRD1L—126/2500	126	2500	2016	2560	2375	950	840	415	φ264	400	8—φ24	60	4—φ18	200	85	252	265	60	95	311		
140	BRDLW—110/2500—3	BRDLW—126/2500—3	126	2500	3150	2760	2405	1150	840	415	φ264	400	8—φ24	60	4—φ18	200	85	252	265	60	95	340		
148	BRDLW—110/2500—4	BRDLW—126/2500—4	126	2500	3906	2760	2405	1150	840	415	φ264	400	8—φ24	60	4—φ18	200	85	252	265	60	95	381		
211		BRL1W2—126/630—3	126	630	3150	2720	2445	1000	1045	440	φ220	350	12—φ22	40	4—φ14	120	110	196	210	28	36	231		
221		BRD1L1—126/630	126	630	2016	2600	2355	950	935	530	φ220	350	6—φ24	40	4—φ14	120	60	166	210	28	36	160	代替131	
222		BRDLW1—126/630—3	126	630	3150	2800	2555	1150	935	530	φ220	350	6—φ24	40	4—φ14	120	60	166	210	28	36	175	代替132	
223		BRDK1W—126/630—4	126	630	3906	2800	2555	1150	935	530	φ220	350	6—φ24	40	4—φ14	120	60	166	210	28	36	185	代替143	
224		BRD2—126/630	126	630	2016	2110	1865	950	445	40	φ220	350	6—φ24	40	4—φ14	120	60	166	210	28	36	140	代替133	
225		BRDW1—126/630—3	126	630	3150	2310	2065	1150	445	40	φ220	350	6—φ24	40	4—φ14	120	60	166	210	28	36	155	代替134	
226		BRDW1—126/630—4	126	630	3906	2310	2065	1150	445	40	φ220	350	6—φ24	40	4—φ14	120	60	166	210	28	36	165	代替144	
227		BRD2L—126/630	126	630	2016	2470	2225	950	805	400	φ220	350	6—φ24	40	4—φ14	120	60	166	210	28	36	155	代替135	
228		BRDLW1—126/630—3	126	630	3150	2670	2425	1150	805	400	φ220	350	6—φ24	40	4—φ14	120	60	166	210	28	36	170	代替136	

续表 24-97

产品代号	产品老型号	产品新型号	额定电压(kV)	额定电流(A)	户外侧公称爬距	总长 L	引入电缆长 L1	户外瓷件部分总长 L2	浸油部分总长 L3	CT部分总长 L4	放气塞油中孔中心距	安装孔中心距 a1	孔数孔径 n1-d1	孔距 a2	孔数孔径 n2-d2	均压球直径 d3	均压球高度 L5	油中最大直径 d4	油枕外径 d5	引线接头内径 d6	导管内径 d7	重量(kg)	备注	生产厂
229		BRDLW1—126/630—4	126	630	2906	2670	2425	1150	805	400	φ220	350	6—φ24	40	4—φ14	120	60	166	210	28	36	180	代替142	西安西高压电瓷有限责任公司
241		BRW1—126/630—3	126	630	3150	2505	2230	1150	680	75	φ220	350	6—φ24	40	4—φ14	120	110	196	210	28	36	208		
244		BRL1W1—126/630—3	126	630	3150	2870	2595	1150	1045	440	φ220	350	6—φ24	40	4—φ14	120	110	196	210	28	36	218		
245		BRL2W1—126/630—3	126	630	3150	3000	2725	1150	1175	570	φ220	350	6—φ24	40	4—φ14	120	110	196	210	28	36	226		
61502		BRW2—126/630—3	126	630	3150	2355	2080	1000	680	75	φ220	350	12—φ24	45	4—φ24	120	110	196	210	28	36	195		
60506		BRDW—145/1250—3	145	1250	3925	2910	—	1460	685	40	φ280	350	6—φ24	50	4—φ18	160	185	232	270	M36×2	45	310	直接载流	
146		BRDW—170/630—2	170	630	3540	2770	2305	1460	585	40	φ220	350	6—φ24	40	4—φ14	160	120	196	270	28	36	206		
147		BRDL1W—170/630—2	170	630	3540	3160	2695	1460	975	430	φ220	350	6—φ24	40	4—φ14	160	120	196	270	28	36	216		
150		BRDL2W—170/630—2	170	630	3540	3160	2695	1460	875	330	φ220	350	6—φ24	40	4—φ14	160	120	196	270	28	36	216		
150S		BRDLW—170/1250—2	170	1250	3540	3180	2945	1460	875	330	φ220	350	6—φ24	50	4—φ18	160	120	196	270	28	36	220		
251		BRDL1W1—145/630—3	145	630	3906	3020	2785	1250	1070	520	φ220	290	12—φ16	—	—	120	60	196	210	28	36	270		
251B		BRDL1W1—145/630—3	145	630	3906	3050	2785	1250	1070	520	φ220	290	12—φ16	40	4—φ14	120	60	196	210	28	36	270		
256		BRDLW—145/630—3	145	630	3906	2720	2525	1250	810	200	φ220	290	12—φ18	—	—	160	120	196	210	28	36	262		
60504		BRDLJW2—145/630—3	145	630	4250	2980	2785	1250	1070	520	φ220	350	6—φ24	—	—	120	60	196	210	28	36	250		
264		BRDLW—170/630—3	170	630	4250	3160	2695	1460	875	330	φ220	350	6—φ24	40	4—φ14	160	120	196	270	28	36	275		
60507		BRDL2W—170/630—3	170	630	4250	3360	2895	1460	1075	530	φ220	350	6—φ24	40	4—φ14	160	120	196	270	28	36	267		

表 24 - 98　70～170kV 油纸电容式变压器套管（带放电间隙）技术数据

产品代号	产品型号	额定电压 (kV)	额定电流 (A)	户外侧公称爬距	户外 L 总长	引入电缆长 L1	户外瓷件绝缘距离 L2	浸油部分总长 L3	CT部分总长 L4	放气塞孔中心距	安装法兰 孔中心距 a1	安装法兰 孔数-孔径 n1-d1	接线端子 孔距 a2	接线端子 孔数-孔径 n2-d2	均压球 直径 d3	均压球 高度 L5	油中最大直径 d4	油枕外径 d5	引线接头内径 d6	导管内径 d7	放电间隙 长度 S±S×10%	放电间隙中心距 L6	重量 (kg)	备注	生产厂
218	BRDLW—70/630—3	70	630	2100	1955	1675	700	507	200	φ160	280	12-φ18	40	4-φ14	120	80	126	210	28	36	450±45	380	126		西安西电高压电瓷有限责任公司
219	BRDLW—70/1250—3	70	1250	2100	2005	1675	700	507	200	φ190	280	12-φ18	50	4-φ18	160	80	175	245	46	55	450±45	380	195		
60302	BRDW—72.5/1250—4	72.5	1250	2970	1605	55	900	183	60	—	180	6-φ16	—	—	—	—	125	210	28	36	335~405	390/415	118		
254	BRDW—145/630—3	145	630	2900	2705	2365	1250	630	60	φ220	290	12-φ18	45	6-φ14	120	80	196	210	28	36	900±90	490	240		
253	BRDLW—145/630—3	145	630	3906	2660	2365	1250	630	60	φ220	290	12-φ18	50	2-φ20.25	120	80	196	210	28	36	900±90	490	270		
255	BRDLW—145/630—2	145	630	2900	2845	2505	1250	770	200	φ220	290	12-φ18	45	6-φ14	120	80	196	210	28	36	900±90	490	248		
60502	BRDLW1—145/630—3	145	630	3906	2790	2325	1250	810	200	φ220	290	12-φ18	40	4-φ14	160	120	196	210	28	36	900±90	490	263		
60503	BRDL2W—145/630—3	145	630	3906	2920	2725	1250	1010	400	φ220	350	6-φ24	—	—	160	120	196	210	28	36	900±90	490	250		
265	BRDLW—170/630—2	170	630	4250	3020	2780	1460	810	200	φ220	350	12-φ18	40	4-φ14	160	120	196	270	28	36	900±90	410	305		
266	BRDLW—170/630—3	170	630	4850	3020	2780	1460	810	200	φ220	350	12-φ18	40	4-φ14	160	120	196	270	28	36	900±90	410	315		
60308a	BRDW1—40.5/630—3	40.5	630	1031	1150	—	400	265	20	—	210	8-φ14	40	4-φ14	—	—	124	145	28	—	169±17	300	49.7	直接载流	

表 24 - 99　252～550kV 油纸电容式变压器套管技术数据（直接载流方式）

产品代号	油中接线端子 形式	厚度或对边	宽度 b1	孔距 b2	端子高 h1	下端距均压球 L6	孔高 h2	孔数-孔径 n3-d3	备注	生产厂
159	接线板	40	98	50	40	172	20	2×M16		西安西电高压电瓷有限责任公司
160	接线板	40	98	50	40	172	20	2×M16		
194	接线板	40	98	50	40	172	20	2×M16		
196	接线板	40	98	50	40	172	20	2×M16		
152	六面体	对边78	45	0	33	148	14	6×M12	穿杆	
161	六面体	对边78	45	0	70	147	20	6×M16		
162	六面体	对边78	45	0	70	147	20	6×M16		

续表 24－99

油中接线端子部分

产品代号	形式	厚度或对边	宽度 b1	孔距 b2	端子高 h1	下端距均压球 L6	孔高 h2	孔数—孔径 n3—d3	备注	生产厂
197	六面体	对边 78	45	0	70	147	20	6×M16		西安西高压电瓷有限责任公司
60614	六面体	对边 78	45	0	70	170	20	6×M16		
60615	接线板	30	65	44.5	85	55	20	2×φ14		
177	六面体	对边 78	45	0	33.5	148	14	6×M12		
178	六面体	对边 78	45	0	33.5	148	14	6×M12	穿杆	
60808	接线板	18	50	40	85	55	20	2×φ14		
60809	接线板	18	50	45	85	55	20	2×φ14		

主表

产品代号	产品老型号	产品新型号	额定电压(kV)	额定电流(A)	户外侧公称总长 L	户外侧公称爬距	引入人电缆总长 L1	瓷件部分总长 L2	浸油部分总长 L3	CT 绝缘距离 L4	放气孔中心分距	安装孔中心距 a1	安装法兰 孔数—孔径 n1—d1	接线端子 孔距 a2	接线端子 孔数—孔径 n2—d2	均压球 直径 d3	均压球 高度 L5	油中油枕最大外径 d4	引线接头外径 d5	内径 d6	导管内径 d7	重量(kg)	备注	生产厂
192	BRLW1-220/630-3	BRDL1W-252/630-3	252	630	6300	4220	3885	2150	1100	430	φ330	500	12-φ24	40	4-φ14	245	130	308	320	32	55	700		西安西高压电瓷有限责任公司
199	BRLW1-220/630-4	BRDL1W-252/630-4	252	630	7812	4220	3885	2150	1100	430	φ330	500	12-φ24	40	4-φ14	245	130	308	320	32	55	797		
153	BRDL2-220/630	BRDL2-252/630	252	630	4284	4090	3755	1900	1220	550	φ330	500	12-φ24	40	4-φ14	245	130	308	320	32	55	648		
154	BRDL2W-220/630-2	BRDL2W-252/630-2	252	630	5500	1310	4005	2150	1220	550	φ330	500	12-φ24	40	4-φ14	245	130	308	320	32	55	738		
191	BRDL2W-220/630-3	BRDL2W-252/630-3	252	630	6300	4340	4005	2150	1220	550	φ330	500	12-φ24	40	4-φ14	245	130	308	320	32	55	705		
198	BRDL2W-220/630-4	BRDL2W-252/630-4	252	630	7812	4340	4005	2150	1220	550	φ330	500	12-φ24	40	4-φ14	245	130	308	320	32	55	802		
279	BRDL4W-220/630-3	BRDL4W-252/630-3	252	630	6300	4520	4095	2150	1400	730	φ330	500	12-φ24	40	4-φ14	245	130	308	320	32	55	779		
273	BRDL2W1-220/630-3	BRDL2W1-252/630-3	252	630	6300	4440	4105	2150	1320	550	φ330	500	12-φ24	40	4-φ18	245	130	308	320	32	55	772		
295	BRLW-220/630-3	BRLW-252/630-3	252	630	6300	5000	4755	2150	1880	770	φ330	680	12-φ19	40	4-φ19	245	130	308	320	32	55	883		西安西电高压电瓷有限公司
296	BRLW-220/630-4	BRLW-252/630-4	252	630	7812	5000	4755	2150	1880	770	φ330	680	12-φ19	40	4-φ19	245	130	308	320	32	55	984		
61601		BRLW2-252/630-4	252	630	7812	5200	4800	2150	1880	770	φ330	680	12-φ19	40	4-φ19	245	130	308	320	32	55	960		
294	BRLW1-220/630-4	BRLW1-252/630-4	252	630	8820	5400	5155	2550	1880	770	φ330	680	12-φ19	40	4-φ14	245	130	308	320	32	55	1030		
61602		BRLW-252/630-4	252	630	7812	5000	4755	2150	1880	770	φ330	540	12-φ14	40	4-φ14	245	130	308	320	32	55	959		

续表 24-99

产品代号	产品老型号	产品新型号	额定电压 (kV)	额定电流 (A)	户外侧公称爬距	总长 L	引入电缆长 L_1	户外瓷件部分总长 L_2	浸油部分总长 L_3	CT部分总长 L_4	放气塞孔中心距	安装孔中心距 a_1	安装法兰 一孔径 n_1—d_1	接线端子 孔距 a_2	接线端子 孔数—孔径 n_2—d_2	均压球 直径 d_3	均压球 高度 L_5	油中最大外径 d_4	油枕外径 d_5	引线接头内径 d_6	导管内径 d_7	重量 (kg)	备注	生产厂
292	BRLW—220/630—2	BRL5W—252/630—3	252	630	6300	5360	5025	2240	1000		φ330	500	12—φ24	40	4—φ14	245	260	308	320	32	55	1208		西安西电高压电瓷有限责任公司
157	BRDL1—220/1250	BRDL1—252/1250	252	1250	4284	4020	3630	1100	430		φ330	500	12—φ24	50	4—φ18	245	110	308	320	54	70	640		
60601		BRDW—252/630—3	252	630	6300	3940	3605	830	40		φ330	500	12—φ14	40	4—φ14	260	250	308	320	32	55	680		
60602		BRDLW2—252/630—4	252	630	7812	4330	3995	1220	430		φ330	500	12—φ24	40	4—φ24	250	250	308	320	32	55	820		
271	BRDL1W1—220/630—3	BRDL1W1—252/630—3	252	630	6300	4150	4150	1320	430		φ330	500	12—φ24	40	4—φ14	260	250	308	320	32	55	760		
272	BRDL1W1—220/630—4	BRDL1W1—252/630—4	252	630	7812	4440	4440	1320	430		φ330	500	12—φ24	40	4—φ14	260	250	308	320	32	55	855		
275	BRDLW—220/630—3	BRDL3W—252/630—3	252	630	6300	4660	4370	1540	620		φ330	500	12—φ24	40	4—φ14	260	250	308	320	32	55	794		
60608		BRDL2W3—252/630—3	252	630	6300	4450	4115	1340	550		φ330	500	12—φ24	10	4—φ24	260	250	308	320	32	55	726		
285		BRDL5W—252/2500—4	252	2500	7812	5340	—	2490	1715	800	φ330	500	12—φ24	60	4—φ18	260	250	308	400	32	—	1000	直接载流	
60610		BRDW—252/630—3	252	630	7812	4330	3995	2490	830		φ350	500	12—φ24	40	4—φ14	260	250	308	320	32	55	822		
60611		BRDW4W—252/630—4	252	630	7812	5020	4690	2490	1520	730	φ350	500	12—φ24	40	4—φ24	250	250	308	320	32	55	900		
151	BRDW—220/630—2	BRDW—252/630—2	252	630	5500	3830	3495	710	40		φ330	500	12—φ24	40	4—φ24	245	130	308	320	32	55	672		
155	BRDL1—220/630	BRDL1—252/630	252	630	4284	3970	3635	1100	430		φ330	500	12—φ24	40	4—φ24	245	130	308	320	32	55	620		
155J		BRDL1—252/630	252	630	4284	3970	3635	1900	1100	430	φ330	500	12—φ24	40	4—φ14	245	130	308	320	32	55	629		
156	BRDLW1—220/630—2	BRDL1W—252/630—2	252	630	5500	4220	3885	2150	1100	430	φ330	500	12—φ24	40	4—φ14	245	130	308	320	32	55	710		
★60622		BRL1W1—252/630—3	252	630	6930	4340	3900	2170	430		φ330	500	12—φ19	40	4—φ14	245	130	265	320	32	55	520	★套管用直筒瓷型件、磁铁式油表	
★60623		BRL1W—252/1250—4	252	1250	7812	4500	4100	2330	550		φ330	500	12—φ19	40	4—φ14	245	130	265	320	32	55	535		
★60624		BRL1W—252/630—4	252	1250	6930	4365	3900	2170	550		φ330	500	12—φ19	50	4—φ18	245	130	265	320	46	55	525		
★60625		BRL2W—252/1250—3	252	1250	7812	4525	4100	2330	550		φ330	500	12—φ19	50	4—φ18	245	130	265	320	46	55	540		
★60626		BRL2W—252/630—3	252	630	6930	4540	4100	2170	750		φ330	500	12—φ19	40	4—φ14	245	130	265	320	32	55	530		
★60627		BRL2W—252/630—4	252	630	4812	4700	4300	1585	750		φ330	500	12—φ19	40	4—φ14	245	130	265	320	32	55	545		
★60628		BRL2W—252/1250—3	252	1250	6930	4565	4100	2170	750		φ330	500	12—φ19	50	4—φ18	245	130	265	320	46	55	535		
★60629		BRL2W—252/1250—3	252	1250	7812	4725	4300	2330	750		φ330	500	12—φ19	50	4—φ18	245	130	265	320	46	55	550		

续表 24-99

产品代号	产品老型号	产品新型号	额定电压 (kV)	额定电流 (A)	户外侧公称爬距	总长 L	户外瓷件部分绝缘距离 L_2	CT浸油部分总长 L_3	放气塞孔长 L_4	安装孔中心圆直径	安装孔中心距 a_1	安装法兰孔数-孔径 n_1-d_1	接线端子孔距 a_2	接线端子孔数-孔径 n_2-d_2	均压球直径 d_3	均压球高度 L_5	下口直径 d_7	油中最大直径 d_4	油枕外径 d_5	重量 (kg)	备注	生产厂
159		BRDL1-252/1250	252	1250	4284	4165	1900	1240	430	φ350	500	12-φ24	50	4-φ18	260	250	φ180	308	320	610		西安西电高压电瓷有限责任公司
160		BRDL1W-252/1250-2	252	1250	5500	4415	2150	1240	430	φ350	500	12-φ24	50	4-φ18	260	250	φ180	308	320	700		
194		BRDL1W-252/1250-3	252	1250	6300	4415	2150	1240	430	φ350	500	12-φ24	50	4-φ18	260	250	φ180	308	320	690		
196		BRDL1W-252/1250-4	252	1250	7812	4415	2150	1240	430	φ350	500	12-φ24	50	4-φ18	260	250	φ180	308	320	785		
161	BRDL-220/2500	BRDL1-252/2500	252	2500	4284	4160	1900	1250	430	φ330	500	12-φ24	60	4-φ18	260	250	φ180	308	320	695		
162	BRDLW-220/2500-3	BRDL1W-252/2500-3	252	2500	6300	4410	2150	1250	430	φ330	500	12-φ24	60	4-φ18	260	250	φ180	306	320	780		
197	BRDLW-220/2500-4	BRDL1W-252/2500-4	252	2500	7812	4410	2150	1250	430	φ330	500	12-φ24	60	4-φ18	260	250	φ180	306	320	877		
152	BRD-220/2500	BRD-252/2500	252	2500	4284	3770	1900	860	40	φ330		12-φ24	60	4-φ18	260	250	φ180	306	320	630		
60614		BRDLW-252/3150-3	252	3150	6300	4975	2150	1790	800	φ380	500	12-φ24	60	4-φ18	300	350	φ200	330	320	770		
60615		BRDLW1-252/3150-3	252	3150	6300	4505	2150	1320	430	φ380	500	12-φ24	60	4-φ18	260	250	φ180	330	320	730		
165	BRDL1-330/630-2	BRDL1-363/630-2	363	630	8350	5480	2780	1650	430	φ540	660	12-φ24	50	4-φ18	350	350		430	400	1330		
164	BRDL1W-330/630-3	BRDL1W-363/630-3	363	630	9075	5680	2980	1650	430	φ540	660	12-φ24	50	4-φ18	350	350		430	400	1400		
190	BRDL3W-330/630-3	BRDL3W-363/630-3	363	630	9075	5780	2980	1750	600	φ540	660	12-φ24	50	4-φ18	330	280		430	400	1434		
60703		BRDL3W1-363/630-3	363	630	9980	6150	3280	1750	600	φ520	660	12-φ24	50	4-φ18	330	280		430	400		海拔1200m	
60704		BRDL3W2-363/630-4	363	630	11253	6560	3720	1750	540	φ520	660	12-φ24	50	4-φ18	330	280		430	400	1500	海拔3000m	
60706		BRDL3W3-363/630-4	363	630	11253	6630	3720	1820	540	φ520	660	12-φ24	50	4-φ18	350	350		430	400	1497	海拔3000m	
60707		BRDL1W-363/630-4	363	630	11253	6460	3720	1650	430	φ520	660	12-φ24	50	4-φ18	350	350		430	400	1380	海拔3000m	
60705	—	BRDLW-363/1250-3	363	1250	9075	5780	2980	1650	430	φ540	660	12-φ24	50	分裂 4-φ18	350	350		430	400	1113		

续表 24-99

产品代号	产品老型号	产品新型号	额定电压(kV)	额定电流(A)	户外侧公称爬距	户外瓷件总长 L	户外部分绝缘距离 L2	浸油部分总长 L3	CT部分总长 L4	放气塞孔中心距	安装孔中心距 a1	安装法兰 孔数 n1-孔径 d1	接线端子 孔距 a2	接线端子 孔数 n2-孔径 d2	均压球 直径 d3	均压球 高度 L6	均压球 下口径 d7	油中最大直径 d4	油枕外径 d5	重量(kg)	备注	生产厂
176	BRDLW-500/630-3	BRDLW-550/630-3	550	630	13750	7915	4780	2070	550	φ520	660	12-φ24	50		280	280		490	500	2120	电抗器用	西安西电高压电瓷有限责任公司
179	BRDLW-500/1250-2	BRDLW1W-550/1250-2	550	1250	11000	7860	4040	2540	940	φ540	660	12-φ24	50	分裂	400	400		490	500	2415		
181	BRDLW-500/1250-3	BRDLW1W-550/1250-3	550	1250	13750	7740	4040	2435	940	φ540	660	12-φ24	60	4-φ18	280	280		490	500	2042		
60807	—	BRDL2W1-550/1250-3	550	1250	13750	7860	4040	2555	940	φ540	660	12-φ24	60		400	400		490	500	2039		
185	—	BRL-550/2500-2	550	2500	11000	7900	4040	2600	811	φ800	1130	16-φ22		分裂	300	300		525	500	2500		
183	BRDLW-500/1250-3	BRDLW-550/1250-3	550	1250	13750	7450	4040	2130	650	φ540	660	16-φ24	60	4-φ18	280	280		490	500	2316		
60801	—	BRDL1W1-550/1250-3	550	1250	13750	7540	4040	2235	740	φ540	750	16-φ24	60		280	280		490	500	2332		
60802		BRDLW1-550/1250-3	550	1250	13750	7575	4040	2275	650	φ540	750	16-φ24	50		350	420		490	500	2317		
60803		BRDLW2-550/1250-3	550	1250	13750	7435	4040	2135	650	φ540	750	16-φ24	50		330	280		490	500	2317		
61801		BRLW1-550/1250-3	550	1250	13750	7575	4040	2250	650	φ540	750	16-φ24	60	分裂				490	500	1980		
61802		BRL1W-550/1250-3	550	1250	13750	7790	4040	2470	900	φ540	750	16-φ24	60	4-φ18				490	500			
61803		BRLW1-550/1250-3	550	1250	13750	7680	4040	2360	650	φ540	750	16-φ24	60		330	280		490	500			
61804		BRL1W1-550/1250-3	550	1250	13750	7930	4040	2610	900	φ540	750	16-φ24	60		330	280		490	500			
177	BRDLW-500/3150-2	BRDLW-550/3150-2	550	3150	11000	7470	4040	2150	550	φ540	660	12-φ24	60	分裂	420	400	φ230	490	500	2295	直接载流方式	
178	BRDLW-500/3150-2	BRDLW1-550/3150-2	550	3150	11000	7470	4040	2150	550	φ540	660	12-φ24	60	4-φ18	420	400	φ230	490	500	2775	直接载流方式	
60808		BRDLW-550/1600-3	550	1600	13750	7450	4040	2145	650	φ540	660	12-φ24	60	分裂	330	280	φ230	490	500	2412	直接载流方式	
60809		BRDLW1-550/1600-3	550	1600	15125	8210	4040	2145	650	φ540	660	16-φ24	60	4-φ18	330	280	φ230	490	500	2215	直接载流方式	

六、外形及安装尺寸

油纸电容式变压器套管外形及安装尺寸，见图 24－40。

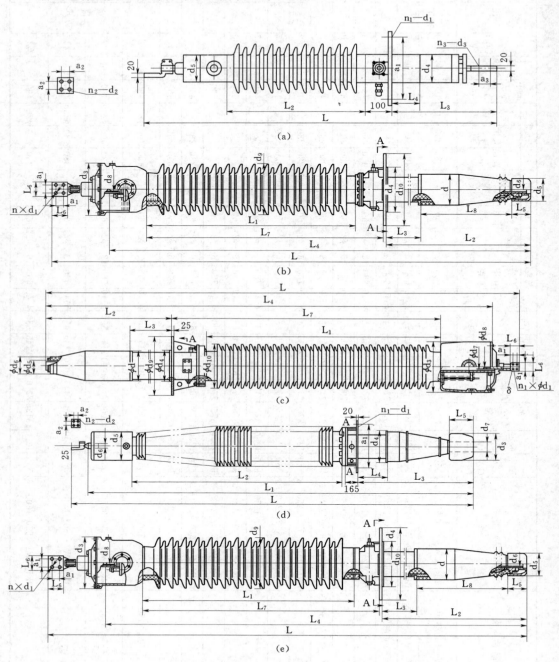

图 24－40　油纸电容式变压器套管外形及安装尺寸

(a) 结构（西瓷）；(b) 110kV 长尾卡装结构（南瓷）；(c) 220kV（南瓷）；

(d) 363kV（西瓷）；(e) 110kV 短尾结构（南瓷）

七、订货须知

订货时必须提供产品型号（产品代号）、额定电压和额定电流、爬电比距（爬电距离）、电流互感器的接地部分及互感器安装的高度尺寸、特殊要求等。

24.4.3 大电流变压器套管

一、概述

大电流变压器套管的额定电压为 24、40.5kV，额定电流为 5～31.5kA，使用系统电压 10～35kV，主要用于大容量户外油浸变压器低压侧出线。

西安西电高压电瓷有限责任公司研制的大电流套管是借鉴瑞典 ASEA 公司的技术经验，结合我国生产实际情况，分别研制了 24kV/5kA、40.5kV/16kA、40.5kV/31.5kA 等 10 多种不同类型的大电流套管，填补了国内空白，替代进口，及时满足电力设备的需要。

产品性能符合 GB/T 4109、IEC 60137 标准。

二、型号含义

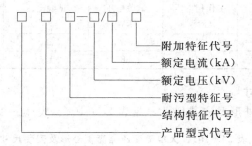

产品型式代号：BR—油纸电容式变压器套管。

结构特征代号：可装设电流互感器 L，有注脚 1，2，3…时，表明有几种不同的供装电流互感器的接地部分长度。

附加特征代号：套管户外端（或上端）外绝缘污秽等级代号及适用污区规定：

2—最小公称爬电比距 20mm/kV，中等污区；

3—最小公称爬电比距 25mm/kV，重污区；

4—最小公称爬电比距 31mm/kV，特重污区。

（爬电比距为瓷件最小公称爬电距离与套管额定电压之比。）

三、使用条件

（1）海拔（m）：≤1000。

（2）环境温度（℃）：−40～+40。

（3）安装方式：垂直，水平。

（4）无化学气体作用及严重脏污、盐雾地区。

四、结构特点

该产品主绝缘为高压电缆纸和铝箔均压电极组成的油纸电容芯子，用计算机编制程序进行。芯子最外层电极经小绝缘子引进，与接地法兰上的测量引线端子连接，供测量套管介质损耗角正切 $\tan\delta$、电容量 C 及局部放电量用（运行时，装上护罩，自动接地）。瓷件作为外绝缘及油的容器。户外端瓷件采用大小交替型伞。

该产品为全密封结构，其整体连接采用机械卡装辅以碟形弹簧，以形成轴向力压紧耐油橡皮垫圈。套管内上部留有气腔，以供变压器油膨胀时调节内部压力。顶部设有油塞孔，可以打开以探测油位。水平安装时，套管内油与变压器内油相连通。

套管中部的连接套筒上设有抽取内油样用的取油阀与变压器内油连通的油塞、释放变压器内部气体的放气塞。

套管的上、下铝接线端子板两面镀银或镀锡，上下镀层面与变压器绕组的铜接线片或母线的铜接线板相连。

产品装配经试漏后真空干燥处理和油压浸渍，具有很高的耐电强度，电气性能好。

五、技术数据

套管电气性能，见表 24-100。

表 24-100　大电流变压器套管电气性能

额定电压 （kV）	系统标称电压 （kV）	设备最高 工作相电压 （kV）	1min 工频 试验电压 （kV）	雷电全波冲击 试验电压 （kV）	雷电截波冲击 试验电压 （kV）	弯曲负荷 耐受试验 （N）
40.5	35	23	95	200	220	3150
24	20	14	58	125	144	3150

六、外形及安装尺寸

大电流变压器套管外形及安装尺寸，见表 24-101、表 24-102 及图 24-41。

表 24-101　大电流变压器套管外形及安装尺寸

产品代号	产品型号	额定电流（kA）	L_1	L_2	L_3	L_4	R	A_1	A_2	B_1	B_2	C_1	C_2
108	BRL1—40.5/16	16	1353	785	400	300	185	230	300	135	210	40	0
109	BR2—40.5/16	16	983	415	30	300	185	230	300	135	210	40	0
114	BR—40.5/16	16（25）	983	415	30	300	235	300	400	190	282	40	60
119	BR—40.5/10	10	983	415	30	300	140	152	220	80	150	0	40
120	BR1—40.5/16	16	983	415	30	300	185	230	300	135	210	40	0
126	BR1—40.5/10	10	983	415	30	300	140	152	220	80	150	0	40

产品代号	D_1	D_2	D_3	D_4	D_5	D_6	E_1	E_2	F_1	N_1 孔	N_2 孔	N_3 孔	总重（kg）	公称爬电距离	生产厂
108	480	358	355	250	430	480	22.5	40	40	12	6	8	280	775	西安西电高压电瓷有限责任公司
109	480	358	355	250	430	480	22.5	40	40	12	6	8	200	775	
114	570	452	452	340	540	600	25	50	46	18	8	12	295	775	
119	390	266	265	170	350	400	25	50	46	9	4	8	132	775	
120	480	358	355	250	430	480	25	50	46	12	6	8	200	775	
126	390	266	265	170	350	400	22.5	40	40	9	4	8	132	775	

产品代号	产品型号	额定电流（kA）	L_1	L_2	L_3	L_4	R	A_1	A_2	B_1	B_2	C_1	C_2
127	BR3—40.5/16	16（25）	983	415	30	300	235	300	400	190	282	40	60
128	BRL—40.5/16	16（25）	1153	588	200	300	236	300	400	190	282	40	60
201	BR4—40.5/16	16（25）	983	415	30	300	235	300	400	190	282	40	60
125	BR—40.5/22	22（31.5）	1070	472	20	300	288	200	640	312	310	50	0
63302	BRW—40.5/10—2	10	983	415	30	300	138	100	300	80	150	0	40
63303	BRL2—40.5/16	16（25）	1153	588	200	300	140	420	190	282	40	60
63301	BRW—40.5/5—3	5	990	400	20	400	123	125	160	80	90	0	40
63202	BRLW—24/5—4	5	920	398	20	400	123	125	160	80	90	20	40
63305	BRLW—35/25—2	25	1370	665	200	370	254	300	400	350	170	50	70
63307	BRLW—40.5/10—3	10	1453	785	400	400	150	152	220	80	150	0	40
63308	BRW—40.5/10—3	10	1083	415	30	400		152	220	80	150	0	40
63310	BRLW—40.5/16—3	16	1453	785	400	400	185	230	300	135	210	40	0

产品代号	D_1	D_2	D_3	D_4	D_5	D_6	E_1	E_2	F_1	N_1 孔	N_2 孔	N_3 孔	总重（kg）	公称爬电距离	生产厂
127	570	452	452	340	540	600	25	50	50	18	8	12	295	775	
128	570	452	452	340	540	600	25	50	50	18	8	12	337	775	
201	570	452	452	340	540	600	25	50	50	18	8	12	295	775	
125	675	552	550	440	640	700	25	50	50	12	18	16	515	775	
63302	390	266	265	170	350	400	22.5	40	40	6	4	8	140	810	西安西电高压电瓷有限责任公司
63303	570	452	450	340	540	600	40	40	80	6	8	12	339	775	
63301	350	224	224	120	325	360	22.5	40	40	9	4	8	96.6	1013	
63202	350	224	224	120	325	360	22.5	40	40	9	4	8	85	810	
63305	675	490	490	390	620	680	25	40	40	18	12	16	628	1013	
63307	399	266	265	170	350	400	22.5	40	40	9	4	8	183	1013	
63308	399	266	265	170	350	400	22.5	40	40	9	4	8	140	1013	
63310	480	358	355	250	430	480	22.5	40	40	12	6	8	316	1013	

注 尺寸单位：mm。

七、订货须知

订货时必须提供产品型号（产品代号）、额定电压和额定电流、特殊要求等。

24.4.4 油—SF$_6$ 油纸电容式变压器套管

一、概述

油—SF$_6$ 油纸电容式变压器套管主要用于油浸式电力变压器与 SF$_6$ 全封闭电器（GIS）或 SF$_6$ 母线筒之间的过渡连接。使用时一端在油中工作，另一端在 SF$_6$ 气体中工作，SF$_6$ 气体介质的最高温度为 40℃，压力不超过 0.55MPa（表压力）。

表 24－102　大电流铝导体油纸电容式变压器套管外形及安装尺寸

品号	型号	总长 L (mm)	上接线端子					上瓷套				
			接线板块数	每块接线板 (mm) 板面 L4×L5	孔数 n	孔距 a1	孔径 d1	有效绝缘距离 L1 (mm)	表面爬电距离 S (mm)	计算爬电距离 (mm/kV)	伞数	最大伞径 d11 (mm)
353001	BRLW—35/16000—3	1360	8	302×160	10	50	17	400	1015	25	普通伞	450
353003D	BRLW—35/10000—3	1480	4	150×175	9	40	14	400	1060	25	大小伞	405
353004D	BRLW—35/10000—3	1730	2	150×210	12	50	18	400	1060	25		405
353006	BRLW—35/16000—3	1360	8	180×160	9	40	14	400	1015	25	普通伞	450
353007D	BRLW—35/5000—3	1405	2	125×135	9	40	14	400	1013	25		350
353008D	BRW—35/10000—2	980	4	150×175	9	40	14	300	810	20	大小伞	390
353009D	BRW—35/10000—2	985	4	100×180	6	40	14	300	810	20		390
353010	BRW—35/16000—3	1095	8	180×150	9	40	14	400	1015	25		450
353528	BRW—35/16000—3	1110	8	100×150	6	50	14	400	1015	25	普通伞	450
353529	BRW—35/25000—3	1405	8	200×200	9	50	14	400	1015	25		690

品号	安装法兰 (mm)					浸油部分总长 L2 (mm)	油中最大外径 d (mm)	下瓷套长 L8 (mm)	下接线板					导电体直径 d12 (mm)	重量 (kg)	生产厂
	法兰盘外径 d4	安装中心距 d3	孔数 n	孔径 d2	油中接地长度 L3				接线板块数	每块接线板 (mm) 板面 L6×L7	孔数 n1	孔距 d4	孔径 d3			
353001	520	450	8	20	285	685	360	152	2	130×120	6	40	M12	245	350	南京电气（集团）有限责任公司
353003D	400	350	8	20	400	800	270	150	2	80×135	4	40	M12	170	195	
353004D	400	350	8	20	400	800	270	150	2	80×135	4	40	M12	170	230	
353006	520	450	8	20	285	685	360	150	2	130×120	6	40	M12	245	350	
353007D	360	325	8	20	400	265	220	155	2	80×110	4	40	M12	120	170	
353008D	400	350	8	30		418	265	155	2	80×135	4	40	M12	170	120	
353009D	400	350	8	30		418	265	155	2	80×135	4	40	M12	170	120	
353010	520	450	8	30		420	360	150	2	120×130	6	40	M12	245	255	
353528	500	450	12	20		420	360	150	2	130×120	4	40	M12	245	235	
353529	750	710	12	20	110	670	600	150	2	200×200	9	80	M12	435	675	

西安西电高压电瓷有限责任公司研制该产品是借鉴瑞典 ASEA 公司的技术经验和结合我国生产实际情况，分别研制出 126kV/1250A、154kV/1250A、252kV/1250A、363kV/1250A、550kV/1250A 系列油—SF6 油纸电容式变压器套管，填补了国内空白，替代进口，满足电力设备的需要。

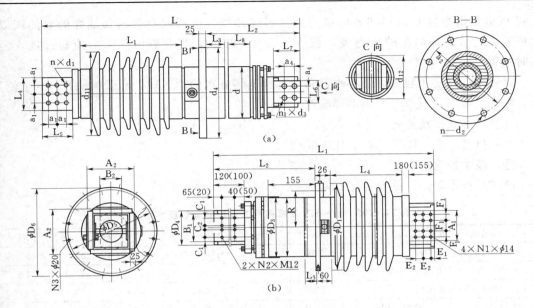

图 24-41 大电流变压器套管外形及安装尺寸
(a) 南瓷产品；(b) 西瓷产品

二、型号含义

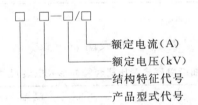

额定电流（A）
额定电压（kV）
结构特征代号
产品型式代号

产品型式代号：BQD—油—SF_6 短尾油纸电容式变压器套管，注脚 1，2，3…为设计序号。

结构特征代号：L—装设电流互感器，有注脚 1，2，3…时，表明有几种不同的供装电流互感器的接地部分长度；不可装设电流互感器不表示。

三、结构特点

套管的主绝缘为高压（或超高压）电缆纸和铝箔均压电极组成的油纸电容芯子，计算用计算机编制程序进行。芯子的最外层电极与接地法兰上的测量引线端子连接，弹簧压紧式经抽头绝缘子引出，供测量套管介质损耗角正切、电容量及局部放电量用（运行时，装上引线护罩，自动接地）。芯子外面有瓷件保护。

产品为全密封结构，整体连接是用预应力管形成轴向力压紧耐油橡皮垫圈实现，确保密封圈 30 年仍有弹性，保证套管对油及 SF_6 气体的密封。当套管在 0.55MPa（表压力）的 SF_6 气体中工作时，确保 SF_6 气体不进入套管及变压器中。

套管的头部设有油枕（储油柜），调节油因温度变化引起的压力变化。顶部设有油塞。套管中部连接套筒共有两个安装法兰，一个安装在变压器油箱盖上，另一法兰供与 SF_6 侧母线筒连接安装用。法兰上有放气塞。连接套筒上设有供测量套管介质损耗角正切 tanδ 和电容量 C 及局部放电量的测量引线装置，供抽取套管内部油样的取油阀以及可直读套管内部油压的压力表，该压力表有电接点，当套管内部压力值超过规定范围时报警。

套管尾部（变压器侧）设有改善套管尾部电场分布的均压球，套管的头部（SF$_6$ 侧）设有改善与 GIS 接线部分电场的屏蔽罩。

套管多为直接载流式。

产品执行标准 GB/T 4109、IEC 60137。

四、技术数据

该产品技术数据，见表 24-103。

表 24-103 油—SF$_6$ 油纸电容式变压器套管技术数据

系统标称电压（kV）		110	132	150~154	220	330	500
额定电压（kV）		126	145	170~177	252	363	550
设备最高工作相电压（kV）		73	84	98.5	146	210	317
1min 工频耐受电压（kV）		230	275	340	460	570	740
雷电冲击耐受电压	全波（kV）	550	650	750	1050	1300	1675
	截波（kV）	635	750	865	1210	1495	1930
操作冲击耐受电压（kV）		—	510		—	1050	1300
弯曲负荷耐受试验（N）		1600			1600	2500	

五、外形及安装尺寸

该产品外形及安装尺寸，见表 24-104 及图 24-42。

表 24-104 油—SF$_6$ 油纸电容式变压器套管外形及安装尺寸（带压力报警装置）

产品代号	产品型号	额定电压（kV）	额定电流（A）	产品总长 L（mm）	瓷件尺寸（mm）		浸油部分尺寸（mm）						CT 部分长度 L$_7$	安装法兰			
					绝缘距离 L$_1$	最大外径 D$_3$	长度 L$_2$	均压球			接线端子			外径 D$_1$	放气塞位置	孔距 D$_2$	孔数—孔径 N$_1$—D$_8$
								直径 D$_6$	高度 L$_6$	口径 D$_7$	孔数 N$_2$	接线端面 A×B					
240	BQD$_1$—126/1250	126	1250	1687	350	196	602	260	250	124	2—M16	90×35	40	400	130	350	12—φ24
62403	BQD$_2$—126/1250	126	1250	1640	350	196	600	260	250	124	2—M16	90×35	40	400	130	350	12—φ24
62404	BQL—126/1250	126	1250	2350	500	232	1120	160	80	90	—			550	400	125	350	12—φ19
270	BQD$_1$—252/1250	252	1250	2570	670	308	932	260	250	180	2—M16	98×40	40	550	200	500	12—φ24

产品代号	浸入 SF$_6$ 部分尺寸（mm）				接地部分长 L$_8$	安装法兰				安装两法兰间距离 L$_3$（mm）	重量（kg）	备注
	长度 L$_4$	高压端最大外径 D$_4$	接线头			外径 D$_1$S	孔距 D$_2$S	孔数—孔径 N$_1$S—D$_8$S	密封槽尺寸（直径×宽度×深度）			
			顶孔径×深度	杆径×长 D$_5$×L$_5$								
240	855	210	φ11×60	φ40×100	40	400	350	12—φ24	—	230	80	
62403	856	270	—	φ30×115	40	470	435	12—φ19	—	230	95	
62404	1000	232	—	φ42×80	40	400	350	12—φ19	—	230	135	穿缆式
270	1178	270	M10×25	φ43×100	40	675	635	16—φ19	φ597×14×6.8	365	280	

产品代号	产品型号	额定电压(kV)	额定电流(A)	产品总长 L(mm)	瓷件尺寸(mm) 绝缘距离 L₁	最大外径 D₃	浸油部分尺寸(mm) 长度 L₂	均压球 直径 D₆	高度 L₆	口径 D₇	接线端子 孔数 N₂	接线端面 A×B	CT部分长度 L₇	安装法兰 外径 D₁	放气塞位置	孔距 D₂	孔数—孔径 N₁—D₈
62601	BQLD₁—252/1250	252	1250	2957	670	308	1322	260	250	180	2—M16	98×40	430	550	200	500	12—φ24
280	BQD₁—363/1250	363	1250	3120	900	428	1265	352	352	200	6—M16	六面体对边78高34	40	720	250	660	12—φ24
62801	BQD—550/1250	550	1250	4088	1270	490	1660	420	400	230	6—M16	六面体对边78高34	40	720	265	660	12—φ24

产品代号	浸入 SF₆ 部分尺寸(mm) 长度 L₄	高压端最大外径 D₄	接线头 顶孔径×深度	杆径×长 D₅×L₅	接地部分长 L₈	安装法兰 外径 D₁S	孔距 D₂S	孔数—孔径 N₁S—D₈S	密封槽尺寸(直径×宽度×深度)	安装两法兰间距离 L₃(mm)	重量(kg)	备注
62601	1176	300	M10×25	φ64×100	40	675	635	16—φ19	φ597×14×6.8	365	294	
280	1495	270	M10×30	φ43×100	40	675	635	16—φ19	φ597×14×6.8	360	460	穿杆式
62801	2068	490	M10×30	φ43×100	40	720	660	24—φ24	φ597×14×6.8	360	670	穿杆式

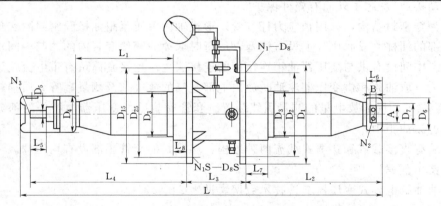

图 24-42　油—SF₆ 油纸电容式变压器套管外形及安装尺寸

六、订货须知

订货时必须提供产品型号（产品代号）、额定电压和额定电流、特殊要求等。

七、生产厂

西安西电高压电瓷有限责任公司。

24.4.5　油—油油纸电容式变压器套管

一、概述

油—油油纸电容式套管主要用于油浸电力变压器、整流变压器通过中间过渡油箱，与电缆相连接的电流载流体，并对变压器油箱及中间过渡油箱的外壳起绝缘作用。

西安西电高压电瓷有限责任公司从瑞典 ASEA 公司引进油纸电容式套管制造技术,吸收、消化,改进了各类套管的结构,开发了新的套管系列产品,质量达到国际水平,已供出口及国内现场使用。提供额定电压为 40~145kV、额定电流为 630~1250A、一端工作在变压器内,一端工作在与电缆盒连接的中间过渡油箱中的套管产品,直接安装使用。

产品性能符合 GB/T 4109、IEC 60137 标准。

二、型号含义

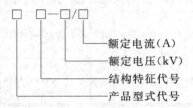

产品型式代号:BRQ—油—油油纸电容式变压器套管,注脚 1,2,3…为设计序号。

结构特征代号:L—可装设电流互感器,有注脚 1,2,3…时,表明有几种不同的供装电流互感器的接地部分长度;不可装设电流互感器的不表示。

三、结构特点

油—油油纸电容式变压器套管的主绝缘为高压电缆纸和铝箔均压电极组成的多层圆柱形电容器(电容芯子),芯子的最外层电极经小绝缘子引出,与接地法兰上的测量引线端子连接,供测量套管的介质损耗角正切 tanδ、电容量 C 及局部放电量用(运行时,装上护罩,自动接地)。芯子外面有瓷件保护。

套管为全密封结构,采用预应力杆(管)形成轴向力压紧耐油橡胶密封圈实现连接和密封。头部的油枕(或底座)上设有油塞,运行时取掉油塞使套管内的油与中间过渡油箱的油连通。中间设有供与变压器油箱连接用的连接法兰。连接套筒留有带电流互感器的位置。套筒上有取油阀和供变压器注油时放出上部空气的放气塞及测量套管介质损耗角正切 tanδ、电容量 C、局部放电量的测量引线装置。套管安装后,变压器油箱外的部分全部封闭在中间过渡油箱中。

该产品有直接载流和穿缆式载流两种结构,穿缆式的套管尾部设有均压球。

四、技术数据

油—油油纸电容式变压器套管技术数据,见表 24-105。

表 24-105 油—油油纸电容式变压器套管技术数据

系统标称电压(kV)		35		66		110		132	
额定电压(kV)		40.5		72.5		126		145	
设备最高工作相电压(kV)		23.5		42		73		84	
1min 工频耐受电压(kV)		95		165		230		275	
雷电冲击耐受试验电压	全波(kV)	200		325		550		650	
	截波(kV)	—		—		635		750	
弯曲负荷耐受试验	额定电流(A)	630	1250	630	1250	630		1250	
	负荷值(N)	1000	1250	2000		2000			

五、外形及安装尺寸

该产品外形及安装尺寸，见表 24-106 及图 24-43。

表 24-106 油—油油纸电容式变压器套管外形及安装尺寸

产品代号	产品型号	额定电压(kV)	额定电流(A)	总长 L	电缆引入长 L1	瓷件		变压器侧浸油部分长度 L3	变压器中接地部分长度 L4	均压球		安装法兰	
						长度 L2	直径 D			直径 d	高度 L5	外径 d1	放气塞位置
216	BRQL1—72.5/630	72.5	630	1320	1095	235	126	607	300	120	80	320	80
220	BRQL—72.5/630	72.5	630	1085	885	235	126	400	120	120	60	320	80
212	BRQL—72.5/1250	72.5	1250	1080	895	235	175	420	120	160	80	320	105
262	BRQL—126/630	126	630	1755	1510	500	232	770	200	160	80	400	130
261	BRQL3—145/1250	145	1250	2045	1810	500	232	1070	500	160	80	400	130
210	BRQ—40.5/630	40.5	630	820		235	126	385	20			238	
210L	BRQ1—40.5/630	40.5	630	885		235	126	450	20			238	
230、230C	BRQ1—126/630	126	630	1250	1040	350	196	450	40	120	60	400	110
62402	BRQ1—126/630	126	630	1220	1040	350	196	450	40	120	60	400	110
289	BRQL2—126/630	126	630	1610	1440	350	196	840	430	120	60	400	110
290、290C	BRQL3—126/630	126	630	1740	1570	350	196	965	560	120	60	400	110
250	BRQL3—126/1250	126	1250	1995	1870	500	232	1070	500	160	80	400	130
62401	BRQL—126/1250	126	1250	1695	1510	500	232	770	200	160	80	400	130
260	BRQ—145/630	145	630	1555	1385	500	196	630	60	120	80	340	110

产品代号	安装法兰			导电密封头		引线接头		导管内径 d7	均压罩外径 d8	安装方式	载流方式	重量(kg)	备注
	孔中心距 a2	孔数 n	孔径 d3	直径 d4	高度 L6	螺纹 d5	连接孔 d6						
216	280	6	18			M33×1.5	28	38	180	水平	穿缆	54	
220	280	6	18	30	70	M33×1.5	28	38	180	水平	穿缆	45	
212	280	6	18	M42×1.5	120	M45×2	40	48	180	垂直	穿缆	37	水平安装
262	350	6	24			M45×2	40	48	180	水平	穿缆	116	
261	350	6	24			M45×2	40	48	180	水平	穿缆	123	
210	210	8	14							水平	直接	27	油—油(沥青)油纸
210L	210	8	14							水平	直接	30	
230、230C	350	6	18	30	70	M33×1.5	28	38	180	水平垂直	穿缆	64	
62402	350	6	18	M30×1.5	70	M33×1.5	28	38	180	水平	穿缆	64	
289	350	6	24	M30×1.5	70	M33×1.5	28	38	180	水平	穿缆	84	垂直安装
290、290C	350	6	24	30	70	M33×1.5	28	38	179	垂直水平	穿缆	89	
250	350	6	24	42	80	M45×2	40	48	180	垂直	穿缆	112	
62401	350	6	24	M42×1.5	80	M45×2	40	48	180	水平	穿缆	105	
260	290	12	18	M30×1.5	70	M33×1.5	28	38	180	水平	穿缆	78	

注 尺寸单位：mm。

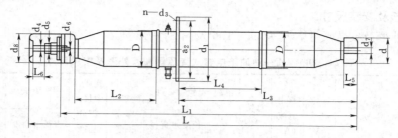

图 24-43　油—油油纸电容式变压器套管外形及安装尺寸

六、订货须知

订货时必须提供产品型号（代号）、额定电压和额定电流、电流互感器的尺寸及特殊要求。

七、生产厂

西安西电高压电瓷有限责任公司。

24.5　钢化玻璃绝缘子

24.5.1　南瓷钢化玻璃绝缘子

一、概述

南京电气（集团）有限责任公司生产钢化玻璃绝缘子已有 40 多年历史，国产生产线的产品在 35～500kV 线路上投入运行的达 2200 多万片（截止 2002 年 5 月），其中引进生产线的产品已有 1267 万片进入国内外市场。在国内已有 61 条 500kV 线路和 9 条 330kV 线路采用引进生产线生产的高吨位玻璃绝缘子 262 万片，160～300kN 直流玻璃绝缘子在 500kV 葛上线路挂网试运行 6000 片，产品首次在 ±500kV 三峡至上海的龙政线路大批量的使用，为我国直流输电工程填补了这项产品的空白。盘形悬式钢化玻璃绝缘子是该公司主导产品之一。产品生产技术和质量具有当今世界先进水平。品种齐全，有 40～530kN 的标准系列、70～300kN 的耐污系列、160～400kN 的直流型系列及空气动力型、球面型、铁道棒型和地线型玻璃绝缘子等系列产品，用于高压和超高压交直流输电线路中绝缘和悬挂导线用。

产品符合国际、国际电工标准（IEC）、英标（BS）、澳标（AS）和美标（ANSI）等。

二、型号含义

1. 钢化玻璃绝缘子型号

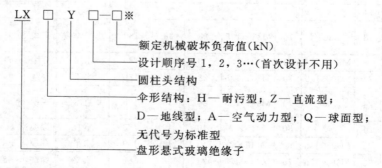

※　T 为电气化铁道用耳环形绝缘子。

2. 电气化铁道接触网用棒形玻璃绝缘子型号

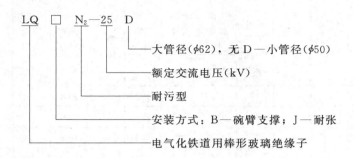

三、结构

产品由铁帽、钢化玻璃件和钢脚组成，并用水泥胶合剂胶合为一体。全部采用国际最先进的圆柱头型结构，其特点是头部尺寸小、重量轻、强度高和爬电距离大，可节约金属材料和降低线路造价。为满足带电作业的需要，在帽沿上采用国内传统的结构形状。

四、产品特点

1. 零值自破，便于检测

只要在地面或在直升机上观测即可，无需登杆逐片检测，降低了工人的劳动强度。引进生产线的产品，年运行自破率为 0.02%～0.04%，节约线路的维护费用。

2. 耐电弧和耐振动性能好

在运行中玻璃绝缘子遭受雷电烧伤的新表面仍是光滑的玻璃体，并有钢化内应力保护层，保持了足够的绝缘性能和机械强度。

在 500kV 线路上多次发生导线覆冰引起舞动的灾害，受导线舞动后的玻璃绝缘子经测试，机电性能没有衰减。

3. 自洁性能好和不易老化

玻璃绝缘子不易积污和易于清扫，南方线路运行的玻璃绝缘子雨后冲洗得干净。对典型地区线路上的玻璃绝缘子定期取样测定运行后的机电性能，从积累上千个数据表明运行35 年后与出厂时基本一致，未出现老化现象。

4. 主电容大，成串电压分布均匀

玻璃的介电常数 7～8，使玻璃绝缘子具有较大的主电容和成串的电压分布均匀，有利于降低导线侧和接地侧附近绝缘子所承受的电压，达到减少无线电干扰、降低电晕损耗和延长玻璃绝缘子的寿命目的。

五、技术数据

（1）标准型盘形悬式玻璃绝缘子技术数据，见表 24-107。

（2）耐污型盘形悬式玻璃绝缘子技术数据，见表 24-108。

（3）直流型盘形悬式玻璃绝缘子技术数据，见表 24-109。

（4）球面型盘形悬式玻璃绝缘子技术数据，见表 24-110。

（5）空气动力型盘形悬式玻璃绝缘子技术数据，见表 24-111。

（6）地线型盘形悬式玻璃绝缘子技术数据，见表 24-112。

表 24-107 标准型盘形悬式玻璃绝缘子技术数据

绝缘子型号	品号	机械破坏负荷 ≮(kN)	打击破坏负荷 ≮(N·cm)	1h机电负荷试验值 (kN)	公称结构高度 H	绝缘件公称直径 D	最小公称爬电距离	连接型式标记	锁紧销型式	雷电全波冲击耐受电压 ≮(峰值,kV)	工频电压 ≮(有效值,kV)		单件重量 (kg)
						mm					1min湿耐受	击穿	
LXY—40	131202	40		30	110	175	190	11	11R				2.10
LXY₁—40	131205	40		30	100	175	190	11	11R				2.10
LXY—70		70	565	52.5	127	255	320	16	16W	100	40	130	3.77
LXY₁—70	132202	70	565	52.5	146	255	320	16	16W	100	40	130	3.78
LXY—100	133201	100	678	75.0	146	255	320	16	16W	100	40	130	4.10
LXY—120	134205	120	678	90.0	146	255	320	16	16W	100	40	130	4.20
LXY—160	135208	160	1017	120.0	170	280	380	20	20W	105	42	130	6.30
LXY₃—160	135013	160	1017	120.0	155	280	380	20	20W	105	42	130	6.20
LXY₄—160	135014	160	1017	120.0	146	280	380	20	20W	105	42	130	6.10
LXY₃—210	136202	210	1017	157.5	170	280	390	20	20R	105	42	130	6.70
LXY—240	136206	240	1017	180.0	170	280	390	24	24R	105	42	130	6.80
LXY₃—300	137201	300	1017	225.0	195	320	485	24	24R	110	45	130	10.70
LXY—400	138201	400	1017	300	205	360	550	28	28R	140	55	130	16.00
LXY—530	139201	530	1017	397.5	240	380	600	32	32R	140	55	130	21.50

表 24-108 耐污型盘形悬式玻璃绝缘子技术数据

型 号	品号	机械破坏负荷 ≮(kN)	打击破坏负荷 ≮(N·cm)	1h机电负荷试验值 (kN)	公称结构高度 H	绝缘件公称直径 D	最小公称爬电距离	连接型式标记	锁紧销型式	50%雷电冲击闪络电压 ≮(峰值,kV)	工频电压 ≮(有效值,kV)		单件重量 (kg)
						mm					湿耐受	击穿	
LXHY₄—70	132605	70	565	52.5	146	255	400	16	16W	120	45	130	4.8
LXHY—70	132608	70	565	52.5	160	255	400	16	16W	120	45	130	4.9
LXHY₅—70	132603	70	565	52.5	146	280	450	16	16W	130	45	130	5.3
LXHY₄—100	133602	100	678	75.0	146	280	450	16	16W	130	45	130	5.4
LXHY₄—120	134602	120	678	90.0	146	280	450	16	16W	130	45	130	5.5
LXHY₃—160	135605	160	1017	120.0	155	280	450	20	20W	130	50	130	7.0
LXHY₄—160	135606	160	1017	120.0	170	280	450	20	20W	130	50	130	7.10
LXHY₅—160	135603	160	1017	120.0	170	320	550	20	20W	130	55	130	8.9
LXHY₆—160	135607	160	1017	120.0	155	320	550	20	20W	130	55	130	8.8
LXHY₃—200	136201	200	1017	157.5	170	320	550	20	20R	130	55	130	9.23
LXHY—240		240	1017	180.0	170	320	550	24	24R	130	55	130	9.33
LXHY—300	137202	300	1017	225.0	195	340	550	24	24R	140	55	130	12.2
LXHY₃—300		300	1017	225.0	195	380	635	24	24R	155	60	130	14.3

表 24-109　直流型盘形悬式玻璃绝缘子技术数据

绝缘子型号	品号	公称结构高度 H	绝缘件公称直径 D	最小公称爬电距离 L	机械破坏负荷 ≮ (kN)	打击破坏负荷 ≮ (N·m)	1h机电负荷试验值 (kN)	连接型式标记	雷电全波冲击耐受电压 ≮ (峰值,kV)	直流1min湿耐受电压 ≮ (峰值,kV)	工频击穿电压 ≮ (有效值,kV)	单件重量 (kg)
			mm									
LXZY—160	135901	170	320	550	160	10	120.0	20	140	65	130	9.60
LXZY—210	136901	170	320	550	210	10	157.5	20	140	65	130	10.0
LXZY—300	137901	195	400	635	300	10	225.0	24	150	70	140	14.30
LXZY—400		205	360	550	400	10	300	28	140	65	140	16.0

表 24-110　球面型盘形悬式玻璃绝缘子技术数据

绝缘子型号	品号	机械破坏负荷 ≮ (kN)	打击破坏负荷 ≮ (N·cm)	1h机电负荷试验值 (kN)	公称结构高度 H	绝缘件公称直径 D	最小公称爬电距离	连接型式标记	锁紧销型式	50% 雷电冲击闪络电压 ≮ (峰值,kV)	工频电压 ≮ (有效值,kV) 湿闪络	击穿	单件重量 (kg)
					mm								
LXQY—100	133610	100	678	75.0	146	255	320	16	16W	100	45	120	4.10
LXQY—120	134014	120	678	90.0	140	255	320	16	16W	100	45	120	4.10
LXQY—120	134015	120	678	90.0	146	255	320	16	16W	100	45	120	4.11

表 24-111　空气动力型盘形悬式玻璃绝缘子技术数据

绝缘子型号	品号	机械破坏负荷 ≮ (kN)	打击破坏负荷 ≮ (N·cm)	1h机电负荷试验值 (kN)	公称结构高度 H	绝缘件公称直径 D	最小公称爬电距离	连接型式标记	锁紧销型式	50% 雷电冲击闪络电压 ≮ (峰值,kV)	工频电压 ≮ (有效值,kV) 湿闪络	击穿	单件重量 (kg)
					mm								
LXAY—120	134012	120	678	90	146	390	360	16	16W	100	50	120	5.3
LXAY$_1$—120	134016	120	678	90	140	390	360	16	16W	100	50	120	5.3
LXAY—160	135012	160	1017	120	146	390	360	20	20W	100	50	120	7.0
LXAY—210		210	1017	157.5	160	390	350	20	20R	100	50	120	7.47
LXAY—240		240	1017	180	170	390	360	24	24R	100	50	120	7.6

表 24-112　地线型盘形悬式玻璃绝缘子技术数据

绝缘子型号	结构高度 H	公称直径 D	公称爬电距离	机械破坏负荷 ≮ (kN)	打击破坏负荷 ≮ (N·cm)	工频湿耐受电压 ≮ (kV)	工频击穿电压 ≮ (kV)	去掉上极地线绝缘子的工频闪络电压 ≮ (kV) 干	湿	地线绝缘子工频(干或湿)放电电压 (间隙20mm,kV) 上限值	下限值	单件重量 (kg)
		mm				≮ (kV)						
LXDY—70CN	200	160	160	70	565	30	110	45	25	30	8	
LXDY—100CN	200	170	170	100	678	30	110	45	25	30	8	

注　其它技术特性符合 JB/T 9680 标准。

（7）电气化铁道接触网用玻璃绝缘子技术数据，见表 24 - 113。

表 24 - 113 电气化铁道接触网用玻璃绝缘子技术数据

型　　号	品号	机械破坏负荷 ≮ （kN）		公称结构高度 H	绝缘件公称直径 D	最小公称爬电距离	雷电全波冲击耐受电压 ≮ （峰值,kV）	工频电压 ≮ （有效值，kV）		0.32 mg/cm³ 盐密下人工污秒闪络电压 ≮ （kV）	单件重量 （kg）
		弯曲	拉伸			mm		1min湿耐受	击穿		
LQBN₂—25D①	163102	4	70	610	255	1260	300	150		31.5	17.3
LXY—70T②	132213		70	146	255	320	100	40	110		3.77
LXHY—70T②	132606		70	146	255	400	(120)	(45)	120		4.8

注　括号（　）内为闪络电压值。
① 可用于耐张。
② 70T 钢帽窝用 16W 销子连接，钢脚用 16C 销连接。

六、外形及安装尺寸

该产品外形及安装尺寸，见图 24 - 44。

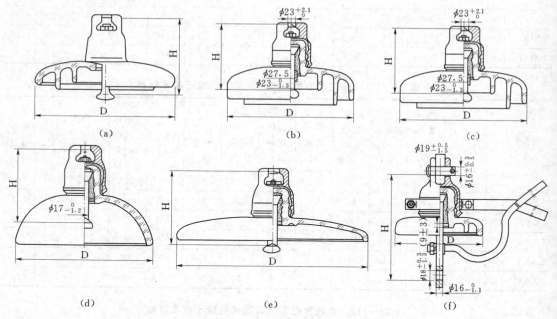

图 24 - 44 盘形悬式钢化玻璃绝缘子外形及安装尺寸
（a）标准型；（b）耐污型；（c）直流型；（d）球面型；（e）空气动力型；（f）地线型

七、生产厂

南京电气（集团）有限责任公司。

24.5.2 自贡塞迪维尔钢化玻璃绝缘子

自贡塞迪维尔是中法合资企业，生产用于输电线路的钢化玻璃绝缘子。法国（SE-DIVER）塞迪维尔公司生产架空线路用绝缘子已具有 50 多年的丰富经验，悬式绝缘子选用钢化玻璃作为绝缘壳材料，具有耐疲劳、耐雷电、运行条件下无击穿、无隐蔽性缺陷、目测便能识别损坏程度等优良性能，能长期经受时间和各种环境条件的考验。自贡塞迪维尔钢化玻璃绝缘子有限公司于 1994 年投产，采用法国 SEDIVER 所拥有的技术、工艺、完善的测试设备，法国专家现场指导生产。钢化玻璃件从法国塞迪维尔集团公司进口，铸铁钢帽由 SEDIVER 另一家独资企业采用法国高技术设备在中国生产。

一、钢化玻璃悬式绝缘子

1. 概述

自贡塞迪维尔钢化玻璃悬式绝缘子产品类型有直流型、交流型、标准型、耐污型，规格 40～400kN，是我国输电线路更新换代及替代进口产品的理想选择。悬式绝缘子在架空输电线路上起着支撑导体和防止电流回地的作用。

标准型的形状和尺寸根据国际标准 IEC 305/1978、美国标准 ANSIC 29.2/1993 和英国标准 BS 137（第Ⅱ部分）而设计的，由于内侧伞棱较浅、间隔适当、泄漏距离超过标准要求，因此这种绝缘子适宜在中等污秽地区使用。

耐污型（A 型）绝缘壳的直径比标准型的大，有 2 或 3 个较深的伞棱，外形和较宽的伞棱间隔能促进由风或雨引起的有效的自然清洗作用，必要时人工清洗也极容易，较宽的伞棱间隔可阻止在严重污秽时引起的电弧跨越相邻的伞棱，整个内侧形状便于带电维护。

耐污型（B 型）绝缘件下部的外边有一很深的伞棱，作为屏障阻止污秽在靠近脚附近的壳内堆积，防止绝缘子表面形成导电层。这种绝缘壳外形特别适用于重盐雾污秽地区和海边污秽地区。

高压直流用钢化玻璃绝缘子采用专门开发的高阻值玻璃材料作为绝缘件，在钢脚和铁帽上配制高纯度锌质防腐环（取得专利）。

2. 技术数据

自贡塞迪维尔钢化玻璃悬式绝缘子技术数据，见表 24－114、表 24－115。

表 24－114　自贡塞迪维尔钢化玻璃悬式绝缘子技术数据

型号	最小机械破坏负荷（kN）	1h机电负荷（kN）	公称直径 D（mm）	结构高度 P（mm）	泄漏距离（mm）	钢脚代号 CEI	工频耐受电压（kV）		击穿电压	冲击耐受电压	金属配件尺寸 N（1）	重量（kg）	备注
							1min						
							干	湿					
1508BCF	60	45	175	127/140/146	200	16		32	110	70		1.7	标准型
FC60—8	60	45	200		220	16		35	110	95		2.1	
FC60—10	60	45	255		320	16		40	130	100		3.4	
FC70—10	70	52.5	255		320	16A		40	130	100		3.6	
FC90	100	75	255	146	400	16A		45	130	110		5	耐污型
FC100P	100	75	280	146	450	16A		50	130	125		5.9	
CT—4R	45	33.75	150	146	200			25	90	50		1.5	地窝型（地面型）
FC6R	60	45	175	127/140/146	190	16A		33	110	70		2.3	
FC12R	120	90	255		300	16A		40	130	95		5.2	
FC100D	100	75	380		365	16A		50	130	90		5.6	空气动力型

型　　　号	最小机械破坏负荷（kN）	1h机电负荷（kN）	公称直径D（mm）	结构高度P（mm）	泄漏距离（mm）	钢脚代号CEI	工频耐受电压（kV）				金属配件尺寸N（1）	重量（kg）	备注
							1min		击穿电压	冲击耐受电压			
							干	湿					
FC160P/C170DC	160		330	170	550		±150	±65		140	20	9.7	
FC210P/C170DC	210		330	170	550		±150	±65		140	20	10.2	
FC240P/C170DC	240		330	170	550		±150	±65		140	24	10.5	直流型
FC300P/C195DC	300		380	195	710		±170	±75		140	24	15.4	
FC400P/C205DC	400		360	205	550		±150	±60		140	28	14	

注　金属配件尺寸 N（1）按 IEC120 标准。

表 24－115　地线绝缘子技术数据

型　　　号	最小机械破坏负荷（kN）	1h机电负荷（kN）	悬挂方式	公称直径D（mm）	结构高度H（mm）	泄漏距离（mm）	20mm 间隙工频放电电压（kV）		15mm 间隙2500V 时熄弧能力（kA）		电极耐弧能力（不小于）			工频击穿电压（kV）	连接型式标记	单件重量（kg）
							上限值	下限值	感性电流	容性电流	工频电流（kA）	时间（s）	次数			
FC70C/200	70	52.5	悬垂	200	200	217	30	8	35	20	10	0.2	2	130	16C	4
FC70CN/200	70	52.5	耐张	200	200	217	30	8	35	20	10	0.2	2	130	16C	4
FC100C/200	100	75	悬垂	200	200	217	30	8	35	20	10	0.2	2	130	16C	4.5
FC100CN/200	100	75	耐张	200	200	217	30	8	35	20	10	0.2	2	130	16C	4.5

3. 外形及安装尺寸

该产品外形及安装尺寸，见图 24－45。

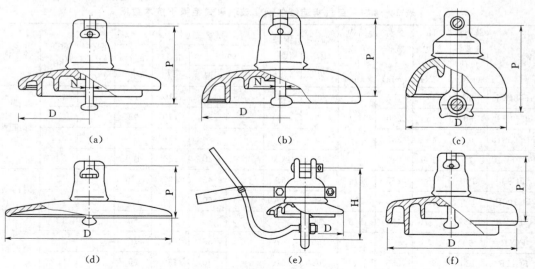

(a)　　　　　　　　(b)　　　　　　　　(c)

(d)　　　　　　　　(e)　　　　　　　　(f)

图 24－45　自贡塞迪维尔钢化玻璃绝缘子外形及安装尺寸

(a) 标准型；(b) 耐污型；(c) 球窝型；(d) 空气动力型；(e) 地线型；(f) 直流型

4. 生产厂

自贡塞迪维尔钢化玻璃绝缘子有限公司。

二、钢化玻璃绝缘串

标准型钢化玻璃绝缘子串技术数据，见表 24 - 116；耐污型绝缘子串技术数据，见表 24 - 117。

表 24 - 116 标准型钢化玻璃绝缘子串技术数据（电气额定值，闪络电压）

直径/结构高度	φ255/127			φ255/146 φ280/146		
型 号	FC70/127—FC100/127—FC120/127			FC100/146—FC160/146—FC120/146		
	工频耐受电压（kV）		雷电冲击耐受电压（kV）	工频耐受电压（kV）		雷电冲击耐受电压（kV）
片 数	干耐受	湿耐受		干耐受	湿耐受	
2	120	72	175	130	75	195
3	165	110	245	180	115	275
4	215	145	320	235	155	360
5	260	180	395	280	195	430
6	300	210	460	325	230	505
7	335	245	525	375	265	580
8	380	275	585	420	300	660
9	420	305	660	465	325	730
10	455	340	720	510	375	800
11	495	370	785	550	410	880
12	535	405	850	595	440	955
13	575	435	920	635	475	1025
14	605	470	985	675	510	1095
15	645	510	1050	715	540	1160
16	675	525	1115	755	570	1230
17	710	555	1180	800	600	1300
18	750	585	1240	855	635	1370
19	785	610	1310	875	665	1440
20	815	640	1365	915	700	1510
21	850	670	1425	950	730	1575
22	885	690	1490	990	760	1640
23	915	720	1550	1030	790	1710
24	950	745	1610	1065	820	1775
25	985	770	1670	1100	855	1850
26	1015	795	1735	1140	880	1920
27	1045	820	1800	1175	910	1990
28	1080	845	1860	1215	935	2060
29	1115	870	1920	1255	965	2130
30	1145	895	1980	1290	990	2200

直径/结构高度	$\phi255/146-\phi280/146$				$\phi280/156$			
型 号	NC70/146—NC100/146—NC120/146—NC160/146				NC210/156			
片 数	工频闪络电压（kV）		临界冲击闪络电压（kV）		工频闪络电压（kV）		临界冲击闪络电压（kV）	
	干闪	湿闪	＋	－	干闪	湿闪	＋	－
2	145	90	220	225	145	90	230	230
3	205	130	315	320	210	130	325	330
4	270	170	410	420	275	170	425	440
5	325	215	500	510	330	215	515	540
6	380	255	595	605	385	255	610	630
7	435	295	670	695	435	295	700	720
8	485	335	760	780	490	335	790	810
9	540	375	845	860	540	375	880	900
10	590	415	930	945	595	415	970	990
11	640	455	1015	1025	645	455	1060	1075
12	690	490	1105	1105	695	490	1150	1160
13	735	525	1185	1190	745	525	1240	1245
14	785	565	1265	1275	790	565	1330	1330
15	830	600	1345	1360	840	600	1415	1420
16	875	635	1425	1440	890	635	1500	1510
17	920	670	1505	1530	935	670	1585	1605
18	965	705	1585	1615	980	705	1670	1700
19	1010	740	1665	1700	1025	740	1755	1795
20	1050	775	1745	1785	1070	775	1840	1895
21	1100	810	1825	1870	1115	810	1925	1985
22	1135	845	1905	1955	1160	845	2010	2080
23	1180	880	1985	2040	1205	880	2095	2175
24	1220	915	2065	2125	1250	915	2185	2270
25	1260	950	2145	2210	1290	950	2260	2365
26	1300	985	2220	2295	1330	985	2390	2465
27	1340	1015	2300	2380	1370	1015	2470	2555
28	1380	1045	2375	2465	1410	1045	2570	2650
29	1425	1080	2455	2550	1455	1080	2650	2740
30	1460	1110	2530	2635	1490	1110	2740	2830

注 1. 该表额定值适用于塞迪维尔公司的未配备消弧配件或屏蔽环的悬式绝缘子串。
　　2. 根据美国标准，对于工频干闪，3个试验串的平均值应等于或超过表中的保证值的95％。
　　3. 对于工频湿闪，应等于或超过保证值的90％。
　　4. 对于临界冲击闪络，应等于或超过保证值的92％。

表 24 - 117 耐污型钢化玻璃悬式绝缘子串技术数据（电气额定值）

直径/结构高度	φ280/146				φ330/171			
型 号	NC120P/146				NC160P/171			
片 数	工频闪络电压（kV）		临界冲击闪络电压（kV）		工频闪络电压（kV）		临界冲击闪络电压（kV）	
	干闪	湿闪	＋	－	干闪	湿闪	＋	－
2	155	95	270	260	160	110	315	300
3	215	130	380	355	230	145	440	410
4	270	165	475	435	260	155	550	505
5	325	200	570	520	350	225	660	605
6	380	240	665	605	405	265	775	705
7	435	275	750	690	460	310	870	800
8	485	315	835	775	515	355	970	900
9	540	350	920	860	570	390	1070	1000
10	590	375	1005	950	625	430	1170	1105
11	640	410	1090	1040	680	460	1270	1210
12	690	440	1175	1130	735	495	1370	1315
13	735	470	1260	1220	790	530	1465	1420
14	785	500	1345	1310	840	565	1565	1525
15	830	525	1430	1400	885	595	1665	1630
16	875	555	1515	1490	935	630	1765	1735
17	920	580	1600	1595	980	660	1860	1845
18	965	615	1685	1670	1030	690	1960	1945
19	1010	640	1770	1755	1075	725	2060	2040
20	1055	670	1850	1840	1120	755	2155	2140
21	1100	695	1930	1925	1165	785	2245	2240
22	1145	725	201	2010	1210	820	2340	2340
23	1190	750	2090	2095	1255	850	2430	2440
24	1235	780	2170	2180	1300	885	2535	2540
25	1280	810	2250	2265	1345	910	2620	2635
26	1325	835	2330	2350	1385	945	2710	2735
27	1370	860	2410	2435	1460	975	2805	2835
28	1410	890	2490	2520	1470	1005	2900	2935
29	1455	915	2560	2600	1515	1035	2980	3025
30	1495	940	2630	2680	1555	1065	3060	3120

直径/结构高度	φ280/146—φ330/146			φ330/170		
型　号	FC120P/146—FC160P/146			FC160P/170—FC210P/170—FC240P/170		
片　数	工频耐受电压（kV）		雷电冲击耐受电压（kV）	工频耐受电压（kV）		雷电冲击耐受电压（kV）
	干　耐　受	湿　耐　受		干　耐　受	湿　耐　受	
2	140	85	210	150	105	235
3	195	115	295	210	150	335
4	240	150	380	265	190	435
5	290	180	465	320	230	535
6	335	210	530	370	270	625
7	380	240	600	420	300	710
8	425	270	680	470	335	800
9	465	300	760	515	365	890
10	510	330	840	570	395	980
11	550	360	920	610	430	1070
12	585	390	1000	660	460	1170
13	630	410	1080	700	490	1260
14	670	430	1160	745	520	1355
15	710	460	1240	785	550	1450
16	750	490	1320	830	575	1540
17	785	510	1410	870	605	1640
18	825	530	1500	910	630	1730
19	860	550	1580	950	655	1810
20	895	570	1655	990	680	1900
21	925	590	1730	1030	700	1990
22	960	610	1810	1060	720	2080
23	995	630	1885	1090	740	2160
24	1025	650	1950	1130	755	2245
25	1060	670	2025	1170	780	2325
26	1090	690	2100	1200	800	2410
27	1120	710	2180	1250	825	2490
28	1155	730	2260	1290	850	2575
29	1185	750	2340	1330	885	2650
30	1215	770	2420	1360	910	2720

注　该表额定值适用于塞迪维尔公司的未配备消弧配件或屏蔽环的悬式绝缘子串。

三、钢化玻璃高压支柱绝缘子

1. 概述

钢化玻璃高压支柱绝缘子为多锥体型，通过水泥胶合剂连接将一只只钢化玻璃元件叠装而成，确保母线和隔离开关的绝缘性能，经受极端温度、污染、电动应力和地震影响的最严酷的运行条件的考验。

塞迪维尔高压支柱玻璃绝缘子的基础元件钢化多锥体玻璃系列有 210～375mm 4 种不同直径的玻璃元件，各种不同组装的绝缘子可满足任何电气绝缘水平和机械强度。执行标准 IEC 第 168 和 273 规范要求。

2. 型号含义

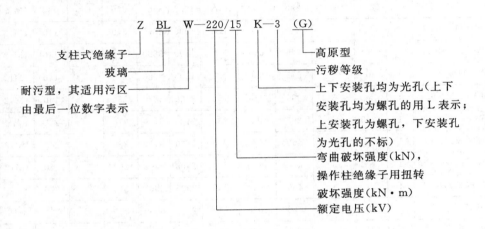

3. 产品特点

(1) 机械强度强，不易老化减弱。

(2) 抗污能力强，闪络路径长，符合 IECⅡ级标准。

(3) 抗冲击强度高，减小运输途中或安装过程中受碰撞损坏。

(4) 挠性大，特别在受到短路电流而产生的电动应力时，或当在多地震地区使用时更显其卓越特性。

4. 技术数据

钢化玻璃高压支柱绝缘子技术数据，见表 24－118。

表 24－118　自贡塞迪维尔钢化玻璃高压支柱绝缘子技术数据

型　　号	每柱元件数	最小破坏负荷		耐受电压∠（kV）			主　要　尺　寸（mm）						每只重量（kg）
		弯曲强度（kN）	扭曲强度（kN·m）	工频湿（有效值）	雷电冲击（峰值）	标准波冲击（峰值）	高度	爬电距离	伞裙直径		法　兰		
									上节	下节	孔中心圆直径	孔数直径	
ZBLW—35/8—2	1	8	2.5	95	250	NA	560	1595	210		127	4M16	25
ZBLW—66/6—3	1	6	3	140	325	NA	770	1850	210		127	4M16	34
ZBLW—66/8—3	1	8	3	140	325	NA	770	1850	210		127	4M16	34

型　号	每柱元件数	最小破坏负荷		耐受电压 ∠（kV）			主　要　尺　寸（mm）						每只重量（kg）
		弯曲强度（kN）	扭曲强度（kN·m）	工频湿（有效值）	雷电冲击（峰值）	标准波冲击（峰值）	高度	爬电距离	伞裙直径 上节	伞裙直径 下节	法兰 孔中心圆直径	法兰 孔数直径	
ZBLW—110/6—3	1	6	3.5	185	450	NA	1060	2590	210		140	4M12	48
ZBLW—110/12.5—2	1	12.5	6	185	450	NA	1060	2520	260		140	4M12	65
ZBLW—110/4—3	1	4	3	230	550	NA	1220	3145	210		140	4M12	55
ZBLW—110/8—3	1	8	4	230	550	NA	1220	3110	260		140	4M12	82
ZBLW—110/12.5—3	1	12.5	6	230	550	NA	1220	3104	260		140	4M12	82
ZBLW—110/4—4	1	4	3	275	650	NA	1500	4070	210		140	4M12	68
ZBLW—110/8—4	1	8	4	275	650	NA	1500	3880	260		140	4M12	98
ZBLW—110/10—4	1	10	4	275	650	NA	1500	3880	260		140	4M12	100
ZBLW—220/6	1	6	3	395	950	750	2100	5820	260		140	4M12	144
ZBLW—220/12.5	1	12.5	6	395	950	750	2100	6119	310		225	8φ18	233
ZBLW—220/4—2	1	4	3	460	1050	750	2100	6402	260		140	4M12	155
ZBLW—220/6—2	1	6	3	460	1050	750	2100	6402	260		140	4M12	160
ZBLW—220/10—2	1	10	4	460	1050	750	2300	6965	310	375	225	8φ18	250
ZBLW—154/12.5—2	2	12.5	6	460	1050	750	2300	6330	310		225	8φ18	315
ZBLW—220/4—3	1	4	3	510	1175	850	2650	7380	260		140	4M12	180
ZBLW—220/8—3	1	8	4	510	1175	850	2650	8020	310		225	8φ18	296
ZBLW—220/12.5—3	2	12.5	6	510	1175	850	2650	7175	310	375	225	8φ18	360
ZBLW—220/4—4	1	4	3	570	1300	950	2900	8150	260		140	4M12	200
ZBLW—220/8—4	2	8	4	570	1300	950	2900	7840	260	310	140	4M12	263
ZBLW—330/4	2	4	3	630	1425	950	3150	8310	210	260	140	4M12	180
ZBLW—330/8	2	8	4	630	1425	950	3150	8690	260	310	140	4M12	280
ZBLW—330/10	2	10	4	630	1425	950	3150	8860	310	375	225	8φ18	430
ZBLW—330/12.5	2	12.5	6	630	1425	950	3150	8860	310	375	225	8φ18	435
ZBLW—330/4—2	2	4	3	680	1550	1050	3350	8895	210	260	140	4M12	180
ZBLW—330/8—2	2	8	4	680	1550	1050	3350	9120	260	310	225	8φ18	282
ZBLW—330/12.5—2	2	12.5	6	680	1550	1050	3350	9495	310	375	225	8φ18	448
ZBLW—330/6—3	2	6		740	1675	1050	3650	10200	260	310	140	4M12	310
ZBLW—330/12.5—3	2	12.5	6	740	1675	1050	3650	10340	310	375	225	8φ18	490
ZBLW—330/6—4	2	6		800	1800	1175	4000	11255	260	310	225	4M18	345
ZBLW—330/8—4	2	8	4	800	1800	1175	4000	11425	260	310	225	4φ18	375

续表 24 - 118

型 号	每柱元件数	最小破坏负荷		耐受电压 ≮（kV）			主 要 尺 寸（mm）							每只重量（kg）
		弯曲强度（kN）	扭曲强度（kN·m）	工频湿（有效值）	雷电冲击（峰值）	标准波冲击（峰值）	高度	爬电距离	伞裙直径		法 兰			
									上节	下节	孔中心圆直径	孔数直径		
ZBLW—330/12.5	2	12.5	6	800	1800	1175	4000	11815	310	375	225	8φ18		555
ZBLW—500/4—2	2	4	3		1950	1300	4400	12435	260	310	225	4φ18		370
ZBLW—500/6—2	2	6	3		1950	1300	4400	12520	260	310	225	4φ18		380
ZBLW—500/12.5—2	2	12.5	6		1950	1300	4400	13080	310	375	225	4φ18		616
ZBLW—500/4—3	2	4	3		2100	1300	4700	13785	260	310	225	4φ18		420
ZBLW—500/10—3	2	10	4		2100	1300	4700	14135	310	375	225	8φ18		650

5. 外形及安装尺寸

该产品外形及安装尺寸，见图 24 - 46。

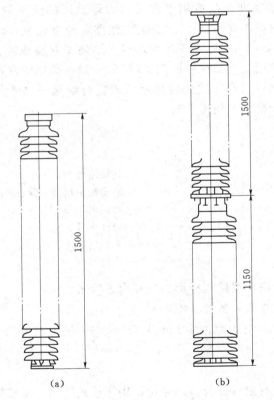

（a）　　　　　　　　（b）

图 24 - 46　高压支柱玻璃绝缘子外形及安装尺寸

（a）35～220kV 每柱元件数为 1 外形（ZBLW—110/4—4）；（b）154～500kV
每柱元件数为 2 外形（ZBLW—220/12.5—3）

6. 生产厂

自贡塞迪维尔钢化玻璃绝缘子有限公司。

24.6   复合绝缘子和穿墙套管

交流输电线路用有机复合外套绝缘子是为交输输电线路专门设计的一种新一代产品，主要用于高压输电线路和各种电器设备之中，起绝缘、机械连接和支撑作用。硅橡胶自从20世纪80年代作为一种新型的绝缘材料进入电力行业以来，已迅速地延伸到电力行业的各个领域，尤其是有机绝缘子产品在高压输电中占据重要的不可替代的一席之地，在许多方面显示出瓷绝缘子无法比拟的优点，体积小、重量轻、机械强度高、表面憎水性能好、耐污闪能力强、无零值、维护方便，我国损坏率约在十万分之五。复合绝缘子已在污闪多事故易发地区、110kV 和 220kV 线路批量使用，我国已成为世界复合绝缘子使用的第 2 大国，其研究和制造达到国际先进水平。

24.6.1   高压线路用 10～500kV 棒形悬式复合绝缘子

一、概述

FXBW 复合绝缘子系列产品适用于普通和污秽地区的交流额定电压不大于 500kV、频率不超过 100Hz、海拔不超过 3000m 的架空线路、变电站悬、耐张系统中，安装地点环境温度在 −60～200℃，最适宜严重污秽地区、不便于安装地区、高机械拉伸负荷、大跨距和紧凑型线路中使用。产品执行标准 JB 5892—91《高压线路用有机复合绝缘子技术条件》、JB/T 8460—1996《高压线路用棒形悬式复合绝缘子尺寸与特性》、JB/T 8737—1998《高压线路用复合绝缘子使用导则》。

二、型号含义

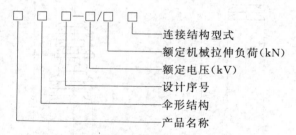

产品名称：FXB—高压线路用棒形悬式复合绝缘子。

伞形结构：W—大小伞，等径伞不表示。

设计序号：1、2—爬电比距为 20mm/kV；3、4—爬电比距为 25mm/kV；连接结构型式（基本型不表示）。

三、结构特点

西安西电高压电瓷有限责任公司产品均采用压接式结构，不破坏芯棒的完整性，连接牢固可靠。耐电蚀能力强，伞群材料耐漏电起痕可达到 TMA6.0 级水平；抗污闪性能较瓷绝缘子高 1～2 倍；内部承载的玻璃纤维引拔棒抗张强度比普通钢材高 1 倍。

西安电瓷研究所电力线路用 35～500kV 棒形悬式复合绝缘子适用于中等级以上污秽地区，连接结构采用上端为球窝，下端为球头的形式。伞裙材料的关键技术指标—耐漏电起痕和电蚀损性电压水平达到 IEC 最高指标，经 1000h 人工加速老化试验和数年自然老化试验，性能无明显下降。采用国内独创的整体注压工艺，解决了影响复合绝缘子可靠性的关键问题—界面电气击穿。该产品胶装结构可靠、新颖、不损伤芯棒，能充分发挥芯棒的机械强度，为国内独家采用。

石家庄市电瓷有限责任公司复合绝缘子 FXBW4—10/100、FXBW4—35/100、FXBW4—66/100、FXBW4—110/100 等系列产品结构，由端头、端脚、芯棒、复合伞套、锁紧销组成。绝缘子所有金属表面均通过热镀锌处理，伞套为伞径不同的大小伞结构，在淋雨情况下，大小伞中小伞能受大伞的遮挡，不易形成连续的潮湿面，污闪性能好于等径伞结构。伞裙护套成型采用模压成型工艺，复合绝缘子端头部金具和芯棒的连接型式为胶装型式，即在端头金具和芯棒的连接部位用环氧树脂按一定比例配合成胶装剂进行粘接。由于各种材料的膨胀系数不同，所以在各个接触面均涂有缓冲层。该公司产品的连接结构主要为球窝连接，也可根据要求生产其它连接结构的绝缘子，并配有相应的锁紧销。正在进行压接成型工艺实验，为尽快和国际接轨。

襄樊国网合成绝缘子股份有限公司棒形悬式合成绝缘子结构，由伞盘、芯棒及金属端头三部分组成，对 110kV 以上的产品配备 1～2 只均压环。伞盘由硅橡胶为基体的高分子聚合物制成，具有良好的憎水性和优良的耐电腐蚀性。芯棒采用环氧玻璃纤维棒制成，具有很高的抗张强度（大于 600MPa），约为普通钢的 1.5～2 倍，为高强度瓷的 3～5 倍，采用 ϕ50mm 的芯棒可制成机械负荷达 100t 的合成绝缘子，为输电线路向超（特）高压、大吨位发展创造了条件。芯棒还具有良好的减振性，抗蠕变性及抗疲劳断裂性。金属端头与芯棒的连接采用压接式连接结构，保持芯棒的完整性，通过金属变形增大对芯棒的握紧力，牢固可靠，分散性极小，具有国际先进水平。均压环具有改善电压分布及引弧作用，保护伞盘在强电弧时不烧坏。新设计的密封环保证产品的密封性能，并改善局部电压分布（已报专利）。

重庆市华能氧化锌避雷器有限公司的复合绝缘子整体棒形设计，结构紧凑，质轻高强，重量是同等级瓷和玻璃绝缘子的 1/10～1/7。

河南金冠王码信息产业股份有限公司南阳氧化锌避雷器厂复合绝缘子结构，由伞套、芯棒及端部附件三部分组成，对于 110kV 及以上的绝缘子配备 1～2 只均压环。伞套由硅橡胶制成，芯棒采用环氧玻璃纤维引拔制成，端部附件与芯棒的连接采用胶装结构，保持芯棒完整性。

保定电力修造厂是国内最早研制复合绝缘子的专业厂之一，拥有一流的生产设备和先进的检测手段。"三力"牌复合绝缘子系列产品多项技术获国家专利，填补了国内空白。其中芯棒连续挤压护套成型技术，使复合绝缘子内绝缘和绝缘抗老化性能达到国际同类产品的先进水平；压紧式端部密封结构，密封、防护性能优良，能完全消除人为因素的影响，对确保电网安全运行起"双保险"作用。伞裙设计符合空气动力学原理，均压环独特的设计有效改善了端部场强分布。金具采用优质钢机械加工而成，芯棒采用 ECR 耐酸芯棒。

河北省任丘市新华高压电器有限公司采用当代最先进的压接式全自动注射整体成型装备和生产工艺，选用优质的原材料配方，生产出 10/70、35/70、66/70、110/100、220/100、220/160、330/160、500/160 八个额定电压等级有机复合绝缘子系列产品。压紧式注射整体型合成绝缘子结构紧凑，整体性强，界面少，细长，结构高度和爬距大，内外绝缘水准高，体积小，重量轻（为同级瓷绝缘子串重的 1/10～1/7），机械强度高，属全不可击穿型。

四、技术数据

高压线路用 10～500kV 棒形悬式复合绝缘子技术数据，见表 24‑119。

表 24‑119　FXBW 系列棒形悬式复合绝缘子技术数据

型　号	系统电压(kV)	额定拉伸负荷(kN)	连接结构标记	雷电全波冲击耐受电压 ⋨(kV)	工频1min湿耐受电压 ⋨(kV)	操作冲击耐受电压 ⋨(kV)	结构高度H(mm)	最小电弧距离(mm)	最小公称爬电距离(mm)	重量(kg)	生产厂
FXBW4—35/70	35	70	16	230	95		663±2	462±2	1015	2.873	西安西电高压电瓷有限责任公司
FXBW4—110/100	110	110	16	550	230		1250±2	1050±2	3150	6.057	
FXBW4—220/100	220	100	16	1000	395		2230±2	2030±2	6300	13.357	
FXBW3—35/70	35	70	16	230	95		610±15	450	1050	3.25	
FXBW4—35/70	35	70	16	230	95		650±15	450	1015	3.15	
FXBW5—35/70	35	70	16	270	130		650±15	490	1430	2.70	
FXBW3—66/70	66	70	16	410	185		870±15	700	1900	3.80	
FXBW4—66/70	66	70	16	410	185		940±15	700	1900	4.05	
FXBW3—110/70	110	70	16	550	230		1180±15	1000	3150	4.90	
FXBW4—110/70	110	70	16	550	230		1240±15	1050	3150	4.95	
FXBW3—110/100	110	100	16	550	230		1180±15	1000	3150	4.90	
FXBW4—110/100	110	100	16	550	230		1240±15	1050	3150	4.95	
FXBW3—220/100	220	100	16	1000	395		2150±30	1900	6300	8.40	西安电瓷研究所
FXBW4—220/100	220	100	16	1000	395		2240±30	1950	6300	8.90	
FXBW3—220/160	220	160	20	1000	395		2150±30	1900	6300	11.10	
FXBW4—220/160	220	160	20	1000	395		2240±30	1900	6300	11.25	
FXBW3—330/100	330	100	16	1425	570	950	2930±40	2600	9075	15.60	
FXBW4—330/100	330	100	16	1425	570	950	2990±40	2700	9075	15.90	
FXBW3—330/160	330	160	16	1425	570	950	2930±40	2600	9075	15.60	
FXBW4—330/160	330	160	16	1425	570	950	2990±40	2700	9075	15.90	
FXBW3—500/160	500	160	20	2050	740	1240	4030±50	3600	13750	21.90	
FXBW4—500/160	500	160	20	2250	740	1240	4450±50	4000	13570	22.60	
FXBW4—10/100	10	100	16	165	50		380±15	216(200)	570(400)	2.2	石家庄市电瓷有限责任公司
FXBW4—35/70	35	70	16	230	95		650±15	485(450)	1390(1015)	3.4	
FXBW4—35/400	35	100	16	230	95		650±15	485(450)	1390(1015)	3.4	

续表 24-119

型　号	系统电压 (kV)	额定拉伸负荷 (kN)	连接结构标记	雷电全波冲击耐受电压 ≮(kV)	工频1min湿耐受电压 ≮(kV)	操作冲击耐受电压 ≮(kV)	结构高度 H (mm)	最小电弧距离 (mm)	最小公称爬电距离 (mm)	重量 (kg)	生产厂
FXBW4—35/100	35	100	16	230	95		683±15	515 (450)	1580 (1015)	3.8	
FXBW4—66/70	66	70	16	410	185		962±15	790 (700)	2360 (1900)	4.7	
FXBW4—66/100	66	100	16	410	185		962±15	790 (700)	2360 (1900)	4.7	石家庄市电瓷有限责任公司
FXBW4—66/100	66	100	16	410	185		1016±15	850 (700)	2650 (1900)	5.1	
FXBW4—110/70	110	70	16	550	230		1240±15	1080 (1000)	3220 (3150)	6.1	
FXBW4—110/100	110	100	16	550	230		1240±15	1080 (1000)	3220 (3150)	6.1	
FXBW4—110/100	110	100	16	550	230		1265±15	1100 (1000)	3440 (3150)	6.5	
FXBW—35/70	35	70	16	230	95		670±15	450	1015	3.5	
FXBW—35/100	35	100	16	230	95		670±15	450	1015	3.5	
FXBW—66/70	66	70	16	410	185		870±15	700	1900	4.0	
FXBW—66/100	66	100	16	410	185		870±15	700	1900	4.0	河南金冠王码信息产业股份有限公司南阳氧化锌避雷器厂
FXBW—110/70	110	70	16	550	230		1230±15	1000	3150	5.0	
FXBW—110/100	110	100	16	550	230		1230±15	1000	3150	5.0	
FXBW—220/100	220	100	16	1000	395		2170±30	1900	6300	7.7	
FXBW—220/160	220	160	20	1000	395		2170±30	1900	6300	11.5	
FXBW—320/100	330	100	16	1425	570	950	2930±40	2600	9075	15.6	
FXBW—330/160	330	160	20	1425	570	950	2930±40	2600	9075	15.6	
FXBW—500/100	500	100	16	2050	740	1240	4000±50	3600	11800	22.0	
FXBW—500/160	500	160	20	2050	740	1240	4000±50	3600	11800	22.0	
FXBW4—10/50	10	50		150	60		340±10	195	480		重庆市华能氧化锌避雷器有限责任公司
FXBW4—10/70	10	70		150	60		375±10	195	480		
FXBW4—35/70	35	70		230	95		650±15	450	1270		
FXBW4—110/100	100	100		550	230		1240±15	1000	3280		
FXBW—10/70	10	70	16	75	42		310±15	160	340		
FXBW2—35/70	35	70	16	230	95		650±15	450	810		襄樊国网合成绝缘子股份有限公司
FXBW4—35/70	35	70	16	230	95		650±15	450	1015		
FXBW1—66/70	66	70	16	410	185		880±15	700	1450		
FXBW2—66/70	66	70	16	410	185		940±15	700	1450		
FXBW3—66/70	66	70	16	410	185		880±15	700	1900		

型　　号	系统电压(kV)	额定拉伸负荷(kN)	连接结构标记	雷电全波冲击耐受电压⋞(kV)	工频1min湿耐受电压⋞(kV)	操作冲击耐受电压⋞(kV)	结构高度 H(mm)	最小电弧距离(mm)	最小公称爬电距离(mm)	重量(kg)	生产厂
FXBW4—66/70	66	70	16	410	185		940±15	700	1900		
FXBW1—110/70	110	70	16	550	230		1180±15	1000	2520		
FXBW2—110/70	110	70	16	550	230		1240±15	1000	2520		
FXBW3—110/70	110	70	16	550	230		1180±15	1000	3150		
FXBW4—110/70	110	70	16	550	230		1240±15	1000	3150		
FXBW2—110/100	110	100	16	550	230		1240±15	1000	2520		
FXBW4—110/100	110	100	16	550	230		1240±15	1000	3150		
FXBW1—220/100	220	100	16	1000	395		2150±30	1900	5040		
FXBW2—220/100	220	100	16	1000	395		2240±30	1900	5040		
FXBW3—220/100	220	100	16	1000	395		2150±30	1900	6300		
FXBW4—220/100	220	100	16	1000	395		2240±30	1900	6300		
FXBW2—220/160	220	160	20	1000	395		2240±30	1900	5040		
FXBW4—220/160	220	160	20	1000	395		2240±30	1900	6300		
FXBW1—330/100	330	100	16	1425	570	950	2930±40	2600	7260		襄樊国网合成绝缘子股份有限公司
FXBW2—330/100	330	100	16	1425	570	950	2990±40	2600	7260		
FXBW3—330/100	330	100	16	1425	570	950	2930±40	2600	9075		
FXBW4—330/100	330	100	16	1425	570	950	2990±40	2600	9075		
FXBW1—330/160	330	160	20	1425	570	950	2930±40	2600	7260		
FXBW2—330/160	330	160	20	1425	570	950	2990±40	2600	7260		
FXBW3—330/160	330	160	20	1425	570	950	2930±40	2600	9075		
FXBW4—330/160	330	160	20	1425	570	950	2990±40	2600	9075		
FXBW2—330/210	330	210	20	1425	570	950	2990±40	2600	7260		
FXBW4—330/210	330	210	20	1425	570	950	2990±40	2600	9075		
FXBW1—500/160	500	160	20	2050	740	1240	4030±50	3600	11000		
FXBW2—500/160	500	160	20	2250	740	1240	4450±50	4000	11000		
FXBW3—500/160	500	160	20	2050	740	1240	4030±50	3600	13750		
FXBW4—500/180	500	180	20	2250	740	1240	4450±50	4000	13750		
FXBW1—500/210	500	210	20	2050	740	1240	4030±50	3600	11000		
FXBW2—500/210	500	210	20	2250	740	1240	4450±50	4000	11000		
FXB3—500/210	500	210	20	2050	740	1240	4030±50	3600	13750		
FXB4—500/210	500	210	20	2250	740	1240	4450±50	4000	13750		
FXBW1—500/300	500	300	24	2050	740	1240	4030±50	3600	11000		

型　　号	系统电压 (kV)	额定拉伸负荷 (kN)	连接结构标记	雷电全波冲击耐受电压 ≮(kV)	工频1min湿耐受电压 ≮(kV)	操作冲击耐受电压 ≮(kV)	结构高度 H (mm)	最小电弧距离 (mm)	最小公称爬电距离 (mm)	重量 (kg)	生产厂
FXBW2—500/300	500	300	24	2250	740	1240	4450±50	4000	11000		襄攀国网合成绝缘子股份有限公司
FXB3—500/300	500	300	24	2050	740	1240	4030±50	3600	13750		
FXB4—500/300	500	300	24	2250	740	1240	4450±50	4000	13750		
FXBW—10/70	10	70	16	165	42		330±10	160	360		
FXBW0—35/70	35	70	16	230	95		680±15	450	1050		
FXBW1—35/70	35	70	16	230	95		610±15	450	810		
FXBW2—35/70	35	70	16	230	95		650±15	450	810		
FXBW3—35/70	35	70	16	230	95		610±15	450	1015		
FXBW4—35/70	35	70	16	230	95		650±15	450	1015		
FXBW1—66/70	66	70	16	410	195		870±15	700	1450		
FXBW2—66/70	66	70	16	410	185		940±15	700	1450		
FXBW3—66/70	66	70	16	410	185		870±15	700	1900		
FXBW4—66/70	66	70	16	410	185		940±15	700	1900		
FXBW2—66/100	66	100	16	410	185		940±15	700	1450		
FXBW4—66/100	66	100	16	410	185		940±15	700	1900		
FXBW0—110/70	110	70	16	550	230		1240±15	1000	2420		
FXBW1—110/70	110	70	16	550	230		1180±15	1000	2750		保定电力修造厂
FXBW2—110/70	110	70	16	550	230		1240±15	1000	2750		
FXBW3—110/70	110	70	16	550	230		1180±15	1000	3150		
FXBW4—110/70	110	70	16	550	230		1240±15	1000	3150		
FXBW0—110/100	110	100	16	550	230		1240±15	1000	2420		
FXBW1—110/100	110	100	16	550	230		1180±15	1000	2750		
FXBW2—110/100	110	100	16	550	230		1240±15	1000	2750		
FXBW3—110/100	110	100	16	550	230		1180±15	1000	3150		
FXBW4—110/100	110	100	16	550	230		1240±15	1000	3150		
FXBW3—110/120	110	120	16	550	230		1270±15	1000	3150		
FXBW0—110/160	110	160	20	550	230		1290±15	1000	2420		
FXBW2—110/160	110	160	20	550	230		1290±15	1000	2750		
FXBW4—110/160	110	160	20	550	230		1290±15	1000	3150		
FXBW0—220/100	220	100	16	1000	395		2150±30	1900	4840		
FXBW1—220/100	220	100	16	1000	395		2150±30	1900	5040		
FXBW2—220/100	220	100	16	1000	395		2240±30	1900	5040		

续表 24 - 119

型　　号	系统电压（kV）	额定拉伸负荷（kN）	连接结构标记	雷电全波冲击耐受电压 ⋠(kV)	工频1min湿耐受电压 ⋠(kV)	操作冲击耐受电压 ⋠(kV)	结构高度 H（mm）	最小电弧距离（mm）	最小公称爬电距离（mm）	重量（kg）	生产厂
FXBW3—220/100	220	100	16	1000	395		2150±30	1900	6300		
FXBW4—220/100	220	100	16	1000	395		2240±30	1900	6300		
FXBW3—220/120	220	120	16	1000	395		2170±30	1900	6300		
FXBW0—220/160	220	160	20	1000	395		2150±30	1900	4840		
FXBW2—220/160	220	160	20	1000	395		2240±30	1900	5040		
FXBW3—220/160	220	160	20	1000	395		2150±30	1900	6300		
FXBW4—220/160	220	160	20	1000	395		2240±30	1900	6300		
FXBW1—330/100	330	100	16	1425	570	950	2930±40	2600	7260		
FXBW2—330/100	330	100	16	1425	570	950	2990±40	2600	7260		
FXBW3—330/100	330	100	16	1425	570	950	2930±40	2600	9075		
FXBW4—330/100	330	100	16	1425	570	950	2990±40	2600	9075		
FXBW1—330/160	330	160	20	1425	570	950	2930±40	2600	7260		
FXBW2—330/160	330	160	20	1425	570	950	2990±40	2600	7260		
FXBW3—330/160	330	160	20	1425	570	950	2930±40	2600	9075		
FXBW4—330/160	330	160	20	1425	570	950	2990±40	2600	9075		
FXBW1—330/210	330	210	20	1425	570	950	2930±40	2600	7260		保定电力修造厂
FXBW2—330/210	330	210	20	1425	570	950	2990±40	2600	7260		
FXBW3—330/210	330	210	20	1425	570	950	2930±40	2600	9075		
FXBW4—330/210	330	210	20	1425	570	950	2990±40	2600	9075		
FXBW1—500/100	500	100	16	2050	740	1240	4030±50	3600	11000		
FXBW2—500/100	500	100	16	2250	740	1240	4450±50	4000	11000		
FXBW3—500/100	500	100	16	2050	740	1240	4030±50	3600	13750		
FXBW4—500/100	500	100	16	2250	740	1240	4450±50	4000	13750		
FXBW1—500/160	500	160	20	2050	740	1240	4030±50	3600	11000		
FXBW2—500/160	500	160	20	2250	740	1240	4450±50	4000	11000		
FXBW3—500/160	500	160	20	2050	740	1240	4030±50	3600	13750		
FXBW4—500/160	500	160	20	2250	740	1240	4450±50	4000	13750		
FXBW1—500/210	500	210	20	2050	740	1240	4030±50	3600	11000		
FXBW2—500/210	500	210	20	2250	740	1240	4450±50	4000	11000		
FXBW3—500/210	500	210	20	2050	740	1240	4030±50	3600	13750		
FXBW4—500/210	500	210	20	2250	740	1240	4450±50	4000	13750		
FXBW1—500/300	500	300	24	2050	740	1240	4030±50	3600	11000		

续表 24-119

型 号	系统电压(kV)	额定拉伸负荷(kN)	连接结构标记	雷电全波冲击耐受电压 ≮(kV)	工频1min湿耐受电压 ≮(kV)	操作冲击耐受电压 ≮(kV)	结构高度 H (mm)	最小电弧距离 (mm)	最小公称爬电距离 (mm)	重量 (kg)	生产厂
FXBW2—500/300	500	300	24	2250	740	1240	4450±50	4000	11000		
FXBW3—500/300	500	300	24	2050	740	1240	4030±50	3600	13750		
FXBW4—500/300	500	300	24	2250	740	1240	4450±50	4000	13750		保定电力修造厂
FXBZW—500/160	±500	160	20	2550	直流1min≥600kV	1550	5440±50	5100	18000		
FXBZW—500/210	±500	210	20	2550		1550	5440±50	5100	18000		
FXBZ—500/210	±500	210	20	2550		1550	5440±50	5000	18000		
FXBZ—500/300	±500	300	24	2550		1550	5440±50	5000	18000		
FXB—10/70	10	70	16	110	42		380±10	190	550		
FXBW4—35/70	35	70	16	230	95		650±15	450	810		
FXBW4—35/70—1	35	70	16	230	95		650±15	450	1015		
FXBW4—35/70—2	35	70	16	230	95		650±15	450	1280		
FXBW2—66/70	66	70	16	410	185		940±15	700	1450		
FXBW4—66/70	66	70	16	410	185		940±15	700	1900		
FXBW2—110/70	110	70	16	550	230		1240±15	700	2520		河北省任丘市新华高压电器有限公司
FXBW4—110/70	110	70	16	550	230		1240±15	1000	3150		
FXBW2—110/100—1	110	100	16	550	230		1240±15	1000	2520		
FXBW2—110/100—2	110	100	16	550	230		1240±15	1000	2820		
FXBW4—110/100	110	100	16	550	230		1240±15	1000	3150		
FXBW4—110/120	110	120	16	550	230		1240±15	1000	3150		
FXBW2—220/100—1	220	100	16	1000	395		2240±30	1900	5040		
FXBW2—220/100—2	220	100	16	1000	395		2240±30	1900	5650		
FXBW2—220/100—3	220	100	16	1000	395		2240±30	1900	5680		
FXBW4—220/100	220	100	16	1000	395		2240±30	1900	6300		

型 号	额定电压(kV)	额定机械拉伸负荷(kN)	连接结构标记	雷电全波冲击耐受电压 ≮(峰值,kV)	工频1min湿耐受电压 ≮(有效值,kV)	操作冲击耐受电压 ≮(峰值,kV)	结构高度 H (mm)	最小电弧距离 (mm)	最小公称爬电距离 (mm)	重量 (kg)	生产厂
FXBW2—220/160—1	220	160	20	1000	395		2240±30	1900	5040		河北省任丘市新华高压电器有限公司
FXBW2—220/160—2	220	160	20	1000	395		2240±30	1930	5810		
FXBW4—220/160—1	220	160	20	1000	395		2240±30	1900	6300		
FXBW4—220/160—2	220	160	20	1000	395		2350±30	2100	6300		
FXBW2—330/100—1	330	100	16	1425	570	950	2990±40	2600	7260		

型　　号	额定电压（kV）	额定机械拉伸负荷（kN）	连接结构标记	雷电全波冲击耐受电压∡（峰值,kV）	工频1min湿耐受电压∡（有效值,kV）	操作冲击耐受电压∡（峰值,kV）	结构高度H（mm）	最小电弧距离（mm）	最小公称爬电距离（mm）	重量（kg）	生产厂
FXBW2—330/100—2	330	100	16	1425	570	950	2990±40	2600	8600		
FXBW4—330/160	330	160	20	1425	570	950	2990±40	2600	9075		
FXBW2—330/160—1	330	160	20	1425	570	950	2990±40	2600	7260		
FXBW2—330/160—2	330	160	20	1425	570	950	2990±40	2600	8600		
FXBW4—330/160	330	160	20	1425	570	950	2990±40	2600	9075		河北省任丘市新华高压电器有限公司
FXBW2—330/210	330	210	20	1425	570	950	2990±40	2600	7260		
FXBW4—330/210	330	210	20	1425	570	950	2990±40	2600	9075		
FXBW2—500/160—1	500	160	20	2250	740	1240	4450±50	4000	11000		
FXBW2—500/160—2	500	160	20	2250	740	1240	4450±50	4000	12600		
FXBW4—500/160	500	160	20	2250	740	1240	4450±50	4000	13750		
FXBW2—500/210	500	210	20	2250	740	1240	4450±50	4000	11000		
FXBW4—500/210	500	210	20	2250	740	1240	4450±50	4000	13750		

五、外形及安装尺寸

FXBW 型系列产品外形及安装尺寸，见图 24-47。

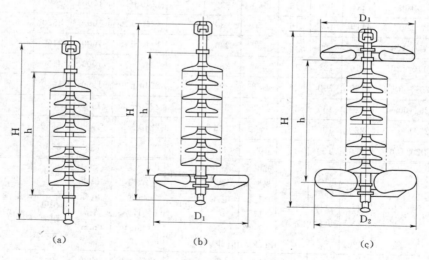

图 24-47　FXBW 型系列产品外形及安装尺寸

(a) 35～110kV；(b) 220kV；(c) 330～500kV

六、订货须知

订货时必须提供产品型号、规格、数量、采用何种工艺生产、交货期及特殊要求。

24.6.2　10～220kV复合棒形支柱绝缘子

一、概述

电站用10～220kV复合棒形支柱绝缘子（全复合），用于10～220kV交流系统中运行的电力设备和装置，尤其适用于污秽地区，能有效防止污闪事故，减少运行中维护工作量，是一种性能优良的新一代绝缘子产品。

复合棒形支柱绝缘子伞裙具有良好的憎水性和抗老化性能。机械性能主要由芯棒承担，具有很高的抗张强度和抗弯强度（大于500MPa），为普通钢材的2倍，是高强度瓷材料的8～10倍，分散性小，变异系数在3％以内，可靠性高。体积小，重量轻（仅为瓷绝缘子的1/3～1/5），不易破碎，运输安装维护方便，有良好的抗震性。

二、型号含义

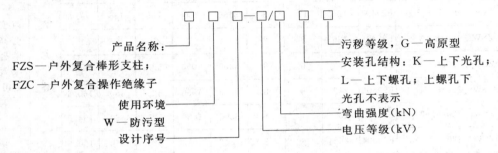

产品名称：
FZS—户外复合棒形支柱；
FZC—户外复合操作绝缘子
使用环境
W—防污型
设计序号

污秽等级，G—高原型
安装孔结构：K—上下光孔；
　　　　　L—上下螺孔；上螺孔下
光孔不表示
弯曲强度（kN）
电压等级（kV）

三、结构特点

整体复合棒形支柱绝缘子是西安西电高压电瓷有限责任公司开发的新产品，采用独有的整体成型技术，淘汰了国内广泛采用的单伞粘接工艺，能制造任何所需的形状和大型产品，与其它有机材料相比具有较高的抗电蚀能力、耐老化和抗紫外线辐射能力。

同单伞粘接工艺相比，整体复合型不存在粘接界面，彻底杜绝气隙的产生，生产效率大幅度提高，外观整洁光滑美观。

整体复合棒形支柱绝缘子采用中强度和高强度等静压瓷芯，胶装部分采用柱体上砂结构，严格控制造粒砂具有与瓷体优良的结合性能和合理的膨胀系数，有效提高机械强度。法兰结构合理，应力分布均匀，材料为机械强度高的球墨铸铁，表面热镀锌。

产品结构为单柱式，结构简单，运行使用寿命长。

执行标准GB 12744、JB 5892、GB 311.1、XC/JT 2004—2001。

四、技术数据

10～220kV复合棒形支柱绝缘子技术数据，见表24-120。

五、外形及安装尺寸

该产品外形及安装尺寸，见表24-121、表24-122及图24-48。

六、订货须知

订货时必须提供产品型号和代号（以代号为主）、特殊要求等。

七、生产厂

西安西电高压电瓷有限责任公司、西安电瓷研究所、保定电力修造厂、河南金冠王码信息产业股份有限公司南阳氧化锌避雷器厂。

表 24–120 10～220kV 复合棒形支柱绝缘子技术数据

型 号	产品代号	电压等级 (kV)	弯曲负荷 (kN)	扭转负荷 (kN·m)	公称爬距 (mm)	雷电全波冲击耐受电压 (kV)	工频耐受电压 (kV) 干	工频耐受电压 (kV) 湿	重量 (kg)	备注	生产厂
FZS—35/4—3	27301	40.5	4	1.2	1260	200	110	70	20.2	瓷芯棒	西安西电高压电瓷有限责任公司
FZSW—110/8—3	F29401	126	8	8	3150	450	265	185	77.4		
FZSW—110/16—4	F29402	126	16	8	3906	450	265	185	80.3		
FZSW—110/10—4	F29403	126	10	8	3906	450	265	185	80.3		
FZSW—110/12—3	F29404	126	12	8	3150	450	265	185	77.4		
FZSW—110/8—3	F29405	126	8	8	3150	450	265	185	81.6		
FZSW—220/6—3	F29601	252	6	8	6300	1050	525	460	154.8		
FZSW—220/8—4	F29602	252	8	8	7812	1050	525	460	160.6		
FZSW—220/4—3	F29603	252	4	8	6300	1050	525	460	154.8		
FZSW—220/6—4	F29604	252	6	8	7812	1050	525	460	160.6		
FZSW—220/4—4	F29605	252	4	8	6300	1050	525	460	159.0		
FZSW—220/6—4	F29606	252	6	8	6300	1050	525	460	159.0		
FZSW1—10/4	2261	10	4	0.6	270	75		30	0.75	瓷芯棒	西安电瓷研究所
FZSW1—20/8	2250	20	8	1.5	450	125		50	3.5		
FZSW1—35/6	2271	35	6	1.5	750	185		80	2.7		
FZSW6—110/10	2220	110	10	4	2750	500		230	16		
FZSW7—110/12.5	2221	110	12.5	4	2550	500		230	17		
FZSCW1—110/6	2201	110	6	4	3150	500		250	57		
FZSCW2—110/8	2202	110	8	4	3610	500		250	64		
FZSCW3—110/12.5	2203	110	12.5	4	3390	500		250	72		
FZSCW1—220/8	2210	220	8	4	7000	1000		500	136		
FZSCW1—220/10	2211	220	10	4	7000	1000		500	141		
FZS—12/4		12	4		320	90	40				保定电力修造厂
FZS—24/4		24	4		620	90	50				
FZS—40.5/4		40.5	4	1	800	230	95				
FZS—72.5/8		72.5	8	2	1790	410	185				
FZS—126/4		126	4	1.5	1010	550	230				
FZS—126/10		126	10	2.5	2750	550	230				

表 24-121 10～220kV 复合棒形支柱绝缘子外形及安装尺寸

单位：mm

产品代号	型号	总高 H	最大伞径 D	干弧距离	伞形	h_1	h_2	上部安装尺寸（孔数 n_1—孔径 d_1—孔中心圆心）	下部安装尺寸（孔数 n_2—孔径 d_2—孔中心圆心）	元件组成	生产厂
27301	FZS—35/3	560	181	405	大小开放伞		18	4—M16—φ127	4—φ14—φ180		西安西电高压电瓷有限责任公司
F29401	FZSW—110/8—3	1150	238	990	大小开放伞	20	20	4—φ18—φ225	4—φ18—φ225		
F29402	FZSW—110/16—4	1150	261	990	大小开放伞	20	20	4—φ18—φ225	4—φ18—φ225		
F29403	FZSW—110/10—4	1150	261	990	大小开放伞	20	20	4—φ18—φ225	4—φ18—φ225		
F29404	FZSW—110/12—3	1150	238	990	大小开放伞	20	20	4—φ18—φ225	4—φ18—φ225		
F29405	FZSW—110/8—3	1172	238	990	大小开放伞	20	20	4—M12—φ140	4—φ18—φ225		
F29601	FZSW—220/6—3	2300	238	1980	大小开放伞	20	20	4—φ18—φ225	4—φ18—φ225	F29401＋F29404	
F29602	FZSW—220/8—4	2300	261	1980	大小开放伞	20	20	4—φ18—φ225	4—φ18—φ225	F29403＋F29402	
F29603	FZSW—220/4—3	2300	238	1980	大小开放伞	20	20	4—φ18—φ225	4—φ18—φ225	F29401＋F29401	
F29604	FZSW—220/6—4	2300	261	1980	大小开放伞	20	20	4—φ18—φ225	4—φ18—φ225	F29403＋F29403	
F29605	FZSW—220/4—4	2322	238	1980	大小开放伞	20	20	4—M12—φ140	4—φ18—φ225	F29405＋F29401	
F29606	FZSW—220/6—4	2322	238	1980	大小开放伞	20	20	4—M12—φ140	4—φ18—φ225	F29405＋F29404	
2261	FZSW1—10/4	215	φ90		伞数 3			4—M12—φ76	4—φ13—φ76		西安电瓷研究所
2250	FZSW1—20/8	350	φ130		3			4—M12—φ140	4—φ18—φ210		
2271	FZSW1—35/6	445	φ131		6			4—M12—φ76	4—M12—φ76		
2220	FZSW6—110/10	1220	φ190		17			4—M12—φ127	4—φ18—φ178		
2221	FZSW7—110/12.5	1150	φ190		16			4M12—φ140	4—φ18—φ225		
	FZS—12/4	210						4—M12—φ76	4—φ14—φ100		保定电力修造厂
	FZS—24/4	350						4—M12—φ76	4—φ14—φ100		
	FZS—40.5/4	550						4—M12—φ76	4—φ14—φ100		
	FZS—72.5/8	760						4—M16—φ140	4—φ14—φ180		
	FZS—126/4	1150						4—M16—φ127	4—φ18—φ170		
	FZS—126/10	1200						4—M12—φ140	4—φ18—φ225		

表 24-122 复合棒形支柱绝缘子（瓷芯棒）外形及安装尺寸　　单位：mm

产品代号	绝缘子型号	总高 H	伞裙直径 D_1/D_2	瓷芯棒直径	伞数对	上附件安装尺寸		下附件安装尺寸		生产厂
						孔中心圆直径 a_1	孔径 4—d_1	孔中心圆直径 a_2	孔径 4—d_2	
2201	FZSCW1—110/6	1060	242/282	132	10	140	4—M12	225	4—ϕ18	
2202	FZSCW2—110/8	1200	242/282	132	12	140	4—M12	225	4—ϕ18	西安电瓷研究所
2203	FZSCW3—110/12.5	1150	259/299	142	11	140	4—M12	225	4—ϕ18	
2210	FZSCW1—220/8	2300	242/282	132/132	23	140	4—M12	275	4—ϕ18	
2211	FZSCW1—220/10		259/299	132/132				(250)		

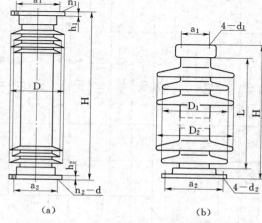

图 24-48　10～220kV 复合棒形支柱
绝缘子外形主安装尺寸
（a）110kV；（b）110～220kV（瓷芯棒）

24.6.3　电气化铁道用复合绝缘子

一、概述

电气化铁道用复合绝缘子适用于运行条件复杂的电气化铁路隧道，能有效地防止污闪事故，减少清扫维护工作量。由于尺寸小，在隧道净空较小时，是瓷、玻璃绝缘子无法替代的产品。

交流牵引用棒形复合绝缘子按安装方式分为悬挂、定位和腕臂支撑式三种。隧道用悬挂、定位式，区间、站场用腕臂支撑式。

二、型号含义

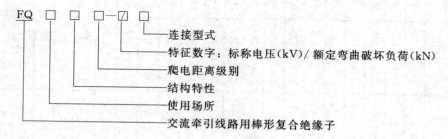

符号含义：

X—隧道悬挂；E—隧道定位；B—区间、站场腕臂支撑；Z—双重绝缘（单绝缘不表示）；A—单孔—双孔；T—球窝—球头；C—单孔—球头；D—管径—单孔；Y—圆管—单孔；单孔—单孔不表示。

三、技术数据

该产品技术数据，见表 24-123、表 24-124。

表24-123 电气化铁道用复合绝缘子技术数据

产品代号	型号	绝缘子名称	系统标称电压 (kV)	1min额定机械负荷 (kN) 拉伸	1min额定机械负荷 (kN) 弯曲	结构高度 H (mm)	最小电弧距离 h (mm)	最小公称爬电距离 (mm) 主绝缘	最小公称爬电距离 (mm) 副绝缘	雷电全波冲击耐受电压 (kV)	工频耐受电压 (kV) 干	工频耐受电压 (kV) 湿	0.4mg/cm² 盐密下污秽耐受电压 (kV)	重量 (kg)	生产厂
1952	FQX1—25	互换悬式绝缘子	25	60		650		1400		270		130	40		西安电瓷研究所
1953	FQX2—25		25	20		840		1400		270		130	40		
1954	FQX3—25		25	20		930		1400		270		130	40		
1951	FQE1—25①		25	20		760		1400		270		130	40		
1955	FQX2—25①		25	20		806		1400		270		130	40		
1956	FQX4—25		25	60		645		1400		270		130	40		
1957	FQX5—25		25	60		640		1400		270		130	40		
1958	FQXE3—25①		25	20		836		1400		270		130	40		
1959	FQXE4—25①		25	20		695		1400		270		130	40		
1960	FQE5—25		25	20		695		1400		270		130	40		
	FQX1—25/100QT	互换悬式绝缘子	25	100		700±20	500	1600		270	160	130			保定电力修造厂
	FQX2—25/101QT		25	100		584	415	1200		250	140	120			
	FQX—25/100QH		25	100		700±20	500	1600		270	160	130			
	FQX1—25/100HH	分相器悬式绝缘子	25	100		700±20	500	1600		270	160	130			
	FQX2—25/100HH		25	100		1050±30	840	1600		300	180	150			
	FQX3—25/100HH	锚段分段悬式绝缘子	25	100		650±20	460	1200		270	160	130			
	FQXZ—25/120QT	互换双绝缘悬式绝缘子	25	120		830	520	1600	160	270	160	130			
	FQB—25/4	腕臂支撑绝缘子	25		4	760	520	1200		270	160	130			
	FQB—25/8		25		8	760	520	1200		270	160	130			
	FQB—25/12		25		12	760	500	1200		270	160	130			
	FQBZ—25/4		25		4	850	600	1200	120	300	180	150			
	FQBZ—25/8		25		8	850	600	1200	120	300	180	150			
	FQBZ—25/12		25		12	850	580	1200	120	270	160	130			
	FQD—25/80HY	隧道定位绝缘子	25	80		576	410	1250		250	140	120			

续表 24-123

产品代号 型号	绝缘子名称	系统标称电压 (kV)	1min额定机械负荷 (kN) 拉伸	弯曲	结构高度 H (mm)	最小电弧距离 h (mm)	最小公称爬电距离 (mm) 主绝缘	副绝缘	雷电全波冲击耐受电压 (kV)	工频耐受电压 (kV) 干	湿	盐密下 0.4mg/cm² 污秽耐受电压 (kV)	重量 (kg)	生产厂
FQSD-25/40YY	人字绝缘子	25	40		934	714	1350		300	180	150			保定电力修造厂
FQLD-25/40	钩式定位绝缘子	25	40		819	577	1530		270	160	130			
DG-1/315				5	315	235	900		180	90	80			
DG-1/360	车顶支撑绝缘子			5	360	280	950		180	90	80			
DG-1/400				5	400	290	950		180	90	80			
DG-1/400 (8G)				5	400	280	950		180	90	80			
FDG-11/375A	拉杆绝缘子	11	30		375	315	800		220	130	110			

① 该产品必须进行通称弯曲拉伸负荷试验。该试验在4kN拉伸负荷时,弯距为100mm时,其变形挠度小于12mm。

表 24-124　铁道接触网用复合绝缘子技术数据

名称	型号	额定电压 (kV)	额定破坏负荷 (kN) 抗拉破坏负荷	弯曲破坏负荷	主要尺寸 (mm) 结构高度	电弧距离	爬电距离	伞裙组合方式 小 伞径 (mm)	伞数 片	大 伞径 (mm)	伞数 片	重量 (kg)	人工污秽耐受电压 盐密0.4mg/cm² (kV)	泄漏电流 (直流) (μA)	绝缘电阻 (MΩ)	雷电全波冲击耐受电压 ≥ (kV)	工频干耐受电压 ≥ (kV)	工频湿耐受电压 ≥ (kV)	生产厂
4kN腕臂合成绝缘子	FQB-25/4-760	25	60	4	760	468	1200	φ157	9	0	0	7.29	>35	<10	5×10⁴	300	180	150	河北省任丘市新华高压电器有限公司
8kN腕臂合成绝缘子	FQB-25/8-760	25	80	8	760	480	1200	φ160	9	0	0	9.72	>35	<10	5×10⁴	300	180	150	
8kN腕臂合成绝缘子	FQB-25/8-760	25	80	8	780	500	1200	φ160	9	0	0	9.72	>35	<10	5×10⁴	300	180	150	
硅橡胶绝缘子整体腕臂	FQB-25/8	25	80	8	670+L	560	1400	φ160	9	0	0		>35	<10	5×10⁴	300	180	150	
铁道悬式合成绝缘子	FQXW-25/70-620	25	70		620	450	1400	φ98	8	φ128	4	2.39	>35	<10	5×10⁴	300	150	120	
铁道悬式合成绝缘子	FQXW-25/70-584	25	70		584	416	1300	φ115	5	φ145	5	2.57	>35	<10	5×10⁴	300	180	150	
铁道悬式合成绝缘子	FQXW-25/40-930	25	40		930	658	1440	φ88	16	0	0	2.47	>35	<10	5×10⁴	300	180	150	
铁道合成绝缘子	FQX-25/120-830-1	25	120		830	600	1400	φ88	15	0	0	2.55	>35	<10	5×10⁴	300	180	150	
铁道合成绝缘子	FQX-25/120-830-2	25	120		830	600	1400	φ88	15	0	0	2.55	>35	<10	5×10⁴	300	180	150	
铁道合成绝缘子	FQX-25/120-830-3	25	120		830	600	主1221 副163	φ88	15	0	0	2.55	>35	<10	5×10⁴	300	180	150	
铁道合成绝缘子	FXBW4-25/120-778	25	120		778	548	1700	φ113	6	φ148	6	2.84	>35	<10	5×10⁴	300	180	150	

注　隧道内 L (1500, 1600, 1700, 1800)。隧道外 L (2600, 3000, 3400, 3600)。

四、外形及安装尺寸

电气化铁道用复合绝缘子外形及安装尺寸，见表 24-125 及图 24-49。

表 24-125　电气化铁道用复合绝缘子外形及安装尺寸

型　号	主　要　尺　寸（mm）							最小绝缘距离 h	最小公称爬电距离（主绝缘/辅助绝缘）	生产厂
	H	h₁	h₂	d₁	d₂	a	b			
FQX1—25	600							430	1000	
FQE1—25A		30	30	21	21	56	16			
FQX2—25										
FQE2—25A					21	56				
FQX2—25T	690							510	1200	
FQX2—25C			30	21						
FQE2—25Y			30							
FQX3—25	690	30		21				510	1500	河南金冠王码信息产业股份有限公司南阳氧化锌避雷器厂
FQE3—25A					21	56				
FQB1—25/4D	660							410	1000	
FQB2—25/4D	760							490	1200	
FQB3—25/4D	780		30				16	520	1500	
FQB2—25/8D	760							490	1200	
FQBZ1—25/4D	740	90		62	21			410	1000/120	
FQBZ2—25/4D	850							490	1200/145	
FQBZ3—25/4D	870							520	1500/140	
FQBZ2—25/8D	850							490	1200/145	

24.6.4　针式复合绝缘子

一、用途

FPQ 针式复合绝缘子适用于电力和通信线路，频率不超过 100Hz，海拔不超过 1000m 的架空线路中绝缘和支持导线用。

二、技术数据

针式复合绝缘子技术数据，见表 24-126。

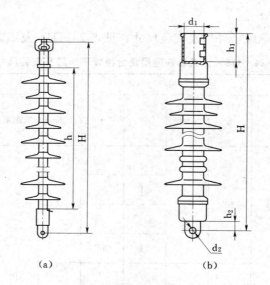

图 24-49 电气化铁道用复合绝缘子外形及安装尺寸

(a) 保定电力修造厂产品；(b) 南阳氧化锌避雷器厂产品

表 24-126 针式复合绝缘子技术数据

型 号	额定电压(kV)	额定机械弯曲负荷(kN)	结构高度 H (mm)	最小电弧距离 h (mm)	最小公称爬距 (mm)	线槽尺寸 R (mm)	安装尺寸 D×L	工频湿耐受电压 ≥(kV)	雷电全波冲击耐受电压 ≥(kV)	生产厂
FPW—10/1.5	10	1.5	218	132	290	15	M20×40	40	90	保定电力修造厂
FPW—10/2	10	2	216	136	310	13	M20×40	40	90	
FPW2—20/2	20	2	244	160	450	14.5	M20×40	50	110	
FPQ—10/2.0	10	2	190±10	100	200			40	90	重庆市华能氧化锌避雷器有限责任公司
FPQ—20/2.0	20	2	220±10	130	280			50	110	
FPQ—10T20	25	2	215	125	300			50	300	河北省任丘市新华高压电器有限公司

三、外形及安装尺寸

针式复合绝缘子外形及安装尺寸，见图 24-50。

24.6.5 直流复合棒形悬式绝缘子

±500kV 直流复合棒形悬式绝缘子技术数据见表 24-127，外形及安装尺寸见图 24-51。

表 24-127 直流复合棒形悬式绝缘子技术数据

型 号	额定电压（kV）	额定机械拉伸负荷（kN）	结构高度（mm）	绝缘距离（mm）	最小公称爬电距离≥（mm）	雷电全波冲击耐受电压≥（kV）	湿操作冲击电压≥（kV）	直流湿耐受电压（kV）	伞径（mm）	重量（kg）
FXBZW3—500/160	±500	160	5440±50	5320	17500	±2500	±1550	+600	152/120	35

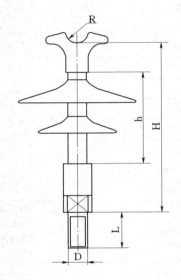

图 24-50 针式复合绝缘子外形及安装尺寸

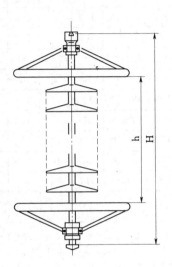

图 24-51 ±500kV直流复合棒形悬式绝缘子外形及安装尺寸

生产厂：西安电瓷研究所。

24.6.6 电力线路用10～110kV复合横担绝缘子

一、概述

FS横担式复合绝缘子适用于三相电力系统标称的电压110kV及以下、频率不超过100Hz、海拔不超过1000m的架空线路中绝缘和支持导线用。适用于城网技术改造，能有效地利用城市狭窄的走廊面积升压送电，节约大量的财力物力。由于弯曲强度高、耐污性能好，是瓷横担无法替代的产品。

二、型号含义

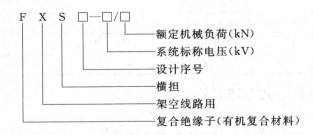

三、技术数据

复合横担绝缘子技术数据，见表24-128。

表24-128 FS型复合横担绝缘子技术数据

代号	型号	系统标称电压(kV)	额定机械弯曲负荷(kN)	雷电全波冲击耐受电压(kV)	工频湿耐受电压(kV)	总高(mm)	绝缘距离(mm)	结构高度(mm)	爬电距离(mm)	伞裙直径(mm)	芯棒直径(mm)	伞数(个)	重量(kg)	生产厂
1210	FS2—110/10	110	10	500	230	1362	1100	1242	2760	190	70	17	19	西安电瓷研究所
1202	FS2—35/5	35	5	290	160	728	485	620	1050	131	41	8	8	
	FS—10/2.5	10	2.5	90	45		170	295	420					
	FS—10/5.0	10	5	90	45		320	471	400					
	FS1—35/5.0	35	5	230	133		460	611	770					保定电力修造厂
	FS2—35/5.0	35	5	230	133		474	620	1120					
	FS1—110/10	110	10	550	230		1050	1269	3150					
	FS2—110/10	110	10	550	230		1100	1318	3150					
	FS3—110/10	110	10	550	230		1000	1336	1980					
	FS—10/2.5	10	2.5	105	40			287±10	470			3大2小		重庆市华能氧化锌避雷器有限责任公司
	FS—35/5.0	35	5	250	80			620±10	900			5大4小		
	FXS—35/5.0	35	5	265	105				1013				4.5	上海电瓷厂

四、外形及安装尺寸

复合横担绝缘子外形及安装尺寸，见表24-129及图24-52。

表24-129 复合横担绝缘子外形及安装尺寸　　　　　　单位：mm

型号	线槽与安装孔中心距L	绝缘距离L_1	线槽尺寸		安装尺寸		稳定孔直径$d_2 \pm 0.5$	安装孔与稳定孔中心距$a \pm 1$	生产厂
			L_2	R	孔直径$d_1 \pm 0.5$	高度h			
FS—10/2.5	295	170	24	12	18	14	9	40	
FS—10/5.0	471	320	28	14	18	52	11	40	
FS1—35/5.0	611	460	28	14	22	130	11	40	保定电力修造厂
FS2—35/5.0	620	474	24	14	22	52	11	35	
FS1—110/10	1269	1050	32		26	84	13	45	
FS2—110/10	1318	1100	32		26	84	13	45	
FS3—110/10	1336	1000	20		15		24	100	

24.6.7 电容式复合干式穿墙套管

一、概述

电容式复合干式穿墙套管是一种新型电容式穿墙套管，主绝缘采用新型绝缘材料，外

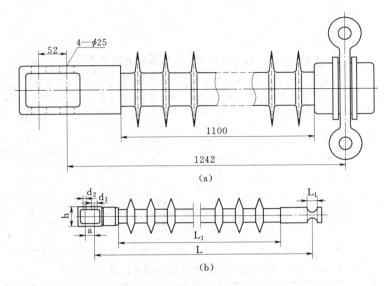

图 24-52 复合横担绝缘子外形及安装尺寸
(a) FS2—110/10；(b) FS1—110/10，FS2—110/10

绝缘使用高性能硫化硅橡胶，具有优异的耐污能力和防爆性能，符合电力部门无油化、小型化，是城乡电网改造的新一代高压产品。适用于海拔 1000m 以下、环境温度 −40～ +40℃的地区。产品性能符合 GB 4109—1999《高压套管技术条件》标准。

二、型号含义

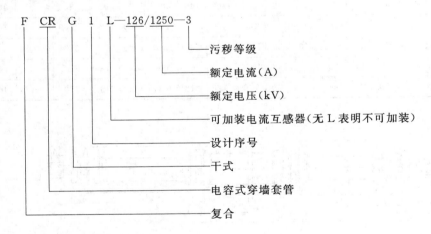

三、技术数据

(1) 电容式复合干式穿墙套管技术数据，见表 24-130。

(2) 介质损耗正切（％）：＜0.7。

(3) 局部放电量（pC）：＜10 (1.05U_r/$\sqrt{3}$下测量)。

四、外形及安装尺寸

电容式复合干式穿墙套管外形及安装尺寸，见表 24-131 及图 24-53。

五、生产厂

西安电瓷研究所。

表 24-130　电容式复合干式穿墙套管技术数据

产品代号	型号	额定电压(kV)	额定电流(A)	最高工作相电压(kV)	60s 工频耐受电压(kV)	雷电冲击耐受电压(kV)	弯曲破坏负荷(N)	允许弯曲负荷(N)	重量(kg)
3701	FCRG1—126/630—3	126	630	73	230	550	1250	625	95
3702	FCRG1—126/1250—3	126	1250	73	230	550	1600	800	105
3703	FCRG1—40.5/630—3	40.5	630	24	95	200	1250	625	28
3704	FCRG1—40.5/1250—3	40.5	1250	24	95	200	1600	800	32
3705	FCRG1L—126/630—3	126	630	73	230	550	1250	625	115
3706	FCRG1L—126/1250—3	126	1250	73	230	550	1600	800	125
3707	FCRG1—72.5/630—3	72.5	630	42	147	325	1250	625	45

表 24-131　电容式复合干式穿墙套管外形及安装尺寸　　　　单位：mm

产品代号	型号	总长 L	户内端长度 L₁	户内端最大直径 D	户外绝缘距离 L₄	户外最小爬电距离	户外最大直径 D₁	户内绝缘距离 L₃	户内最小爬电距离	安装法兰厚度 L₅	安装法兰孔中心距 D₂	安装法兰孔数 n₁ 孔径 d₁	接线端子孔距 a	接线端子孔数 n 孔径 d
3701	FCRG1—126/630—3	3100	1560	230	1150	3150	260	1000	1800	18	350	6—ϕ24	40	4—ϕ14
3702	FCRG1—126/1250—3	3180	1610	230	1150	3150	260	1000	1800	18	350	6—ϕ24	50	4—ϕ18
3703	FCRG1—40.5/630—3	1520	760	140	400	1100	140	400	1100	12	□300	4—ϕ15	40	4—ϕ14
3704	FCRG1—40.5/1250—3	1620	810	140	400	1100	140	400	1100	12	□300	4—ϕ15	50	4—ϕ18
3705	FCRG1L—126/630—3	3250	1710	230	1150	3150	260	1000	1800	18	350	6—ϕ24	40	4—ϕ14
3706	FCRG1L—126/1250—3	3330	1760	230	1150	3150	260	1000	1800	18	350	6—ϕ24	50	4—ϕ18
3707	FCRG1—72.5/630—3	2096	958	188	700	1725	218	600	900	15	350	6—ϕ24	40	4—ϕ14

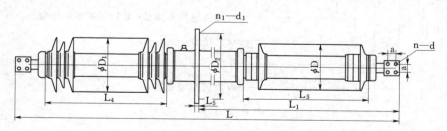

图 24-53　40.5～126kV 电容式复合干式穿墙套管（卧式）外形及安装尺寸

24.6.8　STB—35～220 型复合高压穿墙套管

一、概述

STB 型有机复合高压穿墙套管（附套管式电流互感器）是北京天威瑞恒电气有限责任公司研制的一种新型高压套管（已获国家实用新型专利），具有国际先进水平。此套管的特点是无油、无气、无瓷，氟塑料和硅橡胶作为主要绝缘材料、防火、防爆、防污染、防污闪、绝缘、机械和动热稳定性能好、体积小、重量轻、维护简单、附设电流互感器精度高，适用于海拔 1000m 及以下地区，最高环境温度不超过 +40℃，最低环境温度不低于 -40℃。

产品性能符合 GB 4109—88、JB 5892—91、IEC—137、GB 7354—87、Q/DY 001—1998、GB 311.1～3、GB 4582.2 等标准。

二、结构

该套管由载流体、刚性骨架、电容芯子、外护套、伞裙、法兰、端部结构等主要部件组成。伞裙为硅橡胶裙、法兰上设有接地端子。

三、型号含义

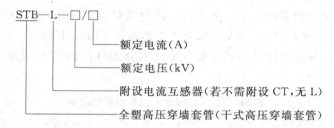

```
STB-L-□/□
```

额定电流（A）

额定电压（kV）

附设电流互感器（若不需附设 CT，无 L）

全塑高压穿墙套管（干式高压穿墙套管）

四、技术数据

（1）额定电压（kV）：35～220。

（2）额定电流（A）：100～2500。

（3）额定频率（Hz）：50。

（4）附设电流互感器：

电流比：100～2500/5A，100～2500/1A。

额定输出容量（VA）：20～50。

准确级次：0.2s，0.2，0.5s，0.5，或 5P，10P 级。

准确限值系数：5，10，15，20，25，30。

仪表保安系数：5，10。

绕组个数：1～6。

（5）污秽等级：Ⅱ、Ⅲ、Ⅳ。

（6）耐受电压和局部放电量，见表 24-132。

表 24-132 耐受电压和局部放电量

设备最高工作电压（kV）	工频耐受电压（kV）	雷电冲击耐受电压（kV）	局部放电测量电压（kV）	局部放电量（pC）	设备最高工作电压（kV）	工频耐受电压（kV）	雷电冲击耐受电压（kV）	局部放电测量电压（kV）	局部放电量（pC）
40.5	95	185	24	≤5	126	230	550	77	≤5
72.5	140	325	42	≤5					

（7）介质损耗因数 tanδ：在 $1.05U_m/\sqrt{3}$ 下不大于 0.002（35kV 套管不大于 0.003）。

（8）污秽耐受电压：在 0.2mg/cm^2 盐密下，在雾室中能耐受 $U_m/\sqrt{3}$ 的交流电压（有效值），30min，3 次。

（9）短时热电流：为额定电流的 25 倍，持续时间 1s。

（10）动稳定电流（kA）：80（峰值）。

（11）套管的弯曲耐受负荷，见表 24-133。

表 24-133 套管的弯曲耐受负荷（N）

设备最高工作电压（kV）	额定电流 I_r（A）			设备最高工作电压（kV）	额定电流 I_r（A）		
	≤800	1000～1600	2000～2500		≤800	1000～1600	2000～2500
40.5	1000	1000	2000	126	1250	1600	2500
72.5	1000	1250	2000				

（12）外护套及伞裙表面光滑、无裂纹、外绝缘的爬电比距（户外端最小公称爬电距离与最高工作电压之比）25mm/kV，相当于瓷绝缘子 33mm/kV。

（13）接线端子对接地体的距离：接线端子对接地体间的空气间隙不小于表 24-134 中的数值。

表 24-134 接线端子对接地体的距离

额定电压（kV）	户内部分（mm）	户外部分（mm）	额定电压（kV）	户内部分（mm）	户外部分（mm）	额定电压（kV）	户内部分（mm）	户外部分（mm）
35	300	400	66	550	650	110	850	900

五、外形及安装尺寸

STB—35～220kV 干式高压穿墙套管外形及安装尺寸，见表 24-135 及图 24-54。

表 24-135 STB—35～220kV 干式高压穿墙套管外形及安装尺寸

型 号	额定电压（kV）	额定电流（A）	主 要 尺 寸（mm）									爬距（mm）	重量（kg）	备注
			L	L_1	L_2	L_3	L_4	a_1	a_2	b_1	b_2			
STB—35/630	35	630	1510	350	350	350	755	40	80	200	240	1015	30	
STB—35/800（1000）	35	800（1000）	1510	350	350	350	755	40	80	200	240	1015	50	
STB—35/1250	35	1250	1510	350	350	350	755	40	80	200	240	1015	40	
STB—35/1600	35	1650	1570	350	350	350	785	50	100	200	240	1015	45	
STB—35/2000～2500	35	2000～2500	1610	350	350	350	805	60	120	200	240	1015	50	
STB—66/630	66	630	2630	630	800	630	1315	40	80	350	400	1925	60	
STB—66/800（1000）	66	800（1000）	2630	630	800	630	1315	40	80	350	400	1925	65	标准结构
STB—66/1250	66	1250	2630	630	800	630	1315	40	80	350	400	1925	70	
STB—66/1600	66	1600	2680	630	800	630	1340	50	100	350	400	1925	75	
STB—110/630	110	630	3270	960	900	960	1635	40	80	350	400	3200	70	
STB—110/800（1000）	110	800（1000）	3270	960	900	960	1635	40	80	350	400	3200	80	
STB—110/1250	110	1250	3270	960	900	960	1635	40	40	350	400	3200	90	
STB—110/1600	110	1600	3330	960	900	960	1665	50	100	350	400	3200	110	
STB—110/2000～2500	110	2000～2500	3360	960	900	960	1680	60	120	350	400	3200	120	
STB—220/630	220	630	5500	1750	1500	1750	2750	40	80	640	700	6300	300	

| 型　号 | 额定电压 (kV) | 额定电流 (A) | 主要尺寸（mm） | | | | | | | | | 爬距 (mm) | 重量 (kg) | 备注 |
			L	L₁	L₂	L₃	L₄	a₁	a₂	b₁	b₂			
STB—220/800（1000）	220	800（1000）	5500	1750	1500	1750	2750	40	80	640	700	6300	310	标准结构
STB—220/1250	220	1250	5500	1750	1500	1750	2750	40	80	640	700	6300	320	
STB—220/1600	220	1600	5520	1750	1500	1750	2760	50	100	640	700	6300	340	
STB—220/2000～2500	220	200～2500	5600	1750	1500	1750	2800	60	120	640	700	6300	350	
STB—35/630	35	630	1640	350	450	350	1045	40	80	300	360	1015	42	带CT结构
STB—35/800（1000）	35	800（1000）	1640	350	450	350	1045	40	80	300	360	1015	52	
STB—35/1250	35	1250	1640	350	450	350	1045	40	80	300	360	1015	68	
STB—35/1600	35	1600	1700	350	450	350	1075	50	100	300	360	1015	72	
STB—35/2000	35	2000	1740	350	450	350	1095	50	100	300	360	1015	52	
STB—66/630	66	630	2770	630	1000	630	1550	40	80	360	420	1925	62	
STB—66/800（1000）	66	800（1000）	2770	630	1000	630	1550	40	80	360	420	1925	67	
STB—66/1250	66	1250	2770	630	1000	630	1550	40	80	360	420	1925	72	
STB—66/1600	66	1600	2820	630	1000	630	1575	50	100	360	420	1925	77	
STB—110/630	110	630	3480	960	1100	960	1850	40	80	360	420	3200	72	
STB—110/800（1000）	110	800（1000）	3480	960	1100	960	1850	40	80	360	420	3200	82	
STB—110/1250	110	1250	3480	960	1100	960	1850	40	80	360	420	3200	92	
STB—110/1600	110	1600	3540	960	1100	960	1880	50	100	360	420	3200	115	
STB—110/2000	110	2000	3660	960	1100	960	1930	60	120	360	420	3200	124	

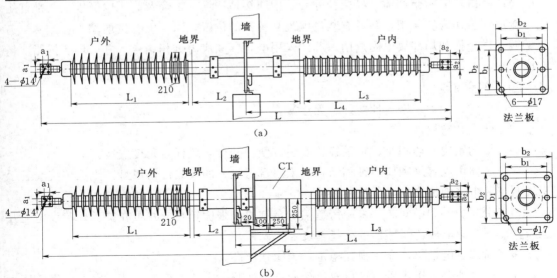

图 24-54　STB—35～220kV 干式高压穿墙套管外形及安装尺寸

（a）标准结构；（b）带 CT 的结构

六、订货须知

订货时必须提供额定电压、额定电流、环境污秽水平、安装方式、是否附设电流互感器（电流比、二次线圈个数、测量线圈的测量精度、保护线圈的准确级数、准确限值系数及二次负荷容量）及特殊要求。

七、生产厂

北京天威瑞恒电气有限责任公司。

24.6.9　浇铸树脂式复合外套穿墙套管

一、概述

浇铸树脂式复合外套穿墙套管主要用于 35、66、110kV 户内变电站中，是高压导体穿过建筑物墙壁或其它接地体时的一种高压引流设备。

中能电力科技开发公司、北京中能瑞斯特电气有限责任公司生产的浇铸树脂式复合外套穿墙套管为纯干式结构，芯体采用特种环氧树脂浇铸，外绝缘采用优质、进口双组份液态硅橡胶一次注射成型工艺，在芯体与外套间真正实现了无油化及无任何填充物。

二、型号含义

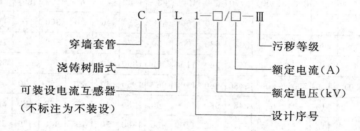

三、结构

该产品由环氧树脂芯体、硅橡胶外套、中间接地法兰、护套及高压电极等主要部件组成。接地法兰作为安装用，并留有装设电流互感器的位置，法兰上有接地端子，护套上有测量端子供介损和局部放电测量用。芯体采用电容屏和应力锥相结合，并由环氧树脂浇铸而成。

四、产品特点

（1）干式、无油、密封性能好、无渗漏。

（2）防火、防爆。

（3）结构紧凑、体积小、重量轻、安装方便，并可实现任意角度安装。

（4）芯体由电容屏和应力锥相结合，采用自行设计的模具浇铸成型，克服传统套管手工绕制工艺带来的诸多缺陷，结构独特。

（5）中间护套和中间法兰采用铸造铝合金制成，强度较高，并可在护套外装设电流互感器，而不会影响电流互感器的测量精度。

（6）局部放电量小，介质损耗稳定，绝缘强度高。

（7）绝缘外套采用优质、进口双组份液态硅橡胶一次注射成型工艺，密封可靠，撕裂强度高，耐电蚀，抗老化，憎水性好，耐污秽强。

（8）使用寿命长。

(9) 常规产品可用于Ⅲ级及以上重污秽地区。

五、使用条件

(1) 户内、户外。

(2) 环境温度（℃）：−40～+40。

(3) 海拔（m）：<1500。

(4) 可任意角度安装。

(5) 地震烈度：8度及以下地区。

(6) 污秽等级：Ⅲ级或以上重污秽地区。

六、技术数据

额定电压（kV）：40.5，72.5，126。

额定电流（A）：100～800，1000～1600，2000～3150。

浇铸树脂式复合外套穿墙套管技术数据，见表24−136。

表 24−136 浇铸树脂式复合外套穿墙套管技术数据

额定电压（kV）		126	72.5	40.5
1min工频耐受电压 （有效值，kV）	干	185/230	147	95
	湿	185/230	140	80
雷电全波冲击耐受电压（kV）		550	325	200
弯曲耐受负荷（N）	额定电流≤800A	1250	1000	1000
	额定电流1000～1600A	1600	1250	1000①
热短时电流（kA）		40	40	40②
介质损耗因数（tgδ）		在 1.05U$_r$/√3kV 下不大于 0.009		
局部放电量（pC）		在 1.05U$_r$/√3kV 下不大于 5		
爬电比距（mm/kV）		>26		

① 额定电流为 2000～3150A 时为 1000N。

② 额定电流为 2000～3150A 时为 78.8kA。

七、外形及安装尺寸

该套管外形及安装尺寸，见表24−137及图24−55。

八、订货须知

订货时必须提供产品名称、型号及相关技术要求，配电流互感器时需注明额定电流比、二次绕组个数及相应额定负载和精度、特殊要求等。

九、生产厂

中能电力科技开发公司、北京中能瑞斯特电气有限责任公司。

24.6.10 110～500kV 复合相间间隔棒

一、概述

复合相间间隔棒适用于紧凑型线路和由于环境恶劣相间距离小的线路，以防止导线舞动，发生相间短路。由于其重量轻，具有适当的刚性和弹性，能承受短时冲击力和有缓解振动疲劳作用，是紧凑型线路的理想产品。

表 24-137　浇铸树脂式复合外套穿墙套管外形及安装尺寸（中能电力科技开发公司）

型　号	额定电压（kV）	额定电流（A）	主 要 尺 寸（mm）						接线板 A
			L	L_1	L_2	L_3	L_4	L_5	
CJ1—40.5/＊＊＊—Ⅲ	40.5	100～800	1540	780	760	518	72	518	30
CJ1—40.5/＊＊＊—Ⅲ	40.5	1000～1600	1600	810	790	518	72	518	50
CJ1—40.5/＊＊＊—Ⅲ	40.5	2000～3150	1650	835	815	518	72	518	60
CJ1—72.5/＊＊＊—Ⅲ	72.5	100～800	2400	1210	1190	820	180	820	30
CJ1—72.5/＊＊＊—Ⅲ	72.5	1000～1600	2460	1240	1220	820	180	820	50
CJ1—126/＊＊＊—Ⅲ	126	100～800	3600	1620	1980	1200	580	1200	30
CJ1—126/＊＊＊—Ⅲ	126	1000～1600	3660	1650	2010	1200	580	1200	50
CJL1—126/＊＊＊—Ⅲ	126	100～800	3600	1810	1790	1200	410	1200	30
CJL1—126/＊＊＊—Ⅲ	126	1000～1600	3660	1840	1820	1200	410	1200	50

型　号	主 要 尺 寸（mm）						爬电距离（mm）		重量（kg）
	接 线 板		法　兰				D	户内	户外	
	n_1	d_1	L_6	L_7	n_2	d_2				
CJ1—40.5/＊＊＊—Ⅲ	4	14	350	300	6	18	180	1290	1290	28
CJ1—40.5/＊＊＊—Ⅲ	4	18	350	300	6	18	180	1290	1290	30
CJ1—40.5/＊＊＊—Ⅲ	4	18	350	300	6	18	180	1290	1290	40
CJ1—72.5/＊＊＊—Ⅲ	4	14	400	350	6	18	250	2450	2450	87
CJ1—72.5/＊＊＊—Ⅲ	4	18	400	350	6	18	250	2450	2450	90
CJ1—126/＊＊＊—Ⅲ	4	14	400	350	6	18	280	3290	3290	110
CJ1—126/＊＊＊—Ⅲ	4	18	400	350	6	18	280	3290	3290	115
CJL1—126/＊＊＊—Ⅲ	4	14	400	350	6	18	280	3290	3290	110
CJL1—126/＊＊＊—Ⅲ	4	18	400	350	6	18	280	3290	3290	115

注　CJL1—126/＊＊＊—Ⅲ重量不包括电流互感器的重量。

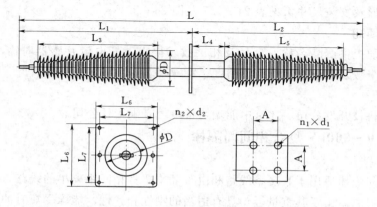

图 24-55　浇铸树脂式复合外套穿墙套管外形及安装尺寸

二、型号含义

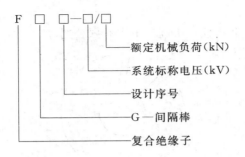

```
F □ □—□/□
```

- 额定机械负荷(kN)
- 系统标称电压(kV)
- 设计序号
- G—间隔棒
- 复合绝缘子

三、技术数据

该产品技术数据,见表 24-138。

表 24-138　110～500kV 复合相间间隔棒技术数据

型　　号	额定机械拉伸负荷(kN)	爬电距离(mm)	结构高度(mm)	雷电全波冲击耐受电压(kV)	人工污秽耐受电压(kV)	工频湿耐受电压(kV)	重　量(kg)
FXG1—220/100	100	6920	2865	1050	146	550	9

四、生产厂

西安电瓷研究所。

24.6.11　硅橡胶防污增爬裙

一、概述

提高现有高压变电设备防污闪水平的一种投资少且效果明显的措施,是在其变电设备外绝缘子瓷瓶上安装一定片数的硅橡胶防污增爬裙。硅橡胶增爬裙用于支柱绝缘子、油开关、互感器、隔离开关、悬式绝缘子等瓷瓶,见图 24-56。

二、产品特点

硅橡胶增爬裙适用性广,使用灵活,变电设备任何瓷件都可加装,根据现场污秽等级决定加装伞裙数、位置、形状,以获得最佳效果。其特点:

(1) 爬电比距比原来增加 20%。

(2) 优良的憎水性、憎水迁移性和耐污闪性能。

(3) 优异的耐大气老化、耐臭氧老化、耐高低温及潮湿性能。

(4) 抗漏电起痕性,抗电蚀性。

(5) 操作简单,防污效果明显。

三、外形

硅橡胶防污增爬裙外形尺寸,见图 24-57。

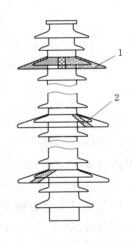

图 24-56　瓷瓶安装硅橡胶增爬裙
1—硅橡胶增爬裙；2—硅橡胶增爬裙粘接口

西安电瓷研究所的产品与瓷件表面粘接面大，外形直径 95~610mm。

四、生产厂

西安电瓷研究所、河北省任丘市高压电器有限公司。

图 24-57 硅橡胶防污增爬裙外形

24.6.12 QFH 型附加合成伞裙

一、概述

QFH 型附加合成伞裙是襄樊国网合成绝缘子股份有限公司研制开发的一种科技产品，适用于输电线路悬式瓷绝缘子及变电站用支柱瓷绝缘子、瓷套等设备，与瓷绝缘子粘接"复合"，提高设备的表面爬距及抗污（雾）闪能力，保证电网安全运行。

二、型号含义

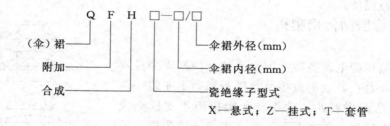

三、结构及性能

附加合成伞裙由以硅橡胶为基体的高分子聚合物及多种填料、添加剂经特殊工艺制成，具有以下优点：

（1）伞裙具有良好的憎水性，提高污闪电压。例如 X—4.5（XP—70.160）瓷绝缘子在 0.4mg/cm² 盐密、1.0mg/cm² 灰密下的污闪电压为 9~10kV，加装附加合成伞裙后的污闪电压为 15~16kV，提高 60% 左右。特别适用于污秽区，运行中不需清扫。

（2）由于伞裙外径大，起到"伞"的作用，减轻临近瓷裙的污染，防止由于雨、冰造成瓷棱间"桥路"事故。

（3）根据使用地区的污秽程度，灵活地决定装设附加伞裙的规格及片数，尤其对于支柱式瓷绝缘子以及塔头尺寸、对地距离裕度不大、"增爬"困难的情况更适宜。

（4）工艺简单，投资少，效果明显。

四、外形尺寸

QFH 附加合成伞裙外形尺寸，见表 24-139。

表 24 - 139　QFH 附加合成伞裙外形尺寸

粘好后（外径/内径）	平摊开（外径/内径）	粘接方式	备注
$\phi247/\phi61$	$\phi260/\phi64$	开口式表面粘接	
$\phi295/\phi105$	$\phi310/\phi110$	开口式表面粘接	
$\phi314/\phi133$	$\phi330/\phi140$	开口式表面粘接	
$\phi342/\phi152$	$\phi360/\phi160$	开口式表面粘接	
$\phi409/\phi181$	$\phi430/\phi190$	开口式表面粘接	
$\phi466/\phi238$	$\phi490/\phi250$	开口式表面粘接	
$\phi532/\phi304$	$\phi560/\phi320$	开口式表面粘接	
$\phi589/\phi371$	$\phi620/\phi390$	开口式表面粘接	
$\phi703/\phi475$	$\phi740/\phi500$	开口式表面粘接	
$\phi405/\phi130$	$\phi405/\phi130$	封闭式表面粘接	用于悬式防污瓶上表面粘接
$\phi405/\phi250$	$\phi405/\phi250$	封闭式沿裙边粘接	用于悬式瓶粘接
$\phi405/\phi230$	$\phi405/\phi230$	封闭式沿裙边粘接	用于悬式瓶粘接
$\phi405/\phi210$	$\phi405/\phi210$	封闭式沿裙边粘接	用于悬式瓶粘接

五、生产厂

襄樊国网合成绝缘子股份有限公司。

24.6.13　合成绝缘子配套产品—铝合金开口型均压环

一、概述

铝合金开口型均压环为襄樊国网合成绝缘子股份有限公司自行研制开发的新产品（已申报专利，国内独家使用），与高压悬式合成绝缘子配套使用。与过去采用的铁质镀锌均压环相比，它具有均压效果好、抗锈蚀能力强等优点。在环上留有一"放电开口"，使引弧能力更强，缩短放电时间，保护合成绝缘子表面不被灼伤。重量轻，安装使用方便。

该产品与铁质镀锌均压环外径大致相同，安装时环体方向亦相同。110kV 及以下合成绝缘子不需配备均压环；220kV 合成绝缘子每支配一个，装在球头端；330kV 及以上合成绝缘子两端各配一支，其中直径较小的装在球窝端，直径较大的装在球头端。

二、外形及安装尺寸

铝合金开口型均压环外形及安装尺寸，见表 24 - 140 及图 24 - 58。

表 24 - 140　铝合金开口型均压环外形尺寸

绝缘子电压等级	220kV	330kV	500kV
均压环安装尺寸	接地端—无 高压端—$\phi305$	接地端—$\phi350$ 高压端—$\phi370$	接地端—$\phi350$ 高压端—$\phi370$

三、生产厂

襄樊国网合成绝缘子股份有限公司。

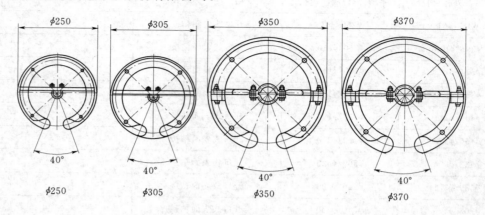

图 24-58 铝合金开口型均压环外形及安装尺寸

第25章 环 网 柜

环网柜是一组高压开关设备装在金属或非金属绝缘柜体内或做成拼装间隔式环网供电单元的电气设备，其核心部分采用负荷开关和熔断器，具有结构简单、体积小、价格低，可提高供电参数和性能以及供电安全等优点。它被广泛使用于城市住宅小区、高层建筑、大型公共建筑、工厂企业等负荷中心的配电站以及箱式变电站中。

为了提高供电可靠性，使用户可以从两个方向获得电源，通常将供电网连接成环形。这种供电方式简称为环网供电。在工矿企业、住宅小区、港口和高层建筑等交流 10kV 配电系统中，因负载容量不大，其高压回路通常采用负荷开关或真空接触器控制，并配有高压熔断器保护。该系统通常采用环形网供电，所使用高压开关柜一般习惯上称为环网柜。环网柜除了向本配电所供电外，其高压母线还要通过环形供电网的穿越电流（即经本配电所母线向相邻配电所供电的电流），因此环网柜的高压母线截面要根据本配电所的负荷电流与环网穿越电流之和选择，以保证运行中高压母线不过负荷运行。

25.1 固体绝缘环网柜

一、概述

固体绝缘环网柜是河南华盛隆源电气有限公司开发的一种智能环保的新型开关设备。采用 APG 自动凝胶工艺，将开关一次部分及导电回路完全固封环氧树脂里，真空灭弧室灭弧，采用三相分体结构，整个开关装置不受外部环境影响，全绝缘、全密封、免维护。固体绝缘环网柜被誉为是目前传统环网柜最先进的技术更新换代产品。

二、特点

（1）取消 SF_6 气体应用，避免压力气箱设计。

（2）带电部件全部密封（开关采用环氧树脂套筒封装，母线采用硅橡胶封装），安全防护等级为 IP67。

（3）操作机构全密封，不受外部环境的影响。

（4）强化相间隔离设计，分相绝缘避免了相间故障的可能性。

（5）模块化拼装结构，便于回路扩展、单元调换、方案更改。

（6）开关工作位置三相独立可视。

（7）体积小、重量轻、安全、可靠，具有环保、智能、安全、灵活性能。

（8）具有多种机械联锁功能，实现"五防"要求。

三、安全性能

（1）安全取消 SF_6 气体应用，避免环网柜气体压力不足造成绝缘性能和灭弧能力下降。

（2）相间完全隔离结构，避免相间短路而导致环网柜爆炸事故。

（3）三工位开关及开关工作位置三相独立可视，确保检修安全可靠。

（4）产品通过浸水试验，水下施压 0.3bar、12kV，24 小时带电运行，全部检测数据达到要求。

（5）开关套筒浇注前后两次全检试验，局放小于 5pC，真空灭弧室采用国内知名品牌产品。

（6）开关套筒浇注通过严酷的热冲击试验，与真空开关之间辅以柔性填充物，消除热胀冷缩引起的破坏应力，避免出现裂缝，从而确保开关套筒长期运行不会开裂。

四、使用条件

环境温度：−45～+45℃。

环境湿度：最大平均相对湿度，日平均≤95%，月平均≤90%。

海拔高度：≤4000m。

抗震能力：8 度。

五、技术数据

环网柜技术数据，见表 25-1。

表 25-1 环网柜技术数据

特性参数			V 单元	C 单元	F 单元
灭弧类型			真空	真空	真空
额定电压（kV）			12	12	12
额定频率（Hz）			50	50	50
额定电流（A）			630/1250	630	125
额定短路断开电流（kA）			20/25		31.5
闭环开断电流（A）				630	
额定电缆充电开断电流（A）			25	10	
额定短时耐受电流（kA）			20/25	20	
额定短时耐受时间（s）			4	4	
额定峰值耐受电流（kA）			50/63	50	
额定短路关合电流（kA）			50/63	50	
额定开断交接电流（A）					3700
额定绝缘水平	额定雷电冲击耐受电压（kV）	相间、相对地/端口	75/85	75/85	75/85
	额定工频耐受电压（kV/min）	相间、相对地/端口	42/48	42/48	42/48
机械寿命（次）			10000	10000	10000
防护等级			IP67	IP67	IP67

六、生产厂

河南华盛隆源电气有限公司。

25.2　SF₆ 气体绝缘环网柜

一、概述

QLG 系列环网柜是北京清畅电力技术股份有限公司自主研发、生产的 SF₆ 气体绝缘金属封闭开关设备。该设备以 SF₆ 气体作为绝缘和开断介质，负荷开关、真空断路器和带电母线等全部密封在充以一定压力的封闭不锈钢容器中。外部采用美标/欧标型标准套管通过电缆接头与进出线电缆连接，形成全绝缘、全封闭结构，有效防洪水、耐污秽，适用于各种恶劣环境。广泛应用于 12kV 环网或终端供电系统。组合方式可根据客户要求灵活搭配，例如：2D2F、2L1F、1R3D 等。

二、型号含义

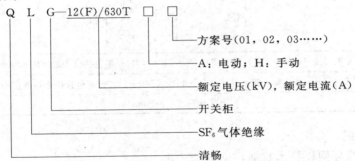

```
Q L G—12(F)/630T □ □
                    │   │
                    │   └── 方案号(01, 02, 03……)
                    └────── A：电动；H：手动
              │ └────────── 额定电压(kV)，额定电流(A)
            │ └──────────── 开关柜
          │ └────────────── SF₆ 气体绝缘
        │ └──────────────── 清畅
```

三、特点

(1) 免维护：SF₆ 气体整体共箱式结构，将动、静触头、灭弧室、母线密封在同一个气箱内。设计免维护寿命 30 年。

(2) 可靠的机械联锁：具有各种可靠的机械联锁，并在柜体面板有模拟标识，充分保证操作安全。

(3) 全密封、全绝缘电缆进出线：采用全密封、全绝缘式电缆头连接，安全可靠。

(4) 模块化、可扩展：采用可扩展模块组合式配合的方式，紧凑尺寸、易于安装、操作方便。

(5) 多种接线方案：根据用户需要，采用负荷开关、负荷开关＋熔断器保护或真空断路器保护等最佳组合方案，满足多种进出线回路的需要。

(6) 断口可视：通过面板上的观察窗，可以看到隔离开关位置，充分保证人员及设备的安全。

(7) 电动操作、FTU：采用专用的电压互感器取电，给操作机构和 FTU 提供电源和测量保护电压信号。并安装专用的蓄电池和充电模块，保证操作电源和 FTU 的不间断供电，可实现远程自动化控制监测。

四、使用条件

(1) 周围空气温度范围 −40～＋40℃，24h 内测得的平均值不得超过 35℃。

(2) 海拔不超过 2000m。

(3) 周围空气受尘埃、烟、腐蚀性和（或）易燃气体、蒸气或盐的污染不显著。

（4）地震烈度：地震水平加速度不超过 0.3g。

五、典型方案

SF_6 气体绝缘环网柜典型方案，见表 25-2。

表 25-2 SF_6 气体绝缘环网柜典型方案

母线提升 R 模块	负荷开关＋下隔离 L 模块	断路器＋下隔离 D 模块	负荷开关＋熔断器 组合电器 F 模块

单元柜尺寸（mm）：（宽×深×高）395×770×1444；不包括仪表箱高度 406mm

共箱柜尺寸（mm）：（宽×深×高）（350＋60）×770×1425；不包括仪表箱高度 400mm

电缆仓高度：580mm

六、技术数据

SF_6 气体绝缘环网柜技术数据，见表 25-3。

表 25-3 SF_6 气体绝缘环网柜技术数据

序号	名 称		单位	参数值
1	额定电压		kV	12
2	额定电流		A	630（1250 可定）
3	额定频率		Hz	50
4	额定绝缘水平	1min 工频耐受电压（相间、对地/断口）	kV	42/48
		雷电冲击耐受电压（相间、对地/断口）	kV	75/85
5	额定短时耐受电流		kA	20
6	额定峰值电流			50
7	机械寿命	负荷开关	次	M1 级（1000） M2 级（5000）
		接地开关		M0 级（1000） M2 级（5000）
8	额定工作气体压力/最低气体压力（＋20℃）		MPa	0.04～0.02
9	年泄漏率		%	≤0.1
10	绝缘气体			SF_6

七、配置保护装置

XRNT—12 型负荷开关＋熔断器保护型熔断器选择参考表，见表 25-4。

表 25-4 负荷开关十熔断器保护型熔断器选择参考表

变压器额定容量（kVA）															
50	75	100	125	160	200	250	315	400	500	630	800	1000	1250	1600	2000
熔断器选择（标准单位：A）															
10	16	16	16	25	25	25	40	40	63	63	63	80	100	100	—

八、生产厂

北京清畅电力技术股份有限公司。

25.3 HXGN15A—12 高压环网柜

一、概述

HXGN15A—12 高压环网柜是深圳市华开电气有限公司根据国家标准、行业规范的基础上开发、改进的一种新型产品。

HXGN15A—12 高压环网柜是引进国外先进技术并按照国内标准及电网要求，研制、开发的新一代高压电器产品。该产品是以 SF_6 负荷开关作为开关，而整柜采用空气绝缘，既紧凑又可扩充的金属封闭开关设备。产品具有高档次、高参数、体积小、重量轻、长寿命、参数全、低价位、外形美观、操作简便、无污染、免维护等极其显著的特点。适用于三相交流 10kV、50Hz 的电力系统中，作为工矿企业、高层建筑、住宅小区、预装式变电站等场所，用来开断、关合负载电流、故障电流、控制和保护线路与配电变压器之用。

HXGN15A—12 高压环网柜经严格的型式试验和长期试运行考核，各项技术性能指标全部达到 IEC 298 和 GB 3906 标准。单元柜的主开关、操作机构及元器件采用 ABB 公司原装件 SFL—12/24 型或国产 FLN36—12D 型 SF_6 开关设备，也可根据用户需要配装 ABB 公司原装 HAD/US 型 SF_6 断路器或 VD4—S 型真空断路器，其操作方式分为手动、电动两种。该产品具有"合—分—接地"三工位灭弧室，配带"五防"功能（防止带负荷分合主开关；防止误入带电间隔；防止误分合主开关；防止带电挂接地线；防止接地开关在接地位置送电），联锁可靠，断口绝缘强度高，大爬距设计，出线端用均压罩保护，特殊的动密封和固定密封设计，加上先进的技术性能及轻便灵活的装配方案，可以完全满足市场不断变化的要求，是装备城市电网的新一代高压开关设备。柜体采用进口敷铝锌板经数控机床加工而成，防护等级达到 IP3X，并具有可靠的机械联锁和防误操作功能。

二、技术数据

HXGN15A—12 高压环网柜技术数据，见表 25-5。

表 25-5 HXGN15A—12 高压环网柜技术数据

名　称	单　位	参　数
额定电压	kV	10
最高工作电压	kV	12
额定频率	Hz	50/60
主母线额定电流	A	630

续表 25－5

名　　称	单　位	参　数
主回路、接地回路额定短时耐受电流	kA/s	20/3
主回路、接地回路额定峰值耐受电流	kA	50
主回路、接地回路额定短路关合电流	kA	50
负荷开关额定电流开断次数	次	100
额定转移电流	A	1700
熔断器最大额定电流	A	160
熔断器开断电流	kA	31.5、50
机械寿命	次	2000
1min 工频耐压（有效值）相间、对地/隔离断口	kV	42/48
雷电冲击耐受电压（峰值）相间、对地 / 隔离断口	kV	75/85
二次回路 1min 工频耐压	kV	2
防护等级		IP3X

三、生产厂

深圳市华开电气有限公司。

25.4　HXGN17—12 高压环网柜

一、概述

HXGN17—12 系列箱型固定式交流金属封闭开关设备，适用于额定电压 3.6～12kV、额定频率 50Hz 的户内交流高压成套装置。符合国家标准 GB 3906—91《3～35kV 户内交流金属封闭开关设备》、KL404/T《户内交流高压开关柜订货技术条件》及国际电工委员会 IEC—298《交流金属封闭开关设备和控制设备》标准。

本产品采用 FN□—10（R）D/100—31.5 型户内交流高压负荷开关—熔断器组合电器、FN□—10D/630—20 型户内交流高压真空负荷开关、FN□—10（R）D/630 型户内交流空气负荷开关—熔断器组合电器、FZN□—真空负荷开关作为主开关，主要用于三相交流环网、终端配电网和工业用电设备，作为接受和分配之用，也适用于箱式变电站。

二、型号含义

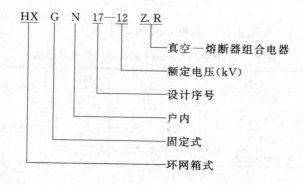

HX　G　N　17—12　Z.R

真空—熔断器组合电器

额定电压(kV)

设计序号

户内

固定式

环网箱式

三、技术数据

HXGN17—12 高压环网柜技术数据，见表 25-6。

表 25-6 HXGN17—12 高压环网柜技术数据

序号	名 称			单位	技术参数	
1	额定电流			A	630	1250
2	额定电压			kV	12	
3	额定频率			Hz	50	
4	额定绝缘水平	1min 工频耐压	相对地、相间	kV	42	
			断口	kV	48	
		雷电冲击耐压	相对地、相间	kV	95	
			断口	kV	110	
5	负荷开关	额定电流		A	630	1250
		额定短时耐受电流		kA	25	
		额定峰值耐受电流（峰值）		kA	63	
		额定短路关合电流（峰值）		kA	63	
		合闸速度		m/s	≥6	
		分闸速度		m/s	4.5～6	
		三相分闸不同期		ms	10	
		三相合闸不同期		ms	10	
		转角		(°)	120	
		断口开距		mm	228	
6	接地开关	额定电压		kV	12	
		额定短时耐受电流		kA	25	
		额定峰值耐受电流（峰值）		kA	63	
		额定短路关合电流（峰值）		kA	63	
		合闸操作力矩		N·m	≤60	
		分闸操作力矩		N·m	≤100	
7	接地开关	额定有功负载开断电流		kA	630	1250
		额定闭环开断电流		kA	630	1250
		额定电缆充电开断电流		A	10	
8	额定短路开断电流			kA	31.5	
9	额定转移电流			A	1250	
10	辅助回路和控制回路额定工频耐受电流			kA	2	
11	相间中心距			mm	170（210）	
12	相间及相对地空气距离			mm	≥125	
13	主回路电阻			Ω	<105	
14	机械寿命			次	2000	

序号	名　称		单位	技术参数
15	外壳防护等级			IP2X
16	柜体外形尺寸	HXGN□—10/630（侧装负荷开关）	mm	650×910×1860
		HXGN□—10（内装 FZN21 负荷开关）	mm	830×860×1860
17	组合电器	熔断器最大额定电流	A	100
		额定转移电流	A	1500（2000）
		额定短路开断电流	kA	31.5
		配用熔断器型号		S□LAJ—12（XRNT□—10）
		配用变压器额定容量	kVA	1250
18	电动操作机构工作电压		V	交直流 220
19	主母线额定电流		A	630
20	采用户内真空负荷开关，组合电器作为主开关，其额定转移电流为 2000A			

四、生产厂

广州裕邦通用电气设备有限公司。

25.5　SF_6 环网柜 HXG15—12 组合柜

一、概述

XGN 15—12/24 型单元式、模块化 SF_6 环网柜是新一代以 SF_6 开关作为主开关而整柜采用空气绝缘，适用于配电自动化，既紧凑又可扩充的金属封闭开关设备，具有结构简单、操作灵活、联锁可靠、安装方便等特点，对各种不同的应用场合、不同的用户要求均能提供令人满意的技术方案。传感技术和最新保护继电器的采用，加上先进的技术性能及轻便灵活的装配方案，可以完全满足市场不断变化的需求。

XGN15—12/24 型单元式 SF_6 环网柜的主开关分别采用 FLN36/FLN48 型 SF_6 负荷开关、施耐德 SC6 系列负荷开关，ABB 原装 SFG 型、SF_6 负荷开关，也可根据用户的需要配装 VS1 断路器或 ABB 原装 VD4 断路器，以及各型固定式断路器。

二、技术数据

SF_6 环网柜 HXG15—12 组合柜技术数据，见表 25-7。

表 25-7　SF_6 环网柜 HXG15—12 组合柜技术数据

额定电压（kV）		12/24
额定雷电冲击耐受电压	相间及相对地（kV）	75/125
	断口间（kV）	85/145
1min 工频耐受电压	相间及相对地（kV）	42/65
	端口间（kV）	48/79

续表 25 - 7

额定频率（Hz）		50/60
额定电流	主母线（A）	1250/630
	分支母线（A）	1250/630
额定短时耐受电流	主回路（kA）	20/3s
	接地回路（kA）	20/2s
额定峰值耐受电流（kA）		50
转移电流（A）		1700/800
防护等级		IP3X
负荷开关机械寿命（次）		2000
接地开关机械寿命（次）		2000
负荷开关柜	柜深（mm）	916，960，840，1000
	柜宽（mm）	375，400，500，750
	柜高（mm）	1635，1885，1600，1800
低压室高		350，450
断路器柜	柜宽（mm）	650，750，800
	柜深（mm）	960，940，1000
	柜高（mm）	1885，1800，2100

三、生产厂

温州市凯临电力设备有限公司。

25.6 HXGN21—12型金属封闭环网柜

一、概述

HXGN21—12型金属封闭环网开关设备适用于额定电压12kV、额定频率50Hz的环网供电系统、双电源辐射供电系统或单电源配电系统，作为变压器、电容器、电缆、架空线等电力设备的控制和保护装置。亦适用于箱式变电站，用作高压配电部分，是我国城市电网改造和建设所需要的新一代高压电器成套设备。该产品设计及技术性能全面满足IEC 298《额定电压1kV以上52kV以下交流金属封闭开关设备》，IEC 420《高压交流负荷开关—熔断器组合电器》；GB 3906《3～35kV交流金属封闭开关设备》；GB 11022《高压开关设备通用技术条件》及DL 404《户内交流高压开关柜订货技术条件》等有关标准的要求。

二、技术数据

HXGN21—12型金属封闭环网柜技术数据，见表25-8。

表 25 - 8   HXGN21—12 型金属封闭环网柜技术数据

序　号	名　称		单　位	数　据
1	额定电压/最高工作电压		kV	10/12
2	额定电流		A	630
3	主母线电流	进线柜	A	630
		出线柜		125
4	额定短时耐受电流		kA	25
5	额定短路持续时间		s	4
6	额定峰值耐受电流		kA	63
7	额定短路关合电流		kA	63
8	额定短路开断电流		kA	25
9	额定闭环开断电流		A	630
10	额定电缆充电电流		kA	25
11	接地开关额定短时耐受电流		kA	25
12	接地开关额定短路持续时间		s	4（2）
13	接地开关额定峰值耐受电流		kA	63
14	接地开关额定短路关合电流		kA	63
15	1min 额定工频耐受电压	相间、相对地、真空负荷开关断口	kV	42
		隔离开关断口		48
16	额定雷电冲击耐受电压	相间、相对地、真空负荷开关断口	kV	75
		隔离开关断口		82
17	机械寿命	真空负荷开关	次	10000
		接地开关（刀）、隔离开关（刀）		2000
18	额定转移电流		A	3150

三、生产厂

湖南雅达电力科技有限公司。

25.7　智能环网柜

一、概述

SF$_6$ 环网柜是将所有带电部件完全密封于充有 SF$_6$ 气体的不锈钢箱体内，整个开关装置不受外部环境影响，确保设备运行的安全可靠，实现了全绝缘、全密封、免维护。模块通过内置母线拓展可实现任意组合，节省空间，减少投资，以其固定单元组合与灵活扩展的完美统一，既适合终端用户或网络节点的要求，又满足各种配电开闭所、箱式变电站、电缆分接箱的需要，具有结构紧凑、安全可靠、免维护等特点。通过配置不同类别的监控终端设备，具备就地故障处理功能的线路自动化及满足监控要求配网自动化。

二、特点

(1) 全密封，全绝缘，不受环境影响：所有一次带电部分密封在不锈钢箱体内，箱体用 3mm 厚的不锈钢板焊接而成。箱体充入工作压力为 1.4bar 的 SF_6 气体，防护等级达到 IP67，可安装于潮湿、盐污、矿山、多尘多沙和任何由于空气污染易引发表面污闪的场所，无需采取特别的预防措施，也无需母线清扫和防小动物，即使是熔断器小室也具有 IP67 的防护等级。扩展母线为完全绝缘的，以保证不受外部环境变化的影响并免维护。

因带电部分被完全密封在 SF_6 气箱中，无需加装防潮加热器，有效地减少了线路损耗。气箱与气箱之间采用绝缘母线连接，安全方便，且绝缘母线与气箱相互隔离，有效地防止事故的蔓延。

(2) 安全、可靠，免维护：开关柜采用模块化的设计方案，其基本模块单元为负荷开关模块、组合电器模块、真空开关模块及其它特殊功能模块。上述几个模块任意组合就形成了共箱式的组合模块。所有一次带电部分封闭在 SF_6 气箱中，开关柜具有可靠的泄压通道，负荷开关和接地开关为三位置开关，设有"分合"和"接地"断口可视窗，并可选用带报警装置的 SF_6 气体继电器，简化了相互之间的联锁；电缆室盖板与负荷开关之间具有可靠的机械联锁，极大提高了配电设备的安全系数。

(3) 灵活扩展方式：所有模块可根据用户要求实现出线及侧扩展的连接方式，最大限度地满足了供电方案的需要，也可顶部出线及顶部扩展的连接方式。

(4) 结构紧凑、安装方便：除计量柜为 800mm 外，其它模块均为 325mm 宽，所有单元的电缆连接套管对地高度一致，方便现场施工。

(5) 为变压器的保护提供了两种选择：负荷开关熔断器组合电器和具有继电器保护的断路器。负荷开关熔断器组合电器用于 1600kVA 及以下的变压器，而具有断电器保护的断路器可用于各种容量的变压器保护。

(6) 为线路的保护提供了两种断路器选择：可以采用两种真空断路器，并密封于 SF_6 箱体中。V 模块额定电流为 630A，CB 模块额定电流可达 1250A。

(7) 智能一体化：可提供配套的保护、遥控、监测、故障处理等功能的智能配网系统，工厂内一体化安装调试，使现场工作量达到最小。

三、使用条件

智能环网柜使用条件，见表 25-9。

表 25-9　智能环网柜使用条件

项　目	参　数	项　目	参　数
最高温度	45℃	年泄漏率	≤0.01%/年
最高日平均温度	35℃	防护等级	IP67
最低温度	−45℃	熔断器筒	IP67
最大平均温度（24 小时）	≤95%	开关柜外壳	IP33
最大平均温度（1 个月）	≤90%	气室不锈钢壳厚度	3.0mm
SF_6 气体压力	20℃时为 1.4bar（绝对压力）		

四、技术数据

智能环网柜技术数据，见表 25－10。

表 25－10 智能环网柜技术数据

项 目	参 数			
标准模块	L 模块	F 模块	V 模块	
模块名称	负荷开关	组合电器	真空断路器	隔离/接地开关
额定电压（kV）	12/24	12/24	12/24	12/24
工频耐压（kV）	42/50	42/50	42/50	42/50
雷电冲击耐压（kV）	75/125	75/125	75/125	75/125
额定电流（A）	630/630		630/630	630/630
额定有功负载开断电流（A）	630/630	630/630		
额定电缆充电开断电流（A）	135/135			
5%额定有功负载开断电流（A）	31.5			
接地故障开断电流（A）	200/150			
短路开断电流（A）			20/16	
关合能力（kA）	50/50		50/50	50/50
转移电流（A）		1750/1400		
短时耐受电流（4s）（kA）	20/20	20/20	20/20	20/20
峰值耐受电流（kA）	50/50	50/50	50/50	50/50

标准模块：

L—负荷开关模块；

F—负荷开关熔断器组合电器模块；

V—真空断路器模块；

D—不带开关的电缆进线柜模块；

S—母线联络柜模块；

M—计量中柜模块。

各种模块可以自由组合，功能单元的不同型式组合可满足电网的多种配电、保护及扩展要求。

五、配网自动化系统

主要完成对配电网开关设备、线路的数据检测、数据发送、控制命令的接受、执行。

采用环网柜开关电动机构、工业控制计算机数据采集控制装置、电流、电压互感器、温度传感器等相关仪表、数据通信等装置，完成对开关全电量及状态实时、准确的监测、通讯和控制，从而实现对上级调度指令遥控操作，对故障隐患及时报告，对线路事故及时处理。

六、生产厂

河南华盛隆源电气有限公司。

第26章 电流表与电压表

电流表与电压表用于测量交直流电路中的电流和电压。本章介绍了安装式、实验室和精密式电流表和电压表。安装式电流表与电压表用于固定安装在控制屏、控制台、控制盘、开关板及各种设备的面板上，测量交直流电路中的电流和电压；实验室和精密式电流电压表用于精密测量交、直流电路中的电流电压，也可作为较低准确度等级仪表的标准表。

电流表和电压表按结构又可分为电气机械式和数字式两大类。电气机械式又可分为磁电系、电磁系和电动系。磁电系电流表和电压表常被用于直流电路中测量电流和电压。电磁系电流表和电压表为交直流两用表，由于具有结构简单、便于制造、成本低、工作可靠、经得起过载、交直流两用等优点，得到广泛的应用。电动系电流表和电压表也为交直流两用表，具有准确度高、频率特性好等优点，因此在电工仪表中占有重要的地位。

数字式电流表与电压表是随着电子技术尤其是集成电路的迅猛发展而发展的新型仪表，具有稳定性好、精度高、读数方便等优点，电路设计上常带有各种保护措施，输出信号可以配合各种信号传送器使用。数字式电流表与电压表适用于工业现场各计量行业配套使用，也可作为实验室及高精密度要求的测量仪表，是直读式电流表与电压表的发展方向。

电工仪器仪表生产厂代号，见表26-1。

表26-1 生产厂代号表

代号	生产厂	代号	生产厂	代号	生产厂
(1)	北京自动控制设备厂	(11)	柳州电表厂	(21)	无锡电表厂
(2)	天津第五电表厂	(12)	桂林电表厂	(22)	杭州仪表厂
(3)	上海浦江电表厂	(13)	温州电工仪表厂	(23)	沈阳第二电表厂
(4)	贵阳永胜电表厂	(14)	天津第三电表厂	(24)	南京电表厂
(5)	许昌电表厂	(15)	哈尔滨市自动化仪表八厂	(25)	上海自动化仪表一厂
(6)	重庆电表厂	(16)	浙江省新安江电表厂	(26)	银川电表仪器厂
(7)	西安电表厂	(17)	南通电表二厂	(27)	山东博山电表厂
(8)	海城电表厂	(18)	黑龙江省五常电表厂	(28)	天津市第二电表厂
(9)	成都红星电表厂	(19)	福州电表厂	(29)	广东德安电表厂
(10)	衡阳电表厂	(20)	大连电表厂	(30)	镇海县电表厂

代号	生 产 厂	代号	生 产 厂	代号	生 产 厂
(31)	辽源市仪表厂	(60)	浙江电力仪表厂	(89)	华电互感开关有限公司
(32)	武汉三五仪表厂	(61)	河南驻马店地区电表厂	(90)	中国环宇集团
(33)	武汉电工仪表厂	(62)	深宝电器仪表公司	(91)	上海德力西集团
(34)	山东潍坊电表厂	(63)	ABB中国有限公司	(92)	柳州市仪表总厂
(35)	苏州第二电表厂	(64)	上海控江电表厂	(93)	温州市瓯海华南仪表厂
(36)	武汉卫东仪表厂	(65)	邢台电表厂	(94)	南京朝阳仪表有限责任公司
(37)	武昌电工仪表厂	(66)	南通电表厂	(95)	南京第二电器仪表厂
(38)	南昌电表厂	(67)	沈阳铁西电表厂	(96)	宁波方正电子有限公司
(39)	上海光明电表厂	(68)	北京西城电表厂	(97)	宁波市鄞州建胜电表厂
(40)	黑龙江省双鸭山市电表厂	(69)	上海电表厂交流仪器分厂	(98)	山西永明无线电器材厂
(41)	安徽安庆市电工仪表厂	(70)	上海华光仪器仪表厂	(99)	上海工业自动化仪表研究所
(42)	天津市塘沽电表厂	(71)	天津永红仪表厂	(100)	上海华东电器销售有限公司
(43)	哈尔滨电表仪器厂	(72)	湖北宜昌电工仪器厂	(101)	上海日格仪器科技有限公司
(44)	上海仪表（集团）公司第二电表厂	(73)	兰州东方红电表厂	(102)	乐清市振华仪表厂
(45)	上海电表厂电子仪器分厂	(74)	西安高压电器研究所三室	(103)	上海新江仪表厂
(46)	河南省驻马店市科委双宝电子研究所	(75)	中外合资上普自动化控制设备有限公司	(104)	上海自动化仪表股份有限公司
(47)	北京国际银燕电脑控制工程有限公司	(76)	中外合资海临普博电机有限公司	(105)	上海自一船用仪表有限公司
(48)	台技电机股份有限公司	(77)	浙江德隆电器有限公司	(106)	苏州工业园区天地热工仪表有限公司
(49)	成都府河仪表厂	(78)	河北省沧县刘成庄五金厂	(107)	苏州电工仪表厂
(50)	深圳桑达电能仪表公司	(79)	上海仪器仪表行业协会	(108)	温州市鹿城百里电表厂
(51)	上海市仪表电讯工业局	(80)	大江电器集团	(109)	中国天津市林英电子有限公司
(52)	贵阳永恒精密电表厂	(81)	德力西集团有限公司	(110)	南通易电电器有限公司
(53)	北京电表厂	(82)	新华电器集团	(111)	上海人民电气公司
(54)	上海新华仪表厂	(83)	深圳市海云辉电子有限公司	(112)	西安开元仪表研究所
(55)	天津电表厂	(84)	奉化市南浦东风仪表配件厂	(113)	上海浦江电表厂
(56)	天津中环电工仪器仪表公司	(85)	桂林双山电表有限公司	(114)	北京自动化控制设备厂
(57)	上海电表厂	(86)	哈尔滨电表仪器股份有限公司	(115)	温州市龙湾永昌进华电器厂
(58)	上海第五电表厂	(87)	湖南长茂自控设备有限公司	(116)	中国·雷尔达仪表有限公司
(59)	上海电表厂电表分厂	(88)	湖南省醴陵电子仪器厂	(117)	邗江县电子仪表三厂

代号	生 产 厂	代号	生 产 厂	代号	生 产 厂
(118)	浙江省镇江电表厂	(131)	佛山市佳华电器科技发展有限公司	(143)	浙江奥德康仪器仪表有限公司
(119)	东莞市志川电子有限公司	(132)	宁波开汇电子产业有限公司	(144)	北京京仪北方仪器仪表有限公司
(120)	天津市腾马电表厂	(133)	柳洲电器仪表有限公司		
(121)	兆丰电器仪表有限公司	(134)	南京三能电力仪表有限公司	(145)	常州市八方电子有限公司
(122)	乐清市胜利仪表有限公司	(135)	淄博贝林电子有限公司	(146)	华隆公司
(123)	浙江新江仪表有限公司	(136)	山东省临沂市信友电器有限公司	(147)	五龙电子电力产品有限公司
(124)	西安市开源仪表研究所			(148)	上海大华测控设备厂
(125)	浙江乐清市侨光电器仪表厂	(137)	深圳市安恒智能实业有限公司	(149)	深圳市迈特信电子有限公司
(126)	中国中南仪表有限公司	(138)	深圳市江机实业有限公司	(150)	泰州翎海电子有限公司
(127)	四川绵阳华电自动化设备有限公司	(139)	天津市新巨升电子工业有限公司	(151)	科大中天电子有限公司
(128)	华宁仪表设备有限公司	(140)	求精仪表有限公司	(152)	深圳市新阳电子机械有限公司
(129)	香港虹润精密仪器有限公司	(141)	浙江永昌仪表有限公司	(153)	长沙威胜电子有限公司
(130)	福建虹润精密仪器有限公司	(142)	浙江松鹤仪表有限公司	(154)	上海托克电气有限公司

26.1 安装式电流表与电压表

安装式电流表与电压表用于固定安装在控制屏、控制台、控制盘、开关板及各种设备的面板上，测量交直流电路中的电流和电压。

26.1.1 1系列电流表与电压表

一、外形与安装尺寸

外形与安装尺寸，见图 26-1。

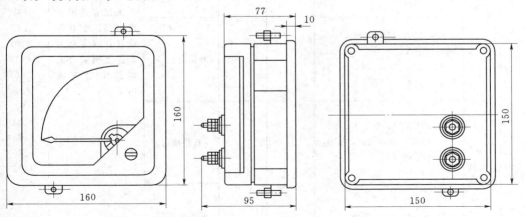

图 26-1 1C2、1TI 型电流表与电压表外形及安装尺寸

二、主要技术数据

1系列电流表与电压表主要技术数据，见表26-2。

表26-2 1系列电流表与电压表主要技术数据

型号	名称	量限	准确度（±%）	使用条件	接入方式	用途	生产厂
1C1—A	直流电流表	1，3，5，10，20，30，50，75，100，150，200，300，500mA 1，2，3A	1.5	—20～+50℃，相对湿度≤90%	直接接通	该表为开关板式仪表，适用于直流电路中测量电流或电压	(66)
		5，10，15，20，30，50，75，100，150，200，300，500，750A 1，1.5，2，3，4，5，6，7.5，10kA			配用 FL₂定值分流器		
1C1—V	直流电压表	3，7.5，15，30，50，75，100，150，200，300，450，600V	1.5	B组	直接接通		
		1，1.5，2，3kV			外附定值电阻		
1C2—A	直流电流表	1，3，5，10，20，30，50，75，100，150，200，300，500mA	1.5	B组	直接接通	该仪表适用于发电站、变电所或其它固定电力装置上测量直流电路中电流或电压	(1) (2) (3) (4) (5) (6) (7) (10) (11) (80) (81) (90) (103) (126) (110) (111)
		1，2，3，5，7.5，10，15，20，30，50A					
		75，100，150，200，300，500，750A 1，1.5，2，3，4，5，6，7.5，10kA			外附分流器		
1C2—V	直流电压表	3，7.5，15，20，30，50，75，100，150，250，300，450，600V	1.5	B组	直接接通		
		750V，1，1.5，3kV			外附电阻器		

续表 26-2

型 号	名称	量 限	准确度 （±%）	使用 条件	接入方式	用 途	生产厂
1T1—A	交 流 电流表	0.5, 1.2, 3, 5, 10, 15, 20, 30, 50, 75, 100, 150, 200A	1.5	B组	直接接通	该仪表适用发 电站、变电所或 其它固定电力装 置上作为测量频 率为 50～60Hz 的 交流电流或电压	(1) (2) (3) (4) (5) (6) (7) (10) (11) (81) (90) (100) (103) (126) (95) (110) (111) (112)
		5, 10, 15, 20, 30, 50, 75, 100, 150, 200, 300, 400, 500, 600, 750A 1, 1.5, 2, 2.5, 3, 4, 5, 6, 7.5, 10kA			配接二次 侧电流为 5A 的 电 流 互 感器		
1T1—V	交 流 电压表	15, 30, 50, 75, 100, 150, 250, 300, 450, 500, 600V	1.5	B组	直接接通		
		3.6, 7.2, 12, 18, 42, 150, 300, 460kV			配接二次 侧电压为 100V 电压互 感器		
1T9—A	交 流 过 载 电流表	5（15）, 10（30）, 20 (50）, 30（100）, 50（150）, 75（200）, 100（300）A	2.5	B组	直接接通		(67) (8) (42) (17)
		5（15）, 10（30）, 20 (50）, 30（100）, 50（150）, 75（200）, 100（300）, 200 (500）, 300（1000）, 600 (1500）, 750（2000）A 1（3）, 2（5）, 3（10）, 5 (15）, 7.5（20）, 10（30）, 15（45）, 25（75）kA			配接二次 侧电流为 5A 的 电 流 互 感器		

注 生产厂代号见表 26-1（下同）。

26.1.2 6 系列电流表与电压表

一、外形与安装尺寸

外形与安装尺寸，见图 26-2。

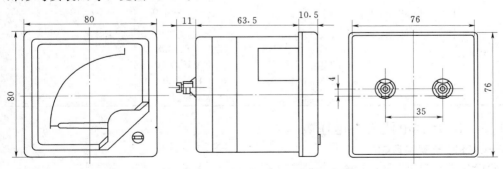

图 26-2 6C2、6L2 电流表与电压表外形及安装尺寸

二、主要技术数据

6 系列电流表与电压表主要技术数据，见表 26-3。

表 26-3　6 系列电流表与电压表主要技术数据

型　号	名称	量　　限	准确度（±%）	使用条件	接入方式	用　　途	生产厂
6C2—A	直流电流表	50，100，150，200，300，500μA	1.5	C组	直接接通	用于电器设备上测量直流电流或交流电压。能在恶劣环境下正常工作	(3) (8) (9) (2) (12)
		1，2，3，5，7.5，10，15，20，30，50，75，100，150，200，300，500mA					
		1，2，3，5，7.5，10，15，20，30，50A					
		75，100，150，200，300，500，750A			外附分流器		
		1，1.5，2，3，4，5，6，7.5，10kA					
6C2—V	交流电压表	1.5，3，7.5，10，15，20，30，50，75，100，150，200，250，300，450，500，600V	1.5	C组	直接接通		
		0.75，1，1.5kV			外附附加电阻		
6L2—A	交流电流表	0.5，1，2，3，5，10，15，20，30，50A	1.5	C组	直接接通	用于电器设备上测量交流电流或电压	(8) (21) (9) (3) (12) (2) (37) (100)
		5，10，15，20，30，50，75，100，150，200，300，400，600，750A			配接次级电流为 5A 的电流互感器		
		1，1.5，2，3，5，6，7.5，10kA					
	交流过载电流表	0.5，5A			直接接通		
		10，15，20，30，50，75，100，150，200，300，400，500，600，750，800A			配接次级电流为 5A 的电流互感器		
		1，1.5，4，5，6，8，10kA					
6L2—V	交流电压表	3，5，7.5，10，15，20，30，50，60，75，100，120，150，200，250，300，450，500，600V	1.5	C组	直接接通		
		1，3，6，10，15，35，110，220，380kV			配接次级电压为 100V 的电压互感器		

26.1.3　11 系列电流表与电压表

一、外形与安装尺寸

外形与安装尺寸，见图 26-3。

二、主要技术数据

11 系列电流表与电压表主要技术数据，见表 26-4。

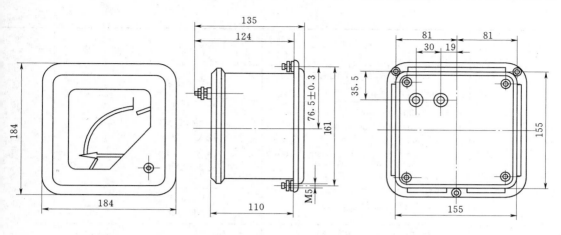

图 26-3　11C51—V 型电压表、11T51—A 型电流表外形及安装尺寸

表 26-4　11 系列电流表与电压表主要技术数据

型　号	名称	量　　限	准确度（±%）	使用条件	接入方式	用　途	生产厂
11C2—A	船用直流电流表	1,3,5,10,20,30,50,75,100,150,200,300,500mA	1.5	B组	直接接通外附分流器	用于舰船机电设备上测量直流电流或电压	(42)
		1,2,3.5,7.5,10,15,20,30,50A					
		75,100,150,200,300,500,750A 1,1.5,2,3,4,5,6,7.5,10kA					
11C2—V	船用直流电压表	3,7.5,15,20,30,50,75,100,150,250,300,450,600V	1.5	B组	直接接通		
		750V,1,1.5,3kV			外附电阻器		
11C19—A	直流电流表	500,±250,±500μA	1.5	B组	直接接通		(114)
		1,2,3,5,7.5,10,15,20,30,50,75,100,150,200,300,500,750mA					
		1,1.5,2,3,5,7.5,10,15,20,25,30A					
		7.5,10,15,20,30,50,75,100,150,200,250,300,400,500,600,750A			外附定值分流器(75MV)		
		1,1.5,2,2.5,3,4,5,6kA					
11C19—V	直流电压表	50,60,75,100mV	1.5	B组	直接接通		
		1,2,3,5,7.5,10,15,20,30,50,75,100,150,200,250,300,450,500,600V					
		750V			外附定值电阻器(1mA)		

续表 26-4

型　号	名称	量　限		准确度（±%）	使用条件	接入方式	用　途	生产厂
11L19 —A	交流电流表	0.3,0.5,1,1.5,2,3,5,6,7.5,10,15,30A		1.5 或 1.0	B组	直接接通		(114)
		10,15,20,30,40,50,60,75,100,150,200,300,400,500,600,750,800,900,1000A				通过 CT 接入（二次电流为 5A,1A 或 0.5A）		
		1.5,2,2.5,3,5,6,7.5,8,10,15,20,25,30kA						
		0.3,0.5,1,1.5,2,3,5A				2、3、5 倍过载直接接通		
11L19 —V	交　流电压表	50,60,75,100,150,250,300,450,500,600V		1.5	B组	直接接通		
		PT 变比	量　程			通过 PT 接入（二次电压为 100V）		
		380V/100V	450V					
		3kV/100V	3.5kV					
		6kV/100V	7.5kV					
		10kV/100V	12kV					
		35kV/100V	45kV					
		66kV/100V	80kV					
		110kV/100V	150kV					
		220kV/100V	300kV					
		330kV/100V	400kV					
		500kV/100V	600kV					
		750kV/100V	900kV					
11T51 —A	中　频安培表	50,100,200,400,800A		2.5	B₁组	配接二次侧电流为 5A 的电流互感器	用于频率为 1000Hz、2500Hz、4000Hz 或 8000Hz 的交流电路中测量电流	(42)(64)
11L51 —A	中　频电流表	5A		2.5	B₁组	直接接通（配接二次侧电流 5A 的电流互感器可扩大量限）	用于频率 50～8000Hz 的交流电路中测量电流或电压	(64)
11L51 —V	中　频电压表	30,50,150,250V		2.5	B₁组	直接接通（配接二次侧电压 100V 的电压互感器可扩大量限）		
11C51 —V	中　频伏特表	30,50,150,250V		2.5	B₁组	直接接通	该表为整流系仪表，用于频率 50～8000Hz 的交流电路中测量电压	(42)(64)
		0.5,1,1.5,2kV				配用电压互感器二次侧电压 100V		

26.1.4　12系列电流表与电压表

一、外形与安装尺寸

外形与安装尺寸，见图26-4。

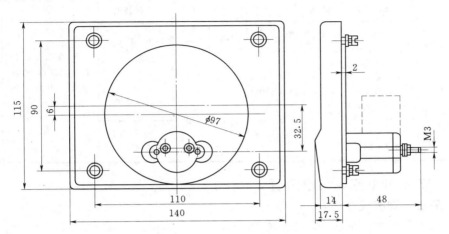

图26-4　12C5型电流表与电压表外形及安装尺寸

二、主要技术数据

12系列电流表与电压表主要技术数据，见表26-5。

表26-5　12系列电流表与电压表主要技术数据

型　号	名称	量　　限	准确度(±%)	使用条件	接入方式	用　　途	生产厂
12C1—A	直流电流表	1，3，5，10，15，20，30，50，75，100，200，300，500mA 1，2，3，5，7.5，10，15，20，30，50A	2.5	B组	直接接通	安装在开关板和电工仪器上，测量直流电路中的电流或电压	(4) (65)
		75，100，150，200，300，500，750A 1，1.5，2，3，4，5，6，7.5，10kA			外附定值分流器		
12C1—V	直流电压表	1.5，3.5，7.5，15，20，30，50，75，100，150，250，300，450，600，750V	2.5	B组	直接接通		
		1，1.5，3kV			外附定值附加电阻		
12C5—A	直流电流表	50，100，150，200，300，500μA 1，2，3，5，10，15，20，30，40，50，75，100，150，200，300，500mA 1，2，3.5，7.5，(10)A	1.5	B组	大于10A起配用FL—2型75mV分流器	适用于电子仪器及通讯设备上作直流电流表或电压表测量直流电流或电压	(3)
12C5—V	直流电压表	1.5，3.5，7.5，10，15，20，30，50，75，100，150，200，250，300，450，500，600V	1.5	B组	直接接通		

型　号	名称	量　　　限	准确度 (±%)	使用条件	接入方式	用　途	生产厂
12L1—A	交流电流表	0.5,1,2,3,5,10,20A	2.5	B组	直接接通	安装在开关板和电工仪器上,测量交流电路中的电流或电压	(4) (65)
		5,10,15,20,30,50,75,100, 150,200,300,400,600,750,800A 1,1.5,2,3,5,10kA			外附电流互感器		
12L1—V	交流电压表	15,30,50,75,100,150,250, 300,450,600V	2.5	B组	直接接通		
		1,2,3,6,7.2,12,18,42,150, 300,450kV			外附电压互感器		

26.1.5　13 系列电流表与电压表

一、外形与安装尺寸

外形与安装尺寸,见图 26-5、图 26-6。

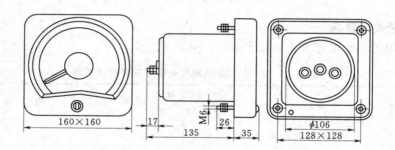

图 26-5　13C1 型电流表与电压表外形及安装尺寸

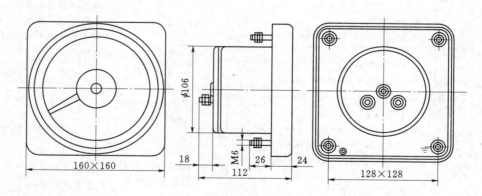

图 26-6　13C3、13L1 型电流表与电压表外形及安装尺寸

二、主要技术数据

13 系列电流表与电压表主要技术数据,见表 26-6、表 26-7。

表 26 - 6 13C1—V/MΩ、13C3—Y/MΩ 直流电压—高阻表主要技术数据

型 号	名称	测量范围		零 Ω 时额定电压 (V)	内阻 (kΩ)	接入电路方法	标度尺长 (mm)		准确度	工作条件	用 途	生产厂
		电压 (V)	高阻部分有效刻度 (MΩ)				电压部分	高阻部分				
13C1—V/MΩ	直流电压—高阻表	150	0.01～1	115	51	直接	≥240	≥100	1.5 级，高阻部分为 2.5 级	C 组	该表为磁电系广角开关板式抗冲击仪表，供嵌入安装在船舶和其它移动电力设备上测量直流电压和绝缘电阻	(25)
		250	0.01～1	230	100	直接	≥170	≥75				
		300	0.01～1	230	100	直接	≥240	≥110				
13C3—V/MΩ	直流电压—高阻表	150	0.01～1	115	51	直接	≥245	≥100	1.5 级，高阻部分为 2.5 级	C 组	该表为磁电系广角开关板式仪表，可嵌入安装在船舶和移动电力设备上测量直流电压和绝缘电阻	(25) (105)
		300	0.01～1	230	100	直接	≥245	≥110				
		350	0.01～1	230	120	直接	≥245	≥90				

表 26 - 7 13 系列电流表与电压表主要技术数据

型 号	名称	量 限	准确度 (±%)	使用条件	接入方式	用 途	生产厂
13C1—A	直流电流表	1，3，5，10，15，20，30，50，75，100，150，200，300，500mA 1，1.5，2，3，5，10A	1.5	C 组	直接接入	嵌入安装在船舶的移动电力装置上测量直流电流或电压，也可作为电子仪器的指示仪表，或其它非电量转换成电量的二次仪表	(25)
		5，20，30，50，75，100，150，200，300，500，750A 1，1.5，2，3，4，5，6，7.5，10kA			配用 75mV 外附定值分流器		
13C1—V	直流电压表	3，7.5，10，15，20，30，50，75，100，150，250，300，350，500，600V	1.5	C 组	直接接入		
13C3—A	直流电流表	500，800μA	1.5	C 组	直接接入		(25) (105)
		1，3，5，10，15，20，30，50，75，100，150，200，300，500，750mA					
		1，2，3，5，7.5，10A					
		15，20，30，50，75，100，150，200，300，500，750A 1，1.5，2，3，4，4.5，5，6，7.5kA			配用 75mV 外附定值分流器		
13C3—V	直流电压表	3，7.5，10，15，20，30，50，75，100，150，250，300，350，500，600V	1.5	C 组	直接接入		

型　号	名称	量　　限	准确度 (±%)	使用 条件	接入方式	用　途	生产厂
13D1—A	交流 电流表	- 5,10,20,30,50A	2.5	C组	直接接入		(25)
		10,20,30,50,75,100,150,200, 300,400,600,750,800A			配接二次 侧电流为5A 的电流互感器		
		1,1.5,2,3,4,5,6,7.5,10kA					
13D1—V	交流 电压表	30,150,250,450V	2.5	C组	直接接入	为广角度抗冲 击仪表,供电力系 统开关板、移动装 置和船舶装置配 套使用,用来测量 频率为 50、400、 427Hz 交流电路 中的电流或电压	
		450V			经　380/ 100V 或 380/ 127VTV 接入		
		3.6kV			经　3kV/ 100VTV 接入		
		7.2kV			经　6kV/ 100VTV 接入		
		12kV			经　10kV/ 100VTV 接入		
		18kV			经　15kV/ 100VTV 接入		
		42kV			经　35kV/ 100VTV 接入		
13L1—A	交流 电流表	0.5,1,2,3,5,10,20,30,50A	2.5	C组	直接接入		(25) (105)
		5,10,20,30,50,75,100,150, 200,300,400,600,750,800A			配接二次 侧电流为5A 的电流互感器		
		1,1.5,2,3,4.5,6,7.5,10kA					
13L1—V	交流 电压表	30,50,75,100,150,250,300, 450,500,600V	2.5	C组	直接接入	为广角度抗冲 击仪表,嵌入安装 在船舶和其它移 动电力设备装置 上,用来测量额定 频率为 50、400、 427Hz 交流电路 中的电流或电压	
		450V			经　380/ 127V 或 380/ 100VPT 接入		
		3.6kV			经　3kV/ 100VPT 接入		
		7.2kV			经　6kV/ 100VPT 接入		
		12kV			经　10kV/ 100VPT 接入		
		18kV			经　15kV/ 100VPT 接入		
		42kV			经　35kV/ 100VPT 接入		

型 号	名称	量 限	准确度 (±%)	使用 条件	接入方式	用 途	生产厂
13L1 —A1	广角度 交流过 载电 流表	0.5,1,2,3,5,10,20A		C组	直接接入	在过载网络中测 量额定工作频率为 50、400 或 427Hz 的 交流电流	(105)
		5、10、20、30、50、75、100、150、 200、300、400、600、750、800A 1、1.5、2、3、4、5、6、7.5、10kA			经电流互 感器接入(1 次级电流 5A)		

26.1.6 16 系列电流表与电压表

一、外形与安装尺寸

外形与安装尺寸,见图 26-7、图 26-8。

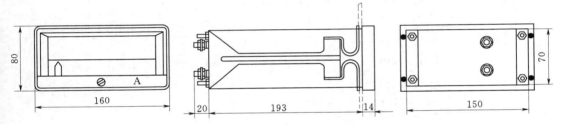

图 26-7 16C2、16C4、16C10、16C13、16C16、16L1、16L8、16L13、
16T2、16T9 型电流表与电压表外形及安装尺寸

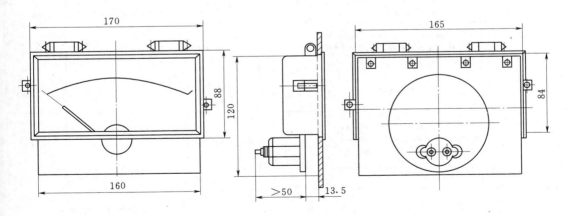

图 26-8 16C14、16L14 型电流表与电压表外形及安装尺寸

二、主要技术数据

16 系列电流表与电压表主要技术数据,见表 26-8。

表 26 - 8　16 系列电流表与电压表主要技术数据

型　号	名称	量　　限	准确度 （±%）	使用 条件	接入方式	用　途	生产厂
16C1—A	直流 电流表	50～500μA,1～500mA,1～10A	1.5	B组	直接接通	供装在开关板 及各类无线电电 子测试仪器设备 上,测试直流电流 或电压,具有防 光、防溅、防震 性能	(18) (80) (112)
		15～750A,1～1.5kA			外附定值分 流器		
16C1—V	直流 电压表	1.5～600V	1.5	B组	直接接通		
		750V,1～1.5kV			外附定值附 加电阻		
16C2—A 16C4—A 16C13—A	直流 电流表	1,3,5,10,15,20,30,50,75, 100,150,200,300,500,750mA	1.5	B组	直接接通	16C2—A、V 适 用于发电站变电所 的控制屏或控制 台、电力系统的开 关板或试验台、电 讯控制设备上测量 直流电路中的电流 或电压。16C4— A、V 适用于发电 站、变电所和其它 固定的电力装置 上。16C13—A、V 用于电站配电盘及 移动电源装置配 套,测量直流电流 或电压	(13) (14) (8) (15) (16) (3) (10) (17) (5) (18) (81) (126) (126)
		1,2,3,5,7.5,10,15,20, 30,50A					
		75,100,150,200,300, 500,750A 1,1.5,2,3,4,5,6,7.5,10kA			外附分流器		
16C2—V 16C4—V 16C13—V	直流 电压表	3,5,7.5,15,30,50,75,100, 150,250,300,450,600V	1.5	B组	直接接通		
		0.75,1,1.5,3kV			外附电阻器		
16C14 —A	直流 电流表	50,100,150,200,300,500μA ±25,±50,±100,±150, ±250,±300,±500μA 1,2,3,5,10,15,20,30,40,50, 75,100,150,200,300,500mA 1,2,3,5,7.5,10A	1.5	B组	直接接通	适用于电子仪 器及无线电设备 上测量直流电流 或电压	(3) (4)
		15,20,30,40,50,75,100,150, 200,300,500,750A 1,2,3,5,7.5,10kA			外附 FLZ 型 分流器		
16C14 —V	直流 电压表	1.5,3.5,7.5,10,15,20,30,50, 75,100,150,200,250,300,450, 500,600V	1.5	B组	直接接通		
		750,1000,1500V			外附 FJ17 型 定值电阻器		
16C15— μA	直流 微安表	0～100μA, 0～150μA, 0～ 200μA,0～300μA,0～500μA,0～ 1000μA,−500～0～+500μA	0.5	A₁组	直接接通		(70)
16C16— A	槽形双 指针直 流电流 表	1～500mA,1～10A	1.5	B₁组	直接接通	用于电站及移动 电源装置配套,测量 直流电流或电压。 同时可测两个被测 量,并能直观比较	(18)
		20～750A,1～6kA			外附定值分 流器		
16C16 —V	槽形双 指针直 流电压 表	1.5～600V	1.5	B₁组	直接接通		
		1～3kV			外附附加 电阻		

型　号	名称	量　　限	准确度 (±%)	使用条件	接入方式	用　　途	生产厂
16L1—A	交　流 电流表	0.5,1,2,3,5,10,20,30,50A	1.5	B₁组	直接接通	适用于发电站、变电所和其它固定的电力装置上测量交流电流或电压	(15)(6) (10)(3) (18)(17) (37)(9) (80)(81) (90)(100) (126)(110) (111)(112)
		5,10,15,20,30,50,75,100, 150,200,300,400,500,750A 1,1.5,2,3,4,5,6,7.5,10kA			配用二次侧 电流为 0.5A 或 5A 的电流 互感器		
16L1—V	交　流 电压表	15,30,50,75,100,150,250, 300,450,500,600V	1.5	B₁组	直接接通		
		3.6,7.2,12,18,42,150, 300,460kV			配用电压互 感器二次侧电 压 50V 或 100V		
16L8—A	交　流 电流表	0.5,1,2,3,5,10,20A	1.5	B₁组	直接接通		(1)
		5,10,15,20,30,50,75,100, 150,200,300,400,500,600,750A 1,1.5,2,3kA			外附电流互 感器		
16L8—V	交　流 电压表	15,30,50,75,100,150,250, 300,450,500,600V	1.5	B₁组	直接接通		
		3.6,7.2,12,18,42,150, 300,460kV			配用电压互 感器		
16L13 —A	交　流 电流表	0.5～5A,10～750A,1～10kA	1.5	B₁组	配用电流互 感器		(18)
16L13 —V	交　流 电压表	30～600V	1.5	B₁组	直接接通		
		3～460kV			配用电压互 感器		
16L14 —A	交　流 电流表	0.5,1,2,3,5,10,20A	1.5	B₁组	直接接通		(3) (4)
		5,10,15,20,30,40,50,75,80, 100,150,200,300,400,600, 750,800A 1,1.5,2,3.5,10kA	2.5	B₁组	配接二次侧 电流为 5A 的 电流互感器		
16L14 —V	交　流 电压表	5,7.5,10,15,30,50,75,100, 150,250,300,450,500,600V	1.5	B₁组	直接接通		
		450,500,600V 1,2,4,7.5,12,20,45,150, 300,450kV	2.5		配用电压互 感器		

型　号	名称	量　　限	准确度 (±%)	使用条件	接入方式	用　途	生产厂
16T2—A	交流电流表	0.5,1,2,3,5,10,20A	1.5	B₁组	直接接通	用于安装在发电厂、变电站的控制屏或控制台上。电力系统的开关板上或试验台上，测量频率50Hz的交流电路中的电流或电压	(14) (8) (3) (15) (5) (78)
		5,10,20,30,40,50,75,100,150,200,300,400,600,750A 1,1.5,2,3,4,5,6,7.5,10kA			配接二次侧电流为5A的电流互感器		
16T2—V	交流电压表	15,30,50,75,100,150,250,300,450,500,600V	1.5	B₁组	直接接通		
		3.6,7.2,12,18,42,150,300,460kV			配用电压互感器二次侧电压50V或100V		
16T17—A	交直流电流表	0~1A,0~5A	0.5		直接接通		(86)
16T17—V	交直流电压表	0~125V,0~150V,0~250V,0~300V	0.5		直接接通		
16L19—A	交流电流表	0.5,1,2,5,10A	1.5		直接接通	开关板上测量之用	(86)
		10~30000A/5A			外附互感器		
16L19—V	交流电压表	15,30,45,60,75,100,150,250,300,450,600V	1.5		直接接通		
		380V~380kV/100V			外附互感器		
16C19—A	直流电流表	1,5,10,15,50,100,250,500mA 1.5,10,15,30A	1.5		直接接通		(118)
		50,100,500A 10kA			外附分流		
16C19—V	直流电压表	3,15,30,45,75,100,150,250,300,500,600V			直接接通		
					外附互感器		

26.1.7 42 系列电流表与电压表

一、外形与安装尺寸

外形与安装尺寸，见图 26-9。

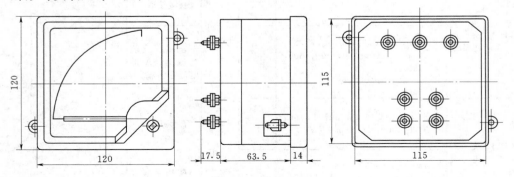

图 26-9 42C3、42C6、42C20、42L6、42L9、42L20 型电流表与电压表外形及安装尺寸

二、主要技术数据

系列电流表与电压表主要技术数据，见表 26 - 9。

表 26 - 9　42 系列电流表与电压表主要技术数据

型　号	名称	量　　限	准确度(±%)	使用条件	接入方式	用　途	生产厂
42C3—A	直流电流表	50,100,150,200,300,500μA 1,2,3,5,7.5,10,15,20,30,50, 75,100,150,200,300,500mA 1, 2, 3, 5, 7.5, 10, 15, 20, 30,50A	1.5	B组	直接接通	适用于安装在电站、电网等电力系统的开关板配电屏上，作测量直流电流或电压	(3)(12) (19)(20) (27)(35) (5)(21) (80)(81) (90)(91) (93)(101) (102)(103) (116)(117) (119)(122) (115)(123) (126)(95) (106)(110) (111)(112)
		75, 100, 150, 200, 300, 500,750A 1,1.5,2,3,4,5,6,7.5,10kA			外附分流器		
42C3—V	直流电压表	1.5,3,5,7.5,10,15,20,30,50, 75,100,150,200,250,300,450, 500,600V	1.5	B组	直接接通		
		0.75,1,1.5kV			外附分流器		
42C6—A	直流电流表	1,2,3,5,7.5,10,15,20,30,50, 75,100,150,200,300,500mA 1,2,3,5,7.5,10,15,20,30A	1.5	B组	直接接通	适用于直流电路测量电流或电压	(2)(3) (12)(6) (19)(106)
		75, 100, 150, 200, 300, 500,750A 1,1.5,2,3,4,5,6,7.5,10kA			外附定值分流器		
42C6—V	直流电压表	3, 7.5, 10, 15, 20, 30, 50, 75, 150,200,250,300,450,500,600V	1.5	B组	直接接通		
		0.75,1,1.5kV			外附定值分流器		
42C20—A	直流电流表	100,200,300,500μA 1,2,3.5,10,20,30,50,75,100, 150,200,250,300,500,750mA 1, 2, 3, 5, 7.5, 10, 15, 20, 30,50A	1.5	B组	直接接通		(1) (95) (97) (112)
		75, 100, 150, 200, 300, 500,750A 1,1.5,2,3,4,5,6,10kA			外附分流器		
42C20—V	直流电压表	1.5, 3, 7.5, 10, 15, 20, 30, 50, 75,100,150,200,250,300,450, 500,600V	1.5	B组	直接接通		
		0.75,1,1.5kV			外附定值电阻器		

型　号	名称	量　　限	准确度(±%)	使用条件	接入方式	用　　途	生产厂
42L6—A	交、直流电流表	0.5,1,2,3,5,10,30,50A	1.5	B₁组	直接接通	适用于各种交、直流电路,电站、电网等电力系统控制台面板上测量交、直流电流或电压	(12)(20)(35)(19)(16)(3)(5)(37)(31)(78)(81)(84)(89)(90)(91)(92)(93)(100)(101)(102)(103)(116)(119)(122)(115)(123)(126)(95)(97)(110)(111)(112)
		5,10,15,20,30,50,75,100,150,200,300,450,500,600,750A			配接二次侧电流为5A的电流互感器		
42L6—V	交、直流电压表	15,20,30,50,60V	1.5	B₁组	直接接通		
42L6—A 过载	交、直流过载电流表	10,15,20,30,50,75,100,150,200,300,400,500,750/0.5A,(5)A	1.5				(81)(84)(89)(91)(93)(100)(103)(116)(119)(122)(115)(123)
42L6—kV 过载	交、直流过载电压表	1,1.5,5,6,10kA/0.5A,(5)A	1.5				
42L9—A	交、直流电流表	0.5, 1.2, 3, 5, 10, 15, 20, 30,50A	1.5	B₁组	直接接通	适用于各种交、直流电路,电站、电网等电力系统控制台面板上测量交、直流电流或电压	(19)
		5,10,15,20,30,50,75,100,150,200,300,400,500,600,750A			配接二次侧电流为5A的电流互感器		
		1,1.5,2,3,4,5,6,7.5,10kA					
42L9—V	交、直流电压表	15, 30, 50, 75, 100, 150, 250, 300,450,500,600V	1.5	B₁组	直接接通		
		3,7.5,12,15,150,300,450kV			配接二次侧电压100V的电压互感器		
42L20—A	交流电流表	0.5,1.2,3,5,10,15,20,30A	1.5	B组	直接接通		(1)(81)(95)(110)(111)(112)
		5, 10, 15, 30, 50, 75, 100, 150,300,450,500,750A			配接二次侧电流为5A的电流互感器		
		1,2,3,5,7.5,10kA					
42L20—V	交流电压表	30, 50, 75, 100, 150, 250, 300,500,600V	1.5	B组	直接接通		
		3.6, 7.2, 12, 18, 42, 72, 150,300,450kV			配接二次侧电压100V的电压互感器		

26.1.8 44系列电流表与电压表

一、外形与安装尺寸

外形与安装尺寸，见图26-10～图26-14。

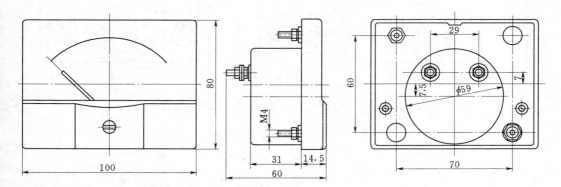

图26-10 44C1型电流表与电压表外形及安装尺寸

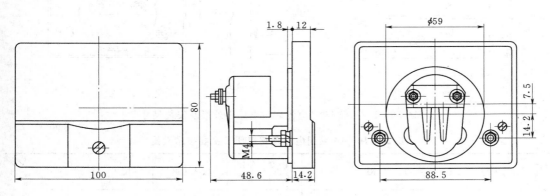

图26-11 44C2型电流表与电压表外形及安装尺寸

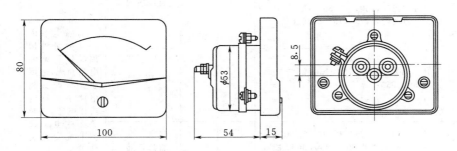

图26-12 44C5型电流表与电压表外形及安装尺寸

二、主要技术数据

44系列电流表与电压表主要技术数据，见表26-10。

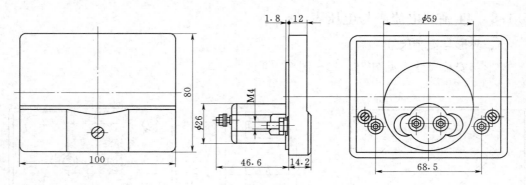

图 26-13 44L1 型电流表与电压表外形及安装尺寸

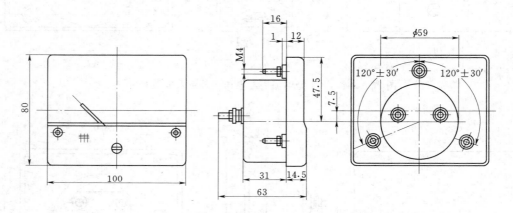

图 26-14 44L13 型电流表与电压表外形及安装尺寸

表 26-10 44 系列电流表与电压表主要技术数据

型 号	名称	量 限	准确度 (±%)	使用条件	接入方式	用 途	生产厂
44C1—A	直流电流表	50,100,150,200,300,500μA 1,2,3,5,10,15,20,30,50,75, 100,150,200,300,500mA 1,2,3,5,7.5,10,15,20A	1.5	B₁组	直接接通	为磁电系内磁式测量机构加晶体管整流电路而成,适用于交流或直流电路中测量电流或电压,供开关板或电子仪器上配套安装使用	(23)
		30,50,75,100,150,200,300, 500,750A 1,1.5,2,3kA			外附定值分流器		
44C1—V	直流电压表	1.5,3,5,7.5,10,15,20,30,50, 75,100,150,200,250,300,450, 500,600V	1.5	B₁组	直接接通		
		0.75,1,1.5,2,3,5kV			外附定值附加电阻		

型　号	名称	量　　限	准确度（±%）	使用条件	接入方式	用　途	生产厂
44C2—A	直流电流表	50,100,150,200,300,500μA 1,2,3,5,10,15,20,30,50,75,100,150,200,300,500mA 1,2,3,5,7.5,10A	1.5	B₁组	直接接通	适用于直流电路测量电流或电压	(13)(23)(28)(15)(21)(20)(43)(3)(27)(30)(32)(16)(35)(18)(39)(40)(17)(8)(34)(29)(41)(26)
		15,20,30,50,75,100,150,200,300,500,750A 1,1.5kA			外附定值分流器		
44C2—V	直流电压表	1.5,3,5,7.5,10,15,20,30,50,75,100,150,200,250,300,450,500,600V	1.5	B组	直接接通		(5)(80)(81)(118)(84)(90)(91)(93)(117)(123)(119)(126)(108)(110)(111)(112)
		0.75,1,1.5kV			外附定值附加电阻		
44C5—A	直流电流表	100,150,200,300,500μA 1,2,3,5,10,15,20,30,50,75,100,150,200,300,500mA 2,3,5,7.5,10A	1.5	B组	直接接通	供嵌入安装在船舶和其它移动电力设备装置上测量直流电流或电压，也可作为电子仪器的指示仪表，或其它非电量转换成电量的二次仪表	(25)(104)(125)
		15,20,30,50,75,100,150,200,300,500,750A 1,1.5,2,3,4.5,5,6,7.5kA			配用75mV，外附定值分流器		
44C5—V	直流电压表	3,7.5,15,30,50,75,100,150,250,300,500,600V	1.5	B组	直接接通		
44L1—A	交流电流表	0.5,1,2,3,5,10,20A	1.5	B组	直接接通	适用于交流或直流电路中测量电流电压，可作为开关板或电子仪器配套安装使用	(23)(3)(28)(15)(21)(34)(29)(17)(31)(35)(16)(33)(30)(27)(20)(18)(32)(13)(6)(36)(5)(80)(81)(118)(90)(91)(93)(100)(119)(115)(123)(126)(97)(110)(111)(110)(111)(112)
		5,10,15,20,30,50,75,100,150,200,300,400,600,750A 1.5,2,3,4,5,6,7.5,10kA			配接二次侧电流为5A的电流互感器		
44L1—V	交流电压表	3.5,7.5,10,15,20,30,50,75,100,150,250,300,450,500,600V	1.5	B组	直接接通		
		1,3,6,10,15,35,60,100,220,380kV			配接二次侧电压100V的电压互感器		

续表 26-10

型　号	名称	量　限	准确度(±%)	使用条件	接入方式	用　途	生产厂
44L13 —A	交流电流表	0.5,1,2.5,5,10A	1.5	B组	直接接入	适用于各种试验台开关板,电子仪器及其它交流电路中测量电流或电压	(43)
		15,20,30,50,75,100,150,200,300,450,600,750A			经电流互感器		
		1,1.5kA					
44L13 —V	交流电压表	10,15,30,50,75,100,150,250,300,450V	1.5	B组	直接接入		
		450,600,750V			经电压互感器		
		1,1.5kV					
44T1—A	交流安培表	1,2,3,5,10,20,30,50A	2.5	C组	直接接入	用于大型电站测量交流电流或电压	(12)
44T1—V	交流伏特表	30,50,100,150,250,300,460V	2.5	C组	直接接入		
44L5—A	矩形交流电流表	0.5,1,2,3,5,10,20A	1.5		直接接通	适用于交流电路中测量电流电压	(104)
		5,10,20,30,50,75,100,150,200,300,400,600,750,800A 1,1.5,2,3,4,5,6,7.5,10kA			经电流互感器接入(次级电流5A)		
44L5—V	矩形交流电压表	30,50,75,100,150,300,450,500,600V	1.5		直接接通		
		3,6,7.2,12,18,42kV			经电压互感器接入(次级电压100V)		
44C23 —A	直流电流表	0—50μA—1A	1.5		直接接入		(118)
44C23 —V	直流电压表	0—1.5V—600V					
44L23 —A	交流电流表	0—1A—30A/5A	1.5		直接接入		(118)
44L23 —V	交流电压表	0—5V—600V/100V					

26.1.9　45 系列电流表与电压表

一、外形及安装尺寸

外形及安装尺寸,见图 26-15～图 26-18。

二、主要技术数据

45 系列电流表与电压表主要技术数据,见表 26-11～表 26-14。

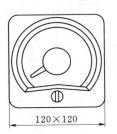
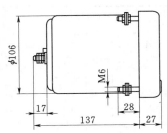
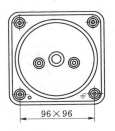

图 26-15 45C1—V/MΩ 型直流电压—高阻表外形及安装尺寸

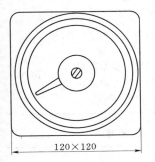
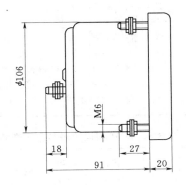
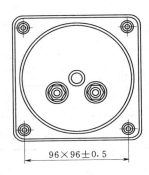

图 26-16 45C3—V/MΩ 型直流电压—高阻表外形及安装尺寸

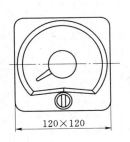
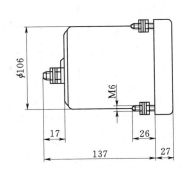
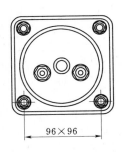

图 26-17 45C1 型电流表与电压表外形及安装尺寸

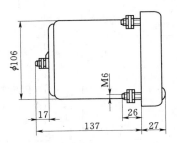
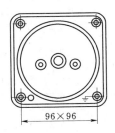

图 26-18 45D1 型电流表与电压表外形及安装尺寸

表 26－11　45C1—V/MΩ、45C3—V/MΩ 直流电压—高阻表主要技术数据

型　号	名称	测量范围		零 Ω 时额定电压（V）	内阻（kΩ）	接入电路方法	标度尺长（mm）		准确度	工作条件	用　　途	生产厂
		电压（V）	高阻部分有效刻度（MΩ）				电压部分	高阻部分				
45C1—V/MΩ	直流电压—高阻表	150	0.01～1	115	51	直接	≥170	≥69	1.5 级，高阻部分为 2.5 级	C组	该表为磁电系广角开关板式抗冲击仪表，供嵌入安装在船舶和其它移动电力设备上测量直流电压和绝缘电阻	(25)(105)
		250	0.01～1	230	100	直接	≥170	≥75				
		300	0.01～1	230	100	直接	≥170	≥75				
45C3—V/MΩ	直流电压—高阻表	150	0.01～1	115	51	直接	≥170	≥69	1.5 级，高阻部分为 2.5 级	C组	该表为磁电系广角开关板式仪表，可嵌入安装在船舶和移动电力设备上测量直流电压和绝缘电阻	(25)(105)
		300	0.01～1	230	100	直接	≥170	≥75				
		350	0.01～1	230	120	直接	≥170	≥62				

表 26－12　45C1、45C3、45D1 型电流表与电压表的主要技术数据

型　号	名称	测　量　范　围	准确度（±%）	使用条件	接入方式	用　途	生产厂
45C1—A	直流电流表	1，3.5，10，20，30，50，100，150，200，300，500mA 1，1.5，2，3，5，10A	1.5	C组	直接接入	本表为开关板式抗冲击仪表，供船舶和其它移动电力设备装置上测量直流电流和电压，也可作为电子仪器的指示仪表，或其它非电量转换成电量的二次仪表	(51)(125)(105)
		15，20，30，50，75，100，150，200，300，500，750A 1，1.5，2，3，4，5，6，7.5kA			配用 75mV，外附定值分流器		
45C1—V	直流电压表	30，50，75，100，150，250，350，500V	1.5	C组	直接接入		
45C3—A	直流电流表	500，800μA 1，3，5，10，15，20，30，50，75，100，150，200，300，500，750mA	1.5	C组	直接接入	本表为开关板式抗冲击仪表，适于嵌入安装在船舶和其它移动电力设备装置上测量直流电流和电压，也可作为电子仪器的指示仪表，或其它非电量转换成电量的二次仪表	(25)(125)(105)
		1，2，3，5，7.5，10A 15，20，30，50，75，100，150，200，300，500，750A 1，1.5，2，3，4.5，5，6，7.5kA			配用 75mV，外附定值分流器		
45C3—V	直流电压表	3，7.5，10，15，20，30，50，75，100，150，250，300，350，500，600V	1.5	C组	直接接入		

型 号	名称	测 量 范 围	准确度 (±%)	使用 条件	接 入 方 式	用 途	生产厂
45D1—A	交 流 电流表	5,10,20,30,50A	2.5	C 组	直接接入	本表为开关板 式抗冲击仪表,供 船舶和其它移动 电力设备装置上 测量额定工作频 率为50Hz、400Hz 或 427Hz 的交流 电流和电压	(25) (121) (125) (105)
		10,20,30,50,75,100,150,200, 300,400,600,750,800A			配接二次侧 电流为 5A 的 电流互感器		
		1,1.5,2,3,4,5,6,7.5,10kA					
45D1—V	交 流 电压表	30,150,250,450V	2.5	C 组	直接接入		
		450V			经 380/100 或 380/127VTV 接 入		
		3.6kV			经 3000/ 100VTV 接入		
		7.2kV			经 6000/ 100VTV 接入		
		12kV			经 10000/ 100VTV 接入		
		18kV			经 15000/ 100VTV 接入		
		42kV			经 35000/ 100VTV 接入		

表 26 - 13 45C8、45L8 型电流表与电压表的主要技术数据

型 号	名称	测 量 范 围	准确度 (±%)	使用 条件	接 入 方 式	用 途	生产厂
45C8 —A	直 流 电流表	500,±250,±500μA	1.5		直接接入		(114)
		1,2,3,5,7.5,10,15,20,30,50, 75,100,150,200,300,500,750A 1～5mA[①] ,4～20mA[①]					
		1,1.5,2,3,5,7.5,10,15,20, 25,30A					
		7.5,10,15,20,30,50,75,100, 150, 200, 250, 300, 400, 500, 600,750A			外附分流器 (75mV)		
		1,1.5,2,2.5,3,4,5,6kA ±1,±1.5,±2,±2.5,±3, ±4,±5,±6kA					

型　号	名称	测 量 范 围		准确度 (±%)	使用 条件	接入方式	用　途	生产厂
45C8—V	直流 电压表	50,60,75,100mV ±50,±60,±75,±100mV		1.5		直接接入		(114)
		1,2,3,5,7.5,10,15,20,30,50, 75,100,150,200,250,300,450, 500,600V 1~5V①						
		750,±750V				外附定值 电阻器(1mA)		
		1,1.5,2,3kV ±1,±1.5,±2,±3kV						
45L8—A	交流 电流表	0.3,0.5,1,1.5,2,3,5,6,7.5, 10,15,30A		1.5		直接接入		(114)
		10,15,20,30,40,50,60,75, 100,150,200,300,400,500,600, 750,800,900,1000A				通过 CT 接入(二次电 流为 5A、1A 或 0.5A)		
		1.5,2,2.5,3,5,6,7.5,8,10, 15,20,25,30kA				通过 CT 接入(二次电 流为 5A、1A 或 0.5A)		
		0.3,0.5,1,1.5,2,3,5A				2,3,5 倍 过载直通		
		全部经 CT 接入仪表可供 2,3,5 倍过载表 (过载表过载部分刻度标明过载部分中点和满度两点)						
45L8—V	交流 电压表	50,60,75,100,150,250,300, 450,500,600V		1.5	C组	直接接入		(114)
		PT 变比	量程			通过 PT 接入(二次电 压为 100V)		
		380V/100V	450V					
		3kV/100V	3.5kV					
		6kV/100V	7.5kV					
		10kV/100V	12kV					
		35kV/100V	45kV					
		63kV/100V	80kV					
		110kV/100V	150kV					
		220kV/100V	300kV					
		330kV/100V	400kV					
		500kV/100V	600kV					
		750kV/100V	900kV					

①　为 114 厂(工厂代号见表 26-1)非标准量限,用户欲订货请来人面议或来函商订。

表 26－14　45L1 型电流表的主要技术数据

型　号	名称	量　　　限	准确度 （±%）	使用条件	接入方式	生产厂
45L1—A	交　流 电流表	0.5、1、2、3、5、10、20A	1.5		直接接入	（105）
		5、10、20、30、50、75、100、150、200、300、400、600、750、800A 1、1.5、2、3、4、5、6、7.5、10kA			经电流互感器接入 （次级电流5A）	
45L1—V	交　流 电流表	30、50、75、100、150、250、300、450、500、600V	1.5	C组	直接接入	（105）
		450V			经　380/100V　或 380/127VPT 接入	
		3.6、7.2、12、18、42kV			经电压互感器接入 （次级电压100A）	
45L1—A1	交　流 过　载 电流表	0.5、1、2、3、5、10、20A	1.5		直接接入	（25） （105）
		5、10、20、30、50、75、100、150、200、300、400、600、750、800A 1、1.5、2、3、4、5、6、7.5、10kA			经电流互感器接入 （次级电流5A）	

26.1.10　46 系列电流表与电压表

一、外形与安装尺寸

外形与安装尺寸，见图 26－19。

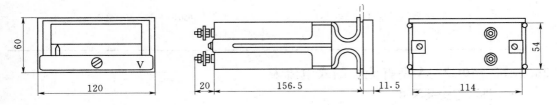

60
120
20　156.5　11.5
114
54

图 26－19　46 型电流表与电压表外形及安装尺寸

二、主要技术数据

46 系列电流表与电压表主要技术数据，见表 26－15。

表 26－15　46C1、46L1、46L2 型电流表与电压表主要技术数据

型　号	名称	量　限	准确度（±%）	使用条件	接入方式	用　途	生产厂
46C1—A	直流电流表	1，3.5，10，15，20，30，50，75，100，150，200，300，500mA	1.5	B组	直接接通	用于发电站、变电所的控制屏上或控制台上,各企业电气系统的开关屏或试验台上及电子设备上测量直流电路中的电流或电压	(2)(3)(4)(13)(80)(90)(126)(112)
		1.2，3，5，7.5，10，15，20A					
		30，50，75，150，200，300，500，750A			外附定值分流器		
		1，1.5，2，3，4，5，6，7.5，10kA					
46C1—V	直流电压表	3，5，7.5，15，30，50，75，100，150，250，300，450，600V	1.5	B组	直接接通		
		1，1.5，3kV			外附定值附加电阻		
46L1—A	交流电流表	0.5，1，2，3，5，10，20，30，50A	1.5	B组	直接接通	用于电站、变电所输配电控制屏上作测量交流电流或电压	(3)(126)(4)(2)(13)(80)(90)(100)(110)(111)(112)
		5，10，15，20，30，50，75，100，150，200，250，300，500，750A			配接次级电流为5A的电流互感器		
		1，1.5，2，3，5，7.5，10kA					
46L1—V	交流电压表	20，30，50，75，100，150，250，300，450，500，600V	1.5	B组	直接接入		
		4，7.5，12，20，45，150，300，450kV			经电压互感器		
46L2—A	交流电流表	0.5，1，2，3，5，10，15，20A	1.5	B₁组	直接接入		(1)
		5，10，15，20，30，50，75，100，150，200，300，400，500，600，750A			配用电流互感器		
		1，1.5，2，3kA					
46L2—V	交流电压表	5，7.5，10，15，30，50，75，100，150，250，300，450，500，600V	1.5	B₁组	直接接通		
		3.6，7.2，12，18，42，150，300，460kV			经电压互感器		

26.1.11　49C2—A 型直流控制式电流表

一、外形与安装尺寸

外形与安装尺寸，见图 26-20。

二、主要技术数据

49C2—A 型直流控制式电流表的主要技术数据，见表 26-16。

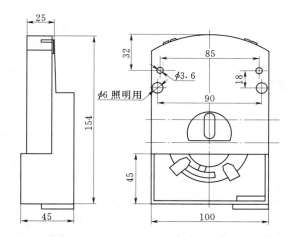

图 26-20 49C2—A 型直流控制式电流表外形及安装尺寸

表 26-16 49C2—A 型直流控制式电流表的主要技术数据

型 号	名称	量 限	准确度 (±%)	使用 条件	接入方式	控 制 范 围	用 途	生产厂
49C2—A	直流 控制式 电流表	50,100,150, 200,300mA 1,10A	1.5	B	直接接入	电表给定上限 指针为 20%～ 100%，下限指针 为 0～80%	适于医疗设备、自 动化仪表、自控系统 中测量和控制直流 电路的电流和报警	(3) (12)

26.1.12 51 系列电流表与电压表

51 系列型直流控制式电流表的主要技术数据，见表 26-17～表 26-19。

表 26-17 51C6，51L6 电流表与电压表主要技术数据

型 号	名称	单位	量 限	准确度 (±%)	使用 条件	接入方式	生产厂
51C6—A	直流 电流表	μA	300,500	1.5		直接接通	(114)
		mA	1,2,3,5,10,20,30,50,75,100,150, 200,250,300,500,750			直接接通	
		A	1,2,3,5,7.5,10,15,20,30,50				
			75,100,150,200,300,500,750			外附定值分流器 (75mV)	
		kA	1,1.5,2,3,4,5,6,10				
51C6—V	直流 电压表	V	1.5,3,7.5,10,15,20,30,50,75,100, 150,200,250,300,450,500,600			直接接通	
		kV	0.75(750),1,1.5			外附定值电阻器 (1mA)	

续表 26-17

型　号	名称	单位	量　　限	准确度(±%)	使用条件	接入方式	生产厂
51L6—A	交流电流表	A	0.5,1,2,3,5,7.5,10,15,30	1.0		直接接通	(114)
		A	5,10,15,30,50,75,100,150,300,500,750			经电流互感器接通次级电流 5A,1A 或 2A	
		kA	1,2,3,5,7.5,10				
51L6—V	交流电压表	V	30,50,75,100,150,250,300,450,500,600			直接接通	
		kV	3.6(3),7.2(6),12(10),18(15),42(35),150(110),300(220),450(380)			通过 PT 接入(二次电压为 100V)	

表 26-18　51L5 电流表与电压表主要技术数据

型　号	名称	单位	量　　限	准确度(±%)	使用条件	接入方式	生产厂
51L5—A	交流电流表	A	0.3,0.5,1,1.5,2,3,5,6,7.5,10,15,30	1.0		直接接通	(114)
			10,15,20,30,40,50,60,75,100,150,200,300,400,500,600,750,800,900,1000			通过 CT 接入(二次电流为 5A,1A 或 0.5A)	
		kA	1.5,2,2.5,3,5,6,7.5,8,10,15,20,25,30			通过 CT 接入(二次电流为 5A,1A 或 0.5A)	
		A	0.5,1,1.5,2,3,5			2,3,5 倍过载直接接通	

全部经 CT 接入仪表可供 2,3,5 倍过载表
（过载表过载部分刻度标明过载部分中点和满度两点）

型　号	名称	单位	量　　限	准确度(±%)	使用条件	接入方式	生产厂
51L5—V	交流电压表	V	50,60,75,100,150,250,300,450,500,600			直接接通	

PT 变比	量　程
380V/100V	450V
3kV/100V	3.5kV
6kV/100V	7.5kV
10kV/100V	12kV
35kV/100V	45kV
66kV/100V	80kV
110kV/100V	150kV
220kV/100V	300kV
330kV/100V	400kV
500kV/100V	600kV
750kV/100V	900kV

准确度(±%)：1.0　接入方式：通过 PT 接入（二次电压为 100V）　生产厂：(114)

表 26-19 51C5 型电流表与电压表主要技术数据

型　号	名称	单位	量　限	准确度（±%）	使用条件	接入方式	生产厂
51C5—A	直流电流表	μA	500，±250，±500	1.5		直通 61C14—A 没有带△符号值的量限	(114)
		mA	1，2，3，5，7.5，10，15，20，30，50，75，100，150，200，300，500，750				
		A	1，1.5，2，3，5，7.5，10，15，20，25，30				
			7.5，10，15，20，30，50，75，100，150，200，250，300，400，500，600，750			外附定值分流器（75mV）	
		kA	1，1.5，2，2.5，3，4，5，6　±1，±1.5，±2，±2.5　±3，±4，±5，±6				
51C5—V	直流电压表	mV	50，60，75，100，150，200，300，500，750	1.5		直接接通	(114)
		V	1，2，3，5，7.5，10，15，20，30，50，75，100，150，200，250，300，450，500，600				
			750，±750			外附定值电阻器（1mA）	
		kV	1，1.5，2，3				

26.1.13　59 系列电流表与电压表

一、外形与安装尺寸

外形与安装尺寸，见图 26-21～图 26-28。

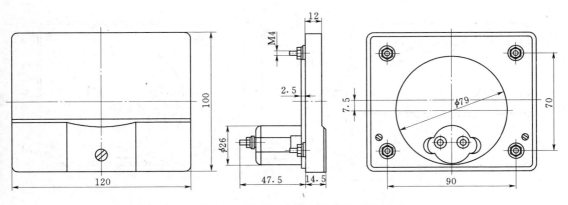

图 26-21　59C2 型电流表与电压表外形及安装尺寸

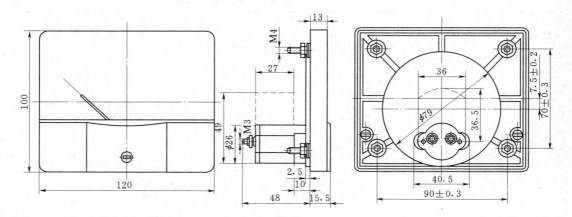

图 26 - 22　59C9 型电流表与电压表外形及安装尺寸

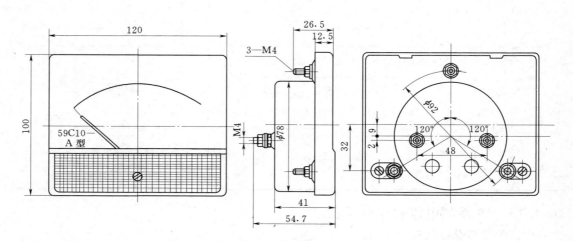

图 26 - 23　59C10 型电流表与电压表外形及安装尺寸

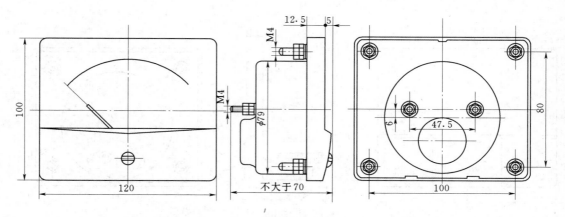

图 26 - 24　59C14、59L14 型电流表与电压表外形及安装尺寸

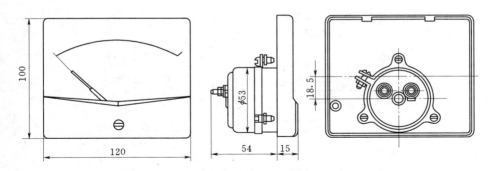

图 26-25 59C15 型电流表与电压表外形及安装尺寸

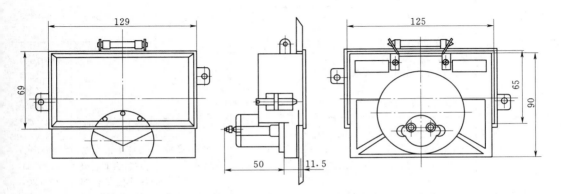

图 26-26 59C23 型电流表与电压表外形及安装尺寸

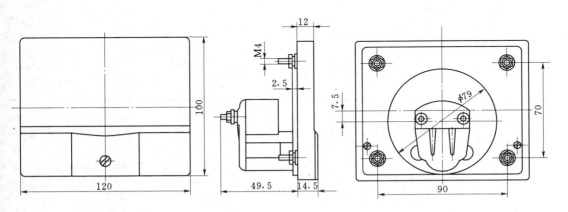

图 26-27 59L1、59L2 型电流表与电压表外形及安装尺寸

二、主要技术数据

59 系列电流表与电压表主要技术数据，见表 26-20。

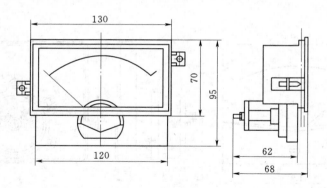

图 26 - 28 59L23 型电流表与电压表外形及安装尺寸

表 26 - 20 59 系列电流表与电压表主要技术数据

型　号	名称	量　　限	准确度 (±%)	使用条件	接入方式	用　　途	生产厂
59C2—A	矩形直流电流表	1.2,3,5,10,15,20,30,50,75, 100,150,200,300,500mA	1.5	B组	直接接通	适于电气开关板、试验台及各种电子仪器等配套使用,测量直流电流或电压	(39)(40) (35)(24) (18)(31) (16)(32) (30)(27) (13)(15) (23)(33) (28)(6) (3)(20) (8)(26) (34)(19) (10)(38) (5)(80) (81)(84) (90)(91) (96)(123) (126)(110) (111)(112)
		1,2,3,5,7.5,10,15,20A					
		0,50,75,100,150,200,300, 500,750A			外附定值分流器		
		1,1.5kA					
59C2—V	矩形直流电压表	1.5,3,5,7.5,10,15,20,30,50, 75,100,150,200,250,300, 450,500V	1.5	B组	直接接通		
		1,1.5kV			外附定值附加电阻		
59C9—A	直流电流表	50~500μA,1~500mA,1~10A	1.5	B组	直接接通	适用于安装在开关板、电子仪器设备上测量直流电流或电压	(4) (91)
		15~750A,1,1.5kA			外附定值分流器		
59C9—V	直流电压表	0.75,1,1.5,3kV	1.5	B组	外附定值附加电阻		

型　号	名称	量　限	准确度（±%）	使用条件	接入方式	用　途	生产厂
59C10 —A	直流电流表	50,100,150,200,300,500μA	1.5	B组	直接接通	供开关板、电子仪器、移动装置上配套安装使用	(23)(24)(91)
		1,2,3,5,10,15,20,30,50,75,100,150,200,300,500mA					
		1,2,3,5,7.5,10,15,20A					
		30,50,75,100,150,200,300,500,750A			外附定值分流器		
		1,1.5,2,3kA					
59C10 —V	直流电压表	1.5,3,5,7.5,10,15,20,30,50,75,100,150,200,250,300,450,500,600V	1.5	B组	直接接通		
		0.75,1,1.5,2,3,5kV			外附定值附加电阻		
59C15 —A	直流电流表	100,150,200,300,500μA	1.5	B组	直接接通	供嵌入安装在船舶和移动电力设备装置上测量直流电流或电压,可做电子仪器的指示仪表或非电量转换成电量的二次仪表	(25)(104)
		1,2,3,5,10,15,20,30,50,75,100,150,200,300,500mA					
		1,2,3,5,7.5,10A					
		15,20,30,50,75,100,150,200,300,500,750A			配用75mV,外附定值分流器		
		1,1.5,2,3,4.5,5,6,7.5kA					
59C15 —V	直流电压表	3,7.5,15,30,50,75,100,150,250,300,500,600V	1.5	B组	直接接通		
59C23 —A	直流电流表	50,100,150,200,300,500μA ±25,±50,±100,±150,±250,±300,±500	1.5	B组	直接接通	可供电子仪器配套。测量直流电路中的电流电压	(3)(4)(81)(96)(98)(95)(110)(111)(112)
		1,2,3,5,10,15,20,30,40,50,75,100,150,200,300,500mA					
		1,2,3,5,7.5,10A					
		15,20,30,40,50,75,100,150,200,300,560,750A 1,2,3,5,7.5,10kA			外附FL—2型分流器		
59C23 —V	直流电压表	1.5,3,5,7.5,10,15,20,30,50,75,100,150,200,250,300,450,500,600V	1.5	B组	直接接通		
		750,1000,1500V			外附FJ—17型定值电阻器		

型　号	名称	量　　限	准确度（±%）	使用条件	接入方式	用　途	生产厂
59L1—A 59L2—A	交流电流表	0.5,1,2,3,5,10,20A	1.5	B组	直接接通	适于电气开关板、试验台及各种电子仪器等配套使用,测量交流电电压	(5)(13) (16)(36) (34)(17) (38)(19) (32)(35) (3)(24) (31)(30) (23)(15) (27)(28) (20)(18) (80)(81) (90)(91) (96)(100) (101)(102) (123)(126) (108)(110) (111)(112)
		5, 10, 15, 20, 30, 50, 75, 100, 150,200,250,300,400,600,750A 1,1.5,2,3,4,5,6,7.5,10kA			配用二次侧电流 0.5 或 5A 的电流互感器		
59L1—V 59L2—V	交流电压表	3,5,7.5,10,15,20,30,50,75, 100,150,250,300,450,500,600V	1.5	B组	直接接通		
		3.6, 7.2, 12, 18, 42, 150, 300,460kV			配用电压互感器二次侧电压 50 或 100V		
59L10 —A	交流电流表	0.5,1,2,3,5,10,20A	1.5	B₁组	直接接通	供开关板、电子仪器、移动装置上配套安装使用	(23) (24)
		5, 10, 15, 20, 30, 50, 75, 100, 150,200,300,400,600,750A			配接次级电流为 5A 的电流互感器		
		1,1.5,2,3,4,5,6,7.5,10kA					
59L10 —V	交流电压表	3,5,7.5,10,15,20,30,50,75, 100,150,250,300,450,500,600V	2.5	B₁组	直接接通		
		1, 3, 6, 10, 15, 35, 60, 100, 220,380kV			配接二次侧电压 100V 的电压互感器		
59L23 —A	交流电流表	0.5,1,2,3,5,10,15,20A	2.5	B₁组	直接接通		(4) (112)
		5,10,15,20,30,40,50,75,80, 100, 150, 200, 300, 400, 600, 750,800A 1,1.5,2,3,5,10kA	1.5		配接二次侧电流为 5A 的电流互感器		
59L23 —V	交流电压表	5, 7.5, 10, 15, 30, 50, 75, 100, 150,250,300,450,500,600V	1.5	B₁组	直接接通		
		450,500,600V 1, 2, 4, 7.5, 12, 20, 45, 150, 300,450kV	2.5		配用电压互感器		

型 号	名称	量 限	准确度（±%）	使用条件	接入方式	用 途	生产厂
59L15—A	矩形交流电流表	0.5,1,2,3,5,10,20A	1.5	B₁组	直接接通		(125)
		5,10,20,30,50,75,100,150,200,300,400,600,750,800A			经电流互感器接入（次级电流5A）		
		1,1.5,2,3,4,5,6,7.5,10kA					
59L15—V	矩形交流电压表	30,50,75,100,150,300,450,500,600V	1.5	B₁组	直接接通		
		3,6,7.2,12,18,42kV			经电压互感器接入（次级电压100V）		

26.1.14 61系列电流表与电压表

一、外形与安装尺寸

外形与安装尺寸，见图 26-29～图 26-31。

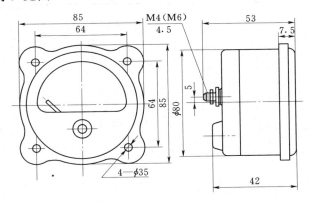

图 26-29 61C5、61L5 型电流表与电压表外形及安装尺寸

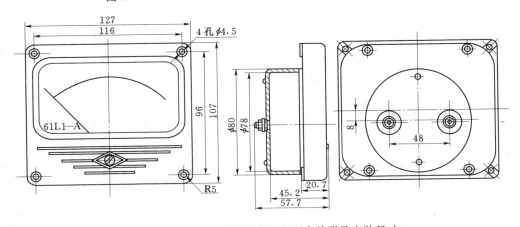

图 26-30 61L1 型电流表与电压表外形及安装尺寸

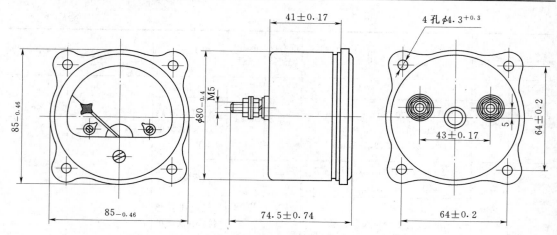

图 26 - 31　61T1 型电流表与电压表外形及安装尺寸

二、主要技术数据

61 系列电流表与电压表主要技术数据，见表 26－21～表 26－24。

表 26 - 21　61 系列电流表与电压表主要技术数据

型　号	名称	量　　限	准确度 (±%)	使用条件	接入方式	用　　途	生产厂
61C1—A	直流电流表	50,100,150,200,300,500μA	1.5	温度－20 ～＋50℃, 相对湿度 ≤95%	直接接通	适用于直流电路中测量电流或电压,可作电子仪器和电工仪器配套使用	(20) (4)
		1,2,3,5,10,15,20,30,50,75, 100,150,200,300,500mA					
		1,2,3,5,7.5,10A					
		15,20,30,50,75,100,150,200, 300,500,750A 1,1.5kA			外附定值分流器 75mA		
61C1—V	直流电压表	1.5,3,5,7.5,10,15,20,30,50, 75,100,150,200,250,300,450, 500,600V	1.5	温度－20 ～＋50℃, 相对湿度 ≤95%	直接接通	适用于直流电路中测量电流或电压,可作电子仪器和电工仪器配套使用	(20) (4)
		0.75,1,1.5kV			外附定值附加电阻 5mA		
61C5—A	直流电流表	1,2,3,5,10,15,20,30,50,75, 100,150,200,300,500mA	1.5	C组	直接接通	适用于安装在开关板和电子设备上测量直流电路中的电流或电压	(20) (4)
		1,2,3,5,7.5,10A					
		5,20,30,50,75,100,150,200, 300,500,750A 1,1.5kA			外附定值分流器 75mA		
61C5—V	直流电压表	3,7.5,15,30,50,75,100,150, 250,300,500,600V	1.5	C组	直接接通		(20) (4)
		1,1.5kV			外附电阻器 5mA		

型 号	名称	量 限	准确度 (±%)	使用条件	接入方式	用 途	生产厂
61L1—A	交流电流表	0.5,1,2,3,5,10,20A	2.5	B₁组	直接接通	适用于交流电路中测量电流或电压,可作为电子仪器、电工仪器配套使用	(20) (23) (24)
		5,10,15,20,30,50,75,100,150,200,300,400,600,750A			配接二次侧电流为5A的电流互感器		
		1,1.5,2,3,4,5,6,7.5,10kA					
61L1—V	交流电压表	3,5,7.5,10,15,20,30,50,75,100,150,250,300,450,500,600V	2.5	B₁组	直接接通		
		1,3,6,10,15,35,60,100,220,380kV			配接二次侧电压为100V的电压互感器		
61L5—A	交流电流表	0.5,1,2,3,5,10,20A	1.5	B₁组	配接二次侧电流为5A的电流互感器	适用于交流电路中测量电流或电压,可作为电子仪器、电工仪器配套使用	(20)
		5,10,15,20,30,50,75,100,200,300,400,500,600,700,750,1000A					
61L5—V	交流电压表	3,5,7.5,10,15,20,30,50,75,100,150,200,250,300,450,500,600V	1.5	B₁组	直接接通		
61T1—A	交流电流表	100,200,300,500mA	2.5	C组	直接接通	适用于电气系统的开关板、试验台及电子工业装置中,测量频率为50Hz的交流电流或电压	(28) (34)
		1,2,3,5,10,15,20,30,50A					
		10,15,20,30,50,75,100,150A			配用二次侧电流为5A的电流互感器		
		200,300,400,500,600,1000,1500A					
61T1—V	交流电压表	15,30,50,75,150,250,300,450,460,500V	2.5	C组	直接接通		

表 26-22 61C13、11L13 电流表与电压表主要技术数据

型 号	名称	单位	量 限	准确度 (±%)	使用条件	接入方式	生产厂
61C13—A	直流电流表	μA	300,500	1.5		直接接通	(114)
		mA	1,2,3,5,10,20,30,50,75,100,150,200,250,300,500,750				
		A	1,2,3,5,7.5,10,15,20,30,50			外附定值分流器 (75mV)	
			75,100,150,200,300,500,750				
		kA	1,1.5,2,3,4,5,6,10				
61C13—V	直流电压表	V	1.5,3,7.5,10,15,20,30,50,75,100,150,200,250,300,450,500,600			直接接通	
		kV	0.75,1,1.5			外附定值电阻器 (1mA)	

续表 26 – 22

型　号	名称	单位	量　　　限	准确度 (±%)	使用条件	接入方式	生产厂
11L13 —A	交流 电流表	A	0.5,1,2,3,5,7.5,10,15,30			直接接通	
			5,10,15,30,50,75,100,150,300, 500,750			经电流互感器接 通次级电流 5A,1A 或 2A	(114)
		kA	1,2,3,5,7.5,10	1.0			
11L13 —V	交流 电压表	V	30,50,75,100,150,250,300,450, 500,600			直接接通	
		kA	3.6(3),7.2(6),12(10),18(15),42 (35),150(110),300(220),450(380)			通过 PT 接入(二 次电压为 100V)	

表 26 – 23　61L14 型电流表与电压表主要技术数据

型　号	名称	单位	量　　　限	准确度 (±%)	使用条件	接入方式	生产厂
61L14 —A	交流 电流表	A	0.3,0.5,1,1.5,2,3,5,6,7.5			直接接通	
			10,15,20,30,40,50,60,75,100,150, 200,300,400,500,600,750,800, 900,1000			通过 CT 接入(二 次电流为 5A,1A 或 0.5A)	(114)
		kA	1.5,2,2.5,3,5,6,7.5,8,10,15,20, 25,30	1.0		通过 CT 接入(二 次电流为 5A,1A 或 0.5A	
		A	0.5,1,1.5,2,3,5			2,3,5 倍过载直 接接通	
	全部经 CT 接入仪表可供 2,3,5 倍过载表 (过载表过载部分刻度标明过载部分中点和满度两点)						

型　号	名称	单位	量　　　限	准确度 (±%)	使用条件	接入方式	生产厂
61L14 —V	交流 电压表	V	50,60,75,100,150,250,300,450,500,600			直接接通	
			PT 变比　　量　程				
			380V/100V　　450V				
			3kV/100V　　3.5kV				
			6kV/100V　　7.5kV				
			10kV/100V　　12kV				
			35kV/100V　　45kV	1.0		通过 PT 接入(二 次电压为 100V)	(114)
			66kV/100V　　80kV				
			110kV/100V　　150kV				
			220kV/100V　　300kV				
			330kV/100V　　400kV				
			500kV/100V　　600kV				
			750kV/100V　　900kV				

表 26-24 61C14 型电流表与电压表主要技术数据

型 号	名称	单位	量 限	准确度 (±%)	使用条件	接入方式	生产厂
61C14 —A	直 流 电流表	μA	500，±250，±500	1.5		直通 61C14—A 没有带△符号值的量限	(114)
		mA	1，2，3，5，7.5，10，15，20，30，50，75，100，150，200，300，500，750				
		A	1，1.5，2，3，5，7.5，10 △15，△20，△25，△30				
			7.5，10，15，20，30，50，75，100，150，200，250，300，400，500，600，750			外附定值分流器 (75mV)	
		kA	1，1.5，2，2.5，3，4，5，6				
61C14 —V	直 流 电压表	mV	50，60，75，100，150，200，300，500，750	1.5		直接接通	(114)
		V	1，2，3，5，7.5，10，15，20，30，50，75，100，150，200，250，300，450，500，600				
			750，±750			外附定值电阻器 (1mA)	
		kV	1，1.5，2，3				

26.1.15 62 系列电流表与电压表

一、外形与安装尺寸

外形与安装尺寸，见图 26-32～图 26-35。

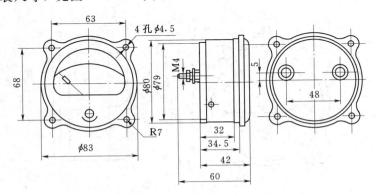

图 26-32 62C4 型电流表与电压表外形及安装尺寸

二、主要技术数据

62 系列电流表与电压表主要技术数据，见表 26-25。

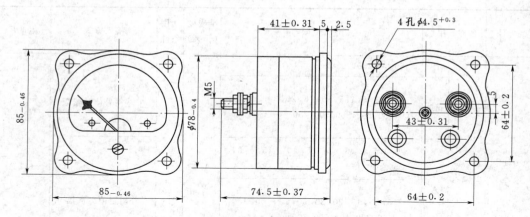

图 26 - 33 62C12 型电流表与电压表外形及安装尺寸

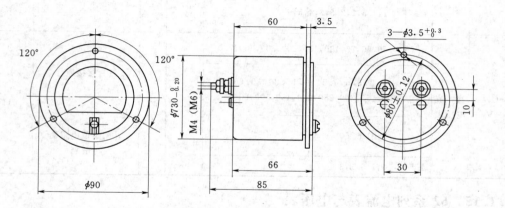

图 26 - 34 62T2 型电流表与电压表外形及安装尺寸

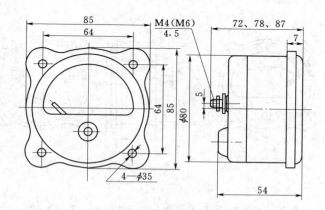

图 26 - 35 62T4、62T51 型电流表与电压表外形及安装尺寸

表 26－25　62 系列电流表与电压表主要技术数据

型　号	名称	量　　限	准确度（±%）	使用条件	接入方式	用　　途	生产厂
62C4—A	直流电流表	50,100,150,200,300,500μA 1,2,3,5,10,15,20,30,50,75,100,150,200,300,500mA 1,2,3,5,7.5,10,15,20A	1.5 2.5	B组	直接接通	用于直流电路中测量电流或电压,可作为电子仪器、电工仪器配套使用	(23) (24) (20) (27)
		30,50,75,100,150,200,300,500,750A 1,1.5,2,3kA			外附定值分流器		
62C4—V	直流电压表	1.5,3,5,7.5,10,15,20,30,50,75,100,150,200,250,300,450,500,600V	1.5 2.5	B组	直接接通		
		0.75,1,1.5,2,3,5kV			外附定值附加电阻		
62C12—A	直流电流表	50,75,100,150,200,300,500,750μA 1,2,3,5,7.5,10,15,20,30,50,75,100,150,200,300,500mA 1,2,3,5,7.5,10,15,20,30,50A	2.5	C组	直接接入	用于各种电子仪器、无线电设备及电源开关板配套使用,用以测量直流电流、电压或以直流电流、电压测量非电量	(28)
		75,100,150,200,250,300,500,750A 1,1.5kA			外附定值分流器		
62C12—V	直流电压表	75,100,150,200,300,500,750mV 1,1.5,2.5,3,5,7.5,10,15,20,30,50,75,100,150,200,250,300,400,450,460,500,600V	2.5	C组	直接接入		
62L4—A	交流电流表	0.5,1,2,3,5,10,20A 5,10,15,20,30,50,75,100,150,200,300,400,600,750A	1.5 2.5	C组	直接接通 经电流互感器接通次级电流5A	用于交流电路中测量电流或电压,也可作为无线电设备、电子仪器、电工仪器配套使用	(23) (24) (20)
		1,1.5,2,3,4,5,6,7.5,10kA					
62L4—V	交流电压表	3,5,7.5,10,15,20,30,50,75,100,150,250,300,450,500,600V	1.5 2.5	C组	直接接通		
		1,3,6,10,15,35,60,100,220,380kA			配接二次侧电压为100V的电压互感器		

续表 26 - 25

型　号	名称	量　　限	准确度 (±%)	使用条件	接入方式	用　途	生产厂
62T2—A	交　流 电流表	50，100，150，200，300，500，750mA 1,2,3,5,10,15,20,25,30,50A	2.5	C组	直接接入	适用于电气系统和开关板、试验台及电子工业装置中，测量频率为50Hz的交流电流及电压，供开关板配电屏上测量50Hz正弦交流电路中的电流或电压	(28)(19)(33)(8)(39)(26)(19)(26)(9)(81)(123) (8)(28)(40)(37)(29)(39)(13)(12)(34)(9)(5)
		10，15，20，30，40，50，75，100，150，200，300，500，600A			配用次级电流为 0.5 或 5A 的电流互感器		
		1,1.5,2,3,4,5,6,7.5,10kA					
62T2—V	交　流 电压表	30，50，75，100，120，150，200，250，300，450，460，500，600V	2.5	C组	直接接入		
		1,1.5,3,3.6,5,7.2,12,36,72,150,300,460kV			配用次级电压为 50V 或 100V 的电压互感器		
62T4—A	交　流 电流表	100,300,500mA 1,2,3,5,10,20,30,50A	2.5	C组	直接接通		
		10，20，30，40，50，75，100，150，200，300，600，1000，1500A			配电流互感器（二次侧电流 5A）		
62T4—V	交　流 电压表	30,100,150,250,460V	2.5	C组	直接接通		
62T51—A	交　流 电流表	100,300,500mA 1,2,3,5,10,20,30,50A	2.5	C组	直接接通	用于测量频率为 50、60、400、427、500、800、1000、1500Hz 交流电路中的电流或电压，广泛用于各种中频设备及开关板等的配套	(8)(28)(40)(37)(29)(39)(13)(12)(19)(26)(34)(9)(5)(81)(90)(100)(126)(97)
		10，20，30，40，50，75，100，150，200，300，600，1000，1500A			配电流互感器（二次侧电流 5A）		
62T51—V	交　流 电压表	30,100,150,250,460V	2.5	C组	直接接通		

26.1.16　63 系列电流表与电压表

一、外形与安装尺寸

外形与安装尺寸，见图 26 - 36、图 26 - 37。

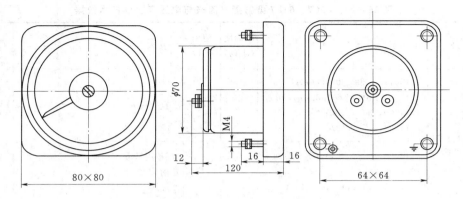

图 26-36　63L10 型电流表与电压表外形及安装尺寸

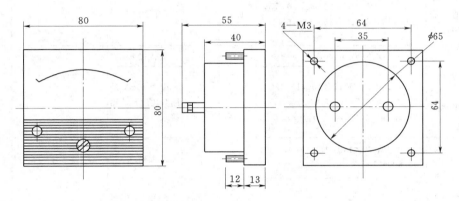

图 26-37　63T1 型电流表与电压表外形及安装尺寸

二、主要技术数据

63 系列电流表与电压表主要技术数据，见表 26-26～表 26-28。

表 26-26　63 系列电流表与电压表主要技术数据

型　号	名称	量　　　限	准确度（±%）	使用条件	接入方式	用　　途	生产厂
63L10 —A	交　流 电流表	0.5,1,2,3,5,10,20A	2.5	C组	直接接入	供嵌入安装在船用电力装置和移动电站的开关板上，用来测量额定工作频率为50、400、427Hz 交流电路中的电流或电压	(25) (125) (110) (111)
		5,10,20,30,50,75,100,150,200,300,400,600,750,800A 1,1.5,2,3,4,5,6,7.5,10kA			经电流互感器接入二次侧电流5A		

表 26 - 27 63C7、63L7 型方型电流表与电压表主要技术数据

型号	名称	量 限	准确度 (±%)	使用 条件	接入方式	用 途	生产厂
63C7—A	方 型 直 流 电流表	100,150,200,300,500μA 1,3,5,10,15,20,30,75,100, 150,200,300,500mA 1,2,3,5,7.5,10A	1.5		直接接入		(122) (125) (110) (111)
		15,20,30,50,75,100,150,200, 300,500,750A 1,1.5,2,3,4,4.5,6,7.5kA			配 用 75mV 外附定值分流 器接入		
63C7—V	方 型 直 流 电压表	3,7.5,10,15,20,30,50,75, 100,150,250,300,350,500,600A	1.5		直接接入		(122) (125)
63L7—A	方 型 交 流 电流表	0.5,1,2,3,5,10,20A	1.5		直接接入		(100) (125)
		5,10,20,30,50,75,100,150,200, 300,400,600,750,800A 1,1.5,2,3,4,5,6,7.5,10kA			配用75mV 外 附定值分流器 接入		
63L7—V	方 型 交 流 电压表	30,50,75,100,150,300,450, 500,600V	1.5		直接接入		(100) (125)
		3,6,7.2,12,18,42kV			经电压互感 器接入(次级电 压 100V)		

表 26 - 28 63C11 型广角度直流电流表与电压表

型 号	名称	量 限	准确度 (±%)	使用 条件	接入方式	用 途 .	生产厂
63C11 —A	广角度 直流电 流表	500,800μA 1,3,5,10,15,20,30,75,100, 150,200,300,500mA 1,2,3,5,7.5,10A	1.5		直接接入		(105)
		15,20,30,50,75,100,150,200, 300,500,750A 1,1.5,2,3,4,4.5,5,6,7.5kA			配用 75mV 外附定值分 流器		
63C11 —V	广角度 直流电 压表	3,7.5,10,15,20,30,50,75, 100,150,250,300,350,500,600V	1.5		直接接入		(105)

续表 26 - 28

型 号	名称	量 限	准确度 （±%）	使用 条件	接入方式	用 途	生产厂
63L10 —V	交流 电压表	30,50,75,100,150,250,300, 450,500,600V	2.5	C组	直接接入	供嵌入安装在 船用电力装置和 移动电站的开关 板上，用来测量额 定工作频率为50、 400、427Hz 交流 电路中的电流或 电压	(25) (125) (105) (110) (111)
		450V			经 380/127V 或 380/100VPT 接入		
		3.6kV			经 3kV/ 100VPT 接入		
		7.2kV			经 3kV/ 100VPT 接入		
		12kV			经 10kV/ 100VPT 接入		
		18kV			经 15kV/ 100VPT 接入		
		42kV			经 35kV/ 100VPT 接入		
63T1 —A	交 流 电流表	1,2,3,4,5,10,15,20,25,30A	2.5	B₁组	直接接入	用于测量50～ 60Hz 的交流电路 中的电流或电压。 电流表设有缓冲 量程，能防过电流 冲击，适于各种电 工仪器、各类开关 板、电子仪器、电 讯设备配套	(39)
63T1 —V	交 流 电压表	30,50,100,150,250,300V	2.5	B₁组	直接接入		

26.1.17 65 系列电流表与电压表

一、外形与安装尺寸

外形与安装尺寸，见图 26－38。

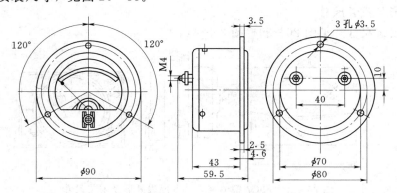

图 26-38 65C5 型电流表与电压表外形及安装尺寸

二、主要技术数据

65 系列电流表与电压表主要技术数据，见表 26－29。

表 26 - 29　65 系列电流表与电压表主要技术数据

型　号	名称	量　　限	准确度（±%）	使用条件	接入方式	用　　途	生产厂
65C5—A	直 流 电 流 表	50，75，100，150，200，300，500，750μA 1，2，3，5，7.5，10，15，20，30，50，75，100，200，300，500mA 1，2，3，5，7.5，10，15，20，30，50A	2.5	C 组	直接接入	适用于各种电子仪器、无线电设备及电源开关板配套使用，测量直流电流或电压，或以电量测量非电量	(28) (23) (24)
		75，100，150，200，300，500，750A 1，1.5kA			外附定值分流器		
65C5—V	直 流 电 压 表	75，100，150，200，300，500，750mV 1，1.5，2.5，3，5，7.5，10，15，20，30，50，75，100，150，200，250，300，400，450，460，500，600V	2.5	C 组	直接接入		
65L5—A	交 流 电 流 表	0.5，1，2，3，5，10，20A	2.5	B₁ 组	直接接入	用于交流电路中测量电流或电压，供开关板、电子仪器、移动装置上配套安装使用	(28) (23) (24)
		5，10，20，30，50，75，100，150，200，300，400，600，750A 1，1.5，2，3，4，5，6，7.5，10kA			经电流互感器接入二次侧电流 5A		
65L5—V	交 流 电 压 表	3，5，7.5，10，15，20，30，50，75，100，150，250，300，450，500，600V	2.5	B₁ 组	直接接通		
		1，3，6，10，15，35，60，100，220，380kV			经电压互感器接入二次侧电压 100V		

26.1.18　69 系列电流表与电压表

一、外形与安装尺寸

外形与安装尺寸，见图 26 - 39～图 26 - 41。

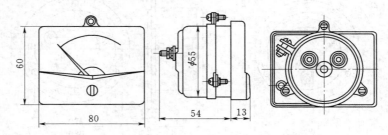

图 26 - 39　69C7 型电流表与电压表外形及安装尺寸

二、主要技术数据

69 系列电流表与电压表主要技术数据，见表 26 - 30。

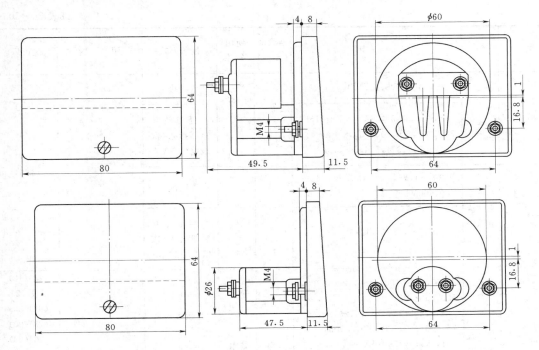

图 26-40　69C9、69L9 型电流表与电压表外形及安装尺寸

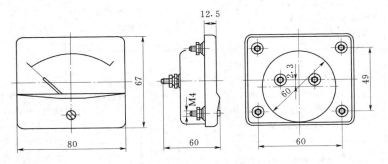

图 26-41　69L11 型电流表与电压表外形及安装尺寸

表 26-30　69 系列电流表与电压表主要技术数据

型　号	名称	量　　限	准确度 (±%)	使用条件	接入方式	用　　途	生产厂
69C7—A	直流电流表	100,150,200,300,500μA	2.5	B组	直接接入	供嵌入安装在船舶和其它移动电力设备装置上测量直流电流或电压,也可作为电子仪器的指示仪表,或其它非电量转换成电量的二次仪表	(25) (104) (125)
		1,2,3,5,10,20,30,50,75,100, 150,200,300,500mA					
		1,2,3,5,7.5,10A					
		15,20,30,50,75,100,150,200, 300,500,750A			外附定值分流器		
		1,1.5,2,3,4.5,5,6,7.5kA					
69C7—V	直流电压表	3,7.5,15,30,50,75,100,150, 250,300,500,600V	2.5	B组	直接接入		

续表 26 - 30

型　号	名称	量　　限	准确度 (±%)	使用条件	接入方式	用　　途	生产厂
69L7—A	交流电流表	0.5,1,2,3,5,10,20A	1.5		直接接入		(125)
		5,10,20,30,50,75,100,150,200,300,400,600,750,800A 1,1.5,2,3,4,5,6,7.5,10kA			经电流互感器接入（次级电流5A）		
69L7—V	交流电压表	30,50,75,100,150,300,450,500,600V	1.5		直接接入		
		3,6,7.2,12,18,42kV			经电压互感器接入（次级电压100V）		
69C9—A	直流电流表	50,75,100,150,200,300,500,750μA 1,2,3,5,7.5,10,15,20,30,50,75,100,150,200,300,500mA 1,2,3,5,7.5,10A	2.5	B组	直接接入	适用于各种无线电、电讯设备、电子仪器等配套使用,供测量交、直流电流或电压,或以交、直流电流、电压测量非电量	(28)(18)(3)(12)(32)(35)(23)(30)(16)(27)(21)(19)(24)(10)(81)(118)(90)(91)(93)(96)
		15,20,30,50,75,100,150,200,250,300,500,750A 1,1.5kA			外附定值分流器		(101)(102)(117)(119)(115)(123)(126)(106)(108)(110)(111)
69C9—V	直流电压表	75,100,150,200,300,500,750mV 1,1.5,2.5,3.5,7.5,10,15,20,30,50,75,100,150,200,250,300,400,450,460,500,600V	2.5	B组	直接接入		
69L9—A	平均值交流电流表	50,100,150,200,300,500mA 1,2,3,5,10,15,20A	2.5	B₁组	直接接入		(28)(35)(23)(30)(16)(27)(20)(3)(33)(32)(10)(19)
	有效值交流电流表	30,50,75,100,150,200,300,600A 1,1.5,2,3,4,5,6,7.5,10kA			配用次级电流0.5A或5A的电流互感器		(24)(81)(118)(90)(91)(93)(101)(102)(115)(123)(126)(106)(110)(111)
69L9—V	平均值交流电压表	5,7.5,10,15,20,30,50,75,100,120,150,200,250,300,450,460,600V	2.5	B₁组	直接接入		
	有效值交流电压表	1,1.5,3,3.6,5,7.2,12,36,72,150,300,460kV			配用次级电压为50V或100V的电压互感器		

型 号	名 称	量 限	准确度 (±%)	使用条件	接入方式	用 途	生产厂
69L9—A	中 频 电流表	50,100,150,200,300,500mA	2.5	B₁组	直接接入	可供 400～1500Hz 任意频率的交流电路测量电流或电压	(28)(35)(23)(30)(16)(27)(20)(3)(33)(32)(10)(19)(24)(96)(101)(102)(119)(115)
		1,2,3,5A 0.5,1,2,3,5,10,20A			经电流互感器		
		5,10,15,20,30,50,75,100,150,200,250,300,400,600,750A 1,1.5,2,3,4,5,6,7.5,10kA					
69L9—V	中 频 电压表	5,7.5,10,15,20,30V	2.5	B₁组	直接接入		
		50,75,100,120,150,200,250,300,450,460,600V					
		1,1.5,3,3.6,5,7.2,12,36,72,150,300,460kV			经电压互感器		
69L11—A	交流 电流表	0.5,1,2,3,5,10,20A	2.5	B₁组	直接接通		(1)
		5,10,15,20,30,50,75,100,150,200,250,300,400,600,750A 1,1.5,2,3,4,5,6,7.5,10kA			配用电流互感器		
69L11—V	交 流 电压表	3,5,7.5,10,15,20,30,50,75,100,150,200,250,300,450,500,600V	2.5	B₁组	直接接通		
		450,600V 3,6,7.2,12,18,42,150,300,460kV			配用电压互感器		

26.1.19 81 系列电流表与电压表

一、外形与安装尺寸

外形与安装尺寸，见图 26-42～图 26-44。

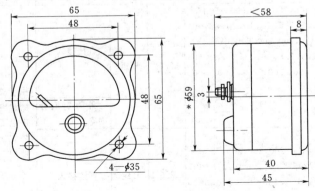

图 26-42 81C1 型电流表与电压表外形及安装尺寸

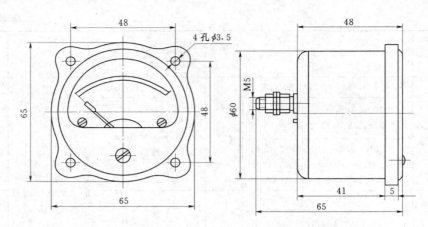

图 26-43 81L1 型电流表与电压表外形及安装尺寸

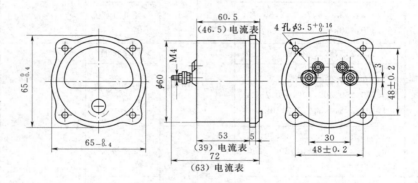

图 26-44 81T1 型电流表与电压表外形及安装尺寸

二、主要技术数据

81 系列电流表与电压表主要技术数据，见表 26-31。

表 26-31 81 系列电流表与电压表主要技术数据

型 号	名称	量 限	准确度 (±%)	使用条件	接入方式	用 途	生产厂
81C1—A	直流电流表	$50,75,100,150,200,500,750\mu A$ $1,2,3,5,7.5,10,15,20,30,50,$ $75,100,150,200,300,500mA$ $1,2,3,5,7.5,10,15,20,30,50,$ $75,100,150,200,250,300,500,$ $750A$	2.5	B组	直接接入	为小型化仪表，用于直流电路中测量电流或电压，供电子仪器、移动装置上配套安装使用	(28) (23) (12) (20) (24)
		$1,1.5kA$			外附定值分流器		
81C1—V	直流电压表	$75,100,150,200,300,500,750mV$ $1,1.5,2.5,3,5,7.5,10,15,20,$ $30,50,75,100,150,200,250,300,$ $400,450,460,500,600V$	2.5	B组	直接接入		

续表 26-31

型号	名称	量限	准确度（±%）	使用条件	接入方式	用途	生产厂
81C6—A	直流电流表	1,3,5,10,15,30,75,100,150,300,500mA 1,2,3,5,10A	2.5	B组	直接接通	用于开关板或电子测量直流电路中电流或电压	(8)
		20,30,50,75,100,150,200,300,500,750A			外附 FL—29型分流器		
81C6—V	直流电压表	3,7.5,15,30,50,75	2.5	B组	直接接通		
		150,250,300,450,600,1000V			外附附加电阻		
81C10—A	直流电流表	50,100,150,200,300,500μA 内阻 ≤ 6100,2100,2700,2700,1300,600Ω	2.5	C组	直接接通	适用于小型仪器及开关板上作测量直流电流或电压用	(12)
		1,2,3,5,10,20,30,50,100,200,300,500mA			直接接通		
		1,2,3,5,7.5,10A			直接接通		
		20,30,50,75,100,150,200,300,500,750A			通过 FL—2型外附分流器		
		1,1.5kA					
81C10—V	直流电压表	1.5,3,7.5,15,30,50,75,150,250,300,450,600V	2.5	C组	直接接通		
		750V			通过 3mA 外附电阻器		
		1,1.5kV					
81L1—A	交流电流表	100,200,300,500,750mA 1,2,3,5,10,15,20A	2.5	B组	直接接通	为小型化仪表,用于交流电路中测量电流或电压,供电子仪器、移动装置上配套安装使用	(28) (23) (8) (20) (24)
		10,20,30,40,50,75,100,150,200,300,500,600,750,1000,1500A			配接二次侧电流为 5A 的电流互感器		
81L1—V	交流电压表	15,30,50,75,100,150,200,250,300,450,500,600V	2.5	B组	直接接通		
81T1—A	交流电流表	500mA	2.5	C组 B₁组	直接接通	用于开关板及各种无线电设备、电信仪器装置中,测量 50Hz 交流电路中的电流或电压	(8) (3) (20) (27) (81)
		1,2,3,5,10A			直接接通		
		10,20,30,50,75,100,150,200,300,600,1000,1500A			经电流互感器（次级电流5A）接入		
81T1—V	交流电压表	30,50,100,150,250,300,450V	2.5	C组 B₁组	直接接通		
		30,50,100,150,250,300,460,600,1000,1500,2000V			经电压互感器（次级电压100V）接入		

26.1.20 83系列电流表与电压表

一、外形与安装尺寸

外形与安装尺寸，见图26-45、图26-46。

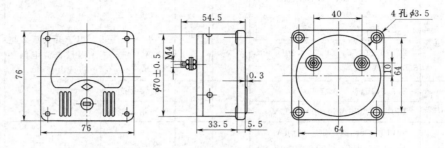

图 26-45 83C1 型电流表与电压表外形及安装尺寸

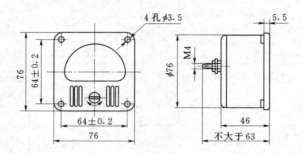

图 26-46 83C2 型电流表与电压表外形及安装尺寸

二、主要技术数据

83系列电流表与电压表主要技术数据，见表26-32。

表 26-32 83系列电流表与电压表主要技术数据

型 号	名称	量 限	准确度 (±%)	使用条件	接入方式	用 途	生产厂
83C1—A	直流电流表	50,100,150,200,300,500μA	1.5 2.5		直接接通	供电子仪器或其它小型设备成套使用,作测量直流电路中的电流或电压	(24)
		1,2,3,5,7,7.5,100,150,200, 250,300,500,750mA					
		1,1.5,2,3,5,7.5A					
		15,20,30,50,75,100,150,750A 1,1.5,2,3kA			外附 FL—30 型定值分流器		
83C1—V	直流电压表	50,75,100,150,200,300,500mV	1.5 2.5		直接接通		
		1.5,3,7.5,10,15,20,30,50,75, 100,450,500,600V					
		1,1.5,2,3kV			外附 FJ—20 型定值附加电阻		

型 号	名称	量 限	准确度 (±%)	使用 条件	接入方式	用 途	生产厂
83C2—A	直流 电流表	1,3,5,10,15,30,75,100,150, 300,500mA 1,2,3.5,10A	1.5	B₁组	直接接通	用于开关板或 电子仪器,测量直 流电流或电压	(8)
		20,30,50,75,100,150,200, 300,500,750A			经 FL—29 型 分流器接通		
83C2—V	直流 电压表	3,7.5,15,30,50,75V	1.5	B₁组	直接接通		
		150,250,300,450,600,1000V			经外附电阻 接通		
83L1 —A	交流 电流表	0.5,1,2,3,5,10,20A	1.5 2.5	—	20A 以上均 用外附专用电 流变换器。 30A 起需经电 流互感器接通 至次级电流为 5A 的电流变换 器后使用	供电子仪器或 其它小型设备成 套使用,作测量交 流电路中的电流 或电压	(24)
83L1 —V	交流 电压表	10,15,30,50,75,100,150,250, 300,450V	1.5 2.5		直接接通		

26.1.21 84 系列电流表与电压表

一、外形与安装尺寸

外形与安装尺寸,见图 26 - 47、图 26 - 48。

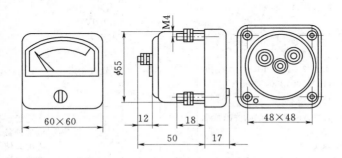

图 26 - 47 84C4 型电流表与电压表外形及安装尺寸

二、主要技术数据

84 系列电流表与电压表主要技术数据,见表 26 - 33。

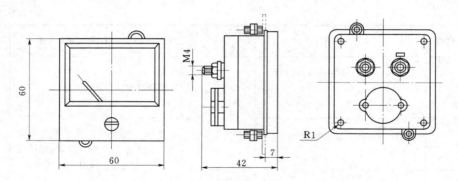

图 26-48 84C7 型电流表与电压表外形及安装尺寸

表 26-33 84 系列电流表与电压表主要技术数据

型 号	名称	量 限	准确度 (±%)	使用条件	接入方式	用 途	生产厂
84C4—A	直流电流表	100,150,200,300,500μA 1,2,3,5,10,15,20,30,50,75,100,150,200,300,500mA 1,2,3,5,7.5,10A	2.5	C组	直接接入	供嵌入安装在船舶和其它移动电力设备装置上测量直流电流或电压,也可作为电子仪器的指示仪表,或其它非电量转换成电量的二次仪表	(25) (125)
		15,20,30,50,75,100,150,200,300,500,750A 1,1.5,2,3,4.5,5,6,7.5kA			配用 75mV,外附定值分流器		
84C4—V	直流电压表	3,7.5,15,30,50,75,100,150,250,300,500,600V	2.5	C组	直接接入		
84L4—A	交流电流表	0.5,1,2,3,5,10,20A	1.5		直接接入		(105)
		5,10,20,30,50,75,100,150,200,300,400,600,750,800A 1,1.5,2,3,4,5,6,7.5,10kA			经电流互感器接入(次级电流5A)		
84L4—V	交流电压表	30,50,75,100,150,300,450,500,600V	1.5		直接接入		
		3,6,7.2,12,18,42kV			经电压互感器接入(次级电压100V)		
84C7—A	直流电流表	50,75,100,150,200,300,500,750μA 1,2,3,5,7.5,10,15,20,30,50,75,100,150,200,300,500mA 1,2,3,5,7.5,10,15,20A	2.5	B₁组	直接接入	适于各种无线电、电信设备、电子仪器等配套使用,供测量交流电流或电压	(28)
		30,50,75,100,150,200,250,300,500,750A 1,1.5kA			外附定值分流器		
84C7—V	直流电压表	75,100,150,200,300,500,750mV 1,1.5,2.5,3,5,7.5,10,15,20,30,50,75,100,150,200,300,400,450,460,500,600V	2.5	B₁组	直接接入		

型 号	名称	量 限	准确度 (±%)	使用条件	接入方式	用 途	生产厂
84L1—A	交流电流表	50,100,150,200,300,500mA 1,2,3,5,10,15,20A	2.5	B₁组	直接接通	适于各种无线电、电信设备、电子仪器等配套使用,供测量交流电流或电压	(28)
		30, 50, 75, 100, 150, 200, 300,600A 1,1.5,2,3,4,5,6,7.5,10kA			配用次级电流为 0.5A 或 5A 的电流互感器		
84L1—V	交流电压表	5, 7.5, 10, 15, 20, 30, 50, 75, 100,150,200,250,300,400,450, 460,600V	2.5	B₁组	直接接通		
		1,1.5,3,3.6,5,7.2,12,36,72, 150,300,460kV			配用次级电压为 50V 或 100V 的电压互感器		
84L1—A	中频电流表	550,100,150,200,300,500mA 1,2,3,5A	2.5	B₁组	直接接通	适于各种无线电、电信设备、电子仪器等配套使用,供测量频率在 400～1500Hz 的交流电流或电压	(28)
		10A～10kA			配用次级电流为 0.5A 或 5A 的电流互感器		
84L1—V	中频电压表	5, 7.5, 10, 15, 20, 30, 50, 75, 100, 150, 200, 250, 300, 450, 460,600V	2.5	B₁组	直接接通		
		1,1.5,3,3.6,5,7.2,12,36,72, 150,300V			配用次级电压为 50V 或 100V 的电压互感器		
		460kV					

26.1.22 85系列电流表与电压表

一、外形与安装尺寸

外形与安装尺寸,见图 26－49。

二、主要技术数据

85 系列电流表与电压表主要技术数据,见表 26－34。

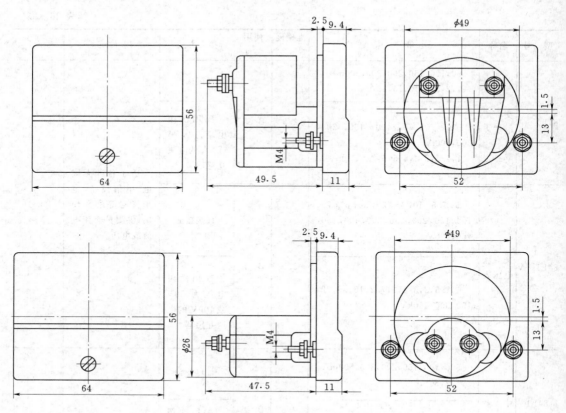

图 26-49　85C1、85L1 型电流表与电压表外形及安装尺寸

表 26-34　85 系列电流表与电压表主要技术数据

型　号	名称	量　　限	准确度（±%）	使用条件	接入方式	用　　途	生产厂
85C1—A	直流电流表	1,2,3,5,10,15,20,30,50,75,100,150,200,300,500mA 1,2,3,5,7.5,10A	2.5	B₁ 组	直接接通	用于直流电路中测量电流、电压,适用于开关板、试验台或电子仪器配套用	(8)(29)(28)(26)(13)(5)(12)(15)(20)(6)(21)(3)(23)(27)(17)(30)(31)(32)(1)(80)(81)(84)(93)(96)(101)(102)(117)(115)(123)(126)(97)(116)(110)(111)(112)
		15,20,30,50,75,100,150,200,300,500,750A 1,1.5kA			外附分流器		
85C1—V	直流电压表	1.5,3,5,7.5,10,15,20,30,50,75,100,150,200,250,300,450,500,600V	2.5	B₁ 组	直接接通		
		0.75,1,1.5,3kV			外附电阻器		

型号	名称	量限	准确度(±%)	使用条件	接入方式	用途	生产厂
85L1—A	交流电流表	0.5,1,2,3,5,10,15,20A	2.5	B组	直接接通	为小型仪表，供电子仪器和电工仪器配套测量交流电路中的电流或电压	(16)(32)(13)(3)(20)(15)(8)(12)(33)(35)(23)(6)(29)(30)(27)(31)(5)(28)(21)(80)(81)(90)(93)(96)(100)(101)(102)(115)(123)(126)(97)(106)(110)(111)(112)
		5,10,15,20,30,50,75,100,150,200,300,400,500,600,750A 1,1.5,2,3,4,5,6,7.5,10kA			配接次级电流为0.5A或5A的电流互感器		
85L1—V	交流电压表	3,5,7.5,10,15,20,30,50,75,100,120,150,200,250,300,450,500,600V	2.5	B组	直接接通		
		3.6,7.2,12,18,42,150,300,460kV			经电压互感器接通(次级电压50V或100V)		

26.1.23 88C1—A 型槽形电流表

88C1—A 型槽形电流表主要技术数据，见表 26－35。

表 26－35 88Cl—A 型槽形电流表主要技术数据

型号	名称	量限	准确度(±%)	使用条件	接入方式	用途	生产厂
88C1—A	槽形电流表	200,300,500μA	2.5	B组	直接接通	适于各种小型精密电子仪器、自动化仪器、医用仪器等配套应用	(8)
		1,2,3,5,10,12,15,20mA					

26.1.24 89 系列电流表与电压表

89 系列电流表与电压表主要技术数据，见表 26－36。

表 26－36 89 系列电流表与电压表主要技术数据

型号	名称	量限	准确度(±%)	使用条件	接入方式	用途	生产厂
89C7—A	直流微安表	20,30,50,75,100,150,200,250,300,500μA	2.5	B₁组	直接接通	适用于各种小型电子仪器作测量直流电流或电压	(12)
	直流毫安表	1,2,3,5,7.5,10,15,20,30,50,75,100,150,200,250,300,500mA					
	直流安培表	1,2,3,5,7.5,10A			配用FL—2外附分流器		
		15,30,50,75,100,150,200,250,300,500,750A					
		1,1.5kA					

续表 26 - 36

型 号	名称	量 限	准确度(±%)	使用条件	接入方式	用 途	生产厂
89C7—V	直流毫伏表	10,20,30,50,75,100,150,200,250,300,500mV	2.5	B₁ 组	直接接通	适用于各种小型电子仪器作测量直流电压	(12)
	直流电压表	1,1.5,3,5,7.5,10,15,20,30,50,75,100,150,200,250,300,450,500,600V					
		750V1,1.5kV			配用 5mA,外附电阻		
89L1—A	交流毫安表	5,7.5,10,15,20,25,30,50,75,100,150,200,250mA	2.5	B₁ 组	直接接通	适用于各种小型电子仪器作测量交流电流或电压	(12)
		300,500mA					
	交流安培表	1,2,3,5A					
89L1—V	电压表	10,15,20,30,50,75,100,150,200,250,300,400,450V	2.5	B₁ 组	直接接通		

26.1.25 91 系列电流表与电压表

一、外形与安装尺寸

外形与安装尺寸，见图 26-50、图 26-51。

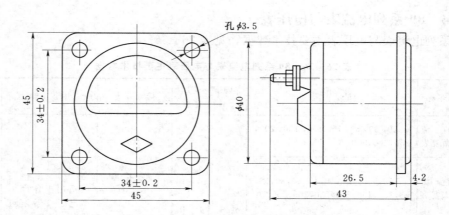

图 26-50 91C2 型电流表与电压表外形及安装尺寸

二、主要技术数据

91 系列电流表与电压表主要技术数据，见表 26-37、表 26-38。

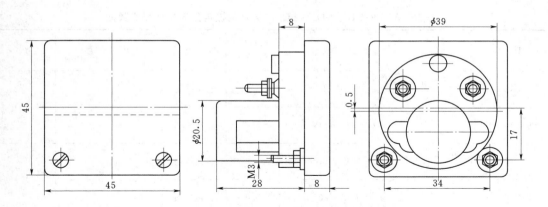

图 26 - 51　91C4、91L4 型电流表与电压表外形及安装尺寸

表 26 - 37　91 系列电流表与电压表主要技术数据

型　号	名称	量　限	准确度（±%）	使用条件	接入方式	用　途	生产厂
91C2—A	直流电流表	50，100，150，200，300，500μA	5.0	C组	直接接通	为小型仪表，适用于无线电通信设备上作测量直流电路的电流或电压	(1)(3)(4)(33)(16)
		1，2，5，10，15，30，50，75，100，150，200，300，500mA					
		1A					
		2，3，5，10，15，20，30，50A			外附定值分流器75mA		
91C2—V	直流电压表	1.5，3，5，7.5，10，15，30，50，75，100，150，250，300，450，500，600V	5.0	C组	直接接通		
91C4—A	直流电流表	50，100，150，200，300，500μA	5.0	B组	直接接通	适用于无线电通信设备上作测量直流电路的电流或电压	(16)(10)(28)(3)(12)(40)(20)(30)(33)(84)(93)(117)(123)
		1，2.5，10，15，20，30，50，75，100，150，200，300，500mA					
		1A					
		2，3，5，10，15，20，30，50A			配用外附定值分流器		
91C4—V	直流电压表	1.5，3，5，7.5，10，30，50，75，100，150，250，300，450，500，600V	5.0	B组	直接接通		
91L4—A	交流电流表	0.5，1，2，3，5，10A	5.0	B组	直接接入	适用于无线电通信设备上作测量交流电路的电流或电压	(3)(4)(2)(16)(28)(12)(20)(30)(33)(93)(123)(108)(110)(111)
		15，20，30，50，75，100，150，200，300，400，500，600，750A			配用电流互感器		
91L4—V	电压表	5，10，15，30，50，75，100，150，200，250V	5.0	B组	直接接通		

表 26-38　91C16、91L16 矩形与方形电流电压表主要技术数据

型　号	名　称	量　　限	准确度 (±%)	接入方式	用　　途	生产厂
91C16—A	矩形直流 电流表	0—100μA—20mA	5.0	直接接通		(115)
91C16—V	矩形直流 电压表	0—3V—600V	5.0	直接接通		
91L16—V	矩形直流 电压表	0—50V—450V	5.0	直接接通		(115)
91C16—A	方形直流 电压表	0—100μA—20mA	5.0	直接接通		
91C16—V	方形交流 电压表	0—3V—600V	5.0	直接接入		(115)
91L16—V	方形交流 电压表	0—50V—450V	5.0	直接接通		

26.1.26　Q96 系列电流表与电压表

一、外形与安装尺寸

外形与安装尺寸，见图 26-52、图 26-53。

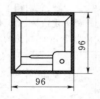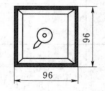

图 26-52　Q96·BC 型直流电流表、电压表、
Q96·RBC 型交流电流表、电压表、Q96·EC
型交流电流表、电压表的外形及安装尺寸

图 26-53　Q96·ZC 型直流电流表、电压表、
Q96·RZC 型交流电流表、电压表
的外形及安装尺寸

二、主要技术数据

Q96 系列电流表与电压表主要技术数据，见表 26-39、表 26-40。

表 26-39　Q96 系列电流表与电压表主要技术数据

型　号	名称	量　　　　限	准确度 (±%)	频率 (Hz)	使用 条件	接入方式	标度尺 展开角 (°)	生产厂
Q96·BC	船用 直流 电流表	0.5, 1, 2, 3, 5, 10, 15, 20, 30, 50, 75, 100, 150, 200, 300, 500, 600mA	1.5		−25~ +55℃	直接接通	90	(25)
		1, 2, 3, 5A						
		10, 15, 20, 30, 50, 75, 100, 150, 200, 300, 500, 750A				外附 75mV 分流器		
		1, 1.5, 2, 3, 4, 4.5, 5.6, 7.5kA						

续表 26-39

型 号	名称	量 限	准确度 (±%)	频率 (Hz)	使用条件	接入方式	标度尺展开角 (°)	生产厂
Q96・BC	船用直流电压表	200，300，500，600mV 1，3，5，7.5，10，15，20，30，50，75，100，150，250，300，350，500，600V	1.5		−25〜+55℃	直接接通	90	(25)
Q96・ZC Q72・ZC	船用直流电流表	0.5，1，2，3，5，10，15，20，30，50，75，100，150，200，300，500，600mA	1.5		−25〜+55℃	直接接通	240	(25) (104) (125)
		1，2，3，5A						
		10，15，20，30，50，75，100，150，200，300，500，750A				外附75mV分流器		
		1，1.5，2，3，4，4.5，5，6，7.5kA						
Q96・ZC Q72・ZC	船用直流电压表	200，300，500，600mV 1，3，5，7.5，10，15，20，30，50，75，100，150，250，300，350，500，600V	1.5		−25〜+55℃	直接接通	240	(25)
Q96・RBC	船用交流电流表	0.5，1，2，3，5A	1.5	额定频率50，60	−25〜+55℃	直接接通	90	(25) (106)
		10，20，30，50，75，100，150，200，300，400，600，750，800A				配接二次侧电流为5A的电流互感器		
		1，1.5，2，3，4，5，6，7.5，10kA						
Q96・RBC	船用交流电压表	50，60，75，100，150，250，300，450，500，600V	1.5	额定频率50，60	−25〜+55℃	直接接通	90	(25) (106)
		0〜450（380/100V）				配接二次侧电压为100V的电压互感器		
		0〜3（3k/100V），0〜3.6（3k/100V），0〜7.2（3k/100V）或（6k/100V），0〜12（6k/100V）或（10k/100V），0〜18（15k/100V），0〜42（35k/100V）						
Q96・RZC Q72・RZC	船用交流电流表	0.5，1，2，3，5A	1.5	额定频率50，60	−25〜+55℃	直接接通	240	(25) (106) (125)
		10，20，30，50，75，100，150，200，300，400，600，750，800A				配接二次侧电流为5A的电流互感器		
		1，1.5，2，3，4，5，6，7.5，10kA						
Q96・RZC Q72・RZC	船用交流电压表	50，60，75，100，150，250，300，450，500，600V	1.5	额定频率50，60	−25〜+55℃	直接接通	240	(25) (106) (125)
		0〜450（380/100V）				配接二次侧电压为100V的电压互感器		
		0〜3（3k/100V），0〜3.6（3k/100V），0〜7.2（3k/100V）或（6k/100V），0〜12（6k/100V）或（10k/100V），0〜18（15k/100V），0〜42（35k/100V）						

续表 26 - 39

型　号	名称	量　　限	准确度 (±%)	频率 (Hz)	使用 条件	接入方式	标度尺 展开角 (°)	生产厂
Q96·EC	船用 交流 电流表	1, 3, 5, 10A 10, 20, 30, 50, 75, 100, 150, 200, 300, 400, 600, 750, 800A 1, 1.5, 2, 3, 4, 5, 6, 7.5, 10kA	1.5	额定频 率 50, 极限频 率 20 ～100	−25～ +55℃	直接接通 配接二次 侧电流为 5A 的电流 互感器	90	(25)
Q96·EC	船用 交流 电压表	50, 60, 75, 100, 150, 250, 300, 450, 500, 600V 0～450 (380/100V) 0～3 (3k/100V), 0～3.6 (3k/100V), 0～7.2 (3k/100V) 或 (6k/100V), 0～12 (6k/100V) 或 (10k/100V), 0～18 (15k/ 100V), 0～42 (35k/100V)	1.5	额定频 率 50, 极限频 率 20 ～100	−25～ +55℃	直接接通 配接二次 侧电压为 100V 的电 压互感器	90	(25)

表 26 - 40　Q96·RZC/G、Q96·RZC/G 电流表与电压表主要技术数据

型　号	名称	量　限	准确度 (±%)	频率 (Hz)	使用条件	接入方式	标度尺 展开角 (°)	生产厂
Q96·RZC/G	光柱式交 流电流表	0.5～5A 5A	1.0	额定频率 50、60	−25～+55℃	直接接通 CT 接入扩展	240	(79)
Q96·RZC/G	光柱式交 流电压表	50～450V 450V 以上	1.0	额定频率 50、60	−25～+55℃	直接接通 经 380/100 VPT 接入扩展	240	(79)
Q96·ZC/G	光柱式直 流电流表	500μA～5A	1.0	额定频率 50、60	−25～+55℃	直接接通	240	(79)
Q96·ZC/G	光柱式直 流电压表	220mV～500V	1.0	额定频率 50、60	−25～+55℃	直接接通	240	(79)

26.1.27　99 系列电流表与电压表

一、外形与安装尺寸

外形与安装尺寸，见图 26-54～图 26-57。

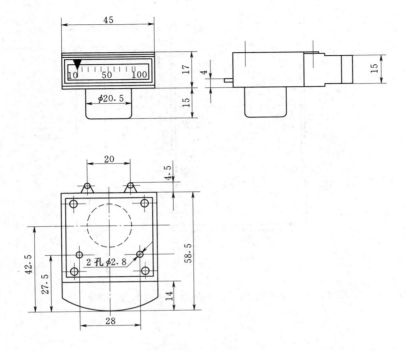

图 26-54　99C2—1A 型电流表外形及安装尺寸

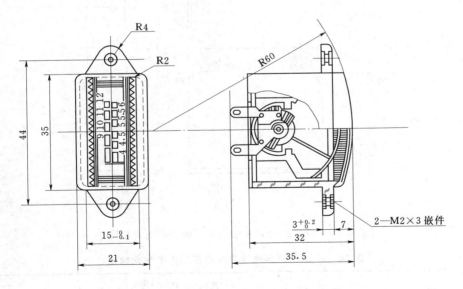

图 26-55　99C18、99L18 型电流表与电压表外形及安装尺寸

二、主要技术数据

99 系列电流表与电压表主要技术数据，见表 26-41。

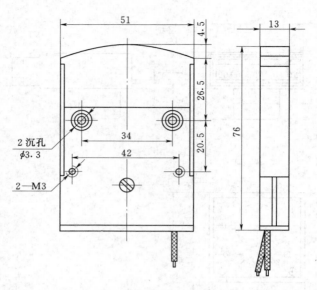

图 26-56 99C22 型电流表与电压表外形及安装尺寸

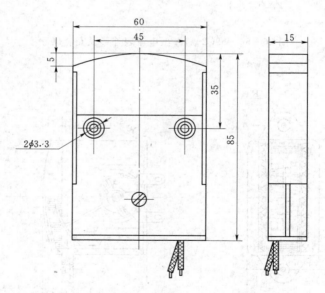

图 26-57 99C23 型电流表与电压表外形及安装尺寸

表 26-41 99 系列电流表与电压表主要技术数据

型　号	名称	量　限	准确度 (±%)	使用条件	接入方式	用　途	生产厂
99L1—V	槽形电压表	7.5，15，30，50，75V	5.0	B₁组	直接接通	可安装在小型电子仪器上测量 50Hz 正弦交流电路的电压	(12) (112)

型　号	名称	量　　限	准确度 （±%）	使用 条件	接入 方式	用　　途	生产厂
99C2—A	槽形 电流表	最高灵敏度 $50\mu A$	5.0	B_1 组		适用仪器设备、控制 台面板上及自动化仪表 配套，可测量直流电流 及相应非电量等参数	(28) (3) (42) (93) (98) (108)
99C2—1A	直流 电流表	± 25，± 50，± 100（μA），± 1，± 5， ± 10（mA） 50（100，200，500（μA） 1，5，10，15，30（mA）	2.5	B 组	直接 接通	本产品为微型槽形电 表，可供电子仪器及自 动化仪表变送器配套用	(3) (20) (30) (108)
99C14 —μA	直流 微安表	200，300，$500\mu A$	5.0	B_1 组	直接 接通		
99C14 —mA	直流 毫安表	1，2，5，10，30，50，75，100，150， 200，300，500mA	5.0	B_1 组	直接 接通	适用于安装在小型电 子仪器上测量直流电流 或电压	(12)
99C14—A	直流 毫安表	1，2mA	5.0	B_1 组	直接 接通		
99C14—V	直流 伏特表	1.5，3，7.5，15，30，50，75V	5.0	B_1 组	直接 接通		
99C18—A	直流 电流表	200，300，$500\mu A$ 1，2，3，5，7.5，10，15，20，30mA	5.0		直接 接通	本产品用于各种电子 仪器、小型无线电设备 及家用电器等作指示或 调整用	(24)
99C18—V	直流 电压表	75mV 1.5，3，7.5，10，15，20，30，50， 75，100，150，300V	5.0		直接 接通		
99L18—V	交流 电压表	10，15，20，30，50，75，100，150， 250，300，450V	5.0		直接 接通		
99C22—A	直流 电流表	50，100，150，200，300，$500\mu A$ 1，2，3，5，7.5，10，15，20，30， 50，75，100，150，200，300，500mA 1，2A	5.0	B_1 组	直接 接通	适用于电子仪器及自 动化仪表变送器配套用	(3) (78) (95)
99C22—V	直流 电压表	1.5，3，7.5，10，15，20，30V	5.0	B_1 组	直接 接通		
99C23—A	直流 电流表	50，100，150，200，300，$500\mu A$ 1，2，3，5，7.5，10.15，20，30， 50，75，100，150，200，300，500mA 1，2A	5.0	B_1 组	直接 接通	适用于电子仪器及自 动化仪表变送器配套用	(3)
99C23—V	直流 电压表	1.5，3，7.5，10，15，20，30V	5.0	B_1 组	直接 接通		

26.2　数字电流表与电压表

26.2.1　DAM05 型数字电流表与 DVM05 型数字电压表

一、概述

DAM05 型数字电流表与 DVM05 型数字电压表分为 A 型、B 型、C 型、D 型、E 型五个品种。A 型、B 型为槽型表；C 型、D 型、E 型为矩型表。A 型配用马赛克屏（模拟屏），B 型为国标 16 型，C 型为国标 1T1 型，D 型为国标 42 型，E 型为国标 6C2 型。采用直接接通或配互感器等多种形式，适于变电站、发电厂配电屏、控制台等各计量行业配套使用。

二、主要技术数据

DAM05 型数字电流表与 DVM05 型数字电压表主要技术数据，见表 26 – 42。

表 26 – 42　DAM05 型数字电流表与 DVM05 型数字电压表主要技术数据

型　号		名称	准确度	简　要　说　明	生产厂
DAM05D	$3\frac{1}{2}$位	直流电流表	0.5	量　限：电流 5A（1A）等，或扩充 100V（200V，220V，400V）等，或扩充	
	$4\frac{1}{2}$位			表壳尺寸（mm）：A 型 50×100×120　标准型	
	$3\frac{1}{2}$位		0.2	（高×宽×深）B 型 80×160×200　16 型 C 型 160×160×95　1T1 型	
	$4\frac{1}{2}$位			D 型 120×120×95　42 型 E 型 80×80×95　6C2 型	
DVM05D	$3\frac{1}{2}$位	直流电压表	0.5	开孔尺寸（mm）：A 型 50×100，B 型 70×150 （高×宽）C 型 151×151，D 型 112×112 E 型 75×75	(46)
	$4\frac{1}{2}$位			读数形式：直读、百分读	
	$3\frac{1}{2}$位		0.2	功　耗：≤3VA 环境温度：−20～+45℃，湿度≤85%	
	$4\frac{1}{2}$位			重　量：0.55kg（A 型），0.65kg（B 型），0.5kg（C 型），0.45kg（D 型），0.4kg（E 型）	
DAM05	$3\frac{1}{2}$位	交流电流表	1.0	量　限：电流 5A（1A 等），电压 100V（400V 等），量限可按用户不同需要制作与扩充	
	$4\frac{1}{2}$位			表壳尺寸（mm）：A 型 50×100×120 标准型	
	$3\frac{1}{2}$位		0.5	（高×宽×深）B 型 80×160×200　16 型 C 型 160×160×95　1T1 型	
	$4\frac{1}{2}$位			D 型 120×120×95　42 型 E 型 80×80×95　6C2 型	
DVM05	$3\frac{1}{2}$位	交流电压表	1.0	开孔尺寸（mm）：A 型 50×100，B 型 70×150， （高×宽）C 型 151×151，D 型 112×112，E 型 75×75	(46)
	$4\frac{1}{2}$位			读数形式：直读、百分读	
	$3\frac{1}{2}$位		0.5	功　耗：≤3VA 环境温度：−20～+45℃，湿度≤85%	
	$4\frac{1}{2}$位			重　量：0.55kg（A 型），0.65kg（B 型），0.5kg（C 型），0.45kg（D 型），0.4kg（E 型）	

型　号	名称	准确度	简　要　说　明		生产厂
DAM05D	电力电网专用直流电流表	0.2	量　　限：	直流电流表 5～1000A，1～15kA（外附分流器）；直流电压表：1～3kV（外附电阻器）；交流电流表：0.5～20A（直接接通），5A～35kA（配用电流互感器 5A）；交流电压表：15～600V（直接接通），3～500kV（配用电压互感器 100V）	(46)
		0.5			
DVM05D	电力电网专用直流电压表	0.2	过载能力：	瞬间额定电压 10 倍，额定电流 20 倍	
			功　　耗：	0.1VA（配用 TA、TV）	
		0.5	显示方式：	TV 一次值，TV 二次值，可另配微机接口或过载报警等	
DAM05	电力电网专用交流电流表	0.2	读数形式：	直读或百分读等	
			表壳尺寸（mm）：（高×宽×深）	A 型 50×100×120　标准型	
		1.0		B 型 80×160×200　16 型	
				C 型 160×160×95　1T1 型	
				D 型 120×120×95　42 型	
DVM05	电力电网专用交流电压表	0.5		E 型 80×80×95　6C2 型	
		1.0	重　　量：	0.55kg（A 型），0.65kg（B 型），0.5kg（C 型），0.45kg（D 型），0.4kg（E 型）。各种参数按用户需要制作与扩充	

26.2.2　S2 系列数字式盘面电流表与电压表

一、性能

（1）高稳定性，高精密度设计。

（2）高辉亮 LED 显示（14.2mm 红色）。

（3）高耐压保护设计（AC 2kV IEC688）。

（4）标准 DIN 尺寸，易于安装（96mm×48mm）。

（5）可配合广角面板使用（110mm×110mm）。

二、主要技术数据

S2 系列数字式盘面电流表与电压表主要技术数据，见表 26-43。

26.2.3　S2 系列数字式设定电流表与电压表

一、性能

（1）高稳定性，高精密度设计。

（2）高辉亮 LED 显示（14.2mm 红色）。

（3）高耐压保护设计（AC 2kV IEC688）。

（4）标准 DIN 尺寸，易于安装（96mm×48mm）。

表 26-43　S2 系列数字式盘面电流表与电压表主要技术数据

品　名	型　号	最大指示	输入范围	外形尺寸（mm）（宽×高×深）	备　注	生产厂
数字式盘面交流电压（流）表	S2—312 S2—334 S2—412	1999 3999 19999	AC　200mV～750V AC　200μA～30A X/5A（TA） X/110V 或 220V（TV）	96×48×113，96×48×113 开孔尺寸：（92+0.8） ×（45+0.5）	1. 可测量有效值； 2. 具有可程式显示之几种可供选择	（47）
数字式盘面直流电压（流）表	S2—312 S2—334 S2—412	1999 3999 19999	DC　200mV～750V DC　200μA～15A X/50mV（分流器）	96×48×113 开孔尺寸：（92+0.8） ×（45+0.5）	具有可程式显示之几种可供选择	（47）

（5）SPDT 延时输出 AC 110V/220V，DC 24V，3A。

（6）可配合各种信号传送器使用。

二、主要技术数据

S2 系列数字式设定电流表与电压表主要技术数据，见表 26-44。

表 26-44　S2 系列数字式设定电流表与电压表主要技术数据

品　名	型　号	最大指示	输入范围	外形尺寸（mm）	生产厂
数字式设定交流电压（流）表	S2—312A S2—400A	1999 3999	AC　200μA～15A AC　200mV～750V X/5A（TA） X/110V 或 220V（TV）	312A：96×48×113 400A：96×48×153 开孔尺寸：（92+0.8）×（45+0.5）	（47）
数字式设定直流电压（流）表	S2—312A S2—400A	1999 3999	DC　200μA～15A DC　200mV～750V X/50mV（分流器）	312A：96×48×113 400A：96×48×153 开孔尺寸：（92+0.8）×（45+0.5）	（47）

26.2.4　S2 系列数字式盘面电流表与电压表（内含转换器输出）

一、性能

（1）高稳定性，高精密度设计。

（2）高辉亮 LED 显示（14.2mm 红色）。

（3）高耐压保护设计（AC 2kV IEC688）。

（4）定电压、定电流、低纹波输出。

（5）标准 DIN 尺寸，易于安装（96mm×48mm）。

（6）可配合广角面板使用（110mm×110mm）。

二、主要技术数据

S2 系列数字式盘面电流表与电压表（内含转换器输出）主要技术数据，见表 26-45。

表 26-45 S2 系列数字式盘面电流表与电压表（内含转换器输出）主要技术数据

品 名	型 号	最大指示	精确度	输入范围	输出范围	外形尺寸（mm）	备注	生产厂
电流表	S2—334AT	3999	±0.25%	AC 0~5A X/5A（CT）	直流电压： 0~1V 0~5V 1~5V 0~10V 直流电流： 0~1mA 0~10mA 0~20mA 4~20mA 脉波： 1kpulse/1kWh 10kpulse/1kWh 100kpulse/1kWh	96×48×113 开孔尺寸： （92+0.8） ×（45+0.5）	可程式显示	(47)
电压表	S2—334VT			AC 150V AC 300V X/110V 或 220V（P.T）				

26.2.5 PA15 型数字电流表

PA15 型数字电流表主要技术数据，见表 26-46。

表 26-46 PA15 型数字电流表主要技术数据

名 称	型 号	测量范围	灵敏度	基 本 误 差	外形尺寸（mm）	生产厂
数字电流表	PA15/1	0~19.99μA	0.01μA	±（0.3%读数+0.15%满度）	48×110×112 开孔尺寸：44×95	(4)
	PA15/2	0~199.9μA	0.1μA	±（0.3%读数+0.15%满度）		
	PA15/3	0~1.999mA	1μA	±（0.2%读数+0.1%满度）		
	PA15/4	0~19.99mA	10μA	±（0.2%读数+0.1%满度）		
	PA15/5	0~199.9mA	100μA	±（0.3%读数+0.1%满度）		
	PA15/6	0~1.999A	1mA	±（0.4%读数+0.1%满度）		
	PA15/11	0~20μA	0.2μA	±（0.3%读数+0.1%满度）		

26.2.6 PZ 系列面板式数字电压表

一、概述

PZ 系列面板式数字电压表中的电子器件采用大规模集成电路，具有可靠性高、体积小、功耗低、使用方便等特点。这类仪表可以直接与各种传感器、转换器相配合，实现各种电量和非电量的数字化测量，是各类测量仪器与控制台上理想的配套仪表。

二、主要技术数据

PZ 系列面板式数字电压表主要技术数据，见表 26-47。

26.2.7 PZ 系列便携式数字电压表

一、概述

PZ 系列便携式数字电压表中的电子器件采用中、大规模数字集成电路，具有性能稳定可靠，使用方便等优点。这类仪表，一般是多量程、高精度的仪表，携带方便，是计量室、生产现场测试的理想仪表。

表 26-47 PZ 系列面板式数字电压表主要技术数据

产品名称	型 号	测量范围	灵敏度	基 本 误 差	外形尺寸 (mm)	生产厂
面板式 数字 电压表	PZ28C/1 PZ28C/2 PZ28C/3	0～19.999V 0～199.99V 0～999.9V	1mV 10mV 100mV	±（0.04%读数+0.01%满度）	70×130×160 开孔尺寸：62×122	(45)
面板式 数字 电压表	PZ88/1 PZ88/2 PZ88/3 PZ88/4 PZ88/5	0～19.99mV 0～199.9mV 0～1.999V 0～19.99V 0～199.9V	10μV 100μV 1mV 10mV 100mV	±（0.1%读数+0.15%满度） ±（0.1%读数+0.15%满度） ±（0.1%读数+0.1%满度） ±（0.1%读数+0.1%满度） ±（0.1%读数+0.1%满度）	48×110×112 开孔尺寸：44×95	(45)
面板式 数字 电压表	PZ90/1 PZ90/2 PZ90/3 PZ90/4 PZ90/5	0～199.9mV 0～1.999V 0～19.99V 0～199.9V 0～400V	100μV 1mV 10mV 100mV 1V	±（0.2%读数+0.2%满度） （50Hz～1kHz） ±（0.2%读数+0.2%满度） （50Hz～1kHz） ±（0.2%读数+0.2%满度） （50Hz～1kHz） ±（0.3%读数+0.2%满度） （50～500Hz） ±（1%读数+1%满度） （50～500Hz）	48×110×112 开孔尺寸：44×95	(45)
面板式 数字 电压表	PZ91/1 PZ91/2 PZ91/3 PZ91/4 PZ114	0～199.9mV 0～1.9999V 0～19.999V 0～199.9V 0～199.99mV	10μV 100μV 1mV 10mV 2mV	±（0.04%读数+0.01%满度） ±（0.03%读数+0.01%满度） ±（0.04%读数+0.01%满度） ±（0.04%读数+0.01%满度） ±（0.04%读数+0.01%满度）	48×110×112 开孔尺寸：44×95	(45)

二、主要技术数据

PZ 系列便携式数字电压表主要技术数据，见表 26-48～表 26-53。

表 26-48 PZ92、PZ93 型数字电压表主要技术数据

型号名称	量 程	测量范围	灵敏度	基 本 误 差	外形尺寸 (mm)	生产厂
PZ92 电压表	20mV	0～19.99mV	10μV	±（0.2%读数+0.15%满度）	147×54×140	(4)
	200mV	0～199.9mV	100μV	±（0.15%读数+0.1%满度）		
	2V	0～1.999V	1mV	±（0.1%读数+0.1%满度）		
	20V	0～19.99V	10mV			
	200V	0～199.9V	100mV	±（0.1%读数+0.1%满度）		

续表 26-48

型号名称	量程	测量范围	灵敏度	基 本 误 差	外形尺寸 （mm）	生产厂
PZ93 电压表	200mV	0～199.99mV	10μV	±（0.035%读数+0.015%满度）	157×54×140	(45)
	2V	0～1.9999V	100μV	±（0.03%读数+0.01%满度）		
	20V	0～19.999V	1mV			
	200V	0～199.99V	10mV	±（0.04%读数+0.01%满度）		

表 26-49 PZ114 型直流数字电压表主要技术数据

型号名称	量程	测量范围	灵敏度	基 本 误 差	外形尺寸 （mm）	生产厂
PZ114 直流 数字 电压表	200mV	0～199.99mV	10μV	±（0.04%读数+0.015%满度）	230×250×85	(45)
	2V	0～1.9999V	100μV	±（0.03%读数+0.01%满度）		
	20V	0～19.999V	1mV	±（0.04%读数+0.015%满度）		
	200V	0～199.99V	10mV	±（0.04%读数+0.01%满度）		
	1000V	0～1000.0V	100mV	±（0.04%读数+0.01%满度）		

	输出偏置电流与输入电阻				
	量　程	输 入 电 阻	输入偏置电流		
	200mV	>100MΩ			
	2V				
	20V		≤2×10⁻¹⁰A		
	200V	10MΩ 允差±10%			
	1000V				

表 26-50 PZ115、PZ115a 型直流数字电压表主要技术数据

型号名称	额定量程	$4\frac{1}{2}$字		$3\frac{1}{2}$字		外形尺寸 （mm）	生产厂
		分辨率	测量范围	分辨率	测量范围		
PZ115 直流数字 电压表	300mV	10μV	0～0.30000V	100μV	0～0.3000V	390×292×120	(45)
	3V	100μV	0～3.0000V	1mV	0～0.3000V		
	30V	1mV	0～30.000V	10mV	0～30.00V		
	300V	10mV	0～300.00V	100mV	0～300.0V		
	1000V	100mV	0～1000.0V	1V	0～1000V		
	速度（积分时间）与基本误差						

续表 26-50

型号名称	额定量程	4½字		3½字		外形尺寸 (mm)	生产厂
		分辨率	测量范围	分辨率	测量范围		

PZ115 直流数字电压表

量程	24h 基本误差			
	4½d 快速	4½d 中速	4½d 慢速	3½d
0.3V	±(0.03%+2d)	±(0.02%+2d)	±(0.02%+2d)	
3V	±(0.02%+2d)	±(0.01%+2d)	±(0.01%+2d)	
30V	±(0.03%+2d)	±(0.02%+2d)	±(0.02%+2d)	±(0.04%+2d)
300V	±(0.03%+2d)	±(0.02%+2d)	±(0.02%+2d)	
1000V	±(0.03%+2d)	±(0.02%+2d)	±(0.02%+2d)	

4½ 快速 50×（1±3%）r/s 　 4½d 中速 25×（1±3%）r/s

4½ 慢速 5×（1±3%）r/s 　 3½d 快速 300×（1±3%）r/s

长期（6个月）稳定性

字长、速度、量程	（6月）误差
4½d 快速 3V	±（0.03%+2d）
4½d 快速 其它量程	±（0.04%+2d）
4½d 中、慢速 3V	±（0.02%+2d）
4½d 中、慢速 其它量程	±（0.03%+2d）
3½d	±（0.07%+2d）

外形尺寸：390×292×120　生产厂：(45)

PZ115a 直流数字电压表

量程	24h 基本误差			
	4½d 快速	4½d 中速	4½d 慢速	3½d
0.3V	±(0.003%+3d)	±(0.02%+2d)	±(0.03%+2d)	
3V	±(0.002%+3d)	±(0.01%+2d)	±(0.02%+2d)	
30V	±(0.003%+3d)	±(0.02%+2d)	±(0.03%+2d)	±(0.04%+2d)
300V	±(0.003%+3d)	±(0.02%+2d)	±(0.03%+2d)	
1000V	±(0.002%+2d)	±(0.02%+2d)	±(0.03%+2d)	

5½：2.5r/s 　 4½ 中速：25r/s

4½ 快速：50r/s 　 3½d：300r/s

生产厂：(45)

表 26 - 51 PZ119 型直流数字电压表主要技术数据

型号名称	量程、测量范围、灵敏度及基本误差					外形尺寸（mm）	生产厂
	型 号	量 程	测量范围	分辨率	基本误差		
PZ119 直流数字 电压表	PZ119—1	200mV	0～199.99mV	10μV	±（0.08%读数 +0.05%满度）	135×100×50	（45）
	PZ119—2	2V	0～1.9999V	100μV			
	PZ119—3	20V	0～19.999V	1mV			
	PZ119—4	200V	0～199.99V	10mV			
	PZ119—5	1000V	0～1000.0mV	100mV			
	输入偏置电流和输入电阻						
	PZ119—1	200mV	500MΩ				
	PZ119—2	2V	100MΩ				
	PZ119—3	20V		2×10^{-10}A			
	PZ119—4	200V	10±10kΩ				
	PZ119—5	1000V					

表 26 - 52 PZ120 型数字电压表主要技术数据

型号名称	型 号	量 程	测量范围	分辨率	基本误差		外形尺寸（mm）	生产厂
					45Hz～1kHz	45～500Hz		
PZ120 数字 电压表	PZ120—1	200mV	0～199.99mV	10μV	±（0.2%读数 +1.5%满度）		135×100×50	（45）
	PZ120—2	2V	0～1.9999V	100μV				
	PZ120—3	20V	0～19.999V	1mV				
	PZ120—4	200V	0～199.99V	10mV	±（0.3%读数 +0.2%满度）			
	PZ120—5	750V	0～750.0V	100mV		±（0.2%读数 +1.5%满度）		
	输 入 阻 抗							
	型 号		量 程		输入阻抗			
	PZ120—1		200mV		1MΩ/100PF			
	PZ120—2		2V		1MΩ±0.1MΩ/100PF			
	PZ120—3		20V		1MΩ/100PF			
	PZ120—4		200V					
	PZ120—5		750V					

表 26-53 PZ126 型电压表主要技术数据

型号名称	量程	测量范围	灵敏度	基 本 误 差	外形尺寸 (mm)	生产厂
PZ126 电压表	20mV	0～19.999mV	1μV	±（0.03％读数＋0.015％满度）	300×270×70	（45）
	200mV	0～1999.99mV	10μV	±（0.03％读数＋0.01％满度）		
	2V	0～1.9999V	100μV	±（0.02％读数＋0.01％满度）		
	20V	0～19.999V	1mV	±（0.03％读数＋0.01％满度）		
	200V	0～199.99V	10mV	±（0.03％读数＋0.01％满度）		
	1000V	0～1000.0V	100mV	±（0.03％读数＋0.01％满度）		

26.2.8 PF3 型多路直流数字电压表

一、产品特点

PF3 型多路直流数字电压表，可用于巡回检测 20 路以下的 0～60V 直流电压，也作非电量转换成电量的温度、位移、压力等参数的测量。仪表采用双积分原理。

二、主要技术数据

PF3 型多路直流数字电压表主要技术数据，见表 26-54。

表 26-54 PF3 型多路直流数字电压表主要技术数据

型号名称	量 程	分 辨 力	输 入 阻 抗	外形尺寸 (mm)	生产厂
PF3 多路 直流数字 电压表	60mV	10μV	＞100MΩ	134×440×450	（45）
	600mV	100μV	＞500MΩ		
	6V	1mV	＞1000MΩ		
	60V	10mV	10MΩ		
	1. 测量通路：20 路 2. 准确度：±（0.05％读致字±2 字） 3. 采样时间：0.1、0.2、0.5、1、2、5s 六档 4. 工作方式：定点、连扫、单扫、遥控 5. 抗干扰能力：串模：40dB；共模：120dB 6. 信息输出：8.4，2，1 二～十进码 7. 电源与功率：交流 220V，功耗≤35VA				

26.2.9 PF66 型数字多用表

一、产品特点

PF66 型数字多用表，具有最新型的塑料机壳，结构先进，轻巧耐用，携带方便。该表由双积分式单片 CMOS 大规模集成电路。A/D 转换器高稳定基准源，以及 CMOS 斩波稳零单片集成运算放大器等电路组成。表内使用的各档精密电阻，都具有严格的工艺保证。该产品所用元器件均经科学方法严格筛选，因而具有很高的可靠性。

二、主要技术数据

PF66 型数字多用表主要技术数据，见表 26-55、表 26-56。

表 26-55 PF66 型数字多用表主要技术数据

型号名称		量 程	测量范围	分辨率	基 本 误 差		生产厂
					100Hz~1kHz	45~100Hz 1~5kHz	
PF66 数字多用表	交流电流测量	2mA	0~1.9999mA	0.1μA	±(0.2%+10字)	±(0.2%+20字)	(45)
		20mA	0~19.999mA	1μA	±(0.2%+20字)	±(0.2%+20字)	
		200mA	0~199.99mA	10μA			
		2A	0~1.9999A	1mA	±(0.5%+20字)	±(0.5%+20字)	
	交流电压测量	200mV	0~199.99mV	10μV	±(0.15%+20字)	±(0.2%+20字)	
		2V	0~1.9999V	100μV	±(0.1%+10字)	±(0.15%+20字)	
		20V	0~19.999V	1mV	±(0.2%+20字)	±(0.2%+30字)	
		200V	0~199.99V	10mV			
		750V	0~750.0V	100mV	±(0.5%+40字)	±(0.15%+50字)	

1. 频率范围为 45~100Hz、1~5kHz;
2. 频率范围为 45~100Hz。

表 26-56 PF66 型数字多用表主要技术数据

型号名称		量 程	测量范围	分辨率	基 本 误 差	生产厂
PF66 数字多用表	直流电压测量	200mV	0~199.99mV	10μV	±(0.03%+2字)	(45)
		2V	0~1.9999V	100μV		
		20V	0~19.999V	1mV		
		200V	0~199.99V	10mV		
		1000V	0~1000.0mV	100mV		
	直流电流测量	2mA	0~1.9999mA	0.1μA	±(0.10%+2字)	
		20mA	0~19.999mA	1μA		
		200mA	0~199.99mA	10μA		
		10A	0~10.000A	1mA	±(0.8%+5字)	
	电阻测量	200Ω	199.99Ω	0.01Ω	±(0.05%+2字) 输入线电阻除外	
		2kΩ	1.9999kΩ	0.1Ω		
		20kΩ	19.999kΩ	1Ω		
		200kΩ	199.99kΩ	100Ω		
		2MΩ	1.9999MΩ	1000Ω	±(0.1%+5字)	
		20MΩ	19.999MΩ	1kΩ	±(0.5%+10字)	

26.2.10　86—G 型脉冲峰值电压表

一、主要特点

86—G 型脉冲峰值电压表是在高压试验室中测量冲击电压全波、标准操作波、短波头操作波、冲击电流波的专用仪表。表内装有乘法器，把高压分压器的分压比通过拨码开关输入后，可以直接显示高压峰值。测量冲击电流时拨码开关输入分流器电阻值倒数，可直接显示冲击电流峰值。

读数用三位数字电压表显示，当被测信号输入到表内后，数字表立即显示被测信号，在第二次测量信号到达前数字表中读数保持不变。在测量信号显示后峰值表经过约 1s 的自动清零，为下一次测量作准备（清零期间数字表前的指示灯被点亮），因此二次测量间的时间间隔需大于 1s。

峰值电压表有两个并联 75Ω 阻抗的电缆输入端，其中任一输入端可作信号输入用，另一个可以接匹配电阻或转换信号用，表内输入电阻约 1MΩ，电容小于 30pF。

输入电压量程为 250、500、1000V 三档。对应于这三档量程输入电压要大于 25、50、100V 时峰值电压表才能启动。这三档电压量程区别仅在于起始电压和最高电压。

峰值电压表对高压试验室中干扰采取了屏蔽和保护措施，使用时不需要再采取屏蔽，在电源地线和测量接地间没有电位差时可以不用隔离变压器。

二、主要技术数据

86—G 型脉冲峰值电压表主要技术数据，见表 26－57。

表 26－57　86—G 型脉冲峰值电压表主要技术数据

| 型号名称 | 输入电压 | | 输入阻抗 | 测 量 精 度 | 分压比置数范围 | 分压比倍乘 | 环境温度（℃） | 相对湿度 | 电源电压（V） | 外形尺寸（mm）（宽×高×深） | 生产厂 |
	电压量程（V）	起动电压（V）									
86—G 型脉冲峰值电压表	1000	100～1000	电阻 >1MΩ 电容 <30pF	数字表读数在 200～999V 范围内和输入电压在五分之一量程以上，误差小于读数的 1%；200V 以下时或输入电压在五分之一量程以下，误差小于读数的 2%	1000～9999	×0.01、×0.1、×1	0～45	<90%	交流 220V ±10%	360×120 ×320	(74)
	500	50～500									
	250	25～250									

26.2.11　三位半数字电压电流表

一、主要特点

(1) 模拟变送输出（4～20mA，0～20mA）操作。

(2) 转换比率 2.5 次/s。

(3) 零点调整（固定小数）。

二、型号含义

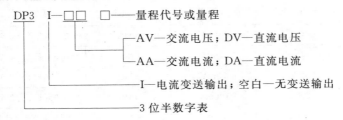

三、型号及技术数据

三位半数字电压电流表型号及技术数据，见表 26-58～表 26-61。

表 26-58 交流数字电压表型号及技术数据

型 号	量程	分辨力	输入电阻	互感器变比	精 度	最大允许输入
DP3（I）—AV0.2	200mV	100μV	5MΩ	直接输入	±0.5%F.S±2 个字	5V
DP3（I）—AV2	2V	1mV	5MΩ	直接输入	±0.5%F.S±2 个字	10V
DP3（I）—AV20	20V	10mV	5MΩ	直接输入	±0.5%F.S±2 个字	50V
DP3（I）—AV200	200V	100mV	5MΩ	直接输入	±0.5%F.S±2 个字	500V
DP3（I）—AV600	600V	1V	5MΩ	直接输入	±1%F.S±2 个字	1000V
DP3（I）—AV3K	3kV	10V	5MΩ	3kV：100V	±1%F.S±2 个字	
DP3（I）—AV10K	10kV	10V	5MΩ	10kV：100V	±0.5%F.S±2 个字	

表 26-59 交流数字电流表型号及技术数据

型 号	量 程	分辨力	互感器变比	精 度	最大允许输入
DP3（I）—AA0.2	200mA	100μA	直接输入	±0.5%F.S±2 个字	500mA
DP3（I）—AA2	2A	1mA	直接输入	±0.5%F.S±2 个字	5A
DP3（I）—AA20	20A	10mA	20A：5A	±0.5%F.S±2 个字	1.2F.S
DP3（I）—AA50	50A	100mA	50A：5A	±1%F.S±2 个字	1.2F.S
DP3（I）—AA100	100A	100mA	100A：5A	±0.5%F.S±2 个字	1.2F.S
DP3（I）—AA150	150A	100mA	150A：5A	±0.5%F.S±2 个字	1.2F.S
DP3（I）—AA200	200A	100mA	200A：5A	±0.5%F.S±2 个字	1.2F.S
DP3（I）—AA500	500A	1A	500A：5A	±1%F.S±2 个字	1.2F.S
DP3（I）—AA1000	1000A	1A	1000A：5A	±0.5%F.S±2 个字	1.2F.S
DP3（I）—AA1500	1500A	1A	1500A：5A	±0.5%F.S±2 个字	1.2F.S
DP3（I）—AA2000	2000A	1A	2000A：5A	±0.5%F.S±2 个字	1.2F.S

表 26-60　直流数字电压表型号及技术数据

型　号	量　程	分辨力	输入电阻	精　度	最大允许输入
DP3（I）—DV0.2	200mV	100μV	5MΩ	±0.5％F.S±2 个字	10V
DP3（I）—DV2	2V	1mV	5MΩ	±0.5％F.S±2 个字	100V
DP3（I）—DV20	20V	10mV	5MΩ	±0.5％F.S±2 个字	500V
DP3（I）—DV200	200V	100mV	5MΩ	±0.5％F.S±2 个字	750V
DP3（I）—DV500	500V	1V	5MΩ	±1％F.S±2 个字	800V

表 26-61　直流数字电流表型号及技术数据

型　号	量程	分辨力	互感器变比	精　度	最大允许输入	内部阻抗
DP3（I）—DA0.0002	200μA	100nA	直接输入	±0.5％F.S±2 个字	10mA	1kΩ
DP3（I）—DA0.002	2mA	1μA	直接输入	±0.5％F.S±2 个字	100mA	100Ω
DP3（I）—DA0.02	20mA	10μA	直接输入	±0.5％F.S±2 个字	500mA	10Ω
DP3（I）—DA0.2	200mA	100μA	直接输入	±0.5％F.S±2 个字	1A	1Ω
DP3（I）—DA2	2A	1mA	直接输入	±0.5％F.S±2 个字	5A	0.1Ω
DP3（I）—DA20	20A	10mA	20A：75mV	±0.5％F.S±2 个字	1.5F.S	5MΩ
DP3（I）—DA30	30A	100mA	30A：75mV	±1％F.S±2 个字	1.5F.S	5MΩ
DP3（I）—DA50	50A	100mA	50A：75mV	±1％F.S±2 个字	1.5F.S	5MΩ
DP3（I）—DA100	100A	100mA	100A：75mV	±0.5％F.S±2 个字	1.5F.S	5MΩ
DP3（I）—DA150	150A	100mA	150A：75mV	±0.5％F.S±2 个字	1.5F.S	5MΩ
DP3（I）—DA200	200A	100mA	200A：75mV	±0.5％F.S±2 个字	1.5F.S	5MΩ
DP3（I）—DA300	300A	1A	300A：75mV	±1％F.S±2 个字	1.5F.S	5MΩ
DP3（I）—DA500	500A	1A	500A：75mV	±1％F.S±2 个字	1.5F.S	5MΩ
DP3（I）—DA1000	1000A	1A	1000A：75mV	±0.5％F.S±2 个字	1.5F.S	5MΩ
DP3（I）—DA1500	1500A	1A	1500A：75mV	±0.5％F.S±2 个字	1.5F.S	5MΩ
DP3（I）—DA2000	2000A	1A	2000A：75mV	±0.5％F.S±2 个字	1.5F.S	5MΩ

四、技术数据

技术数据见表 26-62。

表 26-62　主　要　技　术　数　据

最大显示	1999（AC 显示有效值）	显　示	红色 LED（14.2mmH）
输入方式	单端输入	电　源	AC 110/220V±10％，50/60Hz
测量方式	双积分　A/D 转换	功　耗	≤4.5VA
测量速度	约 2.5 次/s		
频率范围	40～200Hz（仅对交流）	耐　压	AC　1500V 1min
溢出显示	"1".或 "—1"	绝缘电阻	DC 500V≥100MΩ
极性显示	只显示 "—"（仅对直流）	重　量	500g

五、使用保存注意事项

（1）使用前，仪表需通电预热 15 分钟。

（2）适宜使用环境温度 0～+40℃，相对湿度 85% 以下。

（3）本仪表校准时间为一年。

（4）注意防止震动和冲击，不要在有超量有害化学药品和气体等地方使用。

（5）若输入信号伴随高频干扰，应在线里用高频过滤器。

（6）输入导线不宜过长，如被测信号输出端与仪表距离不能缩短，请用双绞屏蔽线，屏蔽层与信号低端相连。

（7）若长期存放未使用，需每三个月通电一次，通电时间不少于 4 小时。

（8）长期保存应避免直射光线，宜存放温度：-10～+70℃，湿度 60% 以下的地方。切勿和有机溶剂或油物接触。

六、生产厂

154（见表 26-1）。

26.2.12　YDJ3 系列 3 位半数字电压电流表

一、产品特点

（1）转换比率 2.5 次/s。

（2）具有小数点设定、比率、量程、零点调整功能。

（3）外形尺寸 48H×96W。

（4）数显范围 ±1999。

二、型号含义

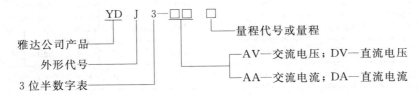

三、型号及技术数据

YDJ3 系列 3 位半数字电压电流表型号及技术数据，见表 26-63～表 26-66。

表 26-63　交流数字电压表型号及技术数据

型 号 规 格	量程	分辨率	输入电阻	互感器变比 PT	测 量 精 度	最大允许输入
YDJ3—AV0.2	200mV	100μV	1MΩ	直接输入	±0.5%F.S±2Digit	5V（峰值）
YDJ3—AV2	2V	1mV	1MΩ	直接输入	±0.5%F.S±2Digit	10V（峰值）
YDJ3—AV20	20V	10mV	1MΩ	直接输入	±0.5%F.S±2Digit	50V（峰值）
YDJ3—AV200	200V	100mV	1MΩ	直接输入	±0.5%F.S±2Digit	500V（峰值）
YDJ3—AV600	600V	1V	1MΩ	直接输入	±1%F.S±2Digit	1000V（峰值）
YDJ3—AV3K	3kV	10V	1MΩ	3kV：100V	±1%F.S±2Digit	
YDJ3—AV10K	10kV	10V	1MΩ	10kV：100V	±0.5%F.S±2Digit	

表 26-64　交流数字电流表型号及技术数据

型号规格	量　程	分辨率	互感器变比 CT	测　量　精　度	最大允许输入
YDJ3—AA0.2	200mA	100μA	直接输入	±0.5%F.S±2Digit	500mA
YDJ3—AA2	2A	1mA	直接输入	±0.5%F.S±2Digit	5A
YDJ3—AA20	20A	10mA	20A：5A	±0.5%F.S±2Digit	1.2F.S
YDJ3—AA50	50A	100mA	50A：5A	±1%F.S±2Digit	1.2F.S
YDJ3—AA100	100A	100mA	100A：5A	±0.5%F.S±2Digit	1.2F.S
YDJ3—AA150	150A	100mA	150A：5A	±0.5%F.S±2Digit	1.2F.S
YDJ3—AA200	200A	100mA	200A：5A	±0.5%F.S±2Digit	1.2F.S
YDJ3—AA500	500A	1A	500A：5A	±1%F.S±2Digit	1.2F.S
YDJ3—AA1000	1000A	1A	1000A：5A	±0.5%F.S±2Digit	1.2F.S
YDJ3—AA1500	1500A	1A	1500A：5A	±0.5%F.S±2Digit	1.2F.S
YDJ3—AA2000	2000A	1A	2000A：5A	±0.5%F.S±2Digit	1.2F.S

表 26-65　直流数字电压表型号及技术数据

型号规格	量　程	分辨率	输入电阻	测　量　精　度	最大允许输入
YDJ3—DV0.2	200mV	100μV	1MΩ	±0.5%F.S±2Digit	10V
YDJ3—DV2	2V	1mV	1MΩ	±0.5%F.S±2Digit	100V
YDJ3—DV20	20V	10mV	1MΩ	±0.5%F.S±2Digit	500V
YDJ3—DV200	200V	100mV	1MΩ	±0.5%F.S±2Digit	750V
YDJ3—DV500	500V	1V	1MΩ	±1%F.S±2Digit	800V

表 26-66　直流数字电流表型号及技术数据

型号规格	量　程	分辨率	互感器变比 CT	测　量　精　度	最大允许输入	内部电阻
YDJ3—DA0.0002	200μA	100nA	直接输入	±0.5%F.S±2Digit	10mA	1kΩ
YDJ3—DA0.002	2mA	1μA	直接输入	±0.5%F.S±2Digit	100mA	100Ω
YDJ3—DA0.02	20mA	10μA	直接输入	±0.5%F.S±2Digit	500mA	10Ω
YDJ3—DA0.2	200mA	100μA	直接输入	±0.5%F.S±2Digit	1A	1Ω
YDJ3—DA2	2A	1mA	直接输入	±0.5%F.S±2Digit	5A	0.1Ω
YDJ3—DA20	20A	10mA	20A：75mV	±0.5%F.S±2Digit	1.5F.S	10MΩ
YDJ3—DA30	30A	100mA	30A：75mV	±1%F.S±2Digit	1.5F.S	10MΩ

续表 26-66

型号规格	量 程	分辨率	互感器变比 CT	测 量 精 度	最大允许输入	内部电阻
YDJ3—DA50	50A	100mA	50A：75mV	±1％F.S±2Digit	1.5F.S	10MΩ
YDJ3—DA100	100A	100mA	100A：75mV	±0.5％F.S±2Digit	1.5F.S	10MΩ
YDJ3—DA150	150A	100mA	150A：75mV	±0.5％F.S±2Digit	1.5F.S	10MΩ
YDJ3—DA200	200A	100mA	200A：75mV	±0.5％F.S±2Digit	1.5F.S	10MΩ
YDJ3—DA300	300A	1A	300A：75mV	±1％F.S±2Digit	1.5F.S	10MΩ
YDJ3—DA500	500A	1A	500A：75mV	±1％F.S±2Digit	1.5F.S	10MΩ
YDJ3—DA1000	1000A	1A	1000A：75mV	±0.5％F.S±2Digit	1.5F.S	10MΩ
YDJ3—DA1500	1500A	1A	1500A：75mV	±0.5％F.S±2Digit	1.5F.S	10MΩ
YDJ3—DA2000	2000A	1A	2000A：75mV	±0.5％F.S±2Digit	1.5F.S	10MΩ

YDJ3 系列 3 位半数字电压电流表技术参数，见表 26-67。

表 26-67 YDJ3 系列 3 位半数字电压电流表技术参数

最大显示	1999（AC 显示有效值）	显 示	红色数码管
输入方式	单端输入	电 源	
测量速度	约 2.5 次/s	功 耗	≤4.5VA
频率范围	40～200Hz（仅对交流）	耐 压	
溢出显示	"1" 或 "-1"	绝缘电阻	≥100MΩ
极性显示		重 量	500g

说明：

(1) 表中所列配电流互感器、电压互感器、分流器其型号规格为基本型。其它型号规格互感器如交流一次额定电流为 10、15、30、75A 等，直流一次额定电流为 10、15、75、300A 等，交流一次额定电压为 1、6、11、35kV 等，均可按用户要求供货。

(2) 配交流电流互感器其二次额定电流为 5A，配交流电压互感器其二次额定电压为 100V，配直流分流器其二次额定电流为 75mA，如果二次额定电压、电流为其它数值，用户应予以说明。

(3) 根据用户要求仪表与电流互感器、电压主互感器、分流器可以配套供货。

(4) 仪表可通过内部设置的小数点开关和量程开关来同步调整仪表的使用量程。

(5) 仪表的零点和比率可通过内部设置的零点调节电位器 ZERO 和幅度调节电位器 CAL 进行微调。

(6) 表中 "F.S" 为 "满度"，"Digit" 为 "字"。

四、生产厂

155 (见表 26-1)。

26.2.13　DP4I 型 4 位半数字电压电流表

一、主要特点

（1）模拟变送输出（4～20mA，0～20mA）操作。

（2）转换比率 2.5 次/s。

（3）外形尺寸 48H×96W。

（4）数字范围±19。

二、型号含义

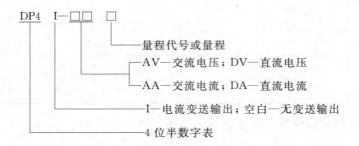

量程代号或量程

AV—交流电压；DV—直流电压

AA—交流电流；DA—直流电流

I—电流变送输出；空白—无变送输出

4 位半数字表

三、型号及技术数据

DP4I 型 4 位半数字电压电流表，见表 26-68～表 26-71。

表 26-68　交流数字电压表型号及技术数据

型　　号	量　程	分辨力	输入电阻	互感器变比	精　　度	最大允许输入
DP4（I）—AV20	20V	1mV	1MΩ	直接输入	±0.2%F.S±3 个字	750V
DP4（I）—AV200	200V	10mV	1MΩ	直接输入	±0.2%F.S±3 个字	750V
DP4（I）—AV600	600V	100mV	1MΩ	直接输入	±0.2%F.S±3 个字	1000V
DP4（I）—AV3K	3kV	1V	1MΩ	3kV：100V	±0.2%F.S±3 个字	1000V
DP4（I）—AV10K	10kV	1V	1MΩ	10kV：100V	±0.2%F.S±3 个字	1000V

表 26-69　交流数字电流表型号及技术数据

型　　号	量　　程	分辨力	互感器变比	精　　度	最大允许输入
DP4（I）—AA0.2	200mA	10μA	直接输入	±0.2%F.S±3 个字	500mA
DP4（I）—AA2	2A	100μA	直接输入	±0.2%F.S±3 个字	5A
DP4（I）—AA20	20A	1mA	20A：5A	±0.2%F.S±3 个字	1.2F.S
DP4（I）—AA50	50A	10mA	50A：5A	±0.5%F.S±3 个字	1.2F.S
DP4（I）—AA100	100A	10mA	100A：5A	±0.2%F.S±3 个字	1.2F.S
DP4（I）—AA150	150A	10mA	150A：5A	±0.2%F.S±3 个字	1.2F.S

型 号	量 程	分辨力	互感器变比	精 度	最大允许输入
DP4 (I) —AA200	200A	10mA	200A：5A	±0.2%F.S±3 个字	1.2F.S
DP4 (I) —AA500	500A	100mA	500A：5A	±0.5%F.S±3 个字	1.2F.S
DP4 (I) —AA1000	1000A	100mA	1000A：5A	±0.2%F.S±3 个字	1.2F.S
DP4 (I) —AA1500	1500A	100mA	1500A：5A	±0.2%F.S±3 个字	1.2F.S
DP4 (I) —AA2000	2000A	100mA	2000A：5A	±0.2%F.S±3 个字	1.2F.S

表 26－70 直流数字电压表型号及技术数据

型 号	量 程	分辨力	输入电阻	精 度	最大允许输入
DP4 (I) —DV0.2	200mV	10μV	10MΩ	±0.1%F.S±3 个字	100V
DP4 (I) —DV2	2V	100μV	10MΩ	±0.1%F.S±3 个字	100V
DP4 (I) —DV20	20V	1mV	1MΩ	±0.1%F.S±3 个字	500V
DP4 (I) —DV200	200V	10mV	1MΩ	±0.1%F.S±3 个字	750V
DP4 (I) —DV500	500V	100mV	1MΩ	±0.1%F.S±3 个字	750V

表 26－71 直流数字电流表型号及技术数据

型 号	量 程	分辨力	互感器变比	精 度	最大允许输入
DP4 (I) —DA0.0002	200μA	10nA	直接输入	±0.1%F.S±3 个字	10mA
DP4 (I) —DA0.002	2mA	100nA	直接输入	±0.1%F.S±3 个字	100mA
DP4 (I) —DA0.02	20mA	1μA	直接输入	±0.1%F.S±3 个字	500mA
DP4 (I) —DA0.2	200mA	10μA	直接输入	±0.1%F.S±3 个字	1A
DP4 (I) —DA2	2A	100μA	直接输入	±0.1%F.S±3 个字	5A
DP4 (I) —DA20	20A	1mA	20A：75mV	±0.1%F.S±3 个字	1.5F.S
DP4 (I) —DA50	50A	10mA	50A：75mV	±0.1%F.S±3 个字	1.5F.S
DP4 (I) —DA100	100A	10mA	100A：75mV	±0.1%F.S±3 个字	1.5F.S
DP4 (I) —DA150	150A	10mA	150A：75mV	±0.1%F.S±3 个字	1.5F.S
DP4 (I) —DA200	200A	10mA	200A：75mV	±0.1%F.S±3 个字	1.5F.S
DP4 (I) —DA500	500A	100mA	500A：75mV	±0.1%F.S±3 个字	1.5F.S
DP4 (I) —DA1000	1000A	100mA	1000A：75mV	±0.1%F.S±3 个字	1.5F.S
DP4 (I) —DA1500	1500A	100mA	1500A：75mV	±0.1%F.S±3 个字	1.5F.S
DP4 (I) —DA2000	2000A	100mA	2000A：75mV	±0.1%F.S±3 个字	1.5F.S

DP4I 型 4 位半数字电压电流表技术参数，见表 26-72。

表 26-72 DP4I 型 4 位半数字电压电流表技术参数

输入方式	单 端 输 入	模拟输出	（4～20mA）负载电阻 0～500Ω
测量方式	双积分 A/D 转换	操作温度	0～50℃＜85％RH
测量速度	约 2.5 次/s	电 源	AC 110/220V±10％，50/60Hz
噪声抑制	≥NMR40Db（50/60Hz）	功 耗	大约 3.5VA
溢出显示	数码闪动 LED	耐 压	AC 2000V 1min
极性显示	负信号 "—" 自动显示（仅对直流）	绝缘电阻	DC 500V 20MΩ
显 示	红色 LED（14.2mmH）	重 量	500g

四、注意事项

(1) 仪表只能在没有灰尘、化学物品、有害气体侵袭仪表元器件的情况下使用。

(2) 请用双绞屏蔽线，屏蔽层与信号低端相连，若输入信号伴随高频干扰，应在线里用高频过滤器。

(3) 宜存放温度：-10～+70℃，湿度 60％以下的地方，本仪表校准时间为一年。

五、生产厂

154（见表 26-1）。

26.2.14 DK6 系列数字电流电压表

一、产品特点

(1) 具有模拟变送输出功能（4～20mA，0～20mA）。

(2) 采样速度 2.5 次/s。

(3) 零点调整（固定小数）。

(4) 外形尺寸 48H×96W。

(5) 显示范围±1999。

二、型号及技术数据

DK6 系列数字电流电压表型号及技术数据，见表 26-73～表 26-80。

表 26-73 DK6 系列交流电流表型号规格及技术数据

型号规格	测量范围	测量精度	控制方式	输 出 方 式	外形尺寸
DK6—AA0.2	200mA	100μA	直接输入	±0.5％F.S±2Digit	500mA
DK6—AA2	2A	1mA	直接输入	±0.5％F.S±2Digit	5A
DK6—AA20	20A	10mA	20A：5A	±0.5％F.S±2Digit	1.2F.S
DK6—AA50	50A	100mA	50A：5A	±1％F.S±2Digit	1.2F.S
DK6—AA100	100A	100mA	100A：5A	±0.5％F.S±2Digit	1.2F.S
DK6—AA150	150A	100mA	150A：5A	±0.5％F.S±2Digit	1.2F.S

型号规格	测量范围	测量精度	控制方式	输 出 方 式	外形尺寸
DK6—AA200	200A	100mA	200A：5A	±0.5%F.S±2Digit	1.2F.S
DK6—AA500	500A	1A	500A：5A	±1%F.S±2Digit	1.2F.S
DK6—AA1000	1000A	1A	1000A：5A	±1%F.S±2Digit	1.2F.S
DK6—AA1500	1500A	1A	1500A：5A	±1%F.S±2Digit	1.2F.S
DK6—AA2000	2000A	1A	2000A：5A	±1%F.S±2Digit	1.2F.S
DK6I—AA0.2	200mA	100μA	直接输入	±0.5%F.S±2Digit	500mA
DK6I—AA2	2A	1mA	直接输入	±0.5%F.S±2Digit	5A
DK6I—AA20	20A	10mA	20A：5A	±0.5%F.S±2Digit	1.2F.S
DK6I—AA50	50A	100mA	50A：5A	±1%F.S±2Digit	1.2F.S
DK6I—AA100	100A	100mA	100A：5A	±0.5%F.S±2Digit	1.2F.S
DK6I—AA150	150A	100mA	150A：5A	±0.5%F.S±2Digit	1.2F.S
DK6I—AA200	200A	100mA	200A：5A	±0.5%F.S±2Digit	1.2F.S
DK6I—AA500	500A	1A	500A：5A	±1%F.S±2Digit	1.2F.S
DK6I—AA1000	1000A	1A	1000A：5A	±1%F.S±2Digit	1.2F.S
DK6I—AA1500	1500A	1A	1500A：5A	±1%F.S±2Digit	1.2F.S
DK6I—AA2000	2000A	1A	2000A：5A	±1%F.S±2Digit	1.2F.S

表 26 - 74 DK6 系列交流电流表其它特性参数

特性项目	具 体 参 数	特性项目	具 体 参 数
最大显示	1999（AC 显示有效值）	输入方式	单端输入
A/D 转换	双重积分	频率范围	400～200Hz（仅对直流）
溢出显示	"1" 或 "—1"	极性显示	只显示 "—" 仅对直流
显　示	红色数码管（14.2mmH）	电　源	AC 110/220V±10% 50Hz/60Hz
功　耗	≤4.5VA	耐　压	AC 1500V 1min
绝缘电压	DC 500≥100MΩ	重　量	500g

表 26 - 75 DK6 系列交流电压表型号规格及技术数据

型号规格	量　程	分辨力	互感器变比	测 量 精 度	最大允许输入
DK6—AV0.2	200mV	100μV	直接输入	±0.5%F.S±2Digit	5V（峰值）
DK6—AV2	2V	1mV	直接输入	±0.5%F.S±2Digit	10V（峰值）
DK6—AV20	20V	10mV	直接输入	±0.5%F.S±2Digit	50V（峰值）
DK6—AV200	200V	100mV	直接输入	±0.5%F.S±2Digit	500V（峰值）

型号规格	量　　程	分辨力	互感器变比	测　量　精　度	最大允许输入
DK6—AV600	600V	1V	直接输入	±1%F.S±2Digit	1000V（峰值）
DK6—AV3K	3kV	10V	3kV：100V	±1%F.S±2Digit	
DK6—AV10K	10kV	10V	10kV：100V	±0.5%F.S±2Digit	
DK6I—AV0.2	200mV	100μV	直接输入	±0.5%F.S±2Digit	5V（峰值）
DK6I—AV2	2V	1mV	直接输入	±0.5%F.S±2Digit	10V（峰值）
DK6I—AV20	20V	10mV	直接输入	±0.5%F.S±2Digit	50V（峰值）
DK6I—AV200	200V	100mV	直接输入	±0.5%F.S±2Digit	500V（峰值）
DK6I—AV600	600V	1V	直接输入	±1%F.S±2Digit	1000V（峰值）
DK6I—AV3K	3kV	10V	3kV：100V	±1%F.S±2Digit	
DK6I—AV10K	10kV	10V	10kV：100V	±0.5%F.S±2Digit	

表 26－76　DK6 系列交流电压表其它特性参数

特性项目	具　体　参　数	特性项目	具　体　参　数
最大显示	1999（AC 显示有效值）	输入方式	单端输入
A/D 转换	双重积分	频率范围	400～200Hz（仅对直流）
溢出显示	"1"或"－1"	极性显示	只显示"－"仅对直流
功　耗	≤4.5VA	耐　压	AC 1500V 1min
绝缘电阻	DC 500≥100MΩ	重　量	500g
显　示	红色数码管（14.2mmH）	输入电阻	5MΩ
电　源	AC 110/220V±10% 50Hz/60Hz		

表 26－77　DK6 系列直流电流表型号规格及技术数据

型号规格	测量范围	测量精度	控制方式	输　出　方　式	外形尺寸
DK6—DA0.0002	200μA	100nA	直接输入	±0.5%F.S±2Digit	10mA
DK6—DA0.002	2mA	1μA	直接输入	±0.5%F.S±2Digit	100mA
DK6—DA0.02	20mA	10μA	直接输入	±0.5%F.S±2Digit	500mA
DK6—DA0.2	200mA	100μA	直接输入	±0.5%F.S±2Digit	1A
DK6—DA2	2A	1mA	直接输入	±0.5%F.S±2Digit	5A
DK6—DA20	20A	10mA	20A：75mV	±0.5%F.S±2Digit	1.5F.S
DK6—DA30	30A	100mA	30A：75mV	±1%F.S±2Digit	1.5F.S
DK6—DA50	50A	100mA	50A：75mV	±1%F.S±2Digit	1.5F.S
DK6—DA100	100A	100mA	100A：75mV	±0.5%F.S±2Digit	1.5F.S

续表 26－77

型号规格	测量范围	测量精度	控制方式	输　出　方　式	外形尺寸
DK6—DA150	150A	100mA	150A：75mV	±0.5％F.S±2Digit	1.5F.S
DK6—DA200	200A	100mA	200A：75mV	±0.5％F.S±2Digit	1.5F.S
DK6—DA300	300A	1A	300A：75mV	±1％F.S±2Digit	1.5F.S
DK6—DA500	500A	1A	500A：75mV	±1％F.S±2Digit	1.5F.S
DK6—DA1000	1000A	1A	1000A：75mV	±0.5％F.S±2Digit	1.5F.S
DK6—DA1500	1500A	1A	1500A：75mV	±0.5％F.S±2Digit	1.5F.S
DK6—DA2000	2000A	1A	2000A：75mV	±0.5％F.S±2Digit	1.5F.S
DK6I—DA0.0002	200μA	100nA	直接输入	±0.5％F.S±2Digit	10mA
DK6I—DA0.002	2mA	1μA	直接输入	±0.5％F.S±2Digit	100mA
DK6I—DA0.02	20mA	10μA	直接输入	±0.5％F.S±2Digit	500mA
DK6I—DA0.2	200mA	100μA	直接输入	±0.5％F.S±2Digit	1A
DK6I—DA2	2A	1mA	直接输入	±0.5％F.S±2Digit	5A
DK6I—DA20	20A	10mA	20A：75mV	±0.5％F.S±2Digit	1.5F.S
DK6I—DA30	30A	100mA	30A：75mV	±1％F.S±2Digit	1.5F.S
DK6I—DA50	50A	100mA	50A：75mV	±1％F.S±2Digit	1.5F.S
DK6I—DA100	100A	100mA	100A：75mV	±0.5％F.S±2Digit	1.5F.S
DK6I—DA150	150A	100mA	150A：75mV	±0.5％F.S±2Digit	1.5F.S
DK6I—DA200	200A	100mA	200A：75mV	±0.5％F.S±2Digit	1.5F.S
DK6I—DA300	300A	1A	300A：75mV	±1％F.S±2Digit	1.5F.S
DK6I—DA500	500A	1A	500A：75mV	±1％F.S±2Digit	1.5F.S
DK6I—DA1000	1000A	1A	1000A：75mV	±0.5％F.S±2Digit	1.5F.S
DK6I—DA1500	1500A	1A	1500A：75mV	±0.5％F.S±2Digit	1.5F.S
DK6I—DA2000	2000A	1A	2000A：75mV	±0.5％F.S±2Digit	1.5F.S

表 26－78　DK6 系列直流电流表其它特性参数

特性项目	具　体　参　数	特性项目	具　体　参　数
最大显示	1999（AC 显示有效值）	输入方式	单端输入
A/D 转换	400～200Hz　（仅对直流）	频率范围	"1" 或 "－1"
溢出显示	只显示 "－"（仅对直流）	极性显示	红色数码管（14.2mmH）
绝缘电阻	500g	电源	≤4.5VA
功耗	AC 1500V 1min	耐压	DC 500≥100MΩ
显示	AC 110/220V±10％ 50Hz/60Hz		

表 26 - 79 DK6 系列直流电压表型号规格及技术数据

型号规格	测量范围	测量精度	控制方式	输 出 方 式	外形尺寸
DK6—DV0.2	200mV	100μV	5MΩ	±0.5％F.S±2Digit	10V
DK6—DV2	2V	1mV	5MΩ	±0.5％F.S±2Digit	100V
DK6—DV20	20V	10mV	5MΩ	±0.5％F.S±2Digit	500V
DK6—DV200	200V	100mV	5MΩ	±0.5％F.S±2Digit	750V
DK6—DV500	500V	1V	5MΩ	±1％F.S±2Digit	800V
DK6I—DV0.2	200mV	100μV	5MΩ	±0.5％F.S±2Digit	10V
DK6I—DV2	2V	1mV	5MΩ	±0.5％F.S±2Digit	100V
DK6I—DV20	20V	10mV	5MΩ	±0.5％F.S±2Digit	500V
DK6I—DV200	200V	100mV	5MΩ	±0.5％F.S±2Digit	750V
DK6I—DV500	500V	1V	5MΩ	±1％F.S±2Digit	800V

表 26 - 80 DK6 系列直流电压表其它特性参数

特性项目	具 体 参 数	特性项目	具 体 参 数
最大显示	1999（AC 显示有效值）	输入方式	单端输入
A/D 转换	双重积分	频率范围	400～200Hz（仅对直流）
溢出显示	"1" 或 "−1"	极性显示	只显示 "−"（仅对直流）
显 示	红色数码管（14.2mmH）	电 源	AC 110/220V±10％ 50Hz/60Hz
功 耗	≤4.5VA	耐 压	AC 1500V 1min
绝缘电阻	DC 500≥100MΩ	重 量	500g

三、生产厂

154（见表 26 - 1）。

26.2.15 DP4 型上下限数字电流电压表

一、上下限直流电压表

1. 主要特点

（1）具有模拟变送输出功能（4～20mA）。

（2）采样速度 2.5 次/s。

（3）外形尺寸 48H×96W。

（4）数字显示范围±19999。

（5）具有保持功能。

2. 产品型号规格

DP4 型上下限直流电压表产品型号规格及特性参数，见表 26 - 81、表 26 - 82。

表 26-81　DP4 型上下限直流电压表产品型号规格

型号规格	量　　程	分辨力	输入电阻	测　量　精　度	最大允许输入
DP4—PDV0.2C	200mV	10μV	10MΩ	±0.1%F.S±3Digit	100V
DP4—PDV2C	2V	100μV	10MΩ	±0.1%F.S±3Digit	100V
DP4—PDV20C	20V	1mV	1MΩ	±0.1%F.S±3Digit	500V
DP4—PDV200C	200V	10mV	1MΩ	±0.1%F.S±3Digit	750V
DP4—PDV500C	500V	100mV	1MΩ	±0.1%F.S±3Digit	750V
DP4I—PDV0.2C	200mV	10μV	10MΩ	±0.1%F.S±3Digit	100V
DP4I—PDV2C	2V	100μV	10MΩ	±0.1%F.S±3Digit	100V
DP4I—PDV20C	20V	1mV	1MΩ	±0.1%F.S±3Digit	500V
DP4I—PDV200C	200V	10mV	1MΩ	±0.1%F.S±3Digit	750V
DP4I—PDV500C	500V	100mV	1MΩ	±0.1%F.S±3Digit	750V

表 26-82　DP4 型上下限直流电压表其它特性参数

特性项目	具　体　参　数	特性项目	具　体　参　数
测量方式	双积分 A/D 转换	输入电路	单端输入
小数点	根据量程同步改变	噪声抑制	≥NMR 40dB（50Hz/60Hz）
溢出显示	"0000" 闪动 "0000"	极性显示	负信号 "一" 自动显示（只限直流表）
操作温度	0～50℃＜85% RH	电源电压	AC 110/220V（60Hz/50Hz）±10%
电源功耗	大约 3.5AV	控制方式	8 位微机比较
输出方式	继电器输出	继电器触点负载	AC 240V 2A；AC 120V 3ADC 24V 3A
重　量	约 500g	绝缘电阻	≥20MΩ
设定范围	上限和下限＋1999～－1999	绝缘强度	AC 1500V 1min
比较条件	（1）要求值＞上限值；（2）上限值＞要求值＞下限值；（3）要求值＜上限值		

二、上下限直流电流表

1. 主要特点

（1）8 位微电脑比较，三组继电器输出。

（2）模拟变送输出（4～20mA）。

（3）采样速度（2.5 次/s）。

（4）最大显示范围。

（5）具有保持功能。

2. 产品型号规格

DP4 型上下限直流电流表型号规格及特性参数，见表 26-83、表 26-84。

表 26 - 83　DP4 型上下限直流电流表产品型号规格

型号规格	量　　程	分辨力	分流器变比	测　量　精　度	最大允许输入
DP4—PDA0.0002C	200μA	10nA	直接输入	±0.1%F.S±3Digit	10mA
DP4—PDA0.002C	2mA	100μA	直接输入	±0.1%F.S±3Digit	100mA
DP4—PDA0.02C	20mA	1μA	直接输入	±0.1%F.S±3Digit	500mA
DP4—PDA0.2C	200mA	10μA	直接输入	±0.1%F.S±3Digit	1A
DP4—PDA2C	2A	100μA	直接输入	±0.1%F.S±3Digit	5A
DP4—PDA20C	20A	1mA	20A/75mV	±0.1%F.S±3Digit	1.5F.S
DP4—PDA50C	50A	10mA	50A/75mV	±0.1%F.S±3Digit	1.5F.S
DP4—PDA100C	100A	10mA	100A/75mV	±0.1%F.S±3Digit	1.5F.S
DP4—PDA150C	150A	10mA	150A/75mV	±0.1%F.S±3Digit	1.5F.S
DP4—PDA200C	200A	10mA	200A/75mV	±0.1%F.S±3Digit	1.5F.S
DP4—PDA500C	500A	100mA	500A/75mV	±0.1%F.S±3Digit	1.5F.S
DP4—PDA1000C	1000A	100mA	1000A/75mV	±0.1%F.S±3Digit	1.5F.S
DP4—PDA1500C	1500A	100mA	1500A/75mV	±0.1%F.S±3Digit	1.5F.S
DP4—PDA2000C	2000A	100mA	2000A/75mV	±0.1%F.S±3Digit	1.5F.S
DP4I—PDA0.0002C	200μA	10nA	直接输入	±0.1%F.S±3Digit	10mA
DP4I—PDA0.002C	2mA	100nA	直接输入	±0.1%F.S±3Digit	100mA
DP4I—PDA0.02C	20mA	1μA	直接输入	±0.1%F.S±3Digit	500mA
DP4I—PDA0.2C	200mA	10μA	直接输入	±0.1%F.S±3Digit	1A
DP4I—PDA2C	2A	100μA	直接输入	±0.1%F.S±3Digit	5A
DP4I—PDA20C	20A	1mA	20A/75mV	±0.1%F.S±3Digit	1.5F.S
DP4I—PDA50C	50A	10mA	50A/75mV	±0.1%F.S±3Digit	1.5F.S
DP4I—PDA100C	100A	10mA	100A/75mV	±0.1%F.S±3Digit	1.5F.S
DP4I—PDA150C	150A	10mA	150A/75mV	±0.1%F.S±3Digit	1.5F.S
DP4I—PDA200C	200A	10mA	200A/75mV	±0.1%F.S±3Digit	1.5F.S
DP4I—PDA500C	500A	100mA	500A/75mV	±0.1%F.S±3Digit	1.5F.S
DP4I—PDA1000C	1000A	100mA	1000A/75mV	±0.1%F.S±3Digit	1.5F.S
DP4I—PDA1500C	1500A	100mA	1500A/75mV	±0.1%F.S±3Digit	1.5F.S
DP4I—PDA2000C	2000A	100mA	2000A/75mV	±0.1%F.S±3Digit	1.5F.S

表 26 - 84 DP4 型上下限直流电流表其它特性参数

特性项目	具 体 参 数	特性项目	具 体 参 数
测量方式	双积分 A/D 转换	输入电路	单端输入
小数点	根据量程同步改变	噪声抑制	≥NMR 40dB（50Hz/60Hz）
溢出显示	"0000" 闪动 "0000"	极性显示	负信号 "一" 自动显示（只限直流表）
操作温度	0～50℃＜85％ RH	电源电压	AC 110/220V（60Hz/50Hz）±10％
电源功耗	大约 3.5AV	控制方式	8 位微机比较
输出方式	继电器输出	继电器触点负载	AC 240V 2A；AC 120V 3ADC 24V 3A
重 量	约 500g	绝缘电阻	≥20MΩ
设定范围	上限和下限＋1999～－1999	绝缘强度	AC 1500V 1min
比较条件	(1) 要求值＞上限值；(2) 上限值＞要求值＞下限值；(3) 要求值＜上限值		

三、上下限交流电压表

1. 主要特点

(1) 8 位微电脑比较，三组继电器输出。

(2) 模拟变送输出（4～20mA）。

(3) 采样速度（2.5 次/s）。

(4) 最大显示范围。

(5) 具有保持功能。

2. 产品型号规格

DP4 型上下限交流电压表型号规格及特性参数，见表 26 - 85、表 26 - 86。

表 26 - 85 DP4 型上下限交流电压表产品型号规格

型号规格	量 程	分辨力	互感器变比	测 量 精 度	最大允许输入
DP4—PAV20C	20V	10mV	直接输入	±0.2％F.S±3Digit	750V
DP4—PAV200C	200V	10mV	直接输入	±0.2％F.S±3Digit	750V
DP4—PAV600C	600V	100mV	直接输入	±0.2％F.S±3Digit	1000V
DP4—PAV3KC	3kV	1V	3kV：100V	±0.2％F.S±3Digit	1000V
DP4—PAV10KC	10kV	1V	10kV：100V	±0.2％F.S±3Digit	1000V
DP4I—PAV20C	20V	10mV	直接输入	±0.2％F.S±3Digit	750V
DP4I—PAV200C	200V	10mV	直接输入	±0.2％F.S±3Digit	750V
DP4I—PAV600C	600V	100mV	直接输入	±0.2％F.S±3Digit	1000V
DP4I—PAV3KC	3kV	1V	3kV：100V	±0.2％F.S±3Digit	1000V
DP4I—PAV10KC	10kV	1V	10kV：100V	±0.2％F.S±3Digit	1000V

表 26-86 DP4 型上下限交流电压表其它特性参数

特性项目	具 体 参 数	特性项目	具 体 参 数
测量方式	双积分 A/D 转换	操作温度	0~50℃＜85％RH
输入电阻	1MΩ	噪声抑制	≥NMR40dB（50Hz/60Hz）
控制方式	8 位微机比较	极性显示	负信号 "－" 自动显示（只限直流表）
输入电路	单端输入	电源电压	AC 110/220V（60Hz/50Hz）±10％
电源功耗	大约 3.5AV	溢出显示	"0000" 闪动 "0000"
绝缘电阻	≥20MΩ	比较条件	（1）要求值＞上限值； （2）上限值＞要求值＞下限值； （3）要求值＜上限值
输出方式	继电器输出	继电器触点负载	AC 240V 2A；AC 120V 3ADC 24V 3A
重 量	约 500g	小数点	根据量程同步改变
绝缘强度	AC1500V/1min	设定范围	上限和下限＋1999~－1999

四、上下限交流电流表

1. 主要特点

（1）8 位微电脑比较，三组继电器输出。

（2）模拟变送输出（4~20mA）。

（3）采样速度（2.5 次/s）。

（4）最大显示范围。

（5）具有保持功能。

2. 产品型号规格

DP4 型上下限交流电流表型号规格及特性参数，见表 26-87、表 26-88。

表 26-87 DP4 型上下限交流电流表产品型号规格

型号规格	量 程	分辨力	互感器变比	测 量 精 度	最大允许输入
DP4—PAA0.2C	200mV	10μA	直接输入	±0.2％F.S±3Digit	500mA
DP4—PAA2C	2A	100μA	直接输入	±0.2％F.S±3Digit	5A
DP4—PAA20C	20A	1mA	20A/5A	±0.2％F.S±3Digit	1.2F.S
DP4—PAA50C	50A	10mA	50A/5A	±0.5％F.S±3Digit	1.2F.S
DP4—PAA100C	100A	10mA	100A/5A	±0.2％F.S±3Digit	1.2F.S
DP4—PAA150C	150A	10mA	150A/5A	±0.2％F.S±3Digit	1.2F.S
DP4—PAA200C	200A	10mA	200A/5A	±0.2％F.S±3Digit	1.2F.S
DP4—PAA500C	500A	100mA	500A/5A	±0.5％F.S±3Digit	1.2F.S
DP4—PAA1000C	1000A	100mA	1000A/5A	±0.2％F.S±3Digit	1.2F.S
DP4—PAA1500C	1500A	100mA	1500A/5A	±0.2％F.S±3Digit	1.2F.S

型号规格	量　　程	分辨力	互感器变比	测　量　精　度	最大允许输入
DP4—PAA2000C	2000A	100mA	2000A/5A	±0.2%F.S±3Digit	1.2F.S
DP4I—PAA0.2C	200mV	10μA	直接输入	±0.2%F.S±3Digit	500mA
DP4I—PAA2C	2A	100μA	直接输入	±0.2%F.S±3Digit	5A
DP4I—PAA20C	20A	1mA	20A/5A	±0.2%F.S±3Digit	1.2F.S
DP4I—PAA50C	50A	10mA	50A/5A	±0.5%F.S±3Digit	1.2F.S
DP4I—PAA100C	100A	10mA	100A/5A	±0.2%F.S±3Digit	1.2F.S
DP4I—PAA150C	150A	10mA	150A/5A	±0.2%F.S±3Digit	1.2F.S
DP4I—PAA200C	200A	10mA	200A/5A	±0.2%F.S±3Digit	1.2F.S
DP4I—PAA500C	500A	100mA	500A/5A	±0.5%F.S±3Digit	1.2F.S
DP4I—PAA1000C	1000A	100mA	1000A/5A	±0.2%F.S±3Digit	1.2F.S
DP4I—PAA1500C	1500A	100mA	1500A/5A	±0.2%F.S±3Digit	1.2F.S
DP4I—PAA2000C	2000A	100mA	2000A/5A	±0.2%F.S±3Digit	1.2F.S

表 26-88　DP4 型上下限交流电流表其它特性参数

特性项目	具　体　参　数	特性项目	具　体　参　数
测量方式	双积分 A/D 转换	输入电路	单端输入
小数点	根据量程同步改变	噪声抑制	≥NMR 40dB（50Hz/60Hz）
溢出显示	"0000" 闪动 "0000"	极性显示	负信号 "－" 自动显示（只限直流表）
操作温度	0~50℃<85% RH	电源电压	AC 110/220V（60Hz/50Hz）±10%
电源功耗	大约 3.5AV	控制方式	8 位微机比较
设定范围	上限和下限＋1999~－1999	绝缘强度	AC 1500V 1min
输出方式	继电器输出	继电器触点负载	AC 240V 2A；AC 120V 3ADC 24V 3A
重　量	约 500g	绝缘电阻	≥20MΩ
比较条件	（1）要求值＞上限值；（2）上限值＞要求值＞下限值；（3）要求值＜上限值		

五、生产厂

154（见表 26-1）。

26.3　智能型电流电压表

26.3.1　WP 型智能电流电压表

一、主要技术数据

（1）WP—AC—C.S 型电流电压表主要技术数据，见表 26-89。

表 26-89 WP—AC—C.S 电流电压表主要技术数据

商标		型 号		
HR	WP—AC—C.S80 系列	WP—AC—C90 系列	WP—AC—C.S40 系列	
外形尺寸(mm)	160×80×140（横式） 80×160×140（竖式）	96×96×105	96×48×105（横式） 48×96×105（竖式）	
输入信号	直接输入或配二次额定值分别为 100V 与 5A 的互感器			
输出方式	模拟量变送输出	DC 4～20mA（负载电阻≤500Ω），DC 1～5V（负载电阻≥250kΩ） DC 0～10mA（负载电阻≤750Ω），DC 0～5V（负载电阻≥250kΩ）		
	开关量输出	继电器控制输出——继电器 ON/OFF 带回差。AC220V/3A DC24V/6A（阻性负载）可控硅控制输出——SCR（可控硅过零触发脉冲）输出，光电隔离，400V/0.5A。 固态继电器输出——SSR（固态继电器控制信号）输出，光电隔离 6～24V/30mA		
	通讯方式	接口方式——标准串行双向通讯接口：光电隔离，RS—485，RS—232C，RS—422 等，波特率—300～9600b/s 内部自由设定		
特性	测量精度	±0.5%F.S±1 字		
	分辨率测	±1 字		
	量范围	1999～9999 字		
	显示方式	0.8、0.56in 或 0.28in 高亮度 LED 显示		
	报警控制	可选择继电器上限、下限控制（或报警）输出，LED 指示		
工作环境	相对湿度：≤85%RH	环境温度：0～50℃	避免强腐蚀气体	
重量	常规型：700g 特殊型：500g	常规型：500g	常规型：420g 特殊型：350g	

（2）WP—DC—C.S 型电流电压表主要技术数据，见表 26-90。

表 26-90 WP—DC—C.S 型电流电压表主要技术数据

商标		型 号		
HR	WP—DC—C.S80 系列	WP—DC—C90 系列	WP—DC—C.S40 系列	
外形尺寸(mm)	160×80×140（横式） 80×160×140（竖式）	96×96×105	96×48×105（横式） 48×96×105（竖式）	
输入信号	直流电流变换为满度 75mV 的信号（电压输入 0～500V）			
输出方式	模拟量变送输出	DC 4～20mA（负载电阻≤500Ω）·DC 1～5V（负载电阻≥250kΩ） DC 0～10mA（负载电阻≤750Ω）·DC 0～5V（负载电阻≥250kΩ）		
	开关量输出	继电器控制输出——继电器 ON/OFF 带回差。AC220V/3A DC24V/6A（阻性负载） 可控硅控制输出——SCR（可控硅过零触发脉冲）输出，光电隔离，400V/0.5A 固态继电器输出——SSR（固态继电器控制信号）输出，光电隔离 6～24V/30mA		
	通讯方式	接口方式——标准串行双向通讯接口：光电隔离，RS—485，RS—232C，RS—422 等 波特率—300～9600b/s 内部自由设定		

特性	测量精度	±0.5%F.S±1 字		
	分辨率	±1 字		
	测量范围	−1999～+9999 字		
	显示方式	0.8、0.56in 或 0.28in 高亮度 LED 显示		
	报警/控制	可选择继电器上限、下限控制（或报警）输出，LED 指示		
工作环境		相对湿度：≤85%RH	环境温度：0～50℃	避免强腐蚀气体
重量		常规型：700g；特殊型：500g	常规型：500g	常规型：420g；特殊型：350g

（3）生产厂：127（见表 26-1）。

二、电压/电流表型谱表

（1）WP—AC 系列交流电压/电流表型谱表，见表 26-91、表 26-92。

表 26-91　WP—AC 系列交流电压/电流表型谱表（一）

型　　号						说　　明
HR—WP—AC	□	—□	□	—□	—□	交流电压/电流表（不带控制/报警）
外形尺寸	C401					96mm×8mm（横式）
	S401					48mm×96mm（竖式）
	C801					160mm×80mm（横式）
	S801					80mm×160mm（竖式）
	C901					96mm×96mm
通讯方式		0				无通讯输出
		2				RS—232C 通讯口
		4				RS—422 通讯口
		8				RS—485 通讯口
变送输出方式			0			无变送输出
			2			4～20mA 变送输出
			3			0～10mA 变送输出
			4			1～5V 变送输出
			5			0～5V 变送输出
供电方式				T		AC90～265V（开关电源）供电
				A		AC220V 供电（线性电源）
测量精度						0.5%F.S±1 字（可省略）

表 26-92 WP—AC 系列交流电压/电流表型谱表（二）

型 号								说 明
HR—WP—AC	□	—□	□	—□	—□	□	—□	交流电压/电流表（三位式控制/报警）
外形尺寸	C403							96mm×48mm（横式）
	S403							48mm×96mm（竖式）
	C803							160mm×80mm（横式）
	S803							80mm×160mm（竖式）
	C903							96mm×96mm
通讯方式		0						无通讯输出
		2						RS—232C 通讯口
		4						RS—422 通讯口
		8						RS—485 通讯口
变送/控制 输出方式			1					继电器控制输出
			2					4～20mA 变送输出
			3					0～10mA 变送输出
			4					1～5V 变送输出
			5					0～5V 变送输出
			6					SCR—可控硅过零触发脉冲信号输出
			7					SSR—固态继电器电压输出
第一报警 方式				H				上限报警输出
				L				下限报警输出
第二报警 方式					H			上限报警输出
					L			下限报警输出
供电方式						T		AC90～265V（开关电源）供电
						A		AC220V 供电（线性电源）
测量精度								0.5%F.S±1 字（可省略）

（2）生产厂：129、130、87、88（见表 26-1）。

26.3.2 SWP 型智能电流电压表

（1）SWP—AC 型智能电流电压表主要技术数据，见表 26-93。

（2）SWP—DC 型智能电流电压表主要技术数据，见表 26-94。

（3）SWP—DC 型智能电流电压表谱表，见表 26-95。

（4）生产厂，128（见表 26-1）。

表 26-93 SWP—AC 型智能电流电压表主要技术数据

型号	SWP—AC—C80 系列		SWP—AC—C90 系列	SWP—AC—C40 系列
仪表尺寸 （mm）	160×80×140 80×160×140		96×96×105	96×48×105 48×96×105
输入信号	直接输入或配二次额定值分别为 100V 与 5A 的互感器			
特性	测量精度	±0.5%F.S±2 字		
	分辨率	1 字		
	测量范围	−1999～+9999 字		
	显示方式	0.8in 或 0.56in 高亮度 LED 显示		
供电电源	常规型	AC 220V+10%～15%（50Hz±2Hz）		
	特殊型	DC 24V±2V　　AC 90～260V（50～60Hz）—开关电源		
控制方式	ON/OFF 带回差			
输出方式	模拟量变送输出：DC 4～20mA（负载电阻 0～500Ω），DC 1～5V（≥250kΩ） 　　　　　　　DC 0～10mA（负载电阻 0～1kΩ），DC 0～5V（≥250kΩ） 　　　　　　SCR 可控硅过零触发 　　　　　　SSR 固态继电器 通讯方式：RS—232，422，485 任选。波特率：300～9600 内部自由设定 辅助配电输出：DC 24V（负载＜30mA）			
报警方式	继电器上限、下限、上上限、下下限输出　　　LED 显示			
工作环境	环境温度：0～50℃　　相对湿度：≤85RH　　免强腐蚀气体			
重量	常规型：＜450g；特殊型：＜250g			

表 26-94 SWP—DC 型智能电流电压表主要技术数据

型号	SWP—DC—C80 系列		SWP—DC—C90 系列	SWP—DC—C40 系列
仪表尺寸	160mm×80mm×140mm 80mm×160mm×140mm		96mm×96mm×105mm	96mm×48mm×105mm 48mm×96mm×105mm
输入信号	直接输入或变换为满度 75mV 的信号			
特性	测量精度	±0.5%F.S±1 字		
	分辨率	1 字		
	测量范围	−1999～+99999 字		
	显示方式	0.8in 或 0.56in 高亮度 LED 显示		
供电电源	常规型	AC 220V+10%～15%（50Hz±2Hz）		
	特殊型	DC 24V±2V　　AC 90～260V（50～60Hz）开关电源		
控制方式	ON/OFF 带回差			
输出方式	模拟量变送输出：DC 4～20mA（负载电阻 0～500Ω），DC 1～5V（≥250kΩ） 　　　　　　　DC 0～10mA（负载电阻 0～1kΩ），DC 0～5V（≥250kΩ） 　　　　　　SCR 可控硅过零触发 　　　　　　SSR 固态继电器 通讯方式：RS—232，422，485 任选。波特率：300～9600 内部自由设定 辅助配电输出：DC 24V（负载＜30mA）			
报警方式	继电器上限、下限、上上限、下下限输出　　　LED 显示			
工作环境	环境温度：0～50℃　　相对湿度：≤85RH　　避免强腐蚀气体			
重量	常规型：＜450g；特殊型：＜250g			

表 26-95 SWP—DC 型智能电流电压表谱表

型　号	代　　码								说　　明
SWP—DC									SWP 系列智能型直流电压/电流表
外形特征	C								横式仪表
	S								竖式仪表
外形尺寸		4							96mm×48mm，48mm×96mm
		8							160mm×80mm，80mm×160mm
		9							96mm×96mm
控制作用			01						测量显示
			03						三位控制
通讯方式				0					无通讯
				2					通讯协议为 RS—232
				4					通讯协议为 RS—422
				8					通讯协议为 RS—485
输出方式					0				无控制输出
					1				继电器触点
					2				电流 4~20mA
					3				电流 0~10mA
					4				电压 1~5V
					5				电压 0~5V
					6				SCR 过零触发脉冲
					7				SSR 固态继电器
第一报警方式						N			无报警（可省略）
						H			AL1 上限报警
						L			AL1 下限报警
第二报警方式							N		无报警（可省略）
							H		AL2 上限报警
							L		AL2 下限报警
显示方式 及馈电输出								N	0.56inLED 显示（可省略）
								8	0.8inLED 显示
								P	DC 24V 馈电输出

26.3.3　XMT 型智能电流电压表

一、主要技术数据

XMT 型智能电流电压表技术数据，见表 26-96。

表 26-96 XMT 型智能电流电压表技术数据

名 称	型 号	功 能	外形尺寸 (mm)	开口尺寸 (mm)
普通型电压、电流表	MB—1000	普通型的交、直流电压、电流的测量显示，显示位数为 3 位半	96×48×105	92×44
智能型电压、电流表	XMT—3000A	专家 PID 控制、模糊控制、PID 自整定、位式控制、RS485、RS232 通讯、自由输入（37 种分度号）、16 种报警方式自由设定，仪表量程由用户自由设定，显示位数为四位	160×80×170	152×76
智能型电压、电流表	XMT—3000A/S	专家 PID 控制、模糊控制、PID 自整定、位式控制、RS485、RS232 通讯、自由输入（37 种分度号）、16 种报警方式自由设定，仪表量程由用户自由设定，显示位数为四位	80×160×170	76×152
智能型电压、电流表	XMT—3000B	专家 PID 控制、模糊控制、PID 自整定、位式控制、RS485、RS232 通讯、自由输入（37 种分度号）、16 种报警方式自由设定，仪表量程由用户自由设定，显示位数为四位	96×96×105	92×92
智能型电压、电流表	XMT—3000D	专家 PID 控制、模糊控制、PID 自整定、位式控制、RS485、RS232 通讯、自由输入（37 种分度号）、16 种报警方式自由设定，仪表量程由用户自由设定，显示位数为四位	96×48×105	92×44
智能型电压、电流表	XMT—3000D/S	专家 PID 控制、模糊控制、PID 自整定、位式控制、RS485、RS232 通讯、自由输入（37 种分度号）、16 种报警方式自由设定，仪表量程由用户自由设定，显示位数为四位	48×96×105	44×92

二、生产厂

94（见表 26-1）。

第27章 功　率　表

功率表用于测量交直流电路的有功功率和无功功率。本章介绍了安装式、实验室和精密式功率表。安装式功率表用于固定安装在控制屏、控制盘、开关板及电气设备面板上，作为测量交直流电路的有功功率及无功功率。实验室和精密式功率表用于精密测量单相、三相交流电路、直流电路中的有功功率及无功功率，或作为检验较低精度等级仪表的标准表使用。

功率表按结构原理可分为模拟式和数字式。模拟式功率表多为电动系和整流系。电动系功率表的测量机构、工作原理和电动系电流表或电压表相同，但在接线上，测量直流和测量交流都要求：①带"＊"号的固定线圈端钮必须接至电源端，另一固定线圈端钮则接至负载端，固定线圈是串联接入电路中的；②带"＊"号的可动线圈端钮必须接至固定线圈端钮中的一个（当负载阻抗远大于固定线圈阻抗时，采用功率表可动线圈所在支路前接的方式，即带"＊"号的可动线圈端钮接至固定线圈的带"＊"号的端钮。当负载阻抗远小于功率表可动线圈阻抗时，采用功率表可动线圈所在支路后接的方式，即带"＊"号的可动线圈端钮接至固定线圈的未带"＊"号端），而另一可动线圈端钮则接至负载的另一端。可动线圈是并联接入电路中的。电动系有功功率表按用途分有普通功率表和低功率因数功率表。低功率因数表用来测量小功率或低 $\cos\phi$ 的负载的有功功率。

27.1　安装式功率表

安装式功率表适于固定安装在控制屏、控制盘、开关板及电气设备面板上，用来测量交直流电路的有功功率及无功功率。

27.1.1　1 系列功率表

一、外形与安装尺寸

1 系列功率表外形与安装尺寸，见图 27-1～图 27-3。

二、主要技术数据

1 系列功率表主要技术数据，见表 27-1～表 27-3。

27.1.2　6 系列功率表

一、外形与安装尺寸

6 系列功率表外形与安装尺寸，见图 27-4。

二、主要技术数据

6 系列功率表主要技术数据，见表 27-4。

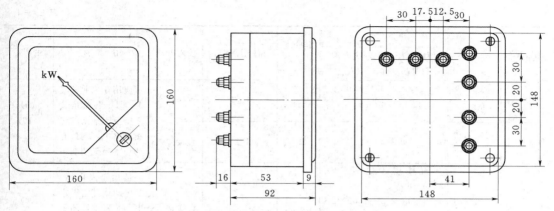

图 27-1 1D1—W 型功率表外形及安装尺寸

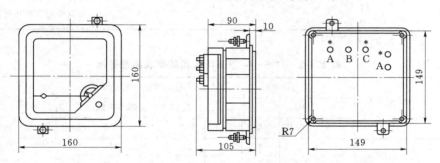

图 27-2 1D5—W、1D5—Var 型功率表外形及安装尺寸

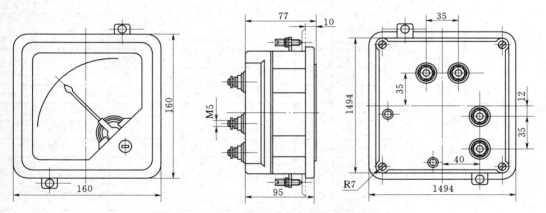

图 27-3 1L2—W 型功率表外形及安装尺寸

表 27-1 1 系列功率表主要技术数据

型 号	名 称	量 限		准确度 (±%)	使用条件	接入方式	用 途	生产厂
		额定电压 (V)	额定电流 (A)					
1D1—W	三相有功功率表	100，127，220	5	2.5	周围温度 −20～+50℃，相对温度 30%～80%	直接接入	适用于装置在开关板上，测量三相负荷不平衡交流线路中的有功功率	(17)(42)(6)(11)(64)

型　号	名　称	量　　限		准确度 （±%）	使用条件	接入方式	用　　途	生产厂
		额定电压 （V）	额定电流 （A）					
1D5—W	三相有功 功率表	见表 40 - 2		2.5	B 组	直接接入	应用在工业领域 为 50Hz 各相负载 平衡及不平衡的三 相电路中，测量有 功功率和无功功率	(5) (10) (13)
1D5—var	三相无功 功率表	见表 40 - 3		2.5	B 组	直接接入		
1L2—W	三相有功 功率表	直接接入电压 127、 220、380V 额定电流 5～10000/5A 或/0.5A 额定电压 380 ～ 380000V/100V 或/50V		2.5	B₁ 组	直接接入	适用于发电站、 变电所或其它固定 电力装置上，测量 50Hz 或 60Hz 三 相电路的有功功率	(8) (4)

注　生产厂代号见表 26 - 1（下同）。

表 27 - 2　1D5—W 型三相有功功率表测量范围

功率表串联电路额定电流 （A）		测量范围技术数据（有功功率表）										
		直　接		配用电压互感器次级电压（100V）								
		127V	220V	380	500	3000	6000	10000	15000	35000	11000	22000
直接	3	1	2	3	4	25	50	800	120	300	1	2
	7.5	1.5	3	5	7	40	80	150	200	500	1.5	3
	1.0	2	4	7	9	50	100	200	250	600	2	4
	15	3	6	10	15	80	150	250	400	900	3	6
	20	4	8	15	20	100	200	350	500	1.2	4	8
	30	6	12	20	25	150	300	500	800	2	6	12
	40	8	15	25	35	200	400	700	1	2.5	8	15
	50	10	20	35	50	250	500	900	1.5	3	10	20
	75	15	30	50	70	400	800	1.5	2	5	15	30
	100	20	40	70	90	500	1	2	2.5	6	20	40
配用电 流互感 器（次 级电流 5A）	150	30	60	90	150	800	1.5	2.5	3	9	30	60
	200	40	80	150	200	1	2	3.5	5	12	40	80
	300	60	120	200	250	1.5	3	5	6	20	60	
	400	80	150	250	350	2	4	7	9	25	80	
	600	120	250	350	500	3	6	10	12	35		
	750	150	300	500	700	4	8	15	20	50		
	1000	200	400	700	900	5	10	20	25	60		
	1500	300	600	1	1.5	8	15	25	40	90		
	2000	400	800	1.5	2	10	20	35	50			
	3000	600	1.2	2	2.5	15	30	50	80			
	4000	800	1.5	3	3.5	20	40	70				
	5000	1	2	3.5	5	2.5	50	90				
	6000	1.2	2.5		5	30	60					

（中间标注：测量有功功率的测量范围　kW；末行单位为 MW）

表 27-3　1D5—Var 型三相无功功率表测量范围

功率表串联电路额定电流（A）		测量无功功率的测量范围	直接 127V	直接 220V	配用电压互感器次级电压（100V） 380	500	3000	6000	10000	15000	35000	11000	220000
直接	5	kW	0.8	1.5	2.5	3	20	40	60	100	250	800	1.5
	7.5		1.2	2.5	4	5	30	60	100	150	400	1.2	2.5
	10		2	3	5	6	40	80	150	200	500	1.5	5
	15		3	5	8	10	60	120	200	300	800	2.5	6
	20		4	6	10	15	80	150	300	400	1	3	6
	30		5	10	15	20	120	250	400	600	1.5	5	10
	40		8	15	20	30	150	300	500	800	2	6	12
	50		8	20	25	30	200	400	600	1	2.5	8	15
	75		12	25	40	50	300	500	1	1.5	4	12	25
	100		20	30	50	60	400	800	1.5	2	5	15	30
配用电流互感器次级电流5A	150		25	50	80	100	600	1.2	2	3	8	15	50
	200		40	60	100	150	800	1.5	3	4	10	30	60
	300		50	100	150	200	1.2	2.5	4	6	15	50	
	600		80	120	200	300	1.5	3	6	8	20	60	
			100	200		400	2.5	5	8	12	30		
	750		120	250	400	500	3	6	10	15	40		
	1000		200	300	500	600	4	8	15	20	50		
	1500		250	500	800	1	6	12	20	30	80		
	2000		400	600	1	1.5	8	15	30	40			
	3000		500	1	1.5	2	12	25	40	60			
	4000		800	1.2	2	3	15	30	50				
	5000		800	1.5	2.5	3	20	40	60				
	6000	MW	1	2	3	4	25	50	80				

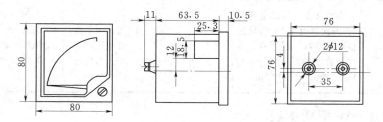

图 27-4　6L2 型功率表外形及安装尺寸

表 27-4　6 系列功率表主要技术数据

型号	名　称	量　限		准确度 (±%)	使用条件	接入方式	用　途	生产厂
		额定电压 (V)	额定电流 (A)					
6L2—W	单相有功功率表	50，100，220	5	2.5	C 组	经外附功率变换器接入	适用于电器、电力设备上作测量单相或三相电路中的有功功率和无功功率	(3) (8) (21) (37) (12) (2)
		50，100	0.5					
	三相有功功率表	50，100	5					
		5，100	0.5					
6L2—Var	三相无功功率表	380	5	2.5	C 组	经外附功率变换器接入		

27.1.3　11D51—W 型中频功率表

一、外形及安装尺寸

11D51—W 型中频功率表外形及安装尺寸，见图 27-5。

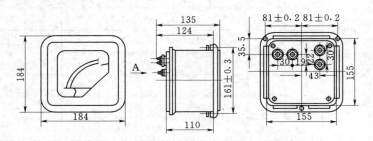

图 27-5　11D51—W 型功率表外形及安装尺寸

二、主要技术数据

11D51—W 型中频功率表主要技术数据，见表 27-5。

表 27-5　11D51—W 型中频瓦特表主要技术数据

型　号	名　称	量　限		准确度 (±%)	使用条件	接入方式	用　途	生产厂
		额定电压 (V)	额定电流 (A)					
11D51—W	中频功率表	本型仪表供次级电流为 5A 及次级电压为 100V 的仪用互感器一起接通。表面刻度为 80，100，120，160，200，400，800kW		2.5	B₁ 组	与仪用电流及电压互感器一起接通	适用于频率为 1000、2500、4000、8000Hz 的单相交流电路中测量有功功率	(64) (42)

27.1.4　12L1—W 型功率表

12L1—W 型功率表主要技术数据，见表 27-6。

表 27 - 6　12L1—W 型功率表主要技术数据

型　号	名　称	量　　限		准确度 (±%)	使用条件	接入方式	用　　途	生产厂
		额定电压 (V)	额定电流 (A)					
12L1—W	功率表	50，100， 220	5，0.5	2.5	B组	直接接入	安装在开关板和电工仪器上，测量交流或直流电路中的有功功率	(4) (65)
		220～22000/ 100 或 50	5～10000/ 5 或 0.5			外附功率 变换器		

27.1.5　13D1—W 型功率表

一、外形及安装尺寸

13D1—W 型功率表外形及安装尺寸，见图 27 - 6。

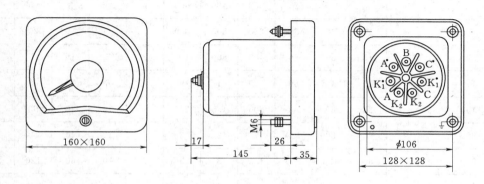

图 27 - 6　13D1—W 型功率表外形及安装尺寸

二、主要技术数据

13D1—W 型功率表主要技术数据，见表 27 - 7、表 27 - 8。

表 27 - 7　13D1—W 型功率表主要技术数据

型　号	名　称	量　　限		准确度 (±%)	使用条件	接入方式	用　　途	生产厂
		额定电压 (V)	额定电流 (A)					
13D1—W	功率表	见表 27 - 8		2.5	C组	见表 27 - 8	供嵌入安装在船舶和其它移动电力设备装置上，测量额定工作频率为50、400、427Hz 三相电路中平衡或不平衡的相负载下的有功功率	(25)

表 27 - 8　13D1—W 型有功功率表测量范围

额定电流（经次级电流为 5A 之电流互感器接入）（A）	测量范围	额定电压（V）										
		直接接入		经电压互感器接入（次级电压为 100V）								
		127	220	380	3k	6k	10k	15k	35k	110k	220k	380k
5	kW	1	2	3	25	50	80	120	300	1	2	3
7.5		1.5	3	5	40	80	120	200	500	1.5	3	5
10		2	4	6	50	100	150	250	600	2	4	6
15		3	6	10	80	150	250	400	1	3	6	10
20		4	8	12	100	200	300	500	1.2	4	8	12
30		6	12	20	150	300	500	800	2	6	12	20
40		8	15	25	200	400	600	1	2.5	8	15	25
50		10	20	30	250	500	800	1.2	3	10	20	30
75		15	30	50	400	800	1.2	2	5	15	30	50
100		20	40	60	500	1	1.5	2.5	6	20	40	60
150		30	60	100	800	1.5	2.5	4	10	30	60	100
200		40	80	120	1	2	3	5	12	40	80	120
300		60	120	200	1.5	3	5	8	20	60	120	200
400		80	150	250	2	4	6	10	25	80	150	250
600		120	250	400	3	6	10	15	40	120	250	400
750		150	300	500	4	8	12	20	50	150	300	500
800		150	300	500	4	8	12	20	50	150	300	500
1k		200	400	600	5	10	15	25	60	200	400	600
1.5k		300	600	1	8	15	25	40	100	300	600	1000
2k		400	800	1.2	10	20	30	50	120	400	800	1200
3k		600	1.2	2	15	30	50	80	200	600	1200	2000
4k		800	1.5	2.5	20	40	60	100	250	800	1500	2500
5k	MW	1	2	3	25	50	80	120	300	1000	2000	3000
6k		1.2	2.5	4	30	60	100	150	400	1200	2500	4000
7.5k		1.5	3	4	40	80	120	200	500	1500	3000	5000
10k		2	4	6	50	100	150	250	600	2000	4000	6000

27.1.6 16 系列功率表

一、外形及安装尺寸

16 系列功率表外形及安装尺寸，见图 27-7。

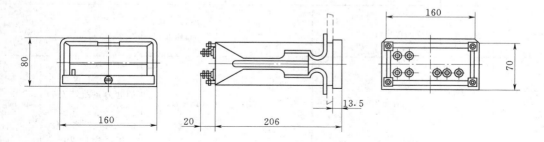

图 27-7 16D3—W、Var 型功率表外形及安装尺寸

二、主要技术数据

16 系列功率表主要技术数据，见表 27-9～表 27-11。

表 27-9 16 系列功率表主要技术数据

型 号	名 称	量 限		准确度 （±%）	使用条件	接入方式	用 途	生产厂
		额定电压 （V）	额定电流 （A）					
16L2—W、 Var	三相有功、 无功 功率表	100，220， 380	5	2.0	B₁组	直接接通	安装在发电站的控制屏或控制台上，各企业电气系统的开关板或控制台上，测量三相有功功率、平衡三相无功功率和平衡三相功率因数	(8)
16L8—W	三相有功 功率表	见表 27-10		2.5	B₁组	外附功率 变换器		(1)
16L8—Var	三相无功 功率表	见表 27-11		2.5	B₁组	外附功率 变换器		
16L14—W	单相有功 功率表	100，220	5	1.5	B₁组	外附功率 变换器		(4)
	三相有功 功率表	100，380	5					

型 号	名 称	量 限 额定电压 (V)	量 限 额定电流 (A)	准确度 (±%)	使用条件	接入方式	用 途	生产厂
6L14—Var	三相无功功率表	100, 380	5	1.5	B₁组	外附功率变换器		(4)
16D2—W	三相有功功率表	见表 27-10		2.5	B₁组	直接接通	适用于厂矿企业的电力系统,安装于发电厂、变电站的控制屏、控制台、三相试验台或开关板上,测量频率 50Hz 任意负载下的三相制交流电路中的有功功率或无功功率	(14)
16D2—Var	三相无功功率表	见表 27-11		2.5	B₁组	直接接通		
16D3—W	三相有功功率表	127, 220, 380	5	2.5	B组	直接接入	用于发电厂或配电站及其它电气装置上,测量频率 50Hz 交流电路中的平衡、不平衡负载三相有功功率或平衡负载无功功率	(3) (18)
		380~380000	5~10000			经电流互感器（次级 5A）、电压互感器（次级 100V）接入		
16D3—Var	三相无功功率表	127, 220, 380	5	2.5	B组	直接接入		
		380~380000	5~10000			经电流互感器（次级 5A）、电压互感器（次级 100V）接入		
16D3—W、Var	三相有功、无功功率表	经电流互感器接通次级电流为 5A,经电压互感器接通次级电压为 100V		2.5	B组		测量频率 50Hz 交流电路中的平衡、不平衡负载三相有功功率和平衡负载无功功率	(13)

表 27‐10 16L8—W 型三相有功功率表测量范围

仪表串联线路接通方式	额定电流(A)	测量上限	仪表并联线路的接通方式												
			额 定 电 压 (V)												
			直接接通			经电压互感器接通（次级电压为100V）									
			127	220	380	380	500	3k	6k	10k	15k	35k	110k	220k	380k
	5	kW	1	2	3										
	5					3	4	25	50	80	120	300	1	2	3
	7.5		1.5	3	5	5	6	40	80	120	200	500	1.5	3	5
	10		2	4	6	6	8	50	100	150	250	600	2	4	6
	15		3	6	10	10	12	80	150	250	400	1	3	6	10
	20		4	8	12	12	15	100	200	300	500	1.2	4	8	12
	30		6	12	20	20	25	150	300	500	800	2	6	12	20
	40		8	15	25	25	30	200	400	600	1	2.5	8	15	25
	50		10	20	30	30	40	250	500	800	1.2	3	10	20	30
	75		15	30	50	50	60	400	800	1.2	2	5	15	30	50
直接经电流互感器接通（次级电流为5A）	100		20	40	60	60	80	500	1	1.5	2.5	6	20	40	60
	150		30	60	100	100	120	800	1.5	2.5	4	10	30	60	100
	200		40	80	120	120	150	1	2	3	5	12	40	80	120
	300		60	120	200	200	255	1.5	3	5	8	20	60	120	200
	400		80	150	250	250	300	2	4	6	10	25	80	150	250
	600		120	250	400	400	500	3	6	10	15	40	120	250	400
	750		150	300	500	500	600	4	8	12	20	50	150	300	500
	1k		200	400	600	600	800	5	10	15	25	60	200	400	600
	1.5k		300	600	1	1	1.2	8	15	25	40	100	300	600	1000
	2k		400	800	1.2	1.2	1.5	10	20	30	50	120	400	800	1200
	3k		600	1.2	2	2	2.5	15	30	50	80	200	600	1200	2000
	4k		800	1.5	2.5	2.5	3	20	40	60	100	250	800	1500	2500
	5k	MW	1	2	3	3	4	25	50	80	120	300	1000	2000	3000
	6k		1.2	2.5	4	4	5	30	60	100	150	400	1200	2500	4000
	7.5k		1.5	3	5	5	6	40	80	120	200	500	1500	3000	5000
	10k		2	4	6	6	8	50	100	150	250	600	2000	4000	6000

表27-11 16L8—Var型三相无功功率表测量范围

仪表串联线路接通方式	额定电流 (A)	测量上限	仪表并联线路的接通方式												
			额 定 电 压 (V)												
			直接接通			经电压互感器接通（次级电压为100V）									
			127	220	380	380	500	3k	6k	10k	15k	35k	110k	220k	380k
直接经电流互感器接通（次级电流为5A）	5	kvar	0.8	1.5	2.5										
	5		0.8	1.5	2.5	2.5	3	20	40	60	100	250	800	1.5	2.5
	7.5		1.2	2.5	4	4	5	30	60	100	150	400	1.2	2.5	4
	10		2	3	5	5	6	40	80	150	200	500	1.5	3	5
	15		2.5	5	8	8	10	60	120	200	300	800	2.5	5	8
	20		4	6	10	10	15	80	150	300	400	1	3	6	10
	30		5	10	15	15	20	120	250	400	600	1.5	5	10	15
	40		8	12	20	20	30	150	300	600	800	2	6	12	20
	50		8	15	25	25	30	200	400	600	1	2.5	8	15	25
	75		12	25	40	40	50	300	600	1	1.5	4	12	25	40
	100		20	30	50	50	60	400	800	1.5	2	5	15	30	50
	150		25	50	80	80	100	600	1.2	2	3	8	25	50	80
	200		40	60	100	100	150	800	1.5	3	4	10	30	60	100
	300		50	100	150	150	200	1.2	2.5	4	6	15	50	100	150
	400		80	120	200	200	300	1.5	3	6	8	20	60	120	200
	600		100	200	300	300	400	2.5	5	8	12	30	100	200	300
	750		120	250	400	400	500	3	6	10	15	40	120	250	400
	1k		200	300	500	500	600	4	8	15	20	50	150	300	500
	1.5k		250	500	800	800	1	6	12	20	30	80	250	500	800
	2k		400	600	1	1	1.5	8	15	30	40	100	300	600	1000
	3k		500	1	1.5	1.5	2	12	25	40	60	150	500	1000	1500
	4k		600	1.2	2	2	3	15	30	60	80	200	600	1200	2000
	5k		800	1.5	2.5	2.5	3	20	40	60	100	250	800	1500	2500
	6k	Mvar	1	2	3	3	4	25	50	80	120	300	1000	2000	3000
	7.5k		1.5	2.5	4	4	5	30	60	100	150	400	1200	2500	4000
	10k		2	3	5	5	6	40	80	150	200	500	1500	3000	5000

27.1.7 42 系列功率表

42 系列功率表主要技术数据，见表 27-12。

表 27-12 42 系列功率表主要技术数据

型 号	名 称	量 限		准确度 (±%)	使用条件	接入方式	用 途	生产厂
		额定电压 (V)	额定电流 (A)					
42L6—W	单相有功功率表	50，100，220	0.5，5	2.5	B组	直接接通	用于电器、电力设备上作测量单相或三相电路中的有功功率或无功功率	(20) (3) (1) (35) (19) (31) (42) (27)
	三相有功功率表	50，100，380	0.5，5					
42L6—Var	单相无功功率表	50，100，220	0.5，5	2.5	B组	直接接通		
	三相无功功率表	50，100，380						
42L20—W	三相有功功率表	见表 27-10		1.5	B组	直接接通		(20) (3) (1) (35)
42L20—Var	三相无功功率表	见表 27-11		2.5	B组	直接接通		(19) (31) (42) (27)

27.1.8 44 系列功率表

44 系列功率表主要技术数据，见表 27-13。

表 27-13 44 系列功率表主要技术数据

型 号	名 称	量 限		准确度 (±%)	使用条件	接入方式	用 途	生产厂
		额定电压 (V)	额定电流 (A)					
44L1—W	三相有功功率表	100，127，220，380V～380kV/100V	5～1000/5	1.5	B组	外附功率变换器	用于交流电路测量有功功率或无功功率，可广泛用于开关板、电子仪器配套用	(15) (8) (35) (28) (20) (32) (3)
44L1—Var	三相无功功率表							

续表 27-13

型 号	名 称	量 限		准确度 (±%)	使用条件	接入方式	用 途	生产厂
		额定电压 (V)	额定电流 (A)					
44L6—W	三相有功功率表	220	20，50，100，200，300，500，1000/5	2.5	C组	外附变换器	适用于三相三线不平衡负载的有功功率及三相交流电路的功率因数等	(12)
		380	10，25，50，100，150，250，500/5					

27.1.9 45D1—W 型功率表

一、外形及安装尺寸

45D1—W 型功率表外形及安装尺寸，见图 27-8。

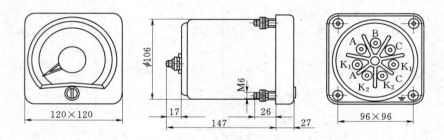

图 27-8 45D1—W 型功率表外形及安装尺寸

二、主要技术数据

45D1—W 型功率表主要技术数据，见表 27-14～表 27-15。

表 27-14 45D1—W 型功率表主要技术数据

型 号	名 称	量 限		准确度 (±%)	使用条件	接入方式	用 途	生产厂
		额定电压 (V)	额定电流 (A)					
45D1—W	三相有功功率表	见表 27-15		2.5	C组	外附功率变换器	供嵌入安装在船舶和其它移动电力设备装置上，用来测量额定工作频率为 50、400、427Hz 三相电路中在平衡或不平衡的相负载下的有功功率	(25)

表 27-15 45D1—W 型三相有功功率表测量范围

额定电流（经次级电流为5A之电流互感器接入）（A）	测量范围	额定电压（V）										
		直接接入		经电压互感器接入（次级电压为100V）								
		127	220	380	3k	6k	10k	15k	35k	110k	220k	380k
5	kW	1	2	3	25	50	80	120	300	1	2	3
7.5		1.5	3	5	40	80	120	200	500	1.5	3	5
10		2	4	6	50	100	150	250	600	2	4	6
15		3	6	10	80	150	250	400	1	3	6	10
20		4	8	12	100	200	300	500	1.2	4	8	12
30		6	12	20	150	300	500	800	2	6	12	20
40		8	15	25	200	400	600	1	2.5	8	15	25
50		10	20	30	250	500	800	1.2	3	10	20	30
75		15	30	50	400	800	1.2	2	5	15	30	50
100		20	40	60	500	1	1.5	2.5	6	20	40	60
150		30	60	100	800	1.5	2.5	4	10	30	60	100
200		40	80	120	1	2	3	5	12	40	80	120
300		60	120	200	1.5	3	5	8	20	60	120	200
400		80	150	250	2	4	6	10	25	80	150	250
600		120	250	400	3	6	10	15	40	120	250	400
750		150	300	500	4	8	12	20	50	150	300	500
800		150	300	500	4	8	12	20	50	150	300	500
1k		200	400	600	5	10	15	25	60	200	400	600
1.5k		300	600	1	8	15	25	40	100	300	600	1000
2k		400	800	1.2	10	20	30	50	120	400	800	1200
3k		600	1.2	2	15	30	50	80	200	600	1200	2000
4k		800	1.5	2.5	20	40	60	100	250	800	1500	2500
5k	MW	1	2	3	25	50	80	120	300	1000	2000	3000
6k		1.2	2.5	4	30	60	100	150	400	1200	2500	4000
7.5k		1.5	3	5	40	80	120	200	500	1500	3000	5000
10k		2	4	6	50	100	150	250	600	2000	4000	6000

27.1.10 46 系列功率表

46 系列功率表主要技术数据，见表 27-16 及表 27-17。

表 27 - 16 46 系列功率表主要技术数据

型 号	名 称	量 限		准确度 (±%)	使用条件	接入方式	用 途	生产厂
		额定电压 (V)	额定电流 (A)					
46L2—W	单、三相有功功率表	见表 27-17 及表 27-10		2.5	B₁ 组	外附功率变换器		(1)
46L2—Var	单、三相无功功率表	见表 27-17 及表 27-11		2.5	B₁ 组	外附功率变换器		
46D1—W	三相有功功率表	见表 27-10		2.5	B 组	直接接入	适用于电站、变电所输配电控制屏上测量功率	(3)
46D1—Var	三相无功功率表	见表 27-11		2.5	B 组	直接接入		(4)

表 27 - 17 46L2—W、Var 型单相有功、无功功率表测量范围

仪表串联线路的接通方式	额定电流 (A)	测量上限	仪表并联线路的接通方式											
			额 定 电 压 (kV)											
			直接接通			经电压互感器接通（次级电压为100V）								
			0.1	0.22	0.38	0.38	0.5	3	6	10	15	35	110	220	380
经电流互感器接通（次级电流为5A）	7.5	kW (kvar)	0.75	1.5	2.5	2.5	2.5	20	40	75	100	250	800	1.5	2.5
	10		1	2	3	3	5	30	60	100	150	300	1	2	3
	15		1.5	3	5	5	7.5	40	80	150	200	500	1.5	3	5
	20		2	4	7.5	7.5	10	60	120	200	300	600	2	4	7.5
	30		3	6	10	10	15	80	180	300	400	1	3	6	10
	40		4	8	12	12	20	120	200	400	600	1.2	4	8	12
	50		5	10	15	15	25	150	300	500	750	1.5	5	10	15
	75		7.5	15	25	25	30	200	400	750	1	2.5	8	15	25
	100		10	20	30	30	50	300	600	1	1.5	3	10	20	30
	150		15	30	50	50	75	400	800	1.5	2	5	15	30	50
	200		20	40	75	75	100	600	1.2	2	3	6	20	40	75
	300		30	60	100	100	150	800	1.5	3	4	10	30	60	100
	400		40	80	150	150	200	1.2	2	4	6	12	40	80	150
	600		60	120	200	200	300	1.5	3	6	8	20	60	120	200
	750		75	150	250	250	300	2	4	7.5	10	25	80	150	250
	1000		100	200	300	300	500	3	6	10	15	30	100	200	300
	1500		150	300	500	500	750	4	8	15	20	50	150	300	500
	2000		200	400	750	750	1	6	12	20	30	60	200	400	750
	3000		300	600	1	1	1.5	8	15	30	40	100	300	600	1000
	4000		400	800	1.2	1.2	2	12	20	40	60	120	400	800	1200
	5000		500	1	1.5	1.5	2.5	15	30	50	75	150	500	1000	1500
	6000		600	1.2	2	2	3	15	30	60	80	200	600	1200	2000
	7500		750	1.5	2.5	2.5	3	20	40	75	100	250	800	1500	2500
	10000	MW	1	2	3	3	5	30	60	100	150	300	1000	2000	3000

27.1.11 59 系列功率表

59 系列功率表主要技术数据，见表 27-18。

表 27-18 59 系列功率表主要技术数据

型号	名称	量限		准确度 （±%）	使用 条件	接入方式	用途	生产厂
		额定电压 （V）	额定电流 （A）					
59L1—W	单相有功 功率表	100，127，220， 380～380000 /100	5～1000/5	2.5	B₁组	外附功率 变换器	适用于电气开关 板、试验台及各种 无线电、电讯设备、 电子仪器等配套 使用	(28) (15) (27) (35) (32) (5)
	三相有功 功率表							
59L1—Var	平衡 三相无功 功率表	100，127，220 380～380000 /100	5～1000/5	2.5	B₁组	外附功率 变换器		
59L2—W	三相有功 功率表	见表 27-10		2.5	B₁组	外附功率 变换器	适用于电器电力 设备测量三相电路 的有功功率或无功 功率	(4)
59L2—Var	三相无功 功率表	见表 27-11		2.5	B₁组	外附功率 变换器		
59L4—W	三相有功 功率表	见表 27-10		2.5	B组	外附功率 变换器		(1)
59L4—Var	三相无功 功率表	见表 27-11		2.5	B组	外附功率 变换器		
59L9—W	三相有功 功率表	220	20，50，100， 200，300，500， 1000/5	1.5	C组	外附功率 变换器	适用于各种开关 板、配电屏、电子 仪器测量功率	(12)
		380	10，25，50， 100，150，250， 500/5					

27.1.12 61D1—W 型三相有功功率表

一、外形及安装尺寸

外形及安装尺寸，见图 27-9。

二、主要技术数据

61D1—W 型三相有功功率表主要技术数据，见表 27-19。

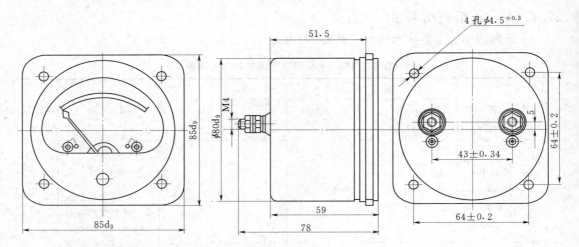

图 27-9 61D1—W 型功率表外形及安装尺寸

表 27-19 61D1—W 型三相有功功率表主要技术数据

型 号	名 称	量 限		准确度 (±%)	使用条件	接入方式	用 途	生产厂
		额定电压 (V)	额定电流 (A)					
61D1—W	三相有功功率表	220	20, 50, 100, 200, 300, 500, 1000/5	2.5	C组	通过变换器	供开关板配电屏上作测量三相三线制不平衡负载有功功率用	(12)
		380	10, 25, 50, 100, 150, 250, 500, 200, 300, 400, 450, 600, 750, 1000, 2000/5					

27.1.13 63L2—W 型三相功率表

63L2—W 型三相功率表主要技术数据，见表 27-20。

表 27-20 63L2—W 型三相功率表主要技术数据

型 号	名 称	量 限		准确度 (±%)	使用条件	接入方式	用 途	生产厂
		额定电压 (V)	额定电流 (A)					
三相有功功率表	63L2—W	220, 380	0.5, 5	2.5	C组	通过变换器		(68)
三相无功功率表	63L2—Var	380～380000/100 或 /50	5～10000/5 或 /0.5					

27.1.14 69 系列功率表

69 系列功率表主要技术数据，见表 27-21。

表 27-21 69 系列功率表主要技术数据

| 型 号 | 名 称 | 量 限 | | 准确度 (±%) | 使用条件 | 接入方式 | 用 途 | 生产厂 |
		额定电压 (V)	额定电流 (A)					
69L9—W	三相有功功率表	100，127，220，380	5	2.5	B组	外附功率变换器	用于测量交流三相电路的有功功率或无功功率	(32) (15) (3)
69L9—Var	三相无功功率表	100，127，220，380	5	2.5	B组	外附功率变换器		

27.1.15 81L3—W 型三相有功功率表

81L3—W 型三相有功功率表主要技术数据，见表 27-22。

表 27-22 81L3—W 型三相有功功率表主要技术数据

| 型 号 | 名 称 | 量 限 | | 准确度 (±%) | 使用条件 | 接入方式 | 用 途 | 生产厂 |
		额定电压 (V)	额定电流 (A)					
81L3—W	三相有功功率表	220	20，50，100，200，300，500，1000/5	2.5	温度—10～+60℃，相对湿度≤85%	通过变换器	适用于小型仪器及开关板测量交流电路的三相三线制不平衡负载的有功功率	(12)
		380	10，25，50，100，150，250，500/5					

27.1.16 85 系列功率表

85 系列功率表主要技术数据，见表 27-23。

表 27-23 85 系列功率表主要技术数据

| 型 号 | 名 称 | 量 限 | | 准确度 (±%) | 使用条件 | 接入方式 | 用 途 | 生产厂 |
		额定电压 (V)	额定电流 (A)					
85L1—W	单相有功功率表	50，100，220	0.5，5	2.5	B组	外附功率变换器	适用于测量交流三相电路中的有功功率或无功功率	(27) (32) (15) (2) (42) (23) (20)
	三相有功功率表	50，100，380	0.5，5					(19) (10) (34) (7)

续表 27-23

| 型　号 | 名　称 | 量　限 | | 准确度（±%） | 使用条件 | 接入方式 | 用　途 | 生产厂 |
		额定电压（V）	额定电流（A）					
85L1—Var	单相无功功率表	50，100，220	0.5，5	2.5	B组	外附功率变换器	适用于测量交流三相电路中的有功功率或无功功率	(27) (32) (15) (2) (42) (23) (20)
	三相无功功率表	50，100，380	0.5，5					(19) (10) (34) (7)

27.1.17　Q96 系列功率表

一、外形及安装尺寸

Q96 系列功率表外形及安装尺寸，见图 27-10、图 27-11。

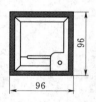

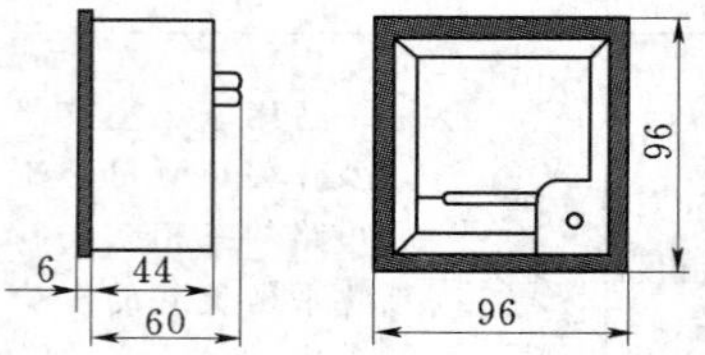

图 27-10　Q96—WMC 型单相有功功率表、Q96—YMC 型单相无功功率表、Q96—WTCA 型三相有功功率表、Q96—YTCA 型三相无功功率表的外形及安装尺寸

图 27-11　Q96—WMCZ 型单相有功功率表、Q96—YMCZ 型单相无功功率表、Q96—WTCZA 型三相有功功率表、Q96—YTCZA 型三相无功功率表的外形及安装尺寸

二、主要技术数据

Q96 系列功率表主要技术数据，见表 27-24～表 27-28。

表 27-24　Q96 系列功率表主要技术数据

型　号	名　称	标度尺展开角（°）	量　限	额定频率（Hz）	准确度（±%）	使用条件	接入方式	生产厂
Q96—WMC	单相有功功率表	90	见表 27-25	50，60	1.5	—25～+55℃	直接接入或经互感器接入，见表 40-25	(25)
Q96—WMCZ		240						
Q96—YMC	单相无功功率表	90	见表 27-26	50，60	1.5	—25～+55℃	直接接入或经互感器接入，见表 40-26	(25)
Q96—YMCZ		240						

型　号	名　称	标度尺展开角(°)	量　限	额定频率(Hz)	准确度(±%)	使用条件	接入方式	生产厂
Q96—WTCA	三相有功功率表	90	见表27-27	50,60	1.5	-25~+55℃	直接接入或经互感器接入,见表27-27	(25)
Q96—WTCZA		240						
Q96—YTCA	三相无功功率表	90	见表27-28	50,60	1.5	-25~+55℃	直接接入或经互感器接入,见表27-28	(25)
Q96—YTCAZ		240						

表 27-25　Q96—WMC 型、Q96—WMCZ 型单相有功功率表测量范围

仪表串联线路的接通方式	额定电流(A)	测量上限	仪表并联线路的接通方式												
			额定电压(V)												
			直接接通			经电压互感器接通(次级电压为100V)									
			100	220	380	380	500	3k	6k	10k	15k	35k	110k	220k	380k
	7.5		0.75	1.5	2.5	2.5	3	20	40	75	100	250	800	1.5	2.5
	10		1	2	3	3	5	30	60	100	150	300	1	2	3
	15		1.5	3	5	5	7.5	40	80	150	200	500	1.5	3	5
	20		2	4	7.5	7.5	10	60	120	200	300	600	2	4	7.5
	30		3	6	10	10	15	80	180	300	400	1	3	6	10
	40		4	8	12	12	20	120	200	400	600	1.2	4	8	12
	50		5	10	15	15	25	150	300	500	750	1.5	5	10	15
	75		7.5	15	25	25	30	200	400	750	1	2.5	8	15	25
	100		10	20	30	30	50	300	600	1	1.5	3	10	20	30
	150		15	30	50	50	75	400	800	1.5	2	5	15	30	50
	200		20	40	75	75	100	600	1.2	2	3	6	20	40	75
经电流互感器接通(次级电流为5A)	300	kW	30	60	100	100	150	800	1.5	3	4	10	30	60	100
	400		40	80	50	150	200	1.2	2	4	6	12	40	80	150
	600		60	20	200	200	300	1.5	3	6	8	20	60	120	200
	750		75	150	250	250	300	2	4	7.5	10	25	80	150	250
	1k		100	200	300	300	500	3	6	10	15	30	100	200	300
	1.5k		150	300	500	500	750	4	8	15	20	50	150	300	500
	2k		200	400	750	750	1	6	12	20	30	60	200	400	750
	3k		300	600	1	1	1.5	8	15	30	40	100	300	600	1000
	4k		400	800	1.2	1.2	2	12	20	40	60	120	400	800	1200
	5k		500	1	1.5	1.5	2.5	15	30	50	75	150	500	1000	1500
	6k		600	1.2	2	2	3	15	30	60	80	200	600	1200	2000
	7.5k		750	1.5	2.5	2.5	3	20	40	75	100	250	800	1500	2500
	10k	MW	1	2	3	3	5	30	60	100	150	300	1000	2000	3000

表 27-26　Q96—YMC 型、Q96—YMCZ 型单相无功功率表测量范围

仪表串联线路接通方式	额定电流（A）	测量上限	仪表并联线路的接通方式 额定电压（V）												
			直接接通			经电压互感器接通（次级电压为100V）									
			100	220	380	380	500	3k	6k	10k	15k	35k	110k	220k	380k
经电流互感器接通（次级电流为5A）	7.5	kvar	0.75	1.5	2.5	2.5	3	20	40	75	100	250	800	1.5	2.5
	10		1	2	3	3	5	30	60	100	150	300	1	2	3
	15		1.5	3	5	5	7.5	40	80	150	200	500	1.5	3	5
	20		2	4	7.5	7.5	10	60	120	200	300	600	2	4	7.5
	30		3	6	10	10	15	80	180	300	400	1	3	6	10
	40		4	8	12	12	20	120	200	400	600	1.2	4	8	12
	50		5	10	15	15	25	150	300	500	750	1.5	5	10	15
	75		7.5	15	25	25	30	200	400	750	1	2.5	8	15	25
	100		10	20	30	30	50	300	600	1	1.5	3	10	20	30
	150		15	30	50	50	75	400	800	1.5	2	5	15	30	50
	200		20	40	75	75	100	600	1.2	2	3	6	20	40	75
	300		30	60	100	100	150	800	1.5	2	4	10	30	60	100
	400		40	80	150	150	200	1.2	2	4	6	12	40	80	150
	600		60	120	200	200	300	1.5	3	6	8	20	60	120	200
	750		75	150	250	250	300	2	4	7.5	10	25	80	150	250
	1k		100	200	300	300	500	3	6	10	15	30	100	200	300
	1.5k		150	300	500	500	750	4	8	12	15	60	150	300	500
	2k		200	400	750	750	1	2	6	12	20	60	200	400	750
	3k		300	600	1	1	1.5	12	20	30	40	100	300	600	1000
	4k		400	800	1.2	1.2	2	12	20	40	60	120	400	800	1200
	5k		500	1	1.5	1.5	2.5	15	30	50	75	150	500	1000	1500
	6k		600	1.2	2	2	3	15	30	60	80	200	600	1200	2000
	7.5k		750	1.5	2.5	2.5	3	20	40	75	100	250	800	1500	2500
	10k	Mvar	1	2	3	3	5	30	60	100	150	300	1000	2000	3000

表 27-27 Q96—WTCA 型、Q96—WTCZA 型三相有功功率表测量范围

额定电流（经次级电流为5A的电流互感器接入）（A）	测量范围	额定电压（V）										
		直接接入			经电压互感器接入（次级电压为100V）							
		127	220	380	3k	6k	10k	15k	35k	110k	220k	380k
5	kW	1	2	3	25	50	80	120	300	1	2	3
7.5		1.5	3	5	40	80	120	200	500	1.5	3	5
10		2	4	6	50	100	150	250	600	2	4	6
15		3	6	10	80	150	250	400	1	3	6	10
20		4	8	12	100	200	300	500	1.2	4	8	12
30		6	12	20	150	300	500	800	2	6	12	20
40		8	15	25	200	400	600	1	2.5	8	15	25
50		10	20	30	250	500	800	1.2	3	10	20	30
75		15	30	50	40	800	1.2	2	5	15	30	50
100		20	40	60	500	1	1.5	2.5	6	20	40	60
150		30	60	100	800	1.5	2.5	4	10	30	60	100
200		40	80	120	1	2	3	5	12	40	80	120
300		60	120	200	1.5	3	5	8	20	60	120	200
400		80	150	250	2	4	6	10	25	80	150	250
600		120	250	400	3	6	10	15	40	120	250	400
750		150	300	500	4	8	12	20	50	150	300	500
800		150	300	500	4	8	12	20	50	150	300	500
1k		200	400	600	5	10	15	25	60	200	400	600
1.5k		300	600	1	8	15	25	40	100	300	600	1000
2k		400	800	1.2	10	20	30	50	120	400	800	1200
3k		600	1.2	2	15	30	50	80	200	600	1200	2000
4k		800	1.5	2.5	20	40	60	100	250	800	1500	2500
5k	MW	1	2	3	25	50	80	120	300	1000	2000	3000
6k		1.2	2.5	4	30	60	100	150	400	1200	2500	4000
7.5k		1.5	3	5	40	80	120	200	500	1500	3000	5000
10k		2	4	6	50	100	150	250	600	2000	3500	6000

注 380V 同时可制造经 380/127VPT 接入。

表 27-28　Q96—YTCA 型、Q96—YTCZA 型三相无功功率表测量范围

额定电流（经次级电流为 5A 之电流互感器接入）（A）	测量范围	额定电压（V）										
		直接接入		经电压互感器接入（次级电压为 100V）								
		127	220	380	3k	6k	10k	15k	35k	110k	220k	380k
5	kvar	0.8	1.5	2.5	20	40	60	100	250	800	1.5	2.5
7.5		1.2	2.5	4	30	60	100	150	400	1.2	2.5	4
10		1.5	3	5	40	80	120	200	500	1.5	3	5
15		2.5	5	8	60	120	200	300	800	2.5	5	8
20		3	6	10	80	150	250	400	1	3	6	10
30		5	10	15	120	250	400	600	15	5	10	15
40		6	12	20	150	300	500	800	2	6	12	20
50		8	15	25	200	400	600	1	2.5	8	15	25
75		12	25	40	300	600	1	1.5	4	12	25	40
100		15	30	50	400	800	1.2	2	5	15	30	50
150		25	50	80	600	1.2	2	3	8	25	50	80
200		30	60	100	800	1.5	2.5	4	10	30	60	100
300		50	100	150	1.2	2.5	4	6	15	50	100	150
400		60	120	200	1.5	3	5	8	20	60	120	200
600		100	200	300	2.5	5	8	12	30	100	200	300
750		120	250	400	3	6	10	15	40	120	250	400
800		120	250	400	3	6	10	15	40	120	250	400
1k		150	300	500	4	8	12	20	50	150	300	500
1.5k		250	500	800	6	12	20	30	80	250	500	800
2k		300	600	1	8	15	25	40	100	300	600	1000
3k		500	1	1.5	12	25	40	60	150	500	1000	1500
4k		600	1.2	2	15	30	50	80	200	600	1200	2000
5k	Mvar	800	1.5	2.5	20	40	60	100	250	800	1500	2500
6k		1	2	3	25	50	80	120	300	1000	2000	3000
7.5k		1.2	2.5	4	30	60	100	150	400	1200	2500	4000
10k		1.5	3	5	40	80	120	200	500	1500	3000	5000

注　380V 同时可制造经 380/127VPT 接入。

27.2　实验室及精密用功率表

　　实验室及精密用功率表用来精密测量单相、三相交流电路及直流电路中的有功及无功功率，也可作为检验较低精度等级仪表的标准表。其主要技术数据见表 27-29。

表 27-29 实验室及精密用功率表主要技术数据

型 号	名称	额定电流（A）	额定电压（V）	额定功率因素 cosϕ	准确度（±%）	使用频率（Hz）	使用条件	生产厂
D26—W	功率表	0.5, 1	75, 150, 300		0.5	50, 60	A$_1$ 组	(44) (52)
			125, 250, 500					
			150, 300, 600					
		1, 2	75, 150, 300					
			125, 250, 500					
			150, 300, 600					
		2.5, 5	75, 150, 300					
			125, 250, 500					
			150, 300, 600					
		5, 10	75, 150, 300					
			125, 250, 500					
			150, 300, 600					
		10, 20	75, 150, 300					
			125, 250, 500					
			150, 300, 600					
D28—W D28W—T	精密功率表	5, 10A 2.5, 5A 1, 2A 0.5, 1A 0.25, 0.5A 0.1, 0.2A 50, 100mA 25, 50mA 10, 20mA	30, 75, 150, 300		0.5	50 可扩大为 90～500, 此时准确度为 1.0 级	A$_1$ 组（D28—W）, B$_1$ 组（D28W—T）	(12)
		5, 10A 2.5, 5A 1, 2A 0.5, 1A 0.25, 0.5A 0.1, 0.2A 50, 100mA 25, 50mA 10, 20mA	75, 150, 300, 600					
D33—W	三相功率表	0.5 1 2 2.5 5 10	50, 100, 200		1.0	45～65	A$_1$ 组	(44) (52)
		0.5 1 2 2.5 5 10	75, 150, 300					

续表 27－29

型　号	名称	额定电流（A）	额定电压（V）	额定功率因素 cosφ	准确度（±%）	使用频率（Hz）	使用条件	生产厂
D33—W	三相功率表	0.5 1 2 2.5 5 10	100，200，400					
		0.5 1 2 2.5 5 10	125，250，500		1.0	45～65	A₁ 组	(44) (52)
		0.5 1 2 2.5 5 10	150，300，600					
D34—W	单相低功率因素功率表	0.25，0.5 0.5，1 1，2 2.5，5 5，10	25，50，100		1.0			
		0.25，0.5 0.5，1 1，2 2.5，5 5，10	50，100，200	0.2		50	A₁ 组	(44)
		0.25，0.5 0.5，1 1，2 2.5，5 5，10	75，150，300		0.5			
		0.25，0.5 0.5，1 1，2 2.5，5 5，10	150，300，600					
D39—W	低功率因素功率表	0.25，5 0.5，1 2.5，5 5，10	25，50，100，200 75，150，300，450 125，250，375，500 150，300，450，600	0.2	0.5	45～65 100～500		(52)

型 号	名称	额定电流 （A）	额定电压 （V）	额定功率 因素 cosϕ	准确度 （±%）	使用频率 （Hz）	使用条件	生产厂
D50—W	功 率 表	0.1，0.2	30，45 75，150，300		0.1	45，65	A$_1$ 组	（44）
		0.25，0.5						
		0.5，1						
		1，2						
		2.5，5						
		5，10						
		5	120					
		5	120，240					
D51—W	单 相 功 率 表	0.5，1	48，120，240，480		0.5	45～65		（43）
		1，2						
		2.5，5	75，150，300，600					
		5，10						
D52—W	低 功 率 因 数 功 率 表	0.025，0.05	30，75，150， 300，600	0.1	0.5	50，60，500	A$_1$ 组	（44）
		0.1，0.2						
		0.25，0.5						
		0.5，1						
		1，2						
		2.5，5						
		5，10						
D58—W	低 消 耗 功 率 表	0.05，0.1	30，60，120		0.5	45，65	A$_1$ 组	（44）
		0.1，0.2						
		0.2，0.4						
		0.05，0.1	60，120，240					
		0.1，0.2						
		0.2，0.4						
D62—W	单 相 功 率 表	0.1，0.2	75，150，300，450		0.2	45～65，扩大频 率为 180～1000		（43）
		0.5，1	75，150，300，450					
		2.5，5	75，150，300，450					
		5，10	75，150，300，450					
D72—W	单 相 功 率 表	0.5	75，150，300， 450，600		0.5	45～65，扩大 频率为 1000		（53）
		1						
		2						
		2.5						
		5						
		10						

27.3 数字功率表

27.3.1 DWM05 型数字功率表

一、概述

DWM05 型数字功率表分为 A 型、B 型、C 型、D 型、E 型五个品种。A 型、B

型为槽型表；C 型、D 型、E 型为矩型表。A 型配用马赛克屏（模拟屏），B 型为国标 16 型，C 型为国标 1T1 型，D 型为国标 42 型，E 型为国标 6C2 型。采用直接接通或配互感器等多种形式，适于变电站、发电厂配电屏、控制台等各计量行业配套使用。

二、主要技术数据

DWM05 型数字功率表主要技术数据，见表 27-30。

表 27-30　DWM05 型数字功率表主要技术数据

型　号		名称	准确度（±%）	简　要　说　明		生产厂
DWM05	$3\frac{1}{2}$位	功率表	1.0	量　　限： 表壳尺寸（mm） （高×宽×深）	100V 5A 或按用户需要制作或扩充 A 型 50×100×120　标准型 B 型 80×160×200　16 型 C 型 160×160×95　1T1 型 D 型 120×120×95　42 型 E 型 80×80×95　6C2 型	(46)
	$4\frac{1}{2}$位					
	$3\frac{1}{2}$位		0.5	开孔尺寸（mm） （高×宽） 读数形式： 功　　耗： 环境温度： 重　　量：	A 型 50×100　　B 型 70×150 C 型 151×151　　D 型 112×112 E 型 75×75 直读、百分读 ≤3VA -20～+45℃ 0.6kg（A 型），0.7kg（B 型），0.55kg（C 型）， 0.5kg（D 型），0.45kg（E 型）	
	$4\frac{1}{2}$位					
DMW05		电力电网专用三相交流有功功率表	0.5	功　　率： 过载能力： 功　　耗： 显示方式： 读数形式： 表壳尺寸（mm） （高×宽×深）	1A，100V～1A，380V 6A，100V～6A，380V 瞬间额定电压 10 倍，额定电流 20 倍 0.1VA（配用 TA、TV） TV 一次值，TV 二次值，可另配微机接口或过载报警等 直读或百分读等 A 型 50×100×120　标准型 B 型 80×160×200　16 型	(46)
			1.0		C 型 160×160×95　1T1 型 D 型 120×120×95　42 型	
DWM05V		电力电网专用三相交流无功功率表	0.5	 重　　量：	E 型 80×80×95　6C2 型 0.55kg（A 型），0.65kg（B 型），0.5kg（C 型）， 0.45kg（D 型），0.4kg（E 型）。各种参数按用户需要制作与扩充	
			1.0			

27.3.2　S2 系列数字功率表

S2 系列数字式功率表的主要技术数据，见表 27-31～表 27-32。

表 27-31 S2 系列数字式盘面和数字式设定功率表主要技术数据

名 称	型 号	最大指示	输入范围	备 注	生产厂
数字式盘面有功功率表	S2—334W—12 S2—334W—33 S2—334W—34	3999	1φ2W AC 110V 5A AC 200V 5A 3φ3W AC 110V 5A AC 200V 5A	1. 具有几种直流功率表； 2. 具有几种可程式显示可供选择	北京国际银燕电脑控制工程有限公司、台技电机股份有限公司
无功功率表	S2—334R—12 S2—334R—33 S2—334R—34		3φ4W AC 110V，63V 5A AC 190V，110V 5A AC 380V，220V 5A	具有几种可程式显示可供选择	
数字式设定有功功率表	S2—312A S2—400A	1999 9999	1φ2W 3φ3W 3φ4W	配合 S3—WD 转换器使用	

表 27-32 S2 系列数字式盘面功率表（内含转换器输出）主要技术数据

品 名	型 号	最大指示	精确度	输入范围	输出范围	备注	生产厂
有功功率表	S2—334WT—12 S2—334WT—33 S2—334WT—34	3999	±0.25%	1φ2W AC 110V 5A AC 220V 5A 3φ3W AC 110V 5A AC 220V 5A 3φ4W AC 110V/63V 5A AC 190V/110V 5A AC 380V/220V 5A	直流电压 0～1V 0～5V 1～5V 0～10V 直流电流 0～1mA 0～10mA 0～20mA 4～20mA 脉波 1k 脉冲/1kW·h 10k 脉冲/1kW·h 100k 脉冲/1kW·h	可程式显示	北京国际银燕电脑控制工程有限公司、台技电机股份有限公司
无功功率表	S2—334RT—12 S2—334RT—33 S2—334RT—34						

27.3.3 PS 系列数字功率表

一、PS—5 型数字功率表

适于电力和计量部门作电能计量标准和功率计量标准，也可作为一般的数字电压表、频率计及功率电压变换器使用。主要技术数据如下：

(1) 准确度：当频率为 40～65Hz，$\cos\varphi \geqslant 0.8$h 测量误差为 0.1%（满量程）。

(2) 测量范围及读数：输入电压：交直流 50、100、250、300、500V。输入电流：交直流 0.5、1、2、5、10、20A。读数：各量程的额定读数 ±10000 字。分辨率：1 个字。

(3) 工作条件：温度 10～35℃，相对湿度小于 80%。

(4) 电源：220V±10％，50Hz。

(5) 工作时间：连续 8h。

(6) 外形尺寸（mm）：454×480×162。

生产厂：天津电表厂。

二、PS—8 型数字直流功率表

用于冶金、化工等工业部门的直流供电系统，对工业现场直流功率进行精确计量。主要技术数据如下：

(1) 精度：标准条件下（20±2℃）为 0.2％±1 个字，额定条件下（0～45℃）为 0.5％±1 个字。

(2) 测量范围：输入电压为 50、100、500、1000V；电流：0～99.99kA。

(3) 最大数字容量：瞬时值为 9999kW；累积 999999kW·h。

(4) 线性：优于 0.1％。

(5) 温漂：0～45℃范围内，每 10℃小于 0.05％。

(6) 共模抑制比：（CMRR）大于 65dB。

(7) 外形尺寸（mm）：300×100×240。

生产厂：温州电工仪表厂。

三、PS—10 型三相单相功率电能表

当需要准确、快速测量功率或电能时，选用 PS10 型三相单相功率电能表，它能准确地校准 0.5 级以下的标准功率表和电能表，也能测量单相、三相的功率和电能。主要技术数据如下：

(1) 基准准确度：在温度 20±1℃，相对湿度≤80％，电源电压为 220±10％V，50±0.5Hz 的条件下，功率测量（单相、三相）：基本量程（100V，5A）额定输入的 0.1％±1 字（四位）。其它量程额定输入附加±0.05％。其它量程再附加基本量程误差的一半。

(2) 额定准确度：在温度 10～35℃，相对湿度≤80％，电源电压为 220±10％V，50±1Hz 的条件下额定准确度为基准准确度的两倍。

(3) 额定输入：电压为 100、220V，电流为 1、5、10A。

(4) 输入电阻：电压≥1kΩ/V，电流为 1A/0.12Ω，5A/0.08Ω，10A/0.022Ω。

(5) 功率测量（单相、三相）：100、220、500、1000、1100、2200W，三相时乘3。

(6) 分辨率：10mW/字（功率测量），10mW·s/字（电能测量）。

(7) 功率因数：cosφ＝0.5～1.0。

(8) 频率范围：45～65Hz。

(9) 同相和相间干扰：在额定输入的 0.02％以内。

(10) 最大显示：10000 荧光显示。

(11) 采样速率：1 次/s。

(12) 输出信息：计数脉冲输出，幅度 3.5～4.5V，乘法器模拟输出单相 2V，三相 6V。

(13) 输入方式：悬浮。

(14) 电源电压：220V±10％，50±1Hz。

（15）工作条件：温度 10～35℃，相对湿度≤80％（20℃）。

（16）功耗：30VA。

（17）外形尺寸及重量：460mm×520mm×144mm，20kg。

27.3.4 DP3—W 数显功率表

一、特点

可选带 DC4—20mA 变送输出；信号输入有内置 CT、PT 隔离；显示范围 0～1999；外形尺寸 48H×96W。

二、技术参数

DP3—W 数显功率表的主要技术参数，见表 27‑33。

表 27‑33 DP3—W 数显功率表技术参数

测量功能	交流单相有功功率	测量功能	交流单相有功功率
超量程能力	电压：1.2 倍连续；1.5 倍 10 分钟 电流：1.2 倍连续；1.5 倍 10 分钟	溢出显示	"1"
		显示	红色 LED 显示（14.2mmH）
输入方式	CT. PT 隔离	电源	AC 110/220V±10％，50/60Hz
功率因数范围	−0.5～1～0.5	外形尺寸	48H×96W
测量精度	±0.5％F.S±2 个字	功耗	≤5VA
A/D 转换	双积分	耐压	AC 1500V 1min
采样速度	约 2.5s	绝缘电阻	DC 500V≥100MΩ
最大显示	1999	重量	500g
频率影响	≤±0.05％ 45～65Hz		

三、基本型号

DP3—W 数显功率表的基本型号，见表 27‑34。

表 27‑34 DP3—W 数显功率表的基本型号

型号名称	输入电压	输入电流	基本量程	变送输出	输出负载电阻	测量精度
DP3—W20	90～450V	0～100mA	20W	无		±0.5％±2 个字
DP3—W200	90～450V	0～1A	200W	无		±0.5％±2 个字
DP3—W1100	90～450V	0～5A	1.1kW	无		±0.5％±2 个字
DP31—W20	90～450V	0～100mA	20W	DC4—20mA	0～500Ω	±0.5％±2 个字
DP31—W200	90～450V	0～1A	200W	DC4—20mA	0～500Ω	±0.5％±2 个字
DP31—W1100	90～450V	0～5A	1.1kW	DC4—20mA	0～500Ω	±0.5％±2 个字

说明：如果输入值超出输入范围，请在被测量的电压电流和仪表之间安装电压电流互感器。如果用户需要其它量程的功率表，可参考表 27‑35。表中所标的功率为 kW。

表 27 - 35　DP3—W 数显功率表的量程

CT : PT	100V 输入型					220V 输入型
	100V 直接输入	1kV : 100V	3kV : 100V	11kV : 100V	35kV : 100V	220V 直接输入
5 : 5A	0.5	5	15	55	175	1.1
10 : 5	1	10	30	110	350	2.2
15 : 5	1.5	15	45	165	525	3.3
20 : 5	2	20	60	220	700	4.4
25 : 5	2.5	25	75	275	875	5.5
30 : 5	3	30	90	330	1050	6.6
40 : 5	4	40	120	440	1400	8.8
50 : 5	5	50	150	550	1750	11
60 : 5	6	60	180	660		13.2
75 : 5	7.5	75	225	825		16.5
100 : 5	10	100	300	1100		22
150 : 5	15	150	450	1650		33
200 : 5	20	200	600			44
250 : 5	25	250	750			55
300 : 5	30	300	900			66
400 : 5	40	400	1200			88
500 : 5	50	500	1500			110
600 : 5	60	600	1800			132
750 : 5	75	750				165
1000 : 5	100	1000				220
2000 : 5	200	2000				440
3000 : 5	300					660

四、注意事项

（1）仪表只能在没有灰尘、化学药品及无有害气体侵袭仪表元器件的情况下使用。

（2）输入信号线使用双绞屏蔽线屏蔽层与信号低端相连。若输入信号伴随高频干扰应在线里用高频过滤器。

（3）仪表贮藏环境：−10～＋70℃，仪表校准时间为一年。

五、生产厂

上海托克电气有限公司、东崎电气有限公司。

27.3.5　HR—WP—W 系列智能型功率表

一、基本参数

HR—WP—W 系列智能型功率表的主要技术参数，见表 27 - 36。

表 27-36 HR—WP—W 系列智能型功率表的主要技术参数

商标		型 号		
HR	WP—W—C.S80 系列		WP—W—C90 系列	WP—W—C.S40 系列
外形尺寸 (mm)	160×80×140（横式） 80×160×140（竖式）		96×96×105	96×48×105（横式） 48×96×105（竖式）
输入信号	直接输入或配二次额定值分别为 100V 与 5A 的互感器			
输出方式	模拟量变送输出	DC 4～20mA（负载电阻≤500Ω） DC 1～5V（负载电阻≥250kΩ） DC 0～10mA（负载电阻≤750Ω） DC 0～5V（负载电阻≥250kΩ）		
	开关量输出	继电器控制输出——继电器 ON/OFF 带回差。AC220V/3A DC24V/6A（阻性负载） 可控硅控制输出——SCR（可控硅过零触发脉冲）输出，光电隔离，400V/0.5A 固态继电器输出——SSR（固态继电器控制信号）输出，光电隔离 6～24V/30mA		
	通讯方式	接口方式——标准串行双向通讯接口：光电隔离，RS—485，RS—232C，RS—422 等 波特率——300～9600b/s 内部自由设定		
特性	测量精度 分辨率 测量范围 显示方式 报警/控制	±0.5%F.S±1 字 ±1 字 −1999～＋9999 字 0.8、0.56in 或 0.28in 高亮度 LED 显示 可选择继电器上限、下限控制（或报警），输出，LED 指示		
供电电源	常规型 特殊型	AC220V（50Hz±2Hz） AC90～265V（50～60Hz）—开关电源		
工作环境		相对湿度：≤85%RH 环境温度：0～50℃ 避免强腐蚀气体		
重量	常规型：700g；特殊型：500g		常规型：500g	常规型：420g；特殊型：350g

二、HR—WP—W 系列功率表型谱表（HR—WP—W 有功功率/HR—WP—WO 无功功率型谱表）

HR—WP—W 系列功率表型谱表（不带控制/报警），见表 27-37。

表 27-37 HR—WP—W 系列功率表型谱表（不带控制/报警）

型 号						说 明
HR—WP—W/WO	□	—□ □	—□	—□	□	直流电压/电流表（不带控制/报警）
外形尺寸 （mm）	C401 S401 C801 S801 C901					96×48（横式） 48×96（竖式） 160×80（横式） 80×160（竖式） 96×96
通讯方式		0 2 4 8				无通讯输出 RS—232C 通讯口 RS—422 通讯口 RS—485 通讯口
变送 输出方式			0 2 3 4 5			无变送输出 4～20mA 变送输出 0～10mA 变送输出 1～5V 变送输出 0～5V 变送输出
输入类型				□		见"输入范围表"

型	号		说 明
供电方式		T A	AC90～265V（开关电源）供电 AC220V 供电（线性电源）
显示类型		W1 W3	显示单相功率 显示三相功率（输入单相电压电流，显示三相平衡功率值）
测量精度			0.5％F.S±1 字（可省略）

三、HR—WP—W 系列功率表型谱表（WP—W 有功功率／WP—WO 无功功率型谱表）

HR—WP—W 系列功率表型谱表（三位式控制/报警），见表 27－38。

表 27－38 HR—WP—W 系列功率表型谱表（三位式控制/报警）

型				号				说 明
HR—WP—W/WO □	—□	□	—□	—□	□	—□	□	直流电压/电流表（三位式控制/报警）
外形尺寸 （mm）	C403 S403 C803 S803 C903							96×48（横式） 48×96（竖式） 160×80（横式） 80×160（竖式） 96×96
通讯方式		0 2 4 8						无通讯输出 RS—232C 通讯口 RS—422 通讯口 RS—485 通讯口
变送/控制 输出方式			1 2 3 4 5 6 7					继电器控制输出 4～20mA 变送输出 0～10mA 变送输出 1～5V 变送输出 0～5V 变送输出 SCR—可控硅过零触发脉冲信号输出 SSR—固态继电器电压输出
输入类型				□				见"输入范围表"
第一 报警方式					H L			上限报警输出 下限报警输出
第二 报警方式						H L		上限报警输出 下限报警输出
供电方式						T A		AC90～265V（开关电源）供电 AC220V 供电（线性电源）
显示类型							W1 W3	显示单相功率 显示三相功率（输入单相电压电流，显示三相平衡功率值）
测量精度								0.5％F.S±1 字（可省略）

注 1. W 为有功功率表；WO 为无功功率表。
2. 输入型号以及输入范围，请在订货时注明。

四、生产厂

西安市虹润测控技术有限公司。

27.3.6 TOS 1210 数位式功率表

一、简介

TOS 1210 数位式功率表是以微处理技术为核心的自动测量电压 V、电流 I、功率 P

以及功率因数 PF 的智能化参数测量仪器。上下限设定功能可满足用户快速对各种产品测试结果进行自动分选，可以将每种参数设定范围，结果是否在这个范围、是高还是低于所要求的范围直接显示在面板上。本仪器测试快速准确，可靠性高，操作简单实用，友好的界面设置和自动测量功能更利于操作者使用，可广泛应用于工厂、院校、研究所、计量检验部门等。

二、数字显示

具有四位数字显示的功能，分别显示测量的电流、电压、视在功率及功率因数测量值。其显示的单位由灯亮位置对应的单位决定，其中"PEAK OVER"灯亮则表示超过仪器硬件所能测量的最大值。

三、档位选择

用户想选择在固定范围内测量则使用这项功能，电压、电流档位如下：

电压：600、60V；电流：20A、2A、200mA。

四、极限设定

为满足用户对元器件大批量分选，可以将每种参数自行设定范围，结果是否在这个范围、是高于还是低于所要求的范围直接显示在面板上。功率表提供了这项功能，其中每组三个灯功能如下："GO"表示测量值在设定的极限内；"HI"表示测量值超过设定极限的上限值；"LO"表示测量值低于设定极限的下限值。

五、量程保持

测量一个被测件后系统自动保持上次测量的设定状态，适用于元器件批量测试，提高测试速度。

六、测量范围及精度

TOS 1210 数位式功率表测量范围及精度，见表 27-39。

表 27-39 TOS 1210 数位式功率表测量范围及精度

参　　数	测量范围	精　　度	参　　数	测量范围	精　　度
I（电流）	20A	0.1%	V（电压）	600V	0.1%
	2A	0.1%		60V	0.1%
	200mA	0.1%	P（功率）	12kW	0.2%
			PF（功率因数）	0～1	0.1%

七、生产厂

东莞市嘉品仪器有限公司。

27.3.7 SZ3—W 系列数字有功功率表

一、特点

（1）电源、信号输入和输出端具有防雷保护功能，可供选购。

（2）可测量正负有效功率。

（3）具有模拟变送输出功能（4～20mA）。

（4）信号输入有内置 CT、PT 隔离。

（5）外形尺寸欧规标准 DIN（96mm×48mm）。

（6）稳定性高、可靠度佳。

二、通用指标

（1）最大显示值：±1999。

（2）功率因数范围：－0.5～1～0.5。

（3）测量原理：A/D 转换，二重积分。

（4）超出显示范围：显示"1"。

（5）工作电源：AC　110/220V±10%　50/60Hz。

（6）显示方式：14.2mm（0.56in）红色 LED 显示。

（7）输入方式：CT、PT 隔离。

（8）测量精度：±0.5%F.S±2 字。

（9）采样速率：约 2.5s。

（10）频率影响：≤±0.05%　45～65Hz。

（11）功率消耗：≤4.5VA。

（12）耐电压强度：AC　1.8kV/1min。

（13）绝缘阻抗：≥100MΩ。

（14）超量程能力：电流：1.2 倍数，1.5 倍 10 分钟；电压：1.2 倍数，1.5 倍 10 分钟。

（15）外形尺寸（mm）：96（W）×48（H）×100（D）。

三、生产厂

苏州工业园区科佳自动化有限公司。

27.3.8　SWP—W—C90 智能型功率表

一、主要参数

SWP—W—C90 智能型功率表主要参数，见表 27 - 40。

表 27 - 40　SWP—W—C90 智能型功率表主要参数

仪表尺寸（mm）	96×96×105
输入信号	直接输入或配二次额定值分别为 100V 与 5A 的互感器
特性	测量精度：±0.5%F.S±2 字 分辨率：1 字 测量范围：－1999～9999 字 显示方式：0.8in 或 0.56in 高亮度 LED 显示
供电电源	常规型：AC 220V+10%，－15%（50Hz±2Hz） 特殊型：DC 24V±2V　AC 90%～260V（50～60Hz）—开关电源
控制方式	ON/OFF 带回差
输出方式	模拟量变送输出：DC 4～20mA（负载电阻 0～500Ω） 　　　　　　　　DC 1～5V（≥250kΩ） 　　　　　　　　DC 0～10mA（负载电阻 0～1kΩ） 　　　　　　　　DC 0～5V（≥250kΩ） 　　　　　　　　SCR 可控硅过零触发 　　　　　　　　SSR 固态继电器 通讯方式：RS—232、422、485 任选。波特率：300～9600 内部自由设定 辅助配电输出：DC 24V（负载<30mA）

续表 27-40

报警方式	继电器上限、下限、上上限、下下限输出 LED 显示
工作环境	环境温度：0～50℃ 相对湿度：≤85RH 避免强腐蚀气体
重量	常规型：＜450g 特殊型：＜250g

二、生产厂

福建南平上润精密仪器有限公司。

27.3.9 KY99 系列数字显示功率表

一、主要参数

KY99 系列数字显示功率表主要参数，见表 27-41。

表 27-41 KY99 系列数字显示功率表主要参数

型号	名　称	工作电源	测 量 范 围		精　度	功耗 （VA）	面框尺寸 （mm）	开孔尺寸 （mm）
			电　压	电　流				
16 槽型	交直流功率表	AC220V 或 AC/DC110～250V	PT 二次 100V 或直接 380V	经 CT 二次 5A、1A	0.2、0.5	≤3	16×80	150×70
16 槽型	数字加光柱交 直流功率表	AC/DC110～250V	PT 二次 100V 或直接 380V	经 CT 二次 5A、1A	0.2、0.5	≤3	160×80	150×70
42 型	交直流功率表	AC220V 或 AC/DC110～250V	PT 二次 100V 或直接 380V	经 CT 二次 5A、1A	0.2、0.5	≤3		
42 型	数显加光柱交 直流功率表	AC/DC110～250V	PT 二次 100V 或直接 380V	经 CT 二次 5A、1A	0.2、0.5	≤3	120×120	112×112
6 方型	交直流功率表	AC220V	PT 二次 100V 或直接 380V	经 CT 二次 5A、1A	0.2、0.5	≤3	80×80	74×74

二、生产厂

西安开源仪表研究所。

第28章 功率因数表

　　功率因数表又称相位表，可以测量交流电路的功率因数、电压和电流的相位差。本章介绍常用的安装式功率因数表、实验室和精密式以及数字式功率因数表和相位计。

　　安装式功率因数表适用于固定安装在电力电器装置、开关板上，用来测量单相、三相交流电路中的功率因数。实验室及精密功率因数表、相位表为携带式电动系流比计结构，用于精密测量单相、三相交流电路中的功率因数、相位，也可作为校验较低精度等级仪表的标准表。

　　数字功率因数表和相位计是电子技术高速发展的产物，具有稳定性好、精度高、读数方便、抗干扰能力强等优点，用于工业现场作安装式仪表及实验室作高精度的测试。

28.1　安装式功率因数表

　　安装式功率因数表适于固定安装在电力电器装置、开关板上。用来测量单相、三相交流电路中的功率因数。

28.1.1　1系列功率因数表

一、外形及安装尺寸

1系列功率因数表外形及安装尺寸，见图28－1。

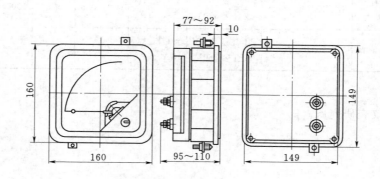

图28－1　1L2—cosϕ、1D5—cosϕ型功率因数表
外形及安装尺寸

二、主要技术参数

1系列功率因数表主要技术参数，见表28－1。

表 28-1 1系列功率因数表主要技术参数

| 型 号 | 名 称 | 量 限 | | | | 准确度 (±%) | 使用条件 | 接入方式 | 用 途 | 生产厂 |
		cosϕ	额定电流 (A)	额定电压 (V)	额定频率 (Hz)					
1L2—cosϕ	三相功率因数表	0.5～1～0.5	5, 0.5	127, 220, 380	50, 60	2.5	B₁组	直接接入	适于发电站、变电所或其它固定电力装置上，测量50Hz或60Hz三相电路的功率因数	(8) (4)
			5A～10kA/5A 或 0.5A	3.8～380kV/100V 或 50V				经仪用互感器接入		
1D5—cosϕ	三相功率因数表	0.5～1～0.5	5	100, 110, 127, 220	50	1.5	B组	直接接入	应用在频率50Hz的三相负荷平衡的交流电路中测量功率因数	(1) (3)
1L3—cosϕ	三相功率因数表	0.5～1～0.5	2.5, 5	100, 110, 127, 220		2.5	B组	直接接入	测量三相平衡电路中的功率因数	(66)

注 生产厂代号见表26-1（下同）。

28.1.2 6L2—cosϕ 型功率因数表

一、外形及安装尺寸

6L2—cosϕ 型功率因数表外形及安装尺寸，见图 28-2。

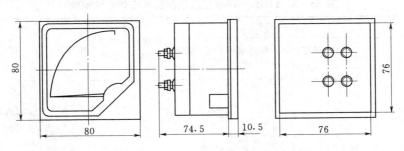

图 28-2 6L2—cosϕ 型功率因数表外形及安装尺寸

二、主要技术参数

6L2—cosϕ 型功率因数表主要技术参数，见表 28-2。

表 28-2　6L2—cosϕ 型功率因数表主要技术参数

型　号	名称	量　限				准确度（±%）	使用条件	接入方式	用　途	生产厂
		cosϕ	额定电流（A）	额定电压（V）	额定频率（Hz）					
6L2—cosϕ	单相功率因数表	0.5～1～0.5	5	100，220		2.5	C 组	直接接入	适用于电气设备上作测量单相或三相电路中的功率因数	(3)(12)(21)(37)(8)(2)
	三相功率因数表	0.5～1～0.5	5	100，380						

28.1.3　11D51—cosϕ 型功率因数表

一、外形及安装尺寸

11D51—cosϕ 型功率因数表外形及安装尺寸，见图 28-3。

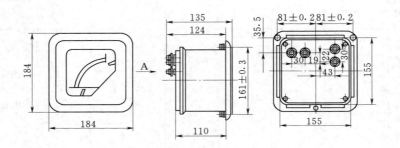

图 28-3　11D51—cosϕ 型功率因数表外形及安装尺寸

二、主要技术参数

11D51—cosϕ 型功率因数表主要技术参数，见表 28-3。

表 28-3　11D51—cosϕ 型功率因数表主要技术参数

型　号	名称	量　限				准确度（±%）	使用条件	接入方式	用　途	生产厂
		cosϕ	额定电流（A）	额定电压（V）	额定频率（Hz）					
11D51—cosϕ	中频单相功率因数表	0.5～1～0.5	5	100	1000，2500，4000，8000	5.0	B$_1$ 组	外附电压电流互感器接通	该表用在频率为 1000、2500、4000、8000Hz 的单相交流电路中测量功率因数	(42)(64)

28.1.4 12L1—cosϕ 型功率因数表

12L1—cosϕ 型功率因数表主要技术参数，见表 28-4。

表 28-4 12L1—cosϕ 型功率因数表主要技术参数

| 型 号 | 名称 | 量 限 | | | | 准确度 (±%) | 使用条件 | 接入方式 | 用 途 | 生产厂 |
		cosϕ	额定电流 (A)	额定电压 (V)	额定频率 (Hz)					
12L1—cosϕ	单相功率因数表	0.5～1～0.5	5, 0.5	50, 100, 220		5.0	B组	直接接入	安装在开关板和电工仪器上，测量单相电路的功率因数	(4) (65)

28.1.5 13T1—cosϕ 型功率因数表

一、外形及安装尺寸

13T1—cosϕ 型功率因数表外形及安装尺寸，见图 28-4。

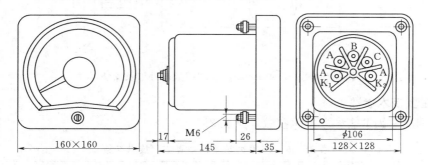

图 28-4 13T1—cosϕ 型功率因数表外形及安装尺寸

二、主要技术参数

13T1—cosϕ 型功率因数表主要技术参数，见表 28-5。

表 28-5 13T1—cosϕ 型功率因数表主要技术参数

| 型号 | 名称 | 量 限 | | | | 准确度 (±%) | 使用条件 | 接入方式 | 用 途 | 生产厂 |
		cosϕ	额定电流 (A)	额定电压 (V)	额定频率 (Hz)					
13T1—cosϕ	三相功率因数表	0容性～1～0感性	5	220	50, 400, 427	2.5	B组	直接接入	供嵌入安装在船舶和其它移动电力设备装置上，用来测量工作频率为50、400、427Hz交流三相网路中平衡的相负载与对称电压下的功率因数	(25)
				380				经 380/100V 或 380/127VTV 接入		

28.1.6 16系列功率因数表

一、外形及安装尺寸

16系列功率因数表外形及安装尺寸,见图28-5、图28-6。

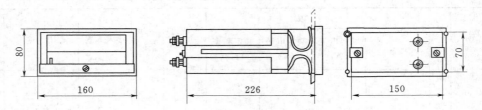

图 28-5 16L1—cosϕ、16L8—cosϕ 型功率因数表外形及安装尺寸

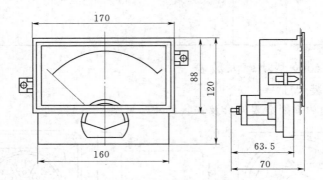

图 28-6 16L14—cosϕ 型功率因数表外形及安装尺寸

二、主要技术参数

16系列功率因数表主要技术参数,见表28-6。

表 28-6 16系列功率因数表主要技术参数

| 型 号 | 名称 | 量 限 | | | | 准确度 (±%) | 使用 条件 | 接入方式 | 用 途 | 生产厂 |
		cosϕ	额定电流 (A)	额定电压 (V)	额定频率 (Hz)					
16L1—cosϕ	单相功率因数表	0.5~1~0.5	5	100,220	50	2.5	B组	直接接入	适用于发电站、变电所和其它固定的电力装置上	(3)
	三相功率因数表	0.5~1~0.5	5	100,380	50					
16L8—cosϕ	三相功率因数表	0.5~1~0.5	5	100,220,380	50	2.5	B$_1$组	外附功率因数变换器		(1)

型 号	名称	量 限				准确度 (±%)	使用条件	接入方式	用 途	生产厂
		$\cos\phi$	额定电流 (A)	额定电压 (V)	额定频率 (Hz)					
16L13—$\cos\phi$	槽形三相功率因数表	0.5～1～0.5	5	100	50	2.5	B组	直接接入	用来测量三相交流电的功率因数	(18)
16L14—$\cos\phi$	单相功率因数表	0.5～1～0.5	5	100, 220, 380	50, 1000, 2500, 8000	5.0	B₁组	外附功率因数变换器		(4)
	三相功率因数表	0.5～1～0.5	3	100, 220, 380	50					

28.1.7 42 系列功率因数表

一、外形及安装尺寸

42 系列功率因数表外形及安装尺寸，见图 28-7、图 28-8。

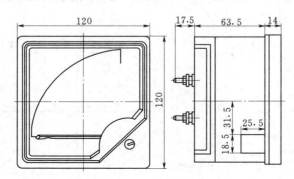

图 28-7 42L6—$\cos\phi$ 型功率因数表外形及安装尺寸

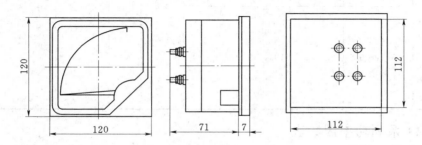

图 28-8 42L20—$\cos\phi$ 型功率因数表外形及安装尺寸

二、主要技术参数

42系列功率因数表主要技术参数，见表28-7。

表 28-7 42 系列功率因数表主要技术参数

| 型 号 | 名称 | 量 限 | | | | 准确度 (±%) | 使用条件 | 接入方式 | 用 途 | 生产厂 |
		cosφ	额定电流 (A)	额定电压 (V)	额定频率 (Hz)					
42L6—cosφ	单相功率因数表	0.5～1～0.5	5	100, 220		2.5	B组	直接接入	适用于各种输配电线路电站、电网等电力系统配电盘上，测量单相或三相电路的功率因数	(3)
	三相功率因数表	0.5～1～0.5	5	100, 380						
42L9—cosφ	三相功率因数表	0.5～1～0.5	5	100, 380		2.5	B组	直接接入	适用于电站、电网等电力系统控制翻台面板上，测量三相交流电路的功率因数	(19)
42L20—cosφ	三相功率因数表	0.5～1～0.5	5	100, 220, 380		0.5	B组	直接接入		(20) (3) (12) (35) (19) (31) (42) (27)
42KL6—cosφ	带设定报警单相功率因数表	滞后 0.5～1～0.5 超前	2.5～10	100, 200		2.5	B组			(35)
	带设定报警三相功率因数表	滞后 0.5～1～0.5 超前	2.5～10	100, 380						

28.1.8 44 系列功率因数表

一、外形及安装尺寸

44系列功率因数表外形及安装尺寸，见图28-9。

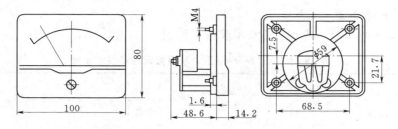

图 28-9　44L1—cosϕ 型功率因数表外形及安装尺寸

二、主要技术参数

44 系列功率因数表主要技术参数，见表 28-8。

表 28-8　44 系列功率因数表主要技术参数

型　号	名称	量　　限				准确度 (±%)	使用 条件	接入方式	用　　途	生产厂
		cosϕ	额定电流 (A)	额定电压 (V)	额定频率 (Hz)					
44L1— cosϕ	单相 功率 因数 表	0.5～1～0.5	5	100，220		2.5	B₁ 组	外附功 率因数 变换器	用于交流电 路中测量功率 因数，可广泛 用于开关板或 电子仪器配套	(15) (8) (35) (28) (20) (30) (3) (19)
	三相 功率 因数 表	0.5～1～0.5	5	100，380						
44L8— cosϕ	三相 功率 因数 表	0.5～1～0.5	5	100，220， 380		2.5	C 组		用于测量有 功功率及三相 电路的功率因 数等	(15) (8) (35) (28) (20) (32) (3) (19)

28.1.9　45T1—cosϕ 型功率因数表

一、外形及安装尺寸

45T1—cosϕ 型功率因数表外形及安装尺寸，见图 28-10。

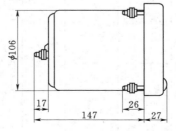

图 28-10　45T1—cosϕ 型功率因数表外形及安装尺寸

二、主要技术参数

45T1—cosϕ型功率因数表主要技术参数，见表28−9。

表 28 - 9　45T1—cosϕ型功率因数表主要技术参数

型号	名称	量　限				准确度 (±%)	使用条件	接入方式	用　途	生产厂
		cosϕ	额定电流 (A)	额定电压 (V)	额定频率 (Hz)					
45T1— cosϕ	三相相位表	0.5～1～0.5	5	127，220	50，400， 427	2.5	C组	直接接入	供嵌入安装在船舶和其它移动电力设备装置上，用来测量工作频率为50、400、427Hz交流三相电路中平衡的相负载与对称电压下的功率因数	(25)
				380				经380/ 100V 或 380/127V TV 接入		

28.1.10　46L1—cosϕ型功率因数表

一、外形及安装尺寸

46L1—cosϕ型功率因数表外形及安装尺寸，见图28−11。

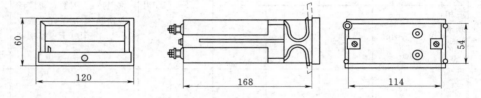

图 28 - 11　46L1—cosϕ型功率因数表外形及安装尺寸

二、主要技术参数

46L1—cosϕ型功率因数表主要技术参数，见表28−10。

表 28 - 10　46L1—cosϕ型功率因数表主要技术参数

型　号	名称	量　限				准确度 (±%)	使用条件	接入方式	用　途	生产厂
		cosϕ	额定电流 (A)	额定电压 (V)	额定频率 (Hz)					
46L1— cosϕ	单相功率因数表	0.5～1～0.5	5	100，220		2.5	B组	外附功率因数变换器	适用于电站、变电所输配电控制屏上测量功率因数	(3)
	三相功率因数表	0.5～1～0.5	5	100，380						

28.1.11 59 系列功率因数表

一、外形及安装尺寸

59 系列功率因数表外形及安装尺寸，见图 28-12～图 28-15。

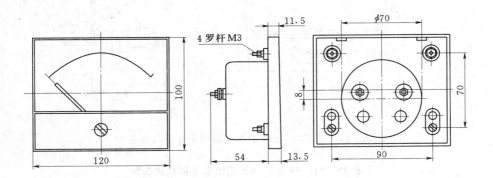

图 28-12 59L1—cosϕ 型功率因数表外形及安装尺寸

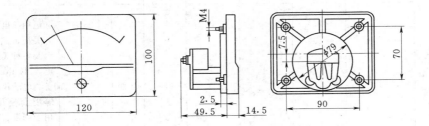

图 28-13 59L2—cosϕ 型功率因数表外形及安装尺寸

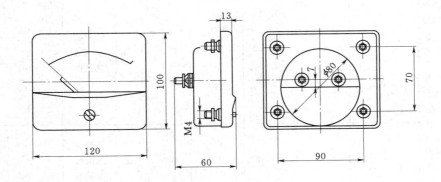

图 28-14 59L4—cosϕ 型功率因数表外形及安装尺寸

二、主要技术参数

59 系列功率因数表主要技术参数，见表 28-11。

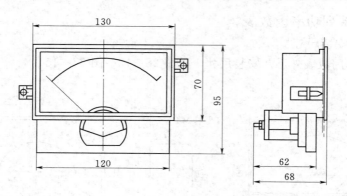

图 28-15　59L23—cosϕ 型功率因数表外形及安装尺寸

表 28-11　59 系列功率因数表主要技术参数

| 型　号 | 名称 | 量　　　限 | | | | 准确度（±%） | 使用条件 | 接入方式 | 用　途 | 生产厂 |
		cosϕ	额定电流（A）	额定电压（V）	额定频率（Hz）					
59L1—cosϕ	三相功率因数表	0.5～1～0.5	0.5，5	50，100，220，380		2.5	B₁ 组		适用于电气开关板、试验台及各种无线电、电讯设备、电子仪器等配套使用，用于测量三相电路中的电流与电压相位	(28)
59L2—cosϕ	单相功率因数表	0.5～1～0.5	5	100，220	50，1000，2500，8000	2.5	B₁ 组	外附功率因数变换器		(4)
	三相功率因数表	0.5～1～0.5	5	100，220，380	50					
59L4—cosϕ	三相功率因数表	0.5～1～0.5	5	100，380		2.5	B 组	外附功率因数变换器		(1)
59L17—cosϕ	三相功率因数表	0.5～1～0.5	5	100，220，380		1.5	C 组	通过变换器	适用于各种开关板配电屏、电子仪器测量功率因数	(12)

续表 28-11

型 号	名称	量 限				准确度 (±%)	使用 条件	接入方式	用 途	生产厂
		cosϕ	额定电流 (A)	额定电压 (V)	额定频率 (Hz)					
59L23— cosϕ	单相 功率 因数 表	0.5～1～0.5	5	100，220	50，1000， 2500， 8000	5.0	B₁组	外附功 率因数 变换器		(4)
	三相 功率 因数 表	0.5～2～0.5	5	100，220， 380	50					

28.1.12 62 系列功率因数表

一、外形及安装尺寸

62 系列功率因数表外形及安装尺寸，见图 28-16。

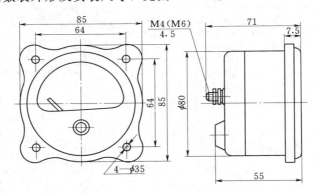

图 28-16 62L1—cosϕ 型功率因数表外形及安装尺寸

二、主要技术参数

62 系列功率因数表主要技术参数，见表 28-12。

表 28-12 62 系列功率因数表主要技术参数

型 号	名称	量 限				准确度 (±%)	使用 条件	接入方式	用 途	生产厂
		cosϕ	额定电流 (A)	额定电压 (V)	额定频率 (Hz)					
62L1—cosϕ	三相功率因数表	0.5～1～0.5	5	100，380		2.5	C组	外附功率因数变换器	适用于安装在开关板和电气、无线电设备上，测量电路中的功率因数	(20)

续表 28－12

型 号	名称	量　限				准确度（±%）	使用条件	接入方式	用　途	生产厂
		$\cos\phi$	额定电流（A）	额定电压（V）	额定频率（Hz）					
62L6—$\cos\phi$	三相功率因数表	0.5～1～0.5	5	100，220，380	50	2.5	C组	通过外附变换器	供开关板配电屏作测量50Hz正弦交流电路中的三相功率因数	（12）

28.1.13　63L10—cosϕ 型功率因数表

63L10—cosϕ 型功率因数表主要技术参数，见表 28－13。

表 28－13　63L10—cosφ 型功率因数表主要技术参数

型 号	名称	量　限				准确度（±%）	使用条件	接入方式	用　途	生产厂
		$\cos\phi$	额定电流（A）	额定电压（V）	额定频率（Hz）					
63L10—$\cos\phi$	三相功率因数表	0容～1～0感	5	127，220 380	50，400，427	2.5	C组	配用 H10 型变换器接入　通过 380/220V 或 380/127V 仪用互感器配用 FH10 型变换器接入	供安装在船用电力装置和移动电站的开关板上，用于测量工作频率为 50、400、427Hz 且负载平衡交流三相网络中的功率因数	（25）

28.1.14　69 系列功率因数表

一、外形及安装尺寸

69 系列功率因数表外形及安装尺寸，见图 28－17。

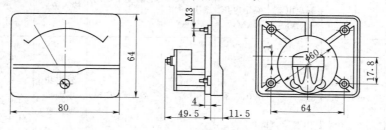

图 28－17　69L9—cosφ 型功率因数表外形及安装尺寸

二、主要技术参数

69 系列功率因数表主要技术参数，见表 28-14。

表 28-14 69 系列功率因数表主要技术参数

型 号	名称	量 限				准确度 (±%)	使用条件	接入方式	用 途	生产厂
		cosϕ	额定电流 (A)	额定电压 (V)	额定频率 (Hz)					
69L9—cosϕ	三相功率因数表	0.5~1~0.5	5	100, 220, 380		2.5	B$_1$组	外附功率因数变换器	用于测量三相电路中的电流与电压相位	(32) (15)
69L13—cosϕ	单相、三相功率因数表	0.5~1~0.5	0.5, 5, TA/0.5A/ 5A	100, 220, 380, TV/100V		2.5	B$_1$组	外附功率因数变换器	适用于各种无线电、电信设备、电子仪表配套使用，测量交流电路的功率因数	(27)

28.1.15 81L10—cosϕ 型功率因数表

81L10—cosϕ 型功率因数表主要技术参数，见表 28-15。

表 28-15 81L10—cosϕ 型功率因数表主要技术参数

型 号	名称	量 限				准确度 (±%)	使用条件	接入方式	用 途	生产厂
		cosϕ	额定电流 (A)	额定电压 (V)	额定频率 (Hz)					
81L10—cosϕ	三相功率因数表	0.5~1~0.5	5	100, 220, 380		2.5	C组	通过变换器	适用于小型仪器及开关板上测量三相交流电路的功率因数	(12)

28.1.16 85L1—cosϕ 型功率因数表

85L1—cosϕ 型功率因数表主要技术参数，见表 28-16。

表 28-16 85L1—cosϕ 型功率因数表主要技术参数

型 号	名称	量 限				准确度 (±%)	使用条件	接入方式	用 途	生产厂
		cosϕ	额定电流 (A)	额定电压 (V)	额定频率 (Hz)					
85L1—cosϕ	单相功率因数表	0.5~1~0.5	5	50, 100, 220		2.5	B$_1$组	外附功率因数变换器		(19) (33) (10) (7)
	三相功率因数表	0.5~1~0.5	5	50, 100, 380						

28.1.17 Q96系列功率因数表

一、外形及安装尺寸

Q96系列功率因数表外形及安装尺寸，见图28-18、图28-19。

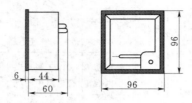

图28-18 Q96—FEMC型单相功率因数表、
Q96—FETC型三相功率因数表
外形及安装尺寸

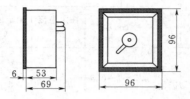

图28-19 Q96—FMZ型单相功率因数表、
Q96—FTZ型三相功率因数表
外形及安装尺寸

二、主要技术参数

Q96系列功率因数表主要技术参数，见表28-17。

表28-17 Q96系列功率因数表主要技术参数

型 号	名 称	标度尺展开角（°）	量 限				准确度（±%）	接入方式	使用条件	生产厂
			cosφ	额定电流（A）	额定电压（V）	额定频率（Hz）				
Q96—FEMC	单相功率因数表	90	0.5~1~0.5，0.8~1~0.8	5	220，380/100	50，60	1.5	外附变换器CV100	−25~+55℃	(25)
Q96—FMZ		240								
Q96—FETC	三相功率因数表	90	0.5~1~0.5，0.8~1~0.8	5	100，220，380，380/100	50，60	1.5	外附变换器CV100	−25~+55℃	(25)
Q96—FTZ		240								

28.2 实验室及精密功率因数表、相位表

实验室及精密功率因数表、相位表为携带式电动系流比计结构，用于精密测量单相、三相交流电路中的功率因数、相位，也可作为校验较低精度等级仪表的标准表。仪表使用条件为温度0~40℃，相对湿度不超过85%。实验室及精密功率因数表、相位表的主要技术参数，见表28-18。

表 28－18 实验室及精密功率因数表、相位表主要技术参数

型　号	名　称	测 量 范 围				准确度 (±%)	额定频率 (Hz)	标度尺 全长 (mm)	生产厂
		电流 (A)	电压 (V)	cosϕ	ϕ				
D26—cosϕ	单相功率 因数表	0.25～0.5 0.5～1 1～2 2.5～5 5～10 10～20	100 220	0.5～1～0.5		1.0	50±0.25	130	(44) (52)
D31—cosϕ	三相功率 因数表	0.25～0.5 0.5～1 1～2 2.5～5 5～10 10～20	110 220 380	0.5～1～0.5		1.0	45～65	130	(44) (52)
D41—cosϕ	单相功率 因数表	0.25～0.5 0.5～1 1～2 2.5～5 5～10	110 220	0.5～1～0.5		0.5			(52)
D3—ϕ	单相相 位表	5～10	100 200		0～ 360°	1.5	50, 60	140	(43)
D66—ϕ	单相相 位表				0～ 360°	1.0	50, 60	140	(43)
D70—ϕ	单相相 位表				0～ 360°	1.0	50	280	(43)

28.3　数字功率因数表

28.3.1　S2 系列数字功率因数表

一、S2 系列数字式盘面功率因数表

S2 系列数字式盘面功率因数表主要技术参数，见表 28－19。

表 28－19　S2 系列数字式盘面功率因数表主要技术参数

型　　号	最大指示	输　入　范　围	备　　注	生产厂
S2—312P—12 S2—312P—33 S2—312P—34	−0.5～1～0.5	1ϕ2W AC　110V　5A AC　200V　5A 3ϕ3W AC　110V　5A AC　200V　5A 3ϕ4W AC　110V/63V　5A AC　190V/110V　5A AC　380V/220V　5A	具有测量 −0.2～1～0.2 之几种	(47) (48)

二、S2 系列数字式盘面功率因数表（内含转换器输出）

S2 系列数字式盘面功率因数表（内含转换器输出）主要技术参数，见表 28-20。

表 28-20　S2 系列数字式盘面功率因数表（内含转换器输出）主要技术参数

型　号	最大指示	精确度	输入范围	输出范围	生产厂
S2—334PT—12 S2—334PT—33 S2—334PT—34	−0.5～ 1～0.5	±0.5%	1φ2W AC　110V　5A AC　200V　5A 3φ3W AC　110V　SA AC　200V　SA 3φ4W AC　110V/63V　5A AC　190V/110V　5A AC　380V/220V　5A	直流电压 0～1V 0～5V 1～5V 0～10V 直流电流 0～1mA 0～10mA 0～20mA 4～20mA 脉波 1kpulse/1kW·h 10kpulse/1kW·h 100kpulse/1kW·h	(47) (48)

28.3.2　PX1C 型数字相位计

PX1C 型数字相位计用于测量两个正弦交流电压信号相位差及网络相位变化特性。主要技术参数见表 28-21。

表 28-21　PX1C 型数字相位计主要技术参数

型号	名称	相对角度测量范围		输入信号频率	准确度		使用条件	外形尺寸 (mm)	生产厂
		20Hz～ 10kHz	10～100kHz		20Hz～ 20kHz	20～ 100kHz			
PX1C	数字 相位计	0～360°	≥ [0°＋ (10f)°～ 360— (10f)°]，f 的 单位为 MHz	20Hz～ 100kHz	0.1%	0.2%	A 组	420×350 ×110	(44)

28.3.3　DCM05 型数字功率因数表与 DPM05 型数字相位表

DCM05 型数字功率因数表与 DPM05 型数字相位表主要技术参数，见表 28-22。

表 28-22 DCM05 型数字功率因数表与 DPM05 型数字相位表主要技术参数

型号	名称	准确度 (±%)	简 要 说 明	生产厂
DCM05	电力电网专用单相功率因数表	1.0	过载能力： 瞬间额定电压 10 倍，额定电流 20 倍 功 耗： 0.1VA（配用 TA、TV） 显示方式： TV 一次值，TV 二次值，可另配微机接口或过载报警等 读数形式： 直读或百分读等 表壳尺寸（mm） A 型 50×100×120 标准型 （高×宽×深） B 型 80×160×200 16 型 C 型 160×160×95 1T1 型	(46)
DCM05	电力电网专用三相功率因数表	1.0	D 型 120×120×95 42 型 E 型 80×80×95 6C2 型 重 量： 0.55kg（A 型），0.65kg（B 型），0.5kg（C 型），0.45kg（D 型），0.4kg（E 型）。各种参数按用户需要制作与扩充	
DPM05	单相相角表	0.5	量 限： 0～360° 分 辨 率： 0.1° 表壳尺寸： 同上 信号输入： 20～60Hz 输入信号幅度：电压 40～400V 电流 0.2～6A 读数形式： 直读式	(46)

28.3.4 DPX—1 型微电脑工频相位计

DPX—1 型微电脑工频相位计是电力相位及工频测试仪器，该仪器包括了电力相位测试的全部项目，如距离保护中的最大灵敏角、转移阻抗等，并可在不断开二次回路的情况下进行保护测试，如作六角图及母差保护等测试。该仪器还可作工频频率的高精度测试。主要技术参数见表 28-23。

表 28-23 DPX—1 型微电脑工频相位计主要技术参数

工频频率测试	测试范围	16.00～99.99Hz，绝对误差 0.01Hz					
	输入信号	1～500V 交流正弦波					
	适用范围	主要用于高精度的工频频率测试。如网频监视仪、检验表计、频率变送器、低周波继电器					
工频相位测试	指标测试方式	测试范围	精度等级	输入信号		电压输入阻抗 (kΩ)	电流输入阻抗 (kΩ)	适用范围
				电压（V）	电流（A）			
	1. U_1-U_2	0.0～360.0	0.2	1～500		＞500		相位的高精度测试，如距离保护的最大灵敏角、转移阻抗等
	2. U_1-I_2	0.0～360.0	0.2	1～500	0.01～10.00	＞600	0.01～0.5A 档为 100Ω，0.5～2.5A 档为 2Ω，2.5～5.0A 为 0.4Ω，5.0～10.0A 档为 0.2Ω	

续表 28－23

	指标测试方式	测试范围	精度等级	输入信号		电压输入阻抗（kΩ）	电流输入阻抗（kΩ）	适用范围
				电压（V）	电流（A）			
工频相位测试	3. U_1—I_2（I_2 用测试钳）	0.0～360.0	1.0	1～500	0.5～5.0	＞500	0	用于电气回路的不开路测试，如在二次回路作六角图和母差保护测试等
	4. I_1—I_2（I_1、I_2 均用测试钳）	0.0～360.0	1.0		0.5～5.0		0	
显示方式	5 位 LED 数码管显示							
工作电源	交流：220±10％V、50±20％Hz							
工作环境	环境温度：－10～＋40℃相对湿度；不大于 85％RH							
谐波抑制	输入信号波形失真不大于 5％时，不影响测量精度							
工作时间	不间断持续工作（主要是监视网频）							
通道隔离	仪器的左右通道完全隔离，同名端不接地，可防止误接测量导线引起的触电和短路事故							
自检功能	具有自动校正功能，可自动消除因通道或频率的变化漂移而产生的对相位测试的影响，还可消除谐波对相位测试的影响，以保证长期测试的高精度							
外形尺寸（mm）	280×110×230							
质量	3.5kg（主机）							
生产厂	武汉长江电气发展有限公司							

28.3.5   SX48 系列数显三相功率因数表

一、结构特征

采用变送器将被测信号整形，经逻辑运算电路整合后，再由 LED 数码管显示。产品特点如下：

（1）内部采用电压互感器和电流互感器将输入信号隔离，使仪表具有较高的过载能力；

（2）显示直观，准确，清晰；

（3）线性度良好；

（4）误差小；

（5）功耗低；

（6）易实现遥测遥控。

二、主要技术参数

(1) 工作电源：220V±10％、50～60Hz；

(2) 输入：电压 AC380V、电流 0～5A；

(3) 准确度：±0.5％满量程；

(4) 显示：4 位红色 LED（数码显示）；

(5) 功耗：≤1.5W；

(6) 允许过载：电流或电压 1.2 倍连续，1.5 倍瞬间；

(7) 工作环境：−10～+50℃；

(8) 工频耐压：1.5kV；

(9) 相对湿度：80％；

(10) 外形尺寸：48mm×96mm×112mm；

(11) 开口尺寸：43mm×91mm。

三、生产厂

德力西集团。

28.3.6 KY99 系列数字显示功率因数表

一、主要参数

KY99 系列数字显示功率因数表的主要参数，见表 28−24。

表 28−24 KY99 系列数字显示功率因数表的主要参数

型号	名称	工作电源	测量范围	电 压	电 流	精 度	功 耗	面框尺寸（mm）	开孔尺寸（mm）
16 槽型	交直流功率因数表	AC220V 或 AC/DC110～250V	−0.5～1～0.5	PT 二次 100V 或直接 380V	经 CT 二次 5A、1A	0.2、0.5	≤3VA	160×80	150×70
42 型	交直流功率因数表	AC220V 或 AC/DC110～250V	−0.5～1～0.5	PT 二次 100V 或直接 380V	经 CT 二次 5A、1A	0.2、0.5	≤3VA	160×80	150×70
6 方型	交直流功率因数表	AC220V	−0.5～1～0.5	PT 二次 100V 或直接 380V	经 CT 二次 5A、1A	0.2、0.5	≤3VA	80×80	74×74

二、生产厂

西安开源仪表研究所。

28.3.7 DB4 智能功率因数表

一、型号含义

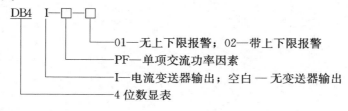

二、交流单相功率因数测量

DB4 智能功率因数表测量参数，见表 28 - 25。

表 28 - 25　DB4 智能功率因数表测量参数

型　号	量　程	输入电压	输入电流	上下限报警	测量不准确度
DB4（I）—PF01	−0.5～1～+0.5	90～450V	≤5A	无	±0.5％F.S±2Digit
DB4（I）—PF02	−0.5～1～+0.5	90～450V	≤5A	有	±0.5％F.S±2Digit

注　1. 如果用户需选用带 4～20mA 变送输出的仪表，请在仪表型号后加 "I"，比如 DB4—PF01 为不带 4～20mA
　　　变送输出的仪表，DB4I—PF01 为带 4～20mA 变送输出的仪表，其它各型号相同。
　　2. 在测量交流单相功率因数时，若需要配置电流互感器，其二次端额定电流 5A，电压互感器二次端额定电压
　　　100V，大于 5A 电流输入时必须另外配置电流互感器，以及高于 450V 电压输入时必须另外配置电压互感器。

三、技术参数

DB4 智能功率因数表的主要参数，见表 28 - 26。

表 28 - 26　DB4 智能功率因数表的主要参数

输入方式	单端输入	报警输出	继电器输出（250V 2A）
A/D 转换	V/F 转换	耐　压	AC 1500V 1min
测量速度	约 2.5 次/s	绝缘电阻	DC 500V≥100MΩ
溢出显示	"1"	功　耗	≤4.5VA
显　示	Red LED（14.2mmH）	电　源	AC110V/220V 50/60Hz
功率因数	−0.5～1～0.5	重　量	Abt. 500g
变送输出	4～20mA	外形尺寸	48mm×96mm×105mm

四、生产厂

托克仪表（北京）有限公司。

第29章 频 率 表

　　频率是电能质量的重要指标之一。本章介绍安装式、实验室频率表。安装式频率表用于电气开关板、变电所、输配电控制屏及电工电子、电讯配套设备上，测量不同额定电压交流电路中的频率。实验室频率表用来精密测量单相、三相交流电路中的频率，也可作为较低准确度等级仪表的标准表。频率表按结构可分为电气机械式、数字式两类。电气机械式频率表多为电动系和整流系，电动系频率表的测量机构和工作原理与电动系功率表类似。数字式频率表实质是一个电子计数器，一般包括闸门、石英晶体振荡器、分频器、计数器，根据不同需要还有各种转换开关或其它部件。数字式频率表测频的原理是被测信号经过整形电路后变成与其同频率的窄脉冲，然后加到闸门的一个输入端上，闸门的另一端受时间基准信号门控信号的控制。门控信号未来时，闸门关闭，窄脉冲不能通过，计数器显示为零。门控信号到来，闸门打开，窄脉冲加到计数器输入端，计数器计数。门控信号的宽度是秒信号，闸门打开的时间为1s。计数器计数的时间也为1s，按照频率的定义，在1s内计数器计得的脉冲个数就等于被测频率。

29.1　安装式频率表

　　安装式频率表用于电气开关板、变电所、输配电控制屏及电工电子、电讯配套设备上，测量不同额定电压的交流电路中的频率。

29.1.1　1系列频率表

一、外形及安装尺寸

　　1系列频率表外形及安装尺寸，见图29-1、图29-2。

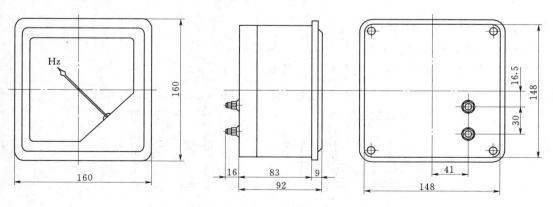

图 29-1　1D1—Hz型频率表外形及安装尺寸

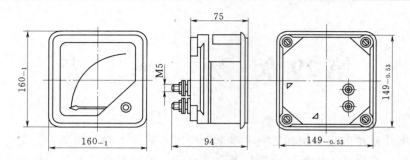

图 29-2 1L1—Hz 型频率表外形及安装尺寸

二、主要技术参数

1 系列频率表主要技术参数，见表 29-1。

表 29-1 1 系列频率表主要技术参数

型 号	量 限		准确度（±%）	使用条件	接入方式	用 途	生产厂
	频 率（Hz）	额定电压（V）					
1D5—Hz	45～55，55～65	100，110，127，220			直接接通		(17)(6)
1D1—Hz	45～55Hz	100，110，220	1.0	B 组			(11)(42)(64)
1L1—Hz	45～55，55～65，380～480，450～550	100，110，127，220	1.0		直接接通	整流系频率表，用于交流电路中测量频率	(17)(6)(10)
1L2—Hz	45～55，55～65	50，100，220，380	5.0	B₁	直接接通	适用于发电站、变电所或其它固定电力装置上测量三相电路的频率	(8)(4)
1L3—Hz	45～55	100，110，127，220	1.0	B	供测量工业频率用		(66)

注 生产厂代号见表 26-1（下同）。

29.1.2 6L2—Hz 型频率表

一、外形及安装尺寸

6L2—Hz 型频率表外形及安装尺寸，见图 29-3。

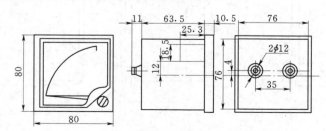

图 29-3 6L2—Hz 型频率表外形及安装尺寸

二、主要技术参数

6L2—Hz 型频率表主要技术参数，见表 29－2。

表 29－2　6L2—Hz 型频率表主要技术参数

型　号	量　限		准确度 （±%）	使用条件	接入方式	用　途	生产厂
	频　率 （Hz）	额定电压 （V）					
6L2—Hz	45～55，55～65， 350～450，450～550	50，100， 220，380	5.0	C组	直接接通	适用于电气开关板、试验 台及电子工业装置中测量工 频频率	（3） （8） （12） （2） （21）

29.1.3　13D1—Hz 型频率表

13D1—Hz 型频率表主要技术参数，见表 29－3。

表 29－3　13D1—Hz 型频率表主要技术参数

型　号	量　限		准确度 （±%）	使用条件	接入方式	用　途	生产厂
	频　率 （Hz）	额定电压 （V）					
13D1—Hz	45～55	127，220， 380（经 380/100 或 380/127 VPT 接入）	2.5	C组	FY50	供嵌入凸出安装在船舶和 其它移动电力设备装置上， 用来测量额定工作频率为 50、400、427Hz 交流网络 的频率	（25）
	350～450， 380～480				FY42		

29.1.4　16 系列频率表

一、外形及安装尺寸

16 系列频率表外形及安装尺寸，见图 29－4、图 29－5。

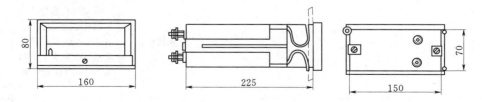

图 29－4　16L1—Hz、16D2—Hz 型频率表外形及安装尺寸

二、主要技术参数

16 系列频率表主要技术参数，见表 29－4。

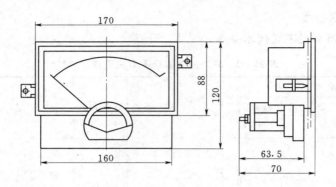

图 29 - 5　16L14—Hz 型频率表外形及安装尺寸

表 29 - 4　16 系列频率表主要技术参数

型　号	量　　限		准确度（±%）	使用条件	接入方式	用　　途	生产厂
	频　率（Hz）	额定电压（V）					
16D2—Hz	45～55	100，200	0.5	B₁ 组	直接与外附阻抗器接通	安装在发电站的控制台或控制屏上、各企业电气系统的开关板或控制台上，指示 45～55Hz 的电网频率	(4)
		V1/100V			通过电压互感器（次级电压 100V）与外附阻抗器接通		
16L1—Hz	45～55，55～65，350～450，450～550	50，100，220，380	2.5	B₁ 组		适用于发电站、变电所和其它固定的电力装置上	(15)(16)(10)(3)(13)(5)
16L2—Hz	45～55，55～65	100，220，380	5.0	B₁ 组	直接接通	供安装在发电站的控制台或控制屏上、各企业电气系统的开关板或控制台上，测量 45～65Hz 的频率	(8)(4)
16L8—Hz	45～55，55～65	50，100，220	5.0	B 组	外附频率变换器		(1)
16L12—Hz	45～55	100，220，380		B 组	直接接通		

型　号	量　限		准确度 （±%）	使用条件	接人方式	用　途	生产厂
	频　率 （Hz）	额定电压 （V）					
16L13—Hz	45～55	100 单指针	2.5	B₁组		用于电站配电盘及移动电位装置配套，测量电路频率	(18)
		100 双指针					
16L14—Hz	45～55，55～65，380～480，450～550，900～1100	100，220，380	2.5	B₁组			(4)
16L16—Hz		100 双指针	2.5	B₁组		用于电站配电盘及移动电位装置配套，测量电路频率	(18)

29.1.5　42系列频率表

一、外形及安装尺寸

42系列频率表外形及安装尺寸，见图29-6、图29-7。

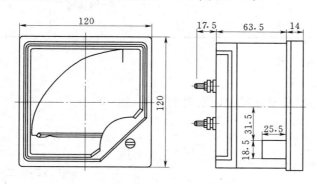

图 29-6　42L6—Hz 型频率表外形及安装尺寸

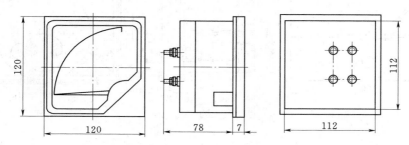

图 29-7　42L9—Hz 型频率表外形及安装尺寸

二、主要技术参数

42系列频率表主要技术参数，见表29-5。

表 29-5　42 系列频率表主要技术参数

| 型　号 | 量　限 | | 准确度
(±%) | 使用条件 | 接入方式 | 用　途 | 生产厂 |
	频　率 （Hz）	额定电压 （V）					
42L1—Hz	45～55，55～65	50，100，220，380	5.0	B 组	外附频率 变换器		(3)
42L6—Hz	45～55，55～65，350～450，450～550	50，100，220，380	5.0	B 组	直接接通	适于发电厂、变电所、配电间的开关板或其它固定电力装置上配套使用，测量交流电路的频率	(3)
42L9—Hz	45～55，55～65，45～65	100，220，380	5.0	B_1 组	直接接通	适用于电站、电网等电力系统控制台面板上测量频率	(19) (6)
42L20—Hz	45～55，55～65，45～65	100，220，380	5.0	B 组	直接接通		(4)

29.1.6　44 系列频率表

一、外形及安装尺寸

44 系列频率表外形及安装尺寸，见图 29-8、图 29-9。

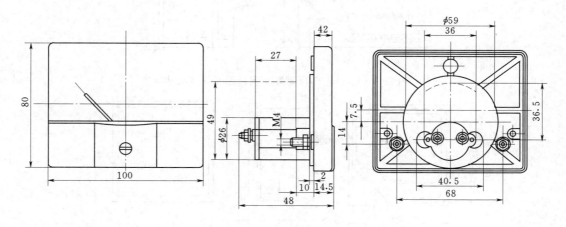

图 29-8　44L1—Hz 型频率表外形及安装尺寸

二、主要技术参数

44 系列频率表主要技术参数，见表 29-6。

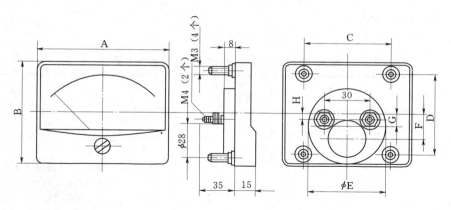

图 29 - 9   44L7—Hz 型频率表外形及安装尺寸

表 29 - 6   44 系列频率表主要技术参数

| 型　号 | 量　　　　限 | | 准确度 （±%） | 使用条件 | 接入方式 | 用　　　途 | 生产厂 |
	频　率 （Hz）	额定电压 （V）					
44L1—Hz	45～55，55～65， 350～450，450～550	50，100， 220，380	2.5	B₁ 组	外附频率 变换器	可与开关板或电子仪器 配套用，测量较宽范围的 频率	(15) (20) (28) (8) (16) (32) (3) (35) (26)
44L7—Hz	45～480，450～550， 900～1100，1350～1650	36，110， 127，220， 380	5.0	C 组			(12)

29.1.7　45D1—Hz 型频率表

一、外形及安装尺寸

45D1—Hz 型频率表外形及安装尺寸，见图 29 - 10。

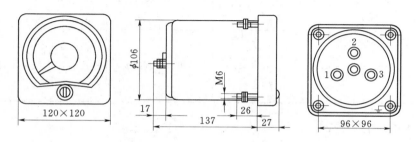

图 29 - 10   45D1—Hz 型频率表外形及安装尺寸

二、主要技术参数

45D1—Hz 型频率表主要技术参数，见表 29 - 7。

表 29 - 7　45D1—Hz 型频率表主要技术参数

型　号	量　限		准确度 (±%)	使用条件	接入方式	用　途	生产厂
	频　率 (Hz)	额定电压 (V)					
45D1—Hz	45～55	127，220， 380（经 380/100 或 380/127 VTV 接入）	2.5	B 组	FY50	供嵌入及凸出安装在船 舶和其它移动电力设备装 置上，测量额定工作频率 为 50、400、427Hz 交流 电路的频率	(25)
	350～450， 380～480				FY42		

29.1.8　46L1—Hz 型频率表

一、外形及安装尺寸

46L1—Hz 型频率表外形及安装尺寸，见图 29 - 11。

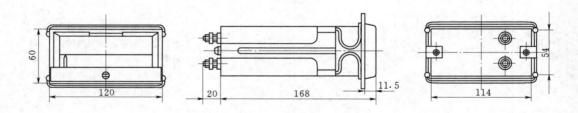

图 29 - 11　46L1—Hz 型频率表外形及安装尺寸

二、主要技术参数

46L1—Hz 型频率表主要技术参数，见表 29 - 8。

表 29 - 8　46L1—Hz 型频率表主要技术参数

型　号	量　限		准确度 (±%)	使用条件	接入方式	用　途	生产厂
	频　率 (Hz)	额定电压 (V)					
46L1—Hz	45～55，55～65	50，100， 220	5.0	B 组	直接接入	用于电站、变电所输配 电控制屏上测量电路的 频率	(3) (5)

29.1.9　59 系列频率表

一、外形及安装尺寸

59 系列频率表外形及安装尺寸，见图 29 - 12、图 29 - 13。

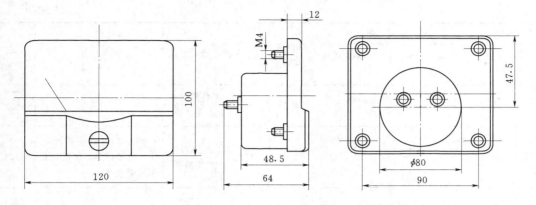

图 29-12 59L2—Hz 型频率表外形及安装尺寸

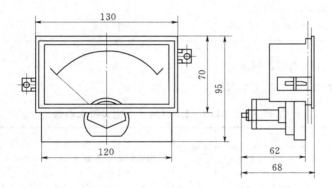

图 29-13 59L23—Hz 型频率表外形及安装尺寸

二、主要技术参数

59 系列频率表主要技术参数，见表 29-9。

表 29-9 59 系列频率表主要技术参数

| 型 号 | 量 限 | | 准确度
（±%） | 使用条件 | 接入方式 | 用 途 | 生产厂 |
	频 率 （Hz）	额定电压 （V）					
59L1—Hz	45~55，55~65	50，100，110，127，220，380	5.0	B₁ 组		适于电气开关板、试验台及各种无线电、电讯设备、电子仪器等配套使用，测量交流电路频率	(28) (35) (27) (15) (16) (32) (5)
59L2—Hz	44~55，55~65，350~450，450~550	50，100，220，380	2.5	B₁ 组	外附频率变换器	用于交流电路中测量频率	(26) (20) (3) (8)

续表 29 - 9

| 型 号 | 量 限 | | 准确度 (±%) | 使用条件 | 接入方式 | 用 途 | 生产厂 |
	频 率 (Hz)	额定电压 (V)					
59L4—Hz	45～55, 55～65	50, 100, 220	5.0	B组	外附频率变换器		(68)
59L7—Hz	45～55, 380～480, 450～550, 900～1100, 1350～1650	36, 110, 127, 220, 380	5.0	C组	通过变换器	用于各种开关板配电屏、电子仪器,测量交流电路的频率	(12)
59L9—Hz	45～55, 55～65, 350～450, 450～550	50, 100, 220, 380	5.0	B₁组	外附变换器		(32) (15)
59L23—Hz	44～55, 55～65, 350～450, 450～550	100, 220, 380	2.5	B₁组	直接接通		(4)

29.1.10　61L1—Hz 型频率表

61L1—Hz 型频率表主要技术参数,见表 29 - 10。

表 29 - 10　61L1—Hz 型频率表主要技术参数

| 型 号 | 量 限 | | 准确度 (±%) | 使用条件 | 接入方式 | 用 途 | 生产厂 |
	频 率 (Hz)	额定电压 (V)					
61L1—Hz	45～55, 55～65	50, 100, 110, 127, 220, 380					(24) (67)

29.1.11　62 系列频率表

一、外形及安装尺寸

62 系列频率表外形及安装尺寸,见图 29 - 14～图 29 - 16。

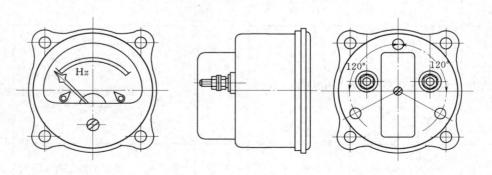

图 29 - 14　62L1—Hz 型频率表外形及安装尺寸

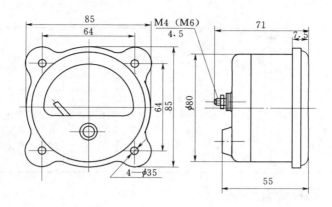

图 29-15 62L2—Hz 型频率表外形及安装尺寸

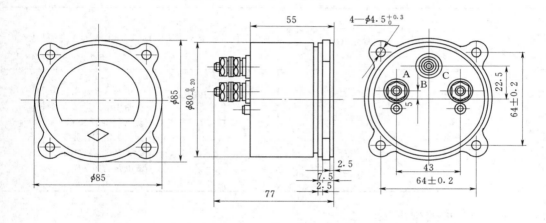

图 29-16 62T51—Hz 型频率表外形及安装尺寸

二、主要技术参数

62 系列频率表主要技术参数，见表 29-11。

表 29-11 62 系列频率表主要技术参数

型　号	量　　限		准确度 （±％）	使用条件	接入方式	用　　途	生产厂
	频　率 （Hz）	额定电压 （V）					
62L1—Hz	45～55，55～65， 350～450，450～550	50，100， 110，127， 220，380	5.0	B 组	直接接通	供开关板配电屏上作测 量交流电路的频率用	（3） （17） （19） （4）
62L2—Hz	45～55，380～480， 450～550，900～1100， 1350～1650	36，110， 127，220， 380	1.5 2.5	B_1 组	直接接通	供开关板配电屏上作测 量交流电路的频率用	（12） （34）

续表 29－11

型　号	量　　限		准确度 ($\pm\%$)	使用条件	接入方式	用　　途	生产厂
	频　率 （Hz）	额定电压 （V）					
62T51—Hz	45～55，380～480， 450～550，950～1050， 1450～1550	110，127， 220，380	2.5	B₁组	外附阻抗器 187×85 ×96	适用于各种发电设备、 电工、电讯设备配套使 用，测量交流电路的频率	(39) (12)

29.1.12　63L10—Hz 型频率表

63L10—Hz 型频率表主要技术参数，见表 29－12。

表 29－12　63L10—Hz 型频率表主要技术参数

型　号	量　　限		准确度 ($\pm\%$)	使用条件	接入方式	用　　途	生产厂
	频　率 （Hz）	额定电压 （V）					
63L10—Hz	45～55，55～65， 350～450，380～480	127，220	2.5	B组	直接接入	供嵌入及凸出安装 在船用电力装置和移 动电站的开关板上， 测量额定工作频率为 50、400、427Hz 交 流电路的频率	(25)
		380			用　380/127 或 380/100VTV 接入		

29.1.13　69 系列频率表

一、外形及安装尺寸

69 系列频率表外形及安装尺寸，见图 29－17。

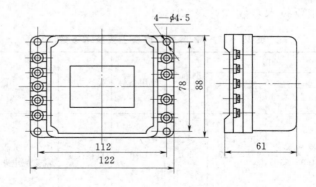

图 29－17　69L9—Hz 型频率表外形及安装尺寸

二、主要技术参数

69 系列频率表主要技术参数，见表 29－13。

表 29 - 13　69 系列频率表主要技术参数

| 型　号 | 量　限 | | 准确度
（±%） | 使用条件 | 接入方式 | 用　途 | 生产厂 |
	频　率 （Hz）	额定电压 （V）					
69L9—Hz	45～55，56～65， 350～450，450～550	50，100， 220，380	5.0	B组	外附变换器	测量交流工频频率	（32） （15）
69L13—Hz	45～550	50～380	5.0	B₁组	直接接通	适于各种无线电、电 信设备、电子仪器配套 使用，测量交流电路 频率	（27）

29.1.14　81 系列频率表

一、外形及安装尺寸

81 系列频率表外形及安装尺寸，见图 29 - 18、图 29 - 19。

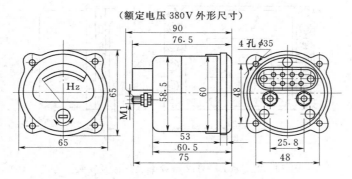

图 29 - 18　81L1—Hz 型频率表外形及安装尺寸

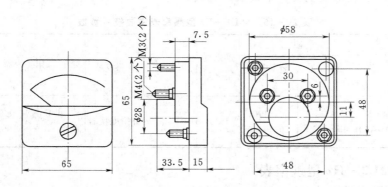

图 29 - 19　81L2—Hz 型频率表外形及安装尺寸

二、主要技术参数

81 系列频率表主要技术参数，见表 29-14。

表 29-14　81 系列频率表主要技术参数

型　号	量　　限		准确度 （±%）	使用条件	接入方式	用　　途	生产厂
	频　率 （Hz）	额定电压 （V）					
81L1—Hz	45～55，55～65， 350～450，450～550	110，220， 380	5.0	C组	直接接通	适用于交流电路中测 量频率	(3) (8) (21)
81L2—Hz	45～55，380～480， 450～550，900～1100， 1350～1650	36，110， 127，220， 380	5.0	C组	通过变换器	适用于小型仪器及开 关板上测量交流电路的 频率	(12) (34)

29.1.15　85L1—Hz 型频率表

一、外形及安装尺寸

85L1—Hz 型频率表外形及安装尺寸，见图 29-20。

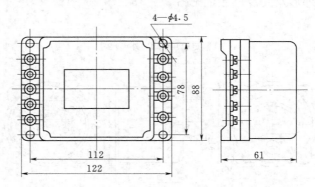

图 29-20　85L1—H2 型频率表外形及安装尺寸

二、主要技术参数

85L1—Hz 型频率表主要技术参数，见表 29-15。

表 29-15　85L1—Hz 型频率表主要技术参数

型　号	量　　限		准确度 （±%）	使用条件	接入方式	用　　途	生产厂
	频　率 （Hz）	额定电压 （V）					
85L1—Hz	44～55，55～65， 350～450，450～550	50，100， 200，380	5.0	B组	外附变换器	用于测量交流工频 频率	(32) (27) (15)

29.1.16　91L2—Hz 型频率表

一、外形及安装尺寸

91L2—Hz 型频率表外形及安装尺寸，见图 29-21。

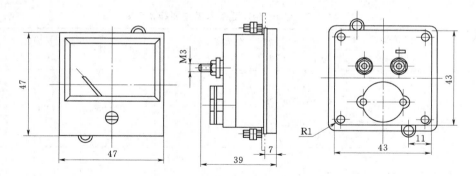

图 29-21 91L2—Hz 型频率表外形及安装尺寸

二、主要技术参数

91L2—Hz 型频率表主要技术参数，见表 29-16。

表 29-16 91L2—Hz 型频率表主要技术参数

型 号	量 限		准确度 (±%)	使用条件	接入方式	用 途	生产厂
	频 率 (Hz)	额定电压 (V)					
91L2—Hz	44～55，55～65	50，100，220，380	5.0	C 组	外附频率变换器		(4)

29.1.17 Q96—HC 型频率表

一、外形及安装尺寸

Q96—HC 型频率表外形及安装尺寸，见图 29-22、图 29-23。

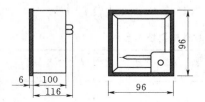

图 29-22 Q96—HC 型频率表
外形及安装尺寸

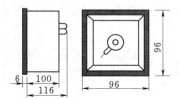

图 29-23 Q96—HZC 型频率
表外形及安装尺寸

二、主要技术参数

Q96—HC 型频率表主要技术参数，见表 29-17。

29.1.18 DE 系列指针式频率表

一、主要技术参数

型号：DE—96，DE—72，DE—48。

精度：1.0。

电压：50、100、220、380V。

频率：44～55Hz，45～65Hz，55～65Hz，47～53Hz，57～63Hz，44～56Hz，54～66Hz，450～550Hz，550～650Hz。

表 29 - 17　Q96—HC 型频率表主要技术参数

型　号	被测频率（Hz）		额定电压（V）	准确度（±%）	接入方式	使用条件	标度尺展开角（°）	生产厂
	测量范围	额定值						
Q96—HC	45～55，48～52	50	220，380，380/100	0.5		−25～+55℃	90	(25)
	55～65，42～62	60						
	370～430，380～422	400						
Q96—HZC	45～55，48～52	50	220，380，380/100	0.5		−25～+55℃	240	(25)
	55～65，42～62	60						
	370～430，380～422	400						

阻燃：外壳用阻燃塑料材料制成（符合 UL—94 V0 标准）。

安装：通过螺母安装，绝对安全、快速、牢固。

二、生产厂

迪克森公司。

29.2　实验室频率表

实验室频率表用来精密测量单相、三相交流电路中的频率，也可作为较低准确度等级仪表的标准表。

29.2.1　D3Hz—1 型频率表

本产品是供单相交流电路内测量频率之用。主要技术参数见表 29 - 18。

表 29 - 18　D3Hz—1 型频率表主要技术参数

仪表型号	额定电压（V）	测量范围（Hz）	中间频率（Hz）	准确度（±%）	标度尺全长（mm）	外形尺寸（mm）	使用条件	生产厂
D3Hz—1	36，110，220 或 110，220，380	45/55	50	0.5（按上、下量限差的百分数表示）	130	266×193 ×133	A₁	(44)
		45/65	50，60					
		90/110	100					
		135/165	150					
		180/220	200					
		350/450	400					
		450/550	500					
		700/900	800					
		900/1100	1000					
		1800/2200	2000					
		2250/2750	2500					

29.2.2 D3—Hz 型频率表

D3—Hz 型频率表是可携式电动系指示仪表，用于测量工业频率或者升高频率的交流电路的频率。主要技术参数见表 29-19。

表 29-19 D3—Hz 型频率表主要技术参数

仪表型号	额定电压（V）	测量范围（Hz）	中间频率（Hz）	准确度（±%）	标度尺全长（mm）	外形尺寸（mm）	使用条件	生产厂
D3—Hz	100，127，220	45～55	50	0.2（在正常条件下，仪表基本误差不超过中间频率的±0.2%）	140	284×220×178	A₁	（44）
	100，127，220	55～65	60					
	36，100，127，220	90～110	100					
	36，100，127，220	135～165	150					
	36，100，127，220	180～220	200					
	36，100，127，220	380～480	430					
	36，100，127，220	450～550	500					
	36，100，127，220	700～900	800					
	36，100，127，220	900～1100	1000					
	36，100，127，220	1350～1600	1500					

29.2.3 D40—Hz 型频率表

本表供交流电路中测量频率之用。主要技术参数见表 29-20。

表 29-20 D40—Hz 型频率表主要技术参数

仪表型号	使用电压（V）	测量范围（Hz）	准确度（±%）	标度尺全长（mm）	外形尺寸（mm）	生产厂
D40—Hz	100～220～380	45～55	0.5	170	295×200×135	（52）

29.2.4 D43—Hz 型精密频率表

本表用于测量交流电路中的频率，可在热带地区使用。主要技术参数见表 29-21。

表 29-21 D43—Hz 型精密频率表主要技术参数

仪表型号	额定电压（V）	测量范围（Hz）	中间频率（Hz）	准确度（±%）	外形尺寸（mm）	使用条件	生产厂
D43—Hz	36，100，127，220，380	45～55		0.5（按 GB 776—76 标准）	280×200×120	B	（12）
		90～110					
		135～165					
		180～220					
		350～450					
		450～550					
		700～900					
		900～1100					
		1350～1650					
		1800～2200					
		2250～2750					

29.2.5　D65 型频率表

本表供交流电路中测量频率之用。主要技术参数见表 29-22。

表 29-22　D65 型频率表主要技术参数

仪表型号	准确度（±％）	标度尺全长（mm）	外形尺寸（mm）	生产厂
D65—Hz	0.5	140	295×200×152	(43)

29.2.6　L5—Hz 型携带式船用频率表

本表适用于湿热环境，可测量交流电路的频率。主要技术参数见表 29-23。

表 29-23　L5—Hz 型携带式船用频率表主要技术参数

仪表型号	额定电压（V）	测量范围（Hz）	准确度（±％）	外形尺寸（mm）	生产厂
L5—Hz	220	45～55	1.5	268×176×113	(12)

29.3　数字频率表

29.3.1　S2 系列数字频率表

S2 系列数字频率表稳定性好，精度高，有耐高压保护能力，高辉亮 LED 显示，标准 DIN 尺寸，易于安装。S2 系列数字频率表的主要技术参数，见表 29-24～表 29-26。

表 29-24　S2—400F 型数字式盘面频率表主要技术参数

品　名	型　号	最大指示	输　入　范　围	生产厂
数字式盘面频率表	S2—400F	9999	45～55Hz（110V　220V） 55～65Hz（110V　220V）	(47)(48)

表 29-25　S2—334FT 型数字式盘面频率表（内含转换器输出）主要技术参数

品　名	型　号	最大指示	精确度	输入范围	输　出　范　围	生产厂
数字式盘面频率表（内含转换器输出）	S2—334FT	9999	±0.15％	45～55Hz 55～65Hz	直流电压 0～1V 0～5V 1～5V 0～10V 直流电流 0～1mA 0～10mA 0～20mA 4～20mA 脉波 1kpulse/1kW·h 10kpulse/1kW·h 100kpulse/1kW·h	(47) (48)

表 29-26 S2—400A 型数字式设定频率表主要技术参数

品　名	型　号	最大指示	输入范围	生产厂
数字式设定频率表	S2—400A	9999	45～55Hz 55～65Hz	(47) (48)

29.3.2　DFM05 数字频率表

DFM05 数字频率表主要技术参数，见表 29-27。

表 29-27　DFM05 数字频率表主要技术参数

型号	名称	准确度 （±%）	简　要　说　明	生产厂
DFM05	工频表	0.05Hz	测量范围：　　20～99.99Hz 输入信号幅度：　5～500V 输入阻抗：　　＞100kΩ 读数形式：　　直读式 输入信号波形：　正弦波、方波、三角波 表壳尺寸（mm）：A 型 50×100×120　标准型 （高×宽×深）　B 型 80×160×200　16 型 　　　　　　　　C 型 160×160×95　1T1 型 　　　　　　　　D 型 120×120×95　42 型 　　　　　　　　E 型 80×80×95　6C2 型 开孔尺寸（mm）：A 型 50×100　　B 型 70×150 （高×宽）　　　C 型 151×151　　D 型 112×112 　　　　　　　　E 型 75×75 重　　量：　　0.6kg（A 型），0.7kg（B 型），0.55kg（C 型）， 　　　　　　　0.5kg（D 型），0.45kg（E 型）	(46)
DFM05	电力电网专用工频表	0.5	测量范围：　　20～99.99Hz 输入信号幅度：　5～500V 输入信号波形：　正弦波、方波、三角波 过载能力：　　瞬间额定电压 10 倍，额定电流 20 倍 功　　耗：　　0.1VA（配用 TA、TV） 显示方式：　　TV 一次值，TV 二次值，可另配微机接口或过 　　　　　　　载报警等 读数形式：　　直读或百分读等	(46)

29.3.3　PP 系列数字式频率表

一、PP3 型数字频率表

PP3 型数字频率表是一种多用途的测量仪器。主要技术参数见表 29-28。

表 29 - 28 PP3 型数字频率表主要技术参数

频率测量	范围	10Hz～100kHz
	误差	晶体振荡器频率稳定度±1 个数字
	输入幅度	100mV～30V 有效值，衰减 30 倍时
	门时	1ms，10ms，0.1s，1s，10s
周期测量 （被测信号为正弦波形时）	范围	10Hz～100kHz
	误差	晶体振荡器频率稳定度±0.3%/倍乘率±1 个数字
	输入幅度	500mV～30V （有效值）
	时标	$10\mu s$，0.1ms，1ms
	倍乘率	×1，×10，×100，×1000，×10000 倍
脉冲时间间隔测量 （单线或双线输入）	范围	最短 0.1ms 计数器最大容量
	误差	晶体振荡器频率稳定度±1 个数字 （当输入脉冲前沿时间小于 $1\mu s$ 时）
	时标	$10\mu s$，0.1ms，1ms
频率比测量	范围	f1/f2＝1/1～99999/1
	误差	±f2 的转换误差/倍乘率±1 个数字
	倍乘率	×1，×10，×100，×1000，×10000 倍
计数		最小读数 1 个数字 最大读数 99999 个数字 最大计数容量 99999 非周期信号，两相邻信号之间的最小间隔 $1\mu s$
供电电源		50Hz±0.5Hz，220V±10% 整机功率消耗＜50VA
显示方式		五位十进制读数 单位自动变换 有记忆和不记忆两种显示读数
晶体振荡器频率稳定度		$5×10^{-5}/24h$
外接标称频率	频率	同本机晶体振荡器频率
	波形	正弦
	幅度	1～3V 有效值
使用条件		环境温度为－10～＋40℃ 相对湿度为 95% （25℃），大气压力为 750mmHg
外形尺寸（mm）		420×130×400

生产厂：哈尔滨仪器仪表三厂。

二、PP8 /1—3 型数字频率表

PP8/1—3 型数字频率表是一种通用电子计数器，通过转换器尚可测量转速。主要技术参数见表 29 - 29。

表 29-29 PP8/1—3 型数字频率表主要技术参数

频率测量	范围	PP8—1 型	10Hz～10MHz 直接读法
		PP8—2 型	10Hz～1MHz 直接读法
		PP8—3 型	10Hz～100MHz 直接读法
	误差		石英晶体振荡器频率准确度±1 个字
	闸门时间		1ms，10ms，0.1s，1s，10s
周期测量	测量时间	PP8—1 型	10s～20μs
		PP8—2 型	10s～10μs
		PP8—3 型	10s～100μs
	误差		石英晶体振荡器频率准确度±1 个字
	时标	PP8—1 型	0.1μs，1μs，10μs，0.1ms，1ms
		PP8—2 型	1μs，10μs，0.1ms，1ms
		PP8—3 型	10μs，0.1ms，1ms
	周期倍乘		×1，×10，×100，×1000，×10000 倍
脉冲时间间隔测量	范围		最长受计数器容量限制
	误差		石英晶体振荡器频率准确度±触发误差±1 个字
	时标	PP8—1 型	0.1μs，1μs，10μs，0.1ms，1ms
		PP8—2 型	1μs，10μs，0.1ms，1ms
		PP8—3 型	10μs，0.1ms，1ms
频率比测量	范围	PP8—1	FA/fB=1～10^6
		PP8—2	FA/fB=1～10^5
		PP8—3	FA/fB=1～10^4
	误差		±f 的触发误差/倍乘率±1 个字
	频率比倍乘		×1，×10，×100，×1000，×10000 倍
输入特性	输入幅度	A 端	500mV～50V（有效值）
		B 端	500mV～3V（有效值）
	输入波形		正弦波或方波
计数	最大计数容量	PP8—1	10^7-1
		PP8—2	10^6-1
		PP8—3	10^5-1
	非周期信号两相邻脉冲间最小间隔	PP8—1	0.1μs
		PP8—2 型	1μs
		PP8—3 型	10μs
供电电源			50±0.5Hz，220V±10％整机功率消耗＜50VA
晶体振荡器频率稳定度、准确度		PP8—1 型	$2×10^{-7}$/24h，准确度±$1×10^{-6}$
		PP8—2 型	$2×10^{-7}$/24h，准确度±$1×10^{-5}$
		PP8—3 型	$3×10^{-5}$/24h，准确度±$6×10^{-5}$
使用条件			环境温度：0～35℃
			相对湿度：85％以下
			大气压力：750×100Pa
外形尺寸（mm）			418×312×145

生产厂：哈尔滨电表仪器厂。

三、PP12 型数字仪表

PP12 型数字频率表主要用于直接精确测量 10Hz～10kHz 的交流频率，也可用作检验较低等级频率表的标准表。主要技术参数见表 29-30。

表 29 - 30　PP12 型数字频率表主要技术参数

频率测量	10Hz～10kHz 直接测量
输入特性	输入幅度：4～40V（有效值），110～220V（有效值） 输入波形：正弦波或方波（占空比为 1）
测量准确度	1. 10～200Hz 档时，闸门 1s 为 Js±0.1Hz，闸门 10s 为 Js±0.01H； 2. 10Hz～10kHz 档时，闸门 1s 为 Js±0.5Hz，闸门 10s 为 Js±0.05H （Js 为晶体振荡器频率准确度，低频率测量时可以忽略此项误差）
频率分辨率	1. 10～200Hz 档时，闸门 1s 为 ±0.05Hz，闸门 10s 为 ±0.005Hz； 2. 10Hz～10kHz 档时，闸门 1s 为 ±0.5Hz，闸门 10s 为 ±0.05Hz
读数和显示	五位数码管加单位管直接读数，小数点自动定位
晶体振荡器频率准确度 Js 和稳定度 Jt	晶体振荡器基准频率为 100kHz Js 优于 ±5×10⁻⁵ Jt 优于 ±3×10⁻⁵/8h
供电电源	50Hz，220V±10% 整机功率消耗＜30VA
使用条件	环境温度：0～30℃ 相对湿度：85% 以下
外形尺寸（mm）	145×372×418

生产厂：上海电表厂。

四、PP15 型数字频率计

PP15 型数字频率计适用于正弦波、矩形波、调幅波等电信号的频率、周期、频率比、计数及两脉冲间隔时间的精密测量。仪器还有二进制代码（1，2，4，8 码）输出，可作为自动控制、打印或数据处理的信息。主要技术参数，见表 29 - 31。

表 29 - 31　PP15 型数字频率表主要技术参数

频率测量	范围（由 A 端输入）	10Hz～10MHz
	精度	晶体振荡器频率稳定度±1 个数字
	门时	1ms，10ms，0.1s，1s，10s
周期测量	范围（由 B 端输入）	10Hz～10MHz
	精度	晶体振荡器频率稳定度±0.3%/倍乘率±1 个数字（输入为正弦波时）
	时标信号	0.1μs，1μs，10μs，0.1ms，1ms
	倍乘率	×1，×10，×100，×1000，×10000
时间间隔测量	范围	最短 1μs，最长受计数器最大容量（10⁷－1）限制
	精度	晶体振荡器频率稳定度±1 个数字
	时标信号	0.1μs，1μs，10μs，0.1ms，1ms
计数		由 A 端输入，最大计数容量 10⁷－1，仪器还可测量二次输入信号频率之比值
晶体振荡器频率稳定度		室温为 20±5℃ 时优于 2×10⁻⁷/24h
供电电源		50Hz±0.5Hz，220V±10% 整机功率消耗＜65VA 晶体振荡器及恒温槽＜25VA
外形尺寸（mm）		440×122×400

生产厂：桂林电表厂。

五、PP11a 型通用频率计

PP11a 型数字频率计适用于正弦波、三角波和矩形波等电信号的频率、周期、时间间隔以及计数等项测量。仪器还有二～十进制码输出，可作为打印、记录和数据处理以及自动控制之用。主要技术参数见表 29－32。

表 29－32 PP11a 型数字频率表主要技术参数

频率测量	范围	1Hz～1MHz（最小分辨率为 0.1Hz）
	精度	晶体振荡器稳定度±1 个数字
	幅度	300mV～30V（有效值）
	门时	1ms，10ms，0.1s，1s，10s
周期测量	范围	0.1Hz～100kHz
	精度	晶体振荡器稳定度±0.3％/倍乘率±1 个数字
	幅度	300mV～30V（有效值）
	时基信号	1μs，10μs，0.1ms，1ms
	倍乘率	×1，×10，×100，×1000，×10000
时间间隔测量 （附带使用，精度不考核）	范围	10μs～1ms
	幅度	0～12V
	时基信号	1μs，10μs，0.1ms，1ms
计数		最大计数容量 10^6-1
晶体振荡器频率稳定度		标称值为 1MHz，稳定度为在－10～＋40℃时小于 $5×10^{-6}$/24h
供电电源		50Hz，220V±10％ 整机功率消耗＜20VA 晶体振荡器及恒温槽＜25VA
外形尺寸（mm）		254×80×200
重量		＜4.5kg

生产厂：上海电表厂。

六、PP17 型数字式工频频率计

PP17 型数字式工频频率计适用于测量工业频率。主要技术参数见表 29－33。

表 29－33 PP17 型数字频率表主要技术参数

准确度	±0.001Hz	工作条件	温度 0～40℃；相对温度 85％
量限	10～100Hz	外形尺寸（mm）	262×274×125
显示	五位数字显示		

生产厂：上海浦江电表厂。

七、PP17—4 型数字式工频频率计

PP17—4 型数字式工频频率计适用于电站、工厂发电设备上，作测量工业频率显示之用。主要技术参数见表 29-34。

表 29-34　PP17—4 型数字频率表主要技术参数

准确度	±0.06Hz	显　示	四位数字显示
量　限	45～65Hz	工作条件	温度 0～40℃；相对湿度≤85%

生产厂：上海浦江电表厂。

八、PP18 型面板式数字频率表

PP18 型面板式数字频率表是自动化数字式测量仪器，它具有测量电信号频率及累计电信号个数等功能。其主要技术参数见表 29-35。

表 29-35　PP18 型数字频率表主要技术参数

频率测量	范围	1Hz～99.995kHz
	测量振幅	0.3～15V（有效值）
	输入波形	正弦波、三角波和脉冲波（空度比小于 5）
	计数	1～99999
晶体振荡器稳定度	标称值	10kHz
	频率偏差	$5×10^{-5}$Hz
	稳定度	优于 $5×10^{-5}$/24h
显示		五位数字
供电电源		50Hz，220～240V 之间；整机功率消耗＜10VA
使用条件		环境温度为 0～40℃；环境相对湿度≤85%
外形尺寸（mm）		84×160×210
重量		2kg

生产厂：上海电表厂。

九、PP23 型数字工频频率计

PP23 型数字工频频率计适用于电厂、调度所、科研等单位显示电网频率和作为工频频率检验的标准设备，满足电力系统精确测频的需要。主要技术参数见表 29-36。

表 29-36　PP23 型数字频率表主要技术参数

准确度	±0.01Hz	输入电压幅度	15～250V（有效值）
测量范围	45～55Hz	工作电源	交流 220±10% V，100V±10%，整机功率消耗＜8VA
显示方式	四位十进制		
采样速率	1 次/s	工作条件	温度 0～40℃；相对湿度≤85%
输入阻抗	＞200kΩ	外形尺寸（mm）	160×80×150

生产厂：天津第二电表厂。

十、PP25 型数字工频表

PP25 型数字工频表适用于发电厂、电站、变电所等单位作为电网的频率指示用，或作低频频率的测试。主要技术参数见表 29-37。

表 29-37　PP25 型数字频率表主要技术参数

准确度	±0.01Hz（0.02%）	工作条件	温度 0~40℃；相对湿度≤80%
测量范围	40~60Hz	功耗	3VA
显示方式	四位十进制	外形尺寸（mm）	160×80×150
采样速率	1~9 次/s，连续可调	重量	2kg
工作方式	连续运行，内附自校标准		

生产厂：天水长城电工仪器厂。

十一、PP26 型光带—数字工频频率计

PP26 型光带—数字工频频率计系安装式数字仪表，具有光带和数码两种显示方式。辅助的光带除给出形象的显示外，在输入信号急剧波动时还能显示趋势变化。适用于电力供电系统的工频监视，也可用于各种非电量中的模拟显示。主要技术参数见表 29-38。

表 29-38　PP26 型数字频率表主要技术参数

准确度		0.01Hz±1 个字
测量范围及光带显示	测量范围	40~60Hz
	光带	40~47Hz 每一块表示 1Hz 48~52Hz 每一块表示 0.5Hz 53~60Hz 每一块表示 1Hz
采样速率		1 次/s
输入阻抗		>200kΩ
输入电压幅度		3~250V（有效值）
工作电源		交流 220±10%V，整机功率消耗<10VA
工作条件		温度 -10~+40℃；相对湿度≤10%~90%
外形尺寸（mm）		220×78×280

生产厂：天津第二电表厂。

十二、PP28 型数字频率计

PP28 型数字频率计能测量 10~300Hz 的低频及 50Hz 工频，分辨率达 0.01Hz。具有 1MHz 通用计数器的主要功能，即能测量 1~1MHz 的频率、10μs~10s 的周期和计数功能。用户装变换器后还可测量低速和高速转速。该频率计还可作为校验低精度的频率表、工频表及用作低频测试装置的标准表。主要技术参数见表 29-39。

表 29－39　　PP28 型数字频率表主要技术参数

频率测量	低频测量	范围	10～300Hz
		误差	时基误差±0.01Hz，响应时间小于 1s
		门时	1s
			按入后面板开关可测 1～10Hz 频率，响应时间为 3s 左右
	工频测量	范围	48～52Hz
		误差	时基误差±0.1Hz
		门时	1s
	一般频率测量	范围	1～1MHz
		误差	时基误差±1Hz
		门时	1s
周期测量	范围		$10\mu s\sim10s$
	误差		时基误差±触发误差/N，±Z/NT。其中 T 为被测周期，Z 为时标，N 为倍乘率，触发误差在纯正弦波时为 0.3%
	时标		1ms，0.1ms，0.01ms
	倍乘率		100
	测量单位		ms
输入特性	耦合方式		AC 或 DC
	输入阻抗		R≥0.5MΩ，C≤25pF
	DC 触发电平调节范围		约±0.5V 连续可调
	输入灵敏度		正弦波 150mV（有效值），脉冲波 400mV（峰—峰）
	最大输入电压		30V（正弦波为有效值，脉冲波为峰—峰值）
	输入波形		正弦波、方波、三角波及脉冲波（对 1Hz～1MHz 测频及累加计数最小脉冲>$0.5\mu s$，低频测量及测周期时脉宽>$5\mu s$）
	输入信号衰减方式		为连续可调
计数			最大计数容量：$1\sim10^{6}$，分辨力：$1\mu s$（脉宽>$0.5\mu s$）
时基特性			标准频率：100kHz；频率准确度：在 25±10℃时优于±5×10⁻⁵，在 0～40℃时优于±8×10⁻⁵
自校功能			具有 1、10、100kHz 自校功能及 50Hz 倍频 100 倍自校功能
显示及工作方式			六位荧光数码管显示，小数点自动定位有记忆、不记忆两种。显示时间约 0.5～6s 连续可调。连续工作 8h
供电电源			220V±10%，50±4%Hz，功耗<8VA
工作条件			温度 0～40℃，相对湿度<80%

生产厂：哈尔滨电表仪器厂。

十三、PP29 型数字工频频率计

PP29 型数字工频频率计可用于电力系统调度所、电厂、科研单位对工频频率的精密测量。主要技术参数见表 29－40。

表 29-40 PP29 型数字频率表主要技术参数

准确度	±0.02Hz	供电电源	220V±10%，功耗：12VA
测量范围	45～55Hz	工作条件	−40～+5℃，相对湿度 20%～80%
分辨率	0.01Hz	外形尺寸（mm）	160×80×180
显示	四位十进制数字，采样及显示时间为 1s	重量	<2.5kg

生产厂：桂林电表厂。

29.3.4 KY99 系列数字显示频率表

一、主要参数

主要技术参数见表 29-41。

表 29-41 KY29 系列数字显示频率表主要技术参数

型号	名称	工作电源	测量范围	信号电压	精度	功耗	面框尺寸（mm）	开孔尺寸（mm）
16 槽型	交直流频率表	AC220V 或 AC/DC110～250V	3Hz～10kHz 各档	2～450V 各档	0.2，0.5	≤3VA	160×80	150×70
16 槽型	数字加光柱交直流频率表	AC220V 或 AC/DC110～250V	3Hz～10kHz 各档	2～450V 各档	0.2，0.5	≤3VA	160×80	150×70
42 方型	交直流频率表	AC220V 或 AC/DC110～250V	3Hz～10kHz 各档	2～450V 各档	0.2，0.5	≤3VA	120×120	112×112
96 槽型	交直流频率表	AC220V 或 AC110～250V	3Hz～10kHz 各档	2～450V 各档	0.2，0.5	≤3VA	96×48×95	90×44

二、生产厂

西安开源仪表研究所。

29.3.5 FS—H—系列工业级数字频率表

一、概述

本系列仪表的主要特点是可以适应比较恶劣的工业环境，可以测量含有高次谐波的基波频率，适合于盘式安装。精度高、稳定性好、寿命长、无需调校可保持精度五年以上。

本系列仪表的原理是采用"功率检波"的方式，检出被测信号的基波，转换为标准脉冲。采用适当的锁相、借频技术，进行相应的数字量运算，进而再进行 LED 数字显示。采用谐振技术控制显示周期为 1 秒，精确程度可达 $1×10^{-5}$ 以上，因而整机精度可达 0.1%，与传统的谐振式频率表相比，其优点如下：

（1）FS—H—仪表测频范围竟可以从 1～99.99Hz，精度为 0.1% 以上，而谐振频率表从 45～55Hz，精度低于 1.0。

（2）FS—H—仪表输入电压范围宽，可以在额定电压的 VH±60% 范围内（VH＝100、220、380V）有效工作，保证精度，而谐振式频率表则只能在 VH±20% 范围内工作，因此在某些特殊场合，FS—H 可以作为发电机转速表使用。

（3）具有抗震、抗干扰、寿命长、读取方便等优点，可以送出脉冲信号与计算机联网等。

二、技术指标

（1）输入信号频率范围 1～99.9Hz、1～99.99Hz、1～999.9Hz、1～99999Hz（分别对应 FS—H—1、FS—H—2、FS—H—3、FS—H—4 型）。

（2）输入信号的幅值（VH 有效值）可分 VH＝100、200、380V　AC。

（3）对输入信号波形要求：可以为正弦波、三有波、矩形波或任意脉冲波，允许叠加谐波，高、低频干扰波。

（4）取样方式可分为三种：

1）直接取样，标准电压为 100、200、380V　AC。

2）间接取样，经电压互感器 500、330、220、110、35kV/100VAC 记为 LSL—H—N—×××。

3）间接取样，经电量变送器，记为 DSL—H—K。

（5）显示范围与精度：

FS—H—1 显示 1～99.9Hz，0.5 级精度。

FS—H—2（DSL—H—N）显示 1～99.99，精度 0.1％。

FS—H—3（DSL—H—N）显示 1～999.9，精度 0.1％。

FS—H—4（DSL—H—N）显示 1～99999，精度 0.05％。

（6）环境温度 $23\pm20℃$；相对湿度小于 80％；对粉尘振动等环境要求不严。

（7）供电方式：220VAC±10％，或 380VAC±10％（直流供电属非标）。

（8）工作方式：连续工作，可达五年以上（自动保持精度）。

（9）外壳种类及安装尺寸：（宽×高×背长，mm）：

A 黑色 ABC 表壳（国标标准）59×55×160；

B 白色大槽表（16C 型）（国标）150×72×200。

（10）输出标准 TTL 脉冲码，可送入计算机使用，也可以经配套的数据处理器，变为串行码远传上位机。

三、生产厂

烟台高新技术应用研究所。

第30章 电 能 表

电能表，俗称电度表，用来测量直流、交流单相和三相电路的有功或无功电能。部分电能表同时具有复费率、最大需量、向外提供脉冲，以及对电量和负荷监控管理、定时自动打印记录等功能。

电能表可分为：电解式、数字式、电气机械式三大类。电解式多用于化学工业，数字式是新型测量仪表，适用于实验室的标准和精密测量。目前应用最广的是电气机械式电能表。电气机械式又可分为感应系、电动系和磁电系。测量交流电路的电能多数采用感应系电能表。

感应系电能表按用途可分为单相、三相及有功、无功电能表等，其接入方式可为直接接入式或经互感器接入式。

30.1 单相电能表

单相电能表用来计量单相有功电能。

一、外形及安装尺寸

单相电能表外形及安装尺寸，见图 30-1、图 30-2。

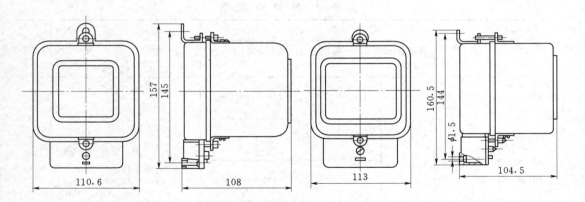

图 30-1 DD15 型、DD154 型、DD28 型、DD284 型单相电能表外形及安装尺寸

二、单相电能表主要技术数据

单相电能表主要技术数据，见表 30-1。

三、接线图

单相电能表接线图，见图 30-3、图 30-4。

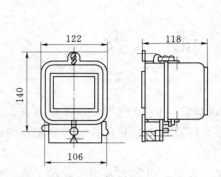

图 30-2 DD862—4 型单相电能表外形
及安装尺寸

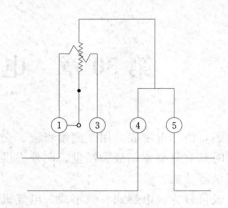

图 30-3 DD15 型、DD154 型、DD28
型、DD284 型单相电能表接线图

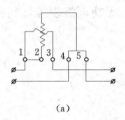

(a)

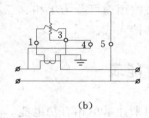

(b)

图 30-4 DD862—4 型单相电能表接线图
(a) 直接接入式；(b) 经电流互感器接入式

表 30-1 单 相 电 能 表

型 号	名 称	量 限		准确度 （级）	用 途	生产厂
		额定电压 （V）	标定电流（最大电流） （A）			
DD15	单相电能表	220	1 (2)，3 (6)，5 (10)，10 (20)	2.0	用于家庭中计量电能消耗	(22) (61)
DD154			2 (4)，3 (12)，5 (20)，10 (40)			
DD28			2 (4)，3 (6)，5 (10)，10 (20)			
DD284			5 (20)，10 (40)，15 (60)，20 (80)			
DDJ—28	节能单相 电能表	220	2 (4)	2.0	用于家庭中计量电量。当用户不开启负载时，节能器自动切断电压线圈的电压，使其断路，节约空耗	(61)
		220	5 (10)			

型　号	名　称	量　限		准确度（级）	用　途	生产厂
		额定电压（V）	标定电流（最大电流）（A）			
DD28—3	单相电能表（过载 3 倍）	220	2（6）	2.0	适用于家庭用电量多的用户计量电能	(61)
		220	5（15）			
		220	10（30）			
		220	20（60）			
DD28—4	单相电能表（过载 4 倍）	220	2（8）	2.0		
		220	5（20）			
		220	10（40）			
		220	20（80）			
DD862—4 DD862—4d DD862—4F	单相电能表	220	1.5（6），2.5（10），3（12），5（20），10（40），15（60），20（80），30（100）	2.0	用于测量额定频率为 50Hz 的单相交流有功电能	(58) (131) (132)
DD955	长寿命电能表					
DD862a	单相电能表	220	1.5（6），2.5（10）	2.0		(22)
		220	5（20）			
		220	10（40）			
		220	20（80）			
		220	30（100）			
DD36	单相电能表	220	3（6）	1.0		(22)
		220	1.5（6），5（20）			
DDS30	电子式单相电能表	220	5（30），5（40）		该电能表容易实现同计算机联网，可用它来设计预付费表（电卡、磁卡）	(50)
Alpha	（过载 4 倍）单相电能表	220	2（8），5（20），10（40），20（80）	2.0		(63)
DD17	单相有功电能表	220，230，240	(6)，5（10），10（20），20（40），30（60），40（80），5（15），10（30），20（60），5（20），10（40），20（80）			
DD837—1	单相电能表（亚长寿命）	220	1.5（6），2.5（10），5（20），10（40），15（60），20（80），30（100）	2.0		(132)
DDS837—1	单相电子式电能表	220	1.5（6），2.5（10），5（20），10（40），15（60），20（80），30（100），5（30），10（60），15（100）	1.0，2.0		

续表 30-1

型　号	名　称	量　限		准确度（级）	用　途	生产厂
		额定电压（V）	标定电流（最大电流）（A）			
D86	单相交流电能表	57.7,100,220,380		1.0,2.0,3.0		
DDS43	单相电子式电能表		2.5（10），5（20），5（30），10（40），15（60），20（80）	1.0,2.0	（可根据用户要求定制成各种规格）	
DDS43	单相电子电能表	220	10（100）	1.0		
DDS43	单相电子电能表（高性能）		5，10，15，20			
DDS43T—X	单相电子式双头电能表		2.5（10），5（20），10（40），20（80）	1.0,2.0	（可根据客户要求定制各种规格）	(134)
DDSY43	单相电子式预付费电能表	220	5（20），10（40），15（60），10（60），20（80）	1.0		
DDSF43	单相电子式二费率（双计度器）型电能表		5（20），10（40），20（80）	1.0		
DDSY314 Ⅰ，Ⅱ	单相电子式预付费电能表	220	5（20），5（30），10（40）	1.0,2.0		(135)
DDS314	单相电子式电能表					
DDS898	电子式单相电能表	220	5（30），10（40）	1.0,2.0		(136)
DDS708	单相电子式电能表	220	2.5（20），5（20），7.5（60），10（40）	1.0		(137)
DDSY708	单相电子式预付费电能表	220	2.5（20），10（40）	1.0		(137)
DDSY110	单相电子式预付费电能表	220	2.5（10），5（30），10（40）	1.0		(138)
DDS110A	单相电子式电能表	220	1.5（9），2.5（15），5（30），10（40）	1.0,2.0		
DDS110C			1.5（9），2.5（15），5（30），10（40），20（80）			

型　号	名　称	量　限		准确度（级）	用　途	生产厂
		额定电压（V）	标定电流（最大电流）（A）			
DDY200D	单预机电式付费电能表	220	5（10），5（20），10（40），20（80）	2.0	该产品适用于对加密要求较高的国家供电系统使用，用于城市居民用户用电计量	（139）
DDSY200—A DDSY200—B	单相电子式预付费电能表	220	5，10，20	1.0，2.0		
DDS999	单相电子式电能表	220～240	2.5（10），5（20），10（40），15（60），20（80）	1.0		（140）
DDS172	单相电子式电能表	220	2.5（10），5（20），10（40）	1.0，2.0		（141）
DDS172C	单相电子式防窃电电能表	220	5（20）	1.0，2.0		
			10（40）	2.0		
DDSY127 DDSY127B	电子式单相预付费电能表	220	2.5，5，10，40	1.0，2.0		
DDSY127	电子式单相预付费液晶电能表	220	2.5（10），5（20），10（40）	1.0，2.0		
DDS446	单相电子式电能表	127，110，220	2.5（10），5（20），10（40），15（60），20（80）	1.0		（142）
DD235	单相电能表	220～240	1.5（6），2.5（10），5（20），10（40）	2.0		（143）
DDS236	电子式单相电能表	220	2.5（10），5（20），10（40），15（60）	1.0，2.0		
DDSY855	单相电子式预付费（IC卡式）电能表	220	2.5（10），5（20），10（40）	1.0，2.0		
DD90 DD90L	单相长寿命电能表	220，230，240	1.5，2.5，5，10，15，20，30	2.0		（144）
DDSY47	电子式单相预付费电能表	220	5，10	1.0，2.0		

型　号	名　称	量　限		准确度（级）	用　途	生产厂
		额定电压（V）	标定电流（最大电流）（A）			
DDSY132	电子式单相预付费电能表	220	5，10	1.0		
DDY132	机电式单相预付费电能表	220	5，10	2.0		(145)
DDS132	电子式单相电能表	220	1.5（6），2.5（10），5（20），10（40），20（80）	1.0		
DDS70	单相电子式电能表	220	1.5（6），2.5（10），5（20），10（40），20（80）	1.0，2.0		(146)
DDSY25	单相全电子式预付费电能表	220	5（20），10（40）	1.0		
DDS425	单相全电子式电能表	220	5（20），10（40）	1.0		(147)
DDS879—D1	单相电子式普通型电能表	220，240	10（50）	1.0		
DDS879	单相电子式普通型电能表	220	1.5（6），2.5（10），5（20），5（30），5（40），10（40），20（80）	1.0，2.0		(148)
DDY79—5	单相电子式预付费型电能表	220	2.5，5，10，40	1.0，2.0		
DDS166	电子式单相电能表	220	1.5（6），5（20），5（30），10（40），10（60），20（80）	1.0		
DDSY216	单相电子式预付费电能表	220	5（20），5（30），10（40），10（60），20（80）	1.0		(149)
DDSI166	单相电子式载波电能表	220	5（20），5（30），10（40），10（60），20（80）	1.0		
DDS518—1	电子式单相电能表	220	5（20），10（40），20（80）	1.0，2.0		
DDSY518—1，2	全电子式单相IC卡预付费电能表	220	5（20），10（40），20（80）	1.0，2.0		(150)

注　生产厂代号见表 26 - 1（下同）。

30.2 三相电能表

三相电能表分为三相有功电能表和三相无功电能表,分别用来计量三相电路的有功和无功电能。三相电能表又分为三相三线制和三相四线制两种形式。

一、外形及安装尺寸

三相电能表外形及安装尺寸,见图 30-5～图 30-13。

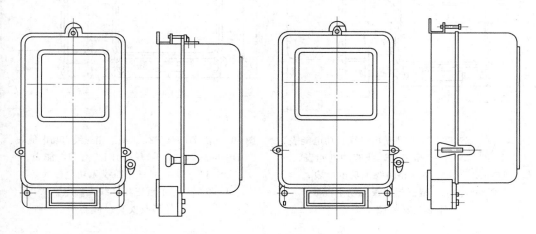

图 30-5 DS15 型三相三线有功电能表、
DX15 型、DX16 型三相无功电能表
外形及安装尺寸

图 30-6 DT6 型三相四线有功电
能表外形及安装尺寸

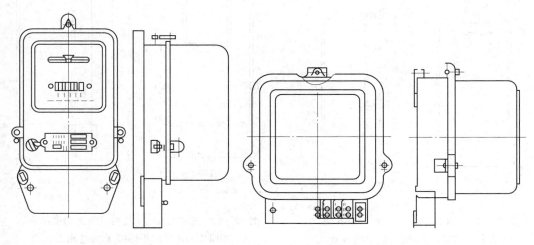

图 30-7 DS16 型三相三线有功
电能表外形及安装尺寸

图 30-8 DS33 型三相三线有功
电能表外形及安装尺寸

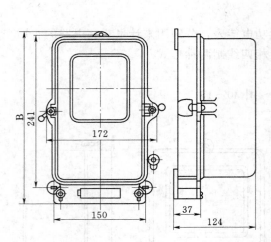

图 30 - 9　DS862—2，4 型三相三线有功电能表、
DT862—2，4，6 型三相四线有功电能表、
DX862—2，4 型三相四线无功电能表、
DX865—2，4 型三相三线无功电能表
外形及安装尺寸

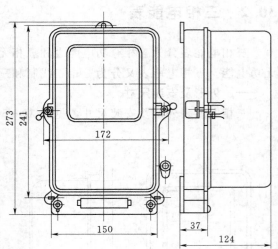

图 30 - 10　DT864—2，4 型三相三线有功电能表、
DS864—2，3，4 型三相四线有功电能表、
DS862—2，4 型三相四线无功电能表、
DS865—2，4 型三相三线无功电能表
外形及安装尺寸

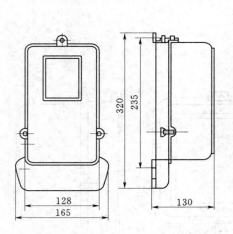

图 30 - 11　SBDS873 型三相三线有功
电能表、SBDT874 型三相四线有功
电能表外形及安装尺寸

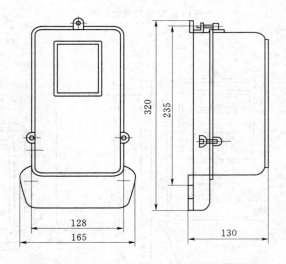

图 30 - 12　SBDX875 型三相三线无功电能表、
SBDX876 型三相四线无功电能表
外形及安装尺寸

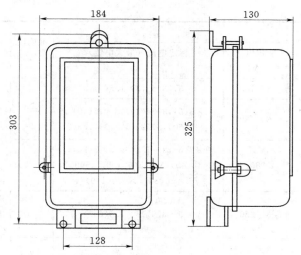

图 30-13　DX863—SX 型、DX22—SX 型三相三线
双向无功电能表外形及安装尺寸

二、主要技术数据

三相电能表的主要技术数据，见表 30-2。

表 30-2　三相电能表主要技术数据

型　号	名　　称	量　　限		准确度（级）	用　　途	生产厂
		额定电压（V）	标定电流（最大电流）（A）			
DS15	三相三线有功电能表	100，110，380	5，10，20，40，50	2.0		
DX15	三相无功电能表	100，110，380	5，10，20，40，50	2.0		
DX16	三相无功电能表	100，110，380	5，10，20，40，50	3.0		
DT6	三相四线有功电能表	380，220	5，10，20，40，50	2.0		（22）
DS16	精密级三相三线有功电能表	220，380	5，10	1.0		
DS33	精密级三相三线有功电能表	初级：根据电压互感器额定电压值。次级：100	初级：根据电流互感器额定电流值。次级：5	0.5		
DS21	三相三线有功电能表	3×100	3×5	0.5	用于各大供电局和发电厂准确计量三相三线有功电能	（61）

续表 30 - 2

型 号	名 称	量 限		准确度（级）	用 途	生产厂
		额定电压（V）	标定电流（最大电流）（A）			
DS862—2,4	三相三线有功电能表	3×100	3×3(6),3×1.5(6)	2.0	供计量额定频率为 50Hz 三相三线、三相四线制电网中的有功和无功电能	(58)
		3×380	3×3(6),3×5(20),3×10(40),3×15(60),3×20(80),3×1.5(6)			
DT862—2,4,6	三相四线有功电能表	3×380/220	3×3(6),3×1.5(6),3×5(20),3×10(40),3×15(60),3×15(90),3×20(80),3×30(100)	2.0		
DX862—2,4	三相四线无功电能表	3×380	3×3(6),3×1.5(6)	3.0		
DS865—2,4	三相三线无功电能表	3×100	3×3(6),3×1.5(6)	3.0		
		3×380				
DT864—2,4	三相四线有功电能表	3×380/220	3×1.5(6),3×3(6)	1.0	供额定频率为 50Hz 的三相电路中计量电能	(58)
DS864—2,4,6	三相三线有功电能表	3×100	3×3(6),3×1.5(6),3×2(6),3×1(2)	1.0		
DX863—2,4	三相三线无功电能表	3×100	3×1.5(6),3×3(6),3×1(2)	2.0		
		3×380	3×1.5(6),3×3(6)			
DT864—2,4	三相四线无功电能表	3×380	3×1.5(6),3×3(6)	2.0		
DS862a	三相三线有功电能表	3×100	3×3(6)	2.0		(22)
		3×380	3×3(6)			
		3×380	3×5(20)			
		3×380	3×10(40)			
		3×380	3×20(80)			
		3×380	3×30(100)			
DT862a	三相四线有功电能表	3×380/220	3×3(6)	2.0		
		3×380/220	3×1.5(6)			
		3×380/220	3×5(20)			
		3×380/220	3×10(40)			
		3×380/220	3×20(80)			
		3×380/220	3×30(100)			

续表 30-2

型 号	名 称	量 限		准确度 (级)	用 途	生产厂
		额定电压 (V)	标定电流(最大电流) (A)			
DX862a	三相无功 电能表	3×100	3×3(6)	3.0		(22)
		3×380	3×3(6)			
		3×380	3×1.5(6)			
DS864a	三相三线有 功电能表	3×100	3×3(6)	1.0		
		3×380	3×3(6)			
		3×100	3×1.5(6)			
DT864a	三相四线有 功电能表	3×380/220	3×3(6)	1.0		
		3×100/57.7	3×1.5(6),3×3(6)			
		3×380/220	3×1.5(6)			
DX864a	三相无功 电能表	3×100	3×1.5(6)	2.0		
		3×380	3×3(6)			
		3×380	3×1.5(6)			
SBDS873	三相三线有 功电能表	3×100	3×2(6)	1.0	供精确计量 50Hz 电网三相电 路的有功电能,也 可供 315kV 以上 变压器计费用	(62)
		3×380	3×2(6)			
SBDT874	三相四线有 功电能表	3×380/220	3×2(6)	1.0		
SBDX875	三相三线 无功电能表	3×100	3×2(6)	2.0	供精确计量 50Hz 电网三相电 路的无功电能,也 可供 315kVA 以上 变压器计费用	(62)
		3×380	3×2(6)			
SBDX876	三相四线无 功电能表	3×380/220	3×2(6)	2.0		
DS22—4	三相三线有 功电能表	3×100	3×0.3(1.2)	1.0	供计量 50Hz 三 线制电路中有功或 无功电能用	(61)
		3×100	3×1.5(6)			
		3×380	3×1.5(6)			
DX22—4	三相四线无 功电能表	3×100	3×0.3(1.2)	2.0		
		3×100	3×1.5(6)			
		3×380	3×1.5(6)			
DT22—4	三相四线有 功电能表	3×380/220	3×1.5(6)	1.0		
		3×100/57.7	3×1.5(6)			
DS22	三相三线有 功电能表	3×100	3×1	1.0		
		3×100	3×5			
		3×380	3×5			

续表 30 - 2

型 号	名 称	量 限		准确度 (级)	用 途	生产厂
		额定电压 (V)	标定电流 (最大电流) (A)			
DT22	三相四线有功电能表	3×100/57.7	3×1	1.0		
		3×100/57.7	3×5			
		3×380/220	3×5			
DX22	三相三线无功电能表	3×100	3×1	2.0		
		3×100	3×5			
		3×380	3×5			
DX22	三相四线无功电能表	3×100	3×1	2.0		
		3×100	3×5			
		3×380	3×5			
DT8	三相四线有功电能表	3×380/220	3×5	2.0	供计量 50Hz 三线制电路中有功或无功电能用	(61)
		3×380/220	3×10			
		3×380/220	3×25			
		3×380/220	3×40			
DS8	三相三线有功电能表	3×100	3×5	2.0		
		3×380	3×5			
		3×380	3×10			
		3×380	3×25			
DX8	三相三线无功电能表	3×380	3×5	3.0		
		3×100	3×5			
DX13	双向计量三相三线无功电能表	100	5	2.0	供计量 50Hz 三线制电路中无功电能用。本表采用了双排计度器,下排字轮记录的是用户实用的无功电能,上排字轮记录的是用户向电网倒送的无功电能,是电力部门按功率因数收费的无功表	(61)
		100	1			
		380	5			
DX13—1	双向计量三相四线无功电能表	100	5	2.0		
		100	1			
		380	5			

型　号	名　称	量　限		准确度（级）	用　途	生产厂
		额定电压（V）	标定电流（最大电流）（A）			
DX86—SX	三相三线双向无功电能表	3×100	3×3（6）	2.0	适用于频率为50Hz的三相三线制电网中，分别计量超前、滞后两种无功电能。根据本表记录的两种无功电能数据计费，可以促使用户补偿滞后的无功电能的消耗，也防止超前无功电能的消耗，以达到有效的功率因数的提高。对装有功率因数补偿装置的用户，可实现无功电能全面科学记录与考核	（60）
DX22—SX	三相三线双向无功电能表	3×100	3×5	2.0		
D86—K 系列	三相嵌入式电能表		1.5（6），3（6）	1.0，2.0,3.0		
D8 系列	三相有功电能表	3×220/380，3×130/400，3×40/415	3×5(C.T),3×10,3×20,3×25,3×30,3×40,3×60,3×80,3×100,3×120,3×5(10)(C.T),3×10(20),3×20(40),3×25(50),3×30(60),3×40(80),3×60(120)			（133）
D86 系列	三相交流电能表	57.7,100,220,380	1.5(6),2.5(10),5(20),10(40),15(60),20(80),30(100)	1.0，2.0,3.0		
DSS837—1、DXS837—1、DTS837—1	三相电子式电能表	100,220,380	1.5(6),3(6),5(20),10(40),15(60),20(80),30(100)	1.0，2.0		
DLK—Ⅲ	IC卡预付费三相四线电能表	220,110	3×1.5(6),3×5(20),3×10(40),3×20(80)			（136）
DTS43/DSS43	三相四线/三线电子式电能表	3×57.7/100,3×220/380,3×100,3×380	3×1.5(6),3×5(20).3×10(40),3×15(60).3×20(80),3×30(100)	1.0，2.0		（134）
DTS43	三相四线电子式一体化电能表	3×220/380	3×1.5(6),3×5(20),3×10(40),3×20(80),3×30(100)	1.0		

型 号	名 称	量 限		准确度（级）	用 途	生产厂
		额定电压（V）	标定电流（最大电流）（A）			
DTS43/DSS43	三相四线/三线（有功、无功）电子式电能表	3×100，3×380，3×220/380，3×57.7/100	3×1.5(6)A	有功：1.0 无功：2.0		(134)
DTS43	三相四线电子式电能表	3×220/380	5(8)，25(100)	有功：0.5 无功：2		
DTSY43	三相四线电子式预付费电能表	3×220/380	1.5(6)，5(20)，10(40)，15(60)，20(100)	1.0		
DSSY110	三相三线电子式预付费电能表	3×100，3×380	1.5(6)，5(25)	1.0		
DTSY110	三相四线电子式预付费电能表	3×220/380，3×57.7/100	1.5(6)，5(25)，10(50)，20(100)	1.0，2.0		
DXS110	三相三线电子式无功电能表	3×100，3×380	0.3(1.2)，1.5(6)，3(6)	2.0		(138)
DXS109	三相四线电子式无功电能表	3×57.7(100)，3×220(380)	0.3(1.2)，1.5(6)，3(6)，5(25)，10(50)，20(100)	2.0		
DSS110	三相三线电子式有功电能表	3×100，3×380	0.3(1.2)，1.5(6)，3(6)	1.0		
DTS110	三相四线电子式有功电能表	3×57.7(100)，3×220(380)	0.3(1.2)，1.5(6)，3(6)，5(25)，10(50)，20(100)	1.0		
DTSY200—B	三相电子式预付费电能表	3×220/380	3×5(20)，3×10(40)，3×15(60)，3×20(80)	1.0		(139)
DTS999	三相电子式电表	380～415	2.5(10)，5(20)，15(40)，10(60)，20(80)	1.0		(140)
DSS532/DTS532	三相电子式电能表	3×100，3×380/220	3×1.5(6)，3×3(6)，3×5(6)，3×5(20)，3×10(40)，3×15(60)，3×20(80)，3×30(100)	1.0，2.0		(146)
DSSY425	全电子式三相预付费多用户电能表	3×380	3×10(40)，3×15(60)，3×20(80)，3×20(100)	1.0		(147)

型　号	名　　称	量　　限		准确度（级）	用　　途	生产厂
		额定电压（V）	标定电流（最大电流）（A）			
DTS171	电子式三相四线电能表	3×220/380	1.5(10),10(40),15(60),20(80)	1.0,2.0	1.5(6):互感式其它:直接式	(141)
DSS171	电子式三相三线电能表	3×57.9/100,3×380				
DTSY171DSSY171	三相电子式预付费电能表	3×220/380,3×57.9/100	1.5(10),10(40),15(60),20(80)	1.0,2.0		
DTS855	三相四线有功电能表	3×220/380	3×1.5(6),3×3(6),3×5(20),3×10(40),3×15(60),3×20(80),3×30(100)	1.0		
		3×57.5/100	3×1.5(6),3×3(6)			
DSS855	三相三线有功电能表	3×380	3×1.5(6),3×3(6),3×5(20),3×10(40),3×15(60),3×20(80),3×30(100)	1.0		
		3×100	3×1.5(6),3×3(6)			
DXS855—4	三相四线无功电能表	3×380	3×1.5(6),3×3(6)	2.0		(143)
		3×100	3×1.5(6),3×3(6)			
DXS855—3	三相三线无功电能表	3×380	3×1.5(6),3×3(6)	2.0		
		3×100	3×1.5(6),3×3(6)			
DTS(X)855	三相四线有功无功组合式电能表	3×220/380	3×1.5(6),3×3(6)	2.0		
		3×57.5/100	3×1.5(6),3×3(6)			
DSS(X)855	三相三线有功无功组合式电能表	3×380	3×1.5(6),3×3(6)	2.0		
		3×100	3×1.5(6),3×3(6)			
DSS879—C/D	三相三线电子式有功电能表	3×100	3×1.5(6),3×5(20),3×10(40),3×15(60),3×20(80),3×30(100)	1.0,2.0		(148)
DTS879—C/D	三相四线电子式有功电能表	3×380				
DXT879—C1	三相三线电子式无功电能表	3×100		2.0		
DXS879—C1	三相四线电子式无功电能表	3×380				
DTSY216	三相四线电子式预付费电能表	3×220/380	5(20),5(30),10(40),10(60),20(80)	1.0,2.0		(149)

30.3　复费率电能表

　　复费率电能表，主要用于电能分时统计，以实行电价分时计费，并可对电网或用户的功率进行监视，为功率调整提供科学依据。复费率电能表的使用，能使供用电双方都提高经济效益。

一、外形及安装尺寸

　　复费率电能表外形及安装尺寸，见图 30-14。

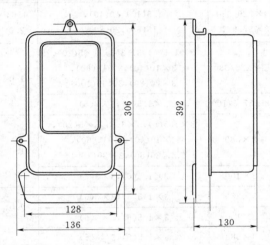

图 30-14　FSB—23 型三相三线复费率有功电能表、FSB—24 型三相四线复费率
有功电能表、FSB—25 型三相三线复费率无功电能表、FSB—26 型
三相四线复费率无功电能表的外形及安装尺寸

二、主要技术数据

　　复费率电能表的主要技术数据，见表 30-3。

表 30-3　复费率电能表的主要技术数据

型　号	名　称	量　限		准确度（级）	用　途	生产厂
		额定电压（V）	标定电流（最大电流）（A）			
FSB—23	三相三线有功复费率电能表	3×100 3×380	2（6）	1.0	供 50Hz 电网计量三相有功（无功）电能及预定时段的高峰、低谷有功（无功）电能，并可计量正常时段有功（无功）电能	(62)
FSB—24	三相四线有功复费率电能表	3×380/220	2（6）	1.0		
FSB—25	三相三线无功复费率电能表	3×100	2（6）	2.0		
FSB—26	三相四线无功复费率电能表	3×380	2（6）	2.0		

型 号	名 称	量 限		准确度（级）	用 途	生产厂
		额定电压（V）	标定电流（最大电流）（A）			
DSF19a	三相三线有功复费率电能表	3×100	3×5	0.5		(22)
		3×100,3×380	3×3 (6)	1.0		
		3×380	3×1.5 (6)			
DTF19a	三相四线有功复费率电能表	3×100/57.7	3 (6)	1.0		
		3×380/220	3 (6)	2.0		
		3×380/220	1.5 (6) ～20 (80)			
DXF19a	三相无功复费率电能表	3×100	3×3 (6)	2.0		
		3×380	3×3 (6)			
		3×380	3×1.5 (6)			
DF1—S0	三相三线有功复费率电能表	3×100	5	0.5		(60)
DF1—S1—1	三相三线有功复费率电能表	3×100	3 (6)	1.0		
			1.5 (6)			
DF1—T2—1	三相四线有功复费率电能表	3×380/220	3 (6)	2.0		
DF1—T2—2	三相四线有功效显复费率电能表	3×380/220	3 (6)	2.0		
DF1—X2—1	三相三线无功复费率电能表	3×100	3 (6)	2.0		
DS22FC—1	三相三线有功复费率超容量电能表	3×100	5	1.0		
DF1—S1—2	三相三线有功效显复费率电能表	3×100	5 3 (6)	1.0	主要用于电能分时统计，以实现电价的分时计费，并可对电网或用户的功率进行监视。因具有能识别功率潮流方向与摆动，适用于功率潮流方向频繁变动的场合	(60)
	三相三线有功精密复费率电能表（单片微机时控开关型）	3×100	3×5	0.5,1.0		

型 号	名 称	量 限		准确度（级）	用 途	生产厂
		额定电压（V）	标定电流（最大电流）（A）			
DF86 系列	多费率电能表	3×100, 3×220/380, 3×380	1.5(6),3(6),5(20), 10(40),15(60),20(80), 30(100)	1.0,2.0		(133)
DSSF837—1 DTSF837—1	三相三线/三相四线电子式多费率电能表	3×100, 3×57.7/100, 3×220/380		1.0		
DSF—22	三相三线有功复费率电能表	3×100	3×1 3×5	1.0	DTF1 型三相四线有功复费率电能表和 DSF22 型三相三线有功复费率电能表,是为电力部门实行二部制电价、节约能源而设计的。该表除具备一般三相四线和三相三线有功电能表用于计量三相电路的有功电能的功能外,还设有"峰"、"谷"两个计度装置,可以测量任意时间分段内电能的积累值	
DSF—22A	三相三线有功复费率电能表	3×100	3×1.5(6)	1.0		
DSF—1	三相三线有功复费率电能表	3×380	3×5	2.0		
DTF—1	三相四线有功复费率电能表	3×380/220	3×5	2.0		(61)
DTF—22	三相四线有功复费率电能表	3×380/220	3×5	1.0		
DTF—22A	三相四线有功复费率电能表	3×380/220	3×1.5(6)	1.0		
DXF—22	三相四线有功复费率电能表	3×100	3×5	2.0		
DXF—22A	三相四线有功复费率电能表	3×100	3×1.5(6)	2.0		
DF 型	复费率电能表	180~260	10(40)	1.0,2.0		(151)
DDSF708	单相电子式多费率电能表	220	2.5(20),5(30), 10(40)	1.0,2.0		(137)
DDSF110a	单相电子式复费率电能表	220	5(20),5(30),10(40), 10(60)	1.0,2.0		(138)
DDSYF200	单相电子式多费率预付费电能表	220	10(40)	1.0		
DDSF200—E	单相电子式多费率电能表	220	5(30),10(60), 20(80)	1.0		(139)
DSSYF200—A DTSYF200—A	三相电子式预付费复费率电能表	3×220/380	3×5(20),3×10(40), 3×20(80)	1.0,2.0		

型　号	名　称	量　限		准确度（级）	用　途	生产厂
		额定电压（V）	标定电流（最大电流）（A）			
DDSF446	全电子多费率单相电能表	220	5(30),10(60)	有功：1.0,2.0		
DSSF446	三相复费率电能表	3×100	3×1.5(6),3×3(6)	1.0		(142)
		3×100,3×380		2.0		
DTSF446		3×220/380		1.0,2.0		
DDF47	单相多费率电能表	220,230,240	5,10,20	2.0		
DDSF47	单相电子式多费率表	220,230,240	5,10,20	1.0,2.0		(144)
DDSYF47	电子式预付费多费率表	220	5,10	1.0,2.0		
DT(S)F57	三相有功多费率电能表	3×100,3×380	3×(1.5,3,5,10,15,20,30)	1.0,2.0		
DDSF425	全电子式单相复费率电能表	220	5(20),10(40),15(60),20(80)	1.0		(147)
DDSF955	单相电子式多费率电能表	220	1.5(6),1.5(9),2.5(10),5(20),10(40),20(80)	1.0,2.0		(132)
DDSY955						
DDSF879	单相电子式复费率型电能表	220	5(20),5(30),10(40),10(60),20(80)	1.0,2.0		(148)
DDSF216	单相电子式多费率电能表	220	5(20),5(30),10(40),10(60),20(80)	1.0		(149)
DTF194	三相四线复费率有功电能表	3×380/220	3×1.5(6)	1.0,2.0		
DXF194	三相四线复费率无功电能表	3×380	3×1.5(6)	2.0		(152)
DDS290	电子式单相复费率电能表	220	5(25),10(40)	1.0,2.0		
DDF290	单相复费率电能表	220	5(25),10(40)	2.0		

30.4　三相最大需量电能表

三相最大需量电能表用在额定频率为 50Hz 的三相交流电网中计量最大需量有功电能。

一、外形及安装尺寸

三相最大需量电能表外形及安装尺寸，见图 30 - 15。

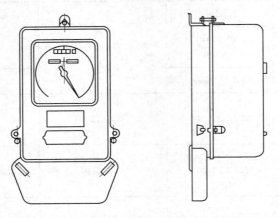

图 30 - 15　DZ1 型三相三线最大需量电能表外形及安装尺寸

二、主要技术数据

三相最大需量电能表的主要技术数据，见表 30 - 4。

表 30 - 4　三相量大需量电能表主要技术数据

型　号	名　称	量　限		准确度（级）	用　途	生产厂
		额定电压（V）	标定电流（最大电流）（A）			
DZ$_1$（互感式）	三相三线有功最大需量电能表	100	5	1.0		
DZ$_{1-a}$（直接式）		380	5			
DZ$_1$	三相三线最大需量电能表	220, 380	5, 10, 20, 30	1.0		
		初级：根据电压互感器额定电压值　次级：100	初级：根据电流互感器额定电流值　次级：0.5, 1, 2.5, 5			
DSZ$_9$	三相三线有功最大需量电能表	100	5	0.5		(22)
		100	3（6）	1.0		
		380	3（6）			
		380	1.5（6）			
DTZ$_9$	三相四线有功最大需量电能表	100/57.7	3（6）	1.0		
		3×380/220	3（6）			
		3×380/220	1.5（6）, 5（20）	2.0		
		3×380/220	10（40）, 20（80）			

30.5 脉冲电能表

脉冲电能表是电能自动测量的传感器，计量交流三相电能，向外发出电能的脉冲信号供远动信息采集装置、多路电量处理装置，是电能计量自动化和电网调度自动化的关键装置，是计算机电能计量管理系统的基础仪表。

一、外形及安装尺寸

脉冲电能表外形及安装尺寸，见图 30 - 16。

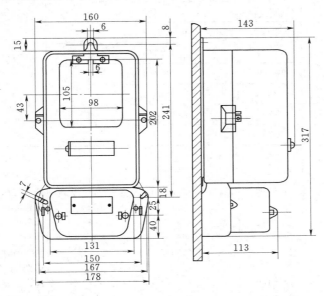

图 30 - 16 DS38m 型三相三线有功脉冲电能表、DX246m
三线三相无功脉冲电能表外形及安装尺寸

二、主要技术数据

脉冲电能表的主要技术数据，见表 30 - 5。

表 30 - 5 脉冲电能表的主要技术数据

型 号	名 称	量 限		准确度（级）	用 途	生产厂
		额定电压（V）	标定电流（最大电流）（A）			
DS864—M	三相三线有功精密脉冲表	3×100	3（6）	1.0		
DT862—M	三相四线有功精密脉冲表	3×380/220	3（6）	2.0		（22）
DX863MJ—5	三相三线无功脉冲电能表	3×100	5	2.0		

续表 30 - 5

型　号	名　称	量　限		准确度（级）	用　途	生产厂
		额定电压（V）	标定电流（最大电流）（A）			
DS864a—M	三相三线有功脉冲电能表	3×100	3×3（6）	1.0		（22）
		3×380	3×3（6）			
		3×380	3×1.5（6）			
DT864a—M	三相四线有功脉冲电能表	3×100/57.7	3×3（6）	1.0		
		3×380/220	3×3（6）			
		3×380/220	3×1.5（6）			
DX8648—M	三相无功脉冲电能表	3×100	3×3（6）	2.0		
		3×380	3×3（6）			
		3×380	3×1.5（6）			
DD36—M	单相脉冲电能表	220	3（6）	1.0		
		220	1.5（6）			
DS38m	三相三线有功脉冲电能表	3×100	5（6），1（1.2）	0.5	DS38m 型、DX246m 型仪表系交流感应式电能表与脉冲输出的电子电路混合式功能新颖的计量仪表。不仅具有测量与显示累计电能的功能，同时还可用来作为远距离传送，分时计度，最高需量记录等，产生的脉冲数与被测电能直接成比例	（43）
DX246m	三相三线无功脉冲电能表	3×100	5（6），1（1.2）	2.0		
DF1S0—M5	三相三线有功复费率脉冲电能表	3×100	3×5	0.5	DF1S0—M5 型、DF1S1—M5 型电能表是由三相交流复费率电能表与脉冲发信装置组合而成的电能计量仪表。它除能够完成有功电能计量和非易失性的分时电能计量外，还可作为电能脉冲信号源，具有二路光电隔离的输出信号，铝盘每转一周输出一个脉冲，可用于电能数据采集系统，实现电能量的遥测、遥信	（60）
DF1S1—M5	三相三线有功复费率脉冲电能表	3×100	3×5，3×3（6）	1.0		
DM86	三相脉冲式电能表	220	1.5（6），5（20），10（40），15（60），20（80），30（100）			（133）

30.6 直流电能表

直流电能表用于直流电路中计量直流电能。

一、外形及安装尺寸

直流电能表外形及安装尺寸,见图 30-17。

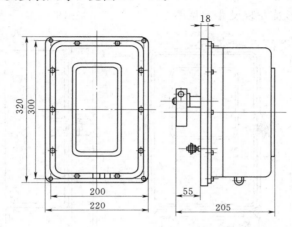

图 30-17 DJ1—a 型直流电能表外形及安装尺寸

二、主要技术数据

直流电能表的主要技术数据,见表 30-6。

表 30-6 直流电能表主要技术数据

型 号	名 称	准确度(级)	额定电压(V)	标定电流(量大电流)(A)	使用条件	生产厂
DJ1—a	直流电能表	2.0	110	120		(22)
			250,500,600 750,1500	120		
			110	300,500,600,750, 1000,1500,2000,3000		
			250,500,600 750,1500	300,500,600,750, 1000,1500,2000,3000		
DJ6	机车电能表		230V,也可制成其它规格	1(5)	−10～+50℃, 相对湿度<95%	(58)
DJ7—3/1	电能表	1.5	750	500	−20～+40℃, 湿度:40℃时<80%	(72)

30.7 多功能电能表

多功能电能表适合供 50Hz 的三相三线或三相四线交流电网中综合计量多种有功电能参数，以及对电量、负荷监控管理。

一、外形及安装尺寸

多功能电能表外形及安装尺寸，见图 30-18、图 30-19。

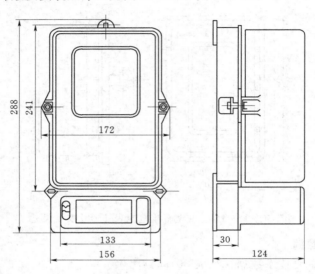

图 30-18 DSD3—1 型三相三线多功能电能表、DSD3—1 型三相四线多功能电能表、
DSD3—2 型三相三线多功能电能表外形及安装尺寸

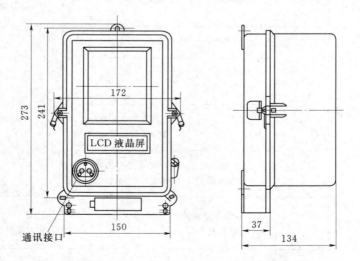

图 30-19 DTD82 型三相四线有功多功能电能表、DTD81 型三相四
线有功多功能电能表、DSD82 型三相三线有功多功能电能表、
DSD81 型三相三线有功多功能电能表外形及安装尺寸

二、主要技术数据

多功能电能表的主要技术数据，见表 30-7。

表 30-7 多功能电能表主要技术数据

型 号	名 称	量 限		准确度（级）	用 途	生产厂
		额定电压（V）	标定电流（最大电流）（A）			
DLQ3A	三相三线多功能电能表	3×100	5	0.5		(22)
		3×100	3（6）	1.0		
		3×380				
		3×380	1.5（6）			
DLQ3B	三相四线多功能电能表	3×100/57.7	3（6）	1.0		
		3×380/220	3（6）	2.0		
		3×380/220	1.5（6）			
DSD3—1	三相三线多功能电能表	3×100	3×1.5（6）	1.0	DSD3 型多功能电能表由中美合作生产,该型表集电能表、脉冲表、分时表、需量表四表功能于一体。适用于额定频率为 50Hz 的三相三线或三相四线交流电网中综合计量多种有功电能参数以及对电量、负荷监控管理。额定电压为 3×57.7/100V 的 DSD3—1 型三相四线多功能电能表,额定电流为 3×1A 的 DSD3—2 型三相三线多功能电能表,根据用户要求生产	(57)
			3×1（2）			
DSD3—2	三相四线多功能电能表	3×220/380	3×1.5（6）	1.0		
		3×57.7/100				
DSD3—2	三相三线多功能电能表	3×100	3×5	0.5		
			3×1			
DTD82	三相四线有功多功能电能表	3×380/220	3×1.5（6）	2.0	供额定频率为 50Hz 的三相电路中计量电能,并能按预定的峰、谷、平时间分别记录出三相电网中的高峰、低谷、平期的有功电能,以及对多种电网参数的测试记录,更好地对电网进行管理	(58)
			3×3（6）			
DTD81	三相四线有功多功能电能表	3×380/220	3×1.5（6）	1.0		
			3×3（6）			
		3×100/57.7	3×1.5（6）			
			3×3（6）			
DSD82	三相三线有功多功能电能表	3×100	3×1.5（6）	2.0		
			3×3（6）			
		3×380	3×1.5（6）			
			3×3（6）			
DSD81	三相三线有功多功能电能表	3×100	3×1.5（6）	1.0		
			3×3（6）			

型　号	名　称	量　限		准确度（级）	用　途	生产厂
		额定电压（V）	标定电流（最大电流）（A）			
DSSD837—1, DTSD837—1	三相电子式多功能电能表	3×100, 3×57.7/100, 3×220/380		有功： 0.5,1.0 无功：2.0		(133)
DSSD331/DTSD341（—9A）		3×57.7/100	1.5(6)	总有功：0.2 总无功：0.5		
DSSD331/DTSD341（—9B）		3×57.7/100, 3×220/380 （三相四线） 3×100 （三相三线）	1.5(6),1(6)	基波有功：0.5 基波无功：2		
DSSD331/DTSD341（—8）		3×100, 3×57.7/100	1.5(6),5(6)	有功:0.2,0.5 无功:1		
DSSD331/DTSD341（—1）	三相电子式多功能电能表	3×100, 3×220/380, 3×57.7/100	0.3(1.2),1(2), 1.5(6),3(6),5(6)	有功：0.5,1 无功:2		(153)
DSSD331/DTSD341（—2）		3×100, 3×57.7/100, 3×220/380	1(2),1.5(6),5(6)	有功：0.5,1 无功:2		
DSSD331/DTSD341（—3）			0.3(1.2),1(2),1.5(6), 5(6),10(40),20(80)			
DSSD331/DTSD341（—3J）		3×220/380	1(2),1.5(6),5(6)	有功:1 无功:2		
DSSD331/DTSD341（—5）		3×100, 3×220/380	1.5(6),5(20),10(40), 15(60),20(80)	有功:1		
DSSD331/DTSD341（—5G）		2×220/380	10(40)			
DSSD331/DTSD341（—6C）		3×220/380		1		
DSSD331/DTSD341（—6）			5(20),10(40), 15(60)			
DTSD43/DSSD43	三相四线/三线电子式多功能电能表	3×57.5/100, 3×220/380, 3×230/398, 3×240/416, 3×100, 3×380	3×1.5(6),3×10(40), 3×10(60)	有功：0.5,1 无功:2.0		(134)

型 号	名 称	量 限		准确度（级）	用 途	生产厂
		额定电压（V）	标定电流（最大电流）（A）			
DSSD708	三相三线电子式多功能电能表	3×380/220，3×100	3×1.5(6)，3×5(20)	0.5		(137)
	三相四线电子式多功能电能表	3×200/380，3×57.7/100V	3×1.5(6)，3×3(6)	有功：0.5 无功：1.0		
DDSD110	单相电子式多功能电能表	220	1.5(6)，2.5(10)，5(20)，10(40)，15(60)，20(80)	1.0，2.0		
DSSD110	三相三线电子式多功能电能表	3×100	3×1.5(6)，3×3(6)	有功：0.5，1.0 无功：2.0		
DTSD110	三相四线电子式多功能电能表	3×200/380，3×57.7/100				
DD862a—D	机电式单相多功能电能表	220	5(20)，10(40)，15(60)，20(80)	1.0，2.0		(138)
DSD939J	机电式三相三线多功能电能表	3×100	3×1.5(6)，3×3(6)	有功：1.0		
DXD939J	机电式三相三线多功能电能表	3×100	3×3(6)	无功：2.0		
	机电式三相四线多功能电能表	3×380		无功：3.0		
DTD938J	机电式三相四线多功能电能表	3×200	3×1.5(6)	无功：1.0		
DTSD200/DSSD200	三相电子式多功能电能表	3×220/380，3×57.7/100（三相四线），3×100（三相三线）	3×0.5(2)，3×1(2)，3×1.5(6)，3×3(6)，3×5(20)，3×10(40)，3×15(60)，3×20(80)，3×30(100)	有功：0.5，0.5,1 无功：2.0		(139)
DSSD166/DTSD166	电子式三相预付费分时电能表	220	1.5(6)	有功：1.0 无功：2.0		(149)
DSD94	三相三线有功多功能电能表	3×100	3×1.5(6)	1.0，2.0		(152)
DXD94	三相三线无功多功能电能表			2.0		

30.8　数字式电能表

　　数字电能表是以脉冲的累积数来记录直流、交流单相或三相电路的有功或无功电能。

30.8.1　S2 系列数字电能表

　　S2 系列数字式电能表的技术数据，见表 30-8～表 30-9。

表 30-8　S2 系列数字式盘面电能表主要技术数据

品　名	型　号	最大指示	输　入　范　围	备　注	生产厂
电能表 （kW·h）	S2—600H—12 S2—600H—33 S2—600H—34	999999	1φ2W AC　110V　5A AC　200V　5A 3φ3W AC　110V　5A AC　200V　5A 3φ4W AC　110V/63V　5A AC　190V/110V　5A AC　380V/220V　5A	TA、TV 倍数 任意可调	(47) (48)

表 30-9　S2 系列数字式盘面电能表（内含转换器输出）主要技术数据

品　名	型　号	最大指示	精确度	输　入　范　围	输　出　范　围	备注	生产厂
电能表 （kW·h）	S2—600HT—12 S2—600HT—33 S2—600HT—34	999999	±0.3%	1φ2W AC　110V　5A AC　200V　5A 3φ3W AC　110V　5A AC　200V　5A 3φ4W AC　110V/63V　5A AC　190V/110V　5A AC　380V/220V　5A	直流电压 0～1V 0～5V 1～5V 0～10V 直流电流 0～1mA 0～10mA 0～20mA 4～20mA 脉冲 1kpulse/1kW·h 10kpulse/1kW·h 100kpulse/1kW·h	可程式显示	(47) (48)

30.8.2　$A_{12}E$ 三相电能表

一、$A_{12}E$ 系列的模块组成

　　（1）四个电能测量块，每个带有八个计费寄存器。

　　（2）三个最大需量指示器（MDI），每个带有八个计费寄存器。

　　（3）内部数据记录器，录下四个独立的负载曲线。

二、技术数据

(1) 精度：0.5 级、1 级。

(2) 功率因素：$0 \sim \pm 1$。

(3) 额定电压：三相四线：$57.7 \sim 63.5V$；$120 \sim 133V$；$220 \sim 240V$。

　　　　　　三相三线：$100 \sim 110V$。

(4) 额定电流：$i_b = 5A(i_{max} = 10A)$。$i_b = 1A(i_{max} = 2A)$。

(5) 启动电流：$\geqslant 0.05\% i_b$。$\leqslant 0.10\% i_b$。

(6) 频率：$50 \pm 5\% Hz$。

(7) 工作温度范围：$-10 \sim +55℃$。

三、生产厂

深圳桑达电能仪表公司。

30.8.3 GEC 可编程三相电能表

一、特点

(1) 测量 kW·h 和 kvarh。

(2) 导出 kVAh。

(3) 双向电能测量。

(4) 记录最大需量。

(5) 光隔离通讯接口。

(6) RS—232 接口。

(7) 辅助输入。

(8) 可编程继电器输出。

(9) 数据记录能力。

(10) 带有电池后备的内部时钟和日历。

(11) 高可靠性设计。

(12) 非易失性存储。

(13) 结账日期预选。

(14) 时间和日期标记。

二、费率容量

(1) 7 个季度计费。

(2) 8 个费率寄存器。

(3) 4 个最大需量寄存器。

(4) 48 个开关定时。

(5) 24 个例假日另外计算。

(6) 独立的工作日控制。

(7) 工作日记录。

(8) 考虑到跨年计费。

三、技术数据

(1) 精度：1 级、2 级。

(2) 额定电压：63.5、110、240V。

(3) 电流范围：直接连接 20/100A。TA 连接 5.0/10A，1.0/2.0A。

(4) 频率：50Hz 或 60Hz。

(5) 温度范围：工作温度 -20～+55℃。精度温度 -10～+40℃。

四、生产厂

深圳桑达电能仪表公司。

30.8.4 PS—8—b 型数字直流电能表

PS—8—b 型数字直流电能表主要用于冶金、化工等工业部门强直流供电系统，对工业现场直流功率与电能进行精确的计量。主要技术数据如下：

(1) 精度：标准条件下（20±2℃）为 0.2%±1 个字，额定条件下（0～45℃）为 0.5%±1 个字。

(2) 规格：输入电压为 50、100、500、1000V，电流为 0～99.99kA。

(3) 最大数字容量：瞬时值为 9999kW，累积 999999kW·h。

(4) 线性：优于 0.1%。

(5) 温漂：0～45℃范围内，每 10℃小于 0.05%。

(6) 共模抑制比：（CMRR）大于 65dB。

(7) 外形尺寸：200mm×100mm×230mm。

生产厂：温州电工仪表厂。

30.8.5 PS—10 型三相单相功率电能表

PS—10 型三相单相功率电能表，能准确、快速地测量三相单相的功率和电能，也能准确地校准 0.5 级以下的标准功率表和电能表。主要技术数据如下：

(1) 基准准确度：在温度 20±1℃，相对湿度≤80%，电源电压为 220±10% V，50±0.5Hz 的条件下，功率测量（单相、三相）：基本量程（100V，5A）额定输入时准确度为 0.1%±1 字（四位），其它量程额定输入附加±0.05%。电能测量（单相、三相）：基本量程（100V，5A）加额定电压、额定电流，输出功率在额定值 50% 以上时，准确度为 0.1%±1 个字（四位）；在额定值 10% 以上时，准确度为 0.2%±1 个字。其它量程再附加基本量程误差的一半。

(2) 额定准确度：在温度 10～35℃，相对湿度≤80%，电源电压为 220V±10% V，50±1Hz 的条件下，额定准确度为基准准确度的两倍。

(3) 额定输入：电压为 100、220V，电流为 1、5、10A。

(4) 输入电阻：电压≥1kΩ/V，电流为 1A/0.12Ω，5A/0.08Ω，10A/0.022Ω。

(5) 功率测量（单相、三相）：100、220、500、1000、1100、2200W，三相时乘 3。

(6) 电能测量（单相、三相）：100W·s～2200×10⁴W·s，180RkW·h～36000RkW·h，三相时乘 3。

(7) 分辨率：10mW/字，10mW·s/字。

(8) 功率因数：cosϕ=0.5～1.0。

(9) 频率范围：45～65Hz。

(10) 同相和相间干扰：在额定输入的 0.02% 以内。

（11）最大显示：10000 荧光显示。

（12）采样速率：1 次／s。

（13）输出信息：计数脉冲输出，幅度 3.5～4.5V，乘法器模拟输出单相 2V、三相 6V。

（14）输入方式：悬浮。

（15）电源电压：220V±10％，50±1Hz。

（16）工作条件：温度 10～35℃，相对湿度≤80％（20℃）。

（17）功耗：30VA。

（18）外形尺寸及重量：460mm×520mm×144mm，20kg。

生产厂：天水长城电工仪器厂。

30.9 标准电能表

标准电能表用于调整校检单相、三相三线、三相四线有功电能表。标准电能表为携带式，其主要技术数据见表 30 - 10～表 30 - 12。

表 30 - 10 标准电能表主要技术数据（一）

型　号	名　称	准确度 （级）	额定电压 （V）	标定电流 （最大电流） （A）	生 产 厂
DB5	单相 标准电能表	0.5	100	1，5	（22）
			220	1，5	
DDB7	单相 标准电能表	0.2	100、220	5	（57）
PS31	单相标准电能表 （静止式）	0.1	100	15	（22）
			220	15	
DB9	单相 标准电能表	0.2	220 110	5	（22）
DBS25	三相三线 标准电能表	0.5	3×100，3×380	5，10	（22）
DBT25	三相四线 标准电能表	0.5	3×380/220	5，10	（22）
PS51	三相三线标准电能表 （静止式）	0.05	3×100	3×1，3×5	（22）
			3×380	3×1，3×5	

表 30 - 11 标准电能表主要技术数据（二）

型　号	名　称	准确度	扩充 量限	简　要　说　明	生 产 厂
EWH102	单相电能表	0.2	200	量限：100V（200、400V）/5A（1、20A）等 测量功率和电能，有自动和手动功能 体积：70mm×240mm×240mm 重量：2.5kg	（46）
		0.1			

续表 30 - 11

型号	名称	准确度	扩充量限	简要说明	生产厂
EWH102M	单相电能表	0.2 0.1	200	量限：100V（200、400V）/5A（1、20A）等 双窗口测量功率和电能、直接显示误差 体积：100mm×240mm×240mm 重量：3.5kg	(46)
EWH102MA	单相电能表	0.2 0.1	200	量限：100V（200、400V）/5A 等 双窗口同时校验三只被校表，测量功率和电能，直接显示误差 体积：100mm×400mm×280mm 重量：4.5kg	(46)
EWH302	三相电能表	0.2 0.1	400	量限：100V（200、400V）/5A 等 测量功率和电能，有自动和手动功能 体积：100mm×360mm×280mm 重量：5.5kg	(46)
EWH302M	三相电能表	0.2 0.1	400	量限：100V（200、400V）/5A 等 双窗口同时校验三只被校表，测量功率和电能，直接显示误差 体积：100mm×400mm×280mm 重量：6.5kg	(46)

表 30 - 12 标准电能表主要技术数据（三）

型号及名称	量程	电流输入	功率测量误差		电能测量误差		外形尺寸（mm）	重量（kg）	简要说明	生产厂
			$\cos\phi=1$	$\cos\phi=0.5$	$\cos\phi=1$	$\cos\phi=0.5$				
PS34 电能表	100V/5A 200V/5A 400V/5A	$0.5\sim1.1I_m$ $0.2I_m$ $0.1I_m$ $0.05I_m$	±0.05 ±0.05 ±0.05 ±0.1	±0.05 ±0.075 ±0.1	±0.05 ±0.05 ±0.05	±0.05 ±0.075 ±0.1	400×119×380	8	1. 可直读功率值和电能误差； 2. 能测电能表的电能常数和电源频率； 3. 可作无功功率表和校验无功电能表	(69)

第31章　智能测量仪表

智能测量仪表能测量所有的常用电力参数，如三相电流、电压，有功、无功功率，电能、谐波等。由于该电力仪表还具备完善的通信联网功能，所以我们称之为网络电力仪表。它非常适合于实时电力监控系统。

31.1　三相电压表 AST 系列仪表

一、概述

三相电压表 AST 系列仪表可与互感器、变压器、分流器、电量变送器等配套使用，对电网中的电压、电流、功率等电参量进行测量和显示。该系列仪表具有精度高、抗震性好、变比可设、显示直观、性价比高，可直接代替原有指针式仪表。

三相电压表 AST 系列仪表是江苏艾斯特电气有限公司采用新一代微处理器研制而成的。它不仅有测量和显示的功能，还可以选择增加以下的附加功能，能更好地应用于各种自动化电力系统中。附加功能如下：

(1) 可带 RS485 数字通讯接口，采用标准 MODBUS—RTU 协议。

(2) 可选择被测量值的变送输出，输出为 4～20mA，0～5V，4～12～20mA 等可选。

(3) 可带继电器报警输出，最多可带 2 路输出，实现"遥控"功能。

(4) 开关量输入，一般是四路开关量输入，实现"遥信"功能。

二、技术数据

三相电压表 AST 系列仪表技术数据，见表 31-1。

表 31-1　三相电压表 AST 系列仪表技术数据

性　能		参　数
网　络		三相三线、三相四线、单相
输入测量显示	电压	
	额定值	AC 100V、220V、380V（订货时请说明）等
	过负荷	持续 1.2 倍　瞬时：2 倍/10s
	功耗	≤1VA（每相）
	阻抗	≥300kΩ
	精度	RMS 测量，精度等级 0.5 级
	电流　额定值	AC1A、5A（订货时请说明）
	过负荷	持续 1.2 倍　瞬时：10 倍/5s
	功耗	≤0.4VA（每相）

续表 31-1

性　　能			参　　数
输入 测量 显示	电流	阻抗	≤20mΩ
		精度	RMS测量，精度等级0.5
	显示位数		4位半或4位，加符号指示位
电源	工作范围		AC、DC 80~270V
	功耗		≤1VA
输出 接口	数字接口		RS485、MODBUS—RTU协议（选配）
	开关量输出		2路继电器无源输出250V AC（5A）/30VDC（0.5A）（选配）
	开关量输入		4路干接点开关量输入（选配）
	变送输出		1~3路4~20mA模拟量输出（选配）
环境	工作条件		-10~55℃，相对湿度≤93%RH，无腐蚀性气体
	储存环境		-20~75℃
	海拔高度		≤2500m
安全	耐压		输入和电源>2kV；输入和输出>2kV；电源和输出>1.5kV
	绝缘		输入、输出、电源对壳>5MΩ
电磁 兼容	静电放电抗扰度试验：IEC—61000—4—2　4级；测试电压：8kV； 快速瞬变脉冲群抗扰度试验：IEC—61000—4—4　3级； 测试电压：输入1kV，辅助电源2kV； 浪涌（冲击）抗扰度试验：IEC—61000—4—5　4级：共模4kV电压测试。		

三、外形及安装尺寸

三相电压表 AST 系列仪表外形尺寸及安装开孔尺寸，见表 31-2。

表 31-2　三相电压表 AST 系列仪表外形尺寸及安装开孔尺寸　　　　单位：mm

公司外形代号	面框尺寸（a×b）	开孔尺寸（s×y）	安装深度
42	120×120	111×111	85
96	96×96	91×91	85
80	80×80	76×76	85
72	72×72	68×68	85
48	48×48	45×45	85

安装方法：

在固定的配电柜上，选择合适的地方开一个 s×y(mm) 的安装孔；

取出仪表，取下固定夹；

将仪表安装插入配电柜中；

插入仪表的固定夹。

四、生产厂

江苏艾斯特电气有限公司。

31.2　三相谐波多功能电力仪表

一、概述

三相谐波多功能电力仪表是针对电力系统、工矿企业、公用设施、智能大厦的电力监控需求而设计的。它能高精度的测量所有常用的电力参数，如三相电压、电流、有功功率、无功功率、频率、功率因数、四象限电能等。具有 2～31 次谐波测量功能和 8 时段 4 费率的分时计量功能，采用宽视角、带白色背光的 LCD 的显示方式，显示仪表测量参数和电网系统的运行状态信息，仪表面板带有四个编程键盘，用户可现场方便地实现显示切换、仪表参数编程设置，具有很强的灵活性。

多功能网络电力仪表具有极高的性能价格比，可以直接取代常规电力变送器、测量指示仪表、电能计量仪表以及相关的辅助单元。作为一种先进的智能化、数字化的电网前端采集元件，多功能网络电力仪表已广泛应用于各种控制系统、SCADA 系统和能源管理系统中。多功能网络电力仪表可广泛应用于能源管理系统、变电站自动化、配电网自动化、小区电力监控、工业自动化、智能建筑、智能型配电盘、开关柜中，具有安装方便、接线简单、维护方便，工程量小、现场可编程设置输入参数、能够完成业界不同 PLC、工业控制计算机通讯软件的组网。

二、技术数据

三相谐波多功能电力仪表技术数据，见表 31-3。

表 31-3　三相谐波多功能电力仪表技术数据

性　能			参　数
输入测量显示	网　络		三相三线、三相四线
	电压	额定值	AC100V、400V（订货时请说明）
		过负荷	测量：1.2 倍　　瞬时：2 倍/10s
		功耗	<1VA（每相）
		阻抗	>300kΩ
		精度	RMS 测量，精度等级 0.5%
	电流	额定值	AC1A、5A（订货时请说明）
		过负荷	持续：1.2 倍　　瞬时：10 倍/10s
		功耗	<0.4VA（每相）
		阻抗	<20mΩ
		精度	RMS 测量，精度等级 0.5%
	频率		40～60Hz，精度 0.1Hz
	功率		有功、无功、实在功率，精度 0.5%
	显示		可编程设置、切换、循环，LCD 规格显示
电能计量	4 象限电能		四象限正反向计量　有功精度 0.5 级，无功为 2 级
	最大需量		滑差式、滑差时间 1min，滑差区间 15min

性	能	参 数
电源	工作范围	AC、DC 80～265V
	功耗	≤5VA
输出可编程	数字接口	RS—485、MODBUS—RTU 协议
	脉冲输出	2路电能脉冲输出，光耦继电器
	开关量输入	开关量输入，干结点方式
	开关量输出	开关量输出，光耦继电器
	模拟量输出	模拟量变送输出，DC4—20mA/DC0—20mA/DC0—5V
环境	工作环境	—10～55℃
	储存环境	—20～70℃
安全	耐压	辅助电源、输入信号、输出信号之间＞1.5kV
	绝缘	输入、输出、电源对机壳＞5M
外形	尺寸	120×120 96×96（长、宽）
	重量	0.6kg

三、生产厂

乐清市海信电子科技有限公司。

31.3　2000A 智能电力监测仪

一、概述

2000A 智能电力监测仪具有自动稳零功能、数字化整定功能、掉电记忆功能、强抗电磁干扰能力；具有多种接线方式、故障自动诊断功能、可编程状态设定功能，并具有较高测量精度。

二、技术数据

(1) 测量线制及电量：可测量一条三相四线制回路或其它任何制式的全部相电压/线电压（V）、电流（I）、功率（P、Q、S）电能（Wh、Qh）、功率因素（PF）、频率（F）、零序电流（IO）等 34 个参数。

(2) 工作电压：

AC85～265V　40～70Hz，DC85～330V（标准）；

DC18～90V（可选）。

(3) 整机功耗：≤4VA。

(4) 过载能力：

电压：750V 连续；1000V 10 秒；1200V 3 秒；

电流：2 倍额定连续；20 倍额定 1 秒。

(5) 输入范围：

U：5～120V/600V（最大 600V），自动量程切换；

I：0～1A/5A（最大 6A），自动量程切换。

（6）吸收功耗：

电压：＜0.8VA/400V，＜0.25VA/220V；

电流：＜0.1VA/5A。

（7）2000A 智能电力监测仪技术数据，见表 31－4。

表 31－4 2000A 智能电力监测仪技术数据

电压（Vx）	0.2%RD～0.5%RD	功率因数（PF）	0.5%RG
电流（Ixx）	0.2%RD～0.5%RD	有功电能（Wh）	0.5%RD
有功功率（P）	0.5%RD	无功电能（Qh）	1.0%RD
无功功率（Q）	0.5%RD	零序电流（IO）	5%RG
视在功率（S）	0.5%RD	频率（Hz）	0.1%RG

（8）可编程设计：

编程模式：（口令）；

测量系统选择：三相四线/三相三线/一相二线/一相三线/三相平衡；

CT，PT 变比：1～59999。

（9）通讯：

波特率：1200/2400/4800/9600；

数据位：8 或 7；

校验位：奇/偶/无校验位；

停止位：1 或 2；

通讯规约：Modbus RTU/Modbus ASCⅡ RS—485/RS232C，在同一时间只能用其中之一；

时钟：年、月、日、时、分、秒、星期；

时钟误差：0.5 秒/24 小时；

电能累加复位：（口令）；

校准：（口令）。

（10）绝缘强度：

对象：在输入/输出/电源之间；

引用标准：IEC 688—1992；

试验方法：AC2kV 1 分钟 漏电流 2mA。

（11）电磁兼容：

浪涌（1.2/50－8/20μs）；

对象：电源、I/O 线；

引用标准：IEC 61000—4—5/IEC 61000—4—11；

试验方法：4kV（1.2×50μs）；

快速瞬变脉冲串；

对象：电源、I/O 线；

引用标准：IEC 61000—4—4；

试验方法：电源：4kV　2.5kHz；

I/O线：2kV　5kHz；

静电放电

对象：电源、I/O线；

引用标准：IEC 61000—4—2；

接触放电：6kV；

气隙放电：8kV；

射频电磁场

对象：设备本体；

引用标准：IEC 61000—4—3；

试验方法：10V/m中等强度的电磁辐射（如距离不少于1m的手提对讲机）；

稳定性

温度范围：—10～+50℃；

温度影响：10ppm/℃；

长期稳定性：<0.2%年。

(12) 隔离：输入/输出/电源间相互隔离。

三、外形及安装尺寸

结构：板前接线；

安装方式：导轨安装或螺钉固定；

外壳材料：阻燃塑料（均为黑色）；

外形尺寸：110mm（长）×75mm（宽）×120mm（高）。

四、生产厂

安徽天康股份有限公司。

31.4　2010智能电力监测仪

一、概述

2010智能电力监测仪具有自动稳零功能、数字化整定功能、掉电记忆功能、强抗电磁干扰能力；具有多种接线方式、故障自动诊断功能、可编程状态设定功能，并具有较高测量精度。

二、技术数据

(1) 测量线制及电量：可测量一条三相四线制回路或其它任何制式的全部相电压/线电压（V）、电流（I）、功率（P、Q、S）、电能（Wh、Qh）、功率因素（PF）、频率（F）、零序电流（IO）等34个参数。

(2) 工作电压：

AC85～265V　40～70Hz，DC85～330V（标准）；

DC18～90V（可选）。

（3）整机功耗：≤4VA。

（4）过载能力：

电压：750V 连续；1000V 10 秒；1200V 3 秒；

电流：2 倍额定连续；20 倍额定 1 秒。

（5）输入范围：

U：5～120V/600V（最大 600V），自动量程切换；

I：0～1A/5A（最大 6A），自动量程切换。

（6）吸收功耗：

电压：<0.8VA/400V，<0.25VA/220V；

电流：<0.1VA/5A。

（7）2010 智能电力监测仪技术数据，见表 31-5。

表 31-5 2010 智能电力监测仪技术数据

电压（Vx）	0.2%RD～0.5%RD	功率因数（PF）	0.5%RG
电流（Ixx）	0.2%RD～0.5%RD	有功电能（Wh）	0.5%RD
有功功率（P）	0.5%RD	无功电能（Qh）	1.0%RD
无功功率（Q）	0.5%RD	零序电流（IO）	1%RG
视在功率（S）	0.5%RD	频率（Hz）	0.2%RG

（8）可编程设计：

编程模式：（口令）；

测量系统选择：三相四线/三相三线/一相二线/一相三线/三相平衡；

CT，PT 变比：1～59999。

（9）通讯：

波特率：1200/2400/4800/9600；

数据位：8 或 7；

校验位：奇/偶/无校验位；

停止位：1 或 2；

通讯规约：Modbus RTU/Modbus ASCⅡ RS—485/RS232C，在同一时间只能用其中之一；

时钟：年、月、日、时、分、秒、星期；

时钟误差：0.5 秒/24 小时；

电能累加复位：（口令）；

校准：（口令）。

（10）绝缘强度：

对象：在输入/输出/电源之间；

引用标准：IEC 688—1992；

试验方法：AC2kV 1 分钟 漏电流 2mA。

（11）电磁兼容：

浪涌 （1.2/50—8/20μs）；

对象：电源、I/O 线；

引用标准：IEC 61000—4—5/IEC 61000—4—11；

试验方法：4kV （1.2×50μs）；

快速瞬变脉冲串；

对象：电源、I/O 线；

引用标准：IEC 61000—4—4；

试验方法：电源：4kV 2.5kHz；

I/O 线：2kV 5kHz；

静电放电

对象：电源，I/O 线；

引用标准：IEC 61000—4—2；

接触放电：6kV；

气隙放电：8kV；

射频电磁场

对象：设备本体；

引用标准：IEC 61000—4—3；

试验方法：10V/m 中等强度的电磁辐射 （如距离不少于 1m 的手提对讲机）；

稳定性

温度范围：－10～＋50℃；

温度影响：10ppm/℃；

长期稳定性：＜0.2％年。

（12）隔离：输入/输出/电源间相互隔离。

三、外形及安装尺寸

结构：板前接线；

安装方式：35mm 导轨安装或螺钉固定；

外壳材料：阻燃塑料 （均为黑色）；

外形尺寸：110mm （长）×75mm （宽）×70mm （高）。

四、生产厂

安徽天康股份有限公司。

31.5 2020 智能电力监测仪

一、概述

2020 智能电力监测仪具有中英文显示示窗、自动稳零功能、数字化整定功能、掉电记忆功能、强抗电磁干扰能力、多种接线方式、故障自动诊断功能、可编程状态设定功能以及较高的测量精度。

二、技术数据

(1) 测量线制及电量：可测量一条三相四线制回路或其它任何制式的全部相电压/线电压（V）、电流（I）、功率（P、Q、S）、电能（Wh、Qh）、功率因素（PF）、频率（F）、零序电流（IO）等 33 个参数。

(2) 工作电压：

AC85～265V　40～70Hz，DC85～330V（标准）；

DC18～90V（可选）。

(3) 整机功耗：≤4VA。

(4) 过载能力：

电压：750V 连续；1000V 10 秒；1200V 3 秒；

电流：2 倍额定连续；20 倍额定 1 秒。

(5) 输入范围：

U：5～120V/600V（最大 600V），自动量程切换；

I：0～1A/5A（最大 6A），自动量程切换。

(6) 吸收功耗：

电压：<0.25VA/220V；

电流：<0.1VA/5A。

(7) 2020 智能电力监测仪技术数据，见表 31-6。

表 31-6　2020 智能电力监测仪技术数据

电压（Vx）	0.2%RD～0.5%RD	功率因数（PF）	0.5%RG
电流（Ixx）	0.2%RD～0.5%RD	有功电能（Wh）	0.5%RD
有功功率（P）	0.5%RD	无功电能（Qh）	1.0%RD
无功功率（Q）	0.5%RD	频率（Hz）	0.1%RG
视在功率（S）	0.5%RD		

(8) 可编程设计：

编程模式：（口令）；

测量系统选择：三相四线/三相三线/一相二线/一相三线/三相平衡；

CT，PT 变比：1～59999。

(9) 通讯：

波特率：1200/2400/4800/9600/19200；

数据位：8 或 7；

校验位：奇/偶/无校验位；

停止位：1 或 2；

地　址：1～247；

通讯规约：Modbus RTU/Modbus ASCⅡ RS—485/RS232C，在同一时间只能用其中之一。

（10）绝缘强度：

对象：在输入/输出/电源之间；

引用标准：IEC 688—1992；

试验方法：AC2kV 1分钟 漏电流2mA。

（11）电磁兼容：

浪涌（1.2/50—8/20μs）；

对象：电源、I/O线；

引用标准：IEC 61000—4—5/IEC 61000—4—11；

试验方法：电源 4kV；

I/O口 2kV；

快速瞬变脉冲串；

对象：电源、I/O线；

引用标准：IEC 61000—4—4；

试验方法：4kV 2.5kHz；

I/O线：2kV 5kHz；

静电放电

对象：电源、I/O线；

引用标准：IEC 61000—4—2；

接触放电：6kV；

气隙放电：8kV；

射频电磁场

对象：设备本体；

引用标准：IEC 61000—4—3；

试验方法：10V/m 中等强度的电磁辐射（如距离不少于1m的手提对讲机）；

稳定性

温度范围：—10～+50℃；

温度影响：10ppm/℃；

长期稳定性：＜0.2%/年。

（12）隔离：输入/输出/电源间相互隔离。

三、外形及安装尺寸

接线：板后接线；

安装方式：盘面安装；

盘面开孔尺寸：92mm×92mm；

外壳材料：阻燃塑料（黑色）；

外形尺寸：120mm（长）×120mm（宽）×130mm（高）。

四、生产厂

安徽天康股份有限公司。

31.6 2100 智能电力测控仪

一、概述

2100 智能电力测控仪是一种具有可编程功能、遥测、遥信、遥控、自动控制、电能累加、实时时钟、LCD 显示、数字通讯等功能为一体的智能三相综合电力测控仪表。它集数字化、智能化、网络化于一身，使测量过程及数据分析处理实现自动化，减少人为失误，能够全面替代电量变送器、电能表、数显仪表、数据采集器、记录分析仪等仪器，是组成电气自动化系统的理想产品。其结构紧凑、电路先进、功能强大，是对传统仪表的革命性设计。

2100 智能电力测控仪可广泛应用于电力、邮电、石油、煤炭、冶金、铁道、市政、智能大厦等行业、部门的电气装置、自动控制以及调度系统。

二、功能和特点

（1）测量功能多，精度高：2100 智能电力测控仪功能强大，它集合了电量变送器、数字式电能表、数显表、数据采集器、记录分析仪、RTU 等仪器的部分或全部功能。测量功能包括：一条三相四线回路或其它任何线制的全部相/线电压（V）、电流（I）、功率（P、Q、S）、电能（Wh、Qh）、功率因数（COS），频率（F）及零序电流（IO）等。

作为显示仪表使用时可以代替：三相电流表、三相电压表、三相视在功率表、三相有功功率表、三相无功功率表、三相功率因数表、三相有功电能表、三相无功电能表、频率表、零序电流表等。

在自动化系统中用作数据采集时可以代替：三相电流变送器、三相电压变送器、三相视在功率变送器、三相有功功率变送器、三相无功功率变送器、三相功率因数变送器、频率变送器、零序电流变送器等以及数据采集模块、RTU 等。

作为电能计量仪表时可以代替：三相有功电能表、三相无功电能表等。

仪表采用高精度高稳定的模数（A/D）转换器件，功率、电度精度可达 0.5 级，其它参数可达 0.2 级。

（2）三遥与自动控制：2100 智能电力测控仪具有六路（空结点）遥信输入，三路继电器（每路均为常开和常闭双触点）遥控输出，加上遥测及通讯功能组成完备的三遥功能。三路继电器还可由用户设定为自动出口控制，如过流、欠压、断相等条件下出口继电器动作等。

（3）中、英文显示：2100 智能电力测控仪采用 LCD 大屏幕液晶显示，中、英文两套界面可转换，非常适合中国国情。显示器采用人的眼睛感觉比较自然舒适的蓝背光，体现了人文关怀的理念。同时，可显示多达 4 个参数，并能通过手动或自动设定，按顺序读出超过 30 个参数。

（4）标准规约、轻松组网：为了满足未来测量仪表的环境，2100 智能电力测控仪配有 RS—485 和 RS—232C 串行口，允许连接开放式结构的局域网络。

应用 Modbus（RTU 和 ASCⅡ两种模式）通讯规约，通过在 PC 机或数据采集系统上运行的软件，能提供一个对于工厂、电厂、工业或建筑物的服务的简单、实用的电量管理方案。

(5) 自动稳零：具有自动校准零点，克服零点随时间和温度的漂移。实现所有参数的零点免调，提高了仪表的整体测量精度，提高了系统的整体稳定性，简化了校准流程。

(6) 极宽的动态输入范围：2100智能电力测控仪采用量程自动切换技术，提供5～120V/600V的电压输入量程，0～1A/5A电流输入量程，能自动适用于各种测量系统，无需任何硬件和软件的调整。

(7) 内部实时时钟（RTC）：2100智能电力测控仪提供内部的RTC（实时时钟），精确记录系统时间。

(8) 可编程状态设定：2100智能电力测控仪允许用户对其工作状态"测量系统选择"、"CT、PT变比"、"显示内容"、"通讯"、"时钟"、"电能累加复位"、"继电器自动控制出口条件"等进行更改设定。

(9) 记忆：在电源掉电时，2100智能电力测控仪能够记忆所有的当前工作状态或设定值、电能累加数值、时间、PT变比、CT变比。

(10) 多种接线方式：适用于三相四线、三相四线平衡负载、三相三线、三相三线平衡负载、一相二线和一相三线。

(11) 数字化整定：所有参数均采用数字化校准，在专用校准调试软件控制下自动进行，减少了人为因素带来的偏差。摒弃了常规采用电位器的模拟调整方法，简化了硬件电路，提高了整机的可靠性和稳定性。

(12) 故障自动诊断：具有故障自动判断功能，并将结果显示在屏幕上或通过串行口输出。

(13) 抗电磁干扰能力强：完善的电磁兼容性设计，具有极强的抗电磁干扰能力，符合 IEC61000—4 标准，适合在强电磁干扰的复杂环境中使用。

(14) 安装方便：2100智能电力测控仪强大的功能，使系统现场安装、布线的复杂程度和材料的综合成本降低了。

采用盘面安装方式，外形尺寸符合马赛克屏开孔标准（开孔尺寸为175mm×125mm），便于安装。

三、技术数据

2100智能电力测控仪技术数据，见表31-7。

表 31-7　2100 智能电力测控仪技术数据

参　数	位数	显示（最大）	准确度
电压（Vx）	5	9.9.9.9.9. V/kV	0.2%RD
电流（Ixx）	5	9.9.9.9.9. A/kA	0.2%RD
有功功率（P）	5	9.9.9.9.9. W/kW/MW/GW	0.5%RD
无功功率（Q）	5	9.9.9.9.9. var/kvar/Mvar/Gvar	0.5%RD
视在功率（S）	5	9.9.9.9.9. VA/kVA/MVA/GVA	0.5%RD
功率因数（PF）	5	1.0000	0.5%RG

参 数	位数	显示（最大）	准确度
有功电能（Wh）	8	9.9.9.9.9.9.9.9. Wh/kWh/MWh	0.5%RD
无功电能（Qh）	8	9.9.9.9.9.9.9.9. varh/kvarh/Mvarh	0.5%RD
零序电流（IO）	5	9.9.9.9.9. A/kA	0.2%RG
频率（Hz）	5	70.000Hz	0.2%RG

四、生产厂

安徽天康股份有限公司。

31.7 3000 智能电力监测仪

一、概述

3000 智能电力监测仪具有 LED 显示示窗（一次可显示 10 个参数）、自动稳零功能、数字化整定功能、掉电记忆功能、强抗电磁干扰能力、多种接线方式、故障自动诊断功能、可编程状态设定功能以及较高的测量精度。

二、技术数据

（1）测量线制及电量：可测量一条三相四线制回路或其它任何制式的全部相电压/线电压（V）、电流（I）、功率（P、Q、S）、电能（Wh、Qh）、功率因素（PF）、频率（F）、零序电流（IO）等 33 个参数。

（2）工作电压：

AC85～265V　40～70Hz，DC85～330V（标准）；

DC18～90V（可选）。

（3）整机功耗：≤4VA。

（4）过载能力：

电压：750V 连续；1000V　10 秒；1200V　3s；

电流：2 倍额定连续；20 倍额定 1s。

（5）输入范围：

U：5～120V/600V（最大 600V），自动量程切换；

I：0～1A/5A（最大 6A），自动量程切换。

（6）吸收功耗：

电压：<0.25VA/220V；

电流：<0.1VA/5A。

（7）3000 智能电力监测仪技术数据，见表 31 - 8。

（8）可编程设计：

编程模式：（口令）；

测量系统选择：三相四线/三相三线/一相二线/一相三线/三相平衡；

CT，PT 变比：1～60000。

表 31 - 8 3000 智能电力监测仪技术数据

电压（Vx）	0.2%RD～0.5%RD		功率因数（PF）	0.5%RG
电流（Ixx）	0.2%RD～0.5%RD		有功电能（Wh）	1.0%RD
有功功率（P）	0.5%RD		无功电能（Qh）	1.0%RD
无功功率（Q）	0.5%RD		频率（Hz）	0.2%RG
视在功率（S）	0.5%RD			

（9）通讯：

波特率：1200/2400/4800/9600/19200；

数据位：8 或 7；

校验位：奇/偶/无校验位；

停止位：1 或 2；

地 址：1～247；

通讯规约：Modbus RTU/Modbus ASCⅡ RS—485/RS232C，在同一时间只能用其中之一。

（10）绝缘强度：

对象：在输入/输出/电源之间；

引用标准：IEC 688—1992；

试验方法：AC2kV 1 分钟 漏电流 2mA。

（11）电磁兼容：

浪涌（1.2/50—8/20μs）；

对象：电源、I/O 线；

引用标准：IEC 61000—4—5/IEC 61000—4—11；

试验方法：电源 4kV I/O 口 2kV；

快速瞬变脉冲串；

对象：电源、I/O 线；

引用标准：IEC 61000—4—4；

试验方法：4kV 2.5kHz；

I/O 线：2kV 5kHz；

静电放电

对象：电源、I/O 线；

引用标准：IEC 61000—4—2；

接触放电：6kV；

气隙放电：8kV；

射频电磁场

对象：设备本体；

引用标准：IEC 61000—4—3；

试验方法：10V/m 中等强度的电磁辐射（如距离不少于 1m 的手提对讲机）；

稳定性

温度范围：−10～+50℃；

温度影响：10ppm/℃；

长期稳定性：<0.2%/年。

(12) 隔离：输入/输出/电源间相互隔离。

三、外形及安装尺寸

接线：板后接线；

安装方式：盘面安装；

盘面开孔尺寸：177mm×127mm；

外壳材料：阻燃塑料（黑色）；

外形尺寸：201mm（长）×140mm（宽）×115mm（高）。

四、生产厂

安徽天康股份有限公司。

31.8 Acuvim Ⅱ系列导轨安装型三相网络电力仪表

一、概述

Acuvim Ⅱ是 Accuenergy 公司新推出的一款高端多功能网络电力仪表，具有精确的电力参数测量、四象限电能计量、越限报警、极值记录、数据记录等功能。通过扩展的 I/O 模块，可实现强大的监控功能，用于对现场设备的状态监测和控制。Acuvim Ⅱ集成了工业标准的通信接口，还有多种扩展通信模块，可轻松实现与各种智能配电系统的集成；可直接作为互联网中的服务器为授权用户通过网页浏览的方式发布实时监测数据，或通过定时或状态触发发送电子邮件的方式，向用户报告监测数据和状态。多种接线方式，使用方便，可适应现场的各种要求。Acuvim Ⅱ系列导轨安装型具有分体安装显示模块，可以通过网线将导轨安装本体与显示模块连接，既能满足导轨安装，又能够显示各种参数，方便又实用。

二、特点

(1) 高精度双向电能计量。

(2) 实时监测 2～63 次各次谐波含有率。

(3) 电能分时计量功能。

(4) 电能质量事件记录。

(5) Acuvim ⅡR/ⅡE/ⅡW 拥有 3 条独立的数据记录。

(6) SOE 记录功能。

(7) Acuvim ⅡW 可记录 8 组电压波形和电流波形数据。

(8) 丰富的通信接口，两路 RS485、以太网、Profibus。

三、应用领域

Acuvim Ⅱ可应用于智能配电系统或电力自动化系统的数据采集单元。

主要应用领域有：

中、低压配电系统；	智能开关盘柜；
工厂自动化系统；	电网计量；
工业机器设备；	能源管理系统；
智能建筑；	工业计量。

四、外形及安装尺寸

Acuvim Ⅱ系列导轨安装型三相网络电力仪表外形及安装尺寸，见图 31-1～图 31-3。

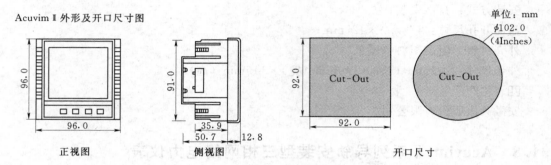

图 31-1　Acuvim Ⅱ系列导轨安装型三相网络电力仪表外形及安装尺寸（一）

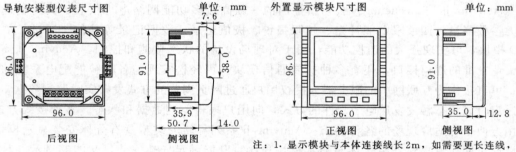

注：1. 显示模块与本体连接线长 2m，如需要更长连线，请订货时声明。
　　2. 显示模块的开口尺寸与 Acuvim Ⅱ本体开口尺寸完全一致。

图 31-2　Acuvim Ⅱ系列导轨安装型三相网络电力仪表外形及安装尺寸（二）

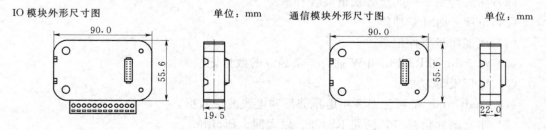

图 31-3　Acuvim Ⅱ系列导轨安装型三相网络电力仪表外形及安装尺寸（三）

五、生产厂

北京爱博精电科技有限公司。

31.9 CD194Z 网络电力仪表

一、概述

CD194Z 网络电力仪表，是针对电力系统、工矿企业、公共设施、智能大厦的电力监控需求而设计的网络电力仪表。它能测量所有的常用电力参数，如三相电流、电压，有功、无功功率，电能等。由于该电力仪表还具备完善的通信联网功能，所以称之为网络电力仪表。它非常适合于实时电力监控系统。

CD194Z 具有极高的性能价格比，可以直接取代常规电力变送器及测量仪表。作为一种先进的智能化、数字化的前端采集元件，该系列网络仪表已广泛应用于各种控制系统、SCADA 系统和能源管理系统中。

二、特点

公司集多年电力测量产品设计之经验，采用现代微处理器技术和交流采样技术设计而成了该系列网络电力仪表。产品的设计充分考虑了成本效能比、易用性和可靠性，有以下特点：

（1）多电量采集，单、三相 I、U、P、Q、Hz、$\cos\phi$、Ep、Eq 等 34 项模拟量。

（2）I/O 模块，电能脉冲、电能分时计费、RS485/Modbus（双通讯口），谐波分析功能，可选。

（3）多种外形选择，LED/LCD 显示。

（4）配套 CND 多电量测控管理系统软件，可实现电能节能管理，建筑小区电力监控、配电。

（5）智能监控、变电站自动化。

（6）可直接从电流、电压互感器接入信号。

（7）可任意设定 PT/CT 变化。

（8）可直接从电流、电压互感器接入信号。

（9）仪表显示可滚动。

（10）多块仪表可设置不同地址。

（11）I/O 开关量，继电器报警输出，4～20mA 模拟量等功能模块化设计。

（12）可通讯接入 SCADA、PLC 系统中，可与业界多种软件通讯（Intouch，Fix，Citec 等）。

（13）LED 或蓝屏背光 LCD 显示，可视度高。

（14）方便安装，接线简单，工程量小。

（15）仪表采用专用掉电保护电路，在掉电情况下，电能保存不丢失，恢复电源后，电能继续走字。

（16）四象限电能计量，分别计费，最大需量记录及 12 个月电能统计。

三、技术数据

CD194Z 网络电力仪表技术数据，见表 31-9。

表 31 - 9   CD194Z 网络电力仪表技术数据

技 术 参 数			指 标
输入	网络		单相，三相三线，三相四线
	电压	额定值	AC100V，200V，400V
		过负荷	1.2 倍持续，瞬时：2 倍/1 秒
		功耗	<0.2VA
		阻抗	>200kΩ
	电波	额定值	AC 1A，5A
		过负荷	1.2 倍持续，瞬时：10 倍/10 秒
		功耗	<0.2VA
		阻抗	<0.1Ω
	频率		50±5Hz，60±5Hz
输出（可选）	电能脉冲		2 路脉冲输出，10000、40000、160000imp/kWh
	通讯		RS—485/Modubs—RTU 波特率 38400、19200、9600、4800 可设定
电源	范围		AC、DC80—270V
	功耗		<1W
工频耐压			2kV/1min 交流有效值
抗干扰性能			符合 GB 6162
环境	温度		工作：-10～+55℃
	湿度		≤95%RH，不结露，无腐蚀性气体场所
	海拔		≤2000m
精度等级			电流，电压：0.2 级，功率有功电能 0.5 级；频率：0.05Hz；无功电能：1 级

四、生产厂

杭州超耐德科技有限公司。

31.10   E 系列多功能电力仪表

一、概述

E 系列多功能电力仪表是一种具有可编程测量、显示、数字通讯和电能脉冲变送输出等功能的多功能电力仪表，能够完成电量测量、电能计算、数据显示、采集及传输，可广泛应用变电站自动化、配电自动化、智能建筑、企业内部电能测量、管理、考核。测量精度为 0.5 级，实现 LED/LCD 现场显示和远程 RS—485 数字接口通讯、采用 MODBUS—RTU通讯协议。

二、技术数据

E 系列多功能电力仪表技术数据，见表 31 - 10。

表 31-10 E系列多功能电力仪表技术数据

精度等级			U、I为0.2级，P、Q为0.5级，有功电能为0.5级，无功电能为2级
显示			LED或LCD显示
网络			三相三线、三相四线
输入测量	电压	额定值	AC100V、AC400V（可通过PT扩展量程，订货时说明）
		过负荷	持续1.2倍，瞬时：电压2倍（10秒），电流10倍（5秒）
		功耗	＜1VA（每相）
		阻抗	＞300kΩ
	电流	频率	AC1A、5A（可通过CT扩展量程，订货时说明）
		过负荷	持续1.2倍，瞬时：电流10倍（5秒）
		功耗	＜0.4VA
		阻抗	＜20mΩ
频率			50/60Hz±10%
电能			有功、无功电能计量
电源	工作范围		AC/DC 80～270V
	功耗		≤5VA
输出	数字量		RS—485接口，MODBUS—RTU协议
	脉冲输出		2路电能脉冲输出，光耦继电器
	模拟量		4路送输出：4～20mA/0～20Ma（选配）
工作条件			环境温度：—10～55℃，相对湿度≤93%，无腐蚀气体场所，海拔高度≤2500m
隔离耐压			输入和电源＞2kV，输入和输出＞2kV，电源和输出＞1.5kV
绝缘电阻			≥100mΩ

三、特点

（1）测量全部的电力网参数。

（2）有功、无功电能计量。

（3）多种外形尺寸（mm）：120×120、96×96、80×80、72×72，可用于不同开关柜。

（4）可直接从电流、电压互感器输入，可任意设定PT/CT变化。

（5）LCD/LED显示，显示形象直观。

（6）可通讯接入SCADA、PLC系统中。

（7）方便安全、工程量小。

四、功能表

42方形多功能电力仪表型号、功能一览表（开孔尺寸：108mm×108mm），见表31-11。

表 31 - 11　42 方形多功能电力仪表型号、功能一览表

型　号	测　量	显示	外围功能（可选项，订货时说明）	
			数字通讯	电能脉冲
APD194E—2SY	U、I、kW、kvar、kVA、kvarh、kWh、Hz、cosφ	蓝色背光 LCD 显示	RS—485 MODBUS—RTU	2 路电能脉冲输出
APD194E—2S4	U、I、kW、kvar、kvarh、kWh、Hz、cosφ	3 排 LED 显示		
APD194E—2S9	I、kWh	4 排 LED 显示		
APD194E—2S9A	U、I、kWh、kvarh	3 排 LED 显示		
APD194E—2S7	kWh、kvarh	2 排 LED 显示		

96 方形多功能电力仪表型号、功能一览表（开孔尺寸：88mm×88mm），见表 31 - 12。

表 31 - 12　96 方形多功能电力仪表型号、功能一览表

型　号	测　量	显示	外　围　功　能	
			数字通讯	电能脉冲
APD194E—9SY	U、I、kW、kvar、kVA、kvarh、kWh、Hz、cosφ	蓝色背光 LCD 显示	RS—485 MODBUS—RTU	2 路电能脉冲输出
APD194E—9S4	U、I、kW、kvar、kvarh、kWh、Hz、cosφ	3 排 LED 显示		
APD194E—9S9	I、kWh	4 排 LED 显示		
APD194E—9S9A	U、I、kWh、kvarh	3 排 LED 显示		
APD194E—9S7	kWh、kvarh	2 排 LED 显示		

80 方形多功能电力仪表型号、功能一览表（开孔尺寸：76mm×76mm），见表 31 - 13。

表 31 - 13　80 方形多功能电力仪表型号、功能一览表

型　号	测　量	显示	外围功能（可选项，订货时说明）	
			数字通讯	电能脉冲
APD194E—3S4	U、I、kW、kvar、kvarh、kWh、Hz、cosφ	3 排 LED 显示	RS—485 MODBUS—RTU	2 路电能脉冲输出
APD194E—3S9	I、kWh	3 排 LED 显示		
APD194E—3S9A	U、I、kvarh、kWh	3 排 LED 显示		
APD194E—3S7	kvarh、kWh	3 排 LED 显示		

72 方形多功能电力仪表型号、功能一览表（开孔尺寸：67mm×67mm），见表 31 - 14。

表 31 - 14 72 方形多功能电力仪表型号、功能一览表

型　号	测　量	显示	外围功能（可选项，订货时说明）	
			数字通讯	电能脉冲
APD194E—AS4	U、I、kW、kvar、kvarh、kWh、Hz、cosϕ	3 排 LED 显示	RS—485 MODBUS—RTU	2 路有功电能脉冲输出
APD194E—AS9	I、kWh	3 排 LED 显示		
APD194E—AS9A	U、I、kvarh、kWh	3 排 LED 显示		
APD194E—AS7	kvarh、kWh	3 排 LED 显示		

5 糙形单相多功能电力仪表型号、功能一览表（开孔尺寸：92mm×44mm），见表31 - 15。

表 31 - 15 5 糙形单相多功能电力仪表型号、功能一览表

型　号	测　量	显示	外围功能（可选项，订货时说明）	
			数字通讯	电能脉冲
APD194E—5S1	单相 U、I、kW、kvar、kvarh、kWh、Hz、cosϕ	1 排 LED 显示	RS—485 MODBUS—RTU	2 路有功电能脉冲输出
APD194E—5S1Y	I 单相 U、I、kW、kvar、kvarh、kWh、Hz、cosϕ	1 排 LCD 显示蓝屏液晶显示		

五、生产厂

上海自动化仪表股份有限公司。

31.11　E8000 单回路在线式电能质量监测装置

一、概述

E8000 单回路在线式电能质量监测装置采用高速高性能的数字信号处理器，集谐波分析、闪变测量、功率测量、电压不平衡度测量与故障录波、事件记录等功能为一体。

记录稳态数据和暂态数据，深层次挖掘每个事件的起因。快速采集、准确分析各种电力参数，对电能质量各项指标进行监测、评定。E8000 集成了丰富的通信接口，与 PQS 电能质量监测软件相结合，构成电能质量监测与管理系统。

二、特点

（1）谐波分析：监测电网 50 次的各次谐波分量，包括 2～50 各次谐波畸变率、总谐波畸变率、偶次谐波总畸变率、奇次谐波总畸变率、谐波相角、间谐波，满足国标 GB/T 14549 和 IEC 61000—4—7 对公用电网谐波的测试要求。

（2）闪变分析：公共供电点电压因冲击性功率负荷（如炼钢电弧炉，电弧焊机等）引起的电压快速变化而导致的闪变效应，容易使人眼疲劳、不舒服，甚至情绪烦躁，E8000 具有电压闪变监测功能，符合 EN 50160、IEC 61000—4—15 及 GB/T 12326 相关标准。

（3）电压波动与故障录波：E8000 能捕捉所有电压电流通道的波形，分析干扰源。谐波分量超标、畸变率超标、电压有效值超标、短路故障等均可启动电压波形与故障录波记录，从而捕捉电压波形细微的变化。

（4）分量测量及电压不平衡度分析：E8000 可测量电压电流的不平衡度及零序、正序、负序的幅值和相位，显示电压电流的相位图。

（5）电力系统频率波动监测及记录：E8000 频率测量精度为 0.001Hz，频率范围从 20Hz 连续到 80Hz，在线监测电力系统频率，频率越限时可报警及记录。

（6）电能质量超标计量：E8000 连续不断监视电能质量是否符合标准，通过软件可设置不同的超标条件，启动超标电能参数统计并记录对应超标量，时间分辨率达 1ms。

三、规格数据

E8000 单回路在线式电能质量监测装置技术数据，见表 31-16～表 31-33。

表 31-16　E8000 单回路在线式电能质量监测装置技术数据（一）

被　测　量	测　量　类　型
电压有效值	电压
电流有效值	电流
频率偏差	频率
三相不平衡	电压、电流
电压波动	电压
闪变	电压
谐波、间谐波、高次谐波	电压、电流
功率	有功、无功、视在、功率因数
事件记录	瞬态脉冲、电压暂升、电压暂降、电压中断、冲击电流、频率异常

表 31-17　E8000 单回路在线式电能质量监测装置技术数据（二）

测量线路	单相 2 线/单相 3 线/3 相 3 线/3 相 4 线制
测量线路基本频率	50Hz/60Hz
输入通道数	电压 4、电流 4
测量量程	电压测量量程：标称值 100V，最大值 300V；电流测量量程：标称值 5A，最大值 7.2A

表 31-18　E8000 单回路在线式电能质量监测装置技术数据（三）

使用环境	室内使用，-20～+70℃，湿度 90rh% 以下
存储环境	室内保存，-40～+85℃，湿度 95rh% 以下（不凝结）
电源输入电压	+85～+265VAC　110V/220VDC
电磁兼容性	等级 3：GB/T 17626.2—2006 静电放电抗扰度 等级 3：GB/T 17626.3—2006 射频电磁场辐射抗扰度 等级 3：GB/T 17626.4—2008 电快速瞬变脉冲群抗扰度 等级 3：GB/T 17626.5—2008 浪涌（冲击）抗扰度 等级 3：GB/T 17626.8—2006 工频磁场抗扰度 等级 3：GB/T 17626.9—1998 脉冲磁场抗扰度 等级 3：GB/T 17626.12—1998 振荡波抗扰度

续表 31 - 18

环境可靠性	GB/T 2423.1—2008 低温 GB/T 2423.2—2008 高温 GB/T 2423.4—2008 交变湿热 GB/T 2423.5—1995 冲击 GB/T 2423.10—2008 振动 GB/T 2423.22—2002 温度变化
防尘性、防水性	IP20（GB 4208—93/IEC 529：1989）
安全性	500V/10M，2kV：GB/T 15479—1995

表 31 - 19   E8000 单回路在线式电能质量监测装置技术数据（四）

以太网（10/100M）	2	HTTP 服务器功能，远程操作应用功能，测量配置、系统参数配置等功能 IEC 61850 通讯规约上传数据功能
RS—485	2	支持 modbus 协议上传电能质量数据 GPS 硬件校时接口
USB 2.0	2	U 盘导入导出数据 鼠标键盘操作
继电器	2	控制外部执行设备 可切换的电流可达 3A
开漏输入	2	数字量输入 最高可输入 DC24V
RS—232	1	系统调试和配置参数功能
LCD	1	26 万色 5.6 寸液晶屏，分辨率 640×480
电压电流测量接口	8	被测试电压电流输入端口

表 31 - 20   E8000 单回路在线式电能质量监测装置技术数据（五）

测　量　方　式	由 10 个波形（50Hz 时）算出的频率
显示方式	显示一个通道的频率值
测量量程/分辨率	50.0000Hz/0.0001Hz
测量带宽	40.0000～60.0000Hz
测量精度	±0.001Hz

表 31 - 21   E8000 单回路在线式电能质量监测装置技术数据（六）

测量方式	每两个周波运算一次，每周波取 1/2 周组成 1 个波形运算
测量量程/分辨率	max 电压：300V/0.005；max 电流：7.2A
测量精度	标称电压的 0.1%

表 31 - 22   E8000 单回路在线式电能质量监测装置技术数据（七）

测量方式	由 10 个波形（50Hz 时）运算
显示方式	每通道的电压有效值
测量量程/分辨率	max 电压：300V/0.005
测量精度	标称电压的 0.1%

表 31 - 23　E8000 单回路在线式电能质量监测装置技术数据 (八)

测量方式	由 10 个波形 (50Hz 时) 运算
显示方式	每通道的电流有效值
测量量程/分辨率	max 电流：7.2A
测量精度	标称电压的 0.1%

表 31 - 24　E8000 单回路在线式电能质量监测装置技术数据 (九)

测量方式	符合 IEC 61000—4—7，分析窗口幅度 10 个周波
窗口点数	每 10 个周波共 5120 点
显示方式	柱状图、表格
测量次数	0~50 次
测量量程/分辨率	max 电压：300V/0.005
测量精度	电压谐波大于 1% 标称值时：误差小于 1%rdg 电压谐波小于 1% 标称值时：误差小于 0.05% 标称电压值 电流谐波大于 3% 标称值时：误差小于 1%rdg 电流谐波小于 3% 标称值时：误差小于 0.05% 标称电压值

表 31 - 25　E8000 单回路在线式电能质量监测装置技术数据 (十)

测量方式	符合 IEC 61000—4—7，分析窗口幅度 10 个周波
窗口点数	每 10 个周波共 5120 点
显示方式	表格
测量次数	1~16 组
测量量程/分辨率	max 电压：300V/0.005
测量精度	电压谐波大于 1% 标称值时：误差小于 1%rdg 电压谐波小于 1% 标称值时：误差小于 0.05% 标称电压值 电流谐波大于 3% 标称值时：误差小于 1%rdg 电流谐波小于 3% 标称值时：误差小于 0.05% 标称电压值

表 31 - 26　E8000 单回路在线式电能质量监测装置技术数据 (十一)

测量方式	符合 IEC 61000—4—7，分析窗口幅度 10 个周波
窗口点数	每 10 个周波共 5120 点
显示方式	表格
测量次数	1~35 组
测量量程/分辨率	max 电压：300V/0.005
测量精度	电压谐波大于 1% 标称值时：误差小于 1%rdg 电压谐波小于 1% 标称值时：误差小于 0.05% 标称电压值 电流谐波大于 3% 标称值时：误差小于 1%rdg 电流谐波小于 3% 标称值时：误差小于 0.05% 标称电压值

表 31 - 27　E8000 单回路在线式电能质量监测装置技术数据（十二）

测　量　方　式	有功功率：每 10 个周波进行运算 视在功率：由电压电流的有效值来运算 无功功率：由视在功率、有功功率来计算
显示方式	实时数据显示
测量量程/分辨率	根据电压电流量程来确定
测量精度	±0.5%rdg

表 31 - 28　E8000 单回路在线式电能质量监测装置技术数据（十三）

测　量　方　式	由电压有效值、电流有效值、有功功率进行计算
显示方式	实时数据显示
测量量程/分辨率	-1.0000～1.0000
测量精度	±1%rdg

表 31 - 29　E8000 单回路在线式电能质量监测装置技术数据（十四）

测　量　方　式	3 相 3 线或 3 相 4 线制时，使用三相的基波成分来计算
显示方式	电压不平衡 电流不平衡
测量量程	0.00%～100%
测量精度	电压不平衡度：±0.5% 电流不平衡度：±0.5%

表 31 - 30　E8000 单回路在线式电能质量监测装置技术数据（十五）

测　量　方　式	半波方均值来计算
显示方式	波动趋势图、电压波动实时值
测量量程	0.00%～100%
测量精度	±1%

表 31 - 31　E8000 单回路在线式电能质量监测装置技术数据（十六）

测　量　项　目	短闪变（P_{st}）、长闪变（P_{lt}）
测量方式	根据 IEC 61000—4—15 连续测量 10 分钟的 P_{st}，连续测量并计算 2 小时 P_{lt}
显示方式	闪变趋势图、P_{st}值、P_{lt}值
测量量程	0～20
测量精度	±5%

表 31 - 32　E8000 单回路在线式电能质量监测装置技术数据（十七）

测　量　方　式	电流的半波有效值超过设定值的正向冲击电流
显示方式	冲击电流波形、冲击电流最大值
测量精度	0.1%

表 31-33　E8000 单回路在线式电能质量监测装置技术数据（十八）

测　量　方　式	暂升：电压半波有效值正方向超过设定值时，判定为暂升
	暂降：电压半波有效值负方向超过设定值时，判定为暂降
	短时中断：电压半波有效值负方向超过设定值时，判定为瞬间中断
显示方式	暂升、暂降、短时中断的波形持续时间、幅度等
测量精度	0.1%

四、生产厂

广州致远电子股份有限公司。

31.12　E8300 多回路在线式电能质量监测装置

一、概述

E8300 多回路在线式电能质量监测装置采用高速高性能的数字信号处理器，集谐波分析、闪变测量、功率测量、电压不平衡度测量与故障录波、事件记录等功能为一体，记录稳态数据和暂态数据，深层次挖掘每个事件的起因。快速采集、准确分析各种电力参数，对电能质量各项指标进行监测、评定。E8300 集成了丰富的通信接口，与 PQS 电能质量监测软件相结合，构成电能质量监测与管理系统。

二、特点

（1）谐波分析：监测电网 50 次的各次谐波分量，包括 2～50 各次谐波畸变率、总谐波畸变率、偶次谐波总畸变率、奇次谐波总畸变率、谐波相角、间谐波，满足国标 GB/T 14549 和 IEC 61000—4—7 对公用电网谐波的测试要求。

（2）闪变分析：公共供电点电压因冲击性功率负荷（如炼钢电弧炉，电弧焊机等）引起的电压快速变化而导致的闪变效应，容易使人眼疲劳、不舒服，甚至情绪烦躁，E8300 具有电压闪变监测功能，符合 EN 50160、IEC 61000—4—15 及 GB/T 12326 相关标准。

（3）电压波动与故障录波：E8300 能捕捉所有电压电流通道的波形，分析干扰源。谐波分量超标、畸变率超标、电压有效值超标、短路故障等均可启动电压波形与故障录波记录，从而捕捉电压波形细微的变化。

（4）分量测量及电压不平衡度分析：E8300 可测量电压电流的不平衡度及零序、正序、负序的幅值和相位，显示电压电流的相位图。

（5）电力系统频率波动监测及记录：E8300 频率测量精度为 0.001Hz，频率范围从 20Hz 连续到 80Hz，在线监测电力系统频率，频率越限时可报警及记录。

（6）电能质量超标计量：E8300 连续不断监视电能质量是否符合标准，通过软件可设置不同的超标条件，启动超标电能参数统计并记录对应超标量，时间分辨率达 1ms。

（7）数据记录和事件过程记录：E8300 配置 8GB 存储卡，用于存储电能数据和故障波形。

（8）多路多台同步采样单台：E8300 可最多同时测量 16 路电压/电流通道信号，多台设备可通过基准时钟信号接口进行同步采样，保证数据同步、精确。

三、技术数据

E8300 多回路在线式电能质量监测装置技术数据，见表 31-34~表 31-51。

表 31-34 E8300 多回路在线式电能质量监测装置技术数据（一）

被 测 量	测 量 类 型
电压有效值	电压
电流有效值	电流
频率偏差	频率
三相不平衡	电压、电流
电压波动	电压
闪变	电压
谐波、间谐波、高次谐波	电压、电流
功率	有功、无功、视在、功率因数
事件记录	瞬态脉冲、电压暂升、电压暂降、电压中断、冲击电流、频率异常

表 31-35 E8300 多回路在线式电能质量监测装置技术数据（二）

测 量 线 路	单相 2 线/单相 3 线/3 相 3 线/3 相 4 线制
测量线路基本频率	50Hz/60Hz
输入通道数	电压 4、电流 4
测量量程	电压测量量程：标称值 100V，最大值 300V 电流测量量程：标称值 5A，最大值 7.2A

表 31-36 E8300 多回路在线式电能质量监测装置技术数据（三）

使 用 环 境	室内使用，−20~+70℃，湿度 90rh%以下
存储环境	室内保存，−40~+85℃，湿度 95rh%以下（不凝结）
电源输入电压	+85~+265VAC 110V/220VDC
电磁兼容性	等级 3：GB/T 17626.2—2006 静电放电抗扰度 等级 3：GB/T 17626.3—2006 射频电磁场辐射抗扰度 等级 3：GB/T 17626.4—2008 电快速瞬变脉冲群抗扰度 等级 3：GB/T 17626.5—2008 浪涌（冲击）抗扰度 等级 3：GB/T 17626.8—2006 工频磁场抗扰度 等级 3：GB/T 17626.9—1998 脉冲磁场抗扰度 等级 3：GB/T 17626.12—1998 振荡波抗扰度
环境可靠性	GB/T 2423.1—2008 低温 GB/T 2423.2—2008 高温 GB/T 2423.4—2008 交变湿热 GB/T 2423.5—1995 冲击 GB/T 2423.10—2008 振动 GB/T 2423.22—2002 温度变化
防尘性、防水性	IP20（GB 4208—93/IEC 529：1989）
安全性	500V/10M，2kV：GB/T 15479—1995

表 31-37　E8300 多回路在线式电能质量监测装置技术数据（四）

以太网（10/100M）	2	HTTP 服务器功能，远程操作应用功能，测量配置、系统参数配置等功能 IEC 61850 通讯规约上传数据功能
RS—485	2	支持 modbus 协议上传电能质量数据 GPS 硬件校时接口
USB 2.0	2	U 盘导入导出数据 鼠标键盘操作
继电器	2	控制外部执行设备 可切换的电流可达 3A
开漏输入	2	数字量输入 最高可输入 DC24V
RS—232	1	系统调试和配置参数功能
LCD	1	26 万色 5.6 寸液晶屏，分辨率 640×480
电压电流测量接口	8	被测试电压电流输入端口

表 31-38　E8300 多回路在线式电能质量监测装置技术数据（五）

测　量　方　式	由 10 个波形（50Hz 时）算出的频率
显示方式	显示一个通道的频率值
测量量程/分辨率	50.0000Hz/0.0001Hz
测量带宽	40.0000～60.0000Hz
测量精度	±0.001Hz

表 31-39　E8300 多回路在线式电能质量监测装置技术数据（六）

测　量　方　式	每两个周波运算一次，每周波取 1/2 周波组成 1 个波形运算
采样频率	200K
测量量程/分辨率	max 电压 300V/0.005，max 电流 7.2A
测量精度	标称电压的 0.1%

表 31-40　E8300 多回路在线式电能质量监测装置技术数据（七）

测　量　方　式	由 10 个波形（50Hz 时）运算
显示方式	每通道的电压有效值
采样频率	200K
测量量程/分辨率	max 电压：300V/0.005
测量精度	标称电压的 0.1%

表 31-41　E8300 多回路在线式电能质量监测装置技术数据（八）

测　量　方　式	由 10 个波形（50Hz 时）运算
显示方式	每通道的电流有效值
采样频率	200K
测量量程/分辨率	max 电流：7.2A
测量精度	标称电压的 0.1%

表 31 - 42　　E8300 多回路在线式电能质量监测装置技术数据（九）

测 量 方 式	符合 IEC 61000—4—7，分析窗口幅度 10 个周波
窗 口 点 数	每 10 个周波共 5120 点
显 示 方 式	柱状图、表格
采 样 频 率	200kHz
测 量 次 数	0～50 次
测量量程/分辨率	max 电压：300V/0.005
测 量 精 度	电压谐波大于 1％标称值时：误差小于 1％rdg 电压谐波小于 1％标称值时：误差小于 0.05％标称电压值 电流谐波大于 3％标称值时：误差小于 1％rdg 电流谐波小于 3％标称值时：误差小于 0.05％标称电压值

表 31 - 43　　E8300 多回路在线式电能质量监测装置技术数据（十）

测 量 方 式	符合 IEC 61000—4—7，分析窗口幅度 10 个周波
窗 口 点 数	每 10 个周波共 5120 点
显 示 方 式	表格
采 样 频 率	200kHz
测 量 次 数	1～16 组
测量量程/分辨率	max 电压：300V/0.005
测 量 精 度	电压谐波大于 1％标称值时：误差小于 1％rdg 电压谐波小于 1％标称值时：误差小于 0.05％标称电压值 电流谐波大于 3％标称值时：误差小于 1％rdg 电流谐波小于 3％标称值时：误差小于 0.05％标称电压值

表 31 - 44　　E8300 多回路在线式电能质量监测装置技术数据（十一）

测 量 方 式	符合 IEC 61000—4—7，分析窗口幅度 10 个周波
窗 口 点 数	每 10 个周波共 5120 点
显 示 方 式	表格
采 样 频 率	200kHz
测 量 次 数	1～35 组
测量量程/分辨率	max 电压：300V/0.005
测 量 精 度	电压谐波大于 1％标称值时：误差小于 1％rdg 电压谐波小于 1％标称值时：误差小于 0.05％标称电压值 电流谐波大于 3％标称值时：误差小于 1％rdg 电流谐波小于 3％标称值时：误差小于 0.05％标称电压值

表 31-45 E8300 多回路在线式电能质量监测装置技术数据（十二）

测量方式	有功功率：每 10 个周波进行运算 视在功率：由电压电流的有效值来运算 无功功率：由视在功率、有功功率来计算
显示方式	实时数据显示
采样频率	200kHz
测量量程/分辨率	根据电压电流量程来确定
测量精度	±0.5%rdg

表 31-46 E8300 多回路在线式电能质量监测装置技术数据（十三）

测量方式	由电压有效值、电流有效值、有功功率进行计算
显示方式	实时数据显示
采样频率	200kHz
测量量程/分辨率	-1.0000~1.0000
测量精度	±1%rdg

表 31-47 E8300 多回路在线式电能质量监测装置技术数据（十四）

测量方式	3 相 3 线或 3 相 4 线制时，使用三相的基波成分来计算
显示方式	电压不平衡 电流不平衡
采样频率	200kHz
测量量程	0.00%~100%
测量精度	电压不平衡度：±0.5% 电流不平衡度：±0.5%

表 31-48 E8300 多回路在线式电能质量监测装置技术数据（十五）

测量方式	半波方均值来计算
显示方式	波动趋势图、电压波动实时值
采样频率	200kHz
测量量程	0.00%~100%
测量精度	±1%

表 31-49 E8300 多回路在线式电能质量监测装置技术数据（十六）

测量项目	短闪变（P_{st}）、长闪变（P_{lt}）
测量方式	根据 IEC 61000—4—15 连续测量 10 分钟的 P_{st}，连续测量并计算 2 小时 P_{lt}
显示方式	闪变趋势图、P_{st} 值、P_{lt} 值
测量量程	0~20
测量精度	±5%

表 31－50 E8300 多回路在线式电能质量监测装置技术数据（十七）

测　量　方　式	电流的半波有效值超过设定值的正向冲击电流
显示方式	冲击电流波形、冲击电流最大值
测量精度	0.1％

表 31－51 E8300 多回路在线式电能质量监测装置技术数据（十八）

测　量　方　式	暂升：电压半波有效值正方向超过设定值时，判定为暂升 暂降：电压半波有效值负方向超过设定值时，判定为暂降 短时中断：电压半波有效值负方向超过设定值时，判定为瞬间中断
显示方式	暂升、暂降、短时中断的波形持续时间、幅度等
测量精度	0.1％

四、生产厂

广州致远电子股份有限公司。

31. 13 FST—DZ202 在线单/双通道电能质量测试仪

一、概述

配置单通道（或双通道）电压、单通道（或双通道）电流；

电流真有效值、基波有效值、2～50 次谐波有效值；

电压真有效值、基波有效值、2～50 次谐波电压畸变率、总畸变率；

真功率因数、基波功率因数；

基波视在功率、基波有功功率、基波无功功率；

电压偏差；

三相电压不平衡度；

基波电压（电流）相角；

电网频率；

电压波动与闪变值［长期闪变值（P_{lt}）、短期闪变值（P_{st}）］。

间谐波、电压波动，电压骤升、骤降、短时中断、暂时过电压、瞬态过电压。

二、主要功能

（1）收/发控制功能，通讯方式选择功能。

（2）向各监测点发送指令，提取数据或设置参数。可设置的参数包括：监测网点、监测指标、系统参数、定时通讯的时间间隔等。

（3）接收各监测点上传的电能质量数据、波形等。

（4）可切换至被监测的任一变电站的任一条线路，显示并统计现场数据。

（5）数据处理功能，报表输出功能，图形输出功能。

（6）装置具有对主要监测指标的在线统计功能，可统计一个时间段内监测指标的最大值、最小值、平均值、95％概率大值等。

三、技术数据

灵活而可靠的硬件配置保证系统和仪器的安全可靠运行。所有电压、电流输入通道均采取隔离措施，电流采用内置式传感器，电压采用光电隔离模块。每通道的绝缘电阻≥20MΩ，耐电压≥1.5kV。仪器采用免维护设计，采用标准工业控制计算机，性能可靠，自带看门狗（反应时间小于1.6s）。

网络化方式：单机配置3路（或6路）电压、3路（6路）电流。仪器支持RS232/RS485、TCP/IP等多种通讯方式，仪器配备工控级10/100M自适应网卡，连接可靠，长期运行稳定性好。多台DZ202和上位机联网可以组成电能质量监测与管理系统（POWER QUALITY SUPERVISORY & MANAGEMENT SYSTEM，简称PQSMS）。

测量精度：

基波电压误差：±0.2%。

电压偏差误差：±0.2%。

基波电流误差：±0.5%。

频率偏差误差：±0.01Hz。

频率测量范围：45～55Hz。

三相不平衡度：电压不平衡度绝对误差0.2%。

电流不平衡度绝对误差1%。

电压、电流各序分量0.5%。

电压波动测量误差：±5%。

闪变测量误差：±5%。

谐波准确度：A级。

间谐波：A级。

数据通讯：

通讯接口：网口，RS232/RS485。

双向传输。

四、外形及安装尺寸

FST—DZ202在线单/双通道电能质量测试仪外形及安装尺寸，见图31-4。

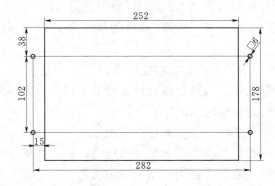

图31-4 FST—DZ202在线单/双通道电能质量测试仪外形及安装尺寸

五、生产厂

保定飞思特电气有限公司。

31.14 FST—DZ203 在线多通道电能质量测试仪

一、主要功能

(1) 基本监测指标：电网频率、三相基波电压、电流有效值，基波有功功率、无功功率、功率因数、相位等；电压偏差、频率偏差、三相电压不平衡度、三相电流不平衡度、负序电压、电流；谐波（2～50 次）：包括电压、电流的总谐波畸变率、各次谐波含有率、幅值、相位。

(2) 高级监测指标：间谐波、电压波动、闪变，电压骤升、骤降、短时中断、暂时过电压、瞬态过电压。

(3) 显示功能：装置面板上带有大屏幕 LCD 显示器，实时显示电能质量监测指标的数据。

(4) 设置功能：可对装置基本参数、越限参数进行设置、修改和查看，并设有密码保护。

(5) 记录存储功能：装置内置 SD 卡（容量可选）可对基本监测指标和高级监测指标实时保存，保存时间可设置，实时数据在装置上最长保存时间为半年，之后按"先进先出"原则更新。

(6) 统计功能：装置具有对主要监测指标的在线统计功能，可统计一个时间段内监测指标的最大值、最小值、平均值、95% 概率大值等。

(7) 通讯功能：装置提供多种通讯接口方式，实现监测数据的实时传输或定时提取存储记录，可通过工业以太网接口与远方电能质量管理中心通讯，也可通过 RS232C/RS485 接口，以 GPRS 方式（定制）与远方通讯。

(8) 网络对时功能：监测装置具备网络对时功能。可保持与远方管理中心的时钟一致。

(9) 事件触发录波功能：可根据客户要求设定事件触发条件（手动或自动），记录事件触发前、后实时数据并保存，并保存有事件日志以供查询。

二、技术数据

1. 主要技术指标

基波电压误差：±0.2%；

电压偏差误差：±0.2%；

基波电流误差：±0.5%；

频率偏差误差：±0.01Hz；

频率测量范围：45～55Hz；

三相不平衡度：电压不平衡度绝对误差 0.2%；

电流不平衡度绝对误差 1%；

电压、电流各序分量 0.5%；

电压波动测量误差：±5％；

闪变测量误差：±5％；

谐波准确度：A 级；

间谐波：A 级。

2. 电气性能指标

(1) 工作电源：

交流：220V±10％；50Hz±0.5Hz；谐波畸变率不大于15％；

或直流：220V±10％，纹波系数不大于5％。

(2) 电流信号输入：

输入方式：电流互感器输入；

额定值 I_n：5A/1A；

测量范围：AC 10mA～6A（1A 仪器：10mA～1.2A）；

功率消耗：不大于 0.5VA/路；

过载能力：1.2I_n 连续工作；

2I_n 允许 1s。

(3) 电压信号输入：

输入方式：电压互感器输入；

额定值 U_n：57.7V/100V；

测量范围：AC 0.5～120V；

功率消耗：不大于 0.5VA/路；

过载能力：1.3U_n 连续工作；

1.4U_n 允许 1s；

输入阻抗：大于 100kΩ。

(4) 开关量输入：

工作电压：AC220V/DC30V；

输入方式：空接点或有源接点；

隔离方式：光电隔离，隔离电压 2500V。

三、外形及安装尺寸

FST—DZ203 在线多通道电能质量测试仪外形及安装尺寸，见图 31−5。

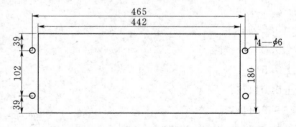

图 31−5　FST—DZ203 在线多通道电能质量
测试仪外形及安装尺寸

四、生产厂

保定飞思特电气有限公司。

31.15 K系列可编程数显表

一、功能及特点

显示倍率、通讯地址，波特率等通过面板上按钮可设置，使用非常灵活方便。

可选模拟量输出，对被测量的变送输出，输出为 4~20mA，0~12~20mA 等可选。

可选两路报警输出，对被测量参数实现上下限监控。

可选 RS—485 数字接口，采用标准 MODBUS—RTU 协议。

可选 2 路开关量输入，可监视系统内开关量状态。

数字校零、数字校调、精度高、性价比极高。

二、技术数据

K系列可编程数显表技术数据，见表 31-52。

表 31-52 K系列可编程数显表技术数据

精 度 等 级		显示精度 0.5 级
显示		四位 LED 数码显示
输入	标称输入	电流 AC1A、AC5A、DC1A、DC5A、DC20mA 等 电压 AC100V、AC220V、AC380V、DC100V、DC220V、DC380V、DC75V 等 （可通过 CP 或 PT 扩展量程，订货时说明）
	过负荷	持续：1.2 倍，瞬时：电流 10 倍（秒），电压 2 倍（10 秒）
	频率	50/60Hz±10%
电源	辅助电源	辅助电源标配 AC220V，可选 AC/DC80—270V
	功耗	<4VA
隔离耐压		电源与输入、变送输出、通讯接口为 AC2kV，输入、变送输出， 通讯接口间为 AC1kV
绝缘电阻		≥100MΩ
平均无故障工作时间		≥50000h
工作条件		环境温度：—10~55℃，相对湿度≤93%，无腐蚀气体场所，海拔高度≤2500m
输出（可选项）	模拟量	DC4—20mA/0—20mA 电流输出时负载<510Ω
	数字通讯	RS—485 接口，MODBUS—RTU 协议，波行率默认 9600（可选 4800、9600）bps
	开关量输入	2 路开关量输入，干节点方式（具体参阅规格型号说明）
	报警输出	2 路开关量报警输出，光耦继电器触点

三、接线示意图

K系列可编程数显表接线示意图，见图 31-6。

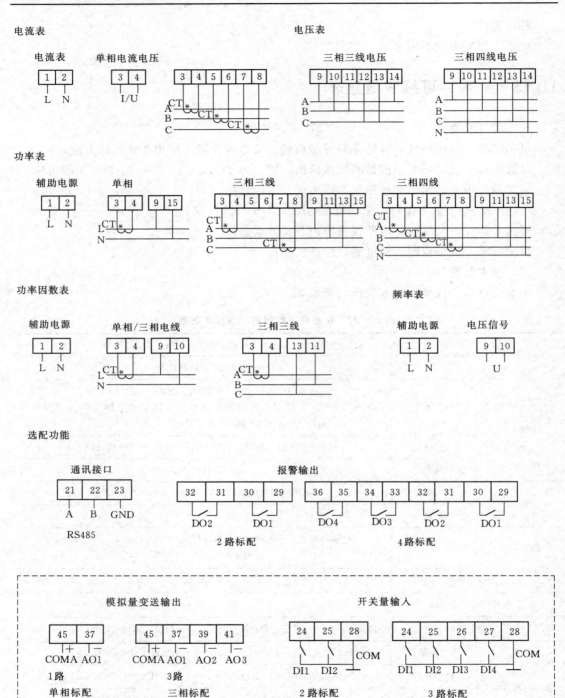

图 31-6　K系列可编程数显表接线示意图

注 "*"为电流进线端。

四、生产厂

麻城市南瑞自动化科技有限公司。

31.16 PM610 电量测控仪表

一、概述

PM600 电参量测控仪表是针对 SCADA 系统和能源管理系统、变电站自动化、配电网自动化、小区电力监控、工业自动化、智能建筑、智能型配电盘、开关柜中等电力监控需求而设计的。公司集多年电力测量产品设计之经验，采用现代微处理器技术和交流采样技术设计而成 PM600 系列测控仪表。产品的设计充分考虑了成本效能化、智能性和可靠性。具有以下主要特点：

（1）大屏幕点阵液晶显示，显示直观，操作方便简单。显示录波波形，相角度矢量图，显示全部参量，显示谐波柱状图等；电力品质分析到 61 次谐波测量，能分析高次谐波。

（2）参数最大值最小值记录，极值比较周期是 20ms，可编程越限报警，报警参量是 20ms 触发继电器，四象限电能计量，复费率电能计量，基波电能计量。

（3）采用 CAN 和 RS485 双网通讯，一站式通讯解决方案；可编程变送功能。

（4）测量参数和统计参数具备 43 个基本电量测量；80 个电能累计；407 个电力品质参数测量；9 个角度测量；35 个 20ms 测量；29 个基波电能测量；90 个需量统计；16 个运行时间记录；24 个合格率记录；1000 组 SOE 时间和报警记录；80 组录波记录；13 个录波启动条件；86 组报警选择。

二、技术数据

PM610 电量测控仪表技术数据，见表 31-53、表 31-54。

表 31-53 PM610 电量测控仪表技术数据（一）

额定数据	额定交流电流	5A 或 1A（订货时请说明）
	额定交流电压	100V
	零序电流	1A
	额定频率	50Hz
	节点容量	250VAC 5A/30VDC 5A
	额定工作电源	AC220V 或 DC110V
热稳定性	交流电压回路	长期运行：1.2 倍 U_n
	交流电流回路	长期运行：2 倍 I_n
		10s：10 倍 I_n
	零序电流回路	长期运行：1A
		1s：40A
稳定性	半周波	100I_n

绝缘性能	绝缘电阻	装置所有电路与外壳之间绝缘电阻在标准实验条件下，不小于100MΩ
	介质强度	装置所有电路与外壳的介质强度能耐受交流 50Hz，电压 2kV（有效值），历时 1min 试验，而无绝缘击穿或闪络现象。当复查介质强度时，试验电压值为规定值的 75%
	冲击电压	装置的导电部分对外露的非导电金属部分及外壳之间，在规定的试验大气条件下，能耐受幅值为 5kV 的标准雷电波短时冲击检验
	抗干扰能力	装置承受 GB/T 14598.13 规定的频率为 1MHz 及 100kHz 衰减振荡波（第一个半波电压幅值共模为 2.5kV，差模为 1kV）脉冲干扰试验
		装置能承受 GB/T 14598.14 规定的严酷等级为Ⅳ级的静电放电干扰试验
		装置能承受 GB/T 14598.9 规定的严酷等级为Ⅲ级的辐射电磁场干扰试验
		装置能承受 GB/T 14598.10 规定的严酷等级为Ⅳ级的快速瞬变干扰试验
机械性能	工作条件	装置承受严酷等级为 1 级的振动响应、冲击响应检验
	运输条件	装置能承受严酷等级为 1 级的振动耐久、冲击耐久及碰撞检验
环境条件	环境温度	工作：−10～+50℃
		储存：−25～+70℃　在极限值下不施加激励量，装置不出现不可逆变化，温度恢复后装置应能正常工作
	大气压力	86～106kPa（相当于海拔高度 2km 及以下）
	相对湿度	不大于 95%，无凝露
	其它条件	装置周围的空气中不应含有带酸、碱、腐蚀或爆炸性的物质

表 31-54　PM610 电量测控仪表技术数据（二）

类别	功能	功能说明	精度及分辨率	PM610	PM620	PM630
普通电参数	相电压	V1，V2，V3，V1navg	0.2 级	√	√	√
	线电压	V12，V23，V31，V11avg	0.2 级	√	√	√
	电流	I1，I2，I3，In，Iavg	0.2 级	√	√	√
	有功功率	P1，P2，P3，Psum	0.5 级	√	√	√
	无功功率	Q1，Q2，Q3，Qsum	0.5 级	√	√	√
	视在功率	S1，S2，S3，Ssum	0.5 级	√	√	√
	功率因数	PF1，PF2，PF3，PF	0.5 级	√	√	√
	频率	Frequency	分辨率 0.01Hz	√	√	√
基波全电量测量	基波全电量测量	基波电压、基波电流、基波有功功率、基波无功功率、基波视在功率、基波功率因数	0.2 和 0.5 级		√	√
电能测量	有功电能	复费率有功电度（8 个时段、4 种费率）	0.5 级	√	√	√
	无功电能	复费率无功电度（8 个时段、4 种费率）	0.5 级	√	√	√
基波电能	四象限电能	基波四象限有功无功电能	0.5 级		√	√
零序电流	零序	外接零序互感器	0.5 级	√		√

续表 31-54

类别	功能	功能说明	精度及分辨率	PM610	PM620	PM630
电力品质（柱状图显示）	电压三相不平衡	U_unbl	0.5级	√	√	
	电流三相不平衡	I_unbl	0.5级	√	√	√
	电压/电流总畸率与奇偶畸变率	THD_V1，THD_V2，THD_V3，THD_Vavg	GB/T 14549—93 —B级		√	√
	电压/电流总谐波含量		GB/T 14549—93 —B级	√	√	√
	电压/电流各次谐波含有率	2~61次各次谐波分量	GB/T 14549—93 —B级			√
	电压/电流各次谐波含有率	2~31次各次谐波分量	GB/T 14549—93 —B级		√	
	电压波峰系数	Crest Factor	GB/T 14549—93 —B级		√	√
	电流K系数	K Factor	GB/T 14549—93 —B级		√	√
序分量分析	正序负序电压		0.5级		√	√
	正序负序电流		0.5级		√	√
相角测量	三相电压之间的角度	角度矢量图	误差0.1度			√
	电压跟电流之间角度	角度矢量图	误差0.1度			√
报警事件	8组报警（输出继电器可设置）	可选择86个参数				√
	8组报警（输出继电器可设置）	PM610选择27个参数；PM620选择34个参数		√	√	
时间	实时时钟			√	√	√
	脉冲对时接口	CAN104模块发出秒脉冲信号，装置接收脉冲，对时精度小于2ms	误差<1ms	选配	选配	选配
统计与记录	最值统计	各项参数最大值最小值，并能记录电网瞬时最大最小值	对比周期20ms	√	√	√
	电能累计	统计本月、上月、上上月以及总的电能计量		√	√	√
	电压电流合格率	本日、月、年和上日、月、年累计合格率			√	√
	需量统计	实时保存最近30分钟有功、无功、视在功率每分钟的需量	0.5级		√	√
	实时自检信息	系统软件能检测系统内部器件是否完好信息		√	√	√
	记录仪表运行时间	记录本日、本年、本月仪表运行时间		√	√	√
SOE事件记录	DI事件、DO事件	包括年、月、日、时、分、秒、毫秒（1000组），并能记录报警发生时间和故障名字	分辨率<2ms			√
	DI事件、DO事件	包括年、月、日、时、分、秒、毫秒（100组），并能记录报警发生时间和故障名字	分辨率<2ms	√	√	

类别	功　能	功　能　说　明	精度及分辨率	PM610	PM620	PM630
故障录波	80 组	每组 10 周期，每周期 64 点				√
	40 组	每组 10 周期，每周期 64 点		√	√	
通讯	1 路 RS485	采用 modbus 协议		√	√	√
	CAN 接口	配 CAN 转以太网直通后台（CAN104）		选配	选配	选配
I/O	继电器输出、状态量输入	2DO、4DI		选配	选配	选配
M	变送输出	1 路可编程 4～20mA 输出，26 个电量可选择	更新时间 20ms	选配	选配	选配
测量回路	电压、电流、零序电流	3 路 PT，3 路 CT，1 路 3IO		√	√	√
显示	点阵液晶	192×160 点阵液晶		√	√	√

三、生产厂

许继测控仪表有限公司。

31.17　SD994AI—2K4 三相电流表

一、概述

三相电流表采用交流采样技术真有效值测量，能同时测量显示电网中的三相电流，可通过面板按键设置编程及倍率。性价比极高，具有安装方便、接线简易、维护便利、工程量小、现场可编程设置输入参数等特点，并且能够完成与业界不同 PLC，工控计算机的组网通信。

二、技术数据

SD994AI—2K4 三相电流表技术数据，见表 31 - 55。

表 31 - 55　SD994AI—2K4 三相电流表技术数据

输入	输入	电流：5A、1A（特殊可订做）	显示	整四位，0～9999
	过载	持续 1.2 倍	精度等级	0.5%、0.2%
		瞬时：电流 10 倍/s	隔离耐压	2kV/50Hz/1min
	扩展	配互感器或分流器扩展量程	绝缘电阻	≥100MΩ
	频率	50Hz±10%	平均无故障工作时间	≥30000h
电源	电压	AC 220V±10%（特殊可订做）	工作条件	环境温度：−25～55℃
	功耗	≤3W		湿度≤93% 无腐蚀气体场所

三、接线示意图

SD994AI—2K4 三相电流表接线示意图，见图 31 - 7。

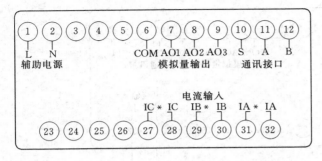
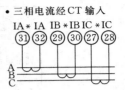

图 31 - 7 SD994AI—2K4 三相电流表接线示意图

四、生产厂

株洲三达电子制造有限公司。

31. 18 SD994AI—DK1 单相电流表

一、概述

智能电流表采用交流采样技术，能测量电网中的电流，可通过面板按键设置倍率，性价比极高。

具有安装方便、接线简单、维护便利、工程量小、现场可编程设置输入参数等特点，并且能够完成与业界不同 PLC，工控计算机的组网通信。具有以下特点：

测量：单相电流。

显示：一排 LED 数码管显示。

用途：适用于电力电网，自动化控制系统，主要测量电网中的电流参量。

扩展：AC5A 以上需配互感器。

选配：RS485 通讯接口、变送输出（DC4～20mA、DC0～20mA）、上下限报警功能。

二、技术数据

SD994AI—DK1 单相电流表技术数据，见表 31 - 56。

表 31 - 56 SD994AI—DK1 单相电流表技术数据

输入	输入	电流：5A、1A（特殊可订做）	显示	整四位，0～9999
	过载	持续 1.2 倍	精度等级	0.5％、0.2％
		瞬时：电流 10 倍/s	隔离耐压	2kV/50Hz/1min
	扩展	配互感器或分流器扩展量程	绝缘电阻	≥100MΩ
	频率	50Hz±10％	平均无故障工作时间	≥30000h
电源	电压	AC 220V±10％（特殊可订做）	工作条件	环境温度：－25～55℃
	功耗	≤3W		湿度≤93％ 无腐蚀气体场所

三、外形及安装尺寸

SD994AI—DK1 单相电流接线示意图，见图 31 - 8、图 31 - 9。

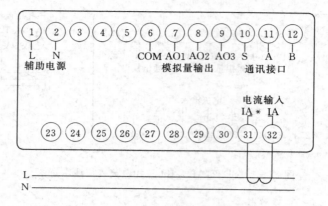

图 31-8 SD994AI—DK1 单相电流表接线示意图

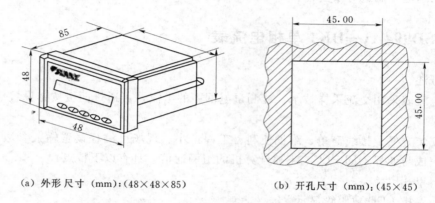

（a）外形尺寸（mm）:（48×48×85）   （b）开孔尺寸（mm）:（45×45）

图 31-9 SD994AI—DK1 单相电流表外形及安装尺寸

四、生产厂

株洲三达电子制造有限公司。

31.19 SD—994AV—1K1 单相电压表

一、概述

智能电压表采用交流采样技术真有效值测量，能同时测量显示电网中的电压，可通过面板按键设置编程及倍率。性价比极高，具有安装方便、接线简易、维护便利、工程量小、现场可编程设置输入参数等特点，并且能够完成与业界不同 PLC，工控计算机的组网通信。具有以下特点：

（1）测量：单相电压。

（2）显示：一排 LED 数码管显示。

（3）用途：适用于电力电网，自动化控制系统，主要测量电网中的电压参量。

（4）扩展：AC500V 以上需配互感器。

（5）选配：RS485 通讯功能、二路开关量输出（2DO）、二路开关量输入（2DI）、一路模拟量输出（1AO）。

二、技术数据

SD—994AV—1K1 单相电压表技术数据，见表 31－57。

表 31－57　SD—994AV—1K1 单相电压表技术数据

输入	输入	电压：500V（特殊可订做）	显示	LED	整四位，显示数据更新时间：1s
				显示	0～9999
	过载	持续 1.2 倍	精度等级		0.5%、0.2%
		瞬时：电压 2 倍/s	隔离耐压		2kV/50Hz/1min
	扩展	配互感器扩展量程	绝缘电阻		≥100MΩ
	频率	50Hz±10%	平均正常工作时间		≥20000h
电源	电压	AC 220V±10%（特殊可订做）	工作条件		环境温度：－25～55℃
	功耗	≤3W			湿度≤93%无腐蚀气体场所

三、接线示意图

SD—994AV—1K1 单相电压表接线示意图，见图 31－10。

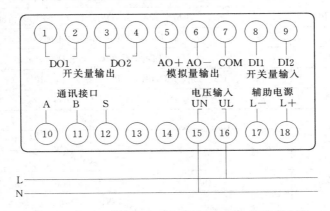

图 31－10　SD—994AV—1K1 单相电压表接线示意图

四、生产厂

株洲三达电子制造有限公司。

31.20　SD994E 系列多功能电力仪表

一、概述

SD994 以高可靠的工业标准设计而成，采用多种隔离和抗干扰措施，能够在高干扰电力系统环境中可靠运行。具有精确的电力参数测量、电能计量、可编程越限报警等功能；配有丰富的输入输出接口，可用于现场设备状态的监测与控制，为电力应用专家提供量测支持，为 SCADA 和智能电网提供数据基础，为高效智能管理电能提供决策依据。

二、技术数据

SD994E 系列多功能电力仪表技术数据，见表 31－58。

表 31-58　SD994E 系列多功能电力仪表技术数据

性　能			参　数
测量输入	接线方式		三相三线/三相四线
	电压	额定值	57.7/100V、220/380V、400/690V
		过负荷	持续：1.2 倍，瞬时：2 倍/1s
		功耗	＜0.5VA（每相）
		精度	RMS 测量，精度等级 0.2
		准确度范围	5V～1.2 倍额定电压
	电流	额定值	相电流：1A、5A
		过负荷	持续：1.2 倍，瞬时：20 倍/1s
		功耗	＜0.5VA/相（I_n＝5A）＜0.1VA/相（I_n＝1A）
		精度	RMS 测量，精度 0.2
		准确度范围	5mA～6A（I_n＝5A）5mA～1.2A（I_n＝1A）
	频率		40～65Hz，精度等级±0.02Hz
	功率、功率因数		有功精度 0.5，无功精度 0.5，功率因数精度 0.5
	电能		有功电能精度 0.5，无功电能精度 0.5
输出	脉冲输出		2 路电能脉冲输出，光耦隔离输出
	通信接口		RS—485，MODBUS—RTU 协议，Baud：1200～38400bps
电源	工作范围		AC/DC 85～264V
	功耗		＜4W
环境	运行温度		−25～+70℃
	大气压力		70～106kPa
	相对湿度		5%～95%（无冷凝）
外形	显示		三排四位 LED 显示
	尺寸（mm）（长×宽×高）		96×96×90

三、接线示意图

SD994E 系列多功能电力仪表接线示意图，见图 31-11～图 31-15。

1. 端子接线

2. 三相四线系统接线

本装置的 V1、V2、V3 和 VN 端子直接接到三条相线和中性线上，或接到 PT 的相线和中性线，可测得相电压和线电压。应根据系统电压等级选择使用不同配置的产品。

（1）对于 400V/690VAC 及以下系统，直接接入电压，无需使用 PT，接线方式设置为"Y"。

（2）对于 400V/690VAC 以上的系统，需经 PT 接入，接线方式设置为"Y"。

3. 三相三线系统接线

对于不接地的三线角型系统，仪表都需经 PT 引入电压。

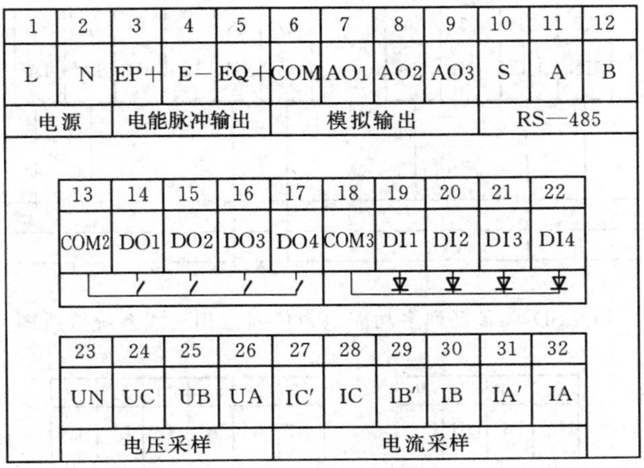

1 2 3 4 5 6 7 8 9 10 11 12
L N EP+ E− EQ+ COM AO1 AO2 AO3 S A B
电源
电能脉冲输出
模拟输出
RS—485
13 14 15 16 17 18 19 20 21 22
COM2 DO1 DO2 DO3 DO4 COM3 DI1 DI2 DI3 DI4
23 24 25 26 27 28 29 30 31 32
UN UC UB UA IC′ IC IB′ IB IA′ IA
电压采样
电流采样

图 31-11 SD994E系列多功能电力仪表端子接线图

23 24 25 26
UN UC UB UA
27 28 29 30 31 32
IC′ IC IB′ IB IA′ IA
A
B
C
N

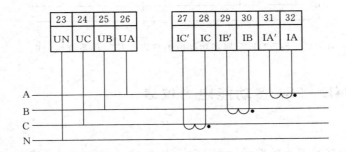

图 31-12 SD994E系列多功能电力仪表三相四线系统接线图（一）

23 24 25 26
UN UC UB UA
27 28 29 30 31 32
IC′ IC IB′ IB IA′ IA
A
B
C
N

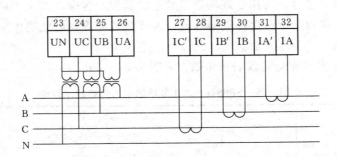

图 31-13 SD994E系列多功能电力仪表三相四线系统接线图（二）

（1）对于400V/690VAC及以下系统，直接接入电压，无需使用PT，接线方式设置为“△”。

（2）对于400V/690VAC以上的系统，需经PT接入，接线方式设置为“△”。

四、生产厂

株洲三达电子制造有限公司。

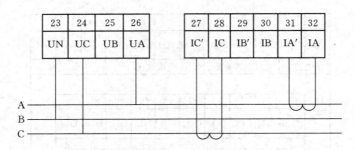

图 31-14 SD994E系列多功能电力仪表三相三线系统接线图（一）

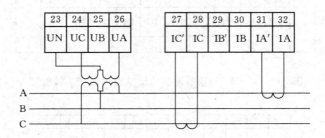

图 31-15 SD994E系列多功能电力仪表三相三线系统接线图（二）

31.21 SD994E—2S4 多功能电力仪表

一、概述

SD994 以高可靠的工业标准设计而成，采用多种隔离和抗干扰措施，能够在高干扰电力系统环境中可靠运行。具有精确的电力参数测量、电能计量、可编程越限报警等功能；配有丰富的输入输出接口，可用于现场设备状态的监测与控制，为电力应用专家提供量测支持，为 SCADA 和智能电网提供数据基础，为高效智能管理电能提供决策依据。

二、技术数据

SD994E—2S4 多功能电力仪表技术数据，见表 31-59。

表 31-59 SD994E—2S4 多功能电力仪表技术数据

性 能		参 数
	接线方式	三相三线/三相四线
测量输入	电压 额定值	57.7/100V、220/380V、400/690V
	电压 过负荷	持续：1.2 倍，瞬时：2 倍/1s
	电压 功耗	<0.5VA（每相）
	电压 精度	RMS 测量，精度等级 0.2
	电压 准确度范围	5V～1.2 倍额定电压
	电流 额定值	相电流：1A、5A
	电流 过负荷	持续：1.2 倍，瞬时：20 倍/1s

性	能		参 数
测量 输入	电流	功耗	＜0.5VA/相（I_n=5A）＜0.1VA/相（I_n=1A）
		精度	RMS 测量，精度 0.2
		准确度范围	5mA～6A（I_n=5A）5mA～1.2A（I_n=1A）
	频率		40～65Hz，精度等级±0.02Hz
	功率、功率因数		有功精度 0.5，无功精度 0.5，功率因数精度 0.5
	电能		有功电能精度 0.5，无功电能精度 0.5
输出	脉冲输出		2 路电能脉冲输出，光耦隔离输出
	通信接口		RS—485，MODBUS—RTU 协议，Baud：1200～38400bps
电源	工作范围		AC/DC 85～264V
	功耗		＜4W
环境	运行温度		−25～+70℃
	大气压力		70～106kPa
	相对湿度		5％～95％（无冷凝）
外形	显示		三排四位 LED 显示
	尺寸（mm） （长×宽×高）		96×96×90

三、接线示意图

SD994E—2S4 多功能电力仪表接线示意图，见图 31-16～图 31-20。

1. 端子接线

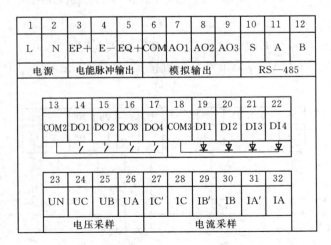

图 31-16　SD994E—2S4 多功能电力仪表端子接线图

2. 三相四线系统接线

本装置的 V1、V2、V3 和 VN 端子直接接到三条相线和中性线上，或接到 PT 的相线和中性线，可测得相电压和线电压。应根据系统电压等级选择使用不同配置的产品。

（1）对于 400V/690VAC 及以下系统，直接接入电压，无需使用 PT，接线方式设置为"Y"。

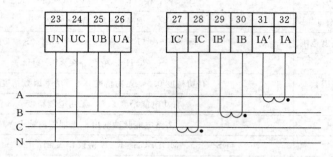

图 31-17 SD994E—2S4 多功能电力仪表三相四线系统接线图（一）

（2）对于 400V/690VAC 以上的系统，需经 PT 接入，接线方式设置为"Y"。

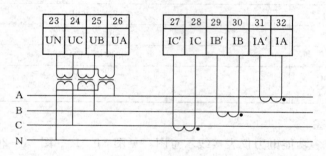

图 31-18 SD994E—2S4 多功能电力仪表三相四线系统接线图（二）

3. 三相三线系统接线

对于不接地的三线角型系统，仪表都需经 PT 引入电压。

（1）对于 400V/690VAC 及以下系统，直接接入电压，无需使用 PT，接线方式设置为"△"。

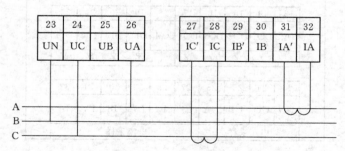

图 31-19 SD994E—2S4 多功能电力仪表三相三线系统接线图（一）

（2）对于 400V/690VAC 以上的系统，需经 PT 接入，接线方式设置为"△"。

四、生产厂

株洲三达电子制造有限公司。

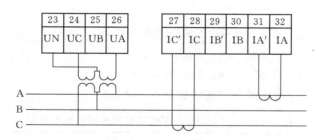

图 31-20 SD994E—2S4 多功能电力仪表三相三线系统接线图（二）

31.22 SD994F—2SY 多功能复费率表

一、概述

SD994F—2SY 三相智能电力仪表以工业级微处理器为核心，采用现代数字信号处理技术，集电量遥测、遥控、遥信、变送器等功能于一体。直接针对一回线路设计，能够完成一回线路的监控功能，广泛用于工业、商业、民用电力系统和变电站中。

SD994F—2SY 配有高清晰大屏幕点阵式液晶，可同时显示数据，汉字及录波图形，人机界面更简洁易懂。电压、电流、功率、频率、电能、谐波、开关量状态等多组参数都可以在面板实时显示。参数设置包括系统参数、通信参数、模拟量参数等，均可通过面板设置。数据存入非易失存储器，即使停电也不会丢失，可保存 10 年以上。

SD994F—2SY 以高可靠的工业标准设计而成，采用多种隔离和抗干扰措施，能够在高干扰电力系统环境中可靠运行。

二、技术数据

1. 环境条件

运行温度：－25～＋70℃；大气压力：70～106kPa；相对湿度：5％～95％（无冷凝）。

2. 额定参数

（1）装置工作电源直流：额定 220V，电压允许偏差－20％～＋20％ 交流：额定 220V，电压允许偏差－20％～＋20％ 交流输入相电压：额定 57.7V、220V 或 400V 相电流：额定 5A 或 1A 模拟量输出（AO）：额定 20mA，输出范围 4～24mA（1.2 倍过载）负载能力 500Ω 开关量输入 24V 直流激励自激前去抖时间 20ms 继电器输出电磁式继电器触点容量：5A，AC250V 功率消耗交流电流回路：小于 0.2A/相（额定 5A 时），小于 0.04A/相（额定 1A 时）。

（2）交流电压回路：小于 0.5VA/相（额定时）装置电源回路：小于 3W 过载能力交流电流回路：1.2 倍额定电流，连续工作 20 倍额定电流，允许 1s。

（3）交流电压回路：1.2 倍额定电压，连续工作 2 倍额定电压，允许 10s。

（4）通信接口类型：RS—485，2 线方式工作；半双工通信速率：1200、2400、4800、9600。

（5）通信规约：MODBUS。

3. 测量准确度指标

相电压准确度测量范围：5V~1.2 倍额定电压输入。

电流准确度测量范围：额定 5A：5mA~6A；

额定 1A：1mA~1.2A。

SD994F—2SY 多功能复费率表技术数据，见表 31-60。

表 31-60 SD994F—2SY 多功能复费率表技术数据

参 数	精 度	分 辨 率
电压	0.2%	0.01V
电流	0.2%	0.001A
有功功率	0.5%	0.001kW
无功功率	0.5%	0.001kvar
视在功率	0.5%	0.001kVA
有功电能	0.5%	0.01kWh
无功电能	2.0%	0.01kvarh
功率因数	1.0%	0.001
频 率	0.02Hz	0.01Hz
谐波畸变率	1%	0.1%
AO	1%	

三、接线示意图

SD994F—2SY 多功能复费率表接线示意图，见图 31-21~图 31-25。

1. 端子接线

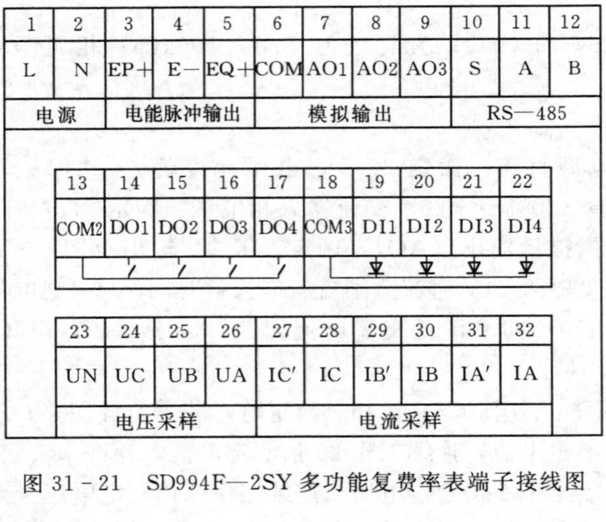

1	2	3	4	5	6	7	8	9	10	11	12
L	N	EP+	E—	EQ+	COM	AO1	AO2	AO3	S	A	B
电源		电能脉冲输出				模拟输出			RS—485		

13	14	15	16	17	18	19	20	21	22
COM2	DO1	DO2	DO3	DO4	COM3	DI1	DI2	DI3	DI4

23	24	25	26	27	28	29	30	31	32
UN	UC	UB	UA	IC'	IC	IB'	IB	IA'	IA
电压采样				电流采样					

图 31-21 SD994F—2SY 多功能复费率表端子接线图

2. 三相四线系统接线

本装置的 V1、V2、V3 和 VN 端子直接接到三条相线和中性线上，或接到 PT 的相线和中性线，可测得相电压和线电压。应根据系统电压等级选择使用不同配置的产品。

（1）对于 400V/690VAC 及以下系统，直接接入电压，无需使用 PT，接线方式设置为"Y"。

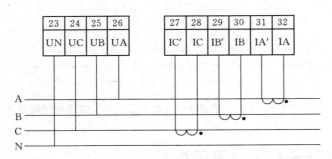

图 31 - 22 SD994F—2SY 多功能复费率表三相四线系统接线图（一）

（2）对于 400V/690VAC 以上的系统，需经 PT 接入，接线方式设置为"Y"。

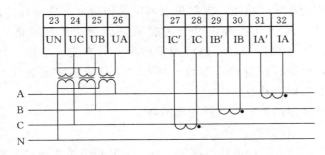

图 31 - 23 SD994F—2SY 多功能复费率表三相四线系统接线图（二）

3. 三相三线系统接线

对于不接地的三线角型系统，仪表都需经 PT 引入电压。

（1）对于 400V/690VAC 及以下系统，直接接入电压，无需使用 PT，接线方式设置为"△"。

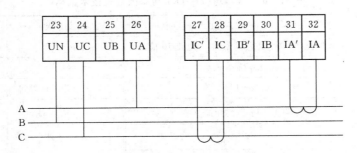

图 31 - 24 SD994F—2SY 多功能复费率表三相三线系统接线图（一）

（2）对于 400V/690VAC 以上的系统，需经 PT 接入，接线方式设置为"△"。

四、生产厂

株洲三达电子制造有限公司。

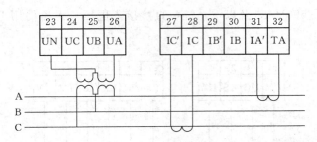

图 31-25 SD994F—2SY 多功能复费率表三相三线系统接线图（二）

31.23 SD994PF—1K1 功率因数表

一、概述

功率因数表采用交流采样技术，能测量电网中单相功率因数或者三相功率因数，可通过面板按键倍率设置，性价比极高，可通过需要灵活选用扩展功能：二路开关量输入（2DI）、二路开关量输出（2DO）、一路模拟量输出。具有安装方便、接线简单、维护便利、工程量小、现场可编程设置输入参数等特点，并且能够完成业界不同 PLC，工控计算机的组网通信。具有以下特点：

（1）测量：单相功率因数或者三相功率因数。

（2）显示：一排 LED 数码管显示。

（3）扩展：AC5A 以上需配电流互感器、AC500V 以上需配电压互感器。

（4）选配：RS485 通讯接口、二路开关量输出（2DO）、二路开关量输入（2DI）、一路模拟量输出（1AO）。

二、技术数据

SD994PF—1K1 功率因数表技术数据，见表 31-61。

表 31-61　SD994PF—1K1 功率因数表技术数据

输入	输入	电压：500V、电流：5A（由用户指定）	精度等级	0.5%	
	过载	持续 1.2 倍，瞬时：电压 2 倍/1s，电流 10 倍/5s	隔离耐压	2kV/50Hz/1min	
	扩展	配互感器	绝缘电阻	≥100MΩ	
	频率	50Hz±10%	平均无故障工作时间	≥8000h	
电源	电源	AC220V±10%（45～55Hz）	工作条件	环境温度：−25～55℃，相对湿度≤93% 无腐蚀气体场所	
	功耗	<2W			
显示	LED	5位或4位，显示数据更新时间：1s			
	显示	C0.000～1.0000～L0.000	海拔高度	≤2500m	

三、接线示意图

SD994PF—1K1 功率因数表外形及安装尺寸，见图 31-26。

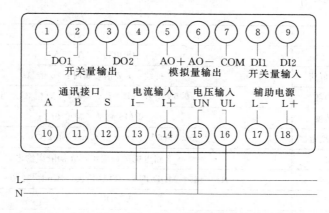

图 31-26 SD994PF—1K1 功率因数表接线示意图

四、生产厂

株洲三达电子制造有限公司。

31.24 SD994UI—9K4 三相电压电流组合表

一、概述

三相电压电流组合表是一种具有可编程测量、显示、数字通讯功能的多功能电测仪表，能够完成电量测量、管理、考核。测量精度为 0.5 级，实现 LED 现场显示和远程 RS485 数字接口通讯，采用 MODBUS—RTU 通讯协议。具有以下特点：

（1）测量：三相电压、三相电流。

（2）显示：三排 LED 数码管显示，可视度高。

（3）通讯：RS485 通讯，MODBUS—RTU 协议。

（4）输入：二路开关量输入（选配）。

（5）输出：二路开关量输出（选配）。

（6）扩展：可直接从电流、电压互感器接入信号，现场可编程设置输入参数变比。

二、技术数据

SD994UI—9K4 三相电压电流组合表技术数据，见表 31-62。

表 31-62 SD994UI—9K4 三相电压电流组合表技术数据

性　　能			参　　数
测量输入	接线方式		三相三线/三相四线
	电压	额定值	57.7/100V、220/380V、400/690V
		过负荷	持续：1.2 倍，瞬时：2 倍/1s
		功耗	<0.5VA（每相）
		精度	RMS 测量，精度等级 0.2
		准确度范围	5V～1.2 倍额定电压

性　　能			参　　数
测量输入	电流	额定值	相电流：1A、5A
		过负荷	持续：1.2 倍，瞬时：20 倍/1s
		功耗	$<0.5VA/$相（$I_n=5A$）$<0.1VA/$相（$I_n=1A$）
		精度	RMS 测量，精度 0.2
		准确度范围	5mA～6A（$I_n=5A$）5mA～1.2A（$I_n=1A$）
输出		脉冲输出	2 路电能脉冲输出，光耦隔离输出
		通信接口	RS—485，MODBUS—RTU 协议，Baud：1200～38400bps
电源		工作范围	AC/DC 85～264V
		功耗	$<4W$
环境		运行温度	−25～+70℃
		大气压力	70～106kPa
		相对湿度	5%～95%（无冷凝）

三、接线示意图

SD994UI—9K4 三相电压电流组合表接线示意图，见图 31 - 27。

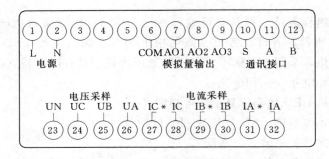

图 31 - 27　SD994UI—9K4 三相电压电流组合表接线示意图

四、生产厂

株洲三达电子制造有限公司。

31.25　Z 系列网络电力仪表

一、概述

Z 系列网络电力仪表用于配电系统的连续监视与控制。可测量各种常用用电力参数多功能需要，可进行远端控制、越限报警，并且有模拟量变送输出功能。DO 输出可用于越限报警或远程遥控。报警的门限值可程控设置。所有的数据都可以通过 RS—485 通讯口用 MODBUS 协议读出，开关量输入 DI 可用于监视开关的状态。Z 系列电力仪表将高精确电量测量、智能化电能计量与管理和简单人机界面结合在一起。

二、技术数据

Z 系列网络电力仪表技术数据，见表 31 - 63。

表 31 - 63　Z 系列网络电力仪表技术数据

精　度　等　级		U、1 为 0.5 级，有功电能为 1.0 级，无功电能为 2.0 级
显示		LED 或 LCD 显示
输入测量	网络	三相三线、三相四线
	额定值	电压：AC 100V、400V；电流：AC 1A、5A/（可通过 CT 或 PT 扩展量程，订货时说明）
	过负荷	持续 1.2 倍，瞬时：电压 2 倍（10 秒），电流 10 倍（5 秒）
	功耗	电压<1VA（每相）　电流<0.4VA（每相）
	阻抗	电压>300kΩ　　电流<20mΩ
	频率	50/60Hz±10%
电能计量	电能	有功、无功电能计量
电源	工作范围	AC/DC　80~265V
	功耗	≤5VA
输出可编程	模拟量	4 路变送输出：4~20mA/0~20mA（选配）
	数字量	RS—485 接口，MODBUS—RTU 协议
	脉冲输出	2 路电能脉冲输出，光耦继电器
	开关量输入	4 路开关量输入，干结点方式（4DI）
	开关量输出	4 路开关量输出，触点继电器（4DO）
	工作条件	环境温度：-10~55℃，相对湿度≤93%，无腐蚀气体场所，海拔高度≤2500m
	隔离耐压	输入和电源>2kV，输入和输出>2kV，电源和输出>1.5kV
	绝缘电阻	≥100mΩ

三、特点

(1) 测量全部的电力参数：监视和控制电力开关以及有功、无功电能计量，多参数越限报警。

(2) 多种外形尺寸（mm）：96×96、120×120，可用于不同开关柜。

(3) 可直接从电流、电压互感器输入，可任意设定 PT/CT 变化，LCD/LDE 显示，显示形象直观，可通讯接入 SCADA、PLC 系统中，方便安装、工程量小。

四、功能表

42 方形网络电力仪表型号、功能一览表，见表 31 - 64。

表 31 - 64　42 方形网络电力仪表型号、功能一览表

型　号	测　量	显　示	外围功能（可选项，订货时说明）		
			变送输出或开关模块	数字通讯	电能脉冲
APD194Z—2SY	U、I、kW、kvar、kVA、kvarh、kWh、Hz、cosϕ	蓝色背光 LCD 显示	4 路 4~20mA 或 0~20mA（可选）	4 路开入 4 路开出 4DI/4DO（可选 optional） RS—485	2 路电能脉冲输出
APD194Z—2S4	U、I、kW、kvar、kvarh、kWh、Hz、cosϕ	3 排 LED 显示			

续表 31 - 64

型 号	测 量	显 示	外围功能（可选项，订货时说明）		
			变送输出或开关模块	数字通讯	电能脉冲
APD194Z—2S9	I、kWh	3 排 LED 显示	4 路 4～20mA 或 0～20mA （可选）	4 路开入 4 路开出 4DI/4DO （可选 optional）	RS—485	2 路电能 脉冲输出
APD194Z—2S9A	U、I、kWh、kvarh	3 排 LED 显示			
APD194Z—2S7	kWh、kvarh	3 排 LED 显示			
APD194Z—2SYF	U、I、kW、kvar、kVA、kvarh、kWh、Hz、cosφ 复费率电能电测、四象限电能	蓝色背光 LCD 显示			

96 方形网络电力仪表型号、功能一览表，见表 31 - 65。

表 31 - 65　96 方形网络电力仪表型号、功能一览表

型 号	测 量	显 示	外围功能（可选项，订货时说明）		
			变送输出或开关模块	数字通讯	电能脉冲
APD194Z—9SY	U、I、kW、kvar、kVA、kvarh、kWh、Hz、cosφ	蓝色背光 LCD 显示	2 路 4～20mA 或 0～20mA （可选）	4 路开入 4 路开出	RS—485 MODBUS— RTU	2 路电能 脉冲输出
APD194Z—9S4	U、I、kW、kvar、kvarh、kWh、Hz、cosφ	3 排 LED 显示			
APD194Z—9S9	I、kWh	3 排 LED 显示			
APD194Z—9S9A	U、I、kWh、kvarh	3 排 LED 显示			
APD194Z—9S7	kWh、kvarh	3 排 LED 显示			
APD194Z—9SYF	U、I、kW、kvar、kVA、kvarh、kWh、Hz、cosφ 复费率电能测量、四象限电能	蓝色背光 LCD 显示			

46 方形网络电力仪表型号、功能一览表（开孔为 151mm×76mm），见表 31 - 66。

表 31 - 66　46 方形网络电力仪表型号、功能一览表

型 号	测 量	显 示	外围功能（可选项，订货时说明）		
			变送输出或开关模块	数字通讯	电能脉冲
APD194Z—1S5	U、I、kW、kvar、kVA、kvarh、kWh、Hz、cosφ	1 排 LED 显示	4 路 4～20mA 或 0～20mA （可选）	RS—485 MODBUS— RTU	

五、生产厂

浙江东歌电气科技有限公司。

31. 26　ZR2000 系列数字式可编程电力仪表

一、概述

ZR2000 系列可编程电力仪表主要适用于电站、电气开关柜以及各种电气设备测量或指示线路中的交/直流电压、交/直流电流、频率、单/三相有功功率、单/三相无功功率、单/三相功率因数等各种电参数。具有测量精度高、读数清晰、方便、无视角误差、可任意角度安装、抗震、抗外磁场干扰等特点，是原指针式仪表的理想替代品。

二、特点

可实时测量电力线路中各种电量参数，按需要既可测量显示单个参数，也可同时测量多个参数。

品种、规格齐全，有多种外形尺寸，多个系列化的产品，所有仪表均按照标准尺寸设计，兼容性强，维修更方便。

卡式安装方式取代传统螺钉安装方式，安装简单、方便、牢固、SMT 生产工艺，软件生产校准。

智能化、模块化设计方式，互感器倍率任意设定，功能模块可自由组合，提高用户使用灵活性。

网络化设计方案，可与各种电力网络远程监控系统轻松对接。

三、型号含义

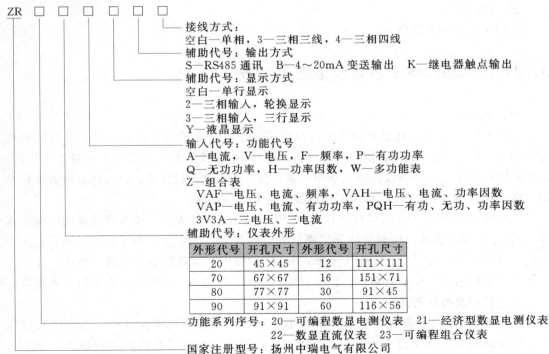

ZR □ □ □ □ □ □

接线方式：
空白—单相，3—三相三线，4—三相四线
辅助代号：输出方式
S—RS485 通讯　B—4～20mA 变送输出　K—继电器触点输出
辅助代号：显示方式
空白—单行显示
2—三相输入，轮换显示
3—三相输入，三行显示
Y—液晶显示
输入代号：功能代号
A—电流，V—电压，F—频率，P—有功功率
Q—无功功率，H—功率因数，W—多功能表
Z—组合表
VAF—电压、电流、频率，VAH—电压、电流、功率因数
VAP—电压、电流、有功功率，PQH—有功、无功、功率因数
3V3A—三电压、三电流
辅助代号：仪表外形

外形代号	开孔尺寸	外形代号	开孔尺寸
20	45×45	12	111×111
70	67×67	16	151×71
80	77×77	30	91×45
90	91×91	60	116×56

功能系列序号：20—可编程数显电测仪表　21—经济型数显电测仪表
22—数显直流仪表　23—可编程组合仪表
国家注册型号：扬州中瑞电气有限公司

四、技术数据

ZR2000 系列数字式可编程电力仪表技术数据，见表 31-67。

表 31－67 ZR2000 系列数字式可编程电力仪表技术数据

技　术　指　标		指　　标
精度等级		0.5、0.2级，频率表0.1级
显示		四位 LED 显示，另加符号位
输入电源	标称输入	电流 AC1A、AC5A、DC20mA 等；电压 AC100V、AC200V、AC280V、DC75mA 等
	过量程	持续：1.2倍，瞬时：电流10倍（5秒），电压2倍（10秒）
	频率	50/60Hz±10%
	辅助电源	AC/DC 85～265V
	功耗	≤4VA
继电器输出		2～3路继电器输出，继电器触点容量：AC 5A/250V 阻性，DC 5A/30V 阻性
开关量输入		4 路开关量输入，干结点方式，Ri＜500Ω 接通；Ri＞100Ω 断开
隔离耐压		输入和电源＞AC2kV，输入和输出＞AC1kV，电源和输出＞AV2kV，输出与输出＞1kV
绝缘电阻		≥100Ω
平均无故障工作时间		≥500Ωh
通讯输出		RS—485 接口，MODBUS—RTU 协议，地址：默认 1（1～256 可选）波特率：默认 9600（4800、2400、1200、600bps 可选）

五、生产厂

扬州中瑞电气有限公司。

31.27　ZR3092W＋多功能谐波检测表

一、概述

ZR3092W＋仪表采用最新微处理器和数字信号处理技术设计而成。集合全面的三相电量测量/显示、能量累计、电力品质分析、数字输入/输出与网络通讯于一身。大屏幕、高清晰液晶显示。可作为仪表单独使用，取代大量传统的模拟仪表，亦可作为电力监控系统（SCADA）之前端元件，用以实现远程数据采集与控制。

工业标准的 RS—485 通讯接口和 MODBUS 通讯协议，是 SCADA 系统集面的理想选择。ZR 系列多功能电力仪表虽然是以测量为主的仪表，但它还附带了丰富、灵活的 I/O 功能，这使得它完全可以胜任作为分布式 RTU 的要求，实现遥信、遥测、遥控、计量于一体。主要应用于变配电自动化、智能型开关盘柜、自动化、智能建筑能源管理系统等。

二、结构及接线方式

R3092W＋多功能谐波分析表具备通用的（AC/DC）电源输入接口，若不做特殊说明，提供的是 AC/DC220 电源接口的标准产品，仪表工作电压范围是 AC/DC85～265V，请保证所提供的电源适用于该系列产品，以防止损坏产品。

对于电网质量较差的地区，建议在电源回路安装浪涌保护器防止雷击，以及安装快速脉冲抑制器。

　　建议线径尺寸 1.5mm^2。

　　订货时请详细写明所需要的型号及电源、输入信号及变比、接线类型等相关内容。

三、技术数据

ZR3092W＋多功能谐波检测表技术数据，见表 31－68。

表 31－68　ZR3092W＋多功能谐波检测表技术数据

技　术　参　数			指　标
	网络		三相三线、三相四线
输入与测量		额定值	AC 0～100V，AC 0～380V
		过负荷	1.2 倍持续，瞬时 2 倍/1s
		功耗	＜0.8VA
		阻抗	＞200kΩ
		精度	0.2 级
		额定值	AC 1A、5A
		过负荷	1.2 倍持续，瞬时 20 倍/1s
		功耗	＜0.2VA
		阻抗	＜0.1Ω
		三相不平衡度	$\|I_m - I_{av}\|/I_{av} \times 100\%$
		精度	0.5 级，0.2 级
	频率		范围：45～65Hz；精度：0.1Hz
	功率		有功功率、无功功率、视在功率，精度：0.5 级
	4 象限电能		有功电量测量精度为 1%；无功电量测量精度为 2%
	最大/最小值		各相/线电压；各线电流；有功功率，无功功率，视在功率
			功率因数，频率，需量的最大值和最小值及其发生时间
	谐波测量		谐波次数：2～15 次；THD 精度：±5%
	开关量输入		4 路；干节点；光隔离电压：5000Vac（RMS）
	继电器输出		2 路；节点容量为 5A/250Vac 或 5A/30Vdc
			继电器的输出有"电平"和"脉冲"两种方式可供选择
电源	电压范围		AC/DC 85～265V
	功耗		＜5VA
	绝缘电阻		≥100MΩ
	工频耐压		电源、输入、输出之间 2kV/1min（AC 有效值）
	平均无故障工作时间		≥50000h
	工作条件		温度：－10～45℃；湿度：≤93%；无腐蚀性气体
	海拔高度		≤2500m

四、生产厂

扬州中瑞电气有限公司。